G. Niemann

Maschinen-elemente

Band I
Konstruktion und Berechnung von Verbindungen, Lagern, Wellen

Zweite, neubearbeitete Auflage
unter Mitarbeit von M. Hirt

Berichtigter Nachdruck

Springer-Verlag Berlin Heidelberg GmbH 1981

Dr.-Ing., Dr.-Ing. E. h. Gustav Niemann
o. Professor em. für Maschinenelemente
an der Technischen Universität München

Dr.-Ing. Manfred Hirt
ehem. Mitarbeiter am Institut für Maschinenelemente
der Technischen Universität München

Mit 289 Abbildungen

ISBN 978-3-662-26969-5 ISBN 978-3-662-28446-9 (eBook)
DOI 10.1007/978-3-662-28446-9

Library of Congress Cataloging in Publication Data

Niemann, Gustav, 1899—Maschinenelemente. Includes bibliographies and index.
Contents: Bd. 1. Konstruktion und Berechnung von Verbindungen, Lagern, Wellen. 1. Machinery-Design. 2. Machine parts. I. Hirt, Manfred, 1943 — joint author. II. Title. TJ230.N53 621.8'1 75-8900

Ursprünglich erschienen bei Springer-Verlag Berlin Heidelberg New York 1981
Softcover reprint of the hardcover 2nd edition 1981

Offsetdruck: fotokop wilhelm weihert kg, Darmstadt
Bindearbeiten: Graphischer Betrieb K. Triltsch, Würzburg
2362/3020-543210

Vorwort

Die 1. Auflage dieses Buches, vor 25 Jahren erschienen, hat eine weltweite Verbreitung gefunden. Es sind englische, japanische, portugiesische, spanische und türkische Ausgaben bekannt geworden. Damit hat die Zielsetzung, sowohl den Studierenden an Technischen Universitäten und Fachhochschulen als auch den Konstrukteuren in der Praxis ein Lehr- und Arbeitsbuch in die Hand zu geben, eine schöne Bestätigung gefunden.

Diese bewährte Konzeption wurde auch für die Neuauflage beibehalten. Die Neubearbeitung konnte also auf die Berücksichtigung des heutigen Standes von Wissenschaft und Praxis auf dem Fachgebiet der Maschinenelemente beschränkt werden. Sie umfaßt den Fortschritt der *Normung* und Vereinheitlichung und die jetzt festgelegten *SI-Einheiten* (m, kg, N, kW, K). Durch konsequente Verwendung dieser Einheiten konnte weitestgehend auf Zahlenwertgleichungen verzichtet werden.

Die *Festigkeitsberechnung* der Achsen und Wellen — der wohl am häufigsten gebrauchten Maschinenteile — wurde neu gestaltet. Die verschiedenartigen Kerbwirkungen können nunmehr durch Form- und Kerbwirkungszahlen unter Berücksichtigung der Werkstoffeinflüsse erfaßt werden.

Im Kapitel Werkstoffe ist ein ausführlicher Abschnitt über *Kunststoffe* aufgenommen worden, der helfen soll, aus der Vielfalt den für die jeweilige Aufgabe günstigsten Werkstoff zu wählen.

Die Berechnung der *Schraubenverbindungen* wie auch der *Gleitlager* lehnt sich an die nunmehr vorliegenden VDI-Richtlinien an, um so einer einheitlichen Berechnung den Vorzug zu geben. Die Ausführungen über die *Schmierstoffe* wurden entsprechend den heutigen Erkenntnissen erweitert.

Neue Technologien und Bauweisen, wie z. B. das Metallkleben und Leichtmetallverbindungen, sind behandelt, zahlreiche neue Maschinenelemente aufgenommen worden. Genannt seien hier nur neuartige Wellen-Naben-Verbindungen, Ausgleichkupplungen, Lagerbauformen, Schrauben, Muttern und Sicherungen.

Es wurde nach wie vor Wert darauf gelegt, zu allen Details praxisgerechte zahlenmäßige Anhaltswerte und Beispiele anzugeben, damit auf diese Weise schnell und einfach eine Auslegung und Berechnung der Maschinenelemente möglich ist.

Durch die laufende Zusammenarbeit mit dem Institut für Maschinenelemente der Technischen Universität München und besonders mit meinem Nachfolger in der Leitung dieses Institutes, Prof. Dr.-Ing. *H. Winter*, der mir wertvolle Anregungen zur Bearbeitung gegeben hat, ist gewährleistet, daß dieses Werk nun dem heutigen Stand der Technik entspricht.

Vor allem danke ich Dr.-Ing. *M. Hirt* für die Ausarbeitung mehrerer Kapitel, für zahlreiche Beiträge zu den anderen Kapiteln sowie für die Koordinierung der vielfältigen Arbeiten, die Durchsicht und das Korrekturlesen des gesamten Text- und Bildmaterials.

Im einzelnen danke ich folgenden meiner Mitarbeiter für ihre wertvollen Beiträge:

für die Ausarbeitung von Kapiteln:

Dr.-Ing. M. Hirt (Praktische Festigkeitsberechnung, Werkstoffe, Nietverbindung, Schraubenverbindung, Elastische Federn, Gleitlager);
Dr.-Ing. G. Lechner (Normen, Löt- und Klebverbindung);
Dipl.-Ing. W. Bley
Dr.-Ing. G. Lechner (Schmierstoffe);

für größere Beiträge:

Dr.-Ing. F. Gartner (Gleitlager);
Dipl.-Ing. H. Menzel (Schweißverbindung);
Dipl.-Ing. H. Rösch (Wälzpaarungen, Wälzlager);

für Teilbeiträge und Anregungen:

Dr.-Ing. H. Sommerfeldt (Wälzlager); *Dipl.-Ing. P. Oster* (Kunststoffe); *Dipl.-Ing. K. Michaelis* (Durchsicht mehrerer Kapitel); *Prof. Dr.-Ing. K. Ehrlenspiel* (Ausgleichkupplungen); *Prof. Dr.-Ing. J. Glienicke* (Gleitlager); *Dr.-Ing. H. Bötsch* (Achsen, Wellen-Verbindungen); *Dr.-Ing. G. Gackstetter* (Wellen-Naben-Verbindung); *Dr.-Ing. K. Michels* (Federn); *Dr.-Ing. K. Stößel* (Werkstoffe); *Dr.-Ing. Th. Hösel* (Schrauben-, Bolzenverbindung); *Prof. Dr.-Ing. H. Hertel* (Leichtbau); *Dr.-Ing. J. Baethge* (Festigkeitsrechnung); *Prof. Dr.-Ing. K. Langenbeck* (Nietverbindung); *Dr.-Ing. D. Reister* (Leichtbau) sowie *Prof. Dipl.-Ing. O. Knott.*

Gedankt sei auch wieder allen Firmen, auf deren Material bei der Neubearbeitung zurückgegriffen werden konnte, sowie dem Springer-Verlag für die angenehme Zusammenarbeit.

München, Juni 1975 **G. Niemann**

In dem hiermit vorliegenden berichtigten Nachdruck der zweiten Auflage konnten zahlreiche Druckfehler beseitigt und kleinere Ergänzungen, die sich z.T. aus aktuellen Entwicklungen ableiten, angebracht werden. Für die entsprechenden Hinweise von Kollegen und aus dem übrigen Leserkreis bin ich sehr dankbar.

München, April 1981 **G. Niemann**

Inhaltsverzeichnis

1 Gesichtspunkte und Arbeitsmethoden . . . 1
1.1 Lehren aus der konstruktiven Entwicklung . . . 1
1.2 Überprüfung der Voraussetzungen und Präzisierung der Aufgabe . . . 2
1.3 Lösung der Aufgabe . . . 3
1.4 Der Weg zu neuen Lösungen . . . 4
1.5 Kritik und Auswahl der Lösung . . . 6
1.6 Ablauf der konstruktiven Arbeit . . . 8
1.7 Berechnungen . . . 10
1.8 Modelle und Versuche . . . 11
1.9 Behandlung von Anständen . . . 11
1.10 Schrifttum zu 1 . . . 12

2 Gestaltungsregeln . . . 14
2.1 Vorgehen beim Konstruieren . . . 14
2.2 Funktion und Wirtschaftlichkeit . . . 15
2.3 Funktion und Beanspruchung . . . 16
2.4 Bedienung und menschliche Maße, Wartung und Sicherheit . . . 17
2.5 Werkstoff und Fertigung . . . 19
2.6 Gußteile . . . 20
2.6.1 Wahl des Gießverfahrens . . . 20
2.6.2 Gießvorgang . . . 21
2.6.3 Gestaltungsregeln für Gußteile . . . 22
2.7 Schmiede -und Preßteile . . . 24
2.8 Preß- und Spritzgußteile aus Kunststoffen . . . 25
2.9 Blechteile und Rohre . . . 26
2.10 Bearbeitete Teile . . . 28
2.10.1 Arbeitsflächen . . . 28
2.10.2 Oberflächengüte und Toleranzen . . . 29
2.10.3 Bohrungen und Durchbrüche . . . 30
2.10.4 Gewinde und Zentrierungen . . . 31
2.10.5 Verbindungen . . . 31
2.11 Produktform, Linie und Farbe . . . 32
2.12 Zusammenbau . . . 32
2.13 Oberfläche, Verschleiß und Korrosion . . . 33
2.13.1 Oberfläche . . . 33
2.13.2 Verschleiß . . . 33
2.13.3 Korrosion . . . 35
2.14 Schwingung und Geräusch . . . 38
2.14.1 Körperschall . . . 38
2.14.2 Luftschall . . . 39
2.14.3 Abwehrmaßnahmen . . . 40
2.15 Schrifttum zu 2 . . . 41

3 Praktische Festigkeitsrechnung . . . 44
3.1 Ermittlung der Nennspannung . . . 44
3.1.1 Bezeichnungen . . . 44
3.1.2 Ermittlung der Kraftgrößen im Querschnitt . . . 45
3.1.3 Normalspannung aus Längskraft . . . 47
3.1.4 Normalspannung zwischen zwei Flächen (Flächenpressung) . . . 47
3.1.5 Normalspannung beim Rohr unter Überdruck . . . 47
3.1.6 Normalspannung aus Biegemoment . . . 48
3.1.7 Normalspannung beim gekrümmten Biegeträger . . . 50

3.1.8 Resultierende Normalspannung aus Längskraft und Biegemomenten . . . 51
3.1.9 Schubspannung aus Querkräften . . . 52
3.1.10 Schubspannung aus Torsion . . . 53
3.1.11 Resultierende Schubspannung . . . 56
3.1.12 Knick- und Beulspannung . . . 56
3.1.13 Spannungen beim Stoß . . . 58
3.2 Statische Festigkeitswerte . . . 59
3.2.1 Festigkeitswerte aus Zugversuch . . . 59
3.2.2 Festigkeitswerte bei hohen und tiefen Temperaturen . . . 60
3.2.3 Festigkeitswerte bei anderen Belastungsarten . . . 61
3.2.4 Härtewerte . . . 61
3.2.5 Statische Festigkeitswerte von gekerbten Bauteilen . . . 62
3.3 Dynamische Festigkeitswerte . . . 63
3.3.1 Belastungsfälle . . . 63
3.3.2 Dauerfestigkeit und Zeitfestigkeit . . . 63
3.3.3 Lebensdauer- und Schadenskurve . . . 64
3.3.4 Dauerfestigkeitsschaubilder . . . 65
3.3.5 Praktische Dauerfestigkeitswerte . . . 67
3.3.6 Einflüsse auf die Dauerfestigkeit . . . 67
3.3.7 Ermittlung der Dauerfestigkeit ohne Kerbwirkung . . . 69
3.3.8 Ermittlung der Dauerfestigkeit bei Kerbwirkung . . . 69
3.4 Festigkeitswerte bei zusammengesetzter Beanspruchung . . . 75
3.5 Schlagfestigkeit . . . 77
3.6 Zulässige Spannung und Sicherheit . . . 78
3.6.1 Ansatz . . . 78
3.6.2 Bestimmung des Betriebsfaktors C_B . . . 78
3.6.3 Ansatz der Sicherheit . . . 78
3.6.4 Beispiele zur Bestimmung von σ_{zul} . . . 79
3.7 Arten und Aussehen von Brüchen . . . 80
3.8 Schrifttum zu 3 . . . 82

4 Leichtbau . . . 84
4.1 Impulse und Wege zum Leichtbau . . . 84
4.2 Werkstoffvergleiche mittels Kennwerten . . . 85
4.2.1 Bezeichnungen . . . 85
4.2.2 Kennwerte . . . 85
4.3 Form-Leichtbau (werkstoffsparende Gestaltung) . . . 86
4.3.1 Einige Hinweise . . . 86
4.3.2 Günstige Querschnittswahl . . . 89
4.3.3 Weitere Empfehlungen . . . 90
4.4 Leichtmetall-Leichtbau . . . 91
4.4.1 Vergleichsangaben . . . 91
4.4.2 Erreichbare Gewichts- und Kostenminderungen . . . 91
4.4.3 Bauweise . . . 92
4.5 Kunststoff- und Verbundstoff-Leichtbau . . . 92
4.5.1 Vergleichsangaben . . . 92
4.5.2 Anwendungsgebiete . . . 93
4.5.3 Konstruktive Angaben . . . 93
4.6 Schrifttum zu 4 . . . 93

5 Werkstoffe . . . 96
5.1 Werkstoffwahl und Bezeichnungen . . . 96
5.1.1 Werkstoffauswahl . . . 96
5.2 Grauguß, Sphäro-, Temper- und Stahlguß . . . 97
5.2.1 Grauguß (GG) . . . 97
5.2.2 Gußeisen mit Kugelgraphit-Sphäroguß (GGG) . . . 100
5.2.3 Temperguß . . . 100
5.2.4 Stahlguß (GS) . . . 101
5.3 Stahl (C-Stähle und legierte Stähle) . . . 102
5.3.1 Einfluß der Legierungszusätze . . . 103
5.3.2 Wärme- und Härtebehandlung . . . 104
5.3.3 Stahlblech . . . 107
5.3.4 Profilstähle . . . 107
5.3.5 Allgemeine Baustähle . . . 107

5.3.6 Einsatz- und Nitrierstähle . . . 107
5.3.7 Vergütungsstähle . . . 110
5.3.8 Gezogene und Automatenstähle . . . 110
5.3.9 Federstähle . . . 110
5.3.10 Warmfeste und zunderbeständige Stähle . . . 113
5.3.11 Rost- und säurebeständige Stähle . . . 113
5.3.12 Werkzeugstähle, Schneidmetall und Sinterhartmetall . . . 114
5.4 Leichtmetalle . . . 115
5.4.1 Aluminium und Al-Legierungen . . . 115
5.4.2 Magnesium und Mg-Legierungen . . . 118
5.4.3 Titan und Ti-Legierungen . . . 118
5.5 Zink und Kupfer . . . 119
5.5.1 Zink- und Zn-Legierungen . . . 119
5.5.2 Kupfer und Cu-Legierungen . . . 122
5.6 Kunststoffe . . . 123
5.6.1 Kunststoffarten . . . 123
5.6.2 Aufbau der Kunststoffe . . . 125
5.6.3 Eigenschaften der Kunststoffe . . . 125
5.6.4 Einsatzgebiete für Kunststoffe im Maschinenbau . . . 131
5.6.5 Konstruktive Angaben . . . 132
5.7 Sonstige Werkstoffe . . . 132
5.7.1 Sinterwerkstoffe . . . 132
5.7.2 Weitere Hinweise . . . 132
5.8 Schrifttum zu 5 . . . 132

6 Normen, Toleranzen und Oberflächen . . . 136
6.1 Normen . . . 136
6.2 Normzahlen . . . 136
6.3 Toleranzen und Passungen . . . 136
6.3.1 Toleranzen . . . 136
6.3.2 Passungen . . . 137
6.3.3 Formabweichungen, Freimaßtoleranzen . . . 141
6.4 Oberflächen technischer Körper, Grobgestalt und Feingestalt . . . 143
6.4.1 Allgemeines, Grundbegriffe . . . 143
6.4.2 Oberflächenmaße für die Feingestalt . . . 144
6.4.3 Rauheitsmessung . . . 146
6.4.4 Oberflächengüte und Herstellungsverfahren . . . 147
6.4.5 Kennzeichnung von Oberflächen in Zeichnungen . . . 147
6.5 Schrifttum zu 6 . . . 148

7 Schweißverbindung . . . 150
7.1 Anwendung . . . 150
7.2 Herstellung . . . 150
7.3 Gestaltung . . . 152
7.4 Stoß- und Nahtformen . . . 156
7.5 Zeichnungsangaben . . . 157
7.6 Festigkeitsberechnung . . . 157
7.6.1 Bezeichnung . . . 157
7.6.2 Nahtspannung . . . 158
7.6.3 Zulässige Nahtspannung . . . 161
7.7 Schweißen im Maschinenbau . . . 162
7.8 Schweißen im Stahlbau . . . 164
7.9 Schweißen im Kesselbau . . . 166
7.10 Schrifttum zu 7 . . . 167

8 Löt- und Klebverbindung . . . 168
8.1 Überblick – Löten . . . 168
8.2 Lötverfahren . . . 169
8.3 Gestaltung der Lötverbindung . . . 171
8.4 Überblick – Kleben . . . 172
8.5 Einsatzgebiete . . . 176
8.6 Klebstoffe, Auswahl und Verarbeitung . . . 176
8.7 Gestaltung der Klebverbindung . . . 178
8.8 Bemessung von Löt- und Klebverbindungen . . . 178

8.8.1 Bezeichnungen 178
8.8.2 Berechnung 179
8.9 Schrifttum zu 8 180

9 Nietverbindung 182
9.1 Anwendung 182
9.2 Beanspruchung und Bemessung 183
9.2.1 Bezeichnungen 183
9.2.2 Festigkeitsberechnung für die vernieteten Bauteile 183
9.2.3 Festigkeitsberechnung für den Niet 185
9.3 Stahlbau-Nietung 186
9.3.1 Werkstoffe 186
9.3.2 Nietformen 186
9.3.3 Anhaltswerte 187
9.3.4 Gestaltung 187
9.3.5 Berechnung 188
9.3.6 Nieten im Maschinen- und Gerätebau 189
9.4 Leichtmetallbau-Nietung 190
9.4.1 Werkstoffe 190
9.4.2 Nietformen 190
9.4.3 Anhaltswerte 191
9.4.4 Gestaltung 191
9.4.5 Berechnung 192
9.5 Berechnungs-Beispiele 192
9.6 Schrifttum zu 9 193

10 Schraubenverbindungen 194
10.1 Verwendung und Herstellung 194
10.2 Schrauben, Muttern, Zubehör 196
10.3 Bezeichnungen 199
10.4 Gewindeformen 199
10.5 Kraftübersetzung und Wirkungsgrad 202
10.6 Anzugsmoment und Vorspannkraft 203
10.7 Gefahrenquellen 204
10.8 Beanspruchung und Berechnung 206
10.8.1 Das Verspannungsschaubild 206
10.8.2 Kräfte 208
10.8.3 Steifigkeit von Schraube und Flansch 210
10.8.4 Spannungen und Festigkeit der längsbelasteten Schraube 210
10.8.5 Querbelastete Schrauben 214
10.8.6 Bewegungsschrauben 215
10.8.7 Schrauben bei erhöhten Temperaturen und aus anderen Werkstoffen 217
10.8.8 Beispiele 218
10.9 Schrifttum zu 10 221

11 Bolzen- und Stiftverbindung 222
11.1 Verwendung 222
11.2 Ausführung 222
11.3 Bezeichnungen 225
11.4 Beanspruchung und Berechnung 225
11.5 Schrifttum zu 11 227

12 Elastische Federn 228
12.1 Verwendung 228
12.2 Federarten, Auswahl, besondere Eigenschaften 228
12.3 Bezeichnungen 229
12.4 Kennlinien und Kennwerte 230
12.4.1 Feder-Kennlinien 230
12.4.2 Federsteife 230
12.4.3 Federarbeit 230
12.4.4 Art-Nutzwert oder Ausnutzungsfaktor η_A 231
12.4.5 Volumen- und Gewichts-Nutzwert 231
12.4.6 Wirkungsgrad und Dämpfungswert 232
12.5 Festigkeit und zulässige Beanspruchung 232
12.5.1 Festigkeit 232

12.5.2 Zulässige Beanspruchung . . . 232
12.6 Zug- oder druckbeanspruchte Federn . . . 234
12.6.1 Zugfeder aus Draht . . . 234
12.6.2 Ringfeder als Pufferfeder . . . 234
12.7 Biegebeanspruchte Federn . . . 235
12.7.1 Einseitige Biegestabfeder mit Rechteckquerschnitt . . . 235
12.7.2 Einseitige Biegestabfeder mit abnehmendem Rechteckquerschnitt . . . 236
12.7.3 Doppelseitige Biegefeder . . . 238
12.7.4 Gekrümmte Biegefedern oder Formfedern . . . 238
12.7.5 Gewundene Schraubenbiegefed er . . . 238
12.7.6 Ebene Spiralfeder (Uhrfeder) . . . 239
12.7.7 Tellerfeder . . . 240
12.8 Drehbeanspruchte Federn . . . 242
12.8.1 Drehstabfeder . . . 242
12.8.2 Zylindrische Schraubenfeder mit konstantem Querschnitt . . . 243
12.8.3 Kegelfeder mit konstantem Querschnitt . . . 248
12.9 Gummifedern . . . 249
12.9.1 Übersicht . . . 249
12.9.2 Belastungsart und Kennlinie . . . 250
12.9.3 Erfahrungsangaben für Weichgummifedern . . . 252
12.9.4 Berechnung und Gestaltung . . . 253
12.10 Stoßvorgang . . . 253
12.11 Eigenschwingungen . . . 254
12.12 Schrifttum zu 12 . . . 255

13 Wälzpaarungen . . . 257
13.1 Überblick . . . 257
13.2 Bezeichnungen . . . 258
13.3 Beanspruchung . . . 258
13.3.1 Linienberührung . . . 259
13.3.2 Punktberührung . . . 260
13.3.3 Maximale Schubspannung . . . 261
13.3.4 Beanspruchung durch Schmierdruck . . . 261
13.3.5 Beanspruchung durch Tangentialkräfte . . . 262
13.4 Zulässige Belastung . . . 262
13.4.1 Zulässige statische Belastung . . . 262
13.4.2 Zulässige dynamische Belastung . . . 264
13.4.3 Einfluß von Durchmesser und Schmiegung . . . 266
13.4.4 Einfluß der Berührungsart . . . 266
13.5 Rollreibung . . . 266
13.6 Berechnungsbeispiele . . . 267
13.7 Schrifttum zu 13 . . . 268

14 Wälzlager . . . 270
14.1 Überblick . . . 270
14.1.1 Eigenschaften . . . 270
14.1.2 Verwendungsgrenzen . . . 270
14.1.3 Bauformen . . . 271
14.1.4 Baumaße und Kennzeichnung der genormten Wälzlager . . . 273
14.1.5 Werkstoff . . . 273
14.1.6 Auswahl . . . 277
14.1.7 Einbau . . . 278
14.1.9 Lagerschäden . . . 281
14.1.9 Sonstige Wälzlager . . . 282
14.2 Tragfähigkeit . . . 283
14.2.1 Bezeichnungen . . . 283
14.2.2 Spezifische Belastung . . . 284
14.2.3 Dynamische Tragfähigkeit . . . 284
14.2.4 Statische Tragfähigkeit . . . 288
14.2.5 Dynamische Belastung und Lebensdauer . . . 290
14.2.6 Besondere Belastungsfälle . . . 291
14.2.7 Sonstige Einflüsse . . . 292
14.3 Reibung, Schmierung und Lagertemperatur . . . 293
14.4 Schrifttum zu 14 . . . 296

15 Gleitlager . . . 299
15.1 Übersicht . . . 299
15.1.1 Eigenschaften und Verwendung . . . 299
15.1.2 Heutige Tendenzen . . . 300
15.1.3 Einteilung der Lager . . . 302
15.1.4 Belastungswerte ausgeführter Gleitlager . . . 302
15.2 Laufverhalten, Schmiertheorie . . . 302
15.2.1 Bezeichnungen . . . 302
15.2.2 Schmierdruck . . . 303
15.2.3 Reibung . . . 305
15.2.4 Lagerspiel . . . 306
15.3 Berechnung der Radiallager . . . 306
15.3.1 Sommerfeldzahl . . . 306
15.3.2 Reibwert für Flüssigkeitsreibung . . . 307
15.3.3 Reibungsleistung . . . 307
15.3.4 Wärmebilanz, Betriebstemperatur, Betriebsviskosität . . . 307
15.3.5 Kleinste Schmierfilmdicke, Übergangsdrehzahl . . . 309
15.3.6 Ölbedarf . . . 311
15.3.7 Kennwerte für die Lagerbelastung . . . 311
15.3.8 Rechnungsgang . . . 311
15.3.9 Beispiele zur Radiallagerberechnung . . . 312
15,4 Gestaltung der Radiallager . . . 314
15.5 Axiallager . . . 316
15.5.1 Überblick . . . 316
15.5.2 Konstruktionsmaße . . . 317
15.5.3 Berechnung . . . 318
15.5.4 Berechnungsbeispiel . . . 319
15.5.5 Gestaltung der Axiallager . . . 320
15.6 Werkstoffe und Schmierstoffe für Gleitlager . . . 320
15.6.1 Allgemeine Hinweise für Gleitpaarungen . . . 320
15.6.2 Metallische Gleitlager-Werkstoffe . . . 321
15.6.3 Nichtmetallische Werkstoffe . . . 322
15.6.4 Verbundwerkstoffe . . . 323
15.7 Hydrostatische Lager . . . 324
15.7.1 Überblick . . . 324
15.7.2 Gestaltung und Bemessung . . . 324
15.8 Schrifttum zu 15 . . . 326

16 Schmierstoffe, Schmierung und Dichtung . . . 328
16.1 Übersicht . . . 328
16.1.1 Mineralöle . . . 328
16.1.2 Schmierfette . . . 329
16.1.3 „Gefettete" Mineralöle . . . 330
16.1.4 Trockenschmiermittel . . . 330
16.1.5 Synthetische Schmiermittel . . . 332
16.2 Auswahl der Schmierstoffe . . . 332
16.3 Schmierungsarten . . . 333
16.4 Eigenschaften und Prüfung der Schmierstoffe . . . 335
16.4.1 Viskosität der Schmieröle . . . 335
16.4.2 Dichte . . . 338
16.4.3 Stockpunkt . . . 338
16.4.4 Tropfpunkt . . . 338
16.4.5 Penetration . . . 338
16.4.6 Flammpunkt und Brennpunkt (DIN 51376) . . . 338
16.4.7 Spezifische Wärme . . . 338
16.4.8 Reinheit . . . 338
16.4.9 Alterungsbeständigkeit (Oxidation, Polymerisation, Kondensation usw.) . . . 339
16.4.10 Hochdruckeigenschaften, Verschleiß . . . 339
16.4.11 Weitere Eigenschaften . . . 339
16.5 Dichtungen . . . 339
16.5.1 Dichtungsarten . . . 339
16.5.2 Anforderungen an Dichtungen . . . 340
16.6 Schrifttum zu 16 . . . 343

17 Achsen und Wellen 346
17.1 Überblick 346
17.2 Bemessung der Achsen und Wellen 348
17.2.1 Bezeichnungen 348
17.2.2 Bemessungen 349
17.3 Berechnungsbeispiele 352
17.4 Gelenkwellen und biegsame Wellen 354
17.4.1 Gelenkwellen 355
17.4.2 Biegsame Wellen 356
17.5 Schrifttum zu 17 357

18 Verbindung von Welle und Nabe 359
18.1 Allgemeines 359
18.1.1 Verbindungsarten 359
18.1.2 Bezeichnungen 360
18.2 Reibschlußverbindungen 360
18.2.1 Allgemeine Beziehungen 361
18.2.2 Klemmsitz 361
18.2.3 Preßsitz-Bemessung 362
18.2.4 Erzeugung der Querpreßspitze 364
18.2.5 Erzeugung des Längspreßsitzes 368
18.2.6 Kegelsitz 368
18.2.7 Spannelement-Verbindungen 379
18.3 Formschluß-Verbindungen 370
18.3.1 Längs- und Querstift 371
18.3.2 Paßfeder 371
18.3.3 Vielnutprofil 372
18.3.4 Kerbzahnprofil 375
18.3.5 Zahnnaben und Zahnwellenprofile 376
18.3.6 Polygonwellen-Verbindungen 377
18.4 Vorgespannte Formschluß-Verbindungen 377
18.4.1 Scheibenkeil 377
18.4.2 Flachkeil 378
18.4.3 Nutenkeil 378
18.4.4 Tangentkeile 378
18.5 Schrifttum zu 18 378

19 Verbindung von Welle und Welle (Kupplungen, Gelenke) 381
19.1 Überblick 381
19.2 Starre Kupplungen 381
19.2.1 Plan-Kerbverzahnung 381
19.2.2 Scheibenkupplungen 383
19.2.3 Schalenkupplung 384
19.2.4 Stieber-Rollkupplung 385
19.3 Ausgleich-Kupplungen 385
19.3.1 Drehelastische Kupplungen 385
19.3.2 Drehstarre Kupplungen 387
19.4 Schaltkupplungen (Wellenschalter) 391
19.5 Schrifttum zu 19 393

Sachverzeichnis 395

Inhalt der Bände II und III

Band II

20 Getriebe — allgemein (Funktionen, Grundbeziehungen, Bauarten, Baugröße, Bewegungsgleichungen, Lagerkräfte)
21 Zahnradgetriebe — Grundlagen (Stirnräder)
22 Stirnradgetriebe — Entwurf, Berechnung, Gestaltung
23 Stirn-Schraubradgetriebe
24 Kegelrad-, Hypoid-, Kronenradgetriebe

Band III

25 Schneckengetriebe
26 Kettengetriebe
27 Riemengetriebe
28 Reibradgetriebe
29 Reibkupplungen und Reibbremsen
30 Freilaufkupplungen

1 Gesichtspunkte und Arbeitsmethoden

„Ein Mann, der konstruieren will,
Der schau erst mal und denke!“

Zum *erfolgreichen Konstruieren* gehört mehr als nur Konstruieren. Die erste Voraussetzung ist vor allem die ungeteilte Hingabe an die Aufgabe. Die nächste ist die Beherrschung zahlreicher Gesichtspunkte und Erfahrungen, die zum Teil außerhalb des Rahmens der eigentlichen konstruktiven Tätigkeit liegen.

Die Frage ist nun, wie weit derartige Erfahrungen erfaßt und in Form von Gesichtspunkten und Arbeitsmethoden dargeboten werden können.

Denn mit Erfahrungsangaben ist es eine eigene Sache: Sie sagen einem nur wenig, und die Aufzählung aller Einflußmomente wirkt oft erdrückend, solange man nicht selbst ähnliche Situationen erlebt hat. Es gilt hier, wie auch sonst im Leben: *Fremde Erfahrungen werden erst durch eigene gleichartige Erfahrungen lebendig und fruchtbar!*

Man nehme daher die nachfolgenden Ausführungen zunächst als Überblick über die Arbeitsmethoden bei konstruktiven Aufgaben. Man muß sie dann aber in eigener konstruktiver Tätigkeit üben und erleben und mit eigenen Erfahrungen verschmelzen.

1.1 Lehren aus der konstruktiven Entwicklung

Die stets zu beobachtende Weiterentwicklung einer Konstruktion von der ersten Ausführung bis zur ausgereiften Form zeigt schon, daß bei der Erstausführung gewisse Erfahrungen noch fehlen und daß man nur schrittweise von Ausführung zu Ausführung dem Idealfall näherkommt.

Hierbei sind es zunächst die auftretenden Anstände und nicht vorausgesehenen Nebenwirkungen und ihre Erforschung, dann weiter die mit dem Erfolg wachsenden Anforderungen und nicht zuletzt die mit dem Erfolg wachsende Konkurrenz, welche die Entwicklung vorwärts treiben, bis eine gewisse Reife erreicht ist. Im großen ganzen verläuft die Entwicklung eines technischen Gebildes nach der bekannten biologischen Wachstumskurve (Bild 1/1), und es ist für die Inangriffnahme einer konstruktiven Weiterentwicklung wertvoll zu wissen, in welchem Bereich der Entwicklungskurve man sich befindet. Denn: Je ausgereifter eine Konstruktion ist, um so geringer ist der noch erzielbare Fortschritt, und um so größer ist der hierfür erforderliche Aufwand.

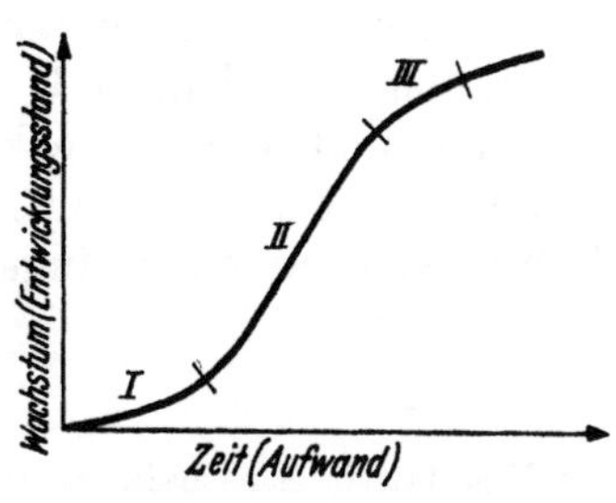

Bild 1/1. Biologische Wachstumskurve (*S*-Kurve). Sie trifft im wesentlichen auch für die Entwicklung technischer Gebilde zu. Im Gebiet der Reife (III) ist nur noch ein geringer Fortschritt mit erheblichem Aufwand erzielbar.

In diese mehr oder weniger stetige Entwicklung können nun neue Erkenntnisse (neue Werkstoffe, neue Verfahren, neue Energiequellen) oder neue Bedürfnisse (wirtschaftliche, soziale, politische Veränderungen) neue Impulse hineintragen, die neue Lösungen hervorrufen.

Im Verlauf einer derartigen technischen Entwicklung pflegen folgende konstruktive Aufgaben einander abzulösen:

1. Erstausführung. Erzielung der angestrebten Wirkung.

2. Fortentwicklung. Ausmerzung der Anstände, Ausreifung, Vereinfachung und Verbilligung der Konstruktion.

3. Anpassung der Konstruktion an besondere Anwendungsgebiete und Entwicklung von Sonderausführungen hierfür.

4. Typisierung. Festlegung auf bestimmte Größen, Ausführungsformen und Leistungen, soweit dieses nicht schon vorher erfolgte.

5. Umstellung auf andere Fertigung bzw. andere Werkstoffe.

6. Neukonstruktion auf neuer Ebene.

Die Frage ist nun, wie man bei den einzelnen Aufgaben am besten vorgeht, welche Arbeitsmethoden zu empfehlen und welche Gesichtspunkte besonders zu beachten sind.
Der erste Schritt heißt stets:

1.2 Überprüfung der Voraussetzungen und Präzisierung der Aufgabe

Erfahrungsgemäß wurzeln die meisten Anstände und Fehlentwürfe in ungenügender Vorklärung der Anforderungen und unzureichender Formulierung der Aufgabe. Man muß erst wissen, was man will und worauf es wirklich ankommt. Der Konstrukteur muß wissen, ob im vorliegenden Fall Qualität oder Preis entscheidend sind, ob die Funktion verbessert, oder der Aufwand verringert werden soll. Denn: Die jeweils beste Lösung ist der jeweils beste Kompromiß zwischen konkurrierenden Anforderungen.

So wird man für eine Erstausführung vorher untersuchen müssen: die Frage des Bedarfs[1], die vorliegenden Arbeitsbedingungen und besonderen Anforderungen und andererseits die erzielbare Wirkung und den hierfür zu erwartenden Aufwand.

Die Frage des Bedarfs und des zulässigen Aufwands wird häufig erst durch eine nähere Erforschung (Marktanalyse) des erzielbaren Preises, des möglichen Absatzes sowie der erforderlichen Qualität beantwortet werden können[2].

Die vorliegenden Arbeitsbedingungen und Anforderungen und auch die bisher vorliegenden Erfahrungen wird man am besten an Ort und Stelle im Kreis der Benutzer erkunden. Hierbei ist zu klären: Was wird als notwendig angesehen (Leistung, Energieverbrauch, Sicherheit usw.), was ist außerdem erwünscht (bequeme Bedienung, Geräuscharmut usw.)? Spielen die Beschaffungs-, die Energie- oder die Unterhaltungskosten die größere Rolle? Wird die Maschine überlastet, schlecht gewartet, selten oder ständig benutzt? Sind Einfachheit und Betriebssicherheit oder größere Leistungsfähigkeit und leichte Bedienung von Bedeutung?

Oft auch zeigen erst zahlenmäßige Voruntersuchungen, wo besondere Aufwendungen oder Einsparungen anzustreben sind. So zeigt z. B. die Aufteilung der Jahreskosten von Förderanlagen in Tafel 1/1, daß die Einsparung an Energiekosten wohl bei der Handhängebahn und beim Schneckenförderer, aber kaum beim Portaldrehkran von Bedeutung ist, daß aber bei letzterem eine Verringerung der Abschreibungskosten (geringere Beschaffungskosten oder längere Lebensdauer) und der Unterhaltungskosten von Bedeutung wäre.

---

[1] Eine falsche Einschätzung des Bedarfs ist wohl die häufigste Ursache für den wirtschaftlichen Mißerfolg einer Neukonstruktion.

[2] Gewöhnlich ist bei den ersten Ausführungen der Qualitätsgedanke vorherrschend, um zunächst die Funktion zu sichern. In der 2. Periode tritt dann die Preisfrage in den Vordergrund und drängt zur billigen, aber technisch gerade ausreichenden Ausführung. In der 3. Periode setzt dann eine rückläufige Tendenz ein: In bestimmten Anwendungsfällen befriedigt die Qualität nicht mehr. Man entwickelt für diese Sonderfälle eine hochwertige Ausführung, die dann neben der billigeren für den Massenbedarf gebaut wird. Ein gutes Beispiel für diesen Entwicklungsgang sind Elektromotoren, dann Schalter, Sicherungen, Stecker und Kupplungen für elektrische Leitungen.

Tafel 1/1. Verteilung der Jahreskosten in % bei verschiedenartigen Fördergeräten

	30 kN Portal-Drehkran im Seehafen	Gurtförderer	Schneckenförderer	Handhängebahn
Abschreibung und Verzinsung	52,7	65,0	27,45	12,9
Unterhaltungskosten	19,0	5,5	3,92	5,5
Energiekosten	4,4	29,5	68,63	81,6
Bedienungskosten	20,8	—	—	—
Sonstiges	3,1	—	—	—
Summe	100	100	100	100

Erst nach einer derartigen Vorklärung wird man die technischen Anforderungen so umfassend und genau wie möglich in Zahlen festlegen, z. B. Leistungen, Geschwindigkeiten, Drehzahlen, Tragkraft, verlangte Güte usw. Hierbei wird man häufig übertriebene Anforderungen zugunsten anderer Gesichtspunkte (Preis) in mündlichen Besprechungen zurückschrauben müssen.

Oft lohnt sich auch die Untersuchung, ob man die verlangte Leistung günstiger auf mehrere gleiche Maschinen aufteilt (Reserve bei Ausfall) oder besser auf mehrere hintereinander geschaltete (mehrere Einzweck- statt einer Mehrzweckmaschine) oder umgekehrt mehrere in einer Maschine vereint und so erst die Voraussetzungen für eine günstige Lösung schafft. Ein durchschlagender Gesichtspunkt kann eine ganze Konstruktion umwerfen![1]

Weiter ist zu klären, ob man mit Einzel-, Serien-, oder Massenfertigung zu rechnen hat, da die Stückzahl die Art der Fertigung und diese die konstruktive Gestaltung bestimmt.

Sinngemäß wird man bei den anderen Konstruktionsaufgaben vorgehen: So ist für eine Fortentwicklung (neue Type)[2] eine kritische Überprüfung der bisherigen Anstände und Erfahrungen notwendig und bei Typisierungsarbeiten die nähere Kenntnis des Bedarfs, der günstigsten Größenabstufung und der verschiedenen Anwendungsfälle. Dagegen erfordert die Umstellung und Anpassung einer Konstruktion für andere Anwendungsgebiete, andere Fertigung oder andere Werkstoffe ein näheres Eingehen auf deren Erfordernisse.

Auf diese Vorklärung und Präzisierung der Aufgabe sollte man reichlich Zeit und Mühe verwenden, denn gerade hierdurch erspart man sich viele Rückschläge.

Erst dann schreitet man zur

1.3 Lösung der Aufgabe

Je eindeutiger Aufgabe und Anforderungen festgelegt sind, um so eindeutiger ist die Lösung vorgezeichnet. Meist werden bereits bestimmte Lösungen oder bestimmte Erfahrungen vorliegen, von denen man ausgehen kann.

So wird man zunächst die eigenen einschlägigen Ausführungen durchgehen und deren technische Daten, Gewichte und Kosten übersichtlich zusammengestellt bereithalten[3].

---

[1] So führte z. B. beim Seehafen-Kran der Gesichtspunkt, mehrere Krane für eine Schiffsluke arbeiten zu lassen, zum Wipp-Drehkran, und der Gesichtspunkt, den leeren Haken und kleinere Lasten schneller zu heben, zur Hubwinde mit Doppelmotor.

[2] Die Zeit, die zur Ausreifung einer Konstruktion erforderlich ist, verlangt, daß man eine neue Type bereits durchkonstruiert und erprobt, wenn die bisherige ihren Zweck noch erfüllt. Die laufende Fertigung hält man möglichst frei von Änderungen und stellt sie dann auf die bereits erprobte neue Type um. Man bevorzugt also eine „treppenförmige" Entwicklung.

[3] So pflegt jedes gut geleitete Konstruktionsbüro von jeder ausgeführten Konstruktion ein „Schlußblatt" mit allen technischen Daten aufzustellen.

Die nächstliegende Frage ist: Wie baut die Konkurrenz? So sagte mir mein erster Konstruktionschef, als ich mit einem neuen Vorschlag zu ihm kam:

„Das kommt erst später! Sehen Sie sich erst mal an, wie die Konkurrenz baut. Dann ergründen Sie, warum sie so baut. Und wenn Sie auch noch in Erfahrung gebracht haben, was daran geschätzt wird und was nicht, dann können Sie mir mit neuen Vorschlägen kommen.“

Die konstruktive Aufgabe wird häufig darin bestehen, eine in den Grundzügen bekannte Konstruktion in bestimmter Richtung günstiger zu gestalten oder bestimmten Anforderungen anzupassen.

Hierbei kommt es darauf an, die konstruktiven Möglichkeiten im Rahmen der gestellten Forderungen voll auszuschöpfen, d. h. die kritischen Punkte zu erkennen und die verschiedenen Bauelemente voll zu beherrschen, um dann durch die geschickte Auswahl, Berechnung und Gestaltung zu einer günstigen Lösung zu kommen.

Aber auch für das Auffinden neuer Lösungen lassen sich Erfahrungen angeben.

1.4 Der Weg zu neuen Lösungen

Hierzu bedarf es der Anregung! Was regt uns an? Vor allem das eindrucksvolle Erlebnis einer neuen Erscheinung, einer neuen Erkenntnis oder eines neuen Bedürfnisses (oft auf ganz anderen Gebieten). Eine besondere Rolle spielt hierbei die Erregung, sei es die Freude oder Verwunderung über etwas Neues oder umgekehrt der „fruchtbare Ärger“ über eine Unvollkommenheit (jeder Ärger muß sich lohnen!) und die lebhafte Auseinandersetzung mit Fachleuten oder sonstigen Erfahrungsträgern (der Wert von Vorträgen und Diskussionen).

Dann die zwar weniger eindrucksvolle, aber häufig schon ausreichende Anregung durch Lesen. Hierbei kommt es auf die offene und fragende, auf die verknüpfende und schlußfolgernde Einstellung, also auf den eigenen aktiven Anteil an.

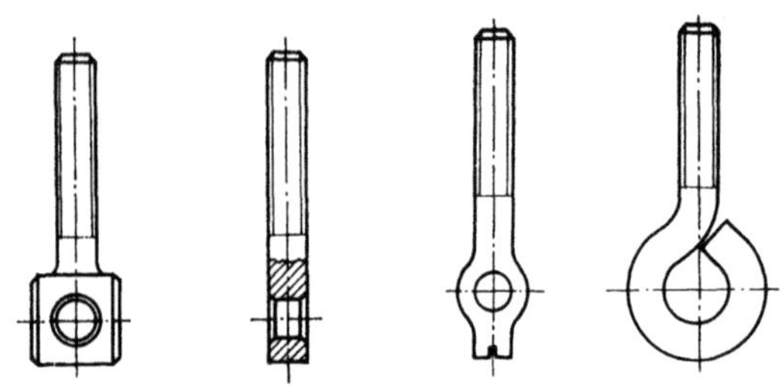

a b c d

Bild 1/2.

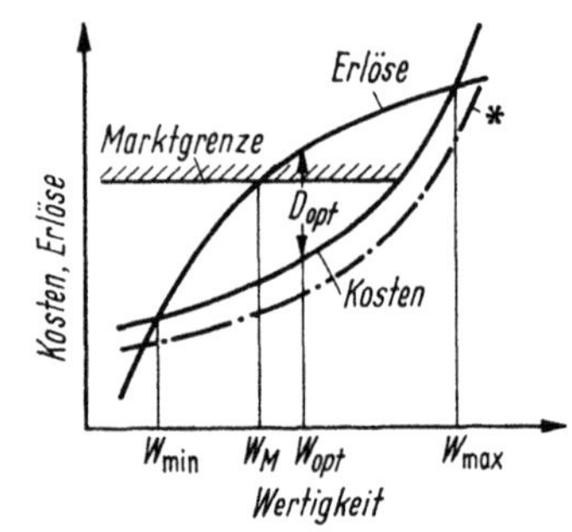

Bild 1/3.

Bild 1/2. Beispiel für Wertanalyse: Augenschraube zur Befestigung und Einstellung einer Übertotpunktfeder am Kupplungspedal eines PKWs. Funktionen: 1. Verbindung herstellen, 2. Zugkräfte übertragen, 3. Verstellbarkeit und Fixierung ermöglichen. Lösungen: a, b) Ausgangslösung im Werk gedreht, gefräst, gebohrt usw. (Kosten 100%), c) Kaufteil Gewindestift, nachgearbeitet (Kosten 14,5%), d) gewählte Lösung: Kaufteil Stein-Schraube (Kosten 10%!).

Bild 1/3. Prinzip der Wertanalyse: Typische Kurven von Kosten und Erlösen. Ist der Erlös durch Absatzmarkt (Konkurrenzfabrikate) begrenzt, so ist W_M günstiger als W_{opt}. * Durch Fallenlassen unnötiger Funktionen können Kosten bei gleicher Wertigkeit erspart werden.

Eine *Systematik* zum Finden neuer Lösungen für ein bestimmtes Bauteil (auch Baugruppe, Maschine) bildet die *Wertanalyse* (siehe auch VDI-Richtlinien 2801 „Wertanalyse“): Die mit ihr gefundenen neuen Lösungen sollen eine gesteigerte oder wenigstens gleiche *Wertigkeit* (Nutzwert, Gebrauchswert, Prestigewert) für den Käufer oder Benutzer bei niedrigeren Herstellkosten aufweisen (Beispiel siehe Bild 1/2). Die

Wertanalyse wird am besten in einem Team (4 bis 7 Pers.) von Konstrukteuren, Werkstoffachleuten, Einkäufern, Verkäufern usw. in gewissen Grundschritten durchgeführt [1/53]: 1. Sammlung von Informationen, 2. Analyse der Funktionen des Bauteiles, 3. Suche von neuen Lösungen für die Erfüllung dieser Funktionen und 4. Bewertung der Lösungen (Kostenvergleich) und Auswahl. Nicht die genaue Ermittlung der Kosten ist dabei von Bedeutung, sondern die richtige Abschätzung der Relationen [1/50]. Die Wertanalyse zielt also auf eine Vergrößerung des Verhältnisses von Erlösen (Nutzen) zu den Kosten (Aufwand); vergl. „Wirkungsgrad" einer Maschine. Kosten und Erlöse zeigen meist typische Kurven (Bild 1/3); zu große Wertigkeit (z. B. unnötig versilberte statt verzinkte Oberflächen) bringt nur noch geringe Steigerung der Erlöse, aber große Steigerung der Kosten.

Ein vorzügliches einfaches Mittel zum Finden neuer Lösungen ist aber einfach auch die *Selbstanregung* durch Aufwerfen einer Frage (eine Frage „bohrt"), durch Kritik des Bisherigen und durch Aufwerfen neuer Gesichtspunkte und neuer Wünsche. Einige Fragen: Was fehlt noch? Welche Wünsche stehen noch offen? Welche Anstände bleiben bestehen? Wie sieht das Ideal aus? Oder die Fragen: Wo würde diese Lösung ebenfalls vorteilhaft sein? Mit welchen anderen Mitteln läßt sich der gleiche Zweck erreichen? Läßt er sich mit weniger Aufwand erreichen? Oder: Auf welchen Gebieten liegen ähnliche Aufgaben vor und welche Lösungen werden bevorzugt? Also Vergleiche ziehen und auf den Nachbar- und Grundgebieten Umschau halten! So wird der Brennkraftmotor-, der Kompressoren- und Pumpenbau Anregungen für den Turbomaschinenbau bieten können, der Flugzeugbau für den Kraftwagen und dieser für den Kranbau — und umgekehrt. Außerdem muß für die aufzufindende Lösung genügend Baumaterial in Form von einschlägigen Kenntnissen und Erfahrungen vorhanden sein oder beschafft werden, so daß aus der innigen Berührung, Verknüpfung und Ausscheidung der Lösungsgedanke hervorgehen kann. Hierbei ist der Wechsel zwischen offener Einstellung (Aufnahme und Anregung) und Konzentration (Verknüpfung und Verarbeitung) wesentlich.

Variation der Lösung. So glücklich ein Konstrukteur über eine gefundene Lösung sein mag und so verführerisch es dann für ihn ist, sich damit zu begnügen — ebenso sicher ist, daß die erste Form einer Lösung ganz selten die günstigste ist. Man muß jetzt den Grundgedanken der Lösung genauer zu erfassen suchen. Man muß ihn in Parallel- und Umkehrlösungen mehrfach abwandeln, um zu einem vollständigen Einblick und Durchblick zu kommen, kurz: um das „Gesetz" zu erfassen. Erst durch eine derartige intensive Auseinandersetzung mit dem Problem gelangt man zum Kern, gelangt man zu weiteren Gedanken und Kombinationen, die wiederum zu neuen Lösungen führen.

Diese Gedankenarbeit unterstützt man am besten durch Skizzen (Prinzipskizzen, Schemabilder und Skizzen von besonderen Einzelheiten), Vergleichen und Stichwortnotizen und in besonderen Fällen durch Modelle.

Für getriebliche Aufgaben ist es wertvoll zu wissen, daß kinematische Umkehrungen, z. B. die Bewegung des Werkstücks an Stelle des Werkzeugs, nur kinematisch, aber nicht technisch gleichwertig sind, daß also gerade das Durchdenken von Umkehrungen lohnend sein kann (Bild 1/4).

Ferner sind gewöhnlich reine Drehzapfenbewegungen (Kreisbewegungen) gegenüber geradlinigen oder kurvenförmigen Schubbewegungen vorzuziehen, ebenso durchlaufende Drehbewegungen gegenüber hin- und hergehenden.

Die obigen Hinweise zeigen bereits, daß es besonders für Neukonstruktionen wertvoll ist, eine gewisse „Variationstechnik" zu beherrschen (Bild 1/4), für die gerade Kinematik und Getriebelehre zahlreiche (wenn auch einseitige) Beispiele liefern. Ferner müssen uns die für den jeweiligen Zweck in Frage kommenden Bauelemente geläufig sein. So stehen z. B. zum stufenlosen, formschlüssigen Nachstellen nur der Keil und

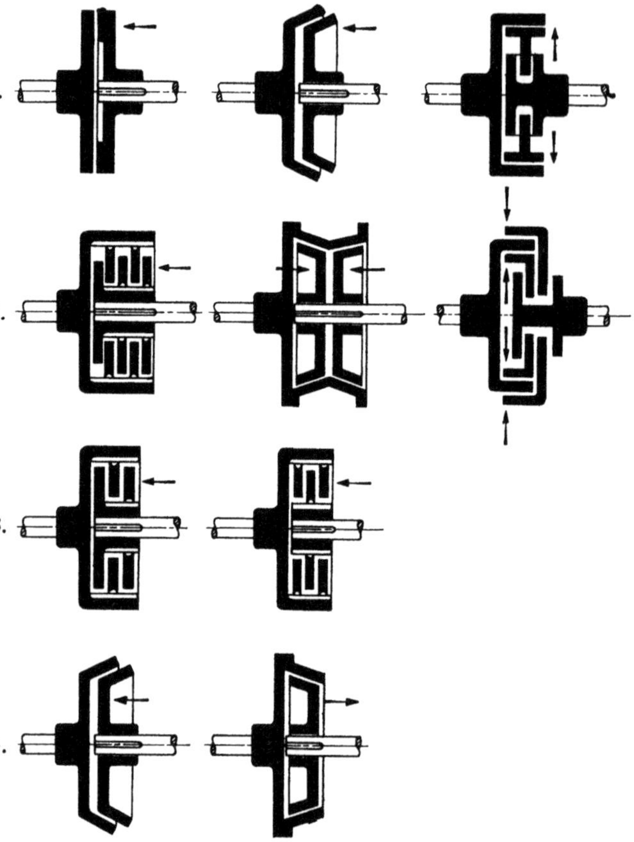

Bild 1/4. Variation einer Reibscheiben-Kupplung (schematisch) als Beispiel für die Variationstechnik. 1. Variation: Scheiben-, Kegel-, Trommel-Kupplung, 2. Variation: Vervielfachung und Kraftausgleich 3. Variation: Innen oder außen mehr Scheiben, 4. Variation: Zug- oder Druck-Anordnung.

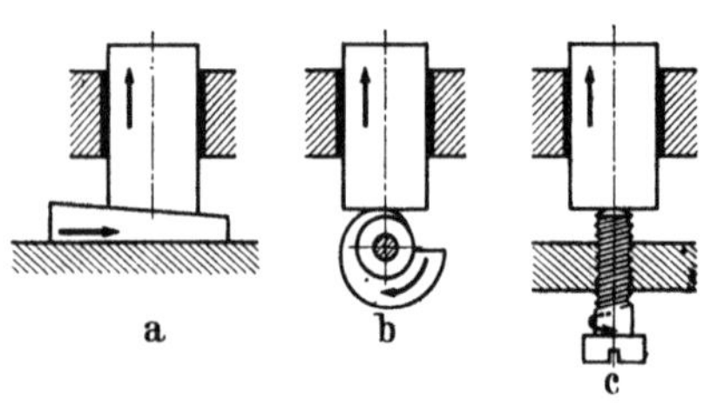

Bild 1/5. Elemente zum feinfühligen Nachstellen. a) Keil; b) Drehkeil (Exzenter); c) Schraube (Keil um Zylinder gewunden).

seine Abkömmlinge nach Bild 1/5 zu Verfügung[1]. Zur Variationstechnik gehört auch die Methode der Vervielfachung. So wird z. B. beim Kühlschrank die geringe Kühlwirkung, die beim Entspannen von Druckgas auftritt, erst durch ihre vielfache Wiederholung technisch wirkungsvoll. Ferner Optimum-Untersuchungen: Bei welcher Formgebung wird z. B. die größte Tragkraft, die geringste Kerbwirkung, das geringste Gewicht usw. erreicht?

1.5 Kritik und Auswahl der Lösung

Soweit mehrere Lösungen die gestellten Anforderungen (Abschnitt 1.1) erfüllen, wird man sie an Hand einer Bewertung der einzelnen Eigenschaften vergleichen und gegeneinander abwägen (Tafel 1/2). Oft können bereits Überschlagsrechnungen zeigen, daß

[1] Zum kraftschlüssigen Nachstellen: Gewichts-, Feder- oder Magnetkräfte, Flüssigkeits- oder Gasdruck.

in dem einen oder anderen Falle die gewünschte Wirkung nicht voll erreicht oder der erforderliche Aufwand zu groß wird. Im allgemeinen werden aber einige Lösungen in der engeren Wahl verbleiben, für die erst maßstäbliche Entwürfe und eingehende Berechnungen notwendig sind, um zwischen ihnen entscheiden zu können. In anderen Fällen werden erst bestimmte Fragen durch Versuche oder durch Heranziehen von Spezialisten, Lieferanten oder Benutzern geklärt werden müssen, um eine Entscheidung zu ermöglichen.

Bei zahlreichen konkurrierenden Gesichtspunkten ist eine zutreffende Gesamtbewertung oft nicht einfach. Man greift in solchen Fällen am besten zur Punktwertung[1].

Man schreibt hierzu die maßgebenden Gesichtspunkte untereinander und gibt für jede der zur beurteilenden Konstruktionen ihren Erfüllungsgrad mit einer Punktzahl z an (z. B. $z = 1$ bis 4; Ideal $= 4$)[2]. Die von einer Konstruktion erreichte Gesamtpunktzahl kann dann als Vergleichsmaß für deren technischen Wert dienen. Tafel 1/2 zeigt eine derartige Bewertung.

Tafel 1/2. Beispiel einer Punktwertung für vier Übersetzungsgetriebe für Personenkraftwagen nach Kesselring (die elektrische und die hydraulische Kraftübersetzung bestehen aus Generator, Motor und Regelung)

Nr.	Eigenschaft	Getriebeart				
		Zahnrad	Reibrad	Elektrisch	Hydraulisch	Ideal
1	Wirkungsgrad	4	3	2	2	4
2	Geräuscharmut	3	4	3	4	4
3	Schalterleichterung	2	3	4	4	4
4	Stufenlosigkeit	2	4	4	4	4
5	Betriebssicherheit	4	1	4	4	4
6	Lebensdauer	3	1	4	4	4
7	Überlastbarkeit	4	1	3	3	4
8	Frostempfindlichkeit	2	3	4	2	4
9	Raumbedarf	4	2	1	2	4
10	Gewicht	4	3	1	2	4
11	Rückwärtsgang	3	3	4	2	4
12	Freizügigkeit der Anordnung	3	2	4	2	4
13	Bereich der Übersetzung	3	2	4	4	4
14	Wartungsansprüche	3	3	3	4	4
	Summe	44	35	45	43	56
	Techn. Wert $x = z/z_i \leqq 1$	0,79	0,63	0,80	0,77	1
	Gestehungswert $y = K/K_i \geqq 1$	1,3	1,9	6,35	4,65	1
	Gesamtvergleichswert $s = x/y$	0,608	0,332	0,126	0,166	1

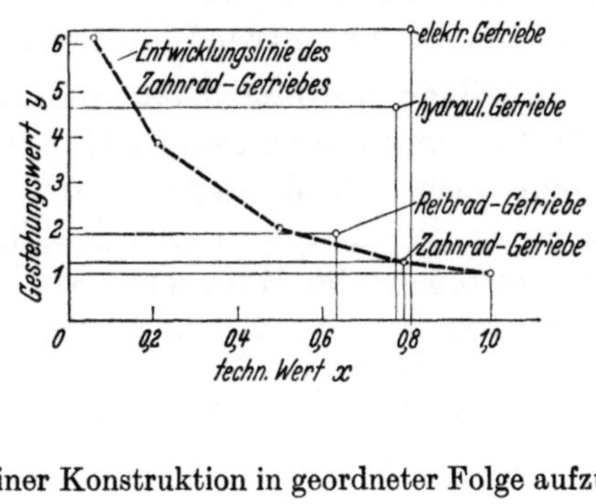

Bild 1/6. Bewertung von Kraftwagengetrieben entsprechend Tafel 1/2 nach Kesselring.

[1] Oft genügt es auch schon, die Vor- und Nachteile einer Konstruktion in geordneter Folge aufzuschreiben, um zu einer Klärung zu gelangen.

[2] Häufig ist die Zahl 1 oder 100 als Punktzahl für das Ideal vorteilhafter.

Kesselring treibt diese Bewertungstabelle noch weiter. Er bildet aus der Gesamtpunktzahl z der betreffenden Konstruktion und z_i für die ideale Konstruktion den „technischen Wert" $x = z/z_i$ und aus den Gestehungskosten K der Konstruktion, und der Idealkosten K_i den Gestehungswert[1] $y = K/K_i$ und trägt sie in ein x-y-Diagramm ein (Bild 1/6). Aus x und y kann man den Gesamt-Vergleichswert $s = x/y$ bilden.

Es ist ein besonderer Vorzug der Punktwertung, daß man sich Punkt für Punkt mit allen maßgeblichen Eigenschaften einer Konstruktion auseinandersetzen muß. Gleichzeitig wird man bei jeder Punktwahl angeregt zu prüfen, durch welche Maßnahmen der betreffende Punktwert erhöht werden könnte. Das Punktsystem zeigt deutlich, wo die Weiterbildung einer Konstruktion einsetzen müßte.

Eine ausgezeichnete Hilfe für die technisch-wirtschaftliche Überprüfung von konstruktiven Varianten bietet auch die VDI-2225 [1/43] mit guten Beispielen und Unterlagen. Hier muß natürlich auch wieder auf die *Wertanalyse* (Abschnitt 1.4) verwiesen werden, die besonders die Kostenseite berücksichtigt.

In vielen Fällen werden für die Beurteilung aber auch noch folgende Erfahrungen dienlich sein:

1. Der Vater einer Neukonstruktion überwertet häufig die Bedeutung der durch seine Konstruktion herausgestellten Eigenschaften. (Sind sie wirklich so wichtig?) Hier wird die Beurteilung durch andere Fachleute, besonders aus dem Kreis der späteren Benutzer, wertvoll sein.

2. Entscheidend für den Erfolg einer Konstruktion ist vor allem die einwandfreie Verwirklichung eines durchschlagenden Grundgedankens. Sein Fehlen kann auch durch besondere konstruktive Feinheiten nicht ersetzt werden.

3. Der Vorteil einer Neukonstruktion muß einen gewissen Schwellwert überschreiten, um sich durchzusetzen. Besonders wird eine Neukonstruktion eine gebräuchliche einfachere auf die Dauer nur dann verdrängen, wenn ihre Vorzüge entscheidend sind.

4. Bei gleichartigen Konstruktionen können die Werkstoffkosten als Maßstab für die Gestehungskosten der Konstruktion dienen. Hieraus ergibt sich auch der Konstruktionsgrundsatz: Geringe Materialkosten anstreben!

1.6 Ablauf der konstruktiven Arbeit

Nachdem alle wesentlichen Punkte für das konstruktive Vorhaben geklärt sind, beginnt man mit dem

1. *maßstäblichen Gesamtentwurf*, der die Hauptmaße und die Gesamtanordnung festlegt. Gerade hierbei werden durchweg Parallel- und Folgeentwürfe erforderlich sein, um die günstigste Gesamtanordnung zu finden, um von Entwurf zu Entwurf fortschreitend immer gedrängter und einfacher, raum- und gewichtsparender zu bauen, um alle Einwendungen zu berücksichtigen, die von seiten der beteiligten Stellen gemacht werden. Der Gesamtentwurf bildet die Grundlage für den nächsten Schritt:

2. *Aufteilung der Gesamtkonstruktion.* Bei sehr umfangreichen Objekten unterteilt man die Gesamtkonstruktion in Hauptgruppen, diese in Baugruppen und diese gegebenenfalls noch in Teilgruppen und Untergruppen. So wird man z. B. einen Portal-Drehkran in die Hauptgruppen Stahlkonstruktion, Triebwerke und elektrische Ausrüstung aufteilen, die Hauptgruppe Triebwerke in die Baugruppen Hubwerk, Drehwerk, Fahrwerk usw., die Baugruppe Hubwerk in die Teilgruppen Hubwinde und Zubehör, die Teilgruppe Zubehör in die Untergruppen Hakengeschirr, Seilrollen mit Lagerung und Seilschutz, Seil mit Seilbefestigung usw. Bei der Aufteilung sind für die Hauptgruppen und Baugruppen die notwendigen Ausgangswerte (Anschlußmaße,

---

[1] Bei Kesselring ist y mit „wirtschaftlichem Wert" und s mit „Stärke" bezeichnet.

äußere Kräfte, Leistung, Geschwindigkeit usw.) und die angesetzten Konstruktionsgewichte festzulegen. Ferner wird man die Art der Fertigung klären und die Verwendung vorhandener, genormter oder marktgängiger Bauteile.

Dann wird der Gruppenkonstrukteur den Gruppenentwurf anfertigen und hierdurch die Ausgangswerte für die Untergruppen bzw. für die Einzelteile festlegen, deren Konstruktion der Teilkonstrukteur übernimmt. Zeitlich wird man darauf achten, daß die Zeichnungen für die Guß- und Schmiedeteile und für Teile, die auswärts zu bestellen sind, zuerst angefertigt werden.

Eine derartige Aufteilung der Konstruktion ermöglicht erst die zeitliche Parallelschaltung, und zwar sowohl bei der konstruktiven Arbeit als auch bei der Fertigung und beim Zusammenbau.

3. *Gestaltung der Einzelteile* s. Kapitel 2.

4. *Überprüfung der Zeichnungen.* Lieber eine Zeichnung zweimal sorgfältig nach jedem Gesichtspunkt überprüfen, als eine Zeichnung ändern müssen, wenn die Fertigung schon angelaufen ist! Denn nachträgliche Zeichnungsänderungen bringen mehr Ärger als man gewöhnlich denkt, besonders dann, wenn man nicht alle ausgegebenen Exemplare der Zeichnung sofort eigenhändig richtigstellen kann oder wenn bereits ein Teil der Lieferung gefertigt ist.

Die beste Regel für die Überprüfung von Zeichnungen lautet: *Für jeden Gesichtspunkt eine Durchsicht!*

Erfahrungsgemäß ist es schwer, die Aufmerksamkeit gleichzeitig auf mehrere nicht zusammenhängende Gesichtspunkte einzustellen. Man lege daher vorher fest, nach welchen Gesichtspunkten die Durchsicht einzeln vorgenommen werden soll. Zum Beispiel:

a) *Kritische Punkte finden.* Was könnte Schwierigkeiten bereiten? Bei der Fertigung, beim Zusammenbau, im Gebrauch?

b) *Festigkeit.* Gefährdete Querschnitte nachrechnen! Kerbstellen und ungünstige Kraftleitung, Krafthäufung und zusätzliche Biegemomente ausmerzen!

c) *Gleitstellen.* Ist hier die Werkstoffpaarung, Oberflächengüte, Passung und Schmierung einwandfrei? Ist bei Verschleiß für Nachstellung oder leichte Auswechselung gesorgt?

d) *Abdichtung, Entlüftung und Schaulöcher.* Wo erforderlich? Ausreichend?

e) *Zusammenbau.* Ist die Zuordnung gesichert und der Zusammenbau möglich (Reihenfolge der Sitze, Platz für Monteurdaumen)? Wo ist genaue Einstellung und Anpaßarbeit erforderlich (Stellschrauben, Paßbleche)? Wodurch kann Zusammenbau erleichtert werden?

f) *Fertigung.* Wie fertigen, aufnehmen und messen? Bezugskante? Durchgehende Bohrungen? Ist die Fertigung auf üblichen Maschinen, mit üblichen Werkzeugen und üblichen Lehren möglich?

g) *Vereinheitlichung.* Symmetrische statt Links- und Rechtsausführung. Verwendung genormter bzw. marktgängiger Teile und Werkstoffe anstelle von Sonderausführungen. Verminderung der Schraubengrößen (Anzahl der Bedienungsschlüssel).

h) *Einsparungen.* Wo läßt sich an Baulänge, an Gewicht oder Raumbedarf sparen? An Qualität oder Aufwand hinsichtlich Werkstoff, Passung und Bearbeitung? (Stichwort: „Entfeinen“ und „Plattieren”!).

i) *Maße.* Ist jede Ecke durch Maße festgelegt? Innen und außen? Bezugskante? Dann die Einzelmaße zusammenzählen und mit dem Gesamtmaß vergleichen! Dann prüfen, ob die Maße der zu paarenden Teile an den Paarungsstellen übereinstimmen.

1.7 Berechnungen

Man sucht bei den konstruktiven Aufgaben die maßgebenden Einflußgrößen, z. B. auftretende Kräfte, Beanspruchungen und Verformungen, Lebensdauer oder Verschleiß, Wirkungsgrad, Leistung und Energieverbrauch usw. rechnerisch zu erfassen, um

1. die zu erwartenden Wirkungen,
2. den erforderlichen Bauaufwand (Abmessungen und Gewichte),
3. den Vorteil einer Lösung gegenüber einer anderen

vorhersagen oder nachprüfen zu können.

Bei einer Berechnung liegen die Klippen, abgesehen von Rechenfehlern, in den Voraussetzungen des Rechnungsansatzes. Was nützen die sorgfältigsten Berechnungen, wenn die Ausgangswerte mit den wirklichen nicht übereinstimmen oder wenn bestimmte Voraussetzungen gar nicht zutreffen? Also nicht nur rechnen, sondern kritisch denken: Sind die verwendeten Gleichungen und eingesetzten Werte auch für den vorliegenden Fall zutreffend?

Das gilt besonders, wenn es sich um neue Verhältnisse oder um Gleichungen und Erfahrungswerte handelt, die unter anderen Umständen gewonnen wurden. In solchen Fällen überlegt man: Welche Einflußgrößen sind in der Gleichung enthalten und in welcher Potenz? Entspricht das den vorliegenden Verhältnissen? Sind vielleicht noch andere Größen von Einfluß? Zu welchen Ergebnissen führt die Gleichung in nachprüfbaren Grenzfällen?

Also nicht schematisch rechnen, sondern sich zunächst von dem Inhalt der Gleichungen und von den Ergebnissen eine Vorstellung machen, wie überhaupt das *Vorstellungsvermögen ein durch nichts zu ersetzender Helfer des Konstrukteurs* ist.

Aber auch die Vorstellung kann trügen und muß wiederum durch mathematische Überlegungen oder durch Versuche korrigiert werden. Hierzu ein einfaches Beispiel: Eine Stahlkugel von 1 m Durchmesser wiegt etwa 40 kN und hänge an einem Drahtseil von 2 cm Durchmesser. Nehmen wir jetzt den Kugeldurchmesser 10mal so groß, so ist man versucht, verführt durch das Augenmaß, auch den Drahtseildurchmesser 10mal so groß zu nehmen. In Wirklichkeit müßte er $\sqrt{10^3} = 31{,}6$mal so groß sein, da das Kugelgewicht mit der 3. Potenz des Durchmessers, die Tragfähigkeit des Seiles aber nur mit der 2. Potenz des Drahtseildurchmessers zunimmt.

Häufig kann man die ganze Rechnung einfacher als Vergleichsrechnungen mit Kennwerten durchführen, wie es im Abschnitt 4.2 gezeigt wird.

Ferner ist zu prüfen, ob für die Berechnung die auftretenden Größtwerte (z. B gegenüber Gewaltbruch oder plastischer Verformung) oder die Durchschnittswerte (z. B. gegenüber Dauerbruch oder bei Berechnungen auf Verschleiß und Lebensdauer) maßgebend sind.

Bei der Einzel- und Serienkonstruktion können neuerdings auch Computersysteme eingesetzt werden (Computer Aided Design: CAD). Dabei läßt sich über eine Tastatur oder über elektronische Zeichenplatte und Zeichenstift direkt am Bildschirm konstruieren, bemaßen und die technische Berechnung durchführen. Vorteile: weniger Fehlerquellen, Standardteile direkt vom Speicher abrufbar, schnellere Zeichnungserstellung, automatisches Herauszeichnen von Einzelteilen. Nachteile: hohe Anschaffungskosten für Geräte, Anpassung an neue Arbeitstechnik, höhere physische Belastung.

Bei allen gleichartigen sich wiederholenden Berechnungen (z. B. Tragfähigkeit von Zahnrädern) lohnt es sich, *Rechenprogramme* in der jeweils günstigsten Programmiersprache (z. B. FORTRAN für allgemeine technische Probleme) aufzustellen und damit auf dem elektronischen Rechner (Computer) zu arbeiten.

1.8 Modelle und Versuche

Modelle sind nicht nur am Platze, um andere durch Augenschein zu überzeugen, sondern auch dann, wenn konstruktive Fragen an ihnen geklärt werden können. Man benutzt hierzu

1. *Funktionsmodelle*, z. B. aus Pappe, Holz, Metall oder Plexiglas, um Bewegungsvorgänge zu klären, oder aus Gummi, um Formänderungen an ihnen zu studieren und hieraus Rückschlüsse auf die Spannungsverteilung zu ziehen. Bei zweidimensionalen Vorgängen genügen bereits einfache Flächenmodelle.

2. *Formmodelle*, um die räumliche Aufteilung oder die räumliche Gesamtwirkung zu studieren, um den Formverlauf oder Durchdringungen oder die Wirkung von Aussteifungen zu überprüfen oder die Lage eines Schwerpunktes zu bestimmen. Sie werden je nach Bedarf aus Holz, Gips oder Metall, oder auch aus Kunststoff in einem handlichen Maßstab, oder als „Attrappe" in Naturgröße ausgeführt.

3. *Versuchsmodelle*, um bestimmte Fragen an einem gegenüber der Wirklichkeit verkleinerten bzw. vergrößerten Modell durch Versuche zu beantworten.

Versuche sind oft der einzige Weg, um bestimmte Fragen für die Konstruktion zu klären.

So kann man an *spannungsoptischen* Modellen Spannungskonzentrationen, zu große Verformungen usw. erkennen und die richtige Dimensionierung abschätzen. Messungen mit *Dehnmeßstreifen* können genaue Aussagen über Dehnungen und Spannungen am Modell und auch an der praktischen Ausführung liefern.

Dauerfestigkeitsversuche („Wöhlerkurven", s. Kapitel 3) an Modellen oder Teilen aus der Serie erleichtern die Abstimmung der Konstruktion auf eine bestimmte Ausfallquote (z. B. 1 von 100).

Besonders wichtig sind für den Konstrukteur auch Betriebsmessungen an ausgeführten *Anlagen*, um wirklich zutreffende Ausgangswerte für seine Berechnungen zu erhalten, z. B. Leistungs-, Drehmoment-, Kraft- und Dehnungsmessungen, um die wirklich erforderlichen Antriebsleistungen, die wirklich auftretenden Kräfte bzw. Beanspruchungen der Bauteile kennenzulernen. Dabei sind die Betriebsbedingungen, unter denen gemessen wurde, so ausführlich wie möglich bei jedem Meßergebnis anzugeben.

1.9 Behandlung von Anständen

Bei der Inbetriebnahme einer Neukonstruktion pflegen *Anstände* aufzutreten. In solchen Fällen kommt es darauf an, erst einmal die Ursachen richtig zu erkennen und diese dann Schritt für Schritt zu beseitigen.

Hierbei ist die *eigene aufmerksame Beobachtung* der Betriebsbedingungen sehr wichtig. Oft wird man auch hier Versuche durchführen müssen, bei denen alle störenden Einflüsse nacheinander ausgeschaltet werden, bis die wirkliche Ursache klar erkannt ist.

Meist sind es unvorhergesehene Nebenerscheinungen, wie Dauerbrüche oder dynamische Anstände (Schwingungskräfte, Erschütterungen, Lärm), Dichtungs- oder Verschleißfragen, die dem Konstrukteur „das Leben sauer machen" und die in dem einen Falle schon mit geringen Mitteln behoben werden können, während sie im anderen die ganze Konstruktion in Frage stellen.

Nur wenn wirklich alle Mittel erschöpft sind, soll man von dem Grundgedanken einer Konstruktion abgehen. Mit anderen Worten: Die Frage, ob Kinderkrankheit oder unheilbarer Konstitutionsfehler, ist erfahrungsgemäß erst nach erschöpfender Untersuchung und Behandlung zu beantworten. So brach die Welle nach Bild 1/7 oben immer wieder am Durchtritt des Querriegels bei a. Man ist geneigt, hier auf einen Konstitutionsfehler zu schließen. Durch eine geringe Verlängerung der Nabe c (s. Bild 1/7 unten) konnte dieser Mangel jedoch abgestellt werden.

Derartige Anstände sind anderseits die wertvollste und durch keine theoretische Lehre ersetzbare *Erfahrungsquelle* für den Konstrukteur — wenn er sie zu nutzen versteht.

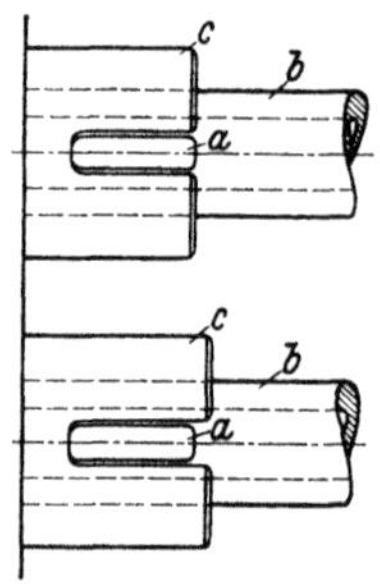

Bild 1/7. Der wiederholt eingetretene Dauerbruch der Welle *b* am Durchtritt des Querriegels bei *a* (Bild oben) konnte durch eine geringe Verlängerung der Nabe *c* (Bild unten) vermieden werden, nach Krumme.

Erst nach solchen Anständen wird er beim Konstruieren gebührend beachten, daß

1. auch das weniger ins Auge fallende Glied in der Wirkungskette wichtig ist und daß es jede Vernachlässigung oder nicht artgerechte Behandlung durch „Anstände" quittiert; daß

2. alle Glieder, außer auf den Zweck auch aufeinander abgestimmt sein müssen (denke an das schwächste Glied der Kette!); daß

3. mit jedem weiteren Glied, mit jeder Komplizierung auch die Störanfälligkeit wächst. Erst dann wird er sich bei jeder Konstruktion fragen: „Geht es wirklich nicht einfacher?" Erst dann wird er imstande sein, die beste Lösung als den besten Kompromiß zwischen den konkurrierenden Anforderungen zu erfassen — und zu verwirklichen.

1.10 Schrifttum zu 1

Allgemeines

1/1 Münzinger, Fr.: Ingenieure, Baumeister einer besseren Welt. Berlin: Springer 1947.
1/3 Kesselring, F.: Konstruieren und Konstrukteur. VDI-Z. 81 (1937) 365.
Die starke Konstruktion. VDI-Z. 86 (1942) 321.
1/4 Bauerfeind, R.: Konstruieren. Brandenburg: Selbstverlag 1947.
1/5 Niemann, G.: Über Wippkrane mit waagerechtem Lastweg. Diss. TH Berlin 1928 (Ein Beispiel für die Variationstechnik).
1/6 VDMA-Dokumentation, Verein Deutscher Maschinenbauanstalten, Frankfurt/Main, Niederrad.

Konstruieren allgemein

1/7 Kesselring, Fr.: Konstruieren — Synthese aus innerer Schau und äußerem Zwang. VDI-Z. 100 (1958) 1133—42.
1/8 Kuhlenkamp, A.: Konstruieren und Entwerfen in der Feinwerktechnik. Konstruktion 15 (1963) 349—356.
1/9 Leyer, A.: Konstruktion und Wissenschaft im Maschinenbau. Konstruktion 14 (1962) 1—6.
1/10 Martyrer, E.: Der Ingenieur und das Konstruieren. Konstruktion 12 (1960) H. 1.
1/11 Roth, K. H.: Kennzeichnende Merkmale feinwerktechnischer Konstruktionen. VDI-Z. 105 (1963) 1017 bis 25, 1125—29.
1/12 Sörensen, E.: Konstruieren — schöpferische Ingenieurarbeit. VDI-Z. 100 (1958) 1123—28.
1/13 Wallace, P. J.: Über die Ausbildung zum Konstrukteur. Konstruktion 14 (1962) 445—446.
1/14 Engpaß Konstruktion. Konstruktion 15 (1963) 433—43, 473—82.
1/15 Konstruieren — schöpferische Ingenieurarbeit. VDI-Z. 100 (1958) Nr. 24.
1/16 Beitz, W.: Übersicht über Konstruktionsmethoden. Konstruktion 24 (1972) 68—72, 109—114.
1/17 Leyer, A.: Maschinen-Konstruktionslehre. Stuttgart: Birkhäuser-Verlag 1963.
1/18 Hausen, F.: Konstruktionssystematik. Berlin: VEB-Verlag Technik 1966.
1/19 Rodenacker, W. G.: Methodisches Konstruieren. Berlin, Heidelberg, New York: Springer 1970.
1/20 Pahl, G.: Die Arbeitsschritte beim Konstruieren. Konstruktion 24 (1972) 150—153.
1/21 Wiendahl, H. P.; Grabowski, H.: Systematische Erfassung von Konstruktionstätigkeiten — Voraussetzung für eine Rationalisierung im Konstruktionsbereich. Konstruktion 24 (1972) 175—180.

1/22 Beitz, W.: Bewertungsmethoden als Entscheidungshilfe zur Auswahl von Lösungsvarianten. Konstruktion 24 (1972) 493–498.
1/23 Koller, R.: Ein Weg zur Konstruktionsmethodik. Konstruktion 23 (1971) 388–400.
1/24 Beitz, W.: Möglichkeiten methodischer Lösungsfindung bei der Konstruktion. Konstruktion 23 (1971) 161–167.
1/25 Bär, S.: Aufgabe und Stellung des Konstrukteurs bei der Schwerindustrie. Konstruktion 22 (1970) 1–5.

Organisation, Planung, Arbeitsmethoden, Bewertung

1/26 Meier, W.: Mitarbeit der Kalkulation bei der Konstruktion und Fertigung. VDI-Z. 103 (1961) 61–64.
1/27 Nasvytis, A.: Die Gesetzmäßigkeiten kombinatorischer Technik. Berlin, Göttingen, Heidelberg: Springer 1953.
1/28 Behrendt, R.: Team-Arbeit als gesamtwirtschaftliche Aufgabe. Industrielle Organisation 29 (1960) 239–43.
1/29 Dhen, K.: Zeichnungs- und Stücklisten-Änderungen. Konstruktion 15 (1963) 24–27.
1/30 Hoffmann, K.: Team-Arbeit in Forschung und Entwicklung. Industr. Organisation 29 (1960) 275–77.
1/31 Ickert, J.: Konstruktionsgrundsätze für den Aufbau eines rationellen Erzeugungsprogramms. VDI-Z. 103 (1961) 1261–68.
1/32 Reuthe, W.: Konstruieren mit Baugruppen. Konstruktion 11 (1959) 281–92.
1/33 Scharmann, T.: Psychologische Aspekte der Team-Arbeit im Unternehmen. Industr. Organisation 29 (1960) 261–68.
1/34 Silberer, P.: Wege zur Team-Arbeit-Ausbildung und Training. Industrielle Organisation 29 (1960) 253–60.
1/35 Tillner, W.: Das rationelle Konstruktionsbüro. Konstruktion 17 (1965) 22–33.
1/36 Kesselring, F.: Technische Kompositionslehre. Berlin, Göttingen, Heidelberg: Springer 1954.
1/37 Kesselring, F.: Wechselbeziehungen zwischen Konstruktion und Fertigung. VDI-Z. 103 (1961) 55–57.
1/38 Hansen, F.: Soboljew-Methode und Konstruktion. Feingerätetechnik (1953) H. 10, 433.
1/39 Hansen, F.: Konstruktionssystematik. Berlin: VEB-Verlag Technik 1955.
1/40 Kesselring, F.: Bewertung von Konstruktionen. Düsseldorf: Deutscher Ing.-Verlag 1951.
1/41 Franke, R.: Vom Nutzen der Systematik beim Konstruieren, dargestellt am Beispiel einer Wellenkupplung. VDI-Z. 92 (1953) 897–902.
1/42 Die wirtschaftliche und fertigungsgerechte Konstruktion. Konstruktion 11 (1959) 241–246.
1/43 Technisch-wirtschaftliches Konstruieren. VDI-Richtlinie 2225. Düsseldorf: VDI-Verlag 1964.
1/44 Rodenacker, W. G.: Konstruieren von den Stoffeigenschaften aus. VDI-Z. 100 (1958) 1605–13.
1/45 Rodenacker, W.: Konstruieren von wirtschaftlichen Apparaten und Maschinen. Chemische Industrie 11 (1959) 305–308.
1/46 Miles, L. D.: Value Engineering – Wertanalyse, die praktische Methode zur Kostensenkung. München: Verlag Moderne Industrie 1964.
1/47 Demmer, K. H.: Aufgaben und Praxis der Wertanalyse. München: Verlag Moderne Industrie 1969.
1/48 Günther, W.: Praktische Erfahrung mit der Wertanalyse. Werkstattstechnik, 57 (1967) H. 10.
1/49 Bronner, W.: Wertanalyse als Grundlage der Erzeugnisplanung. VDI-Z (1968) H. 36.
1/50 Günther, W.: Die Grundlagen der Wertanalyse. VDI-Z. 113 (1971) Nr. 4.
1/51 VDI-Richtlinie 2801: Wertanalyse, Düsseldorf: VDI-Verlag.
1/52 Günther, W.: Wertanalyse und Kostenrechnung. Technische Rundschau (1970) Nr. 17.
1/53 Winter, H.: Wertanalyse im Fach Maschinenelemente. VDI-Bericht Nr. 163, (1971), 73.

Variationstechnik und Entwicklungsbeispiele

1/54 Borowski, K. H.: Das Baukostensystem in der Technik. Berlin, Göttingen, Heidelberg: Springer 1961.
1/55 Fritsch, Dr.: Die Leistung der Seilbahnen vervielfacht sich. VDI-Nachr. (1962) Nr. 27, 4.
1/56 Räntsch, K.: Neue Mittel zur Maßanzeige an Werkzeugmaschinen. Maschinenmarkt (1962) 22–32.
1/57 Rodenacker, W.: Neue Wege beim Konstruieren – Anregungen zur systematischen Auswahl von Bauelementen. VDI-Z. 94 (1952) 353–356.
1/58 Rodenacker, W.: Typenstufung in der chemischen Industrie. Chemische Industrie (1962) H. 7.

Modelle, Versuche

1/59 Föppl, L.; Mönch, E.: Praktische Spannungsoptik, 3. Aufl. Berlin, Heidelberg, New York: Springer 1972.
1/60 Raab, W.: Spannungsoptische Untersuchungen als Hilfsmittel im Maschinenbau. Technica (1963) 957–962, 1049–52.
1/61 Meßtechnische Briefe, Fa. Hottinger Baldwin Meßtechnik, Darmstadt.
1/62 Umbach, R.: Der Analogieversuch als Hilfsmittel für die Werkzeugmaschinen-Konstruktion. Konstruktion 14 (1962) 128–35.

2 Gestaltungsregeln

Man kann beim Konstruieren nicht alle Gesichtspunkte gleichzeitig im Auge behalten. Man kann aber schrittweise vorgehen und zu jedem Schritt die maßgeblichen Gesichtspunkte und Erfahrungen heranziehen, z. B. für die Gestaltung eines Gußteiles die Erfahrungsangaben in Abschnitt 2.6, für formschöne Gestaltung den Abschnitt 2.11 usw.

2.1 Vorgehen beim Konstruieren

1. Zuerst ist die *Aufgabenstellung* zu klären: Liegen bereits ähnliche Ausführungen vor? Welche Erfahrungen hat man mit ihnen gemacht, was wurde daran bemängelt? Welche Gesichtspunkte sind ausschlaggebend für die Konstruktion (Funktion, Gewicht, Preis, elegantes Aussehen, besondere Wünsche des Kunden)? Welcher Werkstoff, welche Stückzahl, welches Herstellungsverfahren, welches Halbzeug kommt in Frage? Welche Vorschriften und Normen sind zu beachten?[1]

2. Die *Hauptabmessungen* durch Überschlagsrechnung festlegen.

3. Die *verschiedenen Lösungsmöglichkeiten* durch Handskizzen im Maßstab 1:1 festhalten, kritisch vergleichen und nach folgenden Gesichtspunkten die Endlösung auswählen: Sichere Funktion, billige Herstellungsmöglichkeit, günstiger Kraftfluß, Raumbedarf, Gewicht, Unempfindlichkeit gegen rauhe Behandlung, gegen Schmutz oder Witterungswechsel, einfache Bedienung (durch Fachmann oder Laien?), Nachstellmöglichkeit und leichte Auswechslung bei Verschleißteilen, gesicherte Schmierung und Abdichtung, bestechende Formgebung usw.

4. *Maßstäblicher Gesamtentwurf*, vorteilhaft im Maßstab 1:1 (besser vorstellbar!) unter Zugrundelegung der Hauptmaße. Dabei gleich an die vorgesehene Fertigung und den Werkstoff denken. Entwerfen und Nachrechnen der gefährdeten Stellen gehen Hand in Hand. Hierbei zeigt sich häufig, daß man zu einem anderen Werkstoff übergehen oder überhaupt eine andere konstruktive Lösung finden muß. Diese auf Deckblättern oder in Nebenskizzen gesondert darstellen.

5. *Werkstoffwahl.* Handelsübliche Werkstoffe, z. B. C-Stähle bevorzugen. Sonderwerkstoffe, z. B. legierte Stähle, NE-Metalle, nur dort verwenden, wo sie beachtliche Vorteile ergeben. Mit zunehmender Härte steigen die Bearbeitungskosten, aber auch die erzielbare Glätte der Oberflächen, Verschleiß- und Wälzfestigkeit. Bei Schweißkonstruktionen prüfen, ob der Werkstoff gut schweißbar ist.

6. *Zur Herstellungsfrage.* Die Fertigung der Teile und somit auch die Konstruktion richten sich sehr nach der Stückzahl. Bei Einzelausführung oft Schweiß- statt Gußkonstruktion, aus dem Vollen gedreht statt gezogen. Bei Massenherstellung mehr spanlose Verformung (Pressen, Gießen, Ziehen, Spritzen), denn die Modellkosten, Formkosten und Vorrichtungskosten fallen bei großen Stückzahlen weniger ins Gewicht. Oberflächenbearbeitung nur dort, wo sie erforderlich ist, und nur so gut, wie für den jeweiligen Zweck nötig.

7. *Kritische Überprüfung* des Entwurfs. Nachdem der erste maßstäbliche Entwurf vorliegt, geht es an die Überprüfung der Konstruktion, und zwar getrennt nach den

---

[1] Für derartige Überprüfungen sind „Strichlisten" (Checklisten) von Vorteil. Hierbei werden die fraglichen Punkte aneinandergereiht und jeweils nach ausgeführter Prüfung als erledigt abgehakt.

einzelnen Gesichtspunkten, die für die Konstruktion maßgebend sind, entsprechend Abschnitt 2.2. bis 2.14.

Nach dieser eigenen Überprüfung ist der Zeitpunkt gekommen, die Konstruktion der Kritik anderer, z. B. anderer Konstrukteure, Fertigungs- und Vertriebsingenieure, auszusetzen. Dabei ergibt sich, ob bestimmte Gesichtspunkte noch stärker berücksichtigt werden müssen, z. B. Schwingungsverhalten, Geräuschentwicklung, Korrosionsbeständigkeit usw. Man muß sich dabei vor Augen halten, daß

a) ein durchschlagender Gesichtspunkt eine ganze Konstruktion umwerfen kann,

b) jede Konstruktionsänderung vor der Ausführung relativ billig und zeitsparend ist gegenüber Änderungen während und nach der Ausführung,

c) eine ausgereifte Konstruktion erst nach mehreren Entwürfen und zahlreichen Vorklärungen zu erwarten ist,

d) die beste Konstruktion der jeweils beste Kompromiß zwischen zahlreichen Anforderungen ist.

8. *Entwurf der Einzelteile*; *Werkstattzeichnungen.* Nach dem Gesamtentwurf (oder Gruppen-Entwurf) werden die Anschlußmaße für die Einzelteile festgelegt.

Eine Werkstattzeichnung soll eindeutige und klare Ansichten und Schnitte enthalten. Eine Kontrolle der Zeichnung ist nach folgenden Gesichtspunkten durchzuführen:

a) Maße: Ist das Werkstück vollständig und eindeutig vermaßt? Ist bei der Vermaßung der Herstellungsgang berücksichtigt? Sind die Maße meßbar (feste Bezugskanten bevorzugen)?

b) Toleranzen und Bearbeitungszeichen: s. Abschnitt 2.10.

c) Angaben über Werkstoff und Stückzahl:

d) Sind die einschlägigen Richtlinien, Vorschriften und Normen beachtet?

e) Angabe der Sonderverfahren (Härtung, Vergüten, Oberflächenveredeln, Kugelstrahlen usw.), denen das Werkstück oder Teile desselben unterzogen werden sollen.

9. Maßstäbliche *Zusammenstellungszeichnung und Stückliste.* Diese werden angefertigt, nachdem alle Maße der Konstruktion festliegen. In der Zusammenstellungszeichnung nur Anschluß- und Außenmaße angeben. Sämtliche Einzelteile mit Positionsnummern versehen, die sich auf die Stückliste beziehen. Die Positionsnummern sind im allgemeinen auf der Zeichnung ungeordnet verteilt, da in der Stückliste Teile, die zusammen bestellt werden, fortlaufende Nummern erhalten; z. B. Lager, Schrauben, Muttern, Seegerringe jeweils zusammenfassen.

2.2 Funktion und Wirtschaftlichkeit

Im allgemeinen sucht der Konstrukteur seine Bauteile zunachst so zu gestalten, daß sie die Funktion ausreichend erfüllen. Wenn diese gesichert ist, wird er versuchen, sie wirtschaftlicher zu erreichen. Die größere Wirtschaftlichkeit kann einmal in geringeren Kosten für die Konstruktion gesucht werden, dann aber auch in einer besseren Funktion (größere Leistung, Tragkraft, Lebensdauer bzw. geringerer Energieverbrauch, Wartung usw.). Entscheidend ist letzten Endes, ob hierdurch der Gesamtwert, die „Stärke“ der Konstruktion, zunimmt.

Eine Hilfe zur Beurteilung von Funktionserfüllung und Kosten bildet die *Wertanalyse*, s. Kapitel 1.

Der Drang nach Einsparungen findet seine Grenze in der Gefährdung der Funktion, die Erfüllung von Sonderwünschen in der Gefährdung der Wirtschaftlichkeit.

Einsparmöglichkeiten: Unter Beachtung des allgemeinen Grundsatzes von bestmöglicher Funktionserfüllung bei geringstem Aufwand versucht man zu sparen:

1. an Konstruktionskosten durch Ausnutzung vorhandener Konstruktionen, durch Verwendung von Normteilen und marktgängigen Halbzeugen und Bauteilen, durch

Einsparung an Typen, an Baugrößen und Bauformen, d. h. im großen gesehen durch Vergrößerung der Stückzahl je Bauteil. Beispiele: Verwendung von Profilstäben, Blechen, Wellen und Rohren in genormten marktgängigen Abmessungen, von genormten Schrauben, Stiften, Keilen usw.; ferner durch symmetrische Ausführung von Bauteilen an Stelle von besonderen Links- und Rechtsausführungen;

2. an Werkstoffkosten, einmal durch Einsparungen an Werkstoffmenge, durch optimale Formgebung (s. Leichtbau), dann durch Einsparung hochwertiger Stoffe (wie häufig genügen z. B. plattierte Rohre, plattierte Schneidwerkzeuge, Gleitlager usw. an Stelle von Massivstücken aus Sparstoffen!) und schließlich durch verringerten Abfall;

3. an Fertigungskosten durch Wahl der günstigsten Fertigungsweise (2.5.), durch Vergrößerung der Stückzahl (s. oben), durch Ersparnis an zu bearbeitenden Flächen, an Oberflächengüte und Toleranz; durch günstigere Form und Lage der Arbeitsflächen (Ersparnis an Spannzeit, an Werkzeugen und Vorrichtungen, an Meßkosten und an Ausschuß), überhaupt durch Fertigungsmöglichkeit auf üblichen Maschinen mit üblichen Werkzeugen, Vorrichtungen und Lehren und nicht zuletzt durch fertigungsgünstige Unterteilung der Konstruktion;

4. an Vertriebskosten durch bessere Eignung (das Bessere verkauft sich leichter!), durch vielseitigere Verwendungsmöglichkeit der Konstruktion, durch leichteren Ein- und Ausbau der Ersatzteile und schließlich durch eine Formgebung, die Verpackung und Versand verbilligt. Oder aber auch durch Typenbereinigung durch „Baukastenprinzip".

2.3 Funktion und Beanspruchung

1. *Festigkeit und Gestaltung.* Das Bauteil soll sich unter den Betriebsbedingungen weder unzulässig verformen, noch soll es vorzeitig brechen, noch unzulässig verschleißen oder korrodieren. Hieraus ergeben sich bestimmte Regeln für die Gestaltung. Siehe hierzu Maßnahmen gegen Kerbwirkung in Kapitel 3; für günstige Querschnittswahl und Formgebung in Abschnitt 4.3; für Verschleißabwehr und Korrosionsschutz in Abschnitt 2.13.

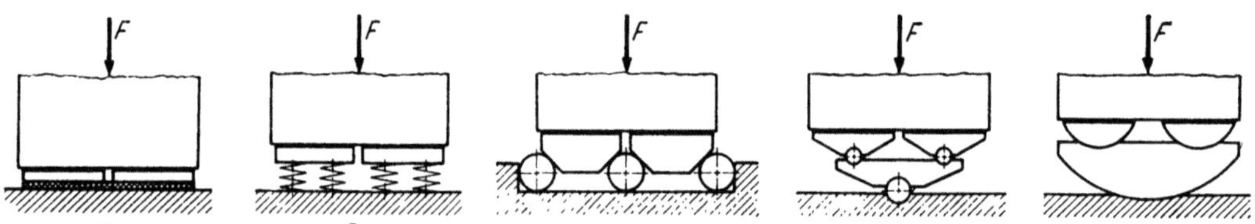

Bild 2/1. Unterschiedliche Erfüllung der Funktion „Lastausgleich".
a) plastischer Ausgleich durch plastische Zwischenlage, b) elastischer Ausgleich durch Federn, c) Keilketten-Ausgleich, d) Hebel-Ausgleich, e) Gelenkausgleich mit erweiterten Zapfen.

2. *Undurchsichtige und unnötige Kraftwirkungen* möglichst vermeiden! Also „statisch bestimmte" Auflagen und Verbindungen bevorzugen, z. B. Dreipunkt- statt Vierpunkt-Auflage, Lastausgleich nach Bild 2/1 und gegebenenfalls noch Kraftbegrenzungen (z. B. Brechbolzen) als Überlastschutz.

3. *Bei Stoßkräften und Wechselkräften* erstrebt man spielfreie und möglichst vorgespannte Verbindungen, um Lockerungen und Schlagwirkungen infolge Totgangs zu unterbinden (Schrauben sichern!). Außerdem werden Stoßkräfte um so kleiner, je größer die Dehnwege (elastische oder plastische Verformung) sind. Beispiele s. Dehnschrauben, Federn, Keil- und Preßverbindungen und Schraubenverbindungen.

4. *Bei höherer Drehzahl* möglichst starr bauen, gut auswuchten und bei Resonanz die Eigenschwingungszahl verlagern bzw. Schwingungen dämpfen, um schädliche Erschütterungen und unzulässige Beanspruchungen zu vermeiden (s. Abschnitt 2.14).

5. *Bei Gleit- und Verschleißstellen* den Verschleiß durch geeignete Paarung, Oberflächenbeschaffenheit und Schmierung möglichst klein halten und seine Folgen durch leichte Nachstell- und Ersatzmöglichkeit verringern, z. B. Kontakte, Lagerbüchsen, Gewindebüchsen, Brems- und Kupplungsbeläge, Schneiden und Düsen auswechselbar vorsehen.

6. *Sichere Dichtungen* gegen Zutritt von Staub und Sand, bzw. gegen Austritt des Füllstoffs (Öl, Benzin, Wasser, Gas) sind häufig von entscheidender Bedeutung für eine sichere Funktion (s. Dichtungen, Kapitel 16).

7. *Für Geräuscharmut* sind Paarungen mit einer gewissen Gleitreibung günstiger als reine Wälzpaarungen, z. B. Gleitlager gegenüber Wälzlagern, Schneckentriebe und versetzte Kegeltriebe gegenüber Stirn- und Kegeltrieben, usw. Besonders kann auch eine geeignete Konstruktion (Verrippung) günstig sein. Ferner sind Werkstoffe mit innerer Dämpfung, z. B. Gummi, Thermoplaste und Gußeisen, geräusch- und schwingungsdämpfender als z. B. Stahl.

2.4 Bedienung und menschliche Maße, Wartung und Sicherheit

1. Bedienung erleichtern! Eine einfache, sinnfällige (fehlgriffsichere) und bequeme Lage, Form und Bewegung der Bedienungselemente verringern die Ermüdung und steigern die Leistungsfähigkeit; ebenso eine Herabsetzung der Bedienungskräfte und -wege, eine möglichst wenig ermüdende Stellung des Bedienenden (Rückenstütze, Polsterung). Ferner ist eine Konzentration der Schaltorgane im Bereich der Hände und Füße, bzw. der Anzeigeorgane im Bereich der Augen anzustreben. Häufig wird man auch mehrere Schaltbewegungen in einem Hebel vereinigen können (Einhebelsteuerung). Sehr zu empfehlen ist auch eine an den Bedienungsgriffen selbst oder in der Nähe fest angebrachte Schaltskizze oder Schaltanweisung. Als Grifform ist der Kugelkopf sehr bewährt.

2. Mangelnde Sorgfalt der Benutzer berücksichtigen! (Fachleute, Laien, Hausfrauen ?) So wird man z. B. bei Haushaltsmaschinen die Anfordungen bezüglich Sorgfalt der Bedienung und Wartung sehr niedrig ansetzen müssen und z. B. ohne Nachschmierung der Gleitstellen auszukommen suchen (z. B. Wälzlager mit Lebensdauerfüllung, Kunststofflager).

3. Für die Konstruktion von Maschinen, Arbeitsplätzen usw. die durchschnittlichen *menschlichen Maße* berücksichtigen und damit die Bedienung erleichtern! Vergleiche dazu Tafel 2/1.

Daneben sollte zur günstigen Bedienung noch beachtet werden:

Für Handrad drehen: Bei größerer Drehzahl das Handrad mit 32 bis 40 cm Durchmesser in senkrechter Ebene anordnen mit Radachse etwa 100 bis 120 cm über dem Boden und Handkraft etwa 20 N; für große Umfangskraft das Rad in waagrechter Ebene in Höhe von 75 bis 130 cm vorsehen.

Für Kurbel drehen: Die Kurbelachse in etwa 100 cm Höhe, den Kurbelradius mit etwa 40 cm und die Handkraft <130 N ansetzen.

Für Handhebel: Waagrechte Handbewegung ist günstiger als senkrechte, Handkraft <130 N und Handweg <75 cm; für häufige Bedienung etwa halbe Maximalwerte zulassen.

Für Fußhebel: Fußkraft <500 N und Fußweg <18 cm; für häufige Bedienung etwa halbe Maximalwerte zulassen.

Für Zug an Kette: Günstig ist senkrechte Zugrichtung, Zugkraft <500 N.

Tafel 2.1. Körpermaße. Anhaltswerte nach Kroemer [2/27]

Maß Nr.		Mittelwerte für Nord-Europäer			
		Männer		Frauen	
		gestreckt cm	natürlich cm	gestreckt cm	natürlich cm
1	Im Stehen: Scheitelhöhe	172	170	161	159
2	Augenhöhe	161	159	150	148
3	Schulterhöhe	142	140	131	128
4	Ellbogenhöhe	106	104	97	95
5	Reichweite nach oben	213	–	193	–
6	Über Sitzfläche: Scheitelhöhe	90	85,5	85	80,5
7	Augenhöhe	79	74,5	74	69,5
8	Schulterhöhe	59	56	54	51
9	Ellbogenhöhe	24	23	24	23
10	Reichweite nach oben	131	–	120	–
11	Schreibtischhöhe	30···26			
11a	Schreibtischhöhe	76···72			
12	Sonstige Maße: Reichweite nach vorn	97		85	
13	Unterarmlänge	47		42	
14	Spannweite	175		155	
15	Sitzlänge	59		57	
16	Unterschenkelhöhe	55		50	
17	lichte Unterschenkelhöhe	45		43	
18	Schulterbreite	45		41	
19	Hüftbreite	35		37	

Zu den Maßen 1···5, 16 und 17 für die Schuhe noch 2,5 cm bei Männern zuschlagen und 4 cm bei Frauen. 5, 10 und 11 nach Niemann.

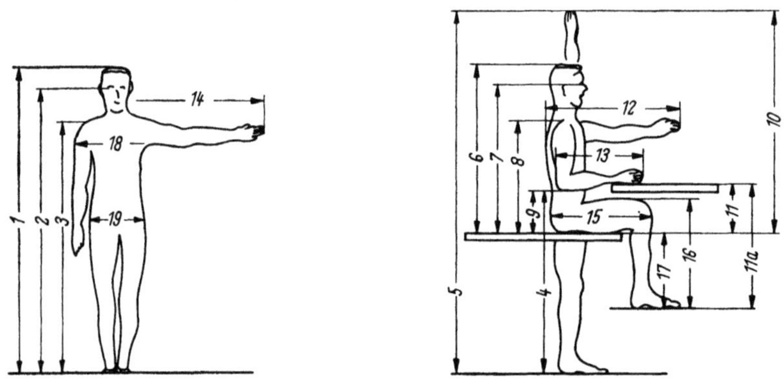

4. Betriebssicherheit. Überlege: Was kann geschehen, wenn dieses oder jenes Teil versagt? Je einschneidender die Folgen eines Versagens sind (Lebensgefahr?), um so sorgfältiger und sicherer muß das betreffende Bauteil durchgebildet werden. So wird man z. B. die Haltebremsen eines Kraftwagens, eines Personenaufzugs oder eines Krans gegenüber der Auslaufbremse einer Revolverdrehbank schon wegen der schwerwiegenderen Folgen eines Versagens nach anderen Gesichtspunkten gestalten.

5. Besondere Sicherungen. Gegen Unfälle sind die jeweiligen Unfallschutzbestimmungen einzuhalten, z. B. Abdeckung von umlaufenden und vorspringenden Teilen, wie Zahn-, Ketten- und Riementrieben, von Schleifscheiben und Nasenkeilen; Fingerschutz bei Stanzen; Berührungsschutz bei stromführenden Teilen; Augenschutz bei strahlenden und spritzenden Vorgängen; Fangvorrichtungen bei Aufzügen usw. Ferner muß man prüfen, wie weit Vorsorge zu treffen ist gegen unzulässige Bewegungen (Verriegelungen), gegen Überschreitung der Endstellungen (Endschalter), gegen unzulässige

Belastungen (Überlastanzeiger, Lastschalter oder Abfederungen), gegen unzulässige Geschwindigkeit (Fliehkraftschalter), gegen unbefugte Eingriffe (Plombieren und Sonderverschlüsse), gegen Lockern und Lösen von Teilen (z. B. Drahtsicherungen) usw.

6. Kontrolle und Wartung erleichtern! Besondere Sorgenkinder sind Verschleißstellen, Abdichtungen und Schmierstellen. Gewöhnlich ist ein an der Maschine fest angebrachter Schmierplan zu empfehlen, falls keine Zentralschmierung oder Dauerschmierung (Umlaufschmierung, Ringschmierlager, Fettkammerlager oder Wälzlager) vorgesehen ist. In vielen Fällen ist eine Kontrollmöglichkeit für den Ölstand (Schauglas oder Meßstab), für den Ölumlauf (Tropfglas oder Öldruckmesser) oder für die Öltemperatur (Thermometer) wesentlich. Schmierstellen stets geschlossen und gut zugänglich anordnen und rot kennzeichnen.

Eine glatte Außenform der Maschinen und der Bauteile erleichtert die Sauberhaltung und verringert die Unfallgefahr. Gegebenenfalls sind auch Fangrillen für Öl und sonstige Flüssigkeit am Umfang des Maschinenbetts zu empfehlen. Die Wartung soll möglichst wenig Bedienungsschlüssel erfordern (Anzahl der Schraubengrößen klein halten).

2.5 Werkstoff und Fertigung

1. Werkstoff- und fertigungsgerechte Gestaltung. Bild 2/2 zeigt an einem einfachen Beispiel, wie sich die Gestaltung eines Bauteils der Art der Fertigung und dem Werkstoff anpassen muß. Eine derartige fertigungsgerechte und werkstoffgerechte Gestaltung setzt voraus, daß man sich über den zu wählenden Werkstoff[1] und die Art der Fertigung bereits im klaren ist. Das ist aber keineswegs immer der Fall, da umgekehrt auch die hierdurch bedingte Gestaltung die Wahl des Werkstoffs und der Fertigung beeinflußt. In vielen Fällen werden daher Vergleichsentwürfe und Vergleichskalkulationen am Platze sein.

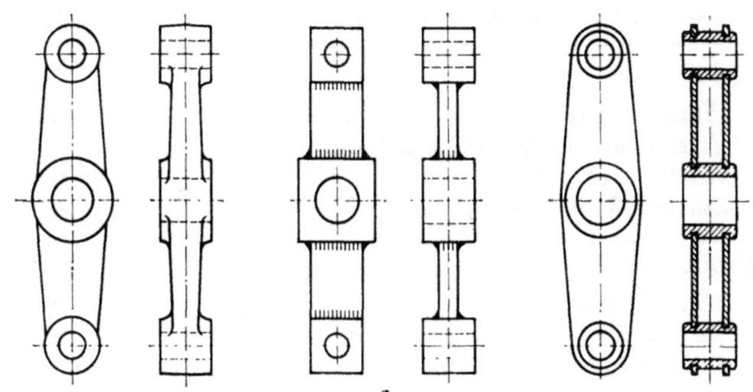

Bild 2/2. Gestaltung eines Hebels bei verschiedener Herstellung.
a) gegossen, b) geschweißt, c) gestanzt und mit Büchsen durch Bördeln vereinigt.

2. Einfluß der Stückzahl. Bei Massenfertigung, also bei sehr großer Stückzahl, tritt die werkstoff- und zeitsparende spanlose Fertigung (Gießen, Walzen, Pressen, Spritzen, Drücken, Ziehen und Stanzen) in den Vordergrund, da sich dann die Kosten der hierfür erforderlichen Formstücke (Modelle, Matrizen, Gesenke, Schnitte) auf eine große Stückzahl verteilen. Hier lohnt sich auch der erhöhte Konstruktions-Aufwand für eine nahezu optimale Gestaltung und eine verfeinerte Aufteilung der Konstruktion, wobei auch eine Gestaltung tragbar wird, die Sondereinrichtungen (besondere Werkzeuge, Vorrichtungen und Maschinen) für die Fertigung erfordert.

Bei Einzelfertigung und bei geringer Stückzahl ist häufig eine einfachere Formgebung notwendig, um eine Fertigung mit vorhandenen Einrichtungen und ohne Formstücke und Modelle zu ermöglichen. Hier treten geschweißte Bauteile gegenüber ge-

[1] Werkstoffvergleich nach Werkstoff-Kenngrößen s. Kapitel 4. Werkstoffwahl s. Kapitel 5.

gossenen und im übrigen die spangebende[1] Formgebung aus dem Vollen in den Vordergrund. In solchen Fällen wird man durchweg auch mehr Anpaßarbeit zugunsten einer einfacheren Fertigung zulassen.

Bei Serienfertigung ist man in der Gestaltung und Fertigung auf einen Kompromiß zwischen obigen Extremen angewiesen.

2.6 Gußteile

Ihre Formgebung muß sich dem Gießverfahren anpassen, dem Einformen und Ausheben des Modells (bei Sandguß) bzw. des Gußteiles (bei Kokillen- und Spritzguß), dem Fließvorgang und dem ungleichen Erkalten und Schwinden des Gusses.

2.6.1 Wahl des Gießverfahrens

Für Eisen- und Stahlguß kommt, abgesehen vom Hartguß in Kokillen für Sonderzwecke und vom Feinguß mit ausschmelz- oder ausbrennbaren Modellen aus Thermoplasten für komplizierte Gußteile, im wesentlichen nur Sandguß[2] in Frage; für Leichtmetalle, für Zn- und Cu-Legierungen auch Kokillen- und Druckguß[3]. S. hierzu Bild 2/3 und Tafel 2/2.

Tafel 2/2. Grenzwerte für die Maße von Gußteilen bei verschiedenen Werkstoffen und Gießverfahren (nach Lüpfert)

	Grauguß Temperguß (Stahlguß)	Al-Leg.	Mg-Leg.	Zn-Leg.	Messing
Sandguß					
Wanddicke (mm) ≧	3 (5)	3,5	3,5	3,5	3,5
Erreichbare Maßgenauigkeit (mm) ±	1	0,8	0,8	0,8	1
Kokillenguß					
Wanddicke (mm) ≧	3	3	3	3	3
Erreichbare Maßgenauigkeit (mm) ±	0,2	0,2···0,3	0,2···0,3	0,2···0,3	–
Mindest-Stückzahl	–	200	200	200	200
Stückgröße bis (kg)	–	50	50	50	50
Druckguß					
Wanddicke (mm) ≧	–	0,8 ···3	0,8 ···3	0,5 ···3	1 ···3
Erreichbare Maßgenauigkeit (mm) ±	–	0,03···0,1	0,02···0,1	0,02···0,1	0,15···0,3
Mindest-Stückzahl	–	500	500	500	500
Stückgröße bis (kg)	–	10	10	20	25
Für eingegossene Bohrung[1]:					
Durchmesser D (mm) ≧	–	2	2	0,5	4
Tiefe L (durchgehend) ≦	–	3 D	4 D	8 D	3 D
Tiefe L (nicht durchgehend) ≦	–	2 D	3 D	4 D	2 D
Verjüngung in % von L	–	0,4···0,8	0,3···0,4	0,2··0,4	1,0···2,0

[1] Beim Druckguß (Spritzguß) können Bohrungen eingegossen werden, wenn entsprechende Stifte (Durchmesser D und Länge L) in die Gußform eingesetzt werden.

Sandguß ist bei geringer Stückzahl am billigsten (s. Bild 2/3) und auch für sehr große Gußstücke geeignet. Mindestwanddicke etwa 3 mm bei Grauguß[4] und 5 mm bei

[1] Formgebung durch Drehen, Fräsen, Bohren, Hobeln, Schleifen.

[2] Bei schweren Stücken auch Lehmguß, wobei die Lehmform mit Schablonen geformt wird.

[3] Eine Abart ist der Schleuderguß, bei dem der Druck durch die Fliehkraft (die Gußform rotiert!) erzeugt wird. Er wird besonders für Bronzekränze von Schneckengetrieben verwendet, um ein hochfestes und dichtes Gefüge zu erhalten. Weiter auch für Gleitlagerbuchsen.

[4] Aus Kostengründen jedoch meist >5 mm.

Stahlguß (steigt mit Fließweglänge und Durchflußmenge); erreichbare Maßgenauigkeit etwa ± 1 mm; die Oberfläche ist rauh.

Kokillenguß eignet sich für große Serien und ist für einfache Teile schon ab 200 Stück möglicherweise wirtschaftlich. Stückgröße bis etwa 50 kg; Wanddicke $\geqq 3$ mm; Maßgenauigkeit $\geqq 0{,}2$ bis 0,3 mm. Außerdem ergibt Kokillenguß eine glatte Oberfläche, ein feineres und dichtes Gefüge und eine höhere Festigkeit als Sandguß. Kleine Stahlbüchsen, Stahlbolzen u. dgl. können mit eingegossen werden (gegen Bewegung durch Rillen oder Vorsprünge sichern!).

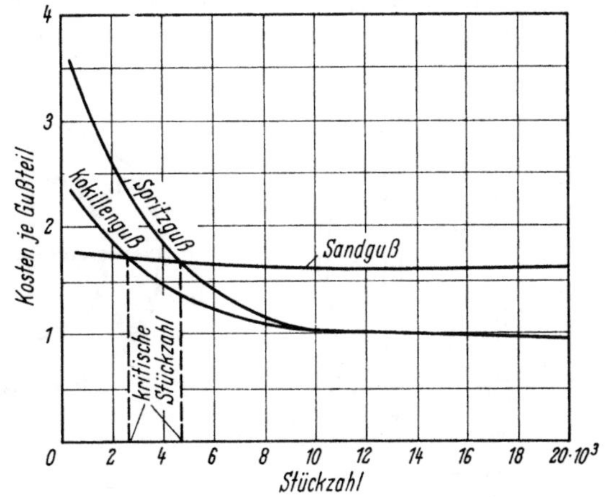

Bild 2/3. Vergleich der Kosten für ein Gehäusegußteil aus Aluminium bei verschiedenen Gießverfahren (nach Lüpfert).

Druckguß eignet sich für kleine, dünnwandige und maßfertige Massenteile (ab 500 Stück diskutierbar) und ergibt ein feines und dichtes Gefüge. Stückgröße bis etwa 10 kg bei Leichtmetall, bis 20 kg bei Zn-Legierung und bis 25 kg bei Cu-Legierung. Mindestwanddicke $\geqq 0{,}5$ bis 3 mm, Maßgenauigkeit 0,03 bis 0,3 mm (s. Tafel 2/2).

2.6.2 Gießvorgang

Wichtig für den Entwurf ist eine richtige Vorstellung vom Erstarrungsvorgang des Gusses. Bei zeitlich ungleicher Erstarrung verringert sich nach Bild 2/4 und 2/5 das Volumen der später erstarrenden, also der dickeren (bzw. der inneren) Stellen gegenüber den vorher erstarrten dünneren (bzw. äußeren). Es entstehen „Lunker" (Hohlräume, s. Bild 2/4 und 2/5) bzw. Verkürzungen (Bild 2/6) der später erstarrenden Teile

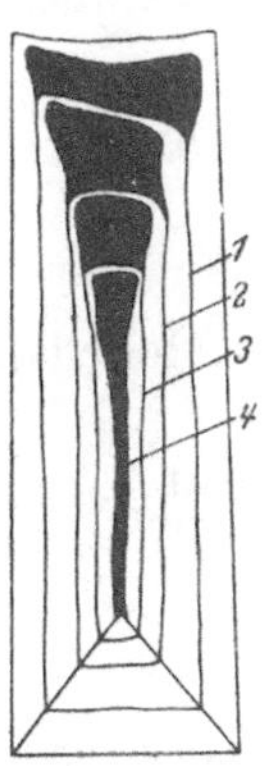

Bild 2/4.

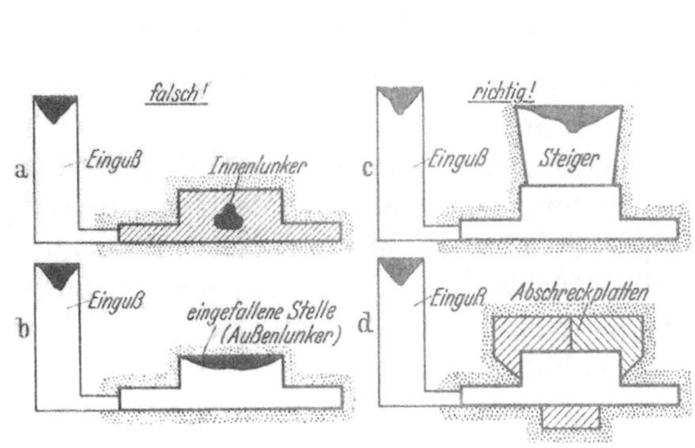

Bild 2/5.

Bild 2/4. Lunkerbildung im Gußblock durch fortschreitende Erkaltung von außen nach innen. Die Linien *1* bis *4* geben die zeitliche Folge der Erstarrung an (nach Lüpfert).

Bild 2/5. Lunkerbildung (a, b) und ihre Vermeidung (c, d) bei Formgußteilen durch besondere Maßnahmen beim Gießen (nach Lüpfert).

bzw. Spannungen oder Risse, wenn die Verkürzung behindert wird. Letztere treten besonders leicht an den Übergangsstellen von dicken zu dünnen Querschnitten und an Wandecken auf. Man kann also durch eine entsprechende Formgebung (Bild 2/7 u. 2/8) oder durch entsprechende Maßnahmen beim Gießen (Bild 2/5) eine ungleiche Erkaltung verhindern oder einen Ausgleich der Spannungen ermöglichen (Bild 2/8e). Je größer das Schwindmaß des Werkstoffs, um so wichtiger werden derartige Maßnahmen (z. B. bei Stahlguß).

Mittlere Schwindmaße in % bei: Grauguß 1; Hartguß 1,5; Temperguß 1,6; Stahlguß 2; Al-Legierung 1···1,7 (Silumin 1,15; S-Spritzguß 0,5); Mg-Legierung 1,2···1,9; Zn-Legierung 1,8; Rotguß 1,5; Gußmessing 1,8; Zn-Bronze 0,8···1,5.

Bild 2/6.

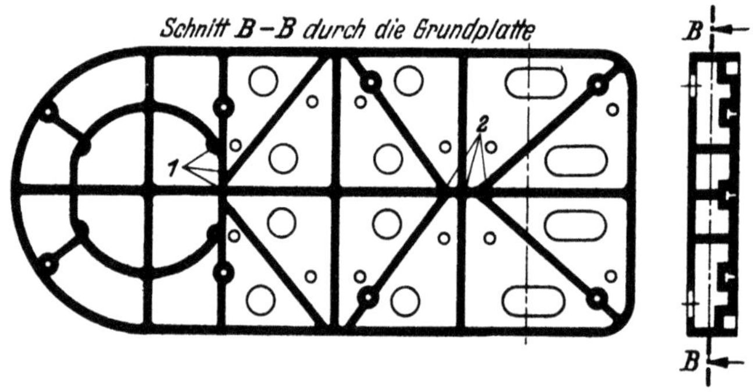

Bild 2/7.

Bild 2/6. Verziehen eines Gußstücks b) bei ungleicher Abkühlung. Die später erstarrenden dicken Teile werden kürzer. a) zeigt das Modell (nach Laudien).

Bild 2/7. Grundplatte einer Bohrmaschine, weitgehend durch Rippen ausgesteift, wobei Stoffhäufungen (Lunkerbildung) durch Auseinanderziehen der Stoßstellen vermieden werden (s. Punkt *1* und *2*).

2.6.3 Gestaltungsregeln für Gußteile

a) Geringe Modellkosten erreicht man durch

einfache Begrenzungslinien (Gerade und Kreisbogen),
einfach herstellbare Flächen (Plan- und Drehflächen),
ungeteilte Modelle, ohne besondere Kerne,
einfache und sicher aufliegende Kerne (Bild 2/8),

falls sie nicht überhaupt vermieden werden können. Jede Modellteilung und jeder Kern erhöhen die Modell-, Einform- und Putzkosten und vermehren außerdem den Ausschuß durch Modell- und Kernversetzungen.[1]

b) Geringere Einformkosten ergeben sich, wenn man nach Bild 2/8

Übergänge gut ausrundet,
Hinterschneidungen vermeidet (sonst Modellteilung!),
geringste Einformhöhe anstrebt (Teilebene in Längsrichtung des Modells),
mit wenig Teilebenen (wenig Formkästen) auskommt,
Gußschrägen für die Flächen in Ausheberichtung vorsieht, und zwar
bis 1:100 bei Kokillen- und Spritzguß,
bis 1: 50 bei hohen Flächen und
bis 1: 3 bei niedrigen Augen.

c) Weniger Fehlgüsse ergeben sich, wenn man auch konstruktiv das Fließen, Gasen und Schwinden des Gusses nach Bild 2/8b berücksichtigt durch

genügend große Durchflußquerschnitte (Wanddicke entsprechend Fließweglänge und Durchflußmenge, Bild b und d),

[1] Anhaltsmaße für Kernabmessungen: Kerndurchmesser/Kernlänge ≧1/10; Wandstärke/Kernlänge ≧1/50.

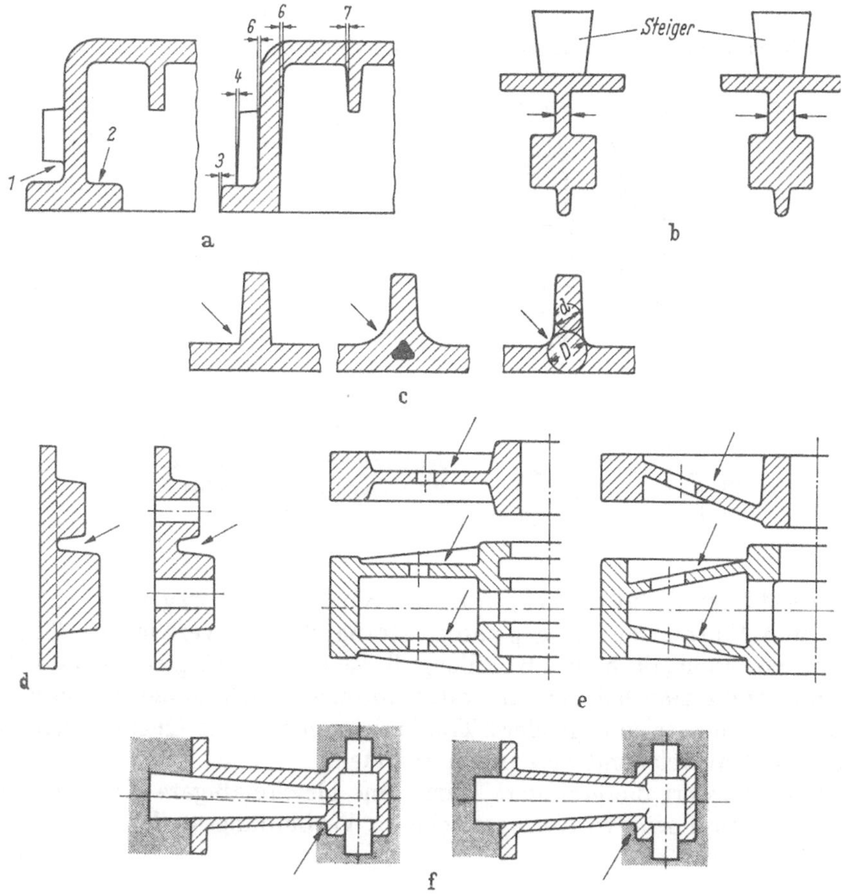

Bild 2/8. Gestaltung von Gußteilen mit Rücksicht auf Einformen, Ausheben, Fließen und Schwinden des Gusses. Jeweils „links" schlechter und „rechts" besser gestaltet.

a) Hinterschneidungen (Pfeil *1* und *2*) vermeiden und Aushebeschrägen (*3* bis *7*) vorsehen;
b) Genügend große Durchgangsquerschnitte;
c) Abgerundete Querschnittsübergänge (zu große ergeben Lunker, zu kleine ergeben Spannungen); beachte Heuversche Kreise: $D/d < 1{,}6$.
d) Wanddicke möglichst gleichmäßig.
e) Geneigte Flächen sind günstiger für die Entlüftung und für den Spannungsausgleich.
f) Mehrfach abgestützte Kerne ergeben weniger Fehlguß.

geringe Stoffanhäufung (weniger Lunker und Seiger, Bild c),
gut angerundete Übergänge (weniger Risse und Spannungen, Bild c),
Versteifungsrippen dünner als Wände (weniger Risse und Spannungen, Bild a) und
geneigte statt waagerechter Flächen (weniger blasige Oberflächen, Bild e).

d) Besondere Anforderungen an bestimmte Stellen des Gußstücks, wie dichte, porenfreie oder glatte Oberfläche oder besondere Festigkeit u. dgl. sind auf der Zeichnung besonders zu vermerken, damit Modellmacher und Gießer entsprechende Vorkehrungen treffen können (s. Bild 2/5). Es empfiehlt sich überhaupt, Entwürfe von besonderen Gußteilen mit einem Gießereifachmann zu besprechen.

e) Bei Temperguß ist wegen des Durchtemperns auf eine gleichmäßige Wanddicke von etwa **3 bis 8 mm** zu achten (s. Bild 2/9). Temperguß (mit ferritischer Randzone und perlitischem Kern) ist leicht bearbeitbar und für kleine Massenteile, wie Förderketten, Räder, Schlüssel und Beschläge, geeignet, die zäher als Grauguß sein sollen. In der Ausführung als Schwarzguß (ganz ferritisch und auch vergütbar, aber nicht schweißbar) ist er auch für Teile mit ungleicher Wanddicke (3 bis 40 mm), wie Bremstrommeln, Getriebegehäuse und Haushaltsmaschinen, geeignet.

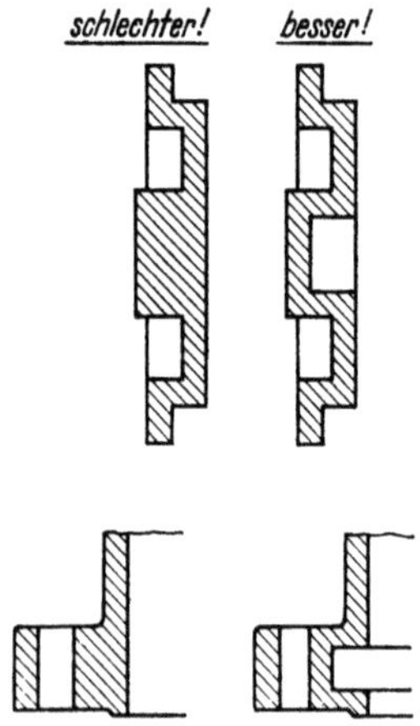

Bild 2/9. Bei Temperguß ist wegen des Durchtemperns eine gleichmäßige Wanddicke von etwa 3 bis 8 mm anzustreben.

f) Bei Leichtmetall-Gußstücken, z. B. aus Silumin, sind wegen der größeren Dünnflüssigkeit und Warmzähigkeit gegenüber Grauguß auch verwickelte Teile erheblich sicherer und vor allem, da häufig Kokillenguß, auch mit geringerer Wanddicke gießbar. Im übrigen erstrebt man bei Leichtmetall-Gußteilen gleichmäßige Wanddicke, größere Ausrundungshalbmesser und größere Trägheitsmomente der Querschnitte, verbunden mit dünnen und ausreichend verrippten Wänden.

Außerdem erfordert die geringere Härte eine gleichmäßigere Kraftverteilung, z. B. mehr Schrauben und größere Auflagefläche an Verbindungsstellen.

2.7 Schmiede- und Preßteile

Sie sind wegen ihrer größeren Zähigkeit (gerichtetes Gefüge), gegenüber Gußteilen nicht immer zu entbehren. Handschmiedestücke sind, wie jede Handarbeit, teuer. Man muß daher auf einfache Formgebung bedacht sein. Verwickelte Teile werden aus Kostengründen oft günstiger geschweißt oder gegossen.

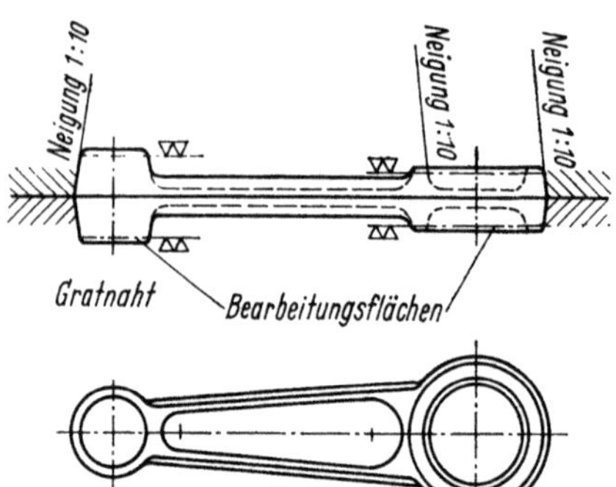

Bild 2/10.

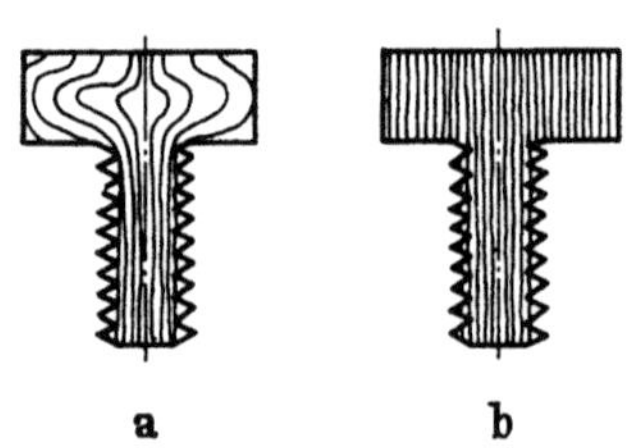

Bild 2/11.

Bild 2/10. Gestaltung und richtige Teilzeichnung von Schmiedeteilen.

Sie zeigt außer den Hauptmaßen: Die richtige Lage des Werkstückes im Gesenk mit Angabe der Gratnaht; die zu bearbeitenden Stellen; evtl. Spannflächen; Angabe der Maßgenauigkeit (Bearbeitungstoleranzen nach DIN 7523, Schmiedetoleranzen nach DIN 7524); alle wichtigen Querschnittsformen und strichpunktiert die Umrisse des Fertigteils.

Bild 2/11. Faserverlauf in einer a) kaltgepreßten und b) zerspanten Schraube (nach Lüpfert).

Gesenkschmiedestücke lohnen sich wegen der Gesenkkosten erst bei größerer Stückzahl und sind durchweg teurer als Gußstücke. Auch hier ist eine einfache Formgebung mit abgerundeten Ecken und Kanten wesentlich, um die Gesenkkosten herabzusetzen. Geeignete Gestaltung und richtige Zeichnung von Schmiedeteilen siehe Bild 2/10. Erreichbare Maßgenauigkeit etwa $\pm 0,5$ mm bei Stahl und $\pm 0,2$ bis 0,3 mm bei Gesenkpreßteilen aus NE-Metallen.

Ferner sind *warmstranggepreßte* Stangen und Rohre mit verschiedenartigen Profilen bis herunter auf 2 mm Wanddicke aus Cu-, Al-, Mg- oder Zn-Legierungen einfach und wirtschaftlich herstellbar. Die Maßgenauigkeit beträgt für Cu, Al und Mg etwa $\pm 0,7$ mm (bis 50 mm Nennmaß). Auch Stahl läßt sich bei 1200—1300 °C strangpressen; erfordert aber sehr hohe Preßkräfte. Teile bis 200 mm ∅ und bis herab zu 3,5 mm Wanddicke wurden bisher erreicht (nach Lüpfert).

Kaltpressen kann bei Kleinteilen das Gesenkschmieden und Warmpressen ersetzen. Insbesondere Normteile, die in großen Massen hergestellt werden (Bolzen, Schrauben usw.) lassen sich wirtschaftlich kaltpressen. Gegenüber auf Drehautomaten gefertigten Massenteilen hat man hier auch wieder den wesentlich günstigeren Faserverlauf (Bild 2/11) und damit bessere Festigkeitseigenschaften.

Kaltfließgepreßte Massenteile aus Stahl (Hohlkörper, wie z. B. Hülsen, Naben, Kappen usw.) sind ebenfalls sehr wirtschaftlich; allerdings erst für Serien von 5000 bis 10000 Stück (bei Teilen <500 g). Sie sind sehr maßhaltig. Vorausgesetzt werden müssen rotationssymmetrische Form und möglichst glatte, durchgehende Wände. Kaltfließgepreßte Teile aus NE-Metallen kennt man als Tuben, Dosen, Kapseln, Fässer usw.

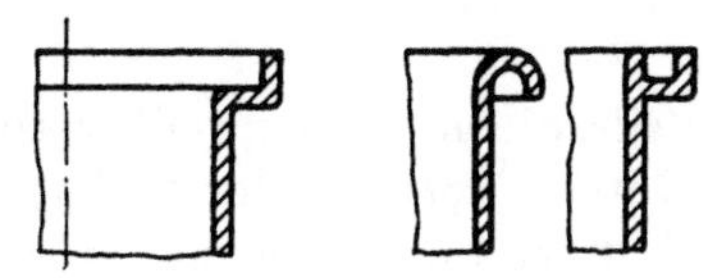

Bild 2/12. Randversteifungen von Spritzgußteilen ohne Stoffhäufung.

2.8 Preß- und Spritzgußteile aus Kunststoffen

Vorweg ist zu klären (siehe 5.6): Die Eignung des betreffenden Kunststoffs hinsichtlich der vorgesehenen Fertigung (Tafel 5/22), der erforderlichen Betriebseigenschaften (zulässige Verformung usw.) und der Werkstoffkosten.

Für die Gestaltung ist dann anzustreben (Bild 2/12 bis 2/15):

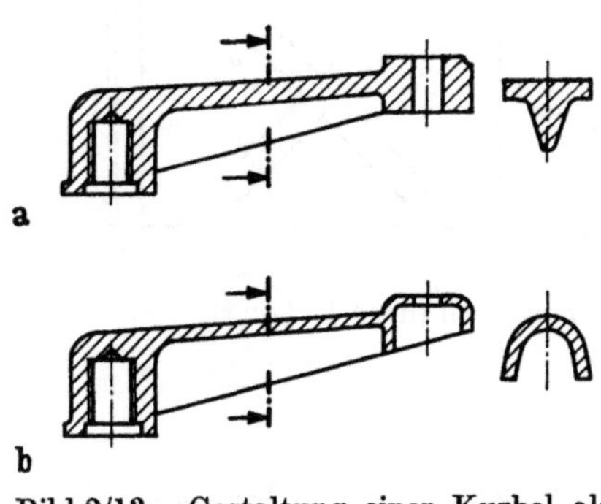

Bild 2/13. Gestaltung einer Kurbel als Kunststoffteil. Ausführung b) günstiger als a) (weniger Stoffhäufung).

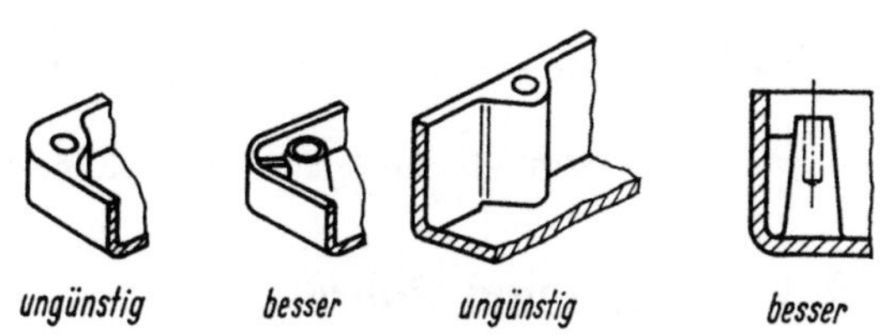

Bild 2/14. Ausführung von Befestigungsaugen an Kunststoffteilen.

1. Einfache Formgebung *ohne Unterschneidungen* in Ausheberichtung des Werkstückes bevorzugen, um ohne besondere Einschübe oder Kerneinlagen in der Preßform auszukommen.

2. *Stoffhäufung* und *ungleiche Wanddicke* vermeiden, um Rißbildung, Restspannungen und Blasen infolge ungleicher Abkühlung auszuschalten, Bild 2/12 u. 2/14. Sorgfältige Wahl des Anspritzpunktes (z. B. beim linken Ende der Kurbel von Bild 2/13), damit Spritzorientierung in Richtung der Hauptnormalspannung.

3. *Mindest-Wanddicken* einhalten. Sie sind abhängig von der Wandhöhe in Preßrichtung, der Länge des Fließweges beim Pressen und vom Fließverhalten des Kunststoffes (Bild 2/15).

4. *Mindest-Aushebeschrägen* beachten (Bild 2/15).

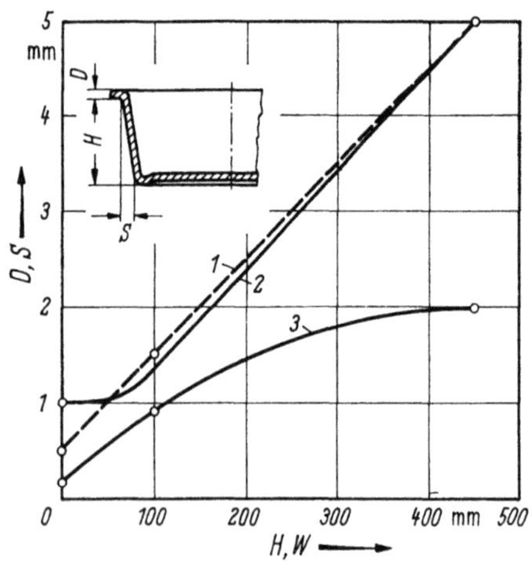

Bild 2/15. Mindestwanddicke D und Mindest-Aushebeschräge S für Kunststoff-Formteile.
Kurve *1*: D abhängig von Fließweg W bei Spritzgußteilen (z. B. $W = 100$ mm ist $D = 1{,}5$ mm).
Kurve *2*: D abhängig von Preßteilhöhe H bei kasten- und kappenförmigen Preßteilen aus leicht fließenden Phenolpreßmassen.
Kurve *3*: S abhängig von Wandhöhe H in Preßrichtung für Preßteile (für $H = 100$ mm ist $S = 0{,}9$ mm).
Für Spritzgußteile ist $S = H/100$.

5. *Metallteile*, die mit eingepreßt werden, gegen Verdrehen und Herausziehen sichern, z. B. durch Nuten, Kerben oder Rillen am Metallteil; gegen Verschieben während des Pressens gut haltern und gegen späteres Ausbrechen mit genügend Preßstoff einfassen.

6. Als *Verbindung und Befestigung* von Kunststoffteilen Kleben oder Schweißen, Schrauben oder Stifte oder einfach kleine Vorsprünge, die elastisch einrasten, vorsehen. Jedoch sollte für die Gestaltung von Kunststoffteilen stets auch der Rat der großen Kunststoffhersteller eingeholt werden.

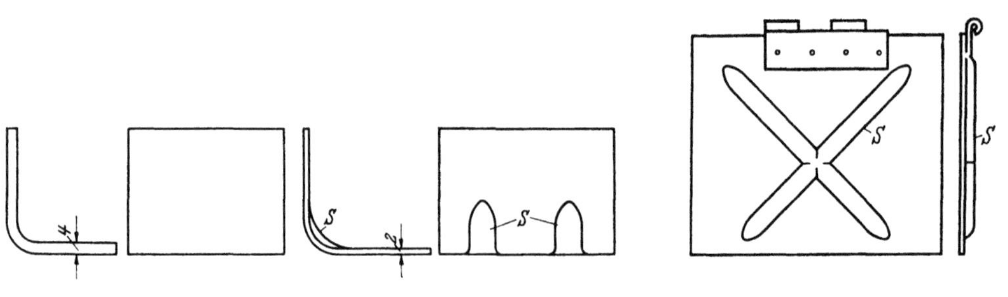

Bild 2/16. Blechteile können durch Sicken S ausgesteift werden (nach Metzner).

2.9 Blechteile und Rohre

Blechteile können durch Abkanten, Biegen, Falzen und Bördeln, durch Pressen, Ziehen und Drücken und durch Stanzen und Ausschneiden (Ausbrennen) ihre Formgebung erhalten. Hierbei legt man besonderen Wert auf geringen Blechabfall, d. h. auf günstige Blechaufteilung und Verwendung der Abfallstücke. Die geometrischen Gesetze für lückenlos aneinander schließende Flachteile siehe Heesch und Kienzle [2/63].

Größere Blechflächen werden zweckmäßig durch „Sicken", eingepreßte Hohlrippen, ausgesteift (Bild 2/16). Halbmesser des Sickenprofils etwa 2—3mal Blechdicke. Sicken

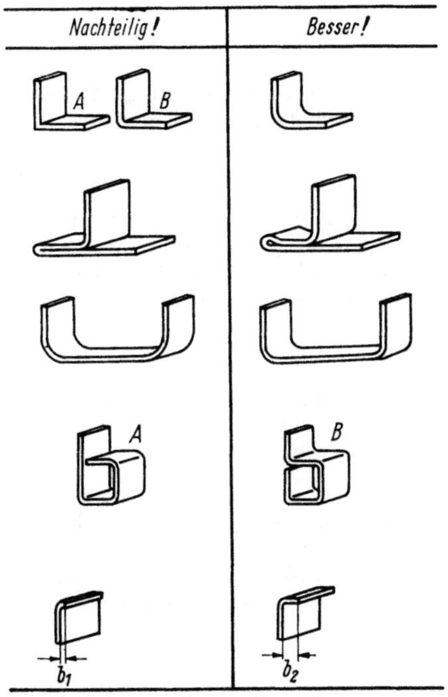

Bruchgefahr bei zu scharfkantigem Biegen. Ausführung *A* nur mittels teurer Sonderwerkzeuge möglich.

Festigkeitsminderung durch zu scharfkantiges Zudrücken des Umschlages über die ganze Fläche.

Zu große Biegehalbmesser erhöhen die Rückfederung.

Verfügbare Maschinentypen beachten. *B* auf Abkantpresse gut herstellbar, *A* nicht (äußerstenfalls mittels Beilageklotz)

Biegeschenkelbreite b_1 zu klein.

Bild 2/17. Nachteilige und günstige Gestaltung von gebogenen Blechteilen.

an hochbeanspruchten Stellen nicht kreuzen lassen. Runde Blechfelder zweckmäßig mit rechteckigen Sickenmustern und rechteckige mit runden Sickenmustern aussteifen.

Beim Abkanten von Blech sind der innere Abkanthalbmesser *r* und die gestreckte Länge *L* von der Blechdicke *s* abhängig. Anhaltswerte s. Tafel 2/3. Weitere Empfehlungen für abgekantete und gebogene Blechteile siehe Bild 2/17.

Tafel 2/3. Maße (mm) beim Abkanten von Blechen (nach Bauerfeind). Gestreckte Länge $L = L_1 + L_2 - V$; $V = 1{,}48\,s + 0{,}43\,r$.

Die kleineren Werte für *r* gelten für Stahlbleche mit $\delta_5 \geqq 20\%$ Bruchdehnung, die größeren für $\delta_5 \geqq 15\%$.

Blechdicke *s*	0,5		0,8		1		1,2		1,5	
Halbmesser $r \geqq$	0,6	1	1	1,6	1,6	2,5	1,6	2,5	2,5	4
Maß *V*	1	1,17	1,6	1,87	2,17	2,55	2,46	2,85	3,29	3,94

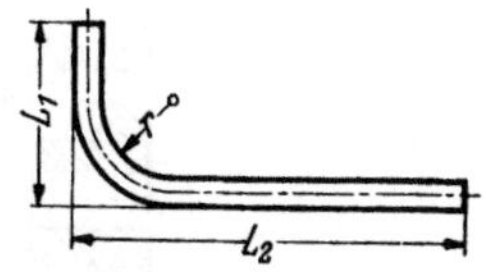

Blechdicke *s*	2		2,5		3		4		5
Halbmesser $\geqq r$	2,5	4	4	6	4	6	6	10	10
Maß *V*	4,03	4,68	5,42	6,2	6,08	6,94	8,5	10,2	11,7

Beim Ziehen (auch Tiefziehen) von topfartigen Hohlkörpern mit Durchmesser *d* und Höhe *h* beträgt der Durchmesser *D* für den erforderlichen ebenen Blechzuschnitt gleichen Flächeninhalts etwa: $D = \sqrt{d^2 + 4d \cdot h}$. Beispiele und Empfehlungen s. Bild 2/18.

Bei Rohren (Wanddicke *s*) nimmt man den Biegehalbmesser bezogen auf Rohrmitte möglichst $\geqq 3 \cdot s$ (notfalls $2 \cdot s$).

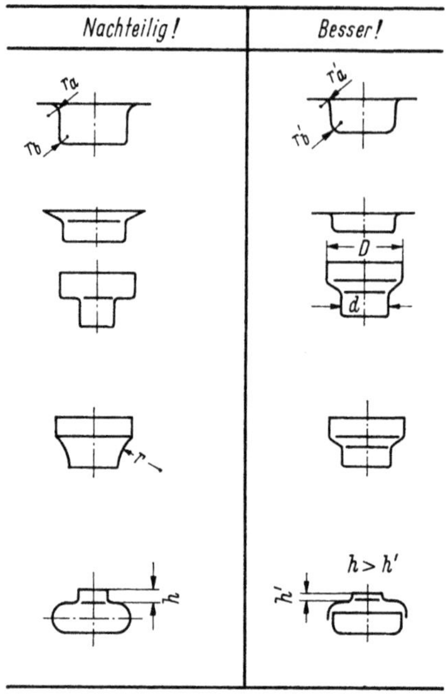

Ziehkantenrundung r_a zu groß. Bodenkantenrundung r_b zu klein.

Niederhaltefläche ist beim Anschlag (= 1. Zug) gerade, beim Weiterschlag schräg zu gestalten. Durchmesserverhältnis D/d beachten.

Rund oder kurvenförmig verlaufende Zargen und Böden sind teurer als zylindr. Napfformen.

Unterschnittene oder ausgebauchte Ziehteile bedingen hohe Werkzeugkosten (hydraul. Ziehkissen, Gummipolster usw.) Höhe h des angezogenen Stutzens zu hoch.

Bild 2/18. Nachteilige und günstige Gestaltung von gezogenen Blechteilen nach Oeler [2/65].

2.10 Bearbeitete Teile

Bevorzugt wird eine Formgebung, die kürzere Zeiten für das Aufspannen, Bearbeiten und Messen des Werkstücks ermöglicht und ferner geringe Maschinen- und Vorrichtungskosten erfordert. Hierzu lassen sich zahlreiche Einzelerfahrungen für die Gestaltung auswerten.

2.10.1 Arbeitsflächen

a) Ebene oder Drehflächen, und zwar parallel oder senkrecht zur Aufspannfläche, sind am einfachsten zu bearbeiten.

b) Vorstehende Leisten und Augen sind billiger zu bearbeiten als ganze Flächen (Bild 2/19).

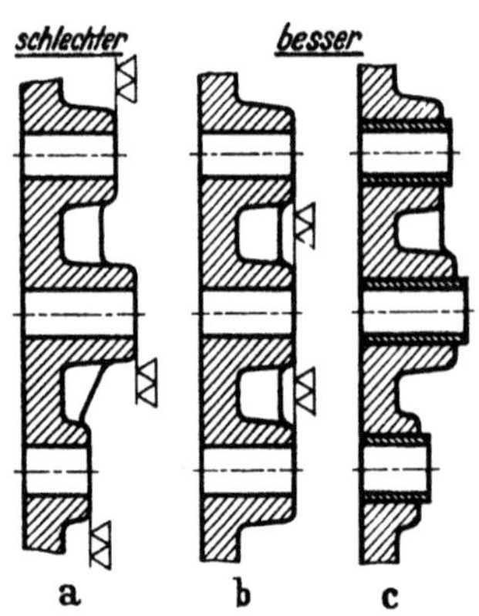

Bild 2/19. Arbeitsflächen möglichst in eine Höhe legen (b), oder fertig bearbeitete Büchsen einsetzen (c).

c) In einer Höhe liegende Arbeitsflächen (Bild 2/19) bevorzugen.

d) In einer Aufspannung, also von einer Seite her bearbeitbare Flächen sind billiger und ferner genauer in ihrer Lage zueinander herzustellen (Bild 2/20).

Bild 2/20. Deckel mit angegossenen Nasen *1* zum Einspannen und Fertigbearbeiten in einer Aufspannung.

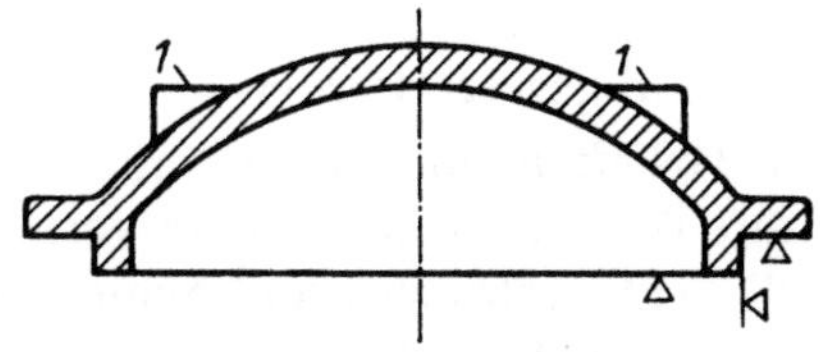

e) Für die „Aufnahme" des Werkstücks gegebenenfalls besondere Anlageflächen, Spannlöcher usw. (Bild 2/20) oder besondere Bezugsflächen zur Vermaßung vorsehen.

f) Den Auslauf des Werkzeugs nicht behindern (Bild 2/21) und die bearbeiteten Leisten genügend weit vorziehen (Bild 2/22).

g) Bei bearbeiteten Abrundungen sind nichttangierende billiger.

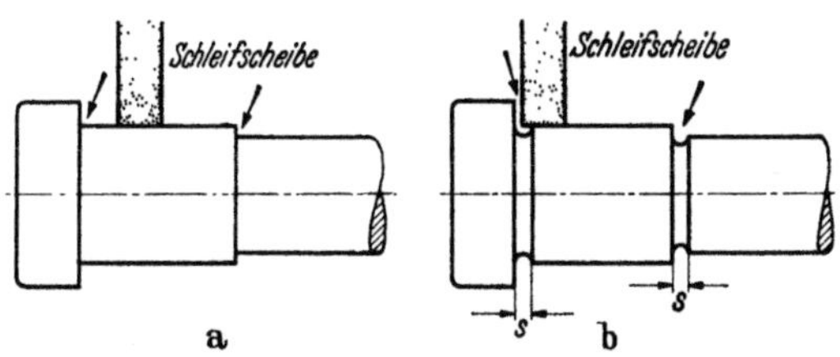

Bild 2/21. Für den Auslauf der Werkzeuge genügend Platz lassen (für Schleifscheibe etwa 6 mm).

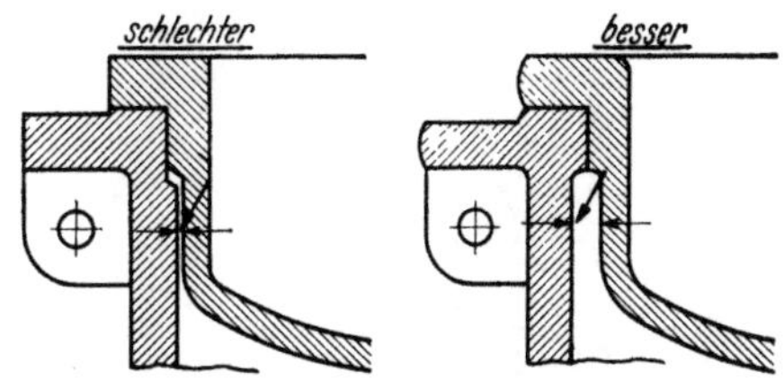

Bild 2/22. Bearbeitete Flächen genügend weit vorziehen!

2.10.2 Oberflächengüte und Toleranzen

a) Nicht feinere Oberflächen vorschreiben[1], als es die Funktion erfordert! Z. B. nur Laufflächen und Dichtungsflächen fein bearbeitet (fein geschlichtet bzw. geschliffen, poliert oder geläppt); ruhend belastete Flächen nur geschruppt; unbelastete möglichst unbearbeitet lassen, wobei kleine Herstellungsungenauigkeiten durch einen überstehenden Rand (Bild 2/23) verdeckt werden können.

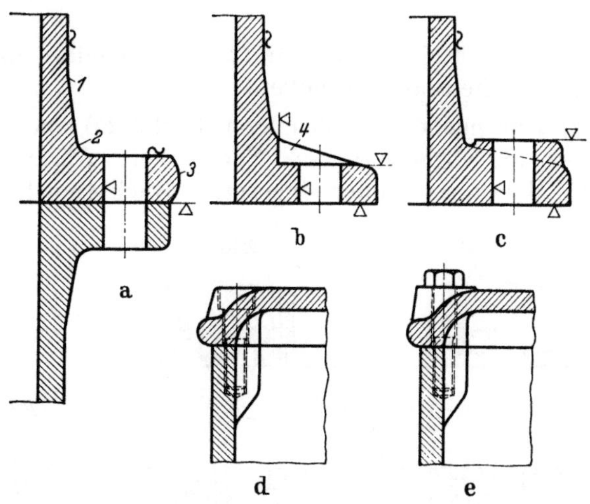

Bild 2/23. Ausbildung von Flanschen und Deckeln. Beachte bei a) den Übergang *1* und *2*, und den überstehenden Rand *3*, bei b) die Aussenkung *4*.

Rauhtiefen (μm)[2]: Schruppen 40 bis 250; Schlichten und Schlichtschleifen 4 bis 40; Feinschleifen, Läppen, Polieren 0,4 bis 4; Feinst-Schleifen, Läppen, Polieren 0,04 bis 0,4.

b) Kleine Maßtoleranzen möglichst vermeiden! Man überlege: Sind sie wirklich für die Funktion erforderlich und sind sie bei der vorgesehenen Anordnung überhaupt

[1] Hier pflegt besonders der Anfänger zu sündigen, indem er aus Unsicherheit lieber teure Oberflächengüten und Toleranzen vorschreibt, anstatt etwas nachzudenken oder sich zu erkundigen; siehe auch Bild 6/2.

[2] Nur grobe Anhaltswerte. S. Kapitel 6.

erreichbar und gut meßbar? Können sie vielleicht durch elastische oder plastische Anpassung herabgesetzt werden?

c) Anpaßarbeiten sind immer teuer. Trotzdem wird man sie vorsehen, wenn hierdurch teurere Toleranzen oder Sondervorrichtungen vermieden werden, z. B. bei „Kettentoleranzen", bei Kegelrädern und Schneckenrädern zur Einstellung des richtigen Zahntragbildes (mittels Paßscheiben oder Gewinde) usw.

2.10.3 Bohrungen und Durchbrüche

a) Vorhandene Bohrerdurchmesser bevorzugen, wozu auch die nicht ganzzahligen Größen für Durchgangslöcher und Kernlochbohrer (3,3; 4,2; 6,7; 8,4 usw.) gehören, und gegebenenfalls auf die vorhandenen Reibahlen und Lehren Rücksicht nehmen (Einheitssysteme n. 6.3.2. bevorzugen).

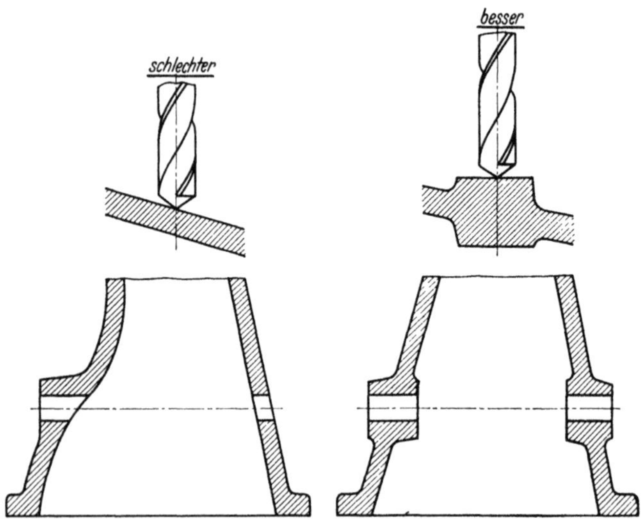

Bild 2/24. Bei „Schräglöchern" Ansatzflächen senkrecht zur Bohrrichtung vorsehen (nach Widmeier).

b) Bei Schräglöchern (Bild 2/24) besondere Ansatzflächen senkrecht zur Bohrrichtung vorsehen oder ansenken.

c) Durchgehende Bohrungen (Bild 2/25) sind billiger zu bohren, zu reiben und zu messen als abgesetzte oder Sacklöcher. Absätze oder Anlageflächen gegebenenfalls durch Sprengringe oder eingesetzte Büchsen schaffen.

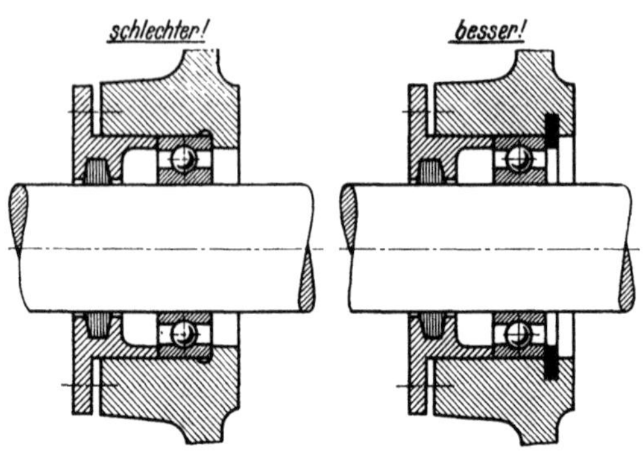

Bild 2/25. Durchgehende Bohrungen (rechts) sind billiger herzustellen. Jedoch zusätzlicher Sicherungsring.

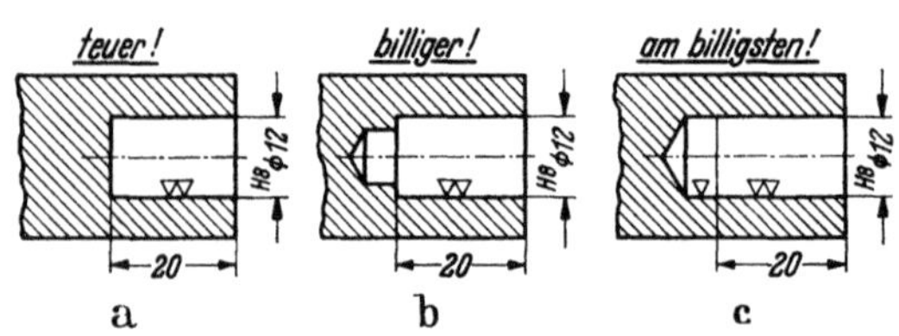

Bild 2/26. Sacklöcher mit Bohrspitze (c) sind billiger.

d) Sacklöcher (Bild 2/26) möglichst mit Bohrspitze zulassen und nur so tief wie notwendig tolerieren.

e) „Geräumte“ Durchbrüche (Bild 2/27) erfordern teure Räumnadeln und müssen für ihren Durchzug beidseitig offen sein. Hierbei einfache symmetrische Profile bevorzugen. Für Absätze gegebenenfalls Büchsen einsetzen.

f) Eindrehungen an Bohrungen (Innenflächen) sind teurer als an Wellen (Außenflächen), s. Bild 2/28.

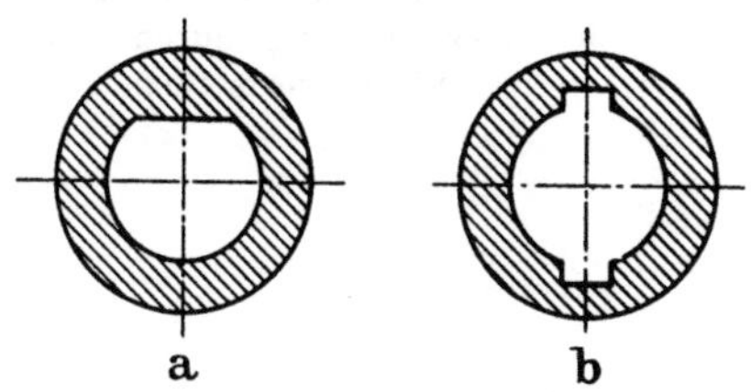

Bild 2/27. Bei „geräumten“ Durchbrüchen sind einfache, symmetrische und glatt durchgehende Profile (b) anzustreben (nach Metzner).

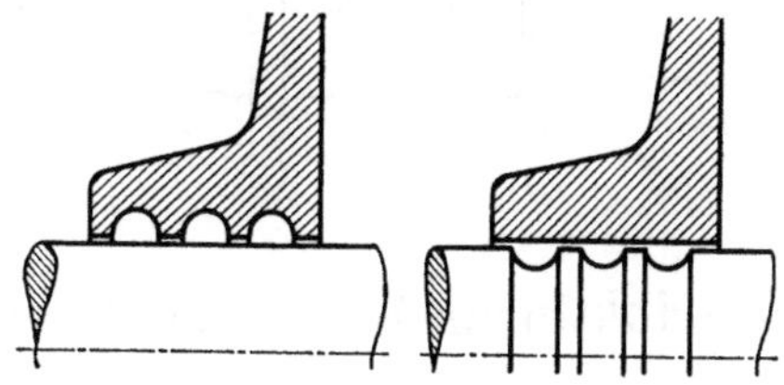

Bild 2/28. Eindrehungen sind an Außenflächen (rechts) billiger zu fertigen.

2.10.4 Gewinde und Zentrierungen

a) Gewinde zentriert nicht! Also gegebenenfalls besondere Zentrieransätze vorsehen (Bild 2/29).

b) Gewinde ohne Spiel ist teuer und wird billiger durch eine Nachstell-Gewindebüchse erreicht (Bild 2/30).

c) Zentrieransätze genügend hoch machen! Kanten brechen!

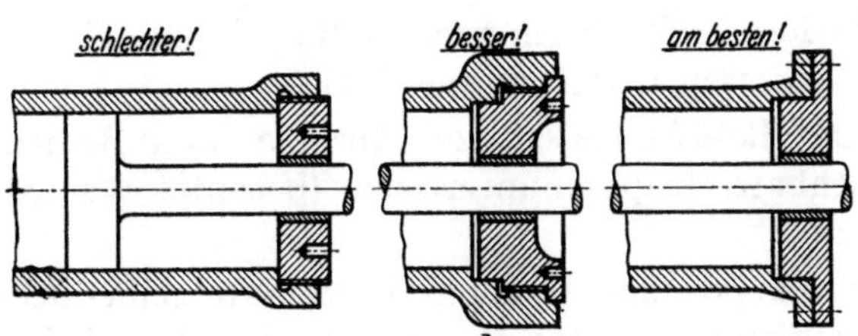

Bild 2/29. Gewinde zentriert nicht (a)! Also besondere Zentrieransätze vorsehen (b), oder gegebenenfalls das Gewinde ganz einsparen (c).

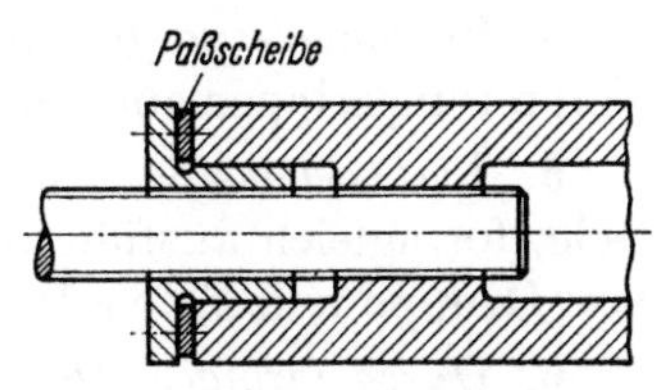

Bild 2/30. Gewinde-Nachstellung durch Gewindebüchse und Paßscheibe.

2.10.5 Verbindungen

a) Mehrfachanlagen in gleicher Richtung, z. B. Vielnutwellen (Kap. 18), erfordern eine hohe Arbeitsgenauigkeit; daher möglichst vermeiden oder durch elastische Mittel einen Ausgleich ermöglichen.

b) Kerbstift- und Spannstift-Verbindungen (Kap. 11) sind billiger als Zylinderstift- oder Kegelstift-Verbindungen (Ersparnis an Toleranz bzw. an Aufreibarbeit).

c) Schraubenverbindungen (Kap. 10) sind billiger mit Durchsteck- als mit Paßschrauben (Ersparnis an Toleranz). Je geringer die Anzahl der verwendeten Schraubengrößen, desto einfacher die Bohrarbeit und desto geringer die Anzahl der erforderlichen Schraubenschlüssel.

d) Preßsitze sind billiger als Paßfeder- oder Keilverbindungen (Kap. 18).

e) Bei Kegelflächen weder die Herstellung noch die Kegelpassung durch vorspringende Absätze behindern (Bild 2/31). Gebräuchliche Kegelverjüngungen bevorzugen, für die Reibahlen bzw. Lehren vorhanden sind. Auf der Zeichnung hierfür nur einen Durchmesser und die Kegelneigung festlegen.

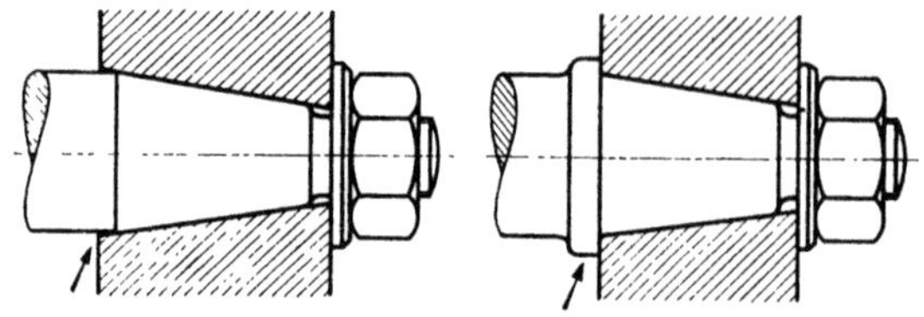

Bild 2/31. Bei Kegelflächen jegliche Behinderung der Kegelpassung durch anderweitige Anlagen vermeiden.

2.11 Produktform, Linie und Farbe

Die äußere Gestaltung der technischen Produkte beeinflußt den Gebrauchswert und den Verkaufswert und darüber hinaus den Ruf der erzeugenden Firma. Ihre Auswirkung ist aber nach Art des Produktes und der Konkurrenzlage unterschiedlich, so daß im Einzelfall Ausführungsmöglichkeiten und Aufwand abzuwägen sind. Hierzu einige Erfahrungsangaben:

1. Die Formgebung soll *sinnvoll* sein; sie soll der Funktion und Kraftwirkung, dem Werkstoff und der Art der Fertigung sichtbar entsprechen und hinsichtlich der Bedienung den menschlichen Maßen und Reaktionen optimal angepaßt sein (s. hierzu 2.4.).

2. Die Formgebung soll *bewußt sachlich,* klar und unaufdringlich sein (Stilisierung als Selbstzweck vermeiden!).

3. Eine *glatte Außenform* ohne Ecken und Kanten verringert die Unfallgefahr und erleichtert Sauberhaltung und Wartung.

4. Besonders zu beachten ist die gliedernde Wirkung von Teilfugen und Nuten, Versteifungsrippen und Schutzleisten. Zierleisten u. dgl. vermeiden!

5. *Reihenelemente,* wie Kühlrippen und Belüftungsschlitze, Anzeige- und Bedienteile, formgleich ausführen und in übersehbare Gruppen unterteilen (betonter Wechsel von Gruppe und Fläche!).

6. *Durch farbiges Absetzen* kann man ruhende und bewegte Teile, unterschiedliche Funktionsgruppen und größere Flächen wirksam gliedern, kennzeichnen, hervorheben und kontrastieren. *Für große Flächen* sind matte, nicht reflektierende Farben zu empfehlen. Für genaues Sehen ist ein genügender Kontrast im Sehfeld erforderlich, der am besten durch Komplementärfarben erreicht wird. *Farbnormen* s. DIN 4818 Gefahrenkennzeichnung, Sicherheitsfarben und Zeichen; DIN 5381 Kennfarben für Schilder, Behälter, Leitungen, Maschinen, Geräte und Bedienteile; DIN 6164 DIN-Farbenkarte.

2.12 Zusammenbau

Hier ist im Einzelfall zu prüfen

1. ob eine starre Verbindung an bestimmten Anlageflächen (Absätze, Zentrierungen, Anschläge, Paßstifte) und in bestimmten Richtungen (längs? quer?) notwendig ist und ob die hierfür erforderliche Genauigkeit erreichbar ist?

2. ob eine nachgiebige Verbindung (und in welcher Richtung nachgiebig?) durch elastische, plastische, gelenkige oder verschiebliche Paarung zweckmäßig ist, und ob man hierfür die zu erwartenden Abweichungen beherrschen kann?

3. ob eine bestimmte Stellung der Teile zueinander durch Anschläge (Absätze, Paßscheiben, Paßfedern, Paßstifte) oder Markierungen (z. B. Körnerschläge) festzulegen ist?

Ferner ist zu überlegen, ob der Zusammenbau so überhaupt möglich ist, ob genügend Platz für den Monteursdaumen, für den Ansatz des Schraubenschlüssels usw. bleibt und dann, wo der Zusammenbau durch Entgraten und Kantenbrechen, durch kegelige Enden der Bolzen oder Bohrungen und durch Vorrichtungen und Sonderwerkzeuge erleichtert werden kann.

2.13 Oberfläche, Verschleiß und Korrosion

2.13.1 Oberfläche

Bei jeder Produktgestaltung ist zu prüfen:

Genügt die Oberfläche den wesentlichen Anforderungen, z. B. hinsichtlich *Verschleiß*, *Korrosion*, *Wartung* und *äußerer Wirkung*?

Würde eine andere Gestaltung der Oberfläche den Gebrauchswert oder den Verkaufswert des Produktes wesentlich erhöhen oder erniedrigen, und wo liegt das Optimum für den Aufwand?

Die meßbaren Eigenschaften der Oberfläche sind:

Werkstoffart und -gefüge,
Härte, Rauhheit und Charakter der Oberfläche; s. Kap. 6.,
Dichtheit gegen Flüssigkeiten oder Gase,
Wärmeverhalten (zulässige Temperatur, Wärmeleitung und -strahlung)
Verschleißverhalten,
sonstiges physikalisches Verhalten (Adhäsion, Adsorption usw.),
chemisches Verhalten,
elektrisches Verhalten (Leitvermögen, statische Aufladung, magnetisches und elektrolytisches Verhalten),
optische Wirkung (matt oder glänzend, Rückstrahlung und Farbwirkung),
psychologische Wirkung (neutral, warm oder kalt, beruhigend oder aufreizend).

Von den zahlreichen Eigenschaften der Oberfläche sind von besonderem Interesse für

Gleitpaarungen: Härte und Rauhheit, Einlauf-, Notlauf- und Verschleißverhalten und Haftvermögen des Schmierstoffes,
Wälzpaarungen: Härte und Rauhheit,
Schneidwerkzeuge, Strahldüsen, Bagger und Rutschen: Verschleißfestigkeit,
zu beschichtende Flächen: eine gewisse Rauhheit der Grundfläche zum Haften der Deckschicht,
chemisch beanspruchte Flächen: chemische Festigkeit gegen bestimmte Medien, s. Abschnitt 2.13.3.

2.13.2 Verschleiß[1]

Man macht sich nur selten klar, daß bei Bauteilen die Wertvernichtung durch mechanischen Verschleiß wohl noch größer ist als durch Bruch oder Korrosion. Für den Konstrukteur kommt hinzu, daß Verschleiß die *Funktionstüchtigkeit* von Maschinen herabsetzt und *unerwünschte Nebenwirkungen*, wie Erwärmung und Lärm, Energieverbrauch und Wartung mit sich bringt.

---

[1] Unter „Verschleiß" versteht man jede Art von Abnutzung, unter mechanischem Verschleiß die Abnutzung durch mechanische Einwirkungen (Gleit-, Wälz-, Strahl- und Sogverschleiß), unter chemischem Verschleiß (Korrosion) die Abnutzung durch chemische oder elektrochemische Veränderungen; weitere Angaben s. DIN 50320 Verschleiß, Begriff, Analyse und Gliederung; DIN 50321 Meßgrößen für den Verschleißbetrag.

Verschleißanalyse

Die meisten Kenntnisse auf dem Verschleißgebiet bestehen aus zahlreichen Einzelerfahrungen. Man ist daher meist darauf angewiesen, die jeweils vorliegenden Verschleißverhältnisse (Verschleißart, Einflußgrößen usw. nach Punkt a bis c) genauer zu erfassen, sie dann mit erprobten ähnlichen Verschleißverhältnissen zu vergleichen und die hierfür vorliegenden Erfahrungen auszunutzen.[1]

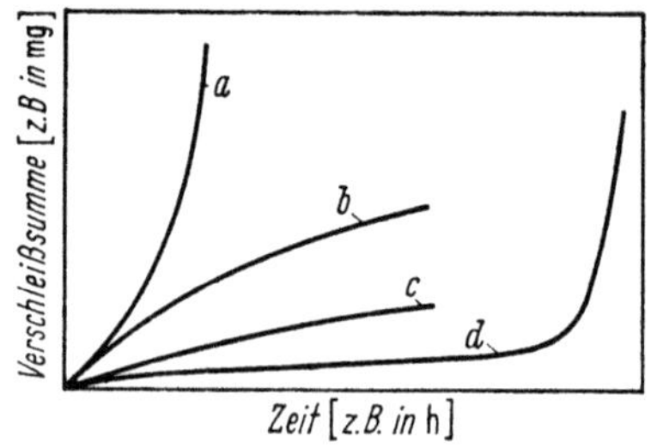

Bild 2/32. Zeitlicher Verlauf von Verschleißvorgängen (schematisch). *a* Gleitverschleiß mit „Freßtendenz", *b* Gleitverschleiß mit „Einlauftendenz", *c* Verschleiß bei überwiegendem Wälzanteil, trocken, *d* wie *c*, aber mit Schmiermittel (Grübchenbildung).

a) Verschleißarten: Im Maschinenbau hat man es entsprechend dem Bewegungsvorgang vor allem zu tun mit

Gleit-Verschleiß (bei Gleitlagern, Gleitführungen, Zahnrädern, Rutschen, Brechern, Pflugscharen und sonstigen Bearbeitungswerkzeugen),

Wälz-Verschleiß (bei Wälzlagern, Laufrädern, Nocken, Zahnrädern); ferner mit

Strahl-Verschleiß (bei Düsen, Turbinen, Rohrkrümmern) und

Sog-Verschleiß (Kavitation bei Wasserturbinen).

Dann ist es von Bedeutung, ob die Verschleißbewegung „geschmiert" oder „trocken" mit oder ohne „Zwischenkorn" (Mineralstaub) vor sich geht. Ferner unterscheidet man den Verschleißangriff durch Mineralien (Steine, Erden, Erze), kurz „Mineralverschleiß", wegen seiner besonders ungünstigen Wirkung gegenüber dem Verschleißangriff durch andere Stoffe. Darüber hinaus kann man die Verschleißart nach der Stoffpaarung, nach den Verschleißerscheinungen (s. Punkt b), nach dem Verschleißverlauf usw. kennzeichnen. Es können auch mehrere Verschleißarten überlagert auftreten.

b) Verschleißerscheinungen: Beim Gleit-Verschleiß können außer Aufrauhungen und feinem Abrieb (mehr oder weniger oxydiert!) noch plastische Verformungen, Riefenbildungen, Rattermarken, und auch „Fressen", d. h. Verschweißen und nachfolgendes Losreißen mehr oder weniger großer Flächen, auftreten. Der Abrieb selbst kann wiederum zwischen den Gleitflächen „klemmend" oder „rollend" wirken. Beim Wälz-Verschleiß können plastische Verformungen und Anrisse, Ausbröckelungen (Grübchen, „Pittings") und Abblätterungen, Narbungen und Einpressungen von Fremdkörpern auftreten, während beim Strahl- und Sog-Verschleiß vor allem Auswaschungen (Erosionen), Auskolkungen und Lochbildungen zu beobachten sind.

c) Einflußgrößen: Der Verschleiß wird nach Art und Menge erheblich beeinflußt

1. von der Paarung (Eigenschaften der gepaarten Stoffe, Form, Glätte, Dichte und Härte der Oberfläche),
2. vom Zwischenstoff (Flüssigkeit, Staubkörner, Abrieb, Gase, Luft usw.),
3. von der spez. Belastung,
4. vom Bewegungsablauf (Bewegungsart und Geschwindigkeit),
5. von sonstigen Größen (wie Temperatur usw.).

---

[1] Die jeweiligen Verschleißerfahrungen sind jedoch nur engbegrenzt übertragbar. So ist z. B. Mn-Hartstahl bei stark quetschender Gleitbewegung (z. B. bei Baggerzähnen) infolge Kalthärtung sehr verschleißfest, bei leicht schürfender Gleitbewegung (z. B. Sandstrahlen) dagegen nur mittelmäßig.

d) Verschleißtendenzen: Wesentliche Ansatzpunkte für die Verschleißabwehr ergeben sich aus der Kenntnis des Verschleißverlaufs abhängig von der Zeit (Bild 2/32), der Belastung, der Geschwindigkeit, der Werkstoffpaarung und der Härte der Oberflächen.

Verschleißminderung

Auf Grund der Verschleißanalyse lassen sich unter Heranziehung der bisherigen Erfahrungen (Verschleißtendenzen) gewöhnlich Hinweise zur Verringerung des Verschleißes oder seiner Folgen oder Hinweise für geeignete Versuche geben.

Allgemeine Empfehlungen:

1. Günstigere Stoffpaarung. Gewöhnlich kann man den Verschleiß durch Verwendung verschleißfesterer Werkstoffe[1] oder, richtiger gesagt, durch eine günstigere Stoffpaarung herabdrücken. Es bleibt jedoch zu beachten, daß eine unter bestimmten Verschleißbedingungen günstige Paarung bei geänderten Bedingungen ungünstiger sein kann. In vielen Fällen läßt sich aber noch mehr erreichen, wenn man die Verschleißarbeit selbst verringert durch

2. günstigere Verschleißbewegung, z. B. bei Dichtungen durch berührungslose Labyrinthdichtung statt Gleitdichtung, bei Zahnrädern durch kleinere Zähne und größere Eingriffswinkel, bei Gelenken durch Federgelenk statt Bolzengelenk; ferner Wälzbewegung statt Gleitbewegung, flüssige, statt halbflüssiger Gleitreibung bzw. halbflüssige statt trockener Reibung (auch bei Mineralstaub als Zwischenkorn!).

3. Herabsetzung der Verschleißkräfte, z. B. durch günstigere Wahl der Flächenpressung, der Geschwindigkeit und der Formgebung, durch Herabsetzung des Reibwerts, z. B. durch glattere Oberflächen (besonders bei Gleitlagern wichtig!), durch günstigere Schmierung durch Fernhalten von Mineralstaub (sicherere Dichtungen!), durch Sammelrillen für Abrieb und Staub usw.

4. Einhaltung der Grenztemperatur, z. B. bei Ölschmierung bei Kunststoffen usw.

5. Verringerung der Verschleißfolgen, z. B. durch Einbau von Nachstellvorrichtungen oder durch Beschränkung des Verschleißes auf bestimmte, leicht auswechselbare Verschleißteile. In vielen Fällen wird man den Verschleiß auch durch Auftragschweißen, durch Metall-Aufspritzen oder durch dünne Überzüge, z. B. durch Hartverchromen, ausgleichen können.

2.13.3 Korrosion

Der häufig notwendige Schutz der Maschinen gegen Korrosion, d. h. gegen Abnutzung durch chemische Veränderungen, beeinflußt nicht nur die Wahl der Werkstoffe und der Werkstoffpaarung, sondern auch die konstruktive Gestaltung und den Gang der Fertigung.

1. Am häufigsten ist die chemische Korrosion durch Bildung von Sauerstoffverbindungen, die aus der Berührung mit Gasen (Atmosphäre), mit Wasser, mit wäßrigen Lösungen, mit Säuren und Alkalien sowie sonstigen aktiven chemischen Stoffen resultiert wobei die Temperatur (Kochen und Glühen), die innige Berührung (rauhe Oberfläche, Risse, Riefen, grobes Korn) und Verunreinigungen den Vorgang erheblich beschleunigen können.

Wesentlich für den Korrosionsschutz ist nun, wie weit durch den Korrosionsvorgang selbst genügend schützende Deckschichten entstehen (Passivierung), wie z. B. bei Stahl durch Zusatz von Cr, Cu usw., bei Grauguß und Bronze durch Zusatz von Si usw.

2. Bei der elektrochemischen Korrosion handelt es sich um die Bildung von galvanischen Lokalelementen zwischen Metallen, die in der Spannungsreihe (Tafel 2/4)

---

[1] Nach Oberle [2/80] wächst die Verschleißfestigkeit im allgemeinen proportional Härte/(E-Modul).

weiter auseinanderliegen und durch eine stromleitende Flüssigkeit, z. B. Schwitzwasser verbunden sind. Hierbei wird das unedlere Metall, z. B. Eisen gegenüber Kupfer, angegriffen.

Tafel 2/4. Spannungsreihe (Volt) der Metalle in wäßriger Lösung gegen Wasserstoffelektrode (nach Lüpfert)

Kalium	−3,2	Eisen	−0,43	Wasserstoff	+0
Natrium	−2,8	Kadmium	−0,40	Kupfer	+0,34
Magnesium	−1,55	Kobalt	−0,29	Silber	+0,8
Aluminium	−1,28	Nickel	−0,22	Quecksilber	+0,86
Mangan	−1,08	Blei	−0,12	Gold	+1,5
Zink	−0,76	Zinn	−0,1	Platin	+1,8

3. Korrosionserscheinungen. Man kann hier unterscheiden nach der äußeren Erscheinung: gleichmäßiges Korrodieren (Rosten, Zundern), Lochfraß, Unterrosten und Herabsetzung der Dauerfestigkeit (Gefügelockerung); dann nach dem Korrosionsverlauf: den gleichmäßigen Angriff gleichmäßig fortschreitend oder abklingend (Schutzschichtbildung), den Korngrenzenangriff entlang der Korngrenzen (Gefügelockerung) und den selektiven Angriff auf bestimmte Stellen oder Gefügeteile.

Die Art der Korrosionserscheinungen gibt wesentliche Hinweise für Schutzmaßnahmen.

4. Korrosionsverhalten der Metalle

a) Eisen neigt zu starker Rostbildung in der Atmosphäre, im Wasser, in wäßrigen Lösungen und durchweg auch in Säuren, während es in hartem Wasser eine Schutzschicht bildet und auch alkalische Lösungen und konzentrierte Salpetersäure erträgt. Durch Zusatz von Cu, Al, Ni oder Cr kann jedoch seine Korrosionsbeständigkeit erheblich erhöht werden, siehe 5.3.11.

b) Aluminium und Al-Legierungen s. Abschnitt 5.4.1.

c) Magnesium s. Abschnitt 5.4.2.

d) Zink bildet an der Atmosphäre eine unansehnliche mattgraue, aber dichte Schutzschicht, auch gegen Schwefelwasserstoff; sie schützt aber nicht gegen schweflige Säure und Chloride in der Industrieluft und auch nicht gegen kochendes Wasser, schwache Säuren, Alkalien, chlorid- und sulfathaltige Lösungen. Zinklegierungen sind meist noch unbeständiger, siehe 5.5.1.

e) Kadmium verhält sich ähnlich wie Zink.

f) Blei ist durch Schutzschichtbildung beständig gegen Luft, gegen hartes Wasser gegen Schwefel und Schwefelverbindungen.

g) Zinn ist beständig gegen Luft, wäßrige Lösungen und schwache Säuren (Nahrungsmittelindustrie), aber sehr empfindlich gegen schweflige Säure und Kälte (Zinnpest), etwas weniger gegen alkalische Lösungen und starke Säuren.

h) Kupfer ist sehr widerstandsfähig gegen Luft (Patinabildung), Gase, wäßrige Lösungen, Seewasser, sowie gegen die meisten Säuren, Basen und Salze; aber nicht gegen Salpetersäure, Ammoniak und Schwefel und bildet mit Fruchtsäure Grünspan (giftig!).

Kupferlegierungen verhalten sich ähnlich. (Bronze meist noch besser als Cu); Messing mit weniger als 61% Cu ist korrosionsgefährdeter.

i) Nickel verhält sich ähnlich wie Kupfer. Jedoch können schwefelhaltige Gase in der Wärme die Korngrenzen angreifen.

k) Platin, Gold und Silber sind als Edelmetalle korrosionsfest. Nur Silber wird von Schwefelwasserstoff geschwärzt und von Salpetersäure und anderen starken Oxydationsmitteln angegriffen.

l) Chrom ist, abgesehen von Alkalien, auch bei höheren Temperaturen und auch gegen oxydierende Mittel sehr korrosionsbeständig.

5. Schutz gegen Korrosion

a) Schutz gegen elektrochemische Korrosion ist besonders an der Berührungsstelle von Metallen verschiedenen Potentials (s. Tafel 2/4) erforderlich, wenn Feuchtigkeit hinzutritt. So kann man an der Stoßstelle von Stahl und Leichtmetall die Stahlseite verzinken oder phosphatieren, die Aluminiumseite eloxieren oder lackieren, die Magnesiumseite bichromatisieren oder mit einer isolierenden Zwischenlage aus Kunststoff versehen.

b) Fettüberzüge aus Mineralfett, Staufferfett oder Vaseline sind für einen vorübergehenden Schutz blanker Metallteile gegen Anrosten geeignet.

c) Brünieren von Eisen und Stahl ergibt eine schöne schwarze Oberfläche und etwas erhöhte Rostbeständigkeit.

d) Lacküberzüge (elastisch!), können durch Streichen, Spritzen oder Tauchen aufgebracht und gegebenenfalls noch durch Einbrennen stoßfest gemacht werden. Hierfür kommen je nach den Umständen Öl-, Kunstharz-, Nitrozellulose- und Einbrennlacke in Frage und gegen Laugen, Chlor oder starke Säuren auch Chlorkautschuklacke.

e) Phosphatieren („Parkern“ und „Bondern“) wird als Rostschutz und als Grundschicht für Lack oder Fettüberzüge, besonders bei Stahl- und Eisenteilen angewendet. (Auch für Gleitflächen vorteilhaft!)

f) Tauch- oder Spritzüberzüge aus Zinn, Zink, Blei oder Aluminium. Die Spritzüberzüge sind weniger dicht, also weniger korrosionsschützend. Durch Al-Überzüge kann eine hohe Zunderbeständigkeit erreicht werden.

g) Verzinken, besonders Glanzverzinken und anschließendes Lackieren mit Klarlack wird teils als Korrosionsschutz für Eisen und Stahl gegenüber Verchromen, Verkupfern und Vernickeln bevorzugt.

h) Galvanische Überzüge (Elektroplattierung) aus Kupfer, Nickel, Chrom oder Kadmium. Die Überzüge sind härter als das Ausgangsmetall. Hartverchromen hat sich besonders bewährt als Verschleißschutz für Schneid-, Zieh- und Meßwerkzeuge.

i) Elektrisches Oxydieren von Aluminium (Eloxalverfahren) ergibt eine Schutzschicht, die korrosions-, haft- und verschleißfest, außerdem elektrisch isolierend und gut rückstrahlend, gut färb- und tränkbar und sehr hart ist. Das entsprechende Verfahren für Magnesium (Elomag) kann neben dem Chromatbeizen angewendet werden.

k) Eindiffundieren von Al in Stahl (Alumetieren, Kalorisieren, Alitieren), um Stahl gegen Hitze, Sauerstoff und Schwefel beständig zu machen; ferner von Chrom in Stahl (Inkromieren), um ihn rost- und zunderbeständig zu machen und schließlich von Stickstoff in Stahl (Nitrierhärten) als Verschleißschutz.

l) Chromatbeizen, meist mit anschließendem Lackieren ist als Korrosionsschutz besonders für Magnesium-Legierungen, ferner für Aluminium und Zinklegierungen von großer Bedeutung.

m) Plattieren für besonders hohe Korrosionsbeanspruchungen. Hierbei wird das Überzugsmetall zusammen mit dem Grundmetall ausgewalzt, z. B. werden Stahlbleche oder Stahlrohre mit Al, Cu, Ni, Ms, Tombak oder Chromnickelstahl plattiert, Al-Bleche mit Cu (Cupal) und Al–Cu–Mg-legierte Bleche mit korrosionsbeständigem Al.

n) Emailüberzüge für Blechwannen, Kannen, Töpfe u. dgl. sind chemisch sehr beständig (nicht gegen Alkali und Flußsäure), aber weniger schlagfest (spröde).

2.14 Schwingung und Geräusch

Bei Maschinen, Geräten und Fahrzeugen mit schwingungsfähigen Teilen können eigene oder äußere Impulse sehr störende *Schwingungen* hervorrufen, die sich in Form von *Körperschall* (Vibration der Teile) oder *Luftschall* (Geräusch) äußern.

2.14.1 Körperschall

Als Maß für die Stärke des Körperschalls dient nach VDI-R 2056 die *Schwingstärke*, das ist der Effektivwert v der Schwinggeschwindigkeit. Für Sinus-Schwingungen ist:

$$v = 0{,}5\sqrt{2}\, s\, 2\pi f = 4{,}44 sf \quad \text{mm/s}\,. \tag{2/1}$$

Hierbei ist f in Hz die Sekundenfrequenz der Schwingung und s in mm die Amplitude des Schwingweges. Man kann also v leicht berechnen, falls f und s aus Messung oder Rechnung bekannt sind, und dann mit entsprechenden Richtwerten nach Tafel 2/5 vergleichen. Körperschall in dB: $L = 20 \log v/(5 \cdot 10^{-8}\ \text{m/s})$.

Tafel 2/5. Bereiche der Schwingstärke und ihre Beurteilung für die Maschinengruppen K bis T, nach VDI 2056 [2/89]. Beispiel: Für Maschinengruppe G ist $v = 11{,}2$ mm/s noch zulässig

Beurteilung für Maschinengruppe	Schwingungstärke v in mm/s bis:											
	0,28	0,45	0,71	1,12	1,8	2,8	4,5	7,1	11,2	18	28	45
K kleine Maschinen	gut			brauchbar		noch zulässig		unzulässig				
M mittlere Maschinen	gut				brauchbar		noch zulässig		unzulässig			
G große Maschinen	gut					brauchbar		noch zulässig		unzulässig		
T Turbo-Maschinen	gut						brauchbar		noch zulässig		unzulässig	

Als Maß für die Auswirkung des Körperschalls auf den Menschen dient die *Wahrnehmungsstärke K*:

$$K = K_0/f_0; \qquad K_0 = 0{,}112 vf \approx 0{,}5 sf^2; \qquad f_0 = \sqrt{1 + (f/10)^2} \qquad (2/2),\ (2/3),\ (2/4)$$

mit v, f und s entsprechend (2/1).

Für die Beurteilung von auftretenden K-Werten und ihre Zumutbarkeit für den Menschen s. Tafel 2/6.

Tafel 2/6. Wahrnehmungsstärke K nach VDI 2057 [2/90]; ihre Wirkung und Beurteilung.

K	bis 0,1	0,1···0,3	0,3···1	1···3	3···10	10···30	30···100
für Menschen	nicht spürbar	gering spürbar	erträglich	noch erträglich	bis 1 h zumutbar	bis 10 min zumutbar	bis 1 min zumutbar
Arbeit	nicht behindert	nicht behindert	noch nicht behindert	behindert, aber möglich	stark behindert, noch möglich	kaum möglich	nicht möglich

Bei umlaufenden Maschinenteilen ist besonders die Schwingungserregung durch die restliche Unwucht zu beachten. Der hierfür maßgebliche Kennwert, die ***Auswuchtgüte Q***, ist die Schwerpunktgeschwindigkeit

$$v_s = e\omega = e 2\pi f = e\pi n/30 \qquad \text{mm/s} \tag{2/5}$$

mit Schwerpunkt-Abstand e in mm der rotierenden Masse vom Drehmittelpunkt, Winkelgeschwindigkeit ω in s^{-1}, Sekundenfrequenz f in Hz und Drehzahl n in U/min. Richtwerte für v_s s. Tafel 2/7.

Tafel 2/7. Unwucht-Toleranzen für umlaufende Maschinenteile und Beispiele, nach Federn [2/88]

Gütegruppe	v_s mm/s	Beispiele
Q 40	40	Autoräder, Felgen, Radsätze
	>16	
Q 16	16	Gelenkwellen
	> 6,3	Teile von Zerkleinerungs- und Landwirtsch.-Maschinen
Q 6,3	6,3	Gelenkwellen mit besonderen Anforderungen
		Teile der Verfahrenstechnik, Zentrifugentrommeln
		Schwungräder, Kreiselpumpen, Ventilatoren
		Maschinenbau- und Werkzeugmaschinen-Teile
	> 2,5	Elektromotoren-Anker ohne bes. Anforderungen
Q 2,5	2,5	Gas- und Dampfturbinen, Gebläse- und Turbinenläufer
		Turbogeneratoren, Werkzeugmaschinen-Antriebe
		mittlere und größere Elektromotoren-Anker mit besonderer Anforderung
	> 1	Kleinmotoren-Anker, Pumpen mit Turbinenantrieb
Q 1	1	Strahltriebwerke, Schleifmaschinen-Antriebe
		Magnetophon- und Phono-Antriebe
	> 0,4	Kleinmotoren-Anker mit bes. Anforderungen
Q 0,4	0,4	Feinstschleifmaschinen-Anker, -Wellen und -Scheiben
	> 0,16	Kreisel

2.14.2 Luftschall

Einen Einblick in die verschiedenen Schall-Meßgrößen und ihren Zusammenhang s. Bild 2/33. Richtwerte für Lautstärken, Lärmstufen und ihre Auswirkung auf den Menschen s. Tafel 2/8. Angabe des Luftschalls heute statt in phon meist in dB(A) als Schalldruck- oder Schalleistungspegel. Bewertung s. DIN 45633, Kurven ähnlich Bild 2/33.

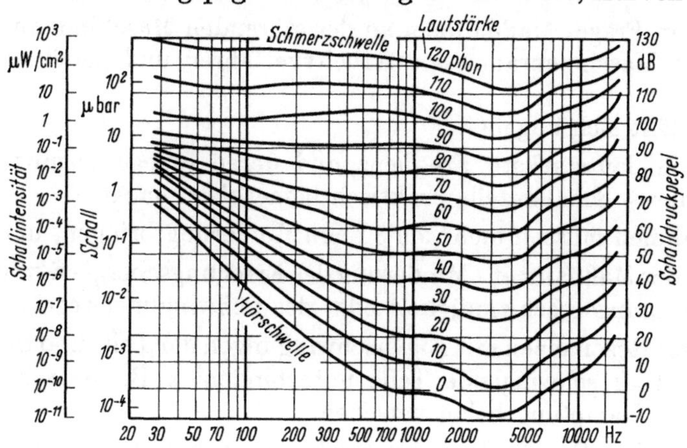

Bild 2/33. Vergleichbare Schallmaße und Kurven gleicher Lautstärke über der Schallfrequenz.

Begriffe: Luftschall = Luftschwingungen, die hinsichtlich Frequenz, Schalldruck und Verlauf des Schalldrucks gemessen werden können; Geräusch = hörbarer Luftschall; Lärm = störend empfundener Luftschall.

Tafel 2/8. Lautstärken, Lärmstufen und Wirkung auf Menschen. Nach [2/81] bis [2/86]

Nr.	Geräusch		Lautstärke Phon von/bis	Lärmstufe (Phon)	Wirkung auf Menschen
1	Blätter rauschen		30	I	
2	Sehr ruhige Räume (Lesesaal, konzentr. Denkarbeit)		30/35	(30…65)	
3	Ruhige Labor- und Büroräume		40/45		seelischer Einfluß
4	Schwacher Straßenverkehr und Sollwerte für Wohngebiete (nachts/tags.)		35/50		
5	Ruhige Industrieräume		50/60		
6	Unterhaltungssprache		65		
7	Mittlerer Straßenverkehr		70	II	
8	Büro mit Schreibmaschinen		60/70	(65…90)	
9	Büro mit Buchungsmaschinen		75		nervöse Belastung
10	Industrieräume mit Lärm		70/90		
11	Fahrrad mit Hilfsmotor	(7 m Abstand)	80		
12	Motorrad	(7 m Abstand)	85		
13	Straßenbahn	(7 m Abstand)	77/88		
14	Schwerer Lastwagen, LKW	(7 m Abstand)	90		
15	Rotations-Druckmaschinen		bis 95	III	
16	Großer Elektromotor		bis 100	(90…120)	
17	Zementmischer		bis 105		schädigt das Gehör
18	Hupe (1 m Abstand)		110		
19	Preßluft-Motor, -Hammer, -Nietung		bis 115		
20	Sandstrahl-Gebläse		bis 115		
21	Flugzeug beim Start (25 m hinter Heck)		130	IV	ernste Nervenschäden
22	Luftschutz-Sirene (36 kW, 20 m Abstand)		135	(über 120)	

Menschlicher Hörbereich: Luftschall von etwa 20 bis 16000 Hz. Höhere Frequenzen sind für das Ohr unangenehmer als niedrigere. So verursacht (nach Kaminsky) eine Lautstärke von 100 Phon bei 50 Hz etwa die gleiche Unbehaglichkeit, wie 45 Phon bei 10000 Hz.

2.14.3 Abwehrmaßnahmen

Hierfür kommen in Frage: Maßnahmen an der störenden Maschine, an der Aufstellung der Maschine, am Maschinenraum, am Arbeitsverfahren und persönliche Schutzmaßnahmen.

Im einzelnen läßt sich angeben:

a) Zunächst die lautstärkste Frequenz und deren Erreger ermitteln, da sich nur eine Minderung dieses Schallanteils praktisch bemerkbar macht.

b) Die Maßnahmen müssen mehr als 3 Phon Minderung bringen, um zu befriedigen.

c) Erstes Ziel der Maßnahmen: Minderung der Erregungsenergie durch Minderung der Unwucht, der Erregungsgeschwindigkeit oder des Schwingungsweges.

d) Zweites Ziel: Resonanzen mit Eigenschwingungen der Teile und Schallabstrahlung durch besonders stark schwingende Teile unterbinden, z. B. die schwingenden Teile versteifen oder mit Dämpfungsbelag versehen.

e) Drittes Ziel: Den Schall absorbieren, also die Schallenergie durch Schluckstoffe mindern.

f) Viertes Ziel: Die Weiterleitung des Schalls unterbinden, also die Schall-Leitung unterbrechen.

g) Fünftes Ziel: Die Raumwände mit schallschluckender Auskleidung versehen.

h) Sechstes Ziel: Schallschutz für das Bedienungspersonal.

2.15 Schrifttum zu 2

Allgemeines

2/1 Krumme, W.: Konstruktionserfahrungen aus dem Maschinen- und Gerätebau. München: Hanser 1947.
2/2 Bauerfeind, R.: Konstruieren. Brandenburg: Selbstverlag 1947.
2/3 Wögerbauer, H.: Die Technik des Konstruierens. München, Berlin: Oldenbourg 1943.
2/4 Rabe, K.: Grundlagen feinmechanischer Konstruktionen. Wittenberg: Ziemsen-Verlag 1942.
2/5 Richter, v. Voss: Bauelemente der Feinmechanik. Berlin: VDI-Verlag 1942.
2/6 Winter, H.: Grundzüge der Maschinenkonstruktion und Normung. Wolfenbüttel: Verlagsanstalt 1947.
2/7 Winke für den Konstrukteur. AEG-Norm 175.
2/8 Laudien-Edert-Quantz : Maschinenelemente. Leipzig: Jänecke 1931.
2/9 Beinhoff, W.: Konstruktionsaufgaben für den Maschinenbau. Berlin, Göttingen, Heidelberg: Springer 1950.
2/10 Brandenberger, H.: Funktionsgerechtes Konstruieren. Zürich 1957.
2/11 Krummz, W.: Konstruktionserfahrungen aus dem Maschinenbau. München 1951.
2/12 Leyer, A.: Maschinenkonstruktionslehre, H. 1 und 2. Stuttgart: Birkhäuser 1963/4.
2/13 Matousek, R.: Konstruktionslehre des allg. Maschinenbaus. Berlin, Göttingen, Heidelberg: Springer 1961.
2/14 Pfannkoch, E.: Arbeitsmappe für den Konstrukteur. Düsseldorf: VDI-Verlag 1962.
2/15 Rauh, K.: Maschinenaufbaulehre. Essen 1950.
2/16 Schroeder, A. J.: Richtlinien feinmechanischer Konstruktion und Fertigung. Stuttgart 1953.
2/17 Tschocher, H.: Konstruieren und Gestalten. Essen 1954.

Funktion und Wirtschaftlichkeit

2/18 Technisch-Wirtschaftliches Konstruieren (Anleitung, Beispiele und Tabellenwerk). VDI-Richtlinie 2225. Düsseldorf: VDI-Verlag 1964.
2/19 Bobek, K.: Qualität und Herstellungskosten als Anliegen des Konstrukteurs. VDI-Z. 102 (1960) 1767/71.
2/20 Giesen, H.: Die Wirtschaftlichkeit der Konstruktion. Diss. T.H. Darmstadt 1962.
2/21 Steeger, A.: Typisierung — eine bedeutende Konstruktions- und Fertigungsaufgabe. VDI-Z. 100 (1958) 1210—20.
2/22 Talonen, P.: Die Wirtschaftlichkeitsrechnung beim Aufbau einer Dimensionsstufung. VDI-Z. 105 (1963) 1708—13.

Funktion und Beanspruchung

2/23 Lehr, E.: Spannungsverteilung in Konstruktionselementen. Berlin 1934.
2/24 Leyer, A.: Kraftgerechtes Konstruieren. Konstruktion 16 (1964) 401—407.
2/25 Thum, Petersen, Svenson: Verformung, Spannung und Kerbwirkung. Düsseldorf: VDI-Verlag 1960.

Bedienung und menschliche Maße, Wartung und Sicherheit

2/26 Kaminsky, G.; Schmidtke, H.: Arbeitsablauf und Bewegungsstudien. München: Hanser 1960.
2/27 Kroemer, K. H. E.: Wichtige Körpermaße für die Konstruktion von Arbeitsmaschinen und Geräten. Werkstattstechnik 54 (1964) 237—40.
2/28 Kroemer, K. H. E.: Menschengerechte Abmessungen von Arbeitstischen und Maschinentischen. Werkstattstechnik 53 (1963) 5—7.
2/29 Kroemer, K. H. E.: Zweckmäßige Steuerpulte. Arbeitswissenschaft (1963) 85—88.
2/30 Kroemer, K. H. E.: Über die Höhe von Schreibtischen. Arbeitswissenschaft (1963) 132—140.
2/31 Seeger, O. W.: Sicherheitsgerechtes Gestalten von Maschinen. Hrg. Arbeitgeberverband der Metallindustrie Köln 1963 (gute Beispiele, DIN-Blätter, Auskunftstellen und Schrifttum).

Werkstoff und Fertigung

2/32 Brandenberger, H.: Fertigungsgerechtes Konstruieren. Zürich 1951.
2/33 Kienzle, O.: Wechselwirkung zwischen Gestaltung und Fertigung. Konstruktion 2 (1950) 97.
2/34 Leinweber, P.: Passung und Gestaltung. Berlin: Springer 1942.
2/35 Metzner, W.: Fertigungstechnische Richtlinien für die Gestaltung von Heeresgerät. Werkstattstechnik und Werksleiter 34 (1940) 322.

Guß-, Schmiede-, Kunststoff- und Blechteile

2/36 Axer, H.: Gußkonstruktionen im Maschinenbau. (Beispiele am Werkzeugmaschinenbau.) ZGV-Nachrichten (1961) Nr. 2 der Zentrale für Gußverwendung Düsseldorf.
2/37 Droscha, H.: Das Gußstück auf dem Reißbrett. Maschinenmarkt (1964) Nr. 5, 12–14.
2/38 Hänchen, R.: Gegossene Maschinenteile. München: Hanser 1964.
2/39 Kottung, E.: Einwandfreier Formguß. Werkstattbücher Heft 30. Berlin, Göttingen, Heidelberg: Springer 1956.
2/40 Konstruieren und Gießen. Hrsg. VDI und Verein Deutscher Gießereifachleute. Düsseldorf 1957.
2/41 Schönberg, M.: Allgemeine Konstruktionshinweise für Magnesiumguß. In VDI-Berichte Bd. 58 (1961) 39–51.
2/42 Bauer, C. O.: Kaltformen als modernes Fertigungsverfahren. Konstruktion 15 (1963) 14–16.
2/43 Biederstedt, W.; Meyer, H.: Konstruieren für Massivumformung. Industrie-Anzeiger (1959) Nr. 34, 12–30.
2/44 Bleicher, W.: Stranggepreßte Profile aus Al und ihre Anwendung. Konstruktion 11 (1959) 99–105.
2/45 Duesing, F. W.; Stodt, A.: Freiformschmieden. Teil 1, 2, 3. Berlin 1950 bis 1954.
2/46 Feldmann, H.D.: Konstruktionsrichtlinien für Kaltfließpreßteile. Konstruktion 11 (1959) 82–89.
2/47 Jung, A.: Schmiedetechn. Überlegungen für die Konstruktion von Gesenkschmiedestücken aus Stahl. Konstruktion 11 (1959) S. 90–98.
2/48 Käßberg, H.: Gesenkschmieden von Stahl. Teil 1, 2, 3. Berlin 1950 und 1951.
2/49 Meyer, H.; Biederstedt, W.: Der gegenwärtige Stand der Umformtechnik. Techn. Rundschau (1959) Nr. 36.
2/50 Peter, A.: Pressen und Gesenkschmieden der Nichteisenmetalle. Berlin 1955.
2/51 Zünkler, B.: Gesichtspunkte für das Gestalten von Gesenkschmiedeteilen. Konstruktion 14 (1962) 274–280.
2/52 Augustin, J. U.: Kunststoff-Konstruktionen. Konstruktion (1955) 53 270–273.
2/53 Bürk, E.: Anwendung von Kunststoffen im Werkzeugbau. Werkstattstechnik 7 (1963) 372–375.
2/54 Gardner, A. R.: Thermoplaste mit Glasfasern. Auszug in Konstruktion 17 (1965) 35.
2/55 Knobloch, H.: Der thermoplastische Kunststoff als Konstruktionsmaterial. Konstruktion 12 (1960) 471.
2/56 Kunststoffnormen. DIN Taschenbuch 21. Berlin: Beuth-Vertrieb 1962.
2/57 VDI-Richtlinie 2001. Gestaltung von Preßteilen aus härtbaren Kunststoffen.
2/58 VDI-Richtlinie 2006. Gestaltung von Spritzgußteilen aus thermoplastischen Kunststoffen.
2/59 VDI-Richtlinie 2008. Das thermoplastische Umformen von Halbzeug aus thermoplastischen Kunststoffen.
2/60 Weber, A.: Maschinenelemente aus Kunststoff. Werkstattstechnik 52 (1962) 587.
Gruhsteidl, W.: Anwendungstechnische Erfahrungen mit neuen temperaturbeständigen Kunststoffen. Kunststoffe (1968) 739–744.
2/61 Bahke, E.: Grundlagen und Anwendung der Dünnblechbauweise. Konstruktion 9 (1957) 88–99.
2/62 Bergmann, W.: Festigkeitsprobleme für den Konstrukteur, insbes. beim Entwurf von sperrigen Maschinenteilen. Konstruktion 9 (1957) 99–118.
2/63 Heesch, H.; Kienzle, O.: Flächenschluß. System der Formen lückenlos aneinanderschließender Flachteile. Berlin, Göttingen, Heidelberg: Springer 1963.
2/64 Jamm, W.: Konstruieren in Stahlrohr- bzw. Stahlhohlprofil. MAN-Forschungsberichte (1961) 146.
2/65 Oeler, G.: Gestaltung gezogener Blechteile. Berlin, Göttingen, Heidelberg: Springer 1951.
2/66 Oeler, G.: Was hat der Konstrukteur beim Entwurf von Blechteilen zu beachten? Konstruktion 9 (1957) 83–88.
2/67 Merkblätter über sachgemäße Stahlverwendung. Beratungsstelle für Stahlverwendung, Düsseldorf, Nr. 182, 174, 253.
2/68 Oeler, G.: Die im Blech eingeprägte Sicke als Versteifungselement. Konstruktion 22 (1970) 5.

Produktform und Farbe

2/69 Frieling, H.: Farbgebung als Rationalisierungsmaßnahme in der Industrie. Werkstattstechnik 54 (1964) 241–43.
2/70 Formgebung technischer Erzeugnisse, Empfehlungen für den Konstrukteur. VDI-Richtlinie 2224. Düsseldorf VDI 1960.
2/71 Bobek, K.: Die schöne technische Form. VDZ-Z. 98 (1956) 1380–88.

Oberfläche, Verschleiß und Korrosion

2/72 Wahl, H.: Verschleißtechnik. Die Technik 3 (1948).
2/73 Wahl, H.; Hartstein, F.: Strahlverschleiß. Stuttgart: Franckh 1947.
2/74 Ritter, F.: Korrosionstabellen metallischer Werkstoffe. Wien: Springer 1937.
2/75 Wiederholt, W.: Oberflächenschutz von Metallen. Z. VDI 85 (1941) 451.

2/76 Elze, J.: Einige Konstruktionsregeln zum Schutz vor der natürlichen Korrosion. Konstruktion 12 (1960) 485–89.
2/77 Götze, F.: Oberflächengüte und Gestaltung. Konstruktion 6 (1954) 325–31.
2/78 Niezoldi, O.: Abwehr von Verschleiß und Korrosion durch Konstruktion und Werkstoff. Konstruktion 4 (1952) 145–48.
2/79 Wellinger, K.; Uetz, H.: Gleitverschleiß, Spülverschleiß, Strahlverschleiß unter der Wirkung von körnigen Stoffen. VDI-Forschungsheft 449, Düsseldorf 1955.
2/80 Oberle, T. L.: Verschleißfestigkeit. Metals Journ. (1951) 438.

Schwingung und Geräusch

2/81 Meister, F. J.: Schallpegel, Lautheit, Lästigkeit und Geräuschbelastung des Ohres. VDI-Z. 99 (1957) 329–34.
2/82 Zeller, W.: Technische Lärmabwehr. Stuttgart 1950.
2/83 Slawin, J.: Industrielärm und seine Bekämpfung. Berlin: VEB Verlag Technik 1960.
2/84 Bürck, W.: Die Schallmeßfibel für die Lärmbekämpfung. München 1960.
2/85 Kaminsky, G.: Möglichkeiten für die Anpassung der Arbeit an den Menschen VDI-Z. (1960) 1287–92.
2/86 Kling, H.: Das Entstehen und Bekämpfen von Kraftfahrzeug-Innengeräuschen. VDI-Z. 105 (1963) 405–10.
2/87 Niemann, G.; Unterberger, M.: Geräuschminderung bei Zahnrädern. VDI-Z. 101 (1959) 213–23.
2/88 Federn, Kl.; Homilius, K.: Aufgaben und Ziele der Schwingungsabwehr im Maschinenbau. Fortschritts-Ber. VDI Reihe 11, Nr. 1, 1965.
2/89 VDI-2056. Beurteilungsmaßstäbe für mechanische Schwingungen. Düsseldorf: VDI 1964.
2/90 VDI-2057. Beurteilung der Einwirkung mechanischer Schwingungen auf den Menschen. Düsseldorf: VDI 1963.
2/91 VDI-2058. Beurteilung und Abwehr von Arbeitslärm. Düsseldorf: VDI 1965.
2/92 VDI-2060. Beurteilungsmaßstäbe für den Auswuchtzustand rotierender starrer Körper. Düsseldorf: VDI 1966.
2/93 VDI-2159. Geräuschmessungen an Getrieben. Düsseldorf: VDI.
2/94 Werkstattblätter 221/222 Auswuchttechnik. München: Hanser 1953.
2/95 VDI-2059. Wellenschwingungsmessungen zur Überwachung von Turbomaschinen. Düsseldorf. VDI 1972.

3 Praktische Festigkeitsrechnung

Die Festigkeitsrechnung soll die Frage beantworten, wie weit ein Bauteil den zu erwartenden Belastungen gewachsen ist bzw. welche Abmessungen hierfür erforderlich sind.

Man berechnet hierzu nach den Regeln der Festigkeitslehre aus der gegebenen Nennlast die Nennspannung an den gefährdeten Stellen des Bauteils und vergleicht sie mit einer zulässigen Spannung, oder man berechnet umgekehrt aus der Nennlast und der zulässigen Spannung die erforderlichen Abmessungen an den gefährdeten Stellen. Auch bei Kerbwirkung wird die Nennspannung berechnet; die in der Kerbe auftretenden Spannungsspitzen werden im Ansatz der zulässigen Spannung berücksichtigt.

Eine treffende Festigkeitsrechnung setzt voraus, daß auf der einen Seite die Betriebsbedingungen und die sich hieraus ergebenden Belastungen für das Bauteil richtig erfaßt sind und daß auf der anderen Seite genügend Erfahrungen für den Ansatz der zulässigen Spannung vorliegen. Wo diese Voraussetzungen fehlen, ist auf Klärung durch Versuche zu drängen: Messung der wirklichen Belastung im Betriebe einerseits und der Bauteilfestigkeit in Grundlagenversuchen andererseits.

Nachfolgend wird die Ermittlung der Nennspannung, die Ermittlung der verschiedenen Festigkeitswerte und anschließend der Ansatz der zulässigen Spannung gezeigt.

Die Berechnung der Formänderung s. Kap. 12.

Überschlägige Auslegung von Wellen, Berechnung der Durchbiegung und der kritischen Drehzahl s. Kapitel 17.

3.1 Ermittlung der Nennspannung[1]

3.1.1 Bezeichnungen

A	mm²	Querschnitt, Fläche	I_t	mm⁴	Flächenträgheitsmoment für Torsion
A_0	mm²	Ursprüngl. Querschnitt	i	mm	Trägheitsradius $= \sqrt{I/A}$
b_0	–	Größenfaktor	l	mm	Länge
b	mm	Breite	L	mm	Stablänge
b_s	–	Oberflächenfaktor	L_K	mm	freie Knicklänge
C_B	–	Betriebsfaktor	M_b	Nmm	Biegemoment
d, D	mm	Durchmesser	M_t	Nmm	Drehmoment
d_a, d_i	mm	Außen-, Innendurchmesser	n	–	Lastwechselzahl allgemein
E	N/mm²	E-Modul	N	–	Lastwechselzahl (Bruch)
e	mm	Randabstand	p	N/mm²	Flächenpressung
f	mm	Verformungsweg	r	mm	Radius
F	N	Kraft	s	mm	Wanddicke
h	mm	Höhe	s_σ	1/mm	Bezogenes Spannungsgefälle
HB	–	Brinellhärte (Zahlenwert[2] entspricht kp/mm²)	S_B	–	Sicherheit gegen Gewaltbruch
			S_F	–	Sicherheit gegen Verformen
HRC	–	Rockwellhärte C (Zahlenwert entspricht kp/mm²)	S_D	–	Sicherheit gegen Dauerbruch
HV	–	Vickershärte (Zahlenwert entspricht kp/mm²)	S_K	–	Sicherheit gegen Knicken
			v_{sb}	–	Statischer Biegestützfaktor
I_x, I_y	mm⁴	Flächenträgheitsmomente	v_{sk}	–	Statischer Kerbstützfaktor

[1] Im wesentlichen nach C. Weber.

[2] 1 kp = 9,81 N ≈ 10 N

v_d	—	Dynamischer Stützfaktor (Kerbwirkung)
W_b	mm^3	Biegewiderstandsmoment
W_t	mm^3	Torsionswiderstandsmoment
W_K	—	Kerbschlagfestigkeit[1] (Nm/mm^2)
α_0	—	Anstrengungsverhältnis
α_{0k}	—	Anstrengungsverhältnis bei Kerbwirkung
α_k	—	Formzahl allgemein
$\alpha_{kz,b,t}$	—	Formzahl bei Zug-Druck-, Biege-, Torsionsbeanspruchung
β_k	—	Kerbwirkungszahl
$\bar{\beta}_k$	—	Kerbwirkungszahl bezogen auf σ_{zW}
$\beta_{kz,b,t}$	—	Kerbwirkungszahl bei Zug-Druck-, Biege-, Torsionsbeanspruchung
δ	%	Bruchdehnung
ε	—	Dehnung
λ	—	Schlankheitsgrad $= L_K/i$
σ	N/mm^2	Normalspannung
$\sigma_{1,2,3}$	N/mm^2	Hauptnormalspannungen
σ_B	N/mm^2	Bruchfestigkeit
σ_S	N/mm^2	Streckgrenze
σ_{zW}	N/mm^2	Zug-Druck-Wechselfestigkeit (ungekerbte, polierte Probe)
σ_{bW}	N/mm^2	Biegewechselfestigkeit (ungekerbte, polierte Probe, 10 mm Dmr.)
σ_A	N/mm^2	Ausschlagfestigkeit allgemein
σ_D	N/mm^2	Dauerfestigkeit allgemein
σ_{FK}	N/mm^2	Fließgrenze bei Kerbwirkung
σ_K	N/mm^2	Knickspannung
σ_{bWK}	N/mm^2	Biegewechselfestigkeit bei Kerbwirkung
$\sigma_{bWK\,10}$	N/mm^2	Biegewechselfestigkeit bei Kerbwirkung für 10 mm Dmr.
σ_{bWN}	N/mm^2	Biegewechselfestigkeit der ungekerbten Welle mit gewisser Rauheit und Größe
σ_b	N/mm^2	Biegespannung
σ_z	N/mm^2	Zugspannung
$\sigma_{o,m,u}$	N/mm^2	Ober-, Mittel-, Unter-Spannung bei dynamischer Belastung
σ_a	N/mm^2	Ausschlagspannung
σ_{Sch}	N/mm^2	Zug-Druck-Schwellfestigkeit der glatten polierten Probe
σ_{bSch}	N/mm^2	Biegeschwellfestigkeit der glatten, polierten Welle von 10 mm Dmr.
$\sigma_{vG,N,S}$	N/mm^2	Vergleichsspannung nach der Gestaltänderungs-, Normalspannungs-, Schubspannungshypothese
τ	N/mm^2	Schubspannung[2]
ψ	%	Brucheinschnürung
τ_t	N/mm^2	Torsionsspannung
ω	—	Knickzahl

3.1.2 Ermittlung der Kraftgrößen im Querschnitt

Der Körper nach Bild 3/1a sei durch die Kräfte F_1 bis F_4 belastet. Der durch Schraffur hervorgehobene Querschnitt A soll untersucht werden. Man schneidet in Gedanken das stark ausgezogene Stück ab. Im Querschnitt wählt man die Hauptträgheitsachsen als x- und y-Achse und senkrecht dazu die z-Achse. Die Wirkung der abgetrennten Stoffteilchen wird durch verteilte Kräfte ersetzt. Diese werden zu 6 Kraftgrößen zusammengefaßt, die das abgetrennte Stück im Gleichgewicht halten. Man führt hierzu allgemein, ohne auf die Belastung des abgeschnittenen Teiles zu achten, in der Schnittfläche folgende Kraftgrößen ein:

Im Schwerpunkt angreifend die Kräfte F_x, F_y und F_z in Richtung der drei Achsen nach Bild 3/1a, des weiteren ein Kräftepaar mit dem Moment M_{bx} um die x-Achse nach Bild 3/1c, ein Kräftepaar mit dem Moment M_{by} um die y-Achse nach Bidl 3/1d und ein Kräftepaar mit dem Moment M_t um die z-Achse nach Bild 3/1e.

Ein Kräftepaar hat ein positives Moment, wenn es mit der entsprechenden Achse eine Rechtsschraube bildet.

Die Kraftgrößen werden mit Hilfe der sechs Gleichgewichtsbedingungen berechnet. Die Summe der Kräfte in den drei Koordinatenrichtungen gibt

$$F_x - F_3 = 0\,, \qquad F_y + F_4 = 0\,, \qquad F_z - F_1 - F_2 = 0\,.$$

Die Summe der Momente um die drei Achsen gibt:

$$M_{bx} + F_2 l_3 + F_4 l_2 = 0\,, \qquad M_{by} + F_3 l_1 = 0\,, \qquad M_t - F_3 l_3 = 0\,.$$

---

[1] Neuerdings Angabe nur in J (Joule) = Nm; auf definierten Querschnitt bezogen.

[2] Bei τ können dieselben Indices wie bei σ gesetzt werden:

a) kleiner Buchstabe für auftretende Nennspannungen: a — Ausschlag, w — Wechsel, o — Ober, m — Mittel, u — Unter, sch — Schwell-Spannung usw.

b) großer Buchstabe für Festigkeitswerte: B — Bruch, F — Fließ, W — Wechsel, Sch — Schwell, K — Kerb, N — Nutz, A — Ausschlag usw.

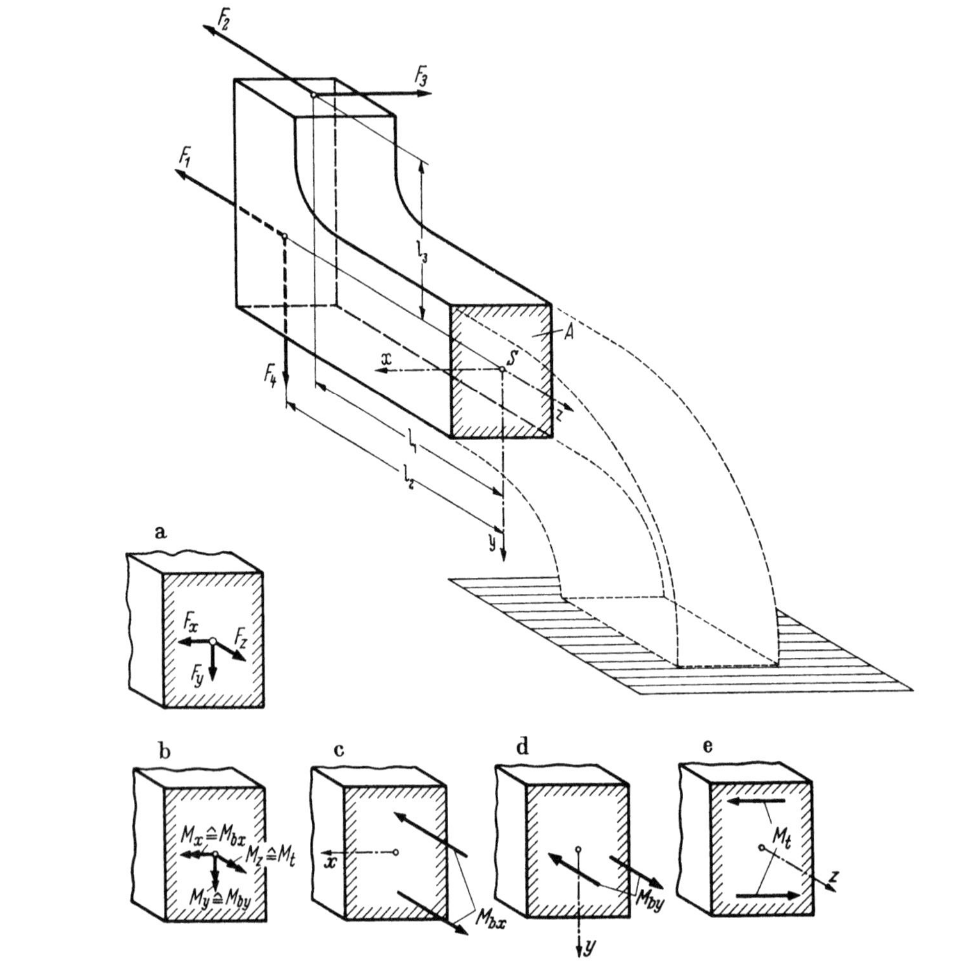

Bild 3/1. Zur Ermittlung der Kraftgrößen F_x, F_y, F_z und M_{bx}, M_{by}, M_t im Querschnitt A eines durch die Kräfte F_1 bis F_4 belasteten Körpers.

a) Schnittkräfte, b) Schnittmomente, c) bis e) Darstellung der Schnittmomente als Kräftepaare.

Die Kraftgrößen bezeichnet man wie folgt:

F_x	Querkraft in x-Richtung	M_{bx}	Biegemoment um die x-Achse
F_y	Querkraft in y-Richtung	M_{by}	Biegemoment um die y-Achse
F_z	Längs- oder Stabkraft	M_t	Torsionsmoment.

Werden Kraftgrößen bei der Berechnung negativ, so bedeutet das, daß deren wirkliche Richtung entgegengesetzt der eingezeichneten ist. Trotzdem sind die Kraftgrößen in der angegebenen Weise einzuführen. Die Längskraft und die beiden Biegemomente rufen in allen Punkten des Querschnittes Normalspannungen σ hervor, die beiden Querkräfte und das Torsionsmoment Schubspannungen τ. Für jede Kraftgröße werden die Spannungen berechnet.

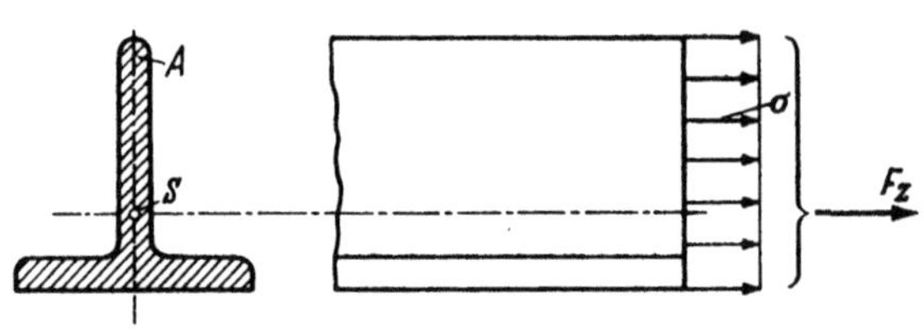

Bild 3/2. Normalspannung $\sigma = F_z/A$, erzeugt durch die im Schwerpunkt S des Querschnitts angreifende Längskraft F_z.

3.1.3 Normalspannung aus Längskraft

Die Längskraft F_z ruft in allen Punkten des Querschnittes A die Normalspannung

$$\sigma_z = \frac{F_z}{A} \quad \mathrm{N/mm^2} \tag{3/1}$$

hervor (Bild 3/2). Man bezeichnet Zugspannungen als positive Normalspannungen und Druckspannungen als negative.

3.1.4 Normalspannung zwischen zwei Flächen (Flächenpressung)

Berühren sich zwei Flächen A unter der Druckkraft F, so entsteht zwischen beiden eine Druckspannung, die man Flächenpressung p nennt.

Bei gleichmäßig verteilter Flächenpressung ist

$$p = \frac{F}{A}\,. \tag{3/2}$$

Ist hierbei die Fläche zur Kraftrichtung geneigt, z. B. gewölbt (Bild 3/3), so wirkt im Flächenteilchen $\mathrm{d}A$ die Kraft $p \cdot \mathrm{d}A$. Diese Kräfte ergeben vektoriell zusammengesetzt die Druckkraft F (Bild 3/3 rechts). Auch hierfür ist obige Gleichung zutreffend, wenn für A die Projektion der Druckfläche in Richtung der Kraft F eingesetzt wird (im Bild $A = d \cdot L$).

Bei ungleichmäßig verteilter Flächenpressung ist $p = F/A$ die mittlere Flächenpressung. Zur Ermittlung der maximalen Flächenpressung muß noch das Verteilungsgesetz für p bekannt sein. Als Beispiel siehe die Ermittlung der maximalen Flächenpressung (Hertzsche Pressung) bei der Berührung von Kugeln und Rollen im Kap. 13.

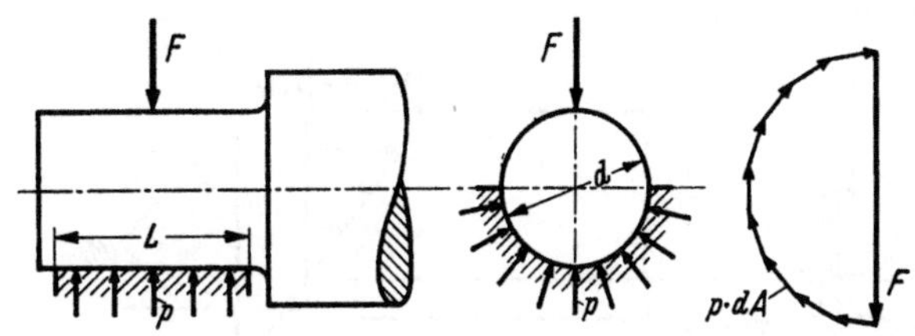

Bild 3/3. Mittlere Flächenpressung $p = F/A$, $A = d \cdot L$.

3.1.5 Normalspannung beim Rohr unter Überdruck

Nach Bild 3/4 ist beim Rohr unter innerem Überdruck p die tangentiale Zugspannung im Querschnitt $A-A$ ungleich verteilt. Sie ist am größten am Innendurchmesser d und am kleinsten am Außendurchmesser D, entsprechend der größeren Umfangsdehnung δ_i am Innenrand gegenüber der kleineren Umfangsdehnung δ_a am Außen-

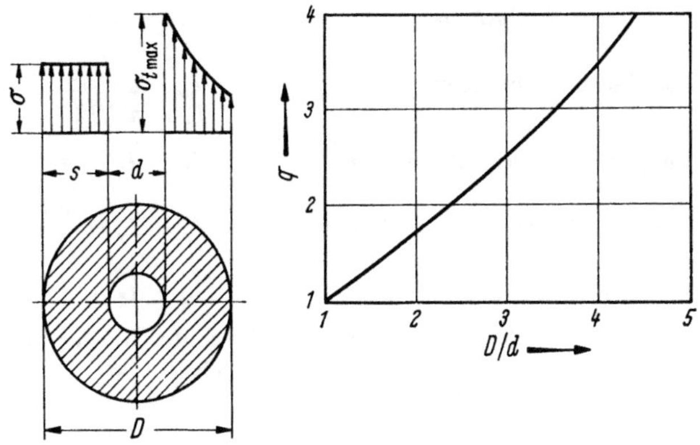

Bild 3/4. Spannungsverteilung beim Rohr unter innerem Überdruck $\sigma_{t\,max} = q \cdot \sigma$.

rand. Man berechnet die Tangentialspannung aus

$$\sigma_{\mathrm{t\,max}} = q \cdot \sigma; \quad \sigma = \frac{p \cdot d}{2 \cdot s} = \frac{p \cdot d}{D - d} = \frac{p}{D/d - 1}; \quad q = 1 + \left(\frac{D}{d} - 1\right)^2 \Big/ \left(\frac{D}{d} - \frac{d}{D}\right). \tag{3/3}$$

Die Radialspannung an der Innenseite ist $\sigma_r = -p$.

3.1.6 Normalspannung aus Biegemoment

Das Biegemoment um eine Hauptträgheitsachse, z. B. das Moment M_{bx} um die x-Achse, ruft die Biegespannung σ_{bx} hervor:

$$\sigma_{\mathrm{bx}} = \frac{M_{\mathrm{bx}}}{I_{\mathrm{x}}} y. \tag{3/4}$$

I_{x} Flächen-Trägheitsmoment für die Biegung um die x-Achse.

Bild 3/5 zeigt die Verteilung der Spannungen. Die Spannung wächst mit y von Null bis zum größten Wert für $\max y = e_1$ auf der Zugseite bzw. für $\max y = e_2$ auf der Druckseite.

Größte Zugspannung: $\max(\sigma_{\mathrm{bx}})_{\mathrm{Zug}} = \dfrac{M_{\mathrm{bx}}}{I_{\mathrm{x}}} e_1 = \dfrac{M_{\mathrm{bx}}}{W_{\mathrm{b1}}}$.

Größte Druckspannung: $\max(\sigma_{\mathrm{bx}})_{\mathrm{Druck}} = \dfrac{M_{\mathrm{bx}}}{I_{\mathrm{x}}} e_2 = \dfrac{M_{\mathrm{xb}}}{W_{\mathrm{b2}}}$.

$W_{\mathrm{b1}} = I_{\mathrm{x}}/e_1$ Widerstandsmoment für die Zugseite,
$W_{\mathrm{b2}} = I_{\mathrm{x}}/e_2$ Widerstandsmoment für die Druckseite.

Entsprechende Gleichungen gelten für die Biegung um die y-Achse.

Wirkt im Querschnitt nur das Biegemoment $M_{\mathrm{bx}} = M_{\mathrm{b}}$ und ist $e_1 = e_2$, also $W_{\mathrm{b1}} = W_{\mathrm{b2}} = W_{\mathrm{b}}$, so wird die größte Biegespannung

$$\sigma_{\mathrm{b}} = M_{\mathrm{b}}/W_{\mathrm{b}}. \tag{3/5}$$

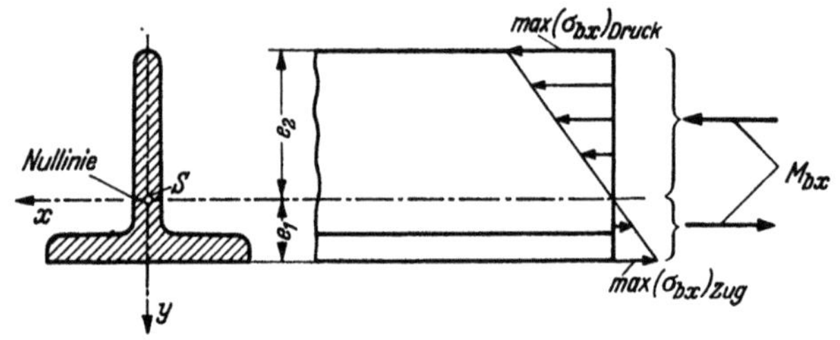

Bild 3/5. Verteilung der Biegespannung $\sigma_{\mathrm{bx}} = \dfrac{M_{\mathrm{bx}}}{I_{\mathrm{x}}} y$ für den T-Querschnitt.

a) Ermittlung von *I* und W$_{\mathrm{b}}$, Bild 3/6:

	Trägheitsmoment I	Widerstandsmoment W_{b}
Allgemein: Für x-Achse	$I_{\mathrm{x}} = \int_A y^2 \,\mathrm{d}A$	$W_{\mathrm{bx}} = I_{\mathrm{x}}/e$
Für y-Achse	$I_{\mathrm{y}} = \int_A x^2 \,\mathrm{d}A$	$W_{\mathrm{by}} = I_{\mathrm{y}}/e$
Für Rechteck-Querschnitt, Bild 3/6a	$I_{\mathrm{x}} = b\,h^3/12$ $I_{\mathrm{y}} = hb^3/12$	$W_{\mathrm{bx}} = bh^2/6$ $W_{\mathrm{by}} = hb^2/6$
Für Kreis-Querschnitt, Bild 3/6b	$I_{\mathrm{x}} = I_{\mathrm{y}} = \pi\, d^4/64$	$W_{\mathrm{bx}} = W_{\mathrm{by}} = \pi d^3/32$
Für Kreisring-Querschnitt, Bild 3/6c	$I_{\mathrm{x}} = I_{\mathrm{y}} = \dfrac{\pi(d_a^4 - d_i^4)}{64}$	$W_{\mathrm{bx}} = W_{\mathrm{by}} = \dfrac{\pi(d_a^4 - d_i^4)}{32 d_a}$
Steinerscher Satz, Bild 3/6d	$I_{\mathrm{x}} = I_\xi + A \cdot a^2$	

Mit I_ξ Trägheitsmoment für die ξ-Achse durch den Schwerpunkt S,
I_{x} Trägheitsmoment für die parallele x-Achse,
A Querschnittsfläche, a Abstand der Achsen.

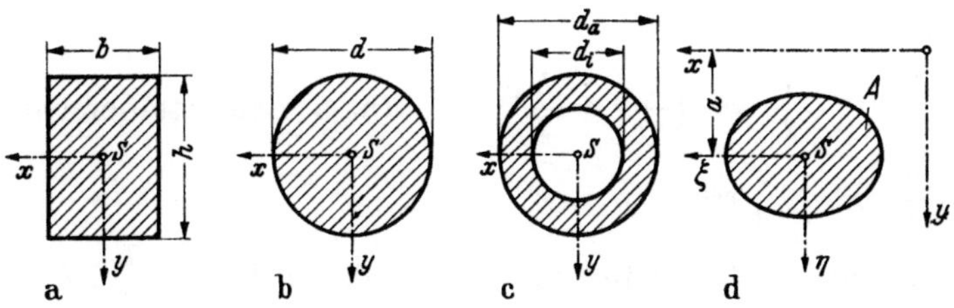

Bild 3/6. Zur Ermittlung der Flächen-Trägheitsmomente für Biegung. a) Rechteckquerschnitt, b) Kreisquerschnitt, c) Ringquerschnitt, d) bei Achsverschiebung (Steinerscher Satz).

b) *I* für zusammengesetzten Querschnitt, Bild 3/7:

Die Flächenträgheitsmomente stellen entsprechend den Integralformeln Summen dar. Sie können darum als Summe der Flächenträgheitsmomente der Teilflächen berechnet werden. Dieses gilt jedoch nicht für die Widerstandsmomente.

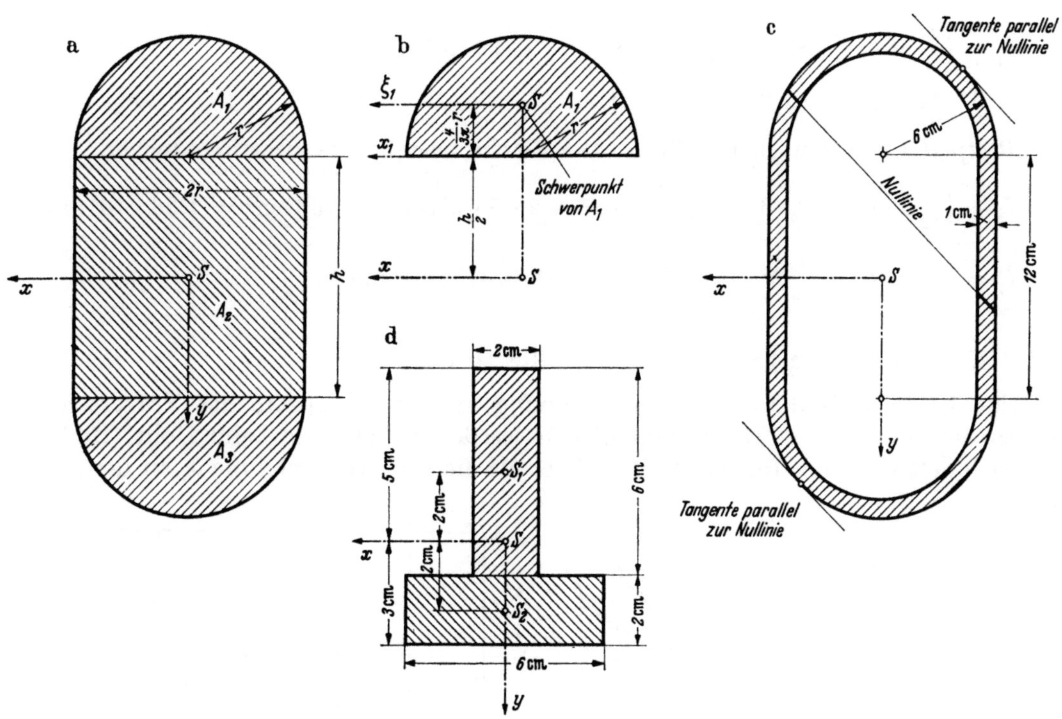

Bild 3/7. Zur Ermittlung von I_x bei zusammengesetzten Querschnitten; a) und b) zu Beispiel 1; c) zu Beispiel 2; d) zu Beispiel 3.

Beispiel 1, Bild 3/7a: Die Fläche besteht aus den Teilflächen A_1, A_2 und A_3. Man bestimmt erst das Flächenträgheitsmoment für die x-Achse der Teilfläche A_1 (Bild 3/7b).

Flächen-Trägheitsmoment der Teilfläche A_1 für die x_1-Achse:

$$\frac{1}{2}\frac{\pi}{64}(2r)^4 = \frac{\pi}{8}r^4 \quad \text{(halbe Kreisfläche)},$$

für die ξ_1-Achse:

$$\frac{\pi}{8}r^4 - \frac{1}{2}\pi r^2\left(\frac{4}{3\pi}r\right)^2 = \frac{\pi}{8}r^4 - \frac{8}{9\pi}r^2 \qquad \text{(Umkehrung des Steinerschen Satzes)},$$

für die x-Achse:

$$I_1 = \frac{\pi}{8} r^4 - \frac{8}{9\pi} r^4 + \frac{1}{2} \pi r^2 \cdot \left(\frac{4}{3\pi} r + \frac{h}{2}\right)^2 \qquad \text{(nach dem Steinerschen Satz)},$$

$$I_1 = \frac{\pi}{8} r^4 + \frac{\pi}{8} r^2 h^2 + \frac{2}{3} r^3 h\,.$$

Für die Fläche A_3 wird $I_3 = I_1$; für die Fläche A_2 wird $I_2 = \frac{1}{12} 2rh^3$. Hiermit wird

$$I_x = I_1 + I_2 + I_3 = \frac{1}{6} rh^3 + \frac{\pi}{4} r^4 + \frac{\pi}{4} r^2 h^2 + \frac{4}{3} r^3 h\,.$$

Beispiel 2, Maße nach Bild 3/7c: Der Querschnitt besteht aus dem oberen und unteren Halbkreisring und den seitlichen Rechtecken. Für die Halbkreisringe berechnet man I als Differenz der I-Werte der Halbkreisflächen (Maße in cm eingesetzt):

$$I_x = \left(\frac{\pi}{4} 6^4 - \frac{\pi}{4} 5^4 + \frac{\pi}{4} 6^2 \cdot 12^2 - \frac{\pi}{4} 5^2 \cdot 12^2 + \frac{4}{3} 6^3 \cdot 12 - \frac{4}{3} 5^3 \cdot 12 + \right.$$

$$\left. + 2 \cdot \frac{1}{12} 1 \cdot 12^3\right) \text{cm}^4 = 3514 \text{ cm}^4 = 3{,}514 \cdot 10^7 \text{ mm}^4\,,$$

$$I_y = \left(\frac{\pi}{4} 6^4 - \frac{\pi}{4} 5^4 + 2 \cdot \frac{1}{12} 12 \cdot 1^3 + 2 \cdot 1 \cdot 12 \cdot 5{,}5^2\right) \text{cm}^4 =$$

$$= 1255 \text{ cm}^4 = 1{,}255 \cdot 10^7 \text{ mm}^4\,.$$

Beispiel 3, Maße nach Bild 3/7d: Die Fläche besteht aus zwei Rechtecken.

$$I_x = \left(\frac{1}{12} 2 \cdot 6^3 + 2 \cdot 6 \cdot 2^2 + \frac{1}{12} 6 \cdot 2^3 + 2 \cdot 6 \cdot 2^2\right) \text{cm}^4 = 136 \text{ cm}^4 = 1{,}36 \cdot 10^6 \text{ mm}^4\,,$$

$$I_y = \left(\frac{1}{12} 2 \cdot 6^3 + \frac{1}{12} 2^3 \cdot 6\right) \text{cm}^4 = 40 \text{ cm}^4 = 4{,}0 \cdot 10^5 \text{ mm}^4\,.$$

3.1.7 Normalspannung beim gekrümmten Biegeträger

Hierbei ist nach Bild 3/8 die Biegespannung an der Innenseite des Trägers größer als an der Außenseite. Der Grund hierfür ist der gleiche, wie beim Rohr (Bild 3/4): Die Dehnung δ_i an der Innenseite ist größer als die negative Dehnung δ_a an der Außenseite.

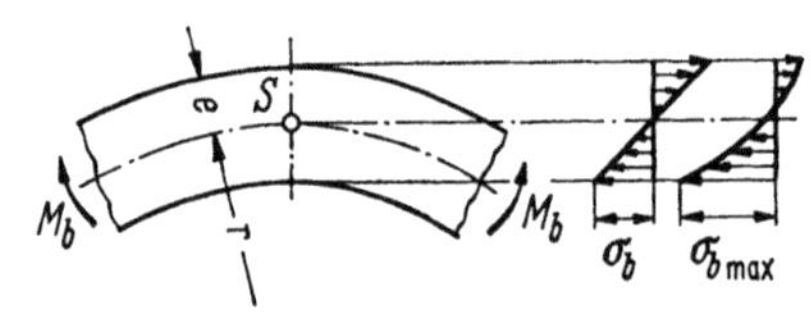

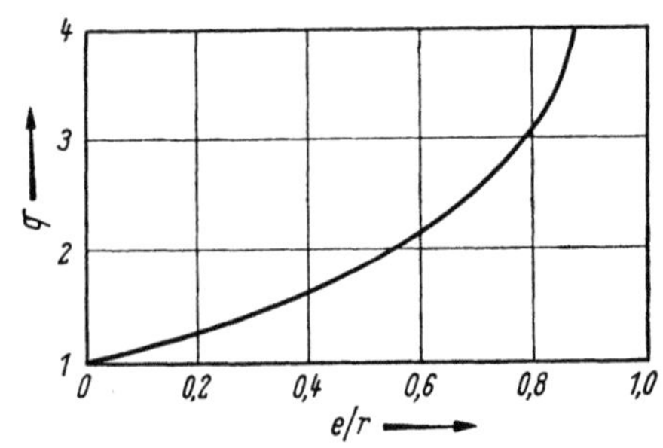

Bild 3/8. Beim gekrümmten Biegeträger mit Rechteck-Querschnitt ist die Spannung an der Innenseite $\sigma_{max} = q \cdot \sigma_b$ größer als an der Außenseite. $\sigma_b = M_b/W_b$.

Man berechnet

$$\sigma_{max} = q \cdot \sigma_b\,; \qquad \sigma_b = M_b/W_b\,. \tag{3/6}$$

q wird kleiner, wenn man den Schwerpunkt S des Querschnitts nach unten verschiebt, also die Innenseite des Querschnitts verstärkt (z. B. T-Profil). Die Nullinie des Querschnittes geht aber nur durch S, wenn $M_b = - F \cdot r$, d. h. bei Belastung durch Einzellast F, die durch Krümmungsmittelpunkt geht und senkrecht zum Querschnitt steht, z. B. beim Kranhaken.

3.1.8 Resultierende Normalspannung aus Längskraft und Biegemomenten

Im Querschnitte A treten zum Beispiel gleichzeitig die Stabkraft F_z und die Biegemomente M_{bx} und M_{by} auf. Aus den Querschnittsabmessungen berechnet man A, I_x und I_y. Für einen beliebigen Querschnitt erhält man die resultierende Normalspannung

$$\sigma_r = \frac{F_z}{A} + \frac{M_{bx}}{I_x} y - \frac{M_{by}}{I_y} x \,. \tag{3/7}$$

Setzt man $\sigma_r = 0$, so erhält man die Gleichung der Nullinie; das gibt eine lineare Gleichung zwischen x und y. Für die Querschnittspunkte, deren Entfernung von der Nullinie am größten ist, erhält man die größten Spannungen.

a) Im allgemeinen Fall zieht man an den Querschnitt Tangenten parallel zur Nullinie. In den Berührungspunkten treten die größten Spannungen auf.

Beispiel: Für den Querschnitt nach Bild 3/7c sei

$F_z = 6 \cdot 10^4$ N, $M_{bx} = 7 \cdot 10^6$ Nmm, $M_{by} = -3 \cdot 10^6$ Nmm

(siehe Bild 3/9).

Aus den Querschnittsabmessungen findet man (s. Beispiel 2, Abschnitt 3.1.6)

$A = 5850$ mm², $I_x = 3{,}514 \cdot 10^7$ mm⁴, $I_y = 1{,}255 \cdot 10^7$ mm⁴.

Die Normalspannung durch Stabkraft und beide Biegemomente wird

$$\sigma_r = \frac{6 \cdot 10^4}{5{,}85 \cdot 10^3} + \frac{7 \cdot 10^6}{3{,}514 \cdot 10^7} y + \frac{3 \cdot 10^6}{1{,}255 \cdot 10^7} x \quad \text{N/mm}^2 \,.$$

Für $\sigma_r = 0$ erhält man die lineare Gleichung der Nullinie: $y = -51{,}3 - 1{,}20\,x$ mit x und y in mm. Die Nullinie ist in Bild 3/7c eingezeichnet.

Die von der Nullinie am weitesten entfernten Punkte haben die Koordinaten

$x_1 = 46$ mm, $y_1 = 98{,}4$ mm, $x_2 = -46$ mm, $y_2 = -98{,}4$ mm.

Setzt man diese Werte in die Gleichung für σ_r ein, so erhält man

$\max \sigma_{Zug} = 41{,}2$ N/mm²,

$\max \sigma_{Druck} = -20{,}7$ N/mm².

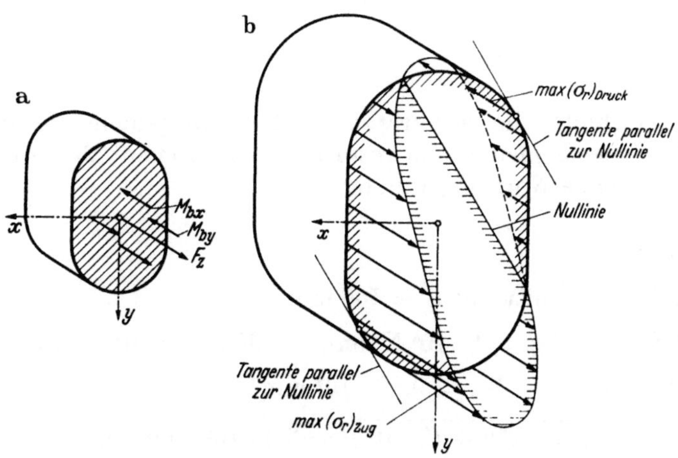

Bild 3/9. Zur Ermittlung der resultierenden Normalspannung σ_r aus F_z, M_{bx} und M_{by}; a) Angriff der Kraftgrößen; b) resultierende Normalspannungen σ_r.

b) Bei Querschnitten mit Ecken, z. B. Rechteck-Querschnitt, I-, ⊏-, T- und L-Querschnitten, sind die Spannungen der Außenecken zu berechnen.

Beispiel: Für den Querschnitt nach Bild 3/7d sei

$F_z = 2{,}4 \cdot 10^4$ N, $M_{bx} = 1 \cdot 10^6$ Nmm, $M_{by} = -4 \cdot 10^5$ Nmm.

Ferner ist $A = 2{,}4 \cdot 10^3\,\mathrm{mm}^2$, $I_x = 1{,}36 \cdot 10^6\,\mathrm{mm}^4$, $I_y = 4{,}0 \cdot 10^5\,\mathrm{mm}^4$ (Beispiel 3).

Im Eckpunkt unten links wird dann die Normalspannung

$$\sigma_r = \frac{2{,}4 \cdot 10^4}{2{,}4 \cdot 10^3} + \frac{1 \cdot 10^6}{1{,}36 \cdot 10^6} \cdot 30 + \frac{4 \cdot 10^5}{4 \cdot 10^5} \cdot 30 = 62{,}0\,\mathrm{N/mm}^2 .$$

Im Eckpunkt oben rechts wird die Normalspannung

$$\sigma_r = \frac{2{,}4 \cdot 10^4}{2{,}4 \cdot 10^3} - \frac{1 \cdot 10^6}{1{,}36 \cdot 10^6} \cdot 50 - \frac{4 \cdot 10^5}{4 \cdot 10^5} \cdot 10 = -\,36{,}8\,\mathrm{N/mm}^2 .$$

c) Bei Kreis- und Kreisringquerschnitten entsteht nach dem allgemeinen Verfahren aus M_{bx} und M_{by} die resultierende Biegespannung

$$\sigma_{br} = \sigma_{bx} + \sigma_{by} = \frac{M_{bx}}{I_x} \cdot y - \frac{M_{by}}{I_y} x . \qquad (3/8)$$

Für die Nullinie ist $\sigma_{br} = 0$ oder $y/x = M_{by}/M_{bx}$; die von der Nullinie am weitesten entfernten Punkte haben die Koordinaten

$$x = \mp r \cdot \frac{M_{by}}{\sqrt{M_{bx}^2 + M_{by}^2}} , \qquad y = \pm r \cdot \frac{M_{bx}}{\sqrt{M_{bx}^2 + M_{by}^2}} . \qquad (3/9)$$

d) Resultierendes Biegemoment. Bequemer ist es, die Biegemomente M_{bx} und M_{by} zu einem resultierenden Biegemoment M_{br} zusammenzufassen. Die im Querschnitt schrägliegende Biegeachse des Momentes M_{br} fällt mit der Nullinie zusammen. Man bezeichnet sie als x_1-Achse.

Man erhält

$$M_{br} = \sqrt{M_{bx}^2 + M_{by}^2} \qquad (3/10)$$

und hieraus die resultierende Biegespannung

$$\sigma_{br} = \frac{M_{br}}{I_x} y_1 . \qquad (3/11)$$

Hierin ist y_1 der Abstand des Querschnittpunktes von der x_1-Achse.

Für $y_1 = r$ erhält man die größte Biegespannung

$$\max \sigma_{br} = \frac{M_{br}}{W_b} \qquad (3/12)$$

mit $W_b = I_x/r$.

Treten im Querschnitte die Stabkraft F_z und die Biegemomente M_{bx} und M_{by} auf, so setzt man die Biegemomente zum resultierenden Moment M_{br} zusammen und berechnet die resultierende Normalspannung

$$\sigma_{br} = \frac{F_z}{A} + \frac{M_{br}}{W_b} . \qquad (3/13)$$

Beispiel: Kreisquerschnitt mit $d = 100\,\mathrm{mm}$:

$F_z = 8 \cdot 10^4\,\mathrm{N}$, $\quad M_{bx} = 4 \cdot 10^6\,\mathrm{Nmm}$, $\quad M_{by} = 3 \cdot 10^6\,\mathrm{Nmm}$,

$A = 7{,}85 \cdot 10^3\,\mathrm{mm}^2$, $\quad W_b = 9{,}82 \cdot 10^4\,\mathrm{mm}^3$.

Man erhält $M_{br} = \sqrt{(4 \cdot 10^6)^2 + (3 \cdot 10^6)^2} = 5{,}0 \cdot 10^6\,\mathrm{Nmm}$ und

$$\sigma_r = \frac{8 \cdot 10^4}{7{,}85 \cdot 10^3} + \frac{5 \cdot 10^6}{9{,}82 \cdot 10^4} = 61{,}2\,\mathrm{N/mm}^2 .$$

3.1.9 Schubspannung aus Querkräften

Gleichzeitig mit den Biegemomenten treten in den Querschnitten allgemein Querkräfte auf. Bei längeren auf Biegung beanspruchten Stäben sind die Querkräfte nur in den Querschnitten von Bedeutung, wo die Biegemomente gering sind und wo gleichzeitig die Querschnittsabmessungen klein gehalten werden. Dieser Fall liegt vor bei kurzen Endzapfen von Wellen, weiter an den Enden von auf Biegung beanspruchten Querbalken, falls die Querschnitte verjüngt werden.

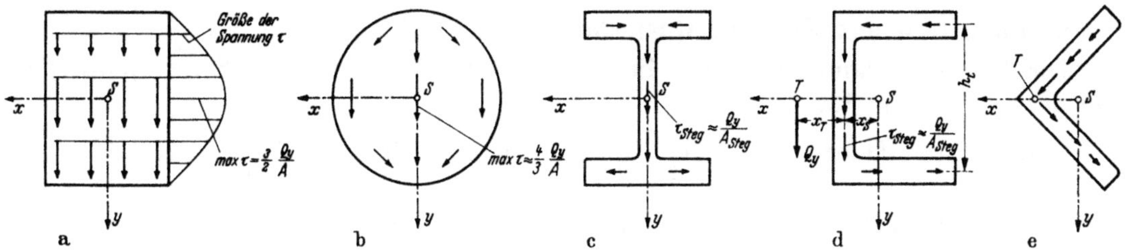

Bild 3/10. Verlauf der Schubspannung τ erzeugt durch eine Querkraft Q_y bei verschiedenen Querschnitten; a) beim Rechteckquerschnitt; b) Kreisquerschnitt; c) I-Querschnitt; d) [-Querschnitt; e) Winkelquerschnitt Schwerpunkt S, Querpunkt T; Abstand x_T beim [-Querschnitt ist $x_T = \left(\frac{h_t}{2}\right)^2 \frac{A}{I_x} x_s$.

Die Schubspannungen verteilen sich nicht gleichmäßig über den Querschnitt. Für einige wichtige Querschnitte ist die Schubspannungsverteilung in den Bildern 3/10a bis e angegeben. Bei zur Kraftrichtung unsymmetrischen Querschnitten geht die Querkraft nicht durch den Schwerpunkt, sondern durch den Schubmittelpunkt T. Für den [-Querschnitt und den Winkelquerschnitt ist die Lage von T angegeben. Eine Querkraft durch den Schwerpunkt ist dann durch eine gleichgroße Querkraft durch T und ein zusätzliches Drehmoment zu ersetzen.

Kurze Bolzen und Niete werden oft auf Abscheren berechnet, wobei man einen Mittelwert der Schubspannung, die Scherspannung $\tau_{\text{Mittel}} = Q/A$ ermittelt. Die wirklich auftretenden Spannungen sind wesentlich höher infolge der ungleichmäßigen Verteilung und Anhäufung der Spannung an den Lochrändern.

Bei längeren Balken mit I-Querschnitt oder Kastenquerschnitt beachte man, daß in der Nähe der Nullinie zwar die Normalspannungen gleich Null sind, infolge der Querkräfte jedoch hier Schubspannungen auftreten. Es ist darum nicht ohne weiteres zulässig, diese Stäbe nach Bild 3/11 auszusparen.

Bild 3/11. Die Aussparung X ist bei großen Querkräften nicht ohne weiteres zulässig.

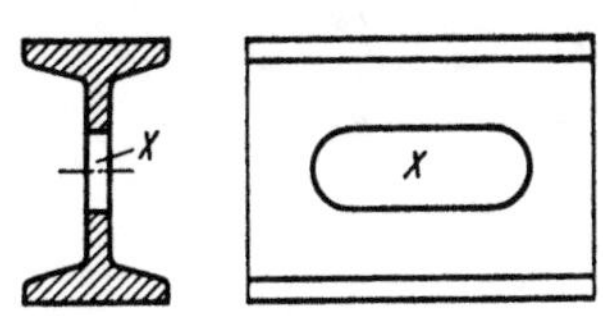

3.1.10 Schubspannung aus Torsion

Ein Torsionsmoment M_t ruft im Querschnitt Schubspannungen hervor, die Torsionsspannungen genannt werden. Ihr Verteilungsgesetz ist verwickelter als das der Normalspannungen durch ein Biegemoment. Weiter unten werden für die wichtigsten Querschnitte sowohl Angaben über die maximale Torsionsspannung als auch über das Verteilungsgesetz der Torsionsspannungen gemacht. Die größte Schubspannung durch Torsion wird

$$\max \tau_t = M_t / W_t \,, \tag{3/14}$$

W_t Widerstandsmoment gegen Torsion.

Falls nur die größte Torsionsspannung von Belang ist, schreibt man

$$\tau_t = M_t / W_t \,. \tag{3/15}$$

Bei einigen Querschnitten benötigt man zur Berechnung der Schubspannungen das Flächen-Trägheitsmoment für Torsion I_t. Es wird außerdem in Kapitel 12 zur Berechnung des Drehwinkels benötigt und ist darum für alle angeführten Querschnitte mit angegeben.

a) Für Kreis- und Kreisring-Querschnitte, Bild 3/12a:

Die Torsionsspannung wächst linear mit dem Abstand vom Schwerpunkt; der Größtwert tritt am Rande auf.

Für Kreisring-Querschnitt: $I_t = \frac{\pi}{32}(d_a^4 - d_i^4)$, $W_t = \frac{\pi}{16}\frac{d_a^4 - d_i^4}{d_a}$, (3/16), (3/17)

für Kreisquerschnitt: $I_t = \frac{\pi}{32} d^4$, $W_t = \frac{\pi}{16} d^3$. (3/18), (3/19)

b) Für Rechteck-Querschnitte, Bild 3/12b und 3/12c:

Größte Schubspannung max τ_t in der Mitte der langen Seiten. Für $h < 3b$ fällt die Torsionsspannung in den langen Seiten etwa parabolisch bis zu den Ecken auf den Wert Null, Bild 3/12b. Für $h > 3b$ bleibt die Drehspannung in den langen Seiten für die Länge $h - 3b$ etwa konstant und fällt erst dann parabolisch auf Null. In der Mitte der kurzen Seiten wird $\tau_t = \eta_1 \cdot \max \tau_t$ und fällt etwa parabolisch bis zu den Ecken auf Null.

$I_t = \eta_3 b^3 h$, $W_t = \eta_2 b^2 h$. (3/20), (3/21)

Die Beiwerte η_1, η_2 und η_3 hängen vom Verhältnis $h:b$ ab und sind in Tafel 3/1 zusammengestellt.

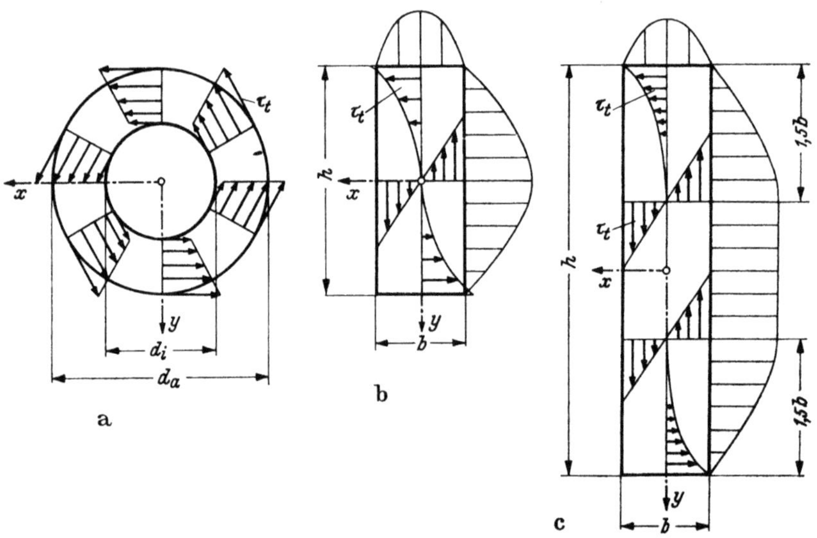

Bild 3/12. Verteilung der Torsionsspannung τ_t bei verschiedenen Querschnitten. a) Kreisringquerschnitt; b) und c) verschiedene Rechteckquerschnitte.

Tafel 3/1. Beiwerte η_1, η_2, η_3 für Rechteck-Querschnitte

h/b	1	1,5	2	3	4	6	8	10	∞
η_1	1,00	0,858	0,796	0,753	0,743	0,743	0,743	0,743	0,743
η_2	0,208	0,231	0,246	0,267	0,282	0,299	0,307	0,313	0,333
η_3	0,140	0,196	0,229	0,263	0,281	0,299	0,307	0,313	0,333

c) Für Streifenquerschnitte, Bild 3/13:

I-, [- und L-Querschnitte sind als Streifenquerschnitte aufzufassen, die aus langen Rechtecken bestehen. (Länge der Rechtecke $l_1, l_2, l_3 \ldots$, Breite $b_1, b_2, b_3 \ldots$).

Entsprechend verteilen sich auch die Spannungen ähnlich wie bei Rechteckquerschnitten. An den Randpunkten der Rechtecke, mit Ausnahme der Nähe der Ecken, wird

$$\tau_t = \frac{M_t}{I_t} b \,. \qquad (3/22)$$

Für I_t und W_t gelten folgende Näherungsformeln:

$$I_t \approx \frac{1}{3} [b_1^3 l_1 + b_2^3 l_2 + \cdots] \,, \qquad W_t \approx I_t / b_{max} \,. \qquad (3/23),\ (3/24)$$

Bei allmählich sich ändernder Streifenbreite (Bild 3/13b) ist

$$I_t \approx \frac{1}{3} \int b^3 \mathrm{d}l \,. \qquad (3/25)$$

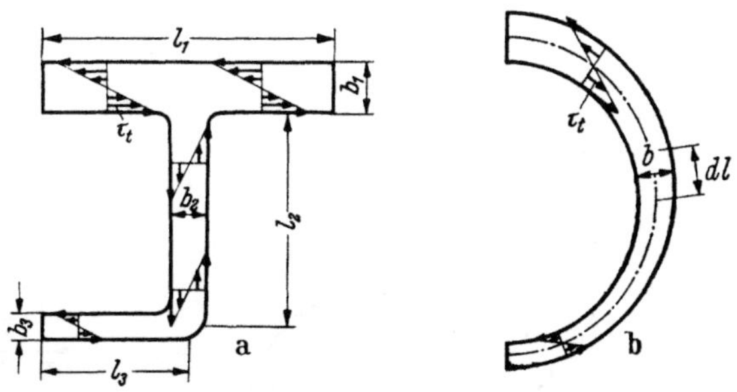

Bild 3/13. Zur Berechnung von I_t, W_t und Torsionsspannung τ_t bei Streifenquerschnitten.

d) Für geschlossene dünne Ringquerschnitte, Bild 3/14a:

Wanddicke s konstant oder veränderlich. Zwischen der äußeren und inneren Umfangslinie zieht man eine mittlere Umfangslinie U, die die Wanddicke s überall halbiert. Die von ihr umschlossene Fläche ist A_U, Bild 3/14b. Die mittlere Umfangslinie U zerfällt in die Teile U_1, U_2, ... mit den Wanddicken s_1, s_2, ...

An einer beliebigen Stelle der Wand ist die Torsionsspannung von innen bis außen konstant und beträgt

$$\tau_t = \frac{M_t}{2A_U \cdot s} \,. \qquad (3/26)$$

Für I_t und W_t gilt

$$I_t \approx \frac{4 \cdot A_U^2}{\dfrac{U_1}{s_1} + \dfrac{U_2}{s_2} + \cdots} \,, \qquad W_t = 2A_U \cdot s_{min} \,. \qquad (3/27),\ (3/28)$$

Für konstante Wanddicke ist (Bredt'sche Formeln)

$$I_t = 4A_U^2 \cdot s / U \,, \qquad W_t = 2A_U \cdot s \,. \qquad (3/29),\ (3/30)$$

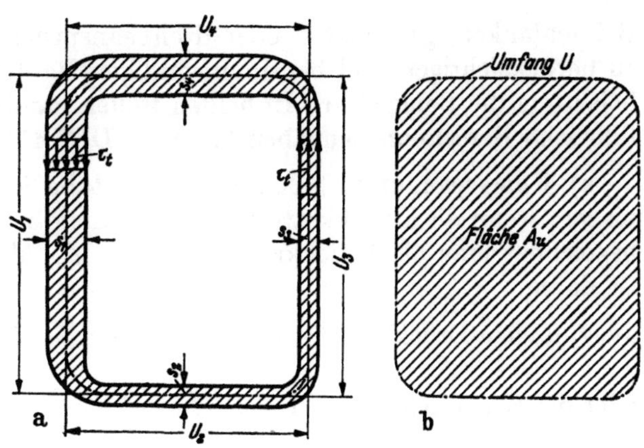

Bild 3/14. Zur Berechnung von I_t, W_t und Torsionsspannung τ_t bei geschlossenen Ringquerschnitten.

Beispiel: Querschnitt nach Bild 3/7c:

$$A_U = \left(\frac{\pi}{4}\,11^2 + 11 \cdot 12\right)\text{cm}^2 = 227\,\text{cm}^2 = 2{,}27 \cdot 10^4\,\text{mm}^2\,,$$

$$s = 10\,\text{mm}\,, \qquad W_t = 4{,}54 \cdot 10^5\,\text{mm}^3$$

$$M_t = 9 \cdot 10^6\,\text{Nmm}\,, \qquad \tau_t = \frac{9 \cdot 10^6}{4{,}54 \cdot 10^5} \approx 20\,\text{N/mm}^2\,.$$

Bei einigen Querschnitten erfolgt durch die Drehung eine starke Querschnittsverwölbung, Bild 3/15. Ist in den einzelnen Abschnitten des Stabes das Drehmoment verschieden groß, so passen die verwölbten Querschnitte in den Übergangsstellen nicht zusammen. Es treten hier oft große zusätzliche Biegespannungen auf. Diese Fälle sind möglichst zu vermeiden oder gesondert zu überprüfen.

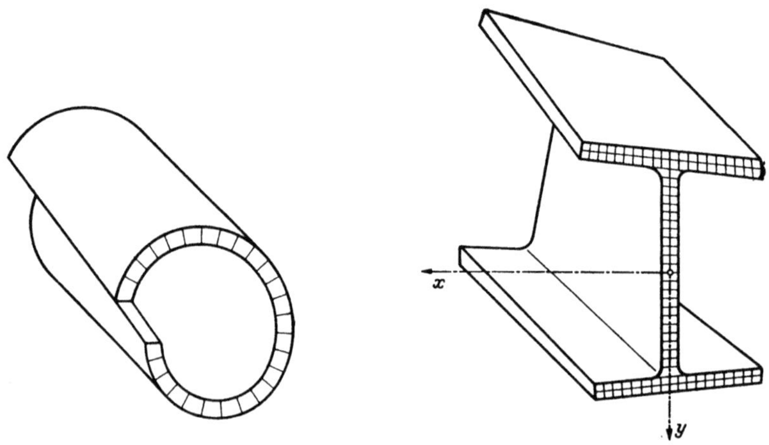

Bild 3/15. Beispiele von Querschnitten mit starker Verwölbung durch Torsionsbeanspruchung.

3.1.11 Resultierende Schubspannung

Schubspannungen werden durch Querkräfte und Torsionsmomente hervorgerufen. Am Rande des Querschnittes gehen die Spannungen immer in tangentialer Richtung. In Außenecken des Querschnittes werden sie gleich Null. In den Randpunkten sind die Schubspannungen bei gleicher Richtung zu addieren, bei entgegengesetzter Richtung voneinander abzuziehen. Meist überwiegen die Schubspannungen durch Torsion, so daß die Schubspannungen durch Querkräfte vernachlässigt werden können.

Ermittlung einer Vergleichsspannung bei überlagerter σ- und τ-Beanspruchung s. Abschnitt 3.4.

3.1.12 Knick- und Beulspannung

Bei schlanken, gedrückten oder drehbeanspruchten Stäben ist noch die Knickgefahr zu berücksichtigen und bei dünnwandigen Bauteilen unter Druck-, Biege- oder Drehbelastung die Beulgefahr. In beiden Fällen handelt es sich um Stabilitätsfragen. Ausführliche Berechnungsangaben hierzu s. DIN 4114.

a) Knickspannung. Schlanke Druckstäbe können ausknicken, d. h. seitlich ausbiegen, wenn die Druckkraft $F = \sigma \cdot A$ einen bestimmten Wert erreicht. Diesen Wert bezeichnet man als Knickkraft $F_K = \sigma_K \cdot A$. Mit Einführung der Knicksicherheit S_K ist dann

die zulässige Druckkraft $$F = \frac{F_K}{S_K} = \sigma \cdot A = \frac{\sigma_K \cdot A}{S_K} \tag{3/31}$$

oder die Knicksicherheit $$S_K = \frac{F_K}{F} = \frac{\sigma_K}{\sigma}\,. \tag{3/32}$$

Die Knickspannung σ_K wird im elastischen Bereich nach Euler (s. Abschnitt b) und im elastisch-plastischen Bereich nach Tetmajer (s. Abschnitt c) bestimmt. Druckstäbe von Fachwerken werden nach dem ω-Verfahren (s. Abschnitt d) berechnet.

Bei sämtlichen Berechnungsarten ist nach Wahl des Stabprofils der Schlankheitsgrad $\lambda = L_K/i$ zu berechnen. Hierin ist L_K die freie Knicklänge des gelenkig gehaltenen Stabes. Für andere Befestigungsarten ist aus der Stablänge L die entsprechende Länge L_K nach Bild 3/16 zu bestimmen. Meist liegt der Befestigungsfall *II* vor, so daß $L_K = L$ wird.

Der Wert $i = \sqrt{I/A}$ ist der Trägheitshalbmesser des Querschnitts A. Hierbei ist I das Flächenträgheitsmoment für diejenige Querschnittsachse, um die beim Knicken die Biegung erfolgt. Ist die Knickmöglichkeit nach allen Seiten gleich, so ist das kleinste I maßgebend.

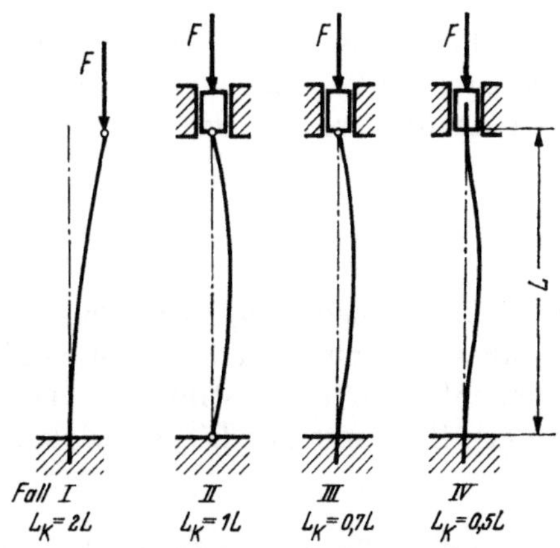

Bild 3/16. Freie Knicklänge L_K bei verschiedener Stabbefestigung.

b) Rein elastischer Knickbereich (nach Euler). Ist σ_K kleiner als die Proportionalitätsgrenze σ_P des Werkstoffs, so knickt der Stab rein elastisch. Hierfür gilt nach Euler

$$\sigma_K = \frac{\pi^2 E}{\lambda^2}, \qquad F = \frac{F_K}{S_K} = \frac{\pi^2 E \cdot I}{L_K^2 \cdot S_K}. \qquad (3/33),\ (3/34)$$

Die Knickspannung ist hier proportional dem E-Modul und unabhängig von der Festigkeit des Werkstoffs, also für hochfesten Stahl nicht höher als für weichen Stahl. Sind E und σ_P für den Werkstoff bekannt, so folgt hieraus der kleinste λ-Wert, für den die Eulerformel noch gilt, s. Tafel 3/2.

Als Sicherheit genügt $S_K = 3$ bis 6, sofern nicht zusätzliche Beanspruchungen durch ein größeres S_K berücksichtigt werden sollen.

Tafel 3/2. Kleinste λ-Werte für den Gültigkeitsbereich der Euler-Formel und σ_K nach Tetmajer

Werkstoff	σ_P N/mm²	E N/mm²	$\sigma_K \cdot \lambda^2 = \pi^2 \cdot E$ N/mm²	Eulerformel für $\lambda \geqq$	$L_K \geqq$	Tetmajer σ_K N/mm²	
Stahl St 37	205	$2,1 \cdot 10^5$	$20,7 \cdot 10^5$	100	25 d*	$310 - 1,14\,\lambda$	für St 37
St 60	240	$2,1 \cdot 10^5$	$20,7 \cdot 10^5$	93	23 d	bis	bis St 52
Federstahl	575	$2,1 \cdot 10^5$	$20,7 \cdot 10^5$	60	15 d	$335 - 0,62\,\lambda$	
Grauguß	154	$1 \cdot 10^5$	$9,87 \cdot 10^5$	80	20 d	$776 - 12\,\lambda + 0,053\,\lambda^2$	
Duralumin	200	$0,7 \cdot 10^5$	$6,9 \cdot 10^5$	59	14,8 d	–	
Nadelholz	9	$0,1 \cdot 10^5$	$0,98 \cdot 10^5$	100	25 d	$29,3 - 0,194\,\lambda$	

* Die angegebenen L_K-Werte gelten für Druckstäbe mit Kreisquerschnitt (Durchmesser d).

c) Elastisch-plastischer Bereich (nach Tetmajer). Sind die λ-Werte kleiner als oben angegeben, so überschreitet σ_K die σ_P-Grenze. Die Euler-Formel trifft hier nicht mehr zu. Nach Tetmajer gelten für σ_K die Werte nach Tafel 3/2.

Für diesen Bereich ist eine geringere Sicherheit als unter b) ausreichend, z. B. $S_K = 4$ bis 1,75, fallend mit abnehmendem λ.

d) ω-Verfahren[1]**.** Für Druckstäbe von Fachwerken hat man die Berechnung durch Einführung des ω-(Omega-)Wertes und des Wertes σ_{zul} sehr vereinfacht. Man setzt

$$\text{zulässige Druckkraft} \quad F = \frac{A \cdot \sigma_K}{S_K} = \frac{A \cdot \sigma_{zul}}{\omega} . \tag{3/35}$$

Der Wert ω ist dann das Verhältnis von σ_{zul} [2] zur jeweils zulässigen Druckspannung σ_K/S_K. Diesen Wert hat man für die gebräuchlichen Fachwerk-Baustoffe für jeden Schlankheitsgrad nach Abschnitt b) und c) berechnet (s. Tafel 9/1 und 9/2).

Hierbei wurde die Knicksicherheit S_K im elastischen Bereich mit 3,5 angesetzt und im elastisch-plastischen mit 3,5 bis 1,75 (fallend mit λ bis $\lambda = 0$).

Bei außermittigem Kraftangriff wird das zusätzliche Biegemoment M_b wie folgt berücksichtigt:

$$\sigma = \frac{\omega \cdot F}{A} + \frac{M_b}{W_b} \leqq \sigma_{zul} . \tag{3/36}$$

e) Knick-Drehmoment. Bei Drehbelastung eines langen Stabes von der Länge L kann die Längsachse des Stabes sich zu einer Schraubenlinie verwinden, d. h. „drehknicken", wenn das Drehmoment M_t einen bestimmten Wert, das Knick-Drehmoment M_K erreicht. Für kreisförmigen Stab mit der Biegefestigkeit $E \cdot I$ ist

$$M_K = 2\pi EI/L . \tag{3/37}$$

f) Beulspannung. Dünnwandige Bauteile können bei Druck-, Biege- oder Dreh-Belastung „ausbeulen", d. h. örtlich ausknicken, wenn die örtliche Spannung einen von den Abmessungen abhängigen Wert, die Beulspannung σ_{KB} überschreitet. Die entsprechende Belastung ist die Beulbelastung F_{KB}, bzw. das Beulmoment M_{KB}.

Für ein dünnwandiges Rohr mit Kreisring-Querschnitt, mittlerem Ringdurchmesser d_m, Wanddicke s ist im elastischen Bereich

1. *bei mittiger axialer Druckbelastung:*

$$\sigma_{KB} = k \cdot E \cdot s/d_m \tag{3/38}$$

mit $k = 1{,}21$ für Metalle für die elastische Beulgrenze (nach Timoshenko) und $k = 0{,}5$ für die praktische maßgebliche Vorbeul-Grenze. Aus Gleichsetzung von Vorbeulspannung und rein elastischer Knickspannung $\sigma_K = 1{,}235\, E(d_m/L_K)^2$ erhält man den Grenzwert $d_m^3/s = 0{,}4\ (L_K)^2$. Darüber ist die Beulgrenze maßgebend.

2. *bei Biegebelastung:*

$$\text{zulässiges Biegemoment} \quad M_b = \frac{M_{KB}}{S_{KB}} = \frac{\sigma_{KB}}{S_{KB}} \cdot W_b . \tag{3/39}$$

Für rechteckige Bleche mit Dicke s, Feldbreite b und Feldlänge l beträgt die Beulspannung $\sigma_{KB} = k \cdot E(s/b)^2$ mit k abhängig von b/l und Randbedingungen nach DIN 4114/2.

Beulung und Kippung von Stegblechen s. DIN 4114/2.

3.1.13 Spannungen beim Stoß

Beim Stoßvorgang wird die kinetische Energie in elastische oder plastische Verformungsarbeit umgesetzt. Die mit dem Verformungsweg f durchweg ansteigende Kraft F

[1] DIN 4114 für Stahl, 4113 Al-Leg, 1052 für Holz.

[2] $\sigma_{zul} = 140$ N/mm² für St 37; 210 N/mm² für St 52, (Lastfall H).

läßt sich nach Bild 3/17 aufzeichnen, wenn der Zusammenhang zwischen f und F bekannt ist.

Die Stoßarbeit (gleich Verformungsarbeit $W = \int F \cdot df$) ist die schraffierte Fläche. Die größte Kraft ist die Stoßkraft F. Ist $F/f = c =$ konst., so wird $W = F \cdot f/2 = F^2/2c$ oder

$$F = \sqrt{2W \cdot c}\,. \tag{3/40}$$

Das heißt, je kleiner c, also je nachgiebiger der Bauteil, desto kleiner ist die Stoßkraft F bei gleicher kinetischer Energie (s. Bild 3/17 rechts). Aus der Stoßkraft F sind die Spannungen wie bisher zu berechnen.

Die Ermittlung von f, c, F und W bei elastischen Verformungen s. Kap. 12.

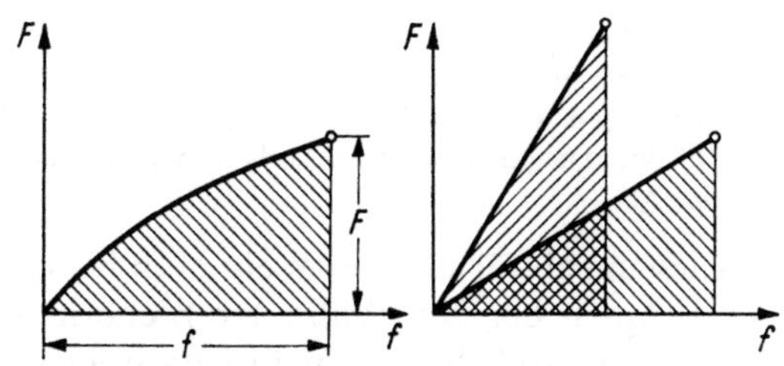

Bild 3/17. Kraftverlauf beim Stoßvorgang. Links: allgemein; rechts: bei linearem Kraftanstieg, aber verschiedenem Verformungsweg f und gleicher Stoßarbeit W (schraffiert).

3.2 Statische Festigkeitswerte

3.2.1 Festigkeitswerte aus Zugversuch

Im Maschinenbau sind die im Zugversuch ermittelten Festigkeitswerte und von diesen wiederum die Zugfestigkeit σ_B und Streckgrenze (Fließgrenze) σ_S bzw. die 0,2 Dehnungsgrenze $\sigma_{0,2}$ am bekanntesten. Andere Festigkeitswerte werden häufig auf diese bezogen.

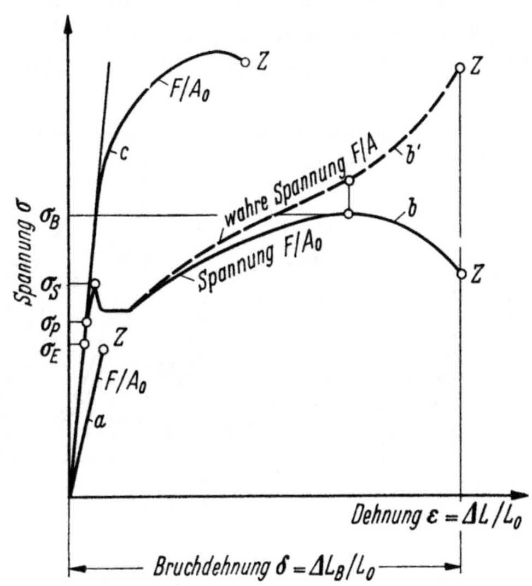

Bild 3/18. Spannungs-Dehnungsdiagramm ermittelt im Zugversuch bei 20 °C mit stetig zunehmender Dehnung der Probe. Kurven: a für Grauguß, b und b' für weichen Stahl, c für hochfesten Stahl. A_0 Probenquerschnitt vor, A bei Belastung.

Beim Zugversuch wird eine Werkstoffprobe langsam stetig gedehnt. Die dabei jeweils erforderliche Kraft F wird auf den Ausgangsquerschnitt A_0 bezogen und ergibt so die Spannung σ, die Dehnung ε erhält man aus der gemessenen Längung der Probe bezogen auf die Ausgangslänge L_0: $\sigma = F/A_0$; $\varepsilon = \Delta L/L_0$. Zugehörige Werte von σ und ε ergeben das Spannungs-Dehnungs-Diagramm (Bild 3/18) mit folgenden Kennwerten:

a) Elastizitätsgrenze σ_E. Größte Spannung, bei der der Werkstoff noch elastisch bleibt, d. h., noch keine bleibende Dehnung erfährt.

b) Proportionalitätsgrenze σ_P: Bis σ_P gilt das Hookesche Gesetz $\sigma = \varepsilon \cdot E$, d. h., Spannung und Dehnung sind proportional (E = Elastizitätsmodul, N/mm²).

c) Streckgrenze σ_S: Sie gibt den Beginn des Fließens im Zugversuch an. (Fließbeginn im Biegeversuch: Biegefließgrenze σ_{bF}; im Druckversuch: Quetschgrenze σ_{dF}; im Torsionsversuch: Verdrehgrenze τ_{tF}). Weiche Stähle haben eine ausgeprägte Fließgrenze. Bei Stählen höherer Festigkeit tritt an Stelle von σ_S die Größe $\sigma_{0,2}$.

d) $\sigma_{0,2}$-Dehnungsgrenze: Nach Zugbelastung bis $\sigma_{0,2}$ zeigt die Werkstoffprobe 0,2% bleibende Dehnung im entlasteten Zustand.

e) Bruchfestigkeit σ_B: Höchste im Versuch ermittelte Kraft F_{max} bezogen auf den Ausgangsquerschnitt A_0. Die tatsächlich bei F_{max} auftretende Spannung ist größer, da die Probe sich eingeschnürt hat, der Querschnitt kleiner geworden ist (gestrichelt im Bild 3/18).

f) Bruchdehnung δ: Bleibende Verlängerung ΔL_B nach dem Bruch, bezogen auf die Ausgangslänge L_0 in %. Zur Bruchdehnung muß L_0/d_0 angegeben werden. Gebräuchlich z. B. $L_0 = 5d_0$, daher als „δ_5" bezeichnet.

g) Brucheinschnürung ψ: Auf den Ausgangsquerschnitt A_0 bezogene Querschnittsverminderung an der Bruchstelle ΔA_B, $\psi = \Delta A_B/A_0$ in %.

Bruchdehnung und Brucheinschnürung geben ein Maß für das Verformungsverhalten des Werkstoffes. Sie sind daher bei der Wahl der Sicherheitsfaktoren zu beachten; während nach σ_B, σ_S und $\sigma_{0,2}$ statisch beanspruchte Bauteile ausgelegt werden.

Werte von σ_B, σ_S, $\sigma_{0,2}$, δ_5 s. Kapitel 5.

Anhaltswerte: $\sigma_S/\sigma_B \approx 0{,}60$ für allgemeine Baustähle, $\sigma_S/\sigma_B \approx 0{,}7$ für Vergütungs- und Einsatzstähle.

3.2.2 Festigkeitswerte bei hohen und tiefen Temperaturen

Bei erhöhten Temperaturen (für Stahl etwa über 200 °C) sind die Warmstreckgrenze $\sigma_{0,2/\vartheta}$ und die Warmfestigkeit $\sigma_{B/\vartheta}$ maßgebend. Oberhalb der sogenannten Kristallerholungstemperatur T_K (für Stähle etwa 350 °C, für warmfeste Stähle etwa 400 °C) kommt ein Fließvorgang jedoch nicht mehr zum Stillstand, solange die Belastung einwirkt. Man definiert daher eine Zeitdehngrenze $\sigma_{1/10^5/\vartheta}$ und eine Zeitbruchgrenze oder Zeitstandfestigkeit $\sigma_{B/10^5/\vartheta}$ (d. h. diese Spannungen bewirken nach 10^5 Stunden 1% bleibende Dehnung bzw. Bruch). Anhaltswerte s. Bild 3/19.

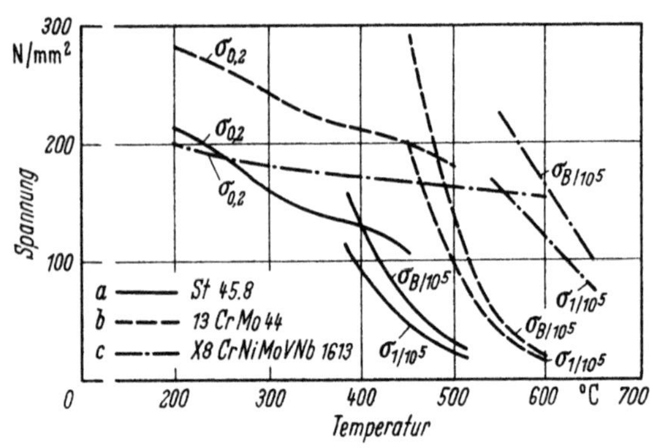

Bild 3/19. Werkstoffkennwerte verschiedener Stähle bei hohen Temperaturen nach Wellinger/Dietmann. $\sigma_{0,2}$ bei 20 °C: *a* 260, *b* 300 und *c* 260 N/mm².

Bei tiefen Temperaturen sind σ_F, $\sigma_{0,2}$ und σ_B größer als bei Raumtemperatur. Allerdings sinkt bei einigen Werkstoffen das Verformungsvermögen stark ab, d. h. sie neigen bei tiefen Temperaturen zu einem verformungsarmen Sprödbruch. Dadurch können eventuell auftretende Spannungsspitzen, die bei Raumtemperatur durch plastische Verformung unschädlich ausgeglichen werden, bei tiefen Temperaturen schon zum Sprödbruch führen.

Als Maß für das Verformungsverhalten wird die Kerbschlagzähigkeit W_K herangezogen. Für unlegierte Stähle nimmt sie unter etwa -30 bis -50 °C sehr stark ab. Anhaltswerte: Ck 22 N: $\sigma_{B/20°C} = 480$ N/mm² und $\sigma_{B/-80°C} = 540$ N/mm², aber bei -80 °C ist Kerbschlagzähigkeit $\approx 5\%$ von der bei 20 °C.
„V2A-Stahl": $\sigma_{B/20°C} = 640$ N/mm², $\sigma_{B/-80°C} = 1180$ N/mm², Kerbschlagzähigeit $\approx 92\%$ gegenüber 20 °C.

3.2.3 Festigkeitswerte bei anderen Belastungsarten

Für den Konstrukteur sind neben σ_S und σ_B von besonderem Interesse: die Biegefließgrenze σ_{bF} und die Verdrehfließgrenze τ_{tF}. Die Biegefließgrenze σ_{bF} ist infolge der ungleichen Spannungsverteilung größer als die Fließgrenze bei gleichmäßiger Spannungsverteilung (= Streckgrenze σ_S): Erreicht die am Querschnittsrand der Biegeprobe auftretende Spannungsspitze die Fließgrenze, dann setzt dort plastische Verformung ein. Dadurch übernehmen bei weiter steigender Belastung die inneren Querschnittsteile einen größeren Teil der Gesamtbelastung, sie üben eine gewisse Stützwirkung aus. Die Biegefließgrenze σ_{bF} errechnet sich aus der Streckgrenze σ_S bzw. $\sigma_{0,2}$ [3/2] annähernd zu

$\sigma_{bF} = \sigma_S \cdot v_{sb}$ mit dem statischen Biegestützfaktor

$$v_{sb} = 1 + 0{,}53\,(300/\sigma_S)^{0{,}25} \quad \text{(Rundstab)} \qquad (3/41)$$

$$v_{sb} = 1 + 0{,}37\,(300/\sigma_S)^{0{,}25} \quad \text{(Flachstab).} \qquad (3/42)$$

Dabei wird 0,2% plastische Verformung am Querschnittsrand zugelassen. Für andere Querschnittsformen s. [3/2] und [3/14][1].

Ähnlich liegen die Verhältnisse bei der Verdrehfließgrenze τ_{tF}. In verstärktem Maß tritt die Stützwirkung bei gekerbten Bauteilen auf; dort ist die Spannungsverteilung noch ungleichmäßiger, s. 3.2.5. Praktische Werte von σ_{bF} und τ_{tF} s. Tafel 3/4. Weitere Festigkeitswerte sind z. B. Quetschgrenze σ_{dF}, Druckfestigkeit σ_{dB} (wichtig für spröde Werkstoffe), Scherfestigkeit τ_{tB} (aus zweischnittigem Scherversuch oder Lochstanzversuch), die Knickfestigkeit σ_K und die Wälzfestigkeit (Kap. 13).

3.2.4 Härtewerte

Bei der Härteprüfung wird der Widerstand bestimmt, den der Werkstoff dem Eindringen eines harten Prüfkörpers entgegensetzt.

a) Brinellhärte HB = F/A. Sie wird bestimmt durch Einpressen einer Kugel unter der Prüflast F und durch Ausmessen des Durchmessers d des erzeugten Kugeleindrucks, dessen Oberfläche A ist. Die Prüflast ist so zu wählen, daß d zwischen 0,2 bis 0,5mal Kugeldurchmesser liegt. Der Zahlenwert von HB entspricht kp/mm².

Beispiel: 440 $HB_{5/250/30}$ bedeutet: Brinellhärte 440 ermittelt mit 5 mm-Kugel bei 2451 N Prüflast und 30 s Belastungsdauer[2].

Anhaltswerte:

Für C-Stahl und C-Stahlguß geglüht ($\sigma_B = 300-1000$ N/mm²) gilt etwa: $\sigma_B \approx 3{,}6 \cdot$ HB N/mm²,
für Cr–Ni-Stahl geglüht ($\sigma_B = 650-1000$ N/mm²): $\sigma_B \approx 3{,}4 \cdot$ HB N/mm²,
für Grauguß: $\sigma_B \approx 1{,}0 \cdot$ HB N/mm².

---

[1] Wellinger/Dietmann [3/14] geben Werte von ξ ($\triangleq v_{sb}$) abhängig von $\eta = 1 + \varepsilon_{pl}/\varepsilon_F$, für $\varepsilon_{pl} = 0{,}2\%$ z. B. $\eta = 1 + 0{,}002 \cdot E/\sigma_F$, für zahlreiche Querschnittsformen an. In [3/2] wird v_{sb} als „Dehngrenzenverhältnis $\delta_{0,2}$" bezeichnet. Neuber [3/18] leitet aus der Makrostützwirkung ab: $\delta_{0,2} = \sqrt{1 + 0{,}002 \cdot E/\sigma_F}$.

[2] Der Zahlenwert im Kurzzeichen ist die mit 0,102 multiplizierte Prüfkraft. Dieser Wert wird auch in die Bestimmungsgleichung der Härte eingesetzt.

Beziehung der verschiedenen Härtewerte und σ_B s. Bild 3/20.

b) Vickershärte HV $= F/A$. Sie wird bestimmt durch Einpressen einer Diamantpyramide mit 136° Flächenwinkel unter beliebiger Prüflast F (10···1200 N) und durch Ausmessen der Diagonalen des erzeugten Eindruckes, dessen Oberfläche A ist. Der Zahlenwert entspricht[1] kp/mm². Bei geringer Prüflast kann auch die Härte von dünnen Blechen, dünnen Schichten und sogar von Gefügeanteilen ermittelt werden.

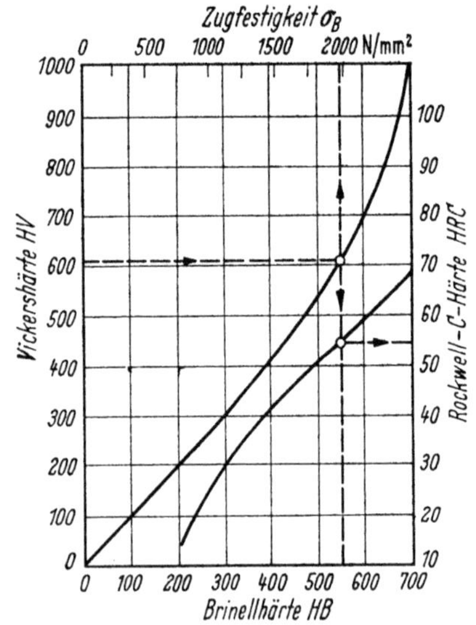

Bild 3/20. Härtewerte HRC und HV im Verhältnis zur Brinellhärte HB und zu σ_B-Werten von C-Stahl.
Beispiel: HB = 550 ist HRC = 54,5; HV = 610 ist σ_B = 1980 N/mm².

c) Rockwellhärte HRC. Sie wird durch Einpressen eines Diamantkegels mit 120° Kegelwinkel ermittelt und das Ergebnis an einer Meßuhr abgelesen, welche die Differenz zwischen der Eindringtiefe des Diamantkegels bei Vorlast (98 N) und bei Hauptlast (1470 N) mißt. Durch die Vorlast wird auch der Einfluß der Rauheit auf die Messung gemindert. Die Rockwellhärte HRB erhält man bei entsprechender Verwendung einer Kugel als Eindringkörper (für weichere Werkstoffe).

3.2.5 Statische Festigkeitswerte von gekerbten Bauteilen

Die spannungserhöhende Wirkung von Kerben (z. B. Absätze, Eindrehungen usw. an Wellen), durch die Formzahl α_k gekennzeichnet (Abschnitt 3.3.8), wird durch örtliches Fließen und dadurch stärkeres Mittragen der weniger belasteten Querschnittsbereiche zum Teil wieder ausgeglichen (Stützwirkung). Läßt man 0,2% plastische Verformung an den höchstbeanspruchten Stellen des Querschnittes (meist Rand oder Kerbgrund) zu, so kann eine rechnerische Fließgrenze (Zug-Druck und Biegung) bei Kerbwirkung σ_{FK} aus der Streckgrenze σ_S ermittelt werden [3/2]:

$$\sigma_{FK} = v_{sk} \cdot \sigma_S/\alpha_k \,, \tag{3/43}$$

mit v_{sk} als statischem Kerbstützfaktor:

$$v_{sk} = 1 + 0{,}75\,(c \cdot \alpha_k - 1)\,(300/\sigma_S)^{0{,}25} \tag{3/44}$$

mit c = 1,0 für Zug-Druckbeanspruchung
c = 1,7 für Biegung (Rundstab)
c = 1,5 für Biegung (Flachstab)
c = 1,3 für Torsion (Rundstab), sinngemäß mit τ_F gerechnet.

Formzahl α_k nach Tafel 3/6.

[1] Früher übliche Einheit.

σ_{FK} ist zum Festigkeitsnachweis bei statischer Beanspruchung mit der Nennspannung oder der aus den Nennspannungen gebildeten Vergleichspannung (Abschnitt 3.4.) zuvergleichen, wenn gegen unzulässiges Verformen berechnet werden soll.

3.3 Dynamische Festigkeitswerte

3.3.1 Belastungsfälle

Bei periodisch veränderlicher Belastung kann man nach Bild 3/21 den Spannungsverlauf über der Zeit auftragen und folgende Spannungsgrößen einführen[1]:

Die Spannung σ schwingt zwischen der Oberspannung σ_o und der Unterspannung σ_u um die Mittelspannung $\sigma_m = 0{,}5\,(\sigma_o + \sigma_u)$.

Der Spannungsausschlag ist $\sigma_a = 0{,}5\,(\sigma_o - \sigma_u)$. Mit diesen Bezeichnungen definiert man drei besondere Belastungsfälle:

I	(ruhend)	$\sigma_a = 0$,	$\sigma_m = \sigma_o = \sigma_u$
II	(schwellend):	$\sigma_u = 0$,	$\sigma_a = \sigma_m = \sigma_o/2$
III	(wechselnd):	$\sigma_m = 0$,	$\sigma_a = \sigma_o$.

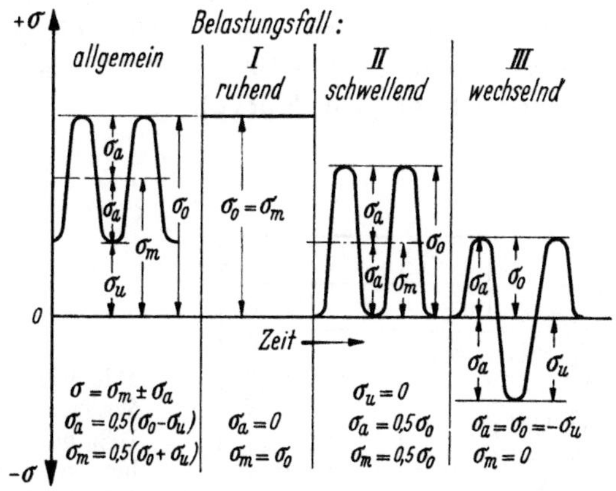

Bild 3/21. Typische Belastungsfälle.

3.3.2 Dauerfestigkeit und Zeitfestigkeit

Für ihre Ermittlung unterwirft man einen Prüfstab einer schwingenden Belastung $\sigma = \sigma_m \pm \sigma_a$ (z. B. rein wechselnder Belastung mit $\sigma_m = 0$, $\sigma_a = \sigma_o = \sigma_w$ oder schwellender Belastung mit $\sigma_u = 0$, $\sigma_a = \sigma_m = \sigma_{schw}/2$) und bestimmt die Anzahl der Lastspiele N bis zum Bruch, dem sogenannten Dauerbruch. Man wiederholt den Versuch an weiteren Prüfstäben mit jeweils etwas kleineren Belastungen bis schließlich kein Bruch mehr auftritt und man den Versuch nach z. B. $5 \cdot 10^6$ Lastwechseln abbricht.

Dieser Grenzwert wird als Dauerfestigkeit bezeichnet, allgemein σ_D. Je nach Belastungsfall gibt man verschiedene Dauerfestigkeiten an: z. B. σ_{zW} für Zug-Druck-Wechselbeanspruchung, σ_{bW} für Biegewechselbeanspruchung, σ_{zSch} für Zug-Druck-Schwellbeanspruchung, σ_{bSchw} für Biegeschwellbeanspruchung usw. (stets große Buchstaben als Index für Festigkeitswerte eines bestimmten Belastungsfalles, kleine für Spannungswerte) s. Tafel 3/3.

Sinngemäß werden Spannungswerte, bei denen noch Dauerbruch auftritt, als Zeitfestigkeit bezeichnet.

[1] Die Bezeichnung σ gilt für Zug- und Druckspannungen; für Biege- und Torsionsspannungen sind entsprechend σ_b bzw. τ_t einzusetzen.

Tafel 3/3. Bezeichnung der Dauerfestigkeitwerte bei verschiedener Belastung (ungekerbte Probe)

	Belastungsfall	Belastungsart			
		Zug	Druck	Biegung*	Torsion*
Statische Bruchfestigkeit	I ruhend	σ_B	σ_{dB}	σ_{bB}	τ_{tB}
Fließgrenze		σ_S	σ_{dF}	σ_{bF}	τ_{tF}
Dauerfestigkeit	allgemein	$\sigma_D = \sigma_m \pm \sigma_A$		$\sigma_{bD} = \sigma_{bm} \pm \sigma_{bA}$	$\tau_{tD} = \tau_{tm} \pm \tau_{tA}$
Ausschlagfestigkeit		σ_A	σ_{dA}	σ_{bA}	τ_{tA}
Schwellfestigkeit	II schwellend	σ_{Sch}	σ_{dSch}	σ_{bSch}	τ_{tSch}
Wechselfestigkeit	III wechselnd	σ_W		σ_{bW}	τ_{tW}

* Für etwa 10 mm Dmr.

3.3.3 Lebensdauer- und Schadenskurve

Trägt man die Zeitfestigkeit über der Zahl der ertragenen Lastspiele N auf (Bild 3/22), so ergibt sich eine abfallende Kurve, die bei Erreichen der Dauerfestigkeit in eine Waagrechte übergeht. Der „Knickpunkt" (genauer ein gewisser Übergang) liegt bei einer Grenzlastspielzahl, die bei Stahl etwa $1 \cdots 10 \cdot 10^6$ beträgt (steigend mit σ_B und Größe) und bei Leichtmetall bis über $100 \cdot 10^6$ reicht. Diese Kurve wird als Lebensdauer- oder Wöhlerkurve bezeichnet (σ/N-Kurve).

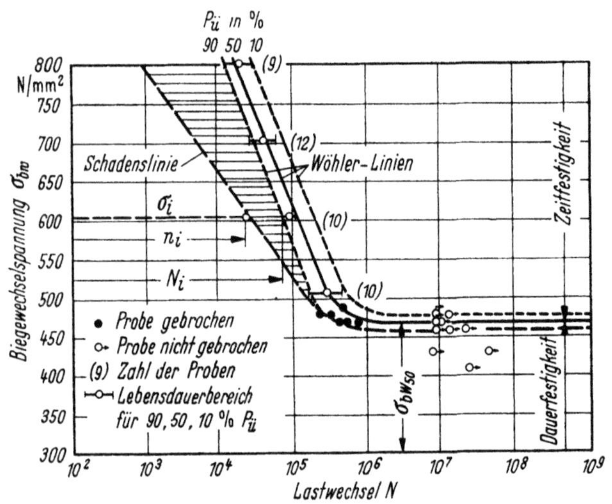

Bild 3/22. Wöhler-Linien für Überlebens-Wahrscheinlichkeiten von 90, 50 und 10% bei Verwendung von 9 bis 12 Proben je Prüfhorizont. — Erklärung der Schadenslinie s. Text. Belastung mit Biegewechselspannung. (Werkstoff: Elektrolytisch polierter und vergüteter Stahl 34 CrMo 4 mit $\sigma_B = 1000$ N/mm² und $\sigma_{0,2} = 870$ N/mm²). Im schraffierten Bereich bereits Schädigung aber noch kein Bruch zu erwarten. Nach [3/9].

Die Angabe der Zeitfestigkeit ist an eine gewisse Überlebenswahrscheinlichkeit $P_ü$ gekoppelt (z. B. 50%), da die Bruchlastwechselzahlen in einem gewissen Bereich streuen. $P_ü = 50\%$ bedeutet, daß bis zu $N_{\sigma/P_ü=50}$ bereits 50% der gesamt untersuchten Prüfkörper ausgefallen sind. Zur Angabe von $N_{\sigma/P_ü=50}$ müssen also eine große Zahl von Versuchen statistisch (z. B. n. Gauß-Normalverteilung oder Weibull-Verteilung) ausgewertet werden [3/9].

Auch die Dauerfestigkeit σ_D unterliegt Streuungen, d. h., auch sie wird für eine bestimmte Überlebenswahrscheinlichkeit angegeben, z. B. 50%. Die Dauerfestigkeit σ_D wird daher ebenfalls aus einer großen Zahl von Versuchen nach bestimmten Verfahren ermittelt (z. B. „Treppenstufen-Verfahren" oder „Probit-Verfahren" [3/9]).

Außerdem ist in Bild 3/22 noch die Schadenslinie nach French eingetragen, die man wie folgt erhält:

Man belastet Proben mit einer Spannung im Zeitfestigkeitsgebiet bis zu Lastwechselzahlen n_i kleiner als die Bruchlastwechselzahl der Wöhlerlinie N_i und anschließend in Höhe der Dauerfestigkeit σ_D (z. B. für $P_ü = 90\%$). Erträgt die Probe dabei Lastwechselzahlen $N > 5 \cdot 10^6$ ohne Bruch, so wird sie als nicht geschädigt angesehen. Bei weiteren n_i (neue Proben) ergibt sich z. B. Bruch bei σ_D usw.

Das größte n_i, bei dem kein Bruch bei σ_D auftritt, legt einen Punkt der Schadenslinie fest.

Für eine gekerbte Probe liegt die Dauerfestigkeit tiefer, der linke Endpunkt der Wöhlerlinie, die Bruchfestigkeit, aber etwa gleich, (teilweise sogar höher), so daß deren Wöhlerlinie steiler als die der glatten Probe verläuft. Für die praktische Rechnung können die Wöhlerlinien von Bild 3/25 zugrundegelegt werden.

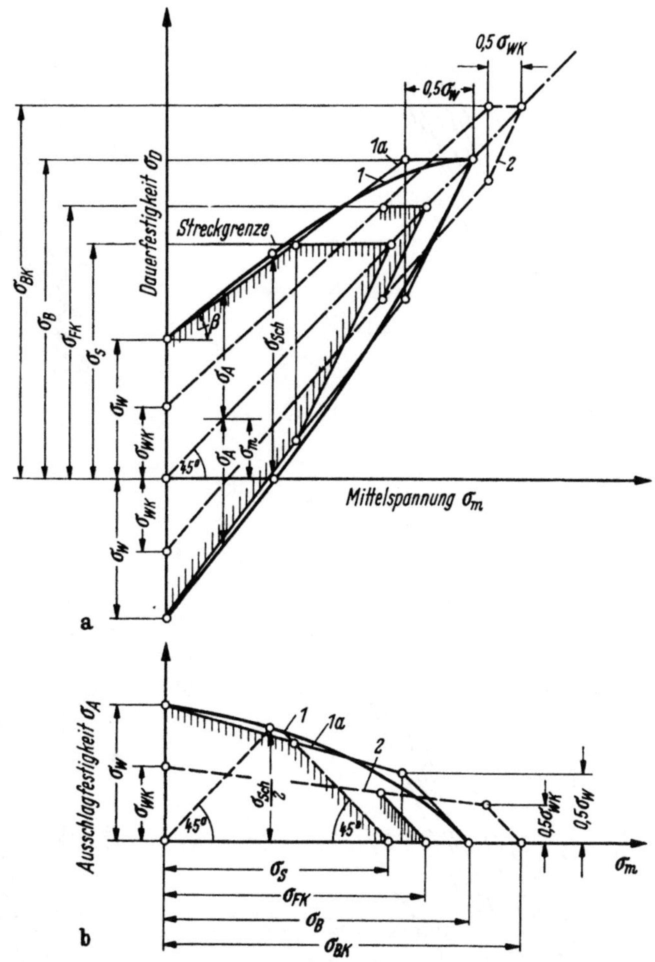

Bild 3/23. Dauerfestigkeitsschaubilder: a) nach Smith, b) nach Haigh, Ausgezogen: wirklicher Verlauf *1* und Näherungskonstruktion *1a* für glatte Zug–Druck-Probe.

Gestrichelt: Näherungskonstruktion *2* z. B. einer gekerbten Biegeprobe mit Wechselfestigkeit $\sigma_{bWK} \approx \sigma_{zW} \cdot v_d/\alpha_{kb}$. Fließgrenze $\sigma_{FK} = \sigma_S \cdot v_{sk}/\alpha_{kb}$ und $\sigma_{BK} = \sigma_B \cdot v_{sk}/\alpha_{kb}$. Dynamischer Stützfaktor v_d und statischer Kerbstützfaktor v_{sk} siehe 3.3.7. bzw. 3.2.5.

3.3.4 Dauerfestigkeitsschaubilder

Liegen σ_A-Werte für verschiedene Mittelspannungen σ_m vor, so kann man folgende Dauerfestigkeitsschaubilder zeichnen: erstens das Dauerfestigkeitsschaubild nach Smith (Bild 3/23a) und zweitens das Ausschlagfestigkeitsschaubild nach Haigh (Bild 3/23b).

Im Dauerfestigkeitsschaubild nach Smith sind auf der Ordinate die zu einer bestimmten Mittelspannung σ_m gehörigen Werte von σ_o und σ_u für die jeweilig gefundene Ausschlagfestigkeit σ_A aufgetragen. Für $\sigma_m = 0$ entnimmt man dem Diagramm z. B. die Wechselfestigkeit σ_W, für $\sigma_u = 0$ die Schwellfestigkeit σ_{Sch}. Mit der eingezeichneten Streckgrenze σ_S erhält man den Bereich der praktisch zulässigen Festigkeitswerte.

Mit der im Bild 3/23 eingetragenen Näherungskonstruktion läßt sich bereits nur aus σ_W, σ_S und σ_B das gesamte Diagramm entwerfen[1]. Zahlreiche Smith-Diagramme für verschiedene Belastungsarten und Werkstoffe sind im Versuch ermittelt worden. Einige für den Konstrukteur wichtige Diagramme sind im Bild 3/24 zusammengestellt. Das Dauerfestigkeitsschaubild nach Haigh entsteht aus dem Smith-Diagramm, indem die σ_m-Gerade in die Abszisse gedreht wird, so daß als Ordinate die σ_A-Werte aufgetragen werden.

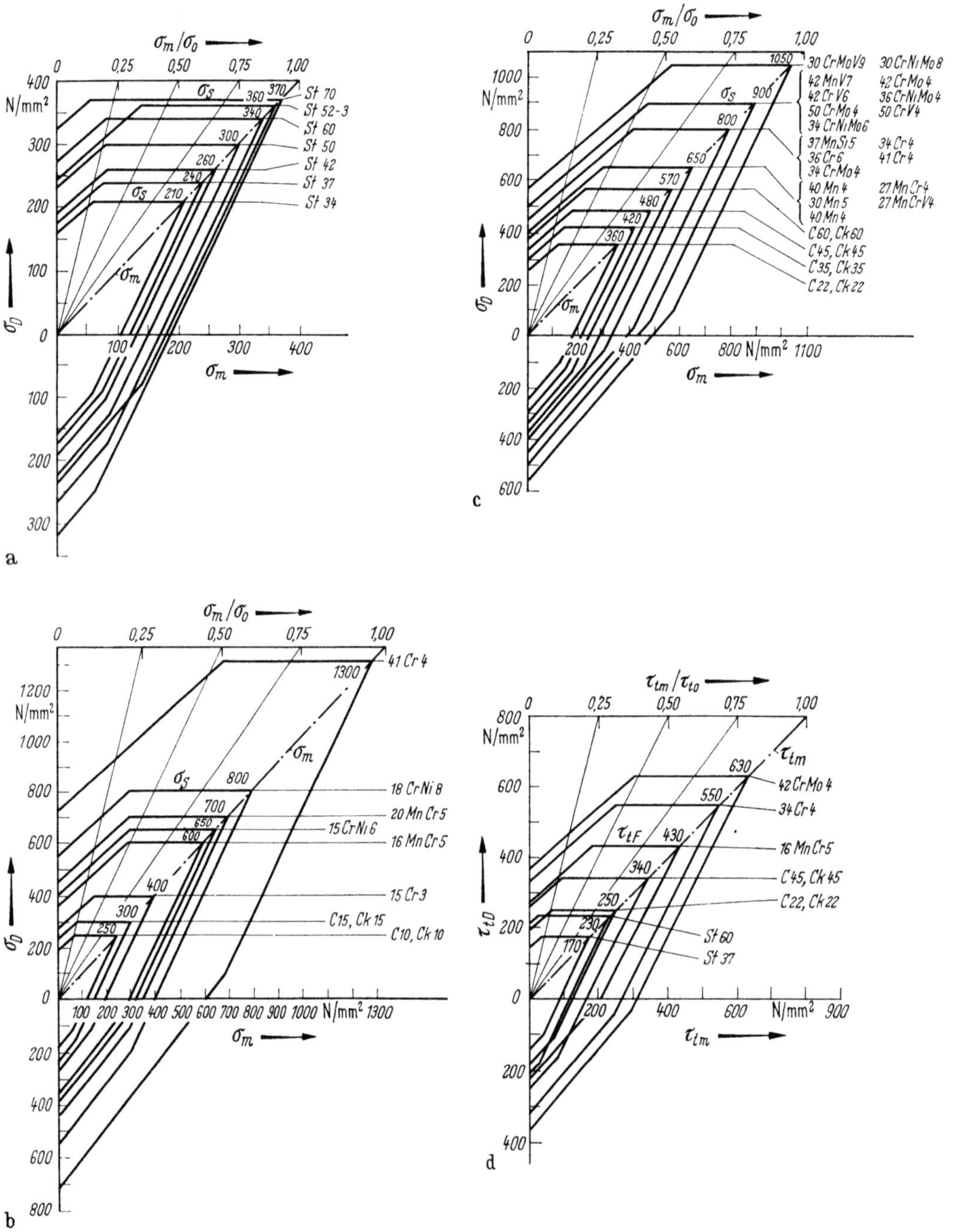

Bild 3/24. Dauerfestigkeitsschaubilder (Smith-Diagramme) für Zug-Druck Beanspruchung nach Hänchen/Decker für: a) allgemeine Baustähle DIN 17100, b) Einsatzstähle DIN 17210, c) Vergütungsstähle DIN 17200, d) Dauerfestigkeitsschaubild für Torsionsbeanspruchung

[1] Auftragen von $0{,}5\,\sigma_W$ in Höhe von σ_B und geradliniges Verbinden mit σ_W. Andere Verfasser geben auch Anhaltswerte für den Winkel β, so daß damit das Diagramm entworfen werden kann: $\beta \approx 40°$ nach Hänchen/Decker [3/10].

3.3.5 Praktische Dauerfestigkeitswerte

Die Dauerfestigkeitswerte werden für jede Belastungsart (Zug-Druck, Biegung, Torsion) und Werkstoff getrennt ermittelt.

Die Bezeichnungen sind in Tafel 3/3 zusammengestellt. Meist ist jedoch nicht das ganze Dauerfestigkeitsschaubild bekannt, sondern nur σ_W, σ_F und σ_B, so daß man auf eine Näherungskonstruktion (3.3.4.) angewiesen ist, wenn die Ausschlagfestigkeit σ_A für eine bestimmte Mittelspannung ermittelt werden soll.

Erfahrungswerte: Zug-Druck Dauerfestigkeitsschaubilder s. Bild 3/24.

Biegewechselfestigkeit σ_{bW} der ungekerbten polierten Probe von etwa 10 mm Dmr. s. Bild 3/27.

Anhaltswerte für mittlere Dauerfestigkeitswerte verschiedener Werkstoffe s. Tafel 3/4.

Einflüsse auf die Dauerfestigkeit s. 3.3.6.

Tafel 3/4. Mittlere Dauerfestigkeitswerte für Stahl, Grauguß und Leichtmetalle

Werkstoff	Zug[3]		Biegung[1]			Torsion[1]		
	σ_W	σ_{Sch}	σ_{bW}	σ_{bSch}	σ_{bF}	τ_{tW}	τ_{tSch}	τ_{tF}
Baustahl	0,45 σ_B	1,3 σ_W	0,49 σ_B	1,5 σ_{bW}	1,5 σ_S	0,35 σ_B	1,1 τ_{tW}	0,7 σ_S
Vergütungsstahl	0,41 σ_B	1,7 σ_W	0,44 σ_B	1,7 σ_{bW}	1,4 σ_S	0,30 σ_B	1,6 τ_{tW}	0,7 σ_S
Einsatzstahl[2]	0,40 σ_B	1,6 σ_W	0,41 σ_B	1,7 σ_{bW}	1,4 σ_S	0,30 σ_B	1,4 τ_{tW}	0,7 σ_S
Grauguß	0,25 σ_B	1,6 σ_W	0,37 σ_B	1,8 σ_{bW}	–	0,36 σ_B	1,6 τ_{tW}	–
Leichtmetall	0,30 σ_B	–	0,4 σ_B	–	–	0,25 σ_B	–	–

[1] Für polierte Rundprobe von etwa 10 mm Dmr.
Für Durchmesser größer 10 mm ist σ_{bW} mit b_0 nach Bild 3/27 zu multiplizieren.

[2] Im einsatzgehärteten Zustand. Ermittelt an Rundprobe von etwa 30 mm Dmr. σ_B und σ_S von Kernmaterial.

[3] Für Druck ist σ_{Sch} größer, z. B. bei Federstahl $\sigma_{dSch} \approx 1,3\,\sigma_{Sch}$.
Für Grauguß ist $\sigma_{dSch} \approx 3 \cdot \sigma_{Sch}$.

3.3.6 Einflüsse auf die Dauerfestigkeit

1. Minderung. Die in Tafel 3/4 und dem Bild 3/24 angegebenen Dauerfestigkeitswerte gelten für den glatten, polierten Probestab[1]. Die Dauerfestigkeit liegt aber beachtlich niedriger, wenn sie durch folgende Einflüsse gemindert wird:

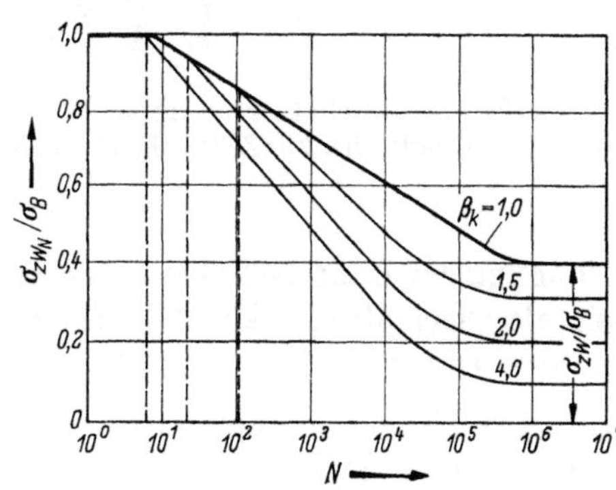

Bild 3/25. Wöhler-Linien für Zug–Druck-Wechselfestigkeit von gekerbten Proben (nach Wellinger/Dietmann).
Ungekerbte Probe: $\beta_k = 1$. Für nicht näher bekannte Kerbwirkung mit $\beta_k = 4$ rechnen.

[1] Sie gelten außerdem nur für übliche Raumtemperatur (20 °C). Für hohe Temperaturen ab etwa 350 °C sinkt die Dauerfestigkeit ganz erheblich. Gleichzeitig wird die Wechselfestigkeit von der Belastungsfrequenz abhängig. Für tiefe Temperaturen ist die Dauerfestigkeit dagegen etwas größer. Anhaltswerte siehe [3/14].

a) durch Rauheit oder chemische Einwirkung auf die Oberfläche (Korrosion in Luft oder Wasser, Reibkorrosion, Korrosion durch aggressive Chemikalien). Der Einfluß der Rauheit auf die Dauerfestigkeit ist bei allen Beanspruchungsarten (Zug-Druck, Biegung, Torsion) ungefähr gleich groß. Jedoch steigt der Einfluß mit zunehmender Festigkeit des Werkstoffes und ist geringer bei gleichzeitiger Kerbwirkung durch die geometrische Gestalt des Bauteiles. Nitrieren und Kugelstrahlen verringern den Einfluß der Rauheit. Praktische Berücksichtigung nach Bild 3/26.

b) Durch die geometrische Gestalt des Bauteiles, d. h. durch Kerben, Absätze, Abkröpfungen, Bohrungen usw. nach Bild 3/27.

c) Durch schroff endende Querpressungen (z. B. bei Preßsitzen) nach Bild 3/27.

Die gemeinsame Ursache für die Dauerfestigkeitsminderung bei a) bis c) sind in den Randfasern auftretende Spannungsspitzen, also Abweichungen von den berechneten Nennspannungen. Je „kerbempfindlicher" der Werkstoff ist, um so stärker wirken sich diese Spannungsspitzen aus. Man sieht aus den Bildern 3/26 und 3/27, daß Stähle hoher Zugfestigkeit sehr kerbempfindlich sind, d. h. bei stark gekerbten Bauteilen bringt die Verwendung von hochfesten Stählen nur geringe Steigerung der Dauerfestigkeit, s. Abschnitt 3.3.8.

Weiter vermindern z. B. auch rostverhindernde Überzüge (z. B. Verchromen) die Dauerfestigkeit (bis ca. 35%), doch verhüten sie die andererseits noch weitaus stärkere Minderung durch Korrosion.

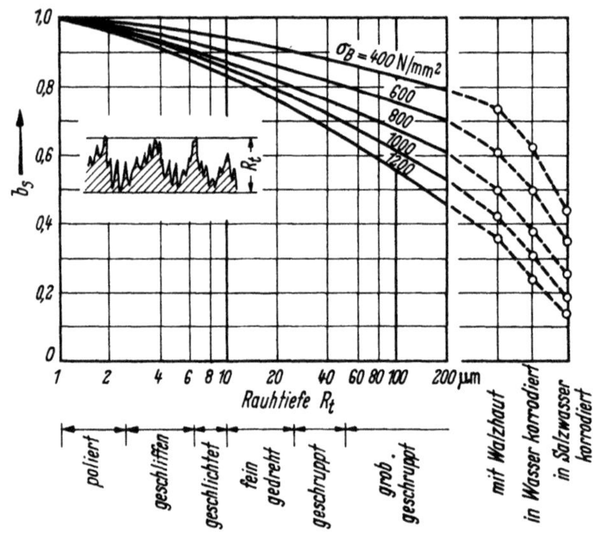

Bild 3/26. Oberflächeneinflußfaktor b_s. Abnahme der Dauerfestigkeit mit zunehmender Rauhtiefe und bei korrodierter Oberfläche. Für Zeitfestigkeit bei $N \leqq 10^3$ Lastwechsel kann $b_s \approx 1{,}0$ gesetzt werden.

2. Erhöhung der Dauerfestigkeit. Die Dauerfestigkeit eines Bauteiles (bei gekerbten Bauteilen als „Gestaltfestigkeit" bezeichnet) läßt sich durch folgende Maßnahmen erhöhen, bzw. es lassen sich dadurch andere festigkeitsmindernde Einflüsse mildern:

a) Abbau von Spannungsspitzen durch sanfte Übergänge, so z. B. an Wellenabsätzen die Übergangsradien möglichst groß ausführen. Ferner bei Preßsitzen die Nabe an den Rändern nachgiebig gestalten (z. B. konisch nach Bild 3/28c).

b) Günstigerer Kraftfluß durch sogenannte Entlastungskerben. Durch schwächere Kerben in der Nähe der eigentlichen konstruktiv nicht umgänglichen Kerbe wird der Kraftfluß gleichmäßiger umgelenkt. Kerbe und Entlastungskerbe zusammen wirken wie eine Kerbe mit größerem Radius (Bild 3/28a). Gleichartig wirken auch Wellenbünde oder zusätzliche Kerben in der Nähe von unumgänglichen Querbohrungen (3/28d). Günstig ist hier auch Nachpressen der Bohrungsränder.

c) Durch Erzeugung von Druckspannungen in der Randzone durch einmalige Überschreitung der Streckgrenze, durch z.B. Kaltwalzen, Glattwalzen oder Prägepolieren von Wellen und Bohrungen mit HRC < 40 [3/60] oder durch Kaltstrecken.

Anhaltswerte der Steigerung (%) durch Kaltwalzen für Bauteil [3/15]:
poliert, ungekerbt 5; gedreht, ungekerbt ≈25; gedreht, gekerbt ≈50–100.

d) Durch Erzeugung von Druckvorspannungen durch Kugelstrahlen (Stahlkies-Bestrahlen). Kugelstrahlen bewirkt bei stark gekerbten Bauteilen erhebliche, bei glatten Bauteilen weniger Steigerung. Der Effekt wird größer mit zunehmender Zugfestigkeit und mit schlechterer Oberflächengüte vor dem Kugelstrahlen.

Anhaltswerte der Steigerung (%) für Bauteil [3/15]:

poliert, ungekerbt	≦10	geschmiedet, ungekerbt,	50–100
gedreht, ungekerbt,	10–25	gedreht, gekerbt,	50–150.
gewalzt, ungekerbt,	30–50		

e) Durch wiederholte Belastungen knapp unterhalb der Dauerfestigkeit: „Hochtrainieren".

f) Durch Erzeugung von Druckeigenspannungen bzw. Gefügeumwandlungen in der Randzone durch z. B. Einsatzhärten, Flamm- und Induktionshärten und Nitrieren des Bauteiles. Einsatzhärtung bringt mit zunehmender Einhärtetiefe zunehmende Steigerung der Dauerfestigkeit (Bild 3/30); ähnlich auch die Nitrier-Härtung. In beiden Fällen wird eine größere Steigerung bei gekerbten Bauteilen erreicht. Auch Flamm- und Induktionshärtung kann die Dauerfestigkeit erheblich erhöhen, bei gekerbten Bauteilen bis zu etwa 50%, sofern auch im Kerbgrund eine einwandfreie Härteschicht vorliegt.

3.3.7 Ermittlung der Dauerfestigkeit ohne Kerbwirkung

Die Dauerfestigkeitswerte für verschiedene Belastungsarten der polierten ungekerbten Probe sind in Bild 3/24 für Zug-Druckbeanspruchung und weitere Werte in Tafel 3/4 angegeben. Der Einfluß der Oberflächenbeschaffenheit kann mit dem Faktor b_s nach Bild 3/26 und der Einfluß der Baugröße bei Biege- und Torsionsbeanspruchung mit dem Faktor b_0 nach Bild 3/27 berücksichtigt werden. So ergibt sich z. B. die nutzbare Biegewechselfestigkeit σ_{bWN} einer ungekerbten Welle allgemein aus der Biegewechselfestigkeit σ_{bW} der ungekerbten, polierten Probe von 10 mm Durchmesser zu

$$\sigma_{bWN} = \sigma_{bW} \cdot b_s \cdot b_0 \tag{3/45}$$

oder auch

$$\tau_{tWN} = \tau_{tW} \cdot b_s \cdot b_0 \tag{3/46}$$

b_s s. Bild 3/26, b_0 Bild 3/27.

3.3.8 Ermittlung der Dauerfestigkeit bei Kerbwirkung

Die verminderte Dauerfestigkeit von gekerbten Bauteilen wird als Gestaltfestigkeit bezeichnet und ist zur Festigkeitsberechnung mit der Nennspannung zu vergleichen. Sie kann direkt im Versuch ermittelt oder ausgehend von der Dauerfestigkeit der ungekerbten Probe berechnet werden. Als Maß für die Minderung der Dauerfestigkeit wird die Kerbwirkungszahl β_k als Verhältnis der Wechselfestigkeit σ_W der ungekerbten Probe zur Gestaltfestigkeit der gekerbten Probe σ_{WK} bei gleicher Beanspruchungsart

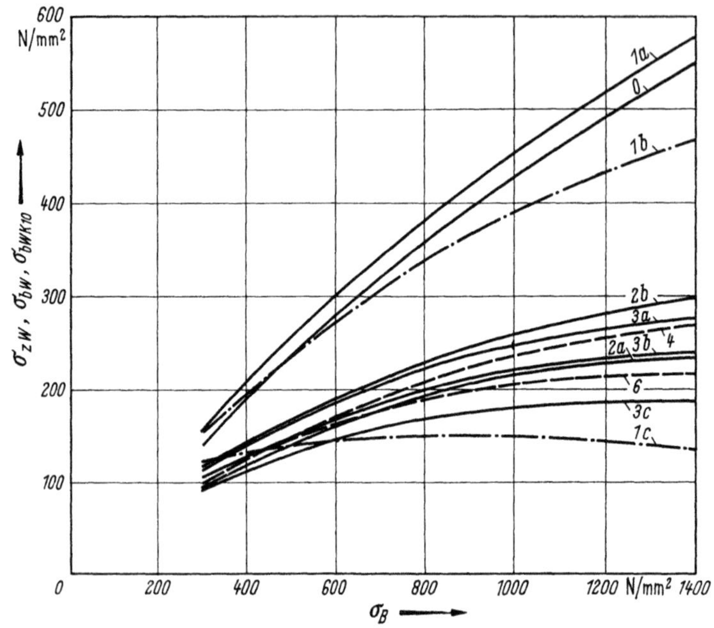

Bild 3/27. Zug–Druck-Wechselfestigkeit σ_{zW} der glatten polierten Probe und Biegewechselfestigkeit $\sigma_{bWK\,10}$ verschieden gekerbter Wellen von $d \approx 10$ mm für Stahl. Für andere Durchmesser: $\sigma_{bWK} = \sigma_{bWK\,10} \cdot b_0$.

Größenfaktor b_0:

d mm	10	20	40	60	80	100	200	300
b_0	1,0	0,94	0,88	0,85	0,82	0,80	0,75	0,70

Kurven und Anhaltswerte:

0: σ_{zW} glatte polierte Probe

1: a) σ_{bW} glatte polierte Welle
b) $\sigma_{bWN\,10}$ glatte feingedrehte Welle
c) $\sigma_{bWN\,10}$ glatte korrodierte Welle

2: $\sigma_{bWK\,10}$ für Welle mit Rundkerbe, fein gedreht:
a) $d/D = 0{,}8$ $D - d = 2r$ ($\alpha_k \approx 2$)
b) $d/D = 0{,}6$ $D - d = 2r$ ($\alpha_k \approx 1{,}5$)
Für andere d/D und d/r ist σ_{bWK} mit (3/55) zu berechnen.

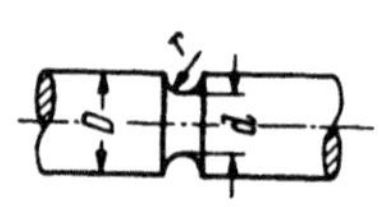

3: $\sigma_{bWK\,10}$ für Welle mit Absatz, fein gedreht: ($R_t \approx 10\,\mu$m)
a) $d/D = 0{,}8$ $r/d = 0{,}1$ ($\alpha_k \approx 1{,}6$)
b) $d/D = 0{,}8$ $r/d = 0{,}05$ ($\alpha_k \approx 2{,}0$)
c) $d/D = 0{,}8$ $r/d = 0{,}025$ ($\alpha_k \approx 2{,}6$)
Bei a) bis c) für anderes d/D mit

$\sigma_{bWK\,10} = \sigma_{bWK\,10\,(d/D=0,8)} \cdot q$ überschlägig,

oder σ_{bWK} genauer mit (3/55) berechnen.

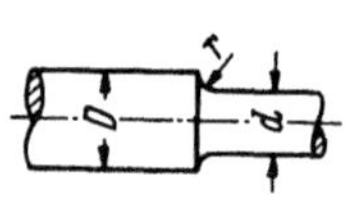

Absatzfaktor q:

d/D	0,3	0,4	0,5	0,6	0,7	0,8	0,9
q	0,86	0,87	0,88	0,90	0,95	1,0	1,12

4: $\sigma_{bWK\,10}$ für Welle mit Paßfedernut (gefräst mit Fingerfräser); gefräst mit Scheibenfräser ca. 30% größer.

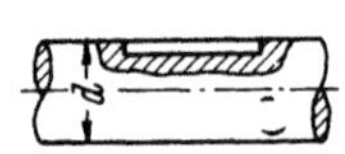

5: $\sigma_{bWK\,10}$ für Welle mit Bund, feingedreht:
mit $d/D = 0{,}8$ und $r/d = 0{,}05$
entnehmen nach Kurve *3b*.

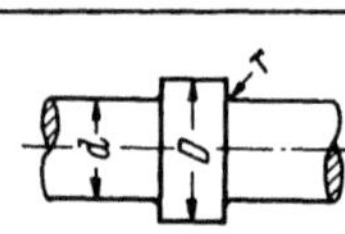

6: $\sigma_{\text{bWK}\,10}$ für Welle mit Querbohrung $d_B/d = 0{,}1$.

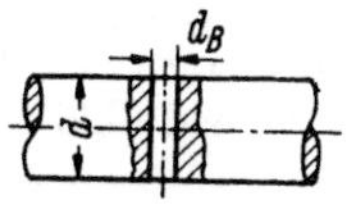

7: $\sigma_{\text{bWK}\,10}$ für glatte Welle mit Preßsitz, geschliffen, Wellenwerkstoff St50. Für andere Werkstoffe mit σ_B in N/mm² ist $\sigma_{\text{bWK}\,10}$ mit q_1 zu multiplizieren.

Werkstoffaktor q_1:

σ_B	400	500	600	700	850	1000
q_1	1,1	1,0	0,93	0,85	0,74	0,71

a) $\sigma_{\text{bWK}\,10} \approx \sigma_{\text{bW}}/2{,}0$
b) $\sigma_{\text{bWK}\,10} \approx \sigma_{\text{bW}}/1{,}7$
(Übermaß/$d = 1{,}5\cdots2\cdot10^{-3}$)
mit zusätzlicher Paßfeder:
a) $\sigma_{\text{bWK}\,10} \approx \sigma_{\text{bW}}/2{,}5$
b) $\sigma_{\text{bWK}\,10} \approx \sigma_{\text{bW}}/2{,}3$.

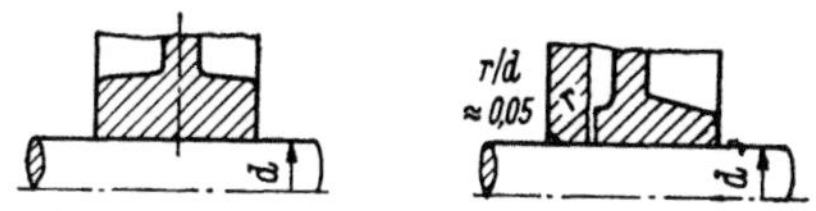

a b

8: für Welle mit Absatz und Festsitz (Wälzlager), geschliffen:

$$\sigma_{\text{bWK}\,10}\begin{cases}= \sigma_{\text{bW}}/1{,}8 & \text{oder*}\\ = \sigma_{\text{bWK}\,10} & \text{nach Kurven 3a bis 3c}\end{cases}$$

* kleinere von beiden.

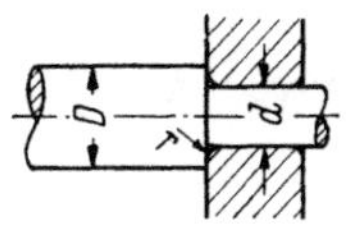

9: für Welle mit Rechteck-Nut (Sicherungsring)

$\sigma_{\text{bWK}\,10} \approx \sigma_{\text{bW}}/2{,}2$.

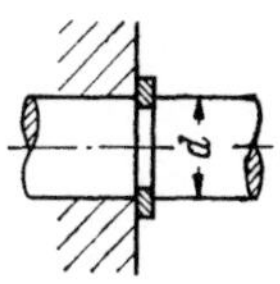

(Zug-Druck, Biegung, Torsion) und etwa 10 mm Dmr. definiert:

$$\beta_k = \frac{\sigma_W}{\sigma_{WK}}. \tag{3/47}$$

Man berechnet so z. B. die Gestaltfestigkeit einer biegewechselbeanspruchten gekerbten Welle aus

$$\sigma_{\text{bWK}} = \frac{\sigma_{\text{bW}}\cdot b_s\cdot b_o}{\beta_{\text{kb}}}, \tag{3/48}$$

oder die Gestaltfestigkeit einer torsionswechselbeanspruchten gekerbten Welle aus

$$\tau_{\text{tWK}} = \frac{\tau_{\text{tW}}\cdot b_s\cdot b_o}{\beta_{\text{kt}}}. \tag{3/49}$$

Im Bild 3/27 sind für eine Reihe von Kerbwirkungen durch Rille, Absatz, Preßsitz usw. direkt Gestaltfestigkeitswerte der biegebeanspruchten Welle gegeben. Für weitere Fälle und für Torsionsbeanspruchung sind in Tafel 3/5 Kerbwirkungszahlen β_{kb} bzw. β_{kt} aufgeführt.

b_s s. Bild 3/26, b_o Bild 3/27.

Die Kerbwirkungszahl β_k ist kleiner als die Formzahl α_k, die als Verhältnis der bei statischer Belastung einer ideal homogenen, rein elastischen Werkstoffprobe in der Kerbe auftretenden Spannungsspitze zur entsprechenden Nennspannung definiert wird (vgl. Bild 3/31):

$$\alpha_k = \frac{\sigma_{\max}}{\sigma_{\text{nenn}}} \quad \text{d. h.} \quad \alpha_{\text{kz}} = \frac{\sigma_{\max}}{F/A}\,; \quad \alpha_{\text{kb}} = \frac{\sigma_{\max}}{M_b/W_b}\,; \quad \alpha_{\text{kt}} = \frac{\tau_{\max}}{M_t/W_t}. \tag{3/50}$$

Für zahlreiche Bauteil- und Kerbformen sind Formzahlen α_k theoretisch berechnet und durch Messungen bestätigt worden. Mit Tafel 3/6 können für eine Reihe der praktischen Fälle α_k-Werte bestimmt werden.

Tafel 3/5. Kerbwirkungszahlen β_{kb} (Biegung) und β_{kt} (Torsion) verschiedener Kerbwirkungen (z. T. auch in Bild 3/27 berücksichtigt; Wellenwerkstoff $\approx$ St 50; β_K zunehmend mit σ_B, vgl. Bild 3/27), bezogen auf Nenn-Außendurchmesser der Welle.

Kerbwirkung	Form	Biegung β_{kb}	Torsion β_{kt}
Kerbverzahnung	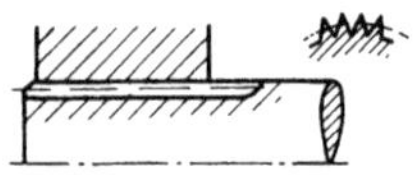	1,4	3,0
Vielnut- bzw. Zahnwellenprofil	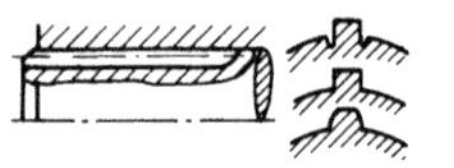	1,3	2,7 2,0 1,5
Paßfeder mit Fingerfräser (zus. Preßpassung)	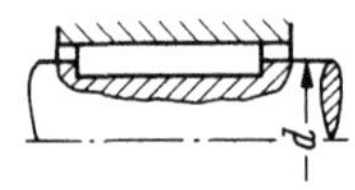	1,7 (2,5)	1,9
Ringfeder-Spannelemente	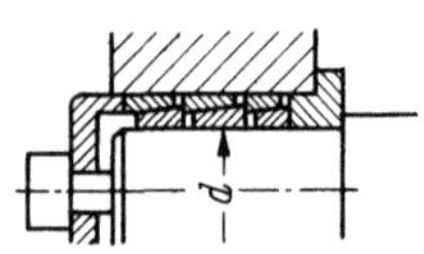	1,8	1,2
Preßpassung ($\ddot{u}/d = 1{,}5 \ldots 2 \cdot 10^{-3}$) siehe auch Bild 3/27	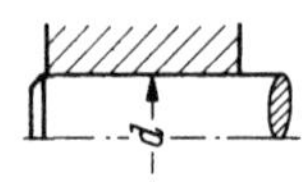	1,7 ... 2,0	~1,5
Querbohrung $d_B/d \approx 0{,}1$	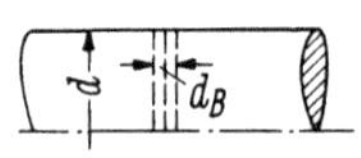	1,7	2,5
Umlaufende Spitzkerbe	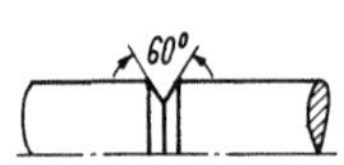	2,5	–
Ringnut		2,2	1,8

Die Formzahl α_k wird infolge der Inhomogenität der Werkstoffe zur Kerbwirkungszahl β_k abgemindert, d. h. Dauerbruch tritt erst auf, wenn die Spannungsspitze $\sigma_{max} = \sigma_{nenn} \cdot \alpha_k$ größer als die Dauerfestigkeit der glatten Probe ist. Je größer die Kerbempfindlichkeit[1] des Werkstoffes, um so geringer ist der Unterschied zwischen β_k und α_k. Weiter hängt die Abminderung der Formzahl α_k zur Kerbwirkungszahl β_k vom bezogenen Spannungsgefälle s_σ am Rand der Kerbe ab:

$$s_\sigma = \frac{d\sigma}{dx} \frac{1}{\sigma_{max}} \quad \text{in } 1/\text{mm}, \quad \text{vgl. Bild 3/31.} \tag{3/51}$$

Denn je größer s_σ, um so größer ist die Stützwirkung der weniger belasteten inneren Querschnittsteile auf die höchstbeanspruchten Randfasern und um so größer ist der Unterschied von β_k zu α_k.

[1] Die unterschiedliche Kerbempfindlichkeit der Werkstoffe durch unterschiedliche Inhomogenität kann man sich etwa so erklären: Ein sehr inhomogener Werkstoff (z. B. Grauguß durch seine Graphitadern) hat durch die Einschlüsse und Fehlstellen bereits starke innere Kerben. Durch äußere Kerben überlagern sich bei ihm nur äußere Spannungsspitzen den inneren Spannungsspitzen, d. h. die Ungleichmäßigkeit der Spannungsverteilung wird nur verstärkt, während sich die Spannungsspitzen bei einer sonst weitgehend ungestörten Spannungsverteilung (homogener Werkstoff z. B. legierter Stahl) voll auswirken; der homogene Werkstoff ist „kerbempfindlicher" (gegen äußere Kerben).

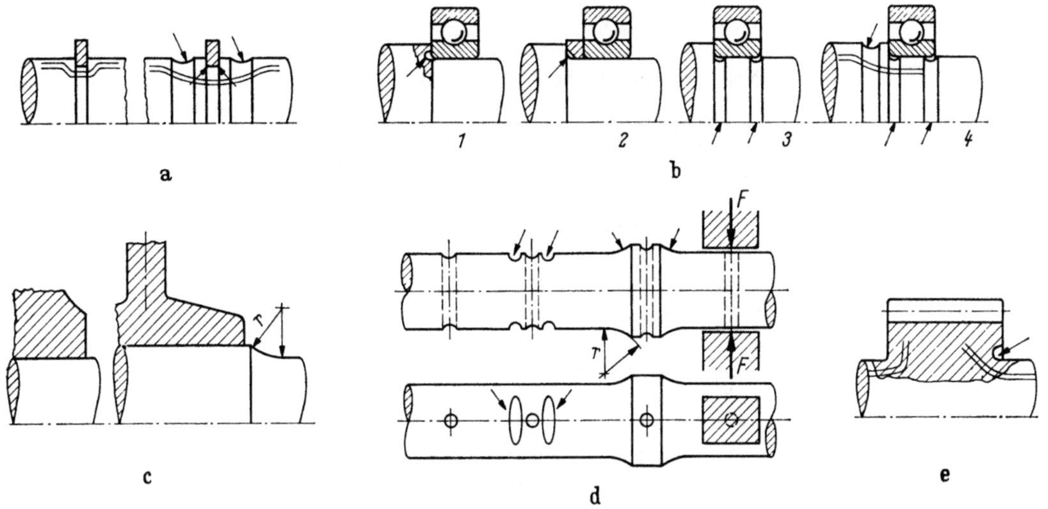

Bild 3/28. Beispiele für die Erhöhung der Gestaltfestigkeit (Dauerfestigkeit) von Wellen durch konstruktive Maßnahmen.

a) Bei Rechteck-Ringnut: Ausrundung der Innenkanten oder Entlastungskerben (damit Erhöhung bis 40%).
b) Bei Wellenabsatz mit Wälzlagersitz: *1* Ausrundung am Übergang durch ausgerundete axiale Einstechnut. *2* Ausrundung und Distanzring, *3* Ausgerundete Entlastungskerben, *4* mit zusätzlicher Übergangs-Entlastungskerbe.
c) Bei Welle mit aufgesetzter Nabe: Welle am Nabensitz verdicken, großer Übergangsradius, Nabe kegelig.
d) Bei Welle mit Querloch: Entlastungskerben neben der Lochmündung. Welle verdickt und großer Übergangsradius, oder Nachpressen der Bohrungsränder durch ebenes Druckstück.
e) Bei Wellen mit aufgeschnittenen Zahnrädern: axiale, ausgerundete Entlastungsrille.

Ermittlung von s_σ nach Tafel 3/7. Mit s_σ wird auch die Ungleichförmigkeit der Spannungsverteilung durch die Beanspruchungsart und somit auch der bei Biegung und Torsion auftretende Größeneinfluß erfaßt. Mit zunehmender Baugröße nimmt s_σ und damit die Stützwirkung und die Wechselfestigkeit ab. Praktisch berücksichtigt wird Stützwirkung und Kerbempfindlichkeit durch den dynamischen Stützfaktor v_d:

$$v_d = 1 + \sqrt{\varrho^* \cdot s_\sigma}\,. \tag{3/52}$$

Dabei kennzeichnet ϱ^* als Werkstoffkonstante[1] die Kerbempfindlichkeit (Werte s. Tafel 3/8). Gleichung (3/52) ist eine Parabel von $(v_d - 1)$ über $\varrho^* \cdot s_\sigma$. Die mit v_d berechnete Kerbwirkungszahl $\bar{\beta}_k$ stellt dann das Verhältnis der Dauerfestigkeit der glatten Zug-Druck-Probe σ_{zW} zur Dauerfestigkeit einer gekerbten Probe beliebiger Größe und Beanspruchungsart (Zug-Druck, Biegung) dar:

$$\bar{\beta}_k = \frac{\alpha_k}{v_d}, \tag{3/53}$$

und somit

$$\sigma_{zWK} = \frac{\sigma_{zW} \cdot v_d \cdot b_s}{\alpha_{kz}}, \qquad \sigma_{bWK} = \frac{\sigma_{zW} \cdot v_d \cdot b_s}{\alpha_{kb}}, \tag{3/54), (3/55}$$

$$\tau_{tWk} = \frac{\tau_W \cdot v_d \cdot b_s}{\alpha_{kt}} \approx \frac{\sigma_{zW} \cdot v_d \cdot b_s}{\sqrt{3}\,\alpha_{kt}}\,. \tag{3/56}$$

σ_{zW} s. Bild 3/24. α_k s. Tafel 3/6.

Man erhält aus $\bar{\beta}_k$ für etwa 10 mm Dmr. die Kerbwirkungszahl β_k (3/47) für gleichartige Beanspruchung, indem man mit dem dynamischen Stützfaktor v_0 für das ent-

[1] Von Siebel wird diese Größe als Gleitschichtbreite, von Petersen als Radius einer gedachten Ersatzkerbe eingeführt. Neuber bezeichnet die entsprechende Größe als Ersatzstrukturlänge.

Tafel 3/6. Formzahlen nach Gleichung $\alpha_k = A + B(X - C)$ mit $X = \sqrt{d/r}$ (ermittelt nach Angaben von K. Rühl)

	Welle mit Rundkerbe 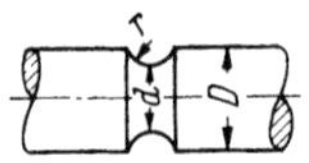			Welle mit Absatz 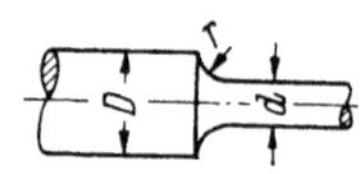		
bei	Zug	Biegung	Torsion	Zug	Biegung	Torsion
$A =$	1,140	1,154	1,070	1,080	0,780	0,950
$C =$	0,830	0,980	0,940	0,770	0	0,30
d/D	B					
0,2	0,7201	0,5461	0,2767	0,4884	0,3689	0,1983
0,4	0,6880	0,5315	0,2691	0,4579	0,3562	0,1895
0,6	0,6340	0,5055	0,2557	0,4107	0,3346	0,1747
0,8	0,5255	0,4451	0,2246	0,3254	0,2885	0,1452
0,9	0,4105	0,3687	0,1855	0,2452	0,2359	0,1137
0,95	0,3052	0,2873	0,1442	0,1783	0,1840	0,0847
0,98	0,1960	0,1914	0,0958	0,1127	0,1215	0,0538

sprechende Spannungsgefälle s_{σ_0} des glatten Stabes (bei Biegung und Torsion $s_{\sigma_0} = 2/d$) multipliziert[1]:

$$v_0 = 1 + \sqrt{\varrho^* \cdot s_{\sigma_0}}\,. \tag{3/57}$$

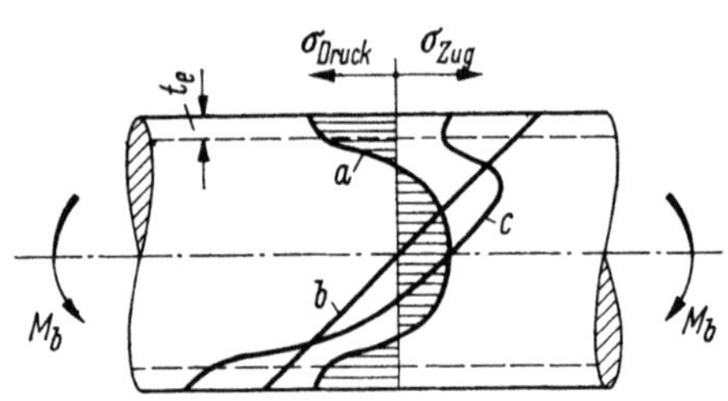

Bild 3/29.

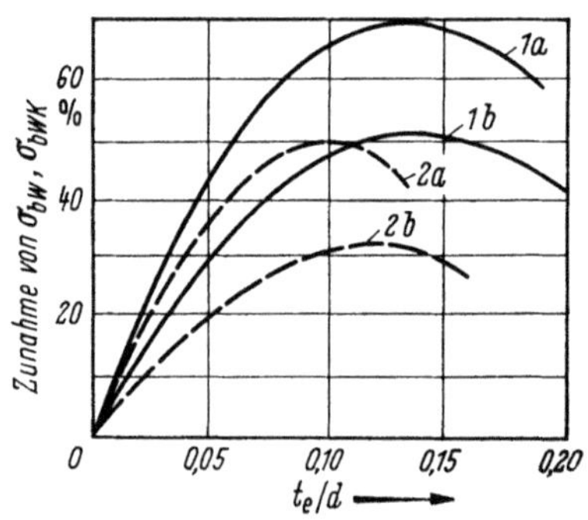

Bild 3/30.

Bild 3/29. Spannungsverteilung bei einer einsatzgehärteten Welle bei Biegebeanspruchung: *a* Druckvorspannung am Rand infolge der Randhärtung, *b* Biegespannung aus Biegemoment M_b, *c* resultierende Spannung aus *a* und *b*.

Bild 3/30. Zunahme der Biegewechselfestigkeit bei randgehärteten Wellen für *1* Nitrierhärtung, *2* Einsatzhärtung, *a* bei Welle mit Rundkerbe ($r/d = 0{,}15$), *b* glatte Welle, abhängig von Verhältnis Härtetiefe t_e zu Wellendicke d. (Nach Göbel und Marfels).

In (3/54) bis (3/56) können auch Schwellfestigkeits- oder Ausschlagfestigkeitswerte eingesetzt werden. Besser ist es jedoch, ein Dauerfestigkeitsschaubild nach Bild 3/23 für das gekerbte Bauteil zu zeichnen und daraus die gesuchten Schwell- oder Ausschlagfestigkeitswerte zu entnehmen. σ_{SchK} oder σ_{AK} ist dabei entweder für eine gegebene Mittelspannung σ_m oder ein bestimmtes Spannungsverhältnis $r = \sigma_m/\sigma_o$ ($\triangleq$ „Ruhegrad") zu bestimmen, je nachdem ob für den Anwendungsfall σ_m oder σ_m/σ_o bei Steigerung der Belastung konstant bleibt (s. Beispiel 3 in 3.6.4.).

[1] Durch Multiplikation mit v_0 kann auch σ_{bW} aus σ_{zW} berechnet werden (bzw. τ_{tW} aus τ_W).

Tafel 3/7. Bezogenes Spannungsgefälle $s_\sigma = \mathrm{d}\sigma/(\mathrm{d}x \cdot \sigma_{max})$

Belastungsart	Bezogenes Spannungsgefälle s_σ in 1/mm	Form
Biegung	$s_\sigma = \frac{2}{d} + \frac{2}{r}\,(R)$ $s_\sigma = \frac{4}{D+d} + \frac{2}{r}\,(A)$	R = Rillenkerbe 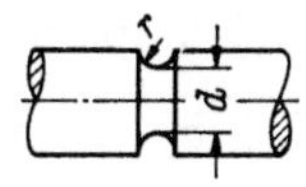
Zug, Druck	$s_\sigma = \frac{2}{r}\,(A,\ R)$	A = Absatz 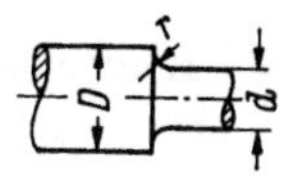
Torsion	$s_\sigma = \frac{2}{d} + \frac{1}{r}\,(R)$ $s_\sigma = \frac{4}{D+d} + \frac{1}{r}\,(A)$	

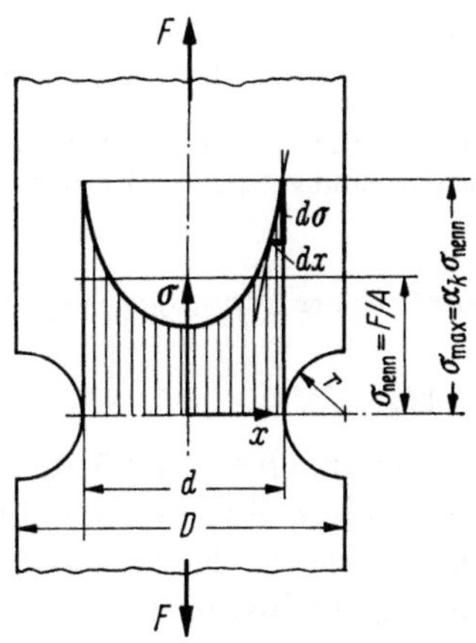

Bild 3/31. Spannungsverteilung und Spannungsgradient im gekerbten Zugstab.

Tafel 3/8. Werkstoffkonstante ϱ^* für verschiedene Werkstoffe abhängig von der Zugfestigkeit bzw. der 0,2-Dehngrenze

Stahl[1]										
$\sigma_B =$	300	400	500	600	700	800	900	1000	1100	N/mm²
$\varrho^* =$	0,054	0,046	0,038	0,032	0,026	0,020	0,015	0,010	0,006	mm
GG[1]				Al, Cu, Mg[1]			Austenitische Stähle[1 2]			
$\sigma_B =$	150	200	300	$\sigma_{0,2} =$	200	400	200	300	400	N/mm²
$\varrho^* =$	0,320	0,240	0,210	$\varrho^* =$	0,061	0,051	0,130	0,10	0,080	mm

[1] Nach Angaben von Siebel. Von Petersen werden größere Werte angegeben, z. B. Stahl: $\varrho^* \approx (140/\sigma_B)^2$. Nach Petersen ist Stahlguß und Temperguß wie Stahl einzuordnen.
[2] Z. B. X12CrNi188 („V2A"-Stahl)korrosionsbeständiger Stahl, oder X40MnCr22 – kaltzäher Stahl.

3.4 Festigkeitswerte bei zusammengesetzter Beanspruchung

Da die Festigkeitswerte der Werkstoffe gewöhnlich bei einachsiger Beanspruchung ermittelt werden (Zugversuch, Dauerschwingversuch), ist man gezwungen, bei den in der technischen Anwendung meist vorliegenden zweiachsigen bzw. zusammengesetzten Beanspruchungen (z. B. Normalspannung σ_b aus Biegung und Schubspannung τ_t aus

Torsion) die einzelnen Spannungsanteile zu einer Vergleichsspannung σ_v zusammenzufassen. Diese kann dann zur Festigkeitsrechnung mit dem einachsigen Festigkeitswert (z. B. Fließgrenze σ_F, Biegewechselfestigkeit σ_{bW} usw.) verglichen werden. Je nach der für den Schaden (Gewaltbruch, Fließen, Dauerbruch) zugrundegelegten Theorie unterscheidet man:

σ_{vG}: Vergleichsspannung nach der Gestaltänderungsenergie-Hypothese:

$$\sigma_{vG} = \sqrt{\sigma_1^2 + \sigma_2^2 - \sigma_1\sigma_2} \quad \text{oder} \tag{3/58}$$

$$\sigma_{vG} = \sqrt{\sigma_x^2 + \sigma_y^2 - \sigma_x\sigma_y + 3\tau_{xy}^2} \tag{3/59}$$

mit σ_1 und σ_2 als Hauptnormalspannungen. Aus (3/59) ergibt sich für den in der Praxis wohl am häufigsten vorkommenden Fall des Spannungszustandes: lastfreie Oberfläche eines auf Biegung (oder Zug-Druck) und Torsion beanspruchten Bauteils (z. B. Welle) mit

$$\sigma_x = \sigma_b = M_b/W_b; \qquad \sigma_y = 0; \qquad \tau_{xy} = \tau_t = M_t/W_t:$$

$$\sigma_{vG} = \sqrt{\sigma_b^2 + 3\tau_t^2}\,. \tag{3/60}$$

σ_{vG} ist für die Rechnung gegen Fließen (Gewaltbruch) von verformungsfähigen Werkstoffen, z. B. Stahl, und bei Rechnung gegen Dauerbruch anwendbar. σ_{vG} ist damit für nahezu alle praktischen Fälle brauchbar.

Weiter kennt man z. B. noch (jeweils für den Anwendungsfall von (3/60)) Vergleichsspannung nach der *Schubspannungstheorie* (Rechnung gegen Gleitbruch)

$$\sigma_{vS} = \sqrt{\sigma_b^2 + 4\tau_t^2}$$

und Vergleichsspannung nach der *Normalspannungstheorie* (Rechnung gegen Trennbruch von spröden Werkstoffen)

$$\sigma_{vN} = 0{,}5\sigma_b + 0{,}5\sqrt{\sigma_b^2 + 4\tau_t^2}\,.$$

σ_{vG} nach (3/60) ist zunächst nur gültig dafür, daß σ_b und τ_t gleiche zeitliche Abhängigkeit zeigen, also beide z. B. statisch oder beide wechselnd. Sonst ist jeweils aus den statischen Anteilen eine statische und aus den dynamischen Anteilen eine dynamische Vergleichsspannung σ_{vG} zu bilden:

$$\sigma_{vG} = \sigma_{vG\,stat} \pm \sigma_{vG\,dyn}\,. \tag{3/61}$$

Diese ist dann mit dem Dauerfestigkeitsschaubild der Normalbeanspruchung zu vergleichen.

Einfacher ist jedoch die Einführung des Anstrengungsverhältnisses α_0 nach Bach, das den Schubanteil τ_t auf die zeitliche Abhängigkeit der Normalbeanspruchung σ_b umrechnet.

$$\alpha_0 = \frac{\sigma_{b\,zul}}{\varphi \cdot \tau_{t\,zul}}\,. \tag{3/62}$$

Mit $\varphi = 1{,}73$ für σ_{vG} (= 2 für σ_{vS} und =1 für σ_{vN}).

In σ_{vG}: $\alpha_0 = 1{,}0$ für gleiche zeitliche Abhängigkeit, z. B. σ_b und τ_t wechselnd oder σ_b und τ_t statisch.

Für Fall Biegung wechselnd und Torsion schwellend:

$\alpha_0 = 0{,}70$ allgemeine Baustähle,
$\alpha_0 = 0{,}63$ Vergütungsstähle,
$\alpha_0 = 0{,}77$ Einsatzstähle.

Für Fall Biegung statisch und Torsion wechselnd:

$\alpha_0 = 1{,}6$.

Mit α_0 wird σ_{vG} berechnet und mit dem Festigkeitswert von σ_b (σ_{bF}, σ_{bW}, σ_{bA}, ...) verglichen:

$$\sigma_{vG} = \sqrt{\sigma_b^2 + 3(\alpha_0\tau_t)^2} \leqq \sigma_{b\,zul}\,. \tag{3/63}$$

Für ein gekerbtes, dynamisch beanspruchtes Bauteil ist zur Berechnung der Dauerfestigkeit ein entsprechender Faktor α_{ok} zu bilden:

$$\alpha_{ok} = \alpha_o \cdot \frac{\beta_{kt}}{\beta_{kb}}\,; \qquad \text{vereinfacht auch:} \quad \alpha_{ok} = \alpha_o \cdot \frac{\alpha_{kt}}{\alpha_{kb}}\,. \tag{3/64}$$

Die mit α_{ok} gebildete Vergleichsspannung ist wieder in Beziehung zu dem Festigkeitswert von σ_b (σ_{bW}, σ_{bA}, ...) unter Berücksichtigung von β_{kb} zu setzen:

$$\sigma_{vG} = \sqrt{\sigma_b^2 + 3(\alpha_{ok}\tau_t)^2} \leqq \sigma_{bWK} = \frac{\sigma_{bW} \cdot b_s \cdot b_o}{\beta_{kb}}\,. \tag{3/65}$$

Anstelle des Belastungsfalles Biegung (Index b) kann in allen obigen Gleichungen auch Zug-Druck eingesetzt werden. Für weitere zweiachsige Spannungszustände ist (3/58) und (3/59) sinngemäß anzuwenden.

3.5 Schlagfestigkeit

Bei schlagartiger Beanspruchung kann man die aufnehmbare Schlagarbeit W, d. h. die Verformungsarbeit des Prüfstücks bis zum Brucheintritt ermitteln. Die auf den Bruchquerschnitt A bezogene Schlagarbeit $W_S = W/A$ ist die Schlagfestigkeit. Sie dient der Kontrolle bestimmter Werkstoffeigenschaften (Zähigkeit; daher Messung von Spannung (Kraft) und Dehnung). Man unterscheidet:

1. Die Kerbschlagfestigkeit W_k, auch Kerbschlagzähigkeit genannt (und früher mit α_k bezeichnet):

Sie wird im Pendelschlagwerk an einer gekerbten Probe ermittelt, die, beiderseitig aufliegend, vom Pendelhammer durchschlagen wird. In W_k kommt neben der statischen Festigkeit und der Kerbempfindlichkeit vor allem das plastische Verformungsvermögen zum Ausdruck. Bei Stahl fällt W_k erheblich mit fallender Temperatur (Schlagbruch bei Kälte!), wie Bild 3/32 zeigt, und ungeeigneter Wärmebehandlung. W_k ist form- und größenabhängig, also an die Abmessungen der Probe gebunden.

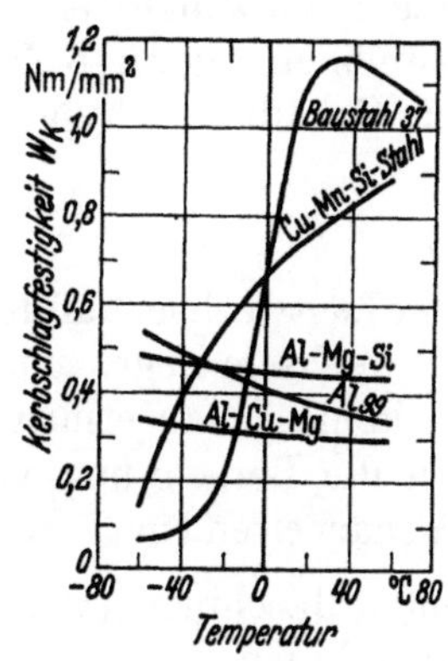

Bild 3/32. Kerbschlagfestigkeit W_k von Stahl, Al und Al-Legierungen abhängig von der Temperatur (nach Lüpfert).

2. Die Dauerschlagfestigkeit, z. B. $W_{k\,10^6}$, ist die bis 10^6 Schlägen wiederholte und ertragene Schlagarbeit. Sie ist nach Lehr proportional σ_{bW}^2, also auch für die Festigkeitsrechnung auswertbar.

3. Die Dauerschlagzahl ist die bis zum Bruch ertragene Schlagzahl bei konstanter Schlagarbeit.

3.6 Zulässige Spannung und Sicherheit

3.6.1 Ansatz

Man setzt Nennspannug $\leqq$ zulässige Spannung $= \dfrac{\text{Werkstoffkennwert } K}{\text{Sicherheit} \cdot \text{Betriebsfaktor}}$

$$\sigma_{\text{zul}} = \frac{K}{S \cdot C_{\text{B}}}, \tag{3/66}$$

wobei für K z. B. = Streckgrenze σ_{S}, Biegefließgrenz σ_{bF}, Verdrehgrenze τ_{tF}, Biegefließgrenze bei Kerbwirkung σ_{FK}, nutzbare Biegewechselfestigkeit σ_{bWN}, Gestaltfestigkeit σ_{bWK}, Knickspannung σ_{K}, Zeitfestigkeit σ_{DN} usw. einzusetzen ist.

Der Werkstoffkennwert K ist also von Werkstoff, Größe, Formgebung, Oberfläche, Belastungsart (Zug-Druck, Biegung, Torsion) und Belastungsverlauf (statisch, schwellend, wechselnd) abhängig.

Allgemein ist der Werkstoffkennwert K diejenige Nennspannung, bei der am Bauteil eine unzulässige Veränderung auftritt, wie Dauerbruch oder unzulässige plastische Verformung, Ausknicken oder Gewaltbruch oder ein unzulässig hoher Verschleiß.

3.6.2 Bestimmung des Betriebsfaktors C_{B}.

Allgemein ist: $C_{\text{B}} = \sigma_{\text{Betr}}/\sigma$.

Dabei ist σ die Nennspannung entsprechend der in die Berechnung eingeführten Nennbelastung F und σ_{Betr} die Nennspannung bei der tatsächlich im Betrieb jeweils auftretenden Betriebslast. Für die meisten Fälle ist die Nennspannung proportional der Belastung, so daß

$$C_{\text{B}} = F_{\text{Betr}}/F \tag{3/67}$$

wird. Hierbei ist für F_{Betr} einzusetzen:

a) bei dynamischer Überlastungsgefahr die größte, sich ständig wiederholende Belastung (Nennlast + statische und dynamische Zusatzkräfte);

b) bei statischer Überlastungsgefahr die größte Gesamtkraft, mit der unter ungünstigsten Umständen gerechnet werden muß, auch wenn sie nur einmalig auftritt.

Zur genauen Bestimmung von C_{B} sind möglichst Messungen an ausgeführten oder ähnlichen Bauteilen vorzunehmen. Treten dynamische Belastungen über der Dauerfestigkeit für jeweils eine gewisse Zahl von Lastwechseln auf, so sind sie entsprechend einer geeigneten Schädigungshypothese zu erfassen, z. B. mit der Palmgren-Miner Regel zu

$$\Sigma\, n_{\text{i}}/N_{\text{i}} = x \tag{3/68}$$

mit n_{i} als Zahl der Lastwechsel auf dem Lastniveau σ_{i}, für das die Zeitfestigkeit (Wöhlerlinie) bei N_{i} Lastwechseln liegt. x ist dann der Grad der Schädigung ($x \to 1{,}0$).

Falls für C_{B} keine genau ermittelten Werte vorliegen, können folgende Werte als Anhaltswerte für die Berechnung von Bauteilen dienen, die mit untenstehenden Maschinen zusammenarbeiten (nach Hänchen/Decker):

C_{B} für umlaufende Maschinen (Dampf- und Wasserturbinen), elektr. Maschinen	1,0···1,1
Kolbenmaschinen, Hobelmaschinen, Stoßmaschinen, Krananlagen	1,2···1,5
Schmiedepressen, Abkantpressen, Lochmaschinen, Kollergänge	1,6···2,0
Mechanische Hämmer, Walzwerkmaschinen, Steinbrecher	2 ···3

3.6.3 Ansatz der Sicherheit

Bei ihrem Ansatz sind einerseits die Folgen einer Überschreitung der Nutzfestigkeit (Lebensgefahr und langwierige Betriebsunterbrechung oder leichte Behebung des

Schadens) und andererseits der Einfluß von S auf die Wirtschaftlichkeit und den Gebrauchswert des Bauteils abzuwägen. Gewöhnlich wählt man

$S = S_D = 1{,}5 \cdots 3$ bei Rechnung gegen Dauerbruch,

$S = S_F = 1{,}2 \cdots 2$ bei Rechnung gegen Verformen,

$S = S_B = 2 \cdots 4$ bei Rechnung gegen Bruch,

$S = S_K = 3 \cdots 5$ bei Rechnung gegen Instabilität (Knicken).

3.6.4. Beispiele zur Bestimmung von σ_{zul}

Beispiel 1: Gegeben: Die festliegende Achse einer umlaufenden Seiltrommel ist schwellend auf Biegung beansprucht. Ausführung glatt durchgehend, ohne aufgesetzte Nabe, Werkstoff St 50, Oberfläche feingedreht, $d = 70$ mm.

Lösung: Man entnimmt Bild 3/27 für Kurve 1 b bei $\sigma_B = 500\,\mathrm{N/mm^2}$: $\sigma_{bWN\,10} = 235\,\mathrm{N/mm^2}$. Für $d = 70$ mm ist nach Bild 3/27 $b_0 = 0{,}835$. Damit $\sigma_{bWN} = 196{,}2\,\mathrm{N/mm^2}$. Nach Tafel 3/4 ist für Schwellbelastung $\sigma_{bSch} = 1{,}5 \cdot \sigma_{bW}$, also $\sigma_{bSchN} = 196{,}2 \cdot 1{,}5 = 294{,}3\,\mathrm{N/mm^2}$. Mit $C_B = 1{,}4$ und $S_D = 1{,}5$ ergibt sich $\sigma_{bzul} = 294{,}3/(1{,}5 \cdot 1{,}4) = 140{,}1\,\mathrm{N/mm^2}$.

Anmerkung: $\sigma_{bWN\,10}$ läßt sich auch berechnen mit $\sigma_{bW} = 0{,}49 \cdot \sigma_B = 245\,\mathrm{N/mm^2}$ (Tafel 3/4) und $b_s = 0{,}92$ (Bild 3/26) zu $\sigma_{bWN\,10} = 245 \cdot 0{,}92 = 225{,}4\,\mathrm{N/mm^2}$. Der geringe Unterschied von 4% gegen 1. Lösung entsteht dadurch, daß Tafel 3/4 nur Mittelwerte enthält. Er ist bei der Streuung der Werkstoffeigenschaften belanglos.

Beispiel 2: Gegeben: Eine abgesetzte Welle eines Zahnrad-Getriebes Stahl St 60-2, $d = 50$ mm, $D = 70$ mm, feingedreht, wird wechselnd auf Biegung und schwellend auf Torsion beansprucht. Gesucht ist σ_{bWK} und Anstrengungsverhältnis α_{ok} für $\sigma_{vG} = \sqrt{\sigma_b^2 + 3(\alpha_{ok}\tau_t)^2}$.

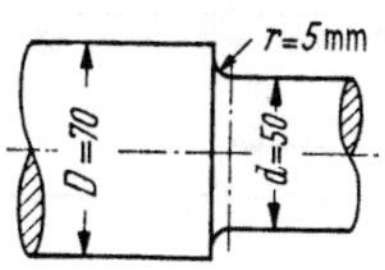

Lösung:

a) Lösungsmöglichkeit 1 für σ_{bWK}: Mit $d/D \approx 0{,}71$ und $r/d = 0{,}1$ entnimmt man Bild 3/27 (Kurve 3a) $\sigma_{bWK\,10} = 185 \cdot q = 185 \cdot 0{,}95 = 175{,}7\,\mathrm{N/mm^2}$. Mit Größenfaktor $b_0 = 0{,}86$ ergibt sich $\sigma_{bWK} = 175{,}7 \cdot 0{,}86 = 151{,}1\,\mathrm{N/mm^2}$.

b) Lösungsmöglichkeit 2 für σ_{bWK}: Nach Bild 3/24 ist $\sigma_{zW} = 270\,\mathrm{N/mm^2}$. Nach Tafel 3/6 ist Formzahl $\alpha_{kb} = 0{,}780 + 0{,}3115 \cdot \sqrt{10} = 1{,}76$. Bezogenes Spannungsgefälle $s_\sigma = 4/(d + D) + 2/r = 4/(50 + 70) + 2/5 = 0{,}43$ (Tafel 3/7). Werkstoffkonstante $\varrho^* = 0{,}032$ mm nach Tafel 3/8. Damit dynamischer Stützfaktor $v_d = 1 + \sqrt{\varrho^* \cdot s_\sigma} \approx 1{,}12$. Oberflächenfaktor $b_s = 0{,}90$ (Bild 3/26). Damit $\sigma_{bWK} = \sigma_{zW} \cdot v_d \cdot b_s/\alpha_k = 270 \cdot 1{,}12 \cdot 0{,}90/1{,}76 = 154{,}6\,\mathrm{N/mm^2}$.

Anmerkung: Der geringe Unterschied von 2% gegenüber 1. ist bei der Streuung der Werkstoffwerte belanglos.

c) Faktor α_{ok} für σ_{vG}: Für Belastungsfall σ_b wechselnd und τ_t schwellend ist $\alpha_0 = 0{,}7$. Formzahl für Torsionsbeanspruchung nach Tafel 3/6: $\alpha_{kt} = 0{,}950 + 0{,}159\,(\sqrt{10} - 0{,}3) = 1{,}40$. Damit Anstrengungsverhältnis bei Kerbwirkung $\alpha_{ok} = \alpha_0 \cdot \alpha_{kt}/\alpha_{kb} = 0{,}7 \cdot 1{,}4/1{,}76 = 0{,}56$.

Die Festigkeitsrechnung lautet nun:

$$\sigma_{vG} = \sqrt{\sigma_b^2 + 3(0{,}56 \cdot \tau_t)^2} = \sigma_{bWK}/(S_D \cdot C_B)\,.$$

Beispiel 3: Biegeausschlagfestigkeit (Gestaltfestigkeit) σ_{bAK} eines abgesetzten Lagerzapfens mit $D = 80$ mm; $d/D = 0{,}8$; Werkstoff St 60-2 mit $\sigma_S = 340\,\mathrm{N/mm^2}$.

a) für Biegemittelspannung $\sigma_{bm} = 200\,\mathrm{N/mm^2}$;

b) für konstanten Ruhegrad $r = \sigma_{bm}/\sigma_{bo} = \sigma_{bm}/(\sigma_{bm} + \sigma_{ba}) = 200/(200 + 60) = 0{,}77$;

c) für $\sigma_{bm} = 380\,\mathrm{N/mm^2}$.

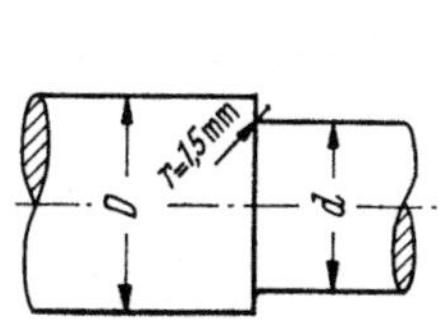

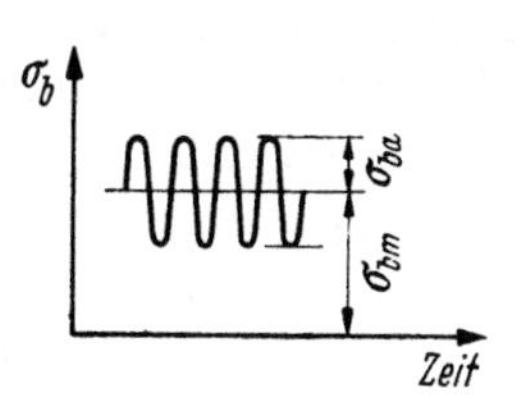

Lösung: Man zeichnet das Dauerfestigkeitsschaubild der Gestaltfestigkeit. Nach Bild 3/27 (Kurve 3c) $\sigma_{\mathrm{bWK}\,10} = 145\ \mathrm{N/mm^2}$. Mit $b_0 = 0{,}85$ ist $\sigma_{\mathrm{bWK}} = 0{,}85 \cdot 145 = 123{,}2\ \mathrm{N/mm^2}$. Formzahl $\alpha_{\mathrm{kb}} = 0{,}780 + 0{,}2885 \sqrt{42{,}6} = 2{,}66$. Statischer Kerbstützfaktor $v_{\mathrm{sk}} = 1 + 0{,}75\,(1{,}7 \cdot \alpha_{\mathrm{k}} - 1)\,(300/340)^{0{,}25} = 3{,}56$ nach 3.2.5. Damit rechnerische Fließgrenze bei Kerbwirkung $\sigma_{\mathrm{FK}} = \sigma_{\mathrm{S}} \cdot v_{\mathrm{sk}}/\alpha_{\mathrm{kb}} = 455\ \mathrm{N/mm^2}$.

Anmerkung: Man kann auch näherungsweise für σ_{FK} die Biegefließgrenze $\sigma_{\mathrm{bF}} = 1{,}5\,\sigma_{\mathrm{S}}$ einsetzen. σ_{bF} nur ca. 10% größer.

Rechnerische Bruchgrenze $\sigma_{\mathrm{BK}} = \sigma_{\mathrm{B}} \cdot v_{\mathrm{sK}}/\alpha_{\mathrm{Kb}} = 803\ \mathrm{N/mm^2}$. Mit σ_{bWK}, σ_{FK} und σ_{BK} läßt sich nun das Gestaltfestigkeitsschaubild zeichnen:

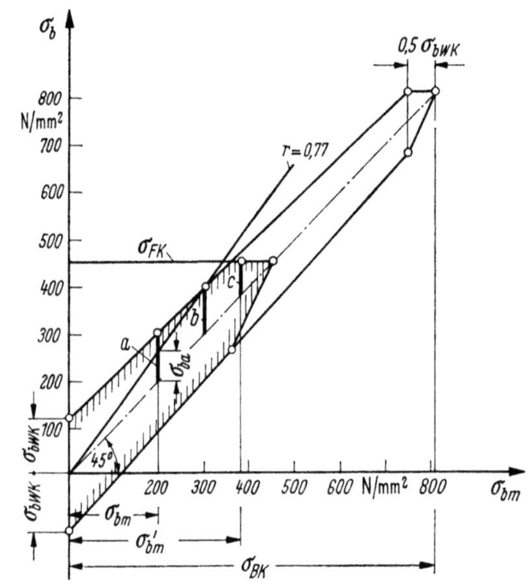

Man entnimmt dem Dauerfestigkeitsschaubild folgende σ_{bAK}-Werte: für a) $100\ \mathrm{N/mm^2}$; für b) $95\ \mathrm{N/mm^2}$ und für c) $75\ \mathrm{N/mm^2}$.

3.7 Arten und Aussehen von Brüchen

Die Kenntnis der Brucharten und Bruchbilder ist von erheblichem Interesse für die Aufdeckung der jeweiligen Bruch*ursachen*. Beruhen sie auf konstruktiven, auf Fertigungs- oder auf Werkstoff-Fehlern? Oder stehen sie im Zusammenhang mit Bedienungsfehlern oder mit außergewöhnlichen Betriebsumständen?

Die Frage ist also, wie weit man aus Bruchverlauf, Bruchbild und Nachprüfung der Werkstoffeigenschaften auf die Bruchursachen schließen kann.

Hierzu zeigt zunächst Bild 3/33 die typischen Brucharten und Bruchverläufe, abhängig von Belastungsart a) bis d) und Reaktion I und II des Werkstoffes.

Ferner unterscheidet man entsprechend der Bruch*entstehung* (Bild 3/33):

a) *Plastischer Gewaltbruch* mit Bruchverlauf in Richtung der Schubspannung, entsprechend Spalte I. Er entsteht bei zähen Werkstoffen durch Überschreitung der statischen Bruchfestigkeit.

b) *Spröder Gewaltbruch* mit Bruchverlauf in Richtung der Normalspannung, entsprechend Spalte II. Er entsteht bei spröden oder durch höhere Temperatur versprödeten Werkstoffen, aber auch bei konstruktiv dehnbehinderten Bauteilen durch Überschreitung der statischen Bruchfestigkeit.

c) *Dauerbruch* mit Bruchverlauf in Richtung der Normalspannung entsprechend Spalte II. Er entsteht bei Überschreitung der Dauerfestigkeit, die besonders durch Kerben (Spannungsspitzen) stark gemindert wird. Bei Dauerbrüchen ist das Fort-

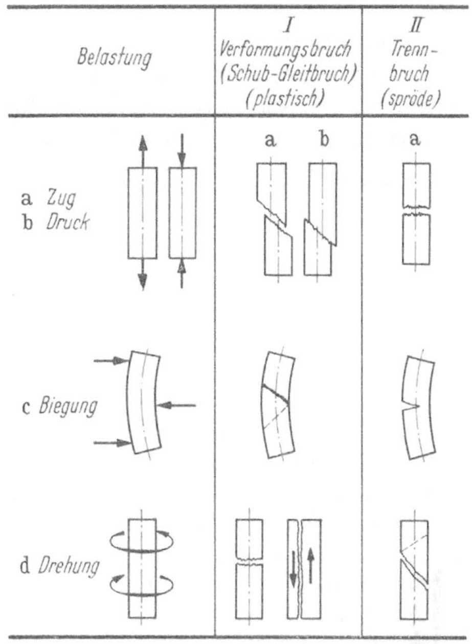

Bild 3/33. Schema der Bruchartenabhängig von Belastungsart und Reaktion des Werkstoffes.

schreiten des Dauerbruchs häufig an markanten „Rastlinien" und der Restbruch (Gewaltbruch) an der rauheren Oberfläche erkennbar. Ferner ist hierbei die Dauerbruchfläche um so glatter und ebener, je langsamer der Dauerbruch fortschreitet, also je kleiner die Überlastung ist.

Ein eigenes Lehr- und Forschungsgebiet befaßt sich mit der Rißeinleitung und der Rißausbreitung, die „Bruchmechanik". Die Beurteilung der Bauteilfestigkeit geht von der Untersuchung der Vergrößerung von ursprünglichen Rissen und Fehlstellen (z. B.

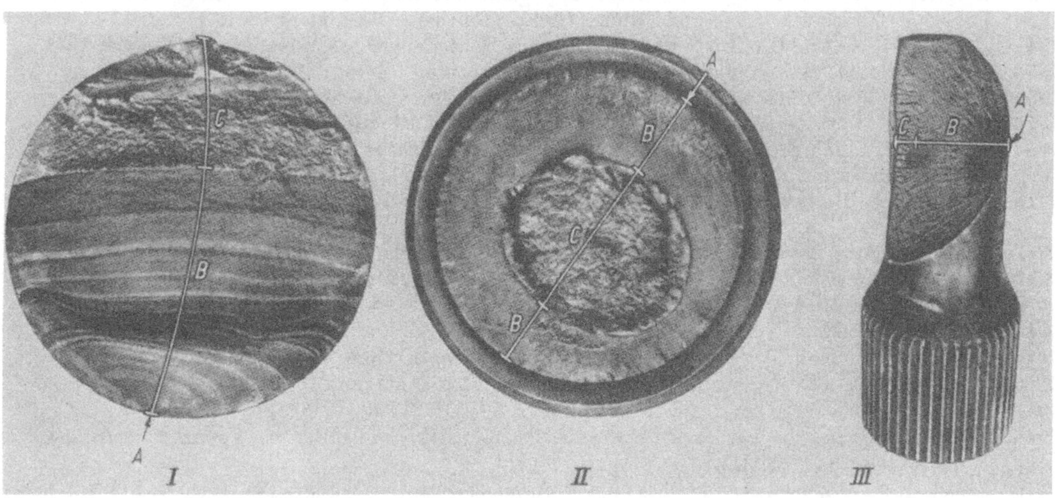

Bild 3/34. Typische Dauerbrüche (nach G. Richter und Allianz-AG).

I Biegedauerbruch an Exzenterwelle eines Brechers ($d = 230$ mm) am Übergang der Welle zum Exzenter.
II Umlauf-Biegedauerbruch an Treibachse eines Kippenräumers. Ursache: zu kleiner Hohlkehlradius.
III Torsions-Dauerbruch an einer Drehstabfeder.

A: Erster Anbruch an Fehlstelle oder Kerbstelle der Oberfläche,
B: Zone des fortschreitenden Dauerbruchs,
C: Restbruch (Gewaltbruch).

bei Montage: Oberflächenverletzung; beim Vergießen: Poren, Seigerungen; beim Schweißen: Einbrandkerben, Wurzelfehler; beim Härten: Härterisse) aus. Hinreichend kleine Risse sind zugelassen; Gefährdung bringen instabile Vergrößerung und stabile Vergrößerung zu kritischen Rissen (Ermüdungsbruch) [7/16, 3/24]. Als Grenzwert dient die an genormten, mit Querriß (Länge l) behafteten Zug-Proben ermittelte kritische Spannungsintensität $K_{IC} = 1{,}77\,\sigma\sqrt{l}$, die sogenannte Rißzähigkeit.

3.8 Schrifttum zu 3

Normen

DIN 120 Berechnungsgrundlagen für Stahlbauteile von Kranen;
DIN 1050 Stahl im Hochbau; Berechnung und bauliche Durchbildung;
DIN 1350 Zeichen für die Festigkeitsberechnung;
50100 Dauerschwingversuch;
DIN 1602 Festigkeitsversuche an metallischen Werkstoffen;
1605 Mechan. Prüfung der Metalle;
DIN 50160 Dauerschwingversuch;
50103 Härteprüfung nach Rockwell;
DIN 50113 Umlaufbiegeversuch;
50122 Kerbschlagversuch;
DIN 50130 und
50351 Härteprüfung nach Brinell;
50133 Härteprüfung nach Vickers;
DIN 50145 Zugversuch;
50150 Härtevergleichstabellen.
TGL 19340 (DDR-Standard): Dauerschwingfestigkeit für stabförmige Bauteile aus Stahl, 1967.

Bücher, Aufsätze, Richtlinien

3/1 Berns, H.: Die Werkstoffkennwerte der Bruchmechanik: Konstruktion 24 (1972) 85–93.
3/2 Empfehlung für die Festigkeitsberechnung metallischer Bauteile. VDI-Richtlinie Nr. 2226 (1965).
3/3 Föppl, A.; Föppl, L.: Drang und Zwang, 3 Bde. München: Oldenbourg 1947.
3/4 Föppl, L.; Sonntag, G.: Tafeln und Tabellen zur Festigkeitslehre. München: Oldenbourg 1951.
3/5 Lehr, E.: Spannungsverteilung in Konstruktionselementen. Berlin: VDI-Verlag 1934
3/6 Müller, H.: Festigkeits- und Elastizitätslehre. Braunschweig: Westermann 1959.
3/7 Neuber, H.: Kerbspannungslehre. Berlin, Göttingen, Heidelberg: Springer 1958.
3/8 Rühl, K.: Tragfähigkeit metallischer Baukörper. Berlin: Ernst u. Sohn 1952.
3/9 Dauerfestigkeit von Stahl. Merkblatt 457 der Beratungsstelle für Stahlverwendung, Düsseldorf.
3/10 Hänchen, R.; Decker, K. H.: Neue Festigkeitsrechnung für den Maschinenbau. München: Hanser 1967.
3/11 Kloth, W.: Atlas der Spannungsfelder in technischen Bauteilen. Düsseldorf: Stahl-Eisen 1961.
3/12 Weber, C.: Festigkeitslehre. Wolfenbüttel: Verlagsanstalt 1947.
3/13 Weber, C.; Günther, W.: Torsionstheorie. Braunschweig: Vieweg 1958.
3/14 Wellinger/Dietmann: Festigkeitsberechnung. Stuttgart: Kröner 1969.
3/15 Lipson, C.; Juvinall, R.: Handbook of Stress and Strength. New York: Macmillan 1963.
3/16 Heywood, R. B.: Design against Fatigue. London: Chapmann and Hall 1962.
3/17 Siebel, E.: Neue Wege der Festigkeitsrechnung. Z. VDI Bd. 90 (1948) 135.
3/18 Neuber, H.: Über die Berücksichtigung der Spannungskonzentration bei Festigkeitsberechnungen. Konstruktion 20 (1968) 245/251.
3/19 Siebel, E.: Festigkeitsrechnung bei ungleichförmiger Beanspruchung. Die Technik 1 (1946). 265.
3/20 Siebel, E.; Stieler, M.: Ungleichförmige Spannungsverteilung bei schwingender Beanspruchung. VDI-Z. 97 (1955) 121–126.
3/21 Brotzen, F.; Wallace, J.: Dauerwechselfestigkeit von Grauguß. Machine Design 1957, Auszug s. Konstruktion 10 (1958) 334.
3/22 Gaßner, E.: Betriebsfestigkeit. Konstruktion 6 (1954) 97–104.
3/23 Gleitz, K.: Dauerbrüche, Ursachen und vorbeugende Maßnahmen zu ihrer Vermeidung. Konstruktion 10 (1958) 182–191.
3/24 Heckel, K.: Einführung in die technische Anwendung der Bruchmechanik, München: Hanser-Verlag 1970.

3/25 Häberer, J.: Untersuchungen über den Größeneinfluß bei wechselnder Verdrehung. Diss. Techn. Universität Berlin 1965.
3/26 Hertel, H.: Ermüdungsfestigkeit der Konstruktionen. Berlin, Heidelberg, New York: Springer 1969.
3/27 Bollenrath u. Troost: Wechselbeziehungen zwischen Spannungs- u. Verformungsgradient. Arch. f. Eisenhüttenwesen 23 (1952).
3/28 Clausmeyer, H.: Kritischer Spannungszustand und Trennbruch unter mehrachsiger Beanspruchung. Konstruktion 21 (1969) 52–59.
3/29 Clausmeyer, H.: Über die Beanspruchung von Stahl bei mehrachsigen Spannungszuständen. Konstruktion 20 (1968) 395–401.
3/30 Petersen, C.: Die Gestaltfestigkeit von Bauteilen. Z. VDI 94 (1952) 977.
3/31 Neuber, H.: A physically nonlinear notch and crack model. Journal of the Mechanics and Physics of Solids, Vol. 16, No. 4, S. 289/294. New York: Pergamon Press 1968.
3/32 Ros, M. M.: Die Dauerfestigkeit der Metalle. Revue de Metallurgie. Paris (1947) 125.
3/33 Rühl, K.: Zur Frage des Sprödbruches. VDI-Z.104 (1962) 1389–93.
3/34 Späth, W.: Sicherheit und Lebensdauer von Bauteilen. VDI-Z. 106 (1964) S. 11–14, 53–56.
3/35 Stüssi: Theorie der Dauerfestigkeit und die Ursache von A. Wöhler. Zürich: Verlag VSB 1955.
3/36 Heckel, K.: A method for the calculation of the fatigue life of unnotched and notched specimens loaded with alternating stresses. Proc. intern. Conf. on Mech. Beh. of Mat., Vol. II, S. 469–477, 1972.
3/37 Cornelius, E. A.: Die Dauerdrehwechselfestigkeit von Wellen unter dem Einfluß von Preßsitzen. Konstruktion 9 (1957) 299–303.
3/38 Cornelius, E. A.: Die Dauerdrehwechselfestigkeit von Wellen unter dem Einfluß verschiedener Verbindungen zwischen Welle und Nabe. Konstruktion 10 (1958) 112–113.
3/39 Cornelius, E. A.; Contag, D.: Die Festigkeitsminderung von Wellen unter dem Einfluß von Wellen-Naben-Verbindungen durch Lötung, Nut und Paßfeder, Kerbverzahnungen und Keilprofile bei wechselnder Drehung. Konstruktion 14 (1962) 337–343.
3/40 Lehr, E.; Mailänder: Einfluß von Hohlkehlen an abgesetzten Wellen auf die Biegewechselfestigkeit. Z. VDI 1935, 1005.
3/41 Niemann, G.; Glaubitz, H.: Einfluß der Oberflächenrauheit auf die Biegewechselfestigkeit von ungehärtetem und vergütetem Stahl. VDI-Z. 94 (1952) 855–857.
3/42 Pomp, A.; Hempel, M.: Wechselfestigkeiten und Kerbwirkungszahlen von unlegierten und legierten Baustählen. Arch. f. Eisenhüttenwesen 21 (1950) 53–66.
3/43 Seeger, G.: Kerbwirkung an quergebohrten Torsionswellen. Die Technik 3 (1948) 311.
3/44 Siebel, E.; Gaier, M.: Untersuchung über den Einfluß der Oberflächenbeschaffenheit auf die Dauerschwingfestigkeit metall. Bauteile. VDI-Z. 98 (1956) 1715–23.
3/45 Siebel, E.; Menth, H. O.: Die Wirkung von Kerben bei schwingender Beanspruchung. Z-DVI. 91 (1949) 319.
3/46 Thum, A.; Ochs, H.: Korrosion und Dauerfestigkeit. Mitt. des MPA a. d. TH-Darmstadt, Heft 9 (1937) VDI-Verlag mit 139 Literaturangaben.
3/47 Göbel, E. F.; Marfels, W.: Die Oberflächenhärtung und ihre Berücksichtigung bei der Gestaltung. Berlin, Göttingen, Heidelberg: Springer 1953.
3/48 Ros, M. M.: Kugelstrahlen zur Erhöhung der Schwingungsfestigkeit. Werkstatt u. Betrieb 80 (1947) 212.
3/49 Ros, M. M.: Erhöhung der Schwingungsfestigkeit durch Induktionshärtung. Werkstatt u. Betrieb 80 (1947) 218.
3/50 Richter, G.: Was sagt die Ausbildung eines Bruches über die Bruchursache aus? Der Maschinenschaden (1956) 97–106.
3/51 Thum, A.; Federn, K.: Spannungszustand und Bruchausbildung. Berlin: Springer 1939.
3/52 Schmidt, F.: Berechnung und Gestaltung von Wellen. 2. Aufl. Berlin, Heidelberg, New York: Springer 1967.
3/53 Sors, L.: Berechnung der Dauerfestigkeit von Maschinenteilen. Budapest: Verlag der Ungarischen Akademie der Wissenschaften 1963.
3/54 Tauscher, H.: Berechnung der Dauerfestigkeit, Einfluß von Werkstoff und Gestalt. Leipzig: VEB Fachbuchverlag 1960.
3/55 Tauscher, H.: Dauerfestigkeit von Stahl und Gußeisen. Kreuzlingen: Archimedes-Verlag, 1971.
3/56 Wellinger, K.; Liebrich, M.: Kerbempfindlichkeit von Stählen im Gebiet der Zeitfestigkeit. Konstruktion 20 (1968) Heft 3, 81–89.
3/57 Tauscher, H.: Zulässige Spannungen für standardisierte und genormte metallische Werkstoffe. Leipzig: VEB-Fachbuchverlag 1961.
3/58 Wellinger, K.; Gimmel, P.: Werkstoff-Tabellen der Metalle. Stuttgart: Kröner 1955.
3/59 Siebel, E.: Handbuch der Werkstoffprüfung. Bd. 2. Die Prüfung der metallischen Werkstoffe. Berlin, Göttingen, Heidelberg: Springer 1955.
3/60 Neußl, M.: Werkstückoberflächen glattgewalzt. Die Maschine (1975) 351.
3/61 Mayer, W.: Dauerfestigkeit von Kunststoffen. VDI-Z 117 (1975) 828–834.

4 Leichtbau

4.1 Impulse und Wege zum Leichtbau

Das Streben nach Leichtbau, d. h. nach geringem Eigengewicht, bedarf keiner weiteren Begründung solange hierdurch die Herstellkosten nicht anwachsen und die Eignung des Bauteils nicht gemindert wird.

Darüber hinaus können aber auch höhere Herstellkosten für den Leichtbau tragbar sein, und zwar dann, wenn die Gewichtsminderung genügend anderweitige Einsparungen oder anderweitige Vorteile zur Folge hat. Z. B., wenn hierdurch

1. andere Bauteile beachtlich entlastet und entsprechend leichter gehalten werden können;

2. die Gewichtsverringerung eine größere Nutzbelastung bei gleichem Gesamtgewicht ermöglicht (z. B. bei Fahrzeugen, Förderkörben, Selbstgreifern, Baggerkübeln und Seilbahnkabinen, s. Beispiele);

3. die laufenden Betriebskosten verringert werden (Energiekosten und Unterhalt bei Fahrzeugen, s. Beispiel);

4. die Bedienung oder die Beförderung erleichtert wird (z. B. bei Haushalts-, Reise- und Sportgeräten);

5. eine Konstruktion *überhaupt erst* durch Leichtbau möglich wird, z. B. bei Konstruktionen für Luft- und Raumfahrt. Hier kann naturgemäß nur eine kurze Einführung in Sinn und Möglichkeiten des Leichtbaues gegeben werden. Für genauere Angaben, insbesondere Berechnung von Leichtbaukonstruktionen, s. z. B. [4/1] und [4/5].

Für den *Leichtbau,* also für die Gewichtsminderung einer Konstruktion, stehen allgemein folgende Wege offen:

1. Bedingungs-Leichtbau durch Schaffung günstigerer Bedingungen für die Konstruktion, z. B.
a) durch Begrenzung, Minderung oder bessere Verteilung der äußeren Kräfte (Überlastschutz, Stoßfederung, Kraftverteilung);
b) durch bessere Kühlung oder Wärmeschutz bei wärmebegrenzten Konstruktionen und vor allem,
c) durch Milderung überholter Vorschriften und Anforderungen, z. B. auf Grund von Meßergebnissen.

2. Form-Leichtbau, wobei durch entsprechende Formgebung und Anordnung die gleiche Belastbarkeit mit geringerem Stoffaufwand erreicht wird.

3. Stoff-Leichtbau

a) durch Verwendung festerer Werkstoffe, die also entsprechend dem jeweils maßgeblichen Grenzwert (zuläss. Spannung, Verformung, Verschleiß, Reibzahl, Temperatur oder chemischer Festigkeit) günstiger sind (z. B. Stahl St 37 oder Stahlguß statt Grauguß; Stahl St 52 statt St 37; hochfester, gehärteter, warmfester oder plattierter Stahl statt üblichem Stahl);

b) durch Verwendung leichterer Werkstoffe, z. B. Leichtmetall oder Kunststoff statt Stahl.

4.2 Werkstoffvergleiche mittels Kennwerten

4.2.1 Bezeichnungen

A	mm^2	Querschnitt
C_Q	–	Gewichts-Kennwert d. Werkstoffs
d, D	mm	Durchmesser
E	N/mm^2	E-Modul
f	mm	Verlängerung, Durchbiegung
F	N	Belastungskraft
G	N/mm^2	Gleitmodul
HB	–	Brinell-Härte
H_{60}		Kugeldruckhärte DIN 53456
h	mm	Querschnittshöhe
I, I_b, I_t	mm^4	Flächen-Trägheitsmomente
K_V	–	Vergleichswert für Kosten
k_i	–	Profilwert, $= A^2/I$
k_w	–	Profilwert, $= A^{3/2}/W_t$
L	mm	Trägerlänge
L_R	km	Reißlänge $\sim \sigma_B/\varrho$
M_b, M_t	Nmm	Biegemoment, Drehmoment
Q_V	–	Vergleichswert für Eigengewicht
s	mm	Wanddicke
S, S_K	–	Sicherheit, Knicksicherheit
V	mm^3	Volumen
W	Nmm	Stoßarbeit, Federarbeit
W_b, W_t	mm^3	Widerstandsmoment für Biegung, für Torsion
ϱ	kg/dm^3	Dichte
σ	N/mm^2	Zugspannung, Druckspannung
σ_b	N/mm^2	Biegespannung
σ_B, σ_{-B}	N/mm^2	Stat. Zugfestigkeit, Druckfestigkeit
σ_{bWK}	N/mm^2	Biegewechselfestigkeit bei 60°-Spitzkerbe ($d = 10$ mm)
$\sigma_S, \sigma_{0,2}$	N/mm^2	Streckgrenze, 0,2-Dehngrenze
σ_{zul}	N/mm^2	Zulässige Normalspannung
τ_t, τ	N/mm^2	Torsionsspannung, Schubspannung
τ_{tF}, τ_{tW}	N/mm^2	Torsions-Fließgrenze, -Wechselfestigkeit ($d = 12$ mm)
φ	rad	Drehwinkel

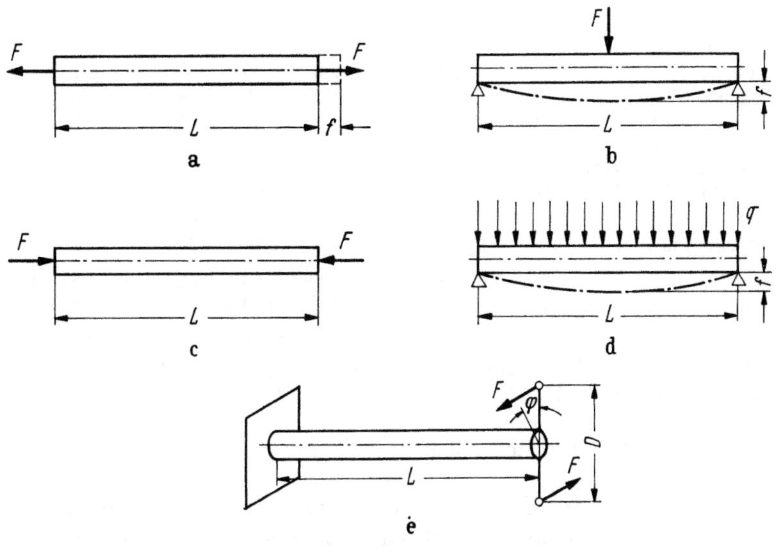

Bild 4/1. Belastungsarten zu Tafel 4/2.

4.2.2 Kennwerte

Man benötigt hierfür:

1. die entsprechenden Werkstoffwerte (Tafel 4/1),
2. die für den jeweiligen Belastungsfall (Bild 4/1) maßgeblichen Grenzwerte und Gleichungen, die daraus resultierenden Gewichts-Kennwerte C_Q und
3. die aus 1. und 2. für die verschiedenen Werkstoffe und Belastungsfälle berechneten End-Vergleichswerte Q_V für Baugewicht Q und K_V für Werkstoffkosten K (Tafel 4/2).

Auf eine eingehende Diskussion der Vergleichswerte nach Tafel 4/2 kann wohl verzichtet werden; die Werte sprechen für sich. Tafel 4/2 zeigt eindeutig, welche Werkstoffe für den jeweiligen Belastungsfall hinsichtlich *Gewicht* und *Preis* besonders vorteil-

Tafel 4/1. Werkstoff-Daten und -Preise

Nr.	Werkstoff	ϱ $\frac{kg}{dm^3}$	E $\frac{N}{mm^2}$	HB[1] H^2_{60}	L_R km	σ_B N/mm²	σ_S, $\sigma_{0,2}$	σ_{bWK}[3]	τ_{tF}	τ_{tW}	Vergleichswerte für Preis pro kg	dm³
	A. Profilstäbe aus Metall											
1	Stahl St 37	7,85	210000	110	4,72	370	220	160	140	110	1,00	1,00
2	Stahl St 52	7,85	210000	142	6,63	520	320	210	200	150	*1,33*	1,33
3	Si-Mn-Federstahl	7,85	210000	380	16,5	1300	1100	288	690	380	1,67	1,67
4	Rein-Al, hart	2,7	71000	38	5,18	140	120	50	70	33	7,07	2,43
5	Al-Cu-Mg-Baustoff	2,8	72000	110	15,4	430	280	135	160	70	7,91	2,82
6	Al-Zn-Mg-Baustoff	2,8	72000	155	29,3	540	460	430	–	–	8,32	2,96
7	Mg-Al-Baustoff	1,8	43000	65	15,6	280	200	95	115	45	8,74	2,00
8	Titan-Leg. 6Al4V	4,43	110000	–	24,8	1100	1000	410	–	–	*100*	*5,64*
	B. Einfache Gußstücke aus											
9	Grauguß GG 18	7,25	100000	185	2,48	180	115	80	70	70	1,50	1,38
10	Stahlguß GS45	7,8	215000	–	5,76	450	220	156	130	100	2,00	1,99
11	Al-Guß-Leg.	2,65	76000	55	6,42	170	80	45	45	40	2,66	2,25
12	Mg-Guß-Leg.	1,80	41000	50	11,1	200	90	55	50	45	8,33	1,91
	C. Platten aus Kunststoff u. Holz											
13	PVC hart bis 55 °C	1,38	3000	11,5	4,0	55	49	–	27	–	3,33	*0,584*
14	Polystyrol bis 60 °C	1,05	3200	15	7,0	75	67	–	37	–	4,33	*0,578*
15	Polyamid bis 90 °C	1,14	1700	4	5,26	60	54	–	30	–	11,7	1,67
16	Polyesterharz bis 70 °C	1,10	3200	13	4,2	50	45	–	25	–	4,83	0,672
	Nr. 16 mit Glasfaser (GFK):											
17	Matten-verstärkt (bis 50°)	1,60	13000	–	9,37	150	135	–	75	–	8,33	1,70
18	Gewebe-verstärkt (bis 65°)	1,90	27000	–	18,0	340	306	–	170	–	*14,2*	3,44
19	roving-verstärkt (bis 70°)	2,0	33000	–	24,4	630	566	–	314	–	9,16	2,12
20	Hartgewebe 2081	1,7	9000	–	3,58	50	46	18	25	15	15,8	2,22
21	Holz (Esche)	0,72	12000	–	18,0	130	70	29	36	–	*1,17*	0,107

Für Werkstoff Nr. 1 wurden die wirklichen Preise als Bezugswerte gleich 1 gesetzt.
Daten für die Werkstoffe 6, 8, 17, 18, 19 und die meisten Preisangaben: Prof. H. Hertel, TU Berlin

[1] Für Werkstoffe 1 bis 12. [2] Für Werkstoffe 13 bis 16. [3] Für $\beta_{kb} \approx 1{,}3$.

haft sind. Dennoch können für die Wahl des Werkstoffes auch von Fall zu Fall andere Gesichtspunkte maßgebend sein. So ist zum Beispiel bei überwiegender Fliehkraftbeanspruchung maßgebend das Verhältnis $\sqrt{\sigma_{zul}/\varrho}$, so daß für Scheiben aus Al-Cu-Mg größere Umfangsgeschwindigkeiten zugelassen werden können als für St 70.

4.3 Form-Leichtbau (werkstoffsparende Gestaltung)

4.3.1 Einige Hinweise

1. Gleichmäßige Werkstoffausnutzung im ganzen Volumen des Trägers anstreben! Hierzu den Werkstoff aus den Zonen geringerer Spannungen in die Zonen größerer Spannung verlegen mit dem Ziel, Spannungsspitzen abzubauen und den Sicherheits-Grenzwert (z. B. Bruchsicherheit σ_{grenz}/σ, Knick- oder Beulsicherheit oder die verlangte Lebensdauer) in allen Zonen des Trägers gleich hoch zu halten.
(Stichwort: „Körper gleicher Festigkeit“)

So nimmt man bei biege-, dreh- oder knickbeanspruchten Bauteilen den Werkstoff am besten innen weg und verlegt ihn in die hochbeanspruchte Randzone. Man gelangt

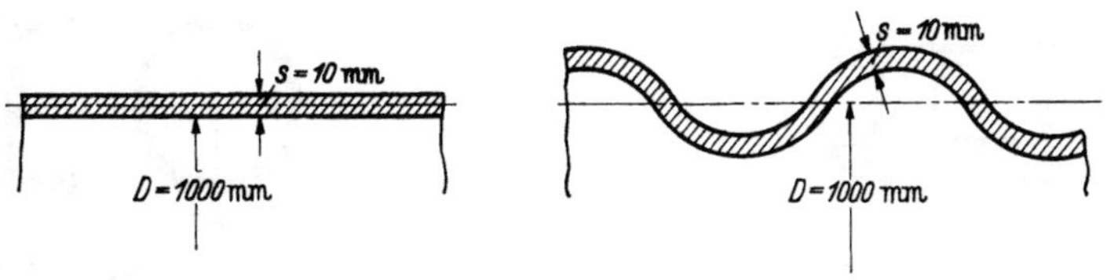

Bild 4/2. Rohr unter äußerem Überdruck (Flammrohr). Die gewellte Form ist steifer, so daß der Überdruck $p_a = 2s \cdot \sigma/D = 2{,}4\ \mathrm{N/mm^2}$ für $\sigma = 120\ \mathrm{N/mm^2}$ ohne Einbeulgefahr ($p_a = 12$) zulässig ist, während bei der glatten Form die Einbeulgefahr schon bei $p_a = 0{,}4\ \mathrm{N/mm^2}$ gegeben ist (nach Thum).

Tafel 4/2. Werkstoffvergleich für stabförmige Träger nach Bild 4/1 hinsichtlich Gewicht Q und Kosten K bei jeweils gleicher Belastung und Länge

Die drei niedrigsten Werte sind jeweils hervorgehoben (Werkstoffe s. Tafel 4/1)

		Zugstab		Biegestab		Drehstab		Knick-, Biege-, Drehstab		Alle Stäbe	
Belastet durch		F		$M_b = F \cdot L/4$		$M_t = F \cdot D$		$F,\ M_b,\ M_t$		Stoßarbeit $W = F \cdot f/2$	
Bei Grenzwert		σ_S		σ_S		τ_{tF}		$S_K = 1;\ f = 1;\ \varphi = 1$		σ_S bzw. τ_F	
$Q \sim C_Q =$		ϱ/σ_S		$\varrho/\sigma_S^{2/3}$		$\varrho/\tau_{tF}^{2/3}$		$\varrho/E^{1/2}$		$\varrho \cdot E/\sigma_S^2$	
Nr.	Werkstoff	Gewicht Q_V	Kosten K_V	Gewicht Q_V	Kosten K_V	Gewicht Q_V	Kosten K_V	Gewicht Q_V	Kosten K_V	Gewicht Q_V	Kosten K_V
1	St 37	1,0	1,0	1,0	*1,0*	1,0	*1,0*	1,0	*1,0*	1,0	1,0
2	St 52	0,686	*0,915*	0,777	1,04	0,787	1,05	1,0	*1,38*	0,476	0,635
3	Federstahl	0,20	*0,333*	0,341	*0,568*	0,345	*0,575*	1,0	1,67	*0,040*	*0,067*
4	Rein-Al	0,63	4,46	0,515	3,65	0,545	3,85	0,592	4,18	0,391	2,76
5	Al–Cu–Mg	0,28	2,22	0,304	2,41	0,325	2,57	0,609	4,82	0,0755	0,597
6	Al–Zn–Mg	*0,17*	1,42	0,219	1,83	—	—	0,609	5,07	0,028	0,233
7	Mg–Al	0,252	2,20	0,244	2,14	0,261	2,28	*0,507*	4,43	0,0570	0,498
8	Titan	*0,124*	12,4	0,206	20,6	—	—	0,780	78,0	*0,0144*	1,4
9	GG 18	1,77	2,65	1,42	2,13	1,46	2,19	1,34	2,01	1,61	2,41
10	GS 45	0,992	1,98	0,994	1,99	1,04	2,08	0,982	1,96	1,02	2,03
11	Al-Guß	0,928	6,18	0,663	4,42	0,717	4,78	0,561	3,74	0,924	6,15
12	Mg-Guß	0,560	4,66	0,416	3,47	0,454	3,79	*0,518*	4,31	0,267	2,22
13	PVC	0,790	2,63	0,478	1,59	0,519	1,73	1,47	4,89	0,0505	0,168
14	Polystyrol	0,440	1,90	0,296	1,28	0,321	1,39	1,08	4,69	0,0220	0,0953
15	Polyamid	0,591	6,90	0,370	4,32	0,405	4,72	1,61	18,81	0,0194	0,226
16	Polyester	0,687	3,35	0,404	1,95	0,442	2,13	1,13	5,48	0,0511	0,247
17	„ GFK	0,332	2,77	0,283	2,36	0,309	2,57	0,819	6,82	0,0335	0,279
18	„ GFK	0,171	2,42	*0,195*	2,76	*0,213*	3,02	0,675	9,56	0,0161	0,228
19	„ GFK	*0,102*	0,934	*0,135*	1,24	*0,148*	1,35	0,642	5,88	*0,0061*	*0,056*
20	Hartgewebe	0,852	13,5	0,505	8,00	0,562	8,90	0,862	13,6	0,177	2,80
21	Esche	0,288	*0,336*	*0,197*	*0,23*	*0,227*	*0,265*	*0,384*	*0,448*	0,052	*0,061*

so von der massiven zur dünnwandigen und aufgelösten Bauweise (s. Bilder 4/3, 4/4, 4/6), also zum „Schalenbau" (Schale als Träger), zum „Zellenbau" (unterteilte, geschlossene Hohlräume, Bild 4/7) und zum „Fachwerk" (Träger aus Zug- und Druckstäben).

2. Festigkeitsminderungen, wie Kerbwirkungen, vermeiden oder ausgleichen, s. Kapitel 3.

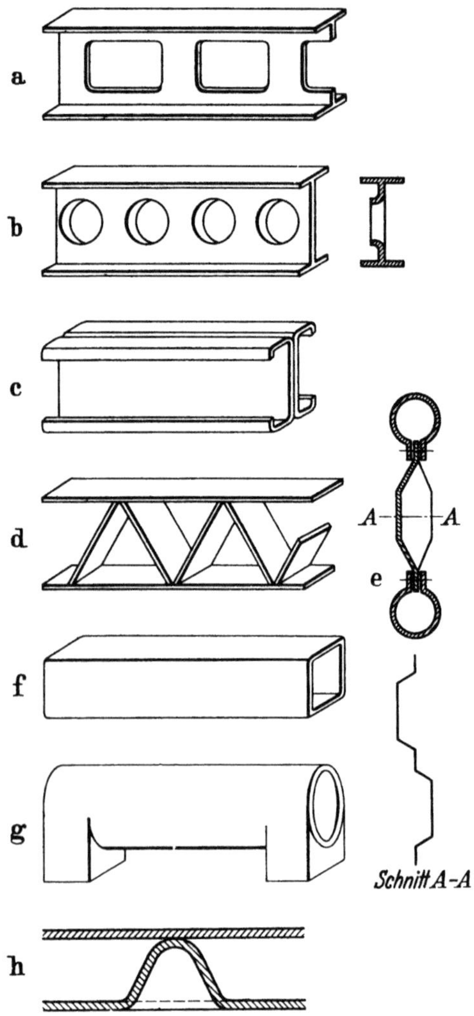

Bild 4/3. Leichtbau-Biegeträger. Träger a) für lange Träger mit geringen Querkräften; Träger d), f) und g) sind außerdem drehfest; die Hohlwand h) besteht aus einem glatten und einem „gekraterten" Blech; beim Träger mit Querschnitt e (Zeppelinbau) ist das Stegblech gegen seitliches Ausknicken abgekantet (Schnitt $A-A$).

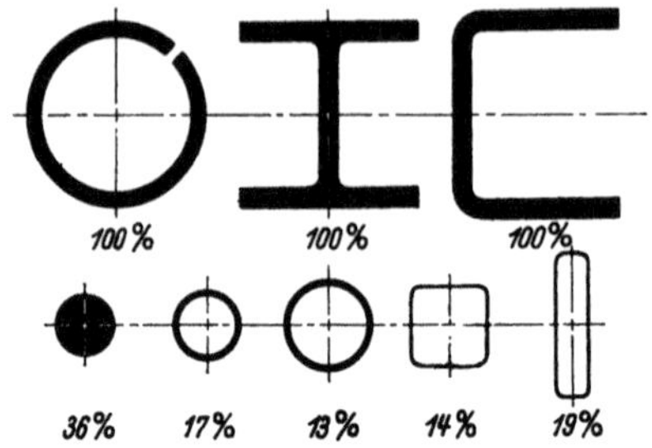

Bild 4/4. Profile gleicher Verdrehfestigkeit (nach Erker). Die geschlossenen Hohlquerschnitte sind wesentlich günstiger als offene, wie die für gleiches benötigten Querschnittsflächen (in %angegeben) zeigen

3. Vorspannung als Schutzspannung anwenden, wenn hierdurch die maximale Spannung herabgesetzt oder „Totgang" und somit Stoßarbeit vermieden werden kann. Beispiele hierfür s. Kapitel 3.

4. Besonders gefährdet sind Krafteinleitungsstellen! Diese überprüfen, eventuell verstärken oder unterteilen.

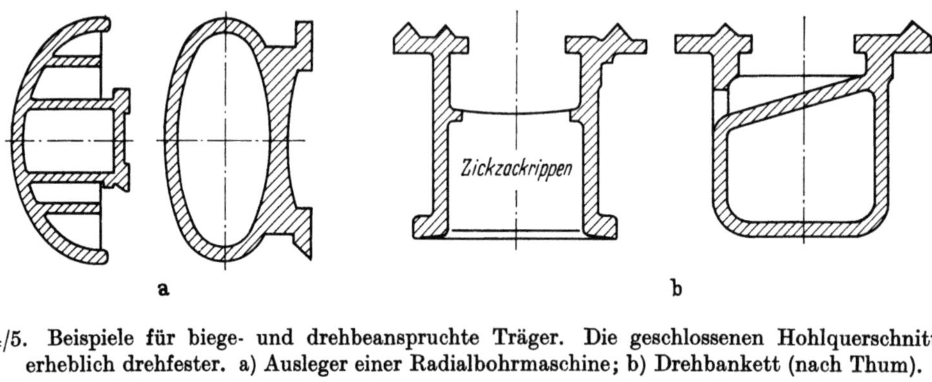

Bild 4/5. Beispiele für biege- und drehbeanspruchte Träger. Die geschlossenen Hohlquerschnitte sind erheblich drehfester. a) Ausleger einer Radialbohrmaschine; b) Drehbankett (nach Thum).

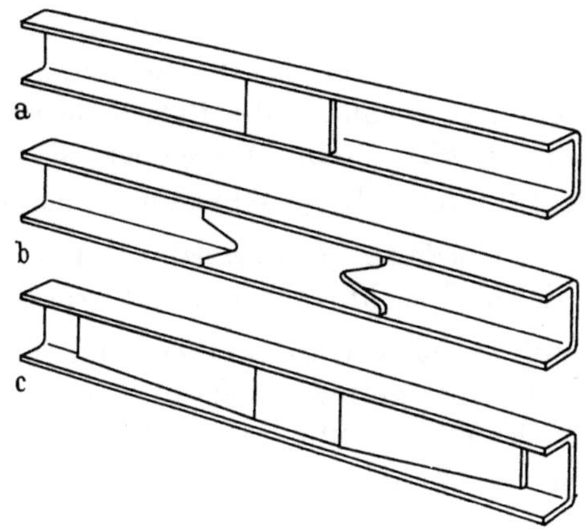

Bild 4/6. Versteifung eines Bleches (nach W. Bergmann): a) Schlechte Bauweise für Biegung und besonders für Torsion ungeeignet; b) für Biegung geeignet, jedoch nicht für Torsion; c) gute und haltbare Konstruktion für Biegung und Torsion.

4.3.2 Günstige Querschnittswahl

1. Bei *Zug-*, *Druck-* oder *Schubbelastung* ist entsprechend der Beziehung $\sigma = F/A$ bzw. $\tau \approx F/A$ die Querschnittsform für die entstehende Spannung gleichgültig. Zu beachten ist jedoch ihr Einfluß auf mehr oder weniger günstigen Kraftanschluß, auf Rostansatz (Wasserfang), auf leichten Anstrich und evtl. noch auf Strömungswiderstand (Windangriff).

2. *Bei Druckstäben* auf Knickung ist entsprechend der Beziehung $F = \frac{\pi^2 \cdot E \cdot I}{L_K^2 \cdot S_K}$ neben einem großen E-Modul (Werkstoffeinfluß) ein großes I bei kleinem Querschnitt anzustreben, also ein möglichst kleiner Profilwert A^2/I, z. B. ein dünnwandiger Rohrquerschnitt, wobei die Beulgefahr die geringste Wanddicke bestimmt. Der notwendige Querschnitt ist proportional $\sqrt{A^2/I}$.

3. *Beim Rohr* unter Außendruck (z. B. Flammrohr) ist nach Bild 4/2 die im Längsschnitt gewellte Form beulfester.

4. Beim *Rohr unter Innendruck* ist nach Kapitel 3 die Tangentialspannung im Schnitt der Rohrwand um so ungleichmäßiger, je dicker das Rohr ist. Mehrere dünnwandige Rohre ineinandergeschrumpft sind also günstiger als ein dickes. Eine weitere Abhilfe ergibt die Erzeugung von Druckvorspannungen an der Innenfaser (z. B. durch vorhergehende plastische Verformung des Rohres unter äußerem Überdruck), wenn σ_{max} gering sein soll.

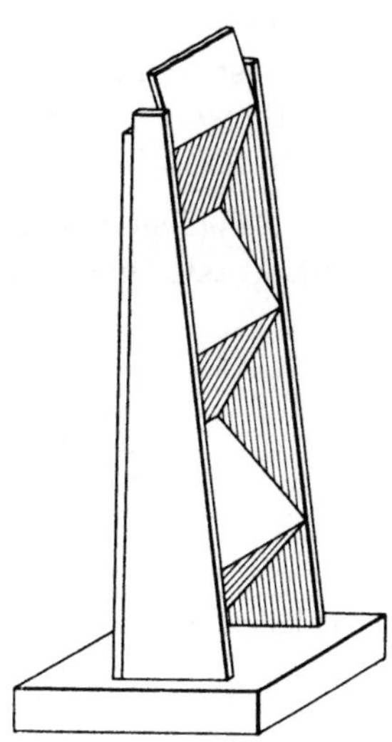

Bild 4/7. Ständer für Werkzeugmaschine in Zellenbauweise aus Stahlblech (Deckplatte ist rechts weggelassen).

5. Bei *Biegebelastung* ist anzustreben:

ein großes W_b/A, wenn σ_{zul} die Belastung begrenzt,
ein großes I/A, wenn f_{zul} die Belastung begrenzt,
ein großes $I/(h^2A)$, wenn W gegeben ist.

Bild 4/3 zeigt z. B. verschiedene günstige Lösungen für Leichtbau-Biegeträger.

6. Bei *einseitiger Biegebelastung* ist der Querschnitt mit verstärkter Zugseite günstiger, da die Druckfestigkeit meist größer ist.

7. Bei *gerippten Querschnitten* sind hohe Rippen günstig, wenn große Festigkeit und Steife, aber geringe Stoßaufnahme verlangt werden, und breite niedrige Rippen, wenn auch die Stoßaufnahme groß sein soll.

8. Bei *Drehbelastung* ist entsprechend den Beziehungen $\tau_t = M_t/W_t$ und Drehwinkel $\varphi = \frac{M_t \cdot L}{I_t \cdot G}$ ein kleiner Profilwert $k_w = A^{3/2}/W_t$ bzw. $k_i = A^2/I_t$ anzustreben, also ein geschlossener Kreisringquerschnitt oder sonstiger Hohlquerschnitt, während offene Hohlprofile, U- und I-Profile sehr ungünstig sind, wie Bild 4/4 drastisch zeigt.

9. Bei *gleichzeitiger Biege-* und *Dreh*belastung sind ebenfalls die geschlossenen Hohlprofile am günstigsten, da hierfür sowohl W_b als auch W_t, bzw. I_b und I_t gegenüber A groß sind. Aber auch offene Biegeträger lassen sich gegen Drehmoment erheblich versteifen, wie Bild 4/5 zeigt.

10. *Bei Stoßbelastung* (Stoßarbeit W) ist die Beanspruchung am kleinsten, wenn die Stoßkraft $F = 2W/f$ am kleinsten, also der Dehnweg f am größten ist. Bei gegebenem Volumen und begrenzter Spannung wird f am größten, wenn das ganze Volumen gleichhoch beansprucht wird, wenn also alle Stellen gleichmäßig an der Dehnung teilnehmen. Ist ein Querschnitt geschwächt, ist es besser, diese Schwächung durch alle Querschnitte durchlaufen zu lassen.

4.3.3 Weitere Empfehlungen

1. Größere *Steife*, d. h. geringere Verformung, wird durch größeren E-Modul, z. B. Verwendung von Stahl statt Gußeisen oder Leichtmetall, erreicht; ferner bei Biege-, Dreh- oder Knickbelastung durch größere Flächenträgheitsmomente. Zu beachten bleibt aber, daß z. B. eine Welle aus hochfestem Stahl nicht steifer ist als eine aus St 37, da der E-Modul praktisch gleich ist.

2. *Schalenbau* und Beulgefahr: Durch Stützung der tragenden Haut kann man ihre Beul-, Kipp- und Knickfestigkeit vervielfachen. Die Grenz-Beulspannung ist $\sigma = kEs^2/b^2$. Hierin ist s die Wanddicke der Haut (des Bleches), b der Abstand der Stützen und k der Beiwert für Beanspruchungsart und Randbedingungen nach DIN 4114/1 und /2.

3. Bauteile mit *Schwing*beanspruchung möglichst gewölbt ausführen. Nicht gewölbte Wände und Aussteifungen formsteif machen.

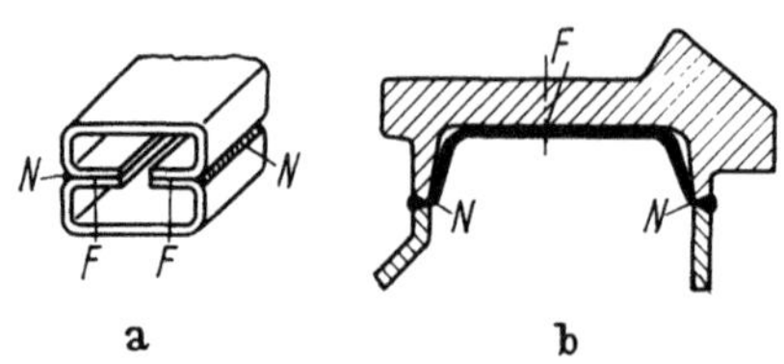

Bild 4/8. Schwingungsdämpfung durch Scheuerwirkung (Kienzle-Effekt) bei geschweißten Blechkonstruktionen, (nach F. Munser).

a) bei Träger aus ⌴-Profilen, die unter Vorspannung bei F mit Nähten bei N verschweißt wurden:
b) bei geschweißtem Drehbankbett mit Vorspannung bei F und Nähten bei N.

4. *Aussteifungen* möglichst diagonal oder räumlich wirkend ausführen, also in Kraftrichtung legen.

5. *Schweißnähte* zur Schwingungsdämpfung gegebenenfalls mit Scheuerstellen (Bild 4/8) ausführen.

6. *Steifigkeitsunterschiede*, besonders an den Querschnittsänderungen, möglichst mildern.

4.4 Leichtmetall-Leichtbau

4.4.1 Vergleichsangaben

Aus dem Werkstoffvergleich in Abschnitt 4.2 ist bereits zu ersehen, daß

a) Leichtmetalle gegenüber Stahl St 37 für alle Belastungsarten viel gewichtsgünstiger (Gewicht 0,03- bis 0,6-fache) sind und zur Aufnahme von Stoßarbeit auch preisgünstiger (Werkstoffe Nr. 5, 6, 7 in Tafel 4/2),

b) auch Leichtmetallguß gegenüber Grauguß GG 18 für alle Belastungsarten beachtlich gewichtsgünstiger ist und für Aufnahme von Stoßarbeit sogar etwas preisgünstiger (Nr. 12),

c) für alle Belastungsarten außer Stoßarbeit aber die Werkstoffkosten für Leichtmetalle im Vergleich zu St 37 beachtlich höher liegen (1,4- bis 5-fache) und für Titan äußerst hoch (12,4- bis 78-fache).

d) die Al-Legierungen die Festigkeitswerte von Stahl erreichen, aber ihre Dehnung viel größer ist.

Berechnung von Leichtmetalltragwerken s. auch Kapitel 9.

Ferner bleibt für den jeweiligen Anwendungsfall zu prüfen, ob

e) die sonstigen Eigenschaften der Leichtmetalle, wie leichtere Formgebung und Bearbeitung, geringere Kaltversprödung, größeres Dämpfungsvermögen bei Schwingung und Schall, ihr chemisches, elektrisches, magnetisches oder thermisches Verhalten von Vorteil sind und außerdem

f) die Nachteile der Leichtmetalle, wie größeres Volumen und geringere Härte, Steife und Verschleißfestigkeit nicht hinderlich sind.

4.4.2 Erreichbare Gewichts- und Kostenminderungen

Gegenüber der Ausführung in Stahl tritt die erreichbare Gewichtsverminderung besonders bei allen nicht gleichmäßig beanspruchten Teilen, wie Verkleidungen, Gehäusen und Getriebekästen in Erscheinung. Ferner lohnen sich für die Ausführung in Leichtmetall besonders solche Teile, deren Gewichtsverminderung weitere Gewichtsverminderungen anderer Teile (Unterbauten) nach sich zieht oder eine entsprechend größere Nutzlast ermöglicht. In anderen Fällen können die geringeren Bearbeitungskosten (z. B. bei Gehäusen von Zahnradpumpen), oder die geringeren Unterhaltungskosten (kein Anstrich) den höheren Werkstoffpreis aufwiegen.

Beispiele

a) Selbstgreifer für Kohle (Pittsburg Coal Co.) nach H. Ernst:

In Stahl: Eigengewicht 95 kN für Inhalt 60 kN zusammen 155 kN, in Al-Legierung: Eigengewicht 65 kN für Inhalt 90 kN zusammen 155 kN.

Die Leichtmetall-Ausführung des Greifers ermöglicht also 50% mehr Umschlagsleistung bei gleichen Umschlagskosten. Der erheblich höhere Beschaffungspreis des Leichtmetallgreifers macht dagegen nur wenige Prozent der Gestehungskosten der Gesamtanlage aus.

Ausführung: Wände aus Al-Blech, Kanten mit Manganstahl-Winkeln übernietet, Zähne aus Cr–Va-Stahl. Ähnlich gute Erfahrungen hat man mit Leichtmetall-Kübeln von Löffelbaggern gemacht.

b) Seilbahn Kabine (Mucrone-Seilbahn) nach P. Schwerber:

In Stahl: Gewicht 10000 N für 16 Personen = 626 N/Person, in Al-Legierung: Gewicht 700 N für 23 Personen = 304 N/Person.

Die neue Kabine in Al-Legierung ergab die Möglichkeit, 110 statt 60 Personen/h zu befördern und so die Umbaukosten für die Al-Kabine in Höhe von 5% des Anlagekapitals der Seilbahn in $1^1/_2$ Saison zu tilgen.

4.4.3 Bauweise

Aufbau aus dünnwandigen Blechen, Profilstäben oder Gußstücken zu Fachwerk-, Schalen- und Hohlträgern, die durch Nieten, Schweißen, Kleben oder Schrauben verbunden werden. Die größere Dehnung der Leichtmetalle ist dabei zu beachten. Die Kräfte möglichst verteilt überleiten, also z. B. über viele Niete oder Schrauben (für Schrauben große Unterlegscheiben!). Beim Zusammentreffen verschiedener Metalle gegen Elektrolytwirkung schützen (z. B. Lack oder Zwischenlagen).

Al-Gußstücke. Wanddicke gering halten und Steife durch Wulste und Rippen erreichen! Gute Übergänge, besonders zwischen steifen und elastischen Stellen sind hier noch wichtiger als bei Gußeisen! Wände und Abstützungen in Rädern möglichst kegelig stellen, um Spannungsausgleich zu ermöglichen.

4.5 Kunststoff- und Verbundstoff-Leichtbau

4.5.1 Vergleichsangaben

Aus den Werkstoffdaten (Tafel 4/1) ist zu entnehmen, daß im Vergleich zu den Leichtmetallen

a) die nicht verstärkten Kunststoffe (Nr. 13···16) noch leichter und noch billiger, aber weniger tragfähig (σ_B) und weniger steif (E) sind,

b) die verstärkten Kunststoffe (Nr. 17···19) etwa ebenso tragfähig (σ_B) und preiswert, aber weniger steif (E) sind.

Außerdem bleibt für den jeweiligen Anwendungsfall abzuwägen, ob hierfür die sonstigen Eigenschaften der Kunststoffe gegenüber den metallischen Werkstoffen von Vor- oder Nachteil sind und zwar:

a) ihre geringe Leitfähigkeit für Wärme und Elektrizität,

b) ihre größere Dämpfung für Schwingungen und Schall,

c) die stärkere Abhängigkeit ihrer Festigkeit und Maßhaltigkeit von Temperatur, Belastungsart und -frequenz, Luftfeuchte (Zeitstandfestigkeit, Relaxation und Dehnung); s. hierzu Abschnitt 5.6,

d) ihre vielseitigen Verarbeitungsmöglichkeiten, wie Gießen, Walzen und Pressen; Spritzen, Ziehen und Schweißen; Kleben, Ummanteln und Spanen,

e) ihre Verbundmöglichkeit mit anderen Stoffen zu Verbundstoffen mit neuen Eigenschaften (Bild 4/9).

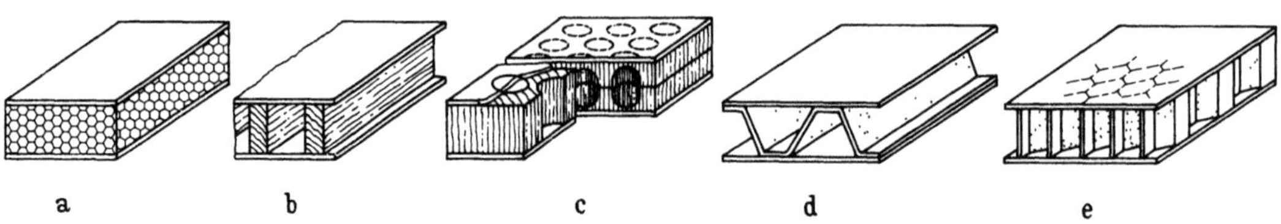

Bild 4/9. Aufbau von Sandwich-Platten (nach H. Hertel).

Füllung: a) Schaumstoff (Moltopren), b) Stege aus Balsa-Holz, c) gelochtes Balsa-Holz, d) Alu-Wellblech, e) Alu-Waben. Deckschichten: Dünne Bleche aus Stahl oder Leichtmetall, oder dünne Sperrholz-, Faser-, Asbest-, oder Kunststoff-Platten.

4.5.2 Anwendungsgebiete

Die Verwendung von Kunststoffen für den Leichtbau nimmt ständig zu und zwar:

a) für Bootskörper, Behälter und Container, für tragende Wände, Verkleidungen und Karosserien: vorwiegend aus glasfaserverstärkten Kunststoffen (GFK),

b) für Schalenbau und Beplankungen von Luftfahrzeugen: vorwiegend mit Sandwich-Platten,

c) für die Innenausstattung von Kraft-, Luft- und Raumfahrzeugen,

d) für den Leichtbau von Türen, Schränken und Wänden, von Behältern, Koffern und Verpackungen,

e) im Maschinen-, Apparate- und Feinwerkbau auch für rotierende Teile (meist aus GFK), z. B. für Lüfterräder, Riemenscheiben und Wellenkupplungen, ferner für ruhende Teile wie Gehäuse, Abdeckungen, Entlüfter, Schalthebel und Deckel,

f) Geräte und Einrichtungen für Haushalt und Büro, im Industrie- und Gewerbebetrieb und

g) allgemein für Isolierungen gegen Schall, Wärme und Witterungseinflüsse.

4.5.3 Konstruktive Angaben

a) Nähere Angaben für die zweckmäßige Formgebung von Kunststoffteilen, für ihre Auswahl und Fertigung s. Abschnitt 2.8,

b) Sandwich-Platten nach Bild 4/9. Sie bestehen aus tragenden Deckschichten und leichter Zwischenfüllung, die durch hochfeste Kleber verbunden werden. Die Füllung kann sehr unterschiedlich strukturiert sein; z. B. Naturwerkstoffe wie Kork oder Balsa-Holz, Schaumwerkstoffe wie Moltopren oder Waben aus Aluminium usw.

c) „Kunststoffe nach Maß", als Kunststoffe mit zusätzlichen Eigenschaften für bestimmte Zwecke, z. B. mit besserer Temperaturfestigkeit, günstigem Reibwert usw. s. Schrifttum.

d) Festigkeitseigenschaften und -Werte s. Abschnitt 5.6.

4.6 Schrifttum zu 4

Allgemeines

4/1 Hertel, H.: Leichtbau. Bauelemente, Bemessungen und Konstruktion von Flugzeugen und anderen Leichtbauwerken. Berlin, Göttingen, Heidelberg: Springer 1960.

4/2 Leichtbau-Konstruktionen, Vorträge der VDI-Tagung Braunschweig 1957. VDI-Berichte Bd. 28/1958. Düsseldorf: VDI-Verlag 1958.

4/3 Winter, H.: Bibliographie der Veröffentlichungen über den Leichtbau und seine Randgebiete im deutschen und ausländischen Schrifttum aus den Jahren 1955 bis 1960. Berlin, Göttingen, Heidelberg: Springer 1960.

4/4 Flügge, W.: Statik und Dynamik der Schalen. Berlin, Göttingen, Heidelberg: Springer 1962.

4/5 Schapitz, E.: Festigkeitslehre für den Leichtbau. Düsseldorf: VDI-Verlag 1963.

4/6 Kaliske, G.: Bibliographie über das Metallkleben. Ber. und Mitt. Institut Leichtbau TH Braunschweig, 54–08, 1954.

4/7 Ebner, H.: Stand der Festigkeitsforschung im Flugzeugbau und auf anderen Gebieten des Leichtbaus. Z. Flugwiss. 4 (1956), 108–121.

4/8 Weibull, W.; F. K. G. Odquist: Kolloquium über Ermüdungsfestigkeit. Berlin, Göttingen, Heidelberg: Springer 1956.

4/9 Gaßner, E.: Zur Frage der Ermüdungsfestigkeit im Flugzeugbau. Jb. der WGL 1954. 286.

4/10 Girkmann, K.: Flächentragwerke. Einführung in die Elastostatik der Scheiben, Platten, Schalen und Faltwerke. Wien: Springer 1959.

4/11 Schwerber, P.: Stahl-Leichtbau und Leichtmetall-Sparbau. Z. VDI 86 (1942) 431.

4/12 Thum, A.; Petri: Steifigkeit und Verformung von Kastenquerschnitten. VDI-Forsch.-Heft 409. Berlin: VDI-Verlag 1941.

Normen

4/13 DIN 4114/1 und 2: Stabilitätsfälle;
4/14 DIN 4113 Aluminium im Hochbau;
4/15 DIN 4115 Stahlleichtbau und Stahlrohrbau im Hochbau.

Werkstoff-Vergleich

4/16 Rubo, E.: Werkstoffauswahl nach dem Vergleich von Preis und Korrosionsbeständigkeit bzw. Festigkeit. Konstruktion 11 (1959) 138–141.
4/17 Schapitz, E.: Einfache Schemata für die Festigkeitsberechnung von Leichtbaukonstruktionen. Industrieanzeiger (1956) 1123–1128.
4/18 Gärtner, G.: Die Beurteilung der Materialausnutzung mit Hilfe eines Kennwertes. Konstruktion 8 (1956) 275–280.
4/19 Brandt, D.: Leichtbau und Werkstoff. Zeitschrift für wirtschaftliche Fertigung (1960) 303–307.
4/20 Mengeringhausen, M.: Das Prinzip des Leichtbaus und seine Bewertung in Natur und Technik. VDI-Z. 102 (1960) 523–527.
4/21 Strasser, F.: Verstärkte Stanzteile. Konstruktion 9 (1957) 123–124.
4/22 Bautz, W.: Gestaltfestigkeit bei dynamischer Beanspruchung. VDI-Berichte Bd. 28 (1958) 35–42.
4/23 Rubo, E.: Werkstoffwahl nach dem Vergleich von Preis und Korrosionsbeständigkeit bzw. Festigkeit. Konstruktion 11 (1959) 138–141.

Form-Leichtbau

4/24 Thum, Petri: Steifigkeit und Verformung von Kastenquerschnitten. VDI-Forschungsheft 409.
4/25 Kienzle, O.: Versteifung ebener Wände und Böden aus Blech. Mitt. Forsch. Blechverarb. (1955) Nr. 7, 77–83.
4/26 Oeler, G.; Garbers, F.: Untersuchung der Steifigkeit und Tragfähigkeit von Sicken. Forsch.-Berichte d. Landes Nordrhein-Westfalen Nr. 1918. Köln: 1968.
4/27 Bergmann, W.: Festigkeitsprobleme für den Konstrukteur, insbesondere beim Entwurf von sperrigen Maschinenteilen. Konstruktion 9 (1957) 105–118.

Stahl-Leichtbau

4/28 Ernst, H.: Betriebssichere Krananlagen mit geringem Eigengewicht durch zweckmäßige bauliche Gestaltung. Stahl u. Eisen 81 (1961) 1665–1672.
4/29 Droscha, H.: Aus Rundrohren gewalzte Hohlprofile als Konstruktionselement. Konstruktion 17 (1965) 187–188.
4/30 Roesch, K.: Stahlguß und Temperguß im Leichtbau. VDI-Berichte Bd. 28 (1958) 43–48.
4/31 Krug, H.: Leichtbau von Werkzeugmaschinen. VDI-Berichte Bd. 28 (1958) 105–112.
4/32 Munser, F.: Die Anwendung des Stahlleichtbaus bei Werkzeugmaschinen. Mitt. Forschungsges. Blechverarbeitung (1958) H. 7–8.
4/33 Beer, H.: Entwicklungstendenzen im Stahlhochbau. (Anwendung von Leichtbauprofilen, Rohren). VDI-Z. 105 (1963) 1064–1070.

Leichtmetall-Leichtbau

4/34 Aluminium im konstruktiven Ingenieurbau. Diskussionstagung Okt. 1960. (Normen, Knickspannungen, Niet- und Schweißverbindungen, Kostenträger, Straßenbrücken und Fachwerk-Kupplungen). VDI-Z. 102 (1960) 1711–1761.
4/35 Ernst, H.: Leichtbauweise von Laufkranen. VDI-Z. 102 (1960) 1089–1094.
4/36 Koepf, A. H.: A review of aluminium cranes. Iron a Steel Engineer (1959) 69–88.
4/37 Mengeringhausen, M.: Die Bewertung von Leichtmetallkonstruktionen mittels der Leichtbau-Kennzahl. Aluminium (1961) 105–107 u. Allg.
4/38 Gürtler, G.: Leichtmetalle und Leichtbau. VDI-Berichte 28 (1958) 49–57.
4/39 Brenner, P.: Aushärtbare Aluminiumlegierungen als Werkstoff für Schweißkonstruktionen. VDI-Z. 103 (1961) 781–789.

Kunststoff- und Verbund-Leichtbau

4/40 Draugelates, U.: Verbundwerkstoffe und Leichtbauelemente. Konstruktion 20 (1968) 325–329.
4/41 Weber, A.: Werkstoff- und fertigungsgerechtes Konstruieren mit thermoplastischen Kunststoffen. Konstruktion 16 (1964) 2–11.

4/42 Knappe, W.: Grundlagen für die Berechnung definiert beanspruchter Bauteile aus Kunststoff. VDI-Z. 107 (1965) 1085–1093.
4/43 Levitt, A. P.: Mit Whiskern verstärkte Metalle. Auszug siehe: Konstruktion 19 (1967) 407.
4/44 Wiedemann, J.: Beulwertberechnung an Sandwichplatten. VDI-Z. 111 (1969) 82.
4/45 Herz, H.: Kunststoffe in konstruktiver Anwendung. Kunststoffe (1963) 625–629.
4/46 Reichherzer, R.: Kunststoffe im Maschinenbau – Berechnung und Konstruktion. Technica (1964) 1457–1462.
4/47 Reinsch, H.: Temperaturdauerfeste Kunststoffe, bis 900 °C. Technica (1965) 587–588.
4/48 Kunert, A.: Glasfaserverstärkte Kunststoffe in der Maschinenindustrie. Kunststoffe (1961) 76–77.
4/49 Gestaltung von Preßteilen aus härtbaren Kunststoffen. VDI-Richtlinie 2001 (1966).
4/50 Gestaltung von Spritzgußteilen aus thermoplastischen Kunststoffen. VDI-Richtlinie 2006 (1964).

5 Werkstoffe

5.1 Werkstoffwahl und Bezeichnungen

5.1.1 Werkstoffauswahl

Bei der Wahl der Werkstoffe sind zunächst die Anforderungen an das betreffende Bauteil hinsichtlich *Funktion, Beanspruchung und Lebensdauer* zu berücksichtigen, dann die Forderungen der *Formgebung und Fertigung* und nicht zuletzt die *Gestehungskosten* und oft auch noch die Beschaffungsfrage.

Für gewöhnlich kann man sich hierbei auf die bereits vorliegenden Erfahrungen stützen und übliche Werkstoffe in den üblichen Qualitäten verwenden. So nimmt man zum Beispiel

für einfache *Achsen und Wellen*: gewöhnlichen C-Stahl (St 37 bis St 60) bis zu Vergütungs- und Einsatzstahl;

für *mehrfach gekröpfte Wellen*: hochwertigen Stahl oder Sondergußeisen (wegen Formgebung und Kerbwirkung);

für *Keile, Paßfedern und Stifte*: St 60;

für *gegossene Ständer, Grundplatten und Gehäuse*: Grauguß, bei höherer Beanspruchung Sondergußeisen und Stahlguß, wenn man nicht eine geschweißte Ausführung aus Stahl (meist Stahlblech) vorzieht;

für Teile mit *hoher Wälzpressung* (Wälzlager, Nockenwellen, hochbelastete Zahnräder): gehärteten Stahl;

für Zahnräder: je nach Beanspruchung und Baugröße: Grauguß, Stahlguß, Stahl (St 42 bis St 70), meist hochfesten (vergüteten) und gehärteten Stahl; in Sonderfällen auch Nichteisenmetalle und Kunststoffe;

für *gleitbeanspruchte Flächen* als Gegengleitstoff: weichen Grauguß, Bronze, Weißmetall, Zink oder Verbundstoffe mit gleitfähiger Außenschicht und Kunststoffe;

für *elastische Federn*: Federstahl und Gummi, in Sonderfällen auch Federbronze;

für *kleinere Massenteile*: Automaten- und Spritzgußlegierungen und Kunststoffe;

für *Schneiden*: gehärtete Werkzeugstähle und Schneidmetalle;

für erhebliche *wärme- oder feuerbeanspruchte* Teile: warmfesten oder zunderbeständigen Stahl oder Stahl mit zunderbeständiger Oberfläche oder keramische Stoffe oder entsprechende Stahlguß- und Graugußsorten;

für besonders *verschleißbeanspruchte* Teile oder für besondere chemische, elektrische oder magnetische Anforderungen: entsprechende Sonderwerkstoffe;

für *Leichtbau-Konstruktionen*: Werkstoffe entsprechend Kapitel 4;

für *Haushalts- und Bürogeräte*, für Reise- und Sportartikel: vorwiegend Kunststoffe, Leichtmetall und Stahl.

Erst wenn die bisherigen Erfahrungen nicht ausreichen, also wenn neue Gesichtspunkte (neue Erkenntnisse, neue Anforderungen, neue Werkstoffe, neue Engpässe, neue Preisverhältnisse) auftreten, oder wenn mehrere Werkstoffe in Konkurrenz treten, wird die Werkstoffwahl zu einer Frage.

Sie erfordert dann eine *genauere Überprüfung* und zwar

1. der Anforderungen an das Bauteil (Funktion, Beanspruchung, Lebensdauer);

2. der Fertigungsbedingungen (Stückzahl, Formgebung, Fertigungsart und Gestehungskosten);
3. der Werkstoffeigenschaften und meistens noch anschließende Versuche mit den dann noch fraglichen Werkstoffen.

In derartigen Fällen wird sich der Konstrukteur in stärkstem Maße um die Sondererfahrungen der Werkstoff- und Fertigungs-Fachleute und der Konstruktions-Benutzer bemühen müssen, wenn er Fehlschläge vermeiden will.

Am einfachsten ist die Entscheidung, wenn nur wenige, bestimmte Eigenschaften des Baustoffs ausschlaggebend sind; am schwierigsten, wenn zahlreiche Anforderungen von zahlreichen Baustoffen mehr oder weniger gut erfüllt werden.

Nachfolgend werden die Werkstoffe des Maschinenbaus vom Standpunkt des Konstrukteurs aus besprochen. Im Vordergrund stehen hierbei Eisen und Stahl, da die sonstigen Werkstoffe im Maschinenbau, schon aus Preisgründen nur eine zusätzliche, wenn auch oft unentbehrliche Rolle spielen.

5.1.2. Bezeichnungen

Al	Aluminium
Be	Beryllium
Bz	Bronze
C	Kohlenstoff
Co	Kobalt
Cr	Chrom
Cu	Kupfer
Fe	Eisen
GG	Grauguß
GGG	Grauguß-Kugelgraphit
Mg	Magnesium
Mn	Mangan
Mo	Molybdän
Ms	Messing
Ni	Nickel
P	Phosphor
Pb	Blei
S	Schwefel
Sb	Antimon
Si	Silicium
Sn	Zinn
Ti	Titan
V	Vanadium
W	Wolfram
Zn	Zink

d	mm	Durchmesser
E	N/mm²	E-Modul
A	mm²	Querschnitt
G	kg/m	Masse je lfd. Meter
HB	–	Brinellhärte vergleiche Abschnitt 3.2.4
HV	–	Vickershärte vergleiche Abschnitt 3.2.4
HRC	–	Rockwellhärte
I_b	mm⁴	Biege-Trägheitsmoment
I_t	mm⁴	Dreh-Trägheitsmoment
i	mm	$= \sqrt{I/A}$ Trägheitshalbmesser
k	–	Profilwert, $= A^2/I = A/i^2$
W, W_b	mm³	Biege-Widerstandsmoment
W_t	mm³	Torsions-Widerstandsmoment
ϱ	kg/dm³	Dichte
δ_5, δ_{10}	%	Bruchdehnung
σ_B	N/mm²	Statische Zugfestigkeit
σ_{-B}	N/mm²	Statische Druckfestigkeit
σ_{bB}	N/mm²	Statische Biegefestigkeit
σ_{DSt}	N/mm²	Dauerstandfestigkeit
σ_S	N/mm²	Streckgrenze
$\sigma_{0,2}$	N/mm²	0,2% Dehngrenze
σ_{bW}	N/mm²	Biegewechselfestigkeit

Bemerkung: Festigkeitswerte usw. in Tabellen, die mit * versehen sind, wurden mit 9,81 von kp in N umgerechnet und aufgerundet.[1] Sonst wurde mit Faktor 10 umgerechnet.

Die Wahl eines geeigneten *Stahlbau-Profiles* kann ausgezeichnet anhand der Broschüre „Stahlbau-Profile" des Verlags Stahleisen, Düsseldorf, erfolgen [5/41].

5.2 Grauguß, Sphäro-, Temper- und Stahlguß

5.2.1 Grauguß (GG)

Grauguß ist eine gegossene Eisenlegierung (= Gußeisen mit Lamellengraphit) mit mehr als 1,7% C-Gehalt (meist 2···4%) und wird im Maschinenbau für Gußstücke bevorzugt, sofern seine Eigenschaften ausreichen, denn Grauguß ist billig, leicht gieß-

[1] Damit folgende einfache Umrechnungsregel für ganzzahlige Spannungswerte: Wert in kp/mm²×10 – 10 N/mm² (für 26–77 kp/mm²; darunter nur ×10; darüber bis 131 mit ×10 – 20 N/mm²); z. B.: 37 kp/mm² entsp. 360 N/mm².

bar (geringes Schwindmaß, geringe Lunkerneigung) und gut zerspanbar. Er wird durch Umschmelzen von Roheisen aus dem Hochofen gewonnen, wobei das Gefüge verfeinert wird.

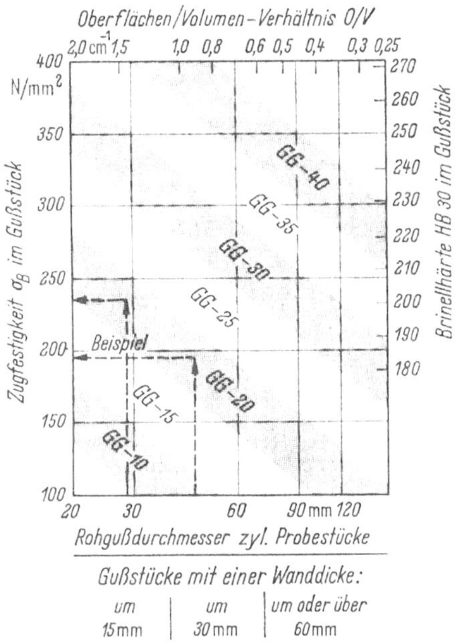

Bild 5/1. Abschätzung der Zugfestigkeit und Brinellhärte in Gußstücken aus Grauguß. Man entnimmt zum Beispiel für ein Gußstück mit etwa 30 mm Wandstärke aus GG 20 nur eine Festigkeit von 190 N/mm², für 15 mm Wandstärke dagegen etwa 230 N/mm².

Eigenschaften. Gewöhnlicher GG ist spröde (geringe Bruchdehnung), also nicht für Schlagbeanspruchung geeignet, und seine Zugfestigkeit ist durch die Graphitadern herabgesetzt. Dagegen besitzt er günstige Gleiteigenschaften (günstiger als Baustahl und Stahlguß), hohe Druckfestigkeit (etwa $3 \cdot \sigma_B$ bis $5 \cdot \sigma_B$), große innere Dämpfung und ist nicht gegen äußere Kerben empfindlich (infolge der inneren Kerben durch die lamellenartigen Graphiteinschlüsse). Die Gestaltfestigkeit von gekerbten Bauteilen aus GG liegt nicht wesentlich unter der von Bauteilen aus Stahl (daher wegen großer Dämpfung und Maßhaltigkeit teilweise sogar Kurbelwellen aus GG). Die Warmzugfestigkeit von GG fällt erst oberhalb 400 °C (Druckfestigkeit oberhalb 200°). Der E-Modul nimmt mit zunehmender Beanspruchung ab. GG mit einer Brinellhärte über 240 ist nur schwer zerspanbar. Nur bei langsamer Erkaltung erhält man graues Gußeisen, bei schneller Erkaltung entsteht weißes Gußeisen (Hartguß). Grauguß als Kokillenguß ist sehr maßgenau; es wird nach dem Gießen meist geglüht. Hilfe zur Wahl des geeigneten GG gibt Bild 5/1.

Anwendung der verschiedenen GG-Sorten s. Tafel 5/1.

Festigkeitswerte s. Tafel 5/2.

Hochwertiger GG und legierter GG für Sonderzwecke: Man erreicht

a) Perlitguß höherer Festigkeit durch Senkung des Graphitgehaltes durch viel Stahlzusatz und höheren Si-Zusatz;

b) einen spannungsfreien, feinkörnigen GG durch verlangsamte Abkühlung (vorgewärmte Form) von sonst weißerstarrendem GG;

c) eine höhere Festigkeit durch Schmelzüberhitzung;

d) ein dichteres Gefüge durch Schleuderguß;

e) verschleißfesteren und dünnflüssigeren GG durch Phosphor-Zusatz;

f) verschleiß-, korrosions- und hitzebeständigeren GG durch Ni-, Cr-, Mo-Zusatz;

g) hitze- und zunderbeständigen GG durch Ni-Cr-Si-Zusatz oder Cr-Al-Zusatz;

Tafel 5/1. Grauguß (GG). Übersicht und Verwendung

Bezeichnung	Verwendung
Maschinenguß : GG-10	ohne Gütevorschrift für gering beanspruchte Teile, wie Gehäuse, Grundplatten, Ständer.
GG-15	für höher beanspruchte dünnwandige Stücke
GG-20	für Gehäuse, Gleitbahnen, Kolben, üblichen Maschinenbau
GG-25	für wärmebeständige (bis 420°), gleitreibende und festere Teile.
GG-30	für hohe Beanspruchung, dünnwandige Stücke.
GG-40	für Sonderfälle und höchstbeanspruchte Teile, mit einfacher Gestalt und konstanter Wanddicke.
mit besonderen magnet. Eigenschaften, z. B.: GG-10.9	für Elektro-Maschinen mit hoher magnetischer Induktion.
Hartguß:	für verschleißfeste Teile! (schwer bearbeitbar!), $HB = 400-600$
Vollhartguß	(Durchgehend hart) Seltener verwendet, da sehr spröde, z. B. Sandstrahldüsen.
Schalenguß	Kokillenguß (weicher Kern) für verschleißfeste Platten und Ringe von Kollergängen, Kugelmühlen u. Steinbrecher; für Stempel, Ziehringe und Laufräder (Griffinguß), Walzen
Mildhartguß	Walzenguß für Walzen mit feinem, dichtem Gefüge.
Säure- und alkalibeständiger Grauguß	für chemische Zwecke, Soda- u. Natron-Kessel, Rohre, Schalen, Töpfe, Säurepumpen.
Feuerbeständiger Grauguß	Roststäbe, Glühtöpfe, Schmelzkessel für NE-Metalle.

Tafel 5/2. Festigkeitswerte von Grauguß GG DIN 1691, Gußeisen mit Kugelgraphit (Sphäro-Guß) GGG DIN 1693 und austenitischem Gußeisen (z. B. GGL-NiMn13 7) DIN E 1694

Bezeichnung	Werkstoff-nummer	Zug-festigkeit σ_B N/mm²*	Brinell-härte HB 30	Bemerkungen E-Modul E in N/mm² Biegefestigkeit nach DIN 50110.* (Stützweite 20 d)
GG-10	0.6010	100	−180	$E \approx 70000-40000$ N/mm²
GG-10.9	0.6011	100	−180	Magn. Induktion $B_{25} \geqq 6000\ G$
GG-15	0.6015	150	−200	$E \approx 75000-55000$ Biegefestigkeit ≈ 290
GG-20	0.6020	200	−220	$E \approx 100000-80000$ Biegefestigkeit = 350
GG-25	0.6025	250	−240	$E \approx 130000-100000$ Biegefestigkeit = 410
GG-30	0.6030	290	180−250	$E \approx 130000$ Biegefestigkeit = 470
GG-35	0.6035	340	190−270	$E \approx 130000$ Biegefestigkeit = 530
GG-40	0.6040	390	210−270	$E \approx 130000$ Biegefestigkeit = 590
GGG-38	0.7038	370	140−180	$E \approx$ Ferrit
GGG-42	0.7042	410	150−200	175000, Ferrit
GGG-50	0.7050	490	170−240	Gefüge: Ferrit–Perlit
GGG-60	0.7060	590	210−200	Ferrit–Perlit
GGG-70	0.7070	690	230−320	Perlit
GGL-MiMn13 7	0.6662	140	120−150	nichtmagnetisierbar
GGL-NiCuCr15 6 3	170	170	150−250	korrosions- u. erosionsbeständig
GGG-NiMn13 7	0.7662	390	120−150	nicht magnetisierbar
GGG-NiMn23 4	0.7669	410	150−180	korrosionsbeständig, kaltzäh

h) nichtrostenden und hitzebeständigen GG durch 20···36% Cr-Zusatz;

i) zunderbeständigen GG für Feuerungen und Roststäbe durch hohen C-Gehalt bei niedrigem Phosphor- und Si-Gehalt;

k) säurebeständigen GG durch 14···18% Si-Zusatz oder noch besser durch Monelmetallzusatz.

5.2.2 Gußeisen mit Kugelgraphit-Sphäroguß (GGG)

Gußeisen mit Kugelgraphit — Sphäroguß (GGG) — hat runde Graphiteinlagerungen. GGG hat höhere Festigkeit und Bruchdehnung sowie größeren Korrosions- und Verschleißwiderstand als GG.

Sphäroguß kann in vielen Fällen Stahlguß ersetzen. Er ist mit Nickel-Eisen-Elektroden schweißbar. GGG hat höheren Elastizitätsmodul und geringere innere Dämpfung als Grauguß. Die Biegewechselfestigkeit von gekerbten Bauteilen aus GGG übertrifft teilweise diejenige von Stahlteilen (Kurbelwellen). Vergütung und Oberflächenhärtung (Flamm- und Induktionshärtung) von GGG ist möglich. Bezeichnung und Festigkeitswerte s. Tafel 5/2.

Austenitisches Gußeisen ist hochlegiertes Gußeisen (Tafel 5/2) mit lamellenartigem oder kugeligem Graphit. Die verschiedenen Arten sind nichtmagnetisierbar (Generatoren!), korrosionsbeständig, warmfest, mit guten Gleiteigenschaften und alle besser zerspanbar als austenitischer Stahl. Austenitisches Gußeisen ist schweißbar. Durch Glühen bei 640 °C wird es spannungsfrei.

5.2.3 Temperguß

Temperguß wird aus dem gut vergießbaren weißen Roheisen gegossen und durch „Tempern" (Glühen nach dem Gießen) erzeugt; er ist ziemlich zäh, etwas verformbar und leicht bearbeitbar; er liegt in seinen Eigenschaften damit zwischen Gußeisen und Stahlguß. Übersicht s. Tafel 5/3.

Handelsüblicher weißer Temperguß GTW (ferritische Randzone, perlitische Kernzone) mit gleichmäßiger Wanddicke (3···20 mm) ist für kleine Massenteile (bis 1 kg) wie Förderketten, Räder, Schlüssel und Beschläge geeignet. GTW läßt sich einsatzhärten.

Tafel 5/3. Weißer und schwarzer Temperguß nach DIN 1692 (Juni 1963).

Bezeichnung	Werkstoff Nr.	Zugfestigkeit σ_B* N/mm²	Streckgrenze σ_S* mindest N/mm²	Bruchdehnung δ ($L_0 = 3d_0$) %	Brinellhärte HB 30	Elast.-Modul N/mm²
GTW-35	0.8035	340	–	4	–220	
GTW-40	0.8040	390	220	5	–220	160000
GTW-45	0.8045	440	250	7	–200	bis
GTW-55	0.8055	540	350	5	–240	170000
GTW-65[2]	0.8065	640	420	3	–270	
GTW-S38[1]	0.8038	370	190	12	–200	
GTS-35	0.8135	340	200	12	–150	
GTS-45	0.8145	440	290	7	160–200	
GTS-55	0.8155	540	350	5	180–220	170000
GTS-65	0.8165	640	420	3	210–250	
GTS-70	0.8170	690	540	2	240–270	

[1] Löt- und schweißbar ohne Nachtempern.
[2] vergütet.

Schwarzguß GTS (durchgehend ferritisch) ist auch für Teile mit dickerer und ungleicher Wandstärke (3···40 mm), wie Haushaltsmaschinen, Getriebegehäuse, Bremstrommeln, Kleineisenteile usw., geeignet, aber nicht schweiß- und lötbar, nicht schmiedbar und nicht für hohe Temperaturen geeignet. Schwarzguß ist durch Abschrecken bei 800 °C und nachfolgendes Anlassen auch vergütbar; er eignet sich für Induktions- und Flammhärtung.

Temperguß ist *weniger verschleißfest* als *GG* und magnetisch sehr „weich"; oberhalb 400 °C nimmt σ_B ab. Durch besondere Verfahren läßt sich auch Temperguß mit korrosionsbeständiger oder oxydationsbeständiger oder verschleißfester (einsatzgehärteter) Oberfläche herstellen.

5.2.4 Stahlguß (GS)

Stahlguß (GS) eignet sich für gegossene Teile hoher Festigkeit, Dehnung und Zähigkeit. Er ist schmiedbar, schweißbar und im Einsatz härtbar, aber schwieriger zu gießen (beachte 2···3% Schwindmaß, Lunkerbildung, Gußspannungen und Warmrissigkeit) und daher teurer als GG. Außerdem zeigt er eine rauhere Oberfläche und schlechtere Gleiteigenschaften als GG. Stahlblechteile, z. B. Turbinenschaufeln, sind eingießbar. Das Gefüge (grobstrahlig) wird meist durch Glühen verfeinert (Normalglühen s. Abschnitt 5.3.2). Übliche kleinste Wanddicke 3···4 mm. Festigkeitswerte der Normal-Sondergüten und s. Tafel 5.4.

Hochwertiger dünnwandiger Stahlguß erreicht unlegiert bis $\sigma_B = 600$, legiert $\sigma_B = 800\cdots1200$ N/mm² bei 10···6% Dehnung.

Legierter Stahlguß (DIN 17245 Jan. 1959) dient für Sonderzwecke.

Niedrig legierten GS (bis 2% Mn, bis 1,5% Si, bis 2% Cr) verwendet man, wenn die Durchvergütbarkeit, Verschleißfestigkeit, Schlagfestigkeit, Gleitfähigkeit oder Anlaßbeständigkeit erhöht werden sollen (vergütet σ_B bis 1200); z. B. für Zahnräder, Schiffskolben, Dampfturbinengehäuse.

Mangan-Hart-GS (über 12% Mn, über 1% C) ist *besonders gleitverschleißfest* (kalthärtend) und außerdem unmagnetisch und wird z. B. verwendet für Herzstücke von Weichen, Baggerzähne usw.

Chrom-GS (13···30% Cr) ist besonders säure- und rostfest und mit über 1% Si auch hitzebeständig, also für Ofenteile, Glühkästen und chemische Behälter geeignet.

Cr- und W-Zusatz wird gegen Schneidbrennen (Geldschrankplatten) und Ni-Zusatz gegen Seewasserangriff angewendet.

Tafel 5/4. Stahlguß. Mindestfestigkeitswerte nach DIN 1681 (Juni 1967) und DIN 17245 (für warmfesten Stahlguß, Juli 1967)[2]. E-Modul etwa 215000 N/mm²

Bezeichnung	Werkstoff Nr.	Zugfestigkeit σ_B* N/mm²	Bruch-[1] dehnung δ %	Streckgrenze σ_S* N/mm²
GS-38	1.0416	370	20	–
GS-38.1	–	370	25	180
GS-45	1.0443	440	16	–
GS-45.1	–	440	22	220
GS-52	1.0551	510	12	–
GS-52.1	–	510	18	250
GS-60	1.0553	590	8	–
GS-60.1	–	590	15	350
GS-C25	1.0619	590	22	250[3]

[1] Für $L_0 = 5\,d_0$.
[2] Nichtrostender Stahlguß z. B. G-X10 CrNi18 8 s. DIN 17445 (Febr. 1969). Kaltzäher Stahlguß: z. B. GS-10Ni 19.
[3] Streckgrenze bei 350 °C: 155; 1% Zeitdehngrenze bei 500 °C: 35.

5.3 Stahl (C-Stähle und legierte Stähle)

Man sucht so weit wie möglich mit den preiswerten Massenstählen, den unlegierten C-Stählen, auszukommen, die als Halbzeug (Drähte, Blöcke, Platten, Bleche, Bänder, Profilstäbe, Rohre) geliefert werden. Erst wenn deren Eigenschaften nicht ausreichen, greift man zu den erheblich teureren legierten Stählen. Die systematische Einteilung und Benennung erfolgt nach DIN 17006. Daneben tritt in zunehmendem Maße die für EDV geeignete Werkstoffnummer[1] nach DIN 17007 und die Benennung nach EURONORM[2] (DIN 17140). Übersicht zu DIN-Normen s. Tafel 5/5.

Tafel 5/5. Übersicht über DIN-Normen zu Stahl

Gütevorschriften für Fertigerzeugnisse:		*Abmessungen:*	
Profilstähle	1612	Profilstähle	1012/20/22/24/29
Rohre	1626, 1629		59051
Bleche	1620, 1623	Stahlrohre	2439, 2443
Kesselbleche	17155		2448
Dynamobleche	46400	Präzisionsstahlrohre	2391
Bandstahl kaltgewalzt	1624		2393, 2394
Automatenstahl	1651	Stahlbleche	1541, 1543
blanker unleg. Stahl	1652	Bandstahl	1544
Gütevorschriften für Halbzeug:		Gezogener Stahl	174, 178
Maschinenbaustahl	17100	Rundstahl	175, 668, 670, 671
Niet-, Schrauben-, Ketten-Stahl	17111	Keilstahl	6880
Einsatzstähle	17210		
Vergütungsstähle	17200		

Als Stahl wird ein Eisenwerkstoff bezeichnet mit höchstens 2% C. Der unlegierte Stahl hat geringe Beimengungen von Si (<0,5%), Mn (<0,8%), Cu (<0,25%), Al und Ti. Heute ist jeder Stahl Flußstahl, wird also im flüssigen Zustand aus Roheisen (3···5% C, <1% Si, 1···6% Mn, <0,1% P und <0,04% S) durch Verfahren gewonnen, die durch Oxydation den Anteil unerwünschter Beimengungen verkleinern (Bessemer-, Thomas-, Siemens- Martin-, Elektrostahl- und Sauerstoffaufblasverfahren).

Die legierten Stähle gruppiert man in *niedrig legierte* mit <5% und *hochlegierte* mit >5% Legierungsbestandteilen.

Systematische Benennung nach DIN 17006

a) *Unlegierte Stähle*, die nicht für Wärmebehandlung bestimmt sind, werden nach Zugfestigkeit bezeichnet (mit Angabe der Gütegruppe): St 37-2 mit etwa 37 daN/mm^2. Unlegierte Stähle für Wärmebehandlung werden nach C-Gehalt bezeichnet (%-Gehalt ×100): C 45 mit 0,45% C. Vorangestellte Kennbuchstaben kennzeichnen zusätzlich die Erschmelzungsart (M für Siemens-Martin-Stahl, T für Thomas-Stahl, E für Elektrostahl, Y für Sauerstoffaufblas-Stahl) und besondere Eigenschaften (U für unberuhigt vergossen, R für beruhigt vergossen, A für alterungsbeständig). Angehängte Kennbuchstaben kennzeichnen dagegen den Behandlungszustand (E für einsatzgehärtet, G für weichgeglüht, K für kaltverformt, N für normalgeglüht, U für unbehandelt, B für beste Bearbeitbarkeit usw.).

---

[1] Die Werkstoffnummer ist eine siebenstellige Zahl mit zwei Punkteunterteilungen: Die erste Zahl gibt Werkstoff-Hauptgruppe an (0 = Roheisen; 1 = Stahl; 2 = andere Schwermetalle; 3 = Leichtmetalle), die nächsten vier Zahlen sind festgelegte Sortennummern, die letzten zwei Zahlen kennzeichnen Erzeugungsverfahren und Behandlungszustand.

[2] Die Bezeichnung nach EURONORM teilt sich in Bezeichnung nach physikalischen Eigenschaften wie Mindestzugfestigkeit und nach chem. Zusammensetzung mit %-Angabe wie DIN 17006 und kann daneben noch Kennzahlen für Gütegruppen und Kennbuchstaben für die Eignung zum Schweißen und den Reinheitsgrad enthalten (z. B. FeE 32-2).

b) *Legierte Stähle* werden mit dem C-Gehalt und dem Gehalt der Legierungsbestandteile bezeichnet. Der Gehalt der Legierungsbestandteile in % wird mit gewissen Faktoren multipliziert (Faktor 4 für Cr, Co, Mn, Ni, Si und W; Faktor 10 für Al, B, Be, Cu, Pb, Mo, Nb, Ta, Ti, V und Zr; Faktor 100 für C, Ce, N, P und S). Zum Beispiel 34CrMo4 mit 0,34% C, 1% Cr und 0,2% Mo (und 0,65% Mn). Hochlegierte Stähle haben vor ihrer Bezeichnung ein X und die Zahlen geben dann direkt die %-Werte an (ohne Faktor).

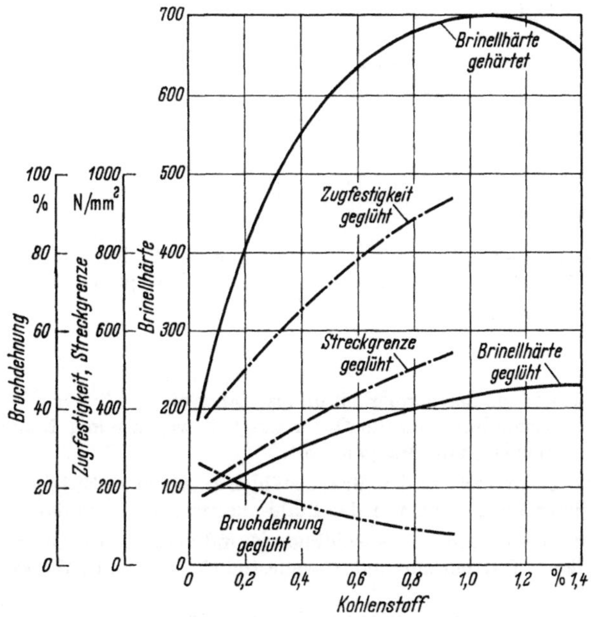

Bild 5/2. Brinellhärte *HB* von Stahl geglüht bis gehärtet, Zugfestigkeit σ_B, Streckgrenze σ_S und Bruchdehnung δ, bei verschiedenem Kohlenstoff-Gehalt (nach Lüpfert [5/18]).

5.3.1 Einfluß der Legierungszusätze

a) *Kohlenstoff* (C) erhöht die Festigkeitswerte σ_B, σ_S und *HB* (Bild 5/2) und die Kerbempfindlichkeit, vermindert aber die Zähigkeit (Bruchdehnung δ) und die Zerspanbarkeit, ferner die Schmied- und Schweißbarkeit, die elektrische und die Wärme-Leitfähigkeit. Dagegen ist die Rostbildung unabhängig vom C-Gehalt. Vor allem ist es die mit größerem C-Gehalt und größerer Härte verbundene ungenügende Zähigkeit, der man durch besondere Maßnahmen (Legierung und Wärmebehandlung) zu begegnen sucht.

b) *Mangan* (Mn) erhöht die Festigkeit. Durch Erniedrigung der kritischen Abkühlgeschwindigkeit, die zur Erzielung des Härtegefüges Martensit erforderlich ist, begünstigt er die Durchhärtung stärkerer Teile. Die perlitischen Mn-Stähle sind sehr verschleißfest, aber überhitzungsempfindlich und anlaßspröd. Unmagnetisch sind die austenitischen Mn-Stähle.

c) *Nickel* (Ni) wird meist im Zusammenhang mit Cr als Legierungsbestandteil eingesetzt. Man erreicht hochfeste Einsatz-, Vergütungs-, und Werkzeugstähle. Unter den austenitischen Ni–Cr-Stählen sind kaltzähe, zunderbeständige, warmfeste und rost- und säurebeständige Stähle von großer praktischer Bedeutung. Ni fördert die Durchhärtung.

d) *Chrom* (Cr) erhöht die Härte und die Verschleißfestigkeit durch Chromcarbidbildung, ferner die Kerbschlagfestigkeit und die Durchhärtung. Cr-Stähle sind (Bild 5/3): 1 ölhärtende Einsatzstähle, 2 Vergütungsstähle, *3* und *5* Werkzeugstähle, *4* verschleißfeste Kugellagerstähle, *6* und *7* lufthärtend und verschleißfest, *8* und *9* rostbeständig (mit Mo und V), 9 und *9a* Schneidwerkstoffe, *10* hitze- und zunderbeständig.

e) *Molybdän* (Mo) ist das wirksamste Mittel gegen die Anlaßsprödigkeit und steigert die Eignung zur Durchvergütung, so daß Mo in Vergütungsstählen Cr ersetzen kann. In Werkzeugstählen kann Mo an die Stelle von Wolfram treten.

f) *Wolfram* (W) ergibt hohe Härte und Zähigkeit. W wird bei Schnell- und Warmarbeitsstählen eingesetzt mit 3–20% W.

g) *Silicium* (Si) ist in jedem Stahl enthalten. Da es die Kaltverformbarkeit verschlechtert, wird z. B. bei Tiefziehblechen nur 0,2% Si zugelassen. Si erhöht den elektrischen Widerstand, daher bis 4% Si für Dynamobleche. In Vergütungsstählen 0,5–2% Si wegen verbesserter Durchhärtungsneigung.

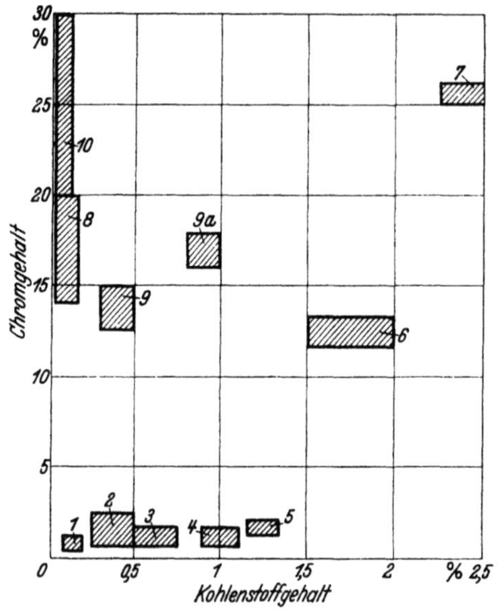

Bild 5/3. Einteilung der Chromstähle (nach Lüpfert). Erläuterung s. Text.

h) *Schwefel* (S) verbessert die Zerspanbarkeit und ist daher bis zu 0,3% in den Automatenstählen (siehe Tafel 5/9) enthalten. Er vermindert aber die Dauerfestigkeit wegen seiner Neigung zur „Zeilenstruktur" und macht den Stahl „rotbrüchig", falls Mangan fehlt.

i) *Phosphor* (P) wird bis zu 0,2% in den Massenstählen zugelassen. Er erhöht die Fließgrenze und den Rostwiderstand. In größerer Menge macht er den Stahl „kaltbrüchig" und dauerbrüchig.

j) *Vanadin* (V) ist desoxydierend und karbidbildend und verbessert schon mit einigen Zehntel-% die Überhitzungsempfindlichkeit, Härtbarkeit und Warmfestigkeit von Bau-, Werkzeug- und Schnellarbeitsstählen.

k) *Kobalt* (Co) erhöht bei Schnellarbeitsstählen (bis 15% Co) wesentlich die Schnittleistung, indem es die Anlaßbeständigkeit und Überhitzungsempfindlichkeit verbessert.

l) *Aluminium* (Al) erhöht die Oberflächenhärte von Nitrierstahl durch Al–Nitrid-Bildung, ferner die Zunder- und Alterungsbeständigkeit des Stahls. Es sollen aber keine Al_2O_3-Reste im Stahl verbleiben.

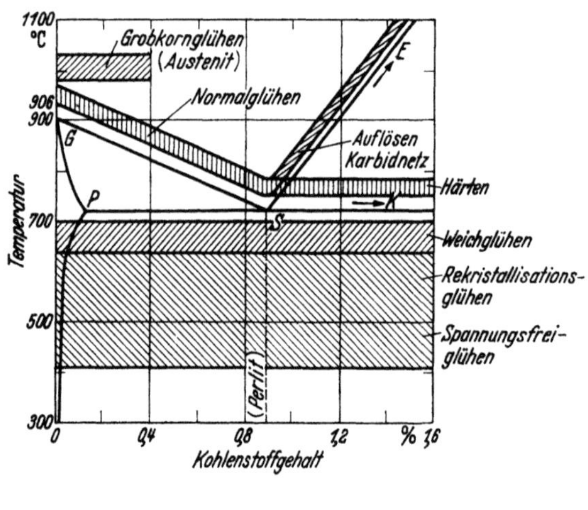

Bild 5/4. Temperaturbereiche für die Wärmebehandlung von Stahl bei verschiedenem C-Gehalt.

5.3.2 Wärme- und Härtebehandlung

Die Zustandsänderungen von Eisen und Stahl verlaufen bei langsamen Temperaturänderungen entsprechend dem bekannten Eisen-Kohlenstoff-Diagramm (wichtigen Ausschnitt davon zeigt Bild 5/4). Durch gezielte Temperaturänderungen kann man im Stahl bestimmte Gefüge erzeugen und damit die Eigenschaften der Stähle und Bauteile erheblich beeinflussen. Man unterscheidet nach Bild 5/4 und 5/5:

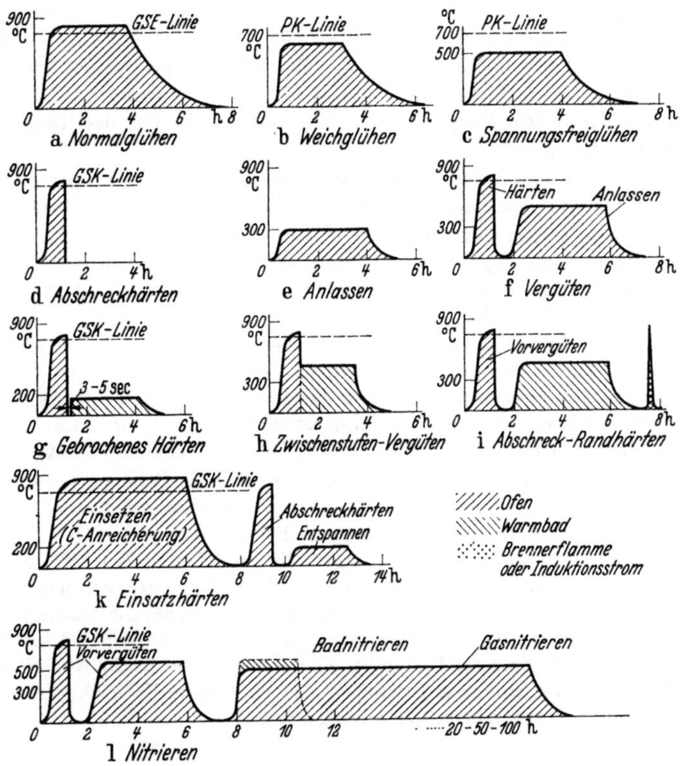

Bild 5/5. Härte- und Wärmebehandlungen des Stahls, Temperaturverlauf und Zeitbedarf.

Glühen: Erwärmen auf Glühtemperatur mit nachfolgender, nicht zu rascher Erkaltung, um das Korngefüge oder die inneren Spannungen zu beeinflussen. Es entsteht das gewünschte Gefüge Perlit und kein Härtegefüge Martensit oder Zwischenstufengefüge. Der Einfluß der Ofengase auf die Stahloberfläche (Zundern und Entkohlen!) kann durch Glühen in Schutzgasen oder in Packungen (GG-Späne) vermieden werden.

a) *Normalglühen*: Glühen bei 20—40 °C über der Linie GS, Stähle mit über 0,8% C bei 20—40 °C über SK, jedoch wenn ein Karbidnetz aufgelöst werden muß, bei 20—40° C über SE. Dabei wird dem Stahl wieder sein normales feines Gefüge gegeben.

b) *Weichglühen*: Glühen wenig unter der Linie PK, um dem Stahl seinen weichsten Zustand zu geben. Stähle mit mehr als ca. 0,8% C werden durch mehrmaliges Überschreiten von SK geglüht. Weichglühen wendet man an, um eine möglichst gute Kaltverformbarkeit zu erzielen. In einzelnen Fällen wendet man noch an:

Grobkornglühung: Glühen von Stählen mit <0,4% C bei ca. 1000 °C, um günstige Zerspanbarkeit zu erzielen, und

Rekristallisationsglühung: Glühen bei 500 bis 650 °C, um Verfestigung durch starke Kaltverformung (Tiefziehen!) abzubauen.

c) *Spannungsfreiglühung*: Mehrstündiges Glühen bei 400···550 °C, und langsamer Erkaltung um innere Spannungen ohne Festigkeitseinbuße auszugleichen.

d) *Abschreckhärten*: Der Stahl wird auf etwa 20···50°[1] C über der GSK-Linie (Bild 5/4) erwärmt und in diesem Zustand im Wasser-, Öl-, Salz- oder Luftbad „abgeschreckt", d. h. schnell abgekühlt[2], um das sehr harte und feinadrige Martensitgefüge zu erhalten. Die erreichbare Härte steigt nach Bild 5/2 erheblich mit dem C-Gehalt. Mit der Härte steigt aber auch die Sprödigkeit (ausgewiesen durch geringe Bruchdehnung und Kerbschlagfestigkeit) und mit der Härtegeschwindigkeit steigen Härteverzug und Härtespannungen[3]. Die Abschreckhärtung ist besonders bei Schneiden, Wälzlagern und elastischen Federn wichtig.

[1] Für sogenannte Grobkornstähle, also sehr überhitzungsempfindliche Stähle, muß die Härtetemperatur mit ±10 °C eingehalten werden. Sie werden daher meist in genau temperaturgeregelten Salzbadöfen erhitzt.

[2] Zum „Härten" muß die „kritische Abkühlgeschwindigkeit" überschritten werden, die bei den einzelnen Stahllegierungen und Abschreckmitteln verschieden ist (vgl. DIN 17014).

[3] Härtespannungen entstehen durch Volumenvergrößerung bei der Martensitbildung und als Schrumpfspannungen durch schnelleres Abkühlen des Randes gegenüber dem Kern. Härtespannungen wirken sich als Härteverzug aus und können beim Abschrecken an scharfen Kerben zu Härterissen führen. Härtespannungen können durch Anlassen auf 100···200 °C ohne starke Härteeinbuße gemindert werden.

e) *Anlassen*: Die abgeschreckten Teile werden auf Anlaßtemperatur (100···200°) gebracht und anschließend langsam abgekühlt, um die Härtespannungen zu beseitigen und die Zähigkeit (Bruchdehnung und Kerbschlagfestigkeit) wieder zu erhöhen. Mit zunehmender Anlaßtemperatur verringert sich die Härte.

f) *Vergüten*: Hierbei folgt dem Härten ein Anlassen auf Vergütungstemperatur (bei Vergütungsstählen etwa 550···650°), um eine wesentliche Steigerung der Zähigkeit (auf Kosten der Härte) zu erzielen. Vergütungsstähle haben mehr als 0,2% C.

g) *Gebrochenes Härten.* Die auf Härtetemperatur erhitzten Teile werden nur 3···5 s in Wasser abgeschreckt und dann in ein Öl- oder Warmbad überführt, um den Härteverzug herabzusetzen.

h) *Zwischenstufen-Vergüten*: Die auf Härtetemperatur erhitzten Teile werden hierbei direkt in ein Warmbad (Salz- oder Metallschmelze) gebracht und dort solange belassen, bis eine völlige Gefügeumwandlung erfolgt ist. Das Verfahren ist besonders für kleinere Abmessungen und unlegierte Stähle geeignet, da es bei noch ausreichender Härte hohe Zähigkeit ergibt.

i) *Abschreck-Randhärten*: Durch schnelles Erhitzen der Randzone von durchhärtenden C-reichen Stählen mittels Gasbrenner (Brennhärten) oder Metallbad (Tauchhärten) oder Hochfrequenzstrom (Induktionshärten) und anschließendes Abschrecken mit Wasserbrause oder Öl erhält man eine harte Randzone und einen weichen Kern. Bei diesem Härteverfahren ist der Kosten- und Zeitaufwand verhältnismäßig gering. Es wird für Zahnräder, Gleitflächen, Lagerzapfen, Bolzen usw. angewendet.

k) *Einsatzhärten.* Durch C-Anreicherung der Randschicht von C-armen (weichen) Stählen mittels Glühen in C-abgebenden Einsatzmitteln bei 800···950 °C und durch anschließendes Abschrecken und Vergüten wird eine sehr harte und verschleißfeste Randzone bei zäh bleibendem Kern erreicht (s. Bild 5/6). Die C-Anreicherung (Aufkohlung) kann in festen Einsatzmitteln (Härtepulver, Härtepasten), aber auch in flüssigen oder gasförmigen erfolgen. Die Einsatzhärtung ist besonders bei hoch belasteten Zahnrädern, bei Nockenwellen und sonstigen verschleißbeanspruchten Teilen in Gebrauch, die neben der Härte eine größere Zähigkeit (Schlagfestigkeit) besitzen sollen. *Einsetzbar sind Stähle bis 0,25% C-Gehalt* (s. Tafel 5/7), ferner beruhigt vergossene Automatenstähle (s. Tafel 5/9), Tiefziehbleche (s. 5.3.3) und Stahlguß. Für höhere Kernfestigkeit nimmt man legierte Stähle (s. Tafel 5/7), die eine größere Kernzähigkeit erreichen und durchweg auch weniger empfindlich in der Wärmebehandlung sind.

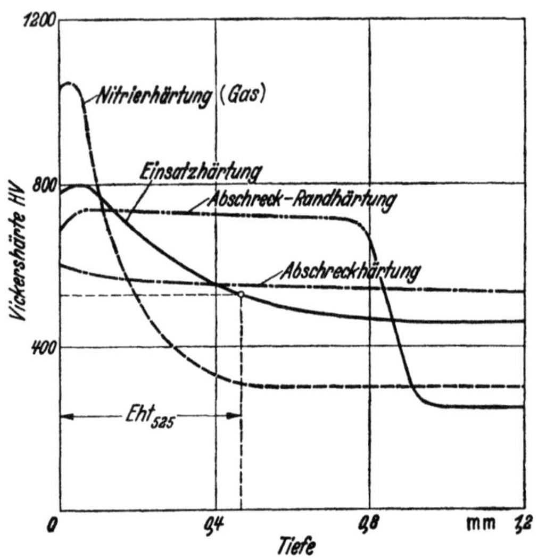

Bild 5/6. Härteverlauf in der Randschicht eines Stahlbolzens je nach Härteverfahren (nach Glaubitz).
1. Nitrier-, 2. Einsatz-, 3. Abschreck-, 4. Abschreck-Randhärtung.
Eht_{525} = Einhärtungstiefe für 525 Vickershärte.

l) *Nitrierhärten*: Durch Stickstoff-Anreicherung im Ammoniakstrom („Gasnitrieren") bei etwa 500 °C wird eine hochharte, aber dünne Randschicht erzielt (s. Bild 5/6). Gegenüber der Einsatzhärtung sind die größere Härte, der geringe Härteverzug und die größere Korrosionsfestigkeit hervorzuheben. Dafür ist die Härteschicht aber dünner, und man benötigt legierten Stahl (Cr–Al–St) und längere Härtezeiten. Die Einsatzdauer beträgt etwa 10 h je $^1/_{10}$ mm Härtetiefe (maximal etwa 1 mm dick). Der Nitrierstahl kann vor dem Härten ölvergütet werden.

Meist unlegierte aber auch legierte Stähle (Werkzeugschneiden) werden durch Nitrieren im Kaliumcyanat-Salzbad behandelt, um bessere Dauerfestigkeit und Abnützungsbeständigkeit zu erzielen. Die Härte erhöht sich dabei jedoch nicht wesentlich („Weichnitrieren" oder „Badnitrieren"), jedoch ist der Härteverzug gegenüber der Einsatzhärtung wesentlich geringer. Dicken der Nitrierschichten: 5···15 μm bei ca. 1···2 h Nitrierzeit.

Einen Vergleich der verschiedenen Härteverfahren hinsichtlich Zeitbedarf und Härteverlauf bieten Bild 5/5 und 5/6.

5.3.3 Stahlblech

Man unterscheidet nach der Dicke Grobbleche (über 4,75 mm dick, DIN 1621), Mittelbleche (3···4,75 mm dick, DIN 1622) und Feinbleche (unter 3 mm dick, DIN 1623). Für die Auswahl sind außerdem Festigkeit und Oberflächengüte maßgebend und bei Ziehteilen auch die Verformbarkeit.

Für kleine Stanzteile bevorzugt man kaltgewalzten Bandstahl (DIN 1624); für Biegeteile Bleche mit vorgeschriebenem Faltversuch; für Ziehteile je nach dem Verformungsgrad pro Glühung Zieh-, Tiefzieh- oder Karosseriebleche. Für weitgehende Verformungen ist eine geringe Korngröße wesentlich, da die Bleche sonst an den Formstellen rauh werden (Glühbehandlung bei 650···850 °C vermeiden). Für Dynamobleche (DIN 46400) sind die magnetischen Eigenschaften entscheidend.

Festigkeitswerte s. DIN-Normen. *Anhaltswerte* für Feinbleche (σ_B): Grundgüte: 270···490; Ziehgüte: 270···410; Tiefziehgüte: 270···390 und Sonderziehgüte: 270···370. Die Ziehbleche haben höhere Bruchdehnung. Die Bleche sind in verschiedener Oberflächenart (nicht entzundert, zunderfrei usw.) und Oberflächenausführung (glatt, matt, rauh) erhältlich.

5.3.4 Profilstähle

Gewalzter Formstahl, Stabstahl und Breitflachstahl werden in den Stahlsorten nach DIN 17100 (z. B. St 37-2) geliefert und besitzen die Festigkeitswerte der entsprechenden Stähle nach Tafel 5/6. Sie werden vorwiegend als L, ⊏, I, I-Profile (Abmessung s. [5/41]) für genietete oder geschweißte Fachwerk- und Vollwandträger, für Grundplatten und Rahmen, Masten und sonstige Tragkonstruktionen verwendet.

Stahlrohre werden gewalzt oder gezogen, nahtlos oder geschweißt mit den Festigkeitswerten nach DIN 1626 und DIN 1629 hergestellt. Sie dienen zur Fortleitung und Führung von Gasen und Flüssigkeiten (Gasrohre, Dampfrohre, Kesselrohre) und zunehmend auch für Tragkonstruktionen, Gestänge und Hebel (s. Leichtbau Kapitel 4). Die geschweißten Rohre sind nicht zum Aufweiten und Bördeln geeignet. Für kleinere Durchmesser und höhere Belastung bevorzugt man die etwas teureren nahtlosen Rohre.

5.3.5 Allgemeine Baustähle (Tafel 5/6)

Es handelt sich hier um die im Maschinenbau am meisten verwendeten unlegierten C-Stähle, die als Halbzeug gut durchgeschmiedet (Blöcke, Platinen, Knüppel) oder gut durchgewalzt (Rund-, Quadrat-, Sechskant- und Flachquerschnitte) geliefert werden. Je geringer ihr C-Gehalt ist, um so leichter zerspanbar, verschweißbar und einsetzbar, um so zäher und weniger kerbempfindlich sind sie. Erst bei höheren Anforderungen an die Härte und Zugfestigkeit greift man zu den Stählen mit höherem C-Gehalt, die auch abschreckgehärtet und vergütet werden können. Nähere Angaben s. Tafel 5/6.

5.3.6 Einsatz- und Nitrierstähle (Tafel 5/7)

Sie dienen für Teile, die eine harte, verschleißfeste Oberfläche oder bei harter Oberfläche einen zähen Kern besitzen oder besonders dauerfest sein sollen, z. B. für Kurbel-, Nocken- und Schneckenwellen, für Gelenk-, Feder- und Kolbenbolzen, für hochbelastete Stirn- und Kegelräder. Hierfür genügen durchweg die unlegierten oder niedrig legierten Einsatzstähle nach Tafel 5/7, wobei die Stähle mit größerem C-Gehalt für eine größere Kernfestigkeit gewählt werden, und die höher legierten Stähle, wenn gleichzeitig eine größere Zähigkeit erforderlich ist.

Einsetzbar sind aber auch andere Stähle mit C-Gehalt unter 0,2% (z. B. St 37). Für verwickeltere Teile, z. B. Zahnräder, nimmt man die im Öl- oder Wasserbad abschreckbaren Stähle, die sich hierbei weniger verziehen, z. B. die Mn-Cr-Stähle nach Tafel 5/7.

Tafel 5/6. Allgemeine Baustähle nach DIN 17100 (Sept. 1966)

Bezeichnung mit Gütegruppe[1]	Desoxydationsart[2]	Werkstoff Nr.	Entsprechende Stahlsorte nach EURONORM 25	C-Gehalt % ≦	Festigkeitswerte σ_B^* bis 100 mm ∅ N/mm²	$\sigma_{S\,mind}^*$ [3] N/mm²	$\delta_{5\,mind}$ %	HB	Verwendung
St 33-1		1.0033	Fe 33-0	—	340···490	190	18	—	für Teile ohne besondere Anforderungen
St 33-2		1.0035	—		340···490	190	18	—	
St 34-1	U	1.0100	Fe 34-A	0,17	330···410	200	28	95···120	Schmiedestahl, gut zerspanbar, gut einsetzbar für Nieten und Schrauben, Preßblech u. Röhrenblech
	R	1.0150							
St 34-2	U	1.0102	Fe 34-B3FU	0,15					
	R	1.0108	Fe 34-B3FN						
St 37-1	U	1.0110	Fe 37-A	0,20	360···440	240	25	105···125	üblicher Schmiedestahl im Masch.-Bau, für Blech von Behälter und Kessel, gut schweißbar
	R	1.0111							
St 37-2	U	1.0112	Fe 37-B3FU	0,18					
	R	1.0114	Fe 37-B3FN						
St 37-3	RR	1.0116	Fe 37-C3	0,17					
St 42-1	U	1.0130	Fe 42-A	0,25	410···490	250	22	120···140	Preß- und Gesenkstücke, mäßig beanspr. Wellen, kleine Schubstangen, schweißbar
	R	1.0131							
St 42-2	U	1.0132	Fe 42-B3FU	0,25					
	R	1.0134	Fe 42-B3FN						
St 42-3	RR	1.0136	Fe 42-C3	0,23					
St 50-1	R	1.0530	Fe 50-1	0,25	490···590	290	20	140···170	für höher beanspr. Wellen, Schubstangen, noch gut zerspanbar, wenig härtbar
St 50-2	R	1.0532	Fe 50-2	0,30					
St 52-3	RR	1.0841	Fe 52-C3	0,2	510···610	350	22	—	Stahlbaukonstruktionen, gut schweißbar
St 60-1	R	1.0540	Fe 60-1	0,35	590···710	330	15	170···195	für hochbeanspr. Teile und für Verschleißbeanspruchung, Paßfeder, Paßstifte, Zahnräder, Schnecken, Spindeln, härtbar und vergütbar
St 60-2	R	1.0572	Fe 60-2	0,40					
St 70-2	R	1.0632	Fe 70-2	0,5	690···830	360	10	195···240	für höchstbeanspr. naturharte Teile wie Nocken, Walzen und Gesenke, für gehärtete Teile wie Stempel und Schneiden, härtbar und vergütbar, noch zerspanbar

[1] Mit höherer Gütegruppe sind geringere Höchst-% an P-, S- oder N-Gehalt vorgeschrieben.
Besondere Anforderungen können durch vorangesetzte Buchstaben gekennzeichnet werden; Eignung zum rißfreien Abkanten: Q, zum Stabziehen: Z, zum Gesenkschmieden: P, zur Rohrherstellung: Ro.

[2] U = unberuhigt, R = beruhigt, RR = besonders beruhigt vergossen.

[3] Werte für ≦16 mm Dicke, für 16···40 sind sie 10 N/mm², für 40···100 mm um 20 N/mm² niedriger anzusetzen.

Tafel 5/7. Gebräuchliche Einsatzstähle nach DIN 17210 (Jan. 1959) und Nitrierstahl nach Stahl–Eisen-Werkstoffblatt 850 – 60

Bezeichnung	Werkstoff Nr.	Gehalt in %,				Festigkeitswerte				Härtebehandlung
		C	Mn	Cr	Ni	geglüht	im Kern nach Härtung mindest			W = Wasser, O = Öl und Härtetemperatur °C
						HB_{max}	σ_B^* N/mm²	$\sigma^*_{s\,mind}$ N/mm²	δ_5 %	
C10[1]	1.0301	0,09	0,37	–	–	131	410 – 510	250	19	W 770 – 800
C15[1]	1.0401	0,15	0,37	–	–	140	490 – 640	290	16	W 770 – 800
Ck10	1.1121	0,09	0,37	–	–	131	410 – 510	250	19	W 770 – 800
Ck15	1.1141	0,15	0,37	–	–	140	490 – 640	290	16	W 770 – 800
15Cr3	1.7015	0,15	0,5	0,65	–	183	590 – 840	390	13	W 770 – 800
16MnCr5	1.7131	0,16	1,15	0,95	–	203	790 – 1080	590	10	O 810 – 840
20MnCr5	1.7147	0,19	1,25	1,15	–	213	980 – 1280	690	8	O 810 – 840
15CrNi6	1.5919	0,14	0,5	1,55	1,55	213	880 – 1180	640	9	O 800 – 830
18CrNi8	1.5920	0,17	0,5	1,95	1,95	231	1180 – 1420	780	7	O 800 – 830
34CrAl6[2]	1.8504	0,34	0,75	1,35	–	213	740 – 930	410	14	W 900 – 950

[1] C10 und C15 sind Qualitätsstähle, alle übrigen sind Edelstähle.
[2] Nitrierstahl mit zusätzlich 0,95% Al, vor dem Nitrieren bei 580 – 650 °C vergütet.

Tafel 5/8. Gebräuchliche Vergütungsstähle nach DIN 17200 (Dez. 1951)

Bezeichnung	Werkstoff-Nr.	Gehalt in % Mittelwerte				Festigkeitswerte[1]			
						geglüht	vergütet 16 bis 40 mm ⌀		
		C	Si	Mn	Sonst.	N/mm² HB_{max}	σ_B^*	$\sigma^*_{s\,mind}$ N/mm²	δ_5 %
C22, Ck22	1.0611 1.1151	0,22	0,25	0,45	–	155	490···590	290	22
C35, Ck35	1.0651 1.1181	0,35	0,25	0,55	–	172	590···710	360	18
C45, Ck45	1.0721 1.1191	0,45	0,25	0,65	–	206	640···780	390	16
C60, Ck60	1.0751 1.1221	0,60	0,25	0,65	–	243	740···880	480	14
40Mn4	1.5038	0,40	0,40	0,95	–	217	780···930	540	14
30Mn5	1.5066	0,31	0,25	1,35	–	217	780···930	540	14
37MnSi5	1.5122	0,37	1,25	1,25	–	217	780···1050	640	12
42MnV7	1.5223	0,42	0,25	1,75	0,1 V	217	980···1180	780	11
34Cr4	1.7033	0,34	0,25	0,65	1,1Cr	217	880···1030	640	12
25CrMo4	1.7218	0,25	0,25	0,65	1,1Cr; 0,2Mo	217	780···930	540	14
34CrMo4	1.7220	0,34	0,25	0,65	–	217	880···1050	640	12
42CrMo4	1.7225	0,42	0,25	0,65	–	217	980···1180	780	11
50CrMo4	1.7228	0,50	0,25	0,65	–	235	1080···1280	880	10
30CrMoV9	1.7707	0,30	0,25	0,55	2,5Cr; 0,15V	248	1230···1420	1050	9
36CrNiMo4	1.6511	0,36	0,25	0,65	1,1Cr; 1,1Ni	217	980···1180	780	11
34CrNiMo6	1.6582	0,34	0,25	0,55	1,6Cr; 1,6Ni	235	1080···1280	880	10
30CrNiMo8	1.6590	0,30	0,25	0,45	2,0Cr; 0,3Mo; 2,0Ni	248	1230···1420	1050	9
100Cr6[2]		1,0	0,35	0,3		207		HB = 650[3]	

[1] Gilt für Stangen; Fertigteile häufig erheblich höher vergütet.
[2] Wälzlagerstahl W3, hinzugefügt.
[3] Ölgehärtet bei 820° und angelassen auf 200 °C.

Auch bei hohen Anforderungen an die Kernfestigkeit und Zähigkeit kann man ohne die höher legierten Chromnickel- und Chrommolybdän-Einsatzstähle auskommen, ist aber dann auf eine größere Sorgfalt bei der Auswahl, Wärmebehandlung und Bearbeitung angewiesen. Als Nitrierstähle werden Cr-Al-Stähle angewendet, sie werden vor der Nitrierbehandlung im Ölbad vergütet; Härteverfahren siehe Abschnitt 5.3.2.

5.3.7 **Vergütungsstähle** (Tafel 5/8)

Vergütungsstähle verwendet man nicht nur vergütet, d. h. abschreckgehärtet und auf Vergütungstemperatur angelassen (s. 5.3.2.), sondern auch randgehärtet (brenn-, induktions- oder metallbadgehärtet) und in manchen Fällen auch ungehärtet (geglüht). Man nimmt die unlegierten C-Stähle durchweg bis zu einer Vergütungsfestigkeit σ_B von 900 N/mm² (für geringere Zähigkeit auch erheblich höher); die legierten Stähle für σ_B über 800 N/mm² (für geringere Zähigkeit bis $\sigma_B = 1750$), besonders wenn der Härteverzug gering sein soll (Öl- oder Warmbadhärtung). Der hinzugefügte Wälzlagerstahl mit seinem hohen C- und Cr-Gehalt wird mit Vorteil auch für solche Zwecke verwendet, wo es auf große Oberflächenhärte (HB = 650), Verschleißfestigkeit und trotzdem gute Zähigkeit ankommt.

Zu Chrommolybdän-Vergütungsstählen greift man, wenn auch bei größeren Abmessungen hohe Ansprüche an Oberflächenhärte und vor allem an Durchvergütung und Zähigkeit (Kerbschlagfestigkeit und Kerbdauerfestigkeit) gestellt werden. Die Cr–Ni-Mo-Vergütungsstähle können bis zu noch größeren Querschnitten durchvergütet werden. Man erreicht damit Zugfestigkeiten bis zu max. $\sigma_B = 1700$ N/mm². Der Ni-Gehalt erhöht ihre Kerbschlagzähigkeit und vermindert die Überhitzungsempfindlichkeit.

5.3.8 **Gezogene und Automatenstähle** (Tafel 5/9)

Für Drehteile großer Stückzahl, die meist auf Automaten bearbeitet werden, nimmt man die genauer kalibrierten gezogenen Stähle, die auch mit erhöhtem Phosphor- und Schwefelgehalt für gute Zerspanbarkeit als sogenannte Automatenstähle geliefert werden. Durch den Ziehvorgang tritt eine Kaltverfestigung ein (größeres σ_B und σ_S), die ein geringeres Dehnvermögen, also eine geringere Bruchdehnung und Kerbschlagfestigkeit mit sich bringt und bei kleineren Querschnitten besonders bemerkbar ist. Für größere Dehnanforderungen werden diese Stähle auch blank geglüht geliefert. Sie können auch je nach dem C-Gehalt eingesetzt oder vergütet werden.

Maße siehe DIN 174···178 gezogene Stangen und Drähte; DIN 6880, 6882 Keilstahl, Scheibenfederstahl; DIN 668···671 Blanker Rundstahl.

In der Schnittleistung sind die am meisten verwendeten Automatenstähle (Werkstoffe 1···3 in Tafel 5/9) den normalen unlegierten Blankstählen (7···12) wie Tafel 5/9 zeigt, weit überlegen.

5.3.9 **Federstähle** (Tafel 5/10)

Für *Draht*federn verwendet man patentiert gezogene (im Bleibad abgeschreckte) Federdrähte mit hoher Elasttizitätsgrenze. Höchste Dauerfestigkeit erzielt man durch Verwendung von gezogenen und schlußvergüteten Federdrähten. Jedoch ist bei ihnen die stärkere Setzneigung (plastische Verformung) zu beachten.

Für *Blatt*federn wird auch unlegierter Stahl, für dickere legierter Stahl verwendet. Für alle Federstähle ist der E-Modul (und Gleitmodul) fast gleich, während die Elastizitätsgrenze (Setzneigung) und die Dauerfestigkeit von der Stahlzusammensetzung, Wärmebehandlung und Oberfläche (Risse und Randentkohlung) abhängen. Die Setzneigung kann durch Anlassen auf etwa 250° nach der Formgebung vermindert, die

Tafel 5/9. Automatenstähle nach DIN 1651 (Nov. 1960) und blanke, unlegierte Stähle nach DIN 1652 (Mai 1963). Auswahl

	Bezeichnung	Werkstoff-Nr.	Zusammensetzung		Mindestfestigkeitswerte (10…16 mm ∅)									Schnittleistung[3] (Wert für Werkstoff 9SPb23 gleich 1 gesetzt)
			% C	% S	gezogen u. normalgeglüht KN			kaltgezogen K			gezogen und vergütet KV			
					σ_B^* N/mm²	$\sigma_{s\,mind}^*$ N/mm²	δ_5 %	σ_B^* N/mm²	$\sigma_{s\,mind}^*$ N/mm²	δ_5 %	σ_B^* N/mm²	$\sigma_{s\,mind}^*$ N/mm²	δ_5 %	
1.	9S20[1]	1.0711	<0,12	0,235	360	210	25	490	390	8	—	—	—	0,78
2.	9SPb23[1]	1.0716	<0,12	0,235	360	210	25	490	390	8	—	—	—	1,0
3.	9SMnPb23[1]	1.0719	<0,13	0,235	370	230	23	510	390	7	—	—	—	0,84
4.	10S20[4]	1.0721	0,09	0,22	360	210	25	490	390	8	—	—	—	0,61
5.	22S20[4]	1.0724	0,22	0,20	410	250	20	540	360	7	490	290	20	0,55
6.	35S20	1.0726	0,36	0,20	490	280	17	590	400	7	590	390	16	0,45
7.	St34-2[4]	1.0151	<0,17	<0,05	330	190	28	410	310	10	—	—	—	0,45
8.	St37-2[4]	1.0161	<0,20	<0,05	360	220	25	440	280	10	—	—	—	0,45
9.	St42-2	1.0181	<0,25	<0,05	410	240	22	540	380	7	—	—	—	0,38
10.	St60-2	1.0543	0,40	0,05	590	310	15	690	490	6	—	—	—	0,33
11.	St70-2	1.0633	0,50	<0,05	690	340	10	780	560	6	—	—	—	0,33
12.	C15[4]	1.0401	0,15	<0,045	—	—	—	490	330	8	—	—	—	0,45
13.	C22	1.0402	0,22	<0,045	410	240	27	540	360	7	540	350	20	0,39
14.	C35	1.0501	0,36	<0,045	490	270	22	590	400	7	640	410	16	0,33
15.	C45	1.0503	0,46	<0,045	590	330	18	690	470	6	740	470	14	0,31
16.	C60	1.0601	0,61	<0,045	690	380	15	780	540	6	840	560	12	0,28
17.	Silberstahl[2]		1,15	<0,03	740	—	10	800	540	6	880	—	7	0,26

[1] Pb-Gehalt <0,3%. Diese Automatenstähle bestreiten den weitaus größten Anteil in der Auswertung.
[2] Unleg. oder leg. Werkzeugstahl in pol. Zustand 0,5…15 mm ∅.
[3] Nach Lüpfert.
[4] Einsetzbar.

Tafel 5/10. Gebräuchliche Federstähle nach DIN 17223 (März 1964) und Vornormen DIN 17221 und DIN 17222 (April 1955), DIN 17224 (Juli 1968) und DIN 17225 (April 1955). E-Modul: 206000 N/mm²; Schubmodul: 82000 N/mm².

Bezeichnung	Werkstoff	DIN-Bl.	Festigkeitswerte[4] σ_B^* N/mm²	δ_5 %	Art	Verwendung
A[1]	1.0500	17223 Bl. 1	1570···1890	40	Federstahldraht	bis 10 mm ⌀; für selten schwingende u. geringe ruhende Beanspruchung;
B[1]	1.0600	17223 Bl. 1	1900···2260	40	patentiert gezogen	bis 17 mm ⌀; für ruhende und geringe schwingende Beanspruchung;
C[1]	1.1200	17223 Bl. 1	2270···2510	40	unlegiert mit	bis 17 mm ⌀; hochbeanspr. Druck-, Zug-, Schenkel- u. Formfedern
II[1]	1.1211	17223 Bl. 1	2450···2750	40	0,6–1% C	bis 2 mm ⌀; auch für schwingende Beanspruchung
FD[2]	1.1230	17223 Bl. 2	1770···1960	45[3]	gezogener und ver-	bis 14 mm ⌀; Federn, die im Zeitfestigkeitsgebiet arbeiten
VD[2]	1.1250	17223 Bl. 1	1670···1810	45[3]	güteter Federstahl	bis 7,5 mm ⌀; Ventilfederdraht für schwierig zu wickelnde Federn
38Si6	1.0900	17221	1180···1370	6	warmgeformter	für größere Querschnitte, Teller- und Fahrzeug-Blattfedern
46Si7	1.0902	17221	1280···1470	6	Qualitätsstahl	
51Si7	1.0903	17221	1280···1470	6		
65Si7	1.0906	17221	1280···1470	6		
60SiMn5	1.0908	17221	1320···1520	6		tiefere Einhärtung durch Mn-Zusatz
67SiCr5	1.7103	17221	1470···1670	5	warmgeformter	Hoch beanspr. Blatt-Schraubenfedern, Drehstabfedern
50CrV4	1.8159	17221	1320···1670	6	Edelstahl	
C53	1.0505	17222	1180···1370	6	kaltgewalzter	unlegierter Stahl für dünnere Bänder
C67	1.0603	17222	1180···1370	6	Qualitäts-Bandstahl	
55Si7	1.0904	17222	1570···1960	6		Kraftwagen-Blattfedern bis 7 mm Dicke,
65Si7	1.0906	17222	1670···2160	5		Kraftwagen-Blattfedern über 7 mm Dicke
Ck53	1.1210	17222	1180···1370	7	Edelstahl	dünnere Bänder
Ck67	1.1231	17222	1370···1620	6	kaltgewalztes Band	hochbeanspr. Blattfedern
Mk101	1.1274	17222	1770···2350	5		höchstbeanspr. Blattfedern
67SiCr5	1.7103	17222	1860···2350	4		höchstbeanspr. Blattfedern
50CrV4	1.8159	17222	1670···2260	5		höchstbeanspr. Blattfedern
X12CrNi17 7	1.4310	17224	1570···1770[5]	–	kaltgezogen	rostbeständig, weitere chem. best. Sorten s. DIN 17224
65WMo34 8	1.8239	17225	1370···1670	–		warmfest, bis 550 °C Kriechgrenze bei 200 N/mm²

[1] Angabe von σ_B für 1 mm ⌀; bei 10 mm ⌀ für A, B und C ist σ_B ca. mal 0,6 zu nehmen, s. Normblatt.
[2] Für 1 mm ⌀, bei 5 mm ⌀ ca. mal 0,8 nehmen, s. Normblatt.
[3] Brucheinschnürung %.
[4] Für gehärteten und angelassenen Zustand.
[5] Für Banddicke 0,25···0,5 mm.

Dauerfestigkeit kann durch Abschleifen oder Verdichten (Drücken) der Oberfläche erhöht werden.

Beispiele für die Verwendung und Festigkeitswerte s. Tafel 5/10. Berechnung von Federn s. Kapitel 12.

5.3.10 Warmfeste und zunderbeständige Stähle (Tafel 5/11)

Zunderbeständige Stähle sind noch oberhalb 600 °C korrosionsfest, indem sie Schutzschichten bilden. Sie sind hierbei meist auch formbeständig und zugfest. Sie werden für Dampfkessel, Feuerungen und in der chemischen Industrie verwendet. Die Cr-Si- und Cr-Al-Stähle nach Tafel 5/11 sind beständig bis 800 bzw. bis 1200 °C, die Cr-Ni-Si- und Cr-Ni-W-Stähle außerdem noch unmagnetisch.

Für Dampf- und Gasturbinen, Strahlantriebe und Verbrennungsmotoren werden warmfeste Werkstoffe benötigt, die bei Temperaturen von 800···1000 °C noch eine genügend große Zeitstandfestigkeit aufweisen. Hier treten an die Stelle der Stähle oft Legierungen aus Co, Mo, Ti, Al, Nb, Fe u. a., die nicht genormt sind und unter Handelsnamen geführt werden (schlecht form- und schweißbar).

Tafel 5/11. Auswahl von hitzebeständigen (= zunderbeständigen) und warmfesten Werkstoffen (nach Lüpfert)

Bezeichnung, Marken	Werkstoff-nummer	Zugfestigkeit σ_B^* N/mm²	Zeitstandfest. b. 800 °C 1000 h N/mm²	Zunderbeständigkeit bis °C	Art
X10CrAl7	1.4713	440···590	1	800	Stähle
X10CrAl13	1.4724	490···640	4	950	
X10CrAl18	1.4742	490···640	4	1050	
X10CrAl24	1.4762	490···640	4	1200	
X10CrSi6	1.4712	540···690	1	900	
X10CrSi13	1.4722	540···690	4	950	
X10CrSi18	1.4741	540···690	4	1050	
X20CrNiSi25 4	1.4821	590···740	3	1100	
X15CrNiSi25 20	1.4841	590···740	20	1200	
X80CrSi20 2		880···1050	6	1050	
X45CrNiW15 13		780···980	40	800	
Incoloy 901		1180	75	950	Sonderlegierungen
Nimonic 80A		1070	103	1100	
Nimonic 90		1240	148	1100	
Nimonic 100		1260	194	950	
Nimonic 110		1260	265	1000	
Nimocast 713		820	324	1000	
Inconel 700		1170	220	1000	
Hastelloy R253		1030	216	1050	
Hastelloy X		580	69	1100	
Udimet 500		1360	220	1100	
Udimet 700		1400	295	1000	
Waspaloy		–	171	1100	
HS31 (X40)		–	148	1100	

5.3.11 Rost- und säurebeständige Stähle (Tafel 5/12)

Man kennt hier zunächst die Cr-Stähle mit 0,1···0,2% C und 13% Cr, die in geglühtem und vergütetem Zustand für Dampfturbinen und Pumpen gegen Rost in Dampf, Wasser und organischen Säuren verwendet werden. Der Cr-Stahl mit 13% Cr und 0,45% C nach Tafel 5/12 ist im abgeschreckten Zustand rostbeständig und wird für Messer, chirurgische Instrumente und Federn eingesetzt.

Die härtbaren CrNi-Stähle mit 0,07···0,12% C, 18% Cr und 9···13% Ni sind beständig gegen starke organische Säuren, gegen Salzsäure und verdünnte Schwefelsäure aber schwer zerspanbar.

Für höchste Rostbeständigkeit verwendet man besondere härtbare Nickel-Legierungen, die auch bei Hitze beständig gegen starke Säuren und Laugen sind. „Monel-Metall" mit 63% Ni ist bis 500 °C gegen Dampf, Säuren und Alkalien beständig und zudem gut warm- und kaltverformbar.

Tafel 5/12. Korrosionsbeständige Werkstoffe nach DIN 17440 und DIN 17742–17743

Bezeichnung	Werkstoff-Nr.	Festigkeitswerte σ_B^* N/mm²	Streckgrenze mind. σ_S^* N/mm²	Eigenschaften, Verwendung
X10Cr13	1.4006	590···740	440	Dampfturbinen, Pumpen, Haushaltsgeräte
X20Cr13	1.4021	640···780	440	gegen Dampf u. Wasser, org. Säuren
X40Cr13	1.4034	640···780	–	Messer, Federn, Formen
X8Cr13	1.4016	440···590	260	nicht härtbar und vergütbar; für Behälter;
X8CrTi17	1.4510	440···590	260	auch an Schweißstellen korrosionsbeständig
X12CrNi18 8	1.4300	490···690	210	härtbar („V2A-Stahl"), schwer zerspanbar,
X5CrNiMo18 10	1.4401	490···690	200	unmagnetisch, säurebeständig
X10CrNiMoNb18 12	1.4583	490···740	220	
NiCr15Fe	„Inconel"[1]	590	–	beständig gegen starke Säuren und Laugen,
NiCr15FeMo	„Contracid-Beryllium"[2]	830	–	unmagnetisch. Für med. Instrumente. Im hartgez. Zustand bis $\sigma_B = 1860$
NiCu30Fe	„Monel"[3]	640	340	beständig gegen überhitzten Dampf, Säuren, Meerwasser, Laugen. Für Turbinen-
NiCu30Al	„K-Monel"[4]	980	840	schaufeln, chem. Behälter

[1] Mit Ni > 72% und 15,5 Cr.
[2] Mit Ni > 59% und 15,5 Cr, 7 Mo, 0,8 Be und 15 Fe.
[3] Mit Ni > 63%, 31 Cu.
[4] Mit Ni > 63%, 30,5 Cu, 3 Al

5.3.12 Werkzeugstähle, Schneidmetall und Sinterhartmetalle (Tafel 5/13)

Je nach Anforderungen verwendet man unlegierte oder legierte Stähle für Kaltarbeit, legierte Werkzeugstähle für Warmarbeit oder aber auch Schnellarbeitsstähle und für besondere Leistungen Schneidmetalle oder Sinterhartmetalle. Für die Auswahl sind Schneidhaltigkeit und Zähigkeit, Verschleißwiderstand und Warmhärte (Bild 5/7) maßgebend. Einen Anhalt für ihren zweckmäßigen Einsatz bietet Tafel 5/13.

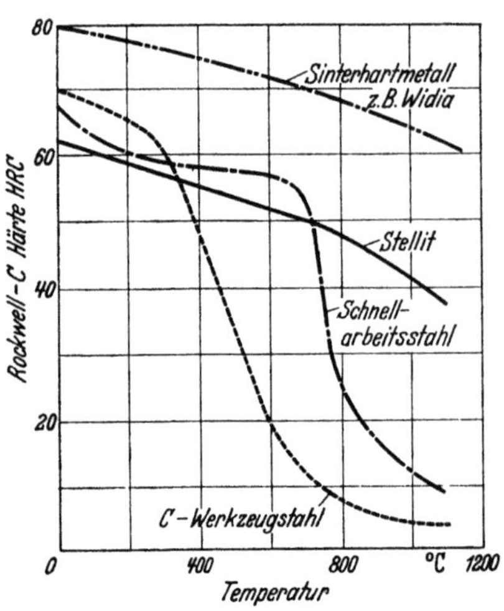

Bild 5/7. Warmhärte von Schneidlegierungen. (Nach Lüpfert [5/18]).

Tafel 5/13. Werkzeugstähle, Schneidmetall und Sinterhartmetalle nach SEW 150-63, 200-63, 250-63, 320-63 und DIN 4990 (nach Lüpfert)

		Zusammensetzung %			Oberflächen-härte HRC	Verwendung
		C	Cr	Sonstige		
Unlegierte Werkzeugstähle						
C45W3	1.1730	0,45	–	0,7 Mn	57	Messer, Meißel, Beile
C70W2	1.1620	0,70	–	0,22 Mn	63	Nietstempel, Scherenmesser
C85WS	1.1830	0,85	–	0,6 Mn	65	Holzsägen, Bohrer, Fräser
C110W1	1.1550	1,1	–	0,18 Mn	65	Steinwerkzeuge
Legierte Werkzeugstähle für Kaltarbeit						
120WV4	1.2516	1,2		1 W; 0,1 V	65	Spiralbohrer, Lochstempel
45SiCrV6	1.2249	0,45	1,5	1,5 Si; 0,1 V	57	Scherenmesser
105WCr6	1.2419	1,05	1	1,2 W; 1 Mn	64	Gewindeschneider, Metallsägen
X210CrW12	1.2436	2,1	12	0,7 W	64	Stanz-, Tiefzieh-, Präge- und Räum-Werkzeuge
Warmarbeitsstähle						
48CrMoV67	1.2323	0,48	1,5	0,7 Mo; 0,3 V	–	Druckgußformen für Zn, Sn
56NiCrMoV7	1.2714	0,55	1	1,7 Ni; 0,5 Mo; 0,1 V	–	Preßgesenke, Preßstempel
X40CrMoV51	1.2344	0,40	5,3	1,4 Mo; 1 V; 1 Si	–	Druckgußformen für Al, Mg
X30WCrV53	1.2567	0,3	2,4	4,3 W; 0,6 V	–	Strangpreßwerkzeuge, Schmiedewerkzeuge
Schnellarbeitsstähle						
S2-9-1	1.3346	0,82	–	1,8 W; 8,6 Mo; 1,1 V	–	Spiralbohrer
S6-5-2	1.3343	0,82	–	6,3 W; 5 Mo; 1,8 V	–	Fräser, Bohrer, Sägen
S18-1-2-5	1.3255	0,79	–	18 W; 0,7 Mo; 1,5 V; 4,8 Co	–	Schneidwerkzeuge für höchste Schnittleistung
Schneidmetall						
Stellit	–	2,7	32	45 Co; 19 W	63	verschleiß- und korr.-beständige Werkzeuge
Sinterhartmetalle						
G20	–	–	–	88 WC; 12 Co	80	Spanlose Formgebung
K20	–	–	–	92 WC; 2 TiC + TaC; 6 Co	(ca. 70 bei 500 °C!)	Spanwerkzeug für Guß und NE-Metalle
P20	–	–	–	76 WC; 14 TiC + TaC; 10 Co		Spanwerkzeuge für langspanende Stoffe, z. B. Stahl

5.4 Leichtmetalle

Systematische Benennung der Nichteisenmetalle nach DIN 1700:

Die Bezeichnung erfolgt nach Kennbuchstaben für die Herstellung und Verwendung (G für Guß, GD für Druckguß, GK für Kokillenguß, GZ für Schleuderguß, L für Lot und Gl für Lagermetall) ,Kennzeichen für die Legierungsbestandteile mit %-Zahlen (zuerst Hauptbestandteil, dann die weiteren alphabetisch geordnet) und einem Kennzeichen für besondere Eigenschaften (z. B. wa für warm ausgehärtet oder F-Zahl für Angabe der Zugfestigkeit). Beispiel: G-AlSi10Mgwa für Guß-Al-Legierung mit 10% Si und etwas Mg, Rest im wesentlichen Al, warmausgehärtet.

5.4.1 Aluminium und Al-Legierungen (Tafel 5/14 und 5/15)

Die geringe Dichte ($\varrho = 2{,}7 \cdots 2{,}85$ kg/dm³) und relativ hohe Festigkeit der Al-Legierungen begünstigen ihre Verwendung bei ortsbeweglichen Maschinen (Fahrzeugen) und Geräten (Haushalt) und auch bei schnell bewegten Maschinenteilen (z. B. Kolben und Schubstangen), ferner bei festigkeitsmäßig nicht voll ausgenutzten Teilen, wie z. B. Gehäusen und Verschalungen, sofern die Gewichtsverminderung den höheren Preis gegenüber Stahl und Gußeisen rechtfertigt (s. Leichtbau). In anderen Fällen ist ihr hohes elektrisches und Wärmeleitvermögen von Vorteil.

Man verwendet für Bauteile vorwiegend Al-Knetlegierungen und Al-Gußlegierungen, während Rein-Aluminium mehr für Sonderzwecke dient.

DIN-Blätter: Rein-Aluminium 1712; Al-Legierung 1725, 1714; Preßteile aus Al und Al-Legierungen 1749; Profilstangen 1747, 1748, 1771, 1790, 1796···1799, 9711···9714; Rohre 1746, 1789, 1794, 1795; Bleche und Bänder 1745, 1753, 1783, 1784, 1788, 1793, 59600; Draht 46425, 46420.

Rein-Al (DIN 1712) wird vor allem gewalzt, gepreßt oder gezogen in Form von Vollstangen, Rohren, Blechen (DIN 1788), Bändern, Drähten (für elektrische Leitungen) und Folien (für Verpackungen, Kondensatoren und Wärmeisolation) geliefert, während es gegossen (Preßguß) fast nur für Kurzschlußanker von Drehstrommotoren verwendet wird.

Eigenschaften. Al ist geglüht plastisch weich (tiefziehfähig), erhält aber durch Kaltverformung eine beachtliche Festigkeit, die schon bei 100 °C erheblich abfällt, bei Kälte dagegen meist etwas zunimmt. Al ist unmagnetisch, vorzüglich elektrisch leitend (60% von Cu) und wärmeleitend (56% von Cu) sowie Wärme und Licht reflektierend (Alfol-Isolation), es ist schweißbar, aber schwieriger lötbar (Oxydhaut).

Korrosion. Al rostet nicht wie Eisen, da es sich mit einer Schutzschicht überzieht, ist beständig gegen reines Wasser, verdünnte Phosphorsäure, konzentrierte Salpetersäure, Schwefeldioxyd und viele Stickstoffverbindungen, aber unbeständig gegen Seewasser, anorganische Säuren, Soda, Mörtel und Beton. An Verbindungsstellen mit anderen Metallen ist Al gegen elektrolytisches Anfressen durch Schutzanstrich oder sonstige Isolation zu schützen. Al kann auch plattiert und eloxiert (elektrisch oxydiert) werden.

Einfluß von Legierungszusätzen: Eisen mach Al hart und spröde, Blei macht es blasig, aber auch besser zerspanbar; Kupfer erhöht die Härte, Magnesium die Festigkeit und Zerspanbarkeit, Antimon und Titan die Beständigkeit gegen Seewasser, Mangan die Festigkeit und Korrisionsbeständigkeit. Besonders bemerkenswert ist die „Aushärtbarkeit" (Verfestigung) durch Zusatz von Cu-Si oder Cu-Mg-Si, Cu-Mg-Ni oder Mg-Si.

Festigkeitswerte von Rein-Al (σ_B): Gegossen 90···120; geglüht 70···100; gewalzt, mittelhart 100···140; gewalzt, hart 140···230. E-Modul etwa 70000 N/mm².

Al-Knetlegierungen. Sie können gewalzt, gezogen, gepreßt, geschmiedet und geschweißt werden. Die wichtigsten sind: Al-Cu-Mg-Legierung (z. B. Duralumin) mit besonders hoher Festigkeit, guter Zerspanbarkeit, aber geringem Korrosionswiderstand; dann Al-Mg-Si-Legierung mit hohem Korrosionswiderstand und vorzüglicher elektrischer Leitfähigkeit; Al-Mg-Legierung mit hoher Festigkeit und erheblicher Korrosionsbeständigkeit auch gegen Seewasser und Alkalien; Al-Mg-Mn-Legierung ebenfalls seewasserbeständig, aber dabei warmfester und tiefziehfähiger bei etwas geringerer Festigkeit; schließlich die Al-Mn-Legierung, die sehr korrosionsfest ist und besonders in der chemischen und Nahrungsmittel-Industrie Verwendung findet. Festigkeitswerte s. Tafel 5/14, Dauerfestigkeit s. Bild 5/8.

Al-Gußlegierungen. Auswahl nach Gießeigenschaften (Formfüllungsvermögen und Schwindmaß), besonders wenn es sich um Kokillenguß handelt, dann nach Festigkeit (s. Tafel 5/15) und sonstigen Eigenschaften. Am meisten wird G-AlCu5Si3 vergossen. Für besonders hohe mechanische Beanspruchungen nimmt man die Si-haltigen Legierungen, z. B. Silumin (hohe Zähigkeit) oder die eutektische G-Al-Si-Mg-Legierung Silumin Gamma mit besonders geringer Lunkerneigung, während die schlechter gieß-

Tafel 5/14. Einige Al-Knetlegierungen

Festigkeitswerte für Bleche und Bänder nach DIN 1745 (Dez. 1968), Rohre nach DIN 1746 (Dez. 1968) Stangen, Drähten nach DIN 1747 (Dez. 1968), Strangpreßprofile nach DIN 1748 (Dez. 1968) und Gesenkschmiedestücke nach DIN 1749 (Dez. 1968), nach Lüpfert

Bezeichnung[1] Nr.		Werkstoff-Nr.[2]	Festigkeitswerte			Festigkeitswerte nach DIN 174...
			$\sigma^*_{B\,min.}$ N/mm²	δ_5 %	HB	
AlCuMg0,5		3.1305	–	–	–	–
AlCuMg1	w	3.1325.10	<220	14	–	5
AlCuMg1pl	F40	3.1325.51	390	10	100	7, 8
AlCuMg2	w	3.1355.10	<250	14	–	5
AlCuMg2	F44	3.1355.51	430	10	110	7
AlMgSi0,5	F14	3.3206.51	140	15	45	6..7, 8
Al99,9MgSi	F25	3.3208.72	250	10	75	6, 7, 8
AlMgSi1	F32	3.2315.72	310	10	95	5, 6, 7, 8
AlMgSiPb	F20	3.0615.51	200	10	60	7
AlMg1	F10	3.3315.08	100	17	30	6, 7, 8
AlMg1	F16	3.3315.30	160	4	50	5, 6, 7
AlMg3	F26	3.3547.30	250	4	75	5, 6, 7
AlMg5	F24	3.3555.08	240	14	55	6, 7
AlMg5	F32	3.3555.30	310	4	90	5, 6
AlMgMn	F20	3.3527.08	200	12	50	6, 7, 8
AlMgMn	F26	3.3527.30	250	4	75	5, 6
AlMn	F10	3.0515.08	100	17	25	6, 8
AlMn	F16	3.0515.30	160	4	40	5, 6
AlZnMgCu0,5	F46	3.4345.71	450	8	125	5
AlZnMgCu0,5	F48	3.4345.61	470	6	120	9

[1] F-Zahl $\approx \sigma_B \cdot 0{,}102$

[2] Endziffern geben folgende Zustände an: 08 gepreßt, 10 weich, 26 halbhart, 30 hart, 51 kalt ausgehärtet, 61, 71, 72 warm ausgehärtet. Die Werkstoffe sind meist auch noch in anderen als hier angegebenen Zuständen lieferbar.

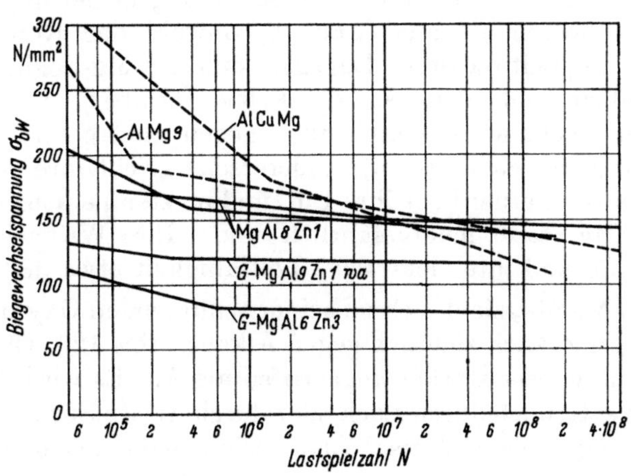

Bild 5/8. Biegewechselfestigkeit von Al- und Mg-Legierungen (nach Lüpfert [5/18]).

baren Al-Mg-Legierungen besonders korrosionsbeständig (auch gegen Seewasser) sind und die mit 5···7% Mg auch eine gute Warmfestigkeit (z. B. für Zylinderköpfe) besitzen.

Al-Guß wird zu etwa 30% als Sandguß, zu etwa 50% als Kokillenguß, zu 15% als Druckguß und etwa zu 5% als Schleuderguß eingesetzt. Besondere ungenormte Legierungen für Kolben von Verbrennungsmotoren haben niedrige Wärmeausdehnung bei hoher Warmhärte und guten Gleiteigenschaften (z. B. GK-AlSi12CuNi für Viertaktmotoren). Mit dem Al-Fin-Verfahren hat man die Möglichkeit, auch Stahlstreifen und Ringe usw. mit in den Al-Guß einzugießen (z. B. bei Bremstrommeln).

Für *Al-Druckguß* sind ebenfalls in DIN 1725 Legierungen genormt. Druckgußteile erfordern weniger Nachbearbeitung, da sie maßgenauer sind.

Tafel 5/15. Einige Al-Gußlegierungen und Al-Druckgußlegierungen (nach DIN 1725)

Bezeichnung[1]	Werkstoff-Nr.[2]	Festigkeitswerte		
		$\sigma^*_{B\,min}$ N/mm²	δ_5 %	σ_{bW} N/mm²
G-AlCu5Si3	3.1263.01	160	0,5	–
GK-AlCu5Si3	3.1263.02	170	0,2	–
G-AlSi12	3.2581.01	170	4	55
GK-AlSi12	3.2581.02	200	3	70
G-AlSi10Mg	3.2381.01	180	2	65
GK-AlSi10Mg	3.2381.02	200	1	80
G-AlMg3	3.3241.01	140	3	60
GK-AlMg3	3.3241.02	150	3	70
GK-AlSi12CuNi	–	200	1	–
GD-AlSi6Cu3	3.2152.05	200	1	80
GD-AlSi10(Cu)	3.2572.05	180	1	70

[1] Sandguß: G; Kokillenguß: GK; Druckguß: GD.

[2] .01 Sandguß unbehandelt, .02 Kokillenguß unbehandelt, 0.5 Druckguß unbehandelt.

5.4.2 Magnesium und Mg-Legierungen (Tafel 5/16)

Gegenüber den Al-Legierungen ist die noch geringe Dichte ($\varrho = 1{,}8$ kg/dm³) der Mg-Legierungen beachtlich, so daß besonders Gußstücke aus Mg-Legierung trotz geringerer Festigkeit auch bei gleicher Belastung noch leichter werden (Kapitel 4). Ihre Dauerfestigkeit ist fast die gleiche, wie Bild 5/8 zeigt. Ferner sind sie besonders leicht zerspanbar, so daß z. B. fertig bearbeitete Gehäuse aus Mg-Legierung für kleine Zahnradpumpen nicht mehr kosten als aus Grauguß, obwohl das Roh-Gußstück aus Mg-Legierung etwa das Doppelte kostet. Dagegen sind die Mg-Legierungen nicht lötbar, nur schwer schweißbar und nicht so gut kaltverformbar. Ihr niedriger E-Modul ($E = 43\,000$ N/mm²) macht sie unempfindlich gegen Schlag und Stoß und wirkt bei Getriebekästen auch geräuschdämpfend; andererseits reicht ihre geringe Starrheit für viele Zwecke nicht aus. Ferner liegt ihre Entzündungstemperatur schon bei 400° C, so daß Mg-Späne und Mg-Staub feuergefährlich sind. Ihre Wärmeleitfähigkeit beträgt etwa 4,4% der von Cu und ihre elektrische Leitfähigkeit etwa 38% der von Cu.

Korrosion. Auch Mg überzieht sich mit einer schützenden Oxydhaut, ist korrosionsfest gegen Flußsäure und auch ziemlich gegen Alkalien (bis 120 °C). Mg wird aber von Seewasser und Schwitzwasser stärker angegriffen als Al. Es wird deshalb meist durch Bichromatbeize und evtl. noch durch Lack oder durch Al-Mg-Spritzschicht gegen Korrosion geschützt und gegen elektrolytische Korrosion beim Zusammenbau mit anderen Metallen durch Isolierlack.

Verwendungsgebiete für Mg-Legierungen sind Gehäuse, Rahmen und Scheiben von ortsbeweglichen Geräten und schnell bewegte Teile.

5.4.3 Titan und Ti-Legierungen

(Ti: $\varrho = 4{,}53$ kg/dm³, $E = 106\,200$ N/mm²)

Rein-Titan hat je nach Gehalt der Beimengungen an O und Fe (je 0,2···0,4%) Bruchfestigkeiten σ_B von 290···540 N/mm² und liegt damit wesentlich über den Werten von

Tafel 5/16. Magnesiumlegierungen nach DIN 1729 (Mai 1963).
Schwindmaß = 1,2% für MgAl-Legierungen = 1,9% für MgMn-Legierungen (nach Lüpfert)

Art	Bezeichnung	Werkstoff-Nr.	Festigkeitswerte				Zustand
			$\sigma_{B\,min}^{*}$ N/mm²	$\sigma_{S\,min}$ N/mm²	δ %	HB	
Knet-legierungen (Stangen bis 80 mm ⌀)	MgMn2F20[1]	3.5200.08	200	150	1,5···	~40	gepreßt oder gezogen, nachgerichtet
	MgAl3ZnF25[2]	3.5312.08	250	160	10···	~45	
	MgAl6ZnF28[3]	3.5612.08	270	200	10···	~55	
	MgAl8ZnF30	3.5812.08	290	210	10···	~60	
	MgZn6ZrF30	3.5161.08	290	210	5···	~60	
Sandguß	G-MgAl6Zn3	3.5632.01	160	90	6···3	50···65	unbehandelt
	G-MgAl8Zn1	3.5812.01	160	60	6···2	50···65	unbehandelt
	G-MgAl8Zn1ho	3.5812.43	240	90	12···8	50···65	homogenisiert
	G-MgAl9Zn1ho	3.5912.43	240	110	10···6	55···70	homogenisiert
	G-MgAl9Zn1wa	3.5912.61	240	140	4···2	65···90	warm ausgeh.
	G-MgAl9Zn2	3.5922.01	160	90	5···2	50···70	unbehandelt
Kokillenguß	GK-MgAl8Zn1	3.5812.02	160	90	6···2	50···65	unbehandelt
	GK-MgAl8Zn1ho	3.5812.43	240	90	12···8	50···65	homogenisiert
	GK-MgAl9Zn1	3.5912.02	160	110	5···2	55···70	unbehandelt
	GK-MgAl9Zn1ho	3.5912.43	240	110	10···6	55···70	homogenisiert
	GK-MgAl9Zn1wa	3.5912.51	240	140	4···2	65···90	warm ausgeh.
	GK-MgAl9Zn2	3.5922.02	160	90	5···2	50···70	unbehandelt
Druckguß	GD-MgAl8Zn1	3.5812.05	200	140	2···1	60···85	unbehandelt
	GD-MgAl9Zn1	3.5912.05	220	150	1,5···0,5	65···85	unbehandelt
	GD-MgAl9Zn2	3.5922.05	200	140	2···0,5	60···85	unbehandelt

[1] korrosionsbeständig, gut schweißbar und verformbar für Blechprofile, Verkleidungen, Kraftstoffbehälter, Preßteile.
[2] schweißbar und verformbar für Bauteile mittl. mech. Beanspruchung bei noch guter chem. Beständigkeit.
[3] beschränkt schweißbar.

Al und Mg (Biegewechselfestigkeit von Ti: $\sigma_{bW} = 200\cdots410$ N/mm²). Da seine Dichte nur 55···60% der von Stahl beträgt und Ti eine geringe Wärmeausdehnung ($\alpha = 8{,}5 \cdot 10^{-6}$ bis 100 °C) und Wärmeleitung besitzt, nimmt die Verwendung von Ti in der Luft- und Raumfahrt immer mehr zu. Ti ist schweißbar unter Edelgas-Schutz. Hartlöten und Weichlöten ist möglich. Nachteilig ist der Abfall des Formänderungswiderstandes bei steigender Temperatur und die geringe Zeitstandfestigkeit. Wegen der guten Korrosions- und Seewasserbeständigkeit wird Ti in der chemischen Industrie bei Säureherstellung für Pumpenteile, Behälter usw. sowie im Schiffbau eingesetzt. Wegen seines hohen Preises (ca. 25fach von Al und Mg) bleibt die Verwendung meist jedoch auf hochbeanspruchte Teile bei Forderung nach hoher Gewichtseinsparung beschränkt.

Ti-Legierungen haben durch Zusatz von 5···8% Al, bis 4,5% Mo und V und bis 3% Sn ein noch höheres σ_B bis max. 1180 N/mm² (durch Aushärtung bis 1320 N/mm²) und eine höhere Warm- und Dauerfestigkeit. Aber auch Ti-Legierungen sind für Einsatz bei hohen Temperaturen (> 500 °C) nicht geeignet.

5.5 Zink und Kupfer

5.5.1 Zink- und Zn-Legierungen

($\varrho \approx 7$ kg/dm³; $E \approx 130000$ N/mm²)

Reines Zink wird im Maschinen- und Apparatebau im wesentlichen nur als Blech (auch für Tiefzieh- und Kaltspritzteile) und als Korrosionsschutz (z. B. verzinktes Eisenblech) verwendet. Eine größere Bedeutung haben die Zn-Legierungen als günstige

Tafel 5/17. Kupfer und Cu-Legierungen (Auswahl). $\varrho = 8{,}9$ kg/dm³ für Cu; 8,7 für Ms; $E = 123000$ N/mm² für Cu, 88000 für Ms, 114000 für G-Bz

DIN	Werkstoff	Bezeichnung	Werkstoff-Nr.	Gehalt in % Cu	Zn	Pb	Sn	Sonst.	Festigkeitswerte σ_B^* N/mm²	δ %	HB	Verwendung
1708	Hüttenkupfer	C-Cu[2]	2.0120.10	>99,5					200···250[1]	$\delta_{10}=36$	55	Halbzeug, Bleche, Bänder, Stangen, Rohre
		E-Cu	2.0060.10	>99,90					200	—	40···65	Elektrotechnik
		SB-Cu	2.0150.10	>99,25					200···250	35	55	Rohre, z. B. f. Schiffbau
		SD-Cu	2.0110.10	>99,8					200···250	35	55	Halbzeug jeder Art
17666	Niedrigleg. C-Leg.	CuAgF25	2.1202.26	Rest				0,02···0,25 Ag	250	$\delta_5 = 8$		Stangen, Drähte
		CuCd1F37	2.1266.30	Rest				0,9···1,3 Cd	360	8		Stangen, Drähte
		CuMn2F30	2.1363.10	Rest				1,5···2 Mn	290	45		hohe Wärme- u. Korrosionsbest.
	(Siliziumbronze)	CuSi2MnF30	2.1522.10	Rest				1,4 Si; 0,5 Mn	290	40		Apparatebau, Schrauben, Bolzen
	(Automaten-Kupfer)	E-CuTeF27	2.1545.26	Rest				0,4···1,1 Te	260	7		
	(Berylliumbronze)	Cu-Be1,2F37	2.1243.40	Rest				1,2 Be; 0,4 Ni	360	35		verschleißfeste Teile
17670–73, 17660	Knetmessing	Ms56F45 (CuZn44Pb2)	2.0410.08	54	44	2			440	10	110	Stangen, Drähte
		Ms63F30 (CuZn37)	2.0320.10	63	37				290	45	70	Tiefzieh-, Drück-, Stauch-, Biegeteile;
		Ms63F45 (CuZn37)	2.0320.30	63	37				440	10	130	Stangen, Rohre Bänder, Gesenkpreßteile
17661	Knet-Sonder-messing	SoMs58Al2 (CuZn40Al2)	2.0550.08	Rest	40	0,8	—	1,9 Al; 1 Mn; 1,5 Fe; 0,8 Si	230	12	140	kaltumformbar, witterungsbeständig Gleitwerkstoff

1709	Gußmessing	G-Ms65	2.0290.01	Rest	33	2	—	—	200	20	60	Sandguß
1709	Gußmessing	GK-Ms60	2.0340.02	Rest	38	—	—	1 Al	370	35	100	Kokillenguß
1709	Gußmessing	GD-Ms60	2.0340.05	Rest	38	—	—	1 Al	340	4	100	Druckguß
1709	Guß-Sonder-Messing	G-SoMsF30	2.0590.01	Rest	37	—	—	1,2 Fe; −2,5 Mn −1 Sn	340	25	85	Hochdruckarmaturen, Gehäuse
1705	Rotguß	RG10	2.1086.01	Rest	2	—	9,8	—	270	15	80	Gleitwerkstoff
1705	Rotguß	RG7	2.1090.01	Rest	4	6	7	—	250	18	75	Sandguß
1705	Rotguß	RG5	2.1096.01	Rest	5	5	5	—	240	18	70	Gleitwerkstoff
1705	Gußzinnbronze	G-SnBz14	2.1056.01	Rest	—	—	14	—	250	5	115	Gleitwerkstoff
1705	Gußzinnbronze	G-SnBz12	2.1052.01	Rest	—	—	12	—	270	15	95	Gleitwerkstoff
1705	Gußzinnbronze	G-SnBz10	2.1050.01	Rest	—	—	10	—	270	20	75	Gleitwerkstoff
1716	Gußzinnbleibronze	G-SnPbBz5	2.1170.01	Rest	—	5	10	—	240	18	85	Gleitwerkstoff
1716	Gußzinnbleibronze	G-SnPbBz10	2.1176.01	Rest	—	9,5	10	—	230	14	75	Gleitwerkstoff
1716	Gußzinnbleibronze	G-SnPbBz15	2.1182.01	Rest	—	15	8	—	220	12	70	Gleitwerkstoff
1716	Gußzinnbleibronze	G-SnPbBz20	2.1188.01	Rest	—	20,5	4,5	—	200	10	55	Gleitwerkstoff
1714	Gußaluminium-bronze	G-AlBz9	2.0928.01	Rest	—	—	—	10 Al	440	25	110	
17663	Neusilber	Ns6512F35 (CuNi12Zn24)	2.0730.10	Rest	24	−0,05−0,2		12 Ni, −0,5Mn; −0,3 Fe	—	10	150	Stangen, Drähte
17662	Knet-Sn-Bronze (CuSn6)	SnBz6F36	2.1020.10	Rest	—	—	6	−0,4 P	—	50	80	Stangen, Drähte Bänder, Gleitwerkstoff
17665	Knet-Al-Bronze	AlBz8F38	2.0920.10	Rest	—	—	—	8 Al; Fe; Ni; Mn	120	35	85	Stangen, Bleche, korrosions- und zunderbeständig

[1] Festigkeit für Bleche und Bänder DIN 17670 sowie Stangen und Drähte DIN 17672 (geknetet) und Rohre DIN 17671. Mit Werkstoff-Nr. Endziffer .32 bis $\sigma_B \geqq 360$ N/mm².

[2] D- und F-Cu hat 99,7 bzw. 99,9% Cu.

Austauschstoffe für Messing, Rotguß und Bronze für Armaturen und auch für Gleitflächen (Gleitlager, Schneckenräder) und besonders für kleinere Spritzgußteile im Feingerätebau (Zähler, Schreibmaschinenteile usw.). Über ihre Zusammensetzung, Festigkeit und Verwendung s. Angaben in Lüpfert [5/18].

DIN-Blätter: Zn und Zn-Legierungen 1743; Blech 9721; Band 9722.

Einige *Anhaltswerte* für Feinzinklegierung ZnAl4Cu1: als Stange, Rohr, Profil, Blech oder Band $\sigma_B = 370$; als Druckguß $\sigma_B = 270$; als Sandguß $\sigma_B = 180$ und als Kokillenguß $\sigma_B = 200$ N/mm².

5.5.2 **Kupfer und Cu-Legierungen** (Tafel 5/17)

Tafel 5/17 gibt einen Überblick der Cu-Legierungen. Sie besitzen besonders begehrte Eigenschaften, wie hohen Korrosionswiderstand, gute Lötbarkeit, gute Gleit- und Festigkeitseigenschaften, hohe elektrische und Wärmeleitfähigkeit und vielseitige Möglichkeiten für die Formgebung, wie Gießen, Pressen, Spritzen, Ziehen, Drücken, Schmieden und Walzen. Entsprechend werden sie in Form von Gußstücken, Platten, Blechen, Profilstangen, Rohren, Bändern und Drähten angeliefert.

Rein-Cu wird in der Elektrotechnik und für Wärmeübertragung im Apparatebau eingesetzt. Gußkupfer neigt wegen hoher Schwindung zu Schwindrissen. Daher Cu meist als Knetkupfer verwandt. Niedriglegierte Cu-Legierungen zeigen je nach Legierung bessere Zugfestigkeit, Warmhärte, Schweißbarkeit usw., wobei die gute Leitfähigkeit, Kaltformbarkeit und Farbe des Cu weitgehend erhalten bleiben. Sie werden in der Elektrotechnik, für mechanisch beanspruchte Teile wie Federn (Beryllium-Bronze) oder als Automatenkupfer gebraucht. Cu-Zn-Legierungen mit über 50% Zn sind Messinge.

Messing ist relativ schlecht gießbar, wird aber für Feingußteile (Armaturen, Beschläge) mit Al-Zusatz verwendet. Die wichtigeren Knetmessinge sind besser warmumformbar, durch Zusatz von Pb als Automatenwerkstoff kurzspanig. Messing zeichnet sich gegenüber anderen hochlegierten Cu-Legierungen durch bessere elektrische und thermische Leitfähigkeit aus.

Sondermessinge haben durch Zusatz von Ni weiter erhöhte Festigkeit und Härte und sind besser korrosions- und warmfest als Messing. Sie werden als Guß-Sondermessing für Gleitlager, Schneckenräder, Ventilteile und als Knet-Sondermessinge, z. B. für Wälzlagerkäfige, eingesetzt. Sondermessinge mit 10···26% Ni bezeichnet man als *Neusilber* (*NS*). NS ist bestens kaltverformbar und mit galvanischen Schichten überziehbar; es wird verwendet für Tafelgeräte, Bestecke, Verkleidungen usw.

Bronzen sind Cu-Legierungen mit Sn, Al, Zn, Pb mit über 60% Cu. Bronzen sind teurer als Messing und werden als Knet-Zinnbronzen z. B. für Schrauben und Federn und als Knet-Al-Bronzen für z. B. Lager wegen ihrer guten Gleiteigenschaften benötigt. Als Gußbronzen verwendet man sie für hochbeanspruchte Schrauben- und Schneckenräder, Gleitlager (Notlaufeigenschaften), für Armaturen, Schiffsschrauben und chemische Geräte bei Anforderungen an Korrosionsbeständigkeit.

DIN-Blätter

a) Kupfer: 1708, Halbzeug 1787, 40500, Blech 1752, Band 1777, 1792, Rundstangen 1767, Vollprofil 1773, Flach 1768, 1769, Rohr 1754, 1786, Draht 1766, 46431, Draht isoliert 46435, 46436, 46450, Winkelprofil 1771.

b) Messing: 1709, Blech 1751, 1774, 1778, Band 1791, Rundstangen 1756, 1758, 1782, Vollprofile 1759 bis 1765. 1776, Rohr 1775, 1755, 1772, Draht 1757.

c) Cu-Legierungen: Cu-Legierungen 1726, Begriffe 1718, Bz und Rotguß 1705, Al–Bz 1714, Pb–Bz 1716.

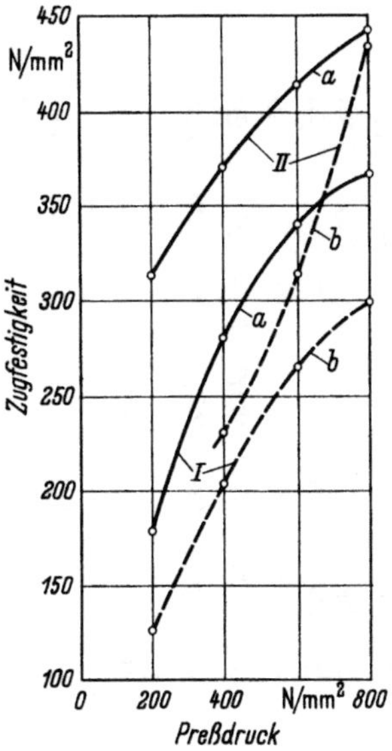

Bild 5/9.

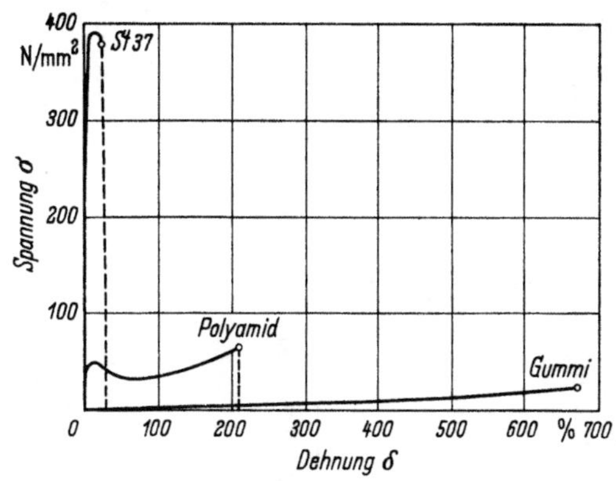

Bild 5/10.

Bild 5/9. Zugfestigkeit von Sintereisen bei Anwendung des Einfach- *I* und Doppelpreßverfahrens *II*, (nach Lüpfert [5/18]).
a Sintertemperatur 1100°, Schwammeisenpulver +7% Cu, *b* Sintertemperatur 1200°, Schwammelektrolyteisenpulver +7% Cu.

Bild 5/10. Spannungs-Dehnungs-Diagramm für Stahl St 37, Polyamid und Gummi bei 20 °C (nach Wintergerst).

5.6 Kunststoffe

Die Auswahl eines geeigneten aus einer Vielzahl von Kunststoffen mit breitem Eigenschaftsspektrum und eine werkstoff- und fertigungsgerechte Konstruktion sind Voraussetzung für die erfolgreiche Verwendung von Kunststoff überhaupt.

Da die Werkstoffeigenschaften (mechanische Festigkeit, Zeitstandfestigkeit, optische, elektrische, thermische und chemische Eigenschaften) stark von der Temperatur abhängen (im Gegensatz zu Stahlwerkstoffen!), ist vor der Werkstoffwahl eine genaue Klärung der Betriebs- und Randbedingungen (Art und Größe der Belastung, Betriebstemperatur, Feuchtigkeit, Strahlung, zulässige Verformung usw.) entsprechend den angegebenen Werkstoffeigenschaften notwendig.

5.6.1 **Kunststoffarten** (Tafel 5/23)

Die Vielzahl der Kunststoffe kann man unterteilen in:

a) *Thermoplaste* (Plastomere): Kunststoffe, die mit zunehmender Temperatur dehnbarer, plastisch oder flüssig werden (etwa 65% des Gesamtverbrauches an Kunststoffen), z. B. Polyolefine (mit etwa 26%). Der Umformvorgang bei Erwärmung ist mehrmals widerholbar.

b) *Duroplaste* (Duromere): Kunststoffe, die mit zunehmender Temperatur nicht erweichen, z. B. Aminoplaste, Phenoplaste, Polyester und Epoxydharze.

c) *Elastoplaste* (Elastomere): Kunststoffe mit elastisch-plastischem Verhalten, ähnlich dem des Kautschuks, z. B. Styrolkautschuk, Buna®, Neoprene® und Vulkollane®.

Weiter können folgende Gruppen unterschieden werden:

d) *Schaumkunststoffe*: Sehr leichte Kunststoffe auf der Basis von a), b) oder c) mit Zellenstruktur des erstarrten Schaums, z. B. Styropor®, Moltoprene® und Moosgummi.

Tafel 5/18. Vergleich der Gewichts- und Festigkeitswerte von Metallen und Kunststoffen

	Werkstoff	Dichte kg/dm^3	Zugfestigkeit bei 20 °C N/mm^2	Biegefestigkeit[1] N/mm^2	Druckfestigkeit[2] N/mm^2	Schlagzähigkeit $daNcm/cm^2$	Bruchdehnung %	E-Modul[3] N/mm^2	Kugeldruckhärte (60″)[4]	Max. Gebrauchstemperatur °C ≈
Metalle	Stahl St52	7,85	510				10···16	210000		1000
	Grauguß GG18	7,25	180					100000		800
	Duralumin Al–Cu–Mg	2,80	430					72000		450
	Magnesium-Leg. Mg–Al	1,80	280					43000		500
	Zink (Druckguß)	5,8	270					130000		300
Thermoplaste (n. Rabe)	Polyäthylen Hochdruck	0,92	14–18	11		bricht nicht	400···600	200	130	70
	Niederdruck	0,94	30	28			1000	450	300	70
	Polyvinylchlorid hart	1,38	52···60	60···120	75	>100	50···150	3000	900	50···60
	Polyvinylcarbazol	1,19	25	50		5				150
	Polymethylmethacrylat	1,18	50	90	100	20		3000	1500···1800	70
	Polystyrol	1,05	40···50	70···100	90···100	20···25	2···3		900···1000	60···80
	Styrol-Mischpolymerisate									
	mit Acrylnitril	1,08	55···70	120···130	115	35	2···3		1200	80
	mit Acrylnitril u. Butadien	1,08	39	62	48	85	>25		850	70
	Mischpolymerisate aus 70% Acrylnitril 30% Methylmethacrylat	1,17	95	150		66	>30	4500	1900···2000	
	Polytretafluoräthylen	2,2	10···20	11	7···12	8,6	250···400	350	120	200
	Polytrifluorchloräthylen	2,1	40	60	300···500	bricht nicht	30···80	1300	600···900	160
	Polyamid Typ A	1,13	60···80	70···100	100	bricht nicht	20···200	1600	800···1000	90
	Typ B	1,13	50···60	35···50	90		20···250	700	400	80
	Polyurethan	1,21	50···60	30···70	50···80	>150	40···100	900	700	80
	Polypropylen	0,9	30···36	45	110		600···1200	1500···2000	580···720	120···150
	Polycarbonat	1,2	62···67	110···120	79···84	>150		2200···2500	870···1000	135···140
	Zelluloseazetobutyrat CAB Typ 411···413	1,2···1,35	35···50	38···55	45···57	12···18	40	1700···2500	1200	60···70
Duroplaste	Epoxyharz, rein	1,1	56	140		20		4600		110
	Phenolharz m. Füllstoff	1,3	55	75···95		5···10		3200		150
	Schichtpreßstoffe Typ 57	1,4	80	120		15		8000···13000		100
	Phenolharz gebund. 77	1,45	50	50		25		4000···9000		100

Duroplaste (Forts.)	Phenolharz- Typ 11 preßmassen	1.8	15	50	3,5	600···1500	150
	31	1,4	25	70	6,0	3500···8000	100
	74	1,45	25	60	12,0	7000···10000	100
GFK	Polyester m. Glasmatten	1,6···1,8	100···160		25···50	11000	200
	Polyester m. Glasgewebe	1,6···1,9	250···550		40···90	21000···35000	200

Zur Ermittlung der Festigkeitswerte ist das Einhalten einer definierten Temperatur sowie das vorherige „Einstellen des Grundzustandes" des Kunststoffes durch Erhitzen über der Erweichungstemperatur in einer geschlossenen Form und Abkühlen wichtig.

[1] 15 mm Durchbiegung bei 120 mm Stützlänge.
[2] Von Würfel mit 1 cm^3.
[3] Bei zähen Kunststoffen Deformationsmodul: Dehnung — 4 h Zug.
[4] Mit Kugel 0,5 mm ∅ und 490 N Belastung auf 60 s, Zahlenwert entspr. kp/cm^2.

e) *Mischpolymerisate* (Copolymerisate): Kunststoffe aus verschiedenen monomeren Substanzen.

f) *Gefüllte Kunststoffe*: Kunststoffe auf der Basis von a), b) oder c) mit Zusatz von Füllstoffen, z. B. von Schnitzeln, Geweben oder Glasfasern.

In Tafel 5/23 sind die wichtigsten Kunststoffe mit ihren Handelsnamen und Abkürzungen nach DIN 7728 aufgeführt.

5.6.2 Aufbau der Kunststoffe

Kunststoffe bestehen aus langen, fadenförmigen Makromolekülen. Sie unterscheiden sich in Anordnung (Struktur) und Gefüge (Bindung) der Fadenmoleküle.

a) Anordnung: Eindimensional linear oder verzweigt bei den Thermoplasten und dreidimensional vernetzt bei den Duro- und Elastoplasten.

b) Amorphes, also nicht-kristallines Gefüge bei Ther mo- und Duroplasten: Es besteht aus filzartig verschlungenen Fadenmolekülen. Das Aussehen ist mehr oder wenigerg lasklar.

c) Teilkristallines Gefüge (bei Thermoplasten): Es besteht aus Kristalliten in amorpher Grundmasse. Das Aussehen ist milchig-trüb bis undurchsichtig (opak).

d) Gefüge bei Mischpolymerisaten (Kunststoffe mit Fremdmolekülen): Bei teil-kristallinen Kunststoffen mindern die Fremdmoleküle die Kristallisation und hierdurch die Festigkeit, während bei amorphen Kunststoffen die Fremdmoleküle die Festigkeit erhöhen.

5.6.3 Eigenschaften der Kunststoffe (Tafel 5/18)

a) *Mechanische Eigenschaften*

Die Dichte, die Festigkeit, der Elastizitätsmodul sind bei Kunststoffen wesentlich niedriger als bei Stahl, s. Bild 5/10 und Tafel 5/18! Die geringe Dichte (ca. 1/7 von Stahl) begünstigt die Anwendung des Kunststoffs im Leichtbau, s. Abschnitt 4.5.

Die Reißlängen, s. auch Tafel 4/1, von St 52 und Polyamid sind ungefähr gleich groß. (Gleichwertigkeit bei Beanspruchung durch Massenkräfte: Gewichtskräfte, Zentrifugalkräfte.) Der geringe Elastizitätsmodul und die hohe Bruchdehnung des Kunststoffs bewirken, daß gegebenenfalls auf zulässige Dehnung, nicht auf zulässige Spannung nachzurechnen ist.

Als Kriterium für die Bauteilfestigkeit kann so z. B. eine höchstzulässige Verformung ε_∞ (Anhalt: $\varepsilon_\infty = 1\%$) verwendet werden. Dabei ist auch die Zunahme von ε über der Zeit zu berücksichtigen (Bild 5/12). Verformungen kleiner als ε_∞ gehen nach Entlastung nahezu vollständig

Tafel 5/19. Gleitreibungszahlen μ und Verschleiß V von Kunststoffen

Werkstoff	Kunststoff/geh. Stahl (Trockenlauf*)		Kunststoff/Kunststoff** μ bei Schmierung mit		
	μ	V μm/km	ohne	Wasser	Öl
Polyamid 6,6 mit 8% PE	0,19	0,10	–	–	–
Polytetrafluoräthylen (PTFE)	0,22	21	0,13	0,14	0,05
Polyäthylen hoher Dichte, hochmolek.	0,29	1,0	0,79	0,65	0,07
Polypropylen	0,30	11	–	–	–
Polyamid 6 m. 35% GFK	0,3···0,35	0,28	–	–	–
Polyamid 6,6 m. 35% GFK	0,32···0,36	0,16	–	–	–
Polyformaldehyd	0,34	4,6	–	–	–
Polyamid 6,6	0,35···0,42	0,09	–	–	–
Polyamid 6	0,38···0,45	0,23	0,83	0,31	0,08
Polystyrol schlagfest	0,50	51	0,54	0,51	0,08
Polymethylmethacrylat	0,54	4,8	0,74	0,30	0,09
Polyäthylenterephthalat	0,54	0,5	–	–	–
Polyäthylen niedr. Dichte	0,58	7,1	0,86	0,97	0,06
Polyvinylchlorid	0,60	5,6	–	–	–
Polyurethan	–	–	1,55	0,82	0,06

* Nach Hachmann u. Strickle: Einlaufzeit 5 h, Gleitgeschwindigkeit 0,6 m/s, Belastung 5 N/cm^2 Temperatur <40 °C, Rauhtiefe des Stahls $R = 2\ \mu m$.

** Nach Baumgärtel u. a.: Gleitgeschwindigkeit 0,75 m/s; Belastung 4 N/cm^2.

Tafel 5/20. Mechanische und thermische Eigenschaften von Maschinenelement-Werkstoffen (nach Dreier und Strickle)

Eigenschaft	Einheit	6,6-Polyamid	Polyformaldehyd-Mischpolymerisat	Polyäthylen hochmolekular	vernetztes Polyurethan (Shore D 57)	Phenolharz, gewebeverstärkt Resitex T×40	Blei-Bronze-Legierung G-SnP6Bz5	Stahl 16MnCr5 einsatzgehärtet	Aluminium-Legierung GDAlMgSi Kokillenguß ausgehärtet
Dichte	kg/dm^3	1,14	1,41	0,94	1,26	1,36	8,89	7,85	2,7
Streckgrenze	N/mm^2	75[1]	66	27	40/6[3]	90	110···140[3]	600[3]	180[3]
Bruchdehnung	%	70[1]	32	600	400	2	14···18	10	1
Biegefestigkeit	N/mm^2	95[1]	110	48	–	150	200···240	800···1100	220
Wärmeleitzahl	W/mK	0,25	0,32	0,35	0,30	0,36	360	48	216
lin. Wärme-ausd.-Koeff.[2]	10^{-6}/K	70	130	210	160	35	17	14	24

[1] Nach 14tägiger Lagerung in Luft von 20 °C und 65% relativer Feuchtigkeit.

[2] Mittelwert zwischen +20 °C und +100 °C.

[3] $\sigma_{0,2}$-Wert.

zurück und führen zu keiner Bauteilschädigung. Bild 5/11 dient daher nur mehr als Vergleich der Kunststoffe untereinander.

Wesentlich ist, daß die Gebrauchstemperatur von Kunststoffen niedriger ist (<100 °C); vor allem jedoch, daß E-Modul und Festigkeitswerte stark temperaturabhängig sind. (Bild 5/11). Die Kenntnis der Betriebstemperatur und der maximal auftretenden Temperatur ist daher besonders wichtig.

Neben die Schwingungsfestigkeit (Biegewechselfestigkeit, s. Bild 5/14) tritt bei Kunststoffen die Zeitstandfestigkeit (s. Bild 5/13). Für beide gibt es in der Regel keine Dauerfestigkeit. Das durch Bild 5/13 belegte Kriechen des Kunststoffs bei konstanter Belastung ist eine wesentliche Eigenschaft der Kunststoffe, sie beeinflußt die Formbeständigkeit und Maßhaltigkeit des Bauteils.

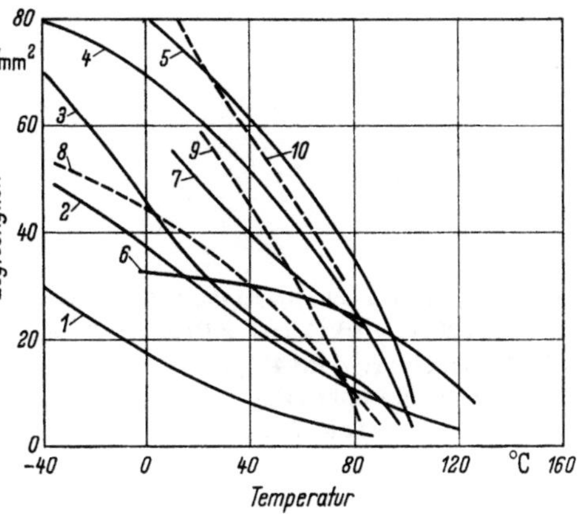

Bild 5/11. Zugfestigkeit für: *1* PE-niedr. Dichte, *2* PE-hohe Dichte, *3* PS-schlagfest, *4* PS, *5* SAN, *6* PE-vernetzt, *7* ABS, *8* CA, *9* PVC-hart, *10* PMMA (Polymethylmethacrylat).
Abkürzungen s. Tafel 5/23.

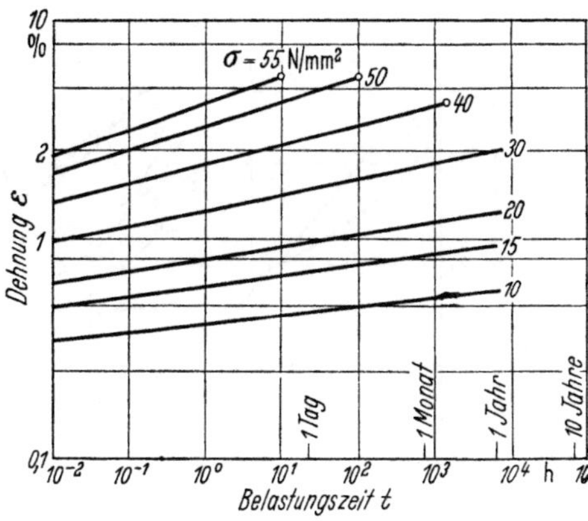

Bild 5/12. Zeitdehnlinien von Polymethylmethacrylat (PMMA) bei 20°C, nach Wintergerst.

Außer der Temperatur beeinflußt auch die Feuchtigkeit, wenn auch in geringerem Maße, die mechanischen Eigenschaften. Die Feuchtigkeit wird aus der Umgebung aufgenommen. Bei Polyamiden fällt bei steigendem Feuchtigkeitsgehalt die Zugfestigkeit und steigt die Kerbschlagzähigkeit. Gleichzeitig ändern sich die Abmessungen (aufquellen!).

b) *Gleitreibung und Verschleiß*

Diese sind für Gleitbüchsen, Gleitführungen und für Zahnräder von Interesse. Tafel 5/19 bringt hierzu entsprechende Versuchswerte. Außerdem werden für Gleitlager mit Lagerschalen aus 6.6 Polyamid, gepaart mit geschliffenen Stahlwellen, folgende Reibungszahlen angegeben: $\mu = 0{,}35$ (Trockenlauf) bis $\mu = 0{,}04$ (Ölschmierung).

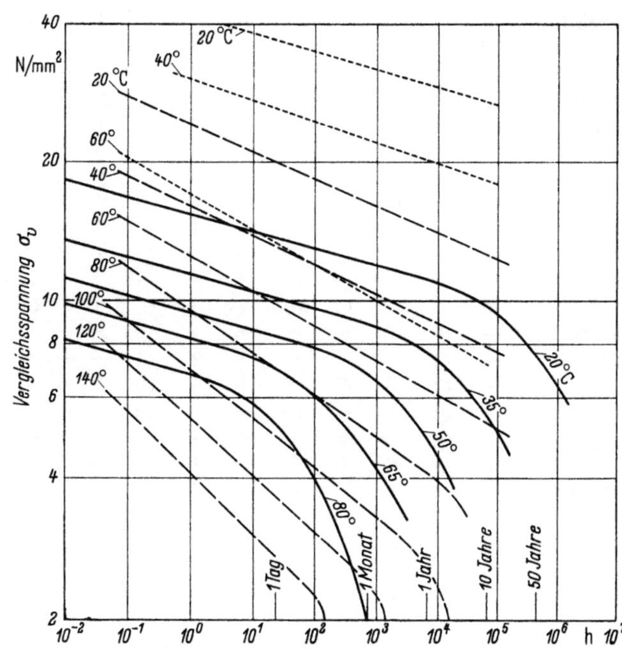

Bild 5/13. Bruchvergleichsspannung für Rohre aus Kunststoff über der Belastungszeit. Ausgezogen: PE-hart; gestrichelt: PP; gepunktet: PVC; Abkürzungen s. Tafel 5/23 oder DIN 7728.

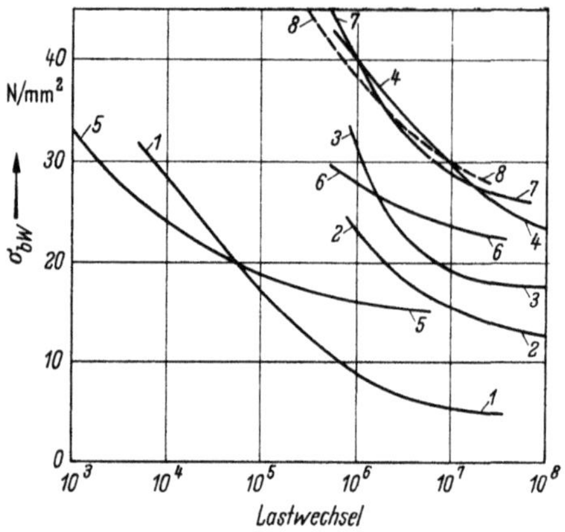

Bild 5/14. Biegewechselfestigkeit für Kunststoffe bei 20 °C. *1* PVC-hart, *2* PE-hart, *3* PP, *4* POM-Copolym., *5* PS 475, *6* PA, *7* PA-6.6, *8* Polyäthylenterephthalat. Abkürzungen s. Tafel 5/23.

Tafel 5/21. Chemische Beständigkeit von Kunststoffen (nach Saechtling/Zebrowski). Richtwert für Dauergebrauch bei 20 °C

Beständig gegen:	Säuren				Halogene (trocken)	Laugen		Lösemittel					Treibstoff und Öle				
Kunststoff	schwach im allg.	stark im allg.	oxydierend	Flußsäure		schwach	stark	Alkohole	Ester	Ketone	Äther	Halogen-Alkane	Benzol	Benzin	Treibstoff-Gemisch	Mineralöll	Fette, Öle
Äthylcellulose	+	–	–	–	–	+	–	–	–	–	–	–	–	–	–	+	+
Cellulose-Acetat	○	–	–	–	–	–	–	–	–	–	+	⊖	○	+	○	+	+
Cellulose-Acetobutyrat	○	–	–	–	–	–	–	–	–	–	–	–	–	+	–	+	+
Cellulose-Propionat	○	–	–	–	–	–	–	–	–	–	–	–	–	+	–	+	+
Celluloid	○	–	–	–	○	○	–	–	–	–	–	–	○	○	○	+	+
Epoxidharze	+	+	–	⊕	+	⊕	⊕	+	○	⊕	+	○	+	+	+	+	+
Harnstoffharz-Preßstoffe	○	–				+	○	+	+	+	+	+	+	+	+	+	+
Kunsthorn	–	–	–	–	–	–	–	+	+	+	+	+	+	+	+	+	+
Melaminharz-Preßstoffe	○	–				+	–	+	+	+	+	+	+	+	+	+	+
Phenol-Preßharz	+	–			+	+	–	+	+	+	+	+	+	+	+	+	+
Phenolharz(-Schicht-) Preßstoffe	+	–				+	–	+	+	+	+	+	+	+	+	+	+
Polyacetale	⊕	–	–		–	+	+	+	+	+	+	+	+	+	+	+	+
Polyäther, chlorierter	+	+	○	+	+	+	+	+	+	+	+	+	+	+	+	+	+
Polyäthylen, niedere Dichte	+	+	–	+	–	+	+	○	○	○	–	–	–	⊖	–	○	⊖
Polyäthylen, hohe Dichte	+	+	–	+	–	+	+	+	+	+	○	⊖	○	⊕	⊕	⊕	+
Polyamide	–	–	–	–	–	+	○	+	+	+	+	+	+	+	+	+	+
Polycarbonat	+	+	○	–	+	–	–	⊕	⊖	⊖	–	–	○	+	+	+	+
Polyester-Harze	+	○	⊖	⊖	⊖	○	⊖	⊕	⊖	–	–	–	⊖	+	+	+	+
Polyisobutylen	+	+	○	+	○	+	+	+	–	○	–	–	–	–	–	–	
Polymethylmethacrylat	+	+	○	○	○	+	+	○	–	–	○	–	–	+	–	+	+
dsgl., Cop., mit Acrylnitril	+	+	○	○	○	⊕	⊕	+	+	–	+	⊖	+	+	+	+	+
Polypropylen	+	+	–	○	⊖	+	+	+	⊕	⊕	○	⊖	⊖	⊕	○	+	+
Polystyrol, Reinpolymerisat	+	⊕	○	⊕	–	+	+	+	–	–	–	–	–	○	–	○	+
dsgl., Cop. mit Acrylnitril	+	○	–	–	–	+	+	○	–	–	–	–	–	+	○	+	+
dsgl., mit Butadien	+	○	–	○	–	+	+	⊕	–	–	–	–	–	○	–	○	+
dsgl., ABS-Polymerisat	+	○	–	–	○	+	+	⊖	–	–	–	–	–	+		+	+
Polyvinylcarbazol	+	⊕	○	+	+	+	+	+	+	+	+	–	–	+	–	+	+
Polyvinylchlorid hart	+	+	⊕	+	○	+	+	+	–	–	–	⊖	–	+	⊖	+	+
dsgl. mit ca. 40% Weichmacher	+	⊕	○		–	+	○	○	–	–	–	–	–	⊖	–	○	○
Polytetrafluoräthylen	+	+	+	+	+	+	+	+	+	+	+	+	+	+	+	+	+
Polytrifluorchloräthylen	+	+	⊕	+	+	+	+	+	–	+	–	○	⊕	+	+	+	+
Vulkanfiber	○	–	–	–	–	–	–	+	+	+	+	+	+	+	+	+	+
Vulkollan	+	○	–	–	–	○	○	⊕	–	–	⊕	–	⊖	+	○	+	+

Die Beständigkeitswerte sind durchweg durch Lagerung von Probekörpern in den einzelnen Chemikalien ermittelt. Zusätze, Verarbeitungsverfahren, gleichzeitige Beanspruchung im Gebrauch können das hier angezeigte Verhalten erheblich beeinflussen.

+ beständig, ○ bedingt beständig, – unbeständig.

c) *Thermische Eigenschaften*

In Tafel 5/20 sind für einige Kunststoffe mechanische und thermische Kennwerte angegeben. Insbesondere: Die lineare Wärmedehnung ist 5···10mal so groß wie von Stahl. Deshalb ändern sich bei steigender Temperatur die Abmaße relativ stark. Die Wärmedehnung ist bei Festlegung der Spiele und Toleranzen zu berücksichtigen. Verstärkt wird dies durch die geringe Wärmeleitfähigkeit. Gegebenenfalls ist durch konstruktive Maßnahmen für ausreichenden Wärmeabfluß zu sorgen. Kunststoffe werden auch als ausgesprochene Wärmeisolatoren eingesetzt.

Tafel 5/22. Möglichkeiten für die spanlose Verarbeitung von Thermoplasten (nach Rabe)

Kunststoff	Verarbeitung durch					
	Pressen	Extrudieren	Strangpressen	Spritzgießen	Blasen u. Ziehen	Gießen
Polyamide	× [2]		×	×		×
Polyäthylene		(×)	×	×	×	
Polystyrole			×	×	× [1]	
Polymethacrylate	× [3]		×	×	×	
Polyvinylchloride			×	×		
Polyvinylcarbazole	(×)			×		
Polyfluoräthylene	× [2]		× [2]	(×)		
Polybutadiene				×	×	
Polyurethane (lineare)				×		
Polykarbonate	×		×	×	×	
Polypropylene	×		×	×	×	

( ) bedeutet: nicht ohne weiteres möglich, Sondereinrichtungen oder -behandlungen notwendig.

[1] Nur schlagfestes Polystyrol.

[2] Herstellung im Sinterverfahren.

[3] PMMA.

d) *Sonstige Eigenschaften*

Gerade diese können entscheidend für den Einsatz von Kunststoffen sein und müssen daher für jeden Anwendungsfall abgewogen werden. Hierbei zählen meist folgende Eigenschaften als *Plus-Punkte*:

a) Leicht, elastisch und zäh,
b) schlagfest, stoß- und abriebfest,
c) schall- und schwingungsdämpfend,
d) meist elektrisch- und wärmeisolierend,
e) meist korrosionsfest (Tafel 5/21),
f) billige Fertigung für Massenartikel (Tafel 5/22),
g) farbfreudig und metallisierbar;

als Minus-Punkte:

a) Kriechen,
b) Minderung der Festigkeit durch Temperatur und Altern,
c) Neigung zum Verziehen und Schrumpfen bei nicht Werkstoffgerechter Konstruktion,
d) Altern durch Strahlung, Bewitterung oder chemische Einflüsse.

Mit den Kunststoffen verfügt der Konstrukteur über einen Werkstoff, dessen Eigenschaften stark variieren. Eine enge Zusammenarbeit zwischen Konstrukteur, Rohstoffhersteller und Verarbeiter wird daher empfohlen. Der weite Bereich an Eigenschaften kann aber auch von Vorteil sein: „Kunststoff nach Maß“.

Tafel 5/23. Kunststoff-Bezeichnungen, Eigenschaften und Verwendung im Maschinenbau (im Wesentlichen nach Wintergerst)

Chemische Bezeichnung, Abkürzung u. (Handelsnamen)	Eigenschaften C = teilkristallin, M = Poly-Merisat, K = -Kondensat, A = -Addukt	Verwendet für
A. Thermoplaste		
A. 1 Polyolefine	M, C	
1. Hochdruck-Polyäthylen (PE) (Lupolen, Trolon, Polythen)	zähfest, biegsam, säure- u. laugenbeständig	Behälter, Hohlkörper, Rohre, Profilstäbe, Platten, Spritzguß, Folien, Haushaltswaren
2. Niederdruck-Polyäthylen (PE) (Lupolen, Hostalen G, Vestolen A)	chemisch beständiger, formstabil	Hohlkörper, Rohre, Gehäuseteile, Platten, Spritzguß
3. Polypropylen (PP) (Hostalen PP, Vestolen P, Moplen, Profax)	gut formbeständig, Säure- u. laugenbeständig	komplizierte Teile, kochfeste Teile, Spritzguß
4. Polytetrafluoräthylen (PTFE) (Hostaflon TF, Fluon, Gaflon, Teflon)	verwendbar von −200 °C bis +300 °C; höchste chemische Beständigkeit; sehr kleine Reibzahl	Ventile, Pumpen, Dichtungen, Rohre, Belag für Walzen und Transportbänder (gegen Kleben!), Lager
A. 2 Vinyl-Nerbindungen	M, C	
1. Polyvinylchlorid (PVC) (Hostalit, Vestolit, Vinidur, Vinnol)	beständig gegen Benzin, Mineralöl, Alkohol, anorgan. Chemikalien	Ventile, Hähne, Akkukästen, Rohre, Profilstäbe, Tiefziehteile aus Platten, Tonbänder
2. Polystyrol (PS) (Polystyrol, Vestyron, Trolitul)	Oberflächenglanz, glasklar, säure- und laugenbeständig	Verpackungen, Isolierteile, Bedienungsknöpfe, Spritzguß
3. Styrol-Acrylnitril-Copolymerisate (SAN) (Luran)	höhere Wärme- und Chemikalienbeständigkeit	Haushaltswaren, Zubehörteile für Autoindustrie, Gehäuse
4. ABS-Terpolymer (ABS) (Novodur, Terluran)	schlagzäh, formbeständig in Wärme, glasklar	Transportbehälter, Schutzhelme, Griffe, Platten, Rohre, Profilstäbe
5. Polyvinylcarbazol (Luvican, Trolitol LU, Polectron)	bis 150 °C wärmebständig, hervorragende elektr. Eigenschaften	korrosionsfeste Teile im Maschinen- und Apparatebau, Spritzguß
6. Polyvinylalkohol (PVAL) (Moviol N, Polyviol, Vinarol)	wasserlöslich, beständig gegen Lösungsmittel	Dichtungen, Membranen, Schläuche, Überzüge
A. 3 Polyacrylate	M	
1. Polymethacrylsäureester (Plexidur, Plexiglas, Resartglas)	hochlichtdurchlässig, glasklar, witterungsbeständig	Tafeln, Rohre, Formteile, Optische Bauteile, Modellbau
2. Copolymerisat (Plexidur T, Sadur)	hochlichtdurchlässig, kerbzäh, witterungsbeständig	Verglasung, Sichtfenster an Geräten, allgemeiner Gerätebau
A. 4 Polyamide	M, C	
1. Polyamid 6 (PA) (Durethan BK, Perlon L Ultramid B)	lösungsmittelfest, zäh, abriebfest, formbeständig	Spritzguß, Zahnräder, Lager, Gehäuse, Schrauben, Dichtungen
2. Polyurethan (PUR) (Perlon U, Durethan U)	ähnlich wie Polyamid, zähfest, temperaturstandfest	Spritzguß, hochbeanspruchte Formteile, Feinmechanik
A. 5 Polyacetate	M, C	
Polyoxymethylen (POM)	hart, steif bei guter Zähigkeit, leichte Verarbeitung	Präzisionsteile, Zahnräder, Laufrollen, Haushaltsgeräte
A. 6 Polyester (gesättigt)		
Polycarbonat (PC) (Makrolon, Sostonat)	Temperatur- und witterungsbeständig, hohe Festigkeit, glasklar	Gehäuse, Ventile, Rotoren, Küchenmaschinen, Folien
A. 7 Cellulosederivate	K, C	
Cellulose acetobutyrat (CAB) (Cellidor β, Cellit TP)	hornähnlich, fest, Oberflächenglanz, beständig gegen Benzin	Gehäuse, Umkleidungen von Metallteilen, Griffe

B. Duroplaste		
B. 1 Preßmassen		
1. Phenol-Kresol-Harze (Bakelit, Kerit, Pertinax)	kochfest, gute mechanische Eigenschaften, feuchtigkeitsbeständig	Verpackungsteile, technische Preßteile für hohe Beanspruchung
2. Carbamid-Harz (Keramin, Resipas, Resopal)	geruchfrei, lichtbeständig, elektrisch hochwertig	Preßteile, Stecker, Drucktasten, Hartpapier
3. Melamin-Harz (Cibanoid, Ultrapas)	geruchsfrei, lichtbeständig, formbeständig in Wärme	Schaltergehäuse, Apparateteile, Installationsteile
4. Polyester-Preßmassen (Keripol, Sopraplast, Plaskon)	mechanisch hochfest, wärmebeständig, chemikalienfest	Transportbehälter, Platten, Gehäuse, Apparateteile
5. Epoxy-Preßmassen (Araldit GL)	ähnlich Polyester-Preßmassen, kaum Nachschwindung	komplizierte Preßteile für Elektrotechnik
B. 2 Gießharze		
1. Polyester (ungesättigt) (UP) (Palatal, Legoral, Vestopal)	Härtung ohne Druck und Erwärmung, hohe Festigkeit durch Glasfasereinlage	Platten, Formteile, Fahrzeugaufbauten, Maschinenteile, Klebstoffe, Lacke
2. Epoxy-Harze (EP) (Lekotherm, Epoxin, Duroxyn)	Härtung ohne Druck und Erwärmung, hohe Haftfähigkeit auf Metall	Formkörper, Werkzeuge, mit Glasfaser, Klebstoffe, Lacke
B. 3 Silikonharz (SI)		
(Siladur, Silicone DC)	extrem hohe Temperaturbeständigkeit (bis 300 °C)	Schichtstoffe, Lacke, Isolation bis 200 °C, Schutzanstrich
B. 4 Hartgummi		
(Hartgummi, Ebonit)	hart, alterungsbeständig, lösungsmittelbeständig	Chemische Industrie, Korrosionsschutz, Akkukästen
C. Elastoplaste		
C. 1 Naturkautschuk		
(Gummi, Rubber)	hochelastisch, abriebfest, alkalibeständig	Reifen, Transportbänder, gummierte Gewebe
C. 2 Synthetischer Kautschuk	M, M, A, K	
1. Polychlorbutadien (Chloropren, Perbunan)	abriebfest, alterungs-, öl-, ozonbeständig, säuren- und laugenbeständig	Transportbänder, Schutzkappen, Dichtungen, Auskleidungen
2. Fluorhaltiger Kautschuk (Viton U u. B)	abrieb-, alterungs-, benzin-, öl-, chemikalienfest, hitzebeständig	säurefeste Ventile, Membranen, Schläuche, Dichtungen
3. Polyurethan-Kautschuk (Ithelit, Vulkollan)	abrieb-, benzin-, öl-, ozonfest, hohe Dämpfung	Federelemente, Maschinenelemente, Reibradbeläge, hohe Abriebfestigkeit
4. Silikongummi (Silikonkautschuk, Silopren B)	alterungs-, ozonfest, hitze- und kältebeständig	Dichtungen, Schläuche, Ventile, Walzenbeläge

5.6.4 Einsatzgebiete für Kunststoffe im Maschinenbau

Die Verwendung von Kunststoffen nimmt auch im Maschinenbau ständig zu, und zwar im besonderen (s. auch Tafel 5/23) für

a) Zahnräder und sonstige Spritzgußteile,
b) Wälzlagerkäfige und Laufrollen,
c) Rollenketten, Federn und Schrauben,
d) Gleitlager und Dichtungen,
e) auf Metall aufgebrachte Beschichtungen,
f) Rohre und Schläuche,
g) Lüfterflügel und Wasserpumpen,
h) Werkzeuggriffe,
i) Gehäusebau, Isolierungen und Verpackung.

5.6.5 Konstruktive Angaben

1. Kunststoffteile und hierfür günstige Formgebung s. Abschnitte 2.8 und 4.5.

2. „Kunststoffe nach Maß" als Kunststoffe mit zusätzlichen Eigenschaften für bestimmte Zwecke, z. B. mit hoher Temperaturfestigkeit, s. Schrifttum Kapitel 2.

3. Verbundstoffe, z. B. Sandwich-Platten mit Deckschichten aus Al und Füllung aus Schaumstoff oder Polyäthylen, s. Bild 4/9.

5.7 Sonstige Werkstoffe

5.7.1 Sinterwerkstoffe

Durch Druck- und Wärmeeinwirkung kann man Metallpulver verschiedener Zusammensetzung zu maßhaltigen Körpern zusammensintern. Je nach Zusammensetzung und Gefüge (Porigkeit) besitzen sie besondere Eigenschaften. Bekannt sind z. B. Sintereisen und Sinterbronze für Gleitlager, Dichtungen und kleine Zahnräder, dann die gesinterten Alnico-Magnete, die gesinterten Hartmetalle (s. Tafel 5/13), die gesinterten Kontaktstoffe (z. B. Cu-Graphit), gesinterte Metall-Reibbeläge, gesinterte poröse Filter aus nichtrostenden Stählen, gesinterte Verbundstoffe aus Metallen und Metalloxiden für Gasturbinenschaufeln und gesintertes Halbzeug wie z. B. Metallbänder.

Die Sintertemperaturen betragen 1100···1300 °C für Eisen, 600···800 °C für Bronzen, 1400···1600 °C für Hartmetalle und 2000···3000 °C für W, Mo, Ta. Die Raumfüllung erreicht fast 100%. Durch Nachpressen läßt sich Maßgenauigkeit von $\pm 0{,}003$ mm erzielen. Legiertes Sintereisen (mit 8···20% Cu) ergibt σ_B bis 600 N/mm², gewöhnliches Sintereisen bis 270 N/mm². Wärmebehandlung ist möglich. Sinterstoffe werden für kleinere Massenteile bis 1000 g in Elektrotechnik und Gerätebau, Sintereisen in zunehmendem Maße auch im Fahrzeugbau eingesetzt, da die Teile meist keine weitere Nachbearbeitung benötigen. Einfluß von Preßdruck, Einfach- und Doppelpressung und Sintertemperatur auf σ_B s. Bild 5/9.

Mindestgrößen bei Sinterteilen: Wanddicke $>1{,}5$ mm, Dicke >2 mm und Bohrungen $\varnothing > 2$ mm. Querbohrungen und Hinterschneidungen sowie scharfe Querschnittsänderungen und Ecken sind zu vermeiden. Eigenschaften der wichtigsten Sinterwerkstoffe s. auch Werkstoffleistungsblätter des Beuth-Vertriebes.

5.7.2 Weitere Hinweise

Bezüglich weiterer Werkstoffe, die im Maschinenbau angewendet werden, sei auf die betreffenden Kapitel verwiesen, wie z. B. für Gleitwerkstoffe auf Kapitel 15 oder für Lote auf Kapitel 8.

In Einzelfällen können natürlich auch Werkstoffe von Bedeutung sein, auf die hier nicht eingegangen werden kann, wie z. B. keramische Stoffe für Spanwerkzeuge (Borkarbid) usw. Hier muß auf das Fachschrifttum verwiesen werden. Erwähnt sei nur Aluminiumoxid als gesinterte Keramik für z. B. Drahtziehdüsen oder Oxidkeramik als Werkstoff für Gleitungsdichtungen bei agressiven Medien.

5.8 Schrifttum zu 5

Auskunftstellen

5/1 Beratungsstelle für Stahlverwendung, 4 Düsseldorf, Kasernenstr. 36–42.
5/2 Zentrale für Gußverwendung, 4 Düsseldorf.
5/3 Aluminium-Zentrale, 4 Düsseldorf, Jagerhofstr. 26.
Aluminium-Zentrale, Zweigstelle, 7 Stuttgart, Königstr. 22.
5/4 Nickel-Informationsbüro, 4 Düsseldorf, 1, Postfach 5925.
5/5 Molybdän-Dienst und Kobalt-Informationsdienst, 4 Düsseldorf, Elisabethstr. 14.
5/6 Deutsches Kupfer-Institut, 1 Berlin 12, Knesebeckstr. 96.

5/7 Deutsches Kupfer-Institut, Büro 4 Düsseldorf, Tersteegenstr. 28.
5/8 Arbeitsgemeinschaft Deutsche Kunststoff-Industrie, 6 Frankfurt a. Main, Karlstr. 21.
5/9 Kunststoff-Forschungsinstitut TH Aachen.
5/10 Deutsches Kunststoff-Forschungsinstitut, 61 Darmstadt.
5/11 Süddeutsches Kunststoff-Zentrum, 87 Würzburg.

Auswahlhilfen

5/12 Werkstoff-Fragen für den Konstrukteur. VDI-Berichte Bd. 10. Düsseldorf: VDI-Verlag 1957.
5/13 Erker, A.: Werkstoffauswahl bei Einzel- und Massenfertigung. VDI-Z. 100 (1958) Heft 15.
5/14 Rubo, E.: Werkstoffauswahl nach dem Vergleich von Preis und Korrosionsbeständigkeit bzw. Festigkeit. Konstruktion 11 (1959) 138–141.
5/14 Barron, R.-F.: Eigenschaften der Werkstoffe bei tiefen Temperaturen. Auszug s. Konstruktion 12 (1960) 515.
5/15 Machu, W.: Fortschritte der Oberflächenveredlung. Garmisch 1961.

Handbücher

5/16 Brunhuber, E.: Legierungshandbuch der Nichteisenmetalle. Berlin 1960.
5/17 Hütte: Taschenbuch der Stoffkunde. Berlin: Ernst & Sohn 1955.
5/18 Lüpfert, H.: Metallische Werkstoffe. Prien: C. F. Winter 1966.
5/19 Werkstoffhandbuch Stahl und Eisen. Düsseldorf: Stahleisen 1964.
5/20 Werkstoffhandbuch Nichteisenmetalle. Düsseldorf: Stahleisen 1960.
5/21 Wellinger-Gimmel: Werkstofftabellen der Metalle. Stuttgart: Kröner 1964.
5/22 v. Meysenbug, C.-M.: Kunststoffkunde für Ingenieure. München: Hanser 1968.
5/23 Aluminium-Taschenbuch. Düsseldorf 1963.
5/24 Schichtel, G.: Magnesium-Taschenbuch. Berlin.
5/25 Zinktaschenbuch. Berlin: Metall-Verlag 1959.
5/26 Schimpke, P.: Technologie der Maschinenbaustoffe. Stuttgart: Hirzel 1959.
5/27 Rapatz, F.: Die Edelstähle. Berlin, Göttingen, Heidelberg: Springer 1962.
5/28 Dröge, W.: Der Werkstoff Stahl. Leipzig 1962.
5/29 Wiederholt-Elze: Taschenbuch des Metallschutzes. Stuttgart 1960.

Werkstoffnormen

5/30 Materialprüfnormen für metallische Werkstoffe. DIN-Taschenbuch 19 Berlin: Beuth-Vertr. 1970.
5/31 DIN-Taschenbuch 26. Berlin: Beuth-Vertr. 1969.
5/32 DIN-Taschenbuch 27. Berlin: Beuth-Vertr. 1969.
5/33 Materialprüfnormen für Kunststoffe, Kautschuk und Gummi. DIN-Taschenbuch 18. Berlin: Beuth-Vertr. 1969.
5/34 Kunststoffnormen: DIN-Taschenbuch 21. Berlin: Beuth-Vertr. 1969.

Grauguß, Sphärolith-, Temper- u. Stahlguß

5/35 Kullmer, K.: Gußeisen mit Kugelgraphit und seine Anwendung. Konstruktion 14 (1962) 319–326.
5/36 Hänchen, R.: Gegossene Maschinenteile. Berechnung und Gestaltung. München: Hanser 1964.
5/37 Hempel, M.: Gußeisen und Temperguß unter Wechselbeanspruchung (σ_D-Schaubilder). Z. VDI (1941) 290.
5/38 Schinn, R.: Werkstoff und Werkstückeigenschaften von Guß. Konstruktion 12 (1960) 441–447.
5/39 Wiegand, H.: Welche besonderen Eigenschaften machen das Kugelgraphit-Gußeisen zu einem wertvollen Konstruktionswerkstoff. Werkst. u. Betr. 89 (1956) 253–257.

Stähle

5/40 Halbzeug-Normen: Profilstähle (flach, halbrund, Winkel-, T-, U- und Z-Stähle): DIN 1017, 1018, 1022, 1024, 1025, 1026 bis 1029, 59051; Rohre (nahtlose, geschweißte, kaltgezogene und Gewinderohre): DIN 2448, 2458, 2385, 2391, 2393, 2439.
5/41 Stahlbau-Profile. Düsseldorf: Stahleisen 1970. (Enthält auf 48 Seiten die Maße von Profilstählen, Stahlrohren, Schienen, Wellblech, Ketten, Flachstahl, Verbindungsmittel, Vorschriften und Normen für Stahlbau).
5/42 Kuntscher, W.: Die Entwicklung der allgemeinen Baustähle. Die Technik 12 (1957) H. 8.
5/43 Roß, W.: Vergleichstafeln der alten und neuen Stahlmarken. DIN-Mitteilungen 37 (1959) 460–461.
5/44 Schmitz, H.: Die neue Gütenorm für allgemeine Baustähle DIN 17100. DIN-Mitteilungen 36 (1958) 361–365.
5/45 Ulbricht, W.: Eigenschaften der Automatenstähle. Die Technik 2 (1947) 537.

5/46 Nachschlagewerk Stahlschlüssel. Marbach: Verlag Stahlschlüssel.
5/47 Bungardt, K.: Entwicklung hochwarmfester Werkstoffe. Stahl und Eisen 75 (1955) 1383–1389.
5/48 Diergarten, H.: Wälzlagerstähle. Werkst.-Handbuch Stahl und Eisen. Düsseldorf: Stahleisen 1964.
5/49 Houdremont, E.: Sonderstahlkunde. Berlin, Göttingen, Heidelberg: Springer 1956.
5/50 Martin, O.: Warmfeste Stähle, vom Konstrukteur gesehen. Konstruktion 11 (1959) 213–221.
5/51 Rapatz, F.: Die Edelstähle. 5. Aufl. Berlin, Göttingen, Heidelberg: Springer 1962.

Härteverfahren und Wärmebehandlung

5/52 Reichmann, L.: Wärmebehandlung von Zahnrädern. Antriebs-Techn. 19 (1980) 481—485.
5/53 Göbel, E. F.: Oberflächenhärten und seine Bedeutung für die Konstruktion. Konstruktion 8 (1956) 48–54.
5/54 Ruhfuß, H.: Wärmebehandlung der Eisenwerkstoffe. Düsseldorf 1958.
5/56 Wanke-Schramm: Stahlhärtung. Berlin 1961.

Leichtmetalle

5/57 Kalpers, H.: Mechanische Höchsteigenschaften von Al-Legierungen mit hoher Elastizitätsgrenze und Zerreißfestigkeit. Konstruktion 4 (1952) 187.
5/58 Schönberg, M.: Allgemeine Konstruktionshinweise für Magnesiumguß. VDI-Berichte Bd. 58, Düsseldorf 1961.
5/59 Über Titan: Maschinenmarkt 17 (1962) 19–20.

Zn- und Cu-Legierungen

5/60 Dies, K.: Über aushärtbare Kupferlegierungen. Werkst. u. Betrieb 93 (1960) 437–447.
5/61 Schwarz, A.: Federn aus Berylliumbronze. Z.-VDI 96 (1954) 107–108.

Kunststoffe und Verbundstoffe

5/62 Gestaltung von Preßteilen aus härtbaren Kunststoffen. VDI-Richtlinie 2001. Düsseldorf: VDI-Verlag.
5/63 Gestaltung von Spritzgußteilen aus thermoplastischen Kunststoffen. VDI-Richtlinie 2006. Düsseldorf: VDI-Verlag.
5/64 Richtlinien für die Konstruktion von Preßteilen aus Duroplasten. Plaste und Kautschuk (1963) 218–219.
5/65 Kunststoffnormen. DIN-Taschenbuch 21. Berlin: Beuth-Vertr.
5/66 Kurzzeichen und Begriffe für Kunststoffe: DIN 7728, 7732.
5/67 Halbzeuge aus Kunststoff: DIN 7707, 7735, 7739, 16922–16927.
5/68 Domininghaus, H.: Kunststoffe I. Kunststoffe II. VDI-Verlag 1969.
5/69 v. Meysenbug, C.-M.: Kunststoffkunde für Ingenieure. München: Hanser 1968.
5/70 Gohl, W.: Eigenschaften von Kunststoffen. technica 12 (1963) 1759–1766.
5/71 Saechtling, H.: Kunststoffbestimmungstafel. München: Hanser 1963.
5/72 Knappe, W.: Grundlagen für die Berechnung definiert beanspruchter Bauteile aus Kunststoff. VDI-Z. (1965) 1085–1093.
5/73 Woebcken, W.: Eigenschaften von Spritzgußteilen aus Kunststoffen. VDI-Z. 110 (1968) 265–270.
5/73 Reichherzer, R.: Kunststoffe im Maschinenbau – Berechnung und Konstruktion. technica 14 (1965) 587–588.
5/74 Kunststoffe für Schwingungsdämpfer. VDI-Z. 111 (1969) 92.
5/75 Rabe, K.: Kunststoff-Formteile. Stuttgart, Deva-Fachverlag 1960.
5/76 Schreyer, G.: Konstruieren mit Kunststoffen. München: Hanser 1972.
5/77 Saechtling/Zebrowski: Kunststoff-Taschenbuch. München: Hanser 1971.
5/78 Hübner, K.: Konstruieren mit Kunststoffen. wt-Z. ind. Fertg. 62 (1972) 337.
5/79 Winkler, Th.: Kunststoffe in der Konstruktion. Konstruktion 22 (1970) 298–300.
5/80 Menge, G.: Werkstoffkunde der Kunststoffe. Göschen Taschenbuch 3002. Berlin: de Gruyter 1970.
5/81 Biederbick, K.: Kunststoffe kurz und bündig. Würzburg: Vogel-Verlag 1970.
5/82 Carlowitz, B.: Kunststofftabellen. Schiffmann OHG, Bensberg-Frankenforst 1963.
5/83 Oberbach: Kunststoff-Kennwerte für Konstrukteure. München: Hanser-Verlag 1974.

Glasfaserverstärkte Kunststoffe

5/84 Neitzel, M.: Rohre und Behälter aus GFK-Kunststoffen. VDI-Z. 110 (1968) 618–623.
5/85 Hagen, H.: Glasfaserverstärkte Kunststoffe. Berlin, Göttingen, Heidelberg: Springer 1961.

5/86 Schwarz, H.; Schlegel, H.: Metallkleben und glasfaserverstärkte Kunststoffe in der Technik. Berlin: VEB-Verlag Technik 1966.

Verbundstoffe

5/87 Draugelates, U.: Verbundstoffe und Leichtbauelemente. Konstruktion 20 (1968) 325–329.
5/88 Hofmann, A.: Neuartige Verbundstoffe aus Metall und Polyäthylen. Kunststoffe (1969) 85–88.
5/89 Levitt, A. P.: Mit Whiskern verstärkte Metalle. Auszug s. Konstruktion 19 (1967) 407.

Sonstige Werkstoffe

5/90 Altenwerth, F.: Warum Schneidkeramik und wann erfolgt zweckmäßig ihr Einsatz. Werkst. u. Betrieb 93 (1960) 432–436.
5/91 Naumann, O.: Porzellan und keramische Sondermassen als techn. Werkstoffe. Die Technik 2 (1947) 385–392.
5/92 Staudinger, H.: Keramische Schneidstoffe. Werkstattstechnik 50 (1960) 254–62.
5/93 Zopf, G.: Festigkeitseigenschaften und Anwendung gesinterter Maschinenteile. Konstruktion 6 (1954) 209.
5/94 Widia-Handbuch der Fa. Krupp, Essen.
5/95 Köhler, W.: Kohlenstoff-kurzfaserverstärkte Aluminium-Gußlegierungen für Maschinenelemente. VDI-Z. 118 (1976) 167—176.

6 Normen, Toleranzen und Oberflächen

6.1 Normen

Durch Festlegung einheitlicher Abmessungen, Größenabstufungen, Qualitäten, Vorschriften usw. kann man die Typenzahl von Erzeugnissen verringern und damit die Lagerhaltung und die Ersatzbeschaffung erheblich erleichtern, ferner aber auch die Herstellung verbilligen, die Güte heben, die Sicherheit und Kontrolle im technischen Verkehr erhöhen und Doppelarbeit vermeiden.

Gerade im Maschinenbau benutzt man Normen im größeren Ausmaß. Dazu gehören die DIN-Normen, die meist auch die internationalen Empfehlungen der ISO[1] berücksichtigen, und die — teilweise als Vorgänger der DIN-Normen zu bewertenden — Richtlinien von Berufsgruppen, z. B. des VDI oder des VDE u. ä.

Innerhalb des gesamten Normenwerkes kann man unterscheiden zwischen:

- Grund- bzw. Konstruktionsnormen
- Maßnormen
- Gütenormen
- Berechnungsnormen
- Liefernormen
- Prüfnormen
- Sicherheitsnormen
- Stoffnormen
- Planungsnormen
- Baumusternormen usw.

6.2 Normzahlen

Sie dienen zur günstigen Größenstufung der Typen, der Durchmesser, Drehzahlen, Tragkräfte, Leistungen, usw. Man verwendet hierfür die gerundeten Werte dezimalgeometrischer Reihen nach Tafel 6/1.

Weitere Normzahlen gewinnt man durch Malnehmen der obigen mit 10, 100 oder 1000 usw. Im Maschinenbau bevorzugt man die Reihen R10 und R20.

Tafel 6/1. Normzahlen (DIN 323, Aug. 1974)

Reihe	Sprung	Normzahlen																		
R 5	$\sqrt[5]{10} \approx 1,6$	1								1,6								2,5		
R 10	$\sqrt[10]{10} \approx 1,25$	1				1,25				1,6				2				2,5		
R 20	$\sqrt[20]{10} \approx 1,12$	1		1,12		1,25		1,4		1,6		1,8		2		2,24		2,5		2,8
R 40	$\sqrt[40]{10} \approx 1,06$	1	1,06	1,12	1,18	1,25	1,32	1,4	1,5	1,6	1,7	1,8	1,9	2	2,12	2,24	2,36	2,5	2,65	2,8

Reihe																						
R 5						4								6,3								10
R 10		3,15				4				5				6,3				8				10
R 20		3,15		3,55		4		4,5		5		5,6		6,3		7,1		8		9		10
R 40	3	3,15	3,35	3,55	3,75	4	4,25	4,5	4,75	5	5,3	5,6	6	6,3	6,7	7,1	7,5	8	8,5	9	9,5	10

6.3 Toleranzen und Passungen

6.3.1 Toleranzen

Allgemein ist eine Toleranz die Differenz zwischen dem zugelassenen Größt- und Kleinstwert einer meßbaren Eigenschaft.

[1] ISO = International Organization for Standardization.

Die *Maßtoleranz* ist gleich dem Unterschied zwischen Größtmaß und Kleinstmaß [6/14].

Die Maßtoleranz ist zum Nennmaß zu setzen. Sie kann entweder direkt durch Eintragung der *Abmaße* oder indirekt durch ein ISO-Toleranzkurzzeichen angeben werden.

Bei den ISO-Toleranzkurzzeichen wird die *Lage des Toleranzfeldes zur Nullinie* (d. h. zum Nennmaß) durch einen Buchstaben gekennzeichnet.

Beispiele:

$25^{+0,15}_{-0,10}$	(Toleranzfeld 0,25 mm) — Abmaßeintragung
$25^{-0,05}$	(Toleranzfeld 0,05 mm) — Abmaßeintragung
35 f7	(kleiner Buchstabe bei Außenflächen) — ISO-Kurzzeichen
55 H8	(großer Buchstabe bei Innenflächen — ISO-Kurzzeichen.

Die *Größe des Toleranzfeldes* wird in Abhängigkeit vom Nennmaß durch die dem Buchstaben nachgesetzte Zahl ausgedrückt.

Die Zahl (1···16) gibt die *ISO-Qualität* an, z. B. IT 7 (Tafel 6/2). Sie ist eine Kenngröße für die Stufung der Toleranzfelder, deren Breite ein Vielfaches der *Toleranzeinheit* i ist.

$$i = 0{,}45 \cdot \sqrt[3]{D} + 0{,}001 \cdot D \quad (i \text{ in } 1/1000 \text{ mm, Durchmesser } D \text{ in mm!}). \qquad (6/1)$$

Die Abstufung der ISO Qualitäten und die sich hieraus ergebenden Grundtoleranzen zeigt Tafel 6/2.

Tafel 6/2. Grundtoleranzen der ISO-Qualitäten 5—11 in µm (nach DIN 7151, Nov. 1964); Auszug aus ISO-Empfehlung R 286

ISO-Toleranzreihe (IT), Qualität		5	6	7	8	9	10	11
Stufung		$7 \cdot i$	$10 \cdot i$	$16 \cdot i$	$25 \cdot i$	$40 \cdot i$	$64 \cdot i$	$100 \cdot i$
Nennmaß-bereich	> 1··· 3 mm	5	7	9	14	25	40	60
	> 3··· 6 mm	5	8	12	18	30	48	75
	> 6··· 10 mm	6	9	15	22	36	58	90
	> 10··· 18 mm	8	11	18	27	43	70	110
	> 18··· 30 mm	9	13	21	33	52	84	130
	> 30··· 50 mm	11	16	25	39	62	100	160
	> 50··· 80 mm	13	19	30	46	74	120	190
	> 80···120 mm	15	22	35	54	87	140	220
	>120···180 mm	18	25	40	63	100	160	250
	>180···250 mm	20	29	46	72	115	185	290
	>250···315 mm	23	32	52	81	130	210	320
	>315···400 mm	25	36	57	89	140	230	360
	>400···500 mm	27	40	63	97	155	250	400

6.3.2 Passungen

Die Beziehung zwischen den Toleranzfeldern zu paarender Teile wird Passung genannt.

Gepaarte Teile berühren sich an den Paßflächen. Um bestimmte Passungsarten (Qualitäten), wie Preß-, Übergangs- und Spielpassungen, erzielen zu können, sind bestimmte Toleranzgrößen und bestimmte Lagen der Toleranzfelder zueinander zu beachten, Bild 6/1.

Es gibt grundsätzlich 2 Paßsysteme.

Bei dem System der *Einheitsbohrung* (*EB*) sind die Grundabmaße aller Bohrungen gleich. Um beim Paaren von Stück und Gegenstück verschiedene Passungen erzielen

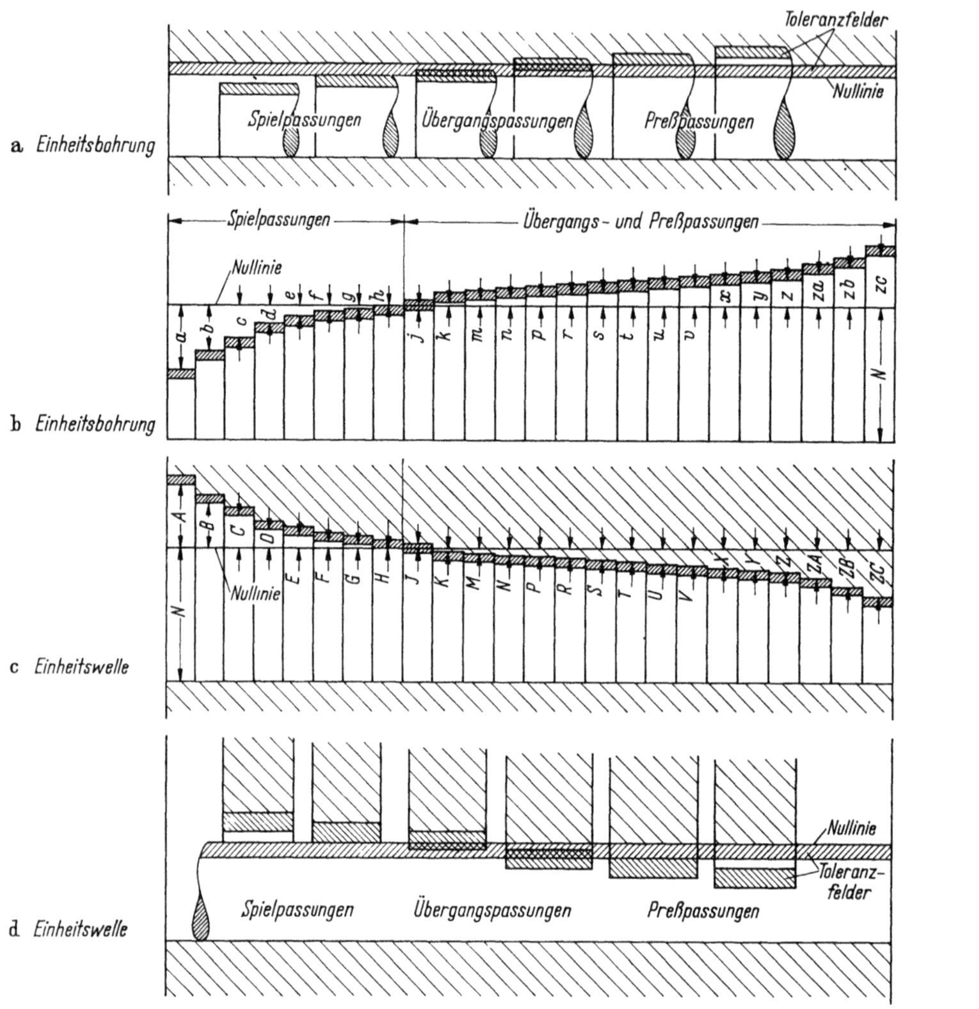

Bild 6/1. Beziehungen zwischen den Toleranzfeldern.
a) Passungen beim System Einheitsbohrung
b) Toleranzfelder für Innenteile (Wellen)
c) Toleranzfelder für Außenteile (Bohrungen)
d) Passungen beim System Einheitswelle
(Nach Bachmann-Forberg und DIN 7154 und 7155).

zu können, variiert die Lage der Wellen-Toleranzfelder. Auf diese Weise lassen sich unterschiedliche Qualitäten der Spiel-, Übergangs- und Preßpassungen erzielen.

Bei dem System *Einheitswelle* (*EW*) liegen die Verhältnisse sinngemäß umgekehrt. Die Lage der Toleranzfelder für die beiden Paßsysteme ist aus Bild 6/1 erkennbar.

Passungsauswahl, Vorzugspassungen:

Zur Erleichterung der Auswahl einer für bestimmte „Sitze" geeigneten *Paarung* der ISO-Toleranzen sind in Tafel 6/3 einige Beispiele zusammengestellt und ferner die von den DIN-Passungen her vertrauten Begriffe „Feinpassung" bis „Grobpassung" und „Preßsitz" bis „Weiter Laufsitz" hinzugefügt, da sie dem Konstrukteur eine bessere Vorstellung von der Funktion der erreichten Passung geben.

Es empfiehlt sich im Interesse der Wirtschaftlichkeit, aus der großen Anzahl von möglichen Passungen geeignete auszuwählen und somit die Zahl der Werkzeuge, Spannzeuge und Meßzeuge auf ein Mindestmaß zu beschränken.

Tafel 6/3. Beispiele für die Paarung von ISO-Toleranzen, um bestimmte „Sitze" zu erreichen[1]. Links: bei Einheitsbohrung; rechts: bei Einheitswelle

	Passung bei Einheitsbohrung		Passung bei Einheitswelle
Feinpassung	H 7–z 8, z 9	Preßsitze: Zur Übertragung großer Umfangs- oder Längskräfte durch Reibschluß. Nur mit Presse oder Wärmedifferenz fügbar (s. Abschn. 18.2).	Z8, Z9–h6
	H 8–x 8 H 8–u 8	1. Für große Flächenpressung: Naben von Zahn-, Lauf- und Schwungrädern; Wellenflansche (x 8 für größere, u 8 für kleinere Durchm.).	X7, X8–h6 U6, U7–h6
	H 7–s 6 H 7–r 6	2. Für mittl. Flächenpressung: Kupplungsnaben; Bz-Kränze auf GG-Naben; Lagerbuchsen in Gehäusen, Rändern u. Schubstangen (s 6 für größere, r 6 für kleinere Durchm.).	S7–h6 R7–h6
		Übergangssitze: Gegen Drehmoment zusätzlich sichern!	
	H 7–n 6	3. Festsitz: Mit Presse fügen! Für Anker auf Motorwellen u. Zahnkränze auf Rädern; aufgezogene Bunde auf Wellen; Lagerbüchsen in Lagern und Naben.	N7–h6
	H 7–m 6	4. Treibsitz: Nur schwer mit Handhammer fügbar! Für einmalig, aufgebrachte Riemenscheiben, Kupplungen u. Zahnräder auf Maschinen- und Elektromotor-Wellen, Wälzlagerringe mit Umfangslast	M7–h6
	H 7–k 6	5. Haftsitz: Gut mit Handhammer fügbar! Für Riemenscheiben, Kupplungen u. Zahnräder wie oben (d = 8···50 mm); Schwungräder mit Tangentkeil; feste Handräder u. Handhebel, Kurbeln, Turbinenlaufräder.	K7–h6
	H 7–j 6	6. Schiebesitz: Mit Holzhammer oder von Hand fügbar! Für leichter auszubauende Riemenscheiben, Zahnräder, Handräder, Lagerbüchsen	J7–h6
		Spielsitze:	
	H 7–h 6	7. Gleitsitz: Geschmiert, von Hand noch eben verschiebbar! Für Wechselräder, Pinole im Reitstock, Stellringe, lose Buchsen für Kolbenbolzen, Wälzlager-Außenringe u. Innenringe bei Punktlast, Zentrierflansche f. Kupplungen und Rohrleitungen.	H7–h6
	H 7–g 6	8. Enger Laufsitz: Ohne merkliches Spiel verschiebbar! Für Schubzahnräder und Schubkupplungen.	G7–h6
	H 7–f 7	9. Laufsitz: Merkliches Spiel! Hauptlager an Werkzeugmaschinen, Kurbelwellen; sämtliche Lagerungen an Regulatoren; Gleitmuffen auf Wellen, Führungssteine.	F8–h6
	H 8–f 7	10. Leichter Laufsitz: Reichl. Spiel! Für mehrfach gelagerte Wellen in Werkzeugmaschinen, Wellen in Pumpen, Gebläsen.	E8–h6
	H 7–d 9	11. Weiter Laufsitz: Sehr reichl. Spiel! Landw. Maschinen.	D9–h6
Schlichtpassung	H 8–h 9	12. Gleitsitz: Für kraftlos verschiebbare Paßteile! Stellringe für Transmissionen; einteilig feste Riemenscheiben; Handkurbeln, Zahnräder, Kupplungen usw., die über Wellen geschoben werden.	H8–h9
	H 8–e 8	13. Laufsitz: Merkl. Spiel! Hauptlager f. Kurbelwellen, Schubstangenlager, Kreuzkopf in Gleitbahn; Kolbenstangenführung, Schieberstangen, Wellen in dreifacher Lagerung; Kolben u. Kolbenschieber in Zylindern; Lager für Kreisel- u. Zahnradpumpen; verschiebbare Kupplungsmuffen.	F8–h9
	H 8–d 9	14. Weiter Laufsitz: Sehr reichl. Spiel! Lager f. lange Wellen von Kranen; Leerlaufscheiben; Lager f. landwirtsch. Maschinen; Zentrierungen von Zylindern, Stopfbuchsenteile.	D10–h9
Grobpassung	H 11–h 11 H 11–h 9	15. Grobsitz 1: Für leicht zusammensteckbare Teile mit geringem Spiel bei großer Toleranz! Teile an landw. Maschinen, die auf Wellen verstiftet, festgeschraubt oder festgeklemmt werden; Distanzbuchsen; Scharnierbolzen für Feuertüren.	H11–h11 H11–h9
	H 11–d 11	16. Grobsitz 2: Für sicheres Bewegungsspiel von Teilen mit großer Toleranz! Abnehmbare Hebel, Hebelbolzen; Lager für Rollen u. Führungen.	D11–h11

[1] Die von den DIN-Passungen her gewohnten und hier aufgeführten Sitzbezeichnungen 3 bis 18 erleichtern die Vorstellung.

Tafel 6/3. (Fortsetzung)

	Passung bei Einheitsbohrung		Passung bei Einheitswelle
Grobpassung	H 11 – c 11 H 11 – b 11	17. Grobsitz 3: Für großes Bewegungsspiel von Teilen mit großer Toleranz! Gabelbolzen an Bremsgestängen von Kraftfahrzeugen; Drehzapfen, Schnappstifte.	C11 – h11 B11 – h11
	H 11 – a 11	18. Grobsitz 4: Für sehr großes Bewegungsspiel von Teilen mit großer Toleranz! Feder- und Bremsgehänge; Bremswellenlager, Kuppelbolzen für Lokomotiven.	A11 – h11

In Tafel 6/4 sind dann für die einzelnen ISO-Toleranzfelder die zugehörigen Abmaße angegeben.

Eine noch stärkere Einengung wird durch die Anwendung der nach DIN 7157 empfohlenen Paßtoleranzen erreicht, Tafel 6/5.

Beide Tafeln sollen eine Vorstellung von der Größenordnung im Zusammenhang mit dem Passungszeichen bzw. mit dem betreffenden Sitz ermöglichen.

Fertigungskosten: Sie werden durch die Wahl der Toleranzen und Passungen stark beeinflußt, Bild 6/2. Auch das Fertigungsverfahren kann dadurch vorbestimmt sein.

Im Interesse von Fertigungsaufwand und -kosten muß daher für den Konstrukteur gelten: So genau wie zur Funktionserfüllung gerade nötig, so ungenau wie möglich.

Tafel 6/4. Passungsauswahl nach DIN 7157 (Jan. 1966), Ausschnitt ohne Paßtoleranzen (Abmaße in μm);

ISO-Kurzzeich.	Reihe 1 / 2	Außenmaße (Wellen) x8/u8[1] (1)	s6 (2)	r6 (1)	n6 (1)	k6 (2)	j6 (2)	h6 (1)	h9 (1)	h11 (2)	g6 (2)	f7 (1)
Nennmaßbereich in mm	von 1	+ 34	+ 20	+ 6	+10	+ 6	+ 4	0	0	0	− 2	− 6
	bis 3	+ 20	+ 14	+10	+ 4	0	− 2	− 6	−25	− 60	− 8	−16
	über 3	+ 46	+ 27	+23	+16	+ 9	+ 6	0	0	0	− 4	−10
	bis 6	+ 28	+ 19	+15	+ 8	+ 1	− 2	− 8	−30	− 75	−12	−22
	über 6	+ 56	+ 32	+28	+19	+10	+ 7	0	0	0	− 5	−13
	bis 10	+ 34	+ 23	+19	+10	+ 1	− 2	− 9	−36	− 90	−14	−28
	über 10	+ 67	+ 39	+34	+23	+12	+ 8	0	0	0	− 6	−16
	bis 14	+ 40	+ 28	+23	+12	+ 1	− 3	−11	−43	−110	−17	−23
	über 14	+ 72	+ 39	+34	+23	+12	+ 8	0	0	0	− 6	−16
	bis 18	+ 45	+ 28	+23	+12	+ 1	− 3	−11	−43	−110	−17	−34
	über 18	+ 87										
	bis 24	+ 54	+ 48	+41	+28	+15	+ 9	0	0	0	− 7	−20
	über 24	+ 81	+ 35	+28	+15	+ 2	− 4	−13	−52	−130	−20	−41
	bis 30	+ 48										
	über 30	+ 99										
	bis 40	+ 60	+ 59	+50	+33	+18	+11	0	0	0	− 9	−25
	über 40	+109	+ 43	+34	+17	+ 2	− 5	−16	−62	−160	−25	−50
	bis 50	+ 70										
	über 50	+133	+ 72	+60								
	bis 65	+ 87	+ 53	+41	+39	+21	+12	0	0	0	−10	−30
	über 65	+148	+ 78	+62	+20	+ 2	− 7	−19	−74	−190	−29	−60
	bis 80	+102	+ 59	+43								
	über 80	+178	+ 93	+73								
	bis 100	+124	+ 71	+51	+45	+25	+13	0	0	0	−12	−36
	über 100	+198	+101	+76	+23	+ 3	− 9	−22	−87	−220	−34	−71
	bis 120	+144	+ 79	+54								

[1] Bis Nennmaß 24 mm: x8, über 24 mm Nennmaß: u8.

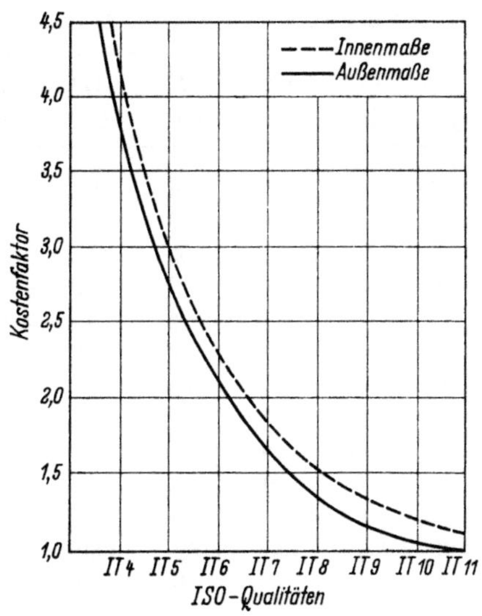

Bild 6/2. ISO-Toleranzqualitäten. Vergleich der Herstellungskosten (Beispiel). Der Kostenvergleich ist nicht nur für Wellen und Bohrungen, sondern z. B. etwa auch für Längen-, Breiten- und Höhen-, Innen- und Außenmaße einsetzbar.

6.3.3 Formabweichungen, Freimaßtoleranzen

Formabweichungen dürfen den Toleranzraum ausnutzen, der von den idealgeometrischen Flächen im halben Abstand der Maßtoleranz begrenzt wird.

Nennmaße >120···500 s. Normblatt

				Innenmaße (Bohrungen)								
e8	d9	c11	a11	H7	H8	H11	G7	F8	E9	D10	C11	A11
− 14 − 28	− 20 − 45	− 60 −120	−270 −330	+10 0	+14 0	+ 60 0	+12 + 2	+20 + 6	+ 39 + 14	+ 60 + 20	+120 + 60	+330 +270
− 20 − 38	− 30 − 60	− 70 −145	−270 −345	+12 0	+18 0	+ 75 0	+16 + 4	+28 +10	+ 50 + 20	+ 78 + 30	+145 + 70	+345 +270
− 25 − 47	− 40 − 76	− 80 −170	−280 −370	+15 0	+22 0	+ 90 0	+20 + 5	+35 +13	+ 61 + 25	+ 98 + 40	+170 + 80	+370 +280
− 32 − 59	− 50 − 93	− 95 −205	−290 −400	+18 0	+27 0	+110 0	+24 + 6	+43 +16	+ 75 + 32	+120 + 50	+205 + 95	+400 +290
− 32 − 59	− 50 − 93	− 95 −205	−290 −400	+18 0	+27 0	+110 0	+24 + 6	+43 +16	+ 75 + 32	+120 + 50	+205 + 95	+400 +290
− 40 − 73	− 65 −117	−110 −240	−300 −430	+21 0	+33 0	+130 0	+28 + 7	+53 +20	+ 92 + 40	+149 + 65	+240 +110	+430 +300
− 50 − 89	− 80 −142	−120 280 −130 −290	−310 −470 −320 −480	+25 0	+39 0	+160 0	+34 + 9	+64 +25	+112 + 50	+180 + 80	+280 +120 +290 +130	+470 +310 +480 +320
− 60 −106	−100 −174	−140 −330 −150 −340	−340 −530 −360 −550	+30 0	+46 0	+190 0	+40 +10	+76 +30	+134 + 60	+220 +100	+330 +140 +340 +150	+530 +340 +550 +360
− 72 −126	−120 −207	−170 −390 −180 −400	−380 −600 −410 −630	+35 0	+54 0	+220 0	+47 +12	+90 +36	+159 + 72	+260 +120	+390 +170 +400 +180	+600 +380 +630 +410

Tafel 6/5. Vorzugspassungen; Spiele und Übermaße empfohlener Paßtoleranzen; nach DIN 7157, Januar

Passung (Nennmaßbereich in mm)	H8[1]/x8 H8[1]/u8	H7/s6	H7/r6	H7/n6	H7/k6	H7/j6	H7/h6	H8/h9	H11/h9	H11/h11	G7/h6 H7/g6	H7/f7
von 1	− 6	− 4	0	+ 6	+10	+12	+16	+ 39	+ 85	+120	+18	+ 26
bis 3	− 34	− 20	−16	−10	− 6	− 4	0	0	0	0	+ 2	+ 6
über 3	− 10	− 7	− 3	+ 4	+11	+14	+20	+ 48	+105	+150	+24	+ 34
bis 6	− 46	− 27	−23	−16	− 9	− 6	0	0	0	0	+ 4	+ 10
über 6	− 12	− 8	− 4	+ 5	+14	+17	+24	+ 58	+126	+180	+29	+ 43
bis 10	− 56	− 32	−28	−19	−10	− 7	0	0	0	0	+ 5	+ 13
über 10	− 13	− 10	− 5	+ 5	+17	+21	+29	+ 70	+153	+220	+35	+ 52
bis 14	− 67	− 39	−34	−23	−12	− 8	0	0	0	0	+ 6	+ 16
über 14	− 18	− 10	− 5	+ 6	+17	+21	+29	+ 70	+153	+220	+35	+ 52
bis 18	− 72	− 39	−34	−23	−12	− 8	0	0	0	0	+ 6	+ 16
über 18	− 21											
bis 24	− 87	− 14	− 7	+ 6	+19	+25	+34	+ 85	+182	+260	+41	+ 62
über 24	− 15	− 48	−41	−28	−15	− 9	0	0	0	0	+ 7	+ 20
bis 30	− 81											
über 30	− 21											
bis 40	− 99	− 18	− 9	+ 8	+23	+30	+41	+101	+222	+320	+50	+ 75
über 40	− 31	− 59	−50	−33	−18	−11	0	0	0	0	+ 9	+ 25
bis 50	−109											
über 50	− 41	− 23	−11									
bis 65	−133	− 72	−60	+10	+28	+37	+49	+120	+264	+380	+59	+ 90
über 65	− 56	− 29	−13	−39	−21	−12	0	0	0	0	+10	+ 30
bis 80	−148	− 78	−62									
über 80	− 70	− 36	−16									
bis 100	−178	− 93	−73	+12	+32	+44	+57	+141	+307	+440	+69	+106
über 100	− 90	− 44	−19	−45	−25	−13	0	0	0	0	+12	+ 36
bis 120	−198	−101	−76									

[1] Bis Nennmaß 24 mm: $\frac{H8}{x8}$, über 24 mm Nennmaß: $\frac{H8}{u8}$.

Ist dieses aus Funktionsgründen unzulässig, so sind entsprechende Einschränkungen in die Zeichnung einzutragen (DIN 7184).

Freimaßtoleranzen geben firmen- und werkstattübliche Abweichungen nicht tolerierter Maße in 4 verschiedenen Genauigkeitsgraden an, Tafel 6/6. Sie werden nicht in der Zeichnung angegeben (DIN 7168). Sind diese Maße im Hinblick auf die Funktion eines Maschinenteiles nicht zulässig, so müssen ISO-Toleranzen angegeben werden.

Tafel 6/6. Freimaßtoleranzen. Abweichungen für Längenmaße (Werte in mm).
Nach DIN 7168, August 1970.
(Tafel gilt für Maße ohne Toleranzangaben am Nennmaß, sofern nicht Normen mit besonderen Toleranzfestlegungen bestehen, z. B. für Gußstücke, s. DIN 7168)

Genauigkeitsgrad	Nennmaßbereich											
	0,5 bis 3	über 3 bis 6	über 6 bis 30	über 30 bis 120	über 120 bis 315	über 315 bis 1000	über 1000 bis 2000	über 2000 bis 4000	über 4000 bis 8000	über 8000 bis 12000	über 12000 bis 16000	über 16000 bis 20000
fein	±0,05	±0,05	±0,1	±0,15	±0,2	±0,3	±0,5	±0,8	–	–	–	–
mittel	±0,1	±0,1	±0,2	±0,3	±0,5	±0,8	±1,2	±2	±3	±4	±5	±6
grob	±0,15	±0,2	±0,5	±0,8	±1,2	±2	±3	±4	±5	±6	±7	±8
sehr grob	–	±0,5	±1	±1,5	±2	±3	±4	±6	±8	±10	±12	±12

1966; Werte in μm; +-Zeichen = Spiel; Nennmaße >120···500 s. Normblatt

F8/h6	H8/f7	F8/h9	H8/e8	E9/h9	H8/d9	D10/h9	H11/d9	D10/h11	C11/h9	C11/h11 H11/c11	A11/h11 H11/a11
+ 26	+ 30	+ 45	+ 42	+ 64	+ 59	+ 85	+105	+120	+145	+180	+390
+ 6	+ 6	+ 6	+ 14	+ 14	+ 20	+ 20	+ 20	+ 20	+ 60	+ 60	+270
+ 36	+ 40	+ 58	+ 56	+ 80	+ 78	+108	+135	+153	+175	+220	+420
+ 10	+ 10	+ 10	+ 20	+ 20	+ 30	+ 30	+ 30	+ 30	+ 70	+ 70	+270
+ 44	+ 50	+ 71	+ 69	+ 97	+ 98	+134	+166	+188	+206	+260	+460
+ 13	+ 13	+ 13	+ 25	+ 25	+ 40	+ 40	+ 40	+ 40	+ 80	+ 80	+280
+ 54	+ 61	+ 86	+ 86	+118	+120	+163	+203	+230	+248	+315	+510
+ 16	+ 16	+ 16	+ 32	+ 32	+ 50	+ 50	+ 50	+ 50	+ 95	+ 95	+290
+ 54	+ 61	+ 86	+ 86	+118	+120	+163	+203	+230	+248	+315	+510
+ 16	+ 16	+ 16	+ 32	+ 32	+ 50	+ 50	+ 50	+ 50	+ 95	+ 95	+290
+ 66	+ 74	+105	+106	+144	+150	+201	+247	+279	+292	+370	+560
+ 20	+ 20	+ 20	+ 40	+ 40	+ 65	+ 65	+ 65	+ 65	+110	+110	+300
									+342	+440	+630
+ 80	+ 89	+126	+128	+174	+181	+242	+302	+340	+120	+120	+310
+ 25	+ 25	+ 25	+ 50	+ 50	+ 80	+ 80	+ 80	+ 80	+352	+450	+640
									+130	+130	+320
									+404	+520	+720
+ 95	+106	+150	+152	+208	+220	+294	+364	+410	+140	+140	+340
+ 30	+ 30	+ 30	+ 60	+ 60	+100	+100	+100	+100	+414	+530	+740
									+150	+150	+360
									+477	+610	+820
+112	+125	+177	+180	+246	+261	+347	+427	+480	+170	+170	+380
+ 36	+ 36	+ 36	+ 72	+ 72	+120	+120	+120	+120	+487	+620	+850
									180	+180	+410

Tafel 6/7. Linearer Wärmeausdehnungskoeffizient α einiger Werkstoffe in 10^{-5}/K.

Werkstoff	α	Werkstoff	α	Werkstoff	α
Stahl	1,15	Mg-Al DIN 1729	2,4···2,7	Nickel	1,3
Gußeisen	1,1	Bronze DIN 1705	1,8	Zink	3,0
Aluminium	2,3	Kupfer	2,7	Zinn	2,3
Al-Cu-Mg DIN 1725	2,4···2,6	Messing DIN 1709	1,9	Kunstharzpreßstoffe	3,4···4,0
Al-Si-Cu DIN 1713	1,9···2,2	Neusilber DIN 1780	1,8	Teflon	16···25
Blei	2,9	Graphit	0,78	Duroplaste (Polyesterharz)	8,0
Beryllium	1,16	Diamant	0,13		
Titan	0,86	Polyamide	7···10	Glasfaserverstärkte Kunststoffe (Polyesterharze)	0,8···2,8
Platin	0,91	dto. mit Glaslängsfaser	2,5		

6.4 Oberflächen technischer Körper, Grobgestalt und Feingestalt

6.4.1 Allgemeines, Grundbegriffe

Je nach dem Grad der funktionellen Anforderung, die an technische, vorwiegend spanend-gefertigte Oberflächen gestellt werden, müssen Zeichnungsvorschriften und Prüfung dieser Oberflächen folgende Gestaltabweichungen [6/20] berücksichtigen:

Maßabweichungen (DIN 7182) Formabweichungen (DIN 7184) mit Tiefe zu Breite 1:1000 (Richtwert)	Grobgestalt (DIN 4760)
Welligkeit (DIN in Vorbereitung) Wellentiefe zu Wellenabstand mit 1:100 bis 1:1000 (Richtwert) Rauheit (DIN 4768) mit Tiefe zu Breite 1:5 bis 1:150 (Richtwert).	Feingestalt (DIN 4760)

Die bei der Herstellung eines Werkstückes entstehende wirkliche Oberfläche wird in der Regel von der in der Zeichnung vorgeschriebenen Soll-Oberfläche abweichen. Als Ist-Oberfläche wird die meßtechnisch erfaßbare Oberfläche bezeichnet. Sie ist das angenäherte Abbild der wirklichen Oberfläche und hängt vom Meßverfahren ab.

Bild 6/3 zeigt im Auszug die Einteilung der Gestaltsabweichungen nach DIN 4760 Juli 1960.

Maßeinheiten für Rauheitsmeßgrößen:

1 Mikrometer, $\mu m = 0{,}001$ mm

1 Mikroinch, $\mu in = 0{,}025\,\mu m = 0{,}000025$ mm

Gestaltabweichung (als Profilschnitt überhöht dargestellt)	Beispiele für die Art der Abweichung	Beispiele für die Entstehungsursache
	Unebenheit Unrundheit	Fehler in den Führungen der Werkzeugmaschine, Durchbiegung der Maschine oder des Werkstückes, falsche Einspannung des Werkstückes, Härteverzug, Verschleiß
	Wellen	Außermittige Einspannung oder Formfehler eines Fräsers, Schwingungen der Werkzeugmaschine oder des Werkzeuges
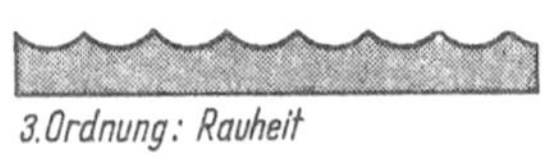	Rillen	Form der Werkzeugschneide, Vorschub oder Zustellung des Werkzeuges
	Riefen Schuppen Kuppen	Vorgang der Spanbildung (Reißspan, Scherspan, Aufbauschneide), Werkstoffverformung beim Sandstrahlen, Knospenbildung bei galvanischer Behandlung
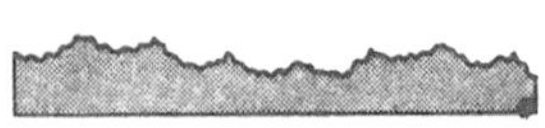	Überlagerung der Gestaltabweichungen 1. bis 4. Ordnung	

Bild 6/3. Beispiele für Gestaltabweichungen (DIN 4760).

6.4.2 Oberflächenmaße für die Feingestalt

Die Festlegung geeigneter Maße zur Charakterisierung der Oberflächen-Feingestalt wird durch die Wahl eines geeigneten Bezugsprofils erschwert.

In DIN 4762 (z. Z. in Überarbeitung) wird das *M*- und *E*-System beschrieben:

Das *E-System* (*E* = Einhüllende) ist dadurch gekennzeichnet, daß das Ist-Profil vom einhüllenden Profil in festgelegter Weise umschlossen wird, z. B. durch eine an das Ist-Profil verschobene Mittelpunktsbahn eines abrollenden Kreises von 25 mm Dmr. Das Hüllprofil ist dann Basis für alle weiteren Begriffsbestimmungen.

„Tastschnittgeräte" zur Messung der Oberflächenrauheit arbeiten im Prinzip nach diesem System.

Messungen nach dem E-System beziehen sich also auf das Ist-Profil und erfassen in Annäherung die Gestaltabweichung 1. bis 4. Ordnung (DIN 4760).

Das weniger gebräuchliche *M-System* (M = mittlere Linie) ist dadurch gekennzeichnet, daß eine mittlere Linie in festgelegter Weise durch das Rauheitsprofil gelegt wird und so als Basis für weitere Begriffsbestimmungen dient.

Senkrechtmaße für die Rauheit:

Die Rauheit einer Oberfläche kann durch verschiedene Rauheitsmeßgrößen charakterisiert werden. Sie werden dabei für eine bestimmte Bezugsstrecke — nach DIN 4768 die Gesamtmeßstrecke l_m — ermittelt.

Über Einzelheiten gibt Tafel 6/8 Auskunft.

Am gebräuchlichsten sind die maximale Rauhtiefe R_{max} und der Mittenrauhwert R_a, der im angelsächsischen Raum als CLA-Wert (Center Line Average) bezeichnet wird.

Tafel 6/8. Definition gebräuchlicher Rauheits-Meßgrößen (Senkrechtmaße)

Kurz zeichen	Benennung	De- finition	Beschreibung
			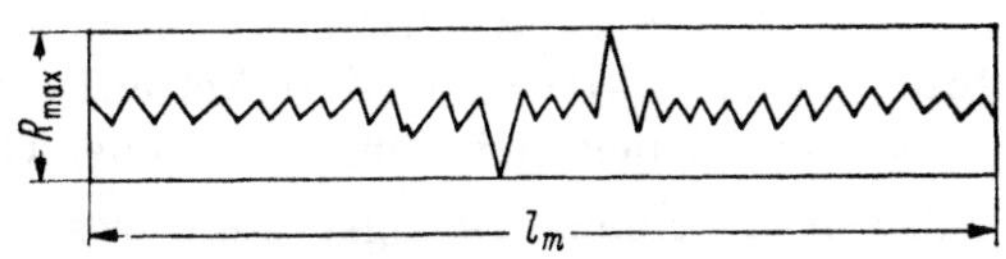
R_{max} (R_t)	maximale Rauhtiefe	DIN 4768 Blatt 1	Nach dem Ausfiltern von Formabweichungen und Welligkeit die Profilhöhe einschließlich Ausreißer nach oben und unten innerhalb der Meßstrecke
			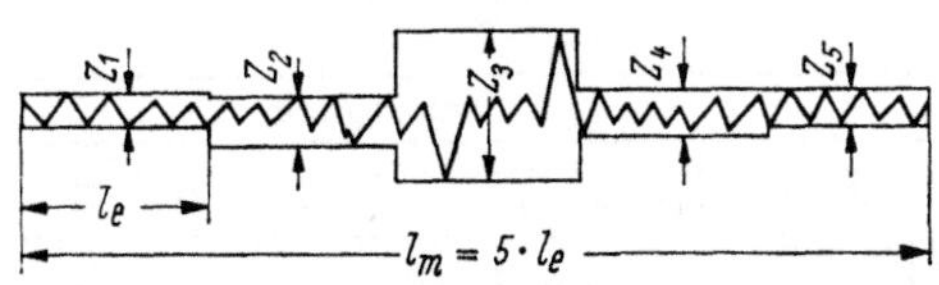
R_z	gemittelte Rauhtiefe $R_z = \frac{1}{5}\begin{pmatrix} Z_1 + Z_2 + Z_3 \\ + Z_4 + Z_5 \end{pmatrix}$	DIN 4768 Blatt 1	Arithmetisches Mittel aus den Einzelrauhtiefen fünf aneinander grenzender Einzelmeßstrecken l_e
			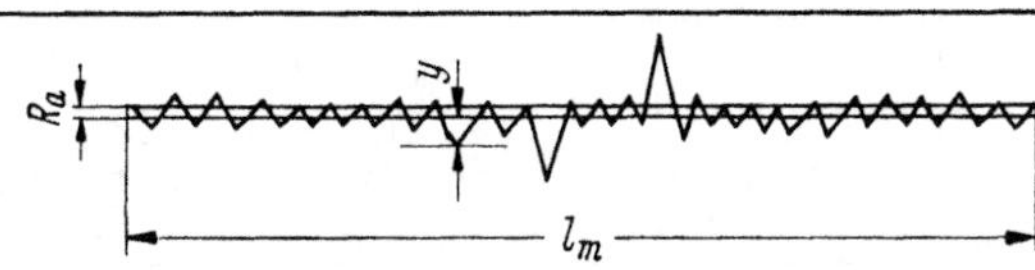
R_a	Mittenrauhwert $R_a = \frac{1}{l_m} \int_{x=0}^{x=l_m} \lvert y \rvert \, dx$	DIN 4768 Blatt 1	Nach dem Ausfiltern von Formabweichungen und Welligkeit arithmetisches Mittel aller Profilordinaten y. R_a-Wert schwankt zwischen 1/3 und 1/7 des R_z-Wertes (DIN 4767). Einzelne Ausreißer, insbesondere mit großen Öffnungswinkeln, beeinflussen R_a mehr als R_z.
			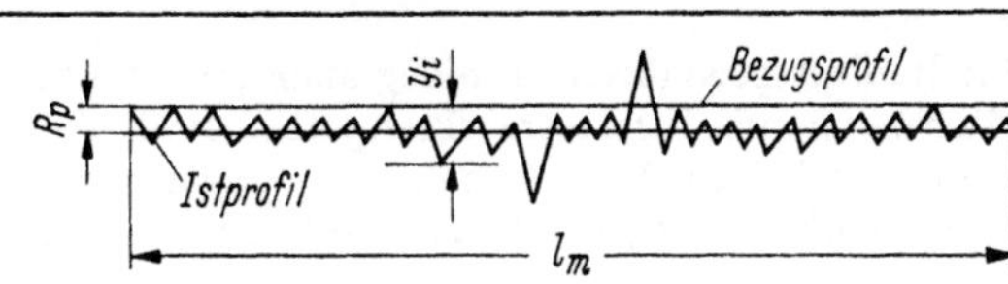
R_p	Glättungstiefe $R_p = \frac{1}{l_m} \int_{x=0}^{x=l_m} \lvert y_i \rvert \, dx$	DIN 4762 Blatt 1	Nach dem Ausfiltern von Formabweichungen und Welligkeit der Abstand des höchsten Punktes (Ausreißer ausgenommen) von der mittleren Linie

Waagrechtmaße:

Sie erfassen insbesondere Größen, die ein Oberflächenprofil in seiner waagrechten Erstreckung charakterisieren, wie *mittlerer Wellenabstand* und *Makro-* bzw. *Mikro-Profiltraganteil*[1] (s. DIN 4762).

6.4.3 Rauheitsmessung

Der derzeitige Stand der Oberflächen-Meßtechnik erlaubt es nicht, die tatsächliche Ist-Oberfläche eines Körpers exakt zu charakterisieren und ihre wirkliche Güte festzulegen.

Man unterscheidet Meßgeräte, die nach dem Tastschnittverfahren, und solche, die nach dem Interferenzverfahren arbeiten. Tastschnittgeräte[2] liefern ein linienartiges, Interferenzmikroskope ein flächiges Oberflächenbild. Die mechanisch-elektrischen Profilschnittgeräte liefern nicht nur ein Profilogramm der Oberfläche, sondern zeigen auch die verschiedenen Rauheitsmaße R_z, R_a, R_p und t_p direkt an.

Die Kennzeichnung der Rauheit eines Werkstückes durch ein Rauheitsmaß, z. B. R_a, erfordert eine Reihe von Messungen an verschiedenen Stellen des Werkstückes, so daß eine Mittenwertbildung aus diesen R_a-Werten vorgenommen werden kann. Die Anzahl der Meßpunkte richtet sich nach der Streuung der Einzelmessungen.

Da bisher kein Meßgerät die Rauheitsmessung genau nach dem genormten E- oder M-System durchführt (konstruktive Schwierigkeiten!), ist bei einem Vergleich von Rauheitsmessungen verschiedener elektromechanischer Geräte folgendes zu beachten:

1. Die Geräte müssen das gleiche Bezugssystem bzw. die gleiche Tasterkonstruktion haben.

2. Die Messung muß auf die gleiche Länge des Profilschnittes bezogen sein und entweder mit ausgeschaltetem Wellenfilter[3] oder mit dem gleichen Wellenfilter vorgenommen werden.

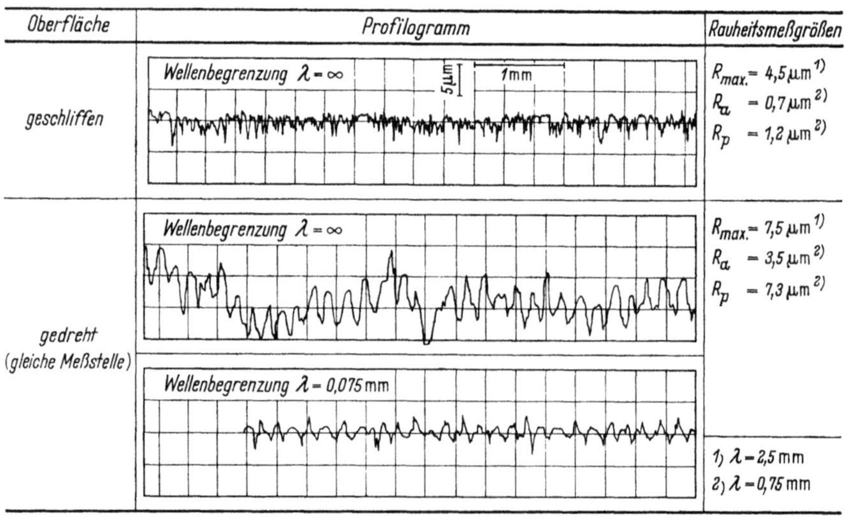

Bild 6/4. Beispiele für Rauheitsmessungen. Profilogramm und Rauheitswerte R_{max}, R_a und R_p gemessen auf Perth-O-Meter, Tastweg 5 mm, halbstarres Tastsystem, Radius der Tastspitze 3 µm. Zu beachten ist insbesondere auch die unterschiedliche Vergrößerung von waagerechten und senkrechten Maßen. In gleichen Maßstäben (Wirklichkeit!) würde das Profil sehr gestreckt und glatt erscheinen.

[1] Profiltraganteil t_p ist das Verhältnis der tragenden Länge in einem bestimmten Abstand vom Bezugsprofil zur Länge der Bezugsstrecke.

[2] Die Abtastung der Oberfläche erfolgt mittels einer Saphir- oder Diamantnadel. Die Bewegungen dieser Nadel werden elektrisch auf induktivem oder kapazitivem Wege verstärkt.

[3] Die elektrischen Tastschnittgeräte trennen mittels eines Wellenfilters (Englisch CUT OFF) die Welligkeiten von den Rauheiten. Das aufgezeichnete Rauheitsprofil wird von den Filtercharakteristiken beeinflußt.

Daraus ergeben sich folgende zweckmäßige Angaben von Rauheitswerten: Z. B. Arithmetischer Mittenrauhwert R_a, gemessen mit Gerät Type X, Tastweg a mm, Wellenbegrenzung $\lambda_{B\,max} =$ b mm.

Beispiele für Schriebe von Rauheitsmeßgeräten s. Bild 6/4.

6.4.4 Oberflächengüte und Herstellungsverfahren

Zwischen der Oberflächengüte und den möglichen Herstellungsverfahren besteht ein Zusammenhang, s. auch Tafel 6/9, genaue Angaben s. DIN 4766.

Tafel 6/9. Zusammenhang zwischen Oberflächenzeichen, größter Rauhtiefe R_{max}, Oberflächenzustand und Herstellungsverfahren (DIN 140 und DIN 3141)

Oberflächenzeichen	zulässige größte Rauhtiefe R_{max} in μm				Bedeutung
	Reihe 1	Reihe 2	Reihe 3	Reihe 4	
Oberfläche ohne Zeichen 	beliebig				Oberflächen, an deren Gleichförmigkeit und Glätte Ansprüche gestellt werden, wie sie durch die üblichen, spanlosen Herstellungsverfahren erfüllt werden können (Walzen, Schmieden, Ziehen, Pressen, Brennschneiden, Gießen usw.)
	$R_{max} \leqq 250$				Oberflächen, an deren Gleichförmigkeit und Glätte Ansprüche gestellt werden, wie sie durch sorgfältigere spanlose Herstellungsverfahren erreicht werden können (sauber schmieden, im Gesenk glätten, sauber gießen, sauber brennschneiden). Nur wenn diese Ansprüche nicht erfüllt sind, sind solche Flächen zu überarbeiten.
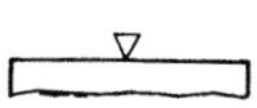	160	100	63	25	Oberflächen von einer Gleichförmigkeit und Glätte, wie sie z. B. durch ein- oder mehrmalige spanabhebende Schruppbearbeitung erzielt werden können. Riefen (vom Werkzeug herrührende Merkmale) dürfen fühlbar und mit bloßem Auge deutlich sichtbar sein.
	40	25	16	10	Oberflächen von einer Gleichförmigkeit und Glätte, wie sie z. B. durch ein- oder mehrmalige spanabhebende Schlichtbearbeitung erzielt werden können. Riefen dürfen mit bloßem Auge noch sichtbar sein.
	16	6,3	4	2,5	Oberflächen von einer Gleichförmigkeit und Glätte, wie sie z. B. durch ein oder mehrmalige spanabnehmende Feinschlichtbearbeitung erzielt werden können. Riefen dürfen mit bloßem Auge nicht mehr sichtbar sein.
	–	1	1	0,4	Feinstbearbeitete Flächen mit höchster Gleichförmigkeit und Glätte, z. B. Meßflächen an Lehren, können mit vier Dreiecken versehen werden (in DIN 140 noch nicht festgelegt).

6.4.5 Kennzeichnung von Oberflächen in Zeichnungen

Die in DIN 140 festgelegten Oberflächenzeichen zur Kennzeichnung des Endzustandes einer technischen Oberfläche wurden in DIN 3141 durch die Angabe von maximal zulässigen Rauhtiefen ergänzt, s. Tafel 6/9.

Ist eine genauere Festlegung des Endzustandes notwendig, vgl. Bild 6/5 (DIN 3142).

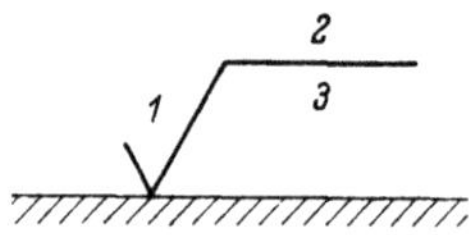

1 Arithmetischer Mittenrauhwert R_a (Maßeinheit μm ist beizufügen), z. B. $R_a = 4\ \mu$m,

2 Kurzzeichen für den Oberflächencharakter nach DIN 4761; Herstellverfahren,

3 Rauheitsmaße nach DIN 4762, z. B. Rauhtiefe R_t, Flächentraganteil t_f in % usw. Der arithmetische Mittenrauhwert R_a wird hier nicht eingetragen, siehe *1*.

Bild 6/5. Kennzeichnung von Oberflächen in Zeichnungen durch Rauheitsmaße (Auszug aus DIN 3142).

6.5 Schrifttum zu 6

Normen

6/1 DIN 323 Bl. 1 Normzahlen, Hauptwerte, Genauwerte, Rundwerte
DIN 323 Bl. 2 Richtlinien für die Anwendung u. a.
6/2 DIN 7150 ISO-Toleranzen und ISO-Passungen, Einführung
6/3 DIN 7151 ISO-Grundtoleranzen für Längenmaße bis 500 mm
6/4 DIN 7152 Bildung von Toleranzfeldern aus den ISO-Grundabmaßen
6/5 DIN 7154 Bl. 1 ISO-Passungen für Einheitsbohrung, Toleranzfelder, Abmaße
6/6 DIN 7154 Bl. 2 ISO-Passungen für Einheitsbohrung, Paßtoleranzen, Spiele und Übermaße
6/7 DIN 7155 Bl. 1 ISO-Passungen für Einheitswelle, Toleranzfelder, Abmaße
6/8 DIN 7155 Bl. 2 ISO-Passungen für Einheitswelle, Paßtoleranzen, Spiele und Übermaße
6/9 DIN 7157 Passungsauswahl, Toleranzfelder, Abmaße, Paßtoleranzen
6/10 DIN 7160 ISO-Abmaße für Außenmaße (Wellen)
6/11 DIN 7161 ISO-Abmaße für Innenmaße (Bohrungen)
6/12 DIN 7168 Bl. 1 Zulässige Abweichungen für Maße ohne Toleranzangabe
6/13 DIN 7172 ISO-Toleranzen und ISO-Abmaße für Längen über 500 bis 3150 mm
6/14 DIN 7182/1 Toleranzen und Passungen, Grundbegriffe
6/15 DIN 7184/1 Form- und Lagetoleranzen, Begriffe Zeichnungseintragung
6/16 DIN 7186 Statistische Tolerierung
6/17 DIN 140 Oberflächen, Beschaffenheit, Oberflächenangaben
6/18 DIN 3141 Oberflächenzeichnung in Zeichnungen, Zuordnung der Rauhtiefen
6/19 DIN 3142 Kennzeichnung von Oberflächen in Zeichnungen durch Rauheitsmaße
6/20 DIN 4760 Begriffe für die Gestalt von Oberflächen
6/21 DIN 4761 Begriffe, Benennungen und Kurzzeichen für den Oberflächencharakter
6/22 DIN 4762 Erfassung von Gestaltabweichungen 2. bis 5. Ordnung an Oberflächen an Hand von Oberflächenschnitten; z. Z. in Überarbeitung
6/23 DIN 4763 Stufung der Masse für die Rauheit von Oberflächen
6/24 DIN 4764 Ordnung der Oberflächen für Maschinenbau
6/25 DIN 4768 Ermittlung der Rauheitsmeßgrößen ... mit elektrischen Tastschnittgeräten
6/26 DIN 4765 Begriffe für das Bestimmen des Flächentraganteils von Oberflächen an Hand der tragenden Fläche; Entw. Mai 68

Bücher

6/27 Bachmann, A.; Forberg, R.: Technisches Zeichnen. Stuttgart 1960.
6/28 Brandenberger, H.: Toleranzen, Passung und Konstruktion. Zürich 1946.
6/29 Deutscher Normenausschuß: DIN-Taschenbuch, Maschinenbau Normen für Studium und Praxis. Berlin, Köln, Frankfurt 1962.
6/30 Klein, M.: Einführung in die DIN-Normen. Stuttgart 1959.
6/31 Leinweber, P.: Passung und Gestaltung. Berlin: Springer 1941.
6/32 Leinweber, P.: Toleranzen und Lehren. Berlin: Springer 1943.
6/33 Perthen, J.: Prüfen und Messen der Oberflächengestalt, München 1949, Firmenschriften 1974.
6/34 Schmaltz, G.: Technische Oberflächenkunde. Berlin: Springer 1936.
6/35 Schorsch, H.: Gütebestimmung an technischen Oberflächen. Stuttgart 1958.

Aufsätze

6/36 Ballas, Fr.: Erfahrungen bei der Anwendung von Normzahlen. DIN-Mitt. 42 (1963) 279–287.
6/37 Berg, S.: Die Normzahl. Wesen und Anwendung. Z. VDI 92 (1950) 135.
6/38 Berg, S.: Feinere Normzahlreihen. Z. VDI 102 (1960) 619–624.
6/39 Brinkmann, H.: Toleranzen von Stanzteilen. Konstruktion 9 (1957) 119.
6/40 Hase, R.: Toleranzrechnungen. Konstruktion 13 (1961) 307–308.
6/41 Hellmich, W.: Vom Sinn der Normung. Z. VDI 87 (1943) 65.
6/42 Kienzle, O.: Die Normungszahlen und ihre Anwendung. Z. VDI 83 (1939) 717.
6/43 Kienzle, O.: Die Typennormung im Erzeugungsbild des deutschen Maschinenbaus. Z. VDI 90 (1948) S. 373.
6/44 Reuthe, W.: Größenstufung und Ähnlichkeitsmechanik bei Maschinenelementen. Bearbeitungseinheiten und Werkzeugmaschinen. Konstruktion 10 (1958) 465–476.
6/45 Rossow, E.: Passungsnorm oder Toleranznorm. Werkst. u. Betr. 87 (1954) 23.
6/46 Wieland, M.: ISA-Vorzugspassungssysteme. Werkst. u. Betr. 90 (1957) 113–111.
6/47 Wyrowski, G.: Das Rechnen mit tolerierten Maßen. Konstruktion 13 (1901) 29.
6/48 Bickel, E.: Die Bezugsstrecke oder Bezugslänge für die Rauheitsmessung. Werkstattstechnik 50 (1960) 294–301.
6/49 Gary, M.: Die Messung der Rauheit. Z. VDI 103 (1961) 617.
6/50 Kritische Zuschriften zu M. Gary: Die Messung der Rauheit. Z. VDI 103 (1961) 1774–1782.
6/51 Herrmann, L.: Zweckmäßige Wahl und Einsatz von Oberflächenmeßgeräten. Werkstattstechnik und Maschinenbau. 42 (1952) 324–330.
6/52 Höhle, P.; Deutsch, V.: Stand der Oberflächenmeßtechnik. Feinwerktechnik (1960) H. 7.
6/53 Kolhage, E.: Der Einfluß von Bezugssystem, Oberflächenmeßgerät und Fertigungsstreuung auf die Genauigkeit der Rauheitsmessung. Z. VDI 105 (1963) 825.
6/54 Korona, A. B.: Zusammenhang zwischen Toleranz und Rauhtiefe. Werkstattstechnik u. Maschinenbau. 45 (1955) 295.
6/55 Leyensetter, W.: Vergleichsmessungen mit Oberflächenmeßgeräten. Werkst. u. Betr. 89(1956) 221.
6/56 Rubert, M. P.: Confusion in Measuring Surface Roughness. Engineering, Okt. 1959, 393–395.
6/57 De Vries: Oberflächenrauheit, Toleranz und Passung. Werkstattstechnik u. Maschinenbau 45 (1955) 608–610.

7 Schweißverbindung

7.1 Anwendung

Die Schweißverbindung ist sehr vielseitig anwendbar; nicht nur bei Werkstoffen wie Stahl, Stahlguß und bedingt Grauguß, sondern auch bei Kupfer-, Aluminium- und Magnesiumlegierungen, bei Nickel, Zink und Blei und auch bei thermoplastischen Kunststoffen. Man sieht geschweißte statt genieteter Stahlträger, Behälter und Kessel, geschweißte Maschinenteile statt gegossener oder geschmiedeter; ferner kennt man die vielseitige Flickschweißung für Risse und Brüche, die Auftragsschweißung für Verschleißstellen und Verstärkungen und schließlich das eng mit der Schweißtechnik verbundene „Brennschneiden" zum Abschneiden und Ausschneiden von Teilen und zum Abwracken.

Geschweißte Teile werden nicht immer billiger, aber — schweißgerecht gestaltet — erheblich leichter als gegossene und auch leichter als genietete, bei gleicher Steife und Festigkeit. Dagegen ist die Güte der Schweißverbindung schwieriger nachzuprüfen, und die Herstellung erfordert besondere Erfahrungen (Schweißverzug und Schrumpfspannungen).

Im Stahlbau (Stahlhochbau, Brückenbau, Kranbau) wird die Schweißkonstruktion bis 20% leichter als die Nietkonstruktion. Vollwandträger aus Blech und Flachwerke aus Rohr und Profilstahl werden geschweißt; Fachwerke aus Profilstahl manchmal auch noch genietet.

Im Kessel- und Behälterbau gestattet die Schweißverbindung, die Bleche stumpf zu stoßen, also die lästigen Überlappungen an den Nahtkreuzungen zu vermeiden und etwas leichter zu bauen (Festigkeit der geschweißten Naht 70···100%, der genieteten 60···87% der Blechfestigkeit).

Im Maschinenbau wird vorwiegend geschweißt, besonders bei kleinen Stückzahlen, oder auch wenn es auf Leichtbau oder kurze Lieferzeit ankommt. Geschweißte Maschinenteile werden bis zu 50% leichter (etwa halbe Wanddicke!) als gegossene, und besonders bei Einzelfertigung macht sich der Fortfall des Modells im Preis und in der Lieferzeit bemerkbar. Hingewiesen sei besonders auf geschweißte Getriebe- und Schutzkästen, Maschinenrahmen, Hebel, Zahnräder und Seilrollen. Bei Serienfertigung ist jedoch häufig die Gußkonstruktion billiger.

7.2 Herstellung

Beim Schweißen müssen die zu verbindenden Flächen auf Schweißtemperatur und in innige Berührung gebracht werden. Die metallische Vereinigung erfolgt entweder

1. durch Zusammenpressen (Preßschweißen) oder
2. durch Zusammenschmelzen (Schmelzschweißen).

Hierbei kann die Schweißgüte durch feste oder gasige Einhüllung oder durch Zugabe von desoxydierendem und schlackenbildendem Schweißpulver gesteigert werden.

Schweißverfahren

Schmelzschweißen: Das *Gasschmelzschweißen* (Autogenschweißen), bei dem als Wärmequelle eine Brenngas-Sauerstoff-Flamme benützt wird, ist ausschließlich als Handschweißverfahren verbreitet. Als Brenngas wird hauptsächlich Azetylen (Flammtemperatur 3200 °C) verwendet. Bördelnähte bis 2 mm Blechdicke werden ohne Zusatzwerkstoff, dickere Bleche durch Zuschmelzen von Schweißdraht miteinander verbunden. Hauptanwendungsbereiche sind der Rohrleitungsbau, Behälterbau, das Schweißen dünner Bleche sowie Reparaturarbeiten.

In weiten Fertigungsbereichen hat das elektrische *Lichtbogenschweißen* mit ummantelter Stabelektrode das Autogenschweißen ersetzt. Die Schweißstelle wird durch einen elektrischen Lichtbogen (3500 °C) zwischen Werkstück und Schweißdraht aufgeschmolzen. Das Verfahren wird in allen Bereichen von Fertigung und Instandsetzung als Verbindungs- und Auftragsschweißung angewendet.

Während das Lichtbogenschweißen mit Mantelelektrode ein Handschweißverfahren darstellt, sind das *Metall-Inert- bzw. Metall-Aktiv-Gasschweißen* (MIG/MAG), das *Wolfram-Inert-Gasschweißen* (WIG), das *Plasma-Schweißen* mit mechanisch eingeschnürtem Lichtbogen, das *Fülldraht-Schweißen* und das *Unter-Pulver-Schweißen* (UP) teil- bis vollautomatisierbare Schweißverfahren. Plasmaschweißen wird im Dünnblechbereich (0,1···1 mm) für unlegierte und legierte Stähle, Kupfer, Messing und Sondermetalle, außerdem für CrNi-Stähle (2···8 mm) angewendet; WIG-Schweißen mit nicht abbrennender Wolframelektrode für Blechstärken von 0,6···3 mm ohne und mit Zusatzwerkstoff für Stähle und praktisch alle NE-Metalle; MIG/MAG mit abbrennender Metallelektrode für größere Blechdicken, vornehmlich für Stahlwerkstoffe. Als Schutzgase werden für diese Verfahren Argon, bzw. Mischungen von Argon mit Helium (Inertgase), Sauerstoff, Kohlendioxid, Stickstoff und Wasserstoff (Aktivgase) verwendet. Die UP-Schweißung mit abbrennendem Zusatzdraht bzw. -band als Elektrode und Schweißpulver als Schlackenbildner wird für größere Blechdicken (>10 mm) im Behälterbau, Stahlbau, Schiffbau sowie zum Plattieren als vollautomatisches Verfahren eingesetzt.

Für die Verbindung schwer schweißbarer Werkstoffe und für Verbundschweißungen wird in zunehmendem Umfange das *Elektronenstrahlschweißen* angewendet. Durch hohe Leistungsdichte (10^6—10^8 W/cm^2) tiefe Nähte möglich (bis Tiefe/Breite etwa 40 : 1).

Preßschweißen: Bei der *elektrischen Widerstandsschweißung* (Stumpf-, Punkt- und Rollnaht-Schweißung) werden die Teile an der Berührungsstelle durch den elektrischen Widerstand (bis 100000 Amp. bei 10 Volt) auf Schweißtemperatur gebracht und durch anschließende Anpressung verschweißt. Verwendet zum Stumpfschweißen von Schienen, Profilstählen und Rohren bis 200 cm^2 Querschnitt; zum Kettenschweißen und zum Anfschweißen von Werkzeugstahl; zum Punktschweißen von überlappten Blechen von 0,2 bis 25 mm Gesamtdicke (Karosseriebau, Kleineisenwaren), ebenso zum Rollnahtschweißen bis 5 mm Gesamtdicke. Beim *Reibschweißen* wird die erforderliche Temperatur durch Reibung der zu verschweißenden Teile erzeugt, die dann unter Druck zusammengefügt werden. Reibgeschweißt werden insbesondere rotationssymmetrische kleinere Teile in Serienfertigung.

Genannt sei noch die *Thermit*schweißung mit gezündetem Pulvergemisch aus Al und Eisenoxyd (3000 °C) für Schienenstöße und die *Grauguß-Aufguß*schweißung, die ein Angießen von Grauguß an beschädigte Gußstücke darstellt.

Tafel 7/1. Schweißeignung der Baustähle

Gütegruppe	1		2		3	mittlerer
Vergießungsart	U	R	U	R	RR	C-Gehalt %
nicht schweißsicher	St 33-1	St 33-1	St 33-2	St 33-2	—	—
schweißsicher	St 34-1[1]	St 34-1	St 34-2	St 34-2	—	0,16
	St 37-1[1]	St 37-1	St 37-2	St 37-2	St 37-3	0,18
	St 42-1[1]	St 42-1	St 42-2	St 42-2	St 42-3	0,24
	—	—	St 46-2	St 46-2	St 46-3	0,20
	—	—	—	—	St 52-3	0,20
bedingt schweißsicher	—	St 50-1	—	St 50-2	—	0,30
	—	St 60-1	—	St 60-2	—	0,40
	—	—	—	St 70-2	—	0,50

[1] Die Schweißsicherheit dieser Stähle der Gütegruppe 1 kann im allgemeinen bei folgenden Werkstoffdicken vorausgesetzt werden:

in Zuggliedern: $s \leqq 16$ mm in Druckgliedern: $s \leqq 30$ mm .

Je nach Beanspruchung sind dabei beruhigte (R) Stähle den unberuhigten (U) vorzuziehen.

Schweißbarkeit

Zu beachten ist:

Die Nähte müssen für den Schweißbrenner bzw. für die Elektrode gut zugänglich sein.

C-arme ($<0,3\%$ C) Stähle lassen sich leicht schweißen;

C-reiche (härter als St 52) und legierte Stähle ergeben leicht Spannungsrisse[1]; Grauguß ist schwierig zu schweißen, daher nur für Reparaturzwecke;

Übersicht über Schweißeignung der Baustähle s. Tafel 7/1;

Nichteisenmetalle (Cu-, Al- und Mg-Legierungen, Nickel, Zink und Blei) erfordern besondere Vorkehrungen beim Schweißen[1] (z. B. Vorwärmen, Schutzgas);

Thermoplastische Kunststoffe können unter Anwendung von Wärme, z. B. im Heißluftstrom, und Druck ohne oder mit Schweißzusatzwerkstoff geschweißt werden.

Besondere Maßnahmen

Um Schrumpfspannungen und Verwerfungen zu verringern, muß man die Wärmemenge (Nahtmenge) örtlich weniger häufen (dünne Nähte bevorzugen und grobtropfende Elektroden verwenden), in der richtigen Reihenfolge schweißen, Dehnmöglichkeiten schaffen und die Schweißkonstruktion gegebenenfalls noch nach dem Schweißen im Ofen bei 600° C spannungsarm glühen. Hochbeanspruchte Konstruktionen, besonders aus St 52, wird man außerdem beim Schweißen auf 100···150° C vorwärmen (Guß auf 200···300 °C). Dickere Nähte kann man in dünneren Lagen abwechselnd von der einen und anderen Seite schweißen. Dabei ist jedoch zusätzliche Wendearbeit notwendig, so daß man es meist vermeidet. Bei großen Konstruktionen, die nicht im Ofen spannungsarm geglüht werden können, hat sich das Flamm-Entspannen bewährt. Bei diesem Verfahren wird am fertigen Bauteil durch auf beiden Seiten der Schweißnaht geführte Brenner die Umgebung der Naht auf etwa 200 °C erwärmt. Den Brennern folgt eine Wasserbrause, die das Material wieder abkühlt. Die vorübergehende örtliche Erwärmung hat Wärmespannungen zur Folge, die sich den Eigenspannungen der Naht überlagern. Hierbei wird die Streckgrenze in der Naht überschritten. Durch das Fließen des Werkstoffes werden die Eigenspannungen der Schweißnaht, und zwar hauptsächlich die Längsspannungen, abgebaut. Die zusätzlichen Wärmespannungen werden durch die Abkühlung wieder beseitigt.

Durch Vorrichtungen zum Halten und Wenden der Schweißstücke, ferner durch Führungen und Vorschubeinrichtungen kann man die Schweißarbeit oft sehr erleichtern, Vorbearbeitungen einsparen und die Schweißgüte heben.

Durch nachträgliches Glätten (Schleifen oder Abhobeln) und Hämmern der Naht kann außerdem die Kerbwirkung verringert und die Dauerfestigkeit erheblich erhöht werden.

7.3. Gestaltung

Der Erfolg der Schweißkonstruktion hängt besonders von der schweißgerechten Gestaltung ab. Tafel 7/2 bringt hierzu zahlreiche Beispiele, nach bestimmten Gesichtspunkten geordnet. Die verschiedenen Einzelerfahrungen lassen sich im wesentlichen auf folgende Leitlinien bringen:

1. Geringe Nahtmenge anstreben, da die Schweißkosten fast proportional hiermit anwachsen. Entsprechend sucht man die Schweißkonstruktion möglichst aus größeren Teilstücken aufzubauen; ferner bevorzugt man dünne, längere Nähte, da sie mit geringerer Nahtmenge ($a^2 \cdot l$) die gleiche tragende Nahtfläche ($a \cdot l$) ergeben wie dicke, kürzere Nähte. Umlaufende Nähte an Drehkörpern werden gefühlsmäßig meist viel zu dick ausgeführt (daher Festigkeit nachrechnen, s. Beispiel 2 in Abschnitt 7.7).

---

[1] Im Zweifelsfalle eine Schweißprobe machen! Häufig genügt die einfache Aufschweiß-Biegeprobe, bei der eine Schweißraupe auf ein Probestück (5×40×150 mm) aufgeschweißt und das Probestück über einen Dorn (Durchm. = 2 · Blechdicke) um 180° gebogen wird, um zu sehen, ob es spröde bricht.

Tafel 7/2. Gestaltungsbeispiele.

Schlechter!	Besser!	Beachte
a 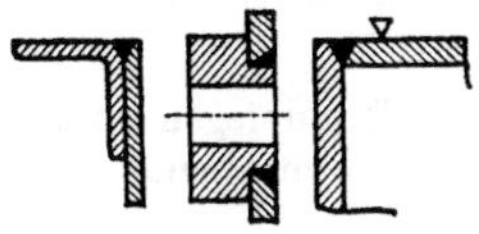	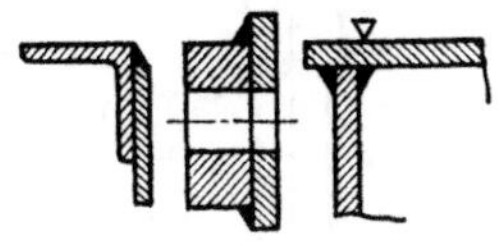	1. Vorarbeiten, wie Absätze und Abschrägungen, möglichst einsparen!
Puffergehäuse *b* 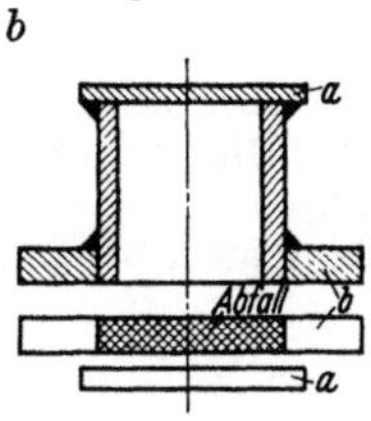	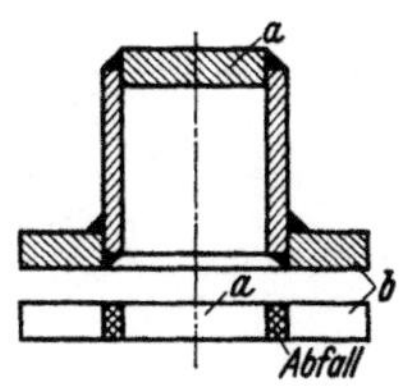	2. Abfallstücke vermeiden! Dem Konstruktionsbüro zur Verwertung melden!
Seiltrommel *e* 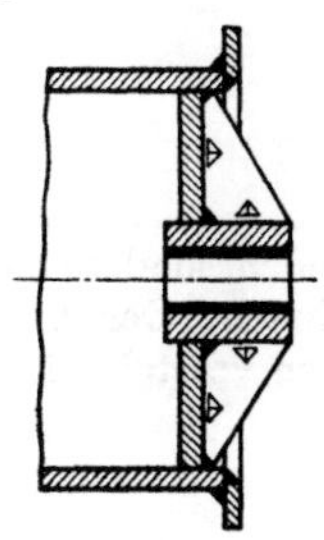	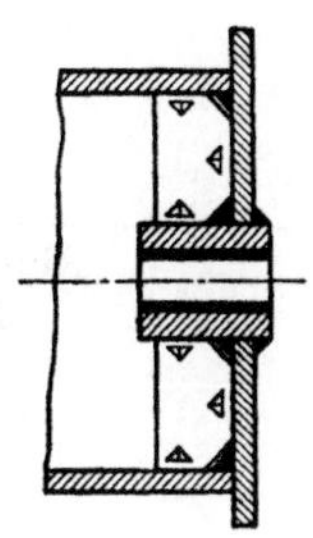	An Schnitten, an Nahtmenge und an Rippen sparen! Doppelnähte nur bei größeren Kräften.
Kastenstoß *d* 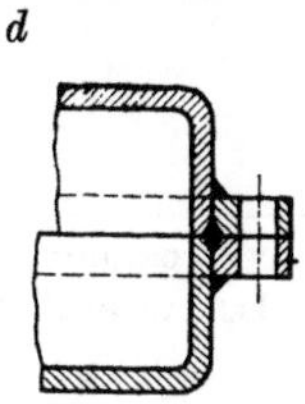	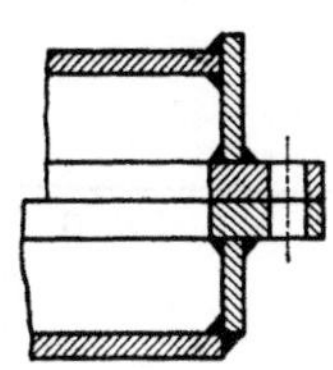	3. Naht nicht in Paßflächen legen! Innere Naht nur bei schweren Kästen. Maße des Flachstahls (Flansch) als Rohmaß angeben. Bearbeitungszugabe 2 mm (4 mm) bei Kastenlänge bis 1 m (über 1 m).
Zahnrad *c* 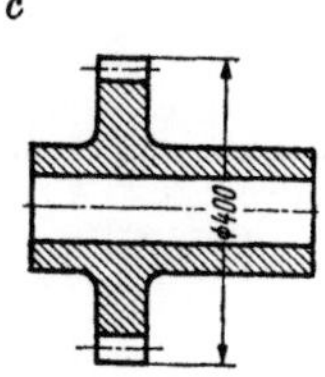	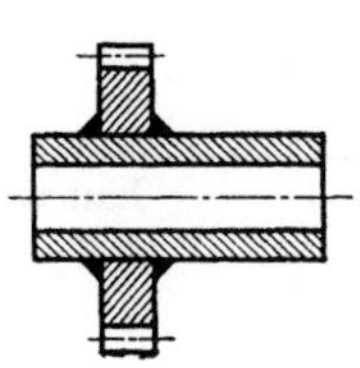	4. Größere Bunde und Flansche billiger geschweißt als geschmiedet oder aus dem Vollen gedreht.
Wellenflansch *f* 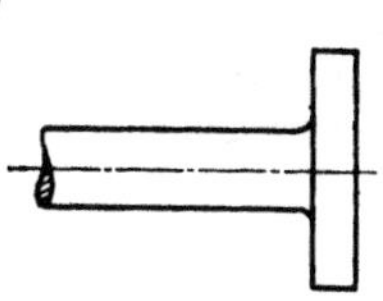	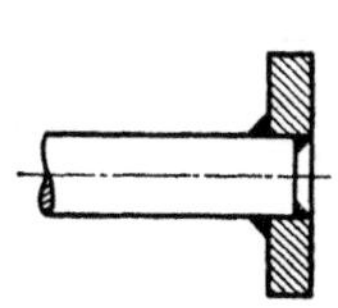	

Tafel 7/2. Gestaltungsbeispiele (Fortsetzung)

Schlechter!	Besser!	Beachte
g *h* *i* 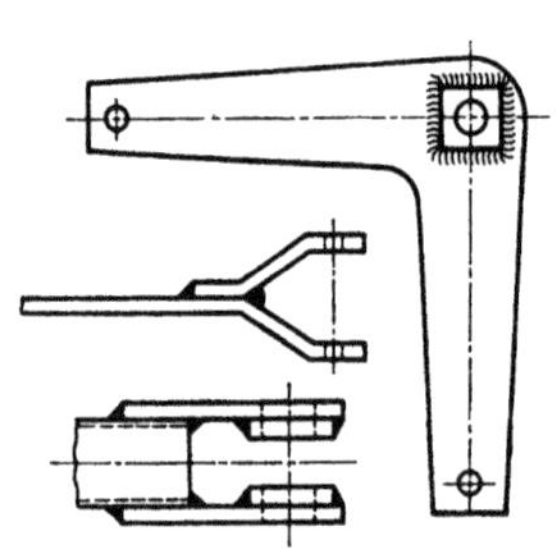	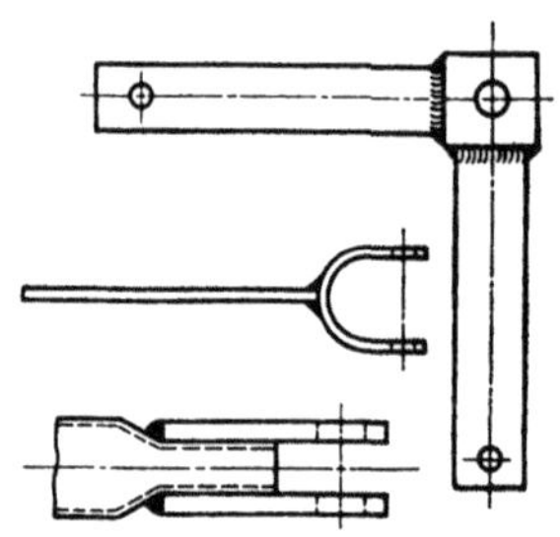	5. An Brennschnitten, an Schweißnahtmengen und an Vorbearbeitung sparen! Von Profilstahl, Rundbiegen und Abkanten Gebrauch machen.
Zahnrad *k* 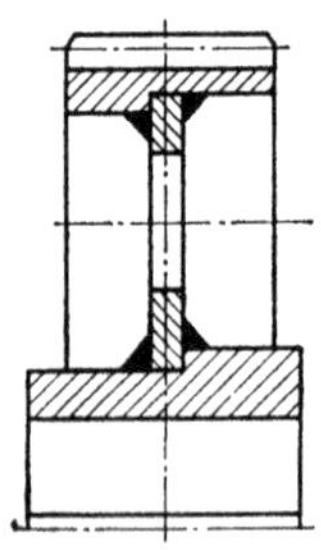	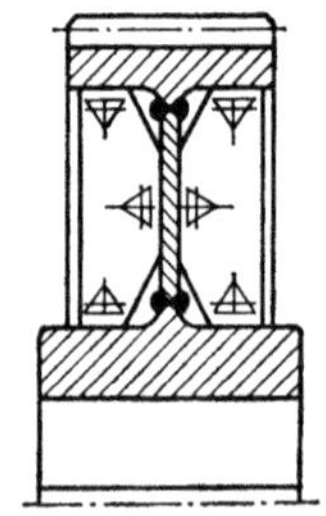	Kranz nahtlos gewalzt. Rippen nur bei Schrägverzahnung. Geschweißte Zahnräder s. auch Band II.
Bremsscheibe *l* 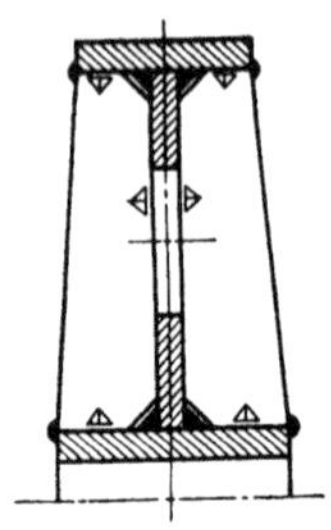	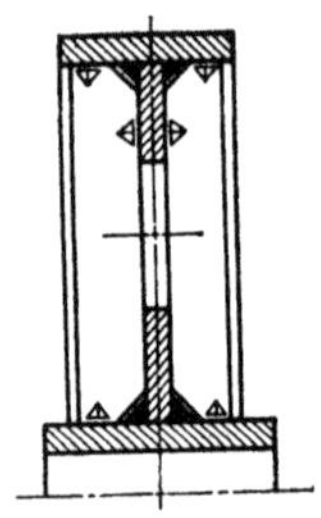	Rippen nicht ausschneiden, sondern hierfür Flachstahl nehmen! Der Kranz soll über die Rippen vorstehen!
m 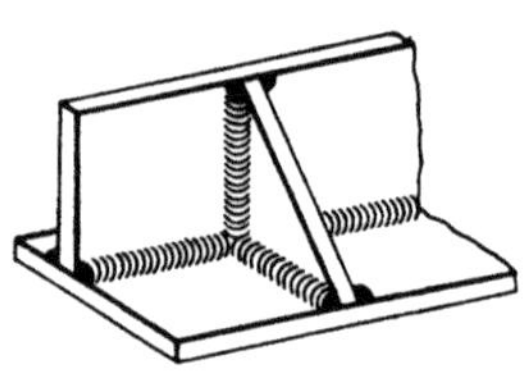	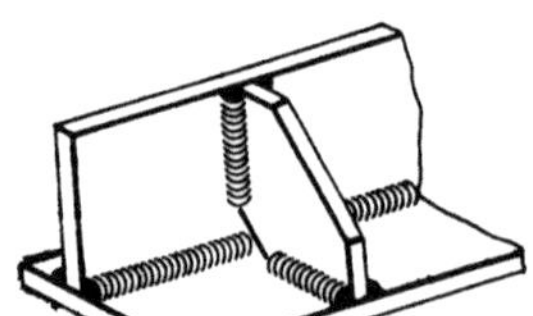	**6. Nahthäufung (Schrumpfspannungen gen) vermeiden, also Quernähte unterbrechen.**
Behälter *n* 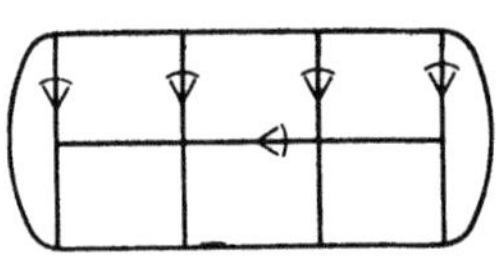	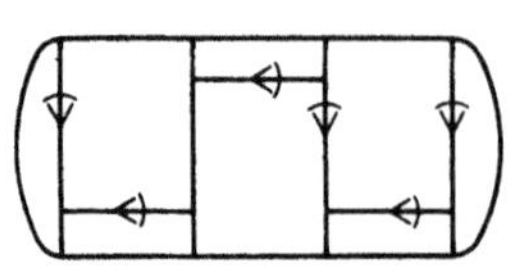	**Längsnähte versetzen.**
Behälter Naht gerissen bei *o* 		**7. Nähte in Behälterkanten besonders gefährdet, also verlegen.**

Tafel 7/2. Gestaltungsbeispiele (Fortsetzung)

	Schlechter!	Besser!	Beachte
p	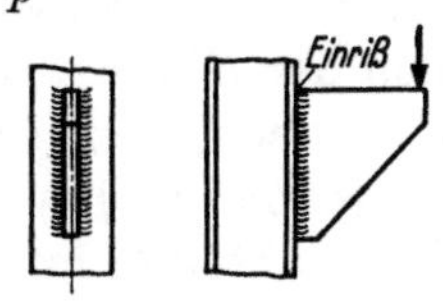	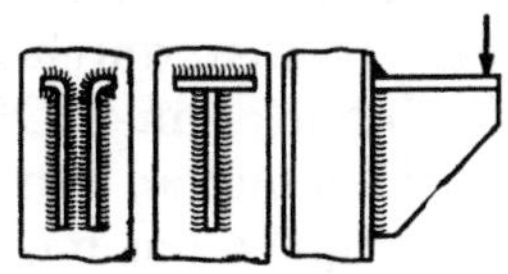	8. Anrißgefahr verringern durch richtige Nahtanordnung.
q	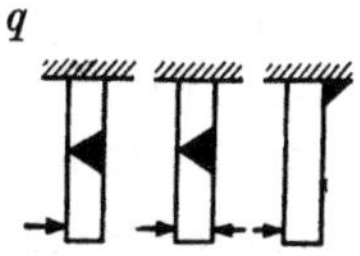	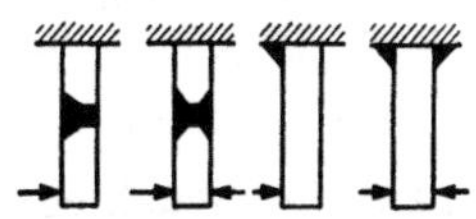	Nahtwurzel nicht in Zugzone legen
r	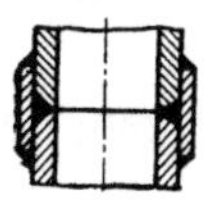	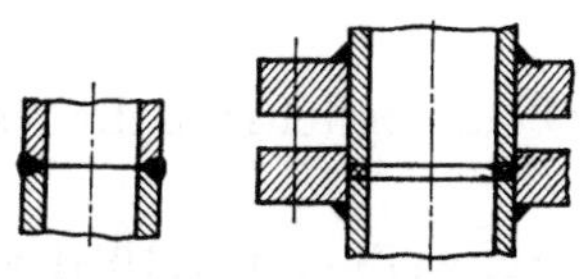	9. Rohrleitung
s	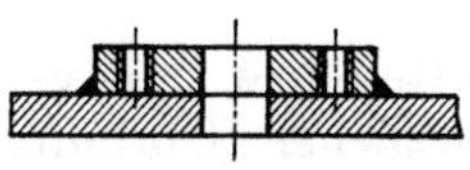	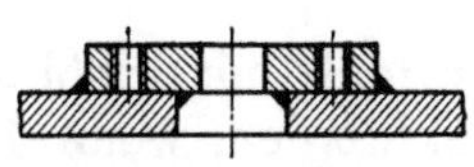	Dichtungsnaht innen!
t	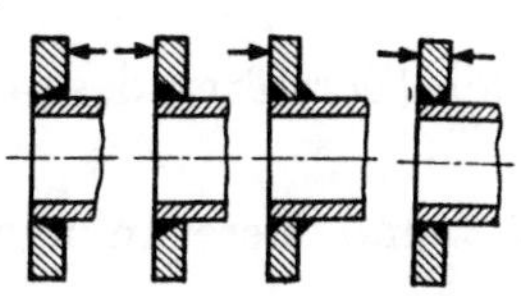	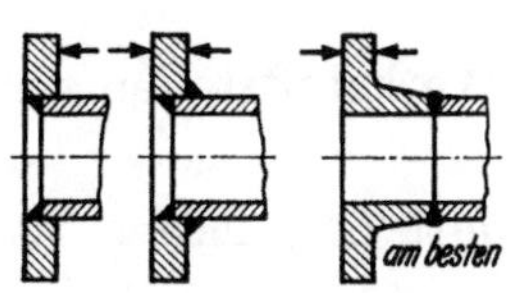	Nahtwurzel nicht in Zugzone legen! Vorbearbeitung sparen.
u	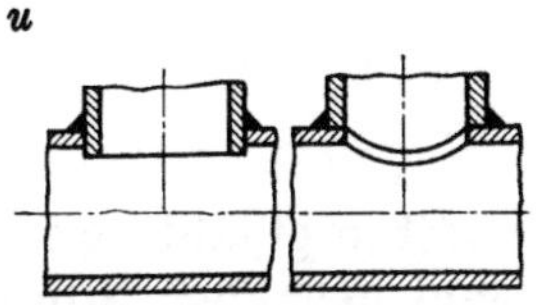	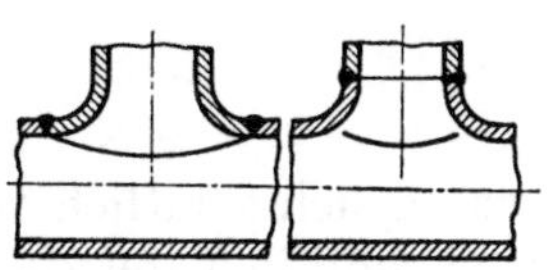	Bei großen Geschwindigkeiten u. Beanspruchungen Rohransatz ausrunden u. Naht aus Kante herauslegen.
Trägeranschlüsse v w	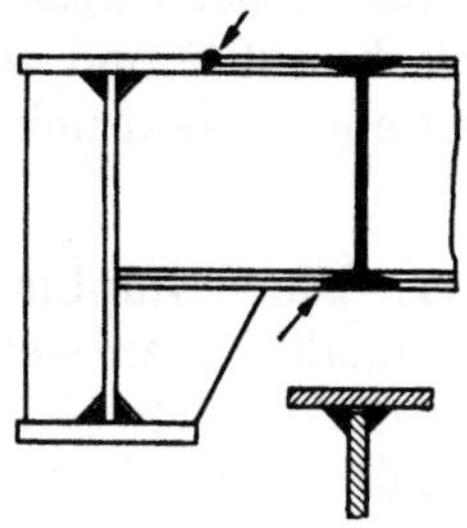	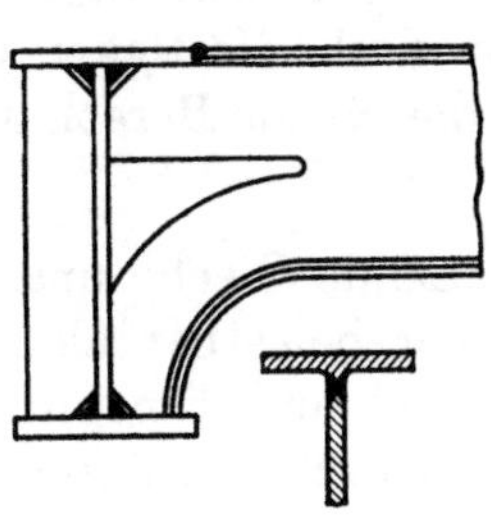	**10. Trägeranschluß besonders bei hoher Beanspruchung gut abrunden! Endpunkte bohren, Ausschnitte ausbrennen, warm aufbiegen, dann Füllstücke einschweißen.**

2. Als Bauelemente bevorzugt man Flach- und Profil-Stähle, abgekantete und gebogene Bleche oder mit dem Brenner ausgeschnittene Stücke. Verwickelte Teile abtrennen und für sich schweißen oder als Guß-, Schmiede-, Preß- oder Ziehteile einschweißen. Abfallstücke gering halten oder weiter verwerten.

3. Vorbearbeitungen, wie gedrehte Absätze, für die bequemere Zuordnung der Teile beim Schweißen möglichst einsparen (s. Bild k) — nur bei Einzelfertigung vorteilhaft — und statt dessen entsprechende Vorrichtungen beim Schweißen verwenden.

4. Schrumpfspannungen und Kerbwirkungen auch durch konstruktive Maßnahmen verringern: Durch konstruktive Dehnmöglichkeiten, durch Herauslegen der Nähte aus den Zonen erhöhter Spannung (o, u, w); durch dünnere Nahtlagen (s. oben); ferner Quernähte und Querrippen möglichst vermeiden und an den Kreuzungsstellen die Quernähte unterbrechen (Bild m); außerdem Querrippen nur mit dünnen Kehlnähten (3 mm dick) anschließen.

5. Starre und schwingungsfeste, biege- und drehsteife Schweißkonstruktionen können mit geringer Wanddicke durch geschlossene Kasten- oder Rohr-Querschnitte (Bild 4/4) durch „Zellenbau" (Bild 4/7) und sonstige Maßnahmen (s. Leichtbau) erzielt werden.

6. Bei Blech- und Kastenträgern wegen der Ausbiege- und Rostgefahr durchlaufende Nähte bevorzugen und zwar 4···10 mm dick bei Kraftnähten (3 mm bei Heftnähten). Die offenen Enden von Kastenträgern möglichst zuschweißen, um Festigkeit und Rostschutz zu erhöhen.

7. Bei Biegeträgern die Schweißstellen möglichst in die Nähe der Auflager legen, um sie vom Biegemoment zu entlasten.

8. Bei Druckstäben kann für die Schweißnaht 1/10 der Druckkraft angenommen werden, wenn der Stab die Kraft im wesentlichen unmittelbar durch gute Auflage übertragen kann.

9. Bei zugbeanspruchten Querschnitten muß mit erhöhten Kräften bzw. mit verringerten zulässigen Spannungen gerechnet werden, wenn die zusätzlichen Schrumpfspannungen sich nicht voll ausgleichen können (spannungsarm glühen oder Dehnmöglichkeit vorsehen!).

10. Schweißnähte an kaltverformten Werkstoffstellen vermeiden (Zerstören des gerichteten Gefüges);

11. Ausbildung der Nähte s. Abschnitt 7.4., ferner Tafel 7/2 und Berechnungsbeispiele.

7.4 Stoß- und Nahtformen

Die verschiedenen Ausführungsformen lassen sich sämtlich auf die „Stumpfnaht" oder „Kehlnaht" zurückführen. Die wichtigsten sind in Tafel 7/3, getrennt nach der „Stoßform", d. h. nach der Lage der Teilstücke zueinander, zusammengestellt. Der hier angegebene Beiwert v_1 gibt ein Maß für die Wechselfestigkeit der Nähte bei verschiedener Belastung gegenüber der Zug-Druck-Wechselfestigkeit des Blechs auf Grund von Versuchen an St 37 [7/3]. Außerdem sind die für die Berechnung geltenden Nahtdicken angegeben.

1. *Stumpfstoß*: Verwendet für durchlaufende Bleche und Träger. Die Stumpfnaht ist statisch und besonders dynamisch höher belastbar als die Kehlnaht, aber meist teurer. Ein Gegenschweißen der Nahtwurzel und Einebnen der Naht durch Nachschleifen in Kraftrichtung erhöht die dynamische Festigkeit erheblich; eine Schrägnaht ist auch statisch höher belastbar.

Man verschweißt Bleche bis 3 mm Dicke ohne Kantenabschrägung, bis 20 mm Dicke mit V-Naht (Bleche vorher abgeschrägt, Nahtwinkel $\approx 60°$), bis 40 mm Dicke mit X-Naht, darüber mit kelchartiger V- bzw. X-Naht (als U-Naht bzw. Doppel-U-Naht bezeichnet). Bei unterschiedlicher Blechdicke und hoher Beanspruchung soll man das dickere Blech zur Naht hin verjüngen. Als Nahtdicke a gilt die kleinste Blechdicke s an der Naht. Mitunter noch verwendete „Verstärkungslaschen“ sind zu vermeiden, da sie die Festigkeit der Verbindung sogar herabsetzen, wie Versuche gezeigt haben.

2. *T-Stoß*: Meist mit Flachnaht ausgeführt, also weniger belastbar als der Stumpfstoß. Bei dynamischer Last ist die Hohlnaht (guter Übergang) der Flach- und diese der Wölbnaht überlegen; ferner ist die einseitige Kehlnaht nur gering belastbar. Als Nahtdicke a gilt für Kehlnähte die Höhe des in den Nahtquerschnitten einbeschriebenen Dreiecks.

3. *Eckstoß*: Weniger belastbar als T-Stoß.

4. *Laschenstoß*: Am wenigsten belastbar von allen Stoßformen.

5. *Behälternaht* (Tafel 7/2, Bild o): Die Bördelnaht (gerissen bei 5 atü) und die Ecknaht (gerissen bei 12 atü) sind schlechter als die aus der Kante herausgelegte Stumpfnaht (gerissen bei 30 atü).

7.5 Zeichnungsangaben

1. *Darstellung der Naht*: Im Querschnitt wird sie voll gezeichnet (s. Tafel 7/3), in der Längsansicht als Linie mit oder ohne Schraffur (s. Tafel 7/2, Bild *n*) und mit dem betreffenden Schweißzeichen nach DIN 1912 (Tafel 7/4) versehen.

2. *Zusätze zum Schweißzeichen*: Nahtdicke a in mm (s. Tafel 7/3); Nahtlänge L in mm; ferner Mittenabstand e der Nahtstücke in mm bei unterbrochener Naht; Schweißverfahren, z. B. *G*, *E* oder *R* für Gas-, Lichtbogen- oder Widerstandsschweißen (m bei masch. Ausführung).

Schweißgüte AS bis DS für Stumpfnähte und AK bis CK für Kehlnähte, wobei AS bzw. AK die höchste Güte darstellen (nach DIN 8563, April 1972).

Längsstrich durch Schweißzeichen bedeutet durchlaufende Naht;

„Fahne“ am Schweißzeichen bedeutet Montagenaht;

Weitere Angaben sind mit Bezugspfeil außerhalb der Nahtlinie einzutragen oder in besonderer Darstellung anzubringen;

Gemeinsame Angaben für alle Nähte nur einmal auf der Zeichnung vermerken.

Beispiele

Zeichen  8G: durchlaufende Wölbnaht mit 8 mm Nahtdicke, gasgeschweißt.

Zeichen 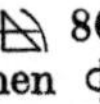 10 – 900 E bedeutet V-Naht mit ausgekreuzter Wurzel und gegengeschweißter Kapplage, 10 mm Nahtdicke (= Blechdicke), 900 mm Nahtlänge, Lichtbogenschweißung.

7.6 Festigkeitsberechnung

Eine Nachrechnung der Festigkeit ist nur für kraftübertragende Nähte erforderlich.

7.6.1 Bezeichnungen

a	mm	Nahtdicke (s. Tafel 7/3)	σ, τ	N/mm²	Normal- bzw. Schubspannung im Werkstoff (außerhalb der Naht)
F, F_N, F_Q	N	Kräfte (allg., Längs-, Quer-)			
L	mm	Nahtlänge			
l	mm	rechnerische Nahtlänge	σ_A, τ_A	N/mm²	Ausschlagfestigkeit im Werkstoff (außerhalb der Naht)
A'	mm²	Nahtquerschnitt[1]			
I'	mm⁴	Trägheitsmoment der Nahtfläche	σ', τ'	N/mm²	Normal- bzw. Schubspannung in der Naht
y	mm	Abstand von der neutralen Faser	σ'_a, τ'_a	N/mm²	Ausschlagspannung in der Naht
			K	N/mm²	Festigkeitskennwert
v, v_2	–	Beiwerte für die zulässige Spannung (statisch)	i	–	Anzahl der Scherquerschnitte
			s	mm	Blechdicke
v_1, v_2	–	Beiwerte für die zulässige Spannung (dynamisch)	S_N	–	Sicherheit

[1] Das Zeichen ′ wird für die Größen benutzt, die sich auf die Schweißnaht beziehen.

7.6.2 Nahtspannung

Man berechnet die Nennspannungen σ' bzw. τ' in der Schweißnaht entsprechend der Belastungsart wie folgt:

Von der Schweißverbindung zu übertragende Schnittgröße		Nennspannung in der Schweißnaht	
Längskraft	F_N:	$\sigma' = \frac{F_N}{A'} = \frac{F_N}{\sum (a \cdot l)}$,	(7/1)
Querkraft	F_Q:	$\tau' = \frac{F_Q}{A'} = \frac{F_Q}{\sum (a \cdot l)}$,	(7/2)
Biegemoment	M_b:	$\sigma' = \frac{M_b}{I'} \cdot y$.	(7/3)

Überträgt die Schweißverbindung ein Torsionsmoment M_t, so kann die Nennspannung τ' einer Naht, die ohne Unterbrechung um einen Querschnitt läuft, näherungsweise mit Hilfe der Bredtschen Formel ermittelt werden:

$$\tau' = \frac{M_t}{2A_u \cdot a}, \tag{7/4}$$

mit A_u als Fläche, die die Mittellinie der Nahtfläche umschließt. Bei dynamischer Belastung ist der Spannungsausschlag σ'_a und τ'_a zu ermitteln.

Als rechnerische Nahtlänge l wird bei geschlossenen, rundum laufenden Nähten $l = L$ gesetzt, während bei unterbrochenen Nähten häufig an jedem Nahtende für den Endkrater ein Abzug (= Nahtdicke a) gemacht wird, so daß für eine durchlaufende Naht $l = L - 2a$ ist. Bei Stumpfnähten kann auf den Abzug für die Endkrater verzichtet werden, wenn die Naht auf angelegte Auslaufbleche gezogen wird.[1]

Treten in einer Schweißnaht gleichzeitig Normal- und Schubspannungen auf, so kann für den Festigkeitsnachweis eine *Vergleichsspannung* σ'_v bestimmt werden, die mit dem maßgebenden Festigkeitswert bei einachsiger Beanspruchung verglichen wird. Dafür stehen verschiedene Festigkeitshypothesen zur Verfügung. Bild 7/1 zeigt, wie die einzelnen Hypothesen und Versuchsergebnisse voneinander abweichen. Die Bemessungsformel lautet:

$$\sigma'_v = \sqrt{\sigma'^2 + 1{,}8\tau'^2}. \tag{7/5}$$

Sie ist auf Grund von ISO-Versuchen an Stirnkehlnahtverbindungen aufgestellt worden und streng genommen nur dafür gültig.

Für viele Verbindungen fehlen noch Versuchsergebnisse, insbesondere bei dynamischer Belastung.

Es ist aber auch möglich, mit einer Vergleichsspannung nach der *Festigkeitshypothese* der *größten Normalspannung* zu rechnen:

$$\sigma'_v = \frac{1}{2}(\sigma' + \sqrt{\sigma'^2 + 4\tau'^2}). \tag{7/6}$$

[1] Bei Kehlnähten brauchen nach DIN 4100 die Endkrater ebenfalls nicht mehr abgezogen zu werden.

Fußnote zu Tabelle 7/3:

[1] Die Beiwerte v und v_1 sind bei der Beanspruchung der Schweißnaht auf Biegung im allgemeinen günstiger als bei der Beanspruchung auf Zug oder Druck, da bei Biegung die Spannungen in den außen liegenden Nahtfasern durch plastische Verformung abgebaut werden können. Dadurch werden die weiter innen liegenden elastisch beanspruchten Fasern zum Mittragen stärker herangezogen.

Wird jedoch eine Schweißnaht derart gebogen (Biegung um x-Achse, Bild 7/7), daß sich eine Biegespannungsverteilung in Längsrichtung der Naht ergibt, so ist die oben geschilderte Stützwirkung der inneren Nahtfasern geringer. In solchen Fällen sind bei der Ermittlung der zulässigen Schweißnahtspannung die Beiwerte v und v_1 für Zug oder Druck zu verwenden.

Tafel 7/8. Beiwert v_1 für verschiedene Stoß- und Nahtformen und Belastungsarten[1] (vgl. Bild 7/7)

Stumpfstoß	Bezeichnung	Volles Blech	V-Naht	V-Naht wurzelverschweißt	V-Naht bearbeitet	X-Naht	V-Schrägnaht
	Nahtbild						
v_1	Zug-Druck	1	0,5	0,7	0,92	0,7	0,8
	Biegung	1,2	0,6	0,84	1,1	0,84	0,98
	Schub	0,8	0,42	0,56	0,73	0,56	0,65

T-Stoß	Bezeichnung	Doppel- Wölbnaht	Doppel- Flachnaht	Doppel- Hohlnaht	Flachnaht	HV-Naht wurzelverschweißt mit Kehlnaht	K-Naht mit Doppelkehlnaht	X-Naht
	Nahtdicke	2a	2a	2a	a	s	s	s
	Nahtbild	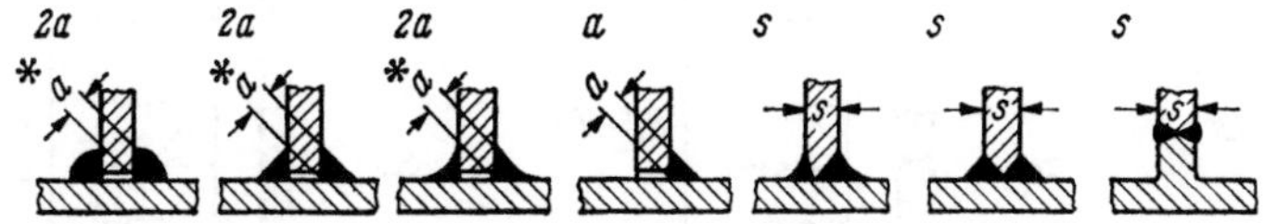						
v_1	Zug-Druck	0,32	0,35	0,41	0,22	0,63	0,56	0,7
	Biegung	0,69	0,7	0,87	0,11	0,8	0,8	0,84
	Schub	0,32	0,35	0,41	0,22	0,5	0,45	0,56

Eckstoß	Bezeichnung	Flachnaht	Doppel-Flachnaht	Eck-Stumpfnaht		Eck-X-Naht
	Nahtdicke	a	2a	s	s	2a
	Nahtbild	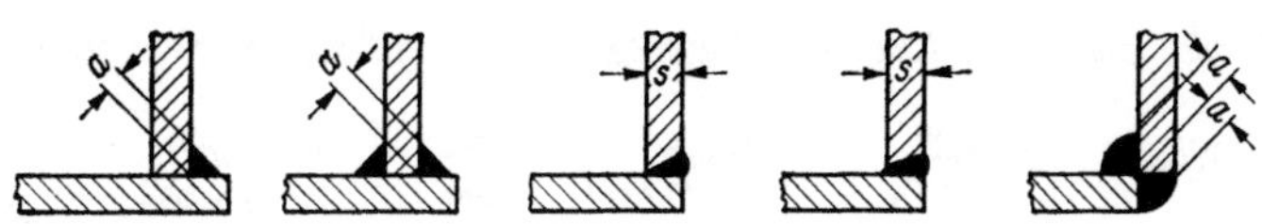				
v_1	Zug-Druck	0,22	0,3	0,45	0,6	0,35
	Biegung	0,11	0,6	0,55	0,75	0,7
	Schub	0,22	0,3	0,37	0,5	0,35

Laschenstoß	Laschenstoß mit:	Stirnkehlnaht		Flankenkehlnaht	
	Nahtdicke	2a	2a	2a	2a
	Nahtbild	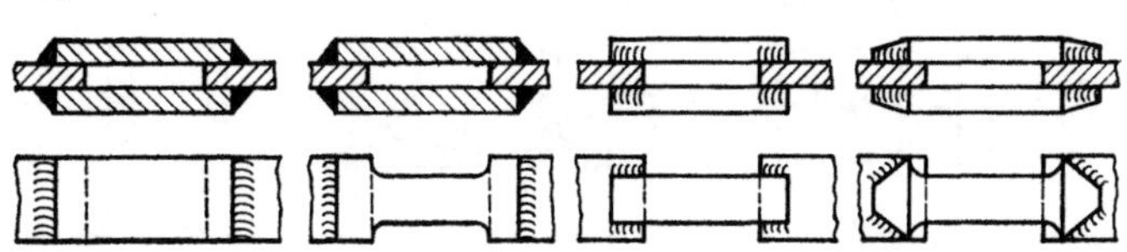			
v_1	Zug	0,22	0,25	0,25	0,48

* auch für 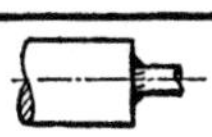

Tafel 7/4. Sinnbilder, bildliche Darstellung und Zusatzzeichen für Schmelzschweißen. DIN 1912 (nach Klein)

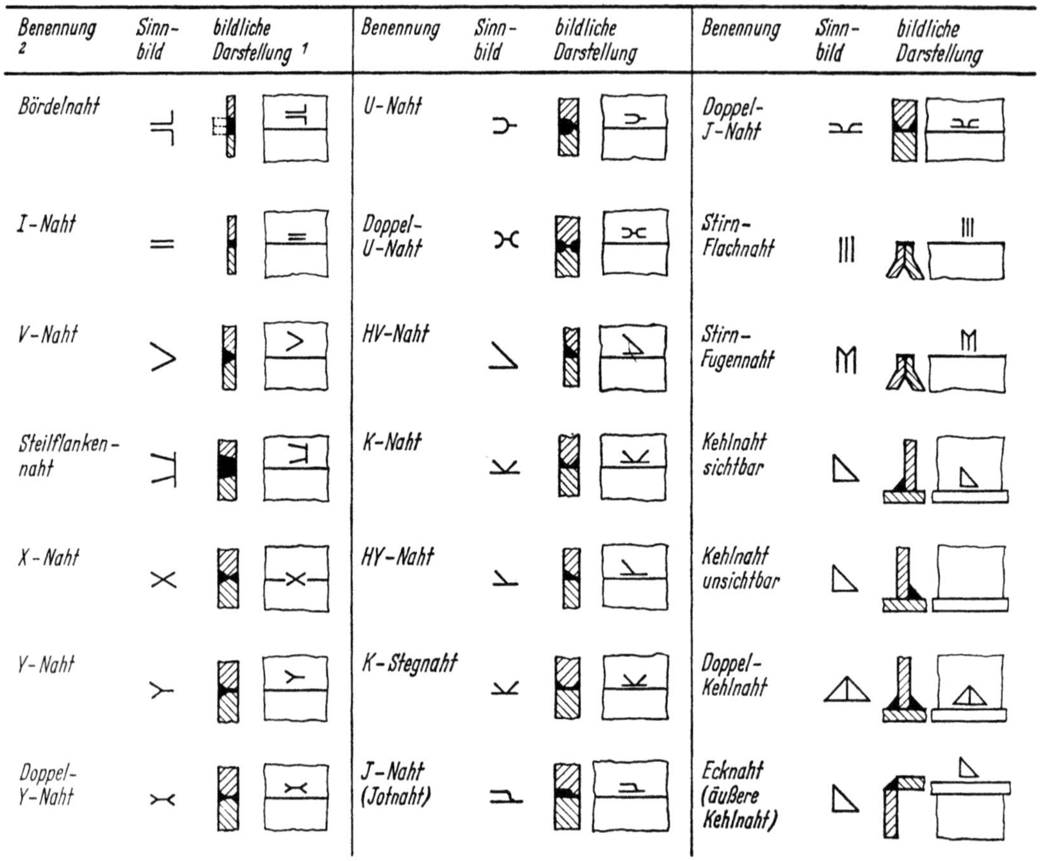

Benennung [2]	Benennung	Benennung
Bördelnaht	U-Naht	Doppel-J-Naht
I-Naht	Doppel-U-Naht	Stirn-Flachnaht
V-Naht	HV-Naht	Stirn-Fugennaht
Steilflanken-naht	K-Naht	Kehlnaht sichtbar
X-Naht	HY-Naht	Kehlnaht unsichtbar
Y-Naht	K-Stegnaht	Doppel-Kehlnaht
Doppel-Y-Naht	J-Naht (Jotnaht)	Ecknaht (äußere Kehlnaht)

(Spalten je Gruppe: Benennung, Sinnbild, bildliche Darstellung [1])

[1] Sinnbildliche Darstellung erfolgt mit Bezugsstrich und Sinnbild.
[2] Bördelnaht bis einschließlich Doppel-J-Naht sind Stumpfnähte.
[3] Empfohlen wird, diese Nähte besonders darzustellen und zu bemaßen.

Folgende Schweißnähte haben keine Sinnbilder, sie sind stets ausführlich zu zeichnen und zu bemaßen:

Zusatzzeichen und Anwendung:

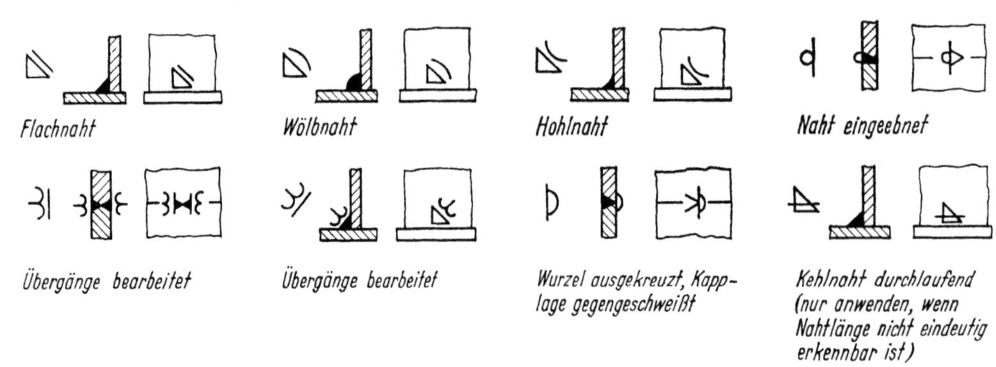

Festigkeitsnachweis:

$$\sigma_v' \leqq \sigma_{zul}' \quad \text{bzw.} \quad \leqq \sigma_{a\,zul}',$$

$$\text{außerdem} \quad \tau' \leqq \tau_{zul}' \quad \text{bzw.} \quad \tau_a' \leqq \tau_{a\,zul}'.$$

Einzelne Vorschriften, z. B. DIN 4100 (Geschweißte Stahlbauten), fordern einen Spannungsnachweis mit anderen dort angegebenen zulässigen Werten.

Tafel 7/5. Beiwerte v.

Nahtform	Art der Beanspruchung	Beiwerte v statisch
Stumpfnähte	Zug	1,0
	Druck	1,0
	Biegung	1,0
	Schub	0,8
Kehlnähte	jede Beanspruchung	0,8

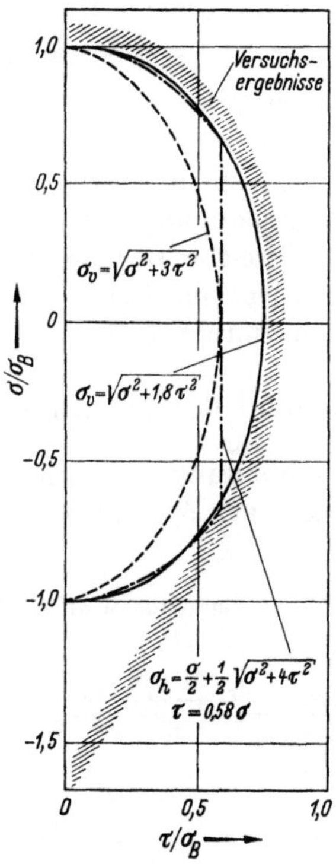

Bild 7/1. Vergleichende Darstellung der Festigkeitshypothesen mit Versuchsergebnissen an Schweißverbindungen (Kehlnähte) bei statischer Beanspruchung (nach Neumann).

7.6.3 Zulässige Nahtspannung

Die Festigkeit der Naht und der Randzone ist geringer als die Festigkeit des Werkstoffs, und zwar je nach den Umständen in verschiedenem Maße. So setzt besonders die Kerbwirkung der unbearbeiteten Naht die dynamische Festigkeit erheblich herab. Bei nicht spannungsarm geglühten Teilen treten hierzu die oft erheblichen, aber rechnerisch nicht erfaßten Schrumpfspannungen auf, die besonders für die zugbelasteten Teile gefährlich werden können.

Man setzt σ_{zul}', τ_{zul}' bzw. $\sigma_{a\,zul}'$, $\tau_{a\,zul}'$ im Verhältnis zur zulässigen Spannung σ_{zul} bzw. $\sigma_{a\,zul}$ im Werkstoff an und wählt die Verhältniswerte v_1 und v_2 auf Grund von Erfahrungen mit gleichartig belasteten Schweißkonstruktionen.

$$\left.\begin{matrix}\sigma_{zul}'\\ \tau_{zul}'\end{matrix}\right\} = v \cdot v_2 \cdot \sigma_{zul} = v \cdot v_2 \cdot \frac{\sigma_S}{S_N} \quad \text{(für statische Belastung)}, \qquad (7/7)$$

$$\left.\begin{matrix}\sigma_{a\,zul}'\\ \tau_{a\,zul}'\end{matrix}\right\} = v_1 \cdot v_2 \cdot \sigma_{a\,zul} = v_1 \cdot v_2 \frac{\sigma_A}{S_N} \quad \text{(für dynamische Belastung)}. \qquad (7/8)$$

Erfahrungsangaben[1] zu v s. Tafel 7/5; zu v_1 s. Tafel 7/3.

[1] Bei zusammengesetzter Beanspruchung aus z. B. Zug-Druck und Biegung oder Biegung und Schub usw. ist der Beiwert v bzw. v_1 für die überwiegende Normalbeanspruchung zu wählen.

Beiwert v_2: $v_2 = 0{,}8 \cdots 1{,}0$ bei nachgewiesener Nahtgüte,
$v_2 = 0{,}5$ ohne Nahtgüteangaben.

Ausschlagfestigkeit: St 37: $\sigma_A \approx 170$ (Wechselbeanspruchung) und 120 (Schwellbeanspruchung.)
St 52: $\sigma_A \approx 240$ (Wechselbeanspruchung) und 180 (Schwellbeanspruchung)

(in N/mm^2), entsprechend Dauerfestigkeitsschaubild (Zug-Druck) nach Kapitel 3.

Stähle höherer Festigkeit als St 52 sind noch kerbempfindlicher. Es müßte daher $v_1 (= 1/\bar{\beta}_K)$ niedriger gewählt werden. Als Näherung kann jedoch auch mit dem vollen v_1-Wert gerechnet und dafür σ_A von St 52 eingesetzt werden.

Einzelne Vorschriften (wie in Abschnitt 7.8.) geben jedoch direkt die Werte der zulässigen Nahtspannungen an. In anderen Berechnungsverfahren (z. B. nach Neumann) werden für zahlreiche Beanspruchungsarten und Nahtformen direkte Dauerfestigkeits-Schaubilder angegeben. Für heute übliche Schweißgüten kann im erstgenannten Berechnungsverfahren durchweg $v_2 = 0{,}8$ gesetzt werden.

7.7 Schweißen im Maschinenbau

Bauliche Durchbildung: s. besonders Tafel 7/2.

Berechnung; nach Abschnitt 7.6, wobei meistens die dynamische Beanspruchung maßgebend ist.

Beispiel 1: Bremsband aus St 37 mit Kehlnaht geschweißt nach Bild 7/2.

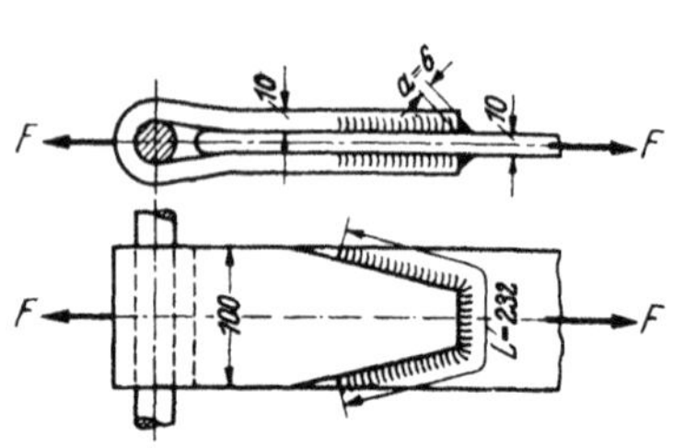

Bild 7/2. Mit Kehlnaht geschweißtes Bremsband.

Gegeben: Größte Zugkraft $F = 40000$ N (schwellend),

$$\sigma_{zul} = \frac{\sigma_S}{S_N} = 80 \frac{N}{mm^2} \quad \text{mit} \quad S_N = 3, \quad \sigma_{a\,zul} = \frac{\sigma_A}{S_N} = 40 \frac{N}{mm^2},$$

Nahtdicke $a = 6$ mm, Nahtlänge $l = L - 2a = 232 - 2 \cdot 6 = 220$ mm je Bandseite; Schweißung mit nachgewiesener Nahtgüte: $v_2 = 0{,}8$.
Gesucht: Festigkeitsnachweis
Berechnet: $A' = 2\,a \cdot l = 2 \cdot 6 \cdot 220 = 2640\ mm^2$,

$$\tau' = \frac{F}{A'} = \frac{40 \cdot 10^3}{2{,}64 \cdot 10^3} = 15{,}1 \frac{N}{mm^2} < \tau'_{zul} = v \cdot v_2 \cdot \sigma_{zul} = 0{,}8 \cdot 0{,}8 \cdot 80 = 51{,}2 \frac{N}{mm^2},$$

$$\tau'_a = \frac{\tau'}{2} = 7{,}55 \frac{N}{mm^2} < \tau'_{a\,zul} = v_1 \cdot v_2 \cdot \sigma_{a\,zul} = 0{,}35 \cdot 0{,}8 \cdot 40 = 11{,}2 \frac{N}{mm^2}$$

mit $v_1 = 0{,}35$ als Mittelwert für Stirn- bzw. Flankenkehlnaht bei Laschenstoß nach Tafel 7/3.

Beispiel 2: Rotor mit angeschweißten Achszapfen nach Bild 7/3 (St 37).

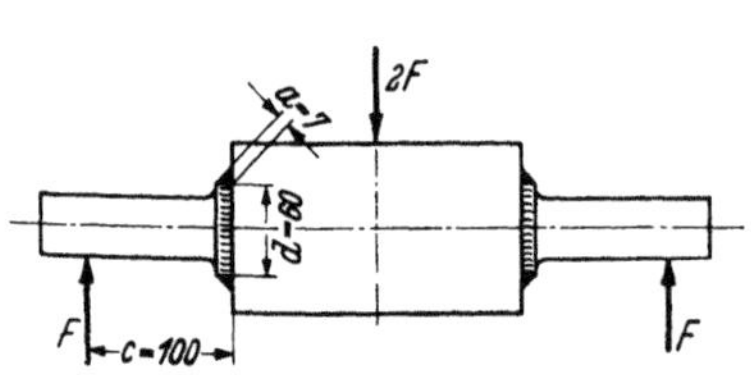

Bild 7/3. Rotor mit angeschweißten Achszapfen.

Gegeben: $F = 5000$ N, $a = 7$ mm, Zapfendurchmesser $d = 60$ mm, $\sigma_{\mathrm{a\,zul}} = \frac{170}{3} = 57\,\frac{\mathrm{N}}{\mathrm{mm}^2}$ (wechselnd beansprucht),

$v_2 = 1$ (nachgewiesene Nahtgüte).

Gesucht: Festigkeitsnachweis

Berechnet:

$$\sigma_a' = \frac{M_b}{I'} \cdot \frac{D}{2} \quad \text{mit} \quad D = d + 2a = 60 + 2 \cdot 7 = 74\ \mathrm{mm}\,,$$

$$I' = \frac{\pi}{64}(D^4 - d^4) = \frac{\pi}{64}(74^4 - 60^4) = 8{,}36 \cdot 10^5\ \mathrm{mm}^4\,,$$

$$M_b = F \cdot c = 5 \cdot 10^3 \cdot 100 = 5 \cdot 10^5\ \mathrm{Nmm}\,,$$

$$\sigma_a' = \frac{5 \cdot 10^5}{8{,}36 \cdot 10^5} \cdot \frac{74}{2} = 22{,}1\,\frac{\mathrm{N}}{\mathrm{mm}^2} < \sigma_{\mathrm{a\,zul}}' = v_1 \cdot v_2 \cdot \sigma_{\mathrm{a\,zul}} = 0{,}52 \cdot 1 \cdot 57 = 29{,}6\,\frac{\mathrm{N}}{\mathrm{mm}^2}$$

mit $v_1 = 0{,}52$ (Flachkehlnaht) Tafel 7/3 als Mittelwert zwischen Zug–Druck und Biegung (Begründung s. Tafel 7/3).

Beispiel 3: Rotor, wie vorher mit zusätzlichem Drehmoment M_t.

Gegeben: $M_t = 1 \cdot 10^6$ N mm (schwellend); $\sigma_{\mathrm{a\,zul}} = \frac{120}{3} = 40\ \mathrm{N/mm^2}$.

Berechnet: Umfangskraft in der Naht $F_u \approx \frac{M_t}{d/2} = \frac{10^6}{30} = 33{,}3 \cdot 10^3$ N

$$A' \approx \pi \cdot d \cdot a = \pi \cdot 60 \cdot 7 = 1320\ \mathrm{mm}^2\,,$$

$$\tau' = \frac{F_u}{A'} = \frac{33{,}3 \cdot 10^3}{1{,}32 \cdot 10^3} = 25{,}2\,\frac{\mathrm{N}}{\mathrm{mm}^2}\,,$$

$$\tau_a' = \frac{\tau'}{2} = 12{,}6\,\frac{\mathrm{N}}{\mathrm{mm}^2} < \tau_{\mathrm{a\,zul}}' = v_1 \cdot v_2 \cdot \sigma_{\mathrm{a\,zul}} = 0{,}35 \cdot 1 \cdot 40 = 14\,\frac{\mathrm{N}}{\mathrm{mm}^2}\,,$$

σ_a' wie Beispiel 2.

$$\sigma_v' = \frac{1}{2}\left(\sigma_a' + \sqrt{\sigma_a'^2 + 4\tau_a'^2}\right),$$

$$\sigma_v' = \frac{1}{2}\left(22{,}1 + \sqrt{22{,}1^2 + 4 \cdot 12{,}6^2}\right),$$

$$\sigma_v' = 27{,}8\,\frac{\mathrm{N}}{\mathrm{mm}^2} < \sigma_{\mathrm{a\,zul}}' = 29{,}6\,\frac{\mathrm{N}}{\mathrm{mm}^2}\,.$$

Anm.: Das gleiche σ_v hätte man auch berechnet mit $\sigma_v' = \sqrt{\sigma_a'^2 + 1{,}8\tau_a'^2}$.

7.8 Schweißen im Stahlbau (s. auch Kap. 9.2.2)

Hier gelten besondere Regelungen, die in Normen festgelegt sind. Gestaltung s. Bild 7/5, 7/6 und Bild *p*, *v* und *w* in Tafel 7/2. Nahtformen nach Tafel 7/3 und 7/4.

Berechnung und bauliche Durchbildung: DIN 1050 und DIN 4100 (Stahlhochbau), DIN 120 (Kranbau) für vorwiegend ruhende Belastung.

Zulässige Spannungen s. Tafel 7/6.

Beispiel 1: Stumpfgeschweißtes Flacheisen nach Bild 7/4, ruhend auf Zug beansprucht.

Gegeben: Stabquerschnitt $A = 120 \cdot 8\ \mathrm{mm}^2$, Werkstoff St 37-1, Lastfall H.

Gesucht: Zulässige Kraft F.

Berechnet: Nahtdicke $a = s = 8$ mm, $\sigma_{\mathrm{zul}}' = 160\,\frac{\mathrm{N}}{\mathrm{mm}^2}$ bei nachgewiesener Nahtgüte nach Tafel 7/6,

$$F = A' \cdot \sigma_{\mathrm{zul}}' = a(L - 2a) \cdot \sigma_{\mathrm{zul}}',\ F = 8(120 - 2 \cdot 8) \cdot 160 = 133\ \mathrm{kN}.$$

Hätte man die Stumpfnaht mit Hilfe von Auslaufblechen durchgezogen, so könnte die Naht eine Kraft $F = 8 \cdot 120 \cdot 160 = 153$ kN übertragen.

Tafel 7/6. Zulässige Spannungen in N/mm² für Schweißverbindungen im Stahlbau nach DIN 4100

Nahtart	Nahtgüte	Spannungsart	Stahlsorte			
			St 37 Lastfall		St 52 Lastfall	
			H	HZ	H	HZ
Stumpfnaht, K-Naht mit Doppelkehlnaht (durchgeschweißte Wurzel), K-Stegnaht mit Doppelkehlnaht, HV-Naht mit Kehlnaht (gegengeschweißte Kapplage)	alle Nahtgüten	Druck u. Biegedruck	160	180	240	270
	Freiheit von Rissen, Binde- und Wurzelfehlern nachgewiesen*	Zug und Biegezug quer zur Nahtrichtung	160	180	240	270
	Nahtgüte nicht nachgewiesen		135	150	170	190
HV-Stegnaht mit Kehlnaht, Kehlnaht	alle Nahtgüten	Druck u. Biegedruck, Zug und Biegezug, Vergleichsspannung,	135	150	170	190
alle Nähte	alle Nahtgüten	Schub	135	150	170	190

* wenn die Nähte in ihrer Gesamtlänge durchstrahlt und ggf. ausgebessert sind.

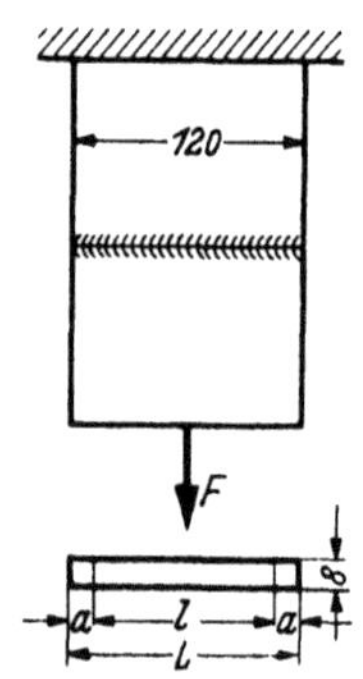

Bild 7/4. Stumpfgeschweißtes Flacheisen, auf Zug belastet.

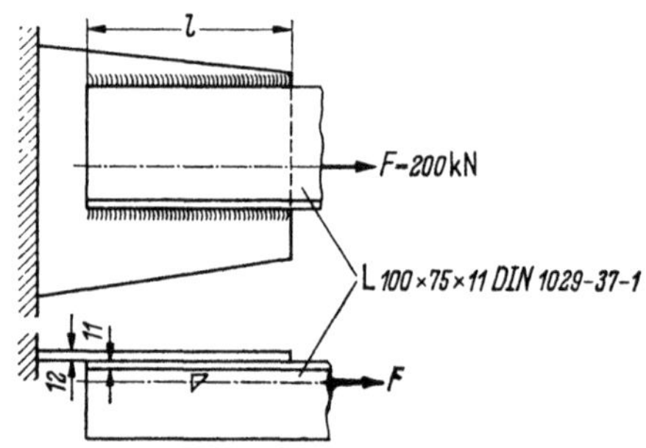

Bild 7/5. Stabanschluß an ein Knotenblech.

Beispiel 2: Stabanschluß mit Flankenkehlnähten nach Bild 7/5.

Gegeben: Stabquerschnitt L100×75×11, Werkstoff St 37-1, Ruhende Zugkraft $F = 200$ kN, Lastfall H.
Gesucht: Abmessungen der Flankenkehlnähte.
Berechnet: Die Forderung nach DIN 4100 für Kehlnähte 3 mm $\leqq a \leqq 0{,}7\, s_{\min}$ wird mit der gewählten Nahtdicke $a = 6$ mm erfüllt. Die größtmögliche Nahtdicke $a = 0{,}7 \cdot 11 = 7{,}7$ mm wird wegen der Abrundung der Winkelkante ($r = 5$ mm) nicht genommen. Der außermittige Kraftangriff kann bei der Bemessung der Anschlußnähte vernachlässigt werden (DIN 4100).
Zulässige Schubspannung $\tau'_{\text{zul}} = 135$ N/mm² nach Tafel 7/6.

$$\frac{F}{A'} \leqq \tau'_{\text{zul}}\,; \qquad A' \geqq \frac{200 \cdot 10^3}{135} = 1481{,}5\ \text{mm}^2\,,$$

$$l_{\text{ges}} = \frac{A'}{a} = \frac{1481{,}5}{6} = 247\ \text{mm}\,.$$

Zur Vereinfachung der Schweißarbeit wird die gesamte Nahtlänge l_{ges} auf beide Anschlußnähte mit je $l = \frac{l_{\text{ges}}}{2}$ verteilt.[1]

Bei Kehlnähten entfällt der Endkraterabzug.
Die Forderung (DIN 4100) bei Stabanschlüssen mit Flankenkehlnähten (ohne Stirnnaht) $100a \geqq l \geqq 15a$ ist mit einer Nahtlänge $l = 124$ mm erfüllt, da mit $a = 6$ mm die Nahtlänge l zwischen den Werten 600 mm und 90 mm liegen muß.

[1] Die frühere Vorschrift in DIN 4100 (Ausgabe 1956), die Resultierende der Anschlußkräfte möglichst auf die Stabschwerlinie zu legen, ist auf Grund von Versuchen fallen gelassen worden.

Beispiel 3: Biegefester Trägeranschluß nach Bild 7/6.

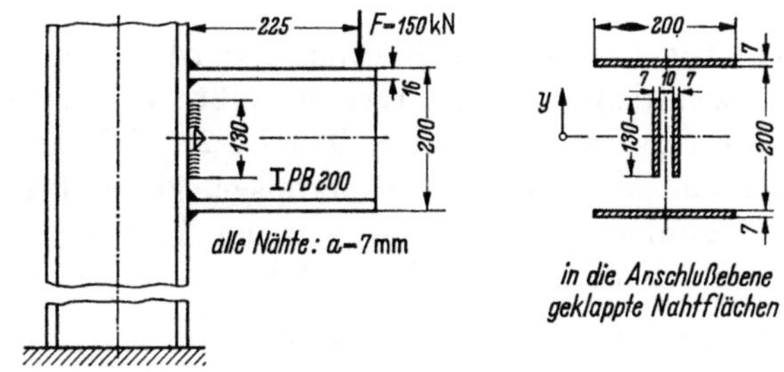

Bild 7/6. Anschluß eines Kragträgers an eine Stütze.

Gegeben: Trägerprofil I PB 200 DIN 1025, Werkstoff St 37-1; Lastfall *H*.
Belastung im Nahtanschluß.
Querkraft $F_Q = F = 150$ kN,
Biegemoment $M_b = F \cdot 225 = 150 \cdot 10^3 \cdot 225 = 3375 \cdot 10^4$ Nmm.
Gesucht: Festigkeitsnachweis.

Berechnet: Gewählte Kehlnahtdicken: Flansch $a = 7$ mm $< 0{,}7 \cdot 16$ mm, Steg $a = 7$ mm $\leqq 0{,}7 \cdot 10$ mm,

$$\sigma'_{zul} = \tau'_{zul} = \sigma'_{v\,zul} = 135 \frac{\text{N}}{\text{mm}^2} \text{ nach DIN 4100.}$$

Das Biegemoment wird vom gesamten Nahtquerschnitt, die Querkraft vorzugsweise von den Stegnähten aufgenommen.
Gefährdet sind die Nähte an der Stelle $y = 107$ mm (Flanschnähte) durch die größte Biegespannung und an der Stelle $y = 65$ mm (Stegnähte) durch Biege- und Schubspannung.

$y = 107$ mm:

$$\sigma'_{max} = \frac{M_b}{I'} \cdot y_{max}\,; \quad I' = \frac{1}{12}[200\,(214^3 - 200^3) + 2 \cdot 7 \cdot 130^3]\,,$$

$$I' = 3257 \cdot 10^4 \text{ mm}^4\,,$$

$$\sigma'_{max} = \frac{3375 \cdot 10^4}{3260 \cdot 10^4} \cdot 107 = 110 \frac{\text{N}}{\text{mm}^2} < \sigma'_{zul} = 135 \frac{\text{N}}{\text{mm}^2}.$$

$y = 65$ mm:

$$\sigma' = \frac{M_b}{I'} \cdot y = \frac{3375 \cdot 10^4}{3260 \cdot 10^4} \cdot 65 = 67 \frac{\text{N}}{\text{mm}^2}\,,$$

$$\tau' = \frac{F_Q}{A'} = \frac{150 \cdot 10^3}{2 \cdot 7 \cdot 130} = 82 \frac{\text{N}}{\text{mm}^2} < \tau'_{zul}\,.$$

Nach DIN 4100 ist für den vorliegenden Anschluß der Vergleichswert $\sigma'_v = \sqrt{\sigma'^2 + \tau'^2}$ nachzuweisen.

$$\sigma'_v = \sqrt{67^2 + 82^2} = 106 \frac{\text{N}}{\text{mm}^2} < \sigma'_{v\,zul} = 135 \frac{\text{N}}{\text{mm}^2}.$$

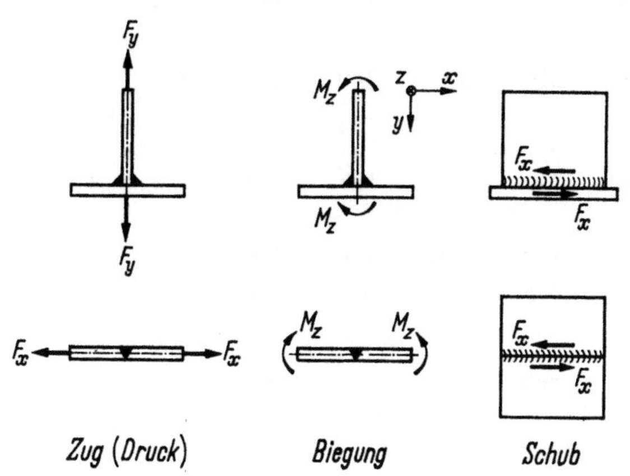

Bild 7/7. Belastungsarten der Kehl- und Stumpfnähte.

7.9 Schweißen im Kesselbau

Bauliche Durchbildung. Die Längs- und Quernähte werden hier durchweg als Stumpfnähte ausgeführt, und zwar als gute, wurzelverschweißte V- oder X-Nähte. Die Längsnähte werden am Stoß versetzt (s. Bild *n*, Tafel 7/2). Die Quernähte werden erst später geschweißt und aus der Bodenkante herausgelegt (s. Bild *o*, Tafel 7/2). Bohrungen, Stutzen und Mannlöcher werden wegen der Kerbwirkung mit einer Randverstärkung oder besser noch als „ausgehalste" Bohrung ausgeführt.

Hochwertige Stücke werden nach dem Schweißen noch im Ofen „normalgeglüht".

Berechnung (Vorschriften s. Schrifttum, z. B. B1 von [7/4]):

$$\text{Erf. Blechdicke } s = 0{,}1 \cdot \frac{D \cdot p}{2\frac{K}{S} v_K - \frac{p}{10}} + 1 \quad \text{in mm,} \tag{7/9}$$

berechnet aus der Beanspruchung in der Längsnaht (in der Quernaht nur halb so hoch!) mit der zulässigen Spannung $\sigma_{zul} = \frac{K}{S}$ in $\frac{\text{N}}{\text{mm}^2}$, mit dem Innendurchmesser D in mm und dem Betriebsdruck p in bar (1 bar = 0,1 N/mm²).

Festigkeitskennwerte K und Sicherheitswerte S s. Tafel 7/7.

„Verschwächungsbeiwert" $v_K = 0{,}8$ bei einwandfrei ausgeführter Stumpfnaht; noch höhere Bewertung (bis 1,0) ist nach besonderer Verfahrensprüfung möglich.

Beispiel:

Gegeben: Geschweißter Dampfkessel, $D = 900$ mm, $p = 7$ bar, Blechsorte H I, Berechnungstemperatur 300 °C, Festigkeitskennwert $K = 140 \frac{\text{N}}{\text{mm}^2}$, Sicherheitsbeiwert $S = 1{,}5$, nach Tafel 7/7. Verschwächungsbeiwert $v_K = 0{,}8$.

Tafel 7/7. Werkstoffe, Festigkeitskennwerte und vorgeschriebene Sicherheitsbeiwerte fffr Kesselbleche. Festigkeitskennwerte in N/mm². Festigkeitskennwerte K für Kesselbleche nach DIN 17155[1]

Werkstoff	Berechnungstemperatur °C									
	20	250	300	350	375	400	425	450	475	500
I	190	140	120	100	90	70	60	40	(30)	
II	220	160	140	120	110	90	70	50	(30)	
H I H I A	210	160	140	120	110	90	70	50	(30)	
H II H II A	240	190	170	140	120	100	80	60	(40)	
H III H III A	260	210	190	160	140	120	100	80	(50)	
H IV H IV A H IV L	270	230	210	180	160	140	120	100	(70)	
17Mn4	270	230	210	180	160	140	120	100	(70)	
19Mn5	320	240	230	210	190	170	150	130	100	(60)
15Mo3	270	220	200	190	180	160	150	140	130	110
13CrMo4 4	290	260	250	230	220	200	190	180	160	140

[1] Die Einklammerung bestimmter Werte der DVM-Kriechgrenze (früher DVM-Dauerstandfestigkeit), die sich allgemein auf den normalgeglühten Zustand beziehen, zeigt an, daß der Werkstoff für die betreffende Temperatur im Dauerbetrieb zweckmäßig nicht mehr verwendet wird.

Tafel 7/7. (Fortsetzung)

Sicherheitsbeiwert *S*.

Nahtart	Stahl		Stahlguß
	Land- u. Binnenschiffskessel	Seeschiffskessel	
Nahtlose Trommeln und Schüsse; Trommeln u. Schüsse mit Schweißnähten, bei denen der Kraftlinienfluß durch die Art der Verbindung in keiner Weise gestört ist	1,5	1,7	2,0
Schüsse mit überlappt schmelzgeschweißten Nähten (Kehlnähte)	1,8	2,0	–

Berechnet: Notwendige Blechdicke $s = 0{,}1 \cdot \dfrac{900 \cdot 7}{2\dfrac{140}{1{,}5} \cdot 0{,}8 - \dfrac{7}{10}} + 1$

$s = 5{,}2$ mm; gewählt $s = 6$ mm.

7.10 Schrifttum zu 7

7/1 DIN-Blätter: 1910 Begriffe und Schweißarten, 1911 Preßschweißen Widerstandsschweißung, 1912 Schmelzschweißen, 4100 Vorschr. für geschweißte Stahlhochbauten, 4101 Vorschr. für geschweißte Straßenbrücken, 1050 Berechnungsgrundlagen für Stahl im Hochbau, 1913 Lichtbogenschweißen, 15018 Stahltragwerke.

7/2 DIN-Blätter, Kunststoff-Schweißen: DIN 16930 Schweißen von PVC-hart, 16931 Schweißen von PVC weich, 16932 Schweißen von Polyäthylen.

7/3 Festigkeit: Dauerversuche mit Schweißverbindungen. Berlin: VDI-Verlag 1935.
Cornelius, H.: Die Dauerfestigkeit von Schweißverbindungen. Z. VDI 81 (1937) 883.
Graf, O.: Dauerfestigkeit von Schweißverbindungen. Z. VDI 78 (1934) 1423.
Thum, A.; Erker, A.: Schweißen im Maschinenbau, Festigkeit und Berechnung. Berlin: VDI-Verlag 1943; ferner Z. VDI 82 (1938) 1101 und 83 (1939) 1293.

7/4 AD-Merkblätter. Arbeitsgemeinschaft Druckbehälter. Köln-Berlin. Reihe B – Berechnung, H – Herstellung, W – Werkstoffe.

7/5 Vorschrift DV 952 der Deutschen Bundesbahn für Schweißen von Fahrzeugen, Maschinen und Geräten.

7/6 Technische Regeln für Dampfkessel TRD 300-Berechnung, 200 Herstellung, 100 Werkstoffe. Vereinigung der TÜV, Köln-Berlin.

7/7 Schweißverbindungen im Kessel-, Behälter- und Rohrleitungsbau. Technischer Ausschuß des Deutschen Verbandes für Schweißtechnik, Düsseldorf 1966.

7/8 Dampfkesselbestimmungen. Techn. Überwachungsvereine, Essen 1960.

7/9 Auernhammer, G.; Müller, A.: Erläuterungen zu DIN 4100. Düsseldorf 1969.

7/10 DIN Taschenbuch 8. Schweißtechnische Normen. DNA Berlin 1971.

7/11 Neumann, A.: Schweißtechnisches Handbuch für Konstrukteure, Bd. II u. III. Berlin 1963.

7/12 Veit, H. J.; Scheermann, H.: Schweißgerechtes Konstruieren. Düsseldorf 1963.

7/13 Wellinger/Eichhorn/Gimmel: Schweißen. Stuttgart 1964.

7/14 Wirtz, H.: Das Verhalten der Stähle beim Schweißen. Düsseldorf 1968.

7/15 Zeyen, K. L.: Dauerfestigkeit von Schweißverbindungen (Tabelle u. Versuchswerte). Werkst. u. Betr. 82 (1949) 136.

7/16 Radaj, D.: Festigkeitsnachweise. Fachbuchreihe Schweißtechnik. Düsseldorf: Deutscher Verlag für Schweißtechnik. 1974.

7/17 Wellinger, K.; Sturm, D.: Nahtlose und geschweißte Stahlrohre bei ruhender und schwellender Innendruckbeanspruchung. Techn. Überwachung 10 (1969) 114–118.

7/18 Auernhammer, G.; Müller, A.: Erläuterungen zu DIN 4100. Fachbuchreihe Schweißtechnik. Düsseldorf: Deutscher Verlag für Schweißtechnik. 1969.

7/19 Zenner, H.; Schütz, W.: Betriebsfestigkeit von Schweißverbindungen, Lebensdauerabschätzung mit Schadensakkumulationshypothesen. Schweißen und Schneiden 26 (1974) 41–45.

7/20 Schimpke, P.; Horn, H.; Ruge, J.: Berechnen und Entwerfen von Schweißkonstruktionen. Berlin, Göttingen, Heidelberg: Springer 1959.

8 Löt- und Klebverbindung

8.1 Überblick — Löten

Durch Löten werden metallische Teile miteinander verbunden. Es ist aber auch z. B. möglich, feuerversilberte Keramikteile zu löten.

Eisen, Stahl, Kupfer, Messing, Zink und Edelmetalle lassen sich leicht löten, dagegen Aluminium und Aluminiumlegierungen leichter schweißen.

In Tafel 8/1 sind die Hauptmerkmale der drei Verbindungsverfahren Schmelzschweißen, Löten und Kleben zusammengestellt.

Die Verbindung durch Löten erfolgt mit Hilfe eines zum Schmelzen gebrachten metallischen Bindegliedes — des „Lotes" —, dessen Schmelzpunkt niedriger liegt als derjenige der zu verbindenden Teile. Die höchsten Gebrauchstemperaturen der Werkstücke im Betrieb müssen daher mit Sicherheit unterhalb der Schmelztemperatur des Lotes liegen.

Tafel 8/1. Gegenüberstellung der Hauptmerkmale der Verbindungsverfahren: Schmelzschweißen, Löten und Kleben

Verbindungsverfahren	Werkstoffe der Verbindungsteile	erforderliche Verbindungstemperatur
Schweißen	gleiche oder ähnliche Metalle	Schmelztemperatur der Verbindungsteile
Löten	gleiche oder verschiedene Metalle	mindestens Solidustemperatur des Lotes
Kleben	beliebig feste Stoffe	je nach Art des Klebers von Raumtemperatur bis ≈180 °C (evtl. auch Druck erforderlich)

Die Forderungen an eine Lötverbindung sind Festigkeit und/oder Dichtheit bei Korrosionsbeständigkeit der Lötung.

Vor dem Löten müssen die Lötflächen sorgfältig gereinigt und in enge Berührung miteinander gebracht werden. Beim Lötvorgang muß die Lötstelle meist durch ein Flußmittel metallisch blank gehalten werden, s. Tafel 8/2.

Tafel 8/2. Flußmittel zur Unterstützung des Lötvorganges

Hartlöten	Borax, Natrium-Tetraborat, Ortho-Borsäure. Bei Ofenlötung: reduzierende Schutzgase
Weichlöten	Zinkchlorid (Lötwasser, Lötfett), Salzsäure für Zink, Kolophonium für elektrotechnische Zwecke und Gefäße, die mit Lebensmitteln in Berührung kommen
Für Aluminium und Alu-Legierungen Spezialflußmittel, Chloride, Bromide, Fluoride	

Lot und Werkstücke müssen an der Lötstelle mindestens auf die Temperatur des *Soliduspunktes* des Lotes (s. Tafel 8/3) gebracht werden (Arbeitstemperatur), damit das Lot fließen, die Lötflächen benetzen und am Grundwerkstoff binden kann. Das flüssige Lot wird durch Kapillarkräfte in den Lötspalt gesaugt. Die Haftkräfte sind Atomar- bzw. Molekularkräfte zwischen Grundwerkstoff—Lot—Grundwerkstoff.

Günstige Eigenschaften einer Lötverbindung sind der stetige Kraftfluß infolge der flächigen, kontinuierlichen Verbindung. Es sind keine Kerben (wie z. B. Einbrandkerben beim Schmelzschweißen) und keine Querschnittsschwächungen (wie z. B. beim Nieten) vorhanden. Durch geeignete Wahl des Lotes kann die Arbeitstemperatur niedrig gehalten werden, somit treten nur geringe Schrumpfspannungen und Verwerfungen auf, desgleichen sind Gefügeänderungen in den Werkstücken vermeidbar bzw. beeinflußbar. Bei dünnwandigen Teilen besteht keine Gefahr des Durchbrennens wie beim Schweißen, desgleichen brauchen die Lötstellen nicht unbedingt zugänglich sein. Verschiedene Lötverfahren gestatten das gleichzeitige Löten mehrerer Lötstellen und Lötteile auf einmal (wichtig für Massenfertigung!). Die Lötnähte sind sauber, eine Nacharbeit ist meist nicht erforderlich.

Als Nachteil ist der Aufwand an Lotmasse (meist zinn- oder kupferhaltige Legierungen, s. Tafel 8/3) anzusehen und die Schwierigkeit, eine schlechte Lötstelle sofort zu erkennen.[1]

Die Weichlötung (Schmelzpunkt des Lotes unter 450 °C) genügt bei geringen Kräften je cm^2 Lötfläche und niedriger Gebrauchstemperatur, z. B. für elektrische Anschlüsse, für Kühler und für mechanisch gering belastete Behälter, Dosen und Schalen aus Blech, die dicht sein sollen.

Die Hartlötung (Schmelzpunkt des Lotes über 500 °C) ist dagegen, ähnlich wie die Schweißverbindung, auch zur Übertragung größerer Kräfte und auch für höhere Gebrauchstemperaturen (bis 200 °C unbedenklich!) geeignet, z. B. zur drehfesten Verbindung von Naben und Wellen[2], dann für Rohrrahmen von Fahr- und Krafträdern (Bild 8/1), zur Verbindung von Flanschen mit Rohren, von Stutzen mit Gefäßen usw. In vielen Fällen kann auch die Lötstelle von größeren Kräften entlastet werden, z. B. bei Blechverbindungen durch Falze, bei Rohrflanschen durch Umbördeln oder Einwalzen von Sicken usw. Hartgelötete Teile können auch im Einsatz gehärtet werden, da der Schmelzpunkt der Cu-Lote oberhalb der Einsatztemperatur liegt.

Die Lötverbindung soll möglichst nur auf Schub beansprucht werden, bei Hartlötung notfalls auch auf Zug.

8.2 Lötverfahren

Die Wahl des Lotes richtet sich nach den zu verbindenden Metallen, nach der zulässigen Temperatur und nach der verlangten Festigkeit (s. Tafel 8/3 und DIN-Blätter).

Sowohl die Zugfestigkeit als auch die Scherfestigkeit für ein vorgegebenes Lot sind abhängig von der Festigkeit des Grundwerkstoffes, der Spaltbreite[3] und der Lötfläche. Die Dauerfestigkeit von Lötverbindungen ist noch wenig erforscht.

Das Lötverfahren richtet sich nach den Fertigungsbedingungen und ist oft entscheidend für die wirtschaftliche Anwendung der Lötverbindung. Genannt seien:

a) *Kolbenlötung.* Sie wird mit einem erhitzten Kupferkolben ausgeführt, ist nur für Weichlötungen geeignet und erfordert die Anwendung von Flußmitteln. (Zweckmäßig bei Einzelfertigung, ferner bei Massenfertigung elektrischer Kontakte).

b) *Flammenlötung.* Sie wird als Weich- oder Hartlötung mit einer Lötlampe oder Sauerstoff-Azetylenflamme ausgeführt und erfordert ebenfalls Flußmittel (geeignet für Einzelfertigung).

c) *Tauchlötung.* Die zu lötenden und nur an der Lötstelle metallisch blanken Teile werden in ein flüssiges Weich- oder Hartlotbad getaucht; oder man taucht sie (erheblich

[1] Bei elektrischen Anschlüssen sind schlecht leitende Lötverbindungen (sogenannte „kalte" Lötstellen) oft sehr nachteilig (Radioindustrie) und schwer zu finden. Elektrische Lötstellen sollen nur stromleitend, aber nicht mechanisch beansprucht werden.

[2] Bei Ofenlötung zieht sich das Lot durch Kapillarauswirkung selbsttätig in die Fuge.

[3] Günstige Spaltbreite etwa 0,1···0,2 mm.

Tafel 8/3. Gebräuchliche Hart- und Weichlote

	Bezeichnung		DIN	Zusammensetzung ca. Gewichts-%	Arbeitstemp. °C	Verwendung Grundwerkstoff	Beispiele, Lötungsart[1]
Weichlote für Schwermetalle und deren Legierungen	Zinn-Bleilot antimonhaltig	L-PbSn8Sb	1707	8 Sn, bis 0,5 Sb Rest Pb	305	Stahl, Kupfer- und	Kühlerbau, F und T
		L-PbSn25Sb	1707	25 Sn, bis 1,5 Sb Rest Pb	260	Zinklegierungen	Schmierlot, Kühlerbau F und T
		L-PbSn40Sb	1707	40 Sn, bis 2,4 Sb Rest Pb	225	„ „	Feinblechpackungen, Kühlerbau, Klempnerlot, F, T und K
	Zinn-Bleilot, antimonarm	L-Sn50PbSb	1707	50 Sn, bis 0,5 Sb Rest Pb	215	Stahl und Kupferlegierungen	Elektroindustrie, gedruckte Schaltungen, Verzinnung, Kupferrohrinstallation, F, T und K
	Blei-Zinnlot, antimonfrei	L-PbSn2	1707	bis 2 Sn, Rest Pb	325	Stahl und Kupferlegierungen	Feinblechpackungen, F, T und K
	Sonder-Weichlote	L-SnAg5	1707	2,5…5,0 Ag Rest Sn	235	Stahl und Kupferlegierungen	Feinlot, Elektroindustrie, Kälteindustrie, Kupferrohre, Warmwasserleitungen, F, T und K
		L-CdZnAg10	1707	bis 10,5 Ag, 22 Zn Rest Cd	380	Stahl und Kupferlegierungen	F, T und K, Elektroindustrie, E-Motore
	Zinn-Bleilot mit Kupfer- oder. Silberzusatz	L-Sn50PbCu	1707	50 Sn, Rest Pb 1,2…1,6 Cu	215		Elektrogerätebau, Elektronik, Miniaturtechnik, K
		L-Sn60PbAg	1707	60 Sn, 3…4 Ag Rest Pb	180		Elektrogerätebau, Kondensatoren, Elektronik, Miniaturtechnik, T und K
		L-Sn63PbAg	1707	63 Sn, 1,3…1,5 Ag Rest Pb	178		Elektrogerätebau, Elektronik, gedruckte Schaltungen, T
Hartlote für Schwermetalle und deren Legierungen	Messing-Lote	L-Ms60	8513	60 Cu, Rest Zn	900	Stahl, Temperguß, Nickel/Ni-Legierungen Cu-Leg. mit 950 °C	Griffe, Geräte, Rohrleitungen; Lotzuführung: angesetzt und eingelegt, Spalt- u. Fugenlötung
		L-Ms42	8513	42 Cu, Rest Zn	845	vorzugsweise Neusilber	Spaltlötung; Lotzuführung: eingelegt
	Sonder-Hartlote	L-MS	8513	48 Cu, 10 Ni, Rest Zn	910	Stahl, Temperguß, Gußeisen, Nickel, Nickellegierungen	Spalt- und Fugenlötung, Lotzuführung: angesetzt und eingelegt
		L-CuP8	8513	8 P, Rest Kupfer	770	vorzugsweise Kupfer	Ersatz von Silberlot, Spaltlötung
		Kupfer	8513	Elektrolytkupfer	1110	Stahl	für besonders hohe Festigkeit, Ofenlötung
	Silberhaltige Hartlote (Silberlote)	L-Ag5	1734	5 Ag, bis 55 Cu, Rest Zn	860	Stahl- und Kupferlegierungen	Lötung von dicken Teilen
		L-Ag25	1734	25 Ag, bis 43 Cu, Rest Zn	780		Optik, Feinmechanik
		L-Ag27	1734	27 Ag, bis 40 Cu, Rest Zn	840	Stahl, Hartmetall	Werkzeuge, Drehstähle
		L-Ag45	1734 1735	45 Ag, 20 Cd, 19 Cu, Rest Zn	620	Kupferlegierungen, Bronze, Edelmetalle	für spannungsempfindliche Werkstücke

[1] Lötungsarten: F = Flammenlöten, T = Tauchlöten, K = Kolbenlöten.

Tafel 8/3. (Fortsetzung)

Bezeichnung		DIN	Zusammensetzung ca. Gewichts-%	Arbeits-temp. °C	Verwendung Grundwerkstoff	Beispiele, Lötungsart
Hart- und Weichlote für Aluminium	L-AlSi12 Hartlot	8512	11···13,5 Si, Rest Al	590	Aluminium und Aluminium-legierungen	
	L-SnZn10 Weichlot	8512	85···92 Sn, Rest Zn	210		Reiblot, vorzugsweise für Ultraschall-Lötung
	L-CdZn20 Weichlot	8512	75···83 Cd, Rest Zn	280		Am wenigsten korrosionsanfälliges Al-Weichlot

lotsparender) in ein heißes Salzbad, wobei das Lot bereits an der Lötstelle angebracht sein muß (geeignet für Massenfertigung.)

d) *Ofenlötung.* Die Teile werden ebenso wie bei der Salzbadlötung vorbereitet und durch einen Durchlaufofen mit reduzierendem Schutzgas ohne Flußmittel hindurchgeschickt.

e) *Induktivlötung.* Die mit dem Lot- und Flußmittel versehene Lötstelle wird mittels einer Induktionsspule elektrisch erhitzt. (Zeitsparend und sehr geeignet für Fließfertigung gleichartiger Lötstellen.)

f) *Ultraschall-Löten* ermöglicht sonst sehr umständliches Löten von Aluminium und dessen Legierungen. Ultraschall verhindert Bildung einer Oxydhaut.

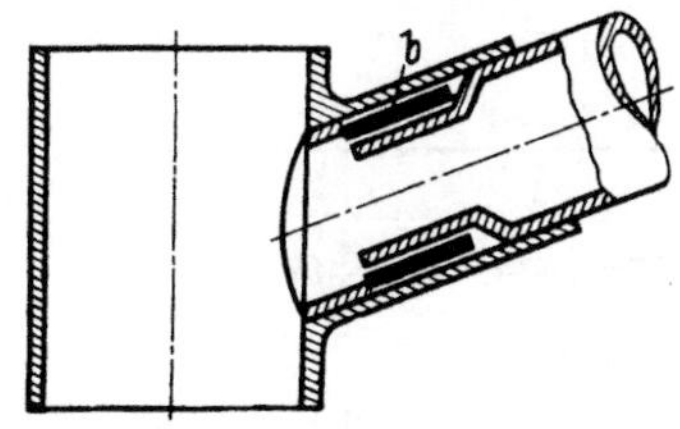

Bild 8/1. Hartlötstelle am Fahrrad-Rahmen mit vorher eingelegtem Lot *b* zur Tauchlötung im Salzbad. Nach Nacken.

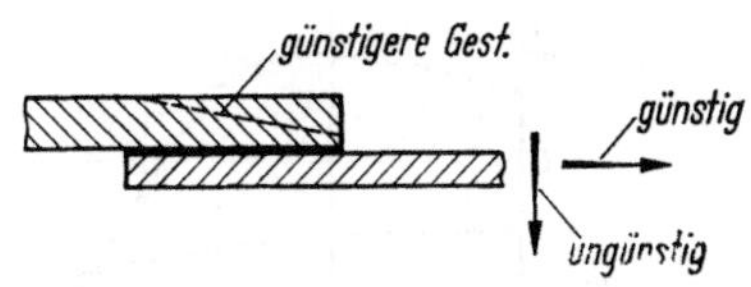

Bild 8/2. Günstige und ungünstige Beanspruchung einer Lötverbindung.

8.3 Gestaltung der Lötverbindung

Lötstelle nach Möglichkeit nur auf Schub beanspruchen. Zug- und Biegebeanspruchung vermeiden (besonders bei Weichlötung), s. Bild 8/2. Konzentrische Büchsen sind deshalb günstig.

Große Lötflächen anstreben, da τ_{zul} des Lotes niedrig. (Übertragbare Kraft: $F = \tau_{zul} \cdot A$.)

Parallelen Lötspalt vorsehen. Sein Querschnitt darf sich in Fließrichtung des Lotes, die von der niedrigeren zur höheren Temperatur geht, nicht vergrößern.

Lagensicherung anbringen, damit die Lötteile während des Lötvorganges ihre gegenseitige Lage beibehalten.

Lötverbindung vor allem bei Dauerbeanspruchung entlasten, z. B. Sicherung der Lötstelle durch Sicken, Falzen, Umbördeln, Verstiften, Verschrauben oder durch Preß-Sitz.

Überlappungslänge bei Blechverbindungen 4···6mal Dicke *s* des dünnsten Bleches. Bei längeren Überlappungen besteht die Gefahr, daß der Spalt nicht voll ausläuft.

Eine leichte Rauheit der Flächen ($R_{max} = 10 \cdots 15$ µm) wirkt sich günstig aus. Geschliffene und polierte Flächen sind wegen ihrer schlechten Benetzungsfähigkeit leicht aufzurauhen.

Tafel 8/4. Richtwerte für die Spaltbreiten (mm) bei Arbeitstemperatur (nach Colbus)

Lot	Spaltbreite für die Grundwerkstoffe		
	Leichtmetalle	Stahlwerkstoffe	NE-Schwermetalle
Leichtmetall Lot L-AlSi	0,15···0,60 je länger die Naht, desto breiter der Spalt		
Kupfer		0,05···0,10 0,25···0,40 bei Lötung Stahl-Hartmetall	
Messinglote		0,10···0,25	0,10···0,40
Neusilberlote		0,20···0,30	0,10···0,40
Kupfer-Phosphorlote			0,10···0,30
Silber-Kupfer-Phosphor-Lote			0,05···0,20
Silberlote	0,15···0,65	0,05···0,20	0,05···0,25
Weichlote	0,20	0,10	0,10···0,20

Die Neigung des flüssigen Lotes, in enge Spalte einzudringen (Kapillarwirkung) und außerdem stärker nach engerer und heißerer Seite hinzufließen, konstruktiv ausnutzen. Steigfähigkeit von Elektrolytkupfer im Spalt bis 100 mm.

Kupferlot dringt auch noch zwischen die Teile einer Preßverbindung ein. Richtwerte für Spaltbreiten enthält Tafel 8/4.

Gestaltung von Lötverbindungen s. Tafel 8/5.

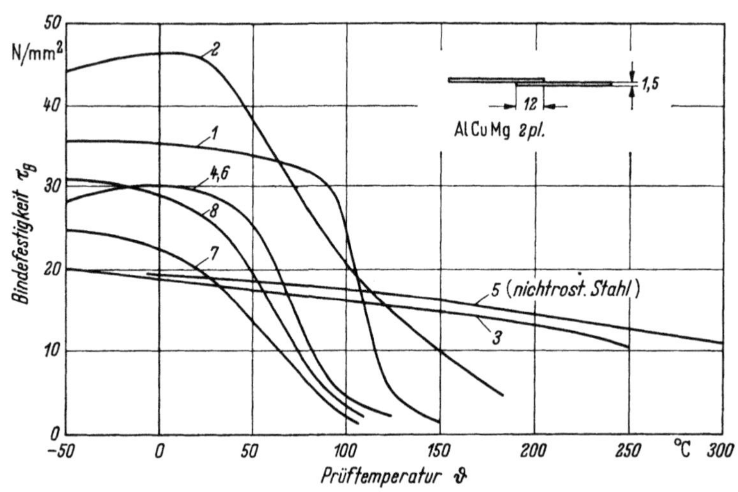

Bild 8/3. Kurzzeitbindefestigkeit τ_B von Überlappungsklebungen in Abhängigkeit von der Temperatur. Nach VDI-R 2229.

1 Epoxid-
2 Epoxid-Nylon-
3 Epoxid-Phenol-
4 Phenol-Polyvinylformal-
5 Polyimid-
6 Epoxid-Polyaminoamid-
} Klebstoff, warmabbindend

7 Epoxid-Polyaminoamid-
8 Methacrylat-
} Klebstoff, kaltabbindend

8.4 Überblick — Kleben

Für Holz, Gummi, Gewebe und Kunststoffe hat sich das Kleben seit langem bewährt. Durch die modernen Kunstharzkleber hat es auch für Leichtmetalle und Stähle eine große Bedeutung gewonnen.

Tafel 8/5. Günstige und ungünstige Gestaltung von Lötverbindungen

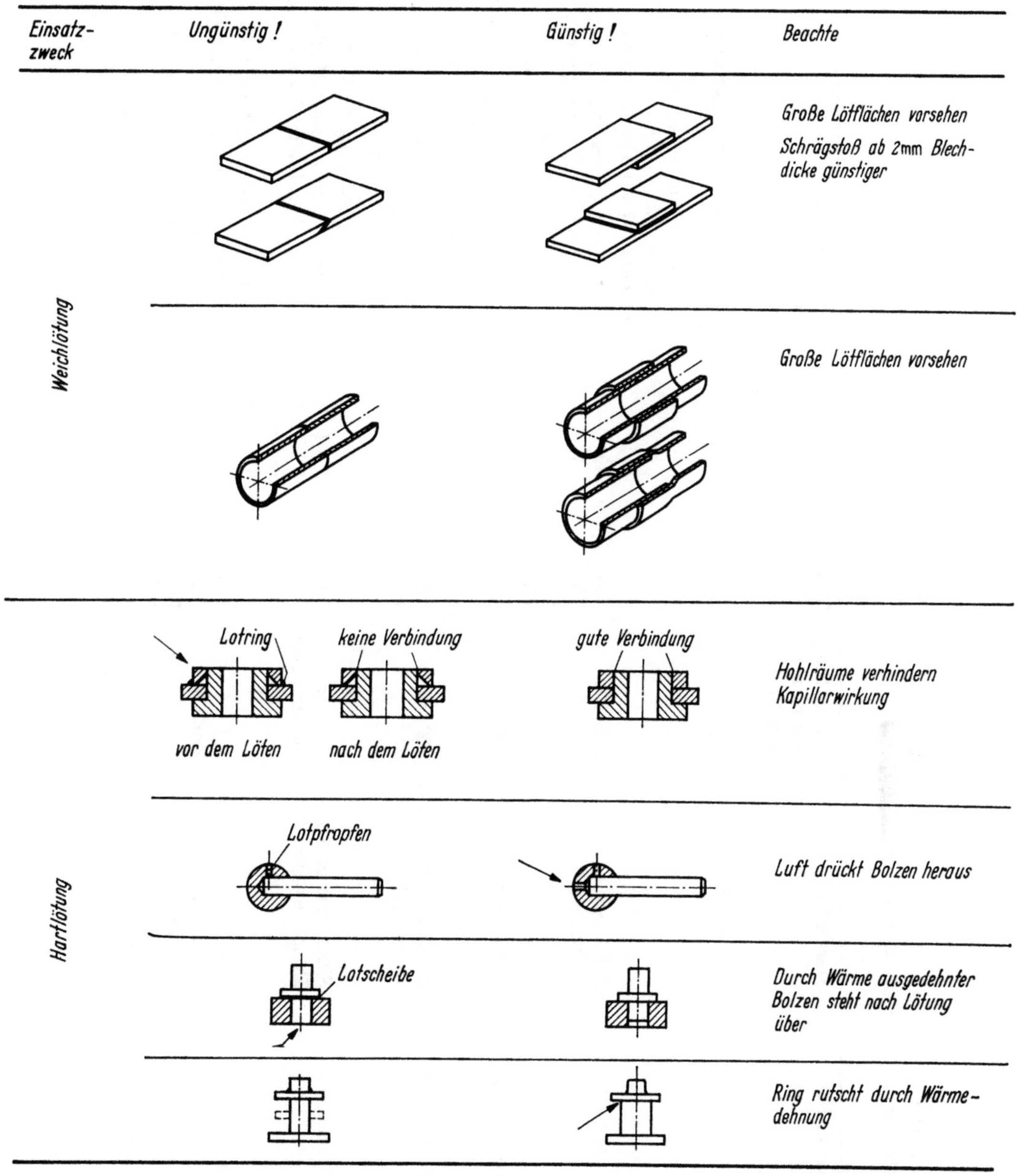

Verminderte Baugewichte, glatte Oberflächen, geringere Fertigungskosten und -zeiten, sowie erhöhte statische und dynamische Festigkeiten sind die wichtigsten Merkmale. Im Gegensatz zum Schweißen oder Nieten wird eine gleichmäßige Spannungsverteilung[1] erzielt. Kleben gestattet auf einfache Weise Verbundkonstruktionen zwischen metallischen und nichtmetallischen Werkstoffen. Es treten keine unzulässig hohen Formveränderungen durch Erwärmung wie beim Schweißen auf. Auch das

[1] Zerreißproben mit einer ausgehärteten AlCuMg-Legierung ergaben bei:

Autogenschweißung	54%	
Überlappungsnietung	70%	
Überlappungsverklebung	100%	Festigkeit des Grundmaterials.

Tafel 8/6. Beispiele für Kalt- und Warmkleber
Ausführlichere Angaben s. Hersteller-Unterlagen und VDI-Richtlinie 2229 [8/6]
Angaben von τ_B in N/mm²

Kleber-art	Lfd. Nr.	Klebstoff	chem. Basis	Hersteller	Aushärtung Mischungs-verhältnis	Temperatur °C	Zeit h	Bemerkungen Werkstoffe Bindefestigkeit[1]
Kaltkleber	1	AGOMET M	Acrylharz	Degussa, Hanau	100:3	20 50	24 1	Stahl, Leichtmetalle, Hartkunststoffe. Bindefestigkeit τ_B: Al/Al: bis 48 St/St: bis 39 temperaturbeständig bis 80 °C
	2	Araldit AY 105 Härter HY 953	Epoxydharz	CIBA AG. Wehr/Baden	100:100	20 60 120 150	30 5 1 0,33	Metalle, Glas, Keramik, Duroplaste τ_B: Al/Al: 12···20, abhängig von Aushärtetemperatur temperaturbeständig bis 60 °C
	3	Bostik 778	Polyesterharz	Bostik GmbH Oberursel	100:120	23	48···168	Metalle. Besonders lange Topfzeit von 1 Tag! τ_B: 15···18 temperaturbeständig bis 80 °C
	4	Metallon K	Epoxydharz	Henkel u. Cie GmbH Düsseldorf	100:50	20 100	24 1···3	Metalle, Keramik, Glas, Holz τ_B: 10···20 (Kaltaush.) 28···31 (Warmaush.) temperaturbeständig bis 70 °C
	5	Sicomet 85	Cyanacrylat	Sichel-Werke AG. Hannover-Limmer	Einkomponentenkleber	20	5 Sek. bis 5 Minuten werkstoffabhängig	Metalle und nicht poröse Werkstoffe. τ_B: Al/Al: 26. Endfestigkeit nach 36 Stunden temperaturbeständig bis 110 °C
	6	Technicoll 876	Epoxydharz	P. Beiersdorf Chem. Fabrik Hamburg	1:1 Vol.Teile	20 60 120 150	24 2 1 0,25/0,5	Metalle, Duroplaste, Keramik, Glas τ_B: 20···25 temperaturbeständig bis 80 °C

Tafel 8/6. (Fortsetzung)

Kleber-art	Lfd. Nr.	Klebstoff	chem. Basis	Hersteller	Aushärtung Mischungs-verhältnis	Temperatur °C	Zeit h	Bemerkungen Werkstoffe Bindefestigkeit
Warmkleber	7	Araldit AT 1	Epoxydharz	CIBA AG., Wehr/Baden	Einkomponenten-Kleber	110 200 250	28 0,5 0,12	Lieferform: Pulver. Metalle, Keramik, Glas, gehärtete Kunststoffe τ_B: Al/Al: 35···57; St/St: 50···55
	8	Bostik 776	Phenolharz	Bostik GmbH, Oberursel	–	150 200	0,6 0,3	Metalle, Keramik, Duroplaste τ_B: Al/Al: 38 temperaturbeständig bis 90 °C
		Hidux 1233	Epoxyd-Phenolharz	CIBA AG., Wehr/Baden	100:80	145	0,6	Metalle. τ_B: Al/Al: 20, 10 bei 200 °C temperaturbeständig bis 200 °C
	10	Redux 64	Phenolharz-Polyvinylformal	CIBA AG., Wehr/Baden	–	145 180	0,5 0,1	Metalle, Bremsbeläge temperaturbeständig bis 300 °C
	11	Technicoll 880	Epoxydharz	P. Beiersdorf, Chem. Fabrik, Hamburg	–	150 175 200	4,5 1,75 0,45	Metalle, Keramik, Glas, Duroplaste τ_B: 20···30 temperaturbeständig bis 150 °C
	12	Scotch-Weld Klebefilm AF-42 Primer EC 1956	Nylon-Epoxydharz	3-M Company, Niederlassg. Düsseldorf	–	175 230	1,0 30 sec	Metalle, Glas, Keramik, GFK τ_B: Al/Al: 34 temperaturbeständig bis 120 °C
	13	FM 34 Primer BR 34	Plyimid	Bloomingdale Rubber Company, Niederlassung Zürich	–	260	1,5	Metalle, Kernverbund τ_B: St/St: 30 bei 20 °C temperaturbeständig bis 350 °C

[1] Durchschnittliche Richtwerte für die Bindefestigkeit s. Tafel 8/9.
Anhalt für dynamische Festigkeit s. Bild 8/6.

Werkstoffgefüge wird nicht verändert. Klebeverbindungen sind dicht gegen Flüssigkeiten und Gase. In den Klebfugen verschiedenartiger Metalle ist keine elektrochemische Korrosion zu erwarten.

Zu beachten ist, daß Klebverbindungen für hohe Temperaturen ungeeignet sind, beim gegenwärtigen Stand der Technik liegt für die meisten Kleber die Temperaturgrenze bei 80···120 °C, bei einigen Sonderklebern bei 250···450 °C, s. Bild 8/3.

Die durch Kleben zu verbindenden Teile bedürfen einer vorherigen sorgfältigen Reinigung und Vorbehandlung.

Biege-, Schäl- und Zugbeanspruchungen sind zu vermeiden. Bei Klebverbindungen treten Festigkeitseinbußen durch Alterung auf. Die Art der Umwelteinflüsse spielt dabei eine Rolle (natürliche Witterung oder Wasserlagerung usw.).[1]

8.5 Einsatzgebiete

Klebverbindungen verwendet man überall dort, wo Leichtbau angestrebt wird. Bevorzugt werden Leichtmetalle geklebt. Im Flugzeugbau findet man Klebverbindungen bei Tragflächen, Rumpf, Propeller und Hubschrauber-Rotorblättern. Besondere Bedeutung hat die Leichtkernverbundbauweise (Sandwichbauweise).

Im Fahrzeugbau werden Fahrrad- und Mopedrahmen, Bremsbacken, Kupplungslamellen, Lkw-Pritschenaufbauten aus Aluminium und ganze Karosserien geklebt.

In der Elektroindustrie bietet das Kleben von Blechpaketen sowohl zur Isolation als auch zur Ausschaltung innerer Induktionsspannungen Vorteile. In der Meßtechnik spielt Kleben zum Aufbringen von Dehnmeßstreifen auf Prüfteile eine wichtige Rolle.

Ferner werden häufig geklebt: Rohrleitungen, Leichtmetalltransportbehälter, Pumpen, Kühleinrichtungen, Absperrschieber usw.

8.6 Klebstoffe, Auswahl und Verarbeitung

Für Klebverbindungen verwendet man hochwertige Klebstoffe wie Epoxyd- oder Phenolharze, s. Tafel 8/6.

Man unterscheidet nach der *Anzahl der Komponenten*

1. Ein-Komponenten-Klebstoffe, bei denen der Klebstoff alle zur Härtung notwendigen Bestandteile enthält.
2. Zwei-Komponenten-Klebstoffe, deren beide Komponenten (Harz und Härter) vor dem Verarbeiten gemischt werden müssen.

nach der *Abbindetemperatur*

1. Klebstoffe, die bei Raumtemperatur oder erhöhten Temperaturen abbinden, Tafel 8/6, Nr. 1···6.
2. Klebstoffe, die nur bei erhöhten Temperaturen abbinden, Tafel 8/6, Nr. 7···13.

Außerdem ist zu beachten, daß die Klebstoffe flüssig, pastös, fest oder als Klebfilm vorliegen können.

Tafel 8/6 gibt einen kleinen Überblick über das außerordentlich vielfältige Angebot von Kunstharzklebstoffen. Bei der Auswahl beachten: Art der zu klebenden Werkstoffe, Festigkeitsanforderungen, Topfzeit, thermische und chemische Einflüsse auf die Klebverbindung und daraus resultierender Festigkeitsabfall. Oft empfiehlt es sich, Vergleichsversuche durchzuführen.

---

[1] Die Bindefestigkeit fällt in ca. 12 Mon. auf ca 70% (nat. Witterung) bzw. 60% (Wasserlagerung) ihres Ausgangswertes und bleibt dann ziemlich konstant.

Tafel 8/7. Günstige und ungünstige Gestaltung von Klebverbindungen

ungünstig !	*günstig !*	*Beachte*
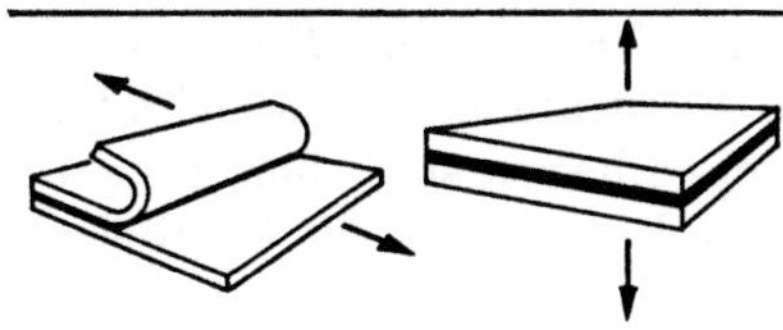 *Schälen* *Zug*	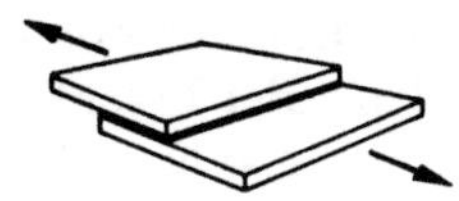 *Schub*	*Klebeschicht in Beanspruchungsrichtung legen* *Möglichst nur Schubbeanspruchungen*
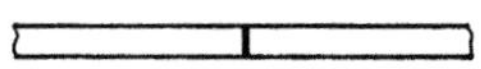 *stumpfer Stoß*  *abgesetzte Überlappung*  *abgesetzte Doppellaschenverbindung*	 *geschäftete Verbindung* 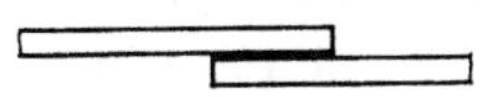 *einfache Überlappung* 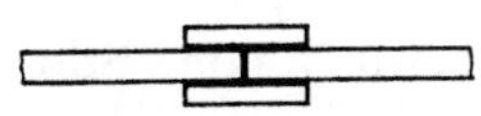 *doppelt gelaschte Verbindung*  *zugeschärfte Doppellaschenverbindung*	*Keine Schwächung des Werkstoffquerschnittes* *Großflächige Verbindungsformen vorsehen* *Auf Biegesteifigkeit und symmetrische Krafteinleitung achten*
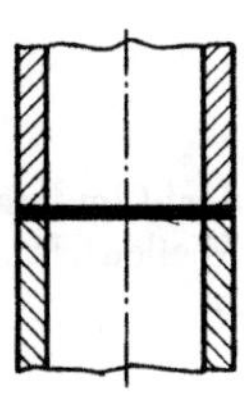	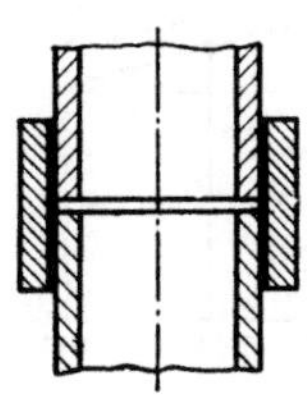	*Muffe vorsehen*
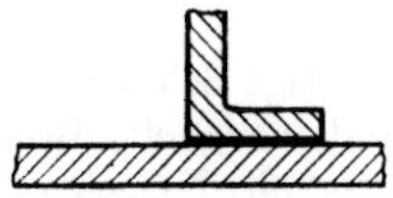 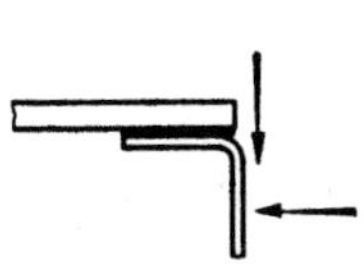	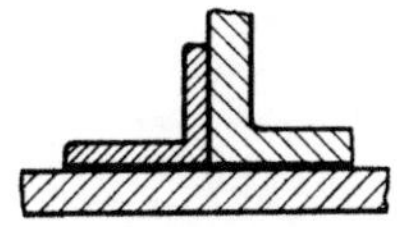 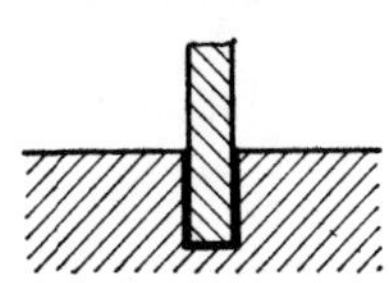 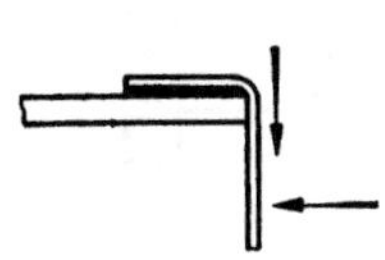	*Winkelverbindungen versteifen*

Besondere Beachtung bedarf die Vorbehandlung der zu klebenden Oberflächen. Sie müssen frei von Fett, Öl, Schmutz, Zunder, Farbresten usw. sein. Neben der Säuberung des Haftgrundes kann durch die Vorbehandlung eine Aktivierung und eine Traganteilvergrößerung der Oberfläche erreicht werden. Nach einem Entfetten mit organischen Lösungsmitteln kann sich ein mechanisches Aufrauhen durch Schmirgeln oder Sandstrahlen anschließen. Bei Leichtmetallegierungen haben sich chemische Verfahren wie Beizen oder Ätzen bewährt. Eine weitere Verbesserung bringt dabei eine anschließende anodische Oxydation.

8.7 Gestaltung der Klebverbindung

Klebstelle möglichst nur auf Schub beanspruchen, d. h. Klebeschicht in Beanspruchungsrichtung legen. Zug-, Schälbeanspruchungen und Stöße vermeiden, s. Tafel 8/7.

Auf große Klebflächen achten. Die Bindefestigkeit (Zugscherfestigkeit) des Klebstoffes liegt unter der Festigkeit der zu verbindenden Metalle. Durch große Klebeflächen kann Metallfestigkeit ausgenutzt werden.

Die Überlappungslänge $l_ü$ etwa 10···15mal der Blechdicke s wählen.

Je größer die Klebfilmdicke, desto geringer die Festigkeit der Verbindung. Das Maximum der Bindefestigkeit wird bei 0,1···0,2 mm Klebfilmdicke erreicht, für Wellen/Nabenverbindungen schon bei 0,03 mm, Bild 8/4.

Um Schälen zu verhindern oder um Klebestellen besser zu fixieren, Kombinationsverbindungen (Nieten, Schrauben, Punktschweißen) anwenden. Klebstellen durchlaufend und möglichst biegesteif ausführen. An Temperatur- und Korrosionseinflüsse denken.

Günstige und ungünstige Gestaltung von Klebverbindung s. Tafel 8/7.

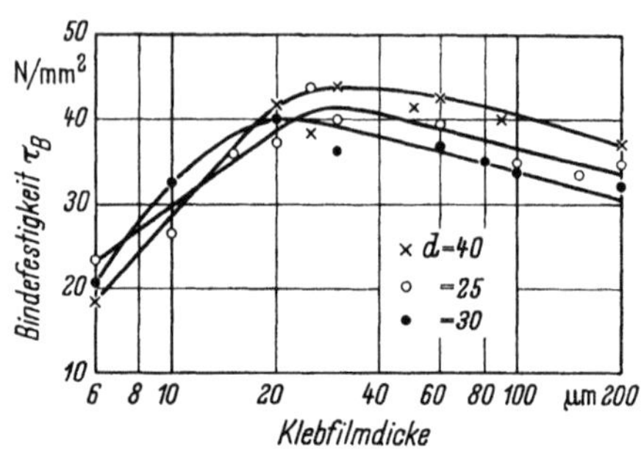

Bild 8/4. Einfluß der Klebfilmdicke auf die Bindefestigkeit bei Wellen/Nabenverbindungen.

8.8 Bemessung von Löt- und Klebverbindungen

8.8.1 Bezeichnungen

A	mm²	Fläche
d	mm	Durchmesser
F	N	Kraft
$l_ü$	mm	Überlappungslänge
M	Nmm	Drehmoment
s	mm	Blechdicke
S	–	Sicherheit
τ_{zul}	N/mm²	Zulässige Schubspannung
τ_B	N/mm²	Bindefestigkeit, Bruchscherfestigkeit, Zugscherfestigkeit
$\tau_{B\,Sch}$	N/mm²	Zugscherschwellfestigkeit
σ_B	N/mm²	Zugfestigkeit
τ_{tF}	N/mm²	Torsionsfließgrenze der Welle

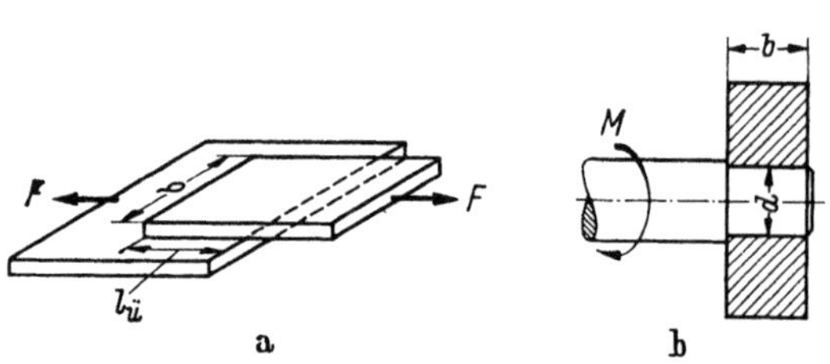

Bild 8/5. Übertragbare Schubkraft F a) bzw. übertragbares Moment M b) bei einer Löt- oder Klebverbindung.

8.8.2 Berechnung

Die übertragbare Kraft F bzw. das übertragbare Drehmoment M einer einwandfrei ausgeführten Löt- oder Klebverbindung beträgt bei Schubbeanspruchung nach Bild 8/5:

$$F = b \cdot l_{\ddot{u}} \cdot \tau_{zul} \qquad (8/1) \qquad M = 0{,}5 \cdot b \cdot \pi \cdot d^2 \cdot \tau_{zul}\,. \qquad (8/2)$$

Dabei ist $\tau_{zul} = \tau_B/S$; Sicherheit $S = 2 \cdots 3$ je nach Einsatzfall!

Soll die Verbindung ebenso zerreißfest sein wie das Blech (Zugfestigkeit σ_B, Dicke s) sein, so muß die Überlappungslänge der Löt- oder Klebfuge betragen

$$l_{\ddot{u}} = s \cdot \sigma_B/\tau_B\,. \qquad (8/3)$$

Soll sie dasselbe Moment übertragen wie die freie Welle (zulässige Torsionsspannung τ_{We}) so ist die Klebe- oder Lötbreite

$$b = d \cdot \tau_{tF}/(8 \cdot \tau_B)\,. \qquad (8/4)$$

Tafel 8/8. Richtwerte für die Festigkeit von Lötverbindungen für ruhende Belastung (im wesentlichen nach Colbus)
Für dynamische Beanspruchung ist die Festigkeit etwa das 0,8fache der Bauteil-Dauerfestigkeit, absinkend mit zunehmender Spaltdicke (bei Spaltdicke > 0,25 mm nur etwa 0,6mal Bauteilfestigkeit)

Lot	Zerreiß-festigkeit σ_B N/mm²	Bruch-Scherfestigkeit τ_B N/mm²
Weichlot LSn40, LSn60	35⋯45	25⋯35
	bei kurzzeitiger Belastung	
Weichlot LSn40	2⋯3	2⋯3
	bei dauernd wirkender Belastung	
Messinglote: Stahl NE-Schwermetalle	250⋯350	150⋯250
	Zug- und Scherfestigkeit der Grundwerkstoffe	
Neusilberlote	350⋯400	250⋯300
Kupfer: Stahl	200⋯300	150⋯220
Silberlote: Stahl	300⋯400	150⋯280
NE-Schwermetalle	überschreitet meist die Zug- und Scherfestigkeit der Grundwerkstoffe	
LAlSi13: Leichtmetalle auf Al-Basis	überschreitet die Zug- und Scherfestigkeit der Grundwerkstoffe	

Tafel 8/9. Richtwerte für die Festigkeit von Klebverbindungen in N/mm²
Die niedrigen Werte gelten für einfache Überlappung und wenig sorgfältige Oberflächenbehandlung, die höheren für doppelte Überlappung und sorgfältige Vorbehandlung. Die in Klammern gesetzten Maximalwerte werden nur bei optimaler Vorbehandlung der Klebeflächen und bei Überlappungslängen bis 5 mm erreicht

Zugscherfestigkeit τ_B (Bindefestigkeit)	Kleber bei Raumtemperatur ausgehärtet	7⋯20 (45)
Zugscherfestigkeit τ_B	Kleber bei erhöhter Temperatur ausgehärtet	20⋯35 (65)
Zugscherschwellfestigkeit $\tau_{B\,Sch}$		$0{,}3 \cdot \tau_B$

Man wählt die Überlappungslänge meist etwas reichlicher:

Bei Lötverbindungen $l_ü = 4 \cdots 6 \cdot s$

bei Klebverbindungen $l_ü = 10 \cdots 15 \cdot s$ mit s = Dicke des dünnsten Bleches.

Richtwerte für die Festigkeit von Löt- und Klebverbindungen sind in den Tafeln 8/8 und 8/9 (Kleben) zusammengestellt.

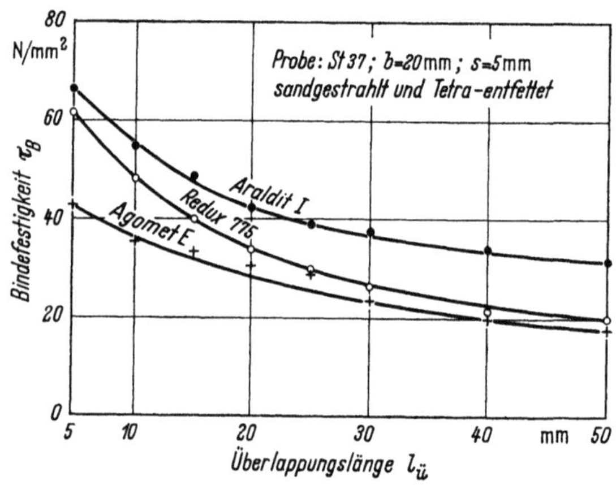

Bild 8/6. Wöhlerkurven von Leichtmetall-Klebverbindungen. Kurve 1 Araldit 106, Kurve 2 Redux 775. Nach Brockmann [8/13].

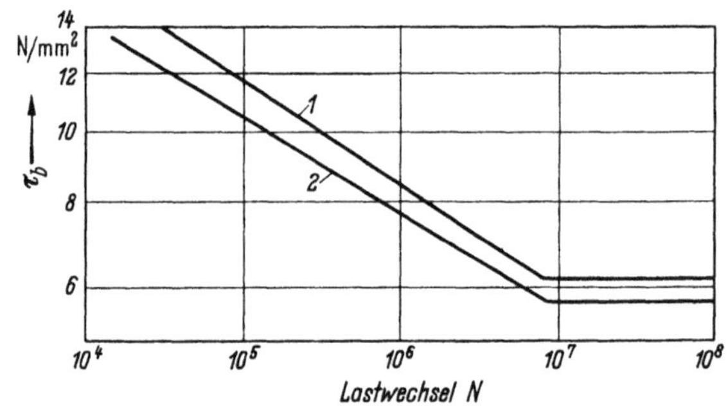

Bild 8/7. Einfluß der Überlappungslänge $l_ü$ auf die Bindefestigkeit τ_B geklebter Proben. Proben einfach überlappt geklebt. Nach Ulmer und Hennig.

Eine Vorstellung von der dynamischen Festigkeit von Klebverbindungen vermitteln die Wöhlerlinien in Bild 8/7.

Bei Klebeverbindungen sind aber auch die verschiedenen Einflüsse auf die Festigkeit zu beachten, wie z. B. Temperatur, Bild 8/3; Alterung durch Umwelteinflüsse, Art der Vorbehandlung, Schichtdicke des Klebfilms, Bild 8/4. Auch die Geometrie der Verbindung beeinflußt die Belastbarkeit, z. B. nimmt die Bindefestigkeit mit wachsender Überlappungslänge $l_ü$ ab, Bild 8/7.

8.9 Schrifttum zu 8

Normen, Richtlinien

8/1 DIN 1707 – Blei- und Zinnlote für Schwermetalle.

8/2 DIN 8505 – Löten metallischer Werkstoffe, Begriffe, Benennungen.

8/3 DIN 8511 – Flußmittel zum Löten metallischer Werkstoffe.

8/4 DIN 8512 – Hart- und Weichlote für Aluminium-Werkstoffe; Zusammensetzung, Verwendung, technische Lieferbedingungen.

8/5 DIN 8516 – Weichlote mit Flußmittelseelen auf Harzbasis; Zusammensetzung, technische Lieferbedingungen, Prüfung.

8/6 VDI-Richtlinie 2229: Metallkleben. Hinweise für Konstruktion und Fertigung. VDI-Verlag, Düsseldorf 1969.

8/7 DIN 16920 – Klebstoffe, Richtlinien für die Einteilung.

8/8 DIN 16921 – (Vornorm) Klebstoffe, Klebstoff-Verarbeitung, Begriffe.

8/9 DIN 53281 bis 53288 – Prüfung von Metallklebstoffen und Metallklebungen.

Bücher

8/10 Lüder, E.: Handbuch der Löttechnik, Berlin 1952.

8/11 Lüpfert, H.: Metallische Werkstoffe, S. 324. Prien: Winter 1966.

8/12 Zimmermann, K. F.: Hartlöten; Regeln für Konstruktion und Fertigung. Düsseldorf: Deutscher Verlag für Schweißtechnik 1968.

8/13 Brockmann, W.: Grundlagen und Stand der Metallklebtechnik. Düsseldorf: VDI-Verlag 1971.
8/14 De Bruyne; Houwink: Klebetechnik. Stuttgart: Berliner Union 1957.
8/15 Matting, A.: Metallkleben. Berlin, Heidelberg, New York: Springer 1969.
8/16 Trietsch, F. K.: Die Metallverklebung. Stuttgart: DEVA Fachverlag 1960.

Aufsätze

8/17 Colbus, J.: Grundsätzliche Fragen zum Löten und zu den Lötverbindungen. Konstruktion 7 (1955) 419–430.
8/18 Colbus, J.: Das Löten, Überblick und Anwendungsstand. Mitteilungen der BEFA (1963) Nr. 11.
8/19 Colbus, J.: Dauerfestigkeitsversuche an gelöteten Rohrverbindungen. Schweißen und Schneiden 10 (1958) H. 8, 312–316.
8/20 Cornelius, E.-A.; Marlinghaus, J.: Gestaltung von Hartlötkonstruktionen hoher Festigkeit. Konstruktion 19 (1967) 321–327.
8/21 Grassmann, P.: Dauerfestigkeit von Weichlotnähten. Z. VDI 98 (1956) 1929.
8/22 Jacobsmeyer, L.: Hartgelötete Verbindungen. Konstruktion 4 (1952) 291.
8/23 Jansen, H.: Moderne Hartlötverfahren in der industriellen und handwerklichen Fertigung. Mitteilungen der BEFA (1962) Nr. 12.
8/24 Lohausen, K. A.: Hartlöten unter Schutzgas. Z. VDI 91 (1949) 89.
8/25 Seulen, G. W.: Das Induktionslötverfahren. Z. VDI 92 (1950), S. 337.
8/26 Nacken, M.: Der Zusammenbau von Al-Teilen durch Hartlöten. Werkstatt und Betrieb 81 (1948) 333.
8/27 Bäder, E.: Neuartige Metallklebstoffe und ihre Anwendung. Werkstatt und Betrieb 91 (1958) 65.
8/28 Brockmann, W.: Über Haftvorgänge beim Metallkleben. Adhäsion (1969) 335–342, 448–460; (1970) 52–66, 7, 250–252.
8/29 Cornelius, E. A.; Mehl, W.: Die Spannungsverteilung in Klebeverbindungen. Z. Aluminium 39 (1963) 305–313.
8/30 Genzsch, E. O.: Metallklebestoffe und ihre Verwendung. Maschinenmarkt 68 (1962) 25–28.
8/31 Hahn, K. F.: Eigenschaften von Metallklebern und das Verhalten von Leichtmetallklebeverbindungen. Diss. Hannover 1958.
8/32 Matting, A.; Draugelates, U.: Die Schwingfestigkeit von Metallklebverbindungen. Adhäsion 12 (1968) 5–22, 110–132, 161–176.
8/33 Matting, A.; Brockmann, W.: Neuere Entwicklungen auf dem Klebstoffgebiet. Angew. Chemie (1968) 641–648.
8/34 Meckelburg, H.: Beanspruchungsarten und Dimensionierungsgrundlagen von Metallklebeverbindungen. Industrie-Anzeiger 86 (1964) 2226–2234.
8/35 Späth, W.: Schwindungen und Eigenspannungen in Klebeverbindungen. Aluminium 35 (1959) 576–582.
8/36 Ulmer, K.; Hennig, G.: Metallkleben als wärmearmes Verbindungsverfahren. Klepzig Fachberichte 70 (1962) 165–173.
8/37 Ulmer, K.: Zur Berechnung von Metallklebeverbindungen. Das Industrieblatt 63 (1963) 202–208.

9 Nietverbindung

9.1 Anwendung und Herstellung

Anwendung: Die Nietverbindung kann ebenso wie die Schweißverbindung dienen

1. als *Kraft*verbindung im Stahlbau und Leichtmetallbau (Hochbau, Brücken- und Kranbau) sowie im allgemeinen Maschinenbau;

2. als *dichte Kraft*verbindung im Kesselbau (Kessel, Behälter und Rohre mit großem Überdruck); heute werden Kessel jedoch meist geschweißt;

3. als *dichte* Verbindung für Behälter, Blech-Schornsteine, Fall- und Laufrohre ohne Überdruck.

4. als *Heft*verbindung für Blechverkleidungen (Fahrzeug- und Flugzeugbau).

In vielen Anwendungsfällen wurde die Nietverbindung durch die Schweißverbindung verdrängt. Die Nietverbindung erfordert meist mehr Zeit, auch sind Schweißteile oft einfacher und daher preiswerter. Andererseits ist die Nietverbindung als sehr sicher anzusehen und leicht auf Güte kontrollierbar (Klang beim Anklopfen). Besonders für Leichtmetallverbindungen bevorzugt man die Nietung, um die Festigkeitsminderung durch die hohe Temperatur beim Schweißen zu vermeiden (Beeinflussung des Walzgefüges).

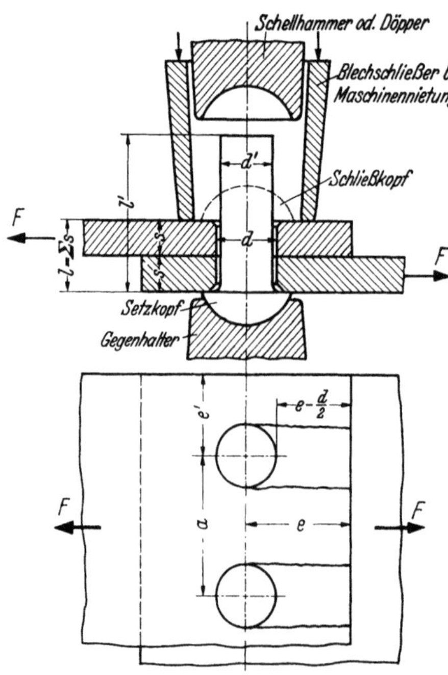

Bild 9.1. Herstellung einer Nietverbindung.

Herstellung (Bild 9/1): Beim Nieten werden die zu verbindenden Teile durch den durchgesteckten und dann mit dem Döpper (Kopfmacher) geschlagenen Niet fest aufeinandergepreßt. Insbesondere wird beim warmgeschlagenen Niet der Nietschaft durch das Schrumpfen beim Erkalten bis nahe zur Fließgrenze angespannt. Beim Warmnieten wird der Nietschaft auf Hellrotglut erwärmt. Kleinere Stahlniete (etwa bis 10 mm Durchmesser), ferner Messing-, Kupfer- und Leichtmetallniete werden kalt geschlagen. Die Löcher in den Blechen sollen gebohrt und entgratet sein (gestanzte Löcher nur für dünne Bleche). Die Vernietung kann mit dem Handhammer, dem Preßlufthammer oder der Nietmaschine vorgenommen werden.

9.2 Beanspruchung und Bemessung

9.2.1. Bezeichnungen

A	mm²	ungeschwächter Querschnitt von Blechen und Profilen	n	—	Schnittzahl je Niet
			s, s_1, s_2	mm	Blechdicken
A_n	mm²	Nutzquerschnitt	$u_1, u_2, \ldots$	mm	Nietabstände
a	mm	Nietteilung	v	—	Schwächungsverhältnis
b_L	mm	Breite der Lasche	z	—	Zahl der Niete
d	mm	Nietlochdurchmesser	λ	—	Schlankheitsgrad
d'	mm	Nietdurchmesser	μ	—	Reibwert
e	mm	Randabstand in Kraftrichtung	τ_a	N/mm²	Scherspannung
e'	mm	Randabstand senkrecht zur Kraftrichtung	$\tau_{a\,zul}$	N/mm²	zul. Scherspannung
			σ_l	N/mm²	Lochleibungsdruck
F	N	Kraft	$\sigma_{l\,zul}$	N/mm²	zul. Lochleibungsdruck
I_{min}	mm⁴	kleinstes Flächenträgheitsmoment (I_x oder I_y)	σ_{zul}	N/mm²	zul. Zug-Druck Spannung im Bauteil
l_K	mm	Knicklänge	ω	—	Knickzahl
l'	mm	Schaftlänge des Rohnietes	τ_{zul}	N/mm²	zul. Scherspannung im Bauteil

9.2.2. Festigkeitsberechnung für die vernieteten Bauteile

In DIN 1050 sind für den Hochbau, in DIN 120 (bzw. DIN 15018) für den Kranbau und in DIN 1073 für den Brückenbau die zulässigen Zug- und Schubspannungen für Stahl St 37 und St 52 angegeben. Für den Lastfall H, d. h. der Rechnung nur mit der Summe der Hauptlasten, ist eine größere Sicherheit S gegen Fließen eingerechnet als für den Lastfall HZ, d. h., der Rechnung mit der Summe der Haupt- und Zusatzlasten ($S = 1{,}7$ für Lastfall H und $S = 1{,}5$ für Lastfall HZ).

Werte für σ_{zul} und τ_{zul} s. Tafel 9/1.

Tafel 9/1. Zulässige Spannungen im Stahlbau nach DIN 1050, 120 und 1073 für Lastfall H (Hauptlasten = ständige Last + Verkehrslast + freie Massenkräfte von Maschinen) und Lastfall HZ (Haupt- und Zusatzlasten = Hauptlasten + Windlast + Bremskräfte + Wärmewirkungen + Seitenkräfte) in N/mm² (von kp in N umgerechnet und aufgerundet)

Werkstoff		Hochbau DIN 1050		Kranbau DIN 120		Brückenbau DIN 1073	
	Lastfall	H	HZ	H	HZ	H	HZ
St 37-1	σ_{zul}	137[1]	157[1]				
bis		157	177	137	157	137	157
St 37-3	τ_{zul}	88	103	110	126	82	94
St 52-3	σ_{zul}	206[1]	235[1]				
		235	265	206	235	206	235
	τ_{zul}	132	152	165	189	124	141

[1] Für Druck- und Biegedruckbeanspruchung wenn Nachrechnung auf Knickung erforderlich und maßgebend für $\tau_{a\,zul}$ und $\sigma_{l\,zul}$ der Niete.

Die Nietlöcher schwächen den Blech- oder Stabquerschnitt A. Der verbleibende Nutzquerschnitt A_n muß die Gesamtkraft F übertagen können. Man bezeichnet das

Verhältnis von Nutzquerschnitt A_n zum ungeschwächten Querschnitt A mit *Schwächungsverhältnis v*

$$v = \frac{A_n}{A}. \tag{9/1}$$

Damit erhält man die Spannung im Blech oder Profil bei Zugbelastung zu

$$\sigma = \frac{F}{v \cdot A} \leqq \sigma_{zul}. \tag{9/2}$$

Mit $v = 0{,}70 \cdots 0{,}85$ ist mit (9/2) Entwurf möglich. Nach Wahl eines geeigneten Bleches oder Profiles ist dann mit Tafel 9/3 der Nietdurchmesser festzulegen. Für die Nachrechnung von Druckstäben wird im Stahlbau wegen der Gefahr des Ausknickens der Wert $F \cdot \omega$ gesetzt, wobei die *Knickzahl* ω von Werkstoff und *Schlankheitsgrad* λ abhängt. Weiter wird dann aber mit dem ungeschwächten Querschnitt A gerechnet.

$$\text{Schlankheitsgrad } \lambda = \frac{l_k}{\sqrt{\frac{I_{min}}{A}}}. \tag{9/3}$$

Werte für ω s. Tafel 9/2.

Tafel 9/2. Knickzahl ω für Stahlhochbau, Kranbau und Brückenbau (DIN 4114) und für Profile aus Aluminiumlegierungen (DIN 4113). Im Brückenbau bis $\lambda = 150$, im Stahlhoch- und Kranbau bis 250 zulässig. Für $\lambda < 20$ keine Nachrechnung mit ω erforderlich

Schlankheitsgrad λ	Werkstoff			
	St 37	St 52	AlCuMg1	AlCuMg2F44
20	1,04	1,06	1,03	1,06
30	1,06	1,11	1,18	1,25
40	1,14	1,19	1,39	1,51
50	1,21	1,28	1,66	1,84
60	1,30	1,41	1,99	2,36
70	1,41	1,58	2,57	3,22
80	1,55	1,79	3,36	4,20
90	1,71	2,05	4,26	5,32
100	1,90	2,53	5,25	6,57
120	2,43	3,65	7,57	9,46
140	3,31	4,96	10,30	12,87
160	4,32	6,48	13,45	16,81
180	5,47	8,21	17,03	21,28
200	6,75	10,13	21,02	26,27
220	8,17	12,26	25,43	31,78
240	9,73	14,59	30,27	37,83
250	10,55	15,83	32,84	41,04

Für die einreihige zugbeanspruchte Doppellaschennietung nach Bild 9/3 lautet die Festigkeitsberechnung für das Blech zum Beispiel:

$$\sigma_z = \frac{F}{(b_L - z \cdot d) \cdot s} \leqq \sigma_{zul}. \tag{9/4}$$

Außerdem muß der Randabstand e (Bild 9/1) genügend groß sein, damit die Löcher nicht ausreißen. Man setzt die Scherspannung τ im Blech

$$\tau = \frac{F}{z \cdot 2 \cdot \left(e - \frac{d}{2}\right) \cdot s} \leqq \tau_{zul}. \tag{9/5}$$

Mit $F = \sigma_{l\,zul} \cdot d \cdot s \cdot z$ und Erfahrungswert $\tau_{zul} \leqq \sigma_{l\,zul}/2{,}5$ wird $e \geqq 1{,}75\,d$. In den DIN-Blättern werden allerdings schon Richtwerte für e, e' und a angegeben, so daß sich eine Nachrechnung erübrigt.

Stahl-Hochbau und Kranbau: $a \geqq 3\,d$, $e \geqq 2\,d$, $e' \geqq 1{,}5\,d$.

Diese Werte nicht wesentlich überschreiten! (Höchstwerte beachten[1]).

Leichtmetallnietung: $a = 2{,}5\,d$ bis $6\,d$ für Kraftniete, bis $7\,d$ oder $15\,s$ für Heftniete, $e \geqq 2\,d$, $e' \geqq 2\,d$.

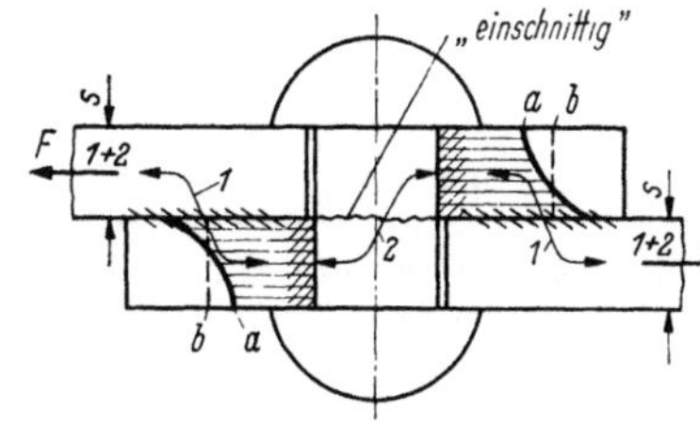

Bild 9/2. Kraftübertragung bei einer Nietverbindung; *1* durch Reibung, *2* durch Leibungsdruck; *a* wirkliche Verteilung des Lochleibungsdruckes, *b* angenommene Verteilung. Gezeigt ist eine einreihige Überlappungsnietung.

9.2.3. Festigkeitsberechnung für den Niet

Greift an einer Nietverbindung nach Bild 9/2 eine Zugkraft an, so wird diese bei einer warmgenieteten Verbindung infolge der durch die Längs-Schrumpfung des Nietes entstehende Preßkraft F_p als Reibkraft $F_p \cdot \mu \geqq F$ von einem Blech auf das andere übertragen. Die maximal übertragbare Reibkraft bezogen auf den Nietquerschnitt verwendet man für die Berechnung im Kesselbau als Gleitwiderstand k_n (s. „AD-Merkblätter"). Erst bei Überschreitung des Gleitwiderstandes legt sich die Lochwandung gegen den Nietschaft und beansprucht diesen auf Pressung („Lochleibung") und Abscheren in der Schnittebene. Für die kaltverarbeitete Nietverbindung (Leichtmetall- und Kupferniete, sowie Stahlniete unter 10 mm ∅) ist dies die Regel. Jedoch wird auch im Stahlbau für $d > 10$ mm (Warmnietung) auf zulässige Lochleibung und Abscheren mit der Gesamtlast F nachgerechnet.

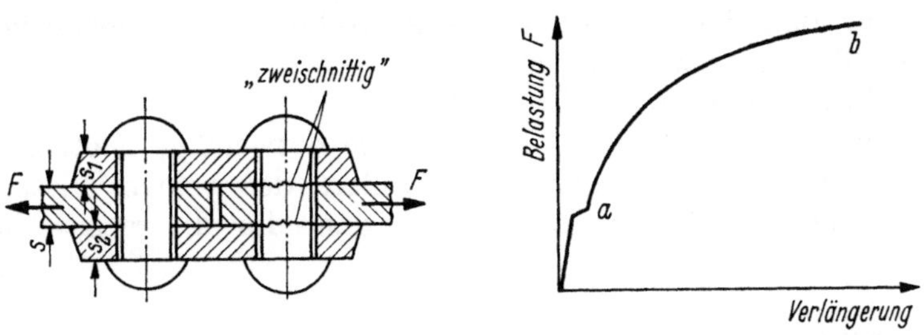

Bild 9/3. Zugversuch an einer Nietverbindung (nach Rötscher). Bei *a* Überschreitung der Gleitgrenze und Beginn der Scherbeanspruchung, bei *b* Abscheren. Gezeigt ist eine einreihige Doppellaschen-Nietung.

a) *Lochleibung*

Man berechnet die Lochleibung σ_l mit gegebener Nietzahl z zu

$$\sigma_l = \frac{F}{d \cdot s \cdot z} \leqq \sigma_{l\,zul}\,. \tag{9/6}$$

---

[1] Höchstwerte:
$a \leqq 6$ d oder 15 s im Kranbau. Im Hochbau $a \leqq 8$ d oder 15 s für Kraft- und Heftniete in Druckstäben und Stegaussteifungen und $a \leqq 12$ d oder 25 s für Heftniete in Zugstäben.
e' und $e \leqq 4$ d oder 8 s im Kranbau. Im Hochbau e' und $e \leqq 3$ d oder 6 s, wobei s die Dicke des dünnsten, außenliegenden Teiles ist.

$\sigma_{l\,zul} = 2{,}0\;\sigma_{zul}$ (σ_{zul} nach Tafel 9/1) im Stahlhochbau, $1{,}8 \cdot \sigma_{zul}$ im Kranbau für einschnittige und $2{,}0\;\sigma_{zul}$ für mehrschnittige Verbindung (Bild 9/3).

$\sigma_{l\,zul}$ bei Leichtmetallnietung s. Tafeln 9/4 und 9/5.

Hierbei ist für die Rechnung gleichmäßig verteilte Pressung über die Blechdicke angenommen (Bild 9/2). Das entspricht natürlich nicht den wirklichen Verhältnissen, doch berücksichtigen schon die zulässigen Werte auftretende Spannungsspitzen an den Blechrändern. Ebenso wird in (9/6) eine gleiche Lastaufteilung auf alle Niete vorausgesetzt.

Tafel 9/3. Anhaltswerte für Nietdurchmesser d' im Stahlbau und Leichtmetallbau abhängig von der kleinsten Blechdicke s (in mm)

Stahlbau	s	4···6	5···7	6···8	7···9	8···11	10···14	13···17	16···21
	d'[1]	12	14	16	18	20	22	24	27
Leichtmetallbau	s	bis 1,3	1,4···2	2···3,2	3···4,5	4,5···7	6···9	7···10	8···12
	d'[2]	2	3	5	7	10	14	16	20

[1] Lochdurchmesser d um 1 mm größer als d'.
[2] Bis $d' = 10$ mm Lochdurchmesser d um 0,1 mm, darüber 0,2 mm größer als d'.

Ist bereits ein Blech oder Profil gewählt und mit Tafel 9/3 der Nietdurchmesser festgelegt worden, so berechnet man mit vorstehender Gleichung die erforderliche Nietzahl z aufgrund der zulässigen Lochleibung.

Man setzt für s jeweils die kleinere der beiden Blechdicken s_1 oder s_2 bei Überlappungsnietung, aber bei Doppellaschennietung den kleineren der beiden Werte s oder $s_1 + s_2$ ein. Meist $s_1 = s_2 \approx 0{,}7\cdots0{,}8 \cdot s$.

b) *Abscheren*

Man berechnet bei gegebener Nietzahl z die Scherspannung im Schnittquerschnitt zu

$$\tau_a = \frac{F}{\frac{\pi d^2}{4} \cdot z \cdot n} \leqq \tau_{a\,zul}\,. \tag{9/7}$$

$\tau_{a\,zul} = 1{,}0 \cdot \sigma_{zul}$ im Stahlhochbau, $0{,}7\;\sigma_{zul}$ im Kranbau für einschnittige und $0{,}8\;\sigma_{zul}$ für mehrschnittige Verbindung. Dabei ist vorausgesetzt, daß der übliche Nietwerkstoff USt 36-1 für Bauteile aus St 37-1 bis St 37-3 und der Nietwerkstoff RSt 44-2 für Bauteile aus St 52-3 verwendet wird.

$\tau_{a\,zul}$ bei Leichtmetallnietung s. Tafel 9/5.

Aus vorstehender Gleichung läßt sich auch die notwendige Nietzahl aufgrund der zulässigen Scherspannung berechnen. Die größere der beiden Nietzahlen aus zulässiger Lochleibung oder Scherspannung wird dann für die praktische Ausführung aufgerundet.

9.3 Stahlbau-Nietung

9.3.1 Werkstoffe

Berechnung der Beanspruchungen und zulässigen Werte s. Abschnitt 9.2. Es wird meist Werkstoff USt 36-1 und für Nietung von Bauteilen aus hochwertigem Werkstoff wie St 52-3 auch RSt 44-2 als Nietwerkstoff eingesetzt.

9.3.2 Nietformen

Verwendet werden Halbrundniete nach DIN 124 und 660 und Senkniete nach DIN 302 und 661 (s. Bild 9/5). Bis Nietschaftdurchmesser $d' = 10$ mm werden sie kalt, darüber im hellroten Zustand warm geschlagen. Nietverfahren s. Abschnitt 9.1.

Lange Niete knicken beim Schlagen unter Umständen aus, daher die Klemmlänge $\sum s < 4\,d$ wählen!

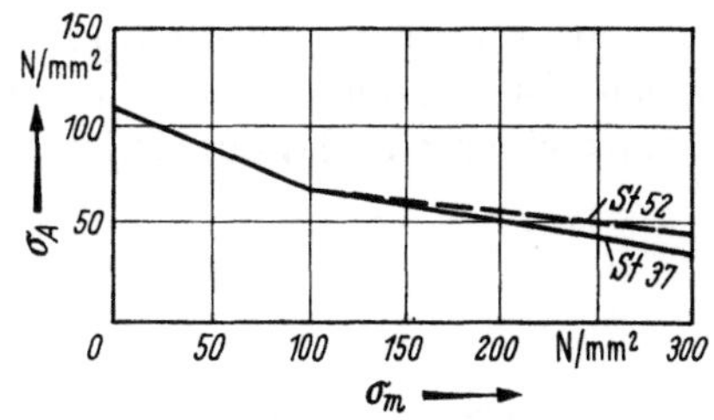

Bild 9/4. Dauerfestigkeit $\sigma_D = \sigma_m \pm \sigma_A$ des Bleches einer Doppellaschen-Nietverbindung. Nieten aus St 44, Blech aus St 37 bzw. St 52 (nach Graf).

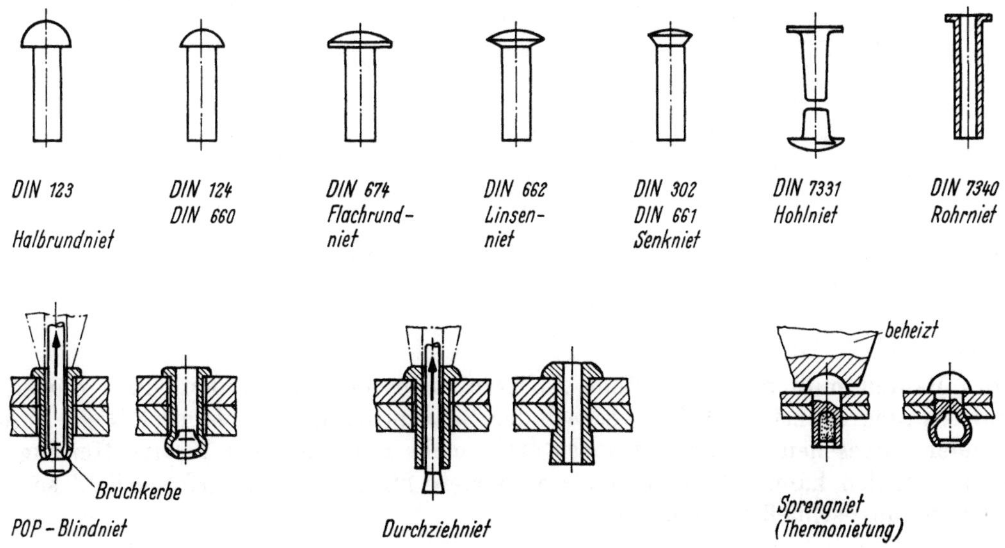

Bild 9/5. Nietformen nach DIN (Auswahl) und Sonderniete.

9.3.3 Anhaltswerte

Werte für Randabstände und Teilung s. Abschnitt 9.2. Angaben für Wahl des Nietdurchmessers sind Tafel 9/3 zu entnehmen. Als erste Näherung ist $d \approx \sqrt{50 \cdot s} - 2$ mit s als kleinster Blechdicke der zu verbindenden Teile. Schaftlänge l' des Rohnietes (Bild 9/1) etwa $l' = \sum s + 1{,}4 \cdots 1{,}6 \cdot d'$ für Halbrundniet und $l' = \sum s + 0{,}6 \cdots 1 \cdot d'$ für Senkniet. Zulässiger Schlankheitsgrad für Druckstäbe $\lambda \leqq 250$ im Stahlhochbau und $\lambda \leqq 150$ im Bückenbau.

9.3.4 Gestaltung

Schwerlinien der Stäbe sollen sich mit den Netzlinien (Verbindung der Knotenpunkte) decken. Möglichst sollen auch die Schwerachsen der Nietverbindung mit den Schwerlinien der Stäbe zusammenfallen, sonst entsteht zusätzliche Biegebeanspruchung. Dies ist aber z. B. bei einzelnen Winkelstäben nicht möglich. Dann ist jedoch das zusätzliche Biegemoment mit zu berücksichtigen.

Nietlöcher werden gebohrt und anschließend aufgerieben, die Ränder angesenkt. Gestanzte Löcher sind im Stahlbau nicht zulässig.

Überlappungsnietung (Bild 9/2) beansprucht das Blech zusätzlich auf Biegung. Theoretisch wird das Biegemoment $M_b = F \cdot s$ und die Biegespannung $\sigma_b = M_b/W_b = 6 \cdot \sigma_z$ (σ_z s. (9/4)). Praktisch wird σ_b infolge der Reibungsübertragung geringer; nach Daiber wird bei einreihiger (zweireihiger) [dreireihiger] Überlappungsnietung $\sigma_b = 0{,}6 \cdot \sigma_z$, $(= 1\ \sigma_z)$, $[= 1{,}4\ \sigma_z]$. Die zusätzliche Biegespannung kann unter Beibehaltung der einfachen Rechnung nach σ_z durch entsprechende Herabsetzung von

σ_{zul} berücksichtigt werden. Ist die Spannung aus Längskraft $\sigma_z < 0{,}8\,\sigma_{zul}$, kann meist das zusätzliche Biegemoment vernachlässigt werden. Insgesamt ist jedoch die Doppellaschennietung einer Überlappungsnietung vorzuziehen.

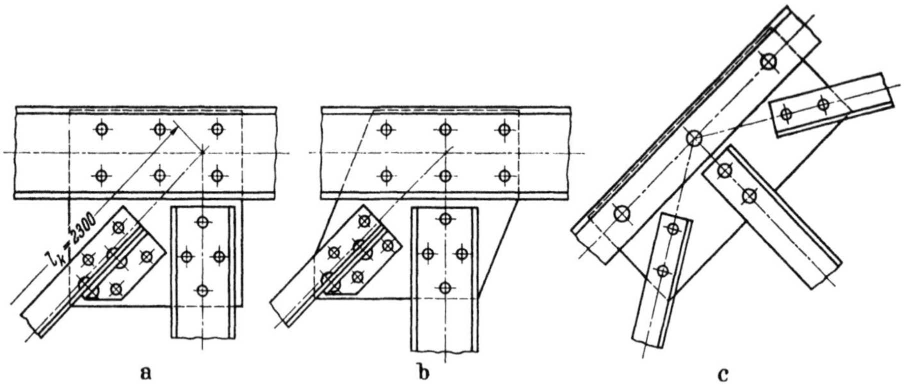

Bild 9/6. Ausbildung von Knotenpunkten (nach Rötscher). Volltragende Winkel (Zugstäbe) mit Beiwinkel abschließen! Knotenblech bei a) einfacher (oft ausgeführt!), bei b) bessere Krafteinleitung.

Nietzahl

Jedes Bauteil muß mit mindestens 2 Nieten angeschlossen werden, doch dürfen in Kraftrichtung höchstens 6, bei wechselnder Beanspruchung höchstens 5 Niete hintereinander vorgesehen werden, da sonst nicht mehr mit anteiliger Kraftaufteilung gerechnet werden kann. Sind mehr als 5···6 Niete hintereinander erforderlich, so sind Beiwinkel anzuschließen (Bild 9/6).

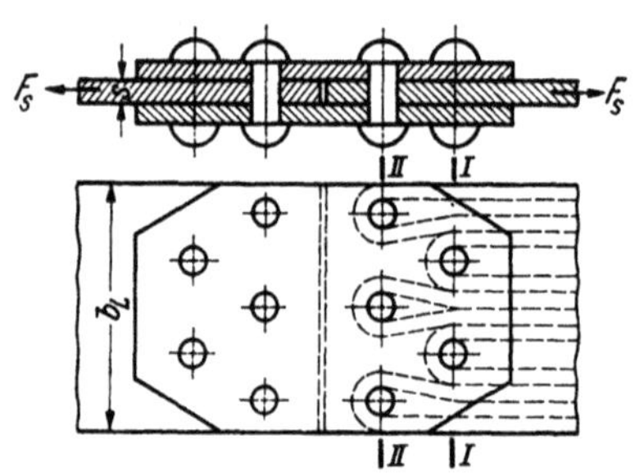

Bild 9/7. Nietbild bei Doppel-Laschennietung: Die gestrichelten „Kraftbänder" (für Blech gezeichnet! für Lasche umgekehrt) geben eine Vorstellung der zu übertragenden Kräfte im Blechquerschnitt $I-I$ (Kraft von 5 Nieten) und $II-II$ (Kraft von 3 Nieten).

Knotenbleche sind möglichst einfach zu gestalten. Ihre Dicke ist abhängig von der Stärke der zu verbindenden Teile und den zu übertragenden Kräften. Meist wählt man die mittlere Dicke der zu verbindenden Teile für das Knotenblech. Für die Berechnung den ungünstigsten Querschnitt zugrundelegen! Ausbildung der Knotenpunkte s. Bild 9/6.

Günstige Anordnung der Niete z. B. für Zugkräfte ohne Überlastung einzelner Blechquerschnitte, s. Bild 9/7.

9.3.5 Berechnung

Die Berechnung der Nietverbindung erfolgt auf Abscheren des Nietes und zulässigen Lochleibungsdruck sowie Nachrechnen der Bauteilfestigkeit nach den Gleichungen in Abschnitt 9.2.

Für die Nachrechnung eines *Moment-Anschlusses* nach Bild 9/8 wird eine lineare Verteilung der Kräfte auf die Nietgruppen ähnlich der Spannungsverteilung im biegebeanspruchten Vollquerchnitt angenommen.

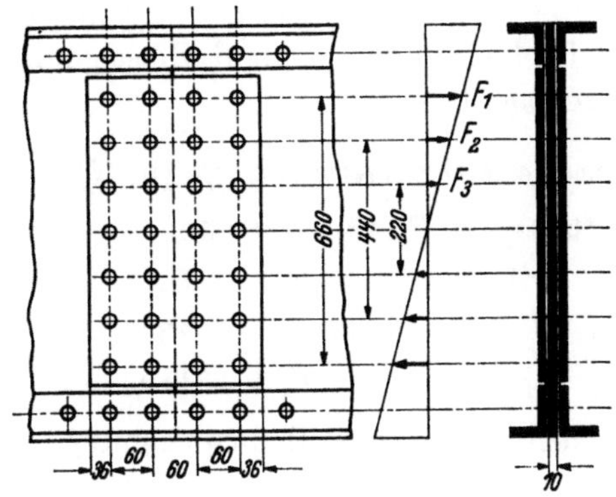

Bild 9/8. Stegblechstoß eines Blechträgers (zum Beispiel 2). Im Bild ist Abstand $u_1 = 660$, $u_2 = 440$ $u_3 = 220$ mm. Nietzahl $z_1 = z_2 = z_3 = 2$.

Damit folgt:

$$F_1/u_1 = F_2/u_2 = \cdots F_n/u_n\,,$$

und mit Biegemoment

$$M_b = F_1 \cdot z_1 \cdot u_1 + F_2 \cdot z_2 \cdot u_2 + \cdots$$

ergibt sich die größte Nietkraft aus Biegung zu

$$F_b = F_1 = \frac{M_b \cdot u_1}{z_1 \cdot u_1^2 + z_2 \cdot u_2^2 + \cdots}\,.$$

Die Nietkraft aus der Querkraft Q ergibt sich zu

$$F_q = Q/z$$

und damit die Gesamt-Nietkraft F_r

$$F_r = \sqrt{F_b^2 + F_q^2}\,.$$

Mit F_r wird die Nietverbindung auf Abscheren und Lochleibung nachgerechnet:

$$\tau_a = \frac{F_r}{\dfrac{\pi \cdot d^2}{4} \cdot n} \leqq \tau_{a\,zul}$$

und

$$\sigma_l = \frac{F_r}{d \cdot s} \leqq \sigma_{l\,zul}\,.$$

Obwohl die weiter innen liegenden Niete der Nietgruppe schwächer beansprucht werden, führt man sie mit gleichem Durchmesser aus!

Bei *nicht rein ruhender Belastung* ist die Berechnung der Bauteile unter Berücksichtigung des Schwingungsbeiwertes φ (DIN 1055) im Stahlhochbau und im Kranbau noch einer Ausgleichszahl ψ (DIN 120) durchzuführen.

9.3.6 Nieten im Maschinen- und Gerätebau

Zum Befestigen oder Verbinden von Blechen, Deckeln, Winkeln usw. bei relativ niedrigen Beanspruchungen und zum Befestigen von Teilen aus empfindlichen oder elastischen Werkstoffen wie Preßstoffen, Weichgummi usw. werden im *Maschinen- und Gerätebau* Stahl-Kaltniete unter 10 mm Durchmesser eingesetzt. Verwendet werden Halbrundniete nach DIN 660, Senkniete nach DIN 661 und besonders bei spröden oder elastischen Werkstoffen Hohl- oder Rohrniete (s. Bild 9/5), da die letzteren nur geringe Schließkräfte erfordern. So werden z. B. *Brems- und Kupplungsbeläge* mit Rohrnieten befestigt, häufig jedoch auch geklebt. Weiter verwendet man noch Nietstifte und Blindniete zur Nietverbindung im Maschinen- und Gerätebau. Die Berechnung erfolgt ebenso wie im allgemeinen Stahlbau auf Abscheren des Nietes, zulässigen Lochleibung und Bauteilfestigkeit. Als Nietwerkstoff wird St 34, St 44 und St 52 verwendet.

Zulässige Werte für Nietwerkstoffe (in N/mm²):

	St 34,	St 44	St 52
$\sigma_{a\,zul} =$	140,	180,	220
$\sigma_{l\,zul} =$	270,	354,	434
$\sigma_{z\,zul} =$	60,	90,	110

für vorwiegend ruhende Beanspruchung. Bei schwellender Beanspruchung zulässige Werte 30%, bei wechselnder Beanspruchung 40% kleiner ansetzen!

9.4 Leichtmetallbau-Nietung

Im Leichtmetallbau hat die Nietung neben dem Schweißen in vielen Fällen große praktische Bedeutung, so werden z. B. Leichtmetallkonstruktionen in der Luft- und Raumfahrt, im Schienenfahrzeugbau, im Hochbau, Kranbau und im Brückenbau häufig genietet.

Durch den Einsatz stranggepreßter Leichtmetallprofile (Bild 9/9) lassen sich wirtschaftlich formschöne, korrosionsbeständige und leichte Konstruktionen herstellen. Da die Leichtmetallniete *kalt geschlagen werden* (bis max. 20 mm Durchmesser), fällt der ungünstige Festigkeitsverlust durch die Erwärmung beim Schweißen weg, allerdings muß dafür eine gewisse *Kerbwirkung der Nietlöcher* in Kauf genommen werden.

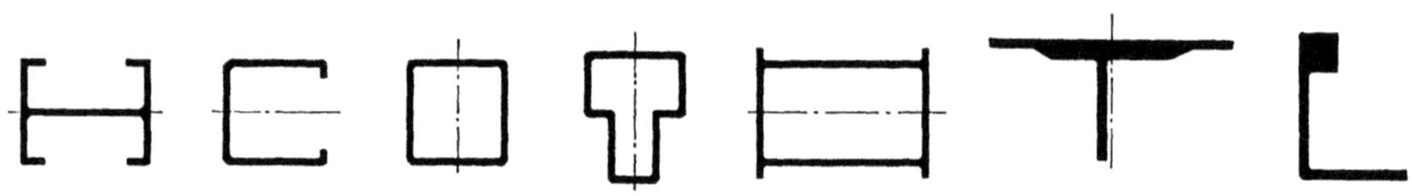

Bild 9/9. Beispiele für Strangpreßprofile aus Leichtmetall nach Decker.

Die Nachteile der Leichtmetallkonstruktionen liegen im geringeren E-Modul (ca. 1/3 von Stahl) der Leichtmetalle, so daß bei der Gestaltung besonders auf die elastischen Durchbiegungen geachtet werden muß, und weiter im wesentlich höheren Preis gegenüber Stahl.

9.4.1 Werkstoffe

Es werden für Bauteile und Nieten Al-, Cu-, Mg-, Si-, Mn-Legierungen verwendet. Die Festigkeitseigenschaften erreichen teilweise die Werte von Stahl. Zulässige Werte s. Tafeln 9/4 und 9/5. Leichtmetallbauteile sollten nur in Sonderfällen mit Stahlnieten verbunden werden. Dabei ist für besonderen Korrosionsschutz und für eine Vergrößerung der Druckflächen unter den Köpfen z. B. durch Unterlegen von verkadmeten Stahlscheiben zu sorgen.

Für die Nieten soll ein Werkstoff besser oder gleich dem Bauteilwerkstoff gewählt werden.

9.4.2 Nietformen

Es werden Halbrundniete nach DIN 660, Linsenniete nach DIN 622, Flachrundniete nach DIN 674 und Senkniete nach DIN 661 verwendet (Bild 9/5). Sind die Bauteile nur von einer Seite zugänglich, können Durchzieh-, Dorn- oder Blindniete eingesetzt

Tafel 9/4. Zulässige Spannungen für Bauteile aus Leichtmetall nach DIN 4113 in N/mm^2

	Bauteilwerkstoff													
	AlCuMg1		AlCuMg2 F37 bis F40		AlCuMg2 F44		AlMgSi1 F28		AlMgSi1 F32		AlMg3 F18 und AlMgMn F18		AlMg3 F23 und AlMgMn F23	
Lastfall	H	HZ	H	HZ	H	HZ	H	HZ	H	HZ	H	HZ	H	HZ
σ_{zul}	147	167	157	177	186	211	98	113	147	167	46	52	80	92
τ_{zul}	88	100	94	106	112	126	59	67	88	100	27	31	49	55
$\sigma_{l\,zul}$	259	295	259	295	259	295	177	199	211	236	82	93	142	157

werden. Der Schließkopf der Leichtmetallniete kann kleiner sein als der von Stahlnieten, da sie fast durchweg kaltgeschlagen werden (Zugbeanspruchung durch Schrumpfung entfällt). Wie Untersuchungen in England (Pleines) gezeigt haben, hat man dadurch die Möglichkeit, auch hochfeste Aluminiumwerkstoffe zu verwenden, während sich große Schließköpfe mit hochfesten Al-Werkstoffen nicht schlagen ließen (Durchmesser des verkleinerten Halbrundschließkopfes bis hinunter zu $1{,}25 \cdot d'$ vorgeschlagen). Günstige Schließkopfformen s. Bild 9/10.

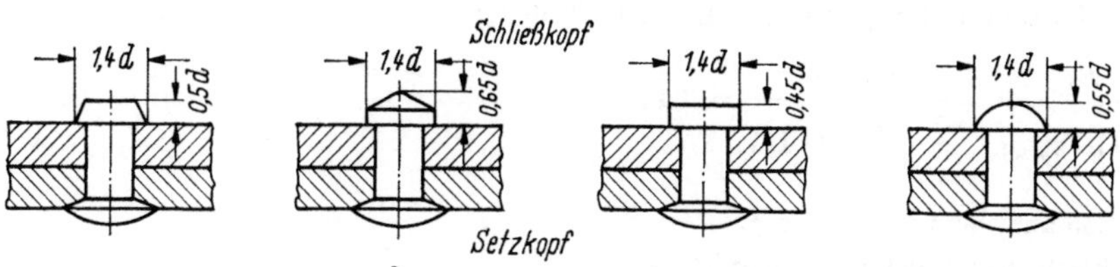

a b c d

Bild 9/10. Verschiedene Schließkopfformen von Leichtmetallnieten (Setzkopf als Linsenniet dargestellt) nach Decker.

a) Pfannenkopf, b) Kegelkopf, c) Flachkopf, d) Halbrundkopf.

9.4.3 Anhaltswerte

Werte für Randabstände und Teilung s. Abschnitt 9.2. Anhaltswerte für die Wahl des Nietdurchmessers s. Tafel 9/3 oder näherungsweise mit $d = 1{,}5 \cdots 2\,s$ (s kleinste Blechdicke). Festigkeitswerte für Bauteile s. Tafel 9/4.

Tafel 9/5. Zulässige Spannungen für verschiedene Nietwerkstoffe der Leichtmetallnietung (DIN 4113) in N/mm^2

	Nietwerkstoff							
	AlCuMg1 F40		AlCuMg0,5 F28		AlMgSi1 F23		AlMg3 F23	
Lastfall	H	HZ	H	HZ	H	HZ	H	HZ
$\tau_{a\,zul}$	103	118	82	93	63	72	63	72
$\sigma_{l\,zul}$	259	295	204	232	157	179	157	179

9.4.4 Gestaltung

Es gelten im wesentlichen die gleichen Gestaltungsregeln wie für die Stahlbau-Nietung. Doch ist insbesondere bei Druckstäben wegen des geringen E-Moduls der Leichtmetalle ($E \approx 70\,000\ N/mm^2$) die Gefahr des Ausknickens besonders zu beachten. Durch günstige Strangpreßprofile kann diese Gefahr jedoch weitgehend vermieden werden.

9.4.5 Berechnung

Die Berechnung der Nietverbindung auf Abscheren und zulässigen Lochleibungsdruck und die Nachrechnung der Bauteilfestigkeit erfolgt nach Abschnitt 9.2. Berechnung der Knicksicherheit wird ebenso durchgeführt (ω-Verfahren) wie für Stahlkonstruktionen. Werte für die Knickzahlen s. Tafel 9/2.

9.5 Berechnungs-Beispiele

Beispiel 1: Stahlhochbau-Nietung: Stoß eines Flachstahls (Bild 9/7).

Gegeben: Größte Stabkraft $F_s = 450000$ N (Zug); Werkstoff St 37; Lastfall *HZ*;

Berechnet: Blech: $A_n = \frac{F_s}{\sigma_{zul}} = \frac{450000 \text{ N}}{177 \text{ N/mm}^2} = 2542$ mm mit $\sigma_{zul} = 177$ N/mm² nach Tafel 9/1, Lastfall *HZ*; $v = 0{,}75$ geschätzt, $A = A_n/v = 3389$ mm². Danach $A = b_L \cdot s = 260 \cdot 14$ mm² gewählt.

Nach Tafel 9/3 Nietdurchmesser $d' = 22$ mm, d. h., $d = 23$ mm gewählt.

Erforderliche Nietzahl aus $\sigma_{l\,zul}$:

$$z = \frac{F_s}{d \cdot s \cdot \sigma_{l\,zul}} = \frac{450000}{23 \cdot 14 \cdot 314} = 4{,}45\,.$$

Erforderliche Nietzahl nach $\tau_{a\,zul}$ (Nietwerkstoff UST 36-1):

$$z = \frac{F_s}{\frac{\pi d^2}{4} \cdot n \cdot \tau_{a\,zul}} = \frac{450000}{\frac{\pi \cdot 23^2}{4} \cdot 2 \cdot 157} = 3{,}4\,.$$

Man rundet 4,45 auf Nietzahl $z = 5$ auf.

Kontrolle: Blech: Gefährdeter Querschnitt I—I:

Vorhandenes $A_n = (b_L - 2 \cdot d) \cdot s = (260 - 2 \cdot 23) \cdot 14 = 2996$ mm² (notwendiges $A_n = 2542$ mm², s. oben).

Lasche: Gefährdeter Querschnitt II—II:

$A_n = (b_L - 3\,d) \cdot 2 \cdot s_L$, daraus notwendige Laschendicke $s_L = A_n[2 \cdot (b_L - 3\,d)] = 2542/[2 \cdot (260 - 3 \cdot 23)]$ mm $= 6{,}65$ mm. Gewählt $s_L = 8$ mm. Damit $2 \cdot s_L > s$, also Flächenpressung an Lasche kleiner als am Blech

Beispiel 2: Stahlhochbau-Nietung: Momentanschluß nach Bild 9/8, (Stegblech eines Blechträgers), Lastfall *HZ*.

Gegeben: Für Gesamtträger: $I_{Tr} = 12{,}4 \cdot 10^8$ mm⁴, Biegemoment $M_{Tr} = 200000$ Nm, Querkraft $Q = 90000$ N.

Für Stegblech: Werkstoff St 37, $s = 10$ mm, $h = 940$ mm, $I = s \cdot h^3/12 = 6{,}9 \cdot 10^8$ mm⁴. Das anteilige Biegemoment des Stegbleches ist $M_b = M_{Tr} \cdot I/I_{Tr} = 111290$ Nm.

Gewählt: zweireihige Doppellaschennietung mit 14 Nieten je Seite.

Berechnet:

$$F_b = \frac{M_b \cdot u_1}{z_1 \cdot u_1^2 + z_2 \cdot u_2^2 + z_3 \cdot u_3^2} = \frac{111290 \cdot 0{,}66}{2\,(0{,}66^2 + 0{,}44^2 + 0{,}22^2)} = 54200 \text{ N}\,.$$

$$F_q = Q/z = 90000/14 = 6429 \text{ N}\,.$$

$$F_r = \sqrt{F_b^2 + F_q^2} = 54580 \text{ N}\,.$$

Notwendiges d nach $\tau_{a\,zul}$ (Nietwerkstoff USt 36-1):

$$d = \sqrt{\frac{4 \cdot F_r}{\pi \cdot n \cdot \tau_{a\,zul}}} = \sqrt{\frac{4 \cdot 54580}{\pi \cdot 2 \cdot 157}} = 14{,}8 \text{ mm}\,.$$

Gewählt: $d = 15$ mm; d. h., Nietdurchmesser $d' = 14$ mm.

Kontrolle:

$$\sigma_l = \frac{F_r}{d \cdot s} = \frac{54580}{15 \cdot 10} = 364 \text{ N/mm}^2 > \sigma_{l\,zul} = 314 \text{ N/mm}^2\,.$$

Neu berechnet: d nach $\sigma_{l\,zul}$

$$d = \frac{F_r}{\sigma_{l\,zul} \cdot s} = \frac{54580}{314 \cdot 10} = 17{,}4 \text{ mm}.$$

Neu gewählt $d = 18$ mm; d. h., Nietdurchmesser $d' = 17$ mm. Die Niet- und Randabstände sind nach 9.2. zulässig.

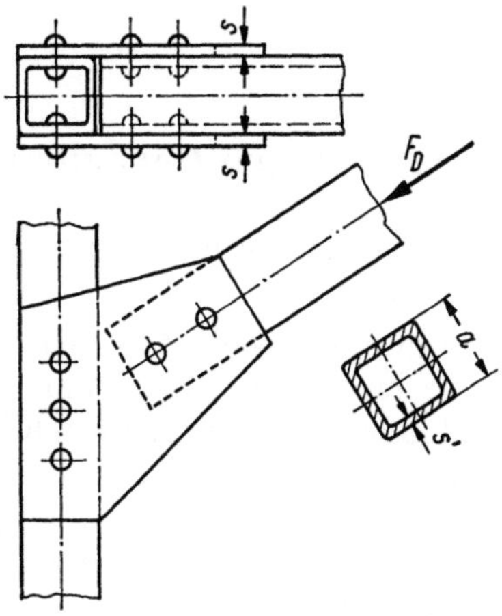

Bild 9/11. Anschluß eines Druckstabes. Quadrat-Hohlprofil mit $a = 50$ mm aus AlCuMg 1, Wandstärke $s' = 3$ mm, Laschendicke $s = 3{,}5$ mm.

Beispiel 3: Leichtmetallbau-Nietung: Anschluß eines Druckstabes, Doppellaschenmietung nach Bild 9/11, Lastfall H.

Gegeben: Druckkraft im Stab $F_L = 9000$ N, Knicklänge $l_K = 1700$ mm, Quadrat-Hohl-Profil mit $a = 50$ mm und $I_{min} = 20{,}4 \cdot 10^4$ mm^4, Fläche $A = 556$ mm^2.

Berechnet: Bauteil auf Knickung: Schlankheitsgrad $\lambda = l_K/\sqrt{I/A} = 89{,}00$. Nach Tafel 9/2 ist Knickzahl $\omega = 4{,}17$ (interpoliert).

Damit ist

$$\sigma_d = \frac{\omega \cdot F_D}{A} = \frac{4{,}17 \cdot 9000}{556} = 67{,}5 \text{ N/mm}^2$$

und also kleiner als $\sigma_{zul} = 147$ N/mm^2 nach Tafel 9/4.

Nietverbindung:

Gewählt: Leichtmetallniete aus AlCuMg0,5F28 mit $d = 7$ mm, $z = 4$. Berechnet:

$$\tau_a = \frac{F_D}{\frac{\pi \cdot d^2}{4} \cdot z \cdot n} = \frac{9000}{\frac{\pi \cdot 7^2}{4} \cdot 4 \cdot 1} = 58{,}46 \text{ N/mm}^2 < \tau_{a\,zul} = 82 \text{ N/mm}^2,$$

und

$$\sigma_l = \frac{F}{d \cdot s \cdot z} = \frac{9000}{7 \cdot 3 \cdot 4} = 107{,}1 \text{ N/mm}^2 < \sigma_{l\,zul} = 204 \text{ N/mm}^2.$$

$\sigma_{l\,zul}$ und $\tau_{a\,zul}$ nach Tafel 9/5.

9.6 Schrifttum zu 9

9/1 DIN 1745–1748 Festigkeitswerte für Profile, Bleche, Rohre usw. aus Al-Knetlegierungen.
9/2 Aluminium-Merkblätter, Bl. 5: Nieten aus Aluminium, Aluminium-Zentrale, Düsseldorf.
9/3 Bauen mit Aluminium: Jahrbuch 1969, Aluminium-Zentrale, Düsseldorf.
9/4 Dampfkesselbestimmungen. III. Techn. Vorschriften, Teil 3. TÜV Essen. 3. Aufl. Köln–Berlin.
9/5 Kennel, E.: Das Nieten im Stahl- und Leichtmetallbau. München 1951.
9/6 Köhler/Rögnitz: Maschinenteile, Teil 1. Stuttgart: Teubner 1972.
9/7 Stahl im Hochbau. Verein Deutscher Eisenhüttenleute, Düsseldorf 1967.
9/8 Decker, K.-H.: Maschinenelemente, München: Hanser 1973.
9/9 Kunz, M.: Niete und Nietmaschinen für Sonderzwecke, Werkstatt und Betrieb 82 (1949) 51.
9/10 Netz, H.: Dampfkessel. 7. Aufl. Stuttgart 1967.
9/11 Buchenau, H.; Thiele, A.: Stahlhochbau. Stuttgart 1972/73.
9/12 LN 29730 (LN: Luftfahrt-Normen): Nietrechnungswerte bei statischer Beanspruchung für Universalnietverbindungen.
9/13 LN 29731: Nietrechnungswerte bei statischer Beanspruchung für Senknietverbindungen.

10 Schraubenverbindungen

10.1 Verwendung und Herstellung

Die Schraube ist das am häufigsten verwendete Maschinenelement.

Man verwendet sie

1. als Befestigungsschraube für lösbare Verbindungen;
2. als Spannschraube zur Erzeugung von Vorspannung (Spannschloß);
3. als Verschlußschraube zum Verschließen von Löchern, z. B. Ölablaßbohrung;
4. als Stellschraube zum Einstellen oder zum Nachstellen von Spiel oder Verschleiß;
5. als Meßschraube für kleinste Wege (Mikrometer);
6. als Kraftübersetzung zur Erzeugung großer Längskräfte durch kleine Umfangskräfte (Spindelpresse, Schraubstock);
7. als Bewegungsschraube zur Umsetzung von Drehbewegung in Längsbewegung (Schraubstock, Leitspindel) oder von Längsbewegung in Drehbewegung (Drillschrauber);
8. als Differenzschraube zur Erzielung von kleinsten Wegen mit grobem Gewinde (Bild 10/5).

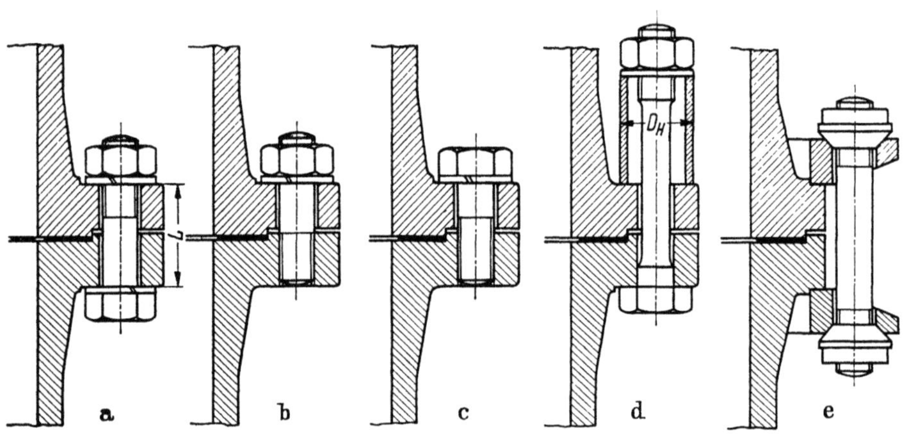

Bild 10/1. Flanschverbindungen, a) mit Durchsteckschraube, b) mit Stiftschraube, c) mit Kopfschraube, d) mit Durchsteck-Dehnschraube und Distanzstück, e) mit Doppelmutter-Dehnschraube. Bei festen, glatten Flanschoberfläche bei a) bis c) keine mittverspannten Sicherungen.

Nachdem die vielseitige Eignung der Schraube hervorgehoben wurde, sollen nun auch einige nachteilige Eigenschaften genannt werden, die in manchen Fällen besondere Maßnahmen erfordern, und zwar bei Befestigungsschrauben das ungewisse Anzugsmoment und die ungewisse Erhaltung der aufgebrachten Vorspannung im Betrieb, dann die oft erforderliche Sicherung gegen Losdrehen[1] und vor allem die Kerbwirkung des Gewindes; bei Bewegungsschrauben der schlechte Wirkungsgrad, der Verschleiß der Gewindeflanken und in gewissen Fällen das Gewindespiel und die mangelnde Zentrierung durch das Gewinde.

Die *Herstellung* der Gewindegänge erfolgt entweder im spanlosen Verfahren (kein Zerschneiden der Werkstoffaser) durch „Eindrücken“ oder „Einrollen“ der Gewinde-

[1] Es gibt wohl über kein Element mehr Patentanmeldungen, als über Schraubensicherungen.

gänge und Anstauchen des Schraubenkopfes, im Schneidverfahren durch Drehen oder Fräsen, durch Schneiden mit einem profilierten Schlagzahn sehr hoher Drehzahl („wirbeln") oder im Schleifverfahren mit profilierten Schleifscheiben.

Tafel 10/1. Auswahl genormter Schrauben: Kopfschrauben (a···l), Stiftschraube (m), Schraubenbolzen (n,) Gewindestifte (o, p), Schaftschrauben (q, r) und Verschlußschrauben (s, t). S. auch DIN-Taschenbuch Nr. 10

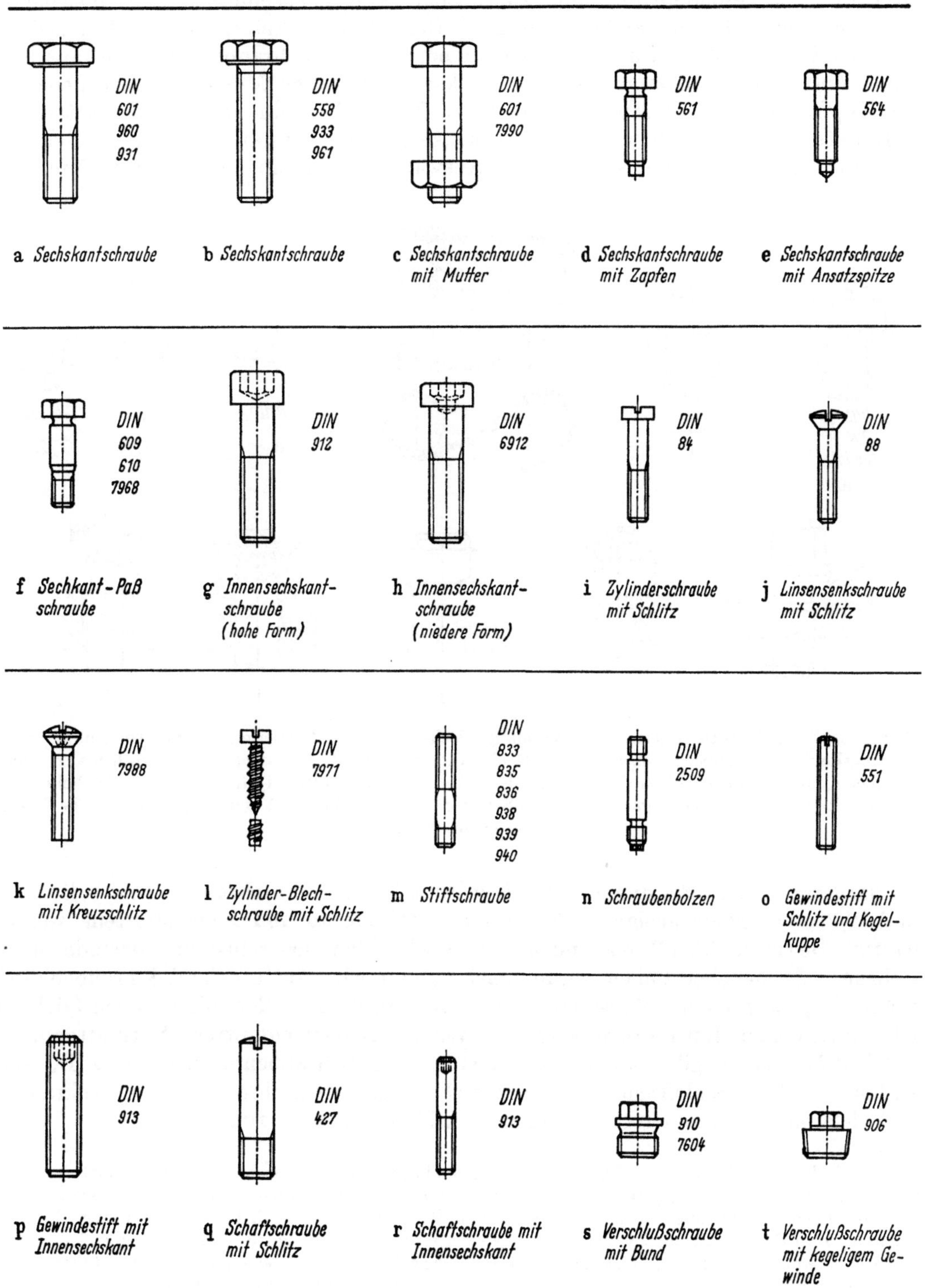

10.2 Schrauben, Muttern, Zubehör

Schrauben. Zur Schraubenverbindung gehört außer der eigentlichen Schraube, dem Schraubenbolzen (bei Bewegungsschrauben auch -spindel genannt), noch die Mutter mit dem entsprechenden Innengewinde, wozu noch Unterlegscheiben und Sicherungen kommen können. Ferner benötigt man zum Anziehen und Lösen der Schrauben bzw. Muttern noch besondere Bedienungswerkzeuge (Schraubenschlüssel, Schraubenzieher), wenn man sie nicht für Handbedienung mit Rändel, Ring, Flügel oder Griff versieht.

Übliche Schrauben. Im Maschinenbau herrscht die Schraube mit Sechskant-Kopf und -Mutter vor, und zwar als Durchsteckschraube (auch Mutterschraube genannt), als Kopfschraube (ohne Mutter) und als Stiftschraube (ohne Kopf und Mutter); für versenkte Anordnung nimmt man die Innensechskant-Schraube, seltener die Zylinder- oder die Senkschraube (mit Schlitz). Eine Auswahl von Schraubenformen zeigt Tafel 10/1.

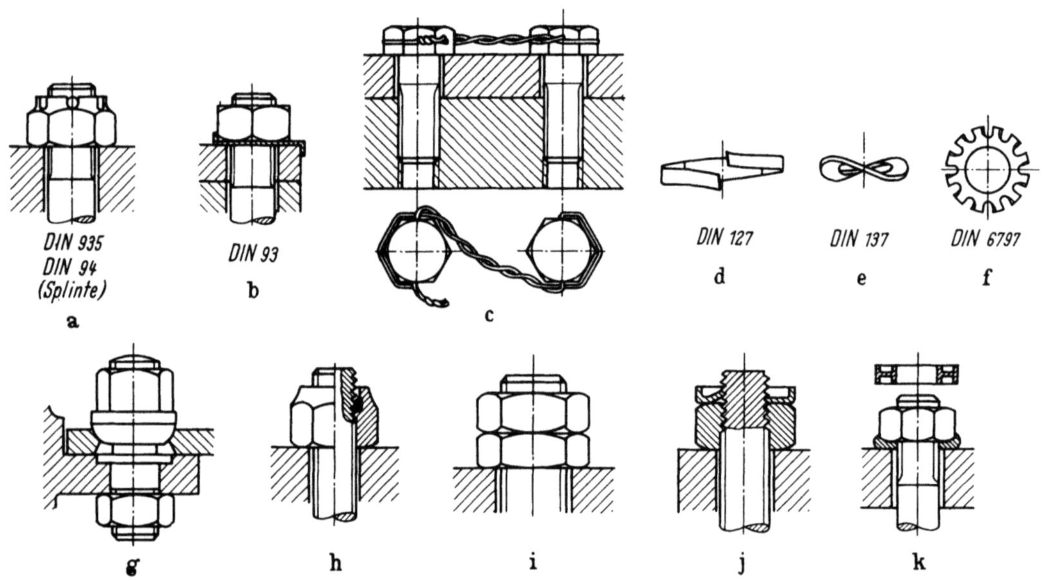

Bild 10/2. Schraubensicherungen. Formschlüssige Sicherungen: a) Kronenmutter mit Quersplint, b) Sicherungsblech, c) Drahtsicherung; Kraftschlüssige Sicherungen: d) Federring, e) Federscheibe, f) Zahnscheibe, g) Kegelauflage (erhöhte Reibung); h) selbstsichernde Mutter, i) Kontermutter, j) Sicherungsmutter, k) Kunststoffsicherungsring („Dubo-Sicherung"). Für höhere Vorspannung auch Tellerfedern: Spannscheiben (Fa. Schnorr).

Sonderschrauben. Bei dynamischer Belastung ist die Dehnschraube[1], Bild 10/1, 10/15 und 10/22, besonders geeignet. Für dünne Stahlbleche und Kunststoffteile werden häufig „Blechschrauben" verwendet. Diese schneiden sich selbst ihr Gewinde in die Bohrung. In manchen Fällen werden auch zylindrische Muttern- und Schraubenköpfe verwendet, die für den Schlüsselangriff seitlich abgeflacht oder mit radialen Löchern, Längsnuten oder Kerbzähnen versehen werden (Kreuzlochmutter, Nutmutter usw., Tafel 10/2). Weiter gibt es noch eine Vielzahl von Schraubenformen, wie z. B. Verschlußschrauben, Schloßschrauben, Ankerschrauben, Steinschrauben, Flügelschrauben und viele mehr, die in den entsprechenden DIN-Blättern zu finden sind.

---

[1] In DIN 2510 (Sept. 1974) sind Schraubenverbindungen mit Dehnschaft (Schraubenbolzen, Stiftschrauben, Dehnhülsen usw.) genormt. Einzelheiten: größeres Spiel zwischen Mutter- und Bolzengewinde (dadurch auch Aufbringung der Vorspannung durch Wärmedehnung möglich, s. Heizbohrung ab M64), Übergang zum Dehnschaft mit 20°-Schräge, Kapselmutter für kleinere Bauweise, Einschraubenden entspr. Bild 10/4c, Mutterhöhe $1 \cdot d$, Dehnschaftl. $> 4 \cdot d$ Kennzeichnung der Teile mit Großbuchstaben, z. B. Schraubenbolzen mit langem Gewinde: Schraubenbolzen LM30 × 200DIN2510-24Cr Mo5.

Gewinde-Einsätze mit Innen- und Außengewinde (Bild 10/6), wobei das Außengewinde selbstschneidend ist, ergeben auch in weichen Werkstoffen (Leichtmetall, Grauguß, Kunststoffe usw.) haltbare Gewinde. Durch schraubenfederartige Gewindeeinsätze („Heli Coil") erreicht man außerdem eine gleichmäßigere Belastung der Gewindegänge.

Muttern. Eine Auswahl von gebräuchlichen, genormten Muttern zeigt Tafel 10/2.

Sondermuttern. Die Zugmutter nach Bild 10/11 erhöht die dynamische Festigkeit der Schraubenverbindung. Weiter seien als Beispiele für Sondermuttern erwähnt: Klemmscheibenmuttern (mit Sicherungseffekt), Kapselmuttern für Dehnschrauben, Spindelmuttern u. a.

Tafel 10/2. Auswahl genormter Muttern

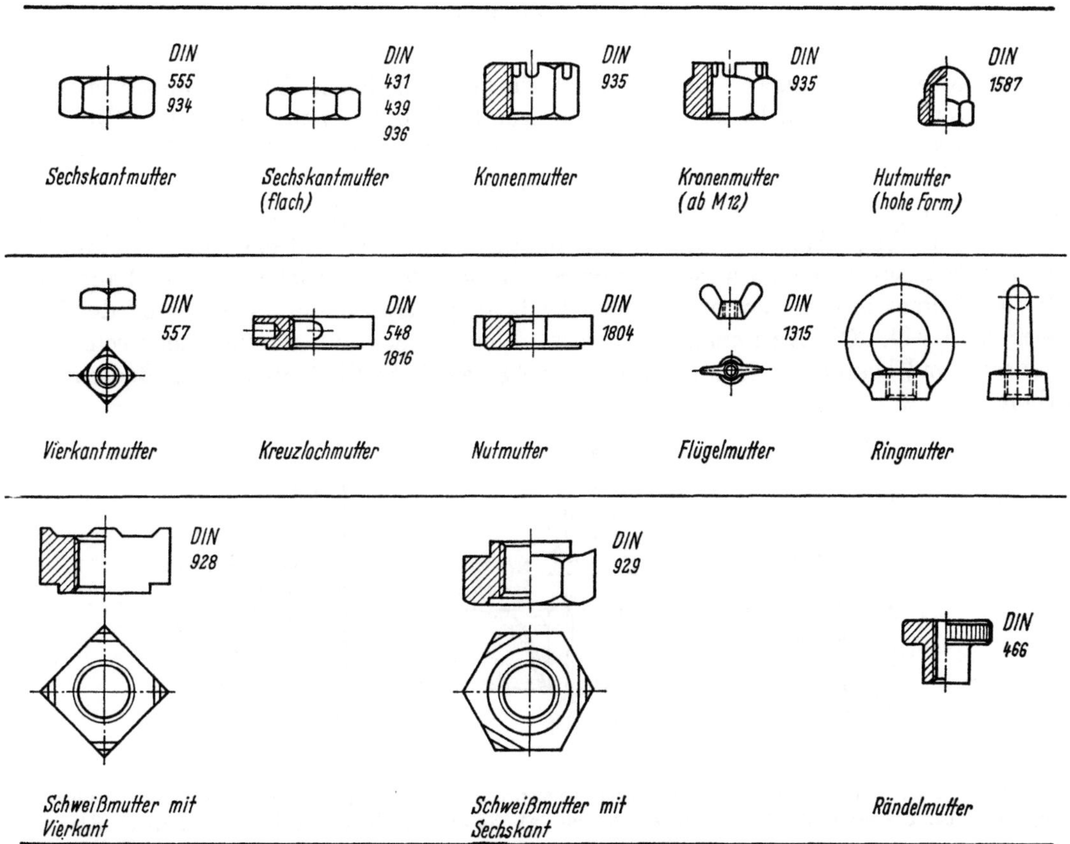

Sicherungen. Die einfachste und zuverlässigste Sicherung gegen selbsttätiges Losdrehen von Schrauben ist die Ausnützung der Reibung im Gewinde und unter der Kopfauflage. Bei Befestigungsschrauben kann kein Lösen auftreten, solange sie unter allen Betriebsbedingungen eindeutig vorgespannt sind. Zusätzliche Sicherungsscheiben wirken hier durch Vermehrung der Trennfugen (größerer Setzbetrag!) nur ungünstig. Nur wenn durch die Betriebskräfte oder durch Setzen (Glättung von Rauheitsspitzen) keine eindeutige Vorspannung gegeben ist, werden zusätzliche Schraubensicherungen verwendet. Formschlüssige Schraubensicherungen (Splinte, Sicherungsbleche mit Lappen, Draht durch Querbohrung usw.) verhindern ein Losdrehen der Schraube, kraftschlüssige Schraubensicherungen (Federringe, Zahnscheiben) im wesentlichen ein Nachlassen der Vorspannung[1] (Lockern). Selbstsichernde Muttern, einer

[1] Verminderung der Vorspannung auf Null wird als Lockern bezeichnet; Losdrehen (Lösen) kann aber auch bei Vorspannung größer Null durch Lösemomente erfolgen.

zweite Mutter (Kontermutter) oder flüssiges Kunstharz („Loctite") werden ebenfalls als Schraubensicherung verwendet. Bild 10/2 zeigt eine Auswahl von üblichen Schraubensicherungen.

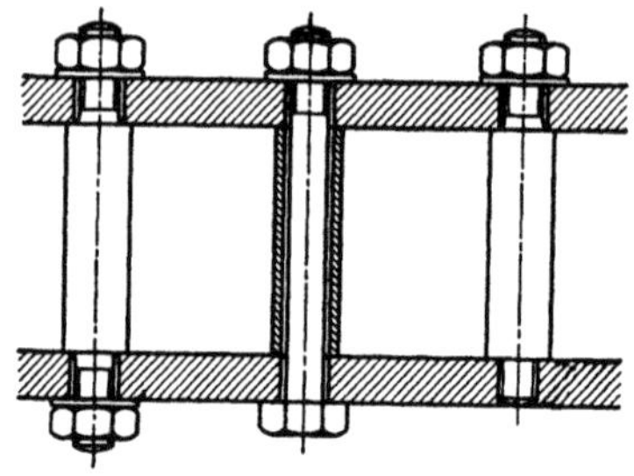

Bild 10/3. Stehbolzen.

Schraubenverbindungen. Siehe hierzu die verschiedenen Ausführungsformen der Flanschverbindungen Bild 10/1, der Stehbolzen Bild 10/3, der Stiftschrauben Bild 10/4, der Differenzschraube Bild 10/5, der Pleuelschraube Bild 10/15, der Deckelbefestigung Bild 10/21 und der querbelasteten Schraubenverbindung Bild 10/23. Wichtig ist bei Befestigungsschrauben die richtige Vorspannung (bis etwa 70% der Streckgrenze)[1], die ebene Auflage von Schraubenkopf und Mutter und bei Lastverteilung auf mehrere Schrauben die Verwendung von Schrauben gleicher Dicke, gleicher Länge und gleicher Vorspannung, wenn man ungleiche Beanspruchung und „Verziehen" der Teile vermeiden will. Die Aufteilung in mehrere kleinere Schrauben ermöglicht schmalere Flansche und bessere Dichtung (geringerer Abstand), bedingt aber mehr Bedienungsarbeit.

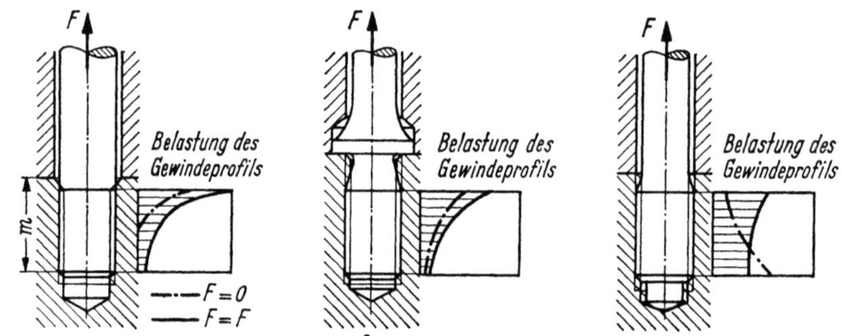

Bild 10/4. Stiftschrauben mit unterschiedlichen Einschraubenden: a) durch Gewindeauslauf, verspannt, b) durch Bund verspannt, c) mit Verspannzapfen. a) hat kleinste Dauerbruchfestigkeit (nach Klein).

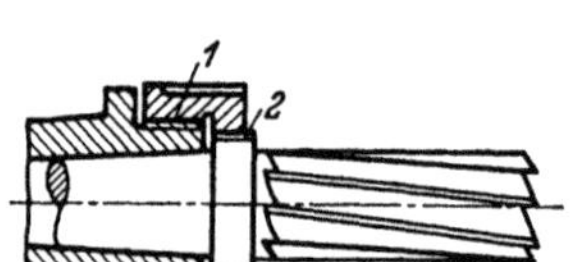

Bild 10/5. Differentialgewinde *1* und *2*, angewendet zum Befestigen und Lösen eines Fräsers.

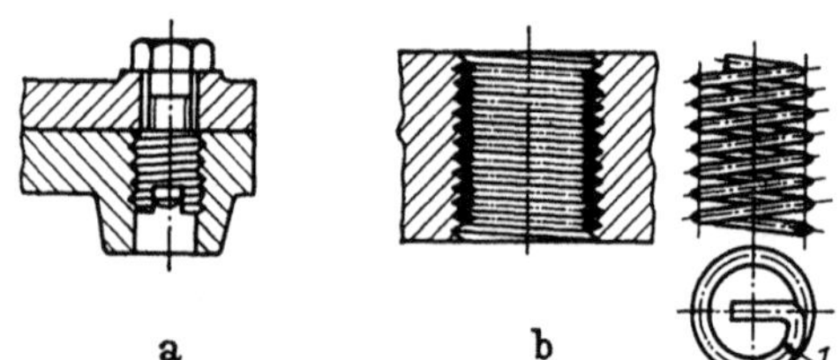

Bild 10/6. Gewindeeinsätze: a) „Ensat" mit selbstschneidendem Außengewinde und radialer Verspannung des geschlitzten Teiles in der Bohrung; b) „Heli-Coil" mit radialer Verspannung im Gewindeloch (bei 1 Bruchkerbe).

[1] Zum Beispiel durch Anziehen mit Drehmomentschlüssel oder bis zu einem bestimmten Drehwinkel.

Hochfeste Schraubenverbindungen (*HV-Verbindungen*) sind höher vorgespannt als übliche Schraubenverbindungen; sie werden im Stahlbau häufig eingesetzt (Schrauben nach DIN 6914 mit größerer Schlüsselweite als DIN 931).

10.3 Bezeichnungen

A_s	mm²	Spannungsquerschnitt
A_3	mm²	Kernquerschnitt
C_K	–	Kraftverhältnis
C'_K	–	Wirksames Kraftverhältnis
c_F, c_S, c_H	N/mm	Federkonstanten
d	mm	Außen- u. Nenndurchmesser
d_2	mm	Flankendurchmesser
d_3	mm	Kerndurchmesser
d_A	mm	Reibdurchmesser
D_a	mm	Durchmesser der Kopf- bzw. Mutterauflage
$D_{H,i}$	mm	Außen- bzw. Inndurchmesser der Hülse
d_s	mm	Durchmesser des Spannungsquerschnittes
d_{Sch}	mm	Durchmesser des Schaftes von Dehnschrauben
$E_{F,H,S}$	N/mm²	E-Modul von Flansch, Hülse, Schraube
F	N	Längskraft
F_U	N	Umfangskraft
F_R	N	Resultierende Kraft
F_N	N	Normalkraft
F_V	N	Vorspannkraft
ΔF_V	N	Kraftverlust durch Setzen
F_{max}	N	Maximale Schraubenkraft
F_{Diff}	N	Schraubenzusatzkraft
F_B	N	Betriebskraft
F_Q	N	Querkraft
h_3	mm	Gewindetiefe
H_1	mm	Flankentragtiefe
i	–	Gangzahl
k	mm	Kopfhöhe
L	mm	Klemmlänge
m	mm	Mutternhöhe
m_i	–	Schnittzahl
$M_{t,GA,A,GL}$	Nmm, Nm	Drehmomente
n	–	Anzahl der Schrauben
O	mm	Scheibendurchmesser
p	N/mm²	Flankenpressung
p_A	N/mm²	Flächenpressung an der Auflage
P_T	mm	Gewindeteilung
P	mm	Steigung
R	mm	Rundungshalbmesser im Gewindegrund
s	mm	Blechdicke
S	–	Sicherheit
α	°	Steigungswinkel
α_A	–	Anziehfaktor
β	°	Flankenwinkel
δ_z	mm	Setzbetrag
$\delta_{S,F}$	mm	Längung bzw. Kürzung von Schraube bzw. Flansch
$\mu_{A,ges}$	–	Reibwerte an Auflage und Gesamtreibwert
ϱ	°	Reibwinkel
σ_z	N/mm²	Zugspannung
σ_v	N/mm²	Vergleichspannung
σ_S	N/mm²	Streckgrenze
$\sigma_{0,2}$	N/mm²	0,2 Dehngrenze
σ_B	N/mm²	Bruchfestigkeit
σ_l	N/mm²	Lochleibungsdruck
σ_A	N/mm²	Ausschlagfestigkeit
τ_a	N/mm²	Abscherspannung
τ_t	N/mm²	Torsionsspannung, Schubspannung
η, η'	–	Wirkungsgrade

10.4 Gewindeformen

Die Grundform des Gewindes ist die Schraubenlinie (Bild 10/7). Sie entsteht durch Aufwickeln einer Geraden mit dem Neigungswinkel α auf einen Zylinder mit dem Halbmesser r. Sie kann punktweise aus ihrer Abwicklung konstruiert werden, da $y/x = \tan\alpha = P/(2\pi r)$ ist, wobei P Steigung und α Steigungswinkel genannt werden.

Die Schraubenlinie kann rechtsgängig, wie gezeichnet, und durchweg im Maschinenbau verwendet oder linksgängig sein. Es können auch mehrere parallel verlaufende Schraubenlinien (mehrgängige Gewinde bei Bewegungsschrauben) angeordnet werden.

Beim Gewinde tritt an Stelle des Punktquerschnittes der Schraubenlinie ein „Profil" (Dreieck, Trapez, Rechteck, Halbrund). Von den genormten Gewinden des Maschinenbaues (Tafeln 10/3 und 10/4) werden die eingängigen Spitzgewinde mit 60° Flankenwinkel für Befestigungsschrauben (größere Reibung!) verwendet.

Als Nenn-Durchmesser d gilt der Außendurchmesser des Gewindebolzens; nur das Whitworth-Rohrgewinde wird nach dem lichten Rohrdurchmesser bezeichnet.

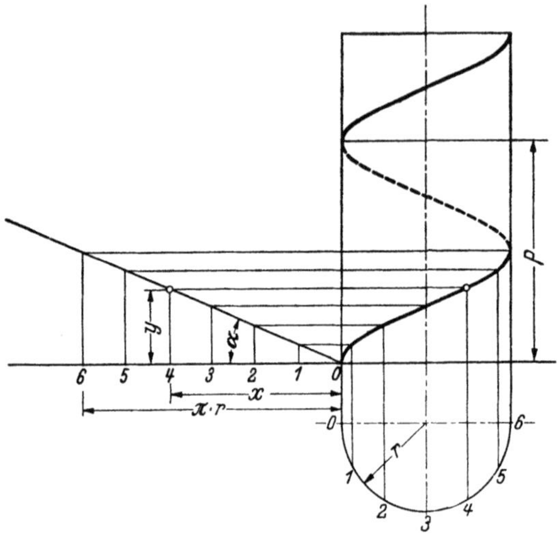

Bild 10/7. Rechtsgängige Schraubenlinie und ihre Abwicklung mit Ganghöhe P und Steigungswinkel α.

Tafel 10/3. Heute verwendetes metrisches ISO-Gewindeprofil nach DIN 13 (Juni 1964) und zum Vergleich das frühere metr. DIN-Gewindeprofil (DIN 13 1949x).

Durchmesserreihen s. Tafel 10/9

Bezeichnungsbeispiele: Metr. ISO-Gewinde: M20; Metr. ISO-Feingewinde, Steigung 1,5 mm: M20×1,5

Profil	Form	Maße
Metrisches ISO-Gewinde und Metrisches ISO-Feingewinde	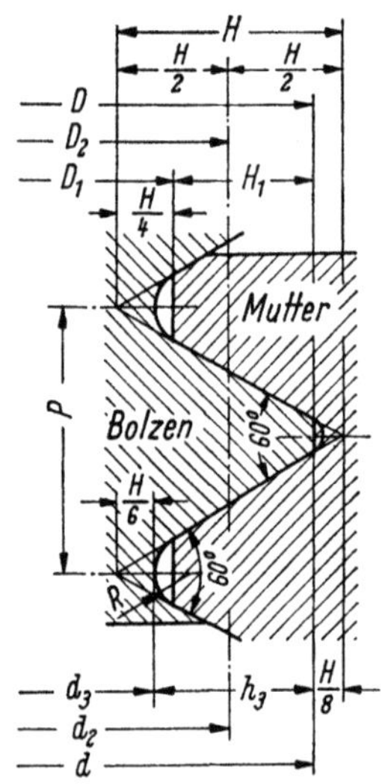 	$H = 0{,}86603\,P$ $H_1 = 0{,}54127\,P = \frac{5}{8}H$ $h_3 = 0{,}61343\,P = \frac{17}{24}H$ $R = 0{,}14434\,P = \frac{H}{6}$ $D = d =$ Nenn-$\varnothing$ $D_2 = d_2 = d - 0{,}64953\,P$ $D_1 = d - 2H_1$ $d_3 = d - 1{,}22687\,P$ $A_K = \frac{\pi}{4} d_3^2$ $A_S = \frac{\pi}{4}\left(\frac{d_2 + d_3}{2}\right)^2$
Früheres Metrisches DIN-Gewinde und Früheres Metrisches DIN-Feingewinde	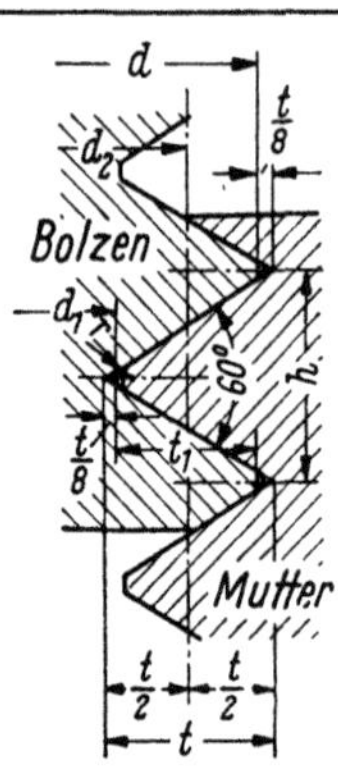 	$t = 0{,}8660 \cdot h$ $t_1 = 0{,}6495 \cdot h$ $d_2 = d - t_1$ $d_1 = d - 2t_1$ $r = 0{,}1082 \cdot h = \frac{t}{8}$

Man unterscheidet in Regel- und Feingewinde. Feingewinde werden bei Rohren und Wellen verwendet, um die Gewindetiefe h_3 oder die Steigung P bzw. den Steigungswinkel α klein zu halten. Mehrgängige Gewinde verwendet man bei Bewegungsschrauben, wenn der Wirkungsgrad η oder die Steigung P groß sein soll.

Tafel 10/4. Formen der a) Whitworth-Rohrgewinde (DIN 259, 2999), b) Rundgewinde (DIN 405), c) Metr.-ISO-Trapezgewinde (DIN 103) und d) Sägengewinde (DIN 513 bis 515)

Profil	Form	Maße
Whitworth-Rohrgewinde	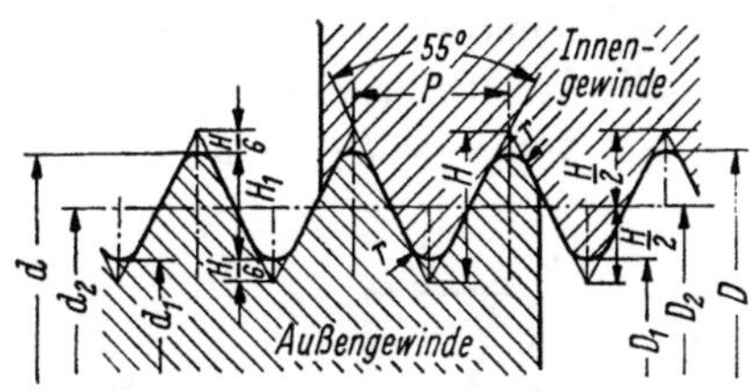 a	$P = \frac{25{,}4}{z}$ $r = 0{,}137329\,P$ $H = 0{,}960491\,P$ $H_1 = 0{,}640327\,P$ Beispiel: $R\,\frac{1''}{2}$ mit $d = D = 20{,}955$ mm und $P = 1.814$ mm
Rundgewinde	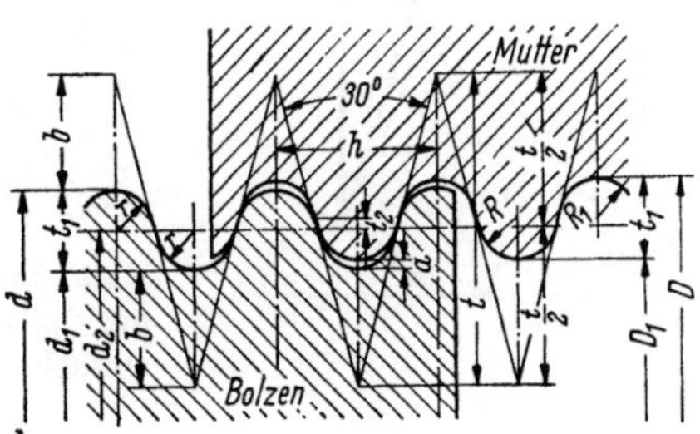 b	$h = \frac{25{,}40095}{z}$ $a = 0{,}05\,h$ $b = 0{,}68301\,h$ $t = 1{,}86603\,h$ $r = 0{,}23851\,h$ $t_1 = 0{,}5\,h$ $R = 0{,}25597\,h$ $t_2 = 0{,}08350\,h$ $R_1 = 0{,}22105\,h$ Beispiel: Rd 30×1/8″ mit $d = 30$ mm und $h = 1/8'' =$ $= 3{,}175$ mm
Trapezgewinde	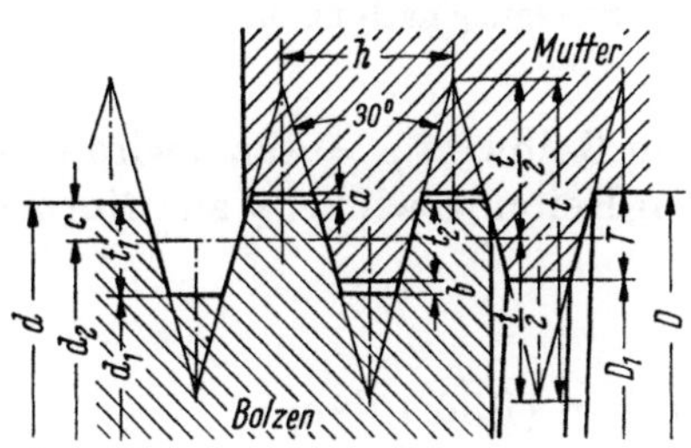 c	$t = 1{,}866\,h$ $t_2 = 0{,}5\,h + a - b$ $t_1 = 0{,}5\,h + a$ $T = 0{,}5\,h + 2a - b$ $c = 0{,}25\,h$ Beispiel: Tr 50×8 nit $d = 50$ mm und $h = 8$ mm
Sägengewinde	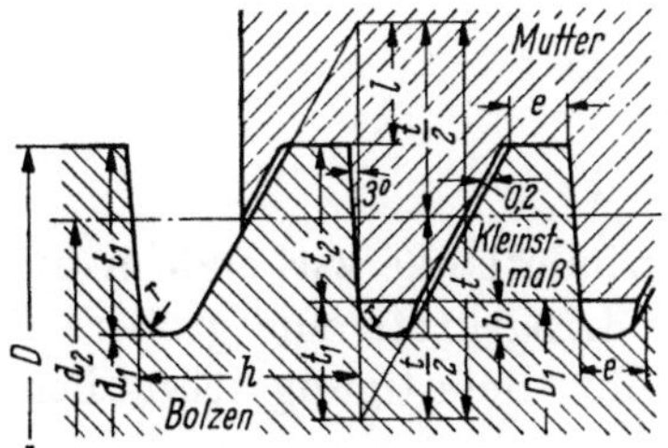 d	$t = 1{,}73205\,h$ $j = 0{,}52507\,h$ $t_1 = t_2 + b$ $j_1 = 0{,}45698\,h$ $t_2 = 0{,}75\,h$ $b = 0{,}11777\,h$ $e = 0{,}26384\,h$ $r = 0{,}12427\,h$ Beispiel: S 80×16 mit $D = 80$ mm und $h = 16$ mm

Maße. Das früher verwendete Gewindeprofil für Befestigungsschrauben nach DIN 13 (Febr. 1949) wurde in Deutschland seit 1964 stufenweise durch das internationale metrische ISO-Profil nach DIN 13 ersetzt. Das ISO-Profil hat gegenüber dem alten Profil im wesentlichen eine größere Ausrundung im Gewindegrund des Bolzens und dadurch eine etwas kleinere Flankenüberdeckung. Tafel 10/3 zeigt beide Gewindeformen, Tafel 10/4 die Formen der Whitworth-Rohr-, Rund-, Trapez- und Sägen-Gewinde. Das Rundgewinde ist robust und unempfindlich und wird z. B. für

Waggonkupplungen eingesetzt. Trapez- und Sägengewinde werden für Bewegungsgewinde verwendet. Das metrische ISO-Gewinde nach DIN 13 wird in drei Toleranzklassen eingeteilt: *f* (fein) für große Genauigkeit, m (mittel) für die üblichen Anwendungsfälle und g (grob), falls keine besonderen Genauigkeitsanforderungen verlangt sind.

10.5 Kraftübersetzung und Wirkungsgrad

Beim Flachgewinde mit $\beta = 0°$ nach Bild 10/8 greift am Gewinde am mittleren Flankendurchmesser d_2 die Längskraft F und die Umfangskraft F_U an. Sieht man von der Reibung ab, so muß bei Kräftegleichgewicht die Resultierende F_R in die Richtung der Normalen fallen. Dann ist $F_U = F \cdot \tan\alpha$, mit $\tan\alpha = P/(\pi d_2)$.

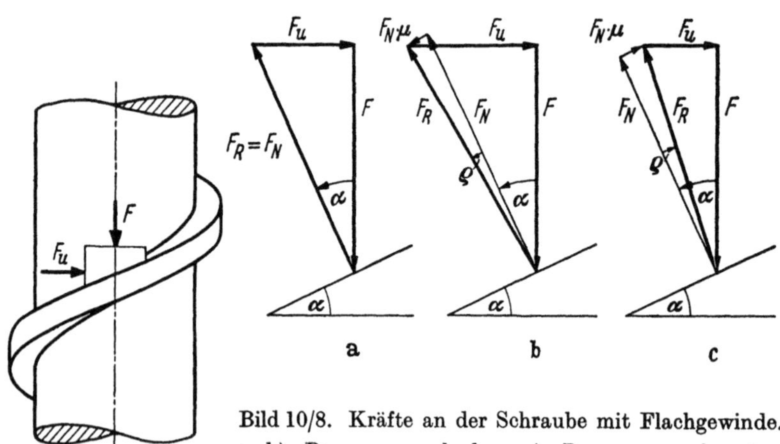

Bild 10/8. Kräfte an der Schraube mit Flachgewinde. a, b) Bewegung nach oben, c) Bewegung nach unten.

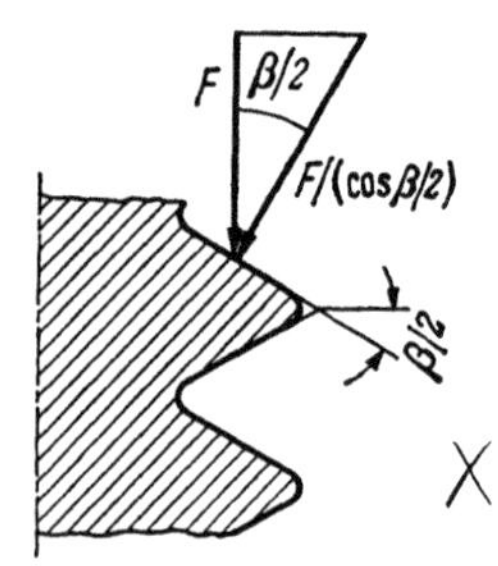

Bild 10/9. Normalkraft am Spitzgewinde (vereinfacht F eingezeichnet).

Bei Berücksichtigung der Reibung mit dem Reibwert $\mu = \tan\varrho$ wird erst Bewegung eintreten, wenn die Resultierende F_R um den Reibungswinkel ϱ zur Normalen geneigt ist. Dann ist:

$$F_U = F \cdot \tan(\alpha \pm \varrho)\,, \tag{10/1}$$

$+$ für Lastheben (Bild 10/8b), $-$ für Lastsenken (Bild 10/8c).

Für *Spitz*gewinde mit $\beta > 0$ (Bild 10/9) tritt an Stelle von ϱ in (10/1) der Wert ϱ' mit

$$\tan\varrho' = \frac{\tan\varrho}{\cos\left(\frac{\beta}{2}\right)} \qquad \text{bzw.} \qquad \mu' = \frac{\mu}{\cos\left(\frac{\beta}{2}\right)}\,, \tag{10/2}$$

da für die Reibkraft stets die senkrecht zur Gewindeflanke wirkende Kraft maßgebend ist.[1] Das Spitzgewinde ergibt also bei gleicher Längskraft eine größere Reibkraft als das Flachgewinde und wird deswegen stets für Befestigungsschrauben verwendet. Damit gilt

$$F_U = F\tan(\alpha \pm \varrho') \tag{10/3}$$

und für das Drehmoment

$$M_T = F_U \cdot \frac{d_2}{2} = F\tan(\alpha \pm \varrho')\,\frac{d_2}{2}\,. \tag{10/4}$$

---

[1] Die genaue Ableitung ergibt $\mu' = \mu\sqrt{1 + \cos^2\alpha \cdot \tan^2\left(\frac{\beta}{2}\right)}$; für die genormten kleinen Werte von α ist der Fehler vernachlässigbar.

Die Reibkraft ist stets der Bewegung entgegengesetzt gerichtet, also gilt das + Zeichen beim Anziehen der Schraube (Lastheben), das – Zeichen beim Losdrehen (Lastsenken).

Der *Wirkungsgrad* (Verhältnis von Nutzen zu Aufwand) eines Schraubtriebes (Schraube + Mutter) beträgt:

beim Umsetzen von Drehmoment in Längskraft $\eta = \frac{\tan\alpha}{\tan(\alpha + \varrho')}$, (10/5)

beim Umsetzen von Längskraft im Drehmoment $\eta' = \frac{\tan(\alpha - \varrho')}{\tan\alpha}$. (10/6)

Nach Bild 10/10 steigt η zunächst mit α steil an und dann immer weniger bis zum Größtwert bei $\alpha = 45° - (\varrho'/2)$.

„Selbsthemmung" ist bei Befestigungsschrauben erwünscht und liegt vor, wenn die Längskraft F kein Drehmoment erzeugen kann, also wenn $F_U = F \cdot \tan(\alpha - \varrho') \leqq 0$ ist, d. h., $\alpha \leqq \varrho'$ bzw. $\eta' \leqq 0$ oder $\eta < 0{,}5$ ist. Bei metrischen Schrauben mit $\alpha \approx 2{,}5°$ liegt also Selbsthemmung vor, solange der Reibwert $\mu' = \tan\varrho' \geqq 0{,}04$, ein Wert, der mit Sicherheit gegeben ist. Solange also Befestigungsschrauben vorgespannt sind ($F \gg 0$), kann auch bei Erschütterungen kein Lösen auftreten.

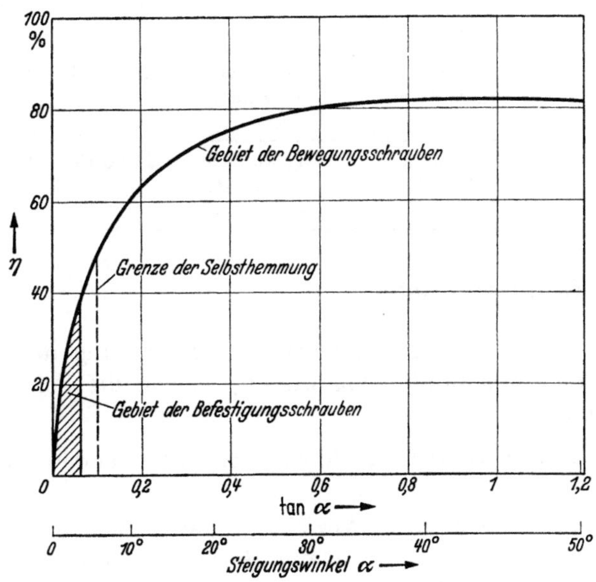

Bild 10/10. Wirkungsgrad der Schraube, abhängig vom Steigungswinkel α, bei Reibwert $\mu' = \tan\varrho' = 0{,}1$; $\varrho' = 5°\,40'$.

10.6 Anzugsmoment und Vorspannkraft

Beim Anziehen der Schraube ist nicht nur die Reibung im Gewinde, sondern auch die Reibung unter der Kopf- bzw. Mutternauflage zu überwinden (Reibdurchmesser $d_A = (D_a + D_i)/2$ nach Bild 10/11, Reibwert μ_A).

Damit beträgt das Gesamtmoment für eine Vorspannkraft F_V

$$M_G = M_T + M_A = F_V\left[\frac{d_2}{2}\cdot\tan(\alpha \pm \varrho') \pm \frac{d_A}{2}\cdot\mu_A\right]. \quad (10/7)$$

+ für Anzugsmoment M_{GA},
– für Lösemoment $M_{GL}(M_{GL} < 0)$.

Für genormte Schrauben mit $\beta = 60°$ kann das Anzugsmoment M_{GA} vereinfacht werden zu:

$$M_{GA} = F_V\,(0{,}16 \cdot P + 0{,}5 \cdot \mu' \cdot d_2 + 0{,}5 \cdot \mu_A \cdot d_A) \quad (10/8)$$

mit P, d_2 und d_A in mm.

Die Werte μ' und μ_A schwanken je nach Oberfläche und Schmierung in einem Streubereich von 0,08···0,4; für die praktische Rechnung kann für μ' und μ_A der μ_{ges}-Wert nach Tafel 10/5 gesetzt werden.

(10/8) läßt sich zu folgender Faustformel für Überschlagsrechnungen vereinfachen:

$$M_{GA} = F_V \cdot d_2/5. \tag{10/9}$$

Tafel 10/5. Reibwerte μ_{ges} für verschiedene Oberflächen- und Schmierzustände nach VDI-R 2230. Erstgenannte Wert [jeweils Nennwert zur Rechnung mit α_A

Oberflächenzustand		Schmierzustand		
Schraube	Mutter	ungeschmiert	geölt	MoS_2-Paste
Mn-phosphatiert	ohne	0,14···0,18	0,14···0,15	0,10···0,11
Zn-phosphatiert	Nach-	0,14···0,21	0,14···0,17	0,10···0,12
galvanisch verzinkt, 8 µm	behandlung	0,125···0,18	0,125···0,17	
galvanisch kadmiert, 7 µm		0,08···0,12	0,08···0,11	
galvanisch verzinkt, 8 µm	galvanisch verzinkt, 5 µm	0,14···0,19	0,125···0,17	
galvanisch kadmiert, 7 µm	galvanisch kadmiert, 6 µm	0,14···0,15	0,08···0,12	

10.7 Gefahrenquellen

Bevor auf die Beanspruchung und Bemessung der Schrauben eingegangen wird, sei auf einige Umstände hingewiesen, welche die Schraubenverbindungen besonders gefährden:

1. Unsicherheit über die wirklich auftretenden äußeren Kräfte (zulässige Spannung herabsetzen!).

2. Unsachgemäßes „Anziehen" der Schrauben. Das erforderliche Anzugsmoment steigt mit d^3. Besonders kleine Schrauben werden daher leicht „abgewürgt" (hierfür hochfesten Werkstoff nehmen oder σ_{zul} herabsetzen), während große Schrauben meist zu wenig Vorspannung erhalten (Schlüssel zu kurz). Besonders bei mehreren Schrauben bringt ungleichmäßiges Anziehen eine ungleichmäßige Lastverteilung und Verziehen der Teile mit sich (z. B. bei Leichtmetall-Kurbelwannen von Motoren). Am besten ist in solchen Fällen ein Anziehen der Schrauben mit Drehmomentschlüssel, auf eine vorzuschreibende Dehnlänge (Kontrolle mit Mikrometer[1]) oder Drehwinkel beim Anziehen oder ein Schraubenende mit Sollbruchstelle (Abscheren des durch die Mutter stehenden Stückes der Schraube bei Nennmoment). Eine weitere Möglichkeit bietet die Verwendung von Elementen nach dem *Kospa-Prinzip* (Bild 10/12): Bis zum Erreichen der geforderten Vorspannung tritt Reibung nur an der inneren Kreisringfläche auf, bei weiterer Verformung (Berührung auch auf der äußeren Ringfläche) steigt das Anzugmoment deutlich spürbar sprunghaft an.

3. Biegebeanspruchung der Schraube durch einseitige Auflage. Abhilfe kann Verwendung von zwei kugeligen Unterlegscheiben, planparallele Bearbeitung oder Verwendung biegeweicher Schrauben bringen.

[1] Auch Kontrolle mit hohlgebohrter Schraube und um Dehnlänge längeren Innenstift, eingelötet in Schraubenkopf.

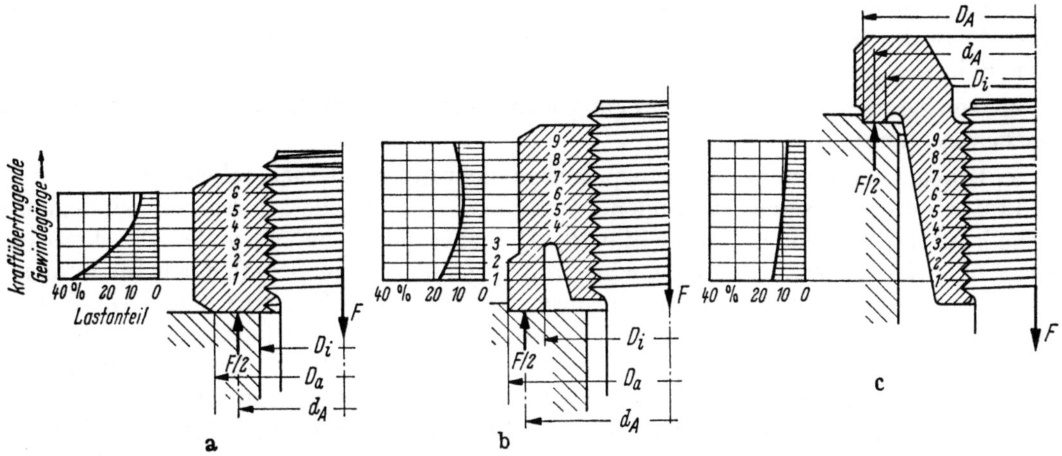

Bild 10/11. Gewindebeanspruchung: Lastanteil der Kraftübertragenden Gewindegänge, a) mit normaler Druckmutter, übergreifend, b) mit ringförmig eingedrehter Mutter und c) weiter verbesserter Lastaufteilung mit Zugmutter (nach Klein und Wiegand/Illgner).

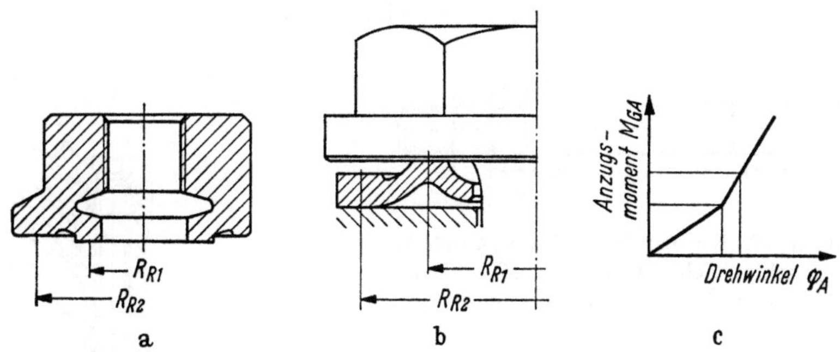

Bild 10/12. Kospa-Prinzip. Erläuterung siehe Text. a) und b) Ausführungsformen, c) Anzugsmoment über Drehwinkel (nach Klein).

4. Verlust der Vorspannung durch *Wärmedehnung* oder *plastische Verformung* der Schraube und der verpannten Teile. Abhilfe: Hochfeste Schrauben mit großen elastischen Dehnungen (lange Dehnschrauben oder dehnelastische Ausführungen nach Bild 10/13) oder stark federnde Unterlagen wie Tellerfederpakete verwenden (normale Federringe dafür ungeeignet, da ihre maximalen Federkräfte meist die Schrauben nicht bis 70% der Streckgrenze vorspannen können). Das Setzen der verspannten Teile ist möglichst klein zu halten, daher keine weichen Unterlagen sondern, hochfeste gehärtete Unterlagen verwenden, die durch eine größere Auflagefläche die Flächenpressung am Flansch herabsetzen.

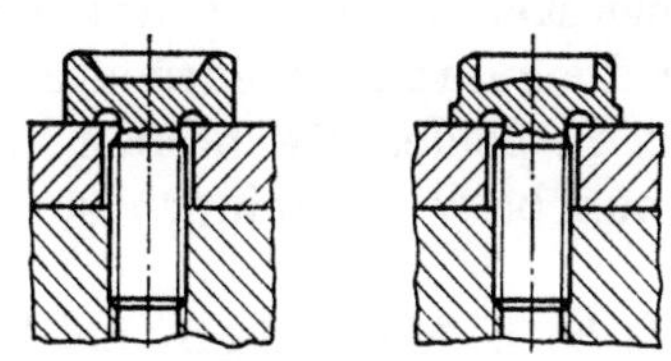

Bild 10/13. Möglichkeiten dehnelastischer Ausbildung von Schrauben mit kurzen Dehnlängen (nach Klein)

5. Zusätzliche Stoßarbeit bei Wechsel der Kraftrichtung z. B. durch Lagerspiel bei Pleuelschrauben (Dehnschrauben mit Zugmutter verwenden!), Bild 10/15.

6. Selbsttätiges Lösen bei Erschütterungen.

7. Chemischer oder elektrolytischer Angriff (Rosten und Festfressen). Abhilfe: Werkstoffwahl und Oberflächenschutz; gegen Festfressen: Nitrieren von Mutter oder Bolzen.

8. Gewindeverschleiß bei Bewegungsschrauben (Werkstoffwahl, Schmierung und Flächenpressung).

9. Brüche bei dynamisch beanspruchten Schrauben. Bruchstellen 1 und 2 nach Bild 10/14 durch besseres Ausrunden vermeiden. Bruchstelle 3 (erster Gewindegang) deshalb am häufigsten, da dort (Bild 10/11) insbesondere bei normaler Druckmutter der größte Lastanteil übertragen wird und gegenüber dem Schaft noch Spannungskonzentration durch Kerbwirkung vorliegt. Abhilfe bringt Zugmutter und ringförmig eingedrehte Mutter. In der Zugmutter werden die ersten Gewindegänge ebenso wie der Bolzen gezogen, so daß kleinere Steigungsunterschiede als bei der Paarung mit der normalen Druckmutter entstehen. Außerdem kann Abhilfe bringen: Mutter mit elastischen Gewindegängen (Soltmutter) oder leicht konischen Gewindegängen, definierter Steigungsunterschied zwischen Mutter und Bolzen, größere Ausrundung im Gewindegrund, Überstehen der Mutter nach Bild 10/11a und Steigerung der Dauerfestigkeit des Schraubenbolzens (z. B. durch Nachwalzen bzw. -rollen des Gewindes im Gewindegrund) oder Minderung von F_{Diff} durch Verwendung eines festeren Schraubenwerkstoffes (kleinerer Durchmesser, kleinere Federkonstante).

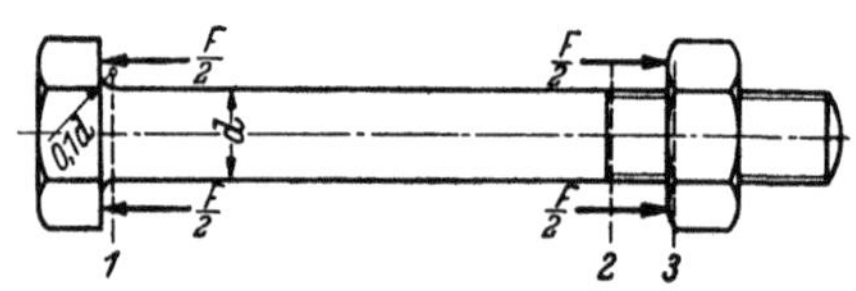

Bild 10/14. Bruchstellen bei dynamisch beanspruchten Schrauben, nach MPA Darmstadt; bei 1: 15% aller Brüche; bei 2: 20%; bei 3: 65%.

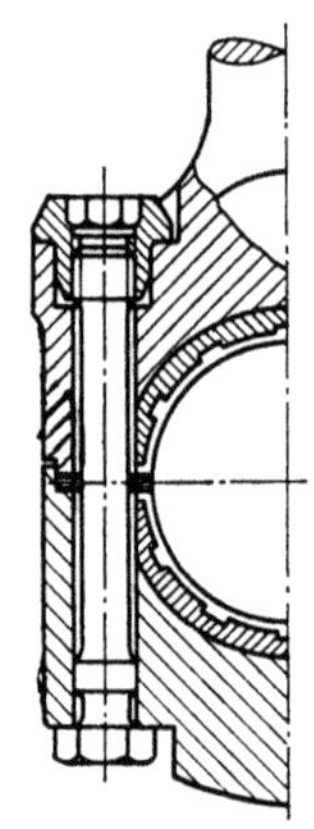

Bild 10/15. Pleuelverschraubung.

10.8 Beanspruchung und Berechnung

10.8.1 Das Verspannungsschaubild

Entstehung (Bild 10/17): Zieht man Schrauben bis zur Vorspannkraft F_V an, so längen sie sich hierbei um δ_S, während die von den Schrauben zusammengespannten Teile (Flansche und Zwischenlage) gleichzeitig um δ_F zusammengedrückt werden. Man zeichnet nun die Kraft-Dehnungs-Kennlinie, und zwar einmal für die Schrauben über δ_s (Bild 10/17a) und einmal für die zusammengedrückten Teile über δ_F (Kürzung nach links, Bild b). Dann trägt man in beiden Kennlinien in Höhe der Vorspannkraft F_V den Punkt V ein und schiebt nun beide Kennlinien zusammen, bis die Punkte V zusammenfallen (Bild c).

Tritt jetzt eine Betriebskraft (z. B. Massenkraft bei Pleuelverschraubungen) hinzu, so werden (Bild d) die Schrauben noch mehr belastet (bis F_{max}) und die Flansche entlastet (bis F_F). Das Kräftegleichgewicht ist jetzt gegeben durch $F_{max} = F_B + F_F$. Bei Fortfall der Betriebskraft F_B ergibt sich wieder der erste Zustand mit F_V als gemeinsamer Belastungskraft für Schrauben und Flansche.

Das Verspannungsbild zeigt: Bei Änderung der Betriebskraft von Null bis F_B (schraffiert in Bild d) ändert sich die Schraubenkraft nur um $F_{Diff} = F_{max} - F_V$, wenn die Verbindung mit F_V vorgespannt ist. Fehlt dagegen die Vorspannkraft (Bild 10/18a), so wird F_{Diff} erheblich größer, nämlich gleich F_B. Ferner zeigt Bild 10/18b gegenüber Bild 10/18c, daß bei kleinerem δ_s/δ_F, d. h. bei wenig elastischen (dicken) Schrauben bzw. bei sehr elastischen Flanschen (oder Dichtungen) F_{Diff} größer ausfällt. Von der Kraftänderung F_{Diff} hängt aber die Dauerbruchgefahr dynamisch beanspruchter Schrauben ab. Ein großes Verhältnis δ_s/δ_F ist daher ein guter Schutz gegen Dauerbruch, ergibt zudem ein geringes F_{max} und ist damit auch bei einer überwiegend statischen Betriebslast F_B günstig. Die Vorspannkraft F_V ergibt sich meist aus der Bedingung einer mindest nötigen Flanschkraft $F_F > 0$ (s. Abschnitt 10.8.2).

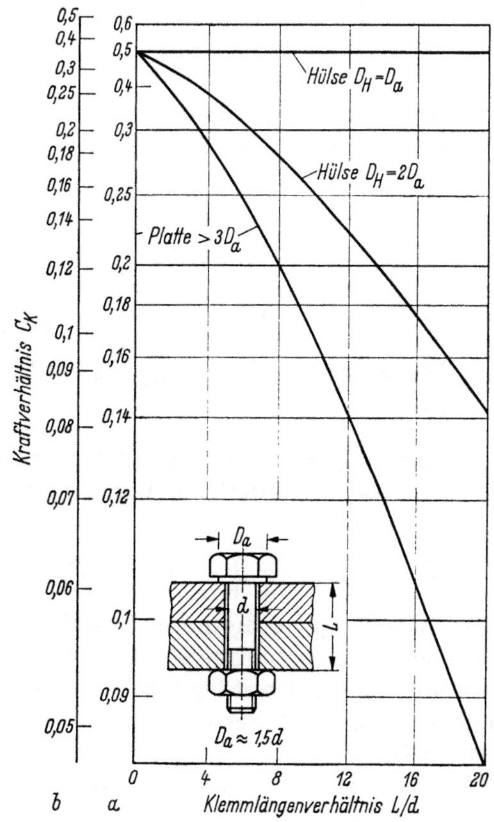

Bild 10/16. Kraftverhältnis $C_K = 1/(1 + c_F/c_S)$ für Schraubenverbindungen (Stahl): *a* Schaftschrauben, *b* Dehnschrauben mit $d_{Sch} = 0{,}9 d_3$; nach VDI-R 2230 (Kraftangriff an Schraubenkopf- bzw. Mutternauflage angenommen). Bohrungsdurchmesser $D_l = 1{,}15\,d$ (nach DIN 69 mittel), Gewindelänge innerhalb der Bohrung ca. 5 *P*.

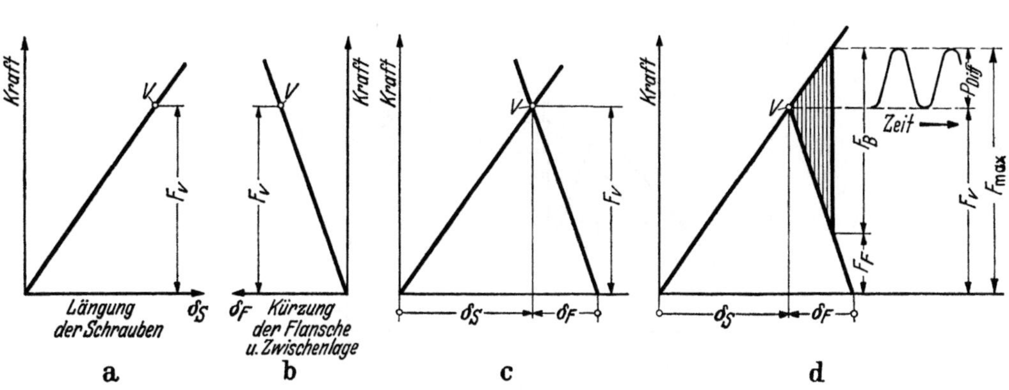

Bild 10/17. Entstehung des Verspannungsschaubildes.

a) Kraft-Dehnungs-Kennlinie der Schrauben, b) Kraft-Dehnungs-Kennlinie der Flansche und Zwischenlage, c) Verspannungsschaubild der Verbindung unter Vorspannkraft F_V, d) Verspannungsschaubild der vorgespannten Verbindung unter Betriebslast F_B.

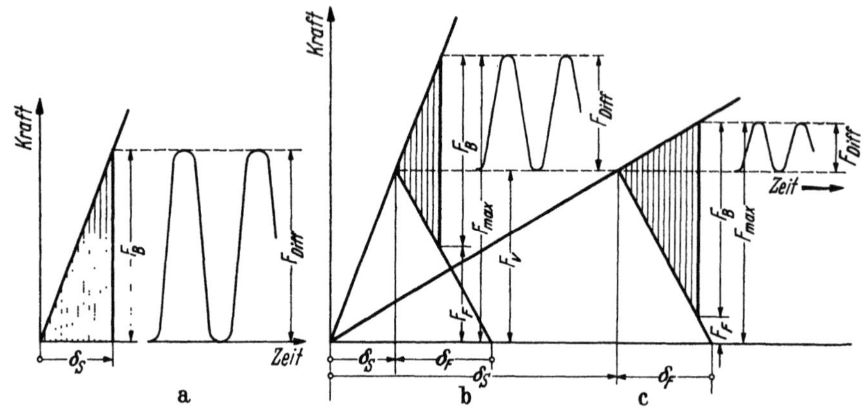

Bild 10/18. Verspannungsschaubilder bei gleicher von Null bis F_B ansteigender Betriebskraft. a) Ohne Vorspannung, b) mit Vorspannung F_V, c) mit Vorspannung und Dehnschrauben.

10.8.2 Kräfte

Aus der Ähnlichkeit der Dreiecke im Verspannungsschaubild folgt

$$\frac{F_{\text{Diff}}}{F_B} = \frac{\delta_F}{\delta_F + \delta_S} \quad \text{und} \quad F_{\text{Diff}} = F_B \cdot \frac{1}{1 + \delta_S/\delta_F}. \tag{10/10}$$

Mit dem *Kraftverhältnis* $C_K = F_{\text{Diff}}/F_B$ ergibt sich

$$F_{\text{Diff}} = C_K \cdot F_B .$$

Kraftverhältnis $C_K = 0{,}1 \cdots 0{,}3$ für übliche Fälle; s. Bild 10/16.

Die theoretisch erforderliche Vorspannkraft F_{V_0} erhält man aus $F_{V_0} = F_F + F_B - F_{\text{Diff}} + \Delta F_V$ zu

$$F_{V_0} = F_F + F_B \frac{\delta_S/\delta_F}{1 + \delta_S/\delta_F} + \Delta F_V = F_F + F_B(1 - C_K) + \Delta F_V . \tag{10/11}$$

Die Flanschkraft F_F ist die nötige Mindestkraft, mit der die Flansche z. B. zur Abdichtung oder zur Sicherung gegen Schraubenlockerung unter allen Betriebsbedingungen noch zusammengepreßt werden müssen. ΔF_V sind die Verluste an Vorspannung durch bleibende Verformung („Setzen" um δ_x, s. Bild 10/19) der verspannten Teile während der Betriebsdauer.

Der Setzbetrag δ_x ist gleich der Summe der Setzbeträge in den Trennfugen δ_{xT} und im Gewinde δ_{xG} (δ_{xT} pro Trennfuge $= 2(\nabla\nabla\nabla) \cdots 4(\nabla\nabla)$ µm und $\delta_{xG} = 5$ µm).

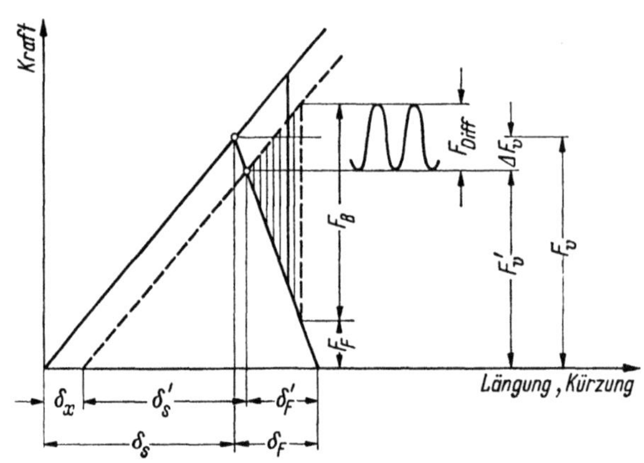

Bild 10/19. Verspannungsschaubild bei „Setzen" der Schraubenverbindung um δ_x. Vorspannungsverlust:

$$\Delta F_V = \frac{\delta_x}{1/c_S + 1/c_F} = \delta_x C_K c_F .$$

Die Streuungen in der Vorspannkraft beim Anziehen der Schraube (Reibwerte, Fehler des Drehmomentschlüssels) werden durch den *Anziehfaktor* α_A berücksichtigt (Tafel 10/6). Damit ergibt sich die Vorspannkraft F_V zu

$$F_V = \alpha_A[F_F + F_B(1 - C'_K) + \Delta F_V]\,. \tag{10/12}$$

In (10/12) ist außerdem das wirksame Kraftverhältnis C'_K eingesetzt, s. Bild 10/20.

Die Schraubenverbindung muß dann für F_V ausgelegt werden.

Anhaltswerte: $F_V \approx 1{,}5\,F_B$ für F_B statisch und
$F_V \approx 2 \cdots 2{,}5\,F_B$ für F_B dynamisch.

Mit $F_V \approx 0{,}7 \cdot \sigma_{0,2} \cdot A_{\min}$ ist somit eine überschlägige Auslegung der Schraube möglich. $A_{\min}$ = Spannungsquerschnitt oder Schaftquerschnitt.

Tafel 10/6. Anhaltswerte für den Anziehfaktor α_A. Genauere Werte s. VDI-Richtlinie 2231 „Anziehen von Schrauben" (in Vorbereitung)

α_A	Anzugsart
1,4	Drehmomentschlüssel, geölt oder MoS_2-Paste
1,6	Schlagschrauber oder Drehschrauber geölt oder MoS_2-Paste; Längenmessung
1,8	Drehmomentschlüssel, nicht geölt oder geschmiert
2	Schlagschrauber oder Drehschrauber, nicht geölt oder geschmiert; Winkelmethode
3	Handanziehen mit verlängertem Schlüssel

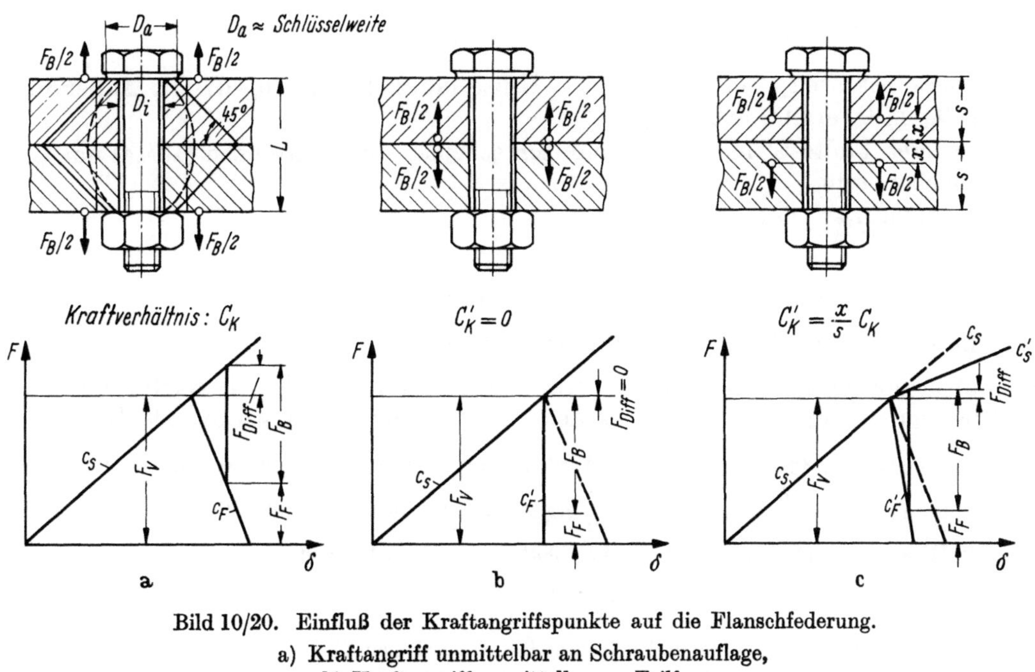

Bild 10/20. Einfluß der Kraftangriffspunkte auf die Flanschfederung.
a) Kraftangriff unmittelbar an Schraubenauflage,
b) Kraftangriff unmittelbar an Teilfuge,
c) Kraftangriff zwischen Teilfuge und Schraubenauflage;
und aktives Federungsvolumen für Fall a):
durchgezogen: „Rötscherkegel",
gestrichelt: Paraboloid, aus Versuchen errechnet (Fritsche),
strich-punktiert: Rechnerischer Ersatzzylinder mit Fläche A_{ers}.

10.8.3 Steifigkeit von Schraube und Flansch

Mit c_S und c_F als Federkonstanten (= Verhältnis von Kraft zur Längenänderung) der Schraube und der verspannten Teile wird das Kürzungs-Längungs-Verhältnis $\delta_S/\delta_F = c_F/c_S$.

Das Verspannungsschaubild in Bild 10/17 gilt nur für den Fall, daß die Betriebskraft F_B unmittelbar am Schraubenkopf und der Mutter angreift — Fall a in Bild 10/20. Greift F_B dagegen direkt in der Teilfuge an, so gilt Fall b. Solange $F_B < F_V$, tritt keine Längenänderung der Schraube auf, und es ist $F_{Diff} = 0$. In der Praxis liegt meist Fall c vor. Die Kraft greift zwischen Teilfuge und Schrauben- bzw. Mutternauflage an. Der genaue Kraftangriffspunkt ist unbekannt und je nach Konstruktion verschieden, z. B. liegt Bauweise a in Bild 10/21 näher Fall a und Bauweise b näher Fall b.

Da nur der Teil x des Flansches sich entspannen kann, ist $c_F' > c_F$; der Teil $s - x$ muß der Federwirkung der Schraube zugeschlagen werden, deshalb ist $c_S' < c_S$. Für einfache Flansche ist etwa x gleich der halben Flanschdicke s (d. h. F_{Diff} wird halb so groß wie nach Fall a). Möglichst ist x aus der Konstruktion abzuschätzen.

Die *Federkonstante einer Schraube* wird (Bild 10/22)

$$\frac{1}{c_S} = \frac{1}{E_S}\left(\frac{l_a}{A_a} + \frac{l_b}{A_b} + \frac{l_{Sch}}{A_{Sch}} + \frac{1}{d}\right). \qquad (10/13)$$

Dabei berücksichtigt $\frac{1}{d}$ in (10/13) näherungsweise die Nachgiebigkeit des Schraubenkopfes und des eingeschraubten Gewindeteiles.

Die *Federkonstante des Flansches* läßt sich nur für einfache Fälle und nur näherungsweise berechnen, da der Anteil der an der Verformung beteiligten Bereiche des Flansches schwierig abzuschätzen ist (vgl. ,,Rötscher-Kegel" und Paraboloid in Bild 10/20). Sonst ist c_F aus Erfahrung abzuschätzen oder experimentell zu bestimmen.

Als Näherung für die Federkonstante zentrisch verspannter Platten (Bild 10/20) gilt:[1 2]

$$c_F = \frac{\pi}{4}\frac{E_F}{L}\left[\left(D_a + \frac{L}{10}\right)^2 - D_i^2\right]. \qquad (10/14)$$

Die Federkonstante c_H einer gedrückten Hülse (ähnlich Bild 10/1d) mit Außendurchmesser $D_H \leqq D_a$ ergibt sich zu

Nach neueren Finite-Element-Berechnungen scheinen die Werte nach (10/14) um 1,5 bis 2,0 zu hoch zu sein.

$$c_H = \frac{\pi}{4}\frac{E_H}{L_H}(D_H^2 - D_i^2)\,. \qquad (10/15)$$

10.8.4 Spannungen und Festigkeit der längsbelasteten Schraube

1. Sicherheit gegen Fließen des Schraubenbolzens

Schrauben dürfen keine bleibenden Dehnungen erfahren, d. h., sie dürfen nicht über die Streckgrenze hinaus belastet werden. Die Gewinderillen wirken als Kerben; sie

---

[1] Nach Junker für Platten mit radialer Ausdehnung $>3\,D_a$ aus Stahl; die früher von Rötscher angegebene Formel $\left(\cdots + \frac{L}{2}\right.$ anstatt $\left.\cdots + \frac{L}{10}\right)$ ergibt nach Versuchen zu große Werte.

Für Hülse mit $D_H > D_a$ aber $D_H < 3\,D_a$ läßt sich c_H berechnen mit

$$c_H = \frac{\pi}{4}\frac{E_H}{L_H}\left[(D_a^2 - D_i^2) + \frac{1}{2}\left(\frac{D_H}{D_a} - 1\right)\left(\frac{D_a L}{5} + \frac{L^2}{100}\right)\right].$$

[2] Bei exzentrischer Verspannung und Belastung berechnet sich ein C_{Ke} aus: $C_{Ke} = (1 + a \cdot s \cdot A_{ers}/I_B)/(1 + c_S/c_F + s^2 A_{ers}/I_B)$.

C_{Ke} tritt dann an die Stelle von C_K. Die Bedingung, daß der Trennfugendruck an keiner Stelle zu Null wird, führt für den exzentrischen Fall zur Vorspannkraft ($C_{Ke}' = x\,C_{Ke}/s$):

$$F_{vo} \leqq F_B\,[(a - sC_{Ke}')\,u + I_B\,(1 - C_{Ke}')/A_B]/(I_B/A_B + u \cdot s)\,.$$

Dabei ist I_B das Flächenträgheitsmoment der verspannten Trennfläche A_B mit Schwerpunktsachse 0-0 (Biegeachse), a der Abstand von F_B, s der Schraubenachse und u des Randes der Trennfläche in Richtung F_B von 0-0; A_{ers} die Fläche des Ersatzzylinders entspr. Bild 10/20a.

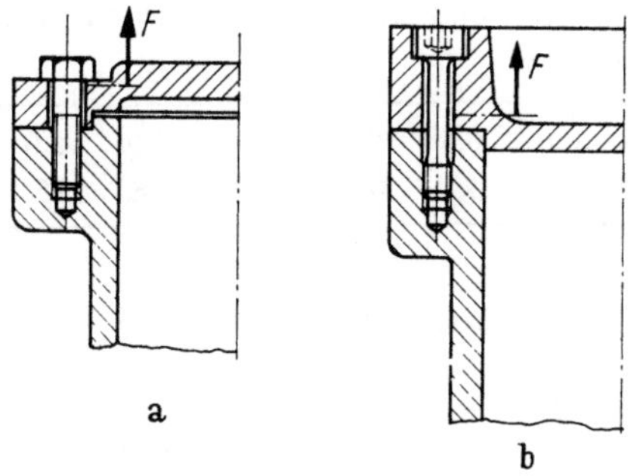

Bild 10/21. Deckelverschraubungen. a) Konstruktion ungenügender Wechselfestigkeit; b) verbesserte Ausführung, Dehnschraube und Verlagerung des Kraftangriffspunktes in die Nähe der Teilfuge.

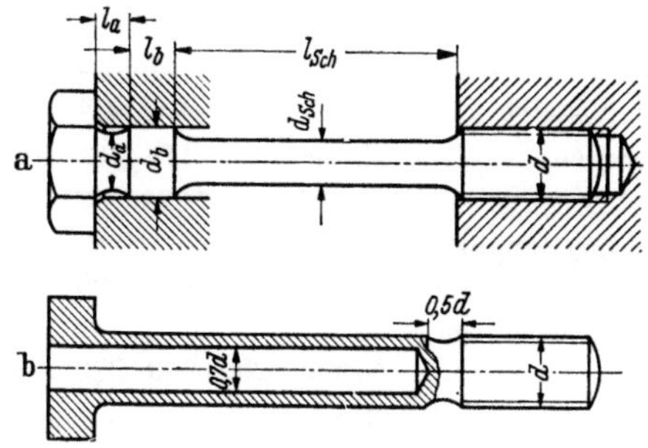

Bild 10/22. Dehnschrauben, a) als Taillenschraube, b) als hohlgebohrte Schraube.

erhöhen die statische und senken die dynamische Belastbarkeit. Um diese größere statische Belastbarkeit des Gewindestabes gegenüber einem glatten Bolzen mit Kernquerschnitt annähernd zu erfassen, benutzt man den etwas größeren *Spannungsquerschnitt* $A_S = \frac{\pi}{4}\left(\frac{d_2 + d_3}{2}\right)^2 = \frac{\pi}{4} d_s^2$ und berechnet damit eine gleichmäßig über den Querschnitt verteilt gedachte Spannung.

Durch das Anziehen wird die Schraube durch die Vorspannung F_V auf Zug und durch das Anziehmoment M_{GA}[1] (genauer gesagt vermindert um den Reibanteil am Kopf) auf Verdrehung beansprucht. Man setzt diese beiden Anteile nach der *Gestaltänderungs-Hypothese* zur Vergleichsspannung σ_v zusammen.

Zugspannung: $$\sigma_z = \frac{F_V}{A_S} = \frac{F_V}{\frac{\pi}{4} d_s^2}. \tag{10/16}$$

Torsionsspannung: $$\tau_t = \frac{M_t}{W_t} = \frac{F_V\, d_2 \tan(\alpha + \varrho')}{2\pi \frac{d_s^3}{16}}. \tag{10/17}$$

Vergleichsspannung: $$\sigma_v = \sqrt{\sigma_z^2 + 3\tau_t^2}. \tag{10/18}$$

$$\sigma_v = \sqrt{\left(\frac{F_V}{A_S}\right)^2 + 3\left(\frac{F_V\, d_2 \tan(\alpha + \varrho')}{2\pi \frac{d_s^3}{16}}\right)^2} \leqq \sigma_{v\,zul}. \tag{10/19}$$

Bei Dehnschrauben tritt an die Stelle von A_S der Schaftquerschnitt A_{Sch} und an die Stelle von d_S der Schaftdurchmesser d_{Sch} (Bild 10/22a).

Nach Untersuchungen ist für Regelgewinde $\sigma_{v\,zul} \approx 0{,}9\, \sigma_{0,2}$ bzw. $0{,}9\, \sigma_S$, $\approx 0{,}8\, \sigma_{0,2}$ bzw. $0{,}8\, \sigma_S$ für Feingewinde. Werte von $\sigma_{0,2}$ und σ_S s. Tafel 10/7.

(10/19) läßt sich zu einer größtzulässigen Vorspannkraft $F_{v\,max}$ auflösen:

$$F_{v\,max} = \frac{0{,}9\, \sigma_{0,2}\, A_S}{\sqrt{1 + 3\left(\frac{\tan(\alpha + \varrho')\, A_S\, d_2}{2\pi \frac{d_s^3}{16}}\right)^2}}. \tag{10/20}$$

Tafel 10/8 enthält Werte von $F_{v\,max}$ und den zugehörigen Anzugsmomenten M_{GA} für übliche Schaftschrauben und Dehnschrauben. Damit ist bei bekanntem F_V eine

[1] Die Torsionsbeanspruchung kann durch konstruktive Maßnahmen oder Einbauvorrichtungen (Aufnahme des Torsionsmomentes durch Vierkant oder Kerbverzahnung, Dehnen der Schraube mit Öldruck usw.) vermieden werden.

Tafel 10/7. Festigkeitswerte und Bezeichnung fertiger Schrauben und Muttern nach DIN 267 (Okt. 1967) Spannungen mit Faktor 10 von kp/mm² in N/mm² umgerechnet

Festigkeitsklasse der Schraube	neu / bisher	3.6 / 4A	4.6 / 4D	4.8 / 4S	5.6 / 5D	5.8 / 5S	6.6 / 6D	6.8 / 6S	6.9 / 6G	8.8 / 8G	10.9 / 10K	12.9 / 12K	14.9 / –
Mindest-Zugfestigkeit σ_B	N/mm²	340	400	400	500	500	600	600	600	800	1000	1200	1400
Mindest-Streckgrenze σ_S	N/mm²	200	240	320	300	400	360	480	–	–	–	–	–
0,2-Dehngrenze $\sigma_{0,2}$	N/mm²	–	–	–	–	–	–	–	540	640	900	1080	1260
Bruchdehnung δ_5	%	25	25	14	20	10	16	8	12	12	9	8	7
Festigkeitsklasse der Mutter ($m \geqq 0{,}6d$)		4			5		6			8	10	12	14
Prüfspannung* σ_{ZL}	N/mm²	400			500		600			800	1000	1200	1400

* Prüfspannung σ_{ZL} entspricht der größtmöglichen Zugfestigkeit einer Schraube mit der die Mutter gepaart werden kann, wenn die Belastbarkeit der Verbindung bis zur Bruchlast der Schraube gewährleistet sein soll, d. h. bei Paarung mit einer noch festeren Schraube reißt dann die Mutter aus.

genaue Auswahl einer geeigneten Schraube möglich: $F_V \lesseqgtr F_{V\,max}$. Tritt zur Vorspannkraft F_V nun noch die Betriebskraft F_B hinzu, so wird die Schraube zusätzlich bis zu $\sigma_{v\,max}$ beansprucht.

$$\sigma_{v\,max} = \sqrt{\left(\frac{F_V + F_{Diff}}{A_S}\right)^2 + 3\left(\frac{F_V\, d_2 \tan(\alpha + \varrho')}{2\pi \frac{d_S^3}{16}}\right)^2} \leqq \sigma_{v\,max\,zul}\,. \tag{10/21}$$

Da $\sigma_{v\,max\,zul} \approx 1{,}0 \cdot \sigma_{0,2}$ (bzw. $0{,}9 \cdot \sigma_{0,2}$ bei Feingewinden) genügt es aber, mit (10/19) die Schraube auszulegen und nachzuweisen, daß

$$\frac{F_{Diff}}{A_S} < 0{,}1 \cdot \sigma_{0,2} \quad (\text{bzw. } 0{,}1\,\sigma_S)\,. \tag{10/22}$$

Für Dehnschrauben ist A_{Sch} einzusetzen.

Sonderfälle: a) Bei einer *Schraube ohne Vorspannung* (z. B. Kranhakengewinde) vereinfacht sich die Rechnung zu

$$\frac{F_B}{A_S} \leqq \sigma_{zul} \tag{10/23}$$

mit $\sigma_{zul} = 0{,}8\,\sigma_{0,2}$ (bzw. $0{,}8\,\sigma_S$).

b) Für eine *Schraube ohne Vorspannung, aber unter Last gedreht,* berechnet man

$$\sigma_v = \sqrt{\left(\frac{F_B}{A_S}\right)^2 + 3\left(\frac{F_B \cdot d_2 \tan(\alpha + \varrho')}{2\pi \frac{d_S^3}{16}}\right)^2} \leqq \sigma_{v\,zul} \tag{10/24}$$

mit $\sigma_{v\,zul} = 0{,}9\,\sigma_{0,2}$ (bzw. $0{,}9\,\sigma_S$).

2. Sicherheit gegen Gewindeausreißen und Verformung der Auflage

Neben der Zug- und Torsionsbeanspruchung wird noch das Gewinde der Schraube auf Flächenpressung und Ausreißen beansprucht.

Genormte Schraubenverbindungen sind so ausgelegt, daß die Schraube bis zur vollen Tragkraft ohne Ausreißen der Gewindegänge beansprucht werden kann, so daß die Nachrechnung gegen Ausreißen oder zulässige Flächenpressung am Gewinde (10/30) entfällt. Bei geeigneter Festigkeitszuordnung von Schraube und Mutter (Ziffer für

Tafel 10/8. Höchstzulässige Vorspannkraft $F_{\mathrm{v\,max}}$ nach (10/20) und Anzugsmoment M_{GA}. Für Montage ist $M'_{\mathrm{GA}} = 0{,}9 \cdot M_{\mathrm{GA}}$ vorzuschreiben, damit Fließgrenze keinesfalls überschritten wird (nach VDI-R 2230). Werte von μ_{ges} s. Tafel 10/5

Abmessung	Reibwert $\mu_{\mathrm{ges}} = 0{,}100$						Reibwert $\mu_{\mathrm{ges}} = 0{,}140$					
	$F_{\mathrm{v\,max}}$ in N			M_{GA} in Nm			$F_{\mathrm{v\,max}}$ in N			M_{GA} in Nm		
	8.8	10.9	12.9	8.8	10.9	12.9	8.8	10.9	12.9	8.8	10.9	12.9
Schaftschrauben · Metrisches Regelgewinde DIN 13 Bl. 33												
M 4	4200	5900	7100	2,4	3,3	4	3900	5450	6550	2,9	4,1	4,9
M 5	6900	9700	11600	4,9	7	8	6350	8950	10700	6	8,5	10
M 6	9750	13700	16400	8	12	14	9000	12600	15100	10	14	17
[M 7]	14400	20200	24200	13	19	23	13200	18500	22200	16	23	28
M 8	17900	25100	30200	20	28	34	16500	23200	27900	25	35	41
[M 9]	23800	33400	40100	29	41	49	22000	30900	37100	36	51	61
M 10	28400	40000	48000	40	56	67	26200	36900	44300	49	69	83
M 12	41500	58500	70000	69	98	115	38300	54000	64500	86	120	145
M 14	56500	80000	96000	110	155	185	52500	74000	88500	135	190	230
M 16	78500	110000	132000	170	240	285	73000	102000	123000	210	295	355
M 18	95000	134000	160000	235	330	395	88000	124000	148000	290	405	485
M 20	122000	172000	206000	330	465	560	114000	160000	192000	410	580	690
M 22	152000	214000	257000	445	620	750	141000	199000	239000	550	780	930
M 24	176000	248000	298000	570	800	960	164000	230000	276000	710	1000	1200
M 27	232000	326000	391000	840	1200	1400	215000	302000	363000	1050	1500	1800
M 30	282000	397000	476000	1150	1600	1950	262000	368000	442000	1450	2000	2400
Dehnschrauben · Metrisches Regelgewinde DIN 13 Bl. 33 ($d_{\mathrm{Sch}} = 0{,}9\, d_3$)												
M 4	2300	3200	3850	1,3	1,9	2,2	2050	2900	3500	1,6	2,2	2,7
M 5	3850	5450	6550	2,7	3,8	4,6	3500	4950	5900	3,3	4,6	5,5
M 6	5550	7800	9350	4,7	6,5	8	5000	7050	8450	5,5	8	9,5
[M 7]	8600	12100	14500	8	11	14	7800	11000	13200	10	14	17
M 8	10700	15100	18100	12	17	20	9700	13700	16400	14	20	24
[M 9]	14600	20600	24700	18	25	30	13300	18800	22500	22	31	37
M 10	17300	24300	29200	24	34	40	15700	22100	26500	29	41	50
M 12	25800	36300	43500	43	61	73	23400	33000	39500	52	74	88
M 14	35600	50000	60000	69	97	115	32300	45500	54500	84	120	140
M 16	50500	71500	85500	110	155	185	46200	65000	78000	135	190	225
M 18	61000	85500	103000	150	210	255	55500	78000	93500	180	255	305
M 20	80500	113000	136000	215	305	365	73500	103000	12400	265	375	450
M 22	103000	144000	173000	300	420	500	93500	132000	158000	365	520	620
M 24	116000	164000	196000	375	530	640	106000	149000	179000	460	650	780
M 27	156000	220000	164000	570	800	960	143000	201000	241000	700	990	1200
M 30	190000	267000	320000	770	1100	1300	173000	243000	292000	950	1350	1600

Festigkeitsklasse der Mutter gleich erster Ziffer für Festigkeitsklasse der Schraube, Tafel 10/7) reißt die Schraubenverbindung bei Überbeanspruchung im freien Gewindeteil oder im Schaft der Schraube.

Die Festlegung der Mindesttiefe von Einschraubbohrungen von Stiftschrauben (Bild 10/4) oder der Mindesthöhe m nicht genormter Muttern kann mit Tafel 10/10 oder über die zulässige Flächenpressung (10/30) erfolgen. Feingewinde erfordern wegen der kleineren tragenden Gewindefläche etwas größere Einschraubtiefen.

Weiter darf die Flächenpressung unter der Schraubenkopf- oder Mutternauflage nicht unzulässig hoch werden. Bei Paarung von Stahl-Schrauben z. B. mit Leichtmetall können Unterlegscheiben ausreichender Festigkeit und Dicke nützlich sein.

Flächenpressung $p_{\mathrm{A}} = \dfrac{F_{\mathrm{V}}}{A_{\mathrm{A}}} < p_{\mathrm{A\,zul}}$.

A_{A} wirksame kleinste Auflagefläche an Mutter oder Schraubenkopf.

Zulässige Flächenpressung der gedrückten Teile (in Klammern Werkstoffe):

$p_{A\,zul}$ = 300 (St 37), 500 (St 50), 900 (C45V), 750 (GG-25), 120 (GDMgAl9), 120 (GKMgAl9) in N/mm²

für Anziehen der Schraubenverbindung von Hand. Für motorisches Anziehen sind die zulässigen Werte mit 0,65 zu multiplizieren.

3. Sicherheit gegen Dauerbruch bei dynamischer Beanspruchung

Durch zeitlich veränderliche Betriebskräfte F_B schwankt die Zugspannung in der Schraube zwischen σ_{max} aus F_{max} und σ_{min} aus F_V (Bild 10/17). Um Dauerbruch zu verhüten, muß für die Ausschlagspannung σ_a gefordert werden

$$\sigma_a = \frac{\sigma_{max} - \sigma_{min}}{2} \leqq \sigma_{a\,zul} = \frac{\sigma_A}{S_D}, \qquad (10/25)$$

mit σ_A nach Tafel 10/11 und $S_D \geqq 1{,}5$.

Die Ausschlagfestigkeit σ_A der gewöhnlichen Schraube ist durch die starke Kerbwirkung der Gewinderille im Vergleich zu σ_S sehr klein (s. Tafel 10/11).

Die Spannungen σ_{max} und σ_{min} werden auf den Kernquerschnitt A_3 bezogen:

$$\sigma_a = \frac{F_{Diff}}{2A_3} = C_K' \cdot \frac{F_B}{2A_3}. \qquad (10/26)$$

Bei der Wahl der Dauerbruchsicherheit S_D ist zu beachten, daß F_{Diff} von dem rechnerischen Wert erheblich abweichen kann:

1. durch Unsicherheiten bei der Bestimmung der Federkonstanten c_F und c_S sowie des maßgeblichen Kraftangriffspunktes;
2. durch Unsicherheiten für das Anziehen bis zur rechnerischen Vorspannkraft F_V und
3. durch Verminderung der Vorspannkraft durch Setzen.

Maßnahme um die Ausschlagspannung σ_a klein zu halten, sind z. B. ausreichende Vorspannung und Verwendung dehnelastischer Schrauben (dünnere Schraube, Taillenschraube, hohlgebohrte Schraube usw., Bild 10/22) in Verbindung mit starren Flanschen (weiche Zwischenlagen, Dichtungen usw. vermeiden), vergl. Abschnitt 10.7.

10.8.5 Querbelastete Schrauben

Die Kraftübertragung kann verschieden erfolgen (Bild10/23):

Paßschrauben nach DIN 609, 610 (kein Spiel am Schaft; teuer) werden wie Niete durch die Querkraft F_Q auf Scherspannung τ_a im vollen Schaftquerschnitt $A = \pi d^2/4$

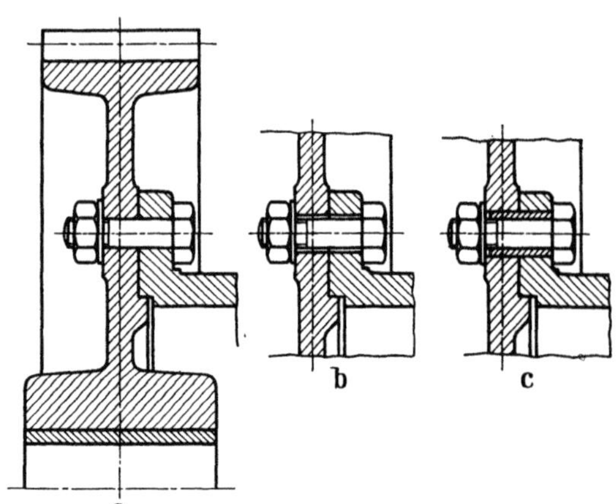

Bild 10/23. Querbelastete Schraubenverbindung, a) mit Paßschraube, b) mit Durchsteckschraube und Aufnahme der Querkraft durch Reibung, c) mit Durchsteckschraube und Scherbüchse.

und auf Leibungsdruck σ_l beansprucht:

$$\tau_a = \frac{F_Q}{A m_i n} \leqq \tau_{a\,zul}\,, \tag{10/27}$$

$$\sigma_l = \frac{F_Q}{dsn} \leqq \sigma_{l\,zul} \tag{10/28}$$

mit n — Schraubenzahl und m_i — Schnittzahl.

Durchsteckschrauben (mit Spiel am Schaft; billig!) übertragen die Querkraft durch die Reibkraft $F_V\mu$, die durch die Längskraft F_V der Schraube erzeugt wird.

Im Stahlhochbau werden häufig sog. HV-Verbindungen (hochfeste Verbindungen) mit HV-Schrauben (DIN 6914 bis 6918, Güte 10.9)) verwendet. Die Reibwerte μ betragen hier 0,45 (0,6) für Bauteile aus St 37 (St 52). Im allgemeinen Maschinenbau sind die verschraubten Flächen in der Regel glatt bearbeitet und nicht fettfrei, so daß Reibwerte μ von 0,1⋯0,15 einzusetzen sind.

Die erforderliche Vorspannkraft F_V bei einer geforderten Sicherheit S_R gegen Durchrutschen errechnet sich:

$$F_V = \frac{F_Q S_R}{n m_i \mu}\,. \tag{10/29}$$

Anhaltswerte: $S_R = 1{,}25$ für Maschinenbau und Hochbau (Bauteil St 37 oder St 52, Lastfall H);

$S_R = 1{,}6$ für Brücken- und Kranbau (St 37 oder St 52, Lastfall H)

$F_V \approx 8\,F_Q$ (Maschinenbau, einschn. Schraube).

Schraubengröße etwa aus $F_V = 0{,}7 \cdot \sigma_{0,2} \cdot A_S$. Nachrechnung mit (10/19). Zulässige Spannung für HV-Schrauben $\sigma_{0,2} \approx 900\,\text{N/mm}^2$. $\sigma_{l\,zul}$ für Bauteil aus St 37 mit Paßschraube Güte 4.6 (Lastfall H, DIN 1050) $= 280\,\text{N/mm}^2$ und $= 420\,\text{N/mm}^2$ für St 52 mit Paßschraube Güte 5.6; $\tau_{a\,zul} = 0{,}5 \cdot \sigma_{l\,zul}$.

Scherbüchsen oder *Paßstifte* können ebenfalls die Querkraft übertragen, so daß dann nur leichte Durchsteckschrauben erforderlich sind.

10.8.6 **Bewegungsschrauben** (Bild 10/24)

Zur Umsetzung einer Drehbewegung in eine Längsbewegung; z. B. als Schraubenwinden oder Werkzeugmaschinenspindeln. Sie werden durch Längskraft F und Drehmoment M_t beansprucht. Ausführung mit Trapez- oder Sägezahngewinde (für einseitige Druckkräfte!). Das Muttergewinde wird entweder unmittelbar in das Gehäuse geschnitten oder die Mutter aus Rotguß, Bronze oder verschleißfestem Grauguß hergestellt. Die Spindeln werden aus Stahl gefertigt. Wichtig für die Bemessung ist mit Rücksicht auf den Verschleiß die zulässige Flankenpressung p. Mit Mutternhöhe m und Flankentragtiefe H_1 (Tafel 10/3) ergibt sich

$$p = \frac{F P_T}{\pi d_2 m H_1} \leqq p_{zul}\,. \tag{10/30}$$

$P_T = P/i$; i = Gangzahl (mehrgängige Gewinde mit großem Steigungswinkel ergeben schnellere Längsbewegung),

$p_{zul} = 5 \cdots 15\,\text{N/mm}^2$ für Bz-Mutter,

$p_{zul} = 3 \cdots 8\,\text{N/mm}^2$ für GG-Mutter,

(jeweils kleinere Werte für Dauer-, größere Werte für aussetzenden Betrieb).

Zug- bzw. Druck- und Torsionsspannungen werden nach (10/24) zur Vergleichsspannung σ_v zusammengefaßt, aber mit folgenden zulässigen Werten:

Trapezgewinde: $\sigma_{v\,zul} \approx 0{,}2\sigma_B$ (schwellende), $\approx 0{,}13\sigma_B$ (wechselnde Beanspruchung).

Tafel 10/9. Gewindeauswahl für Schrauben und Muttern mit metrischem ISO-Gewinde nach DIN 13 (März 1973). Maße in mm und mm², vgl. Tafel 10/3. Eingeklammerte Größen möglichst nicht verwenden

Gewinde-Nenndurchmesser d	Steigung P	Flankendurchmesser d_2	Kerndurchmesser d_3	Kernquerschnitt A_3	Spannungsquerschnitt A_S
Regelgewinde					
3	0,5	2,675	2,387	4,47	5,03
(3,5)	0,6	3,110	2,764	6,00	6,78
4	0,7	3,545	3,141	7,75	8,78
(4,5)	0,75	4,013	3,580	10,1	11,3
5	0,8	4,480	4,019	12,7	14,2
6	1	5,350	4,773	17,9	20,1
(7)	1	6,350	5,773	26,2	28,9
8	1,25	7,188	6,466	32,8	36,6
10	1,5	9,026	8,160	52,3	58,0
12	1,75	10,863	9,853	76,2	84,3
(14)	2	12,701	11,546	105	115
16	2	14,701	13,546	144	157
(18)	2,5	16,376	14,933	175	192
20	2,5	18,376	16,933	225	245
(22)	2,5	20,376	18,933	282	303
24	3	22,051	20,319	324	353
(27)	3	25,051	23,319	427	459
30	3,5	27,727	25,706	519	561
(33)	3,5	30,727	28,706	647	694
36	4	33,403	31,093	759	817
39	4	36,402	34,093	912	976
Feingewinde					
8	1	7,350	6,773	36,0	39,2
10	1,25	9,188	8,466	56,3	61,2
12	1,25	11,188	10,466	86,0	92,1
(12)	1,5	11,026	10,160	81,1	88,1
(14)	1,5	13,026	12,160	116	125
16	1,5	15,026	14,160	157	167
(18)	1,5	17,026	16,160	205	216
20	1,5	19,026	18,160	259	272
(22)	1,5	21,026	20,160	319	333
24	2	22,701	21,546	364	354
(27)	2	25,701	24,546	473	496
30	2	28,701	27,546	596	621
(33)	2	31,701	30,546	732	761
36	3	34,051	32,319	820	865
(39)	3	37,051	35,319	979	1030

Steigung P	Flankentragtiefe H_1	Rundung R
Allgemeines		
0,5	0,2706	0,0721
0,6	0,3247	0,0866
0,7	0,3789	0,1010
0,75	0,4059	0,1082
0,8	0,4330	0,1154
1	0,5412	0,1443
1,25	0,6765	0,1804
1,5	0,8119	0,2165
1,75	0,9472	0,2525
2	1,0825	0,2886
2,5	1,3531	0,3608
3	1,6238	0,4330
3,5	1,8944	0,5051
4	2,1650	0,5773

$D_1 = d - 2\,H_1$

$h_3 = (17/24)\,H$

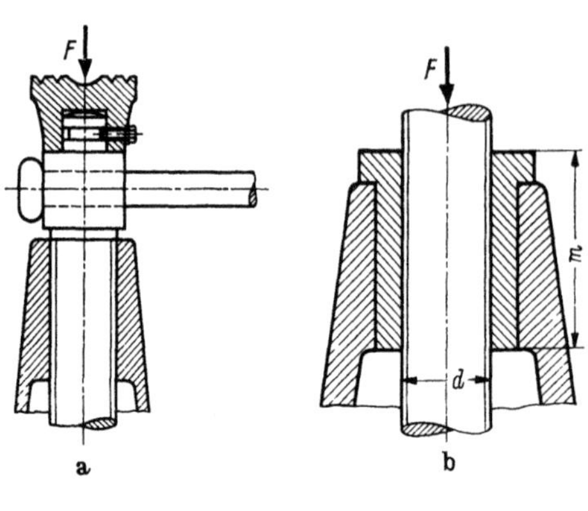

Bild 10/24. Bewegungsschraube: Schraubenwinde, a) Gewinde im Gehäuse, b) eingesetzte Mutter.

Sägengewinde: $\sigma_{v\,zul} \approx 0{,}25\sigma_B$ bzw. $0{,}17\sigma_B$.
σ_B: Zugfestigkeit der Spindel: 450···650 N/mm² für gehärtete und geschliffene Ausführung.

Bei Druckbelastung ist zusätzlich noch die Knicksicherheit nachzurechnen. Gesamtdrehmoment und Wirkungsgrad werden nach (10/7) und (10/5) bestimmt.

Tafel 10/10. Mindest-Einschraubtiefe bzw. Mindest-Mutterhöhe *m*

Paarung	Mindest-Höhe *m*
Schraube und Mutter aus gleichem Werkstoff mit Regelgewinde	0,8 *d* (genormter Wert für Muttern nach DIN 555 und DIN 934)
Stahlschraube (8.8) in GG	1,0 *d*···1,2 *d**
Stahlschraube (10.9) in GG	1,2 *d*···1,4 *d**
Stahlschraube in Rein-Al	2,2 *d*
Stahlschraube (8.8) in Al-Leg. (AlCuMg1F40)	1,1 *d*···1,4 *d**
Stahlschraube (8.8) in St 37	1,0 *d*···1,25 *d**
Stahlschraube (10.9) in St 37	1,25 *d*···1,4 *d**

* Kleiner Wert für Gewindefeinheit $d/P < 9$, großer Wert für $d/P \geqq 9$

10.8.7 Schrauben bei erhöhten Temperaturen und aus anderen Werkstoffen

Bei höheren Temperaturen (etwa oberhalb $t = 150$ °C) werden Festigkeits- und Federungsverhalten der Schraubenverbindungen zunehmend durch die Wärmedehnungen, das Absinken des E-Moduls und das temperatur- und zeitabhängige Kriechen der Werkstoffe (Vorspannungsverluste!) beeinflußt. DIN 17240 gibt Werte für die Festigkeit von Schraubenwerkstoffen, abhängig von der Temperatur, der zulässigen Dehnung und der Zeit (z. B. 0,2% Zeitdehngrenze für 10000 h[1] und 400 °C für Werkstoff C 35: 120 N/mm² gegenüber $\sigma_{0,2}$ bei 20 °C: 280 N/mm²). Ausführung der Schraubenverbindungen mit Zwischenhülsen, langen Dehnschrauben (DIN 2510) und kleiner Flanschdicke. Ein einfacher Anhaltswert für die Warmstreckgrenze ($t > 200$ °C) ist auch $\sigma_{SW} = \sigma_S\left(1 - \frac{t - 200}{500}\right)$. Bei der Auslegung Fachschrifttum und Richtlinien berücksichtigen.

Tafel 10/11. Anhaltswerte für die Ausschlagfestigkeit σ_A in N/mm² für zugbelastete Schrauben (M 10···M 16) mit normaler Druckmutter aus Stahl für Vorspannungen bis etwa $0{,}7 \cdot \sigma_{0,2}$; σ_A erhöht sich für Zugmutter + 20%, übergreifende Mutter + 5% und ringförmig eingedrehte Mutter + 10%. Für Schrauben <M 8 kann σ_A um ~10 N/mm² erhöht werden, für Schrauben >M 18 ist σ_A um ~10 N/mm² zu erniedrigen[2]

Herstellung	geschnitten und vergütet, gerollt und vergütet			vergütet und dann gerollt		vergütet, geschliffen und im Kern nachgedrückt	
Festigkeitsklasse	5.6	8.8	10.9 12.9	8.8	10.9 12.9	10.9	12.9
σ_A	30···40	50	60	90	100	140	170

[1] d. h. 0,2% bleibende Dehnung nach 10000 h. Für praktische Rechnung meist Streckgrenze und Zeitstandsfestigkeit bei Betriebstemperatur verwendet, z. B. für 400 °C und C 35: $\sigma_{SW} = 150$ und $\sigma_{B/100\,000} = 140$ N/mm².

[2] In VDI 2230 Werte abhängig von Mittelspannung σ_m angegeben: etwa 70 N/mm² für 10% und 57 N/mm² für 70% von $\sigma_m/\sigma_{0,2}$ (M 10 bis M 16 und Festigkeit 8.8 bis 12.9, schlußvergütet).

Schrauben und Muttern aus *Nichteisenmetallen und Kunststoffen* werden für besondere Anwendungsfälle (z. B. wegen Korrosionsverhalten, Wärmeleitfähigkeit oder elektr. Leitfähigkeit, Preis oder Aussehen) eingesetzt.

Cu-, Ms-, SnBz, NiCu, CuNiSi-, AlMg- und Nylonkunststoffe werden als Werkstoffe für Schrauben und Muttern verwendet. Die Festigkeitswerte liegen durchweg niedriger als für Stahl-Schrauben und Muttern.

Tafel 10/12 zeigt die Streckgrenzen σ_S von verschiedenen Werkstoffen im Vergleich zu Stahlschrauben 8.8.

Tafel 10/12. Vergleichswerte für die Zugfestigkeit σ_S von Schrauben aus unterschiedlichen Werkstoffen in N/mm² (Schraubengröße etwa M 10)

	8.8	Ms63	AlMg5	CuNiSi60	Nylon	Titan-Leg.* Ti6Al4V
σ_S	640	296	246	543	39	1000

* $\varrho \approx 4{,}4$ kg/dm³, $E \approx 105000$ N/mm²

10.8.8 Beispiele

Beispiel 1: Schraube (Bild 10/1a) mit Klemmlänge $L = 50$ mm ohne mitverspannte Scheiben. Ruhende Betriebslast je Schraube $F_B = 17000$ N. Stahlflansche. Geforderte Flanschkraft $F_F = 170$ N. Gesucht Schraubengröße (Schraubenfestigkeit 8.8, d.h., nach Tafel 10/7: $\sigma_{0,2} = 640$ N/mm²). Überschlägige Schraubenauswahl mit $F_V = 1{,}5\, F_B = 25500$ N. Damit notwendiger Spannungsquerschnitt: $A_S = F_V/(0{,}7 \cdot \sigma_{0,2}) = 25500/(0{,}7 \cdot 640) = 56{,}91$ mm², nach Tafel 10/9 gewählt M 10 mit 58,0 mm². Dann ist das Klemmlängenverhältnis $L/d = 50/10 = 5{,}0$. Man entnimmt Bild 10/16 dafür Kraftverhältnis $C_K = 0{,}22$ (angenommen Kurve 3, da Flansch in Umfangsrichtung ausgedehnt). Es ist etwa mittlerer Kraftangriffspunkt anzunehmen, also $C'_K = 0{,}5 \cdot C_K = 0{,}11$. Vorspannungsverlust durch Setzen: Drei Trennfugen; also $\delta_x = 3 \cdot 3 + 5 = 14$ µm. Federkonstante des Flansches (10/14), $D_i = 1{,}15 \cdot d$:

$$c_F = \frac{\pi}{4}\frac{E_F}{L}\left[\left(D_a + \frac{L}{10}\right)^2 - D_i^2\right] = \frac{\pi}{4}\cdot\frac{210000}{50}\left[\left(17 + \frac{50}{10}\right)^2 - 10^2\right] = 1{,}27 \cdot 10^6 \text{ N/mm}.$$

($D_a \approx$ Schlüsselweite $s = 17$ mm nach Tafel 10/13). $\Delta F_V = \delta_x \cdot C_K \cdot c_F = 14 \cdot 10^{-3} \cdot 0{,}27 \cdot 1{,}27 \cdot 10^6 = 4800$ N. Damit $F_V = \alpha_A [F_F + F_B(1 - C'_K) + \Delta F_V) = 1{,}4\,[170 + 17000\,(1 - 0{,}13) + 4800] = 27664$ N. (Also obige Annahme mit $F_V = 1{,}5 \cdot F_B$ etwas zu günstig.) Dafür aus Tafel 10/8 mit Reibwert $\mu_{ges} = 0{,}1$ (nach Tafel 10/5 für Mn-phosphatierte Schraube, Mutter ohne Nachbehandlung, eingefettet mit MoS_2-Paste) Schraube M 10 mit $F_{V\max} = 28400$ N gewählt. Also überschlägige Rechnung oben richtig. Für Montage vorzuschreibendes Anzugsmoment $M'_{GA} = 0{,}9 \cdot M_{GA} = 0{,}9 \cdot 40$ Nm $= 36$ Nm.

Nachprüfung ob $F_{Diff}/A_S < 0{,}1 \cdot \sigma_{0,2}$. Mit $F_{Diff} = C'_K \cdot F_B = 2210$ N ergibt sich

$$\frac{2210}{58{,}0} = 38{,}1 \text{ N/mm}^2 < 64 \text{ N/mm}^2, \text{ also zulässig.}$$

Anmerkung: Falls nach Berechnung von F_V eine andere Schraubengröße nach Tafel 10/8 erforderlich gewesen wäre, hätte das Kraftverhältnis neu bestimmt und die Vorspannkraft damit neu berechnet werden müssen usw. Andererseits sieht man, daß schon die ersten überschlägigen Rechenschritte zu einer vernünftigen Schraube führten, so daß diese für die Berechnung einer einfachen Schraubenverbindung oft bereits ausreichend sind.

Beispiel 2: Nachrechnung einer Pleuelschraube (Bild 10/15), die als Dehnschraube nach Bild 10/22a ausgebildet ist. Dynamische Betriebslast $F_B = 15000$ N. Schraube M 10, Festigkeitsklasse 10.9. Klemmkraft $F_F = 500$ N. ($l_a + l_b + l_{Sch} = 60$ mm, $l_a = l_b = 10$ mm; $d_a = 8$; $d_b = 10$ mm; $d_{Sch} = 7{,}3$ mm).

Berechnet: Federkonstante der Schraube nach (10/13):

$$\frac{1}{c_S} = \frac{1}{E_S}\left(\frac{l_a}{A_a} + \frac{l_b}{A_b} + \frac{l_{Sch}}{A_{Sch}} + \frac{1}{d}\right) = \frac{1}{2{,}1 \cdot 10^5}\left(\frac{10 \cdot 4}{\pi \cdot 64} + \frac{10 \cdot 4}{\pi \cdot 100} + \frac{40 \cdot 4}{\pi \cdot 7{,}3 \cdot 7{,}3} + \frac{1}{10}\right) = \frac{1}{1{,}52 \cdot 10^5}\,\frac{\text{mm}}{\text{N}};$$

$$c_S = 1{,}52 \cdot 10^5 \text{ N/mm}.$$

Die Federkonstante des Flansches angenähert berechnet als Federkonstante einer Hülse nach (10/15) (Durchmesser $D_H \approx D_a = 17$ mm, $D_i = 11{,}5$, Tafel 10/13):

$$c_F = \frac{\pi}{4}\frac{E_H}{L_H}(D_H^2 - D_i^2) = \frac{\pi}{4}\frac{2{,}1 \cdot 10^5}{60}(17^2 - 11{,}5^2) = 4{,}30 \cdot 10^5 \text{ N/mm}.$$

Damit erhält man Kraftverhältnis $C_K = 1/(1 + c_F/c_S) = 1/(1 + 4{,}30/1{,}52) = 0{,}26$.

Tafel 10/13. Schraubenmaße von Sechskantschrauben und Muttern (Auswahl aus den DIN-Normen). Die Zwischengrößen M 3,5; M 7; M 14; M 18; M 22; M 27 und M 33 sollen möglichst nicht verwendet werden. Gewindemaße s. Tafel 10/9

Schraubenformen

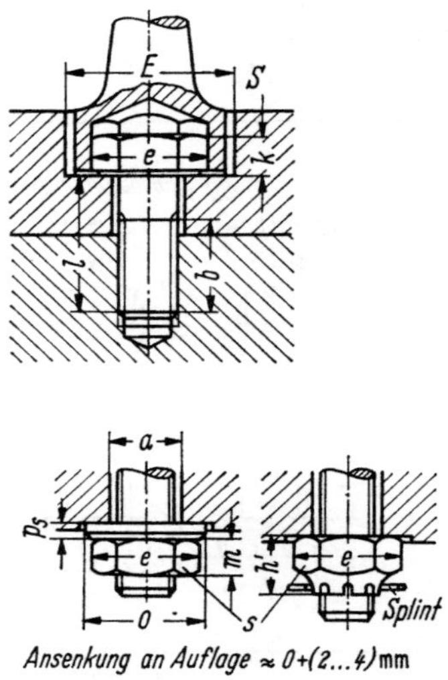

Gewindegröße			M 3	M4	M5	M6	M8	M10	M12	M16	M20	M24	M30	M36	DIN
Kopfhöhe	k	mm	2	2,8	3,5	4	5,5	7	8	10	13	15	19	23	Regel- und Feingewinde 931
Eckmaß	e	mm	6,0	7,7	8,9	11,0	14,3	18,9	21,1	26,7	33,5	39,9	51,2	61,3	
Schlüsselweite	s	mm	5,5	7	8	10	13	17	19	24	30	36	46	55	
Mutterhöhe normal	m	mm	2,4	3,2	4	5	6,5	8	10	13	16	19	24	29	555, 934
flach	m	mm	1,6	2	2,5	3	5	6	7	8	9	10	12	14	936
Kronen-mutterhöhe normal	h'	mm	–	5	6	7,5	9,5	12	15	19	22	27	33	38	935
Kronen-mutterhöhe flach	h'	mm	–	–	–	6	8	9	10	12	13	15	18	20	937
Splint ⌀ × Länge		mm	–	1× 10	1× 12	1,5× 15	2× 18	2× 22	3× 25	4× 30	4× 40	5× 45	6× 55	6× 65	94
Gewindelänge* mindestens	b	mm	12	14	16	18	22	26	30	38	46	54	66	78	931
Schraubenlänge** mindestens	l_{min}	mm	4	5	6	6	8	8	10	12	16	16	35	35	933
Ansenkung für Steckschlüssel DIN 896	$\approx E$	mm	–	–	14	17	23	27	30	36	44	51	65	78	896
U-Scheiben ⌀	O	mm	7	9	10	12	17	21	24	30	37	44	56	66	125
U-Scheibendicke	p_S	mm	0,5	0,8	1	1,6	1,6	2	2,5	3	4	4	4	5	
Durchgangslöcher gebohrt	a	mm	3,6	4,8	5,8	7	9,5	11,5	14	18	23	27	33	36	69 mittel
Durchgangslöcher gegossen	a	mm	–	–	–	–	10,5	13	15	20	25	30	36	42	69 grob 2

* Für Längen bis 125 mm.

** Mindestlängen nach DIN 933; Handelsübliche Mindestlängen nach DIN 933: 10(M5) 10(M6), 16(M8), 16(M10), 16(M 12); Gewinde bis annähernd Schraubenkopf.

Tafel 10/14. Schraubenmaße von Zylinderschrauben (Auswahl aus DIN-Normen). Die Zwischengrößen M14, M18, M22, M27 u. M33 sollen vermieden werden. Gewindemaße siehe Tafel 10/9

Schraubenformen

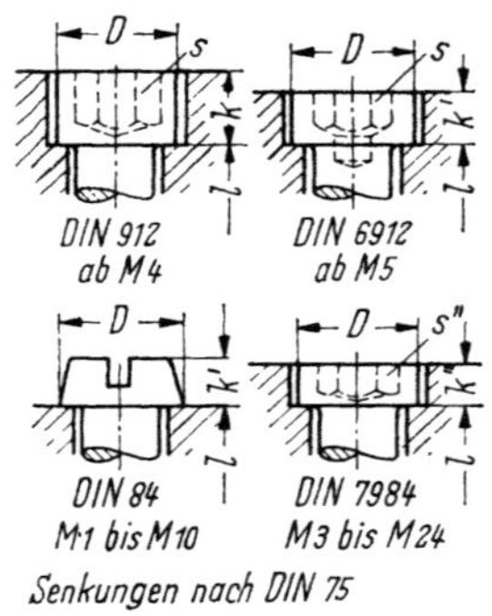

Gewindegröße			M3	M4	M5	M6	M8	M10	M12	M16	M20	M24	M30	M36	DIN
Kopfdurchmesser	D	mm	5,5	7	8,5	10	13	16	18	24	30	36	45	54	
Kopfhöhe	k	mm	3	4	5	6	8	10	12	16	20	24	30	36	912
Kopfhöhe	k'	mm	2	2,8	3,5	4	5	6,5	7,5	10	12	14	17,5	21,5	84, 6912
Kopfhöhe	k''	mm	2	2,8	3,5	4	5	6,0	7,0	9	11	13	—	—	7984
Schlüsselweite	s	mm	—	3	4	5	6	8	10	14	17	19	22	27	912, 6912
Schlüsselweite	s''	mm	2	2,5	3	4	5	7	8	12	14	17	—	—	7984
Gewindelänge* mindestens	b	mm	—	14	16	18	22	26	30	38	46	54	66	78	6912
Schraubenlänge**	l_{min}	mm	—	10	10	10	12	16	16	20	30	60	70	70	6912 (7984)

* Für Längen bis 120 mm

** Mindestlänge nach DIN6912; Handelsübliche Mindestlängen nach DIN 6912: Innensechskantschrauben, niedriger Kopf mit Schlüsselführung: 10(M4), 10(M5), 10(M6), 16(M8), 16(M10), 25,5(M12), 63(M16), 128 (M20), 263(M24).

Handelsübliche Mindestlängen nach DIN 7984: Innensechskantschrauben, niedriger Kopf ohne Schlüsselführung: 6(M3), 8(M4), 10(M5), 10(M6), 16(M8), 20(M10), 25(M12), 30(M16), 40(M20).

Handelsübliche Mindestlängen nach DIN 912: Innensechskantschrauben, hoher Kopf: 8(M3), 8(M4), 10(M5), 10(M6), 16(M8), 16(M10), 20(M12), 30(M16), 40(M20), 50(M24).

Krafteinleitung geschätzt etwa auf Mitte Flansch, dafür Kraftverhältnis $C'_K = 0{,}5 \cdot C_K = 0{,}13$.

Einfluß des Setzens in Trennfugen und Gewinde: Setzbetrag $\delta_x = 3 \cdot 3\,\mu m + 5\,\mu m = 14\,\mu m$. Vorspannverlust $\Delta F_V = \delta_x/(1/c_S + 1/c_F) = 14 \cdot 10^{-3}/(1/1{,}52 + 1/4{,}30) \cdot 10^{-5} = 1590$ N. Erforderliche Vorspannkraft mit $F_{Diff} = F_B \cdot C'_K = 15000 \cdot 0{,}13 = 1950$ N aus

$$F_{V0} = F_F + F_B - F_{Diff} + \Delta F_V = 500 + 15000 - 1950 + 1590 = 15140 \text{ N}.$$

Zur Berücksichtigung von Unsicherheiten beim Anziehen erhöht man F_{V0} um Anziehfaktor $\alpha_A = 1{,}4$ (nach Tafel 10/6):

$$F_V = 1{,}4 \cdot 15140 = 21196 \text{ N}.$$

Sicherheit gegen Fließen im Schaft der Schraube nach (10/21) mit $\tan(\alpha + \varrho') = 0{,}20$; $d_2 = 9{,}03$ mm erhält man

$$\sigma_{v\,max} = \sqrt{[(F_V + F_{Diff})/A_{Sch}]^2 + 3[F_V \cdot d_2 \cdot \tan(\alpha + \varrho') \cdot 8/(\pi \cdot d_{Sch}^3)]^2} = \sqrt{553{,}0^2 + 3 \cdot 250{,}6^2} =$$
$$= 703 \text{ N/mm}^2 < \sigma_{0,2} = 900 \text{ N/mm}^2;$$

Dauerbruchsicherheit S_D im Gewinde:
Ausschlagspannung σ_a ergibt sich zu

$$\sigma_a = F_{Diff}/(2 \cdot A_3) = 18{,}6 \text{ N/mm}^2; \quad \sigma_A = 72 \text{ N/mm}^2 \text{ nach Tafel 10/11.}$$

Damit $S_D = 72/18{,}6 = 3{,}9$. Gut ausreichend!

Notwendiges Anzugsmoment: Mit $\mu_{ges} = 0{,}14$ (Mutter ohne Oberflächenbehandlung, geölt) nach Tafel 10/5 berechnet man nach (10/7):

$$M_{GA} = F_V \left[\frac{d_2}{2} \cdot \tan(\alpha + \varrho') + \mu_{ges} \cdot \frac{d_A}{2}\right] = 21196 \cdot \left(\frac{9{,}03}{2} \cdot 0{,}2 + 0{,}14 \cdot \frac{13}{2}\right) = 38{,}4 \cdot 10^3 \text{ Nmm}.$$

Vorzuschreibendes Moment: $M'_{GA} = 0{,}9 \cdot 38{,}4 = 34{,}5$ Nm.

Anmerkung: Anstatt der Nachrechnung mit $\sigma_{v\,max}$ hätte man näherungsweise auch nach Tafel 10/8 überprüfen können: $F_V < F_{V\,max}$.

10.9 Schrifttum zu 10

10/1 Wiegand, H.; Illgner, K. H.: Berechnung und Gestaltung von Schraubenverbindungen, Berlin, Göttingen, Heidelberg: Springer 1962.

10/2 AD-Merkblatt W 7: Schrauben und Muttern aus Stahl. März 1967.

10/3 Junker, G.: Flächenpressung unter Schraubenköpfen. Maschinenmarkt 67 (1961) Nr. 38, 29.

10/4 Junker, G., Blume, D., Lensch: Neue Wege einer systematischen Schraubenberechnung, Düsseldorf.

10/5 Rötscher, F.: Die Maschinenelemente. Berlin 1927.

10/6 VDI-Richtlinie 2230: Systematische Berechnung hochbeanspruchter Schraubenverbindungen. Entwurf Sept. 1972.

10/7 Köhler, Rögnitz: Maschinenteile. Stuttgart: Teubner 1972.

10/8 Junker, Köthe, Lienemann: Schraubenverbindungen. Berlin: VEB Verlag Technik 1966.

10/9 DIN-Taschenbuch Nr. 10: Schrauben, Muttern, Zubehör. Beuth-Vertrieb.

10/10 Junker, G.: Neue Wege einer systematischen Schraubenverbindung. Ingenieurdienst der Fa. Bauer & Schauerte, Neuß 1964.

10/11 VDI-Richtlinie 2231: Anziehen von Schraubenverbindungen.

10/12 Kellermann: Hochfeste Schrauben — Gedanken zur Gestaltung und Anwendung. Kamax-Werke, Osterode 1972.

10/13 AD-Merkblatt B7: Berechnung von Druckbehälterschrauben. Jan. 1968.

10/14 Boenick, U.: Untersuchungen an Schraubenverbindungen. Dissertation TU Berlin 1966.

10/15 Hanser Werkstattblatt Nr. 436. Berechnung von Bewegungsschrauben. München 1967.

10/16 Hanser Werkstattblatt Nr. 427: Werkstoffe für Schrauben, München 1967.

10/17 DIN 2505. Berechnung von Flanschverbindungen.

10/18 Kellermann, Turlach: Hochfeste Titan-Schrauben. Kamax-Werke, Osterode 1967.

10/19 Vorläufige Richtlinien für Berechnung, Ausführung und bauliche Durchführung von gleitfesten Schraubenverbindungen (HV-Verbindungen) für stählerne Ingenieur- und Hochbauten, Brücken und Krane. Deutscher Ausschuß für Stahlbau 1963.

10/20 Hanffstengel, K. v.: Einfluß des Kraftangriffs auf die Beanspruchung vorgespannter Schraubenverbindungen. Z. VDI 86 (1942) 508.

10/21 Hancke, A.: Die Schraubenverbindung als federndes Element in der Konstruktion. Draht-Fachzeitschr. 10 (1959) Nr. 8, 14 (1963) Nr. 4, 5, 6.

10/22 Fabry, Ch. W.: Untersuchungen an Dehnschrauben, Konstruktion 15 (1963) 218.

10/23 Kellermann, R.; Klein, H.: Untersuchungen über den Einfluß der Reibung auf Vorspannung und Anzugsmoment von Schraubenverbindungen. Konstruktion 7 (1955) 54.

10/24 Klein, H.-Ch.: Hochwertige Schraubenverbindungen, einige Gestaltungsprinzipien und Neuentwicklungen, Konstruktion 11 (1959) 201, 259.

11 Bolzen- und Stiftverbindung

Sie ist wohl die einfachste und älteste Form der Verbindung im Maschinenbau: Ein Querstift oder Bolzen (= dickerer Stift) wird in eine Bohrung gesteckt, die durch die zu verbindenden Teile geht. Einige Beispiele zeigt Tafel 11/1 und Bild 11/5.

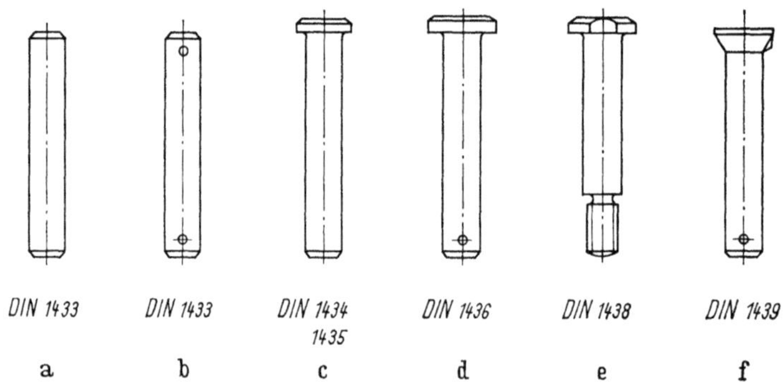

Bild 11/1. Genormte Bolzen.

a) Ohne Kopf, b) ohne Kopf mit Splintlöchern, c) mit kleinem Kopf, d) mit großem Kopf und Splintloch, e) mit Gewindezapfen, f) Senkbolzen mit Nase. Form a bis d seit März 1974 auch DIN 1443 u. 44.

Zubehör: Splinte: DIN 94; Sicherungsringe: DIN 471; Sprengringe: DIN 7993, 5471; Sicherungsscheiben: DIN 6799.

11.1 Verwendung

Zur *Lagensicherung* von zwei Teilen, z. B. von Ober- und Unterteil eines Getriebekastens durch 2 Paßstifte (Bild 11/5b), die in möglichst großem Abstand voneinander angeordnet werden; zur drehfesten oder schiebefesten Anordnung von Naben auf Wellen (Bild 11/5a), zur Festlegung von Achsen durch Querstifte oder Längsstifte; zur *gelenkigen* Verbindung oder Lagerung von Laschen, Stangen, Scheiben und Rollen, wobei der Bolzen durchweg in dem einen Teil Festsitz und im anderen Gleitsitz erhält (Gelenkbolzen Bild 11/5d, Kolbenbolzen, Achsbolzen, Kupplungsbolzen); zur *Halterung* von Federn, Riegeln u. dgl. (Steckstifte); zur *Kraftbegrenzung* (Brechbolzen); zur *Sicherung* von Schrauben, Muttern und Bolzen (Steckstifte, Querstifte, Splinte).

11.2 Ausführung

Die Festigkeit der Bolzen bzw. Stifte soll höher als die der Werkstücke sein, üblich St 50, St 60 oder C 35 für Bolzen und Stifte bzw. Federstahl für Spannhülsen usw.

Hochbelastete Gelenkbolzen (z. B. Kolbenbolzen) werden gehärtet und geschliffen. Bei Hohlbolzen (Rohr) soll der Innendurchmesser $d_i \leqq d/1{,}5$ sein, um ein Ovaldrücken und Verklemmen zu vermeiden. Eine rüttelsichere Befestigung erreicht man bei Stiften durch Preßsitz und bei wichtigen Gelenkbolzen durch eine zusätzliche Seitensicherung, z. B. durch Sicherungsringe, durch Querstifte oder Splinte, durch Gewindezapfen und Muttern oder durch Vernieten des Kopfes. Die verschiedenen Bauformen der Bolzen und Stifte zeigen Bild 11/1, 11/2 und 11/3.

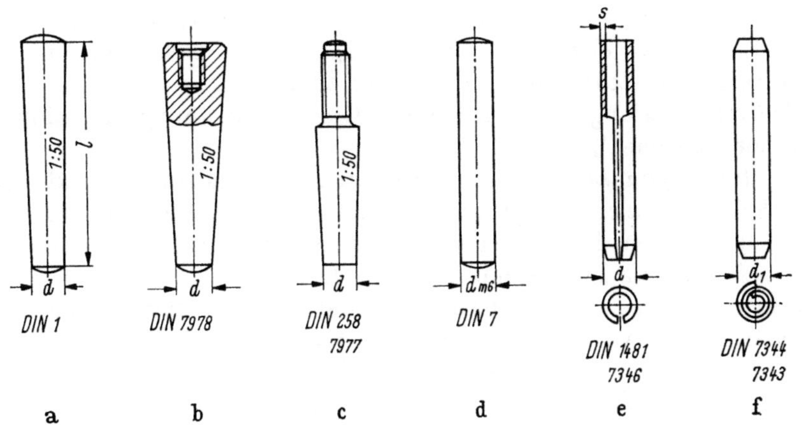

Bild 11/2. Genormte Stifte.
a) Kegelstift, b) Kegelstift mit Innengewinde, c) Kegelstift mit Gewindezapfen, d) Zylinderstift, e) Spannhülse, f) Spiralspannstift.

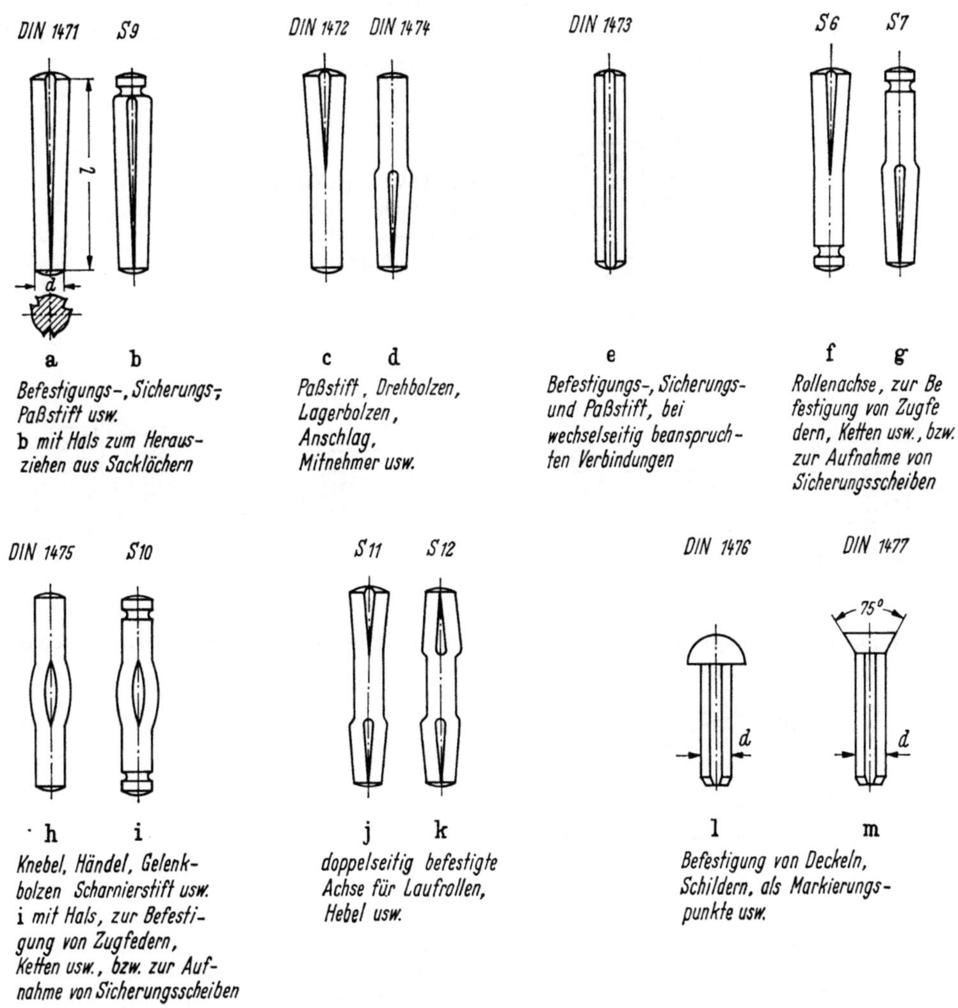

Bild 11/3. Kerbstifte und Kerbnägel mit Anwendungsbeispielen.

a b) Kegelkerbstifte (b mit Hals), c) Paßkerbstifte, d) Steckkerbstift, e) Zylinderkerbstift, f) Paßkerbstift mit Hals, g) Steckkerbstift mit Hals, h) Knebelkerbstift, i) Knebelkerbstift mit Hälsen, j) Doppelkerbstift, k) Doppelkerbstift, l, m) Kerbnägel. S 6 bis S 12 sind Ausführungen der Kerb-Konus-GmbH, Schnaittenbach.

Der *Kegelstift* (Kegel 1:50) wirkt zentrierend, erfordert aber ein Aufreiben des Loches (teuer!). Der Kegelstift mit Gewindezapfen (DIN 258) kann durch Aufziehen einer Mutter auch aus Sacklöchern entfernt werden.

Der *Zylinderstift* verlangt für den Festsitz (Querverspannung) die Einhaltung einer engen Lochtoleranz (teuer!).

Die geschlitzte *Spannhülse* (Schlitzbreite ≈ Federbandstärke) und der spiralenförmig gewickelte *Spiralspannstift* aus Federstahl ($\sigma_B \approx 1400 \cdots 1800$ N/mm², Härte HRC = 42···50) kommen dank ihrer Querfederung ohne enge Lochtoleranz aus. Es genügen normal gebohrte Löcher mit Toleranz H 12.

Bei den Spannhülsen ist die Federung von der Lastrichtung abhängig (hart, wenn Schlitz in Lastrichtung weich, wenn senkrecht dazu). Die Federung der Spiralspannstifte ist in jeder Richtung gleich, aber wesentlich härter als die der Spannhülsen.

Verglichen mit den üblichen Vollstiften (Abscherkraft = 100%) betragen die Abscherkräfte bei den leichten Spannhülsen DIN 7346 etwa 62%, bei den schweren (DIN 1481) etwa 112% und bei schweren Verbundspannhülsen (= 2 schwere Spannhülsen ineinandergesteckt) etwa 155%.

Bei den leichten Spiralspannstiften (Bild 11/2f) beträgt die Abscherkraft etwa 80···90% und bei den schweren Spiralspannstiften etwa 130%. Die hohlen Spannhülsen sind auch als Scherbuchsen für Schrauben (Bild 11/4) und als Lagerbuchsen für Gelenke (eine zweite Spannhülse als Bolzen) verwendbar.

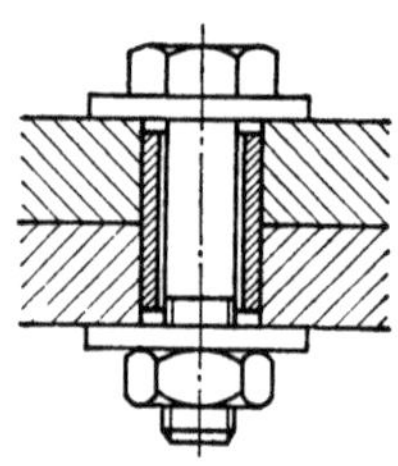

Bild 11/4. Spannhülse als Scherbuchse einer querbelasteten Schraubenverbindung.

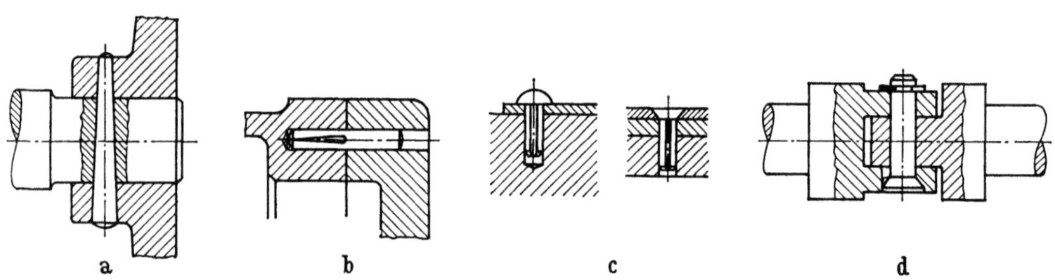

Bild 11/5. Verwendungsbeispiele von a) Kegelstift, b) Kerbstift, c) Kerbnägeln, d) Senkbolzen.

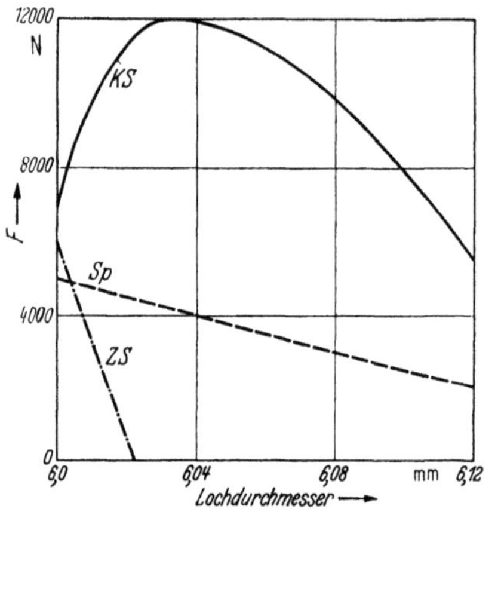

Bild 11/6. Einfluß des Lochdurchmessers auf die notwendige Durchdrückkraft F verschiedener Stifte mit Nenndurchmesser 6 mm und 40 mm Lochlänge. ZS = Zylinderstift, Sp = Spannhülse, KS = Kerbstift.

Beim *Kerbstift und Kerbnagel* wird der Festsitz durch 3 Wulstkerben am Stift erreicht, die sich beim Einschlagen des Stiftes elastisch-plastisch verformen, so daß sauber gebohrte Löcher ausreichen (Toleranz H 9 bis 3 mm ∅, H 11 über 3 mm ∅).

Die verschiedenen Ausführungsformen und Verwendungszwecke zeigt Bild 11/3. Neuerdings werden auch Kerbstifte und -nägel aus (farbigen) Kunststoffen für untergeordnete Zwecke und Konstruktionen in Kunststoff hergestellt.

Den Verlauf der Durchdrückkräfte von verschiedenen Stiftarten zeigt Bild 11/6.

11.3 Bezeichnungen

b	mm	Breite	F_s	N	Sprengkraft
d	mm	Nenndurchmesser von Bolzen bwz. Stift	p	N/mm²	Flächenpressung
			p_d	N/mm²	Flächenpressung aus Kraft F
d_i	mm	Innendurchmesser von Hohlbolzen	p_b	N/mm²	Flächenpressung aus M_b
			s	mm	Wandstärke
D	mm	Wellendurchmesser	W_b	mm³	Biege-Widerstandsmoment
D_N	mm	Nabendurchmesser	W_t	mm³	Torsions-Widerstandsmoment
h	mm	Hebelarm	β_k	—	Kerbwirkungszahl (Kap. 3)
l	mm	Länge	σ_b	N/mm²	Biegespannung
M_b	Nmm	Biegemoment	σ_S	N/mm²	Fließgrenze
M_t	Nmm	Drehmoment	τ_t	N/mm²	Torsionsspannung
F	N	Betriebskraft	τ_{ab}	N/mm²	Abscherspannung

11.4 Beanspruchung und Berechnung

Tafel 11/1 zeigt für einige Verwendungsfälle die Anordnung sowie die angenommene Verteilung der Flächenpressung und die hiernach aufgestellten Beziehungen für die Bemessung, wenn man nur die Betriebskraft F berücksichtigt.

Die zusätzliche Beanspruchung durch Preßsitz im Loch ist nach Bild 11/6 für verschiedene Stiftarten verschieden groß und zudem von der Passung (Übermaß) bzw. beim Kegelstift von der Einschlagkraft abhängig. Äußerstenfalls wird hierbei der Leibungsdruck die Streckgrenze örtlich einmalig überschreiten. Hieraus ergibt sich eine zusätzliche Sprengkraft, die bei Bemessung der unter Sprengkraft stehenden Bauteile zu beachten ist. So beträgt bei Nr. 1 in Tafel 11/1 die Sprengkraft F_s im Auge der Gabel $F_s \leqq \sigma_S \cdot b \cdot d = \sigma(D_N - d) \cdot b$. Für Stahl- und GS-Naben wird mit $\sigma_{zul} = \sigma_S/1{,}5$ dann $D_N/d \geqq 2{,}5$ und für GG-Naben $D_N/d \geqq 3{,}5$ (mit $\sigma_{zul} = \sigma_S/2{,}5$).

Bei Kerbstiften verursachen die Kerbwulste örtlich erhöhte Beanspruchungen; die zulässigen Belastungen sind deshalb herabzusetzen (s. Tafel 11/2).

Beispiele und Erläuterungen zu Tafel 11/1

1. *Querbolzen in Zugstange.* Gegeben: Bolzen aus St 70, $d = 20$ mm, Stange und Gabel aus St 50, Lagerbuchse Bz, $b = 12$ mm, $l = 32$ mm, Zugkraft $F = 5200$ N schwellend.
Berechnet: Scherspannung $\tau_{ab} = F/(2\pi d^2/4) = 8{,}27$ N/mm² $\ll \tau_{ab\,zul} = 70$ N/mm².

Biegespannung σ_b:

$\sigma_b = Fl32/(8\pi d^3) = 26{,}48$ N/mm² $< \sigma_{b\,zul} = 105$ N/mm².

Flächenpressung Stange: $p = F/(ld) = 8{,}12$ N/mm² $< p_{zul} = 12 \cdots 15$ N/mm².

Flächenpressung Gabel: Fall a: $p = F/(2bd) = 10{,}83$ N/mm² $< p_{zul} = 90$ N/mm².

Fall b: $p_{max} = F(4 + l/b)/(2bd) = 72{,}22$ N/mm².

Anmerkung: In Tafel 10/2 sind bereits Pressungsspitzen durch ungleichmäßige Verteilung berücksichtigt, so daß Rechnung nach a genügt.

2. *Steckstift unter Biegekraft*: Die maximale Flächenpressung setzt sich zusammen aus dem Anteil p_b aus dem Biegemoment: $p_b = F(h + s/2)6/(ds^2)$ und dem Anteil p_d aus der Kraft F: $p_d = F/(ds)$. Gegeben: Kerbstift aus St 50, $d = 13$ mm, $h = 12$ mm; Platte aus GS mit $s = 18$ mm, Kraft $F = 1000$ N schwellend. Berechnet: Für Stift $\sigma_b = Fh32/(\pi d^3) = 55{,}63 < \sigma_{b\,zul} = 80 \cdot 0{,}8 = 64$ N/mm². $p_{max} = 4F(1 + 1{,}5h/s)/(ds) = 34{,}18$ N/mm² $< p_{zul} = 60 \cdot 0{,}7$ N/mm² $= 42$ N/mm².

Tafel 11/1. Beanspruchung und Berechnung einiger Stiftverbindungen. Zulässige Werte s. Tafel 11/2

Nr. 1. Querbolzen in Zugstange

Faustwerte: $l/d = 1{,}5 \cdots 1{,}7$; $l/b = 2 \cdots 3{,}5$

$D_N/d \approx 2{,}5$ für St und GS; $\approx 3{,}5$ für GG-Nabe

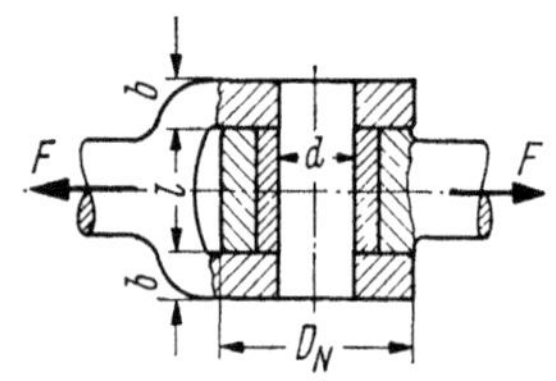

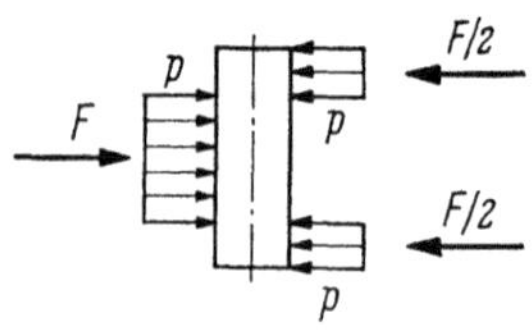

σ_b Bolzen: aus $M_b = \dfrac{F(l+b)}{4}$ bis $M_b = \dfrac{F \cdot l}{12}$

(je nach Passungen: Fall a bis Fall b)

Praktischer Rechenwert: $M_b = \dfrac{F \cdot l}{8}$

$M_b = W_b \cdot \sigma_b$

τ_{ab} Bolzen: aus $F = 2\pi d^2 \cdot \tau_{ab}/4$

p Gabel: aus $F = 2p \cdot b \cdot d$ bis
$F = 2 \cdot p_{max} \cdot d \cdot b/(4 + l/b)$
(Fall *a* bis Fall *b*)

p Stange: aus $F = p \cdot l \cdot d$

Nr. 2. Steckstift unter Biegekraft

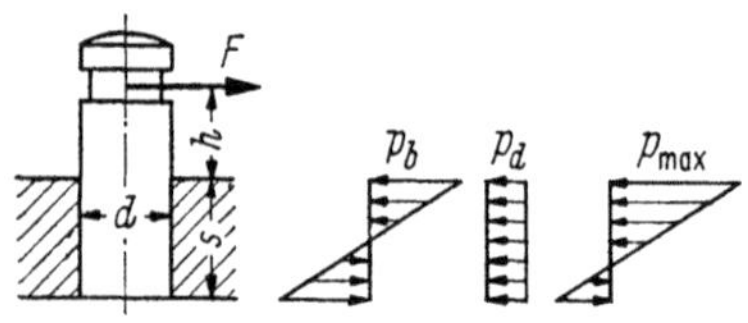

σ_b Stift: aus $M_b = F \cdot h = \sigma_b \cdot \pi d^3/32$

$p_b = \dfrac{F \cdot (h + s/2) \cdot 6}{d \cdot s^2}$; $p_d = \dfrac{F}{d \cdot s}$

p_{max}: aus $p_{max} = p_b + p_d = \dfrac{4F(1 + 1{,}5h/s)}{d \cdot s}$

Nr. 3. Querstift unter Drehmoment M_t

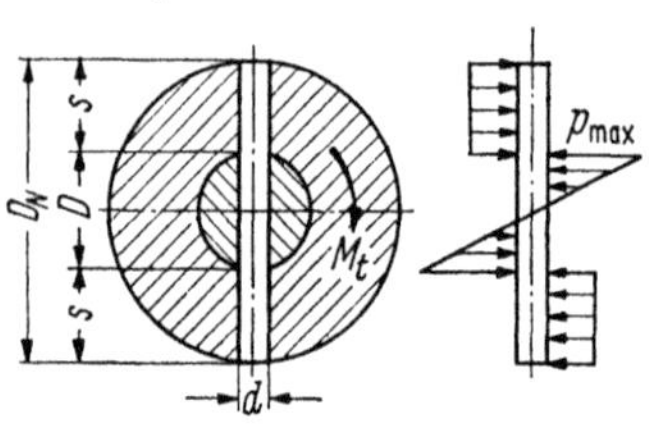

Faustwerte: $q = d/D = 0{,}2 \cdots 0{,}3$

$D_N/D \approx 2$ für St und GS-Nabe; $\approx 2{,}5$ für GG-Nabe

τ_{ab} Stift: aus $M_t = \tau_{ab} \cdot D \cdot \pi \cdot d^2/4$

p_{max} Welle: aus $M_t = p_{max} \cdot d \cdot D^2/6$

p Nabe: aus $M_t = p \cdot s \cdot d(D + s)$

τ_t Welle: aus $M_t = W_t \cdot \tau_t$; $W_t = \dfrac{\pi D^3}{16}(1 - 0{,}9\, d/D)$

Nr. 4. Längsstift unter M_t

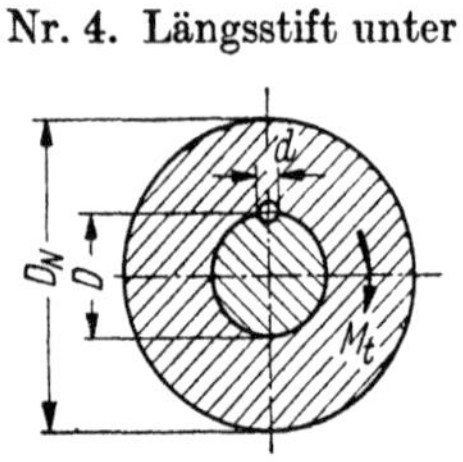

Faustwert: $d/D = 0{,}13 \cdots 0{,}2$

Stiftlänge: $l = 1\,D \cdots 1{,}5\,D$

p, τ_{ab} Stift: aus $M_t = p \cdot l \cdot d \cdot D/4 = \tau_{ab} \cdot l \cdot d \cdot D/2$

3. *Querstift unter Drehmoment* M_t: Angenommen ist feste Einspannung des Stiftes als Paßstift, so daß Stift auf Abscheren berechnet wird. Flächenpressung p in der Welle nimmt zum Rand hin zu, Annäherung durch eingezeichnete lineare Verteilung.

Gegeben: Welle St 37, $D = 30$ mm; Nabe aus GG mit $D_N = 75$ mm; Stift aus St 50 mit $d = 8$ mm, $d/D = 0{,}26$; Drehmoment $M_t = 50\,000$ Nmm, schwellend.

Berechnet: Für Stift $\tau_{ab} = M_t 4/(D\pi d^2) = 33{,}15\ \text{N/mm}^2 < \tau_{ab\,zul} = 50\ \text{N/mm}^2$. Welle: Flächenpressung $p_{max} = M_t \cdot 6/(dD^2) = 41{,}66\ \text{N/mm}^2 < p_{zul} = 65\ \text{N/mm}^2$; $\tau_t = M_t \cdot 16/[\pi D^3(1 - 0{,}9 \cdot d/D)] = 12{,}42\ \text{N/mm}^2 < \tau_{zul} \approx 1{,}1 \cdot 0{,}35 \cdot \sigma_B/\beta_k = 138/2{,}5 = 55{,}2\ \text{N/mm}^2$ (vergl. Tafeln 3/4 u. 3/5).

Nabe: $p = M_t/[sd(D + s)] = 5{,}29\ \text{N/mm}^2 < p_{zul} = 50\ \text{N/mm}^2$.

4. *Längsstift unter Drehmoment* M_t: Nachrechnung des Stiftes auf Scherspannung τ_{ab} erübrigt sich, wenn $2\tau_{ab\,zul} > p_{zul}$ ist. Gegeben: Welle, Nabe und M_t wie Beispiel 3, Stift $d = 4$ mm, $l = 40$ mm. Berechnet für Stift $p = 4M_t/(ldD) = 41{,}66\ \text{N/mm}^2 < p_{zul} = 50\ \text{N/mm}^2 < 2\tau_{ab\,zul}$.

Tafel 11/2. Zulässige Werte von p, σ_b und τ_{ab} in N/mm² für Bolzen und Stiftverbindungen nach Tafel 11/1

	Bauteilwerkstoff			
	GG	GS	St 37	St 50
p_{zul}	50	60	65	90
	Stift- oder Bolzenwerkstoff mit $\sigma_B =$			
	400	500	600	700
σ_b	55	80	95	105
τ_{ab}	40	50	60	70

Gültig für ‚Schwellast'; für ‚Wechsellast' mal 0,7, für ruhende ‚Last' mal 1,4 nehmen.
Für Kerbstifte p-Werte mal 0,7; σ_b und τ-Werte mal 0,8 nehmen.
Zulässige Werte von p bei Verwendung von Lagerbuchsen s. Kapitel 15.

11.5 Schrifttum zu 11

11/1 Lochleibungsspannungen bei Bolzen und Runddübeln. Z. VDI 86 (1944) 207.

11/2 Mintrop, H.: Untersuchungen über die Passungsgenauigkeit von Kerbstiftverbindungen bei Verwendung von Kerbstiften mit 3 mm Durchmesser. Konstruktion 9 (1957) 13–18.

11/3 Schmitz, H.: Theoretische und experimentelle Untersuchungen an Stift-Verbindungen. Konstruktion 12 (1960) 5 B, 83–85.

11/4 DIN-Taschenbuch 10, Schrauben-Muttern-Zubehör. Beuth-Vertrieb.

11/5 Firmenschriften der Fa. W. Hedtmann KG, Hagel-Kabel (Spannhülsen); Fa. Kerb-Konus Ges., Dr. C. Eibes + Co., Schaittenbach/Opf, (Kerbstifte); Fa. W. Prym, Stolberg/Rhld. (Spiralspannstifte); Fa. C. Vogelsang GmbH, Hohenlimburg i. W. (Spannhülsen).

11/6 von der Heide, W.: Untersuchungen an Kerbstiften und Kerbstiftverbindungen. Diss. TU Hannover 1969.

12 Elastische Federn

12.1 Verwendung

Alle Körper aus elastischem Werkstoff „federn", d. h. sie verformen sich bei Belastung, wobei Arbeit gespeichert wird (potentielle Energie), während sie sich bei Entlastung rückverformen und hierbei die gespeicherte Arbeit wieder abgeben. Bei den „Federn" wird diese Wirkung durch eine hierfür besonders geeignete Gestaltung und Werkstoffwahl in erhöhtem Maße erreicht.

Derartige Federn dienen für zahlreiche Aufgaben, und zwar:

als *Arbeitsspeicher*, z. B. als Antrieb von Uhren, Wickeltrommeln und Spielzeugen, als Rückführer von Ventilen und Steuergestängen;

zur *Milderung von Stößen*, z. B. als Stoßschutz für empfindliche Geräte, als Rad-, Achs-, Puffer- und Stoßfedern bei Fahrzeugen, ferner bei drehelastischen Wellenkupplungen;

zur *Kraftverteilung*, z. B. bei der Radbelastung von Fahrzeugen, bei der Polsterung von Sesseln und Betten usw.;

zur *Kraftbegrenzung*, z. B. bei Pressen;

zur *Kraftmessung* auf Grund des festen Zusammenhangs zwischen Kraft und Verformung;

zur *Regelung*, z. B. beim Regelventil;

zur *Aufrechterhaltung einer Kraftverbindung* bei Bewegung oder Verschleiß (Federgelenk, Kontaktfinger, Dichtungen);

als *Schwingungselement*, z. B. bei Schwingsieben und Wuchtförderern und auch umgekehrt zur Unterbindung von Resonanzschwingungen, indem ihre Zwischenschaltung die Eigenfrequenz verlagert.

12.2 Federarten, Auswahl, besondere Eigenschaften

Je nach dem vorherrschenden Gesichtspunkt wird die gleiche Feder verschieden bezeichnet, z. B. die Feder nach Bild 12/24 der Gestalt nach als Kegelfeder, der Beanspruchung nach als Drehfeder, dem Krafteingriff nach als Druckfeder, der Verwendung nach als Pufferfeder und dem Werkstoff nach als Stahlfeder.

Am häufigsten findet man die Benennung nach der Gestalt bzw. nach Gestalt und Beanspruchung. Beispiele: Bild 12/4 Ringfeder, Bild 12/6 Biegestabfeder, Bild 12/7 Biegeblattfeder, Bild 12/12 gewundene Biege- oder Drehfeder, Bild 12/13 ebene Spiralfeder (Uhrfeder), Bild 12/14 Tellerfeder, Bild 12/18 Drehstabfeder, Bild 12/19 Schraubenfeder. Eine weitere Gruppe bilden die Gummifedern (Bild 12/25 und 12/26) sowie die Luftfeder [12/21].

Für die Berechnung ist die Art der Beanspruchung maßgebend. Entsprechend werden weiter unten die verschiedenen Federarten geordnet nach ihrer vorwiegenden Beanspruchung behandelt, wie Zugfedern, Biegefedern, Drehfedern usw.

Im *Maschinenbau* wird vorwiegend die Schraubenfeder aus Stahldraht (Bild 12/19) verwendet, die billig herstellbar, einfach zu bemessen und einzubauen ist und sowohl für Zugkräfte als auch Druckkräfte verwendet wird. Sie kann ferner zur Ausführung von Drehbewegungen benutzt werden (s. gewundene Biegefeder, Bild 12/12) und schließlich noch als Schraubenband-Wellenkupplung.

Im übrigen ist für die Wahl der Federart wesentlich, welche besonderen Gesichtspunkte jeweils im Vordergrund stehen, wie z. B. Platzbedarf, Gewicht und Lebensdauer; in anderen Fällen gleichbleibendes elastisches Verhalten, geringe Massenwirkung, zusätzliche innere oder äußere Reibung (Dämpfung), besonderes Verhältnis zwischen Kraft und Federung (Kennlinie) oder sonstige Anforderungen. Hierzu einige Hinweise:

Geringes Gewicht und geringes Volumen bei gegebener Federarbeit ermöglichen nach Tafel 12/1 Gummifedern, hochwertige Ringfedern aus Stahl (Bild 12/4) und dünner Stahldraht auf Zug.

Niedrige Bauhöhe ermöglichen Blattfedern und Drehstabfedern (Fahrzeuge!).

Schmalflächige Anordnung ermöglichen ebene Spiralfedern (z. B. bei Uhren) und Tellerfedern.

Große Federwege im Vergleich zur Baulänge ermöglichen Gummifedern, dünndrähtige Schraubenfedern mit großem Windungsdurchmesser und dünne Tellerfedern sowie im Vergleich zur Bauhöhe die Biegestabfedern.

Zusätzliche Reibungsarbeit ermöglichen in erheblichem Maße Ringfedern (Bild 12/4), in geringerem Maße geschichtete Blatt- und Tellerfedern, Litzenschraubenfedern und Gummifedern. Sie sind also zur Stoßaufnahme bzw. zur Schwingungsdämpfung besonders geeignet.

Sonderkennlinien (abweichend von der Geraden) zeigen Kegelfedern (Bild 12/24), Tellerfedern (Bild 12/17) und Gummifedern. Außerdem kann die Kennlinie durch Änderung der Kraftrichtung zur Federachse oder des wirksamen Hebelarmes (Wälzfeder) oder der wirksamen Federlänge in Abhängigkeit vom Federweg beeinflußt werden.

Gummifedern werden als Trag-, Fahrzeug- und Fundamentfedern, insbesondere zur Schwingungs- und Geräuschdämpfung, ferner für besonders leichte oder besonders weiche Federungen verwendet.

Luftfedern (eingeschlossene Luft) und Flüssigkeitsfedern, also Kompressionsfedern, werden vorwiegend im Fahrzeugbau eingesetzt.

Besondere Anforderungen hinsichtlich gleichbleibender Elastizität (berylliumlegierte Federn bei Uhren), hinsichtlich magnetischen Verhaltens, Hitze und Korrosion können durch besondere Stahllegierungen bzw. Sonderbronzen und Schutzüberzüge befriedigt werden.

12.3 Bezeichnungen

c	N/mm	Federrate, Federkonstante
F	N	Federkraft
f	mm	Verformung
W	Nmm	aufgenommene Federarbeit
V	mm³	Volumen
E	N/mm²	Elastizitätsmodul
G	N/mm²	Schubmodul
Q	N	Gewicht = Masse · g
W'	Nmm	abgegebene Federarbeit
A	mm²	Querschnittsfläche
h	mm	Querschnittshöhe
b	mm	Querschnittsbreite
d	mm	Drahtdurchmesser
D	mm	Mittlerer Windungsdurchmesser
w	—	Wickelverhältnis D/d
M_t	Nmm	Drehmoment
W_t	mm³	Torsions-Widerstandsmoment
R	mm	Hebelarm
L	mm	Federlänge
F_n	N	Höchstzulässige Federkraft
F_V	N	Innere Vorspannkraft der Zugfeder
k, k', k''	—	Beiwerte
i_g	—	Gesamtwindungszahl
i_f	—	Zahl der federnden Windungen
I	mm⁴	Flächen-Trägheitsmoment
I_m	kgm²	Massenträgheitsmoment
L_0	mm	Länge der unbelasteten Feder
L_{BL}	mm	Blocklänge der Druckfeder
$r_{e,i}$	mm	mittlerer Radius von Außen-, Innenring
z	—	Anzahl der Kegelpaarungen
f_0	mm	Federweg je Paarung
y	—	Verhältnis A_e/A_i
h_T	mm	Tellerhöhe, unbelastet
s_T	mm	Schalendicke der Teller
g	m/s²	Erdbeschleunigung
σ	N/mm²	Normalspannung
τ	N/mm²	Schubspannung
η_A	—	Art-Nutzwert

η_V	–	Volumen-Nutzwert
η_W	–	Wirkungsgrad
ϱ	–	Dämpfungswert
δ	kg/mm³	Dichte
τ_h	N/mm²	Hub-Schubspannung
$\tau_{o,u}$	N/mm²	Schubspannungen bei Ober-/Unterlast
λ	–	Schlankheitsgrad L_0/D
σ_h	N/mm²	Hub-Normalspannung
$\sigma_{e,i}$	N/mm²	Spannung im Außen-/Innenring
τ_v	N/mm²	Vorspannung in Zugfedern
ϱ'	–	Reibwinkel
σ_o	N/mm²	Oberspannung
σ_u	N/mm²	Unterspannung
σ_a	N/mm²	$\frac{\sigma_o - \sigma_u}{2} = \frac{\sigma_h}{2}$ Ausschlagspannung
φ	rad	Federdrehwinkel
ν	–	Querdehnzahl

12.4 Kennlinien und Kennwerte

12.4.1 Feder-Kennlinien

Trägt man über dem Federweg f die Belastungskraft F auf, so erhält man die Feder-Kennlinie, z. B. Linie a, b oder c in Bild 12/1. Je steiler die Kennlinie, desto „härter" ist die Feder. Bei der geraden Kennlinie a (Normalfall) ist $c = \mathrm{d}F/\mathrm{d}f =$ konst.; bei der progressiven Kennlinie b wird die Feder mit zunehmendem f härter ($\mathrm{d}F/\mathrm{d}f$ nimmt zu) und bei der degressiven Kennlinie weicher ($\mathrm{d}F/\mathrm{d}f$ nimmt ab). So ist z. B. für Tragfedern von Fahrzeugen ein Verlauf nach b erwünscht, um die Eigenschwingungszahl (s. 12/69) des vollen und des leeren Fahrzeuges etwa gleich zu halten; um bei gegebener Stoßarbeit eine kleine Stoßkraft zu erhalten, ist dagegen ein Verlauf nach c günstiger.

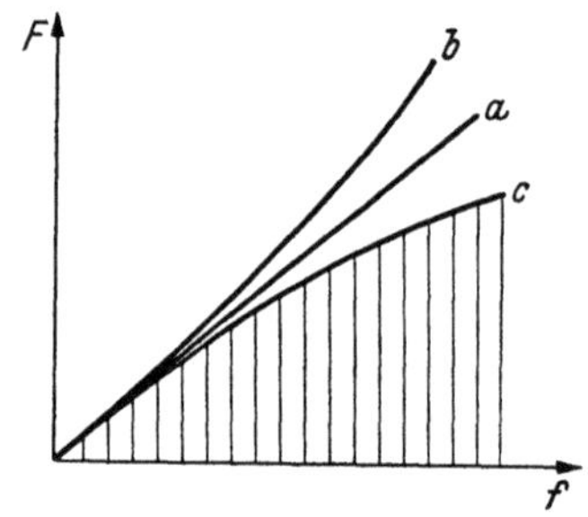

Bild 12/1. Verschiedene Feder-Kennlinien a, b, c. Federarbeit W für Kennlinie c schraffiert.

12.4.2 Federsteife

Die Federsteife

$$c = \mathrm{d}F/\mathrm{d}f \qquad (12/1)$$

oder Federhärte wird bei gerader Kennlinie (a) mit $c = \Delta F/\Delta f$ als Federrate oder früher Federkonstante bezeichnet und in N/mm oder Nmm/rad angegeben. Die Federrate wird zur Berechnung der Verformung und von Schwingungs- und Stoßvorgängen benötigt (Bild 12/1).

12.4.3 Federarbeit

Die Federarbeit $W = \int F \cdot \mathrm{d}f$, auch Arbeitsaufnahme oder Arbeitsvermögen genannt, ist gleich der Fläche unter der Kennlinie (schraffiert in Bild 12/1). Für gerade Kennlinie (Normalfall) ist für Zug-Druck- oder Biegefedern

$$W = F \cdot f/2 = c \cdot f^2/2 \quad \mathrm{N \cdot mm} \qquad (12/2)$$

und für Drehfedern

$$W = M_t \cdot \varphi/2 = c \cdot \varphi^2/2 \quad \mathrm{N \cdot mm \cdot rad}\,. \qquad (12/3)$$

12.4.4 Art-Nutzwert oder Ausnutzungsfaktor η_A

Die Federarbeit W ist (s. Gl. unten!) proportional dem wirksamen Federvolumen V, dem Quadrat der maximalen Spannung σ bzw. τ, der Dehnzahl $1/E$ bzw. Schubzahl $1/G$ und einem Zahlenwert η_A, der von der Federart abhängt und die Güte der Werkstoffausnutzung kennzeichnet und daher mit „Art-Nutzwert" bezeichnet werden soll:

$$W = \eta_A \cdot V \cdot \sigma^2/(2 \cdot E)\,, \quad \text{bzw.} \quad W = \eta_A \cdot V \cdot \tau^2/(2 \cdot G)\,. \tag{12/4}$$

Der Beiwert η_A ist abhängig von der Spannungsverteilung, also von der Gestalt und Belastungsart der Feder, und erreicht nur bei gleich großer Spannung im ganzen Volumen den Idealwert 1, wenn W die elastische Federarbeit ist. Bei zusätzlicher Arbeitsaufnahme durch innere oder äußere Reibung wird η_A, bezogen auf die Gesamtarbeit, entsprechend größer (s. Ringfeder Tafel 12/1). Der Einfluß von σ und E bzw. τ und G auf die erreichbare Federarbeit wird durch η_A nicht erfaßt.

Tafel 12/1. Nutz-Kennwerte einiger Federn (Bestwerte hervorgehoben)

Bild	Federart	Nutzwerte			Zur Berechnung benutzte Werte
		Art-Nutzwert η_A (–) $W=\eta_A \cdot V \cdot \sigma^2/2E$	Volumen-Nutzwert η_V (N/mm²) $W = \eta_V \cdot V$	Gewichts-Nutzwert η_Q (10^3 mm) $W = \eta_Q \cdot Q$	
12/3	Dünner Stahldraht auf Zug	1,0	*5,36*	68,7	$\sigma = 1500$ N/mm² $E = 2{,}1 \cdot 10^5$ N/mm² $\varrho = 7{,}8$ kg/dm³
12/27	Umsponnenes Gummikabel auf Zug	0,9	3,74	370	$\sigma = 8{,}3$ N/mm² $A = 1{,}3$ cm²; $f = L$ $\varrho = 1$ kg/dm³
12/4	Stahl-Ringfeder	*1,62**	4,90	62,8	$\sigma = 1150$ N/mm² $E = 2{,}1 \cdot 10^5$ N/mm² $\varrho = 7{,}8$ kg/dm³; $\alpha = 14°$; $\varrho' = 8°$
12/7	Stahl-Dreieckbiegefeder oder geschichtete Blattfeder	0,334	0,795	10,2	$\sigma = 1000$ N/mm² $E = 2{,}1 \cdot 10^5$ N/mm² $\varrho = 7{,}8$ kg/dm³
12/7	Eichene Dreieckbiegefeder	0,334	0,085	12,1	$\sigma = 80$ N/mm² $E = 12500$ N/mm² $\varrho = 0{,}7$ kg/dm³
12/18 12/19	Stahl-Drehstabfeder oder Schraubenfeder m. Kreisquerschnitt	0,5	1,93	24,8	$\tau = 800$ N/mm² $G = 83000$ N/mm² $\varrho = 7{,}8$ kg/dm³
	Stahl-Drehstabfeder mit Rohrquerschnitt	0,626	2,42	31,1	wie vorher; $d_i/d = 0{,}5$

* Größer als 1, da W auch die zusätzliche Reibungsarbeit enthält.

12.4.5 Volumen- und Gewichts-Nutzwert

Bei manchen konstruktiven Aufgaben ist es von Vorteil, das Verhältnis der Federarbeit zum erforderlichen Federvolumen V oder zum Federgewicht Q zum Vergleich heranzuziehen. Man bildet

Volumen-Nutzwert $\quad \eta_V = W/V = \eta_A \cdot \sigma^2/(2 \cdot E)$ N/mm² und den (12/5)

Gewichts-Nutzwert $\quad \eta_Q = W/Q$ mm . (12/6)

Tafel 12/1 zeigt die erreichbaren Nutzwerte für verschiedene Federarten.

12.4.6 Wirkungsgrad und Dämpfungswert

Bei zusätzlicher äußerer oder innerer Reibung ist der Wirkungsgrad η_W der Feder das Verhältnis der abgegebenen Federarbeit W' zur aufgenommenen Federarbeit W (s. Bild 12/5)

Wirkungsgrad $\eta_W = W'/W$. (12/7)

Bei Schwingungs- und Dämpfungsvorgängen rechnet man meist mit dem

Dämpfungswert $\delta = \frac{W - W'}{W + W'} = \frac{1 - \eta_W}{1 + \eta_W}$. (12/8)

Er stellt das Verhältnis der gesamten Reibungsarbeit $(W - W')$ zur gesamten bei der Be- und Entlastung durchlaufenen Federarbeit $(W + W')$ dar.

Beispielsweise ist bei der Schwingungs- und Stoßdämpfung ein erheblicher Dämpfungswert erwünscht, während er bei Fahrzeugreifen möglichst klein sein soll, um die Erwärmung gering zu halten.

12.5 Festigkeit und zulässige Beanspruchung

12.5.1 Festigkeit

Da die aufnehmbare Federarbeit im Quadrat der zulässigen Spannung ansteigt, ist eine hohe Festigkeit der Federn erwünscht. Daher erstrebt man eine hohe Fließgrenze (bzw. Elastizitätsgrenze) gegen die Gefahr des Erlahmens („Setzgefahr") und eine hohe Schwingungsfestigkeit gegen die Dauerbruchgefahr. Bei Stahlfedern verwendet man hierzu besondere Federstähle, deren Festigkeit neben dem Härten durch besondere Maßnahmen erheblich gesteigert werden kann. Gebräuchliche Federstähle, deren Festigkeitswerte und Verwendung s. Tafel 5/10. Man erzielt eine hohe Fließgrenze durch hohen Ausziehgrad (dünnere Drähte) und niedrige Anlaßtemperatur (250···350 °C); sie kann außerdem durch einmaliges Überlasten noch weiter erhöht werden[1]. Dagegen ist eine höhere Schwingungsfestigkeit durch höhere Anlaßtemperatur (350···500 °C), durch nochmaliges Abschrecken nach dem Anlassen, durch Verwendung von hochwertigerem Elektrostahl statt SM-Stahl erreichbar; ferner durch Vermeiden oder Entfernen (Abschleifen) der Randentkohlung bzw. durch Aufkohlen nach dem Härten; dann weiter durch eine glattgeschliffene oder noch besser polierte Oberfläche oder durch Verdichtung und Verfestigung der Oberfläche (durch Drücken oder Kugelstrahlen bis 100% höher)[2].

Umgekehrt verringern Zieh- und Walzriefen, Schlacken und Zunderstellen, stark randentkohlte oder überzementierte Stellen (Härterisse) und ferner „Scheuerstellen"[3] die Schwingungsfestigkeit der Federn.

12.5.2 Zulässige Beanspruchung

Entsprechend der jeweils maßgeblichen Festigkeitsgrenze und Lebensdauer muß die zulässige Spannung bei seltener oder ruhender (statischer) Belastung (z. B. bei Pufferfedern) unter der Fließgrenze bzw. unter der Elastizitätsgrenze liegen; meist wird jedoch σ_{zul} und τ_{zul} im Verhältnis zu σ_B angesetzt $(0{,}5 \cdots 0{,}7\,\sigma_B)$.

Bei dynamischer Belastung (z. B. Ventilfedern) muß σ_{zul} außerdem unter der dynamischen Dauerfestigkeit $\sigma_D = \sigma_m \pm \sigma_A$ liegen, die zulässige Ausschlagspannung $\sigma_{a\,zul}$ also

[1] Nach Versuchen von O. Föppl an Drehstabfedern um 20 bis 100% erhöhbar. Siehe Mitt. Wöhler-Inst. TH Braunschweig (1948) H. 40, S. 64 und [12/12], [12/7], [12/8].

[2] Die Fließgrenze wird hierdurch etwas verringert. Näheres s. [12/17].

[3] Die Kerbwirkung von Scheuerstellen (z. B. Einspannstellen von Drehstabfedern) kann durch Oberflächendrücken, durch Nitrieren oder durch Verkupfern stark gemindert werden.

unter der Ausschlagfestigkeit σ_A (bei begrenzter Lebensdauer unter der entsprechenden Zeitfestigkeit).

Bei τ-Spannung gelten die entsprechenden τ-Festigkeitswerte.

Festlegung der zulässigen Beanspruchung: Man wird die zulässige Spannung im Vergleich zum maßgebenden Festigkeitswert um so niedriger ansetzen

a) je gefährlicher ein Federbruch ist,

b) je unsicherer die Festigkeitswerte der Federn sind (wenig überwachte Herstellung),

c) je weniger man die zusätzlichen Spannungen erfaßt hat.

Im Vergleich zu anderen Bauteilen läßt man jedoch bei Federn erheblich höhere Spannungen zu (z. B. 75% des maßgeblichen Festigkeitswertes), um eine ausreichende Federung (bei entsprechend geringerer Lebensdauer) zu erreichen. Die jeweiligen Erfahrungswerte sind bei den einzelnen Federarten angegeben.

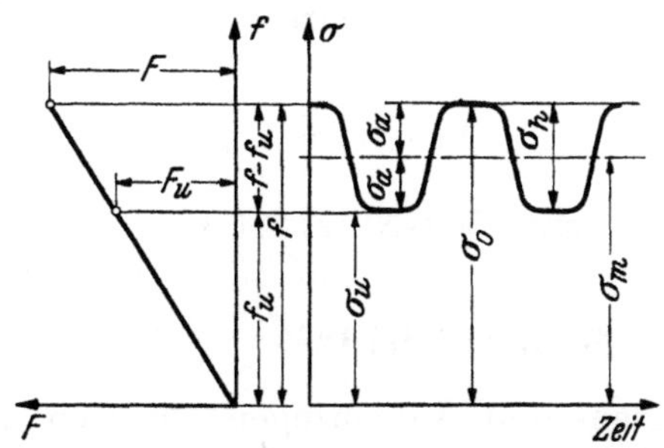

Bild 12/2. Spannungsverlauf (rechts) und zugehörige Feder-Kennlinie (links) bei einer Ventilfeder. Federhub $f_h = f - f_u$.

Bei dynamisch beanspruchten Federn, z. B. Ventilfedern, sind häufig für den Entwurf der Federn nach Bild 12/2 nur die untere Belastung F_u (Vorspannkraft), der Betriebsfederweg $f - f_u$ (z. B. Ventilhub) und die zulässigen Spannungen σ_{zul} und $\sigma_{a\,zul}$ bekannt, aus denen für die Auslegung der Federn erst F und f zu bestimmen sind. Nach Bild 12/1 entspricht nun

der Vorspannkraft F_u der Federweg f_u und die Spannung σ_u,

der Größtkraft F der Federweg f und die Größtspannung σ_o,

der Kraftdifferenz $F - F_u$ die Wegdifferenz $f - f_u$ und die Spannungsdifferenz $\sigma_o - \sigma_u = 2\sigma_a$.

Die „Schwingbreite" $2\sigma_a$ wird auch als „Hubspannung" $\sigma_h = 2\sigma_a$ bezeichnet.

Bei gerader Kennlinie (c = konst.) ist dann

$$\frac{F - F_u}{F} = \frac{f - f_u}{f} = \frac{\sigma_o - \sigma_u}{\sigma_o} = \frac{2\sigma_a}{\sigma_o} = \frac{\sigma_h}{\sigma_o}. \tag{12/9}$$

Hieraus ergibt sich:

$$F = F_u \frac{\sigma_o}{\sigma_o - 2\sigma_a} \tag{12/10}$$

und

$$f = (f - f_u)\frac{\sigma_o}{2\sigma_a} = (f - f_u)\frac{\sigma_o}{\sigma_h}, \tag{12/11}$$

für die Auslegung der Federn.

12.6 Zug- oder druckbeanspruchte Federn[1]

12.6.1 Zugfeder aus Draht nach Bild 12/3

Unter der Zugkraft längt sich der Draht um den Federweg f. Die Kennlinie verläuft als Gerade a nach Bild 12/1. Die Beanspruchung ist im ganzen Drahtvolumen gleich groß, so daß der Art-Nutzwert den Idealwert $\eta_A = 1$ erreicht. Außerdem ist die Festigkeit von dünnem Stahldraht besonders hoch, so daß hierfür auch die Nutzwerte η_V und η_Q besonders groß werden (s. Tafel 12/1). Trotzdem wird diese Federart nur selten verwendet, da für größere Federwege eine erhebliche Federlänge benötigt wird.

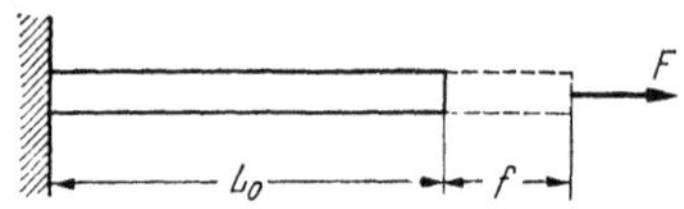

Bild 12/3. Stahldraht als Zugfeder.

Aus der Festigkeits- und Elastizitätslehre ergeben sich folgende Beziehungen für die Berechnung:

Tragkraft $F = A \cdot \sigma$, Federarbeit $W = \frac{F \cdot f}{2} = \eta_A \frac{V \cdot \sigma^2}{2E}$, (12/12), (12/13)

Federweg $f = \frac{L \cdot \sigma}{E} = \frac{L \cdot F}{E \cdot A}$, mit Art-Nutzwert $\eta_A = 1$. (12/14)

12.6.2 Ringfeder als Pufferfeder nach Bild 12/4

Die Feder besteht aus Innen- und Außenringen, die sich in Kegelflächen berühren, so daß hier die Axialkraft F in Radialkräfte umgesetzt wird. Diese dehnen den Außenring (tangentiale Zugspannung im Ringquerschnitt) und drücken den Innenring (tangentiale Druckspannung), wobei sich die Ringe unter Reibung ineinander schieben.

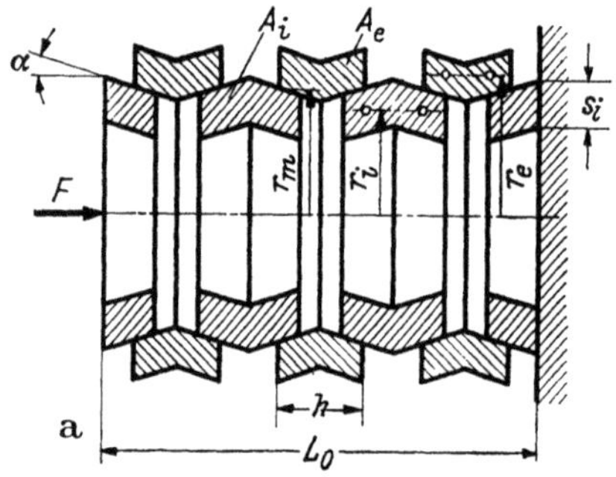

Bild 12/4.

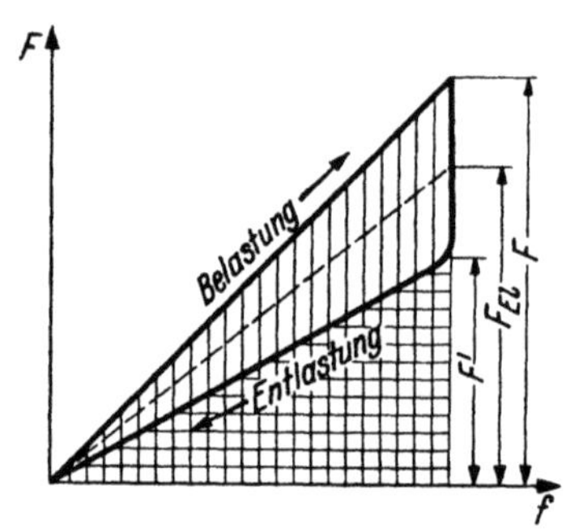

Bild 12/5.

Bild 12/4 Ringfeder als Pufferfeder.

Bild 12/5. Kennlinie der Ringfeder mit Tragkraft F, Rücklaufkraft F', elastisch aufgenommener Kraft F_{El}, aufgenommener Federarbeit W (senkrecht schraffiert), abgegebener Federarbeit W' (waagerecht schraffiert) und Reibungsarbeit $W - W'$ (eingeschlossene Differenzfläche).

Die beim Zusammendrücken aufgenommene Arbeit $W = F \cdot f/2$ setzt sich aus der elastischen und der Reibungsarbeit zusammen, während die beim Entlasten (Rücklauf) abgegebene Arbeit W' um die Reibungsarbeit kleiner als die elastische ist. Im gleichen Maße unterscheiden sich die Tragkraft F und die Rücklaufkraft F' ($F'/F \approx 0{,}3$).

[1] Die nachfolgend zu jeder Federart gebrachten Gleichungen und Erfahrungsangaben sind auf den Bedarf des Konstrukteurs zugeschnitten. Für die Ableitung der Gleichungen wird auf das Schrifttum, z. B. [12/3], verwiesen.

Mit den Bezeichnungen nach Bild 12/4, Zeiger e für Außen-, i für Innenring-Werte $y = \sigma_i/\sigma_e = A_e/A_i = s_e/s_i$ und z Kegelpaarungen erhält man für die Berechnung

Tragkraft $F = \sigma_e \cdot A_e \cdot \pi \cdot \mathrm{tg}\,(\alpha + \varrho') = \sigma_i \cdot A_i \cdot \pi \cdot \mathrm{tg}\,(\alpha + \varrho')$; (12/15)

Rücklaufkraft $F' = F \dfrac{\mathrm{tg}\,(\alpha - \varrho')}{\mathrm{tg}\,(\alpha + \varrho')}$; (12/16)

Federweg $f = f_0 \cdot z$; (12/17)

Federweg je Paarung $f_0 = \dfrac{r_e \cdot \sigma_e + r_i \cdot \sigma_i}{E \cdot \mathrm{tg}\,\alpha}$; (12/18)

Ringdicke $s_e = s_i \cdot y = r_m \cdot p/\sigma_e$; (12/19)

Art-Nutzwert $\eta_A = \dfrac{\mathrm{tg}\,(\alpha + \varrho')}{\mathrm{tg}\,\alpha}$ (bei gleichmäßig verteilter Spannung). (12/20)

Erfahrungswerte für Ringfedern aus gehärtetem Stahl:
$E = 2{,}1 \cdot 10^5\ \mathrm{N/mm^2}$; $\sigma_e \approx 1000\ \mathrm{N/mm^2}$; $\alpha \approx 15°$, $\varrho' \approx 9°$; Flächenpressung $p \approx 0{,}1\ \sigma_e$; $y \approx 1{,}3$; $L = 4 \cdots 10 f$; $h = 5 \cdots 9 f_0$.

12.7 Biegebeanspruchte Federn

Nach Kap. 3 ist bei jedem auf Biegung beanspruchten Körper die Spannung im Querschnitt ungleich groß, so daß η_A den Idealwert 1 nicht erreichen kann. Kommt noch hinzu, daß die Biegespannung auch längs der Biegefeder ungleich groß ist (s. Stabfeder mit konstantem Querschnitt), so wird η_A noch weiter herabgesetzt. Die Berechnung der Biegefedern läßt sich für sämtliche Bauformen auf die einseitig eingespannte Biege-Stabfeder zurückführen.

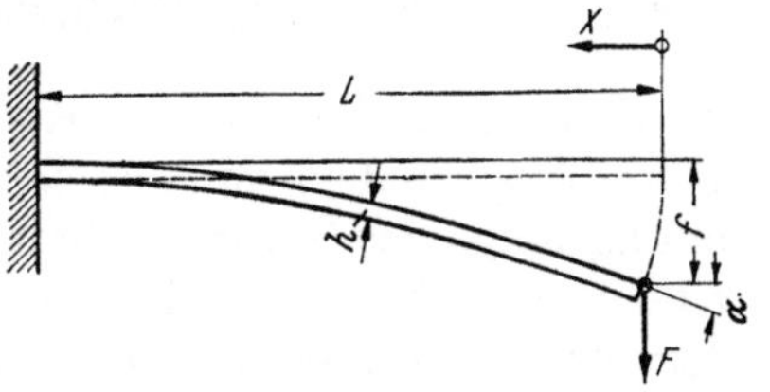

Bild 12/6. Einseitig eingespannte Biege-Stabfeder (Blattfeder).

12.7.1 Einseitige Biegestabfeder mit Rechteckquerschnitt

Einfache Blattfeder (Bild 12/6). Die einseitige Biegekraft F ruft in einem beliebigen Querschnitt im Abstand x vom Kraftangriff das Biegemoment $M_b = F \cdot x$ hervor. M_b wächst also linear mit x von Null bis zum Größtwert $F \cdot L$ an der Einspannstelle,[1] ebenso die Biegespannung σ, da der Querschnitt und somit das Widerstandsmoment gleich bleiben. Ihre Kennlinie ist eine Gerade (a in Bild 12/1). Für die Berechnung der Feder ergeben sich folgende Beziehungen, vorausgesetzt, daß f/L klein ist (bis $f/L \leqq 0{,}2$ bleibt Fehler unter 4%)[2]:

[1] Die Kerbwirkung der Einspannstelle ist durch konstruktive Maßnahmen wie gute Rundung, weiche Unterlagen usw. zu mindern.

[2] Entsprechend den Gleichungen der elastischen Linie

$$f_x = \frac{F \cdot L^3}{6E \cdot J}\left(2 - 3\frac{x}{L} + \frac{x^3}{L^3}\right) \quad \text{und} \quad \mathrm{tg}\,\alpha_x = \frac{F \cdot L^3}{2E \cdot J}\left(\frac{1}{L} - \frac{x^2}{L^3}\right).$$

Bei schrägem Kraftangriff und ferner bei stark gebogener Feder ist der wirksame Hebelarm a von der wahren Federlänge L zu unterscheiden und entsprechend an Stelle der Kraft F der Ausdruck $F' = F \cdot a/L$ in obige Gl. einzuführen. Näheres s. [12/3].

Tragkraft $F = \sigma b h^2/(6L)$; (12/21)

Federweg $f = 4FL^3/(Ebh^3)$; (12/22)

Endneigung $\tan \alpha = 6FL^2/(Ebh^3)$; (12/23)

Federarbeit $W = Ff/2$; (12/24)

Art-Nutzwert $\eta_A = 1/9$. (12/25)

Zulässige Spannungen s. Tafel 12/2.

Tafel 12/2. Erfahrungswerte für Blattfedern aus Federstahl DIN 17221 und 17222 (siehe auch Tafel 5/10) in N/mm²

Zulässige Spannung	statisch $\sigma_{zul} \leqq 0{,}68\,\sigma_B$ dynamisch $\sigma_{a\,zul} \leqq 0{,}75\,\sigma_A$
Blattfederstahl, gehärtet (Festigkeitswerte)	$\sigma_B = 1200$ bis 1850 $\sigma_F = 1050$ bis 1550 $E = 2{,}1 \cdot 10^5$
Legierter Blattfederstahl, gehärtet mit $\sigma_B \geqq 1400$ und $\sigma_m = 500$	$\sigma_A = 120$ bis 200 mit Walzhaut $\sigma_A = 300$ bis 330 kugelgestrahlt $\sigma_A = 400$ bis 450 geschliffen noch höher: oberflächengedrückt
Kraftfahrzeug-Blattfedern, σ auf statische Belastung bezogen	$\sigma_{zul} \leqq 400$ bis 500 für Vorderfedern $\leqq 550$ bis 650 für Hinterfedern $\leqq 700$ für Schienenfahrzeuge

12.7.2 Einseitige Biegestabfeder mit abnehmendem Rechteckquerschnitt

Der Biegestab nehme von der Einspannstelle bis zum Kraftangriff nach Bild 12/7 in der Breite linear ab von b bis b_0 (Trapezfeder) oder auch noch in der Dicke linear ab von h bis h_0, so daß die Spannung längs des Stabes nicht mehr so sehr unterschiedlich ist wie unter Abschnitt 12.7.1. Dann ist bei gleichem F und L und gleichem σ im Einspannquerschnitt das Federvolumen geringer als bei 1, aber f und W werden größer, so daß auch der Nutzwert η_A ansteigt.

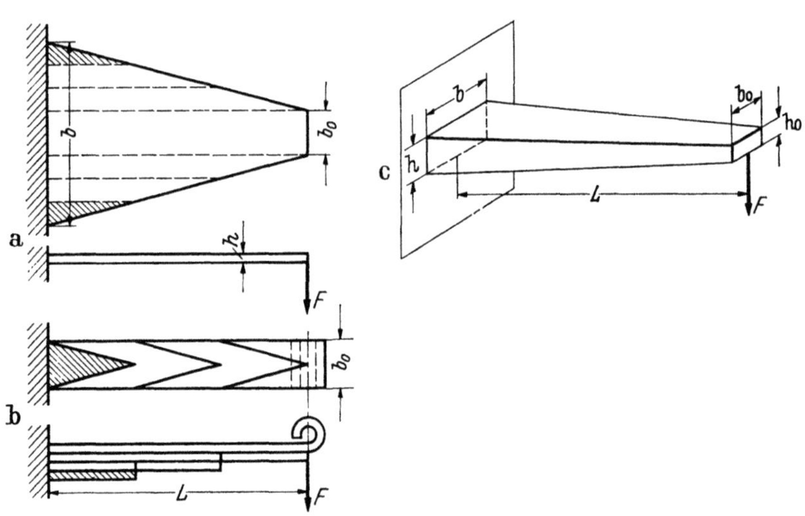

Bild 12/7. a) Trapez-Blattfeder, b) geschichtete Blattfeder als Abart der in Streifen geschnitten gedachten Trapezfeder; c) Pyramidenstab mit zusätzlich abnehmender Dicke.

Für die Berechnung dieser Federn genügen die Gleichungen wie oben, wenn man für die Wirkung des abnehmenden Querschnitts die Beiwerte q_1 und q_2 (s. Tafel 12/3) einführt:

Tragkraft $F = \sigma b h^2/(6L)$; (12/26)

Federweg $f = q_1 4FL^3/(Ebh^3)$; (12/27)

Neigung $\tan\alpha = q_2 6FL^2/(Ebh^3)$; (12/28)

Federarbeit $W = Ff/2$; (12/29)

Art-Nutzwert $\eta_A = \frac{4}{9}\frac{q_1}{(1+b_0/b)(1+h_0/h)}$. (12/30)

So werden z. B. für die „Dreieckfeder" mit $b_0 = 0$ und $h_0 = h$ nach Tafel 12/3 die Beiwerte $q_1 = 1{,}5$, $q_2 = 2$. Für diesen Fall ist die Spannung σ längs der Feder konstant, die Biegelinie wird zum Kreisbogen und $\eta_A = 1/3$. Die Dreieckfeder benötigt also für die gleiche Federarbeit nur 1/3 des Volumens der Rechteckfeder.

Tafel 12/3. Beiwerte q_1/q_2 für Stabfedern nach Bild 12/7

↓ für →	$\frac{b_0}{b} = 1{,}0$	0,8	0,6	0,4	0,2	0
$h_0/h = 1{,}0$	1,0/1,0 (Rechteckf.)	1,05/1,07	1,12/1,17	1,20/1,3	1,31/1,49	1,5/2,0 (Dreieckf.)
0,8	1,18/1,25	1,25/1,35	1,34/1,46	1,45/1,67	1,61/1,98	1,88/2,81
0,6	1,46/1,67	1,55/1,83	1,67/2,04	1,82/2,34	2,06/2,84	2,5/4,44
0,4	1,89/2,5	2,04/2,78	2,24/3,14	2,50/3,75	2,9 /4,79	3,75/8,75
0,2	2,87/5,0	3,16/5,72	3,54/6,75	4,09/8,4	5,0 /11,67	7,5/30

Die geschichtete Blattfeder (Bild 12/7b) kann man als konstruktive Abart der „Trapezfeder" auffassen, wobei $b = z' \cdot b_0$ ist, mit z' als Blattzahl und b_0 als Breite der Blätter. Die zusätzliche Reibung zwischen den Blättern erhöht die Tragkraft F je nach Blattzahl und Schmierzustand um 2···12%. Konstruktiver Aufbau der Blattfeder s. Bild 12/8 und 12/9. Berechnungsbeispiel s. unter Abschnitt 12.7.3.

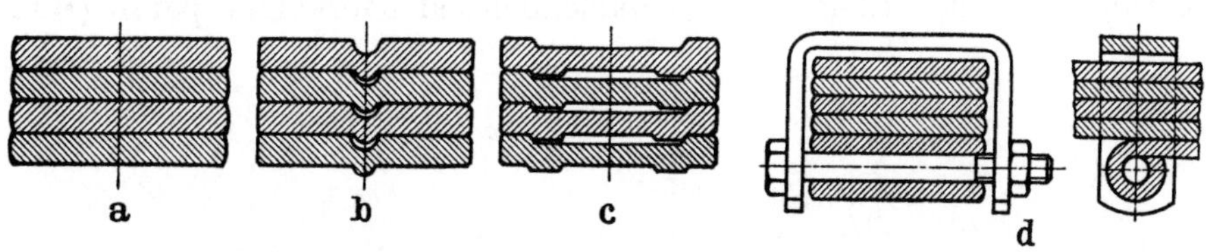

Bild 12/8. Querschnitt geschichteter Blattfedern: a) glatt, b) mit Mittelrippe, c) mit Krupp-Profil; b) und c) mit Führung gegen Querverschiebung; d) Federklammer nach DIN 4621.

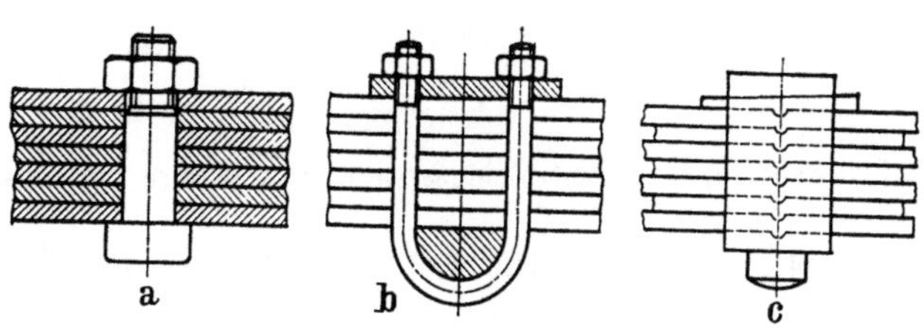

Bild 12/9. Ausbildung der Federmitte bei Blattfedern. a) mit Mittelstift, b) mit Bügel, c) mit Bund und Keil und Mittelwarze der Federblätter.

12.7.3 Doppelseitige Biegefeder

Die halbe Feder kann als einseitige Biegestabfeder nach Abschnitt 12.7.1. aufgefaßt und berechnet werden, wobei die Länge L und die Kraft F auf die halbe Feder bezogen werden, die Mittelkraft ist $2F$ (Einspannung in Mitte gedacht), s. Bild 12/10.

Beispiel: Tragfeder für Schienenfahrzeuge als doppelseitige, geschichtete Blattfeder.
Gegeben: Statische Last $2F = 46\,000$ N ,
$2\,L = 1400$ mm, $b_0 = 120$ mm, $z' = 8$.
$b = 8 \cdot 120 = 960$ mm, $h = 12$ mm .

Gesucht: σ, f und c (Sollwert 150 bis 200 N/mm) und ferner der für eine zusätzliche Ausschlagspannung $\sigma_a = 90$ N/mm² sich ergebende zusätzliche Federweg f_a.

Berechnet: $\sigma = 6FL/(bh^2) = 698$ N/mm² $< \sigma_{zul} = 700$ N/mm²; $q_1 \approx 1{,}40$ nach Tafel 12/3 für $b_0/b \approx 0{,}1$; Federweg $f = q_1 4FL^3/(Ebh^3) = 126{,}8$ mm; Federrate $c = F/f = 181{,}4$ N/mm; zusätzlicher Federweg $f_a = f\sigma_a/\sigma = 16{,}3$ mm. Die zusätzliche Tragkraft aus der Blattreibung (2···12%) wurde vernachlässigt.

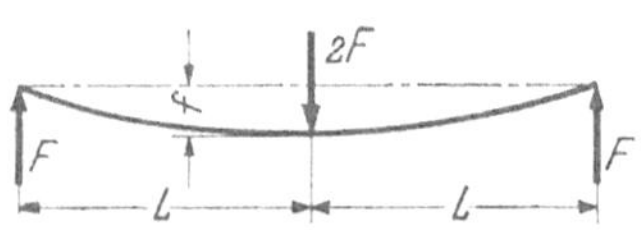

Bild 12/10. Doppelseitige Biegefeder (schematisch).

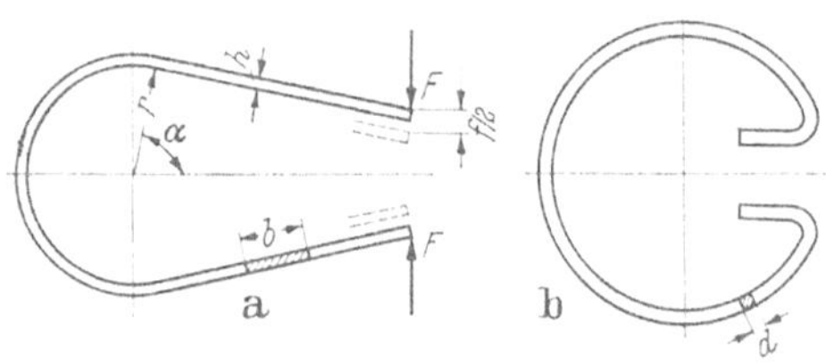

Bild 12/11. Gekrümmte Biegefeder als Flachformfeder a) und Drahtformfeder b).

12.7.4 Gekrümmte Biegefedern oder Formfedern nach Bild 12/11

Als Flachformfeder oder Drahtformfeder in vielfältigen Formen für Anwendung z. B. in der Feinwerktechnik. Berechnung s. Literatur[1], oder näherungsweise Berechnung als einfache Blattfedern. An der Innenseite der Krümmung entstehen größere Spannungen als an den Außenseiten, insbesondere bei kleinen Radien. Als Mindestradius der Krümmung etwa 1,2···1,4 · d (bzw. h) wählen.

12.7.5 Die Gewundene Schraubenbiegefeder nach Bild 12/12

(bzw. Schenkelfeder nach DIN 2088) mit konstantem Querschnitt soll möglichst in Wickelrichtung belastet werden. Die Schenkelenden sollen fest eingespannt (Bild 12/12a)

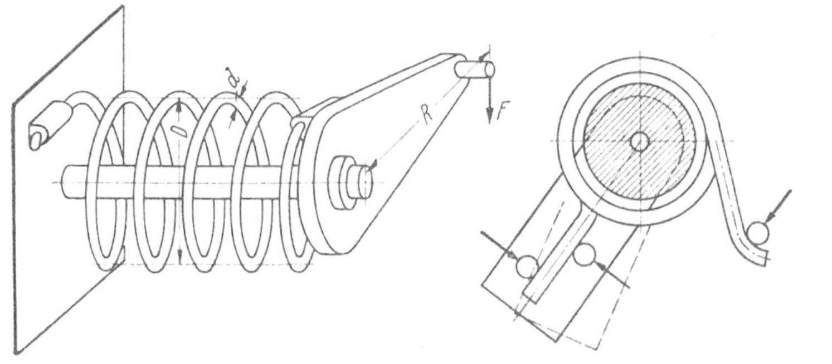

Bild 12/12. Gewundene Biegefeder a) beiderseitig eingespannt, b) auf Dorn und einseitig fest eingespannt.

[1] Z. B. [12/13] und [12/14]: Nach Blake [12/14] für Bild 12/11a: $f = \frac{2F \cdot r^3}{E \cdot I}\left[\frac{K^3}{3} + K^2 \cdot \beta + 2K (1 - \cos\beta) + 0{,}5\beta - 0{,}25 \sin 2\beta\right]$ und $\sigma_{max} = \frac{6F \cdot r}{bh^2}(1 + \cos\alpha + K \sin\alpha)$ mit $\beta = \pi - \alpha$ und $K = L/r$; sofern nicht $L \gg r$ und $r > 2h$ (L ist Länge des geraden Schenkelteiles).

oder die Feder auf einem Dorn aufgenommen werden (Dorn mit $d \approx 0{,}8 \cdots 0{,}9$ Federinnendurchmesser). Der bewegte Schenkel soll nur ein Kräftepaar aufnehmen (Bild 12/12b). Sie wird verwendet für Scharniere, Hebel usw. Wickelverhältnis $w = D/d = 4 \cdots 15$. Das belastende Moment $F \cdot R$ wirkt als Biegemoment und ist längs der Feder konstant und somit auch die Biegespannung $\sigma = F \cdot R/W_b$. Entsprechend wird wie bei der Dreieckfeder unter Abschnitt 12.7.2. der Art-Nutzwert $\eta_A = 1/3$ für Rechteckquerschnitt (1/4 für Kreisquerschnitt). In Wirklichkeit ist die Randspannung an der Innenseite der Feder $\sigma_{max} = q_3 \cdot \sigma$ etwas größer als außen (s. gekrümmte Träger, Kap. 3), so daß η_A etwas kleiner wird. Die Kennlinie ist eine Gerade.

Für die Festigkeitsberechnung rechnet man für Beanspruchung im Windungssinn mit σ, entgegen dem Windungssinn mit $\sigma_{max} = q_3 \cdot \sigma$:

D/d	2	3	4	6	8	15
q_3	1,59	1,36	1,25	1,16	1,12	1,06

Es gilt:

Tragkraft $F = W_b \sigma / R$ (12/31)

Maximalspannung bei Beanspruchung entgegen Windungssinn:

$$\sigma_{max} = q_3 \cdot \sigma; \tag{12/32}$$

$$\text{Drehwinkel } \varphi = \frac{FRL}{EI} \text{ in rad}, \quad 1 \text{ rad} = 57{,}3° ; \tag{12/33}$$

gestreckte Federlänge $L = \pi D i_f$; (12/34)

Federarbeit $W = FR\varphi/2$. (12/35)

Weiter:

Art-Nutzwert $\eta_A = 1/4$

und

$$I = \pi d^4/64 .$$

Anhaltswerte:

$\sigma_{zul} = 0{,}7\, \sigma_B$ (σ_B s. Tafel 5/10). Für schwingend beanspruchte Federn meist Federdraht C nach DIN 17223 verwenden mit $\sigma_B = 2270$ N/mm² für $d = 1$ mm und zulässiger Hubspannung (Bild 12/2) $\sigma_{h\,zul} = \sigma_H - 0{,}25\, \sigma_u$ mit $\sigma_H \approx 690$ N/mm².

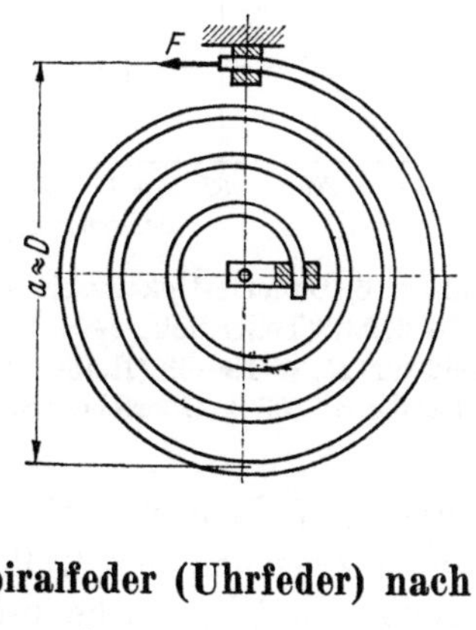

Bild 12/13. Ebene Spiralfeder (Uhrfeder), beiderseitig eingespannt.

12.7.6 Ebene Spiralfeder (Uhrfeder) nach Bild 12/13

Sind beide Federenden eingespannt und liegen die Windungen nicht aufeinander, so gelten die Gleichungen von Abschnitt 12.7.5. Ist das äußere Federende gelenkig befestigt (ungünstig!), so wird der Werkstoff nicht gleichmäßig ausgenutzt (η_A sinkt erheblich!). Legen sich beim Spannen der Feder immer mehr Windungen aufeinander, so wird die Feder um so „härter". Eine genaue Berechnung ist für diesen Fall schwierig. Näheres s. [12/3].

12.7.7 Tellerfeder nach Bild 12/14

Sie ist eine kegelförmige Ringscheibe, auf die Kraft F als Stülpkraft wirkt. Der Art-Nutzwert η_A ist für $D_i/D_a \approx 0{,}5\cdots0{,}65$ am günstigsten. Ihre Federkennlinie läßt sich durch Wahl des Verhältnisses von Höhe h_T des unbelasteten Tellers zur Tellerdicke s_T stark beeinflussen, es sind gerade ansteigende, streckenweise konstante oder sogar abfallende Kennlinien, durch wechselsinniges Schichten von verschieden dicken Tellern oder Paketen verschiedener Anzahl gleicher Teller auch „progressive“ Kennlinien möglich.

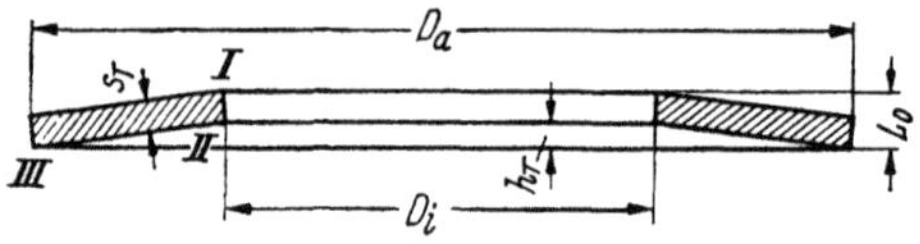

Bild 12/14. Tellerfeder

So haben Tellerfedern mit $h_T/s_T < 0{,}6$ nahezu gerade, bei $h_T/s_T = 0{,}6\cdots1{,}4$ stückweise degressive, bei $h_T/s_T \approx 1{,}4$ stückweise waagrechte und mit $h_T/s_T > 1{,}4$ Kennlinien mit stückweise absinkendem Kurventeil. Tellerfedern finden dort Verwendung, wo bei großen Kräften kleine Federwege gewünscht und/oder ihre besonderen Kennlinien bevorzugt werden. So werden Tellerfedern mit abschnittweise waagrechter Kennlinie zum Ausgleich von Spiel oder Verschleiß (Kupplungen, Bremsen), für Schraubensicherungen oder Axialspielausgleich bei Wälzlagern verwendet. Geschlitzte Tellerfedern vergrößern noch den waagrechten Teil der Kennlinien (Membranfeder).

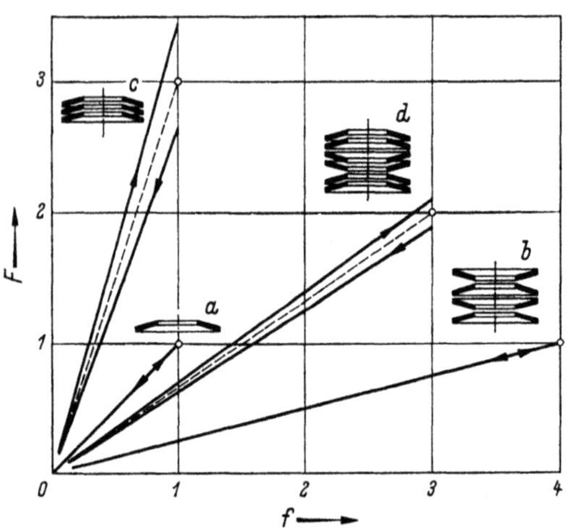

Bild 12/15. Verschiedene Kennlinien durch unterschiedliche Schichtung gleicher Teller. *a* Einzelteller, *b* Federsäule aus Einzeltellern, *c* Federpaket, *d* Federsäule aus Federpaketen.

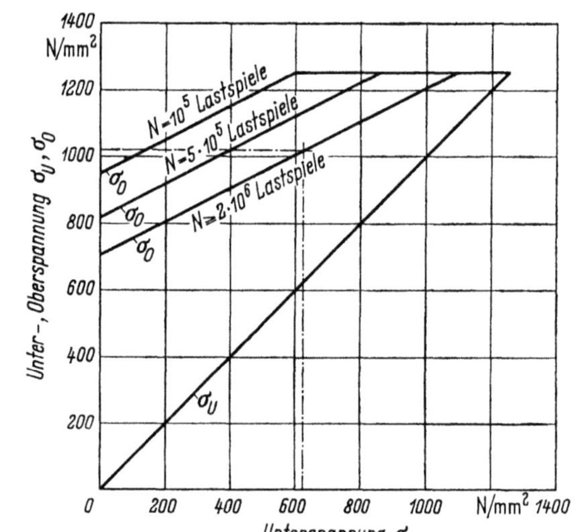

Bild 12/16. Dauerfestigkeitsschaubild für Tellerfedern (DIN 2093) (Tellerdicke $s_T = 1\cdots3{,}5$ mm) nach DIN 2092 für $D_a = 18\cdots63$ (Reihe A) und $D_a = 28\cdots100$ (Reihe B). 99% Überlebenswahrscheinlichkeit.

Durch gleichsinniges Schichten von Federtellern („Federpaket“) erhält man erhöhte Federrate und Dämpfung. Durch Reibung zwischen den Tellern wird 3···6% der Gesamtarbeit in Wärme umgesetzt (abhängig von Oberfläche und Schmierung). Durch wechselseitiges Schichten von Federtellern (Hintereinanderschaltung) verkleinert sich die Federkraft; durch Kombination von beiden Schichtungen zu Federsäulen sind alle Zwischenwerte möglich, s. Bild 12/15. Federsäulen werden durch Bolzen mit $D \approx D_i - 1$ mm geführt und sollen im ungespannten Zustand kürzer als $3D_a$ sein. In den meisten Anwendungsfällen kommt man mit den genormten Tellerfedern nach DIN 2093 aus.

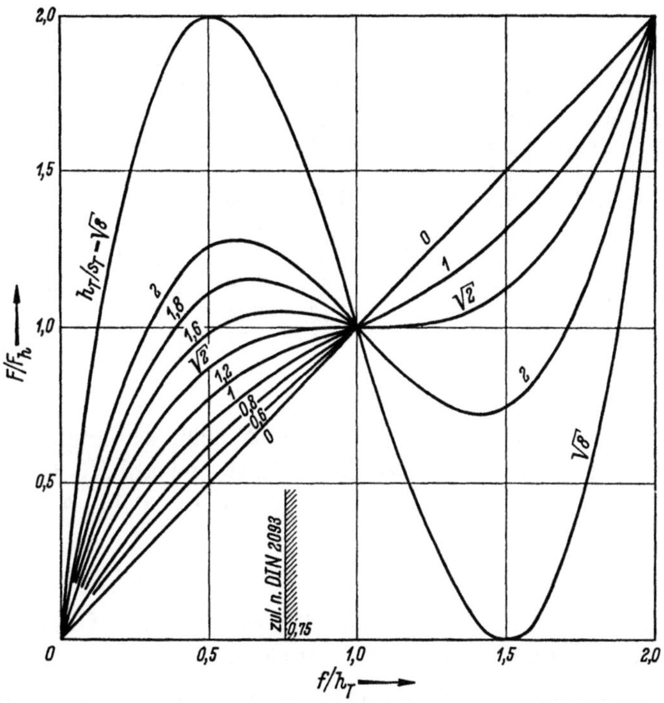

Bild 12/17. Kennlinien von Einzeltellern mit unterschiedlichem h_T/s_T (nach Wernitz); F_h ist Federkraft bei $f = h_T$.

Beanspruchung und Berechnung: In den Tellern treten in Umfangsrichtung Zug- und Druckspannungen, in radialer Richtung Biegespannungen auf. Für statische Belastung ist maßgebend als absolut größte Spannung die Druckspannung bei I (Bild 12/14), für dynamische Beanspruchung sind es die Zugspannungen bei II und III.

Die Federkraft F (nach Almen und Laszlo) beträgt:

$$F \approx \frac{4E}{(1-\nu^2)} \frac{s_T^4}{\alpha D_a^2} \frac{f}{s_T} \left[\left(\frac{h_T}{s_T} - \frac{f}{s_T}\right)\left(\frac{h_T}{s_T} - \frac{f}{2s_T}\right) + 1\right] \qquad (12/36)$$

und die Spannungen sind

$$\sigma_I = \frac{4E}{1-\nu^2} \frac{s_T^2}{\alpha \cdot D_a^2} \frac{f}{s_T} \left[-\beta\left(\frac{h_T}{s_T} - \frac{f}{2s_T}\right) - \gamma\right], \qquad (12/37)$$

$$\sigma_{II} = \frac{4E}{1-\nu^2} \frac{s_T^2}{\alpha \cdot D_a^2} \frac{f}{s_T} \left[-\beta\left(\frac{h_T}{s_T} - \frac{f}{2s_T}\right) + \gamma\right], \qquad (12/38)$$

$$\sigma_{III} = \frac{4E}{1-\nu^2} \frac{s_T^2}{\alpha \cdot D_a^2} \frac{D_i}{D_a} \frac{f}{s_T} \left[(2\gamma - \beta)\left(\frac{h_T}{s_T} - \frac{f}{2s_T}\right) + \gamma\right], \qquad (12/39)$$

mit $4E/(1-\nu^2) \approx 9{,}23 \cdot 10^5$ N/mm² und Beiwerten α, β, γ nach Tafel 12/4. Vorwiegend statische Beanspruchung genormter Federn (DIN 2093) bis $f = 0{,}75\, h_T$ zulässig. Sonst $\sigma_I < \sigma_{zul\,s}$ mit $\sigma_{zul\,s} \approx 2000 \cdots 2400$ N/mm² (bei etwa $f = 0{,}75\, h_T$).

Für dynamische Beanspruchung müssen die größten Zugspannungen

$$\sigma_{o\,II} < \sigma_{o\,zul}$$

und

$$\sigma_{o\,III} < \sigma_{o\,zul}$$

sein.

Tafel 12/4. Beiwerte α, β, γ zur Tellerfederberechnung nach Almen und Laszlo

D_a/D_i	α	β	γ	D_a/D_i	α	β	γ	D_a/D_i	α	β	γ
1,2	0,29	1,02	1,05	2,3	0,74	1,29	1,49	3,4		1,50	1,87
1,3	0,39	1,04	1,09	2,4	0,75	1,31	1,53	3,6	0,80	1,54	1,94
1,4	0,46	1,07	1,14	2,5	0,76	1,33	1,56	3,8		1,57	2,00
1,5	0,53	1,10	1,18	2,6	0,77	1,35	1,60	4,0		1,60	2,07
1,6	0,57	1,12	1,22	2,7		1,37	1,63	4,2	0,80	1,64	2,13
1,7	0,61	1,15	1,26	2,8	0,78	1,39	1,67	4,4		1,67	2,19
1,8	0,65	1,17	1,30	2,9		1,41	1,70	4,6	0,80	1,70	2,25
1,9	0,67	1,20	1,34	3,0		1,43	1,74	4,8	0,79	1,73	2,31
2,0	0,69	1,22	1,38	3,1	0,79	1,45	1,77	5,0		1,76	2,37
2,1	0,71	1,24	1,42	3,2		1,46	1,81				
2,2	0,73	1,26	1,45								

Bild 12/16 zeigt die Werte für $\sigma_{o\,zul}$ nach DIN 2092 abhängig von der jeweiligen Unterspannung σ_u und der mindest ertragenen Lastspielzahl N. In DIN 2093 sind für die genormten Tellerfedern F_{max} und $\sigma_{II,\,III\,max}$ für $f = 0{,}75 \cdot h_T$ angegeben, so daß näherungsweise gerechnet werden kann:

$$\sigma_{II,\,III} \approx \sigma_{II,\,III\,max} \cdot f/f_{max} < \sigma_{zul} \quad \text{und} \quad F \approx F_{max} \cdot f/f_{max}\,.$$

Günstig für dynamisch beanspruchte Tellerfedern ist Oberflächenverfestigung (Kugelstrahlen) und Vorspannung mit $f_v = 0{,}15 \cdots 0{,}20\,h$.

Beispiel: Dynamisch belastete Tellerfeder A 45 DIN 2093 mit Maßen: $D_a = 45$ mm; $D_i = 22{,}4$ mm; $s_T = 2{,}5$ mm; $h_T = 1$ mm; belastet mit $F_o = 6000$ N und $F_u = 3000$ N.

Gesucht: Federweg f_o bei Last F_o und Dauerbruchsicherheit für N $= 10^5$ Lastwechsel.

Berechnet: $h_T/s_T = 0{,}40$. Für voll durchgedrückte Feder mit Federweg $f_z = h_T$ ist $F_z = 9{,}23 \cdot 10^5\, s_T^4 \cdot h_T/(\alpha \cdot D_a^2 s_T) = 10\,322$ N (12/36) mit $\alpha = 0{,}69$ für $D_a/D_i = 2{,}0$ nach Tafel 12/4 ($\beta = 1{,}22$ und $\gamma = 1{,}38$). Bei Annahme linearer Kennlinie $F_z/F_o = f_z/f_o$ ist $f_o = f_z \cdot F_o/F_z = f_z \cdot 0{,}58 = h_T \cdot 0{,}58 = 0{,}58$ mm ($f_o = 0{,}58 \cdot h_T$ zulässig, Nachrechnung von σ_I entfällt). $f_u = f_z \cdot F_u/F_z = 0{,}29$ mm. Mit f_o und f_u berechnet man $\sigma_{II\,o} = 990$ N/mm² und $\sigma_{II\,u} = 461$ N/mm² nach (12/38). Nach Bild 12/16 ist $\sigma_{o\,zul} \approx 1170$ N/mm² für $\sigma_u = 461$ N/mm². Zugspannungen bei III: $\sigma_{III\,o} = 867$ N/mm² und $\sigma_{III\,u} = 455$ N/mm² nach (12/39). $\sigma_{o\,zul} = 1160$ N/mm² für $\sigma_u = 455$ N/mm² Damit Dauerbruchsicherheit bei der gefährdeten Stelle II: $S_{D\,II} = 1170/990 = 1{,}18$; ausreichend.

12.8 Drehbeanspruchte Federn

12.8.1 Drehstabfeder nach Bild 12/18

Das belastende Drehmoment $M_t = F \cdot R$ ist längs des Stabes konstant, so daß bei gleichbleibendem Querschnitt auch die maximale Torsionsspannung τ längs des Stabes konstant ist. Im Querschnitt nimmt jedoch die Torsionsspannung von der Randfaser bis zum Schwerpunkt hin ab, so daß der Nutzwert η_A den Idealwert 1 nicht erreichen kann (für Rundvollstab $\eta_A = 0{,}5$).

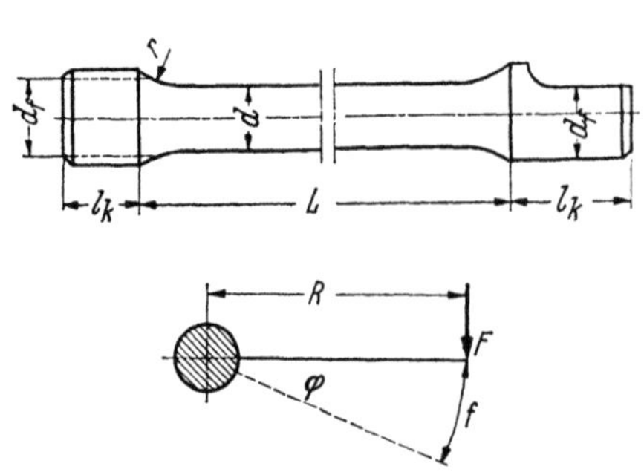

Bild 12/18. Drehstabfeder mit Kerbverzahnung nach DIN 5481 ($d_f \gtrless 1{,}4d$, $l_K \approx 2d^2/d_f$) und mit Kopf für Querkeilbefestigung ($d_f \approx 1{,}2 \cdot d$). Radius $r \approx 90$ mm. Auch mit Vierkant- oder Sechskantkopf.

Im Fahrzeugbau werden auch aus Flachstäben geschichtete Drehfedern verwendet; sie stellen Parallelschaltung von Einzelfedern dar und bauen damit bei gleicher Tragfähigkeit und Federhärte kürzer als Vollstäbe.

Die Verteilung der Torsionsspannungen bei verschiedener Querschnittsform s. Abschnitt 3.1.10. Besonders gefährdet sind die Einspannstellen, so daß man diese zweckmäßig verstärkt. Erprobt sind kerbverzahnte Stabköpfe mit $d_f = 1{,}4 \cdot d$ und $2d$ als Ausrundungshalbmesser an der geschliffenen oder noch besser oberflächengedrückten Übergangsstelle (durch Kugelstrahlen wird τ_{zul} bis 12% erhöht.) Bei schwellend beanspruchten Drehstabfedern kann durch ,,Vor-Setzen" (geeignete Überlastung vor Montage bis zur plastischen Verformung) τ_{zul} bis zu 55% erhöht werden. Die Kennlinie der Drehstabfeder ist eine Gerade (s. Bild 12/1).

Für die Berechnung gilt (s. auch DIN 5091):

Drehmoment $M_t = FR = W_t\tau$, (12/40)

Federarbeit $W = M_t \cdot \varphi/2 = \eta_A \cdot \dfrac{\tau^2 V}{2G}$, (12/41)

Drehwinkel $\varphi = \dfrac{M_t L}{G I_t} = \dfrac{W_t \tau L}{G I_t}$, (12/42)

Art-Nutzwert $\eta_A = \dfrac{W_t^2}{I_t \cdot A}$, (12/43)

Federweg $f = \varphi R$. (12/44)

Für Rechteckquerschnitte:

$W_t = \eta_2 \cdot h \cdot b^2$ und $I_t = \eta_3 \cdot h \cdot b^3$. η_2 und η_3 s. Tafel 3/1.

Erfahrungswerte für Drehstabfedern: Werkstoff meist 50CrV4 (DIN 17221). Dafür $\sigma_B \approx 1500\ \text{N/mm}^2$, $G = 80000\ \text{N/mm}^2$, $\sigma_S \approx 1100\ \text{N/mm}^2$.

τ_{zul} für überwiegend ruhende Belastung ≈ 700 (für $d \leqq 40$ mm)

$\tau_{A\,zul}$ für dynamische Beanspruchung (für $d \leqq 40$ mm und Vorspannung $\tau_V \leqq 340\ \text{N/mm}^2$):

a) vergütet, geschliffen $\tau_{A\,zul} \approx 190$

b) geschält, vergütet, verdichtet $\tau_{A\,zul} \approx 290$

für schwellende Beanspruchung $\tau_{Sch\,zul} = 2{,}0 \cdot \tau_{A\,zul}$.

Beispiel: Drehstabfeder (vergütet, geschliffen) mit dynamischer, schwellender Belastung.

Gegeben: $d = 20$ mm; $L = 1000$ mm; $\tau_{A\,zul} = 190\ \text{N/mm}^2$;

Gesucht: Zul. Drehmoment M_t und dafür Federungswinkel φ und Federarbeit W.

Berechnet: $W_t = \pi d^3/16 = 1570\ \text{mm}^3$; $I_t = \pi d^4/32 = 15708\ \text{mm}^4$; $M_t = W_t\tau_{zul} = W_t 2\tau_{A\,zul} = 5{,}96 \cdot 10^5$ Nmm = 596 Nm. $\varphi = W_t\tau_{zul}L/(GI_t) = 0{,}47$ rad = 26,9°; $W = M_t\varphi/2 = 1{,}40 \cdot 10^5$ Nmm = 140 Nm.

12.8.2 Zylindrische Schraubenfeder mit konstantem Querschnitt nach Bild 12/19

Sie ist die im Maschinenbau am häufigsten verwendete Federart und stellt eine in Form einer Schraubenlinie gewundene Drehstabfeder dar, die durch eine Druck- oder Zugkraft F in der Federachse belastet wird.

Ausführung: Ausführung der Federenden nach Bild 12/19. Für die zentrische Kraftwirkung ist es günstig, wenn die Federenden um 180° versetzt liegen (Gesamtwindungszahl mit 1/2 endigend) und wenn bei Druckfedern an jedem Federende 3/4 Windungen beigedrückt (nicht mehr federnd!) und plangeschliffen werden. Hierbei wird die Druckfeder ,,härter" werden (Kurve b Bild 12/1), sobald sich die beigedrückten Windungen gegen die nächsten legen.

Beanspruchung: Durch die Kraft F und den Hebelarm $D/2$ erhält ein Drahtquerschnitt, rechtwinklig zur Schraubenlinie (Steigungswinkel α) liegend,

ein Drehmoment $(FD \cos\alpha)/2$, ein Biegemoment $(F \cdot D \sin\alpha)/2$,
eine Querkraft $F \cos\alpha$, eine Zug- oder Druckkraft $F \sin\alpha$.

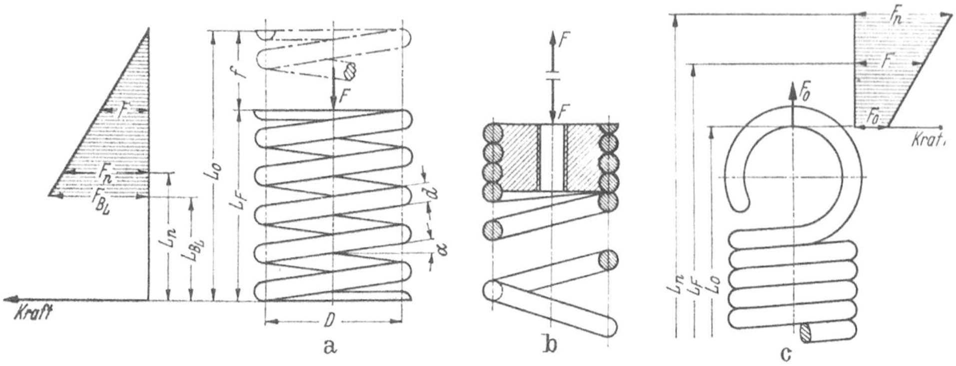

Bild 12/19. Schraubenfeder, a) für Druckbelastung, b) für Zug- und Druckbelastung, c) für Zugbelastung. Vorspannkraft $F_0 \equiv F_v$. Federösen s. auch DIN 2097.

Gegenüber der Drehbeanspruchung aus dem Drehmoment treten, zumal bei kleinem α und kleinem d/D, die übrigen Beanspruchungen zurück. Man rechnet zweckmäßig nur mit dem Drehmoment $FD/2$, da $\cos\alpha \approx 1$, und berücksichtigt für die dynamische Belastbarkeit die erhöhte Schubspannung auf der Innenseite der Windungen durch die Drahtkrümmung durch einen Beiwert k abhängig vom Wickelverhältnis (Tafel 12/5). Der Federweg f wird durch die zusätzlichen Beanspruchungen kaum beeinflußt, solange die Federwindungen sich nicht berühren.

Für die Berechnung gilt:

a) *Allgemein*:

Tragkraft (statisch) $F = 2W_t\tau/D$, Tragkraft (dynamisch) $F = 2W_t\tau/(kD)$, (12/45)

$$\text{Federweg } f = \frac{\pi i_f D^3 F}{4GJ_t}, \qquad (12/46)$$

$$\text{Federrate } c = \frac{\Delta F}{\Delta f} = \frac{4GJ_t}{\pi i_f D^3}. \qquad (12/47)$$

b) *Feder mit Kreisquerschnitt des Drahtes*:

$$F = \tau \cdot \pi \cdot d^3/(8 \cdot D) \quad \text{(statisch)}, \qquad (12/48)$$

daraus Drahtdurchmesser d mit Wickelverhältnis $w = D/d$[1];

$$d = \sqrt[3]{\frac{8FD}{\pi\tau}} = \sqrt{\frac{8wF}{\tau\pi}}, \qquad (12/49)$$

$$F = \tau \cdot \pi \cdot d^3/(k \cdot 8 \cdot D) \quad \text{(dynamisch)}, \qquad (12/50)$$

daraus Drahtdurchmesser d:

$$d = \sqrt[3]{\frac{8FD}{\pi\tau}k} = \sqrt{\frac{8wF}{\tau\pi}k}, \qquad (12/51)$$

$$f = \frac{8D^3 i_f F}{Gd^4}, \qquad (12/52)$$

$$c = \frac{Gd^4}{8i_f D^3} = \frac{Gd}{8i_f w^3}, \qquad (12/53)$$

Zahl der federnden Windungen:

$$i_f = \frac{fGd}{\pi D^2\tau} k \text{ (statisch: } k = 1). \qquad (12/54)$$

Bei vorgespannten Zugfedern ist in (15/52) der Wert $(F - F_v)$ für F einzusetzen, und i_f entsprechend zu berechnen.

[1] Übliche Werte des Wickelverhältnisses $w = 5 \cdots 10$.

Tafel 12/5. Beiwert k für Kreisquerschnitte, abhängig von $w = D/d$

D/d	2	3	4	5	6	7	8	9	10	12	15
k	2,05	1,55	1,38	1,29	1,23	1,20	1,17	1,15	1,13	1,11	1,09

Für Feder mit Rechteck-Querschnitt des Drahtes gilt

Tragkraft[1] $F = 2\tau \cdot \eta_2 \cdot h \cdot b^2/D$ (12/55)

und Zahl der federnden Windungen

$$i_f = \frac{2fGb}{\pi D^2 \tau} \frac{\eta_3}{\eta_2}. \qquad (12/56)$$

DIN 2089 Blatt 2 gibt für (12/49) eine Leitertafel zur Entwurfsberechnung von üblichen Schraubenfedern mit kreisförmigem Draht wieder.

Federlängen:

a) Länge der unbelasteten Druckfeder:

$L_0 = L_{BL} + S_a + f$,

Blocklänge der voll zusammengedrückten Feder:

$L_{BL} = i_g \cdot d$ für beigedrückte und geschliffene Endwindungen;

$L_{BL} = (i_g + 1{,}0) \cdot d$ für nur beigedrückte Endwindungen

bei $d < 10$ mm (nach DIN 2095) mit Gesamtwindungszahl $i_g = i_f + 2$;

Mindestabstand zwischen den Windungen bei größtzulässiger Zusammenpressung (Prüflast F_n): S_a. Genaue Werte von S_a s. DIN 2095; Näherung etwa $S_a \approx (0{,}1 \cdots 0{,}3) \cdot d \cdot i_f$.

b) Länge der unbelasteten Zugfeder:

$L_0 = (i_g + 1) \cdot d +$ Ösenhöhe.

Bei ***Druckfedern*** besteht die Gefahr, daß Federn mit großem Schlankheitsgrad $\lambda = L_0/D$ bei großer Federung ausknicken. Bild 12/20 zeigt die höchstzulässige Federung für den jeweiligen Schlankheitsgrad. Nicht knicksichere Federn müssen durch Hülse oder Dorn geführt werden.

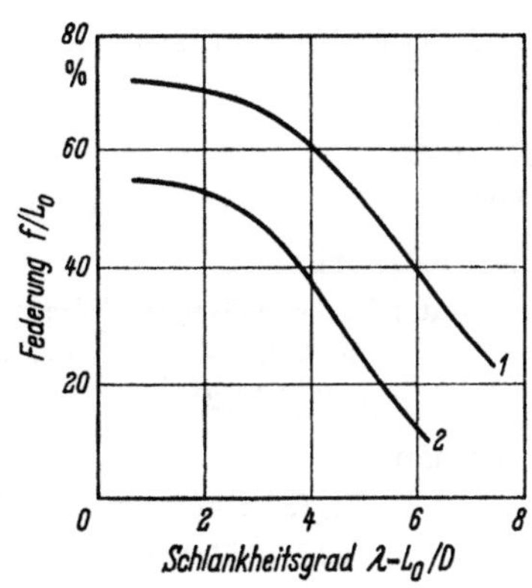

Bild 12/20. Zulässiger Höchstwert der Federung abhängig vom Schlankheitsgrad λ: *1* Druckfeder mit geführten Einspannungen und parallel geschliffenen Federauflageflächen, *2* für alle Druckfedern mit veränderlichen Auflagebedingungen.

[1] Beiwert k für dynamische Beanspruchung siehe Göhner [12/96]; Werte ähnlich Tafel 12/5.

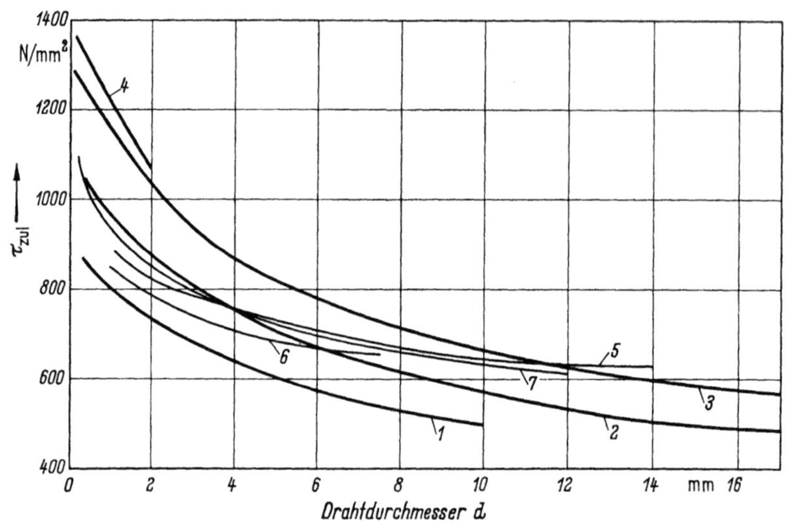

Bild 12/21. Zulässige Schubspannung τ_{zul} für kaltgeformte Druckfedern; für kaltgeformte Zugfedern 10% geringer. Zulässige Vorspannung für vorgespannte kaltgeformte Zugfedern mit $D/d = 4$ (12) für Wickeln auf Windeautomat: $\tau_v \approx 0{,}13$ (0,06) τ_{zul}, auf Wickelbank $\tau_v \approx 0{,}24$ (0,12) $\cdot \tau_{zul}$.

1 patentiert gezogener Federdraht Klasse A,
2 Klasse B,
3 Klasse C,
4 Klasse II,
5 vergüteter Federdraht,
6 vergüteter Ventilfederdraht,
7 nichtrostender Federstahldraht.

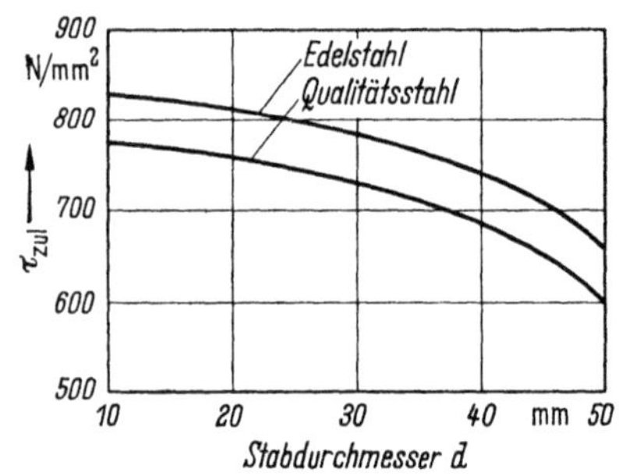

Bild 12/22. Zulässige Schubspannung τ_{zul} für warmgeformte Druckfedern aus Edel- und Qualitätsstählen bei Blocklänge L_{BL}.

Anhaltswerte für Schraubenfedern in N/mm²

Schubmodul	Feder aus patentiert gezogenem Federdraht,
$G \approx 83000$	vergüteter Federdraht und Ventilfederdraht, aus unlegierten Stählen (DIN 17223)
$G \approx 80000$	warmgeformte Stähle (DIN 17221)
$G \approx 73000$	nichtrostende Stähle (DIN 17224)
$G \approx 42000$	Zinnbronze SnBz8 (DIN 17662)
$G \approx 35000$	Messing Ms 63 (DIN 17660)

τ_{zul} für fast *ruhende oder selten wechselnde* Belastung:

a) kaltgeformte Federn ($d < 17$ mm) unter höchstzulässiger Federkraft F_n

Druckfeder: $\tau_{zul} = 0{,}5 \cdot \sigma_B$
s. Bild 12/21

Zugfeder: $\tau_{zul} = 0{,}45 \cdot \sigma_B$
s. Bild 12/21

b) warmgeformte Federn ($d = 10 \cdots 60$ mm)

Druckfeder unter Blockkraft F_{BL}
s. Bild 12/22

Zugfeder unter höchstzulässiger Federkraft F_n
$\tau_{zul} = 590$ N/mm²

$\tau_{h\,zul}$ für *schwingende* Belastung: Berechnung mit Beiwert k durchführen!

a) kaltgeformte Federn ($d < 5$ mm)

Druckfeder
$\tau_{h\,zul}$ s. Bild 12/23

Zugfeder
wegen Spannungsspitzen an Ösen usw. nach Möglichkeit vermeiden;
$\tau_{h\,zul}$ abhängig von Ösenform, den Endstücken usw.

b) warmgeformte Federn ($d = 13 \cdots 50$ mm)

Druckfeder
möglichst kugelstrahlen!
warmgewickelt, verg. $\tau_{h\,zul} = 80 \cdots 120$;
geschliffene Stäbe, warmgewickelt
und unter besonderen Maßnahmen
zur Randentkohlung vergütet:
$\tau_{h\,zul} = 200 \cdots 320$.

Zugfeder
möglichst vermeiden

c) τ_{zul} für Fahrzeug-Tragfedern bezogen auf statische Belastung $\tau = 400 \cdots 500$.

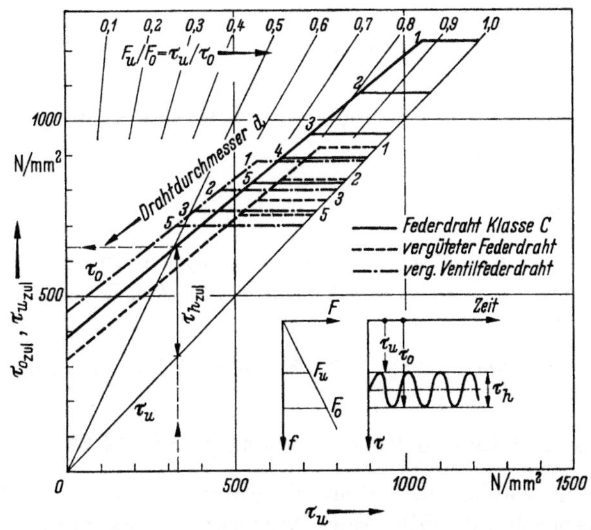

Bild 12/23. Dauerfestigkeitsschaubild für kaltgeformte Druckfedern für Lastwechselzahl $N \geq 10^7$. Im Zeitfestigkeitsbereich ($10^5 < N < 10^7$) kann $\tau_{h\,zul}$ um 100 N/mm² höher angesetzt werden. Kugelstrahlen vergrößert $\tau_{h\,zul}$ um etwa 30%.
Die eingezeichneten, vom Drahtdurchmesser abhängigen Maximalspannungen dürfen in keinem dieser Fälle überschritten werden! (nach DIN 2089). Höchstkraft F_o entspricht F_n bzw. F.

Berechnungsbeispiele

Beispiel 1: Ventilfeder als kaltgeformte Schraubenfeder aus Federdraht Klasse C nach DIN 17223, Enden angelegt und geschliffen.

Gegeben: Bei geschlossenem Ventil Federkraft $F_u = 1300$ N, Ventilhub $f_h = (f - f_u) = 14$ mm.

Gefordert: Außendurchmesser $D_a \approx 60$ mm;

Hubspannung $\tau_h \approx 240$ N/mm², und die
Spannung $\tau_o \approx 500$ N/mm².

Gesucht: Geeignete Feder.

Berechnet: $F = F_u \cdot \tau_o/(\tau_o - \tau_h) = 2500$ N; $f = (f - f_u)\,\tau_o/\tau_h = 29{,}1$ mm (hierbei Beiwert k nach Tafel 12/5 zunächst vernachlässigt). Nach (12/49)

$$d = \sqrt[3]{\frac{8FD}{\pi \tau_o}} = \sqrt[3]{\frac{8 \cdot 2500 \cdot 50}{\pi \cdot 500}} = 8{,}6\,\text{mm}\,.$$

Gewählt $d = 8{,}5$ mm. Dann ist $D_a = D + d = 58{,}5$ mm.

$$\text{Zahl der federnden Windungen: } i_f = \frac{fGd}{\pi D^2 \tau_o} = \frac{29{,}1 \cdot 83000 \cdot 8{,}5}{\pi \cdot 50^2 \cdot 500} = 5{,}2\,.$$

Gewählt $i_f = 5{,}5$; damit $i_g = i_f + 2 = 7{,}5$.

Federlänge $L_0 = L_{BL} + S_a + f = i_g \cdot d + 0{,}2 \cdot d \cdot i_f + f = 63{,}75 + 9{,}35 + 29{,}1 = 102{,}2$ mm.

Nachrechnung der Dauerfestigkeit: $\tau_o = k \cdot 8 \cdot D \cdot F/(\pi d^3) = 637{,}5$ N/mm² mit $k = 1{,}23$ für $D/d \approx 6$ nach Tafel 12/5 und $\tau_u = k \cdot 8 \cdot D \cdot F_u/(\pi d^3) = 331{,}5$ N/mm².

Damit $\tau_h = \tau_o - \tau_u = 306{,}0$ N/mm² $< \tau_{h\,zul} \approx 320$ N/mm² nach Bild 12/23 für $\tau_u = 330$ N/mm². Außerdem $\tau_o < \tau_{zul} \approx 700$ N/mm² nach Bild 12/21.

Auch Nachrechnung der Feder für statische Blockkraft $F_{BL} = F \cdot f_{BL}/f$ ergibt zulässige t-Werte ($< 1{,}12\,\tau_{zul}$).

Beispiel 2: Kaltgeformte Druckfeder als Anpreßfeder einer Reibkupplung aus Federdraht Klasse C nach DIN 17223.

Gegeben: $F = 2500$ N. Federweg (durch Verschleiß der Reibbeläge) $f_h = 5$ mm.

Gefordert dafür $F_u = 0{,}9 \cdot F$.

Berechnet: Mit Wickelverhältnis $w = 7$ (angenommen) aus

$$d = \sqrt{\frac{8wF}{\tau_{zul} \cdot \pi}} = \sqrt{\frac{8 \cdot 7 \cdot 2500}{600 \cdot \pi}} = 8{,}61 \text{ mm.}$$

mit $\tau_{zul} \geqq 600$ N/mm² nach Bild 12/21 abgeschätzt.

Gewählt $d = 8{,}5$ mm. Geforderte Federrate $c = (F - F_u)/f_h = 0{,}1 \cdot F/f_h = 50{,}0$ N/mm.

Zahl der federnden Windungen $i_f = G \cdot d^4/(8 \cdot c \cdot D^3) = G \cdot d/(8 \cdot c \cdot w^3) = 5{,}14$ gewählt $i_f = 5{,}5$ und damit $i_g = 7{,}5$.

Damit $D = \sqrt[3]{\dfrac{Gd^4}{8i_f c}} = 58{,}2$.

Gewählt $D = 58{,}5$ mm und $D_a = 67$ mm (dadurch geringfügige Änderung von c in $c = 49{,}18$ N/mm²!).

Federlänge $L_0 = i_g \cdot d + 0{,}2 \cdot d \cdot i_f + f = 123{,}9$ mm mit $f = F/c$, Enden geschliffen.

Nachgerechnet auf Festigkeit:

$$\tau = 8 \cdot F \cdot D/(\pi \cdot d^3) = 603 \text{ N/mm}^2 < \tau_{zul} = 700 \text{ N/mm}^2 \text{ nach Bild 12/21 für } d = 8{,}5 \text{ mm.}$$

12.8.3 Kegelfeder mit konstantem Querschnitt nach Bild 12/24

Die Torsionsspannung wächst mit dem Windungshalbmesser r bis zum Größtwert $\tau = F \cdot r_2/W_t$. Entsprechend fällt der Nutzwert η_A gegenüber der zylindrischen Schraubenfeder.

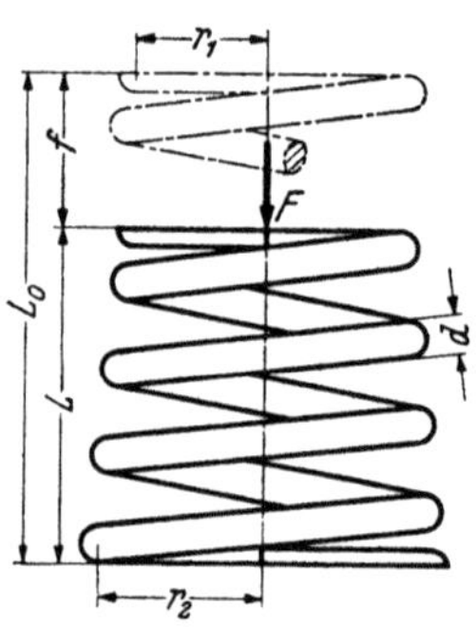

Bild 12/24. Kegelfeder mit konstantem Kreisquerschnitt.

Für die Berechnung gilt mit guter Annäherung für den Kreisquerschnitt, solange die Windungen sich nicht zunehmend auflegen:

Tragkraft (statisch) $F = W_t \cdot \tau/r_2$, (12/57)

Tragkraft (dynamisch) $F = \dfrac{W_t \cdot \tau}{k \cdot r_2}$, (12/58)

Federweg $f = \dfrac{\pi i_f F}{2GJ_t}(r_1 + r_2)(r_1^2 + r_2^2)$, (12/59)

Federarbeit $W = Ff/2 = \eta_A \dfrac{\tau^2 \cdot V}{2G}$, (12/60)

Art-Nutzwert $\eta_A = \dfrac{W_t^2(r_1^2 + r_2^2)}{I_t A 2r_2^2}$, (12/61)

k nach Tafel 12/5.

12.9 Gummifedern

12.9.1 Übersicht

Naturgummi, durch Vulkanisation aus dem Pflanzenprodukt Kautschuk hergestellt, wird unter dem Einfluß von Licht, Wärme und Sauerstoff brüchig (altert) und ist nicht beständig gegenüber Öl und Benzin (quillt). Er ist heute im technischen Bereich weitgehend vom synthetischen Gummi (Buna-S, Perbunan-Gummi) abgelöst worden, der diese Mängel nicht hat und in zahlreichen Varianten beinahe jede Anforderung erfüllen kann. In steigendem Maße wird Gummi zur Abfederung von Maschinen, Fahrzeugen und Geräten und vor allem zur Dämpfung von Schwingungen, Stößen und Geräuschen herangezogen. Auch für Ausgleichskupplungen und wartungsfreie Gelenke mit geringen Winkelausschlägen (z. B. für Kfz-Radaufhängung) ist er ideal geeignet, denn er ermöglicht in einfacher Weise je nach Anordnung eine weiche oder härtere Federung, eine gleichzeitige Federung nach allen Seiten und vor allem eine Kombination von Federung und Dämpfung. Ferner kann Gummi mit Metall zug-, druck- und schubfest verbunden werden, indem es z. B. zwischen Metallplatten (Bild 12/25) oder -röhren (Bild 12/26) oder -ringen in einer Vulkanisationspresse bei etwa 150 °C einvulkanisiert wird. Dabei ist die Haftfestigkeit auf allen üblichen Metallen, insbesondere C-Stählen, höher als die Festigkeit des Gummis selbst (Nachrechnen überflüssig. In der Gestaltung auf starkes Schwinden des Gummis bei Abkühlung Rücksicht nehmen!).

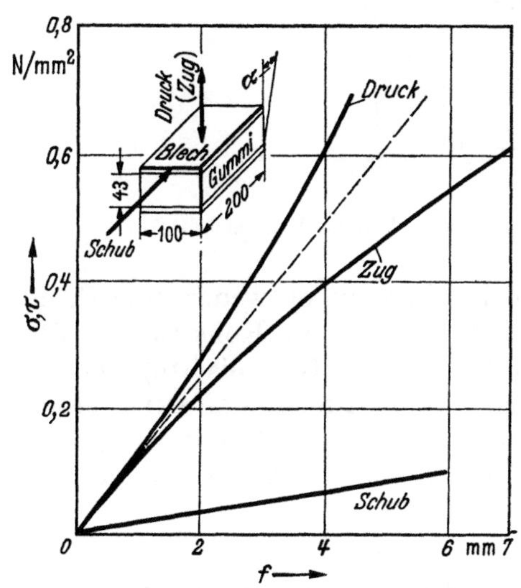

Bild 12/25. Kennlinien für einen Gummiklotz (Schwingmetall), Gummisorte mittelhart (DVM 63), $G = 0{,}8\,\text{N/mm}^2$, bei verschiedener Belastung.

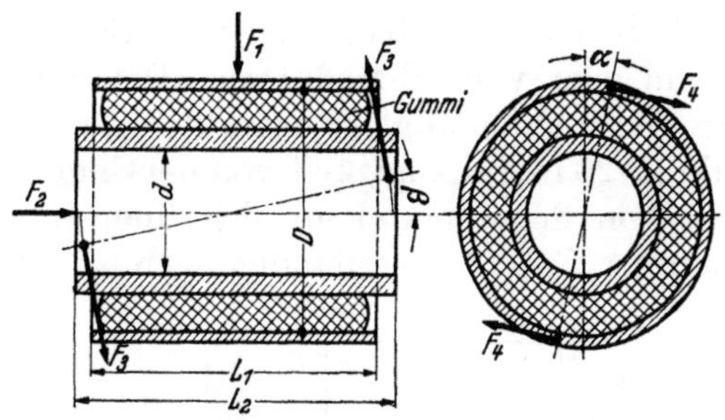

Bild 12/26. Boge-Silentblock (Gummi zwischen Rohrstücken einvulkanisiert) bei verschiedenartiger Belastung F_1 bis F_4[1].

Zur starken Verbreitung der Gummifedern hat auch ihr besonders hoher Gewichts-Nutzwert mit beigetragen. Gewöhnlich wird Gummi nach Bild 12/25 auf Druck oder auf Schub (größter Federweg; möglichst so gestalten, daß Schubbeanspruchung im ganzen Querschnitt gleich groß) beansprucht und nur für untergeordnete Zwecke auf Zug (umsponnene Gummischnüre; bei Anrissen der Oberfläche reißt Gummi unter Zugbelastung weiter!). Bei der Schubbeanspruchung kann man Parallelschub (Bild 12/25

[1] Abmessungen und Belastungsangaben s. Druckschrift der Firma Boge u. Sohn, G. m. b. H., Eitorf (Sieg). Zulässige Verformungen je nach Ausführung: $\alpha = \pm 15°$ bis $\pm 30°$; $\beta = \pm 1°$ bis $\pm 7°$, radialer Federweg 0,5 bis 1,5 mm, axialer Federweg $0{,}5 \cdot (L_2 - L_1)$.

und Bild 12/26 durch Kraft F_2), Drehschub (Bild 12/26 durch Kraft F_4) und Beanspruchung auf Verdrehschub (Gummiwelle oder Gummiring zwischen zwei Endscheiben unter Drehmoment) unterscheiden (Tafel 12/7).

12.9.2 Belastungsart und Kennlinie

Der Gummiklotz nach Bild 12/25 kann auf Zug, Druck oder Schub beansprucht werden, wobei sich Kennlinien ergeben, die grundsätzlich verschieden verlaufen, und zwar entsprechend der Zu- oder Abnahme der Querschnitte bei der Belastung und entsprechend der mehr oder weniger vorhandenen Dehnbehinderung durch Reibung oder Festhaftung (Vulkanisation) an den Endplatten. Bei der Entlastung verlaufen die Kennlinien entsprechend der inneren und gegebenenfalls auch äußeren Reibung niedriger (Bild 12/27: Dämpfung = aufgenommene Arbeit → Erwärmung!)

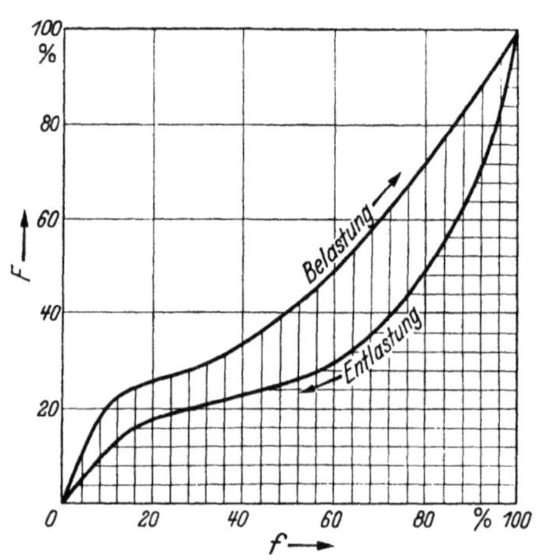

Bild 12/27. Kennlinien für ein umsponnenes Gummikabel (nach **Kampschulte**).

Federhärte: Sie hängt je nach Beanspruchung des Gummis entweder vom Schubmodul oder vom E-Modul ab. Der Schubmodul ist ein von der Konstruktionsform der Feder unabhängiger charakteristischer Werkstoffkennwert (Gummisorte), der nach Bild 12/28 in Abhängigkeit von der Shore-Härte angegeben werden kann. Der E-Modul, mit dem Schubmodul an sich über die Gleichung $E = 2(\nu + 1)G$ (mit $\nu = 0{,}5$ für Gummi: $E = 3G$) verbunden, genügt dieser Beziehung nur, wenn der Gummi nicht

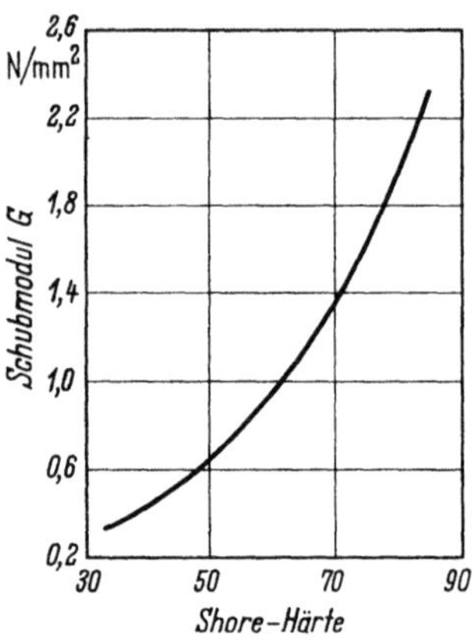

Bild 12/28. Abhängigkeit des Schubmodul G seiner Gummimischung von der Shore-Härte nach Göbel [12/2].

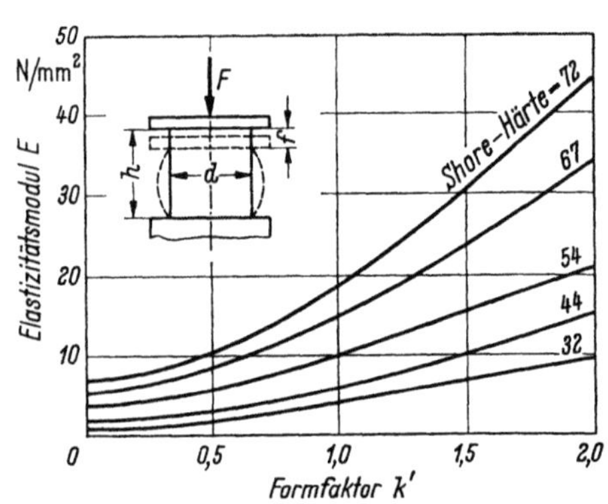

Bild 12/29. E-Modul von Gummi abhängig vom Formfaktor k' und der Shore-Härte nach Göbel. Formfaktor k' ist Verhältnis von krafteinleitender zur freien Oberfläche.

dehnbehindert ist (z. B. zugbeanspruchte, lange Gummischnüre). Normalerweise ist eine Dehnbehinderung zu berücksichtigen. Sie wird durch den Formfaktor k' erfaßt, der das Verhältnis der belasteten zur freien Oberfläche des Gummis angibt. Die Abhängigkeit des E-Moduls von Shore-Härte und Formfaktor k' ist in Bild 12/29 dargestellt.

Der E-Modul und die innere Reibung können durch den Rußanteil der Gummimischung beeinflußt werden, der Formfaktor durch eine mehr oder weniger enge Unterteilung der Gummifeder mittels Zwischenplatten, oder durch sonstige äußere Begrenzungen. Allseitig eingeschlossener Gummi (Formfaktor ∞) ergibt keine Federwirkung, da Gummi sein Volumen unter Druck kaum ändert. (Anwendung in der Fertigungstechnik: Tiefziehen von Blechen in Gummikissen. Bei Druckfedern Ausweichmöglichkeit für den Gummi vorsehen, s. Tafel 12/8.)

Tafel 12/6. Anhaltswerte für die zulässige Spannung bei Gummifedern nach Goebel [12/2] in N/mm²

Beanspruchungsart (s. Tafel 12/7)	statisch	dynamisch[1]
Druck	3,0	$\pm 1{,}0$
Parallelschub	1,5	$\pm 0{,}4$
Drehschub	2,0	$\pm 0{,}7$
Verdrehschub	1,5	$\pm 0{,}4$

[1] Gilt für niedrige Frequenzen (<10 Hz, → Erwärmung), vereinzelte Überlastungen (z. B. Anfahrstöße, Durchfahren der Resonanz) schaden dem Gummi nicht, er erholt sich danach vollkommen.

Tafel 12/7. Federgleichungen für Gummifedern im Bereich der Linearität (nach Göbel)

Bezeichnung	Beanspruchungsart	Federform	Federgleichung	Gültigkeitsbereich bis etwa
Scheibenfeder	Parallelschub	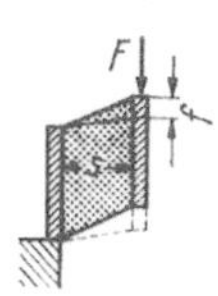	$F = f\frac{G \cdot A}{s}$ A = Schubfläche	35% Verschiebung $f < 0{,}35 \cdot s$
Hülsenfeder	Parallelschub	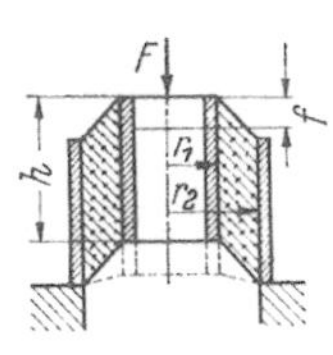	$F = f\frac{2 \cdot \pi \cdot h \cdot G}{\ln\frac{r_1}{r_2}}$	35% Verschiebung $f < 0{,}35 \cdot (r_2 - r_1)$
Drehfeder	Drehschub	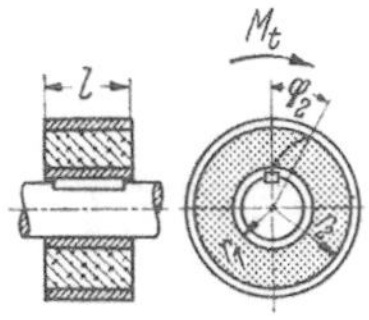	$M_t = \varphi_2 \frac{4 \cdot \pi \cdot l \cdot G}{\frac{1}{r_1^2} + \frac{1}{r_2^2}}$ φ_2 im Bogenmaß	40% Drehung
Verdrehfeder	Verdrehschub (Torsion)	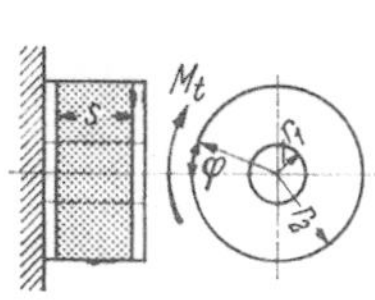	$M_t = \varphi \frac{1{,}57 \cdot G(r_2^4 - r_1^4)}{s}$ φ im Bogenmaß	20° Verdrehung
Zylindrische Druckfeder	Druck	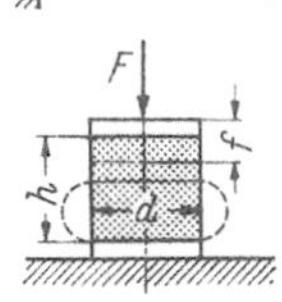	$F = f\frac{d^2 \cdot \pi \cdot E}{4 \cdot h}$	20% Zusammendrückung

12.9.3 Erfahrungsangaben für Weichgummifedern

Zulässige Temperatur: $-30°$ bis $+60°$ C (vorübergehend $-65°$ bis $+120°$).

Statische Zugfestigkeit: $\sigma_B = 7{,}5 - 15{,}0$ N/mm² bei 400···800% Dehnung; Schwingmetall Haftfestigkeit $\sigma_B \approx 3{,}0$ N/mm², $\tau_B \approx 7{,}0$ N/mm² (dynamisch $\pm 0{,}4$ N/mm²); Anhaltswerte für zulässige Spannungen s. Tafel 12/6 (Gummi-Metall-Elemente in Kupplungen bis ca. $\tau = 1{,}2$ N/mm² und mittlere Flächenpressung $p = 1$ N/mm²).

Tafel 12/8. Ausführungsbeispiele von Gummifedern (nach Göbel)

Schlecht	Gut	
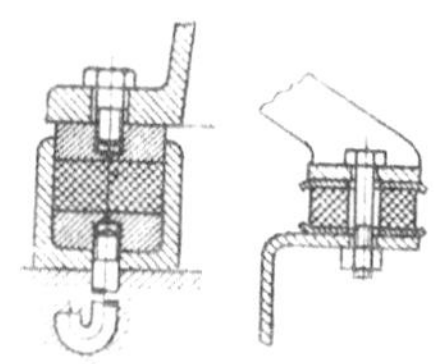 a c	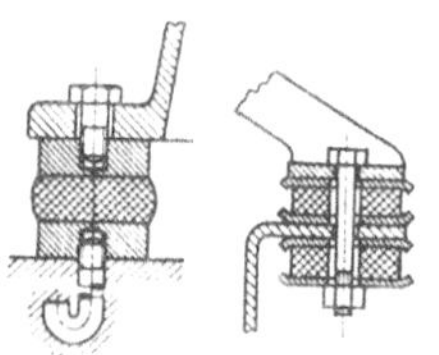 b d	a = falsch; allseitig eingeschlossener Gummi federt nicht; b = richtig: Ausweichmöglichkeit des Gummis bei Verformung; gute Federungswirkung; c = falsch: metallische Verbindung zwischen Maschine und Fundament; d = richtig: vollständige Isolierung.
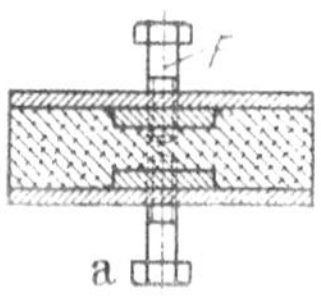 a	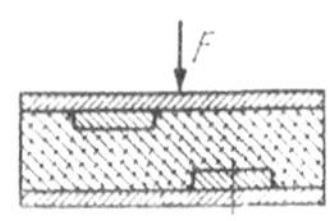 b	a = falsch: Beeinträchtigung der Federungswirkung des Gummis durch gegenüberliegende Metallteile bei geringer Gummihöhe; b = richtig: Ausnutzung der Federungswirkung des vollen Gummiquerschnittes durch versetzte Anordnung der Metallverstärkungen.
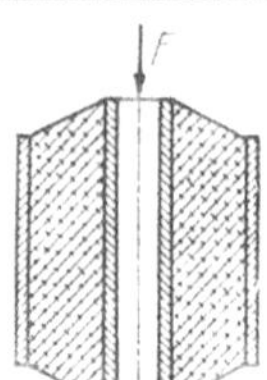 a	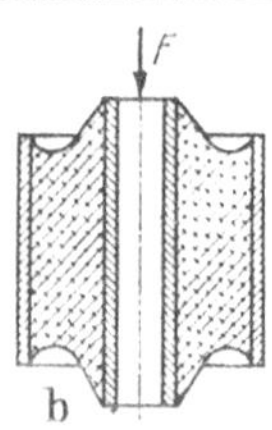 b	a = ungünstig. Spannungen im Gummi infolge Schrumpfung an der Stirnseite. b = günstig. Keine Schrumpfspannungen im Gummi.
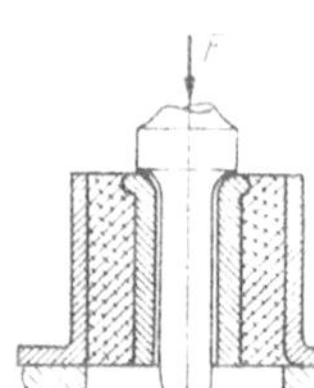 a	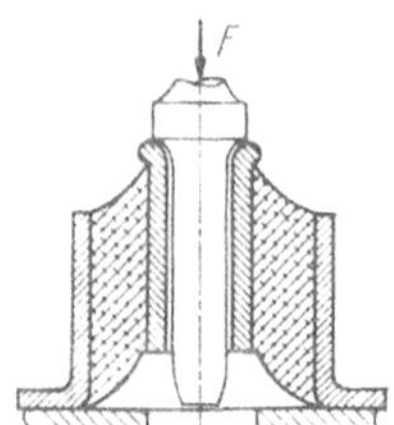 b	a = ungünstig. Beanspruchung nur auf Schub. Geringe zulässige Beanspruchung. b = günstig. Beanspruchung auf Schub und bei steigender Verformung zusätzlich zunehmend auf Druck.
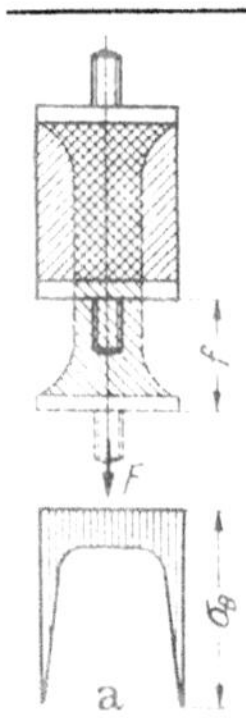 a	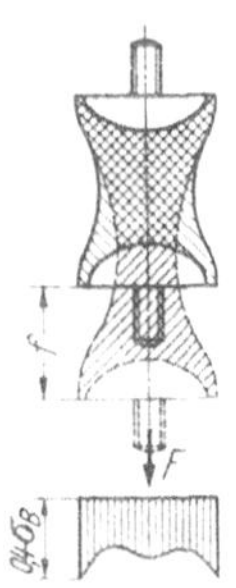 b	Spannungsabbau durch Formgebung. a = Spannungsspitze am Rand bei der üblichen Ausführung. b = Abbau der Spannungsspitze durch Einkerbung.

12.9.4 Berechnung und Gestaltung

In Tafel 12/7 sind die Federgleichungen für einige einfache Gummifederformen wiedergegeben. Sie gelten für kleine Verformungen, also für den Bereich der Linearität der Federkennlinien. Der ungefähre Gültigkeitsbereich ist zusätzlich aufgeführt.

Tafel 12/8 zeigt einige Gestaltungsbeispiele in guter und ungünstiger Ausführung.

Die bei statischer Belastung gültigen Federkonstanten lassen sich anhand der Definitionen $c = F/f$ bzw. $c' = M/\varphi$ aus den Federgleichungen der Tafel 12/7 einfach ableiten. Bei schwingender Beanspruchung tritt eine Verhärtung des Gummis ein, die durch die höhere dynamische Federkonstante gekennzeichnet ist. Im Bereich der bei Maschinen üblichen Frequenzen ist die dynamische Federkonstante unabhängig von der Frequenz als Funktion der Shore-Härte darstellbar und läßt sich als Vielfaches der statischen Federkonstante angeben.

$$c_{\text{dyn}} = k'' \cdot c_{\text{stat}} \,. \tag{12/62}$$

k'' s. Bild 12/30.

Bei weichen Gummisorten ist die Abweichung gering, bei härteren Sorten größer.

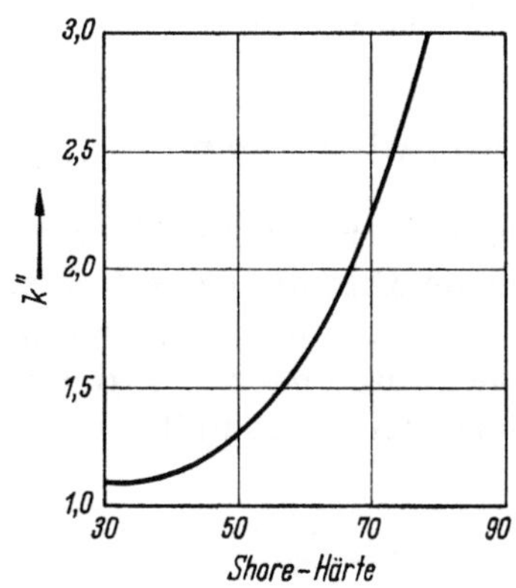

Bild 12/30. Dynamischer Verhärtungsfaktor k'' in Abhängigkeit von der Shore-Härte.

12.10 Stoßvorgang

Beim elastischen Stoß handelt es sich um einen Schwingungsvorgang, bei dem die kinetische Energie $m \cdot v^2/2$ in potentielle Energie (Federarbeit) umgesetzt und unter Umkehr der Bewegungsrichtung auch wieder als kinetische Energie abgegeben wird (Beispiel: aufspringender Ball). Bei zusätzlicher Energieaufnahme (Dämpfung) durch Reibung oder plastische Verformung ist die abgegebene Energie geringer als die aufgenommene.

Der zeitliche Verlauf eines Stoßvorgangs geht aus Bild 12/31 hervor. Die Stoßfangzeit T_f bis zur Bewegungsumkehr kann als Teilbetrag der Schwingungszeit T für eine volle Schwingungsperiode ausgedrückt werden: $T_f = T/4$. Die Stoßdauer, bis sich die Körper wieder trennen, beträgt $T_s = T/2$.

Bei gegebener Stoßarbeit wird nach Bild 3/17 die größte Stoßkraft F um so größer, je größer $c = dF/df$, d. h. je „härter" die Feder ist.

Für die Berechnung des elastischen Stoßvorgangs gilt bei gerader Federkennlinie und mit den Bezeichnungen: Erdbeschleunigung $g = 9{,}81\ \text{m/s}^2$, Masse m und Geschwindigkeit v der Masse:

Stoßarbeit $W_s = mv^2/2 = W = F \cdot f/2 = c \cdot f^2/2\,, \qquad c = F/f\,,$ (12/63)

größte Stoßkraft $F = f \cdot c = m \cdot v^2/f = v \cdot \sqrt{m \cdot c}\,,$ (12/64)

größte Verzögerung $b_v = F/m = v^2/f\,,$ (12/65)

größter Federweg $f = m \cdot v^2/F_{\max} = v \cdot \sqrt{m/c}$, (12/66)

Stoßzeit $T_f = T/4 = \frac{\pi}{2}\sqrt{m/c}$, (12/67)

Schwingungszeit $T = 2\pi\sqrt{m/c}$. (12/68)

Beispiel: Eine Laufkatze mit der Masse $m = 10000$ kg und der Geschwindigkeit $v = 1$ m/s soll von zwei Schraubenfedern als Puffer auf dem Federweg $f = 0{,}5$ m abgefangen werden.

Berechnet:

$$W_s = m\frac{v^2}{2} = \frac{10000 \cdot 1^2}{2} = 5000\ \mathrm{Nm}; \qquad F = m\frac{v^2}{f} = 20000\ \mathrm{N} \quad \text{(für 2 Schraubenfedern)};$$

$$b_v = \frac{v^2}{f} = 2\ \mathrm{m/s^2}; \qquad c = F/f = 4 \cdot 10^4\ \mathrm{N/m},$$

$$T_f = \frac{\pi}{2}\sqrt{m/c} = \frac{\pi}{2}\sqrt{\frac{10000}{40000}} = 0{,}78\ \mathrm{s}.$$

Vergleichsweise würde beim Abfangen der Laufkatze mit einer konstanten Bremskraft die gleiche Stoßarbeit auf gleichem Wege mit einer halb so großen Kraft in 1 s aufgenommen werden, da in diesem Falle $W = F \cdot f$ ist (s. Reibbremsen Band 2).

12.11 Eigenschwingungen

Jede Paarung einer Feder mit einer Masse (Bild 12/31) ergibt ein schwingungsfähiges Gebilde, das eine Eigenfrequenz besitzt, d. h. eine bestimmte Anzahl Schwingungen je Zeiteinheit macht, wenn es erregt wird. Erfolgt die Erregung im Takt der Eigenfrequenz, so liegt Resonanz vor, die zu großen Schwingungsausschlägen führt, wenn die Schwingung nicht gedämpft wird.

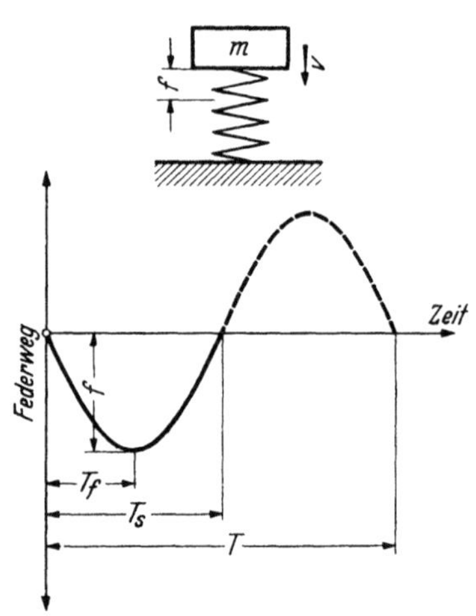

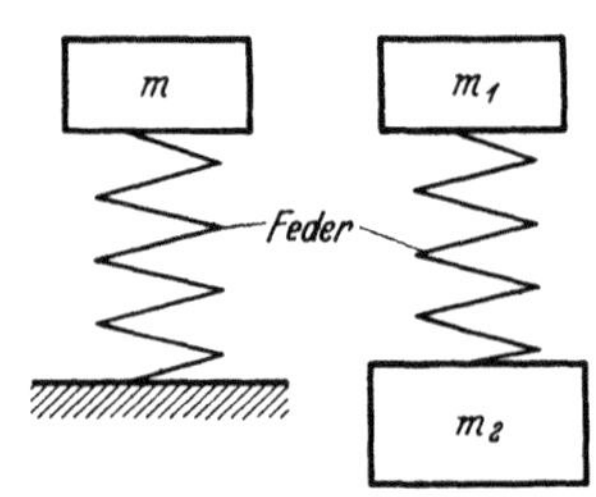

Bild 12/32. Schwingungssysteme Feder + Masse mit Ein-Massensystem a) Zwei-Massensystem b).

Bild 12/31. Zeitlicher Verlauf eines elastischen Stoßvorganges (Stoßfangzeit $T_f = T/4$).

Die Gefahr der Resonanzschwingung besteht besonders bei Maschinen und Maschinenteilen hoher Drehzahl bzw. Taktzahl, so daß für diese die Eigenfrequenz nachzuprüfen und gegebenenfalls zu ändern ist, wenn sie nicht mit Sicherheit weit unter oder weit über der Betriebsdrehzahl (Betriebsfrequenz) liegt.

Bei umlaufenden Wellen nennt man die minutliche Eigenfrequenz auch ,,kritische Drehzahl'' (s. Kap. 17). Die Eigenfrequenz ist bestimmt durch die Federhärte c und die Masse m. Je kleiner c, d. h. je ,,weicher'', die Feder und je größer m, desto niedriger ist die Eigenfrequenz. Ferner verringert eine zusätzliche Dämpfung außer dem Schwingungsausschlag auch die Frequenz.

Unter der Voraussetzung, daß die Federmasse im Verhältnis zur Schwingungsmasse m gering ist[1], gilt für das Einmassensystem (Bild 12/32a):

Kreisfrequenz[2] $\omega = \sqrt{c/m}$ (rad/s), (12/69)

$= \sqrt{g/f}$,

für $c =$ konst. und Federweg f erzeugt durch $m \cdot g$ als Belastung.

Sekunden-Frequenz (Hertz) oder Schwingungszahl $f_r = \omega/2\pi$ (1/s), (12/70)

Minuten-Frequenz $n = 60 f_r = 30 \cdot \omega/\pi = 9{,}55 \sqrt{c/m}$ (1/min), (12/71)

Schwingungszeit $T = 1/f_r = 60/n = 2\pi/\omega = 2\pi \sqrt{m/c}$ (s). (12/72)

Bei Drehschwingung ist c/m durch den Ausdruck $\frac{M_t}{\varphi \cdot J_m}$ zu ersetzen.

Beispiel: Werkzeugmaschine auf mehreren Gummiklötzen gelagert.

Gegeben: Belastung $F = 45000$ N, Betriebsdrehzahl = 1000···3000 U/min, Gesamtquerschnitt der Gummiklötze $A = 200$ cm², Klotzhöhe $h = 10$ cm, $E = 650$ N/cm².

Berechnet: $\sigma = F/A = 225$ N/cm² (zulässig!), $f = \sigma h/E = 3{,}46$ cm, $c = F/f = 13005$ N/cm.

Minuten-Frequenz $n = 9{,}55 \sqrt{g/f} = 161$ (1/min). Es ist also keine Resonanz zu befürchten, da die Betriebsdrehzahl bedeutend höher liegt.

12.12 Schrifttum zu 12

DIN Taschenbuch 29: Federnormen. Beuth Vertrieb 1971.
Federrechenschieber (Aristo, Mauser, Abicht)
Feder-Rechentafel (Diagramm: Glückauf-Verlag Essen).

12/1 Gross, S., Lehr, E.: Die Federn. Berlin: VDI-Verlag 1938.

12/2 Göbel, E. F.: Gummifedern, Berechnung und Gestaltung, 3. Aufl. Berlin, Heidelberg, New York: Springer 1969.

12/3 Gross, S.: Berechnung und Gestaltung von Metallfedern. Berlin, Göttingen, Heidelberg: Springer 1960.

12/4 Lehr, E.; Weigand, A.: Spannungsverteilung in Federn. Forschg. Ing.-Wes. Bd. 8 (1937) 161.

12/5 Bert, C. W.: Schraubenfedern m. rundem Hohlquerschnitt. Auszüge in Konstruktion 11 (1959) 473 und 12 (1960) 393.

12/6 Swieskowski ,H. P.: Federsätze ineinandergesteckter Schraubenfedern. Auszug in Konstruktion 15 (1963) 380.

12/7 Hempel, M.: Untersuchungen an Eindraht-Schraubenfedern. Konstruktion 5 (1953) 335–44 und Konstruktion 6 (1954) 60–69.

12/8 Meincke, H.: Neue Erkenntnisse über Gestaltung und Werkstoff von Schraubenfedern. Konstruktion 11 (1959) 449–55.
Meincke, H.: Einbauhöhe und Wege von Schraubenfedern für Fahrzeuge. ATZ 64 (1962) 370–72.

12/9 Delam, H.: Zyl.-Schraubenfedern m. Kreisquerschnitt (Quersteife, Knicksicherheit). VDI-Z. 104 (1962) 825–27.

12/10 Lutz, O.: Zur Dynamik der Schraubenfeder. Konstruktion 14 (1962) 344–46.

12/11 Maier, K. W.: Die dynamische Belastung von zylindrischen Schraubenfedern. VDI-Z. 99 (1957) 526–31.

12/12 Atterburg, T. J.; Diboll, W. B.: Der Einfluß vorangegangener überelastischer Beanspruchung auf die Dauerfestigkeit von Schraubenfedern. Auszug in Konstr. 12 (1960) 391.

12/13 Palm, J.; Thomas, K.: Berechnung gekrümmter Biegefedern. VDI-Z. 101 (1959) 301–08.

12/14 Blake, A.: Durchbiegung und Spannungen in Biegefedern. Auszug in Konstruktion 15 (1963) 69.

12/15 Firmenschriften bzw. Handbücher der Firmen Chr. Bauer KG, Welzheim/Württ.; A. Schnorr, KG, Maichingen/Stuttgart.

12/16 Wernitz, W.: Die Tellerfeder. Konstrukion 6 (1954) 361–76.

12/17 Hertzer, K.-H.: Über die Dauerfestigkeit und das Setzen von Tellerfedern. Konstruktion 14 (1962) 147–153.

12/18 Maltz, G.: Grundsätze für die elast. Maschinengrundungen (u. a. Drahtkissen). Maschinenmarkt Nr. 19, S. 10, Nr. 23, S. 9.

[1] Und die Federeigenfrequenz nicht berücksichtigt wird (für Ventilfedern z. B. ist auch die Kenntnis der Federeigenfrequenz wichtig, für Stahl-Druckfeder etwa $n = 3{,}63 \cdot 10^5\, d/(i_f D^2)$ in 1/s mit d und D in mm; Vermeidung einer scharfen Eigenfrequenz durch unterschiedliche Steigung über Federlänge).

[2] Sie stimmt bei Kreisschwingungen mit der Winkelgeschwindigkeit überein.

12/19 Cook, W. J.; Clarke, P. C.: Die negative Feder. Auszug in Konstruktion 2 (1950) 346.
12/20 Johnson, R. C.: Wie sind Schraubenfedern anzuordnen ... (ungewöhnliche auch negative Kennlinien). Auszug in Konstruktion 9 (1957) 284.
12/21 Behles, F.: Zur Berechnung von Luftfedern. ATZ 63 (1961) 311–14.
12/22 Geiger, J.: Ein einfaches Verfahren zur Best. der Eigenschwingungsdauer bei Systemen mit gekrümmter Federkennlinie. ATZ 59 (1957) 226.
12/23 Gersdorfer, O.: Feineinstell-Federsystem mit großer Übersetzung. Z. VDI 98 (1956) 15–19.
12/24 Schwarz, A.: Federn aus Berylliumbronze. Z. VDI 96 (1954) 107–108.
12/25 Bittel, K.: Zur Dimensionierung von Ölfedern. ATZ 62 (1960) 183–191.
12/26 Göhner, O.: Spannungsverteilung in Schraubenfedern. Z. VDI 76 (1932) 269 u. 735.
12/27 Firmenschriften der Fa. „Ringfeder" GmbH, Uerdingen.
12/28 Almen, I. O.; Laszlo, A.: Untersuchungen an Tellerfedern. Z. VDI 81 (1937) 1390.
12/29 Zöge von Manteuffel: Dauerfestigkeit von Kraftfahrzeugfedern. Dtsch. Kraftfahrtforsch. H. 49, Berlin: VDI-Verlag.
12/30 Damerow, E.: Grundlagen der praktischen Federprüfung. Essen 1953.
12/31 Walz, K.: Entwurf und Konstruktion der Tellerfeder. Werkstatt und Betrieb 90 (1957) 5.
12/32 Hanser Werkstattblatt 348.: Konstruieren mit Tellerfedern. München 1965.
12/33 Schönfeld, H.: Die praktische Berechnung der Federungseigenschaften von Tellerfedern. Konstruieren (1963) 1.
12/34 Fa. Bauer: Die Tellerfeder. Welzheim/Württ. 1957.
12/35 Fa. Muhr und Bender.: Federn-Handbuch. Attendorf/Westf.

13 Wälzpaarungen

13.1 Überblick

Die wichtigsten Wälzpaarungen zeigt Bild 13/1, wie *Laufrad* auf Schiene, *Wälzbogen* zur Lagerung des Werkstückträgers bei einer Kegelrad-Hobelmaschine, *Wälzhebel* zur Übertragung von Winkelbewegungen oder Längsbewegungen mit stetig veränderlicher Übersetzung, *Schneidenlagerungen* von Waagebalken auf Pfannen, *Wälzschlitten* mit Kugeln oder Rollen als Zwischenwälzkörper, *Ring- und Scheibenlager* mit Kugeln oder Rollen als Zwischenwälzkörper, *Spitzenlager* mit Abstützung auf 3 Kugeln, Nocken und *Rolle* zur Stößelbewegung, *Wälzgelenke* (nicht gezeichnet), *Zahnräder* und *Reibradgetriebe*.

Gemeinsam ist allen Wälzpaarungen die Berührung an gewölbten Flächen verschiedener Krümmung und die geringe Wälzreibung gegenüber der Gleitreibung[1].

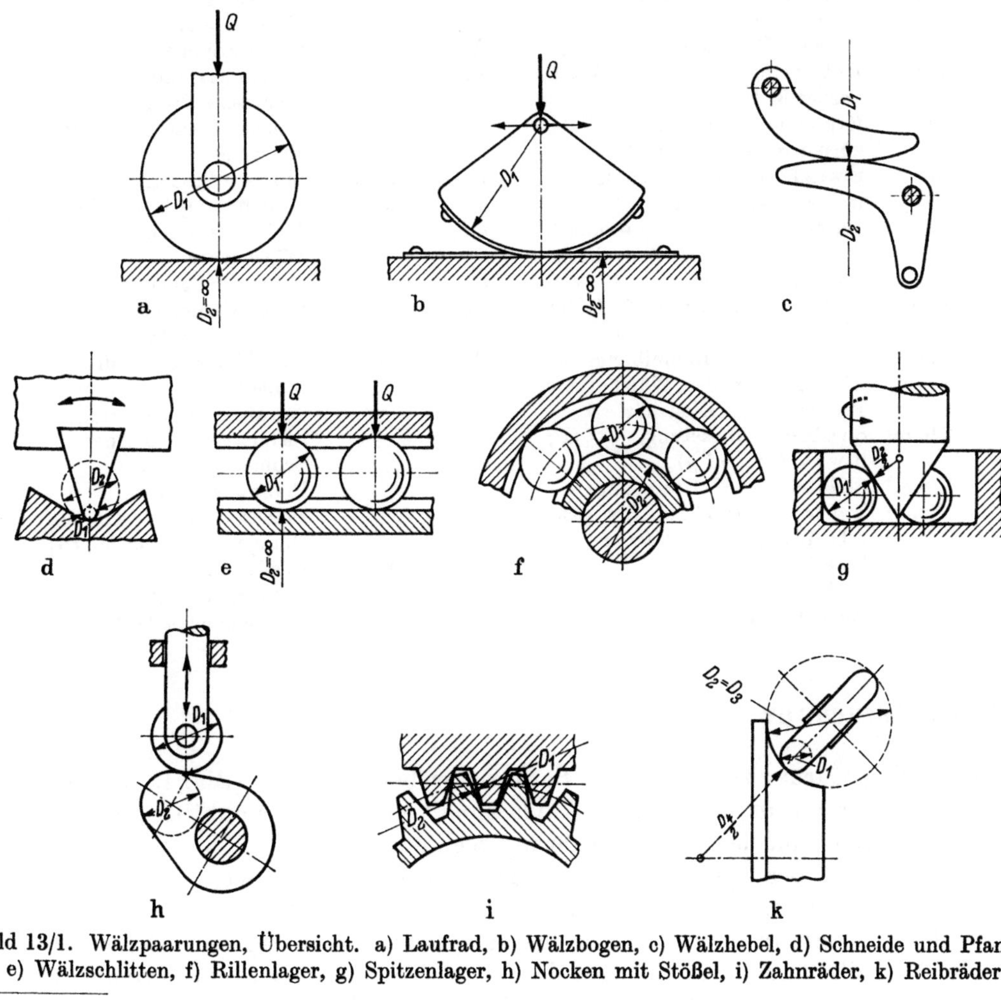

Bild 13/1. Wälzpaarungen, Übersicht. a) Laufrad, b) Wälzbogen, c) Wälzhebel, d) Schneide und Pfanne, e) Wälzschlitten, f) Rillenlager, g) Spitzenlager, h) Nocken mit Stößel, i) Zahnräder, k) Reibräder.

[1] Die Stieber-Rollkupplung (Kap. 19) zeigt, wie man aus dem Unterschied im Wälz- und Gleitreibwert besondere Wirkungen erzielen kann.

Unterschiedlich ist aber

1. die *Art der Berührung*, z. B. Punktberührung bei einer Kugel gegen Ebene oder Linienberührung bei einer Rolle gegen Ebene;

2. die *Art der Bewegung*, entweder rein wälzend wie beim Laufrad ohne Antrieb oder zusätzlich gleitend wie beim Zahnrad oder „bohrend" wie bei einer nur um ihre eigene Achse drehenden Kugel oder abgerundeten Spitze oder im Grenzfall ohne Bewegung. Ferner kann die Bewegung hin- und hergehend oder umlaufend sein;

3. die *Art der Belastung*, entweder nur normal zur Berührungsebene wie beim Wälzlager oder auch noch tangential wie beim angetriebenen Laufrad oder beim Reibgetriebe; ferner ob die Belastung ruhend, anschwellend oder stoßhaft auftritt;

4. die *Lagensicherung und Führung* der Wälzkörper, entweder nur kraftschlüssig oder formschlüssig durch Käfige und Rillen oder Borde oder durch verspannende Wälzbänder (s. Wälzbogen Bild 13/1).

Entsprechend unterschiedlich ist ihre zulässige Belastung und ihr Reibverlust.

13.2. Bezeichnungen

a, b	mm	große, kleine Halbachse der Druckfläche
l_{eff}	mm	tragende Rollenlänge
D_1, D_2	mm	Krümmungsdurchm. d. Wälzkörper in Hauptebene I
D_3, D_4	mm	Krümmungsdurchm. d. Wälzkörper in Hauptebene II
D_{I}, D_{II}	mm	Ersatzkrümmungsdurchmesser in Hauptebene I, II
D_0	mm	Durchmesser der Ersatzkugel, die gegen Ebene die gleiche Wälzpressung gibt
E, E_1, E_2	N/mm²	E-Modul, für Werkstoff 1, für Werkstoff 2
f, f'	mm	Hebelarme der Rollreibung
G	N	Eigengewicht des Wälzkörpers
HB, HV	–	Brinellhärte, Vickershärte
k_0	N/mm²	Spezifische Belastung, $= Q/D_1^2$ bzw. $= Q/(D_1 \cdot l_{eff})$
K	N/mm²	Stribecksche Wälzpressung
K_D	N/mm²	Dauernd ertragbare Stribecksche Wälzpressung (Dauer-Wälzfestigkeit)
M_R	Nmm	Reibmoment
N_R	W	Reibleistung

F	N	Belastung
Q	N	Belastung eines Wälzkörpers
F_u	N	Umfangskraft
F_w	N	Rollwiderstand
p_H	N/mm²	Hertzsche Pressung
p_D	N/mm²	dauernd ertragbare Hertzsche Pressung
p_m	N/mm²	mittlere Pressung
u	mm	Annäherung beider Wälzkörper
u_b	mm	bleibende Annäherung beider Wälzkörper
v	m/s	Geschwindigkeit, s. Bild 13/7
v_W	m/s	Geschwindigkeit des Wälzkörper-Mittelpunktes
W	–	Anzahl der Überrollungen in Millionen
z	–	Anzahl der als „tragend" gerechneten Wälzkörper
α, α'	°	Schneidenwinkel
β	°	Pfannenwinkel
y, ξ, η, ψ	–	Beiwerte der Hertzschen Gleichungen abh. von D_I/D_{II}
σ_F	N/mm²	Fließgrenze
τ	N/mm²	Schubspannung
φ	–	Schmiegungswert nach Hertz

13.3 Beanspruchung

Wird eine Wälzpaarung senkrecht zur Berührungsebene belastet (Bild 13/2 und 13/3), so tritt an der Berührungsstelle eine „Abplattung" ein, die bei Punktberührung kreis- oder ellipsenförmig und bei Linienberührung rechteckig ist.

Die Größe und Beanspruchung der Druckflächen läßt sich nach den Hertzschen Gleichungen berechnen. Sie gelten genau genommen nur für homogene Werkstoffe im Bereich der Elastizitäts- bzw. Proportionalitätsgrenze sowie bei sehr kleiner Druckfläche im Verhältnis zum Durchmesser des Wälzkörpers und bei rein normaler (nicht tangentialer) Belastung der Druckfläche. Sie treffen aber nach den Versuchen von Stribeck [13/6], Weibull u. a. mit Wälzkörpern aus Stahl weit darüber hinaus zu.

Es folgt eine kurze Zusammenfassung der Hertzschen Gleichungen, 1. für Linienberührung und 2. für Punktberührung. Die Querdehnzahl wurde hier mit 0,3 eingesetzt. Die Krümmungsdurchmesser D_1 bis D_4 sind nach Bild 13/2 und 13/3 (bei Hohlkrümmung negativ!) einzusetzen. Wenn die beiden Wälzkörper verschiedene E-Module E_1 und E_2 aufweisen, ist für E der Wert $E = \frac{2E_1 \cdot E_2}{E_1 + E_2}$ einzusetzen.

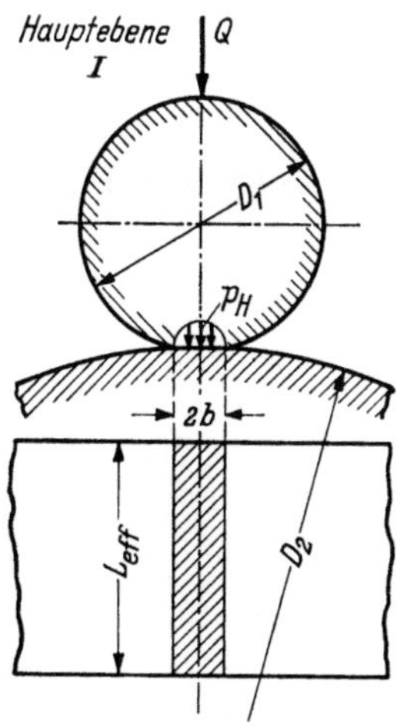

Bild 13/2.

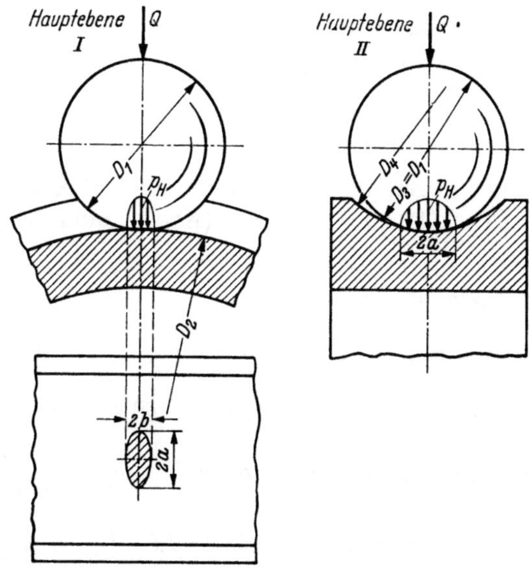

Bild 13/3.

Bild 13/2. Wälzpaarung mit Linienberührung und Druckberg aus Hertzscher Pressung: Druckfläche gleich Rechteck $2b \cdot l_{\text{eff}}$. Bei Hohlkrümmung ist der betreffende Krümmungsdurchmesser negativ.

Bild 13/3. Wälzpaarung mit Punktberührung und Druckberg aus Hertzscher Pressung: Druckfläche gleich Kreis- oder Ellipsenfläche $\pi \cdot a \cdot b$. Bei Hohlkrümmung ist der betreffende Krümmungsdurchmesser (s. D_4) negativ.

13.3.1 Linienberührung[1]

Z. B. Walze gegen Walze nach Bild 13/2. Es ist Druckfläche = Rechteck $2\,b \cdot l_{\text{eff}}$. Es gelten die nachfolgenden Beziehungen.

Spez. Belastung $k_0 = \frac{Q}{D_1 \cdot l_{\text{eff}}}$, (13/1)

Stribecksche Wälzpressung $K = k_0/\varphi = \frac{Q}{D_{\text{I}} \cdot l_{\text{eff}}}$, (13/2)

Schmiegungsbeiwert $\varphi = D_{\text{I}}/D_1$, (13/3)

Ersatzdurchmesser in Hauptebene I $D_{\text{I}} = \frac{D_1 \cdot D_2}{D_1 + D_2}$, (13/4)

Mittlere Pressung $p_{\text{m}} = \frac{Q}{2b \cdot l_{\text{eff}}}$, (13/5)

Hertzsche Pressung $p_{\text{H}} = 1{,}27 \cdot p_{\text{m}} = \sqrt{\frac{K \cdot E}{2{,}86}}$, (13/6)

Halbe Druckbreite $b = 1{,}075 \cdot D_{\text{I}} \cdot (K/E)^{1/2} = 1{,}82 \cdot D_{\text{I}} \cdot p_{\text{H}}/E$, (13/7)

[1] Berechnungsansatz gilt exakt nur für Zylinder unendlicher Länge. Bei Zylindern endlicher Länge treten an den Berührenden Spannungsspitzen auf, deren Berechnung einen erheblichen Rechenaufwand bedeutet.

Annäherung (Abplattung) nach Kunert [13/4] für Rolle gegen Ebene[1]

$$u = \frac{0{,}398}{10^4} \frac{Q^{0{,}925}}{l_{\text{eff}}^{0{,}85}} \text{ mm} . \tag{13/8}$$

Sonderfälle:

Für $D_2 = \infty$ (Ebene) ist $D_{\text{I}} = D_1$.
Für Stahl auf Stahl mit $E = 2{,}1 \cdot 10^5$ N/mm² wird

$$K = 13{,}6\,(p_{\text{H}}/10^3)^2 \text{ N/mm}^2 , \tag{13/9}$$

$$p_{\text{H}} = 271 \cdot K^{1/2} \quad \text{N/mm}^2 . \tag{13/10}$$

13.3.2 Punktberührung[2]

Z. B. Kugel gegen gewölbte Fläche nach Bild 13/3.
Es ist Druckfläche $= \pi \cdot a \cdot b$ (Kreis- oder Ellipsenfläche). Folgende Beziehungen gelten:

Spez. Belastung[3] $k_0 = \frac{Q}{D_1^2}$, (13/11)

Stribecksche Wälzpressung $K = k_0/\varphi = Q/D_0^2 = \frac{Q}{(D_{\text{I}}/y)^2}$, (13/12)

Schmiegungsbeiwert $\varphi = D_0^2/D_1^2 = D_{\text{I}}^2/(D_1^2 \cdot y^2)$, (13/13)

Ersatzdurchmesser in Hauptebene *I*[3] $D_{\text{I}} = \frac{D_1 \cdot D_2}{D_1 + D_2}$, (13/14)

Ersatzdurchmesser in Hauptebene *II* $D_{\text{II}} = \frac{D_3 \cdot D_4}{D_3 + D_4}$, (13/15)

Beiwert $y = \frac{D_{\text{I}}}{D_0} = \frac{1 + D_{\text{I}}/D_{\text{II}}}{2\,(\xi \cdot \eta)^{3/2}}$, (13/16)

Mittlere Pressung $p_{\text{m}} = \frac{Q}{\pi \cdot a \cdot b}$, (13/17)

Hertzsche Pressung $p_{\text{H}} = 1{,}5 \cdot p_{\text{m}} = \sqrt[3]{\frac{K \cdot E^2}{4{,}28}}$, (13/18)

Tafel 13/1. Beiwerte y, η/ξ, ψ/ξ; Verlauf s. Bild 13/4

$D_{\text{I}}/D_{\text{II}}$	1,0	0,9	0,8	0,7	0,6	0,5	0,4	0,3	0,2
y	1,0	0,9491	0,8963	0,8411	0,7830	0,7212	0,6545	0,5805	0,4947
η/ξ	1,0	0,9322	0,8618	0,7885	0,7117	0,6306	0,5441	0,4504	0,3460
ψ/ξ	1,0	0,9994	0,9972	0,9930	0,9857	0,9741	0,9557	0,9261	0,8757
$D_{\text{I}}/D_{\text{II}}$		0,15	0,10	0,08	0,06	0,04	0,02	0,01	0,008
y		0,4442	0,3843	0,3558	0,3231	0,2831	0,2279	0,1850	0,1732
η/ξ		0,2876	0,2223	0,1932	0,1615	0,1259	0,0828	0,0550	0,0483
ψ/ξ		0,8357	0,7761	0,7426	0,6994	0,6397	0,5439	0,4581	0,4329
$D_{\text{I}}/D_{\text{II}}$		0,006	0,004	0,002	0,001	0,0005	0,0001	0,00009	0
y		0,1593	0,1421	0,1191	0,1017	0,0835	0,0414	0,0392	0
η/ξ		0,0408	0,0322	0,0214	0,0141	0,0096	0,0048	0,0046	0
ψ/ξ		0,4020	0,3618	0,3011	0,2495	0,2053	0,1289	0,1251	0

[1] Gilt näherungsweise auch für Verhältnisse D_1/D_2 bis zu 0,15.

[2] Unter der Voraussetzung, daß die Ebenen der kleinsten und größten Krümmung (die Hauptkrümmungsebenen) für beide Wälzkörper die gleichen sind, was für technische Wälzpaarungen fast immer zutrifft.

[3] D_{I} ist der kleinere der beiden Ersatzdurchmesser; D_1 der kleinere Durchmesser in dieser Ebene.

große Halbachse der Druckfläche $a = 0{,}691 \sqrt{\frac{Q}{p_H(\eta/\xi)}}$, (13/19)

Halbachsenverhältnis $b/a = \eta/\xi$, (13/20)

Annäherung (Abplattung) $u = 1{,}55 \frac{\psi}{\xi} \sqrt[3]{\frac{Q^2(1/D_I + 1/D_{II})}{2E^2}}$ mm, (13/21)

Beiwerte y, η/ξ und ψ/ξ s. Tafel 13/1 und Bild 13/4.

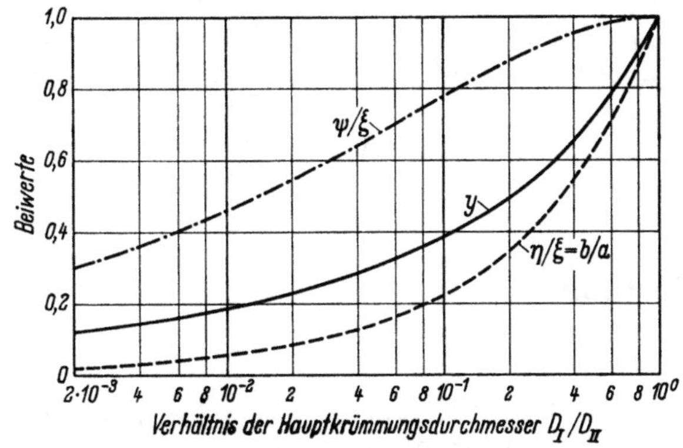

Bild 13/4. Beiwerte der Hertzschen Gleichungen.

Sonderfälle:

Für Kugel gegen Ebene ist $D_I = D_{II} = D_1$, $y = 1$, $\eta/\xi = 1$, $\psi/\xi = 1$;

für Kugel gegen Kugel ist $D_I = D_{II} = \frac{D_1 \cdot D_2}{D_1 + D_2}$, $y = 1$, $\eta/\xi = 1$, $\psi/\xi = 1$.

Für Stahl auf Stahl mit $E = 2{,}1 \cdot 10^5$ N/mm² wird

$K = 97\,(p_H/10^4)^3$ N/mm², (13/22)

$p_H = 2176 \cdot K^{1/3}$ N/mm². (13/23)

13.3.3 Maximale Schubspannung

Die größte Schubspannung τ_{max} tritt etwas unterhalb der Druckfläche im *Innern* auf [13/1], [13/3], [13/7]. Bei *Linien*berührung wird $\tau_{max} = 0{,}304\, p_H$ im Abstand $0{,}78 \cdot b$ von der Oberfläche; bei Punktberührung wird $\tau_{max} = 0{,}31\, p_H$ im Abstand $0{,}47 \cdot b$ von der Oberfläche (gilt für Druckfläche = Keilfläche). Entsprechende Fließlinien durch den τ_{max}-Punkt bogenförmig zur Oberfläche hin durchreißend konnte L. Föppl [13/1] bei Druckflächen aus St 37 nachweisen. Sie bieten eine gute Begründung für die „grübchenartigen" Ausbröcklungen (s. unten!) von überlasteten Wälzflächen bei dauernd wiederholter Überrollung, wobei man die Schubschwellfestigkeit in der Fließlinie als dynamische Belastungsgrenze betrachten kann. Da aber τ_{max} proportional p_H bleibt, genügt die übliche Berechnung von p_H bzw. K für die Beurteilung der Spannung bei reiner Normalbelastung.

13.3.4 Beanspruchung durch Schmierdruck

Bei geschmierten Wälzflächen mit großer Wälzgeschwindigkeit, bzw. großer Ölzähigkeit entsteht nach der hydrodynamischen Schmiertheorie (s. Kap. 15) ein beachtlicher Schmierdruck, wodurch der symmetrische Druckberg aus der Hertzschen Pressung (s. Bild 13/2 und 13/3) unsymmetrisch verändert wird. Die mathematische Erfassung des resultierenden Druckberges aus Hertzscher Pressung und Schmierdruck und der sich hieraus ergebenden maximalen Schubspannung ist dadurch erschwert, daß der

Verlauf der für den Druck maßgebenden Flankenkrümmung und Ölzähigkeit sich wiederum mit dem Schmierdruck und mit der Öltemperatur ändern. Von der Neigung des Druckbergs hängt wiederum die maximale Schubspannung unter der Oberfläche ab.

13.3.5 Beanspruchung durch Tangentialkräfte

Bei Wälzpaarungen können außer den Normalkräften auch tangentiale Umfangskräfte bis zur Größe der Reibkräfte aufgenommen werden. Hierdurch entstehen an der Oberfläche Tangentialspannungen, die sich den Normalspannungen (Hertzsche Pressung, Schmierdruck) überlagern und auch die maximale Schubspannung unter der Oberfläche beeinflussen.

Über den Einfluß der Tangentialkräfte auf die dynamische Wälzfestigkeit siehe Abschnitt 13.4.2.

13.4 Zulässige Belastung

13.4.1 Zulässige statische Belastung

Man kann in einer Prüfmaschine Wälzkörper gegeneinander pressen und die entsprechende Berührungsfläche, die elastische und bleibende Annäherung der Wälzkörper messen und in Beziehung zur Belastung setzen; ferner kann man bei steigender Belastung die nacheinander eintretenden Zustandsänderungen beobachten.

Tafel 13/2. Mittlere Grenzwerte beim statischen Druckversuch mit gehärteten Kugeln aus Wälzlagerstahl (nach Stribeck [13/6]).

Grenzmerkmal	Kugel gegen Kugel $D_1 = D_2$		Kugel gegen Ebene
	k_0 N/mm²	K N/mm²	$k_0 = K$ N/mm²
Bleibende Verformung gleich $^1/_{50}$ der elastischen	3	12	4
Grenze der Hertzschen Gl. (Proportionalitätsgrenze)	5	20	20
Grenze für gleiches p_m bei gleichem K bei Kugel gegen Kugel und Kugel/Platte	50	200	200
1. Kreisriß (am Umfang der Druckfläche)	100	400	350
Bruchlast der Kugel	520	2080	800

Derartige Versuche sind vor allem mit gehärteten Stahlkugeln, aber nur in geringem Maße mit anderen Wälzkörpern und anderen Werkstoffen bekannt geworden. Tafel 13/2 zeigt eine Gegenüberstellung derartig ermittelter Grenzwerte (Kugel gegen Kugel und Kugel gegen Platte), die den grundlegenden Versuchen von Stribeck [13/6] entnommen sind.

Die Versuche zeigen vor allem, daß die Hertzschen Gleichungen für Wälzkörper aus gehärtetem Stahl die entstehende Verformung und mittlere Flächenpressung bis weit in das Gebiet der plastischen Verformung richtig wiedergeben.

Eine andere Frage ist jedoch, welches Merkmal als Belastungsgrenze maßgebend ist und in welchem Zusammenhang es mit der Belastung bzw. mit K, mit der Schmiegung und mit der Werkstoffestigkeit steht. Es kommt im Einzelfall darauf an, welche *plastische Verformung* als noch zulässig anzusehen ist.

Die Tragfähigkeit an der Elastizitätsgrenze selbst (plastische Verformung = 0) hängt ganz entscheidend von der Rauhigkeit der Oberfläche ab, wobei der Übergang von elastischer in plastischer Verformung nicht eindeutig festzulegen ist (Niemann-Kraupner [13/35]). Analog zu der in der Festigkeitslehre bekannten 0,01% Dehn-

Tafel 13/3. Erfahrungswerte für k_0 bei statischer Belastung.

Angegeben von	Anwendungsgebiet Anordnung	Maße	Grenzmerkmal	Werkstoff	k_0 N/mm²
Palmgren [13/8]	Kugel gegen Ebene	$D_2 = \infty$	$u_b/D_1 =$ Konst.	geh. St., HV = 750	18
Mundt [13/9]	Kugel gegen Hohlrinne	$D_4 = -1{,}08\,D_1$			40
	Rolle gegen Ebene	$D_2 = \infty$			80
SKF [13/10]	Kugel gegen Ebene	$D_2 = \infty$	$u_b/D_1 = 10^{-4}$	geh. St., HV = 840	14
	Kugel gegen Hohlrinne	$D_4 = -1{,}08\,D_1$		geh. St., HV = 840	52
	Rolle gegen Ebene	$D_2 = \infty$		geh. St., HV = 750	120
Eschmann, Hasbargen und Weigand [13/11]	Kugel gegen Ebene	$D_2 = \infty$	$u_b/D_1 = 10^{-4}$	geh. St., HV = 750	14,5
	Kugel gegen Hohlrinne	$D_4 = -1{,}08\,D_1$			58
	Rolle gegen Ebene	$D_2 = \infty$			100
DIN 622, Bl. 2	Rillenkugellager (Innenring)	$D_2 \approx 5D_1$ $D_4 = -1{,}06D_1$	$u_b/D_1 = 10^{-4}$	geh. St., HV = 700	62,5
	Pendelkugellager (Außenring)	$D_2 = D_4 \approx \lvert 7D_1 \rvert$			17
	Zylinderrollenlager (Innenring)	$D_2 \approx 6D_1$			110
	Axial-Kugellager	$D_4 = -1{,}08D_1$			50
	Axial-Rollenlager	$D_2 = \infty$			100
Schönhöfer	Brückenauflager: Kugel gegen Ebene	$D_2 = \infty$	plast. Verform.	geh. St., HV = 750	10
Hütte III	Rolle gegen Ebene	$D_2 = \infty$	betriebssicher	GG 14	6···8,5
	Rolle gegen Ebene		betriebssicher	GS 52	10···13,6
	Rolle gegen Ebene		betriebssicher	C 35	12···20

grenze wählt man als zulässige statische Belastung diejenige Belastung, bei der eine bestimmte bleibende Verformung auftritt (s. auch Abschnitt 14.2.4).

Erfahrungswerte für die zulässige spezifische Belastung s. Tafel 13/3.

Für gehärteten Wälzlagerstahl kann mit $u_b/D_1 = 10^{-4}$ als Grenzwert für die zulässige spezifische Belastung gesetzt werden:

bei Linienberührung $k_0 \approx 100\cdots120\sqrt{D_I/D_1}$ N/mm², (13/24)

bei Punktberührung $k_0 \approx 14\sqrt{D_I \cdot D_{II}/D_1^2}$ N/mm². (13/25)

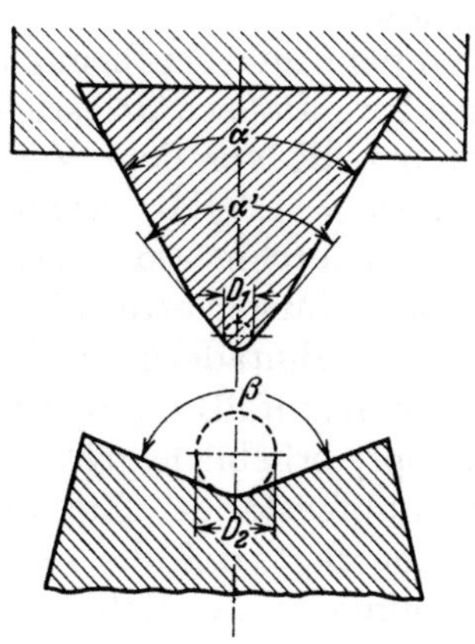

Bild 13/5. Winkel und Ausrundungen an Schneiden und Pfannen.

Für die Belastung von glasharten *Waagenschneiden* und Pfannen werden je mm tragender Länge bis 2 N für Feinwaagen, bis 100 N für mittlere Waagen, bis 1000 N für schwere Waagen und bis 2000 N für Schneiden von Festigkeitsprüfmaschinen angegeben. In Wirklichkeit ist die zulässige Belastung auch hier eine Frage der Wälzpressung, also der Ausrundung von Schneide und Pfanne, wobei eine Überlastung eine plastische Verformung und somit eine selbsttätige Anpassung der Ausrundung zur Folge haben wird. Anhaltswerte für die Winkel und Ausrundungen von Schneiden und Pfannen nach Bild 13/5 zeigt Tafel 13/4. Äußere Maße für Schneiden und Pfannen siehe DIN 1921, 1922.

Tafel 13/4. Anhaltswerte für Winkel und Ausrundungen von glasharten Schneiden und Pfannen nach Bild 13/5

Verwendung	Belastung	Schneide			Pfanne		
	Q/l_{eff} N/mm	$\sphericalangle\alpha$	$\sphericalangle\alpha'$	D_1 mm	$\sphericalangle\beta$	D_2 mm	K N/mm²
Feinwaagen	bis 2	45°	75°	0,03	120°	0,15	50
mittlere Wagen	100	60°	80°	0,2	140°	0,5	150
schwere Wagen	1000	90°	90°	1,5	140°	3,0	330
Festigkeits-Prüfmaschinen	2000	90°	110°	2,35	160°	4,0	350

13.4.2 Zulässige dynamische Belastung

Bei ständig wiederholter umlaufender oder hin und her gehender Wälzbewegung kann mit der Zeit ein *Abblättern* („Schälen"), bei gleichzeitiger Schmierung ein *Ausbröckeln* („Grübchenbildung") an der Laufbahn auftreten. Je höher die Wälzpressung, desto eher treten derartige Schäden auf. Also kann man in Laufversuchen die ertragbare Wälzpressung in Abhängigkeit von der Lebensdauer, d. h. von der Anzahl der Überrollungen bis zur *Grübchenbildung* ermitteln. Bild 13/6 zeigt derartige Lebensdauerkurven für verschiedene Werkstoffpaarungen bei Linienberührung und reiner Wälzbewegung. Den unteren Grenzwert der Wälzpressung, bei dem keine Grübchenbildung mehr erzielt wurde (Abknicken der Kurven in die Waagerechte) kann man als Dauer-Wälzfestigkeit K_D, bzw. p_D bezeichnen.

Nach obigen Versuchsergebnissen ist für Wälzkörper aus Stahl bei Linienberührung unter den angegebenen Versuchsbedingungen

$$p_D \approx 3\,\text{HB} \qquad \text{oder} \qquad K_D \approx 1{,}25\,(\text{HB}/100)^2 \quad \text{N/mm}^2\,. \tag{13/26}$$

Mit größerer Wälzgeschwindigkeit und Ölzähigkeit und besserer Oberflächengüte steigt die dynamische Wälzfestigkeit etwas an.

Wälzfestigkeitsuntersuchungen bei Punktberührung an Prüfkörpern aus gehärtetem Wälzlagerstahl (HB = 710) ergaben Dauerwälzfestigkeitswerte von $p_D = 5{,}25$ HB N/mm², wenn man der Berechnung die vor dem Versuch gemessenen Krümmungsdurchmesser zugrundelegt, bzw. $p_D = 4{,}4$ HB, wenn man die nach dem Versuch ausgemessenen größeren Krümmungsdurchmesser einsetzt. Die Dauerwälzfestigkeitswerte wurden bei 33 Millionen Überrollungen erreicht (Niemann, TH Braunschweig).

Bei *Wälz-Gleitbewegung* (z. B. bei Zahnrädern) ist die Wälzfestigkeit an der Flanke mit „negativem" Schlupf (z. B. am Zahnfuß) geringer[1] und an der Flanke mit „positivem" Schlupf (z. B. am Zahnkopf) erheblich größer als bei reiner Wälzbewegung. Bild 13/7 erläutert die obigen Schlupfzustände. Zur besseren Vorstellung der hierbei auftretenden Spannungen sei hinzugefügt, daß die Flanke bei negativem Schlupf mit zusätzlicher tangentialer Zugspannung in das Gebiet der Wälzenpressung hineinläuft und bei positivem Schlupf mit tangentialer Druckspannung.

Ferner sind bei Wälz-Gleitbewegung als weitere Belastungsgrenzen der zulässige Gleitverschleiß und die zulässige Erwärmung zu beachten.

[1] Versuchswerte s. Tafel 13/5 Zahnflanken gegenüber Rollenpaarung ohne Schlupf, ferner [13/15] bis [13/17], [13/20] und [13/21].

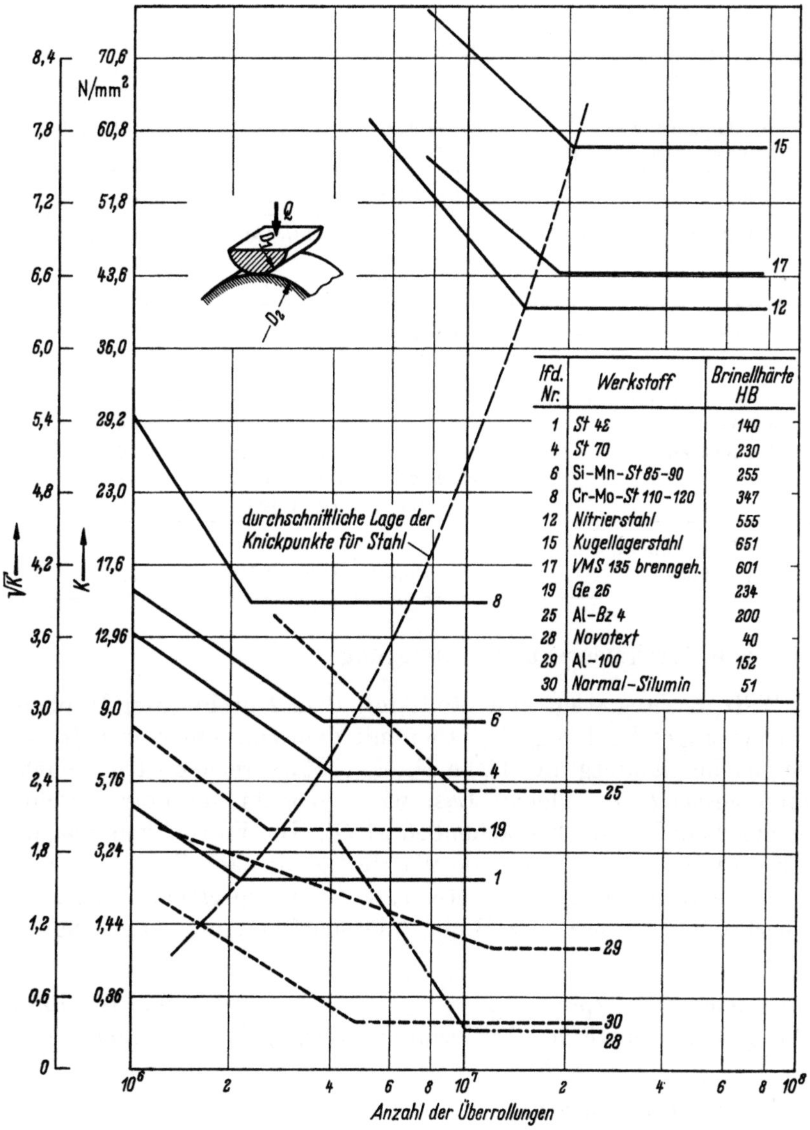

Bild 13/6. Wälzfestigkeit $K = \dfrac{Q}{D_{\mathrm{I}} \cdot l_{\mathrm{eff}}} = 2{,}86\, p_{\mathrm{H}}^2/E$ in Abhängigkeit von der Anzahl der Überrollungen bis zur Grübchenbildung für verschiedene Werkstoffe, nach Niemann [13/18] und Helbig [13/19]. Unterhalb der Waagerechten, d. h. unterhalb der Dauerwälzfestigkeit K_{D}, tritt keine Grübchenbildung auf. Versuchsbeding.: Wälzbewegung ohne Schlupf, $D_1 = 40$ mm (Prüfling), $D_2 = 90$ mm (Druckrolle aus gehärtetem Stahl), $D_{\mathrm{I}} = 27{,}69$ mm, Tropfschmierung mit Öl von 85 cSt, Oberflächen fein geschliffen.

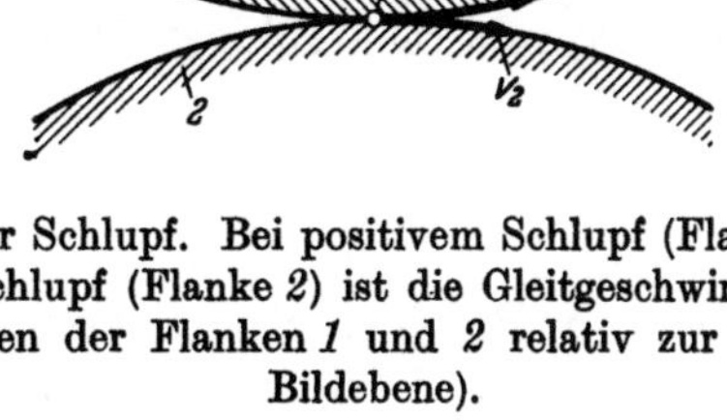

Bild 13/7. Positiver und negativer Schlupf. Bei positivem Schlupf (Flanke 1) ist die Gleitgeschwindigkeit $v_1 - v_2$ positiv. Bei negativem Schlupf (Flanke *2*) ist die Gleitgeschwindigkeit $v_2 - v_1$ negativ! v_1 und v_2 sind die Umfangsgeschwindigkeiten der Flanken *1* und *2* relativ zur Berührungslinie *B* (senkrecht zur Bildebene).

Tafel 13/5. Erfahrungswerte für K bei Linienberührung und dynamischer Belastung

Angegeben von	Verwendung Anordnung	Grenzmerkmal	Werkstoffe	K N/mm²	Schmierung
Niemann [13/18]	Rollenpaarung ohne Schlupf nach Bild 13/6	Dauerbetrieb ($p_D = 3$ HB)	Stahl/Stahl	1,25 (HB/100)²	
Niemann	Zahnflanken	($p_D = 2{,}7$ HB)	Stahl/Stahl	(HB/100)²	
Fachgruppe Antriebstechnik	Zahnflanken	Dauerbetrieb ($p = 1 \cdot \sigma_F$)	Stahl/Stahl	13,6 · (σ_F/1000)²	ölgeschmiert
Niemann Hütte II	Reibscheibengetriebe	ausreichende Lebensdauer	gehärt. Stahl GG/GG Novotext/GG	bis 30 0,3···0,5 0,2···0,4	
Hütte II	Laufrad/Schiene bei Kranen	ausreichende Lebensdauer	GG 21/St 70 GS 52/St 70 GS 60/St 70 leg St 80/St 80	2···3 4···6 4···7 5···8	trocken laufend
Hütte III	Laufrad/Schiene bei Bahnen	(wenn $l_{eff} = 40$ mm)	St 80/St 70	bis 2,5	

13.4.3 Einfluß von Durchmesser und Schmiegung

Bei gleicher Wälzpressung trägt eine Rolle mit dem Durchmesser D_1 ebenso viel, wie z Rollen gleicher tragender Länge l_{eff}, aber mit dem Durchmesser D_1/z, und sie beanspruchen die gleiche Gesamtgrundfläche $D_1 \cdot l_{eff}$. Entsprechend trägt auch eine Kugel mit dem Durchmesser D_1 die gleiche Last wie z Kugeln mit dem Durchmesser $D_1/\sqrt{z}$ bei ebenfalls gleichem Rechteck-Flächenbedarf D_1^2. In Wirklichkeit tragen die kleinen Kugeln sogar etwas mehr, da hierfür die Wälzfestigkeit nach Erfahrung etwas ansteigt.

Wählt man die Anschmiegung günstiger, so kann die gleiche Kugel eine vielfache Belastung übertragen. So beträgt z. B. die zulässige Belastung einer Kugel gegen Hohlrinne mit $D_4 = -D_1 \cdot 9/8$

das 7fache bei gleicher Wälzpressung
das 3fache bei gleicher plastischer Verformung u_b/D_1 } gegenüber der Paarung Kugel-Ebene.

13.4.4 Einfluß der Berührungsart

Auffallend ist, daß bei Punktberührung die ertragbare Hertzsche Pressung p_H erheblich größer ist als bei Linienberührung, und zwar sowohl bei statischer als auch bei dynamischer Belastung. So ist bei gehärtetem Stahl für Kugel gegen Ebene das zulässige p_H bei statischer Belastung etwa 1,75mal so groß als für Rolle gegen Ebene, wenn man die entsprechenden Erfahrungswerte für k_0 aus Tafel 13/3 (Versuchswerte von SKF) vergleicht, und bei dynamischer Belastung etwa 1,4···1,7mal so groß.

Der Grund ist wohl darin zu suchen, daß bei Punktberührung die Spannungen dreidimensional und bei Linienberührung zweidimensional auftreten. Entsprechend wird bei gehärtetem Stahl eine leicht tonnenförmige Rolle mit langgestreckter Ellipse als Berührungsfläche u. U. genau so viel oder noch mehr tragen können als eine gleich dicke und breite zylindrische Rolle mit rechteckiger Druckfläche.

13.5 Rollreibung

Beim Rollen eines Wälzkörpers, z. B. eines Rades vom Durchmesser D_1, auf einer geraden Laufbahn (Bild 13/8a) ist ein Verformungswiderstand zu überwinden, der proportional der Belastung Q ist. Das hierfür am Wälzkörper aufzubringende Drehmoment, genannt „Moment der Rollreibung“, ist

$$M_R = f \cdot Q = F_w \cdot D_1/2\,, \qquad (13/27)$$

und die entsprechende Reibleistung ist

$$N_R = M_R \cdot \omega = F_w \cdot v_w\,, \qquad (13/28)$$

wobei f der „Hebelarm der Rollreibung“, F_w der „Rollwiderstand“, ω die Winkelgeschwindigkeit des Wälzkörpers und v_w die Bewegungsgeschwindigkeit des Wälzkörper-Mittelpunktes ist.

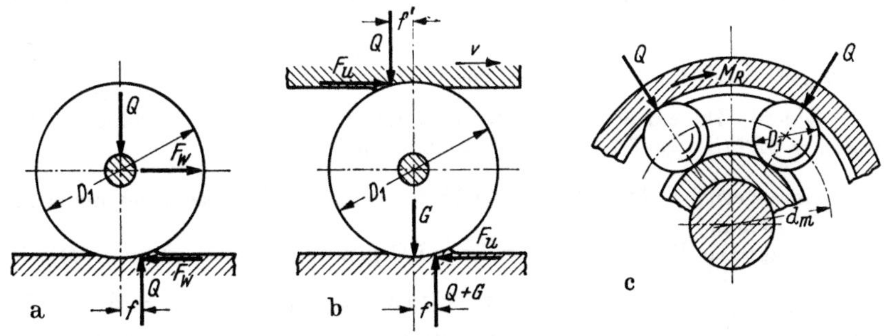

Bild 13/8. Rollreibung. a) für Rolle auf Laufbahn, b) für Rolle zwischen zwei Laufbahnen, c) für Ringlager.

Bei Verteilung der Last F auf mehrere gleiche Wälzkörper ist das Gesamtmoment der Rollreibung $M_R = f \cdot F$.

Für Wälzkörper zwischen zwei Laufbahnen (Bild 13/8b) ist entsprechend

$$M_R = (Q + G) f + Q \cdot f' = F_u \cdot D_1\,, \qquad (13/29)$$

wobei G das Eigengewicht der Rolle, f' der Hebelarm der Rollreibung an der oberen Berührungsstelle und F_u die aufzubringende Umfangskraft ist. Ist G im Verhältnis zu Q klein und $f' = f$, so wird

$$M_R = 2Q \cdot f = F_u \cdot D_1 \quad \text{und} \quad N_R = F_u \cdot v\,, \qquad (13/30), (13/31)$$

wobei v die Geschwindigkeit der oberen Laufbahn relativ zur unteren ist.

Entsprechend ist bei *Wälzlagern* das aufzubringende Drehmoment am Innen- oder Außenring (Bild 13/8c)

$$M_R = (\Sigma\, Q) \cdot f \cdot d_m/D_1 \quad \text{und} \quad N_R = M_R \cdot \omega\,, \qquad (13/32), (13/33)$$

wobei ω die Winkelgeschwindigkeit des Innenrings relativ zum Außenring und d_m der Teilkreisdurchmesser ist.

Hebelarm f. Im allgemeinen setzt man $f = 0{,}5$ mm für Wälzpaarungen aus Stahl, Stahlguß und Grauguß. Bei Wälzlagern aus gehärtetem und geschliffenem Stahl ist günstigenfalls $f = 0{,}005 \cdots 0{,}01$ mm. Nach Versuchen an Eisenbahn-Laufrädern auf Schienen [13/36] ist f vom Raddurchmesser D_1 (mm) abhängig: $f \approx 0{,}013\,\sqrt{D_1}$ (mm).

Zusätzliche Gleitreibung. Bei Berührung der Wälzkörper außerhalb der Wälzlinie, z. B. bei Spurkranzreibung der Laufräder, bei Bord-, Stirn- und Käfigreibung der Wälzlager, bei zusätzlicher Gleitreibung von Dichtungen und Lagerzapfen ist ein zusätzliches Reibmoment zu überwinden, das häufig erheblich größer ist als das Rollreibmoment. Über die zusätzliche Reibung bei Wälzlagern s. Kap. 14.

13.6 Berechnungsbeispiele

Beispiel 1: Kranlaufrad aus Stahlguß (Bild 13/1a). $D_1 = 800$ mm, tragende Schienenbreite $l_{eff} = 65$ mm. Mit $K = 4$ N/mm² nach Tafel 13/5 wird die zulässige Belastung $Q = K \cdot D_1 \cdot l_{eff} = 208000$ N, und das Roll-Reibmoment $M_R = f \cdot Q = 104$ Nm, oder der Rollwiderstand $F_w = 2M_R/D_1 = 260$ N. Hierzu kommt der Gleitreibungswiderstand F_z der Laufradlagerung, der ein Vielfaches des Rollwiderstandes beträgt; z. B. $F_z = Q \cdot \mu \cdot d/D_1 = 2080$ N, wenn der Zapfendurchmesser $d = 80$ mm und die Reibungszahl des Zapfens $\mu = 0{,}1$ beträgt.

Beispiel 2: Nocken und Nockenrolle (Bild 13/1h) aus gehärtetem Stahl, HB = 600, $D_1 = 5$ mm, $D_2 = 20$ mm, $l_{\text{eff}} = 10$ mm. Für Dauerbetrieb mit $K = 1{,}25 \cdot (\text{HB}/100)^2 = 45$ N/mm² (s. Tafel 13/5) und $D_\text{I} = D_1 \cdot D_2/(D_1 + D_2) = 4$ mm wird die größte zulässige Stoßbelastung $Q = K \cdot D_\text{I} \cdot l_{\text{eff}} = 1800$ N.

Beispiel 3: Wälzschlitten mit Kugeln in Hohlrinnen (Bild 13/1e) aus gehärtetem Stahl. Belastung $F = 50000$ N, Kugeldurchmesser $D_1 = 15$ mm, Profil der Hohlrinne $D_4 = -D_1 4/3$. Hierfür ist $D_\text{I} = D_1$, $D_\text{II} = 4D_1$ und nach Bild 13/4 $y = 0{,}54$, $\eta/\xi = 0{,}4$, $\psi/\xi = 0{,}903$. Wählt man $k_0 = 14\sqrt{D_\text{I} \cdot D_\text{II}/D_1^2} = 28$ N/mm² als zul. stat. Belastung, so ist $Q = k_0 \cdot D_1^2 = 6300$ N, oder die Anzahl der benötigten Kugeln $z = F/Q \approx 8$.

Die Annäherung des Schlittens an die Auflage beträgt $2u = 2 \cdot 1{,}55 \cdot \psi/\xi \sqrt[3]{\dfrac{Q^2(1/D_\text{I} + 1/D_\text{II})}{2E^2}} = 0{,}093$ mm mit $E = 2{,}1 \cdot 10^5$ N/mm². Die am Schlitten aufzubringende Kraft zur Überwindung der Rollreibung beträgt $F_u = M_R/D_1 = 2F \cdot f/D_1 = 46{,}7$ N, wenn $f = 0{,}007$ mm.

Beispiel 4: Reibradgetriebe (Bild 13/1k), aus gehärtetem Stahl, $HB = 650$, ölgeschmiert. $D_3 = 100$ mm, $D_4 = 100$ mm, $l_{\text{eff}} = 10$ mm.

Bei *Linienberührung*: Das Profil von Reibrolle und Gegenrolle stimmen überein. Mit $k = 25$ N/mm² (s. Tafel 13/5) und $D_\text{I} = \dfrac{D_3 \cdot D_4}{D_3 + D_4} = 50$ mm, wird die zulässige Anpreßkraft $Q = K \cdot D_\text{I} \cdot l_{\text{eff}} = 12500$ N. Bei einer Mindest-Gleitreibungszahl $\mu = 0{,}065$ wird die übertragbare Umfangskraft $F_u = Q \cdot \mu = 812{,}5$ N. Die Hertzsche Pressung $p_\text{H} = 271 \cdot K^{1/2} = 1355$ N/mm².

Bei *Punktberührung*: Das Profil der Reibrolle ist etwas stärker gekrümmt als das Profil der Gegenscheibe, $D_1 = 80$ mm, $D_2 = -100$ mm. Es wird:

$$D_\text{I} = \frac{D_3 \cdot D_4}{D_3 + D_4} = 50 \text{ mm} \quad \text{und} \quad D_\text{II} = \frac{D_1 \cdot D_2}{D_1 + D_2} = 400 \text{ mm}.$$

Hieraus folgt für $D_\text{I}/D_\text{II} = 0{,}125$ aus Bild 13/4 $y = 0{,}42$, $K = Q/(D_\text{I}/y)^2 = 0{,}882$ N/mm² oder $p_\text{H} = 2176\, K^{1/3} = 2086{,}8$ N/mm². Da p_H bei Punktberührung etwa 1,7mal so groß als bei Linienberührung sein darf, wäre die Punktberührung hier vorzuziehen (geringere Reibverluste).

13.7 Schrifttum zu 13

Spannungen, statische Tragfähigkeit

13/1 Föppl, L.: Der Spannungszustand und die Anstrengung des Werkstoffs bei Berührung zweier Körper. Forschg. Ing.-Wes. 7 (1936) 209.

13/2 Hertz, H.: Über die Berührung fester elastischer Körper ... Leipzig: Ges. Werke, Bd. I. Barth 1895 und J. reine angew. Math. 92 (1881) 156 – Auszug s. Hütte I, 27. Aufl. *1942, 736.*

13/3 Karas, Fr.: Der Ort größter Beanspruchung in Wälzverbindungen mit verschiedenen Druckfiguren. Forschg. Ing.-Wes. 11 (1940) 334 u. 12 (1941) 237.

13/4 Kunert, K. H.: Die Spannungsverteilung im Halbraum bei elliptischer Flächenpressungsverteilung über einer rechteckigen Druckfläche. Diss. TH München 1961.

13/5 Löffler, J.: Die Spannungsverteilung in der Berührungsfläche gedrückter Zylinder auf Grund spannungsoptischer Messungen. Diss. TH Dresden 1938.

13/6 Stribeck, R.: Kugellager für beliebige Belastungen. Mitt. Forsch.-Arb. VDI 2. Berlin 1901 und Z. VDI 45 (1901) 73, 118 und Glasers Ann. Nr. 577, 1. Juli 1901 und Z. VDI 51 (1907) 1495.

13/7 Weber, C.: Beitrag zur Berührung gewölbter Oberflächen beim ebenen Formänderungszustand. ZAMM 13 (1933) 11.

13/8 Palmgren, A.: Untersuchung über die statische Tragfähigkeit von Kugellagern. Diss. Stockholm 1930.

13/9 Mundt, R.: Höchstbelastbarkeit von Wälzlagern. Forsch. Ing-Wes. 7 (1936) 292 und Hütte Bd. II *27. Aufl.*, 192. *Berlin 1944.*
– Zur Berechnung der Tragfähigkeit ... Z. VDI 85 (1941) 801.

13/10 SKF: Statische Tragfähigkeit von Wälzlagern. Das Kugellager – Hausmitt. der SKF Schweinfurt 18 (1943) 33.

13/11 Eschmann, Hasbargen, Weigand: Die Wälzlagerpraxis. München: Oldenbourg 1953.

13/12 Schlee: Gleicharmige Hebelwaagen. Arch. techn. Mess. J 131–4; T 80, Juli 1940.

13/13 Götz, E.: Waagen- und Wiegeeinrichtungen. Leipzig: M. Jänecke 1931.

Dynamische Tragfähigkeit

13/14 Kühnel, R.: Abblätterungen am Radreifen. Stahl u. Eisen 57 (1937) 553.

13/15 Nishihara, Kobayashi: Pittings of Steel under lubricated Rolling Contact... Trans. Soc. mechan. Engr. Japan Bd. III (1937) 292, Bd. V (1939) 90.

13/16 Niemann, G.: Walzenpressung und Grübchenbildung bei Zahnrädern. Maschinenelemente-Tagung Düsseldorf 1938, Berlin: VDI-Verlag 1940.

13/17 Karas, Fr.: Dauerfestigkeit von Laufflächen gegenüber Grübchenbildung. Z. VDI 85 (1941) 341.

13/18 Niemann, G.: Walzenfestigkeit und Grübchenbildung von Zahnrad- und Wälzlagerwerkstoffen. Z. VDI 87 (1943) 521.

13/19 Helbig, Fr.: Walzenfestigkeit und Grübchenbildung von Zahnrad- und Wälzlagerwerkstoffen. Diss. TH Braunschweig 1943.

13/20 Meldahl, A.: Prüfung von Zahnradmaterial mit dem Brown-Boveri-Apparat. Schweiz. Arch. angew. Wiss. Techn. Bd. 6 (1940) 285; ferner: Automob. Engr. (1941) 97; ferner: Brown-Boveri-Review Okt. 1939.

13/21 Glaubitz, H.: Zahnradversuchsergebnisse zum Schlupfeinfluß auf die Walzenfestigkeit von Zahnflanken. Forschg. Ing.-Wes. 14 (1943) 24.

13/22 Way, St.: Pitting Due to Rolling contact. J. appl. Mechan. Bd. 2 (1935) S. A 49 a. A 110. – Westinghouse Roller a. Gear Pitting Tests, A. G. M. A. 24. Ann. Meeting Report. Mai 1941.

13/23 Buckingham, E.: Surface Fatigue of Plastic Materials. Progr. Report Nr. 16 of the ASME (1944).

13/24 Akaoka, J.; Hirsawa, K.: Fatigue phenomena under rolling contact accompanied with sliding. Bull. Jap. Soc. Mech. Engrs., 2 (1959) 43–50.

13/25 Buckingham, E.; Talbourdet, G. J.: Recent roll tests on endurance limits of materials. Mechanical wear, Proc. Conf. MIT 1948; Cleveland 1950, 289.

13/26 Bufler, H.: Beanspruchung und Schlupf beim Rollen elastischer Walzen. Forsch. Ing.-Wes. 27 (1961) 121.

13/27 Buschhorn, H. R.: Zur Wälzfestigkeit gehärteter Stahl-Stahl-Paarungen bei Punktberührung und Umfangskraftübertragung. Diss. TH Braunschweig, 1966.

13/28 Cocks, M.; Tallian, T. E.: Sliding contacts in rolling bearings. Transaction ASLE 14 (1971) 32–41.

13/29 Dawson, P. H.: The effect of metallic contact and sliding on the shape of the S-N curve for pitting fatique. Symp. on fatique in rolling contact 1963, paper 4.

13/30 Dawson, P. H.: Further experiments on the effect of metallic contact on the pitting of lubricated rolling surfaces. Symp. on elastohydrodynamic lubrication 1965, paper 7.

13/31 Denning, R. E.; Rice, S. L.: Surface fatigue research with the geared roller test machine. SAE 620 B, 1963.

13/32 Miyoshi, H.; Takaola, J.: Study on the pitting in rolling contact. J. Mech. Lab. Jap. 13 (1967) 1–14.

13/33 Morrison, R. A.: Load/life curves for gear and cam materials. Machine Design 40 (1960) H. 18, 102–108.

13/34 Niemann, G., Richter, W.: Versuchsergebnisse zur Zahnflankentragfähigkeit. Konstruktion 12 (1960) 185–194, 319–321.

13/35 Niemann, G.; Kraupner: Das plastische Verhalten umlaufender Stahlrollen bei Punktberührung. VDI-Forschungsheft 434. Düsseldorf 1952.

Rollreibung

13/36 Fromm, H.: Arbeitsverlust, Formänderungen und Schlupf beim Rollen von treibenden und gebremsten Rädern oder Scheiben. Z. techn. Physik 9 (1928) 299.

13/37 Föppl, L.: Die strenge Lösung für die rollende Reibung. München: Leibnitz-Verlag 1947.

13/38 Karas, F.: Die äußere Reibung bei Walzendruck. Forsch. Ing.-Wes. 12 (1941) 266.

13/39 Karde, K.: Die Grundlagen der Berechnung und Bemessung des Klemmrollen-Freilaufs. ATZ 51 (1949) 49.

13/40 Mönch, E.; Busch, M.: Spannungsoptische Versuche zur Theorie der rollenden Reibung. Forsch. Ing.-Wes. (1964) 274–284.

14 Wälzlager

14.1 Überblick

14.1.1 Eigenschaften

Gegenüber *Gleitlagern* ist hervorzuheben:

a) die viel geringere Anlaufreibung (Anlaufreibungszahl etwa 0,002···0,006 für Lager ohne Dichtscheiben) und der geringere Einfluß der Drehzahl auf die Reibung;

b) die geringere Betriebsreibung und daher geringere Wärmeentwicklung bei gleicher Belastung;

c) der Fortfall der Einlaufzeit und des Einflusses des Wellenwerkstoffes;

d) die einfache und fast wartungsfreie Dauerschmierung bei erheblich geringeren Schmierstoffmengen;

e) die durchweg größere Tragfähigkeit je Lagerbreite;

f) die Normung der äußeren Abmessungen, der Genauigkeit, der zulässigen Belastung und Berechnung der Lebensdauer, verbunden mit der hochwertigen Herstellung in Spezialfabriken und die sich hieraus ergebenden Vorteile für die Anwendung und Ersatzbeschaffung.

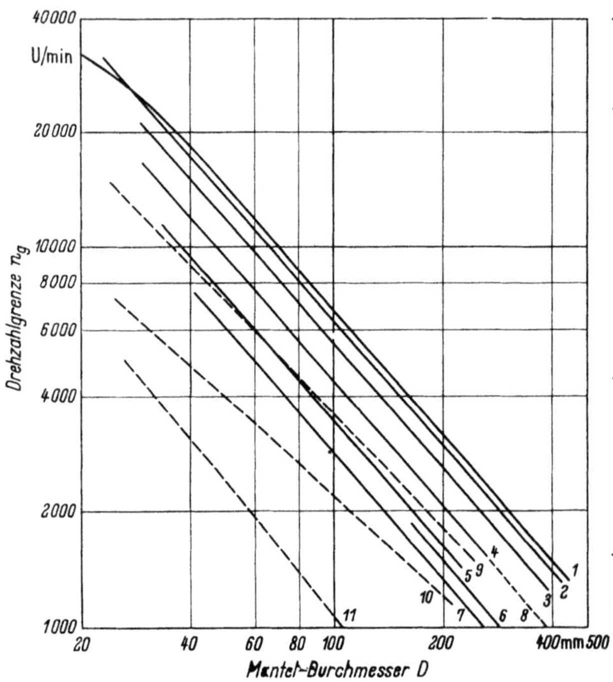

lfd. Nr.	Bauform	Drehzahlgrenze Öltauch-schmierung	erreichbare Drehzahl
	Radiallager		
1	Rillenkugellager	$1{,}2 \cdot n_g$	$3{,}6 \cdot n_g$
2	Zylinderrollenlager	$1{,}2 \cdot n_g$	$3 \cdot n_g$
	Pendelkugellager	$1{,}2 \cdot n_g$	—
3	Schrägkugellager, einreihig	$1{,}35 \cdot n_g$	$2 \cdot n_g$
4	Schrägkugellager, zweir.	$1{,}35 \cdot n_g$	—
5	Kegelrollenlager	$1{,}35 \cdot n_g$	—
6	Pendelrollenlager	$1{,}35 \cdot n_g$	$1{,}9 \cdot n_g$
7	Tonnenlager	$1{,}2 \cdot n_g$	—
	Axiallager (einseitig wirkend)		
8	Axial Pendelrollenlager	—[1]	$1{,}4 \cdot n_g$
9	Axial Schrägkugellager	$1{,}35 \cdot n_g$	—
10	Axial-Rillenkugellager[2]	$1{,}45 \cdot n_g$	$2 \cdot n_g$
11	Axial-Zylinderrollenlager	$3{,}2 \cdot n_g$	—

[1] angegebene Drehzahlgrenze bei Ölschmierung

[2] angegebene Drehzahlgrenze gilt nur für Lagerreihe 511

Bild 14/1. Drehzahlgrenzen für Wälzlager bei Fettschmierung nach Kugelfischer. (Voraussetzungen: exakte Einbauverhältnisse; rein radiale bzw. axiale Belastung; keine hohen Belastungen (entsprechend $L_h > 30000$)).

14.1.2 Verwendungsgrenzen

Trotz dieser Vorzüge der Wälzlager zieht man Gleitlager in gewissen Fällen vor, z. B. dort, wo das Lagergeräusch stört, ferner bei *starken Erschütterungen* im Stillstand, z. B.

bei Reservemaschinen; weiterhin bei *geteilten* Lagern, bei sehr großen Radiallagern (relativ hoher Preis), bei *hochtourigen* Axiallagern von Generatoren und Turbinen und bei *sehr kleinen* Lagern in Geräten aus Preisgründen (z. B. Kunststoff-Gleitlager in Haushaltsmaschinen).

Drehzahlgrenzen für Wälzlager normaler Genauigkeit und Ausführung bei mittleren Belastungen ($L_h > 30000$) und Fettschmierung s. Bild 14/1.

Bei Ölschmierung (Ölbad) sind höhere Drehzahlen zulässig (vgl. Bild 14/1). Ein Überschreiten der Drehzahlgrenze ist möglich, wenn besondere Maßnahmen hinsichtlich Einbau- und Schmierverhältnissen (Ölumlauf-, Ölnebel-, Öleinspritzschmierung) sowie der Lagerausführung (Massivkäfige, erhöhte Genauigkeit, größere Lagerluft) getroffen werden. Anhaltswerte für die unter diesen Voraussetzungen erreichbare Drehzahl in Bild 14/1.

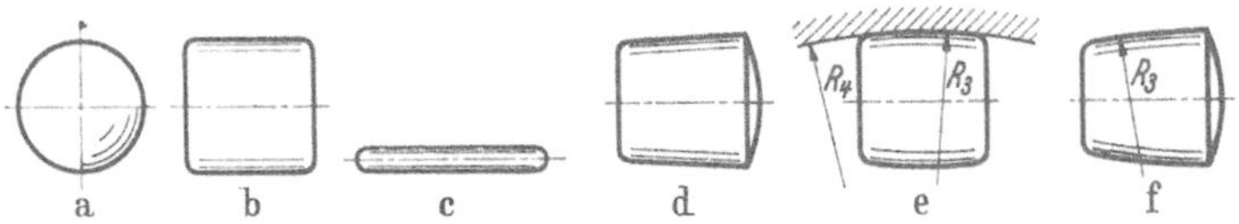

Bild 14/2. Wälzkörper; a) Kugel, b) Zylinder, c) Nadel, d) Kegelrolle, e) symmetrische Tonnenrolle, f) asymmetrische Tonnenrolle.

14.1.3 Bauformen

Ein vollständiges Wälzlager besteht aus zwei Rollbahnkörpern und den dazwischen angeordneten Wälzkörpern, die meist durch einen Käfig voneinander getrennt und auch zusammengehalten werden. Als Wälzkörper dienen Kugeln, Rollen oder Nadeln nach Bild 14/2.

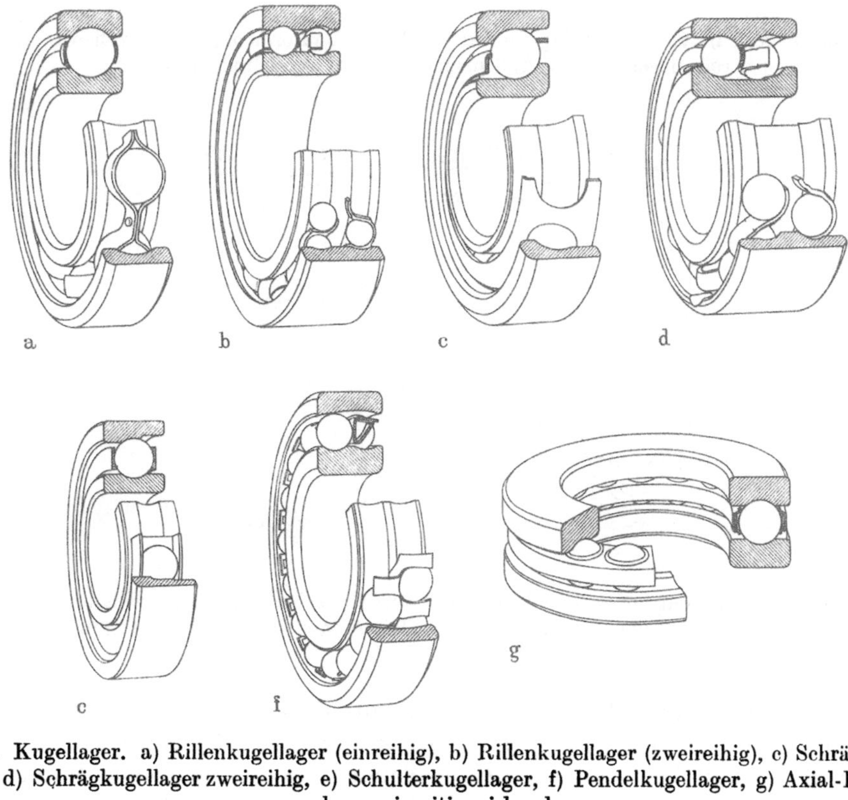

Bild 14/3. Kugellager. a) Rillenkugellager (einreihig), b) Rillenkugellager (zweireihig), c) Schrägkugellager einreihig, d) Schrägkugellager zweireihig, e) Schulterkugellager, f) Pendelkugellager, g) Axial-Rillenkugellager, einseitig wirkend.

Die verschiedenen Wälzlagerbauformen zeigen Bild 14/3 bis 14/5. Als Radiallager bezeichnet man Wälzlagerbauformen mit einem Berührungswinkel $\alpha < 45°$; als Axiallager solche mit $\alpha \geqq 45°$. Die Konstruktionsbedingungen für reine Wälzbewegung an den Rollbahnen zeigt Bild 14/19.

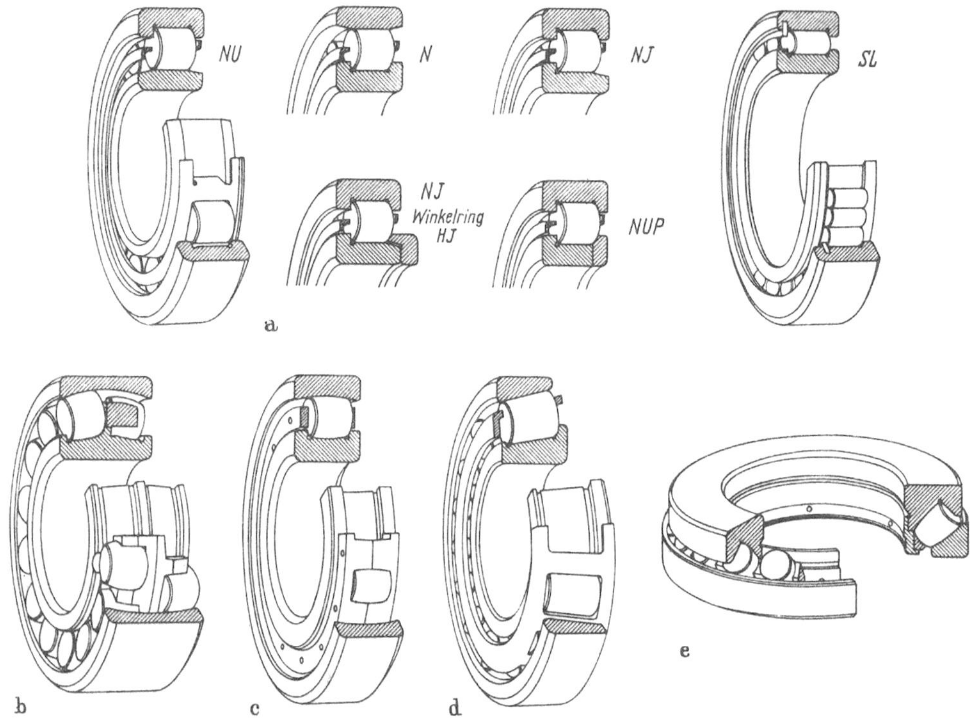

Bild 14/4. Rollenlager. a) Zylinderrollenlager unterschiedlicher Bauformen, b) Pendelrollenlager, c) Tonnenrollenlager, d) Kegelrollenlager, e) Axial-Pendelrollenlager.

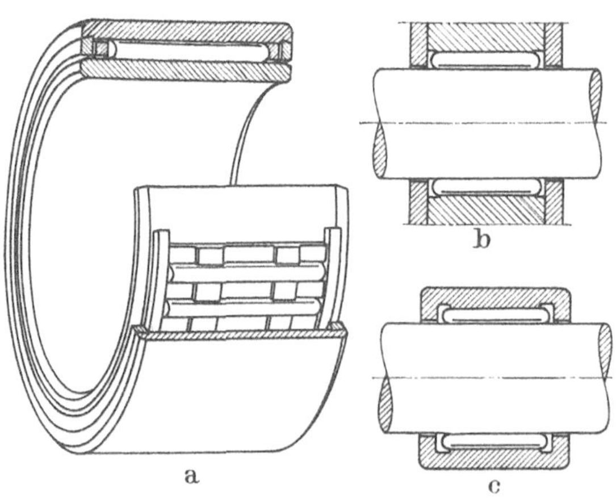

Bild 14/5. Nadellager. a) komplettes Nadellager, b) unmittelbare Nadellagerung, c) halbmittelbare Nadellagerung. Bei Ausführung a häufig auch seitlicher Anlauf der Nadeln an festen Borden.

Die seitliche Führung erfolgt bei Kugeln durch die Laufrille selbst, bei symmetrischen Rollen und Tonnen durch „Spielführung" zwischen den seitlichen Borden oder durch den Käfig und bei asymmetrischen Tonnen- und Kegelrollen durch „Spannführung", wobei die Kraftkomponente F_B die Rolle gegen den Bord drückt (s. Bild 14/6).

14.1.4 Baumaße und Kennzeichnung der genormten Wälzlager

Äußere Baumaße. Die Außenmaße der Wälzlager (s. Bild 14/7) werden gestuft nach Breitenreihen (7, 8, 9, 0, 1, 2, 3, 4, 5, 6) und Durchmesserreihen (7, 8, 9, 0, 1, 2, 3, 4, 5). Durch die Verbindung der beiden Kennzahlen (merke: B vor D!) werden die Maßreihen gebildet (DIN 616). Die Außenmaße für Radiallager der gebräuchlichen Maßreihen sind in Tafel 14/1 aufgezeigt. Neben den Maßplänen für Radiallager gibt es noch Maßpläne für Kegelrollenlager (für Durchmesser und Innenringbreite gelten die Maßpläne für Radiallager) und Axiallager (Höhenreihen 7, 9, 1, 2; Durchmesserreihen 0, 1, 2, 3, 4, 5). Diese Maßpläne sind die Grundlage für die Außenmaße der Wälzlager. Die in der Praxis ständig verwendeten Lager stellen nur einen Ausschnitt aus diesen Maßplänen dar. Die Kennzeichnung eines Wälzlagers erfolgt durch Kurzzeichen (DIN 623). Das Kurzzeichen besteht aus Vorsetzzeichen, Basiskennzeichen und Nachsetzzeichen. Als Basiskennzeichen, welches das Lager charakterisiert, gilt die Lagerreihe und die Lagerbohrung. Im Zeichen für die Lagerreihe ist die Bauform und die Maßreihe verschlüsselt. Für Bohrungsdurchmesser von 10···480 mm wird die Bohrungskennzahl angegeben. Ausgenommen die Lagergrößen bis zu 17 mm Bohrung erhält man den Bohrungs-

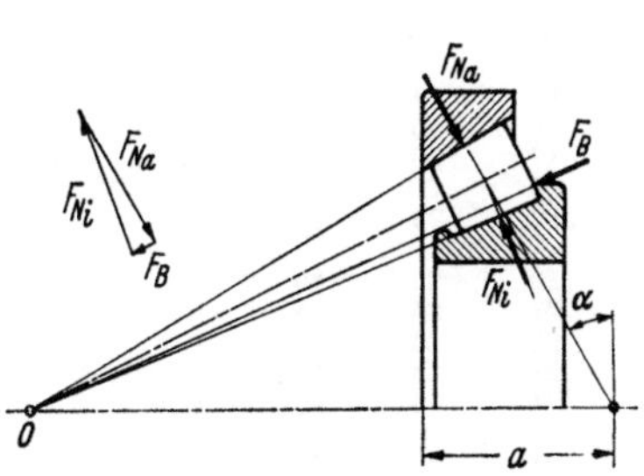

Bild 14/6.

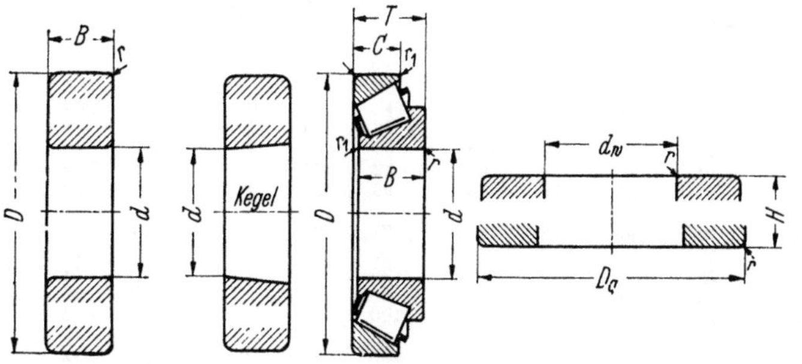

Bild 14/7.

Bild 14/6. Maße und Kräfte an einem Kegelrollenlager. O Rollkegelspitze, α Berührungswinkel, a Abstand der Druckkegelspitze von der Seitenfläche des Außenrings, F_{Na}, F_{Ni} Normalkraft auf Außen-, Innenring, F_{B} Bordkraft.

Bild 14/7. Außenmaße der Wälzlager, vgl. Tafel 14/1. Kegel 1:12 (1:30).

durchmesser in mm, wenn man die Bohrungskennzahl mit 5 multipliziert. Zum Beispiel bedeutet 6205: Rillenkugellager einreihig der Maßreihe 02 (Breitenreihe 0, Durchmesserreihe 2) mit $05 \cdot 5 = 25$ mm Bohrungsdurchmesser (vgl. Tafel 14/2).

Innere Baumaße betragen etwa:

Walzkörperdurchmesser $D_{\text{W}} = q_1(D - d)$,

Anzahl der Wälzkörper in einer Reihe $Z = q_2(D + d)/D_{\text{W}}$,

Schmiegung in Axialebene $S = R_3/R_4$ (vgl. Bild 14/2),

Krümmungshalbmesser des Profils der Laufrinne R_4,

Tonnenlager (Außenring) $R_4 \approx d_{\text{m}}/2 + D_{\text{W}}/2$,

Pendelrollenlager (Außenring) $R_4 \approx D/2 - 0{,}45\, D_{\text{W}}$,

Pendelkugellager (Außenring) $R_4 \approx d_{\text{m}}/2 + 0{,}55\, D_{\text{W}}$,

Durchmesser d und D s. Tafel 14/1.

Beiwerte q_1, q_2 und S s. Tafel 14/3.

14.1.5 Werkstoff

Für die Wälzkörper und Rollbahnringe verwendet man gewöhnlich einen durchhärtenden Wälzlagerstahl (nach Stahl-Eisen-Werkstoffblatt 350-53 Wälzlagerstahl, mit 0,9···1,1 %C;

Tafel 14/1. Maßpläne für Radiallager (ohne Kegelrollenlager) nach DIN 616 (Auszug). Beispiel: 6205, Rillenkugellager der Maßreihe 02 eingerahmt

Bohrungs-Kennzahl	d	Durchmesserreihe 8			Durchmesserreihe 9			Durchmesserreihe 0							
			Maßreihe			Maßreihe			Maßreihe						
		D	48		D	49		D	00	10	20	30	40	00	10···40
			B	r		B	r		B	B	B	B	B	r	r
	3	7	–	–	8	–	0,3	9	–	3	–	5	–	–	0,3
	4	9	–	–	11	–	0,3	12	–	4	–	6	–	–	0,4
–	5	11	–	–	13	10	0,3	14	–	5	–	7	–	–	0,4
–	6	13	–	–	15	10	0,3	17	–	6	–	9	–	–	0,5
–	7	14	–	–	17	10	0,3	19	–	6	8	10	–	–	0,5
–	8	16	8	0,4	19	11	0,3	22	–	7	9	11	14	–	0,5
–	9	17	8	0,4	20	11	0,5	24	–	7	10	12	15	–	0,5
00	10	19	9	0,5	22	13	0,5	26	–	8	10	12	16	–	0,5
01	12	21	9	0,5	24	13	0,5	28	7	8	10	12	16	0,5	0,5
02	15	24	9	0,5	28	13	0,5	32	8	9	11	13	17	0,5	0,5
03	17	26	9	0,5	30	13	0,5	35	8	10	12	14	18	0,5	0,5
04	20	32	12	0,5	37	17	0,5	42	8	12	14	16	22	0,5	1
–	22	34	–	0,5	39	17	0,5	44	8	12	14	16	22	0,5	1
05	25	37	12	0,5	42	17	0,5	47	8	12	14	16	22	0,5	1
–	28	40	–	0,5	45	17	0,5	52	8	12	15	18	24	0,5	1
06	30	42	12	0,5	47	17	0,5	55	9	13	16	19	25	0,5	1,5
–	32	44	–	0,5	52	20	1	58	9	13	16	20	26	0,5	1,5
07	35	47	12	0,5	55	20	1	62	9	14	17	20	27	0,5	1,5
08	40	52	12	0,5	62	22	1	68	9	15	18	21	28	0,5	1,5
09	45	58	13	0,5	68	22	1	75	10	16	19	23	30	1	1,5
10	50	65	15	0,5	72	22	1	80	10	16	19	23	30	1	1,5
11	55	72	17	0,5	80	25	1,5	90	11	18	22	26	35	1	2
12	60	78	18	0,5	85	25	1,5	95	11	18	22	26	35	1	2
13	65	85	20	1	90	25	1,5	100	11	18	22	26	35	1	2
14	70	90	20	1	100	30	1,5	110	13	20	24	30	40	1	2
15	75	95	20	1	105	30	1,5	115	13	20	24	30	40	1	2
16	80	100	20	1	110	30	1,5	125	14	22	27	34	45	1	2
17	85	110	25	1,5	120	35	2	130	14	22	27	34	45	1	2
18	90	115	25	1,5	125	35	2	140	16	24	30	37	50	1,5	2,5
19	95	120	25	1,5	130	35	2	145	16	24	30	37	50	1,5	2,5
20	100	125	25	1,5	140	40	2	150	16	24	30	37	50	1,5	2,5
21	105	130	25	1,5	145	40	2	160	18	26	33	41	56	1,5	3
22	110	140	30	1,5	150	40	2	170	19	28	36	45	60	1,5	3
24	120	150	30	1,5	165	45	2	180	19	28	36	46	60	1,5	3
26	130	165	35	2	180	50	2,5	200	22	33	42	52	69	2	3
28	140	175	35	2	190	50	2,5	210	22	33	42	53	69	2	3
30	150	190	40	2	210	60	3	225	24	35	45	56	75	2	3,5
32	160	200	40	2	220	60	3	240	25	38	48	60	80	2,5	3,5
34	170	215	45	2	230	60	3	260	28	42	54	67	90	2,5	3,5
36	180	225	45	2	250	69	3	280	31	46	60	74	100	3	3,5
38	190	240	50	2,5	260	69	3	290	31	46	60	75	100	3	3,5
40	200	250	50	2,5	280	80	3,5	310	34	51	66	82	109	3	3,5
44	220	270	50	2,5	300	80	3,5	340	37	56	72	90	118	3,5	4
48	240	300	60	3	320	80	3,5	360	37	56	72	92	118	3,5	4
52	260	320	60	3	360	100	3,5	400	44	65	82	104	140	4	5
56	280	350	69	3	380	100	3,5	420	44	65	82	106	140	4	5
60	300	380	80	3,5	420	118	4	460	50	74	95	118	160	5	5
64	320	400	80	3,5	440	118	4	480	50	74	95	121	160	5	5
68	340	420	80	3,5	460	118	4	520	57	82	106	133	180	5	6
72	360	440	80	3,5	480	118	4	540	57	82	106	134	180	5	6
76	380	480	100	3,5	520	140	5	560	57	82	106	135	180	5	6
80	400	500	100	3,5	540	140	5	600	63	90	118	148	200	6	6
84	420	520	100	3,5	560	140	5	620	63	90	118	150	200	6	6
88	440	540	100	3,5	600	160	5	650	67	94	122	157	212	6	8
92	460	580	118	4	620	160	5	680	71	100	128	163	218	6	8
96	480	600	118	4	650	170	6	700	71	100	128	165	218	6	8
–	500	620	118	4	670	170	6	720	71	100	128	167	218	6	8
–	530	650	118	4	710	180	6	780	80	112	145	185	250	8	8
–	560	680	118	4	750	190	6	820	82	115	150	195	258	8	8
–	600	730	128	4	800	200	6	870	85	118	155	200	272	8	8
–	630	780	150	5	850	218	8	920	92	128	170	212	290	8	10
–	670	820	150	5	900	230	8	980	100	136	180	230	308	8	10
–	710	870	160	5	950	243	8	1030	103	140	185	236	315	8	10
–	750	920	170	6	1000	250	8	1090	109	150	195	250	335	10	10
–	800	980	180	6	1060	258	8	1150	112	155	200	258	345	10	10

Tafel 14/1 Fortsetzung

Durchmesserreihe 1				Durchmesserreihe 2					Durchmesserreihe 3					Durchmesserreihe 4			
	Maßreihe				Maßreihe					Maßreihe					Maßreihe		
D	31	41	31…41	*D*	02	22	32	02…32	*D*	03	23	33	03…33	*D*	04		*d*
	B	*B*	*r*		*B*	*B*	*B*	*r*		*B*	*B*	*B*	*r*		*B*	*r*	
–	–	–	–	10	4	–	5	0,3	13	5	–	7	0,5	–	–	–	3
–	–	–	–	13	5	–	7	0,4	16	5	–	9	0,5	–	–	–	4
–	–	–	–	16	5	–	8	0,5	19	6	–	10	0,5	–	–	–	5
–	–	–	–	19	6	–	10	0,5	22	7	11	13	0,5	–	–	–	6
–	–	–	–	22	7	–	11	0,5	26	9	13	15	0,5	–	–	–	7
–	–	–	–	24	8	–	12	0,5	28	9	13	15	0,5	30	10	1	8
–	–	–	–	26	8	–	13	1	30	10	14	16	1	32	11	1	9
–	–	–	–	30	9	14	14,3	1	35	11	17	19	1	37	12	1	10
–	–	–	–	32	10	14	15,9	1	37	12	17	19	1,5	42	13	1,5	12
–	–	–	–	35	11	14	15,9	1	42	13	17	19	1,5	52	15	2	15
–	–	–	–	40	12	16	17,5	1	47	14	19	22,2	1,5	62	17	2	17
–	–	–	–	47	14	18	20,6	1,5	52	15	21	22,2	2	72	19	2	20
–	–	–	–	50	14	18	20,6	1,5	56	16	21	25	2	–	–	–	22
–	–	–	–	52	15	18	20,6	1,5	62	17	24	25,4	2	80	21	2,5	25
–	–	–	–	58	16	19	23	1,5	68	18	24	30	2	–	–	–	28
–	–	–	–	62	16	20	23,8	1,5	72	19	27	30,2	2	90	23	2,5	30
–	–	–	–	65	17	21	25	1,5	75	20	28	32	2	–	–	–	32
–	–	–	–	72	17	23	27	2	80	21	31	34,9	2,5	100	25	2,5	35
–	–	–	–	80	18	23	30,2	2	90	23	33	36,5	2,5	110	27	3	40
–	–	–	–	85	19	23	30,2	2	100	25	36	39,7	2,5	120	29	3	45
–	–	–	–	90	20	23	30,2	2	110	27	40	44,4	3	130	31	3,5	50
–	–	–	–	100	21	25	33,3	2,5	120	29	43	49,2	3	140	33	3,5	55
–	–	–	–	110	22	28	36,5	2,5	130	31	46	54	3,5	150	35	3,5	60
–	–	–	–	120	23	31	38,1	2,5	140	33	48	58,7	3,5	160	37	3,5	65
–	–	–	–	125	24	31	39,7	2,5	150	35	51	63,5	3,5	180	42	4	70
–	–	–	–	130	25	31	41,3	2,5	160	37	55	68,3	3,5	190	45	4	75
–	–	–	–	140	26	33	44,4	3	170	39	58	68,3	3,5	200	48	4	80
–	–	–	–	150	28	36	49,2	3	180	41	60	73	4	210	52	5	85
–	–	–	–	160	30	40	52,4	3	190	43	64	73	4	225	54	5	90
–	–	–	–	170	32	43	55,6	3,5	200	45	67	77,8	4	240	55	5	95
165	52	65	3	180	34	46	60,3	3,5	215	47	73	82,6	4	250	58	5	100
175	56	69	3	190	36	50	65,1	3,5	225	49	77	87,3	4	260	60	5	105
180	56	69	3	200	38	53	69,8	3,5	240	50	80	92,1	4	280	65	5	110
200	62	80	3	215	40	58	76	3,5	260	55	86	106	4	310	72	6	120
210	64	80	3	230	40	64	80	4	280	58	93	112	5	340	78	6	130
225	68	85	3,5	250	42	68	88	4	300	62	102	118	5	360	82	6	140
250	80	100	3,5	270	45	73	96	4	320	65	108	128	5	380	85	6	150
270	86	109	3,5	290	48	80	104	4	340	68	114	136	5	400	88	6	160
280	88	109	3,5	310	52	86	110	5	360	72	120	140	5	420	92	6	170
300	96	118	4	320	52	86	112	5	380	75	126	150	5	440	95	8	180
320	104	128	4	340	55	92	120	5	400	78	132	155	6	460	98	8	190
340	112	140	4	360	58	98	128	5	420	80	138	165	6	480	102	8	200
370	120	150	5	400	65	108	144	5	460	88	145	180	6	540	115	8	220
400	128	160	5	440	72	120	160	5	500	95	155	195	6	580	122	8	240
440	144	180	5	480	80	130	174	6	540	102	165	206	8	620	132	10	260
460	146	180	6	500	80	130	176	6	580	108	175	224	8	670	140	10	280
500	160	200	6	540	85	140	192	6	620	109	185	236	10	710	150	10	300
540	176	218	6	580	92	150	208	6	670	112	200	258	10	750	155	12	320
580	190	243	6	620	92	165	224	8	710	118	212	272	10	800	165	12	340
600	192	243	6	650	95	170	232	8	750	125	224	290	10	850	180	12	360
620	194	243	6	680	95	175	240	8	780	128	230	300	10	900	190	12	380
650	200	250	8	720	103	185	256	8	820	136	243	308	10	950	200	15	400
700	224	280	8	760	109	195	272	10	850	136	250	315	12	980	206	15	420
720	226	280	8	790	112	200	280	10	900	145	265	345	12	1030	212	15	440
760	240	300	10	830	118	212	296	10	950	155	280	365	12	1060	218	15	460
790	248	308	10	870	125	224	310	10	980	160	290	375	12	1120	230	18	480
830	264	325	10	920	136	243	336	10	1030	170	300	388	15	1150	236	18	500
870	272	335	10	980	145	258	355	12	1090	180	325	412	15	1220	250	18	530
920	280	355	10	1030	150	272	365	12	1150	190	335	438	15	1280	258	18	560
980	300	375	10	1090	155	280	388	12	1220	200	355	462	18	1360	272	18	600
1030	315	400	10	1150	165	300	412	15	1280	206	375	488	18	1420	280	18	630
1090	336	412	10	1220	175	315	438	15	1360	218	400	515	18	1500	290	18	670
1150	345	438	12	1280	180	325	450	15	1420	224	412	530	18	–	–	–	710
1220	365	475	12	1360	195	345	475	18	1500	236	438	500	18	–	–	–	750
1280	375	475	12	1420	200	355	488	18	1600	258	462	600	18	–	–	–	800

Tafel 14/2. Kurzzeichen der Wälzlager

Bauform	DIN Normblatt	Maßreihe 48	49	00	10	20	30	40	31	41	02	22	32	03	23	33	04
		Lagerreihe															
Rillenkugellager	625																
einreihig				160	60						62			63			64
zweireihig												42					
Pendelkugellager	630										12	22		13	23		
Schrägkugellager	628																
einreihig											72			73			
zweireihig													32			33	
Rollenlager																	
Zylinderrollenlager	5412																
einreihig			NU49		NU10	NU20					NU2	NU22		NU3	NU23		NU4
zweireihig			NNU49				NN30										
Nadellager	617																
Tonnenlager	635 Bl. 1										202			203			204
Pendelrollenlager	635 Bl. 2						230	240	231	241		222	232	213	223		

1. *Vorsetzzeichen* (zur Kennzeichnung von Lagerteilen zerlegbarer Lager; nur angeben, wenn zur Kennzeichnung erforderlich):
K Käfig mit Wälzkörpern, L freier Lagerring, R Lagerring mit Rollen- oder Nadelkranz.

2. *Basiskennzeichen*: Lagerreihe und Lagerbohrung bzw. Bohrungskennzahl.

3. *Nachsetzzeichen*: (nur angeben, wenn zur Kennzeichnung erforderlich):

a) Innenkonstruktion:
 A···E nicht festgelegt;
b) Außenmaße und äußere Form:
 K kegelige Bohrung (1:12),
 K30 kegelige Bohrung (1:30),
 N Ringnut in Außenmantel;

c) Abdichtung:
 RS Dichtscheibe auf 1 Seite,
 2RS Dichtscheibe auf 2 Seiten,
 Z Deckscheibe auf 1 Seite,
 2Z Deckscheibe auf 2 Seiten;

d) Käfigwerkstoff:
 L Leichtmetall,
 M Messing,
 TN Kunststoff (Polyamide),
 J Stahlblech,
 Y Messingblech;

e) Käfigbauart (nur mit d):
 A Führung im Außenring
 B Führung auf Innenring,
 P Fensterkäfig,
f) Toleranzen;
g) Lagerluft (vgl. Abschnitt 14.2.7);
h) Wärmestabilisierung (vgl. Abschnitt 14.2.7.)

Beispiel: | (leer) | NU 23 | 09 | E. MA.C3 |

Vorsetzzeichen — Lagerreihe — Bohrungskennzeichen — Nachsetzzeichen

(Schreibweise: NU 2303 E.MA. C3) bedeutet: Zylinderrollenlager der Maßreihe 23 mit Borden am Außenring, Lagerbohrung 45 mm. Geänderte Innenkonstruktion (verstärkte Ausführung) mit Messing-Massivkäfig im Außenring geführt und Lagerluft C3 (größer als normal).

Tafel 14/3. Beiwerte q_1, q_2 und Schmiegung S

Lagerbauform	q_1 von	q_1 bis	q_2 von	q_2 bis	S von	S bis	l_w/D_w
Radiallager							
Kugellager							
Rillenkugellager, einreihig	0,216	0,33	0,99	0,89	0,97	0,94	–
Rillenkugellager, zweireihig	0,2	0,28	1,39	1,19	0,94	0,93	–
Schrägkugellager, einreihig	0,25	0,32	1,4	1,24	0,97	0,94	–
Schrägkugellager, zweireihig	0,241	0,29	1,48	1,25	0,97	0,94	–
Pendelkugellager	0,217	0,238	1,33	1,07	0,98[1]	0,4[2]	–
Schulterkugellager	0,21	0,31	1,33	1,1	0,96	0,86	–
Rollenlager							
Zylinderrollenlager	0,205	0,257	1,24	0,97	–	–	1···1,6
Tonnenlager	0,259	0,289	1,36	1,15	0,98[1]	0,96[2]	1···1,15
Pendelrollenlager	0,233	0,278	1,4	1,15	1,0[1]	0,96[2]	0,78···1,65
Kegelrollenlager	0,22	0,28	1,6	1,3	–	–	1···2,4
Nadellager, vollrollig	0,13	0,21	1,57	1,57	–	–	3···10
Nadellager, mit Käfig	0,13	0,21	0,78	1,0	–	–	3···10
Nadelhülsen, Nadelbüchsen	–	–	–	–	–	–	3···10
Walzenkränze	0,25	0,50	0,78	1,0	–	–	3···5
Axiallager							
Axial-Rillenkugellager	0,318	0,386	1,42	1,19	0,96	0,93	–
Axial-Pendelrollenlager	0,237	0,253	1,12	1,07	1,0[1]	0,96[2]	1,25···1,3
Axial-Schrägkugellager	0,34	0,38	1,41	1,23	0,97	0,94	–
Axial-Zylinderrollenlager	0,27	0,35	0,85	1,2	–	–	1

[1] Schmiegung am Innenring
[2] Schmiegung am Außenring

0,4···1,65% Cr; 0,15···0,7% Si; 0,25···1,2% Mn), in Sonderfällen auch Einsatzstähle, rostfreie und unmagnetische Stähle oder Bronze sowie bei sehr großen Lagern auch naturharten vergüteten Si-Mn-Stahl mit $\sigma_B \approx 1800$ N/mm^2 Bruchfestigkeit. Die maximale Härte bei normalem Wälzlagerstahl soll 63 HRC bzw. 750 HV nicht überschreiten.

Bei den Käfigen unterscheidet man zwischen Blechkäfigen und Massivkäfigen. Blechkäfige werden meistens auf den Wälzkörpern geführt und bestehen aus Stahl- oder Messingblech. Massivkäfige werden meist auf den Borden der Laufringe geführt und wirken der Entstehung größerer Unwuchtkräfte entgegen. Massivkäfige bestehen aus Leichtmetall, Preßmessing oder Kunststoff (geräusch- und schwingungsdämpfend).

14.1.6 Auswahl

Eine Zusammenstellung der *Funktionsmerkmale* der einzelnen Wälzlagerbauformen zu einer Auswahlliste zeigt Bild 14/8.

Für reine Radialbelastung sind alle Radiallager geeignet, für reine Axialbelastung alle Axiallager und alle Radial-Kugellager, für kombinierte Belastung vorwiegend Rillenkugellager, Schrägkugellager, Kegelrollenlager, Pendelrollenlager und Axial-Pendelrollenlager sowie in begrenztem Maße Zylinderrollenlager, Pendelkugellager und Tonnenlager. Bei größerer Wellendurchbiegung oder unvermeidbaren Fluchtfehlern sind Pendellager das gegebene. Zylinderrollenlager können Axialkräfte (Führungskräfte) an den seitlichen Borden aufnehmen (Bauart NJ in einer Richtung; Bauart NUP oder NU bzw. NJ + Winkelringe HJ in beiden Richtungen). Nadellager (gegenüber Zylinderrollenlagern erfolgt die Parallel-Führung der Wälzkörper nicht zwischen seitlichen Borden (nur für Seitenführung), sondern durch den Käfig, benötigen einen geringen Außendurchmesser bei gegebener Welle und sind in vollnadeliger Ausführung besonders geeignet für Stoßbelastungen und Schwenkbewegungen. Sie weisen eine etwas höhere Reibungszahl als die übrigen Bauarten auf und sind nicht zur Aufnahme von Axialkräften geeignet. Für hohe Drehzahlen geeignet sind Rillenkugellager und Zylinderrollenlager.

Funktions-merkmal	Wälzlagerbauform																
	Radiallager												Axiallager				
Radiallastaufnahme	◕	◕	◕	◑	◑	●	●	●	◕	●	●	●	○	◑	○	○	◕
Axiallastaufnahme	◕	●	●	●	◔	○	◑	◑	○	●	◔	◑	◕	◕	●	◕	●
Winkeleinstellbarkeit	◑	◔	◔	◔	●	◔	◔	◔	◔	◔	●	◕	○	○	○	○	●
hohe Drehzahlen	●	●	◕	◕	●	●	●	●	◕	◕	◑	◑	◕	●	◑	◕	◕
geringe Lagerreibung	●	●	◕	◔	●	●	●	●	◕	◑	◑	◑	●	●	◕	◕	◑
hohe radiale Steifigkeit	◕	◕	●	◕	◑	●	●	●	●	●	●	●	○	◔	○	○	◕
hohe axiale Steifigkeit	◑	●	●	●	◔	○	●	●	○	◕	○	◑	◕	◕	●	●	●

Funktionsmerkmal wird von der Lagerbauform:

● *sehr gut erfüllt* ◔ *unter bestimmten Bedingungen erfüllt*
◕ *gut erfüllt* ○ *nicht erfüllt*
◑ *ausreichend erfüllt*

Bild 14/8. Wälzlagerauswahlliste.

14.1.7 Einbau

Wichtig ist die Einhaltung der richtig gewählten Passung. Für die Auswahl der Passungsart ist von Bedeutung wie die Belastung auf den einzelnen Ring wirkt. Aufgrund der Relativbewegung zwischen der Last und dem Wälzlagerring unterscheidet man „Punkt-" und „Umfangslast".

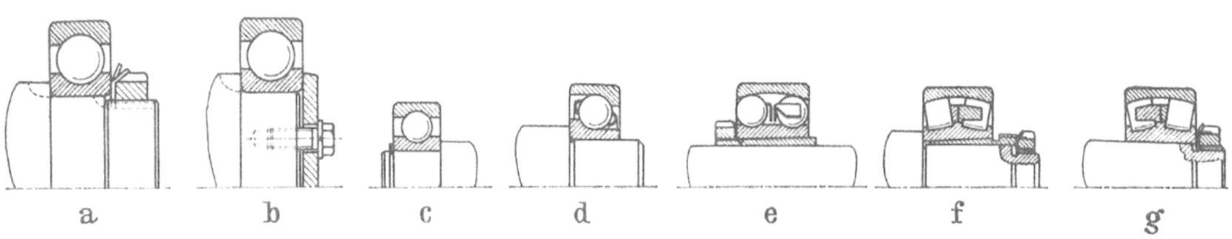

Bild 14/9. Befestigung der Innenringe auf der Welle.
a) mit Mutter und Sicherungsscheibe, b) mit Endscheibe, c) mit Seegerring (Kerbwirkung beachten!), d) nur warm aufgesetzt, da Axialkräfte stets gegen Wellenschulter gerichtet sind, e) mit Spannhülse (Glatte gezogene Welle ISO h 10/IT7 möglich), f) mit Abziehhülse (Welle ISO h9/IT6 mit Schulter erforderlich), g) auf kegliger Welle (schwierige Herstellung, nur im Werkzeugmaschinenbau). Bei a sind 2 Abziehnuten in der Wellenschulter angebracht. Bei „Umfangslast für Innenring" müssen a), b), c) und d) Preßpassung, e), f), g) eine entsprechend große Auftreibung erhalten. Statt Spannhülsen auch Verwendung von exzentrischen Spannringen.

„Umfangslast" für einen Lagerring liegt vor, wenn dieser Ring relativ zur Lastrichtung umläuft, bei „Punktlast" für den Ring steht dieser relativ zur Lastrichtung still. Der Ring mit Umfangslast muß Festsitz haben (z. B. IR mit 70 bis 100 °C warm aufgesetzt), der Ring mit Punktlast kann Schiebesitz erhalten; s. Tafel 14/4

Tafel 14/4. Toleranzen für Wellen und Gehäuse nach DIN 5425 (Toleranzen der Wälzlager s. DIN 620)

A. Wellen für Radiallager

Gilt für Vollwellen aus Stahl.
Für zweireihige Schrägkugellager ist im allgemeinen keine festere Passung als j 5 zu nehmen.

Voraussetzungen		Beispiele	Wellendurchmesser in mm: Kugellager	Wellendurchmesser in mm: Zylinderrollenlager Kegelrollenlager	Wellendurchmesser in mm: Pendelrollenlager	Toleranzfeld	Anmerkungen
Lager mit zylindrischer Bohrung							
Punktlast für Innenring	Leichte Verschiebbarkeit des Innenringes erforderlich	Losräder	Alle Durchmesser			g 6	
Punktlast für Innenring	Leichte Verschiebbarkeit des Innenringes nicht erforderlich	Spannrollen Seilrollen	Alle Durchmesser			h 6	
Umfangslast für Innenring	Normale und große Belastungen	Allgemeiner Maschinenbau, Elektromotoren, Turbinen, Pumpen, Verbrennungsmotoren, Zahnradgetriebe, Holzbearbeitungsmaschinen	≦18	—	—	j 5	Für Kegelrollenlager kann man in der Regel k 6 und m 6 statt k 5 und m 5 verwenden, da die Rücksichtnahme auf die Verminderung der Lagerluft wegfällt.
			(18)···100	≦40	≦40	k 5	
			(100)···140	(40)···100	(40)···65	m 5	
			(140)···200	(100)···140	(65)···100	m 6	
			(200)···280	(140)···200	(100)···140	n 6	
			—	(200)···400	(140)···280	p 6	
			—	—	(280)···500	r 6	
			—	—	>500	r 7	
Reine Axialbelastungen		Lagerungen aller Art	Alle Durchmesser			j 6	
Lager mit kegeliger Bohrung und kegeliger Hülse							
Beliebige Belastungen		Allgemeiner Maschinenbau, Achslager für Schienenfahrzeuge	Alle Durchmesser			h 9/IT 5	Die Zeichen IT5 und IT7 nach dem Toleranzfeld bedeuten, daß die Abweichungen der Welle von der genauen geometrischen Form, z. B. ihre Unrundheit und Kegeligkeit, die Toleranz der fünften bzw. siebenten Qualität nicht überschreiten dürfen.
		Transmissionswellen	Alle Durchmesser			h 10/IT 7	

Wellen für Axiallager

Voraussetzungen		Wellendurchmesser in mm	Toleranzfeld
Reine Axialbelastungen		Alle Durchmesser	j 6
Zusammengesetzte axiale und radiale Belastung für Axial-Pendelrollenlager	Punktlast für Wellenscheibe	Alle Durchmesser	j 6
	Umfangslast für Wellenscheibe oder unbestimmte Lastrichtung	≦200	k 6
		(200) bis 400	m 6
		>400	n 6

Tafel 14/4 Fortsetzung.

B. Gehäuse für Radiallager

Gilt für Gehäuse aus Gußeisen oder Stahl. Für Gehäuse aus Leichtmetall wählt man gewöhnlich eine Toleranz, die eine etwas festere Passung ergibt als die Toleranzen gemäß der Tafel.
Für zweireihige Schrägkugellager ist im allgemeinen keine festere Passung als J 6 vorzusehen.

Voraussetzungen			Beispiele	Toleranzfeld	Anmerkungen[1]
Ungeteilte Gehäuse	Umfangslast für Außenring	Große Belastung von Lagern in dünnwandigen Gehäusen, große Stoßbelastungen	Radnaben mit Rollenlagern, Pleuellager	P 7	
		Normale und große Belastungen	Radnaben mit Kugellagern, Pleuellager, Kranlaufräder	N 7	Der Außenring ist nicht verschiebbar
		Kleine und veränderliche Belastungen Große Stoßbelastungen	Förderrollen, Seilrollen, Riemenspannrollen Elektrische Bahnmotoren	M 7	
Geteilte oder ungeteilte Gehäuse	Punktlast für Außenring	Stoßbelastungen. Zeitweilige vollkommene Entlastung	Achslager für Schienenfahrzeuge	J 7	Der Außenring ist in der Regel verschiebbar.
		Beliebige Belastungen	Allgemeiner Maschinenbau, Achslager für Schienenfahrzeuge	H 7	
		Normale und kleine Belastungen bei einfachen Betriebsverhältnissen	Transmissionen	H 8	Der Außenring ist leicht verschiebbar
		Wärmezufuhr durch die Welle	Trockenzylinder, große elektrische Maschinen mit Pendelrollenlagern	G 7	

[1] Die Angaben über die Verschiebbarkeit des Außenringes dienen zur Beurteilung der Eignung der betreffenden Toleranz für geschlossene Lager, die als Loslager eingebaut werden.

Gehäuse für Axiallager

Voraussetzungen		Toleranzfeld	Anmerkungen
Reine Axialbelastungen	Axialkugellager	E 8	Für weniger genaue Lagerungen radiales Spiel bis 0,001 Dg
	Axial-Pendelrollenlager, wenn ein anderes Lager radial führt	–	Die Gehäusescheibe wird mit radialem Spiel, bis 0,001 Dg eingebaut
Zusammengesetzte axiale und radiale Belastungen für Axial-Pendelrollenlager	Punktlast für Gehäusescheibe oder unbestimmte Lastrichtungen	J 7	
	Umfangslast für Gehäusescheibe	K 7 M 7	Für allgemeine Fälle Bei verhältnismäßig hoher Radialbelastung

(Auszug aus DIN 5425). Verschiedene Arten der Befestigung der Innenringe auf der Welle zeigt Bild 14/9. Die Höhe der Wellenschulter ($\approx 1{,}8 \cdot r$) soll eine ausreichende Anlagefläche geben, dabei aber genügend Seitenfläche zum Angreifen eines Abziehwerkzeuges frei lassen. Andernfalls sind Abziehnuten in der Wellenschulter anzubringen; vergleiche DIN 5418 „Anschlußmaße“.

Für die Lagerung einer Welle (Bild 14/10) muß überlegt werden, welche Lagerstelle in *axialer Richtung* führen soll (Festlager) und welche sich frei einstellen darf (Loslager) oder ob jede Lagerstelle die axiale Führung nach je einer Richtung übernehmen soll (Stützlager). Hierbei ist eine Wärmeausdehnung im Betrieb besonders zu beachten.

Bei der *Stützlager-Anordnung* ist zu unterscheiden zwischen der *angestellten* (Wälzlagerbauformen einreihig mit $\alpha > 0$, bzw. Rillenkugellager) und der *schwimmenden* Lagerung (Wälzlagerbauformen einreihig mit $\alpha = 0°$ oder zweireihig mit $\alpha > 0°$). Vorteil der Stützlager-Anordnung ist die einfache Gestaltung der Umbauteile (X-Anordnung bei der angestellten Lagerung). Eine angestellte Lagerung wird zweckmäßig verwendet, wenn in axialer Richtung eine besonders genaue Führung verlangt wird (Gefahr: axiale Verspannung durch Wärmedehnung im Betrieb bei spielfreiem Einbau). Bei der schwimmenden Lagerung wird auf eine genaue axiale Führung verzichtet (Axialspiel in betriebswarmem Zustand je nach Lagergröße etwa 0,5···1 mm).

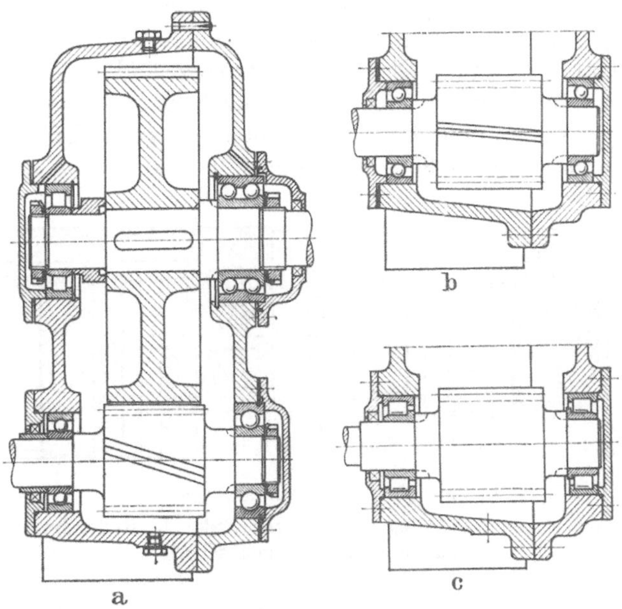

Bild 14/10. Lagerung eines einstufigen Stirnradgetriebes. a) Gesamtdarstellung mit Fest-Loslagerung: rechts Festlager, führt radial und axial; links: Loslager, führt radial und kann sich bei Ritzelwelle im Gehäuse, bei Radwelle auf der Rollkörperlaufbahn axial verschieben. b) und c) Stützlagerung: axiale Führung nach je einer Richtung. Bei b) angestellte Lagerung mit Schrägkugellagern (*X*-Anordnung). Bei c) schwimmende Lagerung mit Zylinderrollenlagern NJ ($\alpha = 0°$).

Seitlich vom Lager soll ausreichend Raum für Schmierstoff vorhanden sein. Bei Ölstandschmierung soll nur der unterste Wälzkörper bis zur Mitte eintauchen, sonst erhöhte Erwärmung. Bei Fettschmierung soll der freie Raum nur bis 2/3 mit Fett gefüllt werden. Die Abdichtung ist entsprechend den Betriebsbedingungen vorzusehen, damit Eindringen von Verunreinigungen und Austreten des Schmiermittels verhindert wird. Beim Aufbringen oder Abziehen der Wälzlager oder sonstiger Teile der Lagerung ist darauf zu achten, daß die Ein- oder Ausbaukräfte nicht über die Wälzkörper geleitet werden (Gefahr der Lagerzerstörung durch bleibende Wälzkörpereindrücke!).

14.1.8 Lagerschäden

Lagerschäden können verursacht werden:

a) durch Werkstoffehler (Schlackeneinschlüsse, Ziehriefen, Dopplungen bei Blechen), durch Herstellungsfehler (Härte- oder Schleifrisse, Toleranz- oder Lagerluftfehler, Wärmegeräusch);

b) durch Einbaufehler: zu lose Passung (Wandern des Ringes, Passungsrost); zu feste Passung (zu geringe Lagerluft, erhöhte Temperatur, Überbeanspruchung); Verkantung (einseitige Laufbahn- und Rollenabnutzung oder Schälung); falsche Montage (bleibende Eindrückungen, Ausbrüche);

c) durch Betriebsfehler: ungeeignetes Schmiermittel (Korrosion, Fressen); Verschmutzung (Verschleiß[1], Laufgeräusch, Eindrückungen in Rollbahnen und Wälzkörper, Ausbröckelungen); Stillstandserschütterungen und Stromdurchgang (verschiedene Arten von Riffelbildung).

14.1.9 Sonstige Wälzlager

a) *Kugel-* bzw. *Rollendrehverbindungen* bestehen aus Rollbahnkörpern, die an den betreffenden Maschinenteilen befestigt werden. Durch eine oder mehrere Wälzkörperreihen können bei geringer Drehzahl Kräfte oder auch Momente übertragen werden (Berechnung s. Abschnitt 14.2.6)). Die Rollbahnkörper sind vereint mit Befestigungselementen (Flansche, Durchgangs- oder Gewindelöcher) und meist auch Antriebselementen (Zahnkranz). Anwendung bei Drehkränen, Baggern, Lkw-Anhängern, Drehtürmen; Außendurchmesser etwa 800···4500 mm (Bild 14/11).

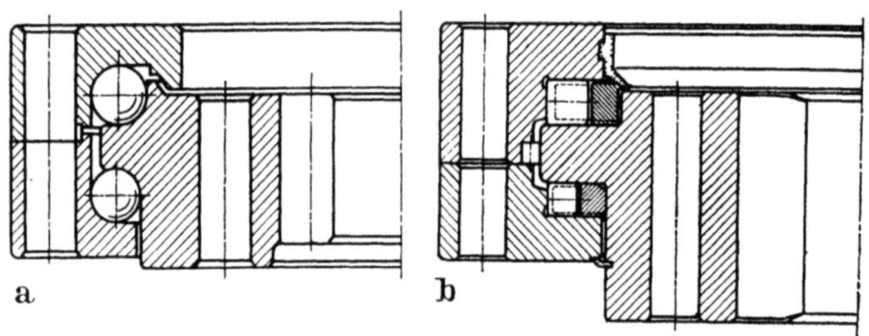

Bild 14/11. Drehverbindungen.
a) Kugeldrehverbindung mit Innenverzahnung (nach Rothe Erde), b) Rollendrehverbindung mit Innenverzahnung (nach Kugelfischer).

b) *Drahtkugellager* sind stets Vierpunktlager, d. h. jede Kugelreihe weist 4 Rollbahnen auf. Diese bestehen aus Stahldrähten hoher Festigkeit (Härte HB rund 400···680), die in entsprechende Ringe aus Stahl, Leichtmetall oder auch Kunststoff eingelegt und

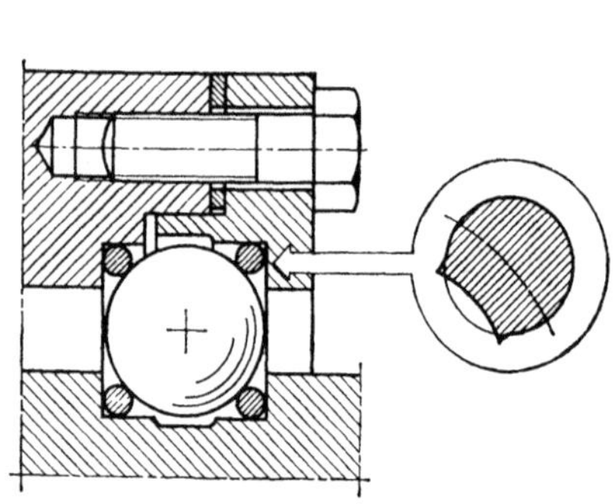

Bild 14/12. Drahtkugellager nach Conti [14/1].

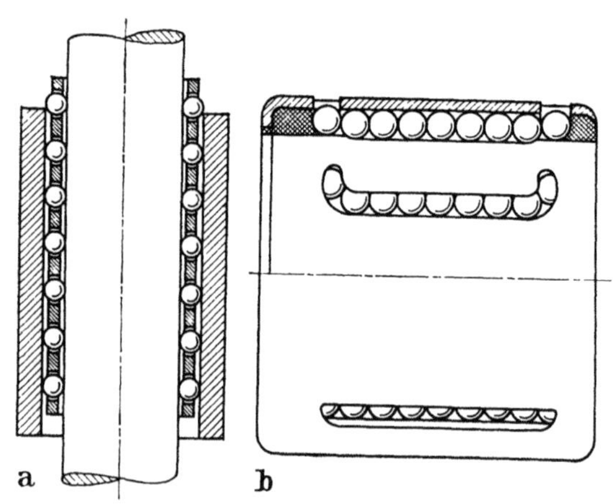

Bild 14/13. a) Kugelführung, b) Kugelbüchse (nach INA).

[1] Berechnung der Verschleißlaufzeit abhängig vom zul. Radialverschleiß (Lagerluftvergrößerung in μm) siehe Eschmann [14/3] oder Hersteller-Katalog.

unter hoher Belastung eingewalzt sind. Hohe Laufgenauigkeit und hohe Drehzahlen möglich. Anwendung in Werkzeugmaschinen, Drehsockel für Antennen und Peilgeräte. Außendurchmesser etwa 800···4500 mm bei einteiligen Ringkörpern, bis 7000 mm bei zusammengesetzten Ringkörpern. Bild 14/12.

c) *Kugelführungen* bestehen aus einer Außenbuchse, Käfig mit Kugeln und Innenbuchse oder Welle. Anstelle einer Außenbuchse kann auch gehärtete Führungsbahn direkt in einem Gehäuse vorgesehen werden. Begrenzte axiale Hubbewegung, da Käfig den halben Hub ausführt und aus der Führung herausfährt. Reine axiale oder auch schraubende Bewegung möglich. Vielseitige Anwendung bei Schaltwellen, Gestängen undWerkzeugen der Umformtechnik, Bild 14/13a.

d) *Kugelhülsen* (nach Thomson-Patenten) enthalten drei oder mehr Kugelrillen mit Rückführung. Dadurch ist der Hub unbegrenzt. Nur für reine Axialbewegung geeignet. Reibungszahl $\mu = 0{,}002\cdots0{,}004$, Bild 14/13b.

e) *Rollenführungen* (mit Rückführung: Rollenumlaufschuh). Leiterförmige Käfige mit mehreren Rollen, deren Enden mit Verbindungselementen versehen sind, so daß mehrere Käfige zu einer langen Rollenführung verbunden werden können. Auch Verbindung an den Längsseiten im rechten Winkel möglich zum Einlegen in V-Nuten von Schlittenführungen. Anwendung besonders bei Werkzeugmaschinen oder allgemeinen Schlittenführungen, Bild 14/14.

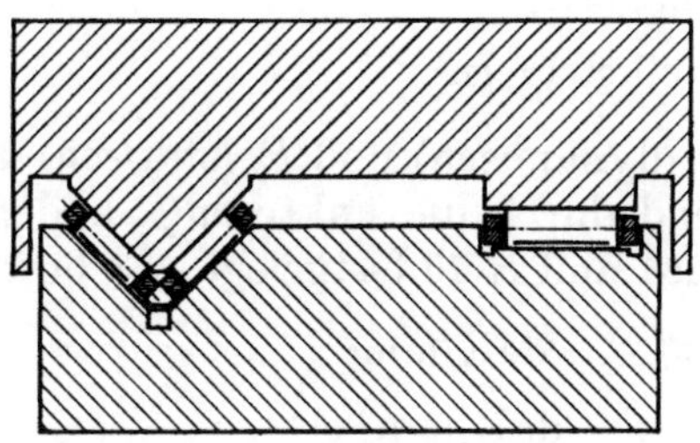

Bild 14/14. Lagerung eines Werkzeugmaschinenschlittens mit Rollenführung nach Rob. Kling, Wetzlar.

f) *Kreuzrollenketten* sind zylindrische Rollen in beweglich miteinander verbundenen Blechgliedern. Rollenlänge $l_w = D_w - 0{,}3$ mm. Dadurch Anordnung mit wechselweise um 90° versetzten Rollendrehachsen möglich. Führung an vier geradflächigen Rollbahnen, Rollendurchmesser 3···24 mm, Anzahl Rollen je Meter Kette etwa 200···24. Tragfähigkeit pro Rolle 100···9000 N abhängig von Härte der Rollbahnschienen. Anwendung besonders im Werkzeugmaschinenbau.

14.2 Tragfähigkeit

14.2.1 Bezeichnungen

d, D	mm	Bohrungs-, Mantel-Durchmesser	Q_{max}	N	größte Nennbelastung eines Wälzkörpers
d_m	mm	mittl. Lager- oder Teilkreis-Durchmesser = $\frac{D+d}{2}$	P, P_a	N	dynamisch-äquivalente Belastung
			P_0, P_{0a}	N	statisch-äquivalente Belastung
D_w	mm	Wälzkörperdurchmesser	C, C_a	N	dynamische Tragzahl
l_{eff}	mm	tragende Rollenlänge	C_0, C_{0a}	N	statische Tragzahl
l_w	mm	Rollenlänge	HV	–	Vickershärte
F	N	Nennbelastung des Lagers	M_R	Nmm	Reibungsmoment
			L	Mill. Umdr.	nominelle Lebensdauer
F_r, F_a	N	radiale, axiale Lagerbelastung	L_h	Betr. Std.	nominelle Lebensdauer
			L_s	Mill. km	nominelle Lebensdauer

$X, X_0 Y, Y_0$	—	Radial-, Axial-Faktor	$\sum Z$	—	Gesamtanzahl Wälzkörper eines Lagers
i	—	Anzahl der Wälzkörper-Reihen	α		Berührungswinkel (s. Bild 14/6)
Z	—	Anzahl der Wälzkörper einer Reihe	μ_i	—	ideelle Reibungszahl

14.2.2 Spezifische Belastung

Um 1900 wurde von *Stribeck* die größte Wälzkörperbelastung ermittelt zu

$$Q_{max} = 4{,}37 F_r/(Z \cos \alpha) \quad \text{für Radial-Kugellager;} \tag{14/1}$$

in späterer Zeit wurde ermittelt:

$$Q_{max} = 4{,}08 F_r/(Z \cos \alpha) \quad \text{für Radial-Rollenlager.} \tag{14/2}$$

Die Gleichung gilt nur für spielfreie Lager, bei denen der halbe Umfang belastet ist. Da meist eine gewisse Lagerluft vorhanden sein muß, ist der tragende Sektor kleiner und Q_{max} größer als der theoretische Wert. Man rechnet deshalb für alle Radiallager

$$Q_{max} = 5 F_r/(Z \cos \alpha)\ . \tag{14/3}$$

Spezifische Belastung:

$$k = Q_{max}/D_w^2 \quad \text{bei Kugellagern;} \tag{14/4}$$

$$k = Q_{max}/(D_w l_{eff}) \quad \text{bei Rollenlagern}^1. \tag{14/5}$$

Die zulässigen Werte für k (dynamisch) und k_0 (statisch) wurden durch Versuche und Rechnung ermittelt und sind durch die Faktoren f_c und f_o in DIN 622 entsprechend den ISO-Empfehlungen R 281 und R 76 festgelegt. Es bestehen folgende Beziehungen:

Radiallager[2] $k_{o\,zul} = 5 f_o$ daN/mm² (14/6)

Axiallager $k_{o\,zul} = f_o$ daN/mm² . (14/7)

Eine Berechnung der zulässigen k-Werte ist dadurch möglich, daß in der Gleichung für Q_{max} der Wert F_r durch C ersetzt wird.

14.2.3 Dynamische Tragfähigkeit

Verringert man die Belastung P eines Wälzlagers mit umlaufendem Innen- oder Außenring, so wird seine Lebensdauer L zunehmen. Die dynamische Tragfähigkeit ist daher eine Funktion der Lebensdauer. Nach Versuchen ist

$$L \sim (1/P)^a\ ,$$

wobei $a = 3$ für Kugellager und $a = 10/3$ für Rollenlager in ISO-Empfehlung R 281 international festgelegt ist; z. B. entspricht einer 0,5-fachen Belastung eine achtfache bzw. zehnfache Lebensdauer.

Läßt man eine große Anzahl gleicher Lager bei gleicher Belastung und Drehzahl laufen, so streut die von den einzelnen Lagern erreichte tatsächliche Lebensdauer beträchtlich. Man hat deshalb in den Normen einen Bezugswert festgelegt. In DIN 622, Bl. 1, heißt es: Die nominelle Lebensdauer wird ausgedrückt durch die Anzahl Umdrehungen (oder Anzahl Stunden bei unveränderlicher Drehzahl), die 90% einer genügend großen Menge offensichtlich gleicher Lager erreichen oder überschreiten, bevor die ersten Anzeichen einer Werkstoffermüdung auftreten[3].

---

[1] Anhaltswert für l_{eff}: $l_{eff} \approx 0{,}9 \cdot l_w$.

[2] Anhaltswerte s. Abschnitt 13.4.1; nach DIN 622 z. B. $f_0 = 1{,}25$ (Rillenkugellager) und $f_0 = 2{,}2$ (Radial-Rollenlager).

[3] Werden 99% Überlebenswahrscheinlichkeit verlangt, so ist die Lebensdauer nur das 0,2fache der nomi-

Die dynamische Tragzahl C (C_a) für Radiallager (Axiallager) wird ausgedrückt durch die radiale (axiale, zentrisch wirkende) Belastung *unveränderlicher Größe und Richtung*, bei der eine genügend große Menge offensichtlich gleicher Lager eine nominelle Lebensdauer von 1 Mill. Umdrehungen erreicht (Tragzahlen für Radiallager s. Bild 14/15 und Bild 14/16).

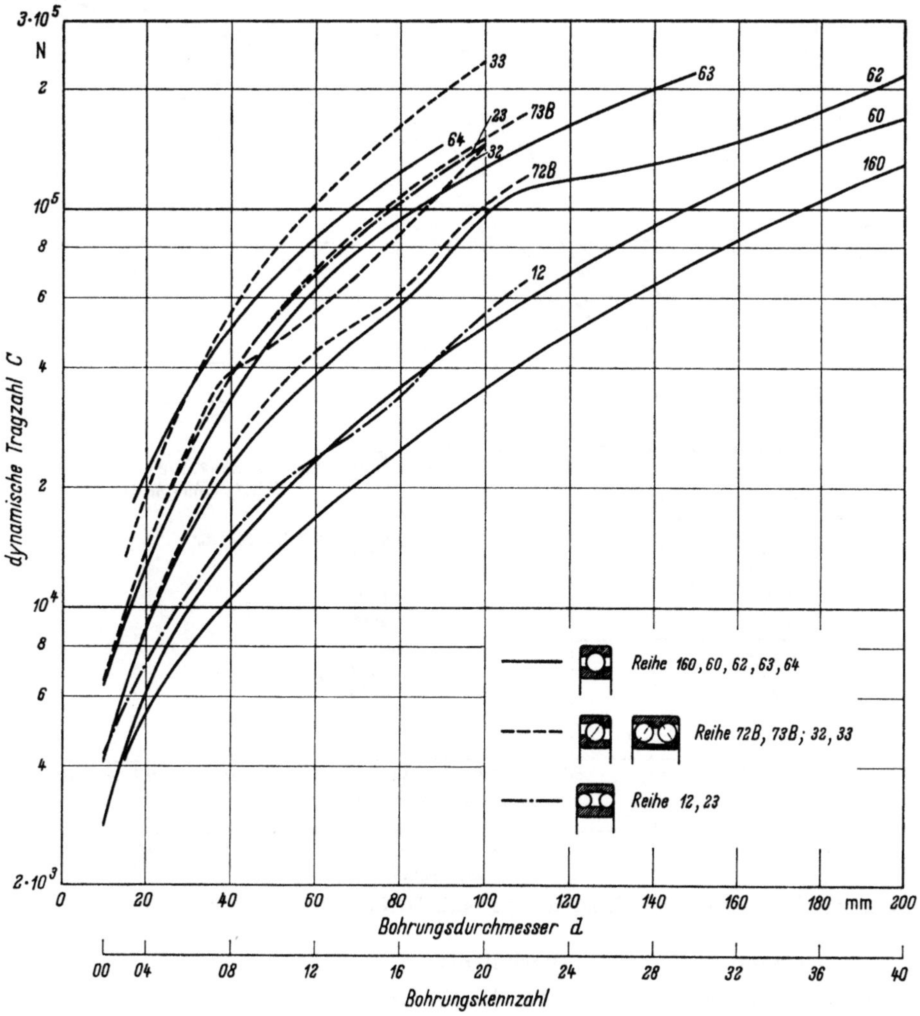

Bild 14/15. Dynamische Tragzahl C (Mindestwerte nach DIN 622 Bl. 1) für Radial-Kugellager.

Gleichungen: DIN 622 Bl. 2[1]

$C = f_c(i \cdot \cos\alpha)^{0,7} Z^{2/3} D_w^{1,8}$ für Radial-Kugellager, * (14/8)

$C_a = f_c \cdot Z^{2/3} \cdot D_w^{1,8}$ für Axial-Kugellager* (einreihig) mit $\alpha = 90°$, (14/9)

$C = f_c(i \cdot l_{eff} \cdot \cos\alpha)^{7/9} Z^{3/4} D_w^{29/27}$ für Radial-Rollenlager, (14/10)

$C_a = f_c \cdot l_{eff}{}^{7/9} Z^{3/4} D_w^{29/27}$ für Axial-Rollenlager (einreihig) mit $\alpha = 90°$. (14/11)

* gültig für Lager mit Kugeln $D_w \leqq 25{,}4$ mm.

Die *dynamisch-äquivalente Belastung* P(P_a) für Radial-(Axial)lager wird ausgedrückt durch die radiale (axiale, zentrisch wirkende) Belastung unveränderlicher Größe und Richtung, welche die gleiche Lebensdauer ergibt wie die, die das Lager unter den

[1] In der Vornorm DIN 622 (März 1973) sind die Tragzahlen mit der Einheit daN angegeben.

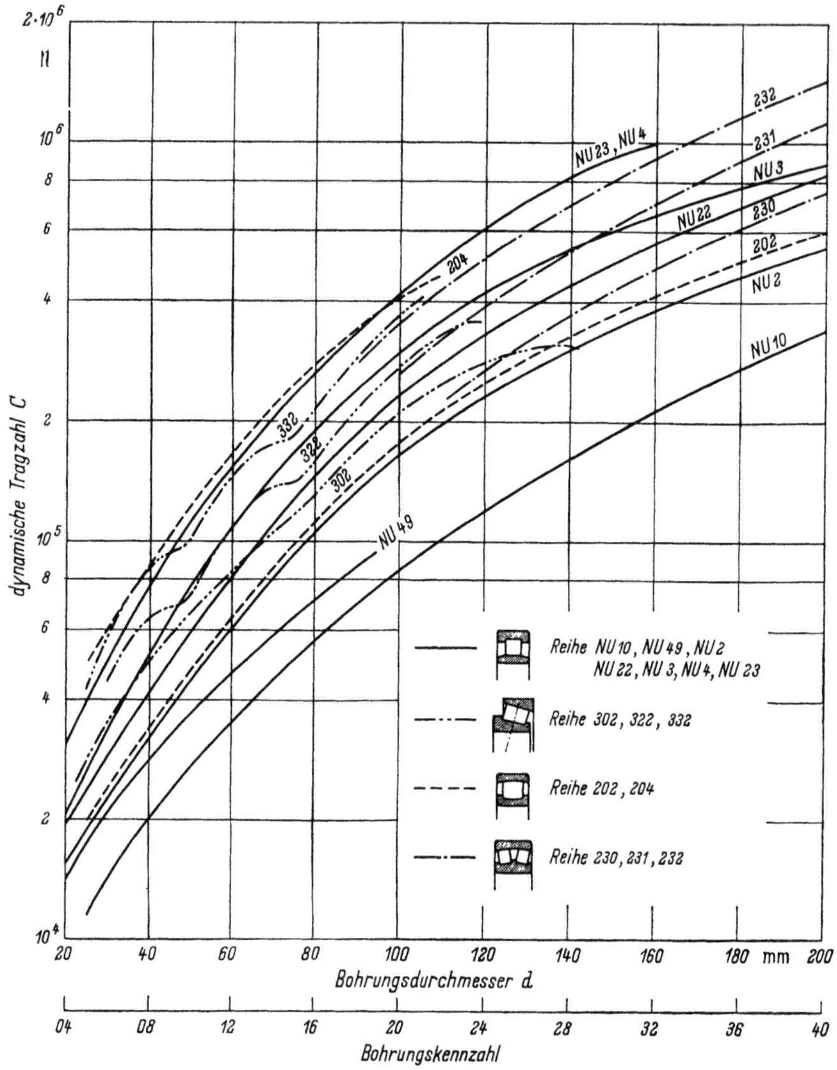

Bild 14/16. Dynamische Tragzahl C (Mindestwerte nach DIN 622 Bl. 1) für Radial-Rollenlager (Auszug).

tatsächlich vorliegenden Belastungsverhältnissen erreicht.

$$P = X \cdot F_r + Y \cdot F_a \qquad \text{für Radiallager,} \qquad (14/12)$$

$$P_a = X_a \cdot F_r + Y_a \cdot F_a \qquad \text{für Axiallager mit } \alpha < 90°. \qquad (14/13)$$

Bei Axiallagern mit $\alpha = 90°$ muß sein: $F_r = 0$, $Y_a = 1$.

Faktoren X, X_a, Y, Y_a s. Tafel 14/5.

In einreihigen Schrägkugellagern und Kegelrollenlagern entsteht bei radialer Belastung eine in Achsrichtung wirkende Kraft[1], die von einem zweiten Lager auf-

[1] Bei Schräglagern muß eine Axiallast F_a wirken, um eine Radiallast F_r aufnehmen zu können. Die erforderliche Axiallast beträgt für den Fall, daß die Wälzkörper am halben Lagerumfang tragen bei:

Schrägkugellagern: $F_a = 1{,}22 \cdot F_r \tan\alpha$,
Kegelrollenlagern: $F_a = 1{,}26\, F_r \tan\alpha$.

Diese erforderliche Axiallast kann als axiale Reaktionskraft angesehen werden, welche durch die radiale Belastung eines Schräglagers hervorgerufen wird. Zwischen dem Berührungswinkel α und dem Axialfaktor Y gilt bei Kegelrollenlagern $\tan\alpha = 0{,}4/Y$. Dies gilt auch für Schrägkugellager mit $\alpha = 25°$; für größere Berührungswinkel ($\alpha = 30\cdots45°$) gilt $\tan\alpha \approx 0{,}47/Y$. Generell soll jedoch bei Schräglagern gesetzt werden: $F_a = 0{,}5 \cdot F_r/Y$. Daraus errechnen sich bei Schrägkugellagern mit $\alpha > 25°$ geringere Axiallasten als vorhanden, was jedoch vernachlässigt werden kann. Setzt man $\tan\alpha = e/1{,}22$, so ergeben sich generell zu hohe Axiallasten.

Tafel 14/5. Radialfaktoren X und Axialfaktoren Y (nach DIN 622 Bl. 2) für Wälzlager

Lagerbauform		e	Einreihige Lager $\frac{F_a}{F_r} > e$		Einreihige Lager $\frac{F_a}{F_r} < e$		Zweireihige Lager $\frac{F_a}{F_r} > e$		Zweireihige Lager $\frac{F_a}{F_r} < e$	
			X	Y	X	Y	X	Y	X	Y
Radial-lager	Rillenkugellager[1]									
	$F_a/C_0 = 0{,}025$	0,22		2						
	$= 0{,}04$	0,24		1,8						
	$= 0{,}07$	0,27	0,56	1,6	1	0	Werte wie links			
	$= 0{,}13$	0,31		1,4						
	$= 0{,}25$	0,37		1,2						
	$= 0{,}5$	0,44		1						
	Schrägkugellager mit Berührwinkel 40° (72B, 73B)	1,14	0,35	0,57	1	0				
	32° (32, 33)	0,86	—	—	—	—	0,62	1,17	1	0,73
	Schulterkugellager	0,20	0,5	2,5	1	0	—	—	—	—
	Pendelkugellager[2]	$1{,}5 \cdot \tan\alpha$	—	—	—	—	0,65	$0{,}65 \cdot \cot\alpha$	1	$0{,}42 \cdot \cot\alpha$
	Tonnenlager	—	—	—	1	9,5	—	—	—	—
	Pendelrollenlager[2]	$1{,}5 \cdot \tan\alpha$	—	—	—	—	0,67	$0{,}67 \cdot \cot\alpha$	1	$0{,}45 \cdot \cot\alpha$
	Kegelrollenlager[2]	$1{,}5 \cdot \tan\alpha$	0,4	$0{,}4 \cdot \cot\alpha$	1	0	—	—	—	—
Axial-lager einseitig wirkend	Axial-Kugellager[1,3]									
	$\alpha = 45°$	1,25	0,66	1	—	—				
	$\alpha = 60°$	2,17	0,92	1	—	—				
	$\alpha = 75°$	4,67	1,66	1	—	—				
	Axial-Pendelrollenlager[3] und Axial-Kegelrollenlager	$1{,}5 \tan\alpha$	$\tan\alpha$	1	—	—				

[1] Werte für X, Y und e für Beanspruchungen oder Berührungswinkel die nicht enthalten sind, können durch Interpolation bestimmt werden.

[2] Berührungswinkel abhängig von der nicht genormten Innenkonstruktion.

[3] Bedingung $F_r \leqq 0{,}67 \cdot F_a \cot\alpha$.

genommen werden muß. Die axialen Reaktionskräfte müssen bei der Berechnung der äquivalenten Belastung berücksichtigt werden. Die Ermittlung erfolgt nach nachstehendem Schema, wobei die Axialfaktoren Y für $F_a/F_r > e$ der Tafel 14/5 zu entnehmen sind.

	Lastverhältnisse	Axiale Lagerbelastung
1	$\frac{F_{rI}}{Y_I} \geqq \frac{F_{rII}}{Y_{II}}$ $K_a \geqq 0$	$F_{aI} = \frac{0{,}5 F_{rI}}{Y_I}$
2	$\frac{F_{rI}}{Y_I} < \frac{F_{rII}}{Y_{II}}$ u. $K_a \geqq 0{,}5\left(\frac{F_{rII}}{Y_{II}} - \frac{F_{rI}}{Y_I}\right)$	$F_{aII} = F_{aI} + K_a$
3	$\frac{F_{rI}}{Y_I} < \frac{F_{rII}}{Y_{II}}$ u. $K_a < 0{,}5\left(\frac{F_{rII}}{Y_{II}} - \frac{F_{rI}}{Y_I}\right)$	$F_{aI} = F_{aII} - K_a$ $F_{aII} = \frac{0{,}5 F_{rII}}{Y_{II}}$

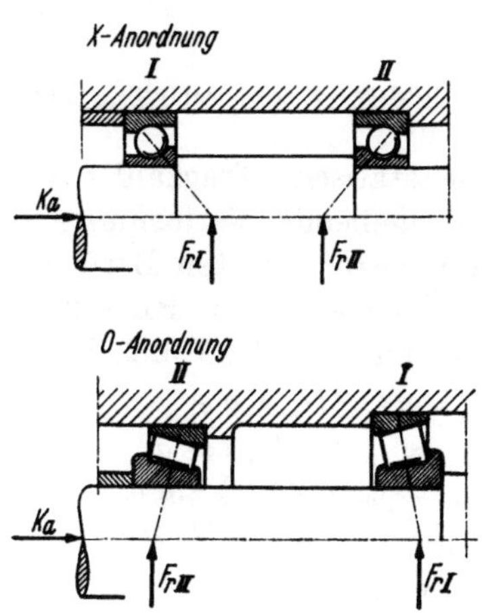

14.2.4 Statische Tragfähigkeit

Während die dynamische Tragfähigkeit die Zusammenhänge zwischen Belastung, Zahl der Überrollungen und der ersten Ermüdung der überrollten Oberflächen erfaßt, wird die statische Tragfähigkeit durch eine höchstzugelassene plastische Verformung festgelegt.

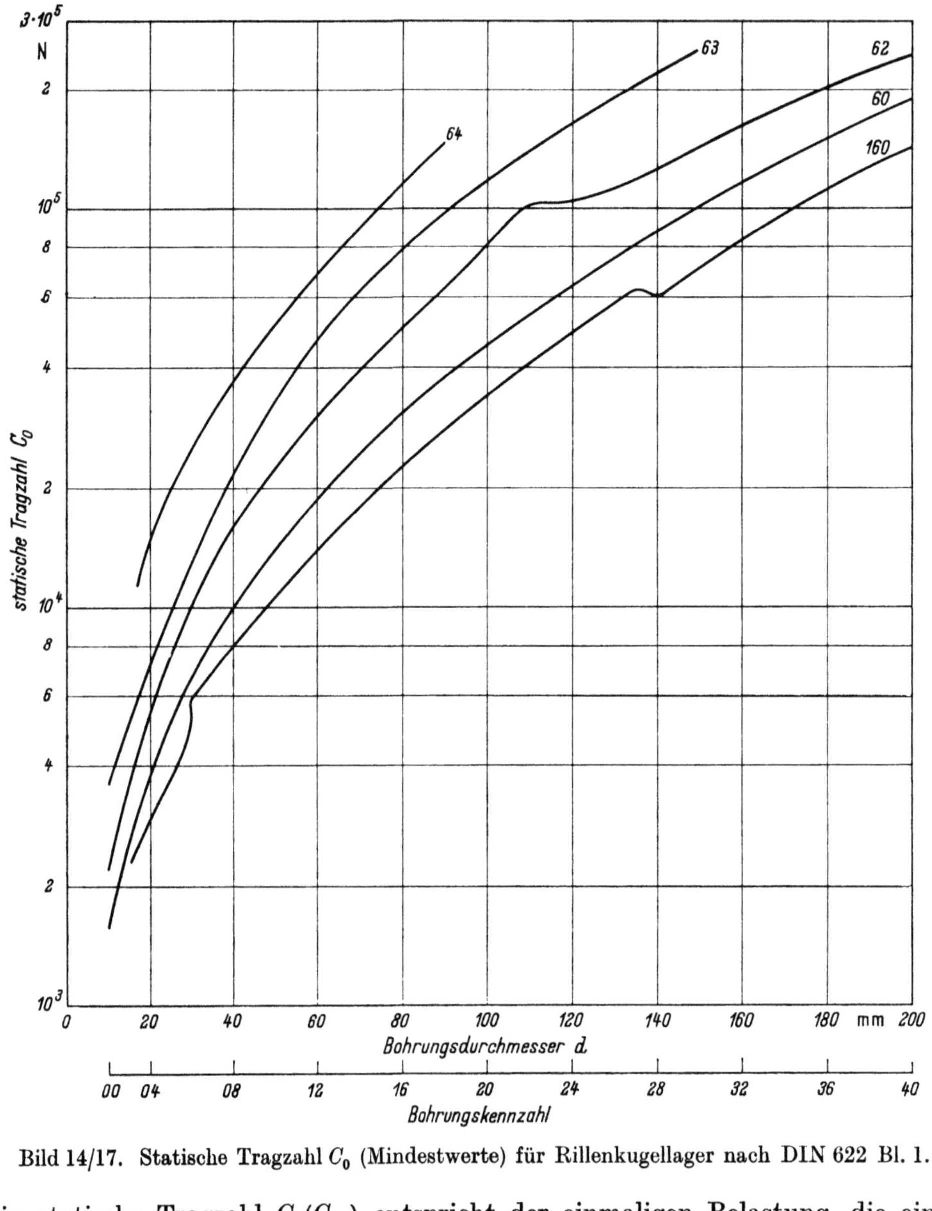

Bild 14/17. Statische Tragzahl C_0 (Mindestwerte) für Rillenkugellager nach DIN 622 Bl. 1.

Die statische Tragzahl $C_0(C_{0a})$ entspricht der einmaligen Belastung, die eine gesamte bleibende Verformung von 0,0001 des Wälzkörperdurchmessers an der am meisten beanspruchten Berührungsstelle zwischen Wälzkörper und Laufbahn hervorruft. (Tragzahlen für Rillenkugellager s. Bild 14/17.)

Gleichungen: DIN 622, Bl. 2[1]

$C_0 = f_0 i Z D_w^2 \cos\alpha$ für Radial-Kugellager, (14/14)

$C_0 = f_0 i Z l_{eff} D_w \cos\alpha$ für Radial-Rollenlager, (14/15)

$C_{0a} = f_0(\Sigma Z)\, D_w^2 \sin\alpha$ für Axial-Kugellager } einseitig wirkend, (14/16)

$C_{0a} = f_0(\Sigma Z)\, l_{eff} D_w \sin\alpha$ für Axial-Rollenlager } einseitig wirkend, (14/17)

[1] In Vornorm DIN 622 (März 1973) sind die Tragzahlen in daN angegeben.

Die äquivalente statische Belastung $P_0(P_{0a})$ ist eine kombinierte Belastung, die die gleiche bleibende Verformung bewirkt wie die für die statische Tragzahl definierte Belastung.

Gleichungen: (DIN 622, Bl. 2)

$P_0 = X_0 \cdot F_r + Y_0 \cdot F_a$ für Radiallager (X_0 und Y_0 s. Tafel 14/6), (14/18)

$P_{0a} = 2{,}3\, F_r \tan\alpha + F_a$ für Axiallager mit $\alpha \neq 90°$ (14/19)
(Bedingung $F_r \leqq 0{,}44\, F_a \cdot \cot\alpha$).

Tafel 14/6. Radialfaktoren X_0 und Axialfaktoren Y_0 (nach DIN 622 Bl. 2) für Radiallager. Es muß stets $P_0 \geqq F_r$ sein

Lagerbauform	einreihige Lager		zweireihige Lager	
	X_0	Y_0	X_0	Y_0
Rillenkugellager	0,6	0,5	0,6	0,5
Schrägkugellager				
$\alpha = 40°$ (72B, 73B)	0,5	0,26	—	—
$\alpha = 32°$ (32, 33)	—	—	1	0,63
Pendelkugellager	—	—	1	$0{,}44 \cdot \cot\alpha$
Tonnenlager	1	5	—	—
Pendelrollenlager	—	—	1	$0{,}44 \cdot \cot\alpha$
Kegelrollenlager	0,5	$0{,}22 \cdot \cot\alpha$	—	—

Zur Bestimmung der Lagergröße benutzt man die Gleichung

$C_{0\,\mathrm{erf}} = f_s \cdot P_0\,.$ (14/20)

Für die Kennzahl f_s können folgende Werte eingesetzt werden:

bei ruhigem erschütterungsfreien Betrieb $f_s = 0{,}5$,

bei normalem Betrieb und normalen Anforderungen an die Laufruhe $f_s = 1{,}0$,

bei ausgeprägten Stoßbelastungen $f_s = 1{,}5 \cdots 2{,}0$,

bei hohen Anforderungen an die Laufruhe sowie bei Axial-Pendelrollenlagern $f_s = 2{,}0$.

Tafel 14/7. Erfahrungswerte für die erforderliche Lebensdauer

Einsatz	Lebensdauer L_h in h
Vorrichtungen, Geräte	500
Maschinen, Kurz-, Aussetzbetrieb (Störung von geringer Bedeutung)	4000 ··· 8000
Maschinen, Aussetzbetrieb (Störung von großer Bedeutung)	8000 ··· 14000
Maschinen, 8-Stunden-Betrieb (Teilausnutzung)	14000 ··· 20000
Maschinen, 8-Stunden-Betrieb (Vollausnutzung)	20000 ··· 30000
Maschinen im Dauerbetrieb	50000 ··· 60000
Maschinen im Dauerbetrieb (große Sicherheit)	100000 ··· 200000
Straßenfahrzeuge:	L_s in 10^6 km
Personenkraftwagen	0,1
Lastkraftwagen, Omnibusse	0,2 ··· 0,3
Schienenfahrzeuge:	L_s in 10^6 km
Güterwagen (nach UIC)	0,8
Nahverkehrsfahrzeuge, Straßenbahnen	1,5
Reisezugwagen für Fernverkehr	3
Triebwagen für Fernverkehr	3 ·· 4
Diesel- und Elektrolokomotiven	3 ··· 5

14.2.5 Dynamische Belastung und Lebensdauer

Nominelle Lebensdauer $L = (C/P)^3$ bei Kugellagern } in Mill. Umdrehungen (14/21)

$= (C/P)^{10/3}$ bei Rollenlagern } (14/22)

$L_h = 10^6 \cdot L/(60 \cdot n)$ in Betriebsstunden (n in 1/min), (14/23)

$L_s = \frac{\pi}{1000} \cdot D_R \cdot L$ in Mill. km (Raddurchmesser D_R in m). (14/24)

Erfahrungswerte s. Tafel 14/7.

Berechnungsbeispiel

Gegeben: $F_{rI} = F_{rII} = 1000$ N, $K_I = 2000$ N,
$n = 6000$ U/min,
Lager der Durchmesserreihe 2 mit $d = 50$ mm,
$D = 90$ mm (vgl. Tafel 14/1),
anzustrebende Lebensdauer: 8000 h.

Es kommen Lager in Betracht, die Radial- und große Axialkräfte aufnehmen können sowie für hohe Drehzahlen geeignet sind.

Nach Bild 14/8 sind für die möglichen Lageranordnungen folgende Bauformen geeignet:

A. Fest-Loslagerung: Rillenkugellager 6210 (Axiallastaufnahme?)
Schrägkugellager zweireihig 3210 (Drehzahl?)

B. Angestellte Lagerung: Schrägkugellager 7210 B
Kegelrollenlager 30210, 32210, 33210 } (Drehzahl?)

Ermittelt:

zu A: 6210:

$C = 30000$ N (s. Bild 14/15),
$C_0 = 22500$ N (s. Bild 14/17).

Festlager:
$F_a/C_0 = 0{,}08 \rightarrow e \approx 0{,}28$ (s. Tafel 14/5),
$F_a/F_r = 2000/1000 = 2 > e$. Daraus folgen (Tafel 14/5),
$X = 0{,}56$; $Y = 1{,}55$.
$P = X \cdot F_r + Y \cdot F_a = 0{,}56 \cdot 1000 + 1{,}55 \cdot 2000 = 3660$ N,
$L = (C/P)^3 = 550$ Mill. Umdr.
$L_h = 10^6 \cdot 550/(60 \cdot 6000) \approx 1500$ h.

Die anzustrebende Lebensdauer wird nicht erreicht. Die Nachrechnung ist für das Lager 3210 zu wiederholen:

3210:
$C = 45000$ N (s. Bild 14/15),
$e = 0{,}86$;
$F_a/F_r = 2 > e$. Daraus folgen (Tafel 14/5)
$X = 0{,}62$; $Y = 1{,}17$.
$P = X \cdot F_r + Y \cdot F_a = 2960$ N,
$L = (C/P)^3 = 3500$ Mill. Umdr.
$L_h = 9700$ h.

Loslager: 6210,
$P = F_r = 1000$ N,
$L_h = 78000$ h.

zu B: 7210 B:
$C = 33000$ N (Bild 14/15),
$e = 1{,}14$ $Y = 0{,}57$ für $\frac{F_a}{F_r} > e$ (Tafel 14/5).

Nach Berechnungsschema in Abschnitt 14.2.3 liegt Lastverhältnis 1 vor:

$$\frac{F_{rI}}{Y_I} = \frac{F_{rII}}{Y_{II}},$$

$$F_{aI} = 0{,}5\, F_{rI}/Y_I = 880\ \text{N}\,,$$

$$F_{aII} = F_{aI} + K_a = 2880\ \text{N}\,,$$

$$F_{aI}/F_{rI} = 0{,}88 < e.\ \text{Daraus folgen } X_I = 1;\ Y_I = 0\,.$$

$$\frac{F_{aII}}{F_{rII}} = 2{,}88 > e.\ \text{Daraus folgen } X_{II} = 0{,}35;\ Y_{II} = 0{,}57.$$

$$P_I = F_{rI}\,.$$

$$P_{II} = X_{II} \cdot F_{rII} + Y_{II}\ F_{aII} = 350 + 1640 = 1990\ \text{N}.$$

$$L_I = \left(\frac{C}{P_I}\right)^3 = 36000\ \text{Mill. Umdr.},$$

$$L_{hI} = 100000\ \text{h}\,,$$

$$L_{II} = \left(\frac{C}{P_{II}}\right)^3 = 4560\ \text{Mill. Umdr.},$$

$$L_{hII} = 12700\ \text{h}\,.$$

Die Überprüfung der zulässigen Drehzahlen (Bild 14/1) ergibt folgende Schmierverfahren:

a) Festlager 3210: Ölumlaufschmierung.

b) Schrägkugellager 7210 B: Fettschmierung evtl. noch ausreichend; günstiger Öltauchschmierung.

Die axial unbelasteten Lager sind stark überdimensioniert, so daß überprüft werden muß, ob nicht Lager mit geringerem Bohrungsdurchmesser verwendet werden können.

14.2.6 Besondere Belastungsfälle

(nach DIN 622, Palmgren [14/8] und Rumbarger [14/36]).

a) Äquivalente Belastung bei veränderlicher Belastung

Last F_i wirkt in der Zeit t_i bei gleichbleibender Richtung:

$$P = \left(\frac{F_1^3 \cdot t_1 + F_2^3 \cdot t_2 + \ldots}{t_1 + t_2 + \ldots}\right)^{1/3}. \tag{14/25}$$

bzw. bei veränderlichen Drehzahlen mit N als Zahl der Überrollungen

$$P = \left(F_1^3 \cdot \frac{N_1}{N_{ges}} + F_2^3 \cdot \frac{N_2}{N_{ges}} + \cdots\right)^{1/3}$$

Dieser kubische Mittelwert kann bei Kugel- wie auch Rollenlagern angesetzt werden, da die Abweichung vom Mittelwert nach der Potenz 10/3, wie eigentlich für Rollenlager zutreffend, nur gering ist.

Äquivalente Belastung bei linear zunehmender oder dabei nur gering schwankender Schwellbelastung:

$$P = 1/3 \cdot F_{min} + 2/3 \cdot F_{max}\,. \tag{14/26}$$

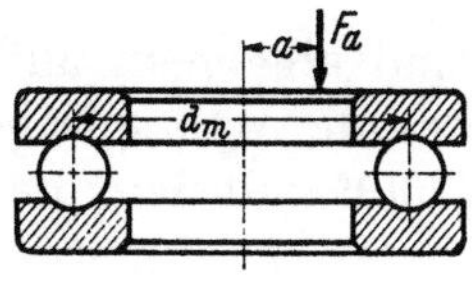

Bild 14/18. Axial-Rillenkugellager bei exzentrischer Belastung.

b) Axiallager mit exzentrischer Belastung F_a im Abstand a nach Bild 14/18.

Bei exzentrisch belasteten Axiallagern errechnen sich die größte Wälzkörperbelastung Q_{max}, die dynamisch äquivalente Belastung P_a und die statisch äquivalente

Belastung P_{0a} zu:

	einseitig wirkend	zweiseitig wirkend	
$Q_{max(1)}$	$= \frac{F_a}{Z} \cdot K_1$	$= \frac{F_a}{Z} K_{D1}$,	(14/27)
P_a	$= F_a \cdot K_2$	$= F_a \cdot K_{D2}$,	(14/28)
P_{0a}	$= F_a \cdot K_1$	$= F_a K_{D1}$.	(14/29)

Beiwerte K s. Tafel 14/8.

Zweiseitig wirkende Axiallager können eine reine Momentenbelastung aufnehmen; die größte Wälzkörperbelastung beträgt bei Axial-Kugellagern: $Q_{max1} = Q_{max2} = 4{,}37 \frac{M}{d_m \cdot Z}$ und bei Axial-Rollenlagern: $Q_{max1} = Q_{max2} = 4{,}08 \frac{M}{d_m \cdot Z}$.

Tafel 14/8. Beiwerte zur Berechnung exzentrisch belasteter Axiallager

	Axial-Kugellager					Axial-Rollenlager				
	einseitig		zweiseitig			einseitig		zweiseitig		
$2a/d_m$	K_1	K_2	K_{D1}	K_{D2}	$\frac{Q_{max2}}{Q_{max1}}$	K_1	K_2	K_{D1}	K_{D2}	$\frac{Q_{max2}}{Q_{max1}}$
0	1	1	1	1	0	1	1	1	1	0
0,2	1,42	1,09	1,42	1,09	0	1,42	1,11	1,42	1,11	0
0,4	1,89	1,28	1,89	1,28	0	1,84	1,34	1,84	1,34	0
0,6	2,36	1,52	2,36	1,52	0	2,28	1,62	2,25	1,60	0,065
0,8	3,4	1,99	2,90	1,8	0,125	3,30	2,18	2,66	1,87	0,195
1,0	Z	∞	3,34	2,05	0,23	Z	∞	3,08	2,14	0,3
2			5,57	3,45	0,54			5,15	4	0,59
25			55,5	39	0,94			52,7	40	0,95

c) Zylinderrollenlager der Bauformen NJ, NUP und NU + Winkelring HJ können neben radialen auch axiale Kräfte aufnehmen. Die zulässige Axialbelastung wird nicht von der Ermüdungsfestigkeit des Werkstoffes, sondern von der Tragfähigkeit der Gleitflächen zwischen Rollenstirnseite und Bord bestimmt. Sie hängt hauptsächlich von dem dort vorherrschenden Schmierzustand ab. Eine exakte Berechnung der Tragfähigkeit ist daher nicht möglich. Mit vereinfachten Berechnungsverfahren, die aus Versuchen und Betriebserfahrungen gewonnen wurden, können jedoch brauchbare Richtwerte ermittelt werden. Diese Formeln sind den Katalogen der Wälzlagerhersteller zu entnehmen.

d) Nicht umlaufende Lager

s. statische Tragfähigkeit in Abschnitt 14.2.4.

14.2.7 Sonstige Einflüsse[1]

Härte: Die Tragfähigkeitswerte sind allgemein auf die Härte 700 HV bezogen. Der Einfluß einer geringeren Härte auf die dynamische Tragfähigkeit wird ausgedrückt durch den Härtefaktor $f_H = (HV/700)^2$, mit dem die dynamische Tragzahl multipliziert werden muß.

[1] Extreme Schmierungs- und Drehzahlverhältnisse haben ebenfalls einen Einfluß auf die Lager-Lebensdauer. Zur Beurteilung für die Ausbildung eines Schmierfilmes nach der elastohydrodynamischen Schmiertheorie wird nach SKF ein Schmierfilmparameter $\Lambda = K d_m (\eta \varkappa n)^{0,73} P_0^{-0,09}$ herangezogen: bei zu kleinen Λ-Werten mögliche Oberflächenschäden, bei sehr großen Werten erhöhte rechn. Lebensdauer (Λ-Nachprüfung nur für $d_m \cdot n$ außerhalb 10^4 bis $3 \cdot 10^5$).

Temperatur: Lagerteile, die bei *erhöhter Betriebstemperatur* noch maßhaltig bleiben sollen, werden einer besonderen Wärmebehandlung vor dem Fertigschleifen unterzogen (Stabilisierung nach Stufe S 0 bis S 3). Infolge Härteabfall erniedrigt sich dabei die dynamische Tragzahl C. Sie wird deshalb mit einem Temperaturfaktor f_T multipliziert: $C_T = f_T \cdot C$.

T (°C)	150	200	250	300
f_T	1,0	0,9	0,75	0,6
erforderliche Wärmestabilisierung	S 0	S 1	S 2	S 3

Im Betriebszustand muß meistens eine gewisse Lagerluft[1] vorhanden sein (Betriebsluft). Die beim angelieferten Lager vorhandene Luft (Anfangsluft) wird beeinflußt durch die Passung von Innen- und Außenring, sowie durch das Temperaturgefälle im Lager. Im Mittel[2] verringert sich die Lagerluft um 0,5 bis 0,7 des wirksamen Übermaßes an dem Ring, der mit einer Preßpassung eingebaut wird. Ein Temperaturgefälle im Lager vom Innenring zum Außenring (Innenring wärmer als Außenring) wirkt sich vermindernd auf die Lagerluft aus; in gleicher Weise eine besonders gute Kühlung des Außenringes. Als Anhalt für die Wahl der Anfangsluft nach der C-Klassifikation (DIN 620 Bl. 4) kann gelten:

Außenring wärmer als Innenring		Innenring wärmer als Außenring			
20°	5···20°	−5···10°	10···25°	25···40°	40···65° C
C 1	C 2	normal	C 3	C 4	C 5

14.3 Reibung, Schmierung und Lagertemperatur

Die *Reibungs- oder Verlustarbeit* bei Wälzlagern setzt sich zusammen aus:

1. Hystereseverlust (Werkstoffdämpfung bei elastischer Verformung);
2. Gleiten innerhalb der Druckflächen zwischen Wälzkörpern und Rollbahnen (s. Bild 14/19);

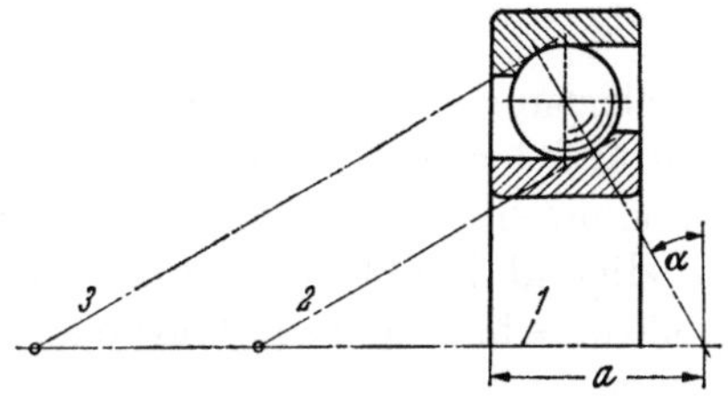

Bild 14/19. Momentanachsen der Wälzbewegung. Bei reinem Wälzen müssen sich *1*, *2* und *3* in *einem* Punkt oder im Unendlichen schneiden (Im Bild nicht der Fall).

3. Gleiten der Wälzkörper am Käfig und an den Borden (bei Rollenlagern);
4. Gleiten des Käfigs an den Borden (bei bordgeführten Käfigen);
5. Bohrende Reibung bei Kugellagern mit $\alpha \neq 0°$;
6. Walkwiderstand des Schmierstoffes;
7. Ventilationsverlust (Luftreibung) bei sehr hochtourigen Lagern;
8. Widerstand durch Fremdkörper (Staub, Abrieb).

[1] Lagerluft ist das Maß, um das sich ein Lagerring gegenüber dem anderen in radialer Richtung ohne Belastung verschieben läßt.

[2] Übermaß des Außenringes wirkt zu 0,5 als Verkleinerung der Lagerluft (Übermaß der Welle zu 0,7).

Entsprechend diesen Anteilen läßt sich die Verlustarbeit *verringern* durch:

1. Einhalten einer günstigen Tragsicherheit C/P ($C/P = 10\cdots5$);
2. Einhalten exakter Abrollverhältnisse durch Wahl geeigneter Lager;
3. Sicherstellen der Flüssigkeitsreibung an den Gleitflächen;
4. Zweckmäßige Menge und Viskosität des Schmiermittels, geeignetes Schmierverfahren;
5. Wirksame Abdichtungen, damit Fremdkörper von außen abgehalten werden.

Gewöhnlich setzt man in Anlehnung an die Reibverhältnisse beim Gleitlager auch beim Wälzlager das Reibungsmoment $M_R = F\mu_i d/2$, wobei die ideelle Reibungszahl μ_i auf den Halbmesser $d/2$ der Lagerbohrung bezogen wird. Hierbei ergeben sich nach Bild 14/20 Reibwertkurven, die bei Belastung F = Null (Leerlauf) im Unendlichen

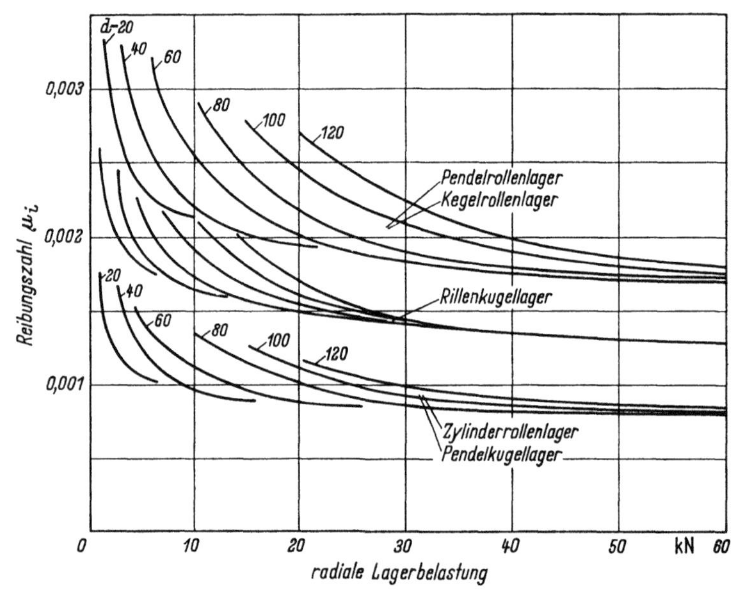

Bild 14/20. Reibungszahl μ_i für Wälzlager (mittlere Reihe) bei normaler Lagerluft und sparsamer Schmierung nach Jürgensmeyer [14/6].

liegen und mit zunehmender Belastung sich einem Kleinstwert nähern. Dieser Verlauf von μ_i ergibt sich aus dem Verlauf der Reibungsmomente (Bild 14/21), die bei $F = 0$ mit dem Leerlauf-Reibungsmoment beginnen und dann mit F fast linear bzw. mehr als linear ansteigen. Unbefriedigend bleibt, daß man nicht nur für jede Lagerart, sondern auch für jede Lagergröße eine besondere μ_i-Kurve (s. Bild 14/20) bzw. M_R-Kurve benötigt.

Zu bevorzugen ist daher ein anderer Ansatz für M_R:

Reibungsmoment $M_R = m d^e C/1000$ Nmm. (14/30)

Der Exponent e ist für geometrisch ähnliche Lager eine Konstante, z. B. ist $e = 3/4$, wenn man die Reibwertkurven nach Bild 14/20 als maßgebend ansieht. Dynamische Tragzahl C s. Bild 14/15 und 14/16. Der spezifische Reibungsfaktor m (s. Bild 14/22) ist eine Funktion von F/C, von den Betriebsbedingungen und von der Konstruktion des Lagers, aber unabhängig von der Lagergröße, sofern es sich um geometrisch ähnliche Lager unter gleichen Betriebsbedingungen handelt.

Beispiel: Für das Rillenkugellager 6316 mit $d = 80$ mm, $C = 87000$ N (s. Bild 14/15) ergibt sich für $F = 17500$ N ein Verhältnis $F/C \approx 0{,}2$. Aus Bild 14/22 folgt aus Kurve 4 ein Wert $m = 0{,}455$ und somit ein Reibungsmoment $M_R = 0{,}455 \cdot 80^{3/4} \cdot 87000/1000 = 1058{,}9$ Nmm bzw. eine Reibungszahl $\mu_i = 0{,}0015$.

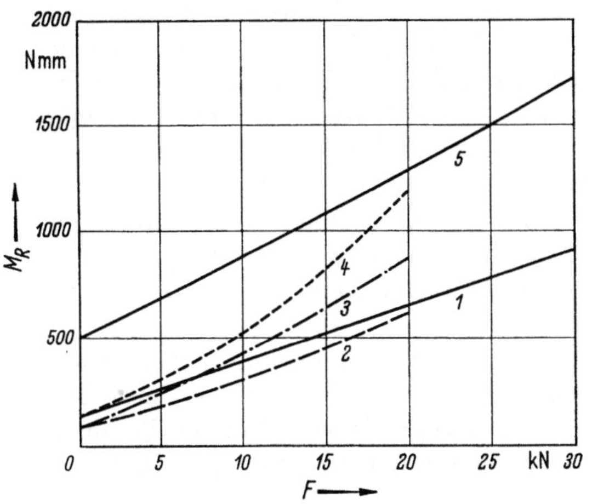

Bild 14/21.

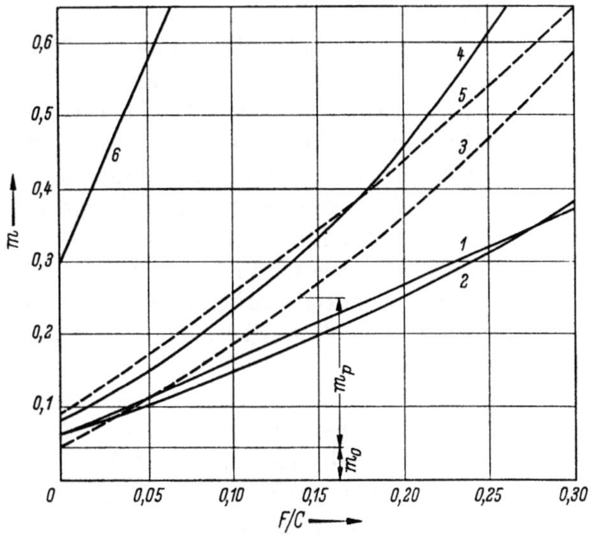

Bild 14/22.

Bild 14/21. Reibungsmomente M_R für verschiedene Wälzlagerbauformen mit $d = 70$ mm, bei mittlerer Drehzahl und Öltauchschmierung (untere Wälzkörper bis Mitte eintauchend), in Abhängigkeit von der Belastung; nach SKF. *1* Zylinderrollenlager N 314, *2* Pendel-Kugellager 1314, *3* Axial-Rillenkugellager 513 14, *4* Rillenkugellager 6314, *5* Pendelrollenlager 223 14.

Bild 14/22. Spezifischer Reibungsfaktor $m = m_0 + m_p$ für Wälzlager der mittleren Baureihe entspr. den Werten nach Bild 14/20. $m_0 = m$ für $F/C = 0$.

1 Zylinderrollenlager, *2* Pendel-Kugellager,
3 Axial-Rillenkugellager, *4* Rillenkugellager,
5 Pendelrollenlager und Kegelrollenlager, *6* Nadellager (vollnadelige Ausführung).

Einfluß von Axialbelastung: Bei Axialbelastung von Rillenkugellagern ist die Größe der entstehenden Normalkräfte vom Berührungswinkel α abhängig, der wiederum durch die Lagerluft beeinflußt wird. Bei Rillenkugellagern mit normaler Lagerluft wurde mit wachsendem Berührungswinkel α zunächst ein Abfall des Reibwertes festgestellt, welcher bei $\alpha = 6 \cdots 9°$ sein Minimum erreicht, da infolge der Axiallast die Wälzkörper über den gesamten Umfang in der Laufrille geführt werden. Bei noch größer werdender Axiallast, d. h. größer werdendem Berührungswinkel, verschieben sich die Schnittpunkte der Momentanachsen, wodurch der Anteil an bohrender Reibung anwächst und die Gesamtreibung im Lager größer wird. Zur Ermittlung der Reibungsmomente kann man bei üblicher Lagerluft und größeren Axialkräften etwa $F \approx F_r + 2{,}75 F_a$ in die obige Gleichung (14/30) einführen.

Einfluß von Schmierung, Temperatur und Drehzahl: Die geringste Leerlaufreibung ergibt sich bei einem Ölhauch als Schmierung. Bei Fettschmierung (größere Zähigkeit)

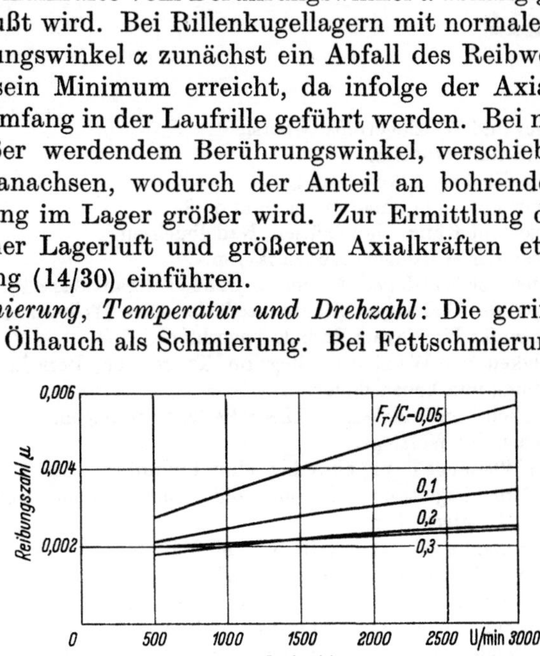

Bild 14/23. Reibungszahl eines Rillenkugellagers 6312 in Abhängigkeit von der Drehzahl und der Belastung nach Eschmann [14/3].

ist die Leerlaufreibung (m_0) größer als bei Ölschmierung (bis 2,5-fach), dafür wird aber mit zunehmender Belastung und Erwärmung der Anteil der Gleitreibung geringer, so daß M_R bzw. m flacher ansteigt. Die Drehzahl beeinflußt den Reibwert entsprechend Bild 14/23, wobei die Lagerbauform eine erhebliche Rolle spielt. Bei geringen Lagerbelastungen scheinen die lastunabhängigen Verluste (Walkarbeit des Schmierstoffes, Verluste aus der Käfigführung) zu überwiegen; diese sind deutlich drehzahlabhängig. Im allgemeinen zeigt sich bei Wälzlagern ein gleitlagerähnliches Verhalten.

Sonstige Einflüsse: Im praktischen Betrieb kann durch unsachgemäßen Einbau (Zwängen und Verachsen), durch zu reichliche Schmierung, durch Schmutz im Lager und durch unnötig starke Anpressung der Dichtung das Leerlaufreibmoment unverhältnismäßig groß werden. Man prüfe deswegen die Lagertemperatur beim Leerlauf einer Maschine.

Zweckmäßige Schmierung: Schon wegen der leichteren Abdichtung gegen Staub und wegen der geringeren Wartung wird Fettschmierung besonders bei kleineren Maschinen (Haushaltmaschinen) und bei Fahrzeugen bevorzugt: Hierbei können Schmiernippel fortfallen, wenn die Lager doch nur bei Überholung der Maschine gereinigt und erneut mit Fett versehen werden.

Ölschmierung ist dort am Platze, wo andere Teile ebenfalls mit Öl geschmiert werden, z. B. bei Lagern in Getriebekästen; ferner bei Betriebstemperaturen über 120 °C und bei sehr hoher Drehzahl. Man kann den Ölstand durch einen „Überlauf" begrenzen (zulässiger Ölstand s. oben!) und unerwünschtes Spritzöl von umlaufenden Nachbarteilen durch Spritzbleche fernhalten. Ölschmierung erfordert häufigere Kontrolle und sorgfältigere Abdichtung.

Das Schmiermittel darf keinen Rost erzeugen, keine schmirgelnde Bestandteile enthalten, die Wälzkörper chemisch nicht angreifen (säurefrei!) und soll möglichst alterungsbeständig (Mineralöl) sein.

Die Abdichtung (s. auch Kap. 15) soll einerseits vor Verlust des Schmiermittels und andererseits vor Eindringen von Staub und Wasser schützen.

14.4 Schrifttum zu 14

Normen

DIN 611	Wälzlager und Wälzlagerteile, Übersicht.
DIN 615	(Radial-)Schulterkugellager.
DIN 616	Maßpläne für äußere Abmessungen.
DIN 617	Nadellager mit Käfig, Maßreihen 48 und 49.
DIN 618	Nadellager mit Käfig, Nadelhülsen, Nadelbüchsen.
DIN 620 Blatt 1	Toleranzen der Wälzlager; Meßverfahren.
DIN 620 Blatt 2	Toleranzen der Wälzlager; Normaltoleranz (Toleranzklasse 0).
DIN 620 Blatt 3	Toleranzen der Wälzlager; Eingeengte Toleranzen (Toleranzen 6, 5 und 4).
DIN 620 Blatt 4	Toleranzen der Wälzlager; Radiale Lagerluft.
DIN 622 Blatt 1	Tragfähigkeit von Wälzlagern, Begriffe, Tragzahlen, Berechnung der äquivalenten Beanspruchung und Lebensdauer.
DIN 622 Blatt 2	Tragfähigkeit von Wälzlagern, Theoretische Grundlagen.
DIN 623	Kurzzeichen der Wälzlager.
DIN 625 Blatt 1	(Radial-)Rillenkugellager; einreihig, ohne Füllnuten.
DIN 625 Blatt 2	(Radial-)Rillenkugellager; einreihig, ohne Füllnuten, mit kegeliger Bohrung, Ringnut, Deck- und Dichtscheiben.
DIN 625 Blatt 3	(Radial-)Rillenkugellager; zweireihig, mit Füllnuten.
DIN 628 Blatt 1	(Radial-)Schrägkugellager; einreihig und zweireihig.
DIN 628 Blatt 2	(Radial-)Schrägkugellager; nicht selbsthaltend, einreihig.
DIN 630 Blatt 1	(Radial-)Pendelkugellager, zylindrisch und kegelige Bohrung.
DIN 630 Blatt 2	(Radial-)Pendelkugellager, breiter Innenring, Innenring mit Klemmhülse.
DIN 635 Blatt 1	Radial-Rollenlager; (Radial-)Tonnenlager; einreihig.
DIN 635 Blatt 2	Radial-Rollenlager; (Radial-)Pendelrollenlager; zweireihig.
DIN 648	Gelenklager, Gelenkköpfe, Maßpläne für Anschlußmaße.

DIN 711 Blatt 1	Axial-Rillenkugellager, einseitig wirkend, mit ebener Gehäusescheibe, mit kugeliger Gehäusescheibe und Unterlagscheibe.
DIN 711 Blatt 3	Axial-Rillenkugellager, einseitig wirkend, mit Kappe, vollkugelig (ohne Käfig).
DIN 715	Axial-Rillenkugellager, zweiseitig wirkend, mit ebenen Gehäusescheiben, mit kugeligen Gehäusescheiben und Unterlagscheiben.
DIN 720	(Radial-)Kegelrollenlager.
DIN 722	Axial-Zylinderrollenlager, einseitig wirkend.
DIN 728 Blatt 1	Axial-Pendelrollenlager, einseitig wirkend, mit unsymmetrischen Rollen.
DIN 728 Blatt 2	Axial-Pendelrollenlager, einseitig wirkend, mit symmetrischen Rollen.
DIN 736	Stehlagergehäuse für Wälzlager der Durchmesserreihe 2, mit kegeliger Bohrung und Spannhülse, Hauptmaß.
DIN 737	Stehlagergehäuse für Wälzlager der Durchmesserreihe 3, mit kegeliger Bohrung und Spannhülse, Hauptmaße.
DIN 738	Stehlagergehäuse für Wälzlager der Durchmesserreihe 2, mit zylindrischer Bohrung, Hauptmaße.
DIN 739	Stehlagergehäuse für Wälzlager der Durchmesserreihe 3, mit zylindrischer Bohrung, Hauptmaße.
DIN 981	Wälzlagerzubehör, Nutmuttern.
DIN 5401	Kugeln.
DIN 5402 Blatt 1	Wälzlagerteile, Zylinderrollen.
DIN 5402 Blatt 2	Wälzlagerteile, Walzen.
DIN 5402 Blatt 3	Wälzlagerteile, Nadelrollen.
DIN 5405 Blatt 1	Nadellager, Radial-Nadelkränze.
DIN 5405 Blatt 2	Nadellager, Axial-Nadelkränze.
DIN 5406	Wälzlagerzubehör, Sicherungsbleche.
DIN 5407 Blatt 1	Walzenkränze.
DIN 5412 Blatt 2	(Radial-)Zylinderrollenlager mit Außenborden, einreihig.
DIN 5412 Blatt 2	(Radial-)Zylinderrollenlager mit Innenborden, einreihig.
DIN 5412 Blatt 3	(Radial-)Zylinderrollenlager mit kegeliger Bohrung 1:12, mit zylindrischer Bohrung und Ringnut.
DIN 5412 Blatt 4	(Radial-)Zylinderrollenlager mit Außenborden, mit Innenborden, zweireihig.
DIN 5412 Blatt 5	(Radial-)Zylinderrollenlager, Außen- bzw. Innenringe mit Rollenkranz.
DIN 5412 Blatt 6	(Radial-)Zylinderrollenlager; Winkelringe.
DIN 5412 Blatt 7	(Radial-)Zylinderrollenlager; Außenring mit Rollenkranz.
DIN 5412 Blatt 8	(Radial-)Zylinderrollenlager; Winkelringe, Ausführung E.
DIN 5415	Spannhülsen mit Muttern und Sicherung für Wälzlager.
DIN 5416	Abziehhülsen für Wälzlager.
DIN 5417	Sprengringe für Lager mit Ringnut.
DIN 5418	Anschlußmaße für Wälzlager.
DIN 5419	Filzringe, Filzstreifen, Ringnuten für Wälzlagergehäuse.
DIN 5425	Passungen für den Einbau von Wälzlagern; Allgemeines, Richtlinien.
DIN 42966	Rillenkugellager für elektrische Maschinen; Maß-, Form-, und Laufgenauigkeit, Lagerluft.
DIN 51806	Mechanische-dynamische Prüfung von Wälzlagerfetten.
DIN 51825	Wälzlagerfette; Mindestanforderung.

Handbücher

14/1 Conti, G.: Die Wälzlager. München: Hanser 1963/1965.

14/2 Eschmann, Hasbargen, Weigand: Die Wälzlagerpraxis. München: Oldenbourg 1953.

14/3 Eschmann, P.: Das Leistungsvermögen der Wälzlager. Berlin, Göttingen, Heidelberg: Springer 1964.

14/4 Hampp, W.: Wälzlagerungen. Berlin, Heidelberg, New York: Springer 1968.

14/5 Illmann, A.; Obst, H. K.: Wälzlager in Eisenbahnwagen und Dampflokomotiven. Berlin: Ernst und Sohn 1957.

14/6 Jürgensmeyer, W.: Die Wälzlager. Berlin: Springer 1937. Gestaltung von Wälzlagerungen. Berlin, Göttingen, Heidelberg: Springer 1953.

14/7 Mundt, R.: Wälzlager Hütte, Bd. II A, 28. Aufl. 1954.

14/8 Palmgren, A.: Grundlagen der Wälzlagertechnik. Stuttgart: Franckh 1964.

14/9 Unger, H.: Wälzlagerhandbuch. Berlin: VEB Verlag Technik 1957.

Bauarten

14/10 Barnbrook, T. G.: Das Timken-Kreuzrollenlager. Timken-Ber. Nr. 14 (1970). Timken-Roller Bearing Co.

14/11 Bensch, E.: Nadellager mit kleinstem Bauraum für hohe Drehzahlen und hohe Belastungen. Konstruktion 7 (1955) 16–23.

14/12 Buchmann: Nadellager mit einstellbarem Spiel. Werkstatt echnik 47 (1957) 420.
14/13 Kunert, K. H.: Die vorgespannte wälzkörpergelagerte Geradführung. Konstruktion 13 (1961) 268.
14/14 Unterberger, R.: Berechnung und Anwendung des Drahtkugellagers. VDI-Z. 92 (1950) 332.
14/15 Villinger, F.: 20 Jahre Drahtkugellager. Konstruktion 6 (1954) 27.
14/16 Pittroff, H.; Schröder, H.: Sie machen Lager leichter und dicht. Kunststoffe in der Wälzlagertechnik. Maschinenmarkt 83 (1971) 1886.
14/17 Braun, B.: Drahtwälzlager. Techn. Rundschau 49 (1957) H. 18, S. 9.
14/18 Memmel, M.: Rolamite – eine neue Technik. TZ Prakt. Metallbearb. 62 (1968) H. 9, S. 427.

Anwendung, Auswahl und Grenzen

14/19 Burkard, K.: Mögliche Anwendungsgrenzen für Miniatur- und Instrumentenlager. Feinwerktechnik 75 (1971) H. 7, S. 320.
14/20 Derner, W. J.: Misalignment problems in cylindrical roller bearings. SAE Paper 70059 (1970).
14/21 Eschmann, P.: Neuere Entwicklungen auf dem Gebiet der Wälzlagertechnik. Ind.-Anz. 74 (1952).
14/22 Gallasch, E.: Miniaturkugellager in hochtourigen Instrumenten. Techn. Rdsch. 54 (1962) H. 26, S. 2.
14/23 Hampp, W.: Optimale Wälzlagerungen durch richtige Lagerauswahl. VDI-Ber. Nr. 141 (1970) 55.
14/24 Korrenn, H.: Wälzlager bei außergewöhnlichen Betriebsbedingungen. VDI-Ber. Nr. 141 (1970) 75.
14/25 Wallin, E.: Lagerprobleme in Elektromotoren. Techn. Rdsch. 63 (1971) H. 5, S. 28.
14/26 Pittroff, H.: Wälzlager in den Grenzgebieten ihrer Anwendung. Maschinenbautechnik 17 (1968) H. 10, S. 550.

Tragfähigkeit, Beanspruchung und Lebensdauer

14/27 Brändlein, J.: Der Einfluß regellos veränderlicher Belastungen und Drehzahlen auf die Beanspruchung von Wälzlagern. Werkst. u. Betr. 103 (1970) H. 2, S. 99.
14/28 Dirlam, K.: Beitrag zur wirklichkeitsnahen Lebensdauerberechnung der Wälzlager im Kraftfahrzeugbau. Z. Kraftfahrzeugtechnik 1958, H. 9 u. 10.
14/29 Eschmann, P.: Die Gebrauchsdauer der Wälzlager. Schmiertechnik Tribol. 18 (1971) H. 3, S. 104.
14/30 Janowitz, A.: Zur Berechnung der äquivalenten Belastung von Wälzlagern bei zeitlich und größenmäßig veränderlicher Belastung. Maschinenbautechnik 4 (1955) H. 1, S. 52.
14/31 Schiller, G.: Zylinderrollen-Radiallager für hohe axiale Belastungen. VDI-Z. 113 (1971) H. 4, 308.
14/32 Schwartz, J. I.: The basic dynamic capacity of needle bearings. Lubric. Engng. 27 (1971) H. 1, S. 13.
14/33 Lohmann, G.; Schreiber, H. H.: Zur Bestimmung des Lebensdauerexponenten von Wälzlagern. Werkst. u. Betr. 92 (1959) H. 4.
14/34 Lundberg, G.; Palmgren, A.: Dynamische Tragfähigkeit von Wälzlagern. Acta polytechnika Nr. 3, H. 7 (1947).
14/35 Schreiber, H. H.: Zur mathematisch statistischen Auswertung von Lebensdauerversuchen mit Wälzlagern. Zeitschrift für wirtschaftliche Fertigung 58 (1963) H. 6 u. 7.
14/36 Rumbarger, J. H.: Thrust Bearings with excentric loads. Machine Design 34 (1962) H. 4, S. 172.
14/37 Diergarten, H.: Wälzlagerstähle. Werkstoffhandbuch Stahl und Eisen.
14/38 Pittroff, H.: Riffelbildung bei Wälzlagern infolge Stillstandserschütterungen. Diss. TH München 1962.
14/39 Rösch, H.: Untersuchung von Lagerungen und Störgrößen von Lagerungen. Entwurf TH München 1967.
14/40 Firmenschriften: Aufbau und Anwendung der Wälzlager. Hrsg. von FAG Kugelfischer Georg Schäfer &Co., Schweinfurt.
Die Kugellager-Zeitschrift. Hrsg. von SKF Kugellagerfabriken GmbH, Schweinfurt.
Wälzlagertechnik. Hrsg. von FAG Kugelfischer Georg Schäfer &Co., Schweinfurt.
14/41 Frase, D.: Messung betriebs- und verfahrensbedingter Kräfte in Maschinen mit kraftmessenden Wälzlagern. Antriebstechnik 14 (1975) 573.

15 Gleitlager

15.1 Übersicht

15.1.1 Eigenschaften und Verwendung

Wegen ihrer günstigen Schmiegung sind Gleitlager die am höchsten belastbaren Gleitpaarungen. Die alte Frage, ob Gleit- oder Wälzlager günstiger sind, kann man dahin beantworten, daß beide ihre besonderen Eigenschaften besitzen und keines von beiden sämtliche Wünsche befriedigt.

Es gibt also Fälle, wo nur Gleitlager, und andere, wo nur Wälzlager in Frage kommen, und wieder andere, wo beide geeignet sind. Es kommt eben darauf an, auf welche Eigenschaften im jeweiligen Anwendungsfall besonderer Wert gelegt wird. Bei Gleitlagern wirkt die große Schmierfläche schwingungs-, stoß- und geräuschdämpfend. Gleitlager sind auch weniger empfindlich gegen Erschütterungen, gegen Staubzutritt (Fettschmierung als Staubdichtung) und erlauben ein geringeres Lagerspiel[1] und andererseits relativ große Passungstoleranzen. Ferner sind Gleitlager einfach im Aufbau, einfach herzustellen, und zwar ebensogut geteilt wie ungeteilt und besonders bei großen Durchmessern erheblich billiger als Wälzlager. Sie erfordern außerdem einen geringeren Einbaudurchmesser und sind konstruktiv sehr anpassungsfähig.

Die Führungsgenauigkeit ist bei Gleitlagern besser. Gleitgelagerte Wellen erreichen höchste Drehzahlen. Bei einwandfreiem Schmierfilm ist die Lebensdauer eines Gleitlagers nahezu unbegrenzt.

Diesen Schmierfilm kann das Lager entweder selbst *hydrodynamisch* durch die Gleitgeschwindigkeit erzeugen (hohe Anlauf-Reibzahl) oder er muß *hydrostatisch*, also durch Hilfspumpen erzeugt und aufrechterhalten werden.

In jedem Fall ist gegenüber Wälzlagern mehr Schmierstoff erforderlich und auch mehr Aufwand für die Schmierstoffzuführung (besonders bei senkrechten Wellen) und Wartung. Mangelhafte Schmierung führt rasch zu einem Ausfall des Lagers. Ferner sind bei Gleitlagern noch die erforderliche Einlaufzeit[2], die meist größere Baulänge und der Einfluß der Wellenoberfläche auf das Gleitverhalten zu beachten.

Entsprechend wird man Gleitlager vorziehen

a) wenn die Geräuscharmut bzw. Laufruhe ausschlaggebend ist,
b) bei höchsten Drehzahlen,
c) bei höchsten Ansprüchen an die Genauigkeit,
d) bei starken Erschütterungen und Vibrationen (bei Reservemaschinen, die neben den laufenden stehen),
e) wenn geteilte Lager oder geringe Durchmesser[3] erwünscht sind.

---

[1] Das Lagerspiel kann bei Gleitlagern gegenüber handelsüblichen Wälzlagern, besonders bei Wechselkräften auf etwa 1/3 gemindert werden.

[2] Die Einlaufzeit kann durch Zusatz von chemisch aktiven Stoffen (z. B. Schwefel) zum Schmierstoff, durch Zusatz von kolloidalem Graphit (z. B. Kollag) und besonders durch Vorgraphitieren, Behandeln mit MoS_2-Gleitlacken oder Phosphatieren der Gleitflächen erheblich abgekürzt werden.

[3] Für besonders geringe Abmessungen bei höherer hydrodynamischer Tragfähigkeit auch Verwendung von axialen Spiralrillen-Scheibenlagern (Lagerscheibe mit in Bewegungsrichtung verlaufenden Spiralrillen und anschließender Stauzone läuft gegen glattes Gehäuse) in Verbindung mit Zylinderrollenlagern; für hochtourige Wellen, z. B. in Flugzeuggetrieben.

15.1.2 Heutige Tendenzen

Anwendung der hydrodynamischen Schmiertheorie für die Bemessung und Gestaltung und für den Betrieb der Lager.

Verwendung kurzer Gleitlager ($b/d = 0{,}4\cdots 1$) für geringere Kantenpressung und kleinere Biegebeanspruchung der Lagerzapfen.

Verwendung listenmäßig beziehbarer Gleitlager in den Abmessungen der Wälzlager (DIN 733, 734, 735).

Dünne Lagerbüchsen (aus Stahl) und dünne Metallauflagen[1] zur Verbesserung der Wärmeableitung.

Wellenzapfen gehärtet, feinstgeschliffen, poliert oder glattgerollt, oder mit entsprechenden Laufbüchsen auf den Wellen.

Besonders sorgfältige Gestaltung der Schmierstoffzuführung, Verwendung von Luftlagern bei hohen Drehzahlen[2] und in Kernkraftanlagen.

Übergang zu hydrostatisch- oder aerostatischgeschmierten Lagern, um kleinere Bauweise oder kleinere Reibzahl, niedrige Anlauf-Reibzahl oder Wegfall von Verschleiß zu erreichen.

Tafel 15.1. Belastungswerte ausgeführter Gleitlager im Maschinenbau

St = Stahl, GG = Grauguß nach DIN 1691, WM = Weißmaterial nach DIN 1703, Bl–Bz = Bleibronze nach DIN 1716, Bz und Rg = Bronze und Rotguß nach DIN 1705, KH = Kunstharz-Preßstoff nach DIN 7703, geh. = gehärtet.

Gleitlager für	Nr.	Größwerte		Werkstoff	$\beta = b/d$
		$\bar{p}$ N/cm²	u m/s	Lager/Welle	
Transmissionen	1	20	3,5	GG/St	1···2
	2	80	1,5	GG/St	1···2
	3	50	6	WM/St	1···2
	4	150	2	WM/St	1···2
Dauerbetrieb	5	60	0,5	KH/St 50	1···2
	6	200	0,15	KH/St 50	1···2
Aussetzender Betrieb	7	60	1	KH/St 50	1···2
	8	400	0.15	KH/St 50	1···2
Hebezeuge					
Zahnstangengewinde	9	4000	—	Bz/St 70	0,8···1,8
Ausleger-Drehpunkt	10	1500	—	GBz 20/St 70	0,8···1,8
Laufrad, Rolle, Trommel	11	600	—	GG 21/St 50	0,8···1,8
Laufrad, Rolle, Trommel	12	1200	—	Rg 8/St 50	0,8···1,8
Laufrad, Rolle, Trommel	13	$\bar{p}u = 100$		KH/St 50	0,8···1,8
Laufrad, Rolle, Trommel	14	$\bar{p}u = 250$		KH/St geh.	0,8···1,8
Werkzeugmaschinen	15	20···50	—	WM, Rg, Bz, GG/St	1,2···2
Hartzerkleinerung, Brecher, Mühlen					
	16	80	1	GG/St	1···2
	17	80	3	WM 5/St	1···2
Werte gelten für Dauerbetrieb.	18	100	2	WM 10/St	1···2
Bei aussetzendem Betrieb bis 2,5 $\bar{p}$	19	150	10	WM 10/St	1···2
	20	800	1	GBz 10, Bl–Bz/St	1···2
	21	200	1	KH/St	1···2
Kniehebel-Presse, Höchstdruck	22	10000	—	Bl–Bz/St	1···2

[1] Auch elektrolytisch auf die Tragschale aufgebrachte dünne Schichten, z. B. Stahlschale mit 1···10 μm dicker Kupfer- oder Nickelschicht, darauf 0,4 mm dicke Silberschicht, darauf 10···40 μm dicke Blei- und Zinn-Indiumschicht, die durch Diffusion miteinander legiert werden (Mehrstofflager).

[2] Hierfür neuerdings auch Magnetlager (Fa. SEP, Paris) vorgeschlagen: elektronisch geregelte Elektromagnete halten Welle freischwebend. Radial- oder Axiallager in Baueinheiten ähnlich Wälzlagern. Drehzahlen in Ultrazentrifugen bis 800000 U/min.

Tafel 15/1 Fortsetzung.

Gleitlager für	Nr.	Größtwerte $\bar{p}$ N/cm²	u m/s	Werkstoff Lager/Welle	$\beta = b/d$
Walzwerke	23	5000	50	Caro-Bz/St. geh.	0,5···1,2
		2500	50	KH/St geh.	0,5···1,2
Elektro- und Wasserkraftmaschinen					
$n < 1500$, Auslaufz. < 8 min.	24	120	10	WM 10/St 50	0,8···1,5
$n < 1500$, Auslaufz. > 8 min.	25	70	10	WM 10/St 50	–
$n > 1500$, Auslaufz. < 8 min.	26	50	14	WM 10/St 50	–
$n > 1500$, Auslaufz. darüber	27	–	–	WM 80/St 50	–
Turbomaschinen					
Michell-Drucklager	29	300	60	WM, KH/St	–
Dampfturbinen	30	80	60	WM/St	0,8···1,25
Dampfturbinen	31	150	60	Bl-Bz/St	0,8···1,25
Sonstige Turbomaschinen	32	150	–	Bl-Bz/St	1,5···2
Kolben-Dampfmaschinen, -Verdichter, -Pumpen					
Kreuzkopf- und Kolbenbolzen	33	1200	–	WM, Bl-Bz/St g.	
Stirnkurbel, Pleuellager	34	900	2,5	WM, Bl-Bz/St g.	1
Stirnkurbel, Wellenlager	35	350	3,3	WM, Bl-Bz/St g.	1,4
Gekr. Kurbel, Pleuellager	36	750	3,5	WM, Bl-Bz/St g.	0,85
Gekr. Kurbel, Wellenlager	37	450	3,5	WM, Bl-Bz/St g.	1
Außenlager (Schwungrad)	38	250	3,0	WM/St	–
Steuerwellen	39	150	–	WM/St	1
Kreuzkopf-Gleitschuh	40	40	–	WM/St	–
Kreuzkopf-Gleitschuh	41	30	–	GG/St	–
Lokomotiven					
Pleuel und Kreuzkopf	42	1500	–	WM, Bz/St	–
Kreuzkopf-Gleitschuh	43	100	–	Rg/St	–
Kraftwagen[1]*- und Flugmotore*					
Langsamläufer, Pleuel	44	1200	–	WM/St	0,5···0,6
Langsamläufer, Kurbelwellen	45	800	–	Bl-Bz/St	0,5···0,6
Schnelläufer: 1,7 $\bar{p}$ } d. Langsam-				Bl-Bz/St g.	–
Flugmotor: 2,3 $\bar{p}$ } Läufer				Bl-Bz/St g.	–
Dieselmotoren[1]					
Viertakt-Kurbelwellenlager	46	550···1300	–	–	0,45···0,9
Viertakt-Pleuellager	47	1250···2500	–	–	0,5 ···0,8
Zweitakt-Kurbelwellenlager	48	500··· 900	–	–	0,6 ···0,75
Zweitakt-Pleuellager	49	1000···1500	–	–	0,55···0,6
Großkraftmaschinen					
Langsamläufer, Pleuel	50	1500	–	WM, Bl-Bz/St g.	0,65···0,8
Langsamläufer, Kurbelwellen	51	900	–	–	0,7 ···0,9
Langsamläufer, Kolbenbolzen (b/d für ganze Auflage)	52	2400	–	–	1,6 ···1,7
Schnelläufer: 1,5 $\bar{p}$ d. Langsamläufer				–	–
Gelenke	54	1500	–	St geh./St geh.	–
	55	300	–	GG/St	–
	56	900	–	Rg, Bz/St geh.	–
	57	500	–	Rg, Bz/St	–
Aerostatisch **geschmierte Lager**	58	350	–	–	–
Aerodynamisch **geschmierte Lager**	59	60	–	–	–
Hydrostatisch **geschm. Lager**	60	400	20	St/St	0,8

[1] Durch dynamische Belastung hohe Tragfähigkeit.

15.1.3 Einteilung der Lager

nach Kraftrichtung:	Radiallager (Querlager, Traglager) für Radialkräfte. Axiallager (Längslager, Spurlager) für Axialkräfte.
nach Verwendung:	Getriebe-, Motor-, Transmissions-, Turbinen-, Walzwerks-, Werkzeugmaschinenlager usw.
nach Ausführung:	Augen-, Deckel-, Steh-, Hänge-, Pendel-, Bock-, Scheiben-, Einbaulager usw.
nach Werkstoff:	Weißmetall-, Bronze-, Rotguß-, Leichtmetall-, Sintermetall-, Preßstoff-, Mehrstofflager usw.
nach Schmierung:	Fett-, Öl-, Wasser-, Luftlager. Ringschmier-, Durchfluß-, hydro- bzw. aerostatische Lager.

15.1.4 Belastungswerte ausgeführter Gleitlager

Eine Übersicht über Belastungswerte ausgeführter Gleitlager gibt Tafel 15/1.

15.2 Laufverhalten, Schmiertheorie

15.2.1 Bezeichnungen

A	m^2	Wärmeabgebende Oberfläche des Lagers	Q_S	m^3/s	Ölbedarf
			Q_K	m^3/s	Kühlöldurchsatz
A_R	m^2	Reibfläche im hydrostatischen Lager	Q	m^3/s	Öldurchsatz
			R_t	μm	Rauhtiefe
b	m	Tragende Lagerbreite, Lagerringbreite	s	m	Lagerspiel im Betrieb
			$s_{v,h}$	m	Vertikal-, Horizontalspiel
c	Nm/(kgK[1])	Spezifische Wärme	s_0	m	Fertigungsspiel
d	m	Radiallager-Nenndurchmesser	So	–	Sommerfeldzahl
			So_{ax}	–	Tragzahl für Axiallager
d_2, d_1	m	Bohrungs-, Wellendurchmesser	t	m	Keiltiefe beim Axiallager
			u	m/s	Umfangsgeschwindigkeit
$d_{i,m,a}$	m	Innen-, Mittel-, Außendurchmesser beim Axiallager	W, W_{ax}	$mK/(Ns)^{1/2}$	Erwärmungsfaktor
			W'	$m^2K/(Ns)$	Erwärmungsfaktor bei Radiallager mit $So < 1$
d_s	m	Schwerpunktdurchmesser			
E	N/m^2	Elastizitätsmodul	z	–	Segmentanzahl
e	m	Exzentrizität	α	$m/(m \cdot K)$	Längenausdehnungskoeffizient
$F_ü$	N	Übergangslast			
F	N	Belastungskraft	α^*	$Nm/(m^2sK)$	Wärmeabfuhrzahl
h_0	m	Kleinste Schmierfilmdicke im Betrieb	β	–	b/d
			β'	°	Anstellwinkel
$h_{min, oü}$	m	Kleinste Schmierfilmdicke bei unterer Drehzahlgrenze, bei Übergangsdrehzahl	δ	–	Relative Schmierfilmdicke
			δ'	–	Relative Exzentrizität
			ε	–	Keilspaltverhältnis
k	–	Beiwert für Reibungszahl	η	Ns/m^2	Dyn. Viskosität im Betrieb
l	m	Länge des Segmentes auf d_m	ϑ	°C	Betriebstemperatur
l_t	m	$d_m\pi/z$, Teilung	ϑ_0	°C	Umgebungstemperatur
n	U/s	Betriebsdrehzahl	μ	–	Reibungszahl
L_{eff}	m	Maßgebende Länge des hydrostatischen Lagers	ξ'	–	Drosselverhältnis $(p_P - p_F)/p_F$
P_R	Nm/s = W	Reibungsleistung	ϱ	kg/m^3	Dichte
M_R	Nm	Reibmoment	φ	–	Durchsatzfaktor
$N_{V,P,R}$	Nm/s = W	Leistungsverluste, Gesamt-, Pumpe-, Reibungs-, beim hydrostatischen Lager	φ'	–	Völligkeitsgrad
			ψ	–	Relatives Lagerspiel
			ψ_0	–	Relatives Lagerspiel für Fertigung
$\bar{p}$	N/m^2	Mittlere Flächenpressung			
p_H	N/m^2	Hertzsche Pressung	ω	1/s	Winkelgeschwindigkeit
p_P, p_F	N/m^2	Pumpen-, Taschen-Druck			

[1] K steht hier für Temperaturdifferenz, früher grd.

15.2.2 Schmierdruck

Der tragende Schmierdruck entsteht hydrodynamisch im keilförmigen Spalt zwischen den Gleitflächen (Bild 15/1), indem der Schmierstoff dank seiner Adhäsion und Zähigkeit durch die Gleitbewegung mitgerissen und in den sich verengenden Spalt gepreßt wird, so daß der Zapfen zur Seite gedrückt und angehoben wird bis zum Gleichgewicht zwischen Belastung und Schmierdruck. Der Wellenmittelpunkt bewegt sich dabei nahezu auf einem Halbkreis, Bild 15/3.

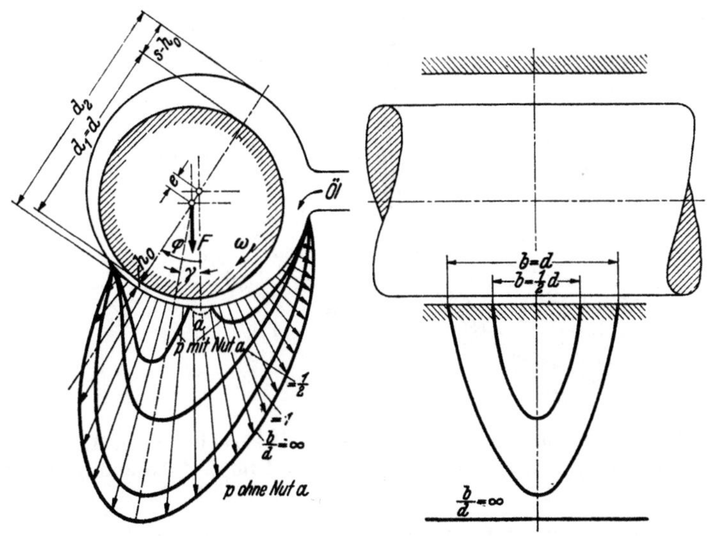

Bild 15/1. Schmierdruck p beim Radiallager bei verschiedener Lagerbreite b, mit und ohne Längsnut a, nach Klemencic.

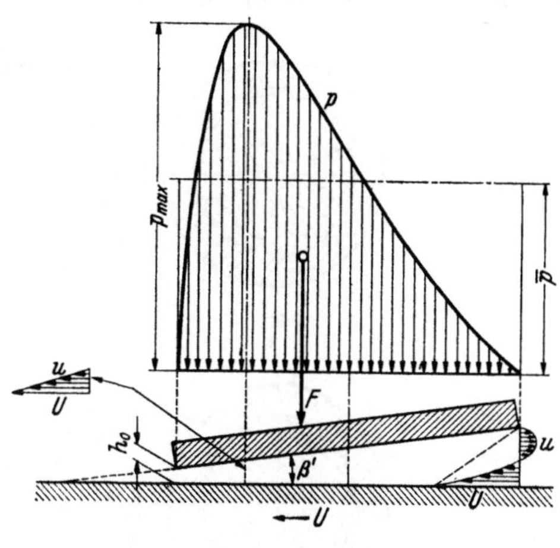

Bild 15/2. Schmierdruck p und Geschwindigkeitsverteilung u in der Schmierschicht bei ebener Platte mit Anstellwinkel β', nach Klemencic.

Die Druckverteilung zeigt Bild 15/1 für das zylindrische Radiallager und Bild 15/2 für die angestellte ebene Platte (Axiallager). Man sieht in Bild 15/1, daß das Druckmaximum in Umlaufrichtung kurz vor der engsten Stelle liegt. Hinter der engsten Stelle kann sogar Unterdruck (Ansaugdruck bis 0,25 bar) entstehen.

Um bei schnellaufenden niedrig belasteten Radiallagern instabilen Lauf zu vermeiden, sieht man mehrere Gleitflächen vor, Mehrflächen-Gleitlager (Bild 15/4). Das häufig verwendete Zweiflächengleitlager (Lager mit „Zitronenspiel") wird durch Beilagen bestimmter Dicke zwischen den Lagerschalen bei der Bearbeitung hergestellt

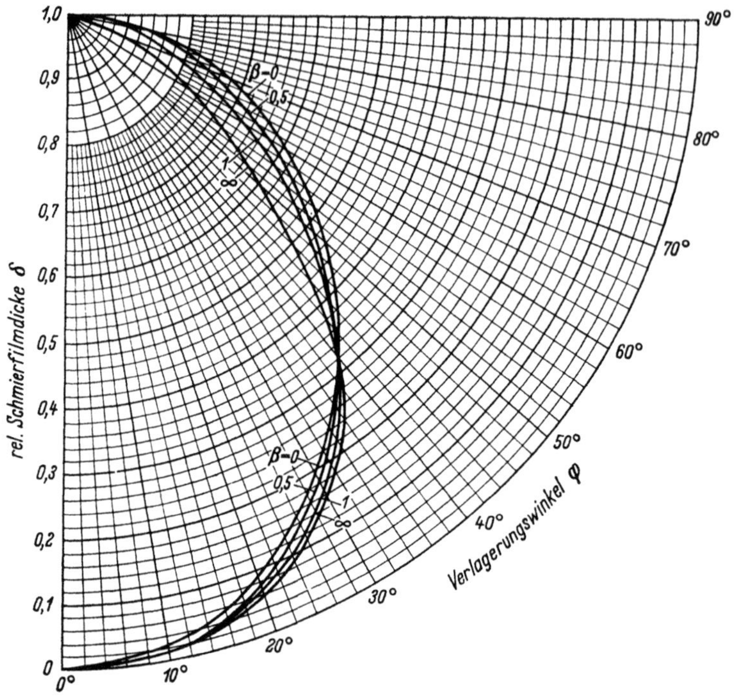

Bild 15/3. Lage des Wellenmittelpunktes bei verschiedenen Drehzahlen (nach A. Cameron) für 180° Lager (bei F und ψ = const). Für Lager mit $\beta = 1$ ist $So > 1$ für $\delta < 0{,}5$ und $So < 1$ für $\delta > 0{,}5$.

($s_v/s_h \approx 1/3 \cdots 1/4$). Die zusätzliche hydrodynamische Druckentwicklung in der Oberschale stabilisiert die Welle.

Bei Axiallagern erzielt man die Schmierdruckbildung durch fest eingearbeitete Keilflächen (oder Stauspalte) oder durch ebene oder leicht gewölbte Kippsegmente (Bild 15/5).

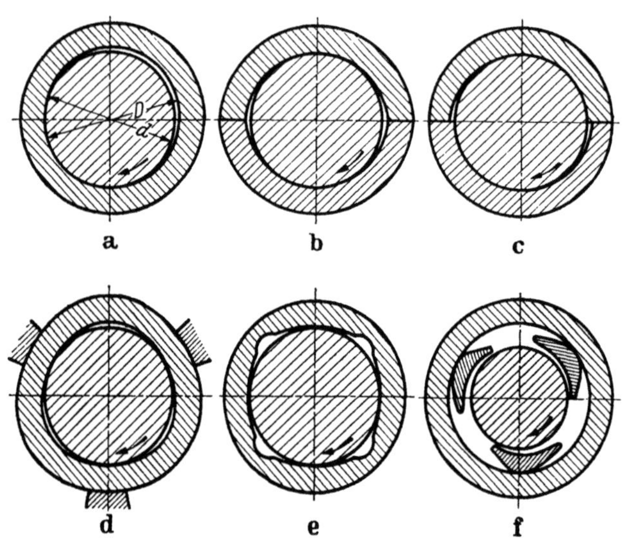

Bild 15/4. Möglichkeiten zur Schmierkeilbildung und Wellenführung beim Radiallager, a) Übliche kreisrunde Lagerschale mit Schmierkeilbildung durch das Lagerspiel $D-d$, b) Schalen mit „Zitronenspiel" ergeben ein Zweiflächen- oder Zweikeillager (die Schalen werden mit einer Beilage in der Teilfuge ausgedreht und ohne Beilage eingebaut, oder es wird eine ungeteilte Büchse mit größerer Schnittdicke geteilt). c) Schalen mit „versetzten" Zitronenspiel nach Klemencic (die Schalen werden exzentrisch gebohrt und in umgedrehter Lage eingebaut, d) Dreiflächen-Lager, erreicht durch Preßsitz der ursprünglich kreisrunden Büchse zwischen drei Leisten nach Mackensen, e) Vierflächen-Lager. f) Radialkippsegmentlager.

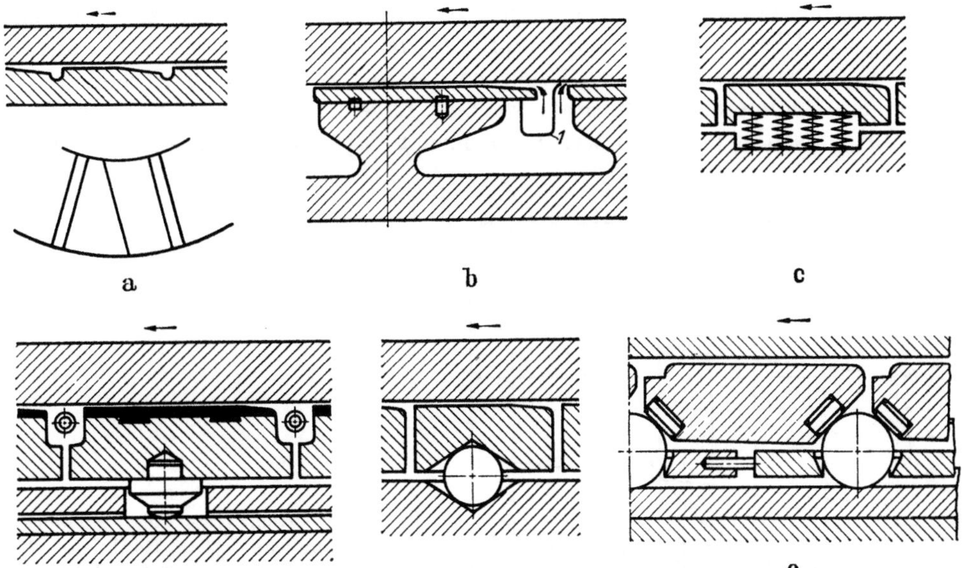

Bild 15/5. Verschiedene Segment-Konstruktionen beim Axiallager: a) Einringplatte mit radialen Nuten und Zuschärfung, b) Einringplatte mit biegefedernden, pilzförmigen Tragstücken (Ateliers de Chamilles), c) Kippsegment mit Abstützung auf zahlreiche Schraubenfedern (Gen. Electr. Comp.), d) Kippsegment mit balliger Auflage auf Weicheisenring als Druckausgleich (Escher Wyss), e) Kippsegment mit Zwischenkugel und kegeligen Vertiefungen zur Fixierung und Weicheisenauflage (Niemann), f) Abstützkugeln zwischen den Segmenten (BBC). Kingsbury-Lager als winkeleinstellbare Lager mit Waagebalken sind hier nicht abgebildet.

15.2.3 Reibung

Beim Anlauf des Radiallagers werden verschiedene Reibungszustände durchlaufen, Bild 15/6. Die Reibungszahl μ wird aus dem Reibmoment M_R bestimmt mit

$$\mu = \frac{M_R}{F \cdot d/2}. \tag{15/1}$$

Die Reibungszahl μ sinkt vom Reibwert μ_0 der Ruhe (Festkörperreibung) im Gebiet der Mischreibung schnell ab, erreicht ein Minimum μ_{min} und steigt im Gebiet der

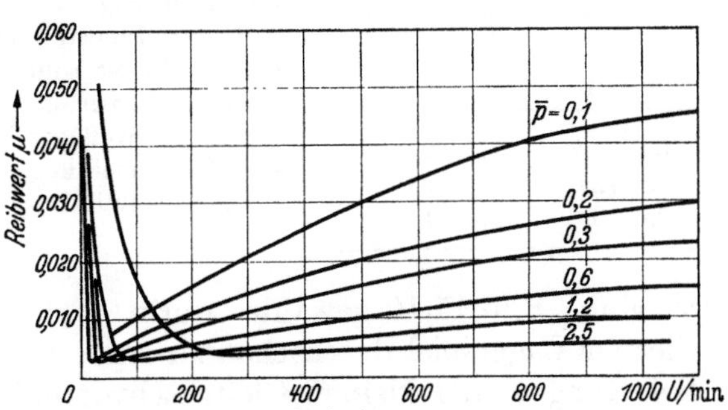

Bild 15/6. Reibwert/Drehzahlkurven bei verschiedener Flächenpressung $\bar{p}$, für Ringschmierlager mit 70 mm Zapfendurchmesser, $\bar{p}$ in N/mm², nach Stribeck [15/38].

Flüssigkeitsreibung wieder leicht an (Stribeck-Kurve). Der Übergangspunkt von Misch- in Flüssigkeitsreibung liegt bei der „Übergangsdrehzahl" $n_ü$. Ein Gleitlager ist richtig dimensioniert, wenn es genügend weit über der Übergangsdrehzahl $n_ü$ arbeitet. Es ist dann verschleißfrei, der Schmierdruck allein trägt die Last. Dadurch wird eine minimal zulässige Schmierfilmdicke $h_{\min}$ festgelegt, die ausreichend größer als die Schmierfilmdicke $h_{0ü}$ am Übergangspunkt sein muß; $h_{0ü}$ ist stets größer als die Rauhtiefe R_t, Bild 15/7. Beim Auslauf gerät das Lager wieder in das Mischreibungsgebiet. Durch dann geringere Schmierstoffviskosität (warmes Lager) und längeren Auslaufvorgang kann ein Abbremsen erforderlich werden, sofern $\bar{p} \cdot u_ü > 12 \cdot 10^5$ N/(ms) (Weißmetalllager) ist.

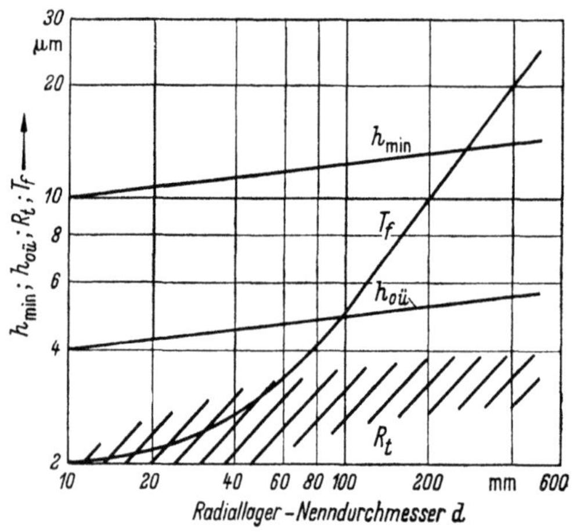

Bild 15/7. Richtwerte für zulässige Schmierfilmdicke $h_{\min}$, Rauhtiefe R_t und Formtoleranz T_f nach DIN 7182 (nach VDI 2204).

15.2.4 Lagerspiel

Man definiert ein relatives Lagerspiel

$$\psi = \frac{d_2 - d_1}{d_1} = \frac{s}{d}\,. \tag{15/2}$$

Das Lagerspiel ist von starkem Einfluß auf das Betriebsverhalten des Radiallagers. Kleines Lagerspiel ergibt große Lagererwärmung durch hohe Reibungsverluste; großes Lagerspiel möglicherweise ungenügende Führung. Anhaltswerte für ψ s. Tafel 15/2. Die Werte von ψ liegen etwa zwischen 0,5 und 3‰; meist um 1‰. Vogelpohl gibt für die Wahl von ψ an: $\psi = 0{,}8 \sqrt[4]{u}$, mit u in m/s.

Tafel 15/2. Anhaltswerte des relativen Lagerspiels ψ in 10^{-3} für Metall-Lager im Maschinenbau[1,2]

$\bar{p}$ [N/cm²]	u [m/s] <20	20 – 100	>100
<200	0,3 – 0,6	0,6 – 1,2	1,2 – 2,0
200 – 1000	0,6 – 1,2	1,2 – 2,0	2,0 – 3,0
>1000	1,2 – 2,0	2,0 – 3,0	3,0 – 4,5

[1] Für Werkzeugmaschinen-Lager für genaue Wellenführung $\psi = 0{,}05\cdots0{,}25$ und $R_t \leqq 1\,\mu$m.

[2] Für Preßstoff-Lager wegen Quellgefahr $\psi \approx 5$. Weiter sollten folgende Minimalwerte nicht unterschritten werden: Für Kunststofflager $\psi_{\min} \approx 3$; Graugußlager ≈ 1; Sintermetallager $\approx 1{,}5$; Leichtmetallager $\approx 1{,}3$; Ultramid-B $\approx 7{,}5$; Bleibronzelager ≈ 1.

Nach VDI 2204 wird ψ aus Bild 15/10 gewählt, worin auch Änderungen des Betriebsverhaltens bei variiertem Lagerspiel durchschaubar sind. Grundsätzlich läßt sich sagen, daß bei hohen Belastungen und kleinen Gleitgeschwindigkeiten kleines ψ, bei kleinen Belastungen und hohen Gleitgeschwindigkeiten großes ψ vorzusehen ist.

15.3 Berechnung der Radiallager

15.3.1 Sommerfeldzahl

Man definiert die Sommerfeldzahl

$$So = \frac{\bar{p}\psi^2}{\eta\omega} = \frac{\bar{p}\psi^2}{\eta 2\pi n} \qquad \text{mit } n \text{ in U/s} \tag{15/3}$$

und mit der mittleren Flächenpressung

$$\bar{p} = \frac{F}{bd}. \tag{15/4}$$

Die Sommerfeldzahl als dimensionslose Kenngröße kennzeichnet das gesamte Reibungsverhalten des Lagers.

Nach Vogelpohl werden zwei Bereiche von Lagern[1] unterschieden:

$So > 1$ Schwerlastbereich

$So < 1$ Schnellaufbereich.

15.3.2 Reibwert für Flüssigkeitsreibung

Für den Schwerlastbereich ergibt sich die Reibungszahl μ nach Untersuchungen von Gümbel [15/13] und Falz [15/25] unabhängig von ψ zu

$$\text{für} \quad So > 1: \ \mu = \frac{k \cdot \psi}{\sqrt{So}} \approx \frac{3\psi}{\sqrt{So}}. \tag{15/5}$$

Für den Schnellaufbereich erhält man μ nach Petroff [15/12] zu

$$So < 1: \ \mu = \frac{k \cdot \psi}{So} \approx \frac{3\psi}{So}. \tag{15/6}$$

Der Faktor $k = 3$ wird von Vogelpohl als Mittelwert für geschlossene Lager vorgeschlagen. Für k bei Werkzeugmaschinen mit sehr kleinem ψ s. [15/28].

15.3.3 Reibungsleistung

Durch die Reibkraft $F \cdot \mu$ wird im Lager die Reibungsleistung

$$P_R = F\mu u \tag{15/7}$$

erzeugt. Damit erhält man P_R für:

$$So > 1: \quad P_R = 3d^2\pi bn \sqrt{\bar{p}2\pi n}\sqrt{\eta} = \Phi\sqrt{\eta}, \tag{15/8}$$

mit

$$\Phi = 12\, V\sqrt{\bar{p}n^3 2\pi} = 30\, V\sqrt{\bar{p}n^3} \tag{15/9}$$

und

$$V = \frac{\pi d^2}{4} \cdot b$$

als Volumen des Lagerzapfens.

$$So < 1: \quad P_R = 3d^2bn^2 2\pi^2 \frac{1}{\psi}\eta = \Phi'\eta \tag{15/10}$$

mit

$$\Phi' = 12n^2V2\pi\frac{1}{\psi} = 75\,V\frac{n^2}{\psi}. \tag{15/11}$$

Man sieht, daß im Schwerlastbereich ($So > 1$) die Reibungsleistung unabhängig vom Lagerspiel und im Schnellaufbereich unabhängig von der Belastung ist.

15.3.4 Wärmebilanz, Betriebstemperatur, Betriebsviskosität

Die Reibungswärme P_R heizt das Lager soweit auf, bis Gleichgewicht zwischen P_R und der an die Umgebung über die Lageroberfläche A oder an umlaufendes Kühlöl (oder anderes Kühlmittel) abgegebenen Wärme erreicht ist. Die obere Betriebstemperatur liegt für übliche Mineralöle bei 70…90 °C.

---

[1] Unterhalb bzw. überhalb $So = 1$ folgt der μ/ψ-Verlauf einer anderen Tendenz, siehe auch Abschnitt 15.3.2.

Bei Wärmeabgabe nur über die Lagerfläche A gilt:

$$P_R = \alpha^* A(\vartheta - \vartheta_0)\,. \tag{15/12}$$

Mit Wärmeabfuhrzahl α^*, abhängig von der Luftgeschwindigkeit w. Im Normalfall (mit $w = 1{,}25$ m/s) ist $\alpha^* = 20$ Nm/(m²sK) für freistehendes Ringschmierlager. Sonst $\alpha^* = 7 + 12\sqrt{w}$. Weiter ist: A die äußere Oberfläche des Lagergehäuses in m². Sie kann z. B. durch Kühlrippen vergrößert sein. Möglichst aus Zeichnung zu ermitteln. Sonst etwa: Für Stehlagergehäuse (nach Palmgren) mit Höhe H:

$$A = \pi H\left(L + \frac{1}{2}H\right) m^2\,.$$

Für Lager DIN 118 G ($D < 0{,}2$ m): $A = 9 \cdot d\sqrt{d}$.
Für Lager im Maschinenverband: $A = 15\cdots25\, b \cdot d$.

Damit ergibt sich die Betriebstemperatur des Lagers

$$\text{bei } So > 1:\quad \vartheta = \frac{\Phi\sqrt{\eta}}{\alpha^* \cdot A} + \vartheta_0 = W\sqrt{\eta} + \vartheta_0\,, \tag{15/13}$$

mit dem Erwärmungsfaktor $W = \Phi/(\alpha^* \cdot A)$. Da $\eta = f(\vartheta)$ s. VT-Diagramm Bild 15/11, ist ϑ iterativ oder einfacher mit Bild 15/8 zu bestimmen (für $\vartheta_0 = 20$ °C); und die Betriebsviskosität erhält man aus

$$\eta = \left(\frac{\vartheta - \vartheta_0}{W}\right)^2; \tag{15/14}$$

bei $So < 1$ ist die Betriebstemperatur

$$\vartheta = \frac{\Phi'\eta}{\alpha^* A} + \vartheta_0 = W'\eta + \vartheta_0\,, \tag{15/15}$$

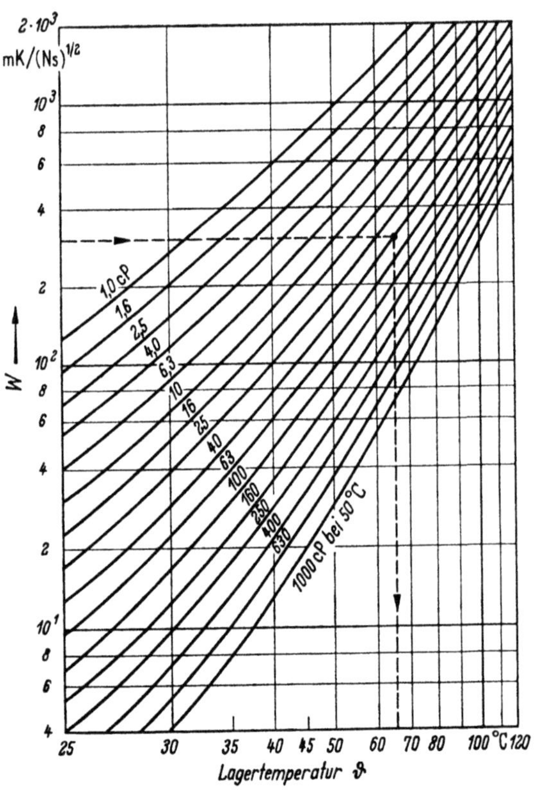

Bild 15/8. Bestimmung der Lagertemperatur bei $So > 1$ und $\vartheta_0 = 20$ °C (nach VDI 2204).

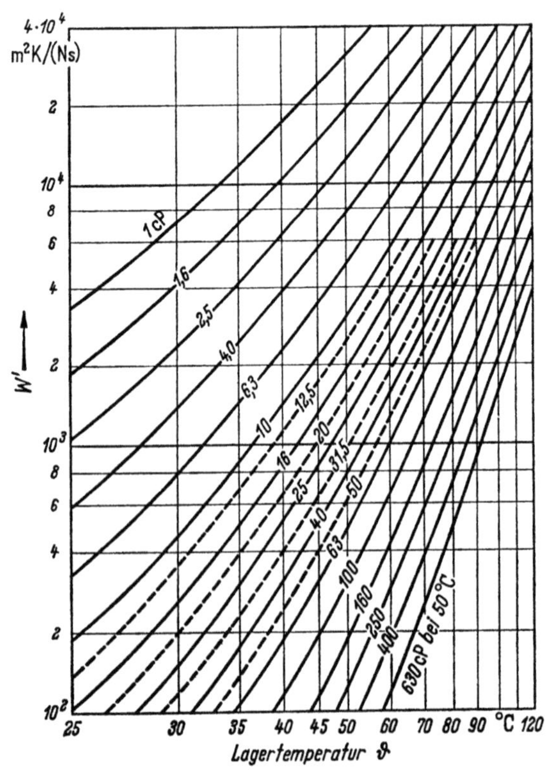

Bild 15/9. Bestimmung der Lagertemperatur bei $So < 1$ und $\vartheta_0 = 20$ °C (nach VDI 2204).

(s. Bild 15/9 für $\vartheta_0 = 20$ °C) und die Betriebsviskosität

$$\eta = \frac{\vartheta - \vartheta_0}{W'}\,. \tag{15/16}$$

Wird die errechnete Betriebstemperatur höher als etwa 70···90 °C, so wird zusätzliche Kühlung vorgesehen. Man setzt dann für $\vartheta \approx 60$ °C und bestimmt dafür die Betriebsviskosität aus Bild 15/11. Für zusätzlich durch das Lager gepumptes Kühlöl beträgt die notwendige Menge (dabei wird zur Sicherheit die über das Gehäuse abgegebene Wärme vernachlässigt):

$$Q_K = \frac{P_R}{c\varrho(\vartheta_2 - \vartheta_1)} \tag{15/17}$$

mit $(c\varrho)_{\text{Öl}} \approx 1670 \cdot 10^3$ Nm/(m³K) für übliche Mineralöle und $\vartheta_2 - \vartheta_1 \approx 10$ K für übliche Kühler (max. 20).
Die erforderliche Wassermenge zur Rückkühlung des Öles berechnet sich aus (15/17) mit $(c\varrho)_W = 4190 \cdot 10^3$ Nm/(m³K) und $(\vartheta_2 - \vartheta_1) \approx 5$ K.

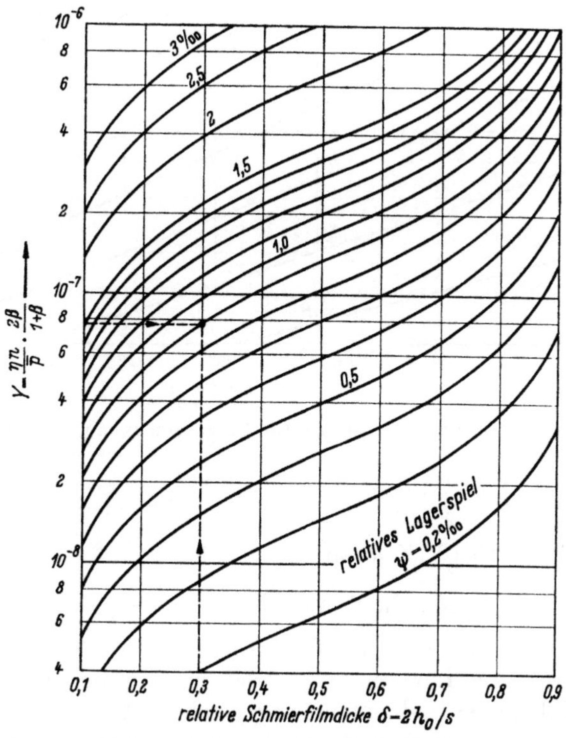

Bild 15/10. Zusammenhang zwischen rel. Lagerspiel, relativer Schmierfilmdicke und Betriebsgrößen. Bei $\beta = 1$ ist $So > 1$ für $\delta < 0{,}5$.

15.3.5 Kleinste Schmierfilmdicke, Übergangsdrehzahl

Ausgehend von der Reynolds-Gleichung läßt sich die kleinste Schmierfilmdicke h_0 ermitteln. Nach Falz [15/25] und Bauer [15/14] beträgt die relative Schmierfilmdicke $\delta = h_0/(s/2)$ für ein Lager mit $\beta = b/d$ in guter Näherung[1]

$$\text{für} \quad So \geqq 1: \quad \delta = \frac{1}{2So}\frac{2\beta}{1+\beta} \qquad \text{oder} \qquad \psi^2 = \frac{\pi}{\delta}\frac{\eta n}{\bar{p}}\frac{2\beta}{1+\beta}, \tag{15/18}$$

bei $0 < \beta \leqq 2$ und

[1] Die Gleichungen (15/18) und (15/19) zeigen für $\beta \neq 1$ leichte Unstetigkeiten bei $So = 1$, was jedoch zur Festlegung von ψ wegen Größe der Toleranzfelder belanglos ist. Außerdem ergaben Untersuchungen von Someya [15/34], Glienicke [15/35] und Sassenfeldt/Walther [15/24] gewisse Abweichungen zu Gl. (15/19); z. B. für $So \leqq 1$ niedrigere Werte von δ (ca. 25% für $\beta = 1$ bei $So = 0{,}5$).

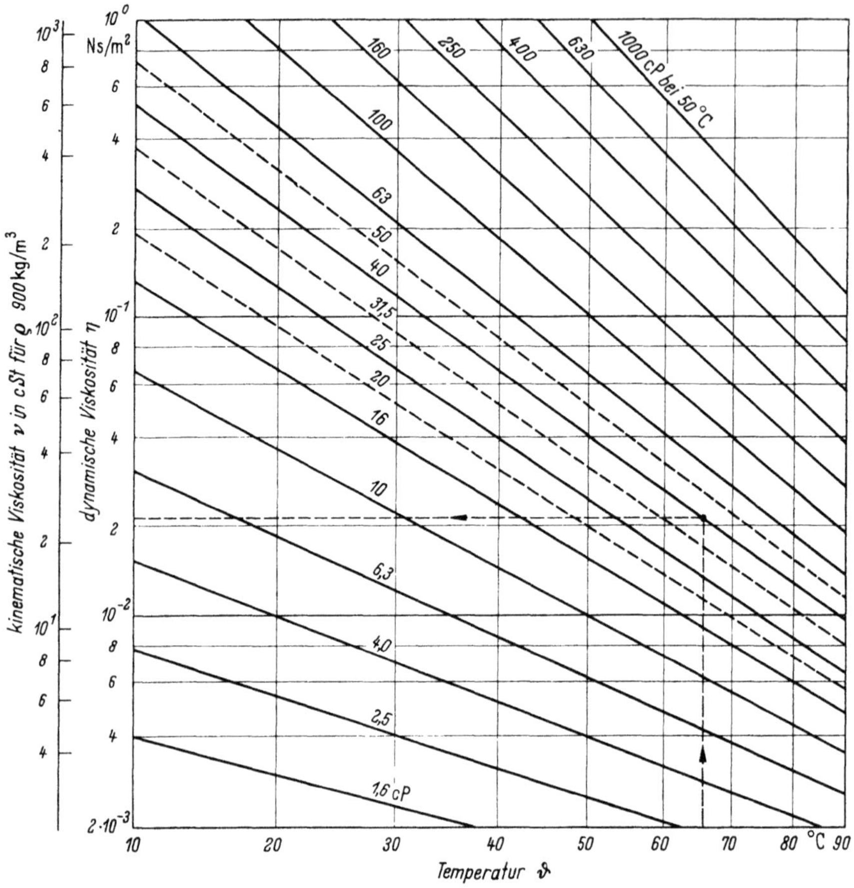

Bild 15/11. Schematisches Viskositäts-Temperatur-Diagramm (s. auch Kap. 16) für Normöle.

$$\text{für} \quad So < 1: \quad \delta = 1 - \frac{So}{2} \frac{1+\beta}{2\beta} \qquad \text{oder} \qquad \psi^2 = (1-\delta)\, 4\pi \frac{\eta n}{\bar{p}} \frac{2\beta}{1+\beta}, \tag{15/19}$$

bei $0{,}5 \leqq \beta \leqq 2$, vgl. Bild 15/10 (Kurven für $\beta = 1$).

Die Grenze für δ bei $So > 1$ liegt also bei $\delta = \frac{\beta}{1+\beta} = 0{,}33 \cdots 0{,}5$ für $\beta = b/d = 0{,}5 \cdots 1$. Zur Auslegung[1] wählt man $\delta = 0{,}2 \cdots 0{,}4$ (meist $\delta \approx 0{,}3$) und bestimmt dadurch mit Bild 15/10 das relative Lagerspiel ψ. Bei niedrig belasteten, hoch drehenden Lagern ergeben sich dabei eventuell unzulässig große ψ-Werte, so daß man ψ festlegt, $So < 1$ (mit $\vartheta \approx 60$ °C) nachprüft und für $So < 1$ weiterrechnet.

Die Übergangsdrehzahl[2] ergibt sich aus (für $So > 1$):

$$n_{\ddot{u}} = \frac{h_{0\ddot{u}}}{h_0} \cdot n\,, \tag{15/20}$$

und die Mindestdrehzahl, bei der mit Sicherheit Flüssigkeitsreibung vorliegt, aus

$$n_{\min} = \frac{h_{\min}}{h_0} \cdot n\,, \tag{15/21}$$

mit $h_{0\ddot{u}}$ und $h_{\min}$ nach Bild 15/7.

[1] Dynamisch belastete Motorenlager werden unter Berücksichtigung des dynamischen Traganteils mit speziellen Kurvendiagrammen berechnet, ebenso MGF-Lager.

[2] Unter Berücksichtigung der EHD-Theorie und elastischer Laufflächen ergeben sich niedrigere Übergangsdrehzahlen, nach Ott [15/43] bis etwa 50%:

$$\omega_{\ddot{u}} = 0{,}387 \frac{\bar{p}^2 \psi}{\eta E'} \left(\sqrt{4{,}592 \frac{E' \cdot h_{0\ddot{u}}}{\bar{p} \cdot d} + 1} - 1 \right)^2 \text{ mit } \frac{1}{E'} = \frac{1}{2} \left(\frac{1-\nu_1^2}{E_1} + \frac{1-\nu_2^2}{E_2} \right).$$

Nach Vogelpohl berechnet sich die Übergangsdrehzahl aus $n_ü = K_ü \cdot \frac{F}{\eta V}$; mit einem Mittelwert von $K_ü = 1{,}7 \cdot 10^{-9}$ m. Vogelpohl fordert $n/n_ü \approx 3$ für $u < 3$ m/s bzw. $n/n_ü = |u|$ mit $|u|$ als Zahlenwert von u in m/s.

Bei Lagern mit $So < 1$ sind $n_ü$ bzw. n_{min} mit h_0 und n bei $So = 1$ zu berechnen:

$$(n/h_0)_1 = So \cdot n \bigg/ \left(\frac{s}{4} \frac{2\beta}{1+\beta}\right), \tag{15/22}$$

$$n_ü \;\; = h_{0ü}(n/h_0)_1 \,, \tag{15/23}$$

$$n_{min} = h_{min}(n/h_0)_1 \,. \tag{15/24}$$

15.3.6 Ölbedarf

Die notwendige Ölmenge, um den Schmierfilm ständig aufrecht zu erhalten ergibt sich aus dem Durchsatz[1] durch den Schmierspalt:

$$Q_s = \varphi h_0 b u \,. \tag{15/25}$$

Ohne Seitenabfluß wäre $\varphi = 0{,}5$. Zur Berücksichtigung des Seitenabflusses wird $\varphi = 0{,}75$ gesetzt.

15.3.7 Kennwerte für die Lagerbelastung

Bei der praktischen Auslegung orientiert man sich häufig an der zulässigen Lagerbelastung p_{zul}.

$$\bar{p} = \frac{F}{bd} < \bar{p}_{zul} \,, \tag{15/26}$$

wobei $\bar{p}_{zul}$ anhand von bewährten ausgeführten Lagern festgesetzt wird. Nach VDI 2204: $\bar{p}_{zul} \approx 100 \cdots 300$ N/cm² für Weißmetall- und $\bar{p}_{zul} \approx 100 \cdots 800$ N/cm² für Bronzelager. Weitere Erfahrungswerte von $\bar{p}_{zul}$ und u_{zul} s. Abschnitt 15.1.4. Daneben muß die Hertzsche Pressung p_H zwischen Welle und Lagerschale beachtet werden[2]; insbesondere wenn auch bei Stillstand die volle Lagerbelastung F wirkt.

$$p_H = 0{,}418 \sqrt{\bar{p} \frac{2E\psi}{1-\psi}} \approx 0{,}591 \sqrt{E\bar{p}\psi} \tag{15/27}$$

mit

$$E = \frac{2E_L E_W}{E_L + E_W} \,. \tag{15/28}$$

15.3.8 Rechnungsgang

Meist ist bekannt: Lagerbelastung F, Betriebsdrehzahl n, Umgebungstemperatur ϑ_0, Öl[3], Wellendurchmesser d aus Festigkeitsberechnung.

Zu ermitteln: a) Mit $\beta = 0{,}5 \cdots 1{,}0$ ergibt sich $b = \beta \cdot d$;

b) Mittlerer Lagerdruck $\bar{p} = F/(b \cdot d) < \bar{p}_{zul}$ (abgeschätzt nach Tafel 15/1);

c) Beginn der weiteren Rechnung im Bereich $So > 1$, wenn nicht aus $\bar{p}$ und n von vornherein zu übersehen, daß $So < 1$;

d) Ermittlung des Erwärmungsfaktors $W = 30\, V \sqrt{\bar{p} n^3}/(\alpha^* A)$;

---

[1] Für gering belastete radiale Führungslager einer senkrechten Welle mit $So < 1$ etwa $Q_s = 0{,}15\, bsu$; ev. auch durch teilweises oder ganzes Eintauchen in Öl.

[2] Weiter ist zu beachten, daß der örtliche max. Schmierdruck p (Bild 15/1) 3 bis 10mal $\bar{p}$ beträgt ($p \approx 3\,\bar{p}$ für $\delta = 0{,}3$; größer mit größerem ψ, s. [15/14]).

[3] Als Faustformel für die Wahl der Zähigkeit kann dienen $\eta u \leqq 0{,}1 \cdots 0{,}3$ N/m.

e) Bestimmung der Lagerbetriebstemperatur ϑ mit Bild 15/8. Wenn ϑ größer als Grenztemperatur (70···90 °C), $\vartheta = 60$ °C annehmen und Kühlung vorsehen;

f) Berechnung der Betriebsviskosität nach $\eta = [(\vartheta - \vartheta_0)/W]^2$ oder nach Bild 15/11;

g) Nach Berechnung von $Y = \frac{\eta n}{\bar{p}} \frac{2\beta}{1+\beta}$

für $\delta = 0{,}2\cdots0{,}4$ aus Bild 15/10 das relative Lagerspiel ψ bestimmen. δ muß dabei kleiner als $\beta/(1+\beta)$ gewählt werden. Ergibt sich dabei ein unzulässig großes ψ, ist ψ festzulegen und bei q für $So < 1$ weiterzurechnen;

h) Weiter berechnet: Sommerfeldzahl $So = \bar{p}\psi^2/(2\pi n\eta) > 1$;

i) Relatives Fertigungsspiel (größer als ψ wegen unterschiedlicher Wärmedehnung von Welle und Lagerschale);

$\psi_0 = \psi + \alpha_W(\vartheta - \vartheta_0) - 0{,}7\,\alpha_L(\vartheta - \vartheta_0)$ und[1] $s_0 = \psi_0 d$;

j) Reibungszahl $\mu = 3\psi/\sqrt{So}$;

k) Reibungsleistung $P_R = F\mu\pi dn$ oder $P_R = \Phi\sqrt{\eta}$;

l) Kleinste Schmierfilmdicke bei Betriebsdrehzahl

$h_0 = \delta\psi d/2$;

m) Übergangsdrehzahl $n_ü = h_{0ü}n/h_0$ und niedrigste Drehzahl n_{min}, bei der mit Sicherheit Flüssigkeitsreibung vorliegt $n_{min} = h_{min}n/h_0$; mit $h_{0ü}$ und h_{min} nach Bild 15/7;

n) Ölbedarf $Q_S = 0{,}75 h_0 b\pi dn$;

o) Falls bei e Temperatur ϑ zu groß war, Q_K nach Abschnitt 15.3.4. berechnen;

p) Hertzsche Pressung;

$p_H = 0{,}591\sqrt{E\bar{p}\psi}$;

q) **Bei Lagern mit** $So < 1$: Mit η bei 50 bis 60 °C (überschlägig) überprüfen ob $So < 1$.

r) Erwärmungsfaktor $W' = 75Vn^2/(\psi\alpha^*A)$ berechnen und mit Bild 15/9 Betriebstemperatur ϑ bestimmen. Falls ϑ zu groß, zusätzliche Kühlung vorsehen (o) und mit $\vartheta = 60$ °C rechnen;

s) Betriebsviskosität aus $\eta = (\vartheta - \vartheta_0)/W'$ oder aus Bild 15/11 entnehmen;

t) Berechnung der Sommerfeldzahl So und Reibungszahl

$\mu = 3\psi/So$;

u) Reibungsleistung $P_R = F\mu\pi dn$ oder $P_R = \Phi'\eta$;

v) Berechnung von $h_0 = \frac{s}{2}\left[1 - \frac{So}{2}\frac{1+\beta}{2\beta}\right]$;

w) Bestimmung von $n_ü$ und n_{min} mit $(n/h_0)_1$, s. Abschnitt 15.3.5.;

x) Berechnung von Ölbedarf, Kühlölbedarf, Fertigungsspiel, Hertzsche Pressung wie bei $So > 1$.

15.3.9 Beispiele zur Radiallagerberechnung

Beispiel 1: Lager eines Getriebes für 6000 kW und 5 U/s (300 U/min),

Gegeben: $d = 30$ cm $= 0{,}3$ m, $F = 95000$ N, Öl mit $\eta = 40$ cP bei 50 °C, Umgebungstemperatur $\vartheta_0 = 20$ °C, Werkstoffpaarung: Stahl/Weißmetallschicht.

Berechnet nach Abschnitt 15.3.8.:

a) mit $\beta = 0{,}8$ ergibt sich $b = \beta \cdot d = 24$ cm $= 0{,}24$ m.

b) $\bar{p} = F/(b \cdot d) = 95000/(30 \cdot 24) = 132$ N/cm² $= 1{,}32 \cdot 10^6$ N/m², nach 15.3.7. $\bar{p} = 100\cdots300$ N/cm² zulässiger Wert.

---

[1] Fertigungsspiel s_0 entspricht bei Festlegung durch ISO-Toleranzen etwa dem Abstand der Mitte der Toleranzfelder.

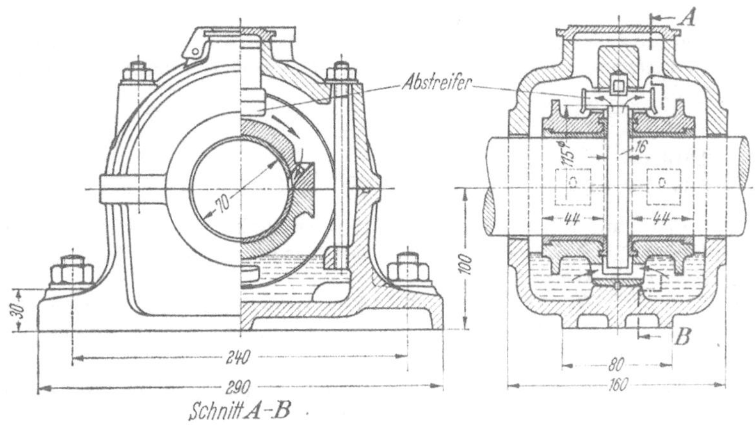

Bild 15/12. Stehlager nach DIN 118 G (Wülfel, Typ M) mit festem Ölring.

c) $\omega = 2\pi n = 31{,}4\ \mathrm{s}^{-1}$ und $u = 0{,}5\omega d = 0{,}5 \cdot 31{,}4 \cdot 0{,}3 = 4{,}7$ m/s. Damit für $\vartheta \approx 60$ °C, $\eta = 0{,}026$ Ns/m² und $\psi \approx 1 \cdot 10^{-3}$ überschlägig $So = \bar{p}\psi^2/(\eta\omega) = 1{,}32 \cdot 10^6 \cdot 10^{-6}/(0{,}026 \cdot 31{,}4) \approx 1{,}5$; also $So > 1$.

d) Erwärmungsfaktor $W = 30\ V\ \sqrt{\bar{p}n^3}/(\alpha^* \cdot A)$. Mit $V = 0{,}25\pi \cdot d^2 \cdot b = 0{,}0169\ \mathrm{m}^3$, Normalfall mit $\alpha^* = 20\ \mathrm{Nm/(m^2\,sK)}$, $A = 15\,bd$ (für Maschinenverbund nach 15.3.4.) $= 1{,}08\ \mathrm{m}^2$ ergibt sich $W = 30 \cdot 0{,}0169 \times \sqrt{1{,}32 \cdot 10^6 \cdot 5^3}/(20 \cdot 1{,}08) = 302\ \mathrm{mK/(Ns)^{1/2}}$.

e) Damit aus Bild 15/8 $\vartheta = 66$ °C.

f) Dafür Betriebsviskosität $\eta = [(\vartheta - \vartheta_0)/W]^2 = 0{,}023\ \mathrm{Ns/m^2} = 23$ cP oder aus Bild 15/11 für $\vartheta = 66$ °C.

g) Bestimmung von ψ.

Mit

$$Y = \frac{\eta n}{\bar{p}}\,\frac{2\beta}{1+\beta} = \frac{0{,}023 \cdot 5}{1{,}32 \cdot 10^6} \cdot \frac{2 \cdot 0{,}8}{1 + 0{,}8} = 7{,}7 \cdot 10^{-8}\,.$$

Für $\delta = 0{,}3$ aus Bild 15/10 $\psi = 0{,}9 \cdot 10^{-3}$;

$$\delta = 0{,}3 < \beta/(1+\beta) = 0{,}44.$$

(Bemerkung: Nach Vogelpohl ergäbe sich $\psi = 0{,}8\sqrt[4]{u} \approx 1{,}1 \cdot 10^{-3}$). Spiel $s = \psi \cdot d = 0{,}27$ mm.

h) Endgültige Sommerfeldzahl $So = \bar{p}\psi^2/(\eta\omega) = 1{,}32 \cdot 10^6 \cdot 0{,}9^2 \cdot 10^{-6}/(0{,}023 \cdot 31{,}4) = 1{,}48 > 1$.

i) Relatives Fertigungsspiel $\psi_0 = \psi + \alpha_W(\vartheta - \vartheta_0) - 0{,}7\,\alpha_L\,(\vartheta - \vartheta_0) = 0{,}9 \cdot 10^{-3} + 16 \cdot 10^{-6} \cdot 46 - 0{,}7 \cdot 18 \cdot 10^{-6} \cdot 46 = 1{,}05 \cdot 10^{-3}$ und $s_0 = 0{,}315$ mm.

j) Reibungszahl $\mu = 3\psi/\sqrt{So} = 3 \cdot 0{,}9 \cdot 10^{-3}/\sqrt{1{,}48} = 0{,}00221 = 2{,}21 \cdot 10^{-3}$.

k) Reibungsleistung $P_R = F \cdot \mu \cdot \pi \cdot d \cdot n = 95 \cdot 10^3 \cdot 2{,}21 \cdot 10^{-3} \cdot \pi \cdot 0{,}3 \cdot 5 = 989$ Nm/s $= 0{,}989$ kW oder aus $P_R = \Phi\sqrt{\eta}$.

l) Kleinste Schmierfilmdicke bei Betriebsdrehzahl $h_0 = \delta \cdot \psi \cdot d/2 = 0{,}3 \cdot 0{,}9 \cdot 10^{-3} \cdot 0{,}3/2 = 0{,}040 \cdot 10^{-3}$ m.

m) Übergangsdrehzahl $n_{\ddot{u}} = h_{0\ddot{u}} \cdot n/h_0 = 5{,}3 \cdot 10^{-6} \cdot 5/(0{,}04 \cdot 10^{-3}) = 0{,}66$ U/s und $n_{min} = h_{min} \cdot n/h_0 = 13 \cdot 10^{-6} \cdot 5/(0{,}04 \cdot 10^{-3}) = 1{,}62$ U/s $= 97{,}2$ U/min.

Mit $h_{0\ddot{u}}$ und h_{min} nach Bild 15/7. Oberflächengüte etwa $R_t = 3 \cdots 4\ \mu$m, Formtoleranz etwa $T_f = 15\ \mu$m.

n) Ölbedarf $Q_S = 0{,}75 \cdot h_0 \cdot b \cdot \pi \cdot d \cdot n = 0{,}75 \cdot 0{,}04 \cdot 10^{-3} \cdot 0{,}24 \cdot \pi \cdot 0{,}3 \cdot 5 = 0{,}0339 \cdot 10^{-3}\ \mathrm{m^3/s} = 2{,}03$ l/min.

o) Entfällt, keine zusätzliche Kühlung erforderlich.

p) Hertzsche Pressung.

$p_H = 0{,}591\sqrt{E\bar{p}\psi} = 0{,}591\sqrt{8 \cdot 10^{10} \cdot 1{,}32 \cdot 10^6 \cdot 0{,}9 \cdot 10^{-3}} = 5{,}76 \cdot 10^6\ \mathrm{N/m^2} = 5{,}76\ \mathrm{N/mm^2}$ mit $E = 2E_L E_W/(E_L + E_W) = 2 \cdot 5 \cdot 10^{10} \cdot 21 \cdot 10^{10}/(5 \cdot 10^{10} + 21 \cdot 10^{10}) = 8 \cdot 10^{10}\ \mathrm{N/m^2}$ für Lagerwerkstoff WM 9.

$p_H < 0{,}2 \cdot \sigma_{dF} = 11{,}4$ ($\sigma_{dF} = 57\ \mathrm{N/mm^2}$, Kennwerte der Lagerwerkstoffe s. DIN 2203).

Beispiel 2: Lager eines Elektromotors mit 5600 kW bei $n = 25$ U/s (1500 U/min).

Gegeben: $d = 200$ mm $= 0{,}2$ m, $F = 17\,900$ N, Öl mit 25 cP bei 50 °C, Werkstoffpaarung: Stahl/Weißmetallschicht, $\vartheta_0 = 20$ °C.

Berechnet nach Abschnitt 15.3.8:

a) mit $\beta = 0{,}8$ ergibt sich $b = \beta \cdot d = 0{,}16$ m $= 160$ mm.

b) $\bar{p} = F/(b \cdot d) = 17\,900/(0{,}16 \cdot 0{,}2) = 5{,}59 \cdot 10^5\ \mathrm{N/m^2} = 55{,}9\ \mathrm{N/cm^2}$, zulässig.

c) $\omega = 2\pi n = 157\ s^{-1}$ und $u = 0{,}5 \cdot \omega \cdot d = 15{,}7$ m/s.

d), e), f) entfällt, dafür zunächst ϑ zu 70 °C geschätzt und damit η zu 0,012 Ns/m² nach Bild 15/11 überschlägig bestimmt, da angenommen wird, daß $S_0 > 1$ nicht möglich, da dafür ψ zu groß würde. Dies bestätigt durch Bild 15/10:
Mit

$$Y = \frac{\eta \cdot n}{\bar{p}} \frac{2\beta}{1+\beta} = \frac{0{,}012 \cdot 25}{5{,}59 \cdot 10^5} \frac{1{,}6}{1{,}8} = 4{,}7 \cdot 10^{-7} \text{ und } \delta_{max} = 0{,}44$$

ergäbe sich $\psi = 1{,}85 \cdot 10^{-3}$ und $s = 0{,}37$ mm, was für einen Elektromotor mit ca. 1,7 mm Luftspalt zu groß ist. Man wählt daher $s = 0{,}17$ mm, so daß für das Lager $So < 1$ wird. Damit $\psi = s/d = 0{,}85 \cdot 10^{-3}$. Weitere Rechnung bei r) nach Abschnitt 15.3.8.
Erwärmungsfaktor $W' = 75\,V\,n^2/(\psi\alpha^* A) = 75 \cdot 5{,}02 \cdot 10^{-3} \cdot 25^2/(0{,}85 \cdot 10^{-3} \cdot 20 \cdot 0{,}8) = 1{,}73 \cdot 10^4$ m² K/(Ns) mit $V = 0{,}25\pi d^2 b = 0{,}25 \cdot \pi \cdot 0{,}2^2 \cdot 0{,}16 = 5{,}02 \cdot 10^{-3}$ m³, $A = 25bd = 0{,}80$ m² und $\alpha^* = 20$ Nm/(m²sK). Damit nach Bild 15/9: $\vartheta = 105$ °C.

s) Da $\vartheta = 105$ °C unzulässig hoch, wird zusätzliche Kühlung not wendig, die Betriebstemperatur soll dann $\vartheta = 60$ °C betragen. Damit nach Bild 15/11 $\eta = 0{,}017$ Ns/m².

t) Sommerfeldzahl $So = \bar{p}\psi^2/(2\pi n\eta) = 0{,}559 \cdot 10^6 \cdot 0{,}85^2 \cdot 10^{-6}/(2 \cdot \pi \cdot 25 \cdot 17 \cdot 10^{-3}) = 0{,}151 < 1$.
Reibungszahl $\mu = 3\psi/\text{So} = 3 \cdot 0{,}85 \cdot 10^{-3}/0{,}151 = 0{,}0168$.

u) Reibungsleistung $P_R = F\mu\pi dn = 17900 \cdot 0{,}0168 \cdot \pi \cdot 0{,}2 \cdot 25 = 4723$ Nm/s $= 4{,}723$ kW.

v) Kleinste Schmierfilmdicke $h_0 = 0{,}5 \cdot \psi \cdot d[1 - 0{,}5So(1+\beta)/2\beta] = 0{,}5 \cdot 0{,}85 \cdot 10^{-3} \cdot 0{,}2[1 - 0{,}5 \cdot 0{,}151 \cdot 1{,}8/1{,}6] = 0{,}077 \cdot 10^{-3}$ m.

w) Bestimmung von $n_ü$ und n_{min} nach (15/22): Mit $(n/h_0)_1 = So \cdot n \Big/ \left(\frac{s}{4} \frac{2\beta}{1+\beta}\right) = 0{,}151 \cdot 25/(0{,}25 \cdot 0{,}17 \times 10^{-3} \cdot 1{,}6/1{,}8) \approx 10^5$, $n_ü = h_{oü} \cdot (n/h_0)_1 = 5{,}2 \cdot 10^{-6} \cdot 10^5 = 0{,}52$ U/s und $n_{min} = h_{min}(n/h_0)_1 = 13 \cdot 10^{-6} \cdot 10^5 = 1{,}3$ U/s mit $h_{oü}$ und h_{min} nach Bild 15/7.

x) Rel. Fertigungsspiel $\psi_0 = \psi + \alpha_w(\vartheta - \vartheta_0) - 0{,}7\alpha_L(\vartheta - \vartheta_0) = 0{,}85 \cdot 10^{-3} + 16 \cdot 10^{-6} \cdot 40 - 0{,}7 \cdot 18 \cdot 10^{-6} \times 40 = 0{,}99 \cdot 10^{-3} \approx 10^{-3}$ und $s_0 = \psi_0 \cdot d = 0{,}2 \cdot 10^{-3}$ m $= 0{,}2$ mm. Richtwert der Oberflächengüte nach Bild 15/7: $R_t = 3 \cdots 4$ µm und Formtoleranz $T_f \approx 10$ µm. Ölbedarf $Q_S = 0{,}75\, h_0 b\pi dn = 0{,}75 \cdot 0{,}077 \cdot 10^{-3} \times 0{,}16 \cdot \pi \cdot 0{,}2 \cdot 25 = 0{,}145 \cdot 10^{-3}$ m³/s. Kühlölbedarf $Q_K = P_R/[c_{Öl}\varrho_{Öl}(\vartheta_2 - \vartheta_1)] = 4723/[1670 \cdot 10^3 \cdot 10] = 0{,}282 \cdot 10^{-3}$ m³/s = tatsächlich für das Lager notwendige Ölmenge. Kühlwassermenge $Q_{KW} = P_R/[c_W \varrho_W (\vartheta_1 - \vartheta)] = 4723/[4190 \cdot 10^3 \cdot 5] = 0{,}225 \cdot 10^{-3}$ m³/s. Berechnung von p_H kann entfallen, da niedrig belastet. Kontrolle ob Abbremsen beim Auslauf nötig: $\bar{p} \cdot u_ü = \bar{p}\pi dn_ü = 5{,}59 \cdot 10^5 \cdot \pi \cdot 0{,}2 \cdot 0{,}52 = 1{,}8 \cdot 10^5$ N/(ms), also zulässig nach Abschnitt 15.2.3., kein Abbremsen erforderlich.

15.4 Gestaltung der Radiallager

Die *Konstruktion* eines Lagers wird beeinflußt durch die Kräfte, die hieraus entstehenden Verformungen, die Schmierungsart und Kühlung, Ein- und Ausbau (geteiltes oder ungeteiltes Lager) und die sonstigen Betriebsbedingungen (Stöße, Hitze, Staubanfall usw.).

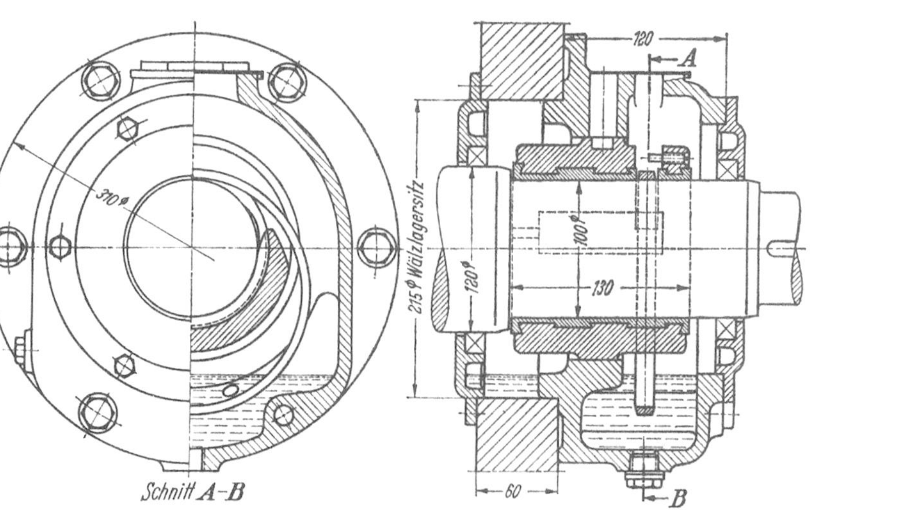

Bild 15/13. Flanschlager mit Losringschmierung.

Bild 15/12 zeigt ein Stehlager nach DIN 118 mit Festringschmierung,
Bild 15/13 zeigt ein Flanschlager mit Losringschmierung zum Einbau in einen normalen Wälzlagersitz,
Bild 15/14 zeigt die Belastbarkeit abhängig von Werkstoffen und der Gehäusekonstruktion.

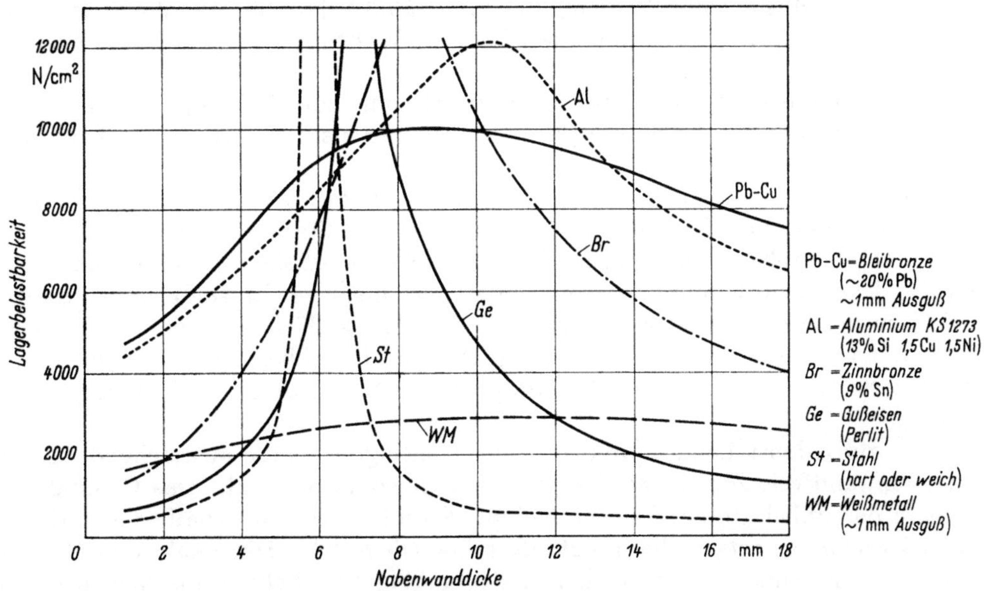

Bild 15/14. Lagerbelastbarkeit von Radiallagern (nach Vogelpohl); Einfluß der Nabenwandstärke bei d = b = 50 mm.

Weiche Werkstoffe sind nur niedrig belastbar. Die Gehäuseform hat wenig Einfluß. Harte Werkstoffe haben hohe Tragfähigkeit, aber nur dann, wenn die Verformung von Welle und Gehäuse so abgestimmt ist, daß keine Kantenpressung auftritt. Kantenpressung infolge Wellendurchbiegung vermeidet das sphärische Gleitlager (Bild 15/15).

Dynamisch belastete Gleitlager (Motorenlager) haben infolge der Verdrängungsströmung (zus. Traganteil zum statischen Traganteil aus der Schubströmung) extrem hohe Tragfähigkeit.

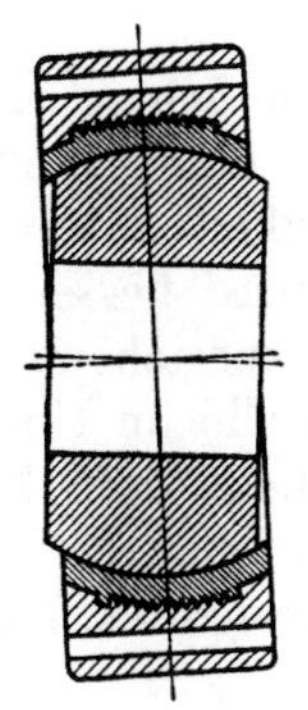

Bild 15/15. Sphärisches Gleitlager.

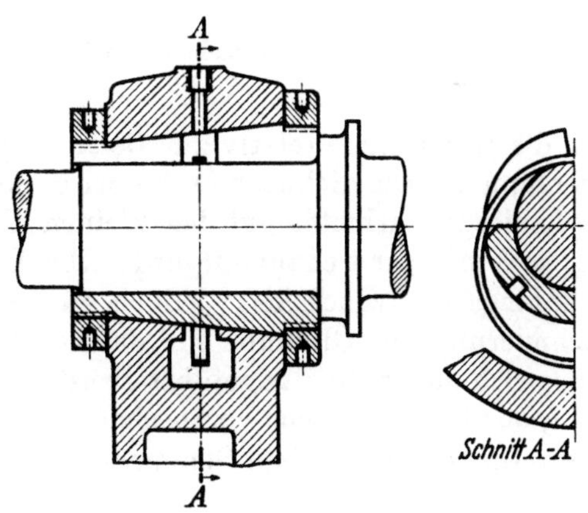

Bild 15/16. Nachstellbares Drehbanklager, nach Ten Bosch.

Für Werkzeugmaschinen wird meist eine hohe Führungsgenauigkeit der Lager gefordert. Hierfür sind Lager mit nachstellbarem Lagerspiel zweckmäßig. Ein Beispiel zeigt Bild 15/16. Weiter ist zu beachten: Bei hohen Umfangsgeschwindigkeiten können oberhalb einer Grenzdrehzahl n_{gr} sehr gefährliche, selbsterregte (Quer-)Schwingungen der Welle auftreten, die vom Schmierfilm der Gleitlager ausgehen (oil-whip): Der Schmierfilm hat stark nichtlineare (progressive) Federungs- und Dämpfungseigenschaften; die Rückstellkraft liegt nicht in Richtung der Verlagerung; insbesondere bei annähernd zentrischem Lauf des Zapfens kann eine ihrer Komponenten in Richtung der Wellendrehung liegen, was zur selbsterregten Schwingung führt [15/32], [15/33]. Die Welle schwingt in einer tiefer liegenden Eigenfrequenz (häufig $\leqq$ 0,5 Wellendrehzahl) in Bahnkurven ähnlich Ellipsen.

Neben der Grenzdrehzahl n_{gr} ist noch die Resonanzdrehzahl n'_K des Welle-Lager-Systems zu beachten (meist $n'_K < n_{gr}$). n'_K ist kleiner als die kritische Drehzahl n_K der Welle bei starrer Lagerung.

Für einfache Wellenformen läßt sich die Abhängigkeit der Stabilitätsgrenzdrehzahl n_{gr} von den Wellen- und Lagerparametern in Form von Stabilitätskarten [13/34, 15/35, 15/36, 15/41] darstellen. Mehrgleitflächenlager (MGF) erhöhen die Grenzdrehzahl n_{gr}, Bild 15/4. Über den Umfang verteilt entstehen mehrere Einzeldruckberge, welche die Welle in der Mitte zentrieren. Zwischen den Anlageflächen ist der Spalt zwischen Welle und Lager vergrößert. Dadurch ergibt sich ein größerer Öldurchfluß und eine stark verbesserte Kühlung. Das Radialkippsegmentlager ist gegen Schwingungen am stabilsten.

Für die zufriedenstellende Funktion eines Gleitlagers ist die ausreichende und konstruktiv einwandfreie *Zuführung des Schmierstoffes* entscheidend. Das Öl muß grundsätzlich in der unbelasteten Zone eintreten. Schmiernuten innerhalb des hydrodynamischen Druckbergs setzen die Tragkraft erheblich herab. Diagonale und Ringnuten sind deshalb unbedingt zu vermeiden. Zweckmäßig sind Schmiertaschen in der Teilfuge bzw. 90° zur Kraftrichtung versetzt. Die Schmiertasche soll möglichst sanft in die Lagerschale übergehen, Bild 15/17.

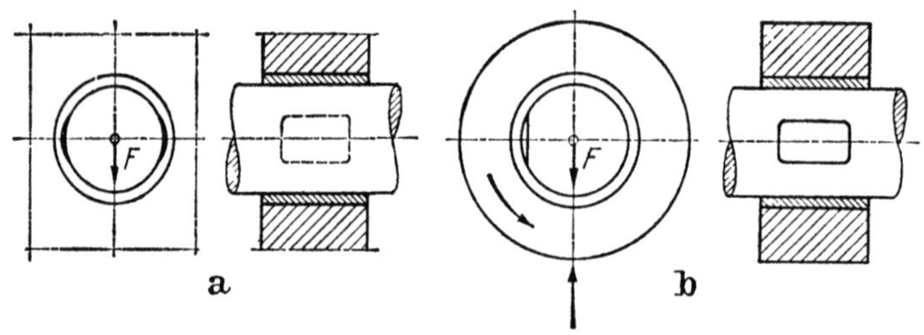

Bild 15/17. Gestaltung von Schmiertaschen a) bei umlaufender Welle, b) bei umlaufender Lagerschale.

Sofern die Lagerschale relativ zur Belastung umläuft, erfolgt die Schmierung durch den Lagerzapfen. Die Schmiertasche wird dann auf der Welle eingearbeitet. Die Festringschmierung arbeitet gut bei kleinen Umfangsgeschwindigkeiten, sie neigt ab etwa $u_{max} = 3$ m/s zur Schaumbildung. Die Losringschmierung wird besser mit steigender Umfangsgeschwindigkeit; jedoch ab $u = 10$ m/s wieder unzureichend. Bei der Umlaufschmierung mit Ölpumpe soll das Öl hinter der engsten Stelle im Unterdruckbereich des Schmierspaltes zugeführt werden. Es ist in der unbelasteten Zone eine genügend große Schmiertasche vorzusehen. Zuführdruck etwa 1 bis 2 bar.

Weitere Angaben betreffend Schmierstoffe und Schmiervorrichtungen s. Kapitel 16.

15.5 Axiallager

15.5.1 Überblick

Axiallager übertragen Kräfte in Längsrichtung der Welle. Die einfachste Bauart ist eine glatte Anlaufscheibe gegen den Wellenbund oder eine ebene Spurplatte. Wegen fehlendem Schmierkeil entsteht kein dynamischer Schmierdruck. Die Belastbarkeit ist gering $\bar{p} = 30 \cdots 80$ N/cm² für $u = 5 \cdots 10$ m/s; Verschleiß ist vorhanden. Für größere Belastungen wird hydrostatisch geschmiert (s. Abschnitt 15.7.), oder die Ringfläche des Lagers wird in Segmente eingeteilt, welche eine Anschrägung erhalten. Starre Schrägen (Bild 15/18a) sind billig in der Herstellung, jedoch nur für einen Betriebszustand optimal. Bewegliche Gleitplatten – sogenannte Kippsegmente (Bild 15/18b) – passen sich automatisch dem jeweiligen Betriebszustand optimal an.

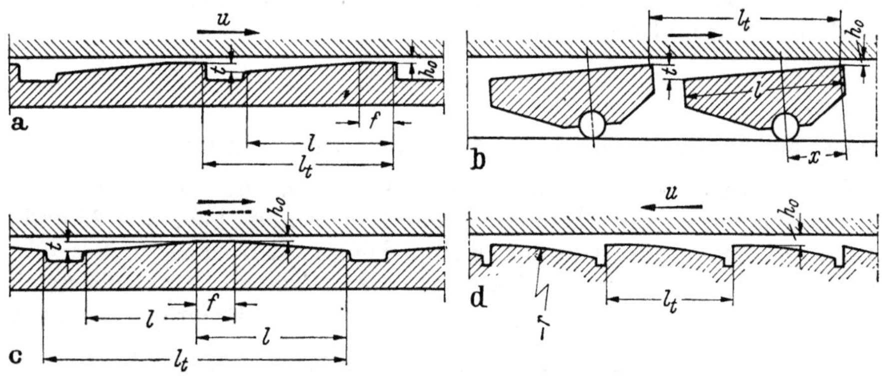

Bild 15/18. Gleitraumformen von Axiallagern:
a) mit fest eingearbeiteten Keilflächen mit $l \approx 0{,}8\, l_t$ und $f \approx 0{,}25\, l$,
b) mit kippbeweglichen Segmenten mit $l \approx 0{,}8\, l_t$ und $x \approx 0{,}42\, l$,
c) mit fest eingearbeiteten Keilflächen für beide Drehrichtungen mit $l \approx 0{,}5\, l_t$,
d) mit gewölbten Gleitflächen.

Weitere Bauformen sind starre, aber gewölbte Gleitflächen (Bild 15/18d), welche bei geeigneter Auslegung noch größere Belastungen zulassen. Die genaue Bearbeitung wird dabei aber schwierig. Für Lager mit wechselnder Drehrichtung verringert sich die Anzahl der tragenden Segmente auf die Hälfte.

15.5.2 Konstruktionsmaße

Die Bestimmung der Größe $b \cdot l$ (Bild 15/18) der z Segmente erfolgt über den mittleren Flächendruck $\bar{p} = F/(zbl)$. Weißmetallager laufen mit $\bar{p}$ bis $100 \cdots 400$ N/cm² und Bronzelager bis $100 \cdots 800$ N/cm². Dabei sind jeweils die niedrigeren Werte dann gültig, wenn auch bei An- und Auslauf die volle Lagerbelastung F wirkt.

Die Segmentzahl z wird je nach Lagergröße zwischen 4 und 12 gewählt. Da das Axiallager sowohl größte Tragfähigkeit als auch geringste Reibungszahlen bei $l/b \approx 1{,}0$ (meist $l/b = 0{,}7 \cdots 1{,}2$ für schnellaufende bis kleine Lager) zeigt, kann somit l bestimmt werden aus

$$l = \sqrt{\frac{F(l/b)}{\bar{p}z}}. \qquad (15/29)$$

Für den Völligkeitsgrad φ' wählt man meist

$$\varphi' = \frac{l}{l_t} = \frac{zl}{\pi d_m} \approx 0{,}8 \qquad (15/30)$$

(= 0,5 bei Lagern für beide Drehrichtungen), so daß damit auch der mittlere Lagerdurchmesser $d_m = 0{,}5(d_a + d_i)$ bestimmt werden kann:

$$d_m = \frac{zl}{\pi \cdot 0{,}8} \qquad (15/31)$$

und Lageraußen- bzw. Innendurchmesser:

$$d_a = d_m + b \qquad (15/32)$$

bzw.

$$d_i = d_m - b\,. \qquad (15/33)$$

15.5.3 Berechnung

Die Berechnung erfolgt ähnlich der Berechnung der Radiallager im Bereich $So > 1$.

Es wird eine Tragzahl So_{ax} definiert:

$$So_{ax} = \frac{\bar{p}h_0^2}{\eta u b}\,, \qquad (15/34)$$

h_0 = kleinste Schmierfilmdicke, $u_m = d_m \pi n$ Umfangsgeschwindigkeit.

So_{ax} kann abhängig vom Keilspaltverhältnis $\varepsilon = t/h_0$ und l/b dem Bild 15/19 (nach Drescher) entnommen werden. Man sieht, daß das Optimum bei $\varepsilon = 1{,}25$ und $l/b = 1{,}0$ liegt. Axiallager mit eingearbeiteten Keilflächen werden daher mit $\varepsilon = 1{,}25\cdots1{,}60$ ausgeführt; Kippsegmentlager meist mit $\varepsilon = 1{,}25$. Um $\varepsilon = 1{,}25$ zu erreichen, muß der Unterstützungspunkt bei Kippsegmentlagern für eine Drehrichtung im Abstand x

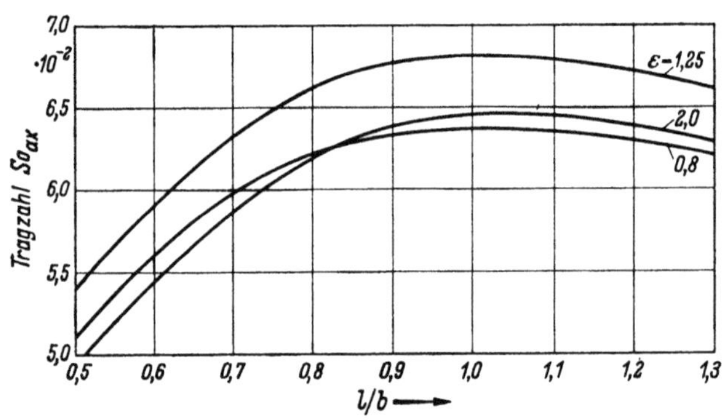

Bild 15/19. Tragzahl So_{ax} in Abhängigkeit von $\frac{l}{b}$ nach Drescher.

von der ablaufenden Kante auf dem Durchmesser d_s (Schwerpunktdurchmesser) liegen:

$$x = 0{,}42\frac{l d_s}{d_m} \approx 0{,}42\,l \qquad (15/35)$$

mit

$$d_s = \sqrt{0{,}5(d_a^2 + d_i^2)}\,. \qquad (15/36)$$

Anhaltswerte für die Segmentdicke bei Punktunterstützung: $0{,}25\sqrt{b^2 + l^2}$.

Die Reibungszahl $\mu = P_R/(F \cdot u)$ ergibt sich nach Vogelpohl zu

$$\mu = k\sqrt{\frac{\eta u}{b\bar{p}}} \qquad (15/37)$$

mit $k = 3{,}0$ für übliche l/b und ε-Werte (sonst s. VDI 2204). Damit ist die Reibungsleistung

$$P_R = F\mu u = ku\sqrt{Fuzl}\sqrt{\eta} = \Phi_{ax}\sqrt{\eta}\,. \qquad (15/38)$$

Bei Wärmeabfuhr über die Oberfläche A des Lagers ergibt sich die Lagerbetriebstemperatur (vgl. auch Radiallagerberechnung):

$$\vartheta = \frac{\Phi_{ax}\sqrt{\eta}}{\alpha^* A} + \vartheta_0 = W_{ax}\sqrt{\eta} + \vartheta_0\,. \qquad (15/39)$$

Bei zu hoher Lagertemperatur ($> 70 \cdots 90$ °C) ist zusätzliche Kühlung vorzusehen und mit der Kühlölberechnung usw. wie bei Radiallagern zu verfahren.

Bei bekannter Lagertemperatur ergibt sich die Betriebsviskosität aus:

$$\eta = \left(\frac{\vartheta - \vartheta_0}{W_{\text{ax}}}\right)^2 . \tag{15/40}$$

Die kleinste Schmierspaltdicke h_0 im Betrieb wird mit der Tragzahl So_{ax} bestimmt:

$$h_0 = \sqrt{So_{\text{ax}} \frac{\eta u b}{\bar{p}}} . \tag{15/41}$$

Da $h \sim \sqrt{n}$, kann wie bei Radiallagern wieder die Übergangsdrehzahl $n_{\text{ü}}$ aus $n_{\text{ü}} = \left(\frac{h_{0\text{ü}}}{h_0}\right)^2 \cdot n$ und die untere Drehzahlgrenze $n_{\min}$, bei der mit Sicherheit Flüssigkeitsreibung vorliegt, aus $n_{\min} = \left(\frac{h_{\min}}{h_0}\right)^2 n$ ermittelt werden. Nach Vogelpohl wird anstelle von $n_{\text{ü}}$ die Übergangslast $F_{\text{ü}} = 9{,}6 \cdot 10^8 \, \eta b^2 d_{\text{m}} n$ bestimmt. $F_{\text{ü}}/F = n/n_{\text{ü}}$ ist ein Maß für die Sicherheit gegen Verschleiß, mit der das Lager arbeitet.

Der Ölbedarf Q_{S} ergibt sich mit dem empirischen Durchsatzfaktor $\varphi \approx 0{,}7$ zu:

$$Q_{\text{S}} = \varphi b h_0 u z . \tag{15/42}$$

Berechnung von Axiallagerringen in Ausführung DIN 7479 kann direkt nach DIN 7479 Bl. 5 erfolgen.

15.5.4 Berechnungsbeispiel

Segmentspurlager einer Wasserturbine.

Gegeben: Belastung $F = 3\,200\,000$ N, Drehzahl $n = 3{,}13$ U/s, Kippsegmente, Ölumlaufschmierung, Öl mit $\eta = 31{,}5$ cP bei 50 °C. Werkstoffpaarung: Stahl/Weißmetall.

Berechnet: Mit $\bar{p} \approx 300$ N/cm² $= 3 \cdot 10^6$ N/m² und $l/b = 0{,}8$. Mit $z = 12$ gewählt ergibt sich $l = \sqrt{F \cdot (l/b)/(\bar{p}z)} = \sqrt{3{,}2 \cdot 10^6 \cdot 0{,}8/(3 \cdot 10^6 \cdot 12)} = 0{,}267$ m und $b = 0{,}333$ m. Mittlerer Lagerdurchmesser $d_{\text{m}} = z \cdot l/(\pi \cdot 0{,}8) = 1{,}275$ m. Damit $d_{\text{a}} = d_{\text{m}} + b = 1{,}608$ m und $d_{\text{i}} = d_{\text{m}} - b = 0{,}942$ m. Für gewähltes Keilspaltverhältnis $\varepsilon = 1{,}25$ und $l/b = 0{,}8$ ergibt sich Tragzahl So_{ax} aus Bild 15/19 zu $So_{\text{ax}} = 0{,}066$. Umfangsgeschwindigkeit $u = \pi d_{\text{m}} n = \pi \cdot 1{,}275 \cdot 3{,}13 = 12{,}53$ m/s. Erwärmungsfaktor $W_{\text{ax}} = 3 \cdot u \sqrt{Fuzl/(\alpha^* A)} = 3 \cdot 12{,}53 \sqrt{3{,}2 \cdot 10^6 \cdot 12{,}53 \cdot 12 \cdot 0{,}267/(20 \cdot 15 \cdot 0{,}333 \cdot 1{,}275)} = 3345$ mK/(Ns)$^{1/2}$ mit üblichem Wert von $\alpha^* = 20$ Nm/(m²sK) und $A \approx 15\, b d_{\text{m}}$. Dafür würde die Lagertemperatur wesentlich zu hoch werden (vgl. auch Bild 15/8); deshalb ist Ölumlaufschmierung vorgesehen, und Lagertemperatur wird mit 60 °C eingesetzt. Dafür $\eta = 0{,}02$ Ns/m² = 20 cP. Nach Abschnitt 15.3.4. berechnet:
Erforderliche Kühlölmenge $Q_{\text{K}} = P_{\text{R}}/(1670 \cdot 10^3 \cdot (\vartheta_2 - \vartheta_1) = 6{,}0 \cdot 10^4/(1670 \cdot 10^3 \cdot 10) = 3{,}6 \cdot 10^{-3}$ m³/s mit $P_{\text{R}} = \Phi_{\text{ax}} \sqrt{\eta} = 3u \sqrt{Fuzl} \sqrt{\eta} = 60$ kW und $\vartheta_2 - \vartheta_1 = 10$ K. Kleinste Schmierspaltdicke $h_0 = \sqrt{So_{\text{ax}} \eta u b/\bar{p}} = \sqrt{0{,}066 \cdot 0{,}02 \cdot 12{,}53 \cdot 0{,}333/3 \cdot 10^6} = 42{,}8 \cdot 10^{-6}$ m. Ölbedarf $Q_{\text{S}} = 0{,}7\, b h_0 u z = 0{,}7 \cdot 0{,}333 \cdot 42{,}8 \cdot 10^{-6} \times 12{,}53 \cdot 12 = 1{,}50 \cdot 10^{-3}$ m³/s $< Q_{\text{K}}$. Übergangslast $F_{\text{ü}} = 9{,}6 \cdot 10^8\, \eta b^2 d_{\text{m}} n = 9{,}6 \cdot 10^8 \cdot 0{,}02 \cdot 0{,}333^2 \cdot 1{,}275 \cdot 3{,}13 = 8{,}5 \cdot 10^6$ N und $F_{\text{ü}}/F = n/n_{\text{ü}} = 2{,}6$. Maße für die Kippsegmente: Lage des Unterstützpunktes von der ablaufenden Kante $x = 0{,}42 \cdot l d_{\text{s}}/d_{\text{m}} = 0{,}42 \cdot 0{,}267 \cdot 1{,}318/1{,}275 = 0{,}115$ m, mit $d_{\text{s}} = \sqrt{0{,}5(d_{\text{a}}^2 + d_{\text{i}}^2)} = \sqrt{0{,}5(1{,}608^2 + 0{,}942^2)} = 1{,}318$ m und Segmentdicke $h_{\text{seg}} = 0{,}25 \sqrt{b^2 + l^2} = 0{,}106$ m.

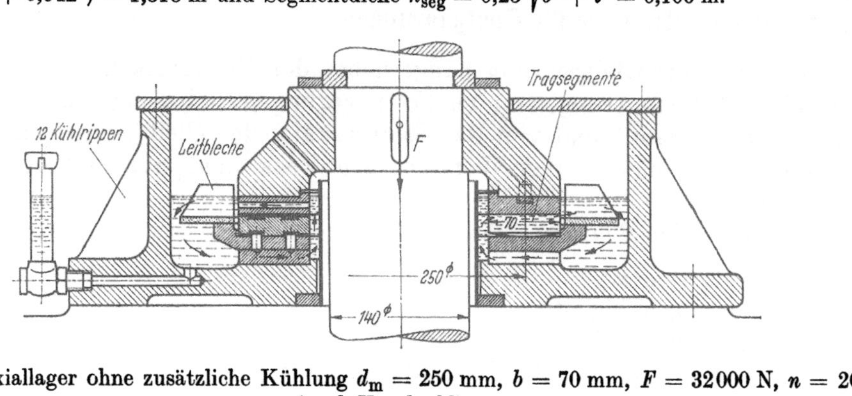

Bild 15/20. Axiallager ohne zusätzliche Kühlung $d_{\text{m}} = 250$ mm, $b = 70$ mm, $F = 32000$ N, $n = 200$/min (nach Vogelpohl).

15.5.5 Gestaltung der Axiallager

Hauptprobleme sind das gleichmäßige Tragen des Lagers und die Zuführung und Abführung des Schmieröles. Außerdem treten bei großen Lagern unter der Belastung beachtliche Verformungen auf, die zu berücksichtigen sind. Die Bilder 15/5 und

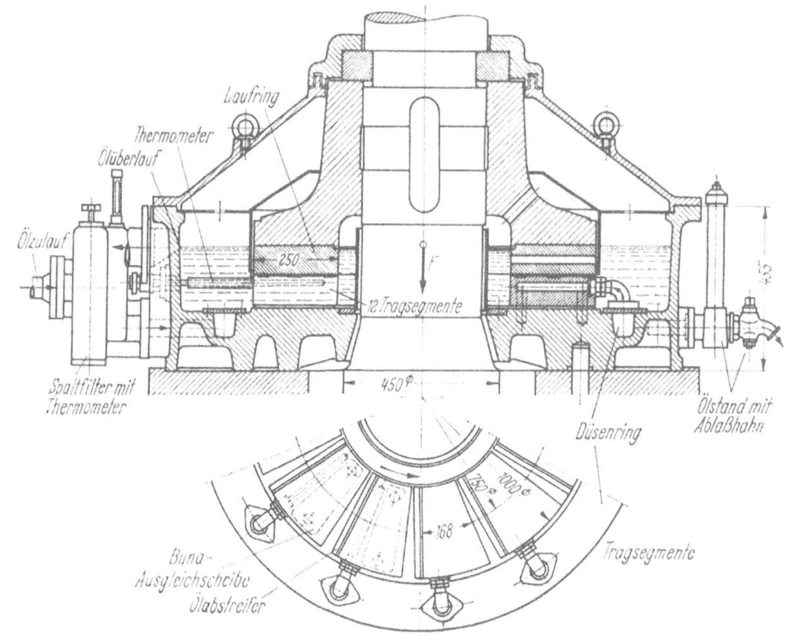

Bild 15/21. Axiallager für eine Wasserturbine mit senkrechter Welle. $d_m = 750$ mm, $F = 1550000$ N, $n = 333$/min (nach Vogelpohl).

15/18 zeigen verschiedene Anordnungen, die eine Selbsteinstellung ermöglichen bzw. durch fest eingearbeitete Keilflächen eine günstige Schmierdruckbildung bewirken. Angestrebt wird gleichmäßiges Tragen über die Segmentbreite und bei den einzelnen Segmenten untereinander, richtiger Anstellwinkel und getrennte Schmierstoffzuführung und -abfuhr für jedes Segment. Bilder 15/20 und 15/21 zeigen zwei typische Lagerkonstruktionen.

15.6 Werkstoffe und Schmierstoffe für Gleitlager

15.6.1 Allgemeine Hinweise für Gleitpaarungen

Die Bewährung einer Gleitpaarung hängt neben den Betriebsbedingungen (Belastung, Geschwindigkeit, Schmierung) von der Formpaarung (Krümmungsradius, Oberflächenrauheit, Einlaufzustand) und von der Stoffpaarung der Gleitflächen ab. Werkstoffe und Schmierstoffe müssen dem Verwendungszweck angepaßt und aufeinander abgestimmt sein.

Erwünscht ist eine Paarung, die

a) äußerst glättbar ist,
b) gut benetzungsfähig ist,
c) gut aufeinander einläuft,
d) im Trockenlauf nicht frißt (Notlaufeigenschaft),
e) sich wenig ungleich ausdehnt und nicht quillt,

f) genügend statische und dynamische Festigkeit, Wärme- und Korrosionsfestigkeit besitzt,

g) gut wärmeleitend ist und

h) als Plattierungsstoff gut bindungsfähig mit der Unterlage ist.

Die Eigenschaften a) bis d) werden nur für das Gebiet der Trocken- und Mischreibung benötigt.

Für die Gleitfläche, die sich relativ zur Last bewegt, ist eine harte glatte Oberfläche — z. B. aus gehärtetem Stahl oder aus graphitiertem Grauguß — besonders geeignet; austenitischer Stahl ist hierfür ungünstig. Für die Gegengleitfläche, die relativ zur Last ruht, bevorzugt man relativ weichere, bettungsfähige Stoffe. Die Brinellhärte soll also merklich niedriger sein. Umgekehrt soll bei großer und stoßhafter Belastung aber auch keine plastische Verformung oder Zerrüttung auftreten.

Hochbelastete Gleitpaarungen bestehen deshalb aus härteren Werkstoffen (z. B. St. geh/Bleibronze); den schlechteren Einlauf nimmt man dabei in Kauf und gleicht ihn durch genauere Bearbeitung aus. Beschreibung der Schmierstoffe (flüssig, fest oder gasförmig) s. Kapitel 16.

15.6.2 Metallische Gleitlager-Werkstoffe

Überblick und Zusammenstellung von Kennwerten s. VDI 2203.

Weißmetalle (DIN 1703) besitzen vorzügliche Gleit-, Einlauf- und Notlaufeigenschaften, sind aber nicht für stoßhafte Belastung geeignet. Man verwendet sie in dünnerer Auflage von 0,1···2 mm auf Bleibronze und auf GG- und St-Schalen. Lagerspiele $\geqq 0{,}3 \times \times d/1000$. An Stelle der besonders bettungsfähigen, zinnreichen Weißmetalle verwendet man weitgehend zinnarme ($<10\%$ Sn) Weißmetalle (DIN 1728). Sie sind als Spritzgußlager mit sehr enger Passung zur Präzisionslagerung von Spindelköpfen an Drehbänken geeignet. $\bar{p}_{zul} \approx 300$ N/cm². In Einzelfällen auch dünne Kadmiumschalen.

Zinnbronze und Rotguß (DIN 1705)[1] mit HB $\approx 60-100$ sind geeignet für hohe und stoßhafte Belastung für hohe Temperaturen ohne Korrosionsgefahr. Sie werden daher auch bei Berührung mit Lebensmitteln verwendet. Bei Kantenpressung oder Heißlaufen ist Beschädigung der Welle zu befürchten. Kantenpressung läßt sich durch pendelfähige Lagerschalen vermeiden. Zulässige Belastung: $\bar{p}_{zul} \approx 800\cdots2000$ N/cm² für $u = 5\cdots2$ m/s (Umlaufschmierung).

Bleibronze mit HB ≈ 70 eignet sich für noch höhere und stoßhafte Belastung bei hoher Temperatur. Sie ist verschleißfester als Weißmetall und ergibt eine geringere Anlaufreibung. Man verwendet sie besonders für Kolbenmotoren aber auch für Dampfturbinen, Werkzeugmaschinen, Schleifspindeln und im Lokomotivbau.

Bekannt sind Verbundlager mit St-Schale und Bleibronze (0,25···3 mm dick). Im Hinblick auf die größere Härte und geringere Einlauffähigkeit der Bleibronze sind möglichst gehärtete Zapfen mit glatter Oberfläche zu verwenden. Lagerspiel $1 \cdot d/1000$ bis $1{,}5 \cdot d/1000$ und Schmieröl-Zuleitungsdruck etwa 3···6 bar. Zulässige Belastung bei Umlaufschmierung (Ring oder Pumpe): $\bar{p}_{zul} \approx 1000\cdots2000$ N/cm² für $u = 5\cdots2$ m/s bis $\bar{p}_{zul} \approx 3000$ N/cm² für $u = 0{,}5$ m/s. Neuerdings auch Verwendung von eingeklebten Bleibronze-Buchsen bei Großlagern.

Al-Bronze (DIN 1714) als Austausch für Zinnbronze erfordert ein größeres Lagerspiel. Sie ist wegen größerer Härte (HB = 90) und schlechterer Notlaufeigenschaft empfindlicher gegen Kantenpressung und Schmutz (Abdichtung).

Grauguß (DIN 1691) ist wegen seiner Härte HB ≈ 150 weniger bettungsfähig, empfindlich gegen Kantenpressung und greift bei unzureichender Schmierung und weniger geeignetem Gefüge leicht die Welle an, falls sie nicht gehärtet und geschliffen ist.

---

[1] Auch Zinnbronze CuSn8 nach DIN 17662 („Carobronze") als genaugezogene Rohre.

Erwünscht ist ein Gefüge mit perlitischer Grundmasse und fein verteiltem Graphit. Erfahrungswerte: $\bar{p} = 500 \cdots 200$ N/cm², $u = 0{,}1 \cdots 3$ m/s.

In Sonderfällen eignen sich auch:

Zinklegierungen mit HB = 40 bis 80 zeigen gute Einlauf- und Notlaufeigenschaften. Lagerspiel $\approx 1{,}5 \cdot d/1000$, höchste Lagertemperatur etwa 80 °C.

Magnesium-Knetlegierungen (DIN 1729) verwendet man als Vollager für geringe bis mittlere Belastungen, z. B. für Nockenwellen, Ölpumpen und Stößelpumpen. Zu beachten ist ihre große Wärmedehnung.

Duralumin-Pleuel kann man ohne Ausguß gegen gehärtete Zapfen laufen lassen (bereits angewendet bei Diesellastwagen).

Sintereisen und Sintermetalle aus Cu, Sn, Zn, Pb können bis 35% ihres Volumens an Öl aufnehmen und durch Kapillarwirkung ihre Gleitfläche selbst schmieren. Sie sind besonders geeignet bei geringer Geschwindigkeit ($u = 0{,}5$ m/s, $\bar{p} \leq 1000$ N/cm²), bei schleichender Bewegung ($\bar{p} \leq 3500$), bei Schwinglagern, bei Nahrungsmittel- und Haushaltsmaschinen, bei Seilrollen, Förderbändern und Laufrädern, aber nicht bei stoßhaftem Betrieb.

Messing (DIN 1709) ist als Gleitwerkstoff weniger geeignet (stärkerer Zapfenverschleiß).

15.6.3 Nichtmetallische Werkstoffe

Hauptproblem ist hierbei die Ableitung der Reibungswärme. Kunststoffe haben gegenüber Metallen eine viel niedrigere Wärmeleitzahl. Sie nehmen Wasser auf und quellen. Deshalb größeres Lagerspiel wählen. Meistens sind gute Notlaufeigenschaften gegeben.

Kunstharzpreßstoffe (DIN 7703 und 16902) zeigen gute Laufeigenschaften und geringen Verschleiß, wenn sie gegen vergütete oder gehärtete Stahlzapfen laufen. Ihre schlechte Wärmeleitung erfordert aber eine gute Kühlung (bzw. geringe Belastung) und ihre Quelldehnung ein größeres Lagerspiel ($\geq 4{,}5 \cdot d/1000$ bei $b/d = 1$). Als Wanddicke der Kunstharz-Lagerbüchsen nimmt man etwa $0{,}1 \cdot d$ (sehr dünne aufgepreßte Kunstharz-Schichten quellen noch weniger).

Bewährt sind nach Tafel 15/1 Kunstharzlager bei niedriger Belastung und Geschwindigkeit für Dauerförderer, Hebezeuge, Feldbahnwagen, Landmaschinen und bei Walzwerken mit Wasserkühlung und -schmierung bis $p = 2500$ N/cm² bei $u = 1$ m/s. Durchschnittliche Belastungswerte a) bei guter, b) bei weniger guter Wärmeableitung: a) $\bar{p} \approx 200$ N/cm² bei $u = 0{,}2 \cdots 0{,}5$ m/s, b) ≈ 100 N/cm². Bei Kurbelwellen-Lagerungen kennt man auch die Anordnung des Preßstoffs an der Welle.

Polyamide eignen sich als selbstschmierende Lager[1]. Sie sind widerstandsfähig gegen chemischen Angriff. Der Verschleiß ist gering. Wärmeabfuhr und Quelldehnung sind zu beachten. Bekannt sind auch $< 0{,}5$ mm dicke Polyamid-Schichten auf Stahl.

Teflon (Polytetrafluoräthylen) als Bestandteil von Verbundlagern, ermöglicht Lauf ohne Schmiermittel und ergibt niedrige Reibung (in Gelenken bis $\bar{p} = 23\,000$ N/cm²).

Hartholz (Pockholz, Eiche, Esche, Rotbuche) wurde in bestimmten Fällen bei geringem u und mittlerem $\bar{p}$ verwendet. Heute bevorzugt man hierfür *Preßstoffe* oder *Preßholz*. Bei Textil- und graphischen Maschinen verwendet man auch selbstschmierende und nichttropfende Lager aus Preßholz, dessen Poren mit Lagermetall und Schmierstoff ausgefüllt sind. Weiter Verwendung von Kunstharzpressholz für Gleitleisten.

---

[1] Polyamide als selbstschmierende Lager, s. Z. VDI 90 (1948) 331.

Weichgummi mit 7 bis 20 mm Wanddicke einvulkanisiert und geschliffener Bohrung ist bewährt bei Lagern in Flüssigkeiten, z. B. für Schiffsschrauben, Wasserturbinen und Pumpen. Gummi ist unempfindlich gegen harte Verunreinigungen (schraubenförmige Schmiernut zur Kühlung!); $\bar{p} \approx 50\ \mathrm{N/cm^2}$, $u = 0{,}5 \cdots 25\ \mathrm{m/s}$. Günstigster Schmierstoff für Gummi s. u[1].

Edelsteine werden teilweise auf Sondergebieten, z. B. für Lager in Uhren und in der Feinmechanik und chemischen Industrie verwendet. Sie besitzen keine Notlaufeigenschaften.

Feinkeramische Stoffe und **emaillierte Stahllager** (Welle mit Gummibüchse) verwendet man in der chemischen Industrie für Sonderzwecke, z. B. bei Säurepumpen und Rührwerken.

Hartmetall hat sich teilweise für Spitzenlagerungen (Hartmetall-Kegelspitze gegen Hartmetallager mit Kegelbohrung) von Schleifspindeln usw. bei hohen Geschwindigkeiten besser bewährt als Wälzlager, da es nicht „frißt" und hohe Drücke und Temperaturen verträgt.

Kohle und Grafit sind geeignet für hohe Temperaturen (bis 600 °C) und dort, wo Öl nicht erwünscht ist, da sie selbstschmierend sind. Weitere Eigenschaften: kleine Reibungszahlen, geringer Verschleiß, hohe Korrosionsbest. gegen Säuren und Laugen, empf. gegen Kantenpressung und Stoßbelastung. Lagerspiel $3‰$ bis min. $1‰$. Belastungen $\bar{p} \cdot v < 150$ (trocken) und $< 500\ \mathrm{N/cm^2 \cdot m/s}$ (feucht). Lager nicht mit Fett schmieren!

15.6.4 Verbundwerkstoffe

Ihre Anwendung für Lagerschalen oder Lagerbüchsen entspringt der Überlegung, daß eine Werkstoffkombination die unterschiedlichen Anforderungen an eine Gleitpaarung erfüllen kann.

Außendurchmesser

bei eingesetzter Büchse $D_a \approx 1{,}07\,d + 0{,}5\ \mathrm{cm}$

bei freitragender Büchse $D_a \approx 1{,}1\,d + 1{,}5\ \mathrm{cm}$.

Metallauflage (Ausguß) aus gleitfähigem Werkstoff:

Ausgußdicke nach Bearbeitung:

bei GG-Schale $s \geqq d/85 + 0{,}15\ \mathrm{cm}$

bei St- oder GS-Schale $s \geqq d/140 + 0{,}05\ \mathrm{cm}$

mit Sondergießverfahren $s \geqq 0{,}03\ \mathrm{cm}$ je nach zulässigem Verschleiß.

Je dünner der Ausguß, desto fester, aber auch weniger verformbar (weniger bettungsfähig für die Welle) ist er. Bei GG sind Verankerungsnuten wegen fehlender Lötwirkung erforderlich. Bei dünnerem Ausguß keine Verankerungsnuten (Kerbwirkung) vorsehen; im übrigen Nuten gut ausrunden.

Kunststoffauflagen auf Metallbüchsen ergeben hohe statische Belastbarkeit. Dünne Auflagen führen die Wärme besser ab und ergeben geringe Quellbildung. Der Kunststoff wird auf optimale Gleit- und Notlaufeigenschaften eingestellt. Vielfach werden in den Kunststoff noch Metallpulver, Graphit, Molybdändisulfid, Teflon usw. miteingebunden.

---

[1] Nach Machinery, Febr. 1940, S. 99, ist hierfür Glyzerin in Alkohol 1:2, mit Graphit und Wasser am besten.

15.7 Hydrostatische Lager

15.7.1 Überblick

Beim hydrostatischen Lager wird im Gegensatz zum hydrodynamischen Lager (Abschnitt 15.1. bis 15.6.)[1] der Schmierdruck außerhalb des Lagers durch eine Hilfspumpe erzeugt. Die Flächenpressung $\bar{p}$ ist geringer als der für die Pumpe zulässige Öldruck (für Zahnradpumpen p: 500 N/cm², für Kolbenpumpen p: 2000 N/cm², für Luftlager p: 40 N/cm²). Der Vorteil hydrostatischer Lager liegt in der hohen Laufgenauigkeit (bis 0,5 µm), den guten Dämpfungseigenschaften (beeinflußbar durch Ölviskosität und Schmierschichtdicke), der Verschleißfreiheit, den geringen Verlusten, der sehr hohen Steifigkeit, der geringsten Anlaufreibung und der hohen Belastbarkeit. Daher haben

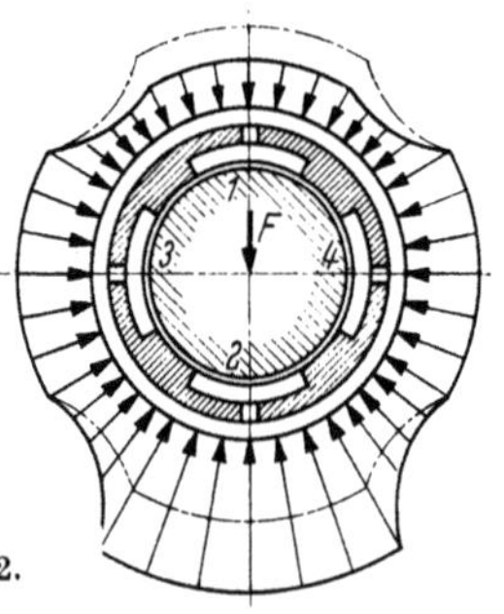

Bild 15/22.

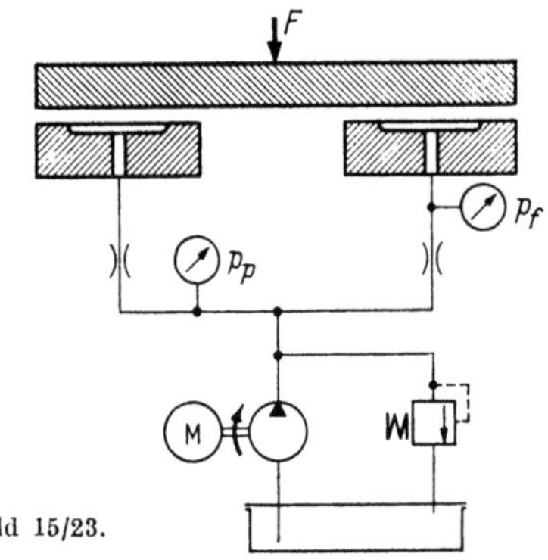

Bild 15/23.

Bild 15/22. Druckverlauf im unbelasteten (strichpunktiert) und durch Kraft F belasteten hydrostatischen Radiallager mit vier Taschen [15/26]. Bei Belastung ist Welle in Richtung F verlagert, Bild 15/24.

Bild 15/23. Schema der Ölversorgung hydrostatischer Lager. Ausführung mit einer Pumpe und konstanten Vorwiderständen je Tasche. p_f Taschendruck, p_p Pumpendruck [15/26].

sie insbesondere für die Verwendung im Werkzeugmaschinenbau große Bedeutung (z. B. Lagerung von Werkzeugspindeln Bild 15/25). Von der Wälzlagerindustrie werden Radial-, axiale Ringkammer- und kombinierte Radial-Axiallager in den Abmessungen von Wälzlagern (NN30) hergestellt. Nachteilig bei hydrostatischen Lagerungen ist die komplizierte und teure Anlage.

Daneben kommen im Werkzeugmaschinenbau hydrostatische Geradführungen oder Rundtischlagerungen zur Anwendung. Weiter werden hydrostatische Segmentlagerungen als einseitig wirkende Radiallager für sehr große Durchmesser (bis 2,8 m) eingesetzt.

15.7.2 Gestaltung und Bemessung

Übliche Radiallager werden mit 4 Taschen ausgeführt, denen kontinuierlich unter Druck Öl[2] (auch Wasser oder anderes Medium möglich) zugeführt wird, das über die Lagerenden und den Spalt zwischen Steg und Welle wieder abströmt. Im unbelasteten Zustand (Welle in Mittellage) ist der Druck in allen vier Taschen gleichgroß, im belasteten Zustand verlagert sich die Welle in Kraftrichtung und der Druck verteilt sich etwa nach Bild 15/22. Die Ölversorgung wird meist so ausgeführt, daß eine Pumpe sämtliche Taschen einer Lagerung versorgt[3], wobei in jede Zuleitung ein Strömungswiderstand bzw. eine Drossel (z. B. Kapillarrohr) eingebaut ist, wodurch der Druckausgleich zwischen den Taschen verhindert wird (meist Drosselverhältnis $\xi' = (p_p - p_f)/p_f \approx 1$), s. Bild 15/23.

[1] Hybridlager stellen eine Mischung von beiden dar. Radiale Schlitze führen Öl unter Druck zu. Günstig für häufiges Anfahren [15/44].

[2] Hydraulik- oder Schmieröl mit $\nu = 10 \cdots 60$ cSt (hohe bis niedrige Drehzahlen); Umfangsgeschwindigkeiten bis 20 m/s.

[3] Noch günstigere Verhältnisse (Unempfindlichkeit des Ölstromes gegen Belastungsstöße) geben druckkompensierte Stromregelventile oder Einzelpumpen für jede Tasche.

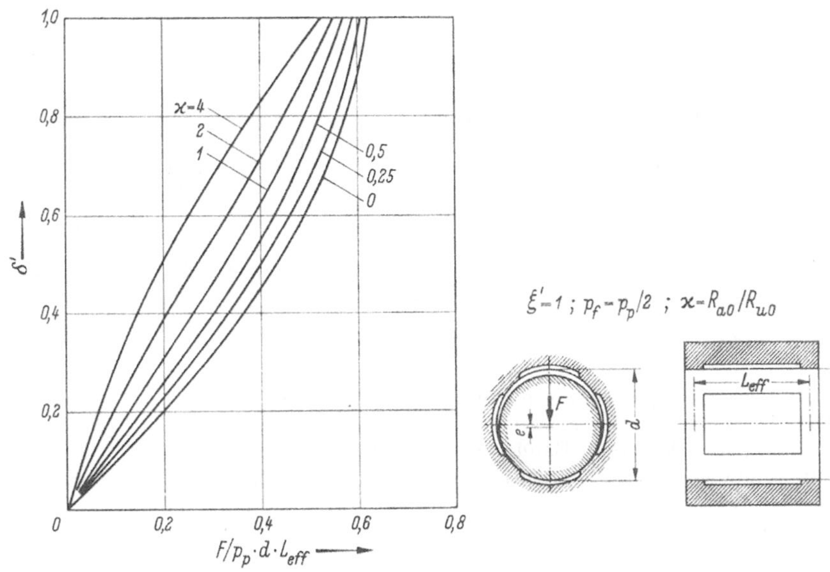

Bild 15/24. Relative Exzentrizität δ' abhängig von der bezogenen Belastung. R_{a0} und R_{u0} Strömungswiderstände in Axial- und Umfangsrichtung. Ölversorgung der vier Taschen mit gemeinsamer Pumpe und Vorwiderständen, vgl. Bild 15/23 (nach [15/26]). In den Katalogen der Hersteller sind direkt Werte von F/p_{p} für $\delta' = 0{,}5$ und Werte für das halbe Lagerspiel $s/2$ (= Ölfilmdicke = 20…30 μm) angegeben.

Die Leistungsverluste des Lagers setzen sich aus Pumpenleistung $N_{\text{P}} = Qp_{\text{p}}$ und dem Reibungsverlust $N_{\text{R}} = A_{\text{R}}u\eta/h_0$ im Lager zusammen. Der gesamte Leistungsverlust $N_{\text{V}} = N_{\text{P}} + N_{\text{R}}$ ist am kleinsten, wenn $N_{\text{R}}/N_{\text{P}} = 1\cdots3$.

Zur praktischen Berechnung des häufig vorkommenden Radiallagers mit vier Taschen (gemeinsamer Pumpe, Drosseln mit $\xi' = 1$ also $p_{\text{f}} = p_{\text{p}}/2$) kann man Bild 15/24 benützen. Als relative Exzentrizität $\delta' = 2e/(d_2 - d_1)$ wird 0,4…0,5 zugelassen. Nach Wahl der Pumpe mit zulässigem Pumpendruck p_{p} können dann die Lagerabmessungen

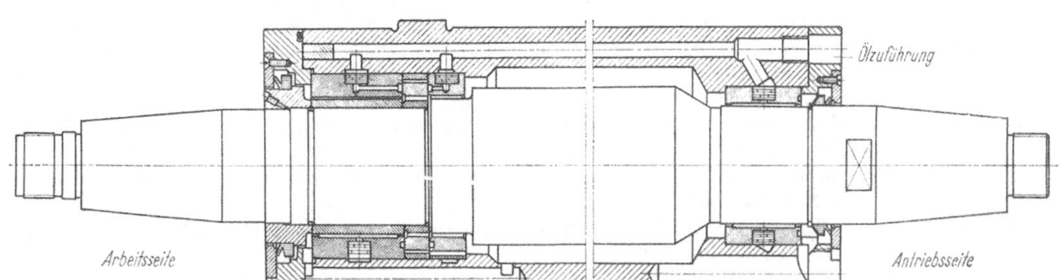

Bild 15/25. Hydrostatisch gelagerte Schleifspindel, nach SKF. Beachte: Radiallager auf Antriebsseite ohne Innenring. Vorwiderstände in den Lagern integriert, gemeinsame Ölzuführung.

festgelegt werden. Die Schmierschichtdicke h_0 bei Belastung ist nach unten begrenzt durch die Rauheit und die Herstellungstoleranzen. Die Öldurchflußmenge beträgt pro Lager mit $d = 60\cdots200$ mm etwa $q = 2\cdots10$ l/min (Ölbehälterinhalt ca. $5\,q$, Pumpenfördermenge ca. $1{,}3\,q$).

15.8 Schrifttum zu 15

Normen

DIN 118, 119, 502, 503, 504, 505, 506, 648 E Lager.
DIN 1494, 1498, 1499, 1553, 1850, 2208, 2209, 2210 Lager-Schalen.
DIN 7473, 7474, 7475, 7476, 7479, 7703 Buchsen usw.
DIN 50280 Laufversuche an Quergleitlagern.
DIN 50281 Reibung in Lagerungen.
DIN-Taschenbuch 20 Schmierstoffe.
DIN 1691, 1692, 1693, 1703, 1705, 1709, 1714, 1716, 1725, 17660, 17662···17666. Werkstoffe.
Dokumente des ISO-TC 123 Gleitlager (Terminologie, Werkst, Abmessungen, Berechnung).

Richtlinien

VDI 2002 Gestaltung und Verwendung von Preßstoff-Gleitlagern, 1951.
VDI 2004 Preßstoff-Walzenzapfenlager, 1951.
VDI 2201 Gestaltung von Gleitlagern, Einführung in die Wirkungsweise.
VDI 2202 Schmierstoffe und Schmiereinrichtungen für Gleit- und Wälzlager.
VDI 2203 Gleitwerkstoffe.
VDI 2204 Gleitlagerberechnung.

Bücher, Aufsätze

15/1 Vogelpohl, G.: Betriebssichere Gleitlager, Bd. 1. Berlin, Heidelberg, New York: Springer 1967.
15/2 Schmidt, E.; Weber, R.: Gleitlager. Berlin, Göttingen, Heidelberg: Springer 1953.
15/3 Cameron: Basic Lubrication Theory. London: Longman 1971.
15/4 Frössel, W.: Einfluß der Schmierspaltform auf die hydrodynamische Schmierwirkung. Schmiertechnik 11 (1964) Nr. 6, S. 348–53.
15/5 Frössel, W.: Mehrgleitflächenlager. Techn. Handwerk 2 (1947) H. 11.
15/6 Drescher, H.: Axial-Gleitlager mit stufenförmigem Schmierspalt (Staurandlager). Konstruktion 17 (1965) Nr. 9, S. 341–49 u. Nr. 10, S. 393–402.
15/7 Steller, A.: Der Einfluß von Länge, Neigung und kleinster Spaltweite auf Tragfähigkeit, Reibungsbeiwert und hydrodynamischen Höchstdruck bei ebenem, keilförmigem Schmierspalt. Masch.-Bau u. Wärmewirtsch. 5 (1950) Nr. 7, S. 113–19.
15/8 Steller, A.: Die Berechnung von Gleitlagern mit Flüssigkeitsreibung. Z. VDI 96 (1954) Nr. 4, 89–97.
15/9 Vogelpohl, G.: Die Stribeck-Kurve als Kennzeichen des allgemeinen Reibungsverhaltens geschmierter Gleitflächen. Z. VDI 96 (1954) Nr. 9, S. 261–68.
15/10 Stribeck, R.: Die wesentlichen Eigenschaften der Gleit- und Rollenlager. Z. VDI 46 (1902) 1341–48; 1432–38; 1463–70.
15/11 Vogelpohl, G.: Optimale Oberflächen für Lager. VDI-Berichte Nr. 90 (1965) 91–94.
15/12 Petroff, N.: Neue Theorie der Reibung. (Urschrift russisch 1883, Übersetzung von Wurzel 1887, Hamburg, Leopold Voss.) Abhandlung über die hydrodynamische Theorie der Schmiermittelreibung. Ostwalds Klassiker Nr. 218.
15/13 Gümbel, L.; Everling, E.: Reibung und Schmierung im Maschinenbau. Berlin: M. Krayn 1925.
15/14 Bauer, K.: Einfluß der endlichen Breite des Gleitlagers auf Tragfähigkeit und Reibung. Forsch. Ing.-Wes. 14 (1943) Nr. 2, S. 48–62.
15/15 Drescher, H.: Zur Berechnung von Axialgleitlagern mit hydrodynamischer Schmierung. Konstruktion 8 (1956) Nr. 3, S. 94–104.
15/16 Newkirk, B. L.; Taylor, H. D.: Shaft Whipping Due to Oil action in Journal Bearings. Gen. El. Rev. 28 (1925) 559–68.
15/17 Newkirk, B. L.; Lewis, J. F.: Oil-Film Whirl — An Investigation of Disturbances Due to Oil Films in Journal Bearings. Trans. ASME 78 (1956) 21–27.
15/18 Cameron, A.: Oil Whirl in Bearings. Engineering 179 (1955) 237–39.
15/19 Drescher, H.: Gasgeschmierte Lager. Schmiertechnik 8 (1961) Nr. 5, S. 237 u. Nr. 6, S. 315.
15/20 Ott, H. H.: Tragfähigkeit und Reibung eines Zitronenspiellagers mit der relativen Breite $b/d = 1$. (Unveröffentlichte Mitt. aus dem Institut für Grundlagen der Maschinenkonstruktion, ETH Zürich.)
15/21 Gersdorfer, O.: Berechnungsgrundlagen und Gestaltungsregeln für hydrodynamisch geschmierte Lager. VDI-Berichte Nr. 20 (1957) 109–16.
15/22 Gersdorfer, O.: Die praktische Bewährung der Mehrflächenlager. Maschinenwelt u. Elektrotechnik 16 (1961) H. 1.
15/23 Gersdorfer, O.: Tragkraft und Anwendungsbereich von Mehrflächenlagern. Konstruktion 14 (1962) 5, 181–88.
15/24 Sassenfeld, H.; Walther, A.: Gleitlagerberechnungen. VDI-Forschungsheft 441 (1954).
15/25 Falz, E.: Grundzüge der Schmiertechnik, 2. Aufl. Berlin: Springer 1931.

15/26 Kunkel, H.; Hallstedt, G.; Arsenius, T.: Hydrostatische Lager. Wälzlagertechnische Sonderschrift WTS 720301, Fa. SKF, Schweinfurt 1973.
15/27 Hoffmann, M.: Theoretische und experimentelle Untersuchungen hydrostatischer Spindellagerungen. Diss. TH Aachen 1966.
15/28 Opitz, H.: Aufbau und konstruktive Auslegung hydrostatischer Lager. Bericht VDW-Tagung, 1965.
15/29 Zdenković, R.: Besonderheit bei der Anwendung und Berechnung von Gleitlagern in Werkzeugmaschinen. Masch.-Markt 70 (1964) Nr. 53, 33–37.
15/30 Klemencic, A.: Bemessung und Gestaltung von Gleitlagern. Z. VDI 87 (1943) 409.
15/31 Stribeck, R.: Die wesentlichen Eigenschaften der Gleit- und Rollenlager. Z. VDI 46 (1902) 1342, 1432, 1463.
15/32 Traupel, W.: Thermische Turbomaschinen, Bd. 2, 2. Aufl. Berlin, Heidelberg, New York: Springer. 1968.
15/33 Hori, Y.: A Theory of Oil Whip. Trans. ASME, Series E, J. Appl. Mech. June 1959, 189–198.
15/34 Someya, T.: Stabilität einer in zylindrischen Gleitlagern laufenden, unwuchtfreien Welle. Ing.-Arch. 33 (1963) 85–108.
15/35 Glienicke, J.: Feder- und Dämpfungskonstanten von Gleitlagern für Turbomaschinen und deren Einfluß auf das Schwingungsverhalten eines einfachen Rotors. Diss. TH Karlsruhe 1966.
15/36 Glienicke, J.: Experimentelle Ermittlung der statischen und dynamischen Eigenschaften von Gleitlagern für schnellaufende Wellen – Einfluß der Schmierspaltgeometrie und der Lagerbreite. Fortschr.-Ber. VDI-Z. Reihe 1, Nr. 22, Düsseldorf: VDI-Verlag 1970.
15/37 Warner, P. C.: Static and Dynamic Properties of Partial Journal Bearings. Trans. ASME, Series D, J. Bas. Engr. June 1963, 247/257.
15/38 Kollmann, K.; Schaffrath, G.: Radial-Gleitlager mit beliebiger Schmierspaltform. MTZ 29 (1968) 401–408.
15/39 Pollmann, E.: Das Mehrgleitflächenlager unter Berücksichtigung der veränderlichen Ölviskosität. Konstruktion 21 (1969) 85–97.
15/40 Lund, J. W.: Spring and Damping Coefficients for the Tilting-Pad Journal Bearing. ASLE Trans. 7 (1964), S. 342–352.
15/41 Glienicke, J.: Einfluß der Lagerparameter und der Wellensteifigkeit auf das Schwingungsverhalten eines Rotors. MTZ 32 (1971) 109–113.
15/42 Holland, J.: Die Ermitlung der Kenngrößen für zylindrische Gleitlager. Konstruktion 13 (1961) 100.
15/43 Ott, H.: Elastohydrodynamische Berechnung der Übergangsdrehzahl von Radialgleitlagern. VDI-Z. 118 (1976) 456—459.
15/44 Rowe, W. B.: Slot Entry Bearings for Hybrid Hydrodynamic and Hydrostatic Operation. J. Mech. Eng. Sci. 18 (1976) 73–78.

16 Schmierstoffe, Schmierung und Dichtung

16.1 Übersicht

Schmierstoffe haben drei wesentliche Aufgaben. Sie sollen

1. Reibung vermindern,
2. Wärme abführen,
3. Abdichten.

Durch verminderte Reibung wird der Verschleiß verringert. Reibpaarungen laufen im Gebiet der hydrodynamischen Schmierung verschleißfrei!

Daneben sollen Schmierstoffe vor Rost schützen, Schmutz- und Verschleißteilchen dispergieren und Oberflächenschäden der Werkstoffe auch bei Überbeanspruchung vermeiden.

Im Maschinenbau verwendet man überwiegend Schmierstoffe auf der Basis von Mineralölen aus Erdöl und organische Produkte (z. B. „fette Öle") als Zumischung zu Mineralölen sowie synthetische Produkte und Trockenschmiermittel (Festschmierstoffe).

Entsprechend der Entwicklung im Maschinenbau hat sich neben den einfachen Schmierölen (z. B. Maschinenöl) oder einfachen Schmierfetten (z. B. Staufferfett als ein seifenverdicktes Mineralöl) eine Reihe von besonders legierten Schmierstoffen durchgesetzt. Diesen legierten Schmierstoffen werden durch chemische Zusätze (Additives) spezifische Eigenschaften verliehen. Man kann hierin eine Parallele zu der Entwicklung der legierten metallischen Werkstoffe sehen.

16.1.1 Mineralöle

Man unterscheidet:

a) *Nach der Herstellung*

Destillate, das sind aus Rohöl durch Destillation gewonnene Öle.

Raffinate, das sind chemisch und physikalisch gereinigte bzw. weiterbehandelte Destillate. Sie werden heutzutage vorwiegend verwendet.

Rückstandsöle, die bei der Destillation zurückbleiben.

b) *Nach der Zähigkeit*

c) *Nach der Verwendung*

Z. B. Getriebeöle, Turbinenöle, Wandleröle, Kältemaschinenöle.

d) *Nach der vorwiegenden Verteilung der Kohlenwasserstoffklassen im Grundöl*

Erdöle zeigen je nach Herkunft (Provenienz) charakteristische Verteilungen der Kohlenwasserstoffstrukturen, z. B. paraffinische, aromatische, cycloparaffinische (naphthenische) oder gemischt-basische Grundöle.

Meistens treten solche Unterscheidungen in Anbetracht der chemischen Zusätze in den Hintergrund.

e) *Nach den chemischen Zusätzen*

HD- (heavy duty) Öle mit Zusätzen für den Motorenbetrieb. Mild legierte, mild wirkende Hochdrucköle, hoch legierte Öle (Höchstdrucköle, EP-, extreme pressure), Öle mit Zusätzen zur Erhöhung des Druckaufnahmevermögens usw. (Tafel 16/1).

Tafel 16/1. Schmiermittelzusätze, Arten und Anwendungszweck

Art des Zusatzes	Verwendete Verbindungen
Hochdruckzusätze (EP-Additives) zur Verhütung von Riefen und Fresserbildung, Herabsetzung des Verschleisses	Organische Verbindungen, die Chlor, Schwefel und Phosphor enthalten. Geschwefelte fette Öle, chloriertes Paraffin oder Naphtalin, Trikresylphosphat, Tributylphosphat, Zinkdithiophosphat; ferner Bleiseifen, z. B. Blei-Naphtenat
Schmierfähigkeitsverbesserer zur Erhöhung der Schmiermittelhaftung auf Metalloberflächen	Fettsäuren; Seifen von Fettsäuren; ungesättigte Fettsäuren; Ester von Fettsäuren, wie Butylstearat, chlorierte Stearinsäure; Amine
Viskositätsindexverbesserer für Herabsetzung des Temperatureinflusses auf die Zähigkeit	Polymere von Estern der Methacrylsäure und höheren fetten Alkoholen; Olefinpolymere, Alkyl-Styrolpolymere
Stockpunkterniedriger	Polymere mit hohem Molekulargewicht; alkylierte Naphtaline, Polymere von Estern der Methacrylsäure, Seifen von Fettsäuren, Kondensationsprodukte aus Phenol und Festparaffin
Detergents und Dispersants Verhinderung von Ablagerungen an Metallflächen und um unlöslichen Ölschlamm in Suspension zu halten	Erdalkalimetallseifen von Petroleumsulfonaten, Metall-Phenolate, Aluminiumnaphtenat, Kalziumnaphtenat, phenylstearinsaures Kalzium, Erdalkalimetallsalze von Kondensationsprodukten aus Olefinen und Phosphorsulfiden.
Antioxydationsmittel zur Verhütung von Schlammbildung und Ablagerungen an Metallteilen	Organische Verbindungen, die Schwefel, Phosphor oder Stickstoff enthalten. Geschwefelte Ester, Terpene oder Olefine. Phenolthiazine. Dithiophosphate, wie Dialkyl-Zinkdithiophosphat. Kalziumzetylphosphat; organische Phosphide, Amine, Phenole.
Antikorrosionsmittel (Rostschutzmittel)	Saure Phosphorsäureester, organische Ester der phosphorigen Säure, Natriumsalze von Petroleumsulfonsäuren, Ester von Naphtensäuren, fette Öle.
Antischäummittel	Silicone
Farbstoffe, zur Erzielung auffallender, ansprechender Farben	Öllösliche organische Verbindungen mit großer Farbkraft.
Geruchsverbesserer	Öllösliche, synthetische Parfüme; Nitrobenzol.

16.1.2 Schmierfette

Schmierfette bestehen aus Mineralölen oder anderen geeigneten synthetischen Komponenten, die vorwiegend durch gequollene Seifen eine plastische Konsistenz erhalten.

Ein Maß für die Konsistenz ist die Konus-Penetration nach DIN 51804. Je nach Art der Eindicker spricht man von Metallseifenfetten[1], z.B. Li-, Ca-, Na-, Gelfetten.

Die Art des Eindickers bestimmt die Eigenschaften der Schmierfette, insbesondere die Beständigkeit gegenüber Wasser, die thermische Einsatzbreite (z. B. Tropfpunkt) und damit die Einsatzmöglichkeiten der einzelnen Fette, Tafel 16/2.

Fette werden entsprechend ihrer Penetration in verschiedene NLGI[2]-Klassen eingeteilt (DIN 51818).

Zu den Schmiermitteln mit Fettcharakter rechnet man auch reine, unverseifte Mineralölfette, wie Vaseline.

[1] Fette auf Metallseifenbasis erzeugen im Öl leicht Schaum (bei mehr als 2% im Öl).
[2] National Lubricating Grease Institute.

Tafel 16/2. Schmierfette – Auswahl und Eigenschaften
Die Fette können chemische Zusatzstoffe zur Verbesserung der Hochdruck-, Viskositäts-, Schaumeigenschaften usw. enthalten.

Verwendung	Fettbasis	Temperaturbereich (°C)	Tropfpunkt (°C)	Wasserbeständig	Walkpenetration nach DIN 51804 (1/10 mm)
Wälzlager, Gleitlager mit Staufferbüchsen oder Schmiernippeln, Schwingsiebe, Zerkleinerungs- und Aufbereitungsanlagen, Brikettpressen, Trockenzylinder in der Papierindustrie	Natronseife Mineralölbasis	$-40\cdots+120$	$170\cdots190$	nein	$210\cdots270$
Achsrollenlager von Eisenbahnfahrz.		$-35\cdots+80$	ca. 170	nein	ca. 190
Getriebefett, fließend bis sehr zäh		$-25\cdots+100$	$140\cdots175$	nein	$250\cdots$über 360
Heißlagerfett, Gleitlager von -10 bis $+150$ °C		über 150	ca. 190	nein	ca. 100
Wasserbespülte Wälz- u. Gleitlager, Pumpen, Wasserturbinen, Steinbrecher	Kalkseife Mineralölbasis	$-35\cdots+55$	$90\cdots100$	ja	$220\cdots250$
Heißwasserpumpen, Waschautomaten		$-25\cdots+100$	ca. 200	ja	$220\cdots250$
Haushaltsmaschinen, Kleinmotoren, kl. schnellaufende Wälz- u. Gleitlager	Lithiumseife Mineralölbaiss	$-40\cdots+80$	ca. 190	ja	ca. 320
Mehrzweckfett für Kfz, Universalfett		$-40\cdots+120$	ca. 190	ja	ca. 265
Haftschmiere, Drahtseile, offene Zahntriebe, Ketten, Feder, Kammwalzen	bitumenhaltig	bis $+80$	ca. 170	ja	–
Hochtemperaturfett, Trockenanlagen, Heißluftventilatoren, Teile von Härteöfen, Gashähne aus Leichtmetall	Siliconöle	$-70\cdots+250$	keinen	ja	$260\cdots300$
Tieftemperaturfette, Kältetechnik, Geräte der Luftfahrt	Metallseife Synthesebasis z. B.: Li-Seife+Ester	$-70\cdots+130$	ca. 195	ja	$200\cdots310$
Spezialfette mit Molybdändisulfidzusatz (MoS_2), Notlaufeigenschaften bis 400 °C, hochbeanspruchte Maschinenteile	z. B.: Li-Seife Mineralölbasis	bis 180, Notlauf bis 400	ca. 200	ja	ca. $250\cdots310$

16.1.3 „Gefettete" Mineralöle

Sie werden zu den legierten Ölen gezählt. Wegen ihrer Verträglichkeit mit Wasser können sie bei Walzenzapfenschmierung und dergleichen von Vorteil sein. Ihre Neigung zum Verharren kann durch elektrische Glimmentladungen (Voltolöle) erheblich verringert werden.

16.1.4 Trockenschmiermittel

Z. B. Graphit und Molybdändisulfid (MoS_2). Sie werden verwendet:

a) Zum Vorbehandeln von Gleitflächen, um diese benetzungsfähiger, glatter und freßsicherer zu machen.

b) Als Zusatz zu Fetten und Ölen oder als Gleitlacke [16/69].

c) Als reine Trockenschmierung bei langsamen Gleitbewegungen oder bei hohen Temperaturen (bis 400 °C), ferner bei der Zerspannung, Kalt- oder Warmverformung.

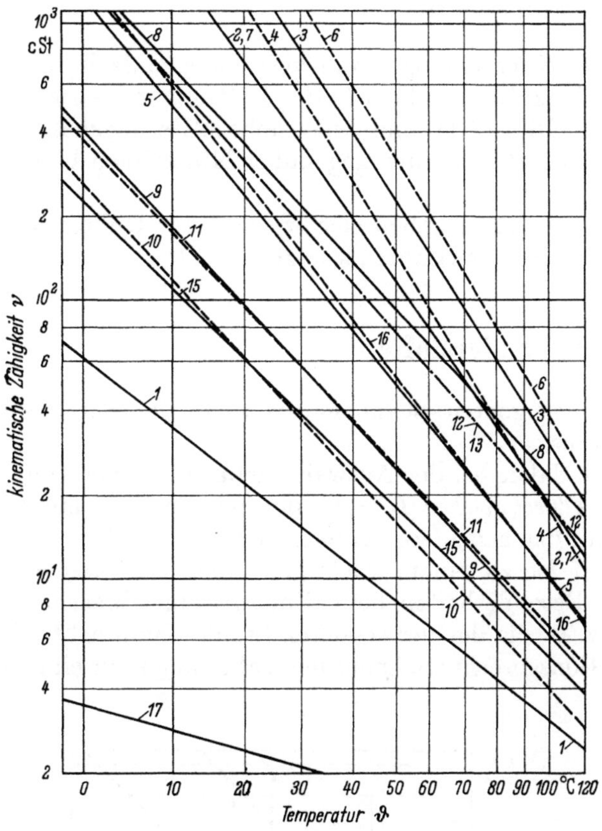

Öl-Nr.	Ölbezeichnung	Dichte ϱ_{15} (kg/dm³)	Viskosität (cSt) 50 °C	Viskosität (cSt) 100 °C	Anwendung
1	Mobil Velocite Öl No. 6	0,866	8,3	2,9	Spindelöl
2	Shell Macoma Öl W 71	0,900	114	18	Industriegetriebe
3	Shell Macoma Öl W 77	0,910	225	30	
4	Esso PEN-O-LED EP 3	0,945	145	17,5	
5	Shell Omala Öl 37	0,890	49	10	Hochleistungsgetriebeöle
6	Shell Omala Öl 81	0,917	324	38	
7	Esso Spartan EP 3	0,895	115	18,0	
8	Shell Tivela Öl 75	1,025	92	23	Synthetisches Getriebeöl; Langzeitschmierung
9	Teresso N 45	0,873	23,9	6,1	Hydraulische Kraftübertragungsanlagen
10	BP Energol LPT 50	0,907	15,7	3,9	Kältemaschinenöl
11	Mobil DTE Oil Medium	0,878	29	6,5	Dampfturbinenöl
12	BP Super Visco-Static 20W-50	0,889	75,7	17,8	Mehrbereichsmotorenöl
13	Esso Uniflo 10 W-50	0,878	75,5	17,2	
14	Shell Turbo Öl 27	0,870	25	5,8	Flugturbinenöl
15	Esso Extra Turbo Öl 2380	0,975	17,5	5,1	
16	Esso Getriebeöl GX 80	0,910	51,9	9,86	Kfz.-Hypoidgetriebeöl
17	Petroleum	0,813	1,4	–	
(18)	(Wasser)	0,9991	0,554	–	

Bild 16/1. VT-Diagramm für verschiedene Schmierstoffe, Beispiele.
Die hier aufgeführten Öltypen sind z. T. auch in anderen Viskositäten lieferbar. Öle für die hier genannten Anwendungsbereiche werden auch von anderen Ölfirmen geliefert!

16.1.5 Synthetische Schmiermittel

Sie sind in ständiger Entwicklung. Man verwendet einfache und komplexe Esteröle, Polyäther-, Siliconöle, z. Z. vor allem in der Luftfahrtindustrie. Sie haben eine flache Viskositätskurve (s. Bild 16/1) und eine hohe Alterungsbeständigkeit. Bestimmte Polyäther zeichnen sich durch einen gegenüber Mineralölen besonders niedrigen Reibwert aus [16/64, 16/66, 16/67].

Synthetische Hydrauliköle haben sich wegen ihrer Unbrennbarkeit in bestimmten Anwendungsgebieten (Bergbau) durchgesetzt.

16.2 Auswahl der Schmierstoffe

Die Auswahl eines geeigneten Schmierstoffs setzt die Berücksichtigung zahlreicher Gesichtspunkte voraus.

Man bedient sich daher bei der Auswahl vielfach der Beratung durch einen Spezialisten, vor allem des *Technischen Dienstes* der Schmierstoffindustrie, die heute nahezu für jeden Bedarfsfall das geeignete Schmiermittel anbietet.

Der Schmierstoff ist zu einem wichtigen *Konstruktionselement* geworden, dessen Eigenschaften und Besonderheiten beim Entwurf einer Maschine genauso zu berücksichtigen sind wie z. B. die der verwendeten Stähle. Man achte daher von vornherein auf eine „konstruktionsgerechte Schmierung", aber auch auf eine „schmierungsgerechte Konstruktion"!

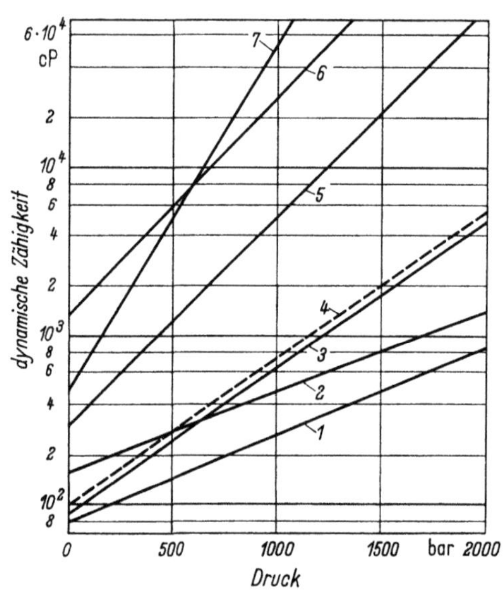

Öl	Schmierstoff-Type	η (cP) bei 50 °C und $p \approx 1$ bar	$\alpha_{25} \cdot 10^2$ (mm²/N)	η_{2000}/η_1 bei 25 °C	η_{2000}/η_1 bei 80 °C
1	Syntheseöl (Polyäther)	28	1,19	10,8	6,1
2	Syntheseöl (Polyäther)	56	1,11	9,2	5,6
3	Mineralöl $C_P = 63\%$	22	1,97	51	20
4	dto. + 10% Bleinaphthenat	24	1,97	51	20
5	Mineralöl $C_P = 59\%$	60	2,82	281	40
6	Hypoidöl SAE 140	210	2,94	357	44
7	Mineraöl mit $C_A = 56\%$	75	4,60	9890	128

Bild 16/2. Abhängigkeit der Zähigkeit vom Druck, Beispiele. Druckisothermen bei 25 °C.

Es empfiehlt sich, nach Fertigstellung und Erprobung einer neuen Maschine gemeinsam mit den Schmierstofflieferanten eine Schmierstoffempfehlung herauszugeben, darin die für einen erfolgreichen Einsatz notwendigen Öleigenschaften zu spezifizieren und Beispiele geeigneter Öle aufzuführen.

Bei Schmierstellen mit Gleitbewegung müssen zuerst die auftretenden Gleitgeschwindigkeiten und Pressungen ermittelt und die zu erwartenden Temperaturen abgeschätzt werden.

Je *höher die Flächenpressung* und je *geringer die Gleitgeschwindigkeit*, desto *größer soll die Ölzähigkeit sein.* Dabei ist das Viskositäts-Temperatur- und bei hohen Drücken (z. B. Zahnflanken) auch das Viskositäts-Druck-Verhalten der Öle zu berücksichtigen (s. Abschnitt 16.4, Bild 16/1 und 16/2).

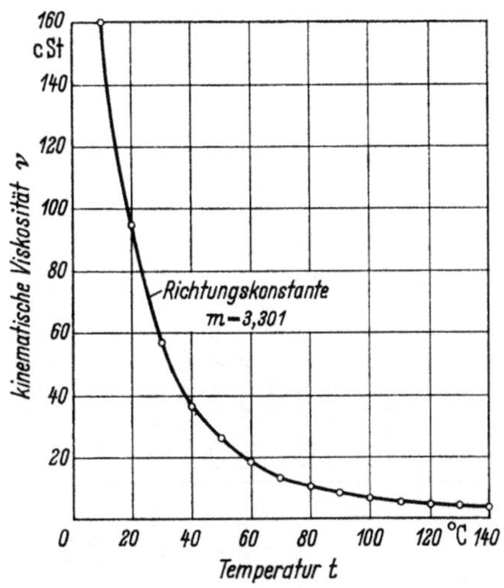

Bild 16/3. Viskositäts-Temperatur-Verhalten eines 10 W-Motorenöles in kartesischen Koordinaten.

Umgekehrt ist bei hohen Gleitgeschwindigkeiten eine geringere Ölzähigkeit erwünscht, weil sonst durch die innere Reibung im Öl die Temperatur und der Energieverbrauch zu stark ansteigen.

Bei allen Schmierstellen mit Gleitbewegung, die im *Mischreibungsgebiet* laufen und bei denen außerdem hohe örtliche Pressungen und Temperaturen (geringe Ölzähigkeit!) auftreten, kommen Hoch- oder Höchstdrucköle in Frage, um Anfressungen zu vermeiden.

Bei *hohen Temperaturen* sind Öle erwünscht, die eine flache Viskositäts-Temperaturkurve haben und auch bei diesen Temperaturen noch genügend zäh sind. Weiterhin ist auf eine Temperaturbeständigkeit der Additive zu achten.

Weitere Gesichtspunkte für die Ölauswahl können sein:
Schaumneigung (bei Wandlerölen), Alterungsbeständigkeit, Korrosionsverhalten, Verträglichkeit mit Buntmetallen und Dichtungsmaterialien, Verschleiß, Einlaufeigenschaften.

Einen ersten Überblick für die geeignete Wahl der Schmierstoffe nach dem Verwendungszweck bieten die Tafeln 16/2 und 16/3, ferner Maschinenelemente Band 2.

16.3 Schmierungsarten

Neben Tropfölung, Dochtölung, Ringschmierung, Fettschmierung u. a. kommt der Umlaufschmierung und der Druckumlaufschmierung (Öl wird eingespritzt) besondere Bedeutung zu. Auch Ölnebelschmierung wird verwendet [16/57], [16/72]. Ferner gibt es Sintermetalle und Kunststoffe mit eingelagerten Trockenschmierstoffen für Gleitlagerung.

Tafel 16/3. Schmieröle — Einsatzgebiete und Hinweise zur Auswahl. Nach [16/37]

Kennzahl DIN 51502	kinematische Viskosität cSt	bei °C	Schmieröle A nach DIN 51505 und Schmieröle B nach DIN 51513	Zylinderöle nach DIN 51510	Schmieröle N nach DIN 51517	Schmieröle C nach DIN 51501	Schmieröle DT nach DIN 51515	Motorenöle ohne und mit Zusätzen	Kompressorenöle nach DIN 51503 und DIN 51506	Öle mit Zusätzen für Sondereigenschaften	Weißöle
2	bis 8	20				feingepaßte Lager					
4	9···17	20			Maschinen und Geräte mit Durchlaufschmierung, Lagertepmeratur bis 60 °C und Umlaufschmierung ohne thermische Beanspruchung mit öfterem Ölwechsel					Härteöle, Schneidöle	
9	21···29	20				Magazinspindeln, Schleifspindeln			Kälteverdichter, Verdichter für Luft und andere Gase		Feinmechanik, Zentrifugen, CO_2-Verdichter, Maschinen für Lebensmittelindustrie
16	12···20	50				Umlaufschmierung mit Ölwechsel in größeren Zeitabständen z. B. Regler, Getriebe, Triebwerke mit höherer thermischer Beanspruchung, hydraulische Getriebe	Dampfturbinen, Turbinen, Umlaufsysteme mit hoher thermischer Beanspruchung	Otto- und Diesel-Motoren, Luftverdichter		Hydrauli-Getriebe, sche Verzahnungsgetriebe, Metallbearbeitungsöle	
25	21···29	50									
36	32···40	50	Weichen, einfache Achslager, Seile, Maschinen und Geräte mit Durchlauf schmierung, Lagertemperatur bis 40 °C								
49	42···54	50									
68	62···74	50									
92	85···99	50									
114	106···122	50								Verzahnungsgetriebe, Kraftfahrzeuggetriebe und Hinterachsen	
144	133···155	50									
169	156···182	50									
225	200···250	50		Sattdampfzylinder, heiße Lager, Heißdampfzylinder							
324	289···359	50	offene Getriebe, Zahnstangen, Seile, Ketten								
	über 360	50									

16.4 Eigenschaften und Prüfung der Schmierstoffe

Die Prüfung eines Schmierstoffes soll auf drei Fragen Auskunft geben:

1. *Welche physikalischen und chemischen Eigenschaften hat das Öl?*

Z. B. Viskosität, Dichte, Stockpunkt, Flammpunkt, Schaumneigung, Schwefel-, Paraffin-, Naphthen-, Aromatengehalt, Neutralisationszahl, Total Base Number (TBN) usw.

2. *Wie verändern sich diese Eigenschaften beim Gebrauch?*

Prüfung durch Alterungsteste, z. B. Bestimmung der Benzin/Benzol unlöslichen Anteile, Veränderung der Verseifungszahl, der Total Acid Number (TAN), des Koksrückstandes nach Conradson u. a.

3. *Wie wird es sich bei der speziellen Anwendung bewähren?*

Die chemische Analyse legierter Öle läßt keine sicheren Rückschlüsse auf das Betriebsverhalten zu. Daher setzt sich die Eignungsprüfung unter Betriebs- oder betriebsähnlichen Bedingungen in Prüfmaschinen immer mehr durch (Tafel 16/6).

Physikalische und chemische Schmierstoffprüfverfahren sind im DIN-Taschenbuch „Mineralöl- und Brennstoffnormen" zusammengefaßt [16/27]. Zahlreiche mechanische Prüfverfahren sind noch nicht genormt.

Für den Schmiervorgang interessieren folgende Eigenschaften:

16.4.1 Viskosität der Schmieröle

Die Zähigkeit und ihre Abnahme mit der Temperatur haben eine große Bedeutung für den Schmiervorgang und seine rechnerische Erfassung im Gebiet der Flüssigkeits- und Mischreibung, ferner für den Förderwiderstand in Schmierstoffleitungen. Die Zunahme der Zähigkeit mit dem Druck ist bei der Schmierung von Maschinenteilen mit hohen örtlichen Pressungen (z. B. Elastohydrodynamische Schmierung von Zahnradflanken) wichtig. Nachfolgend werden die wichtigsten Begriffe und Beziehungen zusammengestellt.

1. *Dynamische Viskosität η:*

Bei Formänderungen einer Flüssigkeit treten im Innern der Flüssigkeit Schubspannungen τ auf, die mit der Formänderungsgeschwindigkeit zunehmen.

Die Definition der Viskosität geht bereits auf I. Newton (1687) zurück, der von einer stationären ebenen Parallelströmung ausgeht und die Schubspannung proportional dem Geschwindigkeitsgefälle dv senkrecht zur Strömungsrichtung dr ansetzt (Bild 16/4).

$$\tau = \eta \cdot \frac{dv}{dr}. \tag{16/1}$$

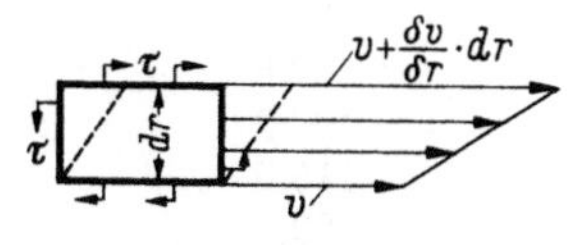

Bild 16/4. Schubspannungsverteilung nach Newton.

Ist nun der Proportionalitätsfaktor η, der den Namen dynamische Viskosität trägt, nur von Druck und Temperatur abhängig, so nennt man derartige Substanzen Newtonsche Flüssigkeiten (z. B. Wasser, Luft, Alkohol).

Auch Schmieröle sind im allgemeinen Newtonsche Flüssigkeiten.

Die Einheit der dynamischen Viskosität ist die Pascalsekunde (Pa · s):

$$1\ \text{Pa} \cdot \text{s} = 1\ \text{N} \cdot \text{s/m}^2 = 10\ \text{Poise} = 10^3\ \text{Zentipoise} = 10^3\ \text{cP}.$$

Tafel 16/4. SAE-Viskositätsklassen

a) für Motorenschmieröle (DIN 51511, Febr. 1973)

SAE-Viskositätsklasse	dynamische Viskosität bei −17,8 °C (≙0 °F)		kinematische Viskosität bei 98,9 °C (≙210 °F)	
	mind. cP	höchstens cP	mind. cSt	höchstens cSt
5 W	–	unter 1200	3,9	–
10 W	1200[1]	unter 2400	3,9	–
20 W	2400[2]	unter 9600	3,9	–
20	–	–	5,7	unter 9,6
30	–	–	9,6	unter 12,9
40	–	–	12,9	unter 16,8
50	–	–	16,8	unter 22,7

[1] Diese Forderung fällt weg, wenn die kinematische Viskosität bei 98,9 °C nicht unter 4,2 cSt liegt.

[2] Diese Forderung fällt weg, wenn die kinematische Viskosität bei 98,9 °C nicht unter 5,7 cSt fiegt.

b) für Kraftfahrzeug-Getriebeöle (DIN 51512, März 1973)

SAE-Viskositätsklasse	Kinematische Viskosität bei −17,8 °C (≙ 0 °F)		Kinematische Viskosität bei 98,9 °C (≙ 210 °F)	
	mind. cSt	höchstens cSt	mind. cSt	höchstens cSt
75	–	unter 3250	4,2	–
80	3250[1]	unter 21700	4,2	–
90	–		14,2	unter 25,0[2]
140	–		25,0	unter 43,0
250	–		43,0	–

[1] Diese Forderung fällt weg, wenn die kinematische Viskosität bei 98,9 °C nicht unter 6,7 cSt liegt.

[2] Diese Forderung fällt weg, wenn die kinematische Viskosität bei 17,8 °C nicht über 162900 cSt liegt.

Tafel 16/5. Umrechnung von Viskositätsmaßen
Nach DIN 51560, August 1968.

Kinematische Viskosität ν cSt	Relative Ausflußzeit E_t Engler-Grad E	Equivalent Redwood No. I Viscosity[1] (70 °F) Sekunde	Equivalent Saybolt Viscosity[2] (100 °F) Sekunde (SUS)
2,0	1,119	–	32,6
2,0	1,217	–	36,0
4,0	1,307	35	39,2
5,0	1,394	38	42,4
6,0	1,480	41	45,6
7,0	1,566	43	48,8
8,0	1,653	46	52,1
9,0	1,742	49	55,4
10	1,834	52	58,8
12	2,022	58	66,0
14	2,222	65	73,5
16	2,432	71	81,4
18	2,650	78	89,5
20	2,876	85	97,8
22	3,11	93	106,3
24	3,35	100	115,0
26	3,59	108	123,7
28	3,83	116	132,6
30	4,08	123	141,5
35	4,71	143	164,0
40	5,35	164	186,8
45	6,00	184	210
50	6,65	204	233
55	7,30	224	256
60	7,95	244	279
100	13,20	406	463

[1] Vgl. Conversion of Kinematic Viscosity to Redwood No. I. Viscosity. IP-Standard, London.

[2] Vgl. ASTM-Method D 2161-66. Philadelphia, USA.

2. Kinematische Zähigkeit ν:

Sie wird international und im Handel vorwiegend verwendet. Zwischen der dynamischen und der kinematischen Zähigkeit besteht die Beziehung:

$$\eta = \nu \cdot \text{Dichte } \varrho \,. \quad (16/2)$$

Die Einheit der kinematischen Viskosität ist m^2/s

$1 \, mm^2/s = 1 \cdot 10^{-6} \, m^2/s = 1$ Zentistokes $= 1$ cSt.

Beispiel: Öl Nr. 4, Bild 16/1: $\nu = 145$ cSt $= 145 \cdot 10^{-6} \, m^2/s$; $\varrho = 0{,}945 \, kg/dm^3 = 945 \, kg/m^3$; $\eta = 145 \cdot 945 \times 10^{-6} \, kg/(m \cdot s) = 0{,}137 \, Ns/m^2 = 137$ cP.

3. SAE[1]-Viskositätsklassen und konventionelle Viskositätsmaße:

Zur einfacheren Kennzeichnung werden Motorenschmieröle und Kraftfahrzeuggetriebeöle in SAE[1]-Viskositätsklassen zusammengefaßt, s. Tafel 16/4. Ferner sind noch folgende konventionelle Viskositätsmaße, die möglichst vermieden werden sollten, in Gebrauch: Engler-Grad (E), Redwood Nr. 1 Viscosity Sekunde (R) und Saybolt Universal Viscosity Sekunde (S). Umrechnung in cSt. s. Tafel 16/5.

4. Viskositäts-Temperatur-Verhalten (DIN 51563)

Die Zähigkeit eines Schmierstoffes ändert sich exponentiell mit der Temperatur, Bild 16/3.

In einer Kapillare kann nach DIN 51562 mit dem Ubbelohde Viskosimeter die Viskosität von Newtonschen Flüssigkeiten bestimmt werden.

Die Meßwerte können auf logarithmischem Papier (VT-Diagramm, DIN 51563) mit hinreichender Genauigkeit durch eine Gerade dargestellt werden, so daß es ausreicht, durch zwei bei verschiedenen Temperaturen gemessene Viskositäten das VT-Verhalten eines Schmieröls darzustellen und beliebige Zwischenwerte der Viskosität zu interpolieren, Bild 16/1.

Die Neigung der Geraden (Richtungskonstante m) ist ein Maß für die Temperaturabhängigkeit. Ein Öl mit flachem ist günstiger als eines mit steilem VT-Verhalten. C. Walther hat bereits 1931 hierfür eine Näherungsformel angegeben, die mit geringeren Änderungen heute als empirische „Ubbelohde-Walther-Formel" die Grundlage der DIN 51563 ist:

$$m = \frac{W1 - W2}{\log T_2 - \log T_1} \quad (16/3)$$

m = Richtungskonstante,
$W = \log \log (\nu + 0{,}8)$,
ν = Kin. Viskosität,
T = Prüftemperatur in K.

Beispiele für Richtungskonstanten von Ölen aus Bild 16/1:

Öl	1	$m = 3{,}67$	Öl	12	$m = 2{,}73$
	6	3,18		15	3,43
	10	4,13		16	3,58

5. Viskositäts-Druck-Verhalten

Mit steigendem Druck, Bild 16/2, nimmt die Viskosität grundsätzlich zu. Auch hier besteht jedoch die Temperaturabhängigkeit nach Bild 16/1. Allerdings nimmt der Einfluß des Druckes mit zunehmender Temperatur ab [16/54], Bild 16/2 unten.

Als grobe Regel gilt bei Mineralölen, daß die Zähigkeit um so stärker mit dem Druck zunimmt, je steiler die VT-Kurve ist. Nach Kießkalt [16/58] und Kuß [16/59] gilt angenähert im Druckbereich bis 2000 bar.

$$\eta_p = \eta_1 \cdot e^{\alpha \cdot p} \quad \text{bzw.} \quad \log \eta_p = \log \eta_1 + 0{,}434 \cdot \alpha \cdot p \,, \quad (16/4)$$

η_1; η_p = dynamische Viskosität bei atmosphärischem Druck und bei Überdruck p.

[1] Society of Automotive Engineers Inc., New York.

Bei höheren Drücken als 2000 bar nimmt die Viskosität weniger stark als nach einer Exponentialfunktion zu [16/51]. Die Konstante α ist für ein Öl charakteristisch. Ihre Größe wird hauptsächlich von der Zusammensetzung (Gehalt an Paraffin-, Naphthen-Kohlenwasserstoffen und Aromaten) und den physikalischen Eigenschaften des Grundöls, weniger von den chemischen Zusätzen beeinflußt (Bild 16/2).

Kuß gibt folgende Werte für den Druckkoeffizienten α an (bei 25 °C):

Synthetische Öle $\alpha_{25} = 1{,}1 \cdots 1{,}6 \cdot 10^{-2} \frac{\text{mm}^2}{\text{N}}$.

Mineralöle verschiedener Herkunft und Konstitution $\alpha_{25} = 1{,}5 \cdots 5{,}0 \cdot 10^{-2} \frac{\text{mm}^2}{\text{N}}$.

16.4.2 Dichte ϱ

Bestimmung nach DIN 51757. Sie wird bei 15 °C angegeben (ϱ_{15}) und ist temperaturabhängig

$$\varrho = \varrho_{15} - (\vartheta - 15) \cdot 0{,}0007 \quad (\text{kg/m}^3)\,. \tag{16/5}$$

16.4.3 Stockpunkt

Bestimmung nach DIN 51583. Maß für das Kälteverhalten von Ölen. Es ist die Temperatur, bei der ein Öl so steif wird, daß es unter der Einwirkung der Schwerkraft nicht mehr fließt.

16.4.4 Tropfpunkt

Bestimmung nach DIN 51801/1. Temperatur, bei der der erste Tropfen eines Fettes abfällt. Die Betriebstemperatur von Fetten muß unterhalb des Tropfpunktes liegen.

16.4.5 Penetration

Bestimmung nach DIN 51804/1. Maß für die Verformbarkeit („Zähigkeit") eines Schmierfettes. Messung mit Penetrometer als Eindringtiefe eines Konus in eine Schmierfettoberfläche. Sie wird in 1/10 mm angegeben. Je höher die Penetrationszahl, desto dünner ist das Fett.

16.4.6 Flammpunkt und Brennpunkt (DIN 51376)

Der Flammpunkt charakterisiert die Entflammbarkeit der beim Erwärmen eines Öles sich bildenden Dämpfe. Der Brennpunkt liegt 30···40 °C über dem Flammpunkt und kennzeichnet diejenige Temperatur, bei der das Öldampf-Luftgemisch nach der Zündung weiterbrennt. Wichtig für Kompressoren und Brennkraftmaschinen.

16.4.7 Spezifische Wärme c

Sie ist maßgebend für die Wärmeaufnahmefähigkeit eines Öles

$$c = \frac{4{,}19}{\varrho} \cdot (0{,}402 + 0{,}00081 \cdot \vartheta) \quad \text{kJ/(kg K), mit } \vartheta \text{ in C}^\circ \text{ und } \varrho \text{ in kg/dm}^3. \tag{16/6}$$

Für Mineralöle liegt c bei Zimmertemperatur etwa bei 1,88 kJ/(kg K).

16.4.8 Reinheit

Der Gehalt an Wasser, freien Säuren, Hartasphalt, Asche, festen Fremdstoffen, Alkali wird durch Bestimmung der Neutralisations- (DIN 51558) und Verseifungszahl (DIN 51559), ferner nach DIN 51575, 51803 (Asche) und DIN 51592 (feste Fremdstoffe) geprüft.

16.4.9 Alterungsbeständigkeit (Oxidation, Polymerisation, Kondensation usw.)

Die Alterung eines unlegierten Mineralöles nimmt exponential mit der Temperatur zu. Metalle wirken alterungsfördernd, insbesondere Kupfer, ferner in folgender Reihenfolge mit abnehmender katalytischer Wirkung: Blei, Bronze, Messing und Eisen. Das Alterungsverhalten wird durch den Raffinationsgrad und durch „Alterungsschutzstoffe" beeinflußt. Prüfung durch Bestimmung des Anstiegs der Neutralisationszahl (NZ) gegenüber dem Frischöl, ferner nach DIN 51554 für Isolier- und DIN 51587 für Dampfturbinenöle. Andere Prüfmethoden sind ASTM-Turbine Oil Oxydation Stability Test, BBC-Test.

16.4.10 Hochdruckeigenschaften, Verschleiß

Zur Verhinderung von Fresser- und Riefenbildung an hochbelasteten Maschinenteilen werden den Grundölen chemische Zusatzstoffe (Tafel 16/1) beigegeben. Die dadurch entstehenden chemischen Schutzfilme an den belasteten Maschinenteilen können die Druckfestigkeit bis auf das 10fache gegenüber dem unlegierten Mineralöl erhöhen. Gleichzeitig muß darauf geachtet werden, in welcher Weise die Additives das Verschleißverhalten eines Schmierstoffes verändern.

Da die Wirkung der Zusatzstoffe nicht genau vorausbestimmt werden kann, muß das fertige Produkt Eignungsprüfungen unterworfen werden. Die Prüfmethoden kann man in „betriebsfremd", „betriebsnah" und „betriebsgleich" unterteilen (Tafel 16/6). Bei den betriebsfremden Methoden handelt es sich meist um Kurzzeitteste, die sich für die Produktions- und Öleingangskontrolle eignen. Die betriebsnahen Prüfmethoden gewinnen immer mehr an Bedeutung, da sie einen guten Kompromiß zwischen dem finanziellen und apparativen Aufwand einer betriebsgleichen Prüfung und der Übertragbarkeit der Ergebnisse auf die tatsächlichen Verhältnisse ermöglichen.

16.4.11 Weitere Eigenschaften

Hierzu gehören: Korrosionsverhalten, insbesondere gegen Buntmetalle, Schaumverhalten (wichtig für Wandleröle), Verträglichkeit mit Dichtungsmaterialien (Verhärtung von Manschettendichtungen und Rußbildung).

Im Gebiet der Grenz- und Mischreibung spielen bei Verschleiß- und Freßvorgängen weitere z. T. noch nicht meßtechnisch erfaßbare Eigenschaften, wie z. B. Benetzungsfähigkeit und Haftvermögen, eine Rolle („Schmierfähigkeit", „Oiliness").

16.5 Dichtungen

Der Übergang von Medien (z. B. Schmiermittel) in angrenzende Räume (evtl. auch Austritt aus der Maschine) soll durch Dichtungen möglichst verhindert oder zumindest vermindert werden. Die aneinanderliegenden Räume können dabei gleichen oder unterschiedlichen Druck haben. Häufig ist auch ein Abdichten gegen Staub- und Schmutzeintritt von außen erforderlich.

16.5.1 Dichtungsarten

Bei den Dichtungsarten wird grundsätzlich danach unterschieden, ob sich

1. die dicht zu verbindenden Teile in Ruhe befinden[1] oder gegeneinander bewegen,
2. die Teile einer Dichtung (fest oder plastisch) unmittelbar berühren oder ob sie durch einen mit einem Medium gefüllten Raum getrennt sind (berührungsfreie Dichtungen).

---

[1] Flach-, Profil- und Muffendichtungen werden hier nicht behandelt.

Tafel 16/6. Schmierstoff-Prüfmaschinen. Einteilung und Beispiele

Prüfart	Betriebsfremde Prüfung Kurzzeit-Teste besonders für Eingangs- und Produktionsüberwachung					
Art der Prüfkörper	4 Lagerkugeln $^1/_2''$		Welle und 2 Prismen	Welle und 2 Lagerschalen	Lageraußenring Prüfblock	2 Walzen
	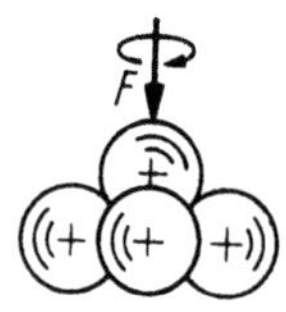					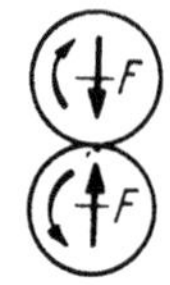
Bezeichnung der Prüfmaschine	Vierkugelapparat VKA		Falex	Almen-Wieland	Timken	SAE
Prüfziel	Hochdruckwirkung (Freßbelastung), Verschleiß, Reibungszahl, Erwärmung					
Prüfart	Betriebsnahe Prüfung					Betriebsgleiche Prüfung
Art der Prüfkörper	Stirnräder	achsversetzte Kegelräder	Pendelrollen- bzw. Kegelrollenlager	2 Gleitklötze 1 Gleitzunge	Zylinder, Kolben, Kolbenring	Originalbauteil bei tatsächlichen Betriebsbedingungen
				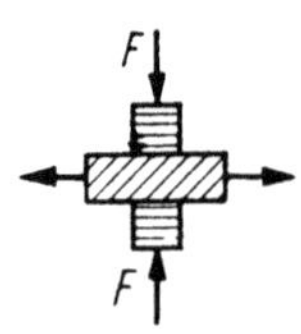		
Bezeichnung der Prüfmaschine	FZG[1]-Zahnradverspannungsprüfstand DIN 51354 Ryder-IAE-Prüfstand		Wälzlagerfettprüfmaschine Bauart SKF-Schweitzer oder Kugelfischer-Spengler	Tannert-Gleitindikator	z. B. Caterpillar, Petter AV1 oder MWM KD12 Prüfmotore	
Prüfziel	Verschleiß, Freßlastgrenze von Getriebeölen und -fetten		Konsistenzveränderung, Luftemulgierung Lagerverschleiß, Reibung, höchste Gebrauchstemperatur	Stick-Slip Erscheinungen, Anlaufreibung, bei Werkzeugmaschinenführungen	Alterungsverhalten; Reinigungswirkung	Allgemeine Verwendbarkeit

[1] FZG = Forschungsstelle für Zahnräder und Getriebebau, TU München.

16.5.2 Anforderungen an Dichtungen

Unter Berücksichtigung der Wirtschaftlichkeit (konstruktiver Aufwand) muß der Konstrukteur nachstehenden Kriterien besondere Aufmerksamkeit schenken:

1. Die erforderliche Dichtheit muß unter allen vorhersehbaren Betriebsbedingungen erreicht werden.

Tafel 16/7. Berührungsfreie Dichtungen — Übersicht

Systembild	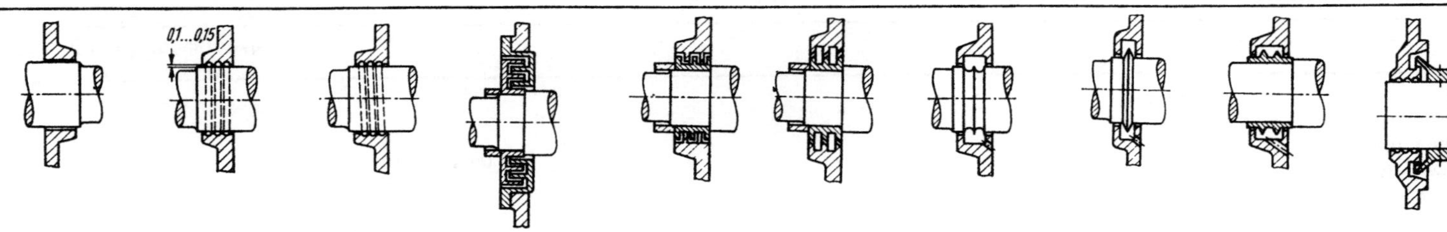									
Bezeichnung	Spaltdichtung			Labyrinthdichtung			Fliehkraftdichtung			
	glatt	Parallel-rillen	Rück-führ-gewinde	radial	axial	schräg	Wellenein-drehung	aufge-schobener Spritzring	Hülle mit Spritzringen	Schleuder-ring, Geh. mit Ölfang-rille und Rillendich-tung
vorzugsweise Verwendung	Fettschmierung geringe Gehäuseerwärmung kein Verschleiß			Fettschmierung geringe Gehäuseerwärmung kein Verschleiß verhindert Fremdkörpereintritt			Ölschmierung (Fett)			
			nur eine Dreh-richtung	für unge-teilte Geh.	für geteilte Geh.					
Drehzahl (1/min)	unbegrenzt			unbegrenzt			unbegrenzt			ca. 3000/min
Umfangsgeschw. (m/s)										

Tafel 16/8. Gebräuchliche berührende Dichtungen

Systembild	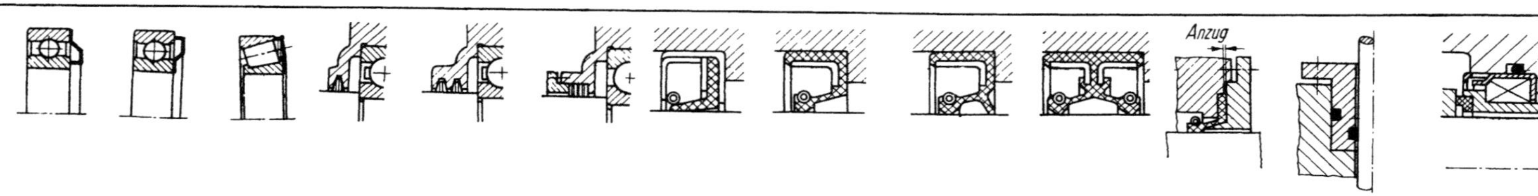												
Bezeichnung	Nilosring DIN 625			Filzringdichtung DIN 5419	Stopfbuchsendichtung	Manschettendichtung (Simmerring)				Hutmanschette	0-Ring	Gleitringdichtung	
	JV außen gespannt innen dichtend	AV innen gespannt außen dichtend	AK außen dichtend			mit Geh. DIN 6504	ohne Gehäuse DIN 3760						
							ohne Staublippe	mit Staublippe	zweilippig			Gleitring aus Sinterkohle	
vorzugsweise Verwendung	Fettschmierung geringe Bauhöhe Abdichten von Wälzlagern			Fettschmierung (Ölschmierung nur in Verbindung mit Labyrinthringen) billig geringe Bearbeitungskosten		Öl- und Fettschmierung Dichtlippe muß dem abzudichtenden Medium zugekehrt sein und muß gegen Heißlaufen gekühlt werden. Keinen Spritzring usw. vorschalten! Zulässige Erwärmung = 180 °C				Hin- und hergehende Bew. und hohe Drücke	Öl- u. Fettschmierung Hin- und hergehende Bewegung; geringer Bauraum	für hohe Temperaturen; aggressive Medien für hohe Drücke	
Drehzahl (1/min)	nach Einlauf unbegrenzt			—		—				—	—	—	
Umfangsgeschw. (m/s)				ca. 4 m/s		ca. 8 m/s bei Überdruck. — Bis 35 m/s bei Verwendung von Viton bzw. Teflon					0,5 m/s	75 m/s	

2. Die Lebensdauer einer Dichtung soll genauso hoch sein wie die der gesamten Anlage. Ist dies nicht der Fall, muß die Dichtung in die laufende Wartung einbezogen werden.

3. Reibung zwischen Dichtung und bewegten Teilen soll möglichst gering gehalten werden, um Reibungsverluste und -wärme niedrig zu halten.

4. Das Dichtungsmaterial darf keine Rückwirkungen auf das Betriebsmedium haben und umgekehrt.

Tafeln 16/7 u. 16/8 geben einen Überblick über gebräuchliche Dichtungen und ihre vorwiegenden Anwendungsgebiete. Bei speziellen Dichtungsproblemen ist es zu empfehlen, sich an eine Dichtungsfirma zu wenden.

16.6 Schrifttum zu 16

Normen

16/1 DIN 8659 Schmieranweisung f. Werkzeugmaschinen, Richtl.
16/2 DIN 51500 Bl. 1 Schmierstoffe, Ermittlung des Bedarfs und Verbrauchs, Begriffe.
Bl. 2 Schmierstoffe, Ermittlung des Bedarfs und Verbrauchs, Rechnungsgang.
16/3 DIN 51501 Schmierstoffe, Normalschmieröle N, Mindestanforderungen.
16/4 DIN 51502 Schmierstoffe und verwandte Stoffe, Kennzeichnung der Schmierstoffbehälter, Schmiergeräte und Schmierstellen.
16/5 bis 16/14 DIN 51503 bis DIN 51517 Schmierstoffe (für verschiedene Anwendungszwecke).

16/15 DIN 51818 Entwurf-, Konsistenzeinteilung von Schmierfetten.
16/16 DIN 51825 Schmierfette, Wälzlagerfette; Mindestanforderungen.
16/17 DIN 71420 Zentralschmierung für Kraftfahrzeuge; Übersicht.

16/18 DIN 1342 Viskosität bei Newtonschen Flüssigkeiten.
16/19 DIN 51550 Bestimmung der Viskosität; Allgemeines.
16/20 DIN 51558 Bestimmung der Neutralisationszahl.
16/21 DIN 51559 Bestimmung der Verseifungszahl.
16/22 DIN 51562 Messung der Viskosität mit dem Ubbelohde-Viskosimeter.
16/23 DIN 51563 Bestimmung des VT-Verhaltens.
16/24 DIN 51575 Bestimmung der Asche von Mineralölen.
16/25 DIN 51806 Mechanisch-dynamische Prüfung von Wälzlagerfetten.
16/26 DIN 53015 Messung der Viskosität mit dem Kugelfall-Viskosimeter nach Höppler.

Diese und weitere Normen sind enthalten in:

16/27 DIN-Taschenbuch 20: Mineralöl- und Brennstoffnormen, 4. Aufl. 1972.

16/28 DIN 3750 Dichtungen, Benennungen.
16/29 DIN 3760 Radial-Wellendichtringe (s. auch veraltete Norm 6503 und 6504).
16/30 DIN 3770 Runddichtringe.
16/31 DIN 3780 Stopfbuchsen, Durchmesser und zugehörige Packungsbreiten.
16/32 DIN 5419 Filzringe, Filzstreifen, Ringnuten.
16/33 DIN 6503 Radialdichtringe für Wellen mit Gummi-Manschette, mit Gehäuse.
16/34 DIN 6504 Radialdichtringe für Wellen mit Gummi-Manschette, ohne Gehäuse.
16/35 DIN 24909 Kolbenringe für den Maschinenbau, Übersicht, Allgemeines.

Handbücher

16/36 Bartel, A.: Getriebeschmierung. Düsseldorf: VDI-Verlag 1962.
16/37 Beuerlein, P.: Schmierstoffe und Schmiertechnik. Kröners Taschenbuch der Schmiertechnik. Stuttgart: Alfred Kröner 1962 (überarbeitete Ausgabe von 1969).
16/38 Kadmer, E. H.: Die Bewertungsgrundlagen der Schmiermittel. Augsburg: Verlag für die chemische Industrie. 1939.
16/39 Kamps, R.: Lager- und Schmiertechnik. Düsseldorf: VDI-Verlag 1957.
16/40 Lehmann, G. H.: Erdöllexikon, Shell-Bücherei. Mainz, Heidelberg: Verlagsanstalt Hüthig und Dreyer, 1957.

16/41 Reuschle, W.: Schmierung. München 1955.
16/42 Schewe, J. H.: Das Schmiermitteltaschenbuch. Immenstadt: Verlag J. Eberl 1954.
16/43 Traeg, F.: Fettschmierung. Düsseldorf 1955.
16/44 Ubbelohde, L.; Heller, H.: Handbuch der Chemie und Technologie der Fette. Leipzig: Hirzel 1929.
16/45 Ubbelohde, L.: Zur Viskosimetrie. Leipzig: Hirzel 1943.
16/46 Ullmanns Enzyklopädie der technischen Chemie. 3. Aufl., Bd. 15 (1964) 204–330: Klamann, D., Assmann, H.: Schmiermittel.
16/47 Voegtle, G.: Lexikon der Schmierungstechnik. Stuttgart: Frank'sche Verlagshandlung 1963.
16/48 Mayer, E.: Axiale Gleitringdichtungen. Düsseldorf: VDI-Verlag 1970.
16/49 Trutnovsky, K.: Berührungsdichtungen an ruhenden und bewegten Maschinenteilen. Berlin, Göttingen, Heidelberg: Springer 1958.
16/50 Trutnovsky, K.: Berührungsfreie Dichtungen. Grundlagen und Anwendungen der Strömung durch Spalte und Labyrinthe. Düsseldorf: VDI-Verlag 1973.

Sonstige Bücher, Aufsätze

16/51 American Society of Mechanical Engineers: Pressure Viscosity Report. New York (1953) Bd. 1 und 2.
16/52 Baist, W.: Die Schmierung metallischer Reibflächen mit Reaktionsschichten. Erdöl und Kohle 24 (1971) 31–37.
16/53 Bartz, W. J.: Die Rolle des Schmierstoffes bei Schäden an Maschinenelementen. Maschinenschaden 42 (1969) 65–76.
16/53 Bremer, J. R.: Ölnebelschmierung für Antriebsgetriebe. Schmiertechn. Tribo 18 (1971) 137–139.
16/54 Cameron, A.: Determination of the Pressure Viscosity Coefficient. J. Inst. Petrol 31 (1945) Nr. 262.
16/55 Cameron, A.: Basic Lubrication Theory. London: Longman 1971.
16/56 Gänsheimer, J.: Über den Mechanismus der Schmierung mit Molybdändisulfid in Gegenwart von Flüssigkeiten. Schmiertechnik 7 (1960) 279–286.
16/57 Gebauer, G.: Ölnebelschmierung in der Hüttenindustrie. Schmiertechnik (1962) Nr. 9.
16/58 Kießkalt, S.: Einfluß des Druckes auf die Zähigkeit von Ölen ... Mitt. Forsch. Arb. (1927) H. 291 Z. VDI 73 (1929) 1502, u. Petroleum 26 (1930) 1224.
16/59 Kuss, E.: Einige physikalische Eigenschaften von Erdölen bei hohen Drücken. Erdöl und Kohle 6 (1963) 266.
16/60 Kuss, E.: Über das Viskositäts-Druckverhalten von Mineralölen. Materialprüfung 2 (1960) 189 bis 197.
16/61 Möller, U. J.: Grenzen und Möglichkeiten für Syntheseöle und konventionelle Öle. Erdöl und Kohle 23 (1970) 667–673.
16/62 Moos, J.: Schmierstoffe und Schmierung. VDI-Z. 105 (1963) 29–39, Jahresübersicht.
16/63 Niemann, G.; Rettig, H.; Lechner, G.: Zur Prüfung von Getriebeölen im Zahnradverspannungsprüfstand, Stand der Erfahrungen. Erdöl und Kohle 12 (1959) 472–480.
16/64 Niemann, G.; Ohlendorf, H.: Verlustleistung und Erwärmung von Stirnradgetrieben. VDI-Z. 102 (1960) 625–626.
16/65 Niemann, G.; Lechner, G.: Die Freß-Grenzlast bei Stirnrädern aus Stahl. Erdöl und Kohle 20 96–106.
16/66 Niemann, G.; Jarchow, F.: Vergleichsversuche mit synthetischem Öl und Mineralöl im Schneckengetriebe. VDI-Berichte 20 (1957) 97–99.
16/67 Niemann, G.; Richter, W.: Versuchsergebnisse zur Zahnflankentragfähigkeit. Einfluß der Schmierung auf die Zahnflanken-Tragfähigkeit. Konstruktion 12 (1960) 319–321.
16/68 Niemann, G.; Lechner, G.: Scuffing Tests on Gear Oils in the FZG-Apparatus. ASLE Transactions 4 (1961) 71–86.
16/69 Reinsch, H. H.: Vorbehandlung, Aufbringung und Wirkungsweise von Gleitlacken. Technika (1963) 425–426.
16/70 Rost, U.: Das Viskositäts-Temperaturverhalten von Schmierölen. Erdöl und Kohle 8 (1955) 468–473, 549–522, 650–651.
16/71 Rumpf, K. K.: Teilsynthetische Hochleistungsmotorenöle. Erdöl und Kohle 23 (1970) 736–741, 812–822.
16/72 Saverskii, A .S.: Schmierung mit Ölnebel. Konstruktion 13 (1961) H. 11.
16/73 Seitzinger, K.: Grenzen und Möglichkeiten der FZG-Zahnrad-Verspannungsprüfmaschine, insbes. zur Prüfung von Hypoid-Getriebeölen. Schmiertechn. Tribo 18 (1971) 223–228, 19 (1972) 22–29.
16/74 Studt, P.: Schmieröladditive für hohe Flächenpressung und ihre Wirkung. VDI-Berichte, Bd. 156, Düsseldorf: VDI-Verlag 1970, 19–25.
16/75 Trutnovsky, K.: Konstruktive Möglichkeiten der Abdichtung von Lagern. Schmiertechnik 10 (1963) 143–147, 203–205.
16/76 Vogelpohl, G.: Reibungsmessungen auf Prüfmaschinen und ihr Wert zur Beurteilung der Schmierfähigkeit von Ölen. Erdöl und Kohle 2 (1949) 551.

16/77 Vogelpohl, G.: Der Verschleiß in Maschinen und die Möglichkeit seiner Verminderung mit Hilfe auf Ölprüfgeräten gewonnener Erkenntnisse. Erdöl und Kohle 35 (1961) 824–829.
16/78 Vogelpohl, G.: Über den Einsatz nichtnewtonscher Flüssigkeiten in schwerbelasteten Gleitlagern. Erdöl und Kohle (1969) Nr. 10, 668.
16/79 Weber, W.: Über die Darstellung der Temperaturabhängigkeit der Viskosität von Mineralölen durch Interpolationsformeln. Erdöl und Kohle 8 (1955) 643–649.
16/80 Enzyklopädie der Technischen Chemie. 13. Band Schmiermittel, 3. Aufl., München, Berlin: Urban- und Schwarzenberg.
16/81 Dreisprachige Liste von Erdöl-Fachausdrücken. Erdöl und Kohle 16 (1963) H. 4 und 5.
16/82 Technische Mitteilungen der Mineralöl-Firmen.
16/83 Frössel, W.: Hydrodynamisch wirkende Wellendichtungen. Konstruktion 8 (1956) 463.
16/84 Krägeloh, E.: Anforderungen an Dichtungen. Konstruktion 20 (1968) 206–212.
16/85 Mayer, E.: Berechnung und Konstruktion von axialen Gleitringdichtungen. Z. Konstruktion 20 (1968) H. 6, 213–219.
16/86 Schmitt, W.: Gummielastische Dichtungen in der Hydraulik. Konstruktion 20 (1968) 229–237.
16/87 Trutnovsky, K.: Einteilung der Dichtungen. Versuch einer Übersicht. Konstruktion 20 (1968) 201–206.
16/88 Trutnovsky, K.: Gleit- und Wälzlager. VDI-Bericht Nr. 141, 89–95, Düsseldorf: VDI-Verlag 1969.
16/89 VDI-Richtlinie 2005: Gestaltung und Anwendung von Gummiteilen.
16/90 Kataloge und Technische Mitteilungen der Firmen SKF, Kugelfischer, Schweinfurt, und der Dichtungshersteller.
16/91 Müller, H. K.: Beitrag zur Berechnung und Konstruktion von Hochdruckdichtungen an schnellaufenden Wellen. Habilitationsschrift Universität Stuttgart 1968/69.

17 Achsen und Wellen

17.1 Überblick

Achsen (umlaufend oder ruhend) dienen nur zur Lagerung ruhender, schwingender oder umlaufender Maschinenteile, übertragen aber kein Drehmoment und werden daher vorwiegend auf Biegung beansprucht. Kurze Achsen werden auch als *Bolzen* bezeichnet. Die in den Lagern laufenden Stücke der Achsen (und Wellen) nennt man *Zapfen*.

Wellen (durchweg umlaufend) dienen zur Übertragung eines Drehmomentes und werden auf Torsion bzw. Torsion und Biegung beansprucht.

Nach dem Längsverlauf der Wellen unterscheidet man die gekröpften (Kurbelwellen) von den üblichen geraden Wellen, die wiederum als Vollwellen oder Hohlwellen glatt durchgehend oder abgesetzt ausgebildet sein können. Dem Querschnitt nach spricht man von Rundwellen und Profilwellen (z. B. mit Vielnut- und K-Profil nach Bild 18/9, Kap. 18). Außerdem kennt man noch Gelenkwellen (Bild 17/8), Teleskopwellen, biegsame Wellen (Bild 17/11) u. a. m.

Besondere Anforderungen an die Gestaltung und Herstellung stellen die Verbindungen von Welle und Nabe (Kap. 18) und von Welle mit Welle (Kap. 19).

Herstellung von Wellen: Bis 150 mm Durchmesser werden sie aus Rundstahl (St 42, St 50, St 70 und legierter Stahl) gedreht, geschält oder kalt gezogen: dickere und stark abgesetzte geschmiedet. Genutete Wellen werden abschließend überschliffen, falls genauer Rundlauf verlangt wird. Die Lagerstellen und Absätze werden je nach den Anforderungen fein gedreht, geschliffen, prägepoliert, gedrückt oder geläppt und bei hohen Anforderungen noch vorher gehärtet.

Tafel 17/1. Gebräuchliche Wellenwerkstoffe

Bezeichnung[2]		Zugfestigkeit σ_B N/mm²	Härte HV (härtbar bis)	Biege-wechsel/schwell festigkeit[1] N/mm²		Torsions-wechsel/schwell festigkeit[1] N/mm²	
				σ_{bW}	σ_{bSch}	τ_{tW}	τ_{tSch}
St 42-2	B	420···500	115 (450)	220	360	150	180
St 50-2	B	500···600	135 (530)	260	420	180	210
St 60-2	B	600···720	165 (720)	300	470	210	230
St 70-2	B	700···850	190	340	520	240	260
C 22, Ck 22	V	500···650	150	280	490	190	250
C 35, Ck 35	V	590···740	140 (530)	330	550	230	300
C 45, Ck 45	V	670···820	170 (720)	370	630	260	340
25CrMo4	V	800···950	186 (610)	430	730	300	450
34Cr4	V	900···1100	229 (670)	480	810	330	550
C 15, Ck 15	E	500···650[3]	140 (840)	260	420	180	210
16MnCr5	E	800···1100[3]	210 (840)	390	670	270	430

[1] Im wesentlichen nach Hähnchen/Decker [3/10].
[2] B – Allg. Baustahl, V – Vergütungsstahl, E – Einsatzstahl.
[3] Festigkeitswerte im Kern.

Die Wahl des Wellenwerkstoffes (Tafel 17/1) richtet sich außer nach den auftretenden Belastungen und der dabei erforderlichen Formsteifigkeit auch nach den Einbaubedingungen, z. B. bei Ritzelwellen nach dem für das Zahnrad gewählten Werkstoff. Bei Gleitlagern spielen Verschleiß und Notlaufeigenschaften eine wesentliche Rolle. Weiterhin ist noch zu beachten, daß mit der Härte wohl die Zugfestigkeit steigt, Dehnung und Kerbschlagwerte jedoch sinken (höhere Kerbempfindlichkeit!).

Gestaltung: Sie richtet sich nach den mit der Welle bzw. Achse in Verbindung stehenden Teilen (Lager, Abdichtungen und Naben der aufgesetzten Scheiben und Räder). Im Vordergrund steht dabei die richtige Ausbildung der Verbindungsstellen, die gute Ausrundung der Absätze, wie überhaupt die Herabsetzung der verschiedenen Kerbwirkungen (s. Bild 17/1). Beispiele für die gute Ausbildung der Absätze und Nabensitze Bild 3/28.

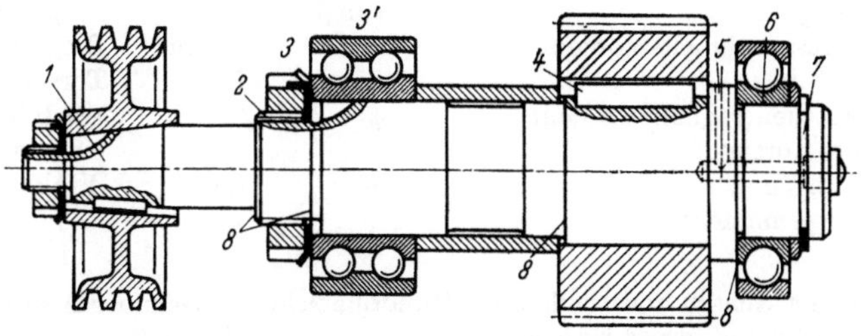

Bild 17/1. Kerbstellen an Wellen.

1 Kegelsitz, *2* Gewinde, *3* Nut für Sicherungsblech, *3'* Festsitz für Wälzlager, *4* Paßfedernut, *5* Querbohrung, *6* Wälzlagersitz, *7* Nut für Sicherungsring, *8* Absätze (Minderung der dynamischen Festigkeit durch Kerbwirkung s. Bild 3/27).

Der Wellendurchmesser in der Nabe wird etwa auf $1{,}15\cdots1{,}3d$ verstärkt, wenn man die Kerbwirkung der Nabe ausgleichen will (Ausrundungshalbmesser am Absatz $r \approx 0{,}5d$ [17/25]). Einfache Achsen nimmt man glatt durchgehend ohne Absätze (billigere Herstellung bei größerem Werkstoffaufwand).

Es ist zu beachten, daß

a) ruhende Achsen erheblich leichter gehalten werden können als umlaufende Wellen (s. Berechnungsbeispiel 1); ferner

b) Wellen aus hochfestem Stahl nicht steifer sind als solche aus St 42 (gleicher E-Modul), und daß ihre Biegewechselfestigkeit bzw. Torsionsschwellfestigkeit nur dann größer ist, wenn schroffe Kerbwirkungen vermieden werden, wie Bild 3/27 drastisch zeigt;

c) Hohlwellen mit $d_i = 0{,}5d$ nur 75% des Gewichtes, aber 94% des Widerstandsmoments von Vollwellen aufweisen;

d) hochtourige Wellen eine gute Auswuchtung, eine starre Lagerung und steife Ausbildung erfordern;

e) die Baulänge von Maschinen oft erheblich von der Länge der Lagerzapfen, Naben und Dichtungen abhängt.

Die *Sicherung* der Wellen und Achsen gegen Längsverschiebung erfolgt durch Wellenabsätze an den Lagerstellen oder Sicherungsringe. Die Längssicherung der aufgesetzten Lager, Naben und Scheiben kann ebenfalls durch seitlichen Anlauf, durch Wellenmuttern oder Sicherungsringe erfolgen, falls die Verbindungsform nicht bereits eine Längssicherung bietet (Preßsitz usw.).

Abdichtungen: Übersicht siehe Tafel 16/7 u. 16/8.

Wellenenden, z. B. von elektrischen Maschinen oder Zahnradgetrieben, sind genormt (DIN 42946 oder DIN 783); dsgl. zyl. Wellenenden (DIN 478), kegel. Wellenenden (DIN 749 u. 750).

17.2 Bemessung der Achsen und Wellen

17.2.1 Bezeichnungen

a, a_1, a_2	mm	Abstände	M_t	Nmm	Drehmoment
b'	—	Beiwert	M_v	Nmm	Vergleichsmoment
c	Nmm/rad	Drehfederkonstante	N	kW	Leistung
d, d_i	mm	Äußere, innere Wellendurchmesser	n	U/min	Drehzahl
			n_K	U/min	Krit. Drehzahl
E	N/mm²	E-Modul	m	kg	Masse
F, F_A, F_B	N	Kräfte	p_m	N/mm²	Flächenpressung
f	mm	Durchbiegung	W_b	mm³	Widerstandsmoment bei Biegung
G	N/mm²	Schubmodul			
g	m/s²	Erdbeschleunigung (= 9,81 m/s²)	W_t	mm³	Widerstandsmoment bei Torsion
I	mm⁴	Flächenträgheitsmoment bei Biegung	W	J = Nm	Formänderungsarbeit
			$\tan\beta$	—	Neigung
I_m	kgm²	Massenträgheitsmoment $\int r^2\,dm$	σ_b	N/mm²	Biegespannung
			τ_t	N/mm²	Torsionsspannung
I_t	mm⁴	Flächenträgheitsmoment bei Torsion	φ	°	Verdrehwinkel (Index m: pro 1000 mm Länge)
L, l	mm	Längen	ω	1/s	Winkelgeschwindigkeit
M_b	Nmm	Biegemoment			

Tafel 17/2. Bemessung der Achsen und Wellen mit Rundquerschnitt. Genauer Ansatz der zulässigen Spannung s. Beispiele unter 17.3 und ferner Kap. 3

Betrifft	Berechnung	Angaben
Achsen auf Biegung: (s. Beispiel 1)	Aus $M_b = W_b \cdot \sigma_b \approx 0{,}1 d^3 \cdot \sigma_b$: $d = 2{,}17 \sqrt[3]{\dfrac{M_b}{\sigma_b}}$	σ_{bzul} = 80 bis 120 N/mm² für ruhende Achsen aus St 50; oder = $\sigma_{bSch}/(4\cdots5)$ = 40 bis 60 N/mm² für umlaufende Achsen aus St 50; oder = $\sigma_{bW}/(4\cdots6)$
Wellen überschlägig:	Aus $M_t = W_t \cdot \tau_t \approx 0{,}2 d^3 \cdot \tau_t$: $d = 1{,}72 \sqrt[3]{\dfrac{M_t}{\tau_t}}$ N – kW, M_t – Nmm, d – mm	τ_{tzul} = 14···18 N/mm² bei Vernachlässigung der Biegung, St 50; oder = $\tau_{tSch}/(12\cdots14)$ = 35···45 bei reiner Torsion, St 50; oder = $\tau_{tSch}/(4\cdots5)$
Für τ_t = 15 N/mm²:	$d = 0{,}7 \sqrt[3]{M_t} = 148 \sqrt[3]{\dfrac{N}{n}}$	
Wellen auf *Biegung und Torsion*: (s. Beispiel 2)	Aus $M_v = \sqrt{M_b^2 + \left(\dfrac{a}{2} M_t\right)^2}$ $d = 2{,}17 \sqrt[3]{b' \dfrac{M_v}{\sigma_b}}$ mit $b' = 1$ für Vollwelle $b' = \dfrac{1}{1 - (d_i/d)^4}$ Hohlwelle $b' = 1{,}065$ für $d_i/d = 0{,}5$	σ_{bzul} = 40 bis 60 N/mm² für Hebezeugwellen, St 50; oder = $\sigma_{bW}/(4\cdots5)$ σ_{bzul} = 100 bis 150 N/mm² für Getriebewellen aus Vergütungsstahl $a \approx 1{,}2$ für τ_t schwellend, σ_b wechselnd $a \approx 1{,}7$ für τ_t wechselnd, σ_b wechselnd
Biegewinkel von Wellen:	$\tan\beta = \dfrac{aF}{EI}$ a – mm², F – N, d – mm $d \geqq 0{,}1 \sqrt[4]{\dfrac{aF}{\tan\beta}}$ für I = konst. u. $E = 2{,}1 \cdot 10^5$ N/mm²	$a = \dfrac{a_1 a_2}{3} + \dfrac{a_1^2}{2}$ für fliegendes Ritzel a_1, a_2 s. Bild 17/2, und $a = \dfrac{(a_1 a_2 - a_1^2)(a_2 - 2a_1)}{3a_2}$ für frei aufliegende Welle mit unsymmetrischer Belastung. Bild 17/3. Zulässige Neigung: $\tan\beta = 1/1000$ für Kegelritzel; $\tan\beta = 1/5000$ für Stirnräder.

Tafel 17/2. (Fortsetzung)

Betrifft	Berechnung	Angaben
Lange Wellen: nach *zulässigem Drehwinkel* φ_m° für 1000 mm Länge für $G = 8{,}1 \cdot 10^4$ N/mm² und $\varphi_m^\circ = \frac{1}{4}$ °/1000 mm	Aus $\varphi_m^0 = \frac{1{,}8 \cdot 10^5 \cdot M_t}{\pi G I_t}$; $I_t = \frac{\pi d^4}{32}$ $d = 27{,}6 \sqrt[4]{\frac{M_t}{G \varphi_m^\circ}}$ d in mm, M_t in Nmm, N in kW $d = 2{,}3 \sqrt[4]{M_t} = 129 \sqrt[4]{\frac{N}{n}}$	Außerdem: Lagerabstand $a \leqq 100 \sqrt{d}$ für vielfach gelagerte Wellen, entsprechend Durchbiegung durch Eigengewicht $f = 0{,}16$ mm; a und d in cm. Lagerabstand $a < 50 \sqrt[3]{d^2}$, entsprechend $\tan \beta = 1/1000$; a und d in cm.
Kritische Drehzahl[3] n_K (1/min) (s. Beispiel 3)	Biegeschwingung: $n_K = 300 \sqrt{1/f}$ f in cm	Bei mehreren aufsitzenden Massen 1, 2... ist $f \approx f_1 + f_2 + \cdots$, wobei die Durchbiegung $f_1, f_2 \ldots$ einzeln für jedes Massengewicht als Belastung bestimmt wird[1].
	Drehschwingung:[2] $n_K = \frac{30}{\pi} \sqrt{\frac{c}{I_m}}$ c in Nm/rad, I_m in kgm² $\frac{1}{c} = \frac{\varphi}{M_t} = \frac{32}{\pi G}\left(\frac{L_1}{d_1^4} + \frac{L_2}{d_2^4} + \cdots\right) \frac{\text{rad}}{\text{Nmm}}$	Bei abgesetzter Welle ist $L = L_1 + L_2 + \cdots$ die wirksame drehfedernde Länge, bestehend aus den Längen $L_1, L_2 \ldots$ der Absätze mit den Durchmessern $d_1, d_2 \ldots$ Für 2 Massen ist $I_m = \frac{I_{m_1} \cdot I_{m_2}}{I_{m_1} + I_{m_2}}$

[1] Formel von Dunkerley für die krit. Drehzahl 1. Ordnung, womit bei frei aufliegenden Wellen n_K bis 4% zu niedrig ermittelt wird. Ermittlung von f_1 und f_2 s. Beispiel 3.
[2] Für Vollzylinder mit Durchmesser D und Länge L ist $I_m = 0{,}1 D^4 L \varrho$, genau $\pi D^4 \varrho/32$.
[3] Siehe auch Kapitel 12.

17.2.2 Bemessungen

Zusammenstellung der Formeln zur Bemessung s. Tafel 17/1.

Erläuterungen: Die zulässige Spannung ist gerade bei den Achsen und Wellen wegen der ganz verschiedenen Kerbwirkung an den einzelnen Querschnitten (glatte Welle, Absatz, Nabenwirkung, Querloch) sehr unterschiedlich, so daß man gut tut, die jeweilige Festigkeit für den jeweiligen Belastungsfall (ruhend, schwellend, wechselnd) näher zu bestimmen und hiernach die zulässige Spannung anzusetzen, wie es auch die Berechnungsbeispiele in Abschnitt 3.6.4. zeigen.

Bei *Achsen* kann der erforderliche Durchmesser aus dem Biegemoment M_b und der zulässigen Biegespannung bestimmt werden. s. Berechnungsbeispiel 1 in Abschnitt 17.3.

Bei *Wellen*, die ja auf Torsion und Biegung beansprucht sind, wird häufig der Durchmesser aus dem Drehmoment M_t bestimmt, wobei die zusätzliche Biegespannung durch einen entsprechend niedrigen Ansatz der zulässigen Torsionsspannung τ_t (z. B. $\tau_t = 15$ N/mm²) berücksichtigt wird. Für eine genauere Berechnung bestimmt man für den betreffenden Querschnitt aus M_t und M_b das Vergleichsmoment M_v und berechnet hierfür den erforderlichen Durchmesser mit Annahme einer zulässigen Biegespannung $\sigma_{b_{zul}}$. Man kann aber auch umgekehrt für einen bereits vorliegenden oder angenommenen Wellendurchmesser die Torsionsspannung $\tau_t = M_t/W_t$ und die Biegespannung $\sigma_b = M_b/W_b$ berechnen und nachprüfen, ob die hieraus nach Abschnitt 3.4. gebildete Vergleichsspannung unter der zulässigen Biegespannung bleibt.

Die *Lagerzapfen* sind außerdem auf Flächenpressung $p_m = \frac{F}{Ld}$ mit L als Auflagelänge nachzuprüfen. Für ruhende Auflage (Achsen) ist $p_m \approx 100 \cdots 150$ N/mm² für St 50 auf St 37 zulässig ($\approx 6 \cdots 20$ für Rotguß- und Bronze-Buchsen).

In bestimmten Fällen kann es erforderlich sein, die Bemessung der Wellen nicht nach der Beanspruchung, sondern nach der Verformung vorzunehmen.

Für Wellen mit „fliegendem“ Ritzel (Bild 17/2) oder für Getriebewellen mit großen Lagerabständen und unsymmetrischer Belastung (Bild 17/3) ist der aus der Zahnkraft F sich ergebende Biegewinkel β nachzuprüfen, um z. B. Zahnbrüche durch Verkantung zu vermeiden.

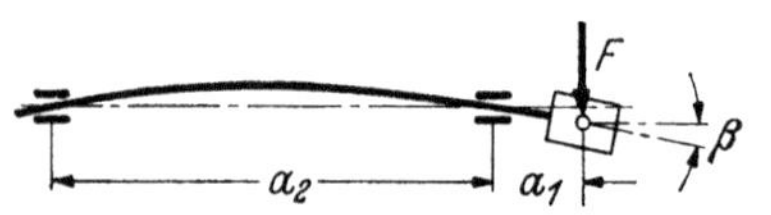

Bild 17/2. Welle mit „fliegendem“ Ritzel.

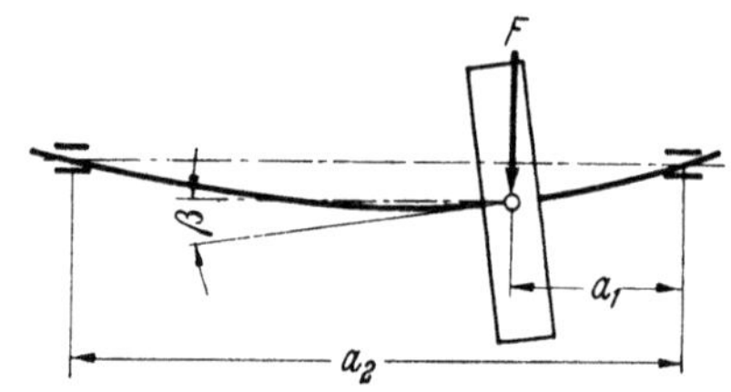

Bild 17/3. Frei aufliegende Welle mit unsymmetrischer Belastung.

Für lange Wellenleitungen soll häufig ein bestimmter Drehwinkel φ nicht überschritten werden, so daß dieser für die Wahl des Wellendurchmessers maßgebend wird. Ferner ist der größte Lagerabstand a meist begrenzt durch die zulässige Wellendurchbiegung f bzw. Wellenneigung $\tan \beta$ infolge des Eigengewichtes.

Für hochtourige Wellen ($n > 1500$) bestimmter Maschinen ist noch die kritische Drehzahl n_K aus der Biegeschwingung (z. B. Dampfturbinen) bzw. aus der Drehschwingung (z. B. Kolbenmaschinen) der Welle nachzuprüfen.

Zur Berechnung der kritischen Drehzahl ist jeweils die Bestimmung der Verformungen — Durchbiegung f bzw. Verdrehwinkel φ — Voraussetzung.

Die Ermittlung der Durchbiegung f kann rechnerisch [17/1] [17/2] oder graphisch („Mohrsches Verfahren“ z. B. Hütte I) oder aus Diagrammen [17/3] erfolgen.

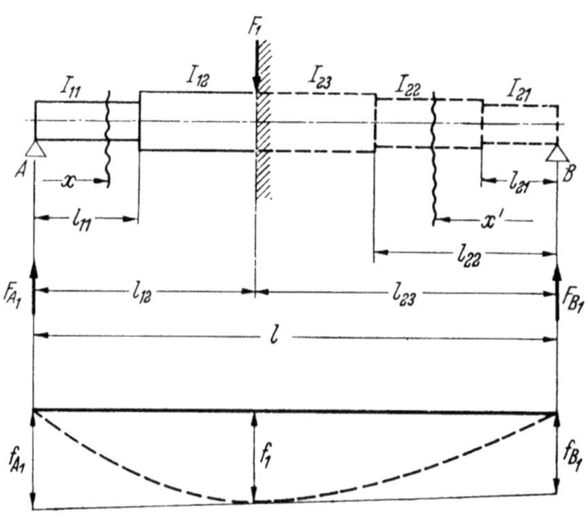

Bild 17/4. Zur Berechnung der Durchbiegungen f_A, f_B und f einer bei F_1 eingespannt gedachten abgesetzten Welle.

Es sei kurz ein einfaches rechnerisches Verfahren zur Ermittlung der Durchbiegung für den am häufigsten auftretenden Fall einer zweifach gelenkig gelagerten, abgesetzten Welle mit mehreren Einzellasten gezeigt.

Nach Castigliano ist die Durchbiegung f im Angriffspunkt der Last

$$f = \frac{\partial W}{\partial F} = \int_0^l \frac{M_b \frac{\partial M_b}{\partial F}}{EI} \mathrm{d}x \,, \tag{17/1}$$

mit der Formänderungsarbeit $W = 0{,}5 \int_0^l \frac{M_b^2}{EI} \mathrm{d}x$.

Man denkt sich die Welle im Angriffspunkt einer Last festgehalten und bestimmt die Verschiebung eines jeden Auflagers durch die von der betreffenden Last erzeugten Auflagerkräfte F_A und F_B.

Nach Bild 17/4 sind die Auflagerkräfte

$$F_A = F \cdot \frac{l_{23}}{l}\,; \qquad F_B = F - F_A$$

und das Moment an der Stelle x: $M_b = F_A \cdot x$. Durch Einsetzen in (17/1) und mit $\frac{\partial M_b}{\partial F_A} = x$ erhält man die Verschiebung des Auflagers A:

$$f_A = \frac{F_A}{E} \int_0^{l_{11}} \frac{x^2}{I_{11}} \mathrm{d}x + \frac{F_A}{E} \int_{l_{11}}^{l_{12}} \frac{x^2}{I_{12}} \mathrm{d}x \,. \tag{17/2}$$

Die Integration ist jeweils so weit zu erstrecken wie das Trägheitsmoment der Welle konstant bleibt.

Durch die Integration von (17/2) ergeben sich die Verschiebungen der Auflager A und B. Für f_A ist x vom Auflager A, für f_B ist x' vom Auflager B bis zur Einspannstelle zu zählen (mit $I = \pi d^4/64$):

$$f_A = \frac{F_A \cdot 6{,}8}{E} \left[\frac{l_{11}^3}{d_{11}^4} + \frac{l_{12}^3 - l_{11}^3}{d_{12}^4} + \cdots \right], \tag{17/3}$$

$$f_B = \frac{F_B \cdot 6{,}8}{E} \left[\frac{l_{21}^3}{d_{21}^4} + \frac{l_{22}^3 - l_{21}^3}{d_{22}^4} + \frac{l_{23}^3 - l_{22}^3}{d_{23}^4} + \cdots \right]. \tag{17/4}$$

Die Durchbiegung f_1 unter der Last F_1 ist dann nach Bild 17/4

$$f_1 = f_{A1} + \frac{f_{B1} - f_{A1}}{l/l_{12}} \,. \tag{17/5}$$

Ist die Summe aller Durchbiegungen unter allen Einzellasten berechnet, so kann die kritische Drehzahl bestimmt werden. Da die genaue Berechnung einen sehr großen Rechenaufwand erfordert (I. I. Holba), sei hier ein Näherungsverfahren nach S. Dunkerley angegeben, nach dem sich die kritische Drehzahl 3⋯10% zu tief errechnet.

Nach Dunkerley ergibt sich die kritische Winkelgeschwindigkeit ω_K aus

$$\frac{1}{\omega_K^2} = \frac{1}{\omega_{K0}^2} + \frac{1}{\omega_{K1}^2} + \frac{1}{\omega_{K2}^2} + \cdots \,. \tag{17/6}$$

Darin ist ω_{K0} die kritische Winkelgeschwindigkeit der nur durch ihre Eigenmasse belasteten Welle; $\omega_{K1}, \omega_{K2}, \ldots$ sind die kritischen Winkelgeschwindigkeiten der masselos angenommenen Welle mit den Einzelmassen $m_1, m_2, \ldots$.

Wird die Summe aller Durchbiegungen unter den Einzelmassen[1] nach (17/3) bis (17/5) ermittelt, dann lautet (17/6)

$$\frac{1}{\omega_K^2} = \frac{1}{\omega_{K0}^2} + \frac{1}{\omega_{K1}^2} \qquad \text{mit} \qquad \omega_{K1}^2 = \frac{g}{\Sigma f}. \tag{17/7}$$

[1] Nicht jedoch unter Belastungskräften, wie z. B. Riemenzug.

Wenn noch das Wellengewicht in Teillasten zerlegt wird, die als äußere Kräfte auf der masselosen, abgesetzten Welle wirkend gedacht werden, so entfällt auch die Bestimmung von ω_{K0}. Es ergibt sich

$$\omega_K^2 = \frac{g}{\Sigma f} \tag{17/8}$$

und damit die kritische Drehzahl (Hauptresonanz)

$$n_K = \frac{30}{\pi}\sqrt{\frac{g}{\Sigma f}} \quad \text{bzw.} \quad n_K = 300\sqrt{1/\Sigma f} \quad \text{mit } f \text{ in cm und } g = 981\ \text{cm/s}^2. \tag{17/9}$$

Da die kritische Drehzahl hiermit nur angenähert bestimmt wird, außerdem die versteifende Wirkung der Naben und Lager und die Kreiselkräfte der Scheiben unberücksichtigt bleiben (n_K wird dadurch erhöht), soll die Betriebsdrehzahl möglichst weit (mindestens 10%) unter der kritischen Drehzahl liegen. In anderen Fällen (Lavalturbinen) liegt die Betriebsdrehzahl weit über der kritischen Drehzahl.

Die zur Ermittlung der kritischen Drehschwingungen erforderliche Berechnung des Drehwinkels φ kann nach den Formeln in Tafel 17/2 erfolgen. Die Formeln für die kritische Drehzahl gelten für eine Masse gegenüber einer übergroßen Masse bzw. für 2 ähnlich große Massen. Für Mehrmassensysteme evtl. mit zwischengeschalteter Zahnradübersetzung wird die Berechnung entsprechend umfangreicher. S. hierzu [17/2] und [17/21].

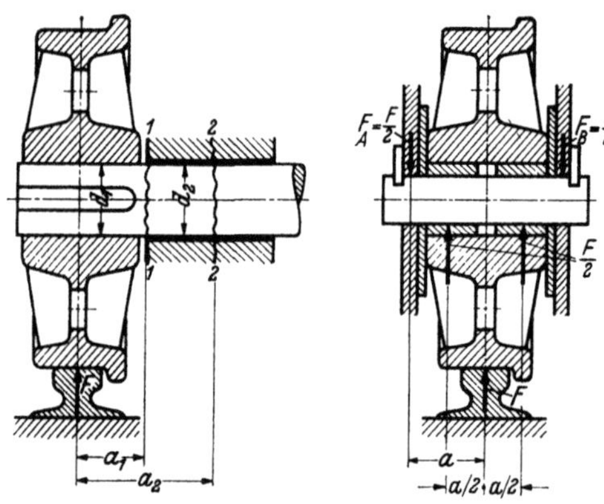

Bild 17/5. Beispiel Radachse (ohne M_t!). a) umlaufend und fliegend gelagert, b) ruhend und beiderseitig gelagert.

17.3 Berechnungsbeispiele

Beispiel 1: Laufradachse aus St 50, nach Bild 17/5. Radkraft $F = 2 \cdot 10^4$ N.

Ausführung a): Laufrad auf umlaufender Achse befestigt und fliegend gelagert: $a_1 = 50$ mm, $a_2 = 100$ mm.

Im Querschnitt 1 ist $M_{b1} = F \cdot a_1 = 2 \cdot 10^4 \cdot 50 = 10^6$ Nmm und $d_1 = 2{,}17\sqrt[3]{M_{b1}/\sigma_{bzul}} = 2{,}17 \cdot \sqrt[3]{10^6/40}$ $= 63{,}4$ mm ≈ 65 mm für $\sigma_{bzul} = 40$ N/mm² (Wechselspannung und Kerbwirkung der Nabe!); oder genauer nach Bild 3/27 (7b): $\sigma_{bWN} = \sigma_{bWK10} \cdot b_0/(C_B \cdot S_D) = 110 \cdot 0{,}85/(1{,}5 \cdot 1{,}5) = 41{,}5$ N/mm², da $\sigma_{bWK10} = \sigma_{bW}/2{,}3 = 255/2{,}3 = 110$ N/mm².

Im Querschnitt 2 ist $M_{b2} = F \cdot a_2 = 2 \cdot 10^4 \cdot 100 = 2 \cdot 10^6$ Nmm. Nach Bild 3/27, Kurve 1b ist hierfür $\sigma_{bWK10} = 235$ N/mm² und $\sigma_{bWN2} = 235 \cdot 0{,}85/(1{,}5 \cdot 1{,}5) = 89$ N/mm². Damit wird $d_2 = 2{,}17\sqrt[3]{M_{b2}/\sigma_{bWN}}$ $= 2{,}17\sqrt[3]{2 \cdot 10^6/89} = 61{,}2$ mm, so daß $d_1 = d_2 = 65$ mm gewählt wird.

Ausführung b): Laufrad auf ruhender Achse, glatt durchgehend, beiderseitig gelagert, $a = 70$ mm, $F = 2 \cdot 10^4$ N.

$M_b = F/2 \cdot a/2 = 2 \cdot 10^4 \cdot 70/4 = 3{,}5 \cdot 10^5$ Nmm; $\sigma_{bzul} \approx 1{,}5 \cdot \sigma_{bWN2} = 1{,}5 \cdot 89 = 133$ N/mm² (für Schwellbelastung statt Wechselbelastung), so daß $d = 2{,}17\sqrt[3]{3{,}5 \cdot 10^5/133} = 30$ mm. Eine ruhende und beiderseitig gelagerte Achse kann also erheblich dünner gehalten werden als eine umlaufende und fliegend gelagerte, da das Biegemoment geringer und die zulässige Spannung dafür höher wird.

Beispiel 2: Getriebewelle nach Bild 17/6 aus St 50.

Gegeben: Drehmoment $M_t = 600$ Nm $= 6 \cdot 10^5$ Nmm, Geradverzahnung mit $\alpha = 20°$, $r_1 = 200$ mm, $r_2 = 60$ mm, $a = 80$ mm, $b = 120$ mm, $l = 300$ mm, $c = l - b$.

Berechnet: Umfangskraft $F_{1H} = M_t/r_1 = 6 \cdot 10^5/200 = 3000$ N. Radialkraft $F_{1V} = \tan\alpha \cdot F_{1H} = 1092$ N; Umfangskraft $F_{2V} = M_t/r_2 = 6 \cdot 10^5/60 = 10000$ N; Radialkraft $F_{2H} = \tan\alpha \cdot F_{2V} = 3640$ N.

In Vertikalebene V: $B_V = \dfrac{F_{1V} \cdot a + F_{2V} \cdot c}{l} = 6291 \text{ N}$;

In Horizontalebene H: $B_H = \dfrac{F_{1H} \cdot a + F_{2H} \cdot c}{l} = 2984 \text{ N}$

und resultierende Auflagerkraft $B = \sqrt{B_H^2 + B_V^2} = 6963$ N. Max. resultierendes Biegemoment $M_2 = B \cdot b = 6963 \cdot 120 = 8{,}35 \cdot 10^5$ Nmm. Vergleichsmoment $M_V = \sqrt{M_2^2 + \left(\dfrac{a}{2} M_t\right)^2} = \sqrt{(8{,}35 \cdot 10^5)^2 + (0{,}6 \cdot 6 \cdot 10^5)^2}$ $= 9{,}09 \cdot 10^5$ Nmm für $a = 1{,}2$ bei σ_b wechselnd und τ_t schwellend nach Tafel 17/2 oder nach Kap. 3 als $1{,}73 \cdot \alpha_0$

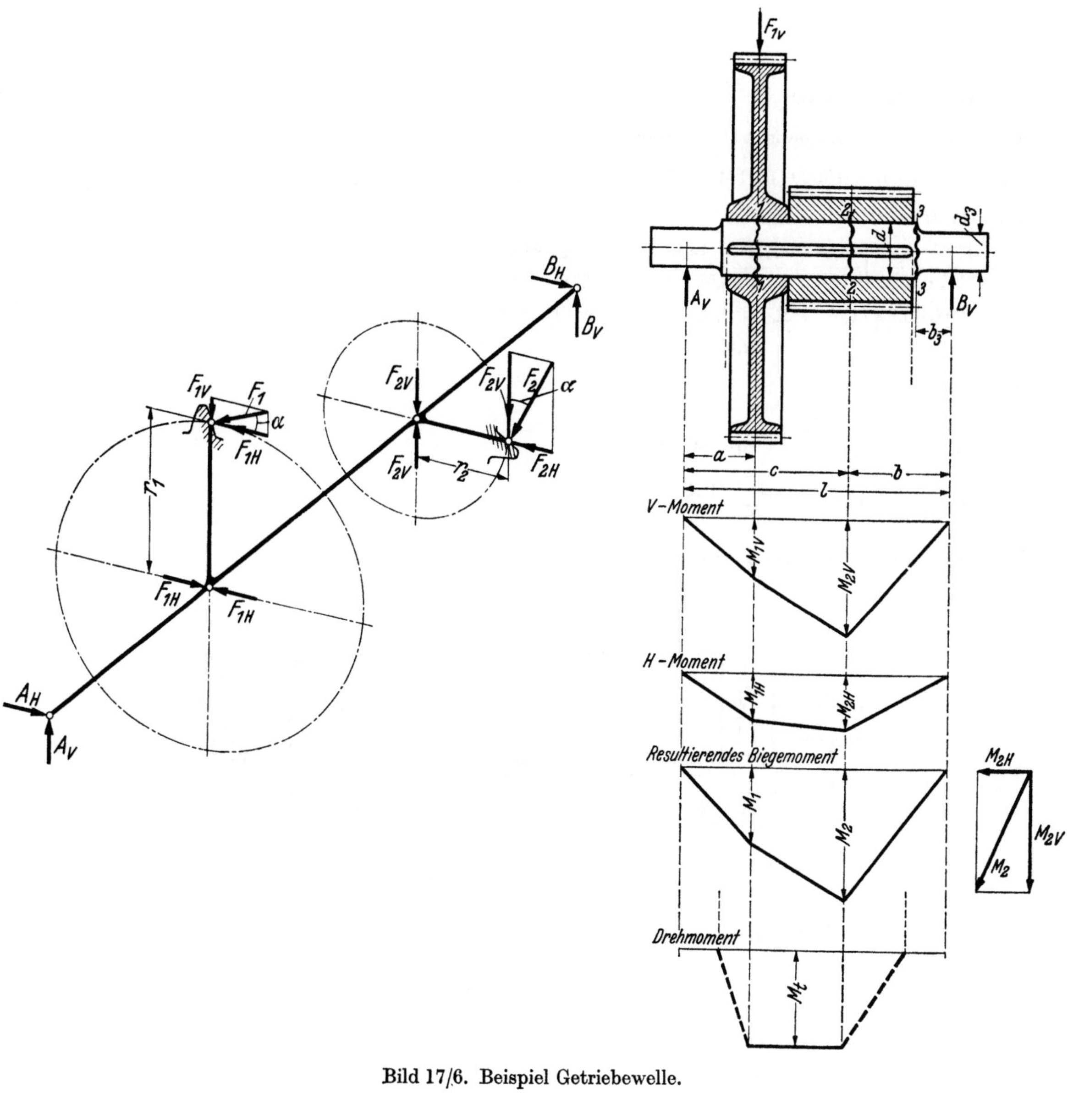

Bild 17/6. Beispiel Getriebewelle.

berechnet. Daraus Wellendicke $d = 2{,}17\,\sqrt[3]{M_V/\sigma_{bzul}} = 2{,}17\,\sqrt[3]{9{,}09 \cdot 10^5/41{,}5} = 60{,}6$ mm mit $\sigma_{bzul} = 41{,}5$ N/mm² wie im Beispiel 1 gezeigt. Im Querschnitt 3 (Wellenabsatz) ist $M_3 = B \cdot b_3 = 6963 \cdot 40 = 2{,}78 \cdot 10^5$ Nmm mit $b_3 = 40$ mm. Mit geschätztem $d_3 = 40$ mm ist $\sigma_b = M_b/W_b = 2{,}78 \cdot 10^5/6{,}28 \cdot 10^3 = 44$ N/mm² mit $W_b = \pi d^3/32 = 6{,}28 \cdot 10^3$ mm³. $\sigma_b = 44$ N/mm² noch zulässig, da $\sigma_{bzul} \approx \sigma_{bW}/5 = 51$ N/mm². Genaue Nachrechnung mit σ_b und τ_t nach Kapitel 3.

Beispiel 3: Kritische Drehzahl n_K einer Motorwelle nach Bild 17/7. Belastungsgewicht + Wellengewicht $G_1 = G_2 = 15000$ N. Nach Tafel 17/2 ist $n_K = 300\,\sqrt{1/f}$ mit $f = f_1 + f_2$ bei frei aufliegender Welle. E-Modul $= 2{,}1 \cdot 10^7$ N/cm². Unter dem Belastungsgewicht $G_1 = 15000$ N:
Auflagerkräfte: $A_1 = G_1 \cdot (L - L_3)/L = 15000 \cdot 875/1440 = 9100$ N; $B_1 = G_1 - A_1 = 5900$ N.
Nach (17/3):

$$f_A = \frac{9100 \cdot 6{,}8}{2{,}1 \cdot 10^7}\left[\frac{14{,}8^3}{15^4} + \frac{27{,}3^3 - 14{,}8^3}{22{,}5^4} + \frac{56{,}5^3 - 27{,}3^3}{25^4}\right] = 16{,}0 \cdot 10^{-4}\ \text{cm}\,,$$

nach (17/4)

$$f_B = \frac{5900 \cdot 6{,}8}{2{,}1 \cdot 10^7}\left[\frac{11{,}5^3}{15^4} + \frac{24^3 - 11{,}5^3}{22{,}5^4} + \frac{87{,}5^3 - 24^3}{25^4}\right] = 33{,}3 \cdot 10^{-4}\ \text{cm}\,,$$

nach (17/5)

$$f_1 = \frac{16{,}0}{10^4} + \frac{33{,}3 - 16{,}0}{10^4 \cdot 144/56{,}5} = 22{,}78 \cdot 10^{-4}\ \text{cm}\,.$$

Unter dem Belastungsgewicht $G_2 = 15000$ N.

$A_2 = G_2 \cdot L_{III}/L = 15000 \cdot 53/144 = 5520$ N; $B_2 = G_2 - A_2 = 9480$ N,

nach (17/3)

$$f_A = \frac{5520 \cdot 6{,}8}{2{,}1 \cdot 10^7} \cdot \left[\frac{14{,}8^3}{15^4} + \frac{27{,}3^3 - 14{,}8^3}{22{,}5^4} + \frac{91^3 - 27{,}3^3}{25^4}\right] = 35{,}9 \cdot 10^{-4}\ \text{cm}\,,$$

$$f_B = \frac{9480 \cdot 6{,}8}{2{,}1 \cdot 10^7}\left[\frac{11{,}5^3}{15^4} + \frac{24^3 - 11{,}5^3}{22{,}5^4} + \frac{53^3 - 24^3}{25^4}\right] = 12{,}95 \cdot 10^{-4}\ \text{cm}\,,$$

nach (17/5)

$$f_2 = \frac{35{,}9}{10^4} + \frac{12{,}95 - 35{,}9}{10^4 \cdot 144/91} = 21{,}4 \cdot 10^{-4}\ \text{cm}\,.$$

Ergebnis: $f = f_1 + f_2 = \dfrac{22{,}78 + 21{,}4}{10^4} = 44{,}18 \cdot 10^{-4}$ cm.

Kritische Drehzahl $n_K = 300\,\sqrt{10^4/44{,}18} = 4520$ U/min.

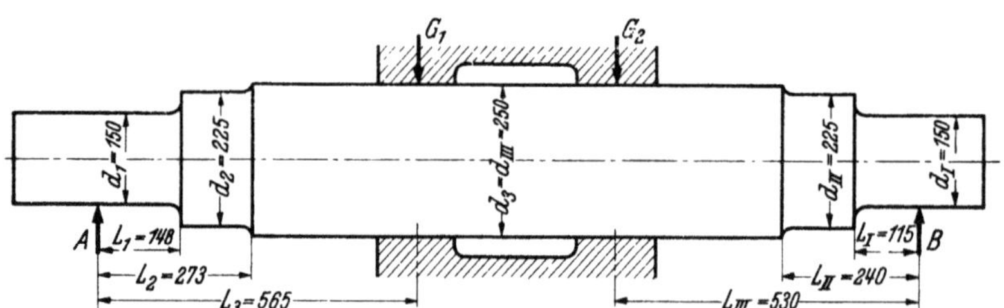

Bild 17/7. Beispiel Welle eines Elektromotors; Maße (mm).

17.4 Gelenkwellen und biegsame Wellen

Man verwendet sie zur Verbindung von Wellen, die ihre Lage zueinander ändern, und zwar bei größeren Drehmomenten (z. B. bei Werkzeugmaschinen) Gelenkwellen, während bei kleineren Drehmomenten und hohen Drehzahlen biegsame Wellen vorgezogen werden (z. B. bei handgeführten Bohr- und Schleifspindeln).

17.4.1 Gelenkwellen

Bei den Gelenkwellen (Bild 17/8) wird die Neigbarkeit durch drehfeste, kardanartige Gelenke erreicht, während die Längsbeweglichkeit meist durch Zwischenschaltung ineinander verschieblicher Wellen mit Drehmomentübertragung durch Nut und Feder oder Vielnut-Profil erreicht wird (Teleskopwellen).

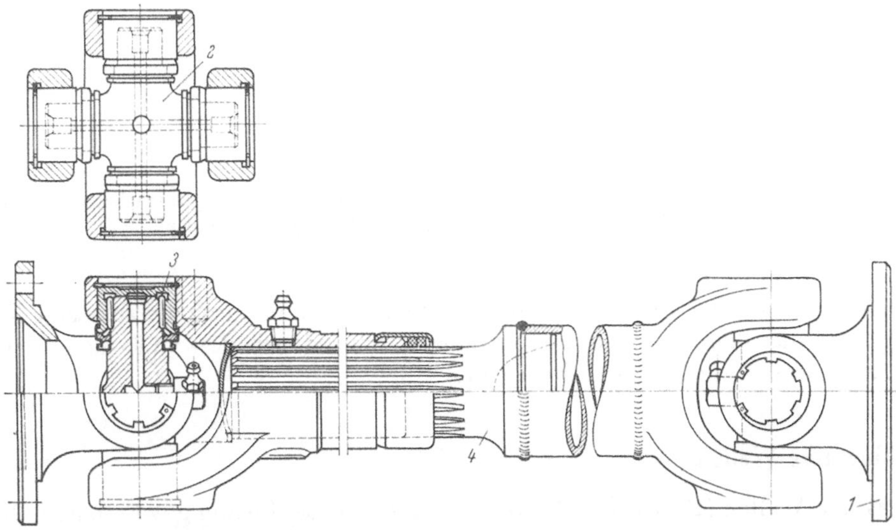

Bild 17/8. Gelenkwelle (Kardan-) für Kraftfahrzeuge (nach *Gelenkwellenbau*, Essen). *1* An- bzw. Abtriebsflansch, *2* Zapfenkreuz, *3* Nadellager, *4* Teleskopzwischenstück für den Längenausgleich.

Bewegungsverhältnisse. Durch Wellen-Anordnung entsprechend Bild 17/9 wird das Verhältnis der Winkelgeschwindigkeiten $\omega_1/\omega_3 = 1$, während bei einem Winkel α zwischen zwei Wellen (z. B. zwischen Antriebswelle und Zwischenwelle, Bild 17/9) das Verhältnis ω_2/ω_1 sich im Verlauf einer Umdrehung zwischen $1/\cos\alpha$ bis $\cos\alpha$ periodisch (Periode = 180°) ändert. Bei höheren Drehzahlen macht sich diese Ungleichförmigkeit

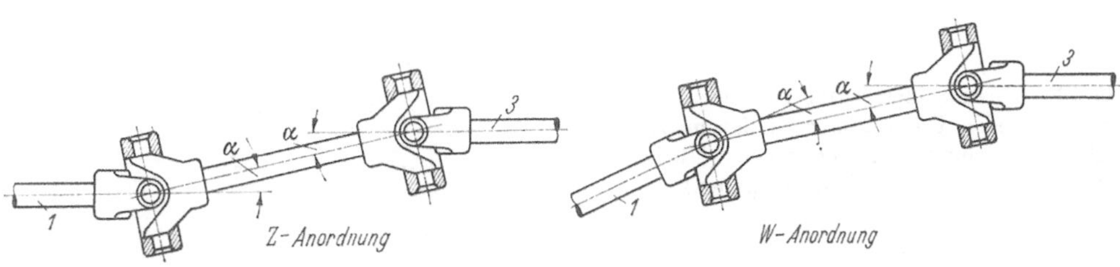

Bild 17/9. Schema einer Gelenkwelle. Sämtl. Wellen liegen in der Zeichenebene. Gleichlauf von Wellen *1* und *3* durch Z- oder W-Anordnung.

durch die Beschleunigungen und Verzögerungen bereits störend bemerkbar, so daß man anstrebt, die Zwischenwelle möglichst leicht zu bauen. Bei Doppelgelenkwellen nach Bild 17/10 sind die beiden Gelenke in einem kurzen Zwischenstück zusammengefaßt und durch eine Zentrierung geführt, so daß der Winkel α bei der An- und Abtriebswelle zwangsläufig gleich bleibt.

Gelenkwellen und Doppelgelenkwellen werden einbaufertig geliefert, Gelenkwellen bis zu einer Auslenkung von 15°···20°, in Sonderausführung bis 35°, Doppelgelenkwellen bis zu 40°, in Sonderausführung bis 48°.

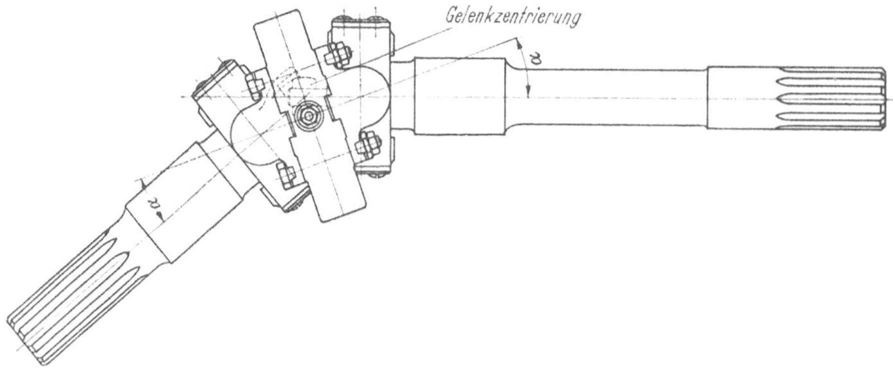

Bild 17/10. Doppelgelenkwelle für Kraftfahrzeuge mit angetriebenen lenkbaren Starrachsen. Vollkommener Gleichlauf erst durch Gleichganggelenk als Kugel-Wälzgelenk.

Bemessung. Das übertragbare Drehmoment ist vor allem durch die zulässige Flächenpressung oder die Tragfähigkeit der Nadellager bzw. durch den zulässigen Verschleiß an den Druckstellen der Gelenke begrenzt.

17.4.2 Biegsame Wellen

Die biegsamen Wellen (Bild 17/11) bestehen aus schraubenförmig gewundenen Drähten, die in mehreren Lagen mit entgegengesetzter Schlagrichtung übereinander gewickelt sind. Die übertragbare Leistung ist am größten, wenn die äußere Drahtlage sich bei der Kraftübertragung auf der nächsten Drahtlage festzieht (in entgegengesetzter Richtung sind nur etwa 65% der Nennleistung übertragbar!). Also Drehrichtung bei Bestellung angeben!

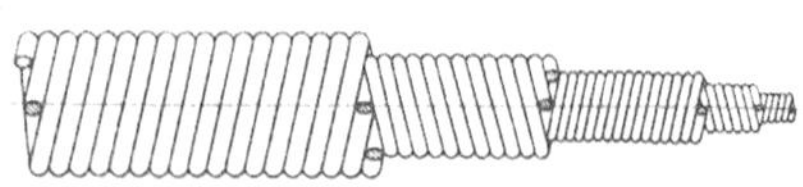

Bild 17/11. Aufbau einer biegsamen Welle.

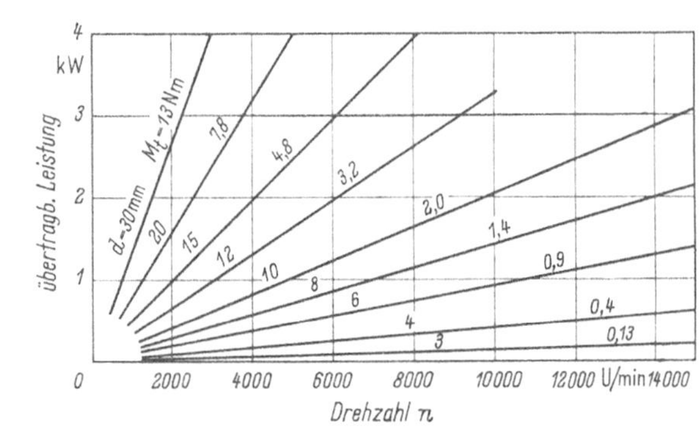

Bild 17/12. Leistungsdiagramm für biegsame Wellen. Für jeden Durchmesser ist das maximal zulässige Drehmoment eingetragen. (Übertragbare Leistung nach Firmenangaben).

Die biegsame Welle läuft in einem Schutzschlauch (s. auch DIN 42995) und ist in der Anschlußwelle durchweg eingelötet (Schwachstelle!). Der zulässige kleinste Biegehalbmesser der Welle (Wellendurchmesser d) beträgt etwa $15d \cdots 30d$ je nach Drahtdicke.

Bemessung. Die Drehmoment übertragenden Drahtlagen werden auf Zug beansprucht, sobald sie auf der unteren Drahtlage fest aufliegen. Bei gebogener Lage der Welle kommt hierzu noch Wechsel-Biege- und Torsionsspannung. Die übertragbare Leistung, das zulässige Drehmoment und die höchste Drehzahl sowie der kleinste Krümmungsradius werden von den Herstellerfirmen biegsamer Wellen in Leistungstabellen angegeben. Als Anhalt hierzu kann Bild 17/12 dienen.

Für besondere Anwendungsfälle gibt es sog. „torsionslose" biegsame Wellen, die in beiden Drehrichtungen das gleiche Moment übertragen können. Torsionslose Wellen bestehen aus einer großen Anzahl dünner Stahldrähte, die in vielen Lagen gewickelt sind. Sie werden bis zu einem übertragbaren Drehmoment von 8,5 Nm bei einem Durchmesser von 12 mm hergestellt.

17.5 Schrifttum zu 17

Normen

DIN 112	Lastdrehzahlen.
DIN 114	Wellendurchmesser für Transmissionen.
DIN 668	Rundstahl gezogen oder gedreht.
DIN 670, 671	Rundstahl blank.
DIN 1433–1436, 1438, 1439	Bolzen.
DIN 5461–5465, 5471, 5472	Keilwellen.
DIN 5481, 5482	Kerbverzahnung.
DIN 42946	– für elektrische Maschinen.
DIN 73031	– für Hilfsmaschinen.
DIN 42995	Anschlußmaße.
DIN 44713	Wellenseele, Schutzschlauch, Schlauchhülse, Wellenkupplung, Sperrbolzen.

Bücher, Aufsätze

17/1 Holba, J. J.: Berechnungsverfahren zur Bestimmung der kritischen Drehzahl von geraden Wellen. Wien: Springer 1936.

17/2 Schmidt, F.: Berechnung und Gestaltung von Wellen. 2. Aufl. Berlin, Heidelberg, New York: Springer 1967.

17/3 Korhammer, A.: Durchbiegung des geraden Trägers mit veränderlichem Querschnitt unter Einzellast. Konstruktion 12 (1960) 292–296.

17/4 Gärtner, G.: Die Verformung wälzgelagerter Arbeitsspindeln von Werkzeugmaschinen. Konstruktion 12 (1960) 312–318.

17/5 Hähnchen, R.: Berechnung von Getriebewellen auf Dauerhaltbarkeit. Werkstatt und Betrieb 89 (1956) 22–24.

17/6 Krämer, E.: Elektronische Berechnung der Drehschwingungen von Schiffsantrieben. VDI-Z. 102 (1960) 1519–25.

17/7 Possner, L.: Die Berechnung der elastischen Linie bei veränderlichem Trägheitsmoment. Konstruktion 5 (1953) 378–384.

17/8 Rentzsch, H.: Die Dauerhaltbarkeit geschweißter Wellen (Stegwellen). Konstruktion 15 (1963) 169–176.

17/9 Speier, H.: Gekoppelte Biege- und Torsionsschwingungen von beliebigen stabförmigen Körpern. Diss. TH Hannover 1960.

17/10 Bäßler, O.: Der Einfluß von Wälzlagern auf die Biegeschwingungen von Wellen. Konstruktion 15 (1963) 176–183.

17/11 Becker, H.: Über den unwuchtigen Läufer und die erzwungenen Maschinenschwingungen. VDI-Z. 103 (1961) 469–478, 515–520.

17/12 Bishop u. a.: (Gladwell): Berechnung von Schwingungen rotierender Wellen. Konstruktion 13 (1961) 282–283.

17/13 Geipel, W.: Rechnerische Verfahren zur Ermittlung der biegekritischen Grundschwingung zweifach gelagerter Wellen. Konstruktion (1961) 199–201.

17/14 Hentschel, G.: Die Gesetzmäßigkeit der Lagerelastizität. Ein Beitrag zur Schwingungsbetrachtung wälzgelagerter Wellen. Konstruktion 7 (1955) 385–388.

17/15 Holste, W.: Das Slodolasche Näherungsverfahren zur Eigenfrequenzberechnung in vereinheitlichter Darstellung. Forsch. Ing-Wes. 24 (1958) 118–24.

17/16 Wolste, W.: Beitrag zur exakten Berechnung der Eigenfrequenzen des mehrfach frei aufliegend und drehelastisch gelagerten Balkens. Konstruktion 12 (1960) 507–511.

17/17 Jäger, B.: Einfluß der Lagerelastizität auf die biegekritische Drehzahl. Konstruktion 10 (1958) 87–92.

17/18 Nash, T. H.; Kenyon, V. L.; Macduff, J. N.: Überschlägiges Abschätzen der kritischen Drehzahlen nicht biegesteif gekuppelter Maschinen. Machine Design 33 (1961) Nr. 17, S. 143–149, Auszug: Konstruktion 15 (1963) 45.

17/19 Rubin, F.: Biege-Eigenschwingungen von Wellen, die ein- oder beidseitig auf einen kleineren Durchmesser abgesetzt sind. Konstruktion 13 (1961) 359–361.

17/20 Yamamato, T.: On critical Speed of a Shaft supported by a Ball Bearing. Applied Mechanics, Juni 1959, 199–204.

17/21 Loomann, J.: Zusammenstellung von EDV-Programmen auf dem Gebiet der Antriebstechnik. VDI-Z. 114 (1972) 97–107.

17/22 Schenk, O., Pittroff, H.: Das Schwingungsverhalten des Systems der Spindel und Wälzlager. SKF 1962.

17/23 VDI-Richtlinie 2060: Beurteilungsmaßstäbe für den Auswuchtzustand rotierender starrer Körper.

17/24 Karas, K.: Die kritischen Drehzahlen wichtiger Rotorformen. Wien: Springer 1935.

17/25 Kammerer, M.: Essais en flexion rotative d'eprouvettes de' grande dimensions figurant des essieux du material roulant. Rev. Gen. Chemins de Fer (1964) Nr. 6, S. 373–385.

17/26 Brinkmann, P.: Beitrag zum Problem der Kerbwirkung bei Nabensitzen von Eisenbahnrädern. Eisenbahntechn. Rdsch. (1971), 210–231.

17/27 Hoffmann, H.: Einfluß des Kupplungszustandes auf die Laufruhe eines Wellensystems. Diss. Techn. Universität Berlin, 1971.

18 Verbindung von Welle und Nabe

18.1 Allgemeines

18.1.1 Verbindungsarten

Man unterteilt die zahlreichen zur Verfügung stehenden Verbindungen in reibschlüssige, formschlüssige und vorgespannte formschlüssige Verbindungen. Eine Übersicht und Hilfe zur Auswahl für den jeweiligen Anwendungsfall bringt Tafel 18/1.

Neben den im Maschinenbau am meisten verwendeten Paßfeder- und Keilverbindungen finden auch die Keilwellen, ferner die Kerbzahn- und Evolventenzahnprofile sowie die Polygonprofile häufige Anwendung, besonders bei Serien- und Massenfertigung, wo die für ihre Herstellung erforderlichen Sondereinrichtungen tragbar sind.

Tafel 18/1. Auswahl von Wellen-Nabenverbindungen nach verschiedenen Gesichtspunkten

Geeignet für	Reibschluß-Verbindung	Formschluß-Verbindung	Vorgespannte Formschluß-Verbindung
Kleinere Drehmomente	Klemmsitz, Hohlkeil, Toleranzring	Querstift, Scheibenfeder	
einseitige Drehmomente wechselseitige Drehmomente	Preßsitz, Klemmsitz, Hohlkeil, Toleranzring	Querstift, Paßfeder —	
große wechselseitige oder stoßhafte Drehmomente z. B. Schwungradbefestigung	Querpreßsitz (Schrumpfsitz, Druckölverbindung)		Vielnut- u. K-Profil mit Preßsitz, Tangentenkeil
kurze Naben bei großem Drehmoment	Schrumpfsitze mit Carborundpulver	Vielnut-, Kerbzahn- und Polygon Profil	
verschiebbare Nabe und Welle		Gleitfeder, Vielnutprofil	
leicht lösbare Nabe	Klemmsitz, Kegelsitz, Kegelbüchsen, Druckölverband, Ringfeder-Spannelement, Schrumpfscheiben	Paßfeder, Vielnut-, Kerbzahn- und K-Profil	Nasenkeil, Gewinde mit Längsanlage der Nabe an Wellenabsatz und kegeliges Gewinde für eine Drehrichtung
nachträglich auf glatte Welle aufzubringende Nabe	Hohlkeil, Klemmsitz Kegelbüchsen, Ringfederspannelement		
in Drehrichtung verstellbare Nabe	Hohlkeil, Klemmsitz Kegelsitz, Kegelbüchse, Schrumpfscheiben	Kerbzahnprofil	
dünnwandige Nabe	Schrumpfscheiben	Kerbzahnprofil	Gewinde mit Längsanlage der Nabe am Wellensitz bei einseitigem Drehmoment

Weitere Möglichkeiten: Auflöten oder Aufschweißen der Nabe auf die Welle.

Daneben finden die Preßsitze weitgehende Verwendung, nachdem die Zusammenhänge hinsichtlich Herstellung, Wahl der Passung, übertragbarer Kraft und Lösbarkeit durch Versuche genügend geklärt sind. Häufig eingesetzt werden auch leicht lösbare kraftschlüssige Verbindungen, wie z. B. Ringfeder-Spannelemente oder Schrumpfscheiben (durch Schrauben verspannte Kegelsitze). Für kleine Drehmomente werden auch Klemmverbindungen und Querstifte verwendet.

Festigkeit: Jede drehfeste Verbindung von Welle und Nabe bringt eine Herabsetzung der Gestaltfestigkeit der Welle, so daß man wenn möglich den Wellendurchmesser im Nabensitz verstärkt (etwa 1,3 d). Anhaltswerte für die Verminderung der Dauerfestigkeit, ausgedrückt als Kerbwirkungszahlen β_{kb} bzw. β_{kt}, s. Tafel 3/5 und Bild 3/27. Durch Oberflächenhärten oder Oberflächendrücken kann die Minderung verringert werden. Auch zu den Enden konische Naben (Bild 3/27) wirken günstig.

Nabenmaße: Anhaltswerte bietet Tafel 18/2. Außerdem sind in Tafel 18/5 bis 18/10 die Gleichungen für das übertragbare Drehmoment je mm Nabenlänge angegeben; es ist am größten für die Kerbzahnprofile, dem die Keilwellen, Polygonprofile, Tangentenkeile und Schrumpfsitze folgen.

Tafel 18/2. Anhaltswerte für Nabenlänge L_F (mm) und Nabendicke s (mm) bei Stahlwelle (St 42) in Abhängigkeit vom Drehmoment M_t (Nmm). Für Keilwellen ist L_F die tragende Nutenlänge bei einseitigem M_t. Bei wechselseitigem M_t und seitlichen Kippkräften L_F größer nehmen.

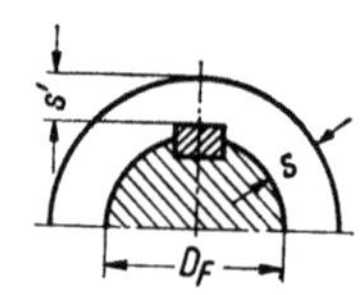

$L_F \approx x \cdot \sqrt[3]{M_t/100}$; überschlägig: $s \approx y \cdot \sqrt[3]{M_t/100}$, genauer: $s' \approx y' \cdot \sqrt[3]{M_t/100}$

Verbindung	GG-Nabe			St- oder GS-Nabe		
	x	y	y'	x	y	y'
Schrumpf-, Preß-, Kegelsitz	4,2···5,3	2,1···3,0	2,1···3,0	2,1···3,5	1,8 ···2,6	1,8···2,7
Keil, Paßfeder, Klemmsitz	5,3···7,0	1,8···2,1	1,5···1,8	3,5···4,6	1,4 ···1,8	1,1···1,5
Keilwelle nach DIN 5462	3,4···4,2	1,4···1,8	1,3···1,6	2,1···3,0	1,25···1,6	1,1···1,5
Keilwelle nach DIN 5463	2,1···3,0	1,4···1,8	1,2···1,5	1,3···2,1	1,25···1,6	1,0···1,4
Keilwelle nach DIN 5464	1,4···2,1	1,4···1,8	1,1···1,4	0,8···1,3	1,25···1,6	0,9···1,3

Für üblichen Wert $\tau_t = 15$ N/mm² in Welle ist $L_F/D_F \approx 0,3 \cdot x$ und $s/D_F \approx 0,3 \cdot y$.

18.1.2 Bezeichnungen

A	mm²	Fugenfläche
a	mm	Hebelarm
b	mm	Keilbreite
d	mm	Wellendurchmesser
D_{Aa}, D_{Ai}	mm, m	äußerer, innerer Nabendurchmesser
D_{Ia}, D_{Ii}	mm	äußerer, innerer Wellendurchmesser
D_F	mm	Fugendurchmesser
E	N/mm²	Elastizitätsmodul
E_A, E_I	N/mm²	E-Modul der Nabe, der Welle
F_{ru}	N	Rutschkraft in Umfangsrichtung
F_{rl}	N	Rutschkraft in Längsrichtung
F_u	N	Umfangskraft
F_K	N	Kippkraft
F_S	N	Sprengkraft
F_e	N	Einpreßkraft
F_a	N	Auspreßkraft
F_{lu}	N	Lösekraft in Umfangsrichtung
F_{ll}	N	Lösekraft in Längsrichtung
h	mm	Keildicke
i	–	Anzahl der Nuten
K_A, K_I	mm²/N	Beiwerte
L_F	mm	Paßfugenlänge
L	mm	Keillänge
ν	–	Querdehnzahl
M_t	Nmm	Drehmoment
M_{t_n}	Nmm	Drehmoment bei Drehzahl n
n_L	1/min	Lösedrehzahl
p	N/mm²	Fugendruck
p_0	N/mm²	Fugendruck bei Drehzahl 0
Q_A, Q_I	–	Durchmesserverhältnis der Nabe, der Welle
R_{pA}, R_{pI}	µm	Glättungstiefe der Nabenbohrung, der Welle
s	mm	Nabenwandstärke
S	–	Sicherheit gegen Rutschen

t, t_1, t_2	mm	Nuttiefe, der Welle, der Nabe	μ_{ru}, μ_{rl}	—	Haftbeiwert beim Rutschen in Umfangsrichtung, in Längsrichtung
U	mm	Übermaß			
Δe	mm	axialer Einpreßweg			
τ_t	N/mm²	Torsionsspannung	μ_{lu}, μ_{ll}	—	Haftbeiwert beim Lösen in Umfangsrichtung, in Längsrichtung
ω	1/s	Winkelgeschwindigkeit			
Z	mm	Haftmaß	ϱ	kg/mm³	Dichte
α'	°	Neigungswinkel	ϱ'	°	Reibwinkel
α	mm/(mmK)	Wärmeausdehnungskoeffizient	σ, σ_1	N/mm²	Tangentialspannung, der Welle, der Nabe an der Fuge
ξ	—	relatives Haftmaß	σ_m	N/mm²	mittlere Tangentialspannung
μ_e	—	Haftbeiwert beim Einpressen	σ_s	N/mm²	Streckgrenze

18.2 Reibschlußverbindungen

Hierzu gehören die Querpreßsitze wie Schrumpfsitz, Klemmsitz und Ölpreßverband, dann der Längspreßsitz, der Kegelsitz und weiter Sonderausführungen wie Ringfeder-Spannelemente, Ringspannscheibe, Schrumpfscheibe, Star-Toleranzring usw. Einige Bauformen s. Bild 18/1.

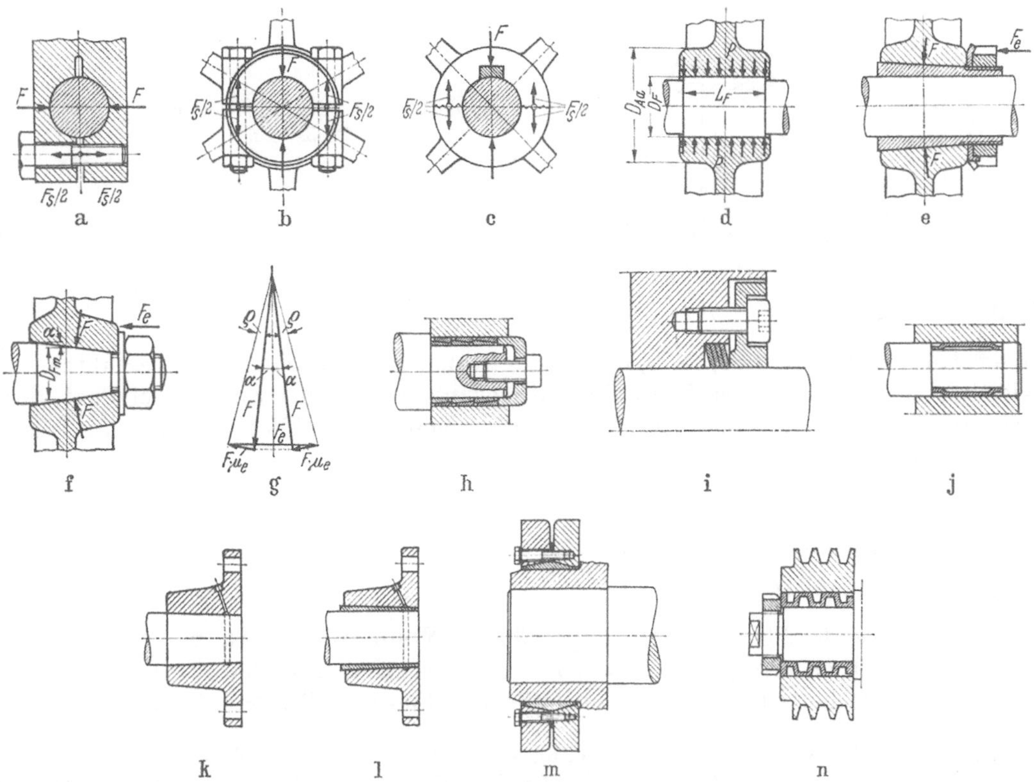

Bild 18/1. Verschiedene Reibschlußverbindungen.

a) Klemmsitz mit geschlitzter Nabe,
b) mit geteilter Nabe,
c) mit Hohlkeil,
d) Preßsitz,
e) Kegelsitz mit Kegelbüchse,
f) Kegelsitz,
g) Kräfte am Kegelsitz,
h) Ringfeder-Spannelemente,
i) Ringspann-Sternscheiben,
j) Star-Toleranzring,
k) Ölpreßverband,
l) Ölpreßverband mit Kegelbüchse,
m) „Schrumpfscheiben", Fa. Stüwe,
n) Spannhülse, Bauart Spieth.

18.2.1 Allgemeine Beziehungen

Bei der Reibschlußverbindung muß die an der Welle zu übertragende Kraft F gleich oder kleiner der Rutschkraft F_r sein. Bei der Übertragung eines Drehmomentes M_t

gilt sinngemäß für die Rutschkraft F_{ru} in Umfangsrichtung (Bild 18/2):

$$F_{ru} = \Sigma\, pA\mu_{ru} \geqq F_u = \frac{2M_t}{D_F}. \tag{18/1}$$

Bei gleichmäßig über den Umfang verteilter Anpressung (Flächenpressung) ist

$$F_{ru} = \Sigma\, pA\mu_{ru} = \pi D_F L_F p\mu_{ru}. \tag{18/2}$$

(18/2) gilt auch für die Rutschkraft F_{rl} in Längsrichtung sowie für die Lösekraft in Umfangsrichtung F_{lu} und in Längsrichtung F_{ll}, wenn entsprechend die Haftbeiwerte μ_{rl}, μ_{lu} und μ_{ll} eingesetzt werden.

Mit Einsatz von $M_t = \tau_t W_t$ und $W_t = \pi D_F^3/16$ für die Vollwelle wird dann das erforderliche $L_F/D_F \geqq \tau_t/(8\,\mu_{ru}p)$.

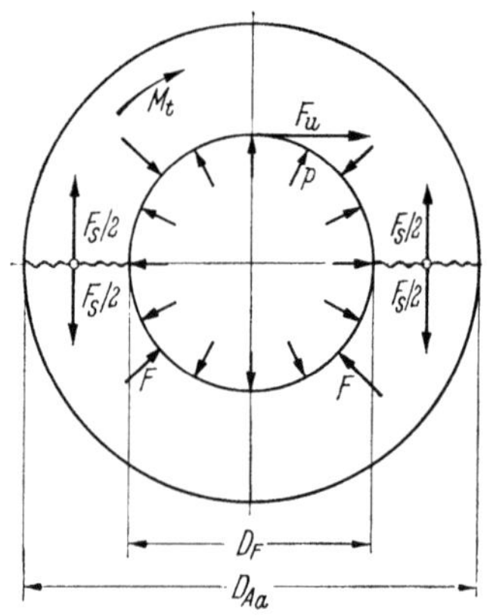

Bild 18/2. Kräfte bei Klemm- und Preßsitzen.

18.2.2 Klemmsitz

Beim Klemmsitz (Bild 18/1a, b, c) ist die Nabe meist geteilt oder geschlitzt. Die Klemmkräfte werden durch Schrauben, Kegelringe oder Schrumpfringe erzeugt, deren Gesamtquerschnitt die Sprengkraft F_S aufnehmen muß. Diese beträgt für gleichmäßig verteilte Flächenpressung p

$$F_S = pD_F L_F \geqq 2M_t/(\mu_{ru}\pi D_F) \tag{18/3a}$$

und für punktförmigen Kraftangriff

$$F_S = pD_F L_F \geqq M_t/(\mu_{ru} D_F). \tag{18/3b}$$

Erfahrungswerte: Flächenpressung $p = 30\cdots50\ \mathrm{N/mm^2}$ für GG/St; $p = 50\cdots90\ \mathrm{N/mm^2}$ für St/St. Haftbeiwerte μ_{ru} s. Preßsitz. Aus Sicherheitsgründen wird mit Haftbeiwert beim Rutschen gerechnet. Nebenaußendurchmesser $D_{Aa} \approx 1{,}7\cdots2{,}0 \cdot D_F$.

Beispiel: Geteilte Riemenscheibe (Bild 18/1b), $D_F = 40$ mm, $M_t = 1{,}5 \cdot 10^5$ Nmm. Notwendige Gesamtschraubenkraft $F_S \geqq 2\,M_t/(\mu_{ru}\pi D_F) = 2 \cdot 1{,}5 \cdot 10^5/(0{,}075 \cdot \pi \cdot 40) = 31\,830$ N. Bei vier Schrauben erhält man je Schraube 8000 N; gewählt Schraube M 8 (8.8) nach Tafel 10/8 mit $F_{v\,max} = 17\,900$ N. Mindest notwendige Länge der Nabe für $p = 40\ \mathrm{N/mm^2}$:

$$L_F \geqq \frac{F_S}{D_F p} = \frac{4 \cdot 17\,900}{40 \cdot 40} = 45\ \mathrm{mm}.$$

Ungeteilte Naben können durch *Hohlkeile* (Bild 18/1c) aufgeklemmt werden. Die auf die Keilfläche wirkende Preßkraft $F = pbL_F$ wirkt an mindestens 2 Stellen des Umfangs, so daß die Rutschkraft $F_{ru} = 2F\mu_{ru} \geqq F_u = 2M_t/D_F$ gesetzt werden kann. Sie ist durch die Keil-Eintreibkraft $F_e \approx F(\tan\alpha' + 2\mu_e) = M_t(\tan\alpha' + 2\mu_e)/(D_F\mu_{ru})$ $\approx \frac{2M_t}{D_F}$ begrenzt ($\tan\alpha = 0{,}01$). Setzt man wegen der Verformungsgefahr des Hohl-

Tafel 18/3. Haftbeiwerte μ an Preßpassungen nach Klingelnberg [18/1]

Längspreßpassung[1]				Querpreßpassung			
Innenteil	St 50			St 50			
Außenteil	St 50	GG	Mg-Al	St 50		GG	Mg-Al
Schmierverhältnisse	Maschinenöl	—	trocken	Maschinenöl	trocken	—	trocken
μ_{lu} μ_{ll}	0,08 bis 0,25	0,09 bis 0,17	0,03 bis 0,09	0,13···0,24 0,14···0,36	0,16 bis 0,30	0,13 bis 0,18	0,10 bis 0,15
μ_{ru} μ_{rl}	0,04 bis 0,17	0,07 bis 0,12	0,02 bis 0,06	0,06 bis 0,12	0,07 bis 0,14	0,06 bis 0,09	0,05 bis 0,07
μ_e	0,05 bis 0,22	0,07 bis 0,13	0,02 bis 0,08	—	—	—	—

Bei Preßpassungen mit Carborundpulver in der Fuge ist der Haftbeiwert viel höher [18/20]; im Mittel für Querpreßspasungen: $\mu_l = 0{,}56$; $\mu_r = 0{,}39$. Es ist annähernd: $\mu_r = 0{,}47\,\mu_l$ beim Querpreßsitz, $\mu_r = 0{,}66\,\mu_l$ beim Längspreßsitz. Für die Rechnung ist μ_r maßgebend.

[1] Der Haftbeiwert bei Längspreßpassungen wird kleiner bei Einpreßgeschwindigkeiten über 2 mm/s, bei trockenem Bolzen, bei Kegelansatz 60° (statt 15°), nach mehrmaligem Fügen; er wird größer bei Schmierung mit Rubölersatz (Steigerung um ≈65%).

keiles beim Eintreiben $F_e \leqq \sigma_{zul} bh$ und $\sigma_{zul} = 120\ \mathrm{N/mm^2}$, so wird das übertragbare Drehmoment

$$M_t \approx F_e D_F/2 \leqq 60 bh D_F \quad \text{in Nmm}\,. \tag{18/4}$$

Nach der Flächenpressung $p = F/(bL_F) \geqq M_t/(D_F \mu_{ru} b L_F)$ wird die erforderliche Nabenlänge $L_F \geqq M_t/(pD_F b\mu_{ru}) = 60 bhD_F/(pD_F b\mu_{ru}) = 60h/(p\mu_{ru})$ oder $L_F \geqq 12\,h$ für $p = 50\ \mathrm{N/mm^2}$ und $\mu_{ru} = 0{,}1$.

Beispiel: Für $D_F = 40$ mm und $b \cdot h = 12 \cdot 3{,}5\ \mathrm{mm^2}$ wird nach (18/4) $M_t \approx 60bhD_F = 60 \cdot 12 \cdot 3{,}5 \cdot 40 = 1 \cdot 10^5$ Nmm und erforderliche Nabenlänge $L_F \geqq 60\,h/(p\mu_{ru}) = 60 \cdot 3{,}5/(50 \cdot 0{,}1) = 42$ mm.

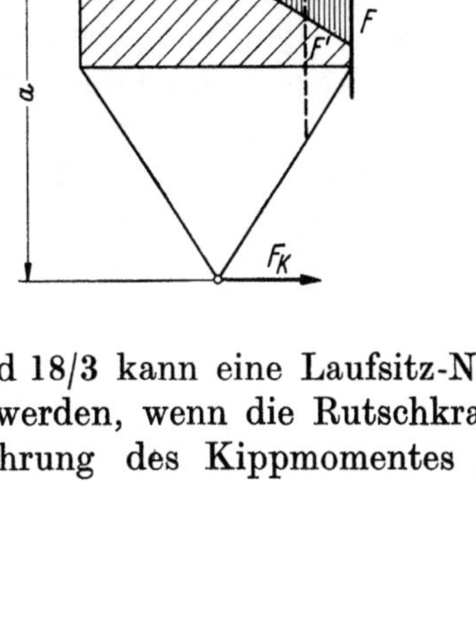

Bild 18/3. Klemmsitz durch Kippkraft F_K (z. B. Wagenheber). Für Selbsthemmung muß $\dfrac{a}{L} \geqq \dfrac{1}{2\mu_{rl}}$ sein.

Klemmsitz durch Kippkraft F_K: Nach Bild 18/3 kann eine Laufsitz-Nabe auf der Welle durch die Kippkraft F_K festgeklemmt werden, wenn die Rutschkraft in Längrichtung $F_{rl} = 2F\mu_{rl} \geqq F_K$ ist. Mit Einführung des Kippmomentes $F_K a = FL_F$

wird:[1]

$$F_{\mathrm{rl}} = 2F_{\mathrm{K}}\mu_{\mathrm{rl}}\frac{a}{L_{\mathrm{F}}} \geqq F_{\mathrm{K}} \tag{18/5}$$

und

$$\frac{a}{L_{\mathrm{F}}} \geqq \frac{1}{2\mu_{\mathrm{rl}}}. \tag{18/6}$$

In diesem Fall liegt Selbsthemmung vor. So muß z. B. für $\mu_{\mathrm{rl}} = 0{,}075$ das Verhältnis $a/L_{\mathrm{F}} \geqq 6{,}7$ sein, wenn ein sicherer Klemmsitz erreicht werden soll.

18.2.3 Preßsitz-Bemessung

Die Welle (Außendurchmesser D_{Ia}) ist gegenüber der Nabenbohrung (Durchmesser D_{Ai}) um das Übermaß $U = D_{\mathrm{Ia}} - D_{\mathrm{Ai}}$ größer, so daß nach dem Zusammenfügen die Nabe gedehnt und die Welle gedrückt ist. Die Spannungsverteilung (Bild 18/4) entspricht dann der eines Rohres unter innerem bzw. äußerem Überdruck p (vgl. auch Abschnitt 3.1.5) und kann im elastischen Gebiet wie folgt berechnet werden (Tangentialspannungen):

In der Nabe: $$\sigma_1 = p\frac{1+Q_{\mathrm{A}}^2}{1-Q_{\mathrm{A}}^2} \quad \text{mit} \quad Q_{\mathrm{A}} = \frac{D_{\mathrm{Ai}}}{D_{\mathrm{Aa}}} = \frac{D_{\mathrm{F}}}{D_{\mathrm{Aa}}}, \tag{18/7}$$

in der Welle: $$\sigma = p\frac{1+Q_{\mathrm{I}}^2}{1-Q_{\mathrm{I}}^2} \quad \text{mit} \quad Q_{\mathrm{I}} = \frac{D_{\mathrm{Ii}}}{D_{\mathrm{Ia}}} = \frac{D_{\mathrm{Ii}}}{D_{\mathrm{F}}}, \tag{18/8}$$

(für Vollwelle $D_{\mathrm{Ii}} = 0$ wird $\sigma = p$).

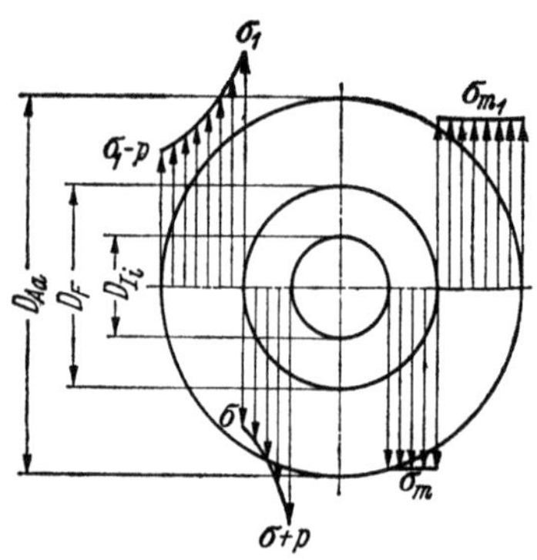

Bild 18/4. Spannungsverteilung in der elastischen Preßverbindung. (Tangentialspannungen).

Die Mittelspannung im Ring errechnet sich zu:

$$\sigma_{\mathrm{m1}} = \frac{pD_{\mathrm{F}}}{D_{\mathrm{Aa}} - D_{\mathrm{F}}} = p\cdot\frac{Q_{\mathrm{A}}}{1-Q_{\mathrm{A}}}. \tag{18/9}$$

Damit wird

$$\sigma_1 = \sigma_{\mathrm{m1}}\cdot\frac{1+Q_{\mathrm{A}}^2}{(1+Q_{\mathrm{A}})\,Q_{\mathrm{A}}}. \tag{18/10}$$

Bei dünnen Ringen (Bandagen) geht Q_{A} gegen 1, und es wird $\sigma_1 = \sigma_{\mathrm{m1}}$.

Außer dieser Tangentialspannung ist noch die Radialspannung vorhanden, die in der Fuge gleich dem Fugendruck $\sigma_{\mathrm{r}} = -p$ ist.

Fließen tritt auf, wenn $2p/(1-Q^2) \geqq \sigma_{\mathrm{S}}$ ist[2]. Q ist das größte vorhandene Durchmesserverhältnis. Streckgrenze σ_{S} von Stahl s. Bild 3/24; für verschiedene Gußarten: GG 22:85; GG 30:95; GS 45:220; GS 60:360 N/mm². Spannungsverteilung beim Fließen s. [18/21].

[1] Im günstigsten Fall ist entsprechend der eingezeichneten Flächenpressung $F_{\mathrm{K}}a = \frac{2}{3}F'L_{\mathrm{F}}$. Es wird aber mit dem ungünstigsten Fall der Lastabsetzung an den Kanten gerechnet.

[2] Vergleichsspannung σ_{v} nach der Schubspannungstheorie.

Durch die Glättung der Welle R_{pI} und der Bohrung R_{pA} wird beim Fügen nur das Haftmaß $Z = U - 2(R_{pI} + R_{pA})$ wirksam.

Anhaltswerte für $2(R_{pA} + R_{pI})$ in mm für Oberfläche: poliert 0,002; feingeschliffen 0,005; feingedreht 0,01; gedreht 0,02.

Die Flächenpressung p in der Fuge ist dem bezogenen Haftmaß $\xi = Z/D_F$ proportional

$$p = \frac{\xi}{\frac{1}{E_A}\left(\frac{1+Q_A^2}{1-Q_A^2}+\nu\right)+\frac{1}{E_I}\left(\frac{1+Q_I^2}{1-Q_I^2}-\nu\right)} = \frac{\xi}{K_A + K_I}. \qquad (18/11)$$

Die Hilfsgrößen K_A und K_I können auch DIN 7190 entnommen werden.

Für die *Vollwelle* mit Wellen- und Nabenwerkstoff gleichen E-Moduls und gleicher Querkontraktionszahl ν wird

$$p = 0{,}5\,\xi\,E(1 - Q_A^2)\,. \qquad (18/12)$$

Eingesetzt in die Grenzbedingung für Fließen ergibt sich damit $\xi_{grenz} = \sigma_S/E$. Oberhalb dieser Grenze sind Teile der Nabe bereits plastisch verformt. Beim Übergang vom elastisch-plastischen zum plastischen Bereich hat die Streckgrenze gerade die Außenfaser erreicht. Im Bild 18/5 sind die erreichten Flächenpressungen nach Theorie

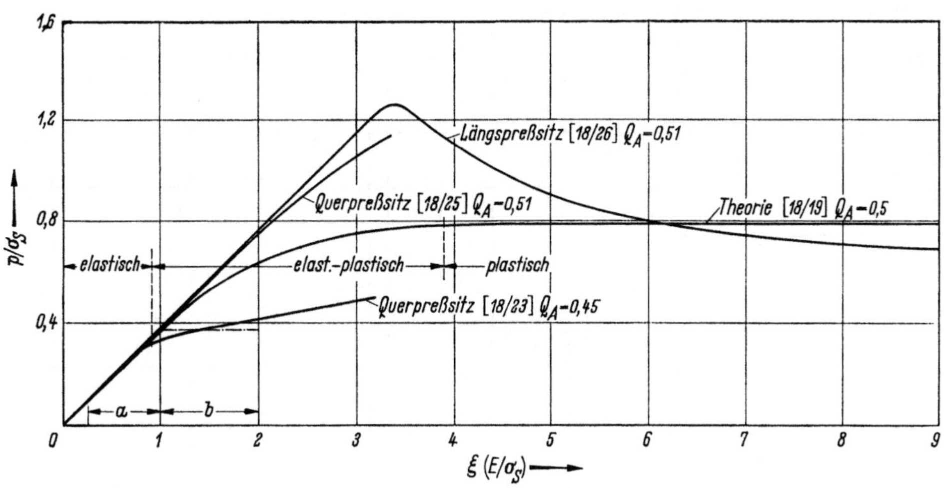

Bild 18/5. Pressung in Preßpassungen nach Lundberg [18/19], Wassileff [18/25], Werth [18/26] und Peiter [18/23]. Werkstoffe und Abmessungen:

Wassileff: $D_F = 1{,}8$ cm; $D_{Aa} = 3{,}5$ cm; $L_F = 2{,}5$ cm; $\sigma_S = 310$ N/mm²; Vollwelle.
Werth: $D_F = 1{,}8$ cm; $D_{Aa} = 3{,}5$ cm; $L_F = 2{,}5$ cm; $\sigma_S = 320$ N/mm²; Vollwelle.
Peiter: $D_F = 4$ cm; $D_{Aa} = 9$ cm; $L_F = 3$ cm; $\sigma_S = 310$ N/mm²; Vollwelle;

Zum Vergleich: Toleranzbereich *a* von Rechenbeispiel a., und *b* von Rechenbeispiel b., S. 367. Die Werte von Wassileff und Werth wurden aus den gemessenen Sitzkräften mit $\mu_{ru} = 0{,}09$ bzw. $\mu_{rl} = 0{,}08$ errechnet.

und Versuch aufgetragen; man sieht, daß p auch im elastisch-plastischen Gebiet mit ξ zunimmt. Wählt man wie in Rechenbeispiel b das kleinste relative Haftmaß $\xi_{kleinst}$ gerade so groß wie ξ_{grenz} und legt das durch die Passungstoleranz bedingte $\xi_{größt}$ in das elastisch-plastische Gebiet, so können damit größere Momente übertragen und größere Passungstoleranzen zugelassen werden.

Die übertragbare Umfangskraft F_{ru} beim Rutschen wird für Vollwelle und gleichen Wellen- und Nabenwerkstoff:

$$F_{ru} = \mu_{ru} D_F \pi p L_F = 0{,}5 \xi E D_F \pi \mu_{ru} L_F (1 - Q_A^2) \qquad (18/13)$$

und das übertragbare Moment

$$M_t = F_{ru}\frac{D_F}{2} = 0{,}25\xi\, D_F^2 \pi E L_F \mu_{ru}(1 - Q_A^2)\,. \tag{18/14}$$

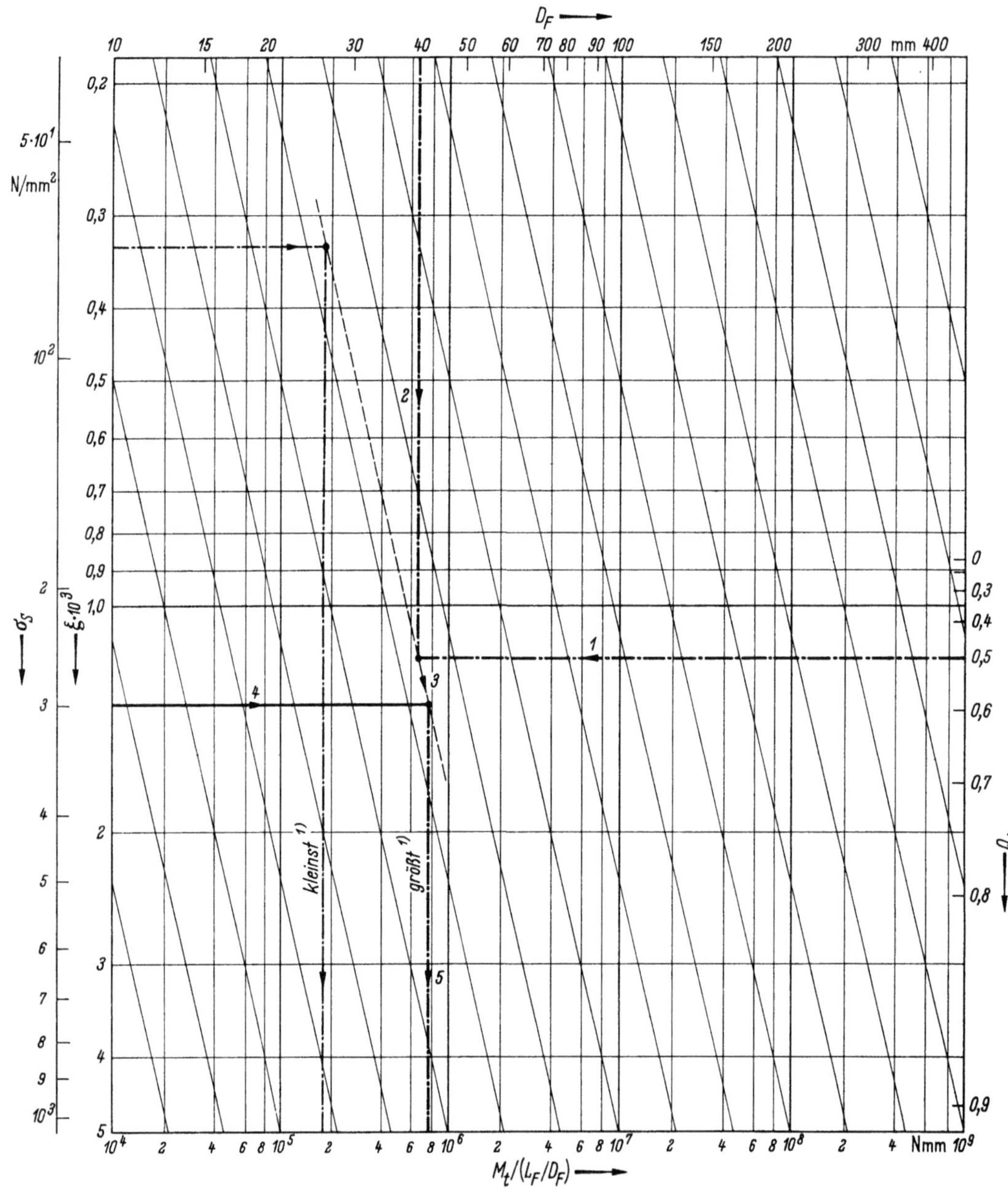

Bild 18/6. Diagramm zur Ermittlung des Rutschdrehmomentes an Preßpassungen bei Vollwelle, Paarung St-St und $\mu_{ru} = 0{,}07$ (nach Gackstetter). Beispiel s. Abschnitt 18.2.3. Beispiel a).

$$\text{Für anderes } \mu_{ru}\text{: } \frac{\overline{M}_t}{L_F/D_F} = \frac{M_t}{L_F/D_F}\cdot\frac{\mu_{ru}}{0{,}07}\,;$$

$$\text{Für Stahlwelle u. GG-Nabe: } \frac{\overline{M}_t}{L_F/D_F} \approx \frac{M_t}{L_F/D_F}\cdot\frac{E_{GG}}{1{,}9\cdot 10^5}\,;$$

$$\text{Für Stahlwelle u. Leichtmetallnabe: } \frac{\overline{M}_t}{L_F/D_F} \approx \frac{M_t}{L_F/D_F}\cdot\frac{E_{LM}}{1{,}8\cdot 10^5}\,.$$

Diese Beziehung ist in Bild 18/6 zur einfachen Bestimmung des Rutschdrehmomentes bei Vollwelle dargestellt. In Tafel 18/3 sind Haftbeiwerte an Preßpassungen wiedergegeben.

Sicherheiten: Da bei Reibschlußverbindungen mit der Rutschkraft gerechnet wird, zum Lösen der Verbindung jedoch bei statischer Belastung die Lösekraft (ca. 2mal so groß) nötig ist, ist in der Berechnung bereits eine Sicherheit enthalten. Trotzdem wird in manchen Fällen noch eine zusätzliche Sicherheit von $S = F_{ru}/F_u$ von 1,5···2,5 angenommen.

Toleranzen: Das Übermaß U und damit das Haftmaß Z können nur mit einer gewissen Toleranz eingehalten werden. Die Berechnung ist daher für das kleinste Übermaß (kleinste übertragbare Kraft) und das größte Übermaß durchzuführen. Das maximale relative Haftmaß $\xi_{\text{größt}}$ soll nicht mehr als etwa das 2···3fache des Haftmaßes ξ_{grenz} betragen, bei dem gerade die Streckgrenze σ_s bzw. die zulässige Spannung erreicht wird. Größt- und Kleinstübermaße von Passungen s. Tafel 6/5.

Berechnungsbeispiel: Preßsitz von Nabe aus Stahl auf Vollwelle St 50 mit $\sigma_s = 300$ N/mm². $D_F = 40$ mm, $D_{Aa} = 80$ mm, $L_F = 50$ mm, Welle und Nabenbohrung feingeschliffen. Zur überschlägigen Auslegung s. Tafel 18/2. Glättung $2(R_{pA} + R_{pI}) = 0{,}005$ mm.

a) Ausgeführt als Schrumpfsitz mit $\mu_{ru} = 0{,}07$. Die Streckgrenze σ_s soll nicht überschritten werden.

Gesucht: Übertragbares Moment M_t, notwendige Passung.

Berechnet: $L_F/D_F = 1{,}25$; $Q_A = D_F/D_{Aa} = 0{,}5$.

Berechnet nach (18/14) mit $\xi_{\text{grenz}} = \sigma_s/E$ oder einfacher aus Bild 18/6: $\xi_{\text{größt}} = 1{,}4 \cdot 10^{-3}$ und $(M_t/(L_F/D_F))_{\text{größt}} = 7{,}75 \cdot 10^5$ Nmm $= 775$ Nm.

Aus $\xi_{\text{größt}}$ erhält man $Z_{\text{größt}} = \xi_{\text{größt}} \cdot D_F = 0{,}056$ mm und $U_{\text{größt}} = Z_{\text{größt}} + 2(R_{pA} + R_{pI}) = 0{,}056 + 0{,}005 = 0{,}061$ mm $= 61$ µm.

Passung: Gewählt H 7/s6 mit $U_{\text{größt}} = 59$ µm und $U_{\text{kleinst}} = 18$ µm nach Tafel 6/5. Aus U_{kleinst} erhält man $Z_{\text{kleinst}} = 13$ µm und $\xi_{\text{kleinst}} = 0{,}325 \cdot 10^{-3}$; nach Bild 18/6 dafür $(M_t/(L_F/D_F))_{\text{kleinst}} = 1{,}80 \times 10^5$ Nmm und $M_{t\,\text{kleinst}} = 2{,}25 \cdot 10^5$ Nmm $= 225$ Nm.

b) Ausgeführt als Schrumpfsitz wie a), aber Streckgrenze bis zu entsprechend relativen Haftmaß $2 \cdot \xi_{\text{grenz}} = 2{,}8 \cdot 10^{-3}$ überschritten. Passung so gewählt, daß bei ξ_{kleinst} gerade σ_s erreicht, also ξ_{kleinst} $1{,}4 \cdot 10^{-3}$. Dafür $M_{t\,\text{kleinst}} = 7{,}75 \cdot 10^5$ Nmm $\cdot (L_F/D_F) = 9{,}68 \cdot 10^5$ Nmm, s. a).

Passung: $U_{\text{kleinst}} = 61$ µm, s. a). $Z_{\text{größt}} = \xi_{\text{größt}} \cdot D_F = 2{,}8 \cdot 10^{-3} \cdot 40 = 0{,}112$ mm $= 112$ µm und $U_{\text{größt}} = 117$ µm. Gewählte Passung M 8/x 7 mit $U_{\text{kleinst}} = 55$ µm und $U_{\text{größt}} = 105$ µm. Dafür $M_{t\,\text{kleinst}} = 8{,}65 \cdot 10^5$ Nmm $= 865$ Nm.

c) Ausführung wie b), jedoch als Längspreßsitze mit $\mu_{ru} = 0{,}05$ und $\mu_e = 0{,}1$ nach Tafel 18/3. Wegen des kleineren Haftbeiwertes μ_{ru} gegen b) ist $M_{t\,\text{kleinst}} = 8{,}65 \cdot 10^{-5} \cdot \dfrac{0{,}05}{0{,}07} = 6{,}17 \cdot 10^5$ Nmm. Zur Ermittlung der Einpreßkraft wird auch im elastisch-plastischen Bereich mit den Beziehungen der elastischen Theorie gerechnet. Es ist $F_{u\,\text{größt}} = 2M_{t\,\text{größt}}/D_F = 2 \cdot 17{,}31 \cdot 10^5/40 = 86\,550$ N für $\xi_{\text{größt}} = 0{,}100/40 = 2{,}5 \cdot 10^{-3}$; $F_{e\,\text{größt}} = F_{u\,\text{größt}} \cdot \mu_e/0{,}07 = 123\,642$ N.

Einfluß der Drehzahl. Bei der rotierenden Preßverbindung wird der Druck in der Fuge durch die Fliehkraft abgebaut. Die Verbindung kann also bei einer bestimmten Drehzahl nur ein geringeres Moment M_{tn} als das Drehmoment bei Drehzahl Null übertragen. Bei der Lösedrehzahl n_L kann kein Moment übertragen werden.

Es ist

$$M_{tn} = M_t\left(1 - \left(\frac{n}{n_L}\right)^2\right) \tag{18/15}$$

mit Lösedrehzahl:

$$n_L = \frac{30}{\pi}\sqrt{\frac{8}{3+\nu}\,\frac{4p_0'}{D_{Aa}^2(1-Q_A^2)\,\varrho}} = 29{,}73\sqrt{\frac{p_0}{D_{Aa}^2\,(1-Q_A^2)\,\varrho}}, \tag{18/16}$$

mit p_0 als Fugendruck in N/m² bei Drehzahl Null und ϱ als Dichte des Werkstoffes in kg/m³ und $\nu = 0{,}3$ für Stahl; D_{Aa} in m.

Beispiel: Die Verbindung von Beispiel b) soll mit $n = 10000$ U/min laufen.

Gesucht: Übertragbares Moment M_{tn}.

Es ist $p_0 = 2M_t/(D_F^2 \mu_{ru} L_F \pi) = 2 \cdot 865/(0{,}04^2 \cdot 0{,}07 \cdot 0{,}05 \approx \cdot \pi)\; 1 \cdot 10^8\ \mathrm{N/m^2}$ und $\varrho = 7{,}8 \cdot 10^3\ \mathrm{kg/m^3}$. Damit $n_L = 29{,}73 \sqrt{1 \cdot 10^8/(0{,}08^2 \cdot 0{,}75 \cdot 7{,}8 \cdot 10^3)} \approx 48000$ U/min und $M_{tn}/M_t = 1 - (n/n_L)^2 = 0{,}96$. Es kann also 4% weniger Moment übertragen werden.

18.2.4 Erzeugung der Querpreßsitze

a) Durch *Erwärmen* der Nabe (Schrumpfsitz) um $\Delta\vartheta$ (vgl. Bild 18/7):

Bis 100 °C auf einer Wärmplatte (z. B. beim Aufziehen von Wälzlagern), bis 370 °C in Zylinderöl, bis etwa 700 °C im Muffelofen oder in der Heizflamme. Die Gefahr des Verziehens der Nabe wächst mit der Temperatur. (Endbearbeitung gegebenenfalls erst nach dem Schrumpfen.)

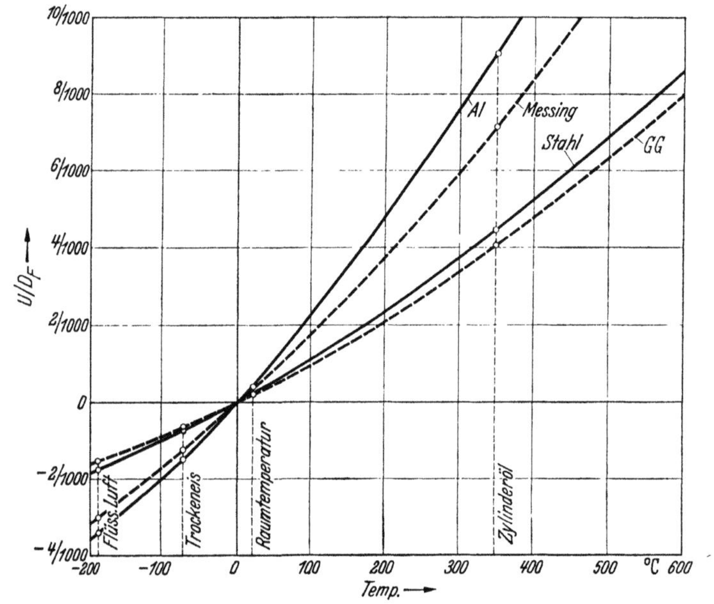

Bild 18/7. Wärmedehnung U/D_F bei verschiedenen Werkstoffen und Temperaturen (für andere Werkstoffe s. α in Tafel 6/7: $U/D_F = \alpha \cdot \Delta\vartheta$).

b) Durch *Abkühlen* der Welle (Dehnsitz):

Mit Trockeneis [18/14] (Kohlensäureschnee) wird minus 70 °C bis minus 79 °C erreichbar und Bolzen von 30 mm aufwärts mit einem Übermaß $U = 0{,}67 \cdot D_F/1000$ (entspricht 20 μ bei $d = 30$ mm) fügbar; **mit flüssiger Luft bzw. flüssigem Stickstoff (Gefahr der Explosion und Frostschädigung!) wird minus 190 °C bis 196 °C erreichbar. In beiden Fällen soll man mit Handschuhen und Schutzbrille arbeiten!**

c) Durch Fügen mittels *Drucköl* (Ölpreßverbindung):

In die leicht kegelige Fuge (Kegelwinkel 1···3°) wird durch die Nabe oder Welle Drucköl gepumpt. Die Nabe kann dabei axial verschoben werden, bis die Aufweitung gleich dem gewünschten Übermaß ist. (Vgl. Bild 18/1k und l.) Nach dem Fügen wird das Drucköl wieder abgelassen. Dieses Druckölverfahren [18/22] findet weitgehend Anwendung bei Wälzlagern und Wellen-Nabenverbindungen (Kupplungen).

d) Durch nachträgliche Änderung der Eigenspannung, wie sie zum Beispiel beim sog. Gefügeschrumpfen [18/24] auftritt.

18.2.5 Erzeugung des Längspreßsitzes

Es wird hergestellt durch axiales Aufpressen der Nabe auf die Übermaßwelle, wobei die Flächen mehr oder weniger geglättet werden (Glättung $2(R_{pA} + R_{pI})$). Besonders wichtig ist ein kegeliger Ansatz der Welle mit 10°…15° Kegelwinkel, um die Schabewirkung der Wellenstirnkante zu verhüten [18/26] (Einpreßgeschwindigkeit < 2 mm/s, erst nach 24 h belastbar).

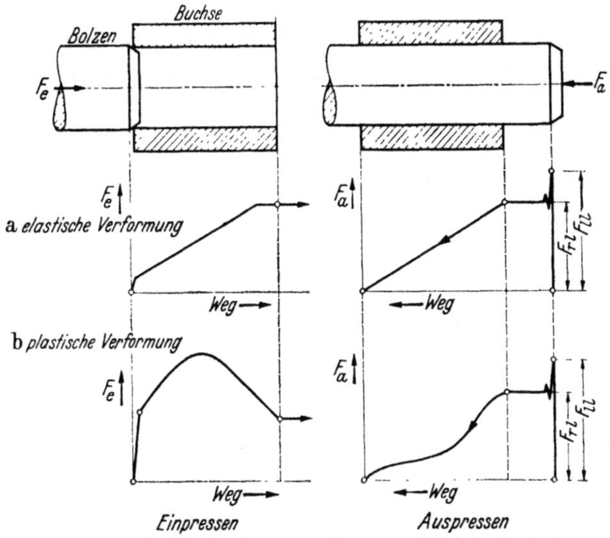

Bild 18/8. Kraftverlauf beim Ein- und Auspressen eines Bolzens nach Werth [18/26], a) bei elastischer, b) bei plastischer Verformung.

Bild 18/8 zeigt den Kraftverlauf beim Ein- und Auspressen. Die volle Haftkraft wird erst 2 Tage nach dem Fügen erreicht. (Sofort nach dem Pressen nur 70%.) Außerdem lassen sich mit Zwischenbüchsen (z. B. mit den „Star Toleranzringen") elastische Längspreßsitze herstellen (Bild 18/1). Die Anpreßkraft wird hierbei durch Verformen der gewellten Büchse erzeugt.

18.2.6 Kegelsitz

Ausführung nach Bild 18/1e und f, oft mit Paßfeder als Lagensicherung. Die Einpreßkraft F_e erzeugt durch die Keilwirkung des Kegels die Preßkräfte F (s. Bild 18/2g). Die Einpreßkraft wird meist durch eine Gewindemutter erreicht (bei Werkzeugschäften nur durch den axialen Arbeitsdruck allein); gegenüber dem Längspreßsitz ist der Kegelsitz erheblich teurer, aber dafür ist er leichter lösbar, und seine Preßkraft ist nachstellbar und dosierbar. Mit Kegelbüchsen (meist geschlitzt) können auch Naben auf zylindrische Wellen aufgespannt werden (s. Bild 18/1e). Für die Berechnung kann der Kegelsitz als Preßsitz mit dem mittleren Fugendurchmesser D_{Fm} betrachtet werden. Es gelten die Gleichungen des Preßsitzes. Die zur Erzeugung der Aufweitung U notwendige Einpreßkraft errechnet sich zu (s. Bild 18/1g)

$$F_e = 2F\cos\alpha(\tan\alpha + \mu_e), \quad (18/17)$$

mit

$$2F = pD_F L_F \pi \qquad \text{und} \qquad p = 0{,}5EZ(1 - Q_A^2)/D_{Fm}$$

wird

$$F_e = 0{,}5ZEL_F\pi\cos\alpha(\tan\alpha + \mu_e)(1 - Q_A). \quad (18/18)$$

Die axiale Kraft zum Auspressen wird entsprechend

$$F_a = 0{,}5ZEL_F\pi\cos\alpha(\mu_{l1} - \tan\alpha)(1 - Q_A) \quad (18/19)$$

und der axiale Preßweg Δe

$$\Delta e = \frac{Z + 2(R_{pA} + R_{pI})}{2 \tan \alpha} . \tag{18/20}$$

Werte von μ_e und μ_{l1} s. Tafel 18/3. Der axiale Preßweg Δe kann gemessen und genau eingehalten werden. Man ist also von Fertigungstoleranzen unabhängig.

Beispiel: *Gegeben*: Kegelsitz mit $D_{Fm} = 40$ mm; $D_{Aa} = 80$ mm; $L_F = 50$ mm; $\tan \alpha = 1:20 = 0{,}05$; $2(R_{pA} + R_{pI}) = 0{,}005$ mm; Rutschmoment $6 \cdot 10^5$ Nmm.

Gesucht: Relatives Haftmaß, Einpreßkraft, Auspreßkraft, Einpreßweg.

Ermittelt: $L_F/D_F = 1{,}25$; $Q_A = 0{,}5$; $M_t/(L_F/D_F) = 4{,}80 \cdot 10^5$ Nmm. Aus Bild 18/6: Notwendiges relatives Haftmaß $\xi = 0{,}9 \cdot 10^{-3}$. Daraus $Z = \xi D_{Fm} = 0{,}036$ mm. Aus Tafel 18/3: $\mu_e = 0{,}15$ und $\mu_{l1} = 0{,}15$. Nach (18/18) $F_e = 0{,}5 \cdot 0{,}036 \cdot 2{,}1 \cdot 10^5 \cdot 50 \cdot \pi\,(0{,}05 + 0{,}15) \cdot 0{,}75 = 89064$ N und $F_a = F_e(0{,}15 - 0{,}05)/(0{,}15 + 0{,}05) = 44532$ N.

Axiale Einpreßweg nach (18/20) $\Delta e = (0{,}036 + 0{,}005)/(2 \cdot 0{,}05) = 0{,}41$ mm.

18.2.7 Spannelement-Verbindungen

Das *Ringfeder-Spannelement* (Bild 18/1h) besteht aus ineinander geschobenen Kegelbüchsen. Durch axiales Verspannen wird der Außenring gedehnt und der Innenring gedrückt. Durch die entstehenden Anpreßkräfte zwischen Innenring und Welle sowie Außenring und Nabe kann ein Moment übertragen werden. Bei Hintereinanderschaltung mehrerer Elemente geht ein Teil der Axialkraft durch Reibung zwischen den Hülsen verloren. Entsprechend ist die übertragbare Umfangskraft an der Einleitungsstelle der Axialkraft am größten. Eine Hintereinanderschaltung von mehr als 4 Elementen bringt deshalb keine weitere Steigerung der übertragbaren Kraft. Das Ringfeder-Spannelement ist leicht montierbar und lösbar. Das übertragbare Drehmoment einer Ringfeder-Spannelement-Verbindung berechnet sich zu

$$M_t = c M_h p \, , \tag{18/21}$$

und die übertragbare Axialkraft zu

$$F = c F_h p \, , \tag{18/22}$$

mit Abminderungsfaktor c je nach Zahl der n hintereinander geschalteten Elemente:

n	1	2	3	4
c	1	1,55	1,86	2

sowie Haftmomentverhältnis M_h und Haftkraftverhältnis F_h nach Tafel 18/4.

Die zur Erreichung der Fugenpressung p am ersten Element notwendige Längskraft ist

$$F_l = F_0 + F_1 \cdot p \, , \tag{18/23}$$

mit Längskraft F_0 zur Überbrückung des Einbauspieles und Spannkraftverhältnis F_1, nach Tafel 18/4. Die Fugenspannung p ist auch zur Berechnung der Tangentialspannungen am Außenring heranzuziehen (18/7) mit $\sigma_{1\,zul} = 0{,}8\sigma_s$. Die Passung ist $H7/h6$ bis $d \cdot D = 38 \cdot 44$, darüber $H8/h8$.

Die *Ringspannscheibe* (Bild 18/1i) verändert beim Plandrücken Innen- und Außendurchmesser und erzeugt dadurch Anpreßkräfte an Welle und Nabe. Sie stellt eine leicht und schnell lösbare Verbindung dar und wird meist zu Spannzwecken an Werkzeugmaschinen verwendet.

Die *Schrumpfscheiben-Verbindung* (Fa. Stüwe, Haltingen) nach Bild 18/1m kann als Wellen-Naben- oder Wellen-Wellen-Verbindung mit Zwischenstück verwendet werden. Sie ist leicht montierbar und lösbar und überträgt große Drehmomente. Sie wird z. B. für Zahnrad-Aufsteckgetriebe verwendet.

Tafel 18/4. Maße und technische Daten von Ringfeder-Spannelementen (nach Ringfeder GmbH, Krefeld)

$d \times D$ mm	L mm	l mm	F_0 kN	F_1 N/(N/mm²)	F_h N/(N/mm²)	M_h Nm/(N/mm²)
10×13	4,5	3,7	6,95	63,0	14,0	0,070
12×15	4,5	3,7	6,95	75,0	16,7	0,10
13×16	4,5	3,7	6,45	81,5	18,1	0,12
14×18	6,3	5,3	11,2	126	28,0	0,20
15×19	6,3	5,3	10,7	135	30,0	0,22
16×20	6,3	5,3	10,1	144	31,9	0,25
17×21	6,3	5,3	9,5	153	34,0	0,29
18×22	6,3	5,3	9,1	162	36,0	0,32
19×24	6,3	5,3	12,6	171	37,9	0,36
20×25	6,3	5,3	12,0	180	40,0	0,40
22×26	6,3	5,3	9,0	198	44,0	0,48
24×28	6,3	5,3	8,3	216	48,0	0,58
25×30	6,3	5,3	9,9	225	50,0	0,62
28×32	6,3	5,3	7,4	252	56,0	0,78
30×35	6,3	5,3	8,5	270	60,0	0,90
32×36	6,3	5,3	7,8	288	64,0	1,0
35×40	7	6	10,1	356	79,0	1,4
36×42	7	6	11,6	366	82,0	1,5
38×44	7	6	11,0	387	86,0	1,6
40×45	8	6,6	13,8	450	99,5	2,0
42×48	8	6,6	15,6	470	104	2,2
45×52	10	8,6	28,2	660	146	3,3
48×55	10	8,6	24,6	700	156	3,7
50×57	10	8,6	23,5	730	162	4,0
55×62	10	8,6	21,8	800	178	4,9
56×64	12	10,4	29,4	990	220	6,1
60×68	12	10,4	27,4	1060	235	7,0
63×71	12	10,4	26,3	1110	248	7,8
65×73	12	10,4	25,4	1150	256	8,3
70×79	14	12,2	31,0	1450	320	11,2
71×80	14	12,2	31,0	1470	326	11,6
75×84	14	12,2	34,6	1550	344	12,9
80×91	17	15	48,0	2030	450	18,1
85×96	17	15	45,6	2160	480	20,4
90×101	17	15	43,4	2290	510	22,9
95×106	17	15	41,2	2420	540	25,5
100×114	21	18,7	60,7	3170	700	35,2
110×124	21	18,7	66,0	3490	770	42,5
120×134	21	18,7	60,2	3800	840	50,5
130×148	28	25,3	96,2	5580	1240	80,5
140×158	28	25,3	89,0	6000	1340	93,5
150×168	28	25,3	84,5	6430	1430	107

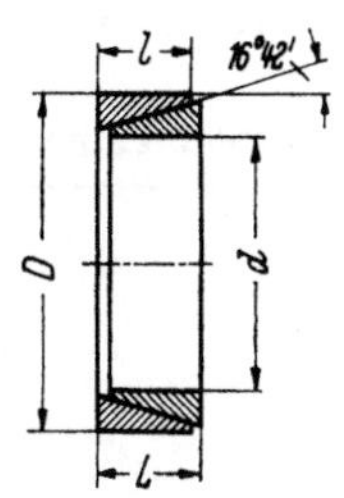

Beispiele für übertragbare Drehmomente der Schrumpfscheiben-Verbindung:

d_{welle}	100	140	200	340	460	mm
$M_{t\,max}$	16,5	60	160	820	2040	$\cdot 10^3$ Nm

18.3 Formschluß-Verbindungen (Bild 18/9)

18.3.1 Längs- und Querstift

Billig und für kleinere Drehmomente geeignet; Ausführung und Bemessung s. Kap. 11.

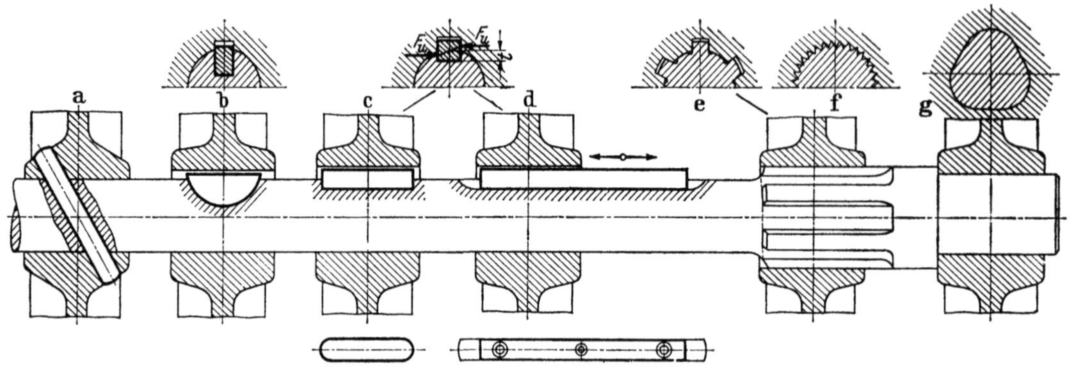

Bild 18/9. Formschlußverbindungen, a) Querstift, b) Scheibenfeder, c) Einlege-Paßfeder, d) Gleitfeder, e) Vielnutprofil, f) Kerbzahnprofil, g) Polygonprofil: K- oder P3-Profil.

18.3.2 Paßfeder (Bild 18/9c)

Die Paßfederverbindung ist die am häufigsten anzutreffende Nabenverbindung bei einseitigem Drehmoment, z. B. bei Kupplungsflanschen. Ferner findet man sie als Gleitfeder bei längsbeweglichen Naben und schließlich als Lagensicherung bei manchen

Tafel 18/5. Paßfeder-, Keil- und Nutenmaße nach DIN in mm, zulässiges Drehmoment.

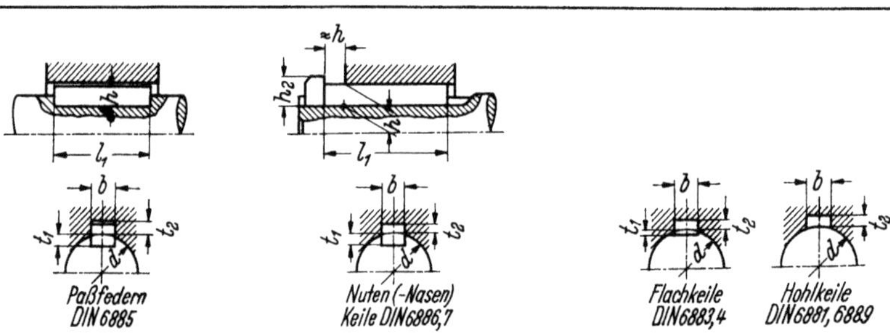

Welle				Keile	Federn	Nasenhöhe	Flachkeile		Wellenabflachg.	Hohlkeile		
d	b	h	t_1	t_2	t_2	h_2	b	h	t_1	b	h	t_2
10···12	4	4	2,5	1,2	1,8	7						
12···17	5	5	3,0	1,7	2,3	8						
17···22	6	6	3,5	2,1	2,8	10						
22···30	8	7	4,0	2,4	3,3	11	8	5	1,3	8	3,5	3,2
30···38	10	8	5,0	2,4	3,3	12	10	6	1,8	10	4	3,7
38···44	12	8	5,0	2,4	3,3	12	12	6	1,8	12	4	3,7
44···50	14	9	5,5	2,9	3,8	14	14	6	1,4	14	4,5	4,0
50···58	16	10	6,0	3,4	4,3	16	16	7	1,9	16	5	4,5
58···65	18	11	7,0	3,4	4,4	18	18	7	1,9	18	5	4,5
65···75	20	12	7,5	3,9	4,9	20	20	8	1,9	20	6	5,5
75···85	22	14	9,0	4,4	5,4	22	22	9	1,8	22	7	6,5
85···95	25	14	9,0	4,4	5,4	22	25	9	1,9	25	7	6,4
95···110	28	16	10,0	5,4	6,4	25	28	10	2,4	28	7,5	6,9
110···130	32	18	11,0	6,4	7,4	28	32	11	2,3	32	8,5	7,9
130···150	36	20	12,0	7,1	8,4	32	36	12	2,8	36	9	8,4
150···170	40	22	13,0	8,1	9,4	36	40	14	4,0			9,1
170···200	45	25	15,0	9,1	10,4	40	45	16	4,7			10,4

Drehmoment für Paßfedern: $M_t \approx (h - t_1)\frac{d}{2} p L i$ (mit $L = l_1 - b$).

GG-Nabe: $p \leqq 50$ N/mm²; $L/d = 1{,}6 \cdots 2{,}1$.
St-Nabe: $p \leqq 90$ N/mm²; $L/d = 1{,}1 \cdots 1{,}4$. In Einzelfällen auch $p = 200$ N/mm² zulässig.

Klemm- und Kegelsitzen. Die Paßfeder ist gegenüber dem Nutenkeil kaum billiger in der Herstellung und im Einbau, aber die Nabe wird nicht ausmittig verzogen und das Auftreiben der Nabe erfordert geringe Kräfte (wichtig für eingebaute Wälzlager). Die billigere Scheibenfeder wird, besonders bei Werkzeugmaschinen und Kraftfahrzeugen, für kleinere Drehmomente verwendet.

Kraftübertragung: Die Umfangskraft F_u wird über die Seitenfläche der Paßfeder übertragen:

$$F_u = 2M_t/d = p\,(h - t)\,Li\,. \tag{18/24}$$

Tafel 18/6. Scheibenfedern, Nennmaße (mm) nach DIN 6888, zulässiges Drehmoment.

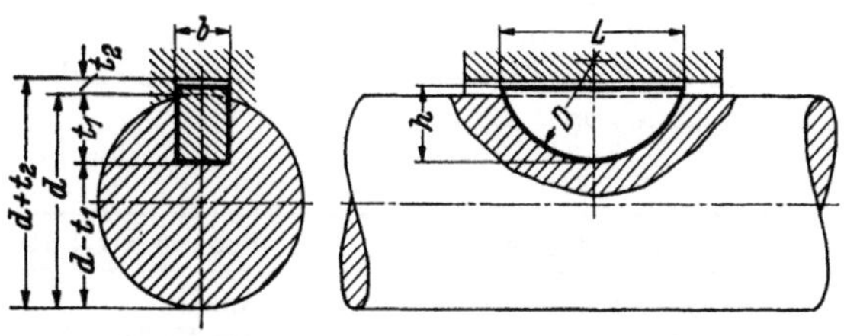

Wellen-durchmesser	Scheibenfeder				Reihe A[1] Nuttiefe Welle	Nabe	Reihe B[1] Nuttiefe Welle	Nabe	Reihe A M_{10}[2] Nm		Reihe B M_{10}[2] Nm	
d[3]	b	h	$L \approx$	D	t_1	t_2	t_1	t_2	von	bis	von	bis
über 3···4	1	1,4	3,82	4	1,0	0,6	1,0	0,6	0,2	0,3	0,2	0,3
über 4···6	1,5	2,6	6,76	7	2,0	0,8	2,0	0,8	0,8	1,2	0,9	1,2
über 6···8	2	2,6	6,76	7	1,8	1,0	1,8	1,0	1,6	2,1	1,6	2,1
	2	3,7	9,66	10	2,9	1,0	2,9	1,0	2,3	3,0	2,3	3,0
über 8···10	3	3,7	9,66	10	2,5	1,4	2,8	1,1	4,6	5,8	3,4	4,3
	3	5	12,65	13	3,8	1,4	4,1	1,1	6,0	7,6	4,5	5,7
	3	6,5	15,72	16	5,3	1,4	5,6	1,1	7,5	9,4	5,6	7,0
über 10···12	4	5	12,65	13	3,5	1,7	4,1	1,1	9,5	11,4	5,7	6,8
	4	6,5	15,72	16	5,0	1,7	5,6	1,1	11,8	14,1	7,0	8,5
	4	7,5	18,57	19	6,0	1,7	6,6	1,1	13,9	16,7	8,3	10,0
über 12···17	5	6,5	15,72	16	4,5	2,2	5,4	1,3	18,8	26,7	10,3	14,7
	5	7,5	18,57	19	5,5	2,2	6,4	1,3	22,2	31,5	12,2	17,3
	5	9	21,63	22	7,0	2,2	7,9	1,3	25,9	36,8	14,1	20,2
über 17···22	6	7,5	18,57	19	5,1	2,6	6,0	1,7	37,8	49,0	23,7	30,6
	6	9	21,63	22	6,6	2,6	7,5	1,7	44,2	57,2	27,6	35,7
	6	11	27,35	28	8,6	2,6	9,5	1,7	55,8	72,2	34,9	45,1
über 22···30	8	9	21,63	22	6,2	3,0	7,5	1,7	66,6	91,0	35,7	48,6
	8	11	27,35	28	8,2	3,0	9,5	1,7	84,3	114,9	45,1	61,5
	8	13	31,43	32	10,2	3,0	11,5	1,7	96,9	132,0	51,9	70,7
über 30···38	10	11	27,35	28	7,8	3,4	9,1	2,1	131,1	166,5	77,9	98,6
	10	13	31,43	32	9,8	3,4	11,1	2,1	151,0	191,5	89,5	113,2
	10	16	43,08	45	12,8	3,4	14,1	2,1	206,3	262,0	122,9	155,5

[1] Reihe A (hohe Nabennut) bevorzugt verwenden! Reihe B (niedrige Nabennut) für Werkzeugmaschinen.

[2] Drehmoment $M_t = L(h - t_1)\dfrac{d}{2}p\,.$

Tafelwert $M_{10} = M_t$ für Flächenpressung $p = 100$ N/mm² in Nm. In Einzelfällen auch $p = 200$ zulässig.
Zulässiges Drehmoment (einseitig und stoßfrei): $M_t \approx 0{,}5 \cdot M_{10}$ für GG-Nabe $\approx 0{,}9 \cdot M_{10}$ für St-Nabe.
Bezeichnung einer Scheibenfeder nach $b \cdot h$, z. B. Scheibenfeder 10×16 DIN 6888.
Werkstoff (bei Bestellung angeben): St 60 oder St 80.

[3] Wenn nur zur Lagenfeststellung verwendet, wird der jeweiligen Scheibenfeder jeweils ein zwei Stufen höherer Durchmesserbereich zugeordnet.

Tafel 18/7. Keilwellen und Keilnaben-Profile, Nennmaße (mm), zulässiges Drehmoment.

1. Für Kraftfahrzeuge nach DIN 5461 bis 5464

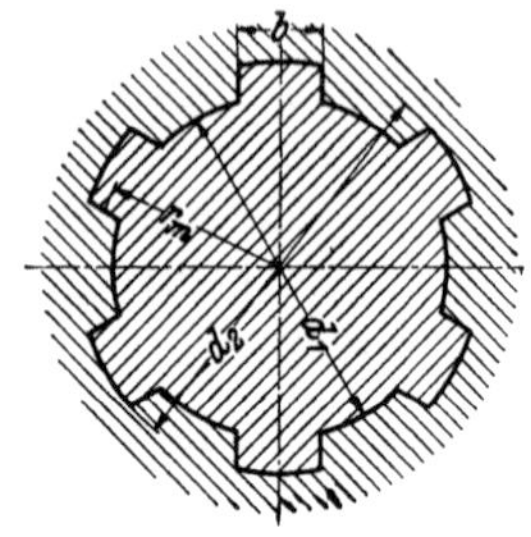

Bild a.

Nennmaße: s. Tafel a und Bild a.
Toleranzen: s. DIN 5465.
Zentrierung: Innen-Zentrierung für 6- bis 10keilige Profile,
Flanken-Zentrierung für 8- bis 20keilige Profile.
Bezeichnungsbeispiel: Keilwellenprofil 8×32×36. DIN 5462.
Drehmoment: $M_t{}^1 = 0{,}75 \cdot i \cdot h \cdot r_m \cdot L \cdot p$

mit Keilzahl i, $r_m = \dfrac{d_1 + d_2}{4}$, Nabenlänge L,

tragender Keilhöhe h und Flächenpressung p
$M_{10} = M_t$ für $p = 100$ N/mm² und $L = 1$ mm.
Zulässiges Drehmoment bei stoßhaftem (stoßfreiem) Betrieb:
$M_t = 0{,}4 \cdot L \cdot M_{10} = (0{,}6 \cdot L \cdot M_{10})$ für GG-Nabe, L in mm!
$M_t = 0{,}7 \cdot L \cdot M_{10} = (1 \cdot L \cdot M_{10})$ für St-Nabe. In Einzelfällen auch $p = 200$ N/mm² zulässig.

[1] Für Innenzentrierung; bei Flankenzentrierung 20% höher.

Tafel a.

Innen-durchmesser d_1 mm	Leicht DIN 5462			Mittel DIN 5463			Schwer DIN 5464		
	Anzahl der Keile i	d_2 mm	b mm	Anzahl der Keile i	d_2 mm	b mm	Anzahl der Keile i	d_2 mm	b mm
11	–	–	–	6	14	3	–	–	–
13	–	–	–	6	16	3,5	–	–	–
16	–	–	–	6	20	4	10	20	2,5
18	–	–	–	6	22	5	10	23	3
21	–	–	–	6	25	5	10	26	3
23	6	26	6	6	28	6	10	29	4
26	6	30	6	6	32	6	10	32	4
28	6	32	7	6	34	7	10	35	4
32	8	36	6	8	38	6	10	40	5
36	8	40	7	8	42	7	10	45	5
42	8	46	8	8	48	8	10	52	6
46	8	50	9	8	54	9	10	56	7
52	8	58	10	8	60	10	16	60	5
56	8	62	10	8	65	10	16	65	5
62	8	68	12	8	72	12	16	72	6
72	10	78	12	10	82	12	16	82	7
82	10	88	12	10	92	12	20	92	6
92	10	98	14	10	102	14	20	102	7
102	10	108	16	10	112	16	20	115	8
112	10	120	18	10	125	18	20	125	9

2. Für Werkzeugmaschinen nach DIN 5471 mit 4 Keilen.[1]

Nennmaße: s. Tafel b und Bild b.
Bezeichnungsbeispiel: Keilwellenprofil 32×38×10 DIN 5471.
Zulässiges Drehmoment: Wie oben.
Toleranzen: Für d: H7–g6, für D: H13–a11, für b: D9–h9.

[1] DIN 5472 mit 6 Keilen.

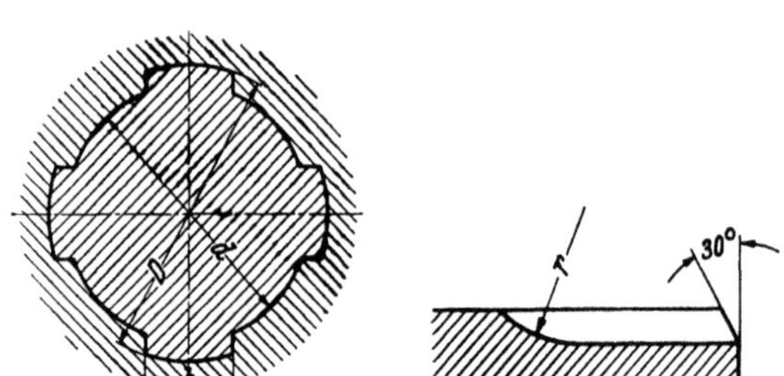

Bild b.

r nach Werkzeugdurchmesser.

Tafel b.

Nennmaße in mm für Welle und Nabe d	D	b
11	15	3
13	17	4
16	20	6
18	22	6
21	25	8
24	28	8
28	32	10
32	38	10
36	42	12
42	48	12
46	52	14
52	60	14
58	65	16
62	70	16
68	78	16

Hieraus kann die Flächenpressung p bzw. die erforderliche tragende Länge L der Paßfeder berechnet werden (i = Anzahl der Nuten = 1⋯2).

Erfahrungswerte für M_t und Maße der Paßfeder s. Tafel 18/5, für Scheibenfedern Tafel 18/6.

18.3.3 Vielnutprofil

Auch Keilwelle genannt (Bild 18/9e und Tafel 18/7). Es ist für große auch stoßhafte Drehmomente und auch für Verschiebe-Naben besonders geeignet. Das Drehmoment wird über mehrere Seitenflächen (i = 4⋯20) übertragen, wovon man bei genauer Herstellung 75% als tragend ansieht.

Man rechnet:

$$M_t = 0{,}75 phLir_m \qquad (18/25)$$

Erfahrungswerte für M_t und Maße s. Tafel 18/7.

Die Herstellung der Vielnutprofile der Wellen erfolgt auf Abwälz-Fräsmaschinen (notfalls im Teilverfahren mit Scheibenfräsern), der Naben mit Räumnadeln (notfalls im Teilverfahren auf Stoßmaschinen).

Tafel 18/8. Kerbzahn-Profile, Nennmaße (mm) nach DIN 5481, zulässiges Drehmoment

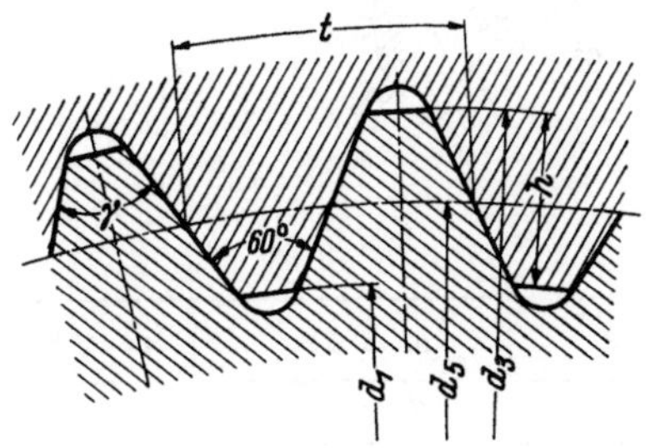

Nenn-durchmesser $(d_1 \cdot d_3)$[1]	d_1	d_3	d_5	Teilung t errechnet für d_3	γ	Zähnezahl i
7 · 8	6,9	8,1	7,5	0,842	47° 8′35″	28
8 · 10	8,1	10,1	9	1,010	47° 8′35″	28
10 · 12	10,1	12	11	1,152	48°	30
12 · 14	12	14,2	13	1,317	48°23′14″	31
15 · 17	14,9	17,2	16	1,571	48°25′	32
17 · 20	17,3	20	18,5	1,761	49° 5′27″	33
21 · 24	20,8	23,9	22	2,033	49°24′42″	34
26 · 30	26,5	30	28	2,513	49°42′52″	35
30 · 34	30,5	34	32	2,792	50°	36
36 · 40	36	39,9	38	3,226	50°16′13″	37
40 · 44	40	44	42	3,472	50°31′35″	38
45 · 50	45	50	47,5	3,826	50°46′ 9″	39
50 · 55	50	54,9	52,5	4,123	51°	40
55 · 60	55	60	57,5	4,301	51°25′43″	42

Bezeichnungsbeispiel: Kerbverzahnung 12×14 DIN 5481.

Drehmoment: $M_t = 0{,}75 \cdot i \cdot h \cdot r_m \cdot L \cdot p$ mit Zähnezahl i, Nabenlänge L, tragende Höhe h, Flächenpressung p und $r_m = \dfrac{d_1 + d_3}{4}$.

$M_{10} = M_t$ für $p = 100$ N/mm² und $L = 1$ mm.

Zulässiges Drehmoment bei stoßhaftem (stoßfreiem) Betrieb:

$M_t = 0{,}4 \cdot M_{10} \cdot L$ $(= 0{,}6 \cdot M_{10} \cdot L)$ für GG-Nabe, L in mm!

$M_t = 0{,}7\ M_{10} \cdot L$ $(= 1 \cdot M_{10} \cdot L)$ für St-Nabe. In Einzelfällen auch $p = 200$ N/mm² zulässig.

[1] Über $d_1 = 55$ bis $d_1 = 120$ mit 55° statt 60°.

Die Sicherung der Naben gegen Längsverschiebung kann durch Sicherungsringe erfolgen, gegebenenfalls auch durch seitliche Anlage an andere Teile (Wellenabsatz).

18.3.4 Kerbzahnprofil (Bild 18/9f und Tafel 18/8)

Durch die feine Kerbverzahnung werden Welle und Nabe noch weniger geschwächt als beim Vielnutprofil. Ferner wird die Flächenpressung geringer (vergleiche M_{10} in Tafel 18/7 und 18/8). Außerdem kann die Nabe in Drehrichtung sehr fein (um eine Zahnteilung) versetzt werden. Ferner ist die Kerbverzahnung auch für kegelige Wellenzapfen anwendbar. In manchen Fällen ist jedoch die radiale Kraftkomponente nachteilig, falls hierdurch die Nabe aufgeweitet wird. Drehmomentein- und -ableitung sollten an gegenüberliegenden Enden der Verbindung erfolgen.

Tafel 18/9. Zahnnabenprofile und Zahnwellenprofile mit Evolventenflanken, Nennmaße (mm), Drehmomente.

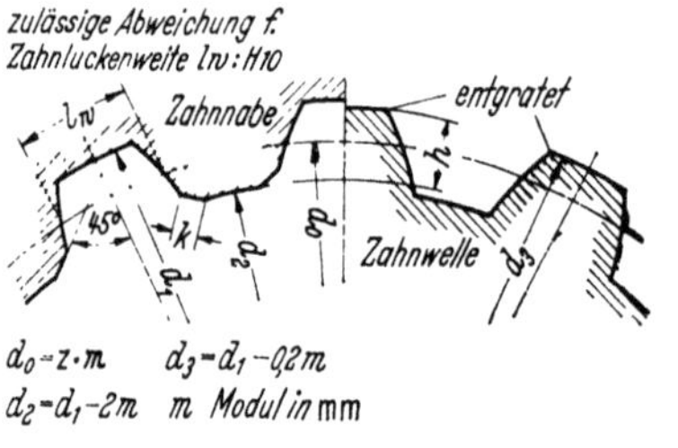

$m = 0{,}8$		$m = 1{,}25$		$m = 2$		$m = 3$		$m = 5$[1]		$m = 8$[2]	
d_1	z	d_1	z	d_1	z	d_1	z	d_1	z	d_1	z
6	6	17	12	35	16	55	17	85	16	160	18
7	7	18	13	37	17	60	18	90	16	170	20
8	8	20	14	38	18	65	20	95	18	180	21
9	10	22	16	40	18	70	22	100	18	190	22
10	11	25	18	42	20	75	24	105	20	200	24
12	13	28	21	45	21	80	25	110	21	210	25
14	16	30	22	47	22	85	27	120	22	220	26
15	17	32	24	48	22	90	28	130	24	240	28
16	18	35	26	50	24	95	30	140	26	250	30
17	20	37	28	55	26	100	32	150	28	260	31
18	21	38	29	60	28	105	34	160	30	280	34
20	23	40	30	65	31	110	35	170	32	300	36
22	26	42	32	70	34	120	38	180	34	320	38
25	30	45	34	75	36	130	42	190	36	340	41
28	34	47	36	80	38	140	45	200	38	360	44
30	36	48	37			150	48	210	40	380	46
32	38	50	38					220	42	400	48

[1] Genormt bis $z = 54$. [2] Genormt bis $z = 61$.

Bezeichnungsbeispiel: Zahnnabe 150×5 DIN 5480 (mit $d_1 = 150$ mm und $m = 5$ mm), Zahnwelle 150×5 DIN 5480

Drehmoment: $M_t = 0{,}75 \cdot i \cdot h \cdot r_m \cdot L \cdot p$ mit Zähnezahl z: Nabenlänge L; tragende Höhe h; Flächenpressung p und $r_m = d_0/2$

$M_{10} = M_t$ für $p = 100$ N/mm² und $L = 1$ mm.

Zulässiges Drehmoment bei stoßhaftem (stoßfreiem) Betrieb:

$M_t = 0{,}4 \cdot M_{10} \cdot L$ $(= 0{,}6 \cdot M_{10} \cdot L)$ für GG-Nabe. L in mm!

$M_t = 0{,}7 \cdot M_{10} \cdot L$ $(= 1 \cdot M_{10} \cdot L)$ für St-Nabe. In Einzelfällen auch $p = 200$ N/mm² zulässig.

18.3.5 Zahnnaben und Zahnwellenprofile

mit Evolventenflanken übertragen wegen der kleineren Zähnezahl etwas geringere Momente als Kerbzahnprofile, vgl. Tafel 18/8 und 18/9. Sie haben gegenüber dem Kerbzahnprofil den Vorteil, daß mehrere Profilgrößen mit einem Werkzeug im Wälzverfahren hergestellt werden können.

18.3.6 Polygonwellen-Verbindungen

z. B. P 3- oder K-Profil nach Bild 18/9g und Tafel 18/10[1]. Sein Vorteil liegt in der genauen einfachen Herstellung (Qualität 6) auf einer Profildrehbank, auf der das Profil der Welle und der Nabe gedreht und vollständig geschliffen werden kann. Tafel 18/10 zeigt die Abmessungen des P 3-Profiles. Durch entsprechende Wahl der Passung sind Haft- oder Fest-Sitze möglich. Für Verschiebenaben ist das P 3-Profil weniger geeignet, mehr das PC 4-Profil.

Tafel 18/10. Polygon-Profil; K- oder P3G-Profil[1]

D_m	e	D_a	D_i
14	0,45	14,9	13,1
16	0,5	17,0	15,0
18	0,56	19,12	16,88
20	0,63	21,26	18,74
22	0,7	23,4	20,6
25	0,8	26,6	23,4
28	0,9	29,8	26,2
32	1,12	34,24	29,76
35	1,25	37,5	32,5
40	1,4	42,8	37,2
45	1,6	48,2	41,8
50	1,8	53,6	46,4
55	2,0	59,0	51,0
65	2,5	70,0	60,0
72	3,15	81,3	68,7
80	3,35	86,7	73,3
90	4,0	98,0	82,0
100	4,5	109	91,0

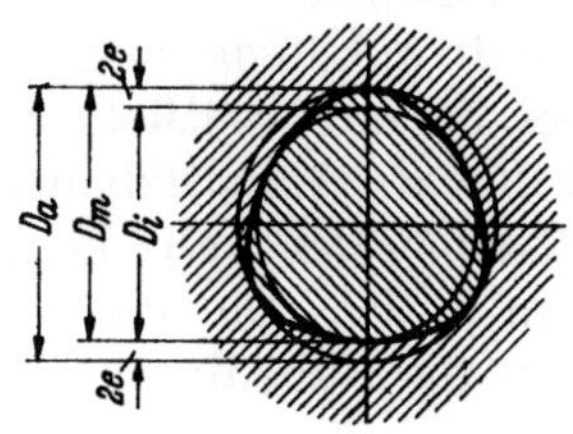

Bezeichnungsbeispiel: Profil P3G80g6 (für $D_m = 80$)
Drehmoment: $M_t \approx 0{,}5\, pLD_m\, (c \cdot e \cdot \pi + 0{,}1 D_m)$ mit $c = 1{,}5$ für P3G (und $c = 2$ für PC4-Profil) und $p_{zul} \approx 0{,}8\, \sigma_S$.
Passungen für Festsitz (P3-Profil): H7/g6···H7/k6.

[1] DIN-Entwurf. Schleifmaschinen nach Fortuna-Werke, Stuttgart. P4C-Profil siehe DIN-Entwurf, P4C auch geeignet für längsverschiebliche Verbindung.

18.4 Vorgespannte Formschluß-Verbindungen (Bild 18/10)

Sie verbinden den Vorteil des Formschlusses mit dem der Vorspannung. Zu ihm gehören alle formschlüssigen Keilverbindungen, dann Preßverbindungen mit zusätzlichem Formschluß, z. B. Kegelsitz mit zusätzlicher Paßfeder und schließlich Formschlußverbindungen mit zusätzlicher Vorspannung, z. B. K-Profil mit Preßsitz. Als Anhalt für die übertragbaren Kräfte kann die jeweils zugrundeliegende Formschlußbzw. Reibschlußverbindung dienen.

[1] P 3-Profil nach Fortuna-Werke, Stuttgart. Daneben auch Profil mit Vier-Seiten-Polygon, z. B. PC 4-Profil.

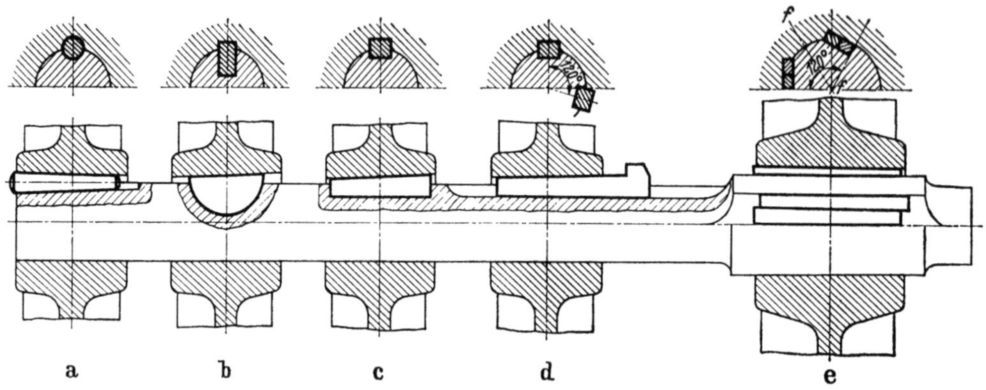

Bild 18/10. Vorgespannte Formschlußverbindungen. a) Rundkeil (Stirnkeil), b) Scheibenkeil, c) Einlegekeil, d) Treibkeil ohne bzw. mit Nase (bei 2 Stück um 120° versetzen), e) Tangentkeile ($f - f$ = Lage der Teilfuge, wenn Nabe geteilt ist).

Formschlüssige Keilverbindungen. Durch Eintreiben des Keiles bzw. Auftreiben der Nabe werden Keil, Nabe und Welle gegeneinander gepreßt, so daß ein Drehmoment durch Reibschluß übertragen werden kann (s. Kraftwirkung beim Hohlkeil). Außerdem kann zusätzlich ein Drehmoment durch den Formschluß zwischen Keil und Nute übertragen werden (s. Kraftwirkung der Paßfeder).

Das durch Reibschluß übertragbare Drehmoment ist von der Eintreibkraft des Keiles (s. Hohlkeil) abhängig und somit ungewiß. Bemessung nach Erfahrung (s. Tafel 18/1), wobei die durch seitliche Flächenpressung (Formschluß) übertragbare Kraft (s. z. B. Tafel 18/5) als Anhalt dienen mag. Beachte auch den zum Eintreiben des Keiles bzw. Auftreiben der Nabe benötigten Platz in Längsrichtung der Welle. Keilneigung allgemein 1:100. Die Passung zwischen Nabe und Welle soll möglichst eng sein (Haftsitz), um die Nabe durch den Keil nicht einseitig zu verziehen.

18.4.1 Scheibenkeil (Bild 18/10b und Tafel 18/6)

Der Scheibenkeil stellt sich selbst auf Neigung und ergibt die billigste und am wenigsten Nacharbeit erfordernde Keilverbindung. Sie wird besonders bei Werkzeugmaschinen und auch bei Kraftfahrzeugen bei nicht zu großen Drehmomenten verwendet.

18.4.2 Flachkeil

Die Welle wird durch die Abflachung weniger als durch eine Nute geschwächt. Das übertragbare Drehmoment ist etwas größer als beim Hohlkeil. Siehe Tafel 18/5.

18.4.3 Nutenkeil (Bild 18/10c und d)

Man unterscheidet den Einlegekeil (Nabe wird aufgetrieben) vom Treibkeil (Keil wird eingetrieben), der bei verlangter Lösbarkeit noch mit der Nase (Nasenkeil) versehen wird. Das übertragbare Drehmoment ist größer als beim Flachkeil. Bei wechselseitigem und stoßhaftem Drehmoment kann man zwei um 120° versetzte Nutenkeile anordnen (Dreipunktauflage). Maße und Drehmomente s. Tafel 18/5.

18.4.4 Tangentkeile (Bild 18/10e)

Sie ermöglichen die einzige Keilverbindung, bei der Nabe und Welle auch in Umfangsrichtung verspannt sind, so daß auch stoßhafte Drehmomente in beiden Drehrichtungen unter Vorspannung (spielfrei) übertragen werden. (Anwendungsbeispiel: Schwungrad.)

18.5 Schrifttum zu 18

Normen

DIN 228 Werkzeugkegel, Metrische Kegel, Morse Kegel.
DIN 254 Kegel.
DIN 749, 750 Kegelige Wellenenden für Zahnräder und Kupplungen.
DIN 271, 268 Tangentkeilnuten.
DIN 5461 Keilwellen-Verbindung mit geraden Flanken.
DIN 5462 Keilwellen-Verbindung leichte Reihe.
DIN 5463 Keilwellen-Verbindung mittl. Reihe.
DIN 5465 Keilwellen-Verbindung Toleranzen.
DIN 5471 Keilwellen-Keilnaben-Profile mit 4 Keilen.
DIN 5472 Keilwellen-Keilnaben-Profile mit 6 Keilen.
DIN 5480 Keilwellen-Verbindungen mit Evolventenflanken.
DIN 5481 Kerbverzahnungen.
DIN 5482 Zahnwellen-, Zahnnaben-Profile mit Evolventenflanken.
DIN 6880 Keilstahl gezogen.
DIN 6881, 6889 Hohlkeile.
DIN 6883, 6884 Flachkeile.
DIN 6885 Paßfedern, Abmessungen, Anwendung.
DIN 6886 Keile, Abmessung und Anwendung.
DIN 6888 Scheibenfedern.
DIN 7190 Berechnung und Anwendung von Preßpassungen.

Bücher, Aufsätze

18/1 Klingelnberg: Technisches Hilfsbuch. 15. Aufl. Berlin, Heidelberg, New York: Springer 1967.

18/2 Bantz, W.: Steigerung der Dauerhaltbarkeit von Formelementen durch Kaltverformung. Diss. TH Darmstadt 1935.

18/3 Berg, P.: Die Steigerung der Dauerhaltbarkeit von Keilverbindungen durch Oberflächendrücken. Diss. TH Braunschweig 1935.

18/4 Berg, S.: Gestaltfestigkeit, Versuche mit Schwingern. Düsseldorf: VDI-Verlag

18/5 Contag, D.: Festigkeitsminderung von Wellen unter dem Einfluß von Wellen-Naben-Verbindungen durch Lötung, Nut und Paßfeder, Kerbverzahnungen und Keilprofile bei wechselnder Drehung. Diss. TU-Berlin 1962.

18/6 Cornelius, E. A.: Die Dauerdrehwechselfestigkeit von Wellen unter dem Einfluß von Preßsitzen. Konstruktion 9 (1957) 299–303.

18/7 Cornelius, E. A.: Die Dauerdrehwechselfestigkeit von Wellen unter dem Einfluß verschiedener Verbindungen zwischen Welle und Nabe. Konstruktion 10 (1958) H. 3, 112–113.

18/8 Mannesmann, G.: Untersuchung über die Dauerdrehwechselfestigkeit von Wellen unter dem Einfluß von Preßsitzen. Diss. TH Berlin 1943.

18/9 Schmidt, P.: Der Einfluß der Ringfeder-Spannelemente auf die Verformung und die Dauerdrehwechselfestigkeit von Wellen. Diss. TU Berlin 1961.

18/10 Thum, A.: Beanspruchungsmechanismus und Gestaltfestigkeit von Nabensitzen. Dtsch. Kraftfahrtforschung Heft 73, Berlin: VDI-Verlag 1942.

18/11 Bratt, E.: Kraftübertragungsfähigkeit von Druckölpreßverbänden. Kugellager-Z. (1953), H. 1.

18/12 Friedrichs, J.: Untersuchungen über Vorgänge in einer statisch belasteten Verbindung von Welle und Nabe durch Ringfeder-Spannelemente.

18/13 Hentschel, G.: Grundlagen der Bemessung lösbarer Schrumpfverbände. Konstruktion 8 (1956) 136–142.

18/14 Hufschmidt: Kaltschrumpfen mit Trockeneis. Chem. Fabrik (1941) 318.

18/15 Kämper, K.: Kegelpreßpassungen im Maschinenbau. Konstruktion 9 (1957) 188.

18/16 Kienzle, O.; Heiss, A.: Die Berechnung einfacher Preßsitze. Werkst.-Techn. 32 (1938) 468–73.

18/17 Kienzle, O.; Kämper, K.: Kegeltoleranzen bei Kegelpreßpassungen. Werkstattstechn. und Maschinenbau 46 (1956) 244–50.

18/18 Kienzle, O.: Die Einflüsse auf die Haftbeiwerte in den Fugen von Preßsitzen. Werkststechn. 32 (1938) 552–59.

18/19 Lundberg, G.: Die Festigkeit von Preßpassungen. Kugellager-Z. (1944) H. 1/2, S. 1–11.

18/20 Meyer, P.: Neuartige Schrumpfverbindungen für aufgebaute Kurbelwellen. Werft, Reed., Hafen 19 (1938) 155.

18/21 Müller, H. W.: Drehmoment-Übertragung bei Preßverbindungen. Konstruktion 14 (1962) 47–57, 112–115.

18/22 Mundt, R.: Druckölverfahren beim Fügen und Lösen von Preßpassungen. Werkstattstechn. und Maschinenbau 47 (1957) 78–81.

18/23 Peiter, A.: Experimentelle Spannungsanalyse an Schrumpfpassungen. Konstruktion 10 (1958) 224–232, 411–416.
18/24 Peiter, A.: Gefügeschrumpfen – ein neues Schrumpfverfahren. Werkstattstechn und Maschinenbau 48 (1958) 265–270.
18/25 Wassileff, D.: Austauschbare Querpreßsitze. VDI-Forsch.-Heft 390. Berlin: VDI-Verlag 1938.
18/26 Werth, S.: Austauschbare Längspreßsitze. VDI-Forsch.-Heft 383. Berlin: VDI-Verlag 1937; Auszug s. Z. VDI 82 (1938) 471.
18/27 Wenck, F.: Erhöhung des Haftbeiwertes bei Schrumpfpassungen zwischen Stahlstücken durch Oberflächenoxydation. Werkstattstechn. und Maschinenbau 41 (1951) 359.
18/28 Dreyhaupt, W.: Die Trapezkeilverzahnung. Maschinenbau, Betrieb 19 (1940) 241.
18/29 Müller, H. R.: Räumen von Bohrungen mit Mehr- und Vielkeilprofilen oder Kerbverzahnungen. Maschinenbau, Betrieb 19 (1940) 9–13.
18/30 Munil, R.: Die Polygonverbindungen und ihre Nabenberechnung. Konstruktion 14 (1962) 213–218.
18/31 Wiemer, A.: Vorspannung und Zahnform bei stirnverzahnten Wellenverbindungen. Z. VDI 84 (1940) 1021; 85 (1941) 324.
18/32 Wötzel, W.: Spanngewinde (Spanngewinde als Klemmsitz). Die Technik 4 (1949) 56.
18/33 Ringfeder GmbH.: Krefeld-Uerdingen, Ringspann Albrecht Maurer K G
18/34 Stüwe, K. G.: Schrumpfschreiben-Verbindung. Hattingen-Ruhr 1973.
18/35 Lundberg, G.: Spannungen in Preßverbänden bei Belastung. Kugellager-Z. 33 (1958) Nr. 3, S. 55–63.
18/36 Geuckler, K.: Die Tragfähigkeit von Wellen und Wellen-Naben-Verbindungen bei gleichzeitiger Beanspruchung durch statische Torsion und umlaufende Biegung. Diss. TU Berlin, 1967.
18/37 Thomas, K.: Die Preßpassung mit unterbrochener Fuge Diss. TU Hannover 1969.
18/38 Seefluth, R.: Dauerfestigkeit an Wellen-Naben-Verbindungen. Diss. TU Berlin 1970.

19 Verbindung von Welle und Welle (Kupplungen, Gelenke)

19.1 Überblick

Wellenenden, die nach Bild 19/1 voreinander stoßen und mehr oder weniger fluchten, können durch Kupplungen oder Gelenke drehfest verbunden werden.

Je nach den Anforderungen verwendet man

1. Starre Kupplungen zur starren Verbindung von genau gleichachsigen Wellenenden.

2. Ausgleich-(nachgiebige) Kupplungen, die dank ihrer Ausführung

a) Zwangskräfte in Lagern und Wellen bei abweichender Achslage mindern,
b) Drehmomentstöße ausgleichen,
c) die Resonanzdrehzahl verschieben,
d) Drehschwingungen dämpfen.

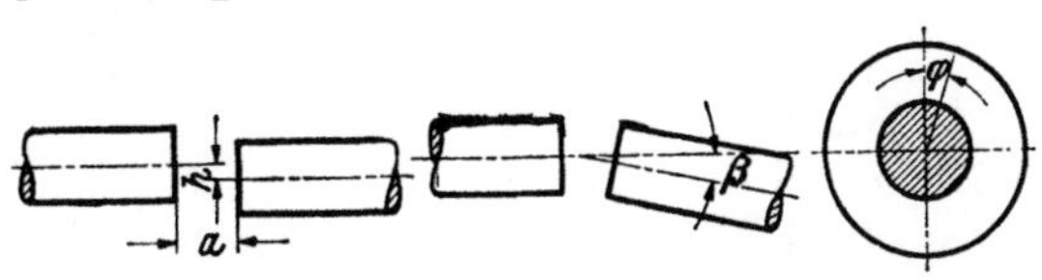

Bild 19/1. Arten der Wellenverlagerung. Längs a, quer h, winklig Achswinkel β, Drehwinkel φ.

Drehelastische Ausgleichkupplungen erfüllen die Punkte a) bis c). Punkt d) wird in nennenswertem Maß nur von solchen Kupplungen erfüllt, die als Übertragungsglied einen Werkstoff mit großer äußerer oder innerer Dämpfung (Gleitreibung, Gummi, Kunststoff) verwenden.

Drehstarre Ausgleichkupplungen kommen dort in Betracht, wo eine Verdrehung unter Last unerwünscht ist, kleines Bauvolumen verlangt ist und große Achsversetzungen ausgeglichen werden müssen (Walzwerksantrieb).

3. Schalt-Kupplungen, auch Wellenschalter genannt, zum betriebsmäßigen Kuppeln und Entkuppeln gleichachsiger Wellen oder gleichachsiger Triebwerksteile und zwar

a) *kraftschlüssige* Schaltkupplungen, z. B. Reibkupplungen (s. Bd. 2) und
b) *formschlüssige* Schaltkupplungen, z. B. Zahnkupplungen.

Für jede der obigen Aufgaben können häufig genormte bzw. serienmäßig hergestellte Ausführungen verwendet werden. Bei ihrer Auswahl sind neben der Funktionsweise und Lebensdauer der Raumbedarf (Baulänge und Außendurchmesser), das Gewicht, Trägheitsmoment und auch die bequeme und sichere Bedienung (Ein- und Ausbau und Unfallschutz) zu beachten. Bei schnellaufenden Kupplungen ist die Möglichkeit zur Auswuchtung und genauen Ausrichtung zu beachten.

19.2 Starre Kupplungen

19.2.1 Plan-Kerbverzahnung (Voith-Hirth-Verzahnung)

Nach Bild 19/2 mit radial verlaufenden Zähnen zur Übertragung des Drehmoments bei axialer Vorspannung durch eine innen angeordnete Schraube oder äußere Überwurfmutter. Sie baut am kleinsten von allen lösbaren Kupplungen. Sie eignet sich vor allem zur Verbindung von Wellenenden mit Zahnrädern oder Scheiben oder Kurbelwangen oder unmittelbar von Zahnrädern mit Zahnrädern oder Scheiben ohne eigentliche Welle (Bild 19/2), wobei die Kerbverzahnung die Zentrierung der Teile übernimmt. Ihr Anwendungsgebiet ist durch die erforderliche axiale Verspannung begrenzt.

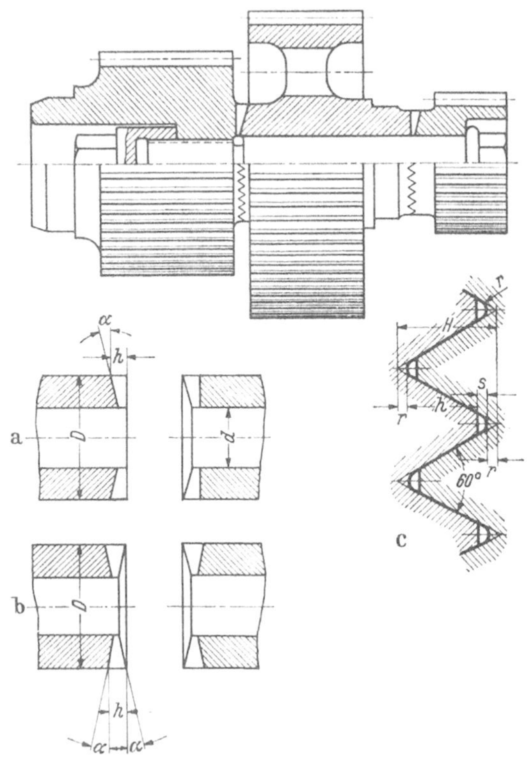

Bild 19/2. Drehfeste Verbindung von Zahnrädern durch Voith-Hirth-Verzahnung (Voith Getriebe KG Heidenheim).
a) Mit unsymmetrischer, b) mit symmetrischer Lage der Zähne, c) Abwicklung der Verzahnung am Außendurchmesser D. Ähnliche Verzahnung mit gekrümmter Flankenrichtung: Gleason-Curvic-Kupplung, Oerlikon-Steuerverzahnung.

Beanspruchung und Bemessung: Die axiale Vorspannkraft preßt die Zahnflanken gegeneinander, so daß außer der Flächenpressung an den Zahnflanken infolge des Flankenwinkels der Zähne eine Spreizkraft (tangentiale Zugspannung) neben der Druckspannung im Zahngrund auftritt. Hierzu tritt bei einem Drehmoment noch die Drehspannung und Zahnbiegespannung, so daß sich im Zahngrund eine zusammengesetzte Spannung ergibt, deren wirkliche Größe noch von der Kerbwirkung (Ausrundung r) abhängt. Bei geometrisch ähnlicher Zahnform bleiben die aus dem Drehmoment herrührenden Spannungen proportional der Drehspannung τ_t, so daß man diese als Maßstab nehmen und einem durch Versuch ermittelten $\tau_{t_{zul}}$ gegenüberstellen kann:

$$\tau_t = \frac{M_t}{W_t} = \frac{M_t \cdot 16}{\pi D^3[1 - (d/D)^4]} \leqq \tau_{zul} \,. \qquad (19/1)$$

Durchmesser d und D nach Bild 19/2; weitere Maße s. Tafel 19/1.

Tafel 19/1. Maße der Hirth-Verzahnung nach Bild 19/2

Zähnezahl		12	24	36	48	72	96
	$z =$	12	24	36	48	72	96
	$H =$	0,2260 D	0,1130 D	0,0755 D	0,0566 D	0,0378 D	0,0283 D
	$r =$	0,3			0,6	0,9 mm	wählbar
	$s =$	0,4			0,6	0,9 mm	
	$h =$	$H - (2r + s)$					

Bei der Voith-Hirth-Verzahnung (Spitzenwinkel 60°, $r = 0{,}3\cdots0{,}9$ mm) kann für $\tau_{t_{zul}}$ (N/mm²) gesetzt werden[1]:

Drehmoment	C-Stahl	Cr–Ni-Stahl Cr–Mo-Stahl
stoßfrei	33,5	44,5
stoßhaft	18,5	26,0
stoßhaft, mit Drehschwingung	13,0	18,5

Setzt man die axiale Vorspannkraft (Schraubenkraft) $F_a \approx 2 \cdot$ axiale Kraftkomponente aus M_t und $\tan\alpha = \tan 30° = 0{,}577$, so ist

$$F_a = 2\tan 30°\, M_t/R \approx 1{,}0\, M_t/R \qquad \text{mit} \qquad R \approx \frac{D+d}{d}. \tag{19/2}$$

19.2.2 Scheibenkupplungen nach Bild 19/3 und 19/4

Abmessungen s. Tafel 19/2 und 19/3. Die Scheiben (Flansche) sind entweder unmittelbar an die Wellenenden angeschmiedet oder angeschweißt, oder sie besitzen längere Naben (Bild 19/4, $L \approx 1{,}5 \cdot d$), die aufgeschrumpft oder mit Paßfeder, Keil, Vielnut, Preß- oder Kegelsitz auf den Wellen befestigt sind.

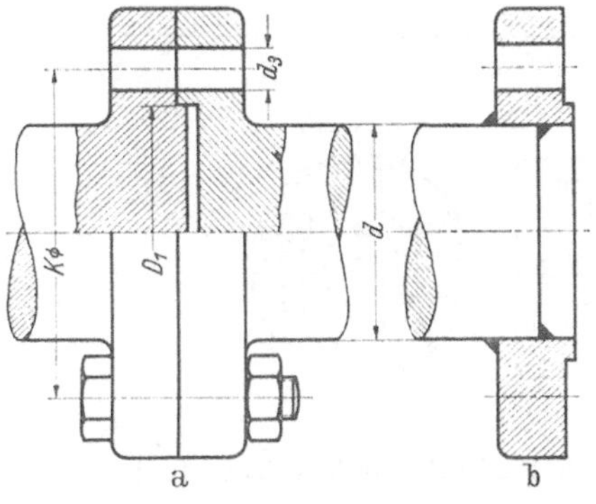

Bild 19/3.

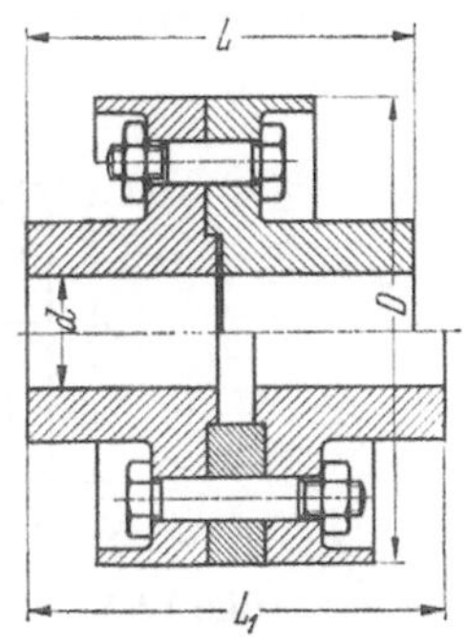

Bild 19/4.

Bild 19/3. Flanschkupplung; a) Flansche angeschmiedet (DIN 760); Maße s. Tafel 19/3, b) angeschweißt.

Bild 19/4. Scheibenkupplung nach DIN 116, oben mit Zentrierbund, unten mit geteiltem Zentrierring, Maße s. Tafel 19/3.

Beachte: bei ungeteilten Lagern muß die Kupplungsscheibe mindestens an einem Wellenende abziehbar sein.

Der zur Zentrierung der Scheiben vorgesehene Zentrierbund (s. Bild 19/4) erfordert eine geringe Längsverschiebung der Welle beim Ausbau, falls nicht ein geteilter Zentrierring (Bild 19/4 unten) eingebaut ist.

Die Scheiben werden durch Paß- oder Durchsteckschrauben verbunden, die so fest angezogen werden, daß das Drehmoment durch Reibung übertragen werden kann. Die hierfür erforderliche Schraubenkraft ist dann $F = \frac{2M_t}{K \cdot z \cdot \mu}$, (Schraubenzahl z, Reibwert $\mu = 0{,}25$ für geschruppte Flächen und Lochkreisdurchmesser K nach Bild 19/3). Besondere Schraubensicherungen sind bei stramm sitzenden und gut angezogenen Schrauben bei glatter Auflage (keine Unterlegscheiben!) erfahrungsgemäß überflüssig.

[1] Aus den von der Fa. Alb. Hirth, Stuttgart-Zuffenhausen, angegebenen zulässigen Biegebeanspruchungen σ_b der Kerbzähne für gleiche Durchmesser d und D bei gleichem M_t umgerechnet, wobei $\tau_t = 0{,}37\,\sigma_b$ gesetzt wurde (schwankt mit r!).

Tafel 19/2. Angeschmiedete Kupplungsflansche nach DIN 760 (Bild 19/3). Maße in mm.

Wellendurchmesser d	35	45	55	70	80	90	110	130	150	170	190	210
Zentrierdurchmesser D_1	50	60	75	95	95	125	150	150	195	195	240	240
Lochkreisdurchmesser K	70	85	100	125	140	160	190	215	240	265	290	315
Lochdurchmesser d_3	11	14	16	18	20	22	25	32	35	40	40	45
Anzahl der Schrauben	4	4	4	6	6	6	6	6	6	8	8	8

Tafel 19/3. Scheibenkupplungen nach DIN 116 (Dez. 1971); im Normblatt weitere Maße und Form C mit Ausdrehung für Axialdruckscheiben. Werkstoff GG-20. Genormt bis $d = 250$.

Wellendurchmesser d (N 7), mm	25 u. 30	35 u. 40	45 u. 50	55 u. 60	70	80	90	100	110	120	140	160
Gesamtlänge L, mm	101	121	141	171	201	221	241	261	281	311	341	401
mit Zwischenscheibe L_1, mm	110	130	150	180	210	230	250	270	290	320	350	410
Übertragbares Drehmoment M_t, Nm	46,2 u. 87	150 u. 236	355 u. 515	730 u. 1975	1700	2650	4120	5800	8250	12500	19000	30700
Max. Drehzahl U/min	2120	2000	1900	1800	1700	1600	1500	1400	1320	1250	1180	1120
Außendurchmesser D, mm	125	140	160	180	200	224	250	280	300	335	375	425

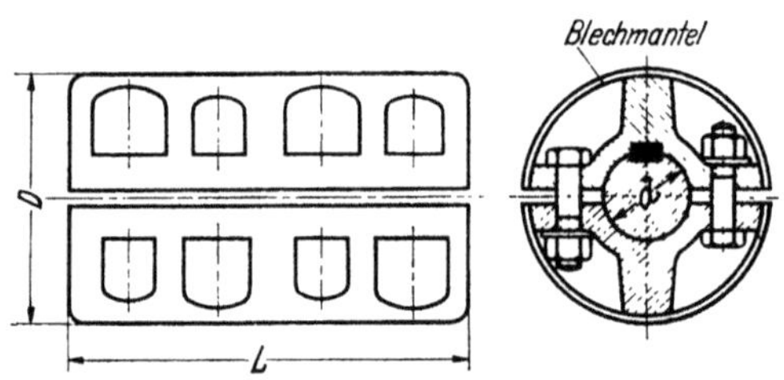

Bild 19/5. Schalenkupplung nach DIN 115, Maße s. Tafel 19/4.

19.2.3 Schalenkupplung nach Bild 19/5

Abmessungen s. Tafel 19/4. Die geteilten Schalen werden durch Schrauben oder aufgetriebene Kegelringe auf die Welle gepreßt, so daß das Drehmoment durch Reibung übertragen wird. Berechnung s. Klemmverbindung, Kap. 17.

Eigenschaften: Bequem lösbar, so daß die Lager- und Radnaben ungeteilt sein können. Besonders für Transmissionswellen verwendet; bei Durchmessern ab 55 mm mit eingelegter Paßfeder; für stoßhaftes Drehmoment weniger geeignet!

Tafel 19/4. Schalenkupplungen nach Bild 19/5, DIN 115. Maße in mm.

Wellendurchmesser d	25 u. 50	35 u. 30	45 u. 40	55 u. 60	70	80	90	100	110	125	140
Außendurchmesser D	100	110	120 u. 130	150	170	190	215	250	250	275	325
Gesamtlänge L	130	160	190	220	250	280	310	350	390	430	490
Moment in daNm	4 u. 6	8 u. 10	12,5 u. 15	85 u. 125	170	250	380	540	750	1100	1500

Bei unterschiedlichen Wellendurchmessern ist die Kupplungsgröße nach der dickeren Welle zu wählen. Toleranzfelder V 7 bis $d = 50$, darüber U 7.

19.2.4 Stieber-Rollkupplung nach Bild 19/6

Eine Schnellkupplung, bei welcher besonders die Eleganz der Wirkung, nämlich der mit leichter Handkraft erzielte hochfeste Preßsitz der Welle verblüfft. Die Langrollen 4 liegen im Winkel zur Achsrichtung geneigt. Dreht man den Überwurf 6 nach rechts, so wird er mit ganz geringer Steigung unter Wälzbewegung hinaufgeschraubt, ohne in der Achsrichtung abzurutschen (Neigungswinkel β des Kegels kleiner als der Reibwinkel). Die hierdurch erzielte axiale Verschiebung des Überwurfs preßt die ungeschlitzte Nabe 3 dank der Kegelneigung β radial gegen die Welle 1.

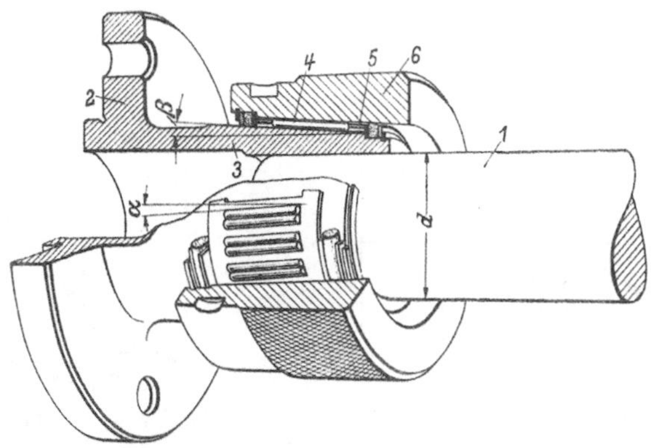

Bild 19/6. Stieber-Rollkupplung. Erläuterung s. Text.

Bei $1d/1000$ Toleranz der Welle (Durchmesser d) und $2d/1000$ elastischer Verengung der Nabenbohrung bleibt für die Erzeugung des Preßsitzes noch $1d/1000$ Übermaß wirksam, dem bei einer Stahlwelle etwa ein übertragbares Drehmoment

$$M_t \approx 13{,}0 \cdot d^2 \cdot L \quad \text{Nmm} \tag{19/3}$$

entspricht, z. B. $M_t = 8{,}3 \cdot 10^5$ Nmm für Wellendurchmesser $d = 40$ mm und Sitzlänge $L = 40$ mm. Die Preßwirkung kommt auch bei Anordnung einer Zwischenbüchse zwischen Welle und Nabe zustande. Nach dem gleichen Prinzip kann auch eine Hohlwelle von innen gegen eine Nabe gepreßt werden[1].

19.3 Ausgleich-Kupplungen

Sie werden vorwiegend zwischen Antriebsmotor und Arbeitsmaschine eingebaut (Dämpfung von Schwingungen, Verlagerung von Resonanzstellen), dann zwischen Wellenenden, deren Gleichachsigkeit nicht immer gesichert ist (Fundamentverlagerungen, Verschiebungen durch Wärmedehnung) oder die zueinander geringe funktional bedingte Lagenänderungen durchmachen oder dort, wo der Zusammenbau erleichtert werden soll (leichte Zerlegbarkeit durch herausnehmbare Zwischenstücke).

19.3.1 Drehelastische Kupplungen

Überblick

Diese Kupplungen dienen hauptsächlich dazu, Drehmomentschwankungen oder -stöße elastisch aufzunehmen oder die Resonanzdrehzahl des schwingungsfähigen Systems elastische Welle—Massen so zu verlagern, daß sie nicht mehr mit der Betriebsdrehzahl zusammenfällt. Je größer der auf das Drehmoment bezogene Verdrehwinkel φ/M_t ist, desto geringer wird das Stoß-Drehmoment bei gleicher Stoßarbeit und desto niedriger liegt die Resonanzdrehzahl, für die neben den Drehmassen der gekuppelten Maschinen auch das Massenträgheitsmoment I_m der Kupplung von Bedeutung ist.

[1] Weitere Anwendung: Zur Schaltverstellung bei Meßgeräten; als Spannfutter für Innen- bzw. Außenspannung; als Momentkupplung usw.

Ebenfalls wichtig für das Schwingungsverhalten einer Kupplung ist deren Dämpfungsvermögen (Bild 19/7). Man unterscheidet bei den verformbaren Zwischengliedern elastischer Kupplungen innere Dämpfung, z. B. bei Gummi oder Kunststoff, und äußere Dämpfung, die durch Reibung hervorgerufen wird. Als Maß für die Dämpfungsfähigkeit kann die Reibungsarbeit A beim Verspannen der Kupplung von Null bis zum Nenndrehmoment und zurück bis Null dienen (Bild 19/8). Dabei ist jedoch zu beachten, daß die Dämpfung und die Federsteifigkeit bei dynamischer Belastung sich von der bei langsamer Verformung (quasistatische Belastung) unterscheiden kann.

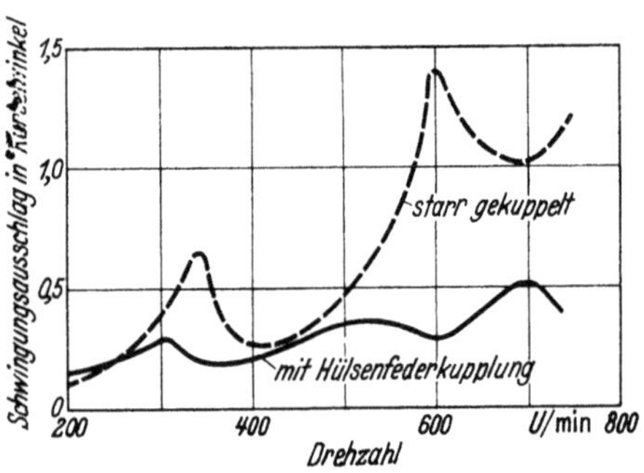

Bild 19/7.

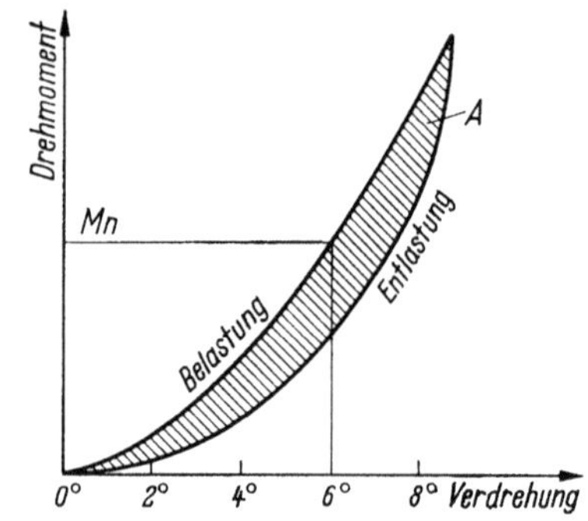

Bild 19/8.

Bild 19/7. Schwingungsdämpfung durch elastische Kupplung (MAN-Renk-Hülsen-Federkupplung).

Bild 19/8. Hysteresiskurve einer elastischen Kupplung mit progressiver Feder-Kennlinie. Die Fläche A entspricht der in Wärme umgesetzten Reibungsarbeit.

Alle drehelastischen Kupplungen sind auch mehr oder weniger zum Ausgleich von Achsversetzungen nach Bild 19/1 geeignet. Bestimmend für diese Eignung sind die Kräfte, die bei einer Achsversetzung auf die Wellen und damit auf die Lager ausgeübt werden. Durch die bei Achsversetzung im Rhythmus der Umdrehungszahl auftretende Verformung der elastischen Zwischenglieder wird zusätzlich Verschleiß und Erwärmung hervorgerufen. Bei größeren Achsversetzungen (Quermaß $h \geqq 0{,}1$ mm, Längsmaß $a \geqq 0{,}5 \cdots 2$ mm, Achswinkel $\beta \geqq 1 \cdots 2{,}5°$, je nach Kupplungskonstruktion) ist die Kenntnis dieser Kräfte unbedingt erforderlich, außerdem muß die zulässige Erwärmung und das Absinken der übertragbaren Leistung berücksichtigt werden, insbesondere bei höheren Drehzahlen (Zwangskräfte aus Kupplungssteifigkeit errechnen).

Man sollte deshalb auch beim Einbau von elastischen Ausgleichskupplungen bestrebt sein, die zu verbindenden Wellenenden, mit Rücksicht auf die Lagerkräfte und die Lebensdauer der Kupplung, möglichst genau auszurichten. Geringe betriebsbedingte Verlagerungen werden dann ohne Schaden aufgenommen.

Bei größeren Achsversetzungen ist es besser, die Wellenenden durch 2 Kupplungen mit einem dazwischengeschalteten Wellenstück zu verbinden.

Verformbare Zwischenglieder: Es kommen hier Stahlfedern, Gummi, Kunststoff oder teilweise Luftfedern zur Anwendung. Die Kennlinien von Stahlfedern können gerade, gekrümmt oder geknickt sein; die Kennlinien von Gummi, Kunststoff oder Luftfedern sind meistens progressiv gekrümmt. Die Resonanzkurve für eine lineare und progressive Kennlinie zeigt Bild 19/9. Bei einer linearen Federkennlinie tritt Resonanz (größter Schwingungsausschlag) bei einer festen Drehzahl n_R auf. Bei einer progressiven Kennlinie nehmen die Schwingungsausschläge mit steigender Drehzahl bis zu einem Maximalwert 1 zu, um dann plötzlich auf den kleineren Wert 2 abzufallen. Bei sinkender Drehzahl wachsen die Ausschläge bis zum Punkt 3, um dann plötzlich auf den Wert 4 anzusteigen. Durch diese Unstetigkeit wird eine Schwingungsaufschaukelung bei Durchfahren der Resonanzdrehzahl wirksam gestört.

Die *Dämpfungseigenschaften* von elastischen Kupplungen hängen in erheblichem Maß von der Art und der Ausbildung der verformbaren Zwischenglieder ab. Kupplungen mit *Stahlfedern* besitzen nur eine geringe Dämpfung, die ausschließlich durch Reibung der Federn und von Dichtringen herrührt (Werkstoffdämpfung unerheblich). Durch konstruktive Maßnahmen, z. B. durch Ineinanderstecken von Hülsenfedern (Bild 19/10) kann diese Reibungsdämpfung erhöht werden.

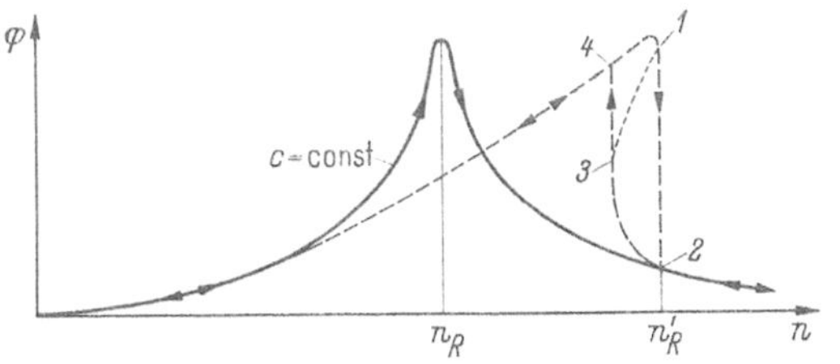

Bild 19/9.

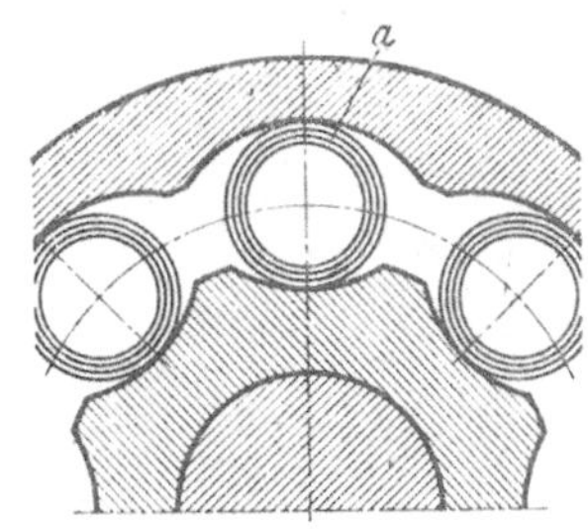

Bild 19/10.

Bild 19/9. Resonanzkurve eines gedämpften Schwingungssystems mit linearer (—) und progressiver (- - -) Federkennlinie.

Bild 19/10. Erhöhung der Reibungsdämpfung durch ineinander gesteckte und geschlitzte Hülsenfedern *a*.

Gummi und *Kunststoff*zwischenglieder besitzen eine beachtliche innere Dämpfung, so daß diese Kupplungen von vornherein eine wesentlich stärkere Dämpfung als Metallfederkupplungen aufweisen. Nachteilig ist hier jedoch, daß die durch die innere Dämpfung erzeugte Wärme durch die wenig leitenden Gummi- oder Kunststoffteile schlecht abgeführt wird.

Bauformen und Anwendung

Es gibt eine große Zahl von unterschiedlichen Bauformen je nach Art des verformbaren Zwischenglieds: ca. 10 verschiedene bei metallelastischen und ca. 50 verschiedene bei gummi- (bzw. kunststoff-) elastischen Kupplungen. Man kann nach der konstruktiven Ausführung des Zwischenglieds unterscheiden [19/16]:

Metallelastische Kupplungen. Schichtfeder-Kupplungen wie die Hülsenfeder-Kupplung oder Kupplungen mit spiralig gewickelten Federn (Bild 19/10) oder die Geislinger-Kupplung mit radial gerichteten Blattfeder-Paketen haben eine höhere Reibungsdämpfung (die Geislinger-Kupplung zusätzlich noch Flüssigkeitsdämpfung) als Kupplungen mit ungeschichteten Federn. Beispiele dafür sind die Forst-Kupplung (axiale Stifte), die Cardeflex-Kupplung (Schraubenfedern in Umfangsrichtung) oder die Bibby-Kupplung (Schlangenfedern, Tafel 19/5). Metallelastische Kupplungen haben gegenüber gummielastischen Kupplungen den Vorteil, höhere Temperaturen auszuhalten, dementsprechend höhere Schwingungsanteile im Drehmoment zu übertragen, haben aber den Nachteil, Schmierung (und damit Wartung) zu benötigen und allgemein weniger Dämpfung aufzuweisen.

Gummielastische Kupplungen. Man kann unterscheiden zwischen elastischen (Verdrehwinkel $\varphi = 1$ bis $5°$ unter Nennmoment) und hochelastischen Kupplungen ($\varphi = 5$ bis $20°$ und mehr). Die elastischen Kupplungen haben meist Gummi- (oder Kunststoff) elemente, die auf Druck oder z. T. Biegung beansprucht sind und meist eine progressive Federkennlinie aufweisen, da sich die Gummiteile zunehmend abplatten und damit der Umfangskraft mehr Widerstand entgegensetzen. Beispiele hierfür sind in Tafel 19/5 die elastische Bolzenkupplung Elco oder die Klauenkupplung mit biegeelastischen Elementen Eupex. Diese Kupplungen werden häufig verwendet, wo es vornehmlich darauf ankommt, Wellenlagefehler und Anfahrstöße z. B. von Elektromotoren aufzunehmen.

Tafel 19/5 Drehelastische Ausgleichskupplungen.
Funktionsbeschreibung und zulässige Verlagerungen nach Bild 19/1.

ELCO-Kupplung (Renk)

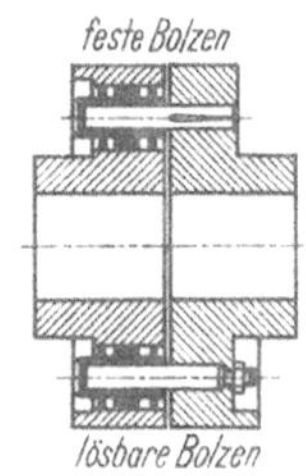

Übertragungselemente:
Profilierte Gummihülsen, Dämpfung durch innere Reibung, Federkennlinie progressiv.
Zul. Verlagerung: h und β gering, $a = 2\cdots3$ mm, $\varphi = 2\cdots3°$.

Kegelflex-Kupplung (Kauermann)

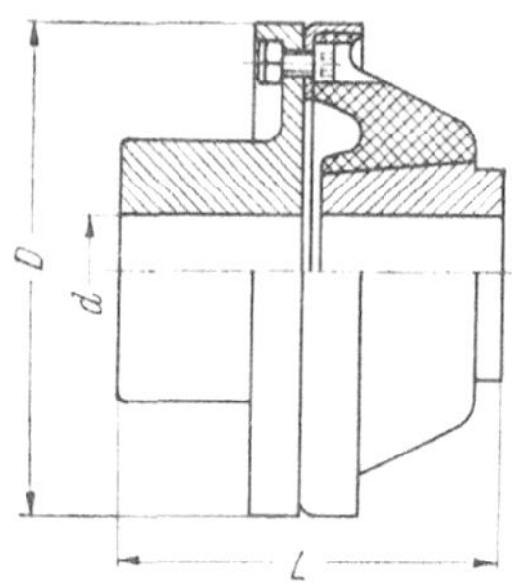

Übertragungselement:
Kegelförmiger Gummiwulst, durch verschiedene Gummisorten kann die Steifigkeit verändert werden. Dämpfung durch innere Reibung, Federkennlinie linear.
Zul. Verlagerung: $h = 0{,}2$ bis 0,5 mm, $\beta = 1/2°$, $a = 1\cdots2{,}5$ mm, φ bis 10°.
Bei beiderseitigem Gummikegel sind die doppelten Werte zulässig.

Periflex-Kupplung (Stromag)

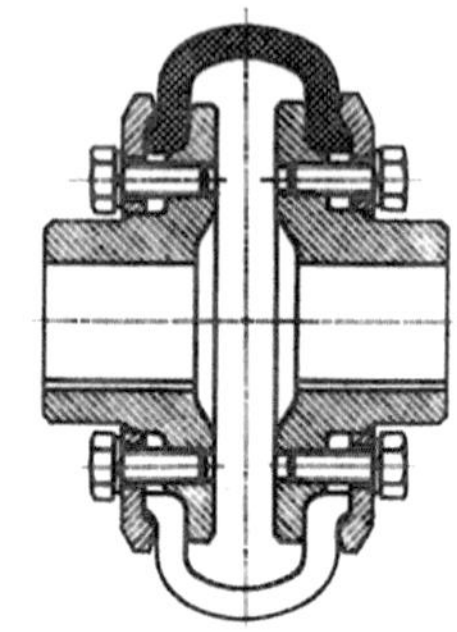

Übertragungselement:
Ringförmiger Gummiwulst, Dämpfung durch innere Reibung, Federkennlinie: angenähert linear.
Zul. Verlagerung: h bis 4 mm, β bis 4°, a bis 8 mm, $\varphi = 5\cdots12°$.

Eupex-Kupplung (Flender)

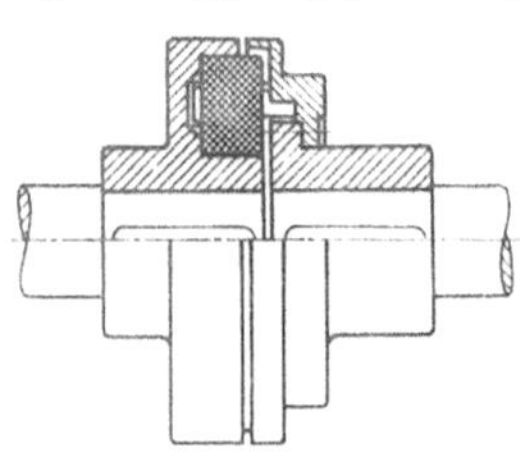

Übertragungselemente:
Elastische Pakete aus Kunststoff, Gummi oder Leder, Dämpfung durch innere Reibung, Federkennlinie progressiv.
Zul. Verlagerung: h und β gering, $a = 4\cdots10$ mm, φ bis 2° mit Gummi, bis 0,5° mit Leder.

Ortiflex-Kupplung (Ortlingshaus)

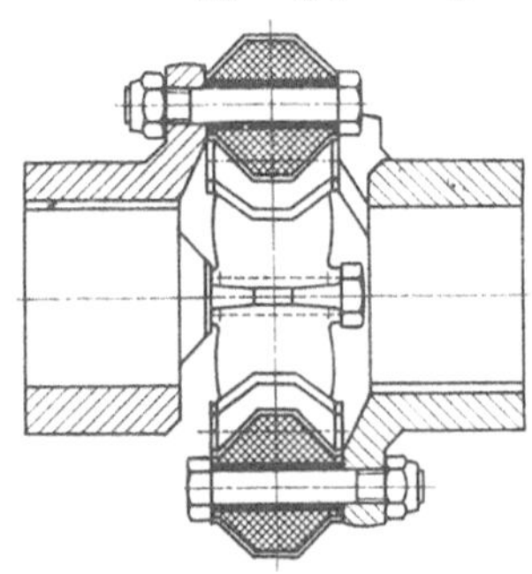

Übertragungselement:
Vorgespannter 6-eckiger Gummiring mit an den einvulkanisierten Spannhülsen (zur abwechselnden Befestigung an den beiden Naben), Dämpfung durch innere Reibung, Federkennlinie progressiv, abhängig von der Gummihärte.
Zul. Verlagerung: $h = 0{,}75$ bis 2,1 mm, β bis 8°, $a = 5\cdots12$ mm, $\varphi = 9\cdots10°$.

EZ-Kupplung (Vulkan)

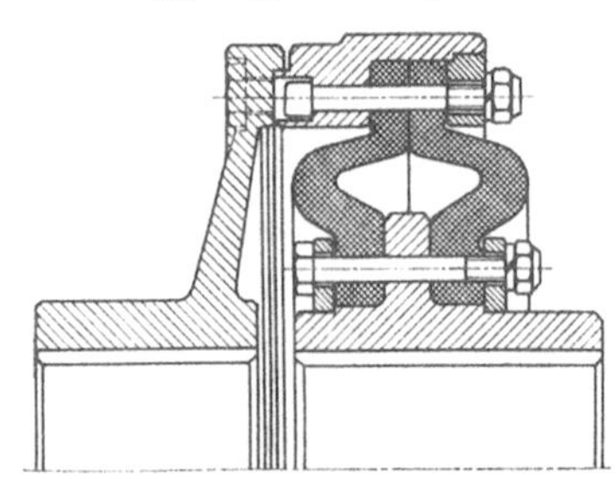

Übertragungselement:
2 Reifen aus Naturkautschuk mit Gewebeeinlagen, Dämpfung durch innere Reibung, Federkennlinie leicht progressiv.
Zul. Verlagerung: $h = 2$ bis 6 mm, $\beta = 2\cdots4°$, $a = 4\cdots8$ mm, $\varphi = 3\cdots10°$.

Tafel 19/5 Fortsetzung.

Bibby-Kupplung (Malmèdie)

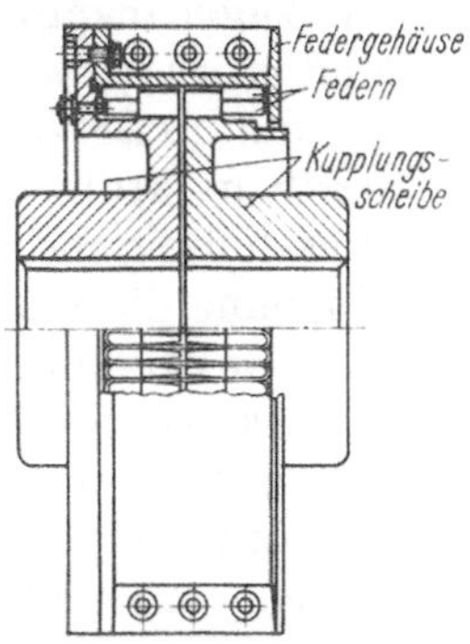

Übertragungselement: Schlangenförmig gewundene Stahlfedern, Dämpfung durch Reibung zwischen der Schlangenfeder und den Nuten bzw. an der Dichtung, sich bei Verformung verkürzenden Biegehebelarm, progressiv.
Zul. Verlagerung: $h = 0{,}5$ bis 1,5 mm, $\beta = 1{,}25°$, $a = 3 \cdots 6{,}5$ mm, $\varphi \approx 2°$.

Tafel 19/6. Drehstarre Ausgleichskupplungen. Funktionsbeschreibung und zul. Verlagerungen

Kreuzgelenk-Kupplung (Loewe)

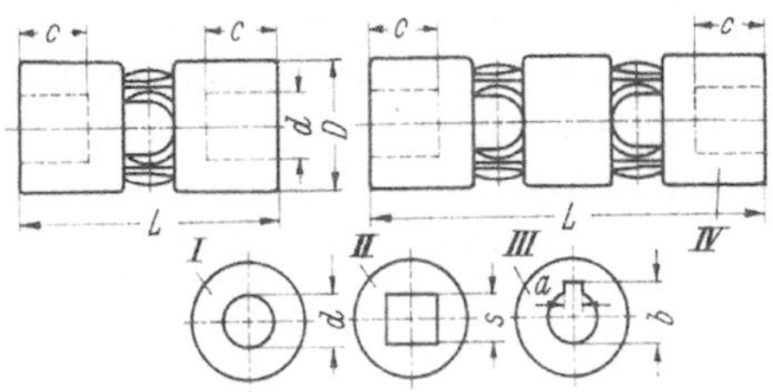

Drehmomentübertragung durch an beiden Nabenteilen angelenktes Zwischenkreuz. Mit einem Gelenk nur winkelige Verlagerung möglich bei radialer Verlagerung also 2 Gelenke erforderlich.
$M_{zul} = qM$,
$q = 1{,}25$ für $\beta = 5°$,
$q = 0{,}75$ für $\beta = 20°$,
$q = 0{,}45$ für $\beta = 40°$.

Rigiflex-Kupplung (Rheinstahl)

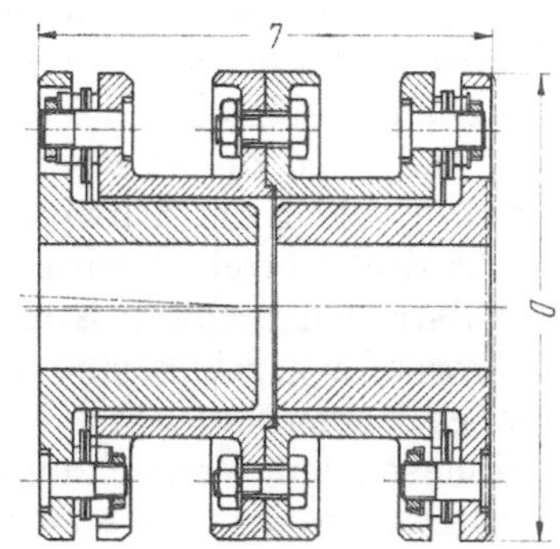

Drehmomentübertragung durch im Viereck angeordnete Stahllamellen, die abwechselnd mit der Hülse und der Nabe verbunden sind. 2 solcher Elemente sind durch die längsgeteilte Hülse verbunden, so daß allseitige Verlagerung möglich ist. Die Kupplung ist völlig wartungsfrei.
Zul. Verlagerung: $h = 2{,}5$ bis 10 mm, $a = 1{,}5$ bis 10 mm, β bis 2,0°.
Bei Verlagerung in mehreren Richtungen gleichzeitig werden die zul. Werte entsprechend kleiner.

Bogenzahn-Kupplung (Tacke)

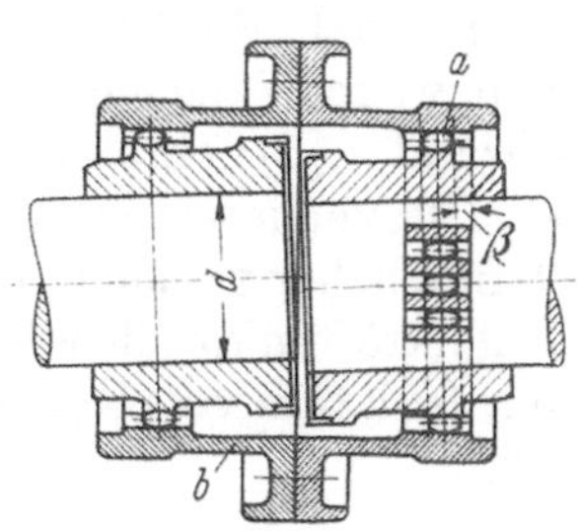

Drehmomentübertragung über ballige Außenverzahnung an den Nabenteilen und entsprechende Innenverzahnung an der längsgeteilten Zwischenhülse. Die Bogenzähne liegen auch bei Verlagerung (Neigungswinkel β der Zwischenhülse b) mit allen Zähnen ballig an den Gegenflanken. Bei Verlagerung gleiten die Bogenzähne entlang der geradenInnenverzahnung.
Zul. Verlagerung: $h = 1{,}8$ bis 11 mm, $\beta = 2°$.

Die elastischen Elemente sind zudem meist klein, billig und leicht auszuwechseln. Die Kupplungen mit Druckbeanspruchung weisen dazu noch dem im Konstruktionsprinzip liegenden Vorteil auf „durchschlagsicher" zu sein d. h. Drehmoment durch metallische Berührung zu übertragen, auch wenn die elastischen Elemente wirkungslos geworden sind. Dies ist wichtig z. B. im Bergbau, Kran- und Aufzugsbau.

Hochelastische Kupplungen, wie z. B. die Wulstkupplungen Periflex und EZ, die Scheibenkupplung Kegelflex und die Zwischenringkupplung Ortiflex werden vor allem dort verwendet, wo es darauf ankommt, Resonanzfrequenzen erheblich von der Betriebsdrehzahl wegzuverlegen, wo sehr große Dämpfungen erwünscht sind oder starke Lagefehler der Wellen vorkommen. Diese Kupplungen haben meist schub-, z. T. zugbeanspruchte elastische Elemente und eher lineare Federkennlinien. Ins Auge fallend ist das große, an der Umfangskraft-Übertragung beteiligte Gummivolumen, was auch die große Elastizität und Dämpfung bewirkt. Die Wulstkupplungen haben meist textilverstärkte, quer zur Umfangsrichtung geteilte Gummiwulste, die kraft- und z. T. formschlüssig mit den Metall-Naben verbunden sind. Die Teilung ermöglicht ein Auswechseln, ohne die Maschinen axial zu verschieben. Die Scheibenkupplungen (Kegelflex) haben anvulkanisierte Gummischeiben, die sich in radialer Richtung verjüngen, um in etwa konstante Torsionsspannung zu erzielen. Bei den Zwischenring-Kupplungen (Ortiflex) wird der 4, 6 oder 8-eckige Ring durch ein außen herum gespanntes Hilfs-Blechband unter Druckvorspannung montiert. Damit wird die für Gummi an sich ungünstige Zugspannung weitgehend vermieden und eine progressive Federkennlinie erreicht.

Anwendungsfälle für hochelastische Kupplungen dieser Art sind Antriebe mit Kolbenmotoren z. B. bei Schiffen zwischen Dieselmotor und Propellerwelle. Dabei wird versucht, die torsionskritische Drehzahl möglichst tief zu legen, so daß sie beim Anfahren schnell durchlaufen wird (geringes Aufschaukeln der Schwingungen) und im überkritischen Gebiet dann i. A. eine größere Laufruhe erreicht wird als es im unterkritischen möglich wäre. Dies gilt auch für Notstromaggregate, Kompressorantriebe, Kolbenpumpen, Pressen usw. Ein weiteres Anwendungsgebiet sind Arbeitsmaschinen, die auf Grund ihres Verfahrens ungleichförmige Momentaufnahme haben wie z. B. Schleif- und Hobelmaschinen, Hebezeuge, Textilmaschinen, Verpackungsmaschinen. Hier geht es oft nur darum, durch große Elastiziät Drehmomentstöße zu mildern bzw. zu dämpfen.

Ein drittes Gebiet schließlich sind Antriebe mit stark wechselnder Wellenlage wie z. B. bei manchen Textilmaschinen, Walzenstühlen oder bei PKW und LKW Hinterachsentrieben. Hier hat sich insbesondere die Zwischenring-Kupplung als wartungsfreier Ersatz für Kardan-Gelenke bewährt. Es werden auch elastische Gelenkwellen aus zwei Kupplungen mit Zwischenwelle gebaut.

Gesichtspunkte für die Auswahl: Übertragbares Dauer- und Spitzenmoment, Grenzdrehzahl, Baugröße, Gewicht und Schwerpunktlage, zulässiger Wellendurchmesser, Größe und Verlauf der Elastizität (radial, axial, Winkel, Torsion), Dämpfung, Trägheitsmoment, Lebensdauer der Kupplung bzw. der Verschleißteile, zulässige Betriebstemperatur, Wartungs- und Schmierungsaufwand, „Druchschlagsicherheit", Spielfreiheit (radial, axial, Verdrehung), Verhalten beim Reversieren, Öl- oder Chemikalienfestigkeit, Unfallsicherheit (glatte Außenkontur ?), möglicher radialer Ausbau (ohne axiales Verschieben) der Maschinen, Erzeugung von Axialkräften durch Fliehkraft- oder Torsionsverformung bei unsymmetrischen Kupplungen, Isolation von Körperschall oder elektrischem Strom, Ausrichtbarkeit, Auswuchtbarkeit.

19.3.2 Drehstarre Kupplungen

Zur winkelgetreuen Übertragung von Drehmomenten. Meist sind zwei drehstarre Kupplungen mit einem in sich axial verschieblichen Zwischenstück zu einer drehstarren Verbindung zusammengesetzt. Dadurch können also Längs-, Quer- und Winkelverlagerungen von Wellen ausgeglichen werden.

Als formfeste Zwischenglieder sind in Verwendung:

a) Zähne mit balligen Flanken zwischen geraden Zähnen, oder Gleitsteine zwischen Führungen.

b) Abwechselnd am einen und anderen Teil befestigte Blattfedern mit Zug- und Biegebeanspruchung (ohne Reibung und Verschleiß!) der Federn.

c) Kugeln zwischen entsprechenden halbzylindrischen Aussparungen mit Wälzbewegung.

d) Drehzapfen in Lagerbüchsen mit Drehbewegung bei Verlagerung (Kardangelenke).

Zulässige Wälzpressung s. Kap. 13, übliche Flächenpressung bei derartigen Gelenken mit geringer Gleitbewegung:

$p \leqq$ 300 N/cm² bei GG auf Stahl
500 N/cm² bei Bz auf Stahl
900 N/cm² bei Bz auf gehärtetem Stahl
1500 N/cm² bei geh. Stahl auf gehärtetem Stahl.

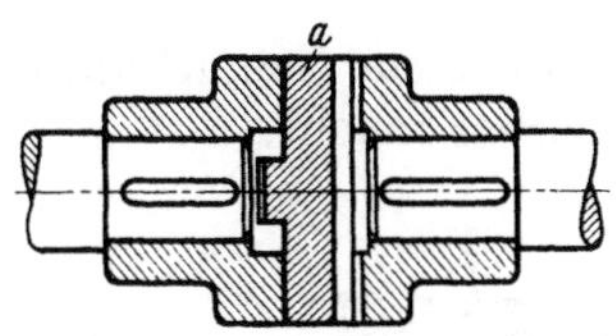

Bild 19/11. Oldham-Kupplung: allseitig verlagerungsfähig. Das Zwischenstück *a* besitzt 2 Gleitführungen unter 90°.

Zu beachten sind (mit Ausnahme der Kupplung nach b)) der Totgang beim Wechsel der Kraftrichtung (bei Schwingungen Dämpfung durch Schmierstoff erstreben!), der Gleitverschleiß und die Sicherung der Schmierung.

Für den Aufbau ist noch wesentlich, daß die Kupplung leicht lösbar und der gelöste Teil möglichst ohne axiale Verschiebung ausbaubar ist. Hierzu wird oft eine besondere Flanschverbindung in der Kupplungsmitte angeordnet.

Einige serienmäßig hergestellte Kupplungen sind in Tafel 19/6 aufgeführt.

19.4 Schaltkupplungen (Wellenschalter)

Es ist zu beachten, daß alle *formschlüssigen* (Zahn-, Bolzen-, Klauen-) Kupplungen nur synchronisiert, d. h. bei Gleichlauf bzw. Stillstand schaltbar sind, während die *kraftschlüssigen* Reibungs- und Flüssigkeitskupplungen auch zum Einschalten bei Drehzahldifferenz, also auch für Beschleunigungs- und Synchronisieraufgaben geeignet sind.

Ferner unterscheidet man nach der besonderen Aufgabe der jeweiligen Schaltkupplung: Anlauf-Kupplung zum Beschleunigen, Wechsel-Kupplung zum Wechseln der Übersetzung, Wende-Kupplung zur Umkehr der Drehrichtung, Sicherheits-Kupplung zur Kraft- oder Wegbegrenzung und vom Arbeitsgang der Maschine gesteuerte Kupplungen, wie Richtungs-Kupplung (Freilauf), Fliehkraft-Kupplung und Moment-Kupplung, die in bestimmter Stellung der Maschine schalten.

Auch die Art der Bedienung (durch Federdruck, Fuß oder Hand, durch Magnet, Druckluft oder Drucköl) und die Frage, ob die Kupplungen sich selbst überlassen, ein- oder ausgeschaltet oder in beiden Lagen selbsthemmend sein soll, bestimmt ihre Konstruktion. So ist bei Magnetbedienung der Stromzuführung (Schleifringe) und bei Drucköl- oder Druckluftbedienung der Gleitdichtung besondere Aufmerksamkeit zu schenken. Bei Reibkupplungen stellt der Verschleiß noch die Aufgabe, die Anpreßkraft und den Schaltweg nachzustellen bzw. vom Verschleiß unabhängig zu machen.

Bei Bedienung der Kupplung von außen muß die Axialkraft des Schalthebels unter Gleit- oder Wälzbewegung auf die umlaufende und axial verschiebbare Schaltmuffe übertragen werden (Bild 19/13). Hierzu dienen Gleitsteine oder Gleitringe, die vom

Schalthebel drehfest gehalten werden und in eine Ringnute der umlaufenden Schaltmuffe eingreifen; oder der Schalthebel drückt über ein Längskugellager auf die Schaltmuffe. An Stelle der die Welle umschließenden Schaltmuffe kann auch eine zentrisch in der Welle verschiebbare Schaltstange treten. Die zu schaltenden Kupplungsteile sind unmittelbar oder über eine Kraftübersetzung mit der Schaltmuffe verbunden. Die Axialkraft an der Schaltmuffe ist meist sehr erheblich (s. Beispiel unten), so daß für eine gute Lagerung des Schalthebels und für eine gute Ausbildung und Schmierung der Gleitstellen gesorgt werden muß. Die Kupplung ist möglichst so auszubilden, daß die Gleitmuffe im vollen Lauf der Kupplung entlastet ist, und so anzuordnen, daß die Gleitmuffe nicht auf der durchlaufenden Antriebsseite, sondern auf der bei Abschaltung stillstehenden Abtriebsseite sitzt.

Formschlüssige Schaltkupplungen

Die *Klauenkupplung* Bild 19/12 wird zur Schaltkupplung, wenn man die eine Kupplungsnabe auf der Welle verschiebbar macht.

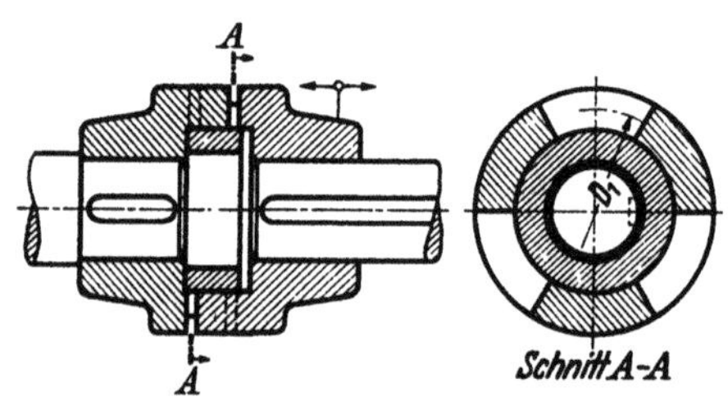

Bild 19/12. Klauenkupplung als axiale Ausdehnungskupplung mit Zentrierring.

Kräfte und Schalterleichterungen: Beim Verschieben (Schalten) unter Drehmoment M_t (Umfangskraft U) muß nach Bild 19/12 (und 19/14) die Reibkraft $A_1 = \mu \cdot U_1 = 2\mu \cdot M_t/D_1$ an den Klauen und die Reibkraft $A_2 = \mu \cdot U_2 = 2\mu \cdot M_t/D_2$ an der Paßfeder der Welle überwunden werden, wobei D_1 der Durchmesser bis Mitte der Klauen, D_2 der Durchmesser bis Mitte Paßfeder und μ der Reibwert ist.

Die axiale Schaltkraft

$$A = A_1 + A_2 = 2\mu \cdot M_t(1/D_1 + 1/D_2) \tag{19/4}$$

wird bei kleinem D_1 und D_2 sehr groß, z.B. $A = 2 \cdot 0{,}1 \cdot 3 \cdot 10^5\,(1/100 + 1/50) = 1800$ N für $\mu = 0{,}1$, $M_t = 3 \cdot 10^5$ Nmm, $D_1 = 100$ mm, $D_2 = 50$ mm. Abhilfe durch Vergrößerung von D_1 und besonders von D_2, z. B. durch Verlagerung der Gleitbewegung von der Paßfeder weg an die Klauen ($D_2 = D_1$), wie es die Bolzen-Schalt-Kupplung Bild 19/14 zeigt; oder durch Herabsetzung von μ (glatte, gehärtete und gut geschmierte Gleitflächen mit niedriger Flächenpressung oder mit Wälz- statt Gleitreibung) oder durch Neigung der Gleitflächen zur Achse, so daß die Umfangskraft beim Entkuppeln mitwirkt (s. Bild 19/15), oder durch eine Kraftübersetzung zwischen der Klauen- und Muffenbewegung.

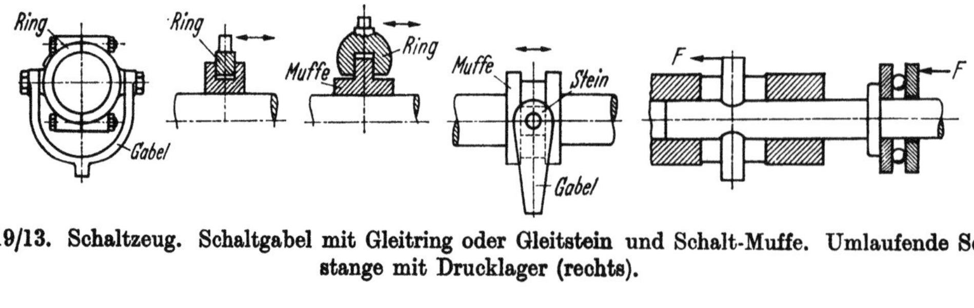

Bild 19/13. Schaltzeug. Schaltgabel mit Gleitring oder Gleitstein und Schalt-Muffe. Umlaufende Schaltstange mit Drucklager (rechts).

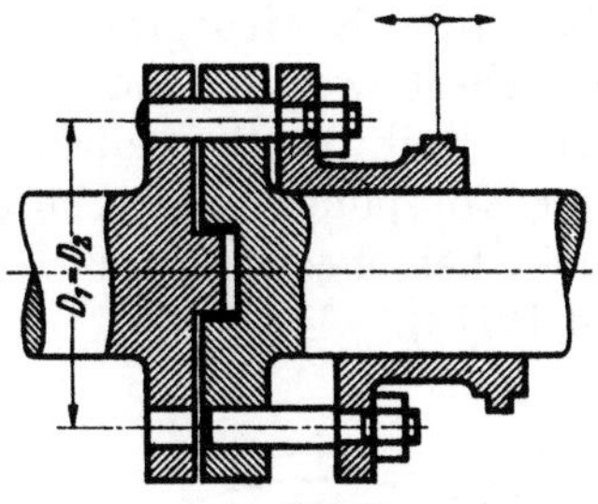

Bild 19/14.

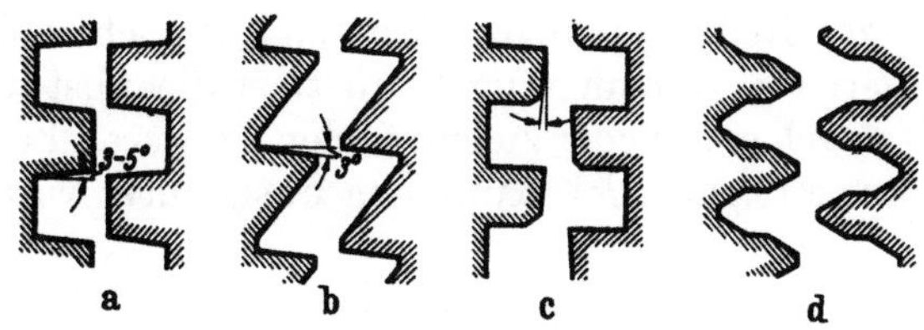

Bild 19/15.

Bild 19/14. Schema einer Bolzen-Schaltkupplung.

Bild 19/15. Radial angeordnete Zähne für Klauenkupplungen.

a) Trapezzähne nach beiden Richtungen Kraft übertragend. b) Sägezähne nur in einer Richtung Kraft übertragend, c) „abweisende" Zähne nach Maybach, nur bei Umkehr der Relativbewegung (Gleichlauf) einrückend und dann in beiden Richtungen Kraft übertragend: d) in jeder Stellung einschaltbar und in beiden Richtungen Kraft übertragend.

Die Einschaltung wird erleichtert durch große Zähnezahl, durch Abrundung oder Zuspitzung oder „abweisende" Ausbildung der Zähne (Bild 19/15), wobei im letzteren Fall die Zähne nur im Augenblick der Bewegungsumkehr einspringen; dann vor allem durch vorhergehende „Synchronisierung", z. B. durch vorhergehende Anpressung der beiden Kupplungsteile in Kegelflächen. Die Zähne können an der Radialfläche oder an der Mantelfläche der Kupplungsscheiben angeordnet werden, wobei im letzteren Fall die mit großer Genauigkeit billig herstellbare Evolventenverzahnung anwendbar ist (s. Bild 19/16).

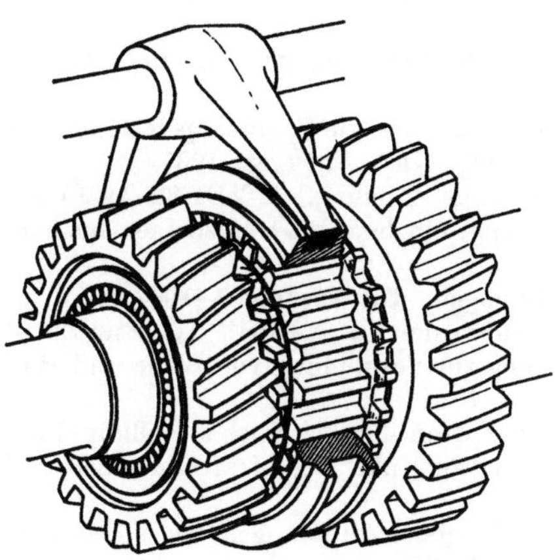

Bild 19/16. Zahn-Schaltkupplung mit Evolventenzähnen im Getriebe eines Kraftfahrzeuges (nach Z. F.).

Als *Moment*kupplungen, z. B. für Stanzen und Exzenterpressen eignen sich Drehkeilkupplungen, gesteuerte Freiläufe und Gesperre (s. Bd. 2), die Stieber-Rollkupplung (Bild 19/6) und gegebenenfalls auch die Ziehkeilkupplung (Bild 19/17).

Die *Stoßkraft* (Beschleunigungskraft)

$$F_{\mathrm{b}} \approx 2 W_{\mathrm{m}}/f \qquad (19/5)$$

an den Zahnflanken beim Einschalten unter ungleicher Drehzahl wird um so kleiner, je größer der Verformungsweg f und je kleiner die Zunahme der kinetischen Energie

$$W_{\mathrm{m}} = I_{\mathrm{m}} \cdot \omega^2/2 \qquad (19/6)$$

ist (mit Massenträgheitsmoment I_{m} und Zunahme der Winkelgeschwindigkeit ω während des Stoßvorgangs).

Als Schaltelement für *Sicherheits*kupplungen genügt für grobe Kraftbegrenzung ein Scherbolzen oder Scherblech, die bei Überlastung abgeschert werden, oder federbelastete Reibkupplungen (Rutschkraft schwankt mit dem Reibwert!), während zur genaueren Begrenzung der Höchstlast die Abstützung einer Komponente der Umfangskraft durch eine Feder zu empfehlen ist, deren Federweg bei Überschreitung der Höchstlast zur Freigabe der Kupplung ausgenutzt wird (s. Bild 19/18).

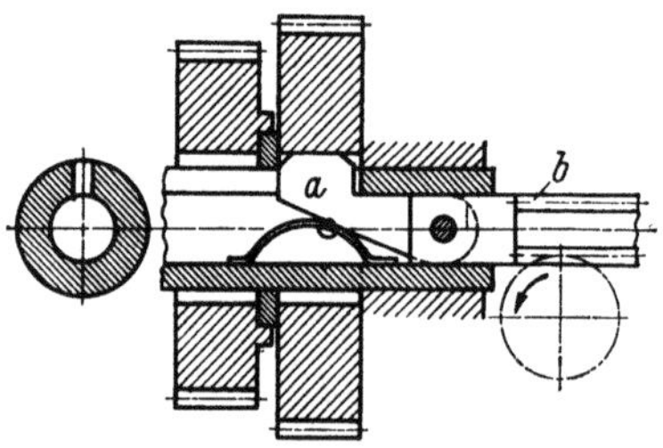

Bild 19/17.

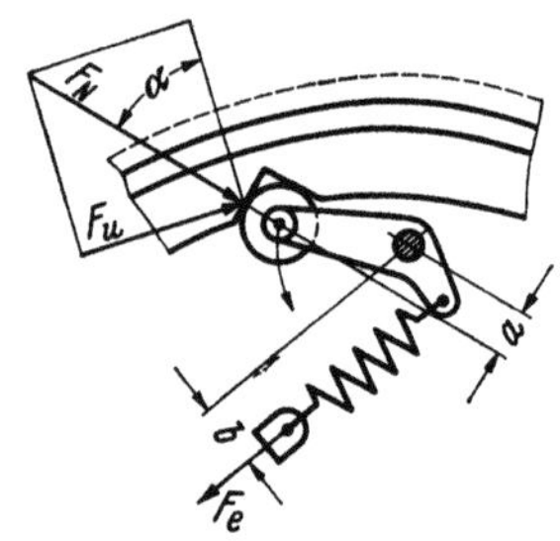

Bild 19/18.

Bild 19/17. Ziehkeil-Kupplung (nach Coenen). Der mit der Welle umlaufende Ziehkeil *a* wird durch die Schaltstange *b* axial verschoben und springt in die Nute des betreffenden Zahnrades ein.

Bild 19/18. Sicherheitskupplung mit federbelasteter Rollenklinke, ausklinkend, wenn $F_N \cdot a = F_u \cdot a / \sin\alpha = F_e \cdot b$ ist.

19.5 Schrifttum zu 19

19/1 Altmann, G.: Drehfedernde Kupplungen. Z. VDI 80 (1936) 245 und Kraftfahrtechn. Forsch.-Arb. H. 6, Berlin: VDI-Verlag 1937.
Kutzbach, K.: Quer- und winkelbewegliche Gleichganggelenke für Wellenleitungen. Z. VDI 81 (1937) 889.

19/2 Reuthe, W.: Ausführungsarten, Belastungsgrenzen und Reibungsverluste von Kreuzgelenken. Konstruktion 1 (1949) 206.

19/3 Schemberger, G.: Untersuchung über die Spannungsverteilung, Drehsteifigkeit und Drehwechselfestigkeit der Hirth-Verzahnung. Diss. Stuttgart 1937.
— Verbindung von Wellen durch Zahnung. Z. VDI 83 (1939) 912.

19/4 Matzke: Die Hirth-Verzahnung, ein bewährtes Maschinenelement. Werkstatt u. Betrieb 74 (1941) H. 10.

19/5 Vogel, A.: Plankerbverzahnungen. Die Technik 2 (1947) 89.
— Hirth-Verzahnung. Schriften der Fa. A. Hirth AG, Stuttgart-Zuffenhausen.

19/6 Stieber, P.: Die Rollkupplung zur Verbindung von Welle und Bohrung und dgl. Z. VDI 84 (1940) 195.
— Stieber-Rollkupplung. Schriften der Fa. Stieber-Rollkupplung, München 40.

91/7 Schütz, K. H.: Gleichauf-Kugelgelenke für Kraftfahrzeugantriebe. Antriebstechnik 10 (1971) 437—440.

19/8 Rüggen, W.; Stübner, K.: Ausgleichskupplungen als Vorschaltglied bei Schaltkupplungen. Maschine und Werkzeug (1971) H. 23.

19/9 Schriften der Fa. Maschinenfabrik Stromag GmbH., Unna/Westf.

19/10 Steinhilper, W.: Berechnung von drehelastischen Kupplungen mit nichtlinearer Kennlinie. Konstruktion 18 (1966) H. 2.

19/11 Steinhilper, W.: Stoßdrehmomente und Stoßfaktoren in Maschinenanlagen mit drehelastischen Kupplungen. Maschinenmarkt 71 (1965) H. 99.

19/12 Duditza, F.: Querbewegliche Kupplungen. Antriebstechnik 10 (1971) 409—419.

19/13 Wiedenroth, W.: Kupplungen. VDI-Z. 108 (1966) H. 6.

19/14 Matzke, G.: Verbindung von Wellen durch Verzahnung. Konstruktion 3 (1951) 211.

19/15 Schriften der Fa. Gelenkwellenbau GmbH, Essen.

19/16 Schalitz, A.: Kupplungsatlas. Ludwigsburg: AGT-Verlag 1969.

19/17 VDI-Richtlinie 2240: Wellenkupplungen. Düsseldorf: VDI-Verlag 1971.

29/18 Göbel, E. F.: Gummifedern. Berlin, Heidelberg, New York: Springer 1969.

19/19 Cornelius, B. A.; Beitz, W.: Bessimmung von Kenngrößen drehelastischer Kupplungen, Konstruktion 13 (1971) 417—443.

Sachverzeichnis

Abdichtungen 341
Abkanten, Abrundung 27
Abmaße 137
Abschreckhärten 105
Abziehhülse, Wälzlager 278
Achsen 346
Äquivalente Last, Wälzlager 291
Al-Legierungen 115
Al-Bronze 321
Anlassen 106
Anregung 5
Anstände 11
Anziehfaktor 209
Arbeitsflächen 28
Arbeitsmethoden 1
Atrappe 11
Aufgabenstellung 2
Ausgleich-Kupplungen 381, 385
Ausschlagfestigkeit 65
Ausschlagspannung 63
Automatenstähle 111
Axiallager 271, 316

Baustähle 107
Bearbeitete Teile 28
Bedienungseinfluß 17
Belastungsfall 63
Berechnen, Gesichtspunkte 10
Beryllium-Bronze 120
–, Federn 229
Betriebsfaktor 78
Betriebssicherheit, Einfluß 18
Beulspannung 58
Beurteilung, Neukonstruktion 7
Bewegungsschraube 201, 215
Biegefeder 235
Biegefließgrenze 61
Biegespannung 48–52
Biegeträger, gekrümmt 50, 239
–, Festigkeit, Gestaltung 88–90
biegsame Wellen 356
Blattfeder 236
Blechteile 26
Bleibronze 121
–, Lager 321
Blindniet 187
Boge-Silentblock 249
Bohrungen 30
Bolzen-Verbindung 222

Brinellhärte 61
Brucharten 81
Bruchdehnung 60
Bruchmechanik 81
Bronze 122

Chromnickelstähle 109
Cu-Legierungen 122

Dämpfung, Schwingungs- 229, 232, 387
Dauerbruch 81
Dauerfestigkeit 69
Dauerfestigkeitswerte 67–71
Dauerstandfestigkeit 60
Deckel, Flansche 29
– Verschraubung 211
Dehnung 59
Dehnungsgrenze $\sigma_{0,2}$ 60
Dehnschraube 211
Dehnsitz 368
Dichtungsringe 341
–, Nilos 342
Differenzgewinde 198
Drahtkugellager 282
Drehstabfeder 242
Drehzahlgrenzen 270, 300
Druckstab 184, 192
Durchbrüche 30
Duroplast 130

Eigenschwingung 254, 350
Einheitswelle 138
Einsatzhärten 106
Einsatzstähle 107, 109
Elastische Federn 228
– Kupplungen 385
Elastizitätsgrenze 60
Elastomere 123, 130
Englergrad 336
Entwurf, Arbeitsfolgen 8
Erfahrungen 1
Evolventen-Verzahnung 377

Federn 228
–, Biegefeder 235
–, Blattfeder 237
–, Drehstabfeder 242
–, Gummifeder 249
–, Kegelfeder 248
–, Pufferfeder 234
–, Ringfeder 234
–, Schraubenfeder 243
–, –, Länge 245
–, Spiralfeder 239
–, Tellerfeder 240
–, Zugfeder 244
Federstähle 110, 112
Fertigungseinfluß 19
Festigkeitsrechnung 44
Festigkeitswerte, statische 59
–, dynamische 63, 67
Fette 329
Flächenpressung 47
–, Gelenke 301
–, Gewinde 215
–, Gleitlager 300, 311, 321
–, Kegelsitz 369
–, Keilwelle 372
-, Kerbzahnprofil 375
–, Klemmsitz 362
–, K-Profil 377
–, Kupplungen 390
–, Nietverbindungen 185
–, Paßfeder, Keil 372, 378
–, Preßsitz 365
–, Stifte 226
–, Wälzpaarungen 258
Flammpunkt 338
Flansche, Ausbildung 29
Flanschverbindungen 194
Fließgrenze 59
Flußstahl 102
Form-Leichtbau 86
Formzahl 71, 74
Fragemethode 5
FZG 340

Gekrümmter Biegeträger 50, 239
Gelenke, 355, 381, 390
Gelenkwellen 355
Geräusch 38
Geräuscharmut 17
Gesichtspunkte f. Konstruktion 1–3
Gestaltungsregeln 14
Gestehungskosten 5, 8
Gewinde 200
Gezogene Stähle 110
Glättungstiefe 145, 365
Gleitlager 299
– Axial 316

– Belastungswerte 311
– Berechnung 306
– Eigenschaften 299
– Erwärmung 307
– Gestaltung 314, 320
– Kennlinien 309
– Kühlung 309
– Ölbedarf 311
– Radial 306
Gleitlager-Reibung 307
– Schmierung 316
– Schmierfilmdicke 309
– Schmiertheorie 303
–, Segment 317
–, Spur 316
–, Werkstoffe 320
Gleitringdichtung 342
Glühbehandlung 105
Grafit-Lager 323
Grauguß 97
–, Lager 321
Grenzspielzahl 64
Größenfaktor 70
Grübchenbildung 264
Gummifedern 249
Gummi, Lager 323
Gußteile, Gestaltung 22

Härtebehandlung 104
Härteverfahren 105
Härte u. Verschleiß 34
Härtewerte 61
Hartgewebe 125
Hartholz, Lager 322
Hartmetall 114
Herstellkosten 141
Hertzsche Presssung 259, 260
Hirthverzahnung 381
Hohlquerschnitte, Drehfestigkeit 88
Hydrostatische Lager 324

ISO 136
–, Qualitäten 137
–, Toleranzen 140

Jahreskosten 2, 3

Kaltpressen 25
Kaltwalzen 69
Kautschuk 131, 249
Kegelfeder 248
Kegelrollenlager 272
Kegelsitz 369
Kegelstift 224
Keile, Maße 372
Keilverbindung 378
Keilwellen 374, 375
Keramische Stoffe 132
–, Lager 323
Kerbempfindlichkeit 72
Kerbfestigkeit 62, 69
Kerbnägel 224
Kerbschlag-Festigkeit 77
Kerbstellen, günstige Ausbildung 73
Kerbstift 224
Kerbwirkung, Festigkeit 62, 69, 70, 77
–, b. Wellen 347
–, Korrosion 68
–, Oberfläche 68
–, Querbohrung 71, 72
–, Sicherungsring 72
–, Spitzkerbe 72
–, Wellenabsatz 70, 74
–, Zeitfestigkeit 67
Kerbwirkungszahl 71, 72
Kerbzahnprofil 376
–, Maße 375
Kesselblech 166
Kleben 172
–, Festigkeit 179
Klebstoffe 176
–, Übersicht 174
Klemmsitze 362
Knickspannung 56
Knickzahl ω 58
–, Zahlenwerte 184
Körperschall 38
Konstruktionsablauf 8
Korrosionsschutz 37
K-Profil-Welle 377
– Maße 377
Kraftfluß 68
Kritik der Lösung 6
Kritische Drehzahl 349, 350
Kugellager 271
Kugelführung 282
Kugelstrahlen 69
Kupfer 120
– Leg. 122
Kunststoffe 123
–, Arten 123
–, Bezeichnungen 130
–, Festigkeitswerte 124
–, Gleitreibung 127
–, Teile 25
–, Verarbeitung 129
Kupplungen (Wellen) 381
–, Abmessungen 384
–, Ausgleich 385
–, Bogenzahn- 389
–, Bolzen- 393
–, Elastische- 388
–, Flansch- 383
–, Kardan- 355
–, Klauen- 392
–, Moment- 393
–, Roll- 385
–, Schalen- 384
–, Schalt- 391
–, Schaltzeug 391
–, Scheiben- 383
–, Sicherheits- 393
–, starre 390
–, Zahn- 393
–, Ziehkeil- 394
Lager, Abdichtungen 341
–, Belastungswerte 300
–, Gleit- 299
–, Nadel- 272
–, Radial- 306
–, – -Reibung 307
–, Ringschmier- 314
–, Segment 320
–, Schneiden- 263
–, Sintermetall- 322
–, sphärisch- 315
–. Wälz- 270
Lagerluft 293
Lagerspiel 306
Laufrad-Schiene 266
Lebensdauer, Kurve 64
–, Wälzlager 284
legierte Stähle 103
Leichtbau 84
Leichtmetall-Festigkeit 191
Leichtmetall-Leichtbau 91
Leichtmetall-Nietung 190
Leichtprofile 190
Lote 170
Lötverbindung 168
Luftschall 38

Massenträgheitsmoment 349, 385
Menschliche Maße 17
Metallkeramische Stoffe 132
Messing 122
Mg-Legierungen 118
Mittelspannung 63
Modelle 11
Monel-Metall 114
Moment, Biege- 46
–, Biege-Widerstands- 48
–, Flächen-Trägheits- 49
–, Massen-Trägheits- 349
–, Torsions- 53
Naben auf Wellen 359
Nachstell-Elemente 6
Nadellager 272
NE-Metalle 15
Nennspannung 44
Neusilber 121
Nietmaße 185
Nietverbindung 182
–, Festigkeit 183
– Leichtmetallbau 190
– im Maschinenbau 189
– im Stahlbau 186
Nilos-Dichtungsring 342
Nietrierhärten 106
Nietrierstähle 107
Nockenpaarung 268
Normalglühen 105
Normalspannung 47
Normen 136
Normzahlen 136

Oberfläche 143
Oberflächengüte 29, 149

Oberflächeneinflußfaktor 68
Öle 334
Ölpreßverband 368
Ölzähigkeit 335

Paßarbeiten 30
Paßfeder-Maße 372
— Verbindung 372
Paßsysteme 137
Passungen 142
Passungsauswahl 138
Passung, -Vorzug 142
Passungszeichen 137
Pendellager 271, 272
Penetration 338
Perlitguß 98
Plan-Kerbverzahnung 381
Plastomere 123
Plexiglas 130
Polyacetat 130
Polyamid 126, 130
Polyäthylen 130
Polyester 130
Polyolefine 130
Polyproylen 126, 130
Polyvinylchlorid 127, 130
Polygon-Profil 377
Prakt. Festigkeitsrechng. 44
Preßmassen 131
Preßsitze 364
—, Längs- 368
—, Quer- 368
Preßteile 26
Problemstellung 2
Probit-Verfahren 64
Profilwellen 374
Profilstähle 67
Proportionalitätsgrenze 60
Prüfung von Entwürfen 9
Pufferfeder 234
Punktwertung 7

Querbohrung, Kerbwirkung 72
—, günstiger 73
Querpunkt 53
Quetschgrenze 313

Randhärten 106
Rauheit 144
Rauhtiefe 145
Räumen 31
Reibung, Gleitlager 307
—, Gewinde 203
—, Haft- 361
— bei Federn 229, 232, 234, 240
—, Klemmsitz 362
— bei Scheiben- u. Schalen-kupplungen 383, 384
—, Nietverbindung 185
—, Preßsitz 369
—, Roll-, Wälz- 266
—, Stiftverbindung 224
—, Wälzlager 293
Reibradgetriebe 257
Reibverschluß-Verbindungen 361
Rillenkugellager 271
Ringfeder 234
Rippen, Festigkeit 90
Rockwellhärte 62
Rohre, Biegehalbmesser 27
Rollenlager 272
Rollkupplung 385
Rollreibung 266
Rostschutz 37
Rotguß 121
—, Lager 321

Schadenslinie 64
Schädigung 78
Schalenbau 90
Schalenkupplung 384
Schaltkupplungen 391
Schaltzeug (Kupplungen) 392
Scheibenfeder, Maße 373
Scheibenkupplung 383
Schlagfestigkeit 77
Schlankheitsgrad 57, 184
Schlupf 265
Schmiedeteile 24
Schmiegung 259, 266
Schmierstoffe 328
Schmiertheorie, Gleitlager 303
Schmierung, Gleitlager 316
Schneidmetalle 115
Schraubenarten 196
Schrauben, Berechnung 206
—, Erfahrungswerte 212
—, Gestaltung 194
—, Maße 219
—, Setzen 208
Schraubenfeder 243
Schraubenmuttern 197
Schraubensicherungen 196
Schraubenverbindung 196
Schrauben-Verspannungsbild 206
Schrumpfsitz 368
Schubspannung 52
Schwarzguß 101
Schweißbarkeit 151
Schweißkonstruktion 150
—, Festigkeitsberechnung 157
—, Gestaltung 152
—, Gestaltungsbeispiele 153
—, Gewichtsersparnis 150
— im Kesselbau 166
— im Maschinenbau 162
— imStahlbau 164
—, Stoß- u. Nahtformen 156, 160
—, Zeichnungsangaben 157
Schweißverbindung 150
Schweißverfahren 150
Schwellfestigkeit 63
Schwingungen 254, 350
—, Dämpfung 90, 299, 232, 387
Schwingungsfestigkeit 63
Schwingstärke 38
Seeger-Sicherungen 278
Segmentlager 320
Selbsthemmung 203
Sicherheit 78
Sicherheits-Kupplung 394
Sicherungsringe 278
Sicherungen, Schrauben 196
Sicken 26
Sintereisen 132
Smith-Diagramm 65
Sommerfeldzahl 306
Spannhülse 224, 278
Spannung, Ausschlag 63
—, Beul- 56
Spannung, Dreh- 53
—, Kerb- 71
—, Knick- 56
—, Mittel- 63
—, Nenn- 44
—, Normal- 47
—, Schub- 52
—, Vergleichs- 76
—, zulässige 78
Spannungsfreiglühen 105
Spannungsgefälle 72
Sphäroguß 97
Spiralfeder 239
Spritzguß 25, 129
Spurlager 320
Stahl, Automaten- 110
Stahlbleche 107
Stahl, Bau- 107
—, Einsatz- 107
—, Feder- 110
—, gezogener 110
Stahlguß 101
Stahl-Legierungen 102
—, Vergütungs- 110
—, Warmfester 113
—, Werkzeug- 114
—, zunderbeständ. 113
Stanzteile 26
Stegblechstoß 192
Steiner'scher Satz 48
Stellringe 48
Stieber-Rollkupplung 385
Stiftschrauben 198
Stiftverbindung 222
—, Berechnung 225
Stoff-Leichtbau 84
Stoßkraft 253
—, Unterbindung 16
Stoßvorgang 59, 253
Streckgrenze 60, 66
Stribecksche Wälzpressung 259
Stützfaktor 73
—, Kerb- 62
Tangentkeil 378
Teleskopwellen 355

Tellerfeder 240
Temperguß 100
Thermoplaste 130
Toleranzen 136
Tonnenlager 272
Torsionsfestigkeit 66, 67
Torsionsspannung 53
Tragfähigkeit, Gleitlager 311
–, Wälzlager 284
Trägheitsmoment, Biege- 48
–, Torrosions- 54
–, Massen- 349
Tragzahl C, Wälzlager 284
Tragzahl, Gleitlager 318
Treppenstufen-Verfahren 64
Trockenschmiermittel 330

Unwucht-Toleranz 39
Übergangsdrehzahl 309

Variationstechnik 5
Verbindungen 31
Verbundstoffe 92
Vergleichsspannung 76
Vergüten 106
Vergütungsstähle 110
Verschleiß, Abwehr 35
– Arten 34
Versteifung 89
Versuche 11
Vickershärte 62
Vielnut-Profil 375
– Maße 374
Viskosität 335
–, Druckabhängigkeit 337
–, Temperatur-Verhalten 337

Waagenschneide 263
Wahrnehmungsstärke 38
Wälzfestigkeit 264
Wälzlager 270
Wälzlager, Abmessungen 274
Wälzlager, Auswahl 278
Wälzlagerstahl 109, 277
Wälzpaarungen 257
Wälzpressung 259
Wälzreibung 266
Wärmeausdehnung 143
Wärmebehandlung 104
Warmfeste Stähle 113
Warmpressen 25
Warmfließgrenze 60
Wechselfestigkeit 63
Weibull-Verteilung 63
Weißmetall, Lager 321
Wellen 346
–-Absatz, Kerbwirkung 70, 347
–, Bemessung 70, 348
–, biegsame 356
–, Durchbiegung 351
–, Gelenk- 355
– Kerbstellen 347
–, Kritische Drehzahl 351
–, Teleskop- 355
–, Verbindungen 359, 381
–, Werkstoffe 346
Werkstoffe 96
Werkstoffkonstante 75
Werkstoff-Kosten 87
Werkzeugstähle 114
Wertanalyse 4
Widerstandsmoment, Biege 48
–, Torsion 54
Wirtschaftlichkeit 8
Wöhlerkurve 64
Wirkungsgrad, Federn 232
–, Gewinde, Schrauben 202

Zähigkeit 335
Zahn-Kupplungen 392, 393
Zeitfestigkeit 64
Zeitstandfestigkeit 60
Zentrierungen 31
Zink-Lackierungen 121
Zinnbronze, Lager 321
Zugfeder 244
Zugfestigkeit 59
Zugmutter 205
Zugversuch 59
Zulässige Spannung 78
Zunderbeständige Stähle 113
Zylinder-Rollenlager 272
Zylinderstift 223

GPSR Compliance

The European Union's (EU) General Product Safety Regulation (GPSR) is a set of rules that requires consumer products to be safe and our obligations to ensure this.

If you have any concerns about our products, you can contact us on ProductSafety@springernature.com

In case Publisher is established outside the EU, the EU authorized representative is:

Springer Nature Customer Service Center GmbH
Europaplatz 3
69115 Heidelberg, Germany

Batch number: 10684806

Printed by Printforce, the Netherlands